Der Online Shop
Handbuch für Existenzgründer

Der Online Shop
Handbuch für Existenzgründer

Businessplan, eShop-Systeme, Google-
Marketing, Behörden, Online-Recht, u.v.m.

SUSANNE ANGELI   WOLFGANG KUNDLER

Markt+Technik

Bibliografische Information Der Deutschen Bibliothek

Die Deutsche Bibliothek verzeichnet diese Publikation in der Deutschen
Nationalbibliografie; detaillierte bibliografische Daten sind im Internet
über <http://dnb.ddb.de> abrufbar.

Die Informationen in diesem Buch werden ohne Rücksicht auf einen
eventuellen Patentschutz veröffentlicht. Warennamen werden ohne
Gewährleistung der freien Verwendbarkeit benutzt. Bei der Zusammenstellung von Texten und Abbildungen wurde mit größter Sorgfalt vorge-
gangen. Trotzdem können Fehler nicht vollständig ausgeschlossen werden. Verlag, Herausgeber und Autoren können für fehlerhafte Angaben
und deren Folgen weder eine juristische Verantwortung noch irgendeine
Haftung übernehmen. Für Verbesserungsvorschläge und Hinweise auf
Fehler sind Verlag und Herausgeber dankbar.

Fast alle Hardware- und Softwarebezeichnungen und weitere Stich-
worte und sonstige Angaben, die in diesem Buch verwendet werden,
sind als eingetragene Marken geschützt. Da es nicht möglich ist,
in allen Fällen zeitnah zu ermitteln, ob ein Markenschutz besteht,
wird das ® Symbol in diesem Buch nicht verwendet.

Umwelthinweis:
Dieses Buch wurde auf chlorfrei gebleichtem Papier gedruckt.
Um Rohstoffe zu sparen, haben wir auf Folienverpackung verzichtet.

10 9 8 7 6 5 4 3 2 1
10 09 08

ISBN 978-3-8272-4301-0

© 2008 by Markt+Technik Verlag,
ein Imprint der Pearson Education Deutschland GmbH,
Martin-Kollar-Straße 10–12, D-81829 München/Germany
Alle Rechte vorbehalten
Coverlayout: Marco Lindenbeck, webwo GmbH,
               mlindenbeck@webwo.de
Lektorat: Birgit Ellissen, bellissen@pearson.de
Herstellung: Monika Weiher, mweiher@pearson.de
Satz: Michael und Silke Maier, Ingolstadt (www.magus-publishing.de)
Layout: Claudia Bäurle und Michael Maier
Druck und Verarbeitung: Bercker Graph. Betrieb, Kevelaer
Printed in Germany

>> Auf einen Blick

>> Inhaltsverzeichnis

>> Herzlich willkommen ...

... zur zweiten Ausgabe unseres Handbuches zur Existenzgründung mit einem Online-Shop!

Unsere Hauptaufgaben bei dieser Auflage bestanden darin, die einzelnen Kapitel auf Änderungen hin zu durchforsten und gleichzeitig viele Neuerungen einzupflegen. Ein besonderes Schmankerl bieten wir Ihnen in *Kapitel 11*, hier finden Sie weitere Ergänzungen zum Online-Marketing. In diesem komplett neuen Kapitel widmen wir uns voll und ganz der Suchmaschine *Google* und ihren Diensten. Jeder redet von *Google*, meist sind die Meinungen ziemlich kontrovers. Aber dabei sein möchte dennoch jeder. Als Webseiten-Betreiber und Shop-Inhaber können Sie es sich kaum leisten, dort nicht vertreten zu sein.

Bilden Sie sich eine qualifizierte Meinung, sorgen Sie dafür, dass Sie bei *Google* gelistet werden und sammeln Sie Ihre eigenen Erfahrungen mit den zahlreichen *Google-Diensten*. Wir geben Ihnen dazu einfache Anleitungen und zeigen die wichtigsten Dienste, die für Ihr Marketing notwendig sind und Ihren Web-Erfolg unterstützen und messbar machen.

Auf den nächsten Seiten des Vorwortes werden wir Sie nicht nur über den Aufbau des Buchs und den Inhalt der CD-ROM informieren, sondern Ihnen auch über unsere Erfahrungen mit dem eigenen Online-Shop berichten. Unser Shop besteht seit 2003 und läuft mittlerweile erfolgreich. Gerade zu Beginn mussten wir allerdings viele Umwege gehen und sind auch einige Male böse hereingefallen – und solche Erfahrungen wollen wir Ihnen ersparen. Unser Buch soll dazu beitragen, dass Sie Fehler vermeiden und eine Menge Arbeit und Kosten sparen. Es soll eine Art Lösungsbuch sein, mit dessen Hilfe Sie die vor Ihnen stehenden Fragen und Probleme lösen. Deshalb beschreiben wir nicht nur einzelne Funktionen von Software-Anwendungen, sondern geben Ihnen Ratschläge und Tipps zu allen Themen rund um den Online-Shop, angefangen bei der Buchhaltung über rechtliche Fragen bis hin zu Webdesign und Marketing – damit Sie aus Ihrem Shop ein erfolgreiches Unternehmen machen können.

Der Weg zum Ziel

Was macht einen guten Shop aus? Welche Produkte verkaufe ich? Welche Marketingstrategien setze ich ein? Und vor allem: Wie verkaufe ich möglichst viel, damit ich davon leben kann? Diese und andere Fragen stellten wir uns, bevor wir ins Online-Geschäft einstiegen. Einige Dinge hatten wir allerdings nicht bedacht, wie sich zeigen sollte, und das eine oder andere Problem ergab sich auch erst mit der Zeit. Unser Ziel lag einfach weiter entfernt, als wir gedacht hatten. Aber man kann es erreichen: Schritt für Schritt und auf möglichst direktem Weg. Im Gegensatz zu damals, als wir angefangen haben, gibt es heute einfach zu bedienende Shop-Systeme und gute Ratgeber wie dieses Buch. Trotzdem sollten Sie nicht außer Acht lassen, dass ein Online-Shop auch als Nebenbeschäftigung eine Herausforderung bleibt – jedoch eine sehr spannende.

Buch- und CD-Leitfaden

Sie können das Buch entweder von Anfang bis Ende, Seite für Seite lesen oder Sie gehen über das Inhaltsverzeichnis direkt zu einem Thema, das Sie interessiert. In den jeweiligen Kapiteln wiederholen sich einzelne Punkte. Das hat unter anderem damit zu tun, dass bestimmte Sachverhalte für verschiedene Kapitel relevant sind. Deshalb haben wir an geeigneten Stellen Querverweisen eingefügt. Für die schnelle Suche eines bestimmten Begriffs steht Ihnen im Anhang ein umfassendes Stichwortverzeichnis zur Verfügung. Mit diesem Verzeichnis finden Sie schnell den direkten Einstieg zu den Fragen, die Sie aktuell beschäftigen. Im Glossar wiederum sind die wichtigsten Begriffe zum Thema Online-Handel erklärt. Und das Abkürzungsverzeichnis schließlich hilft Ihnen, wenn Sie vergessen haben sollten, wofür ABMG, AG, AGB und Co. stehen.

Die CD zum Buch – eine runde Sache

Was wäre ein solches Buch ohne CD? Prima, wenn man Software nicht erst lange aus dem Internet herunterladen muss, sondern gleich loslegen kann. Einige interessante Produkte, die auch zum Teil bei uns im Einsatz sind, haben wir für Sie auf CD gepackt, damit Sie sie sich in aller Ruhe ansehen und testen können. Die beiliegenden Test- und Vollversionen erkennen Sie im Buch anhand eines CD-Symbols. Darüber hinaus finden Sie auf der CD auch einige Rechenbeispiele als Excel-Dateien und erste Rechtsbelehrungstexte für Ihren Shop.

Hier eine kurze Übersicht der Ordner mit deren Inhalten:

>> sample: Vorlagen, Beispiele (Excel, Word und PDF) und Templates

>> scripts: HTML-, PHP- und JavaScript-Quellcode aus Kapitel 8 und 9

>> tools: Test- und Vollversionen verschiedener Software-Tools

Internet-Links auch online gepflegt

In den einzelnen Abschnitten des Buchs finden Sie einige weiterführende Webadressen, die mit einem Weltkugel-Symbol markiert sind. Wir haben diese Webadressen direkt in den Text aufgenommen, damit Sie Ihr neu erworbenes Wissen zu einem Thema gleich durch eine Internet-Recherche erweitern oder sich Formulare oder Broschüren herunterladen können. Sollte mal ein Webadresse ins Leere gehen und nicht mehr funktionieren, dann schauen Sie auf unserer Website oder im Online-Forum zum Buch nach: http://www.onlineshop-handbuch.de. Dort halten wir alle Buch-Links auf dem aktuellen Stand und ergänzen sie gegebenenfalls. Sie können uns natürlich auch eine E-Mail senden an info@Onlineshop-Handbuch.de.

Die Webseiten zum Buch

Auf unseren Websites www.onlineshop-handbuch.de (Website und Forum zum Buch), www.ecommerce-handbuch.de (Marketing-Wiki) bzw. www.ebusiness-handbuch.de (Nachrichten-Blog) erhalten Sie neueste Nachrichten zu den Themen Existenzgründung, eCommerce, Marketing, Internet-Recht und vielem mehr. Hier finden Sie auch weitere nützliche Informations- und Dienstleistungsangebote: ein Forum, Schulungsangebote, Veranstaltungshinweise, Webhosting, Webkatalog für Online-Shops usw.

Sie können sich in unserem Forum als Leser dieses Handbuchs registrieren. Fragen und Anregungen zum Buch richten Sie bitte direkt an unser Forum, so dass alle interessierten Leser davon profitieren können. Geben Sie den beteiligten Forumsmitgliedern und Moderatoren alle relevanten Hinweise, z.B. welches Shop-System Sie verwenden. Damit haben wir und andere die Möglichkeit, gezielt auf Ihre Fragen zu antworten. Einen Support für die verwendeten Software-Lösungen können wir leider nicht anbieten; richten Sie solche Fragen an die Foren der jeweiligen Shop-Systeme oder an die jeweiligen Anbieter.

Teil I – Unternehmensgründung und Unternehmensführung

Im ersten Teil des Buchs beschäftigen wir uns mit den Themen Existenzgründung, Unternehmensstart und Geschäftsführung.

Wegweiser durch den Behördendschungel

In Deutschland ein Unternehmen zu gründen ist mit einem immensen bürokratischen Aufwand verbunden. Welches Formular für was und wen, wann und wie abgeben? Wie sieht es mit der Steuer aus? Kann man sie auch im Nachhinein bezahlen? Verzagen Sie nicht angesichts des Papierbergs – zu guter Letzt werden Sie ihn bewältigt haben und dabei auch auf Formulare stoßen, die Ihnen von unmittelbarem Nutzen sein werden. So können Sie beispielsweise Existenzgründer-Hilfen beantragen, sei es finanzieller Art oder in Form von Fachleuten, die Ihnen mit Rat und Tat zur Seite stehen.

Business muss man planen

Verfassen Sie auf jeden Fall in Ruhe einen detaillierten Business-Plan. Wir hatten diese Aufgabe bei unserem Online-Shop recht nachlässig behandelt, setzten uns anfangs kaum Meilensteine und dachten, die dadurch vermeintlich eingesparte Zeit sinnvoller nutzen zu können. Erst spät bemerkten wir, dass ein Business-Plan ein guter Anhaltspunkt ist, um herauszufinden: Wo stehen wir? Wo wollen und wo sollten wir stehen? Wie kommen wir dorthin?

Produkt- und Preispolitik im Griff haben

Sie werden in Ihrem Shop laufend Preise anpassen und das Produktsortiment anpassen. So hatten wir im Jahr 2004 vor Weihnachten eine prima Saison für Notebook-Taschen, insbesondere im niedrigen Preissegment. Ein paar Monate später brach der Umsatz mit den gleichen Taschen komplett ein. Etwas spät, aber noch rechtzeitig stellten wir auf ein höheres Preissegment und eine bessere Qualität um – und hatten damit wesentlich mehr Erfolg, auch was die Marge anbelangt.

Wir waren in dieser Zeit auch bei *eBay* aktiv. Gerade am Anfang eines Online-Geschäfts ist es von Vorteil, auch Erfahrungen auf dieser Plattform zu sammeln. Durch das riesige Marketing-Potenzial von eBay erreichen wir sehr viele kaufwillige Kunden. Nur wurden mit der Zeit unsere Preise von vielen Konkurrenten immer weiter gedrückt. Manche Preise waren für uns dann einfach nicht mehr machbar. Gut für den Kunden, aber leider nicht für uns. Nun verkaufen wir dort Sonderposten oder aber auch manche Ladenhüter. Hauptsächlich bieten wir nun den Kunden unsere exklusiven Artikel jedoch über den Online-Shop an. Seit Mai 2007 drängt *Amazon* als neue Handelsplattform für Online-Shops in den Markt..

Finanzbuchhaltung leicht gemacht

Zugegeben, das Thema Buchhaltung ist nicht gerade ein Reißer, doch schon nach kurzer Zeit werden Sie froh sein, sich damit auseinandergesetzt zu haben. Mit einer guten Buchhaltung haben Sie immer den Überblick über Ihr Unternehmen und nehmen einfach und unkompliziert Analysen vor. Deshalb raten wir Ihnen auch, gleich eine Buchhaltungssoftware zu verwenden und auf *Excel*-Tabellen zu verzichten. Auf unserer CD finden Sie daher lediglich ein paar *Excel*-Tabellen zur Kalkulation, mehr nicht.

Für die Finanzbuchhaltungs-Software müssen Sie zwar eine gewisse Einarbeitungszeit einplanen, doch schon nach einem Monat gehen Ihnen die Buchungen leicht von der Hand. Mit dieser Software erstellen Sie individuell, schnell und hoffentlich korrekt Ihr erstes Rechnungsformular. Später können Sie dann auf ein Warenwirtschaftssystem umstellen. Damit gelangen die Bestellungen direkt in Ihre Auftragsbearbeitung und Lagerhaltung.

Nach dem Versand der Rechnung wiederum wandern die wichtigen Rechnungs- bzw. Gutschriftsbelege in Ihre Buchhaltung. Wenn Sie stattdessen *Excel*-Tabellen ausfüllen, verlieren Sie viel Zeit – Zeit, die Sie für wichtigere Aufgaben, wie Ihr Shop-Marketing, verwenden können.

Teil II – Der Online Shop

Klären Sie die benötigten bzw. vorhandenen Voraussetzungen, damit Ihnen die Wahl des richtigen Shop-Systems leichter fällt. Ebenfalls im zweiten Teil des Handbuchs behandeln wir den Bereich eBusiness und Online-Recht.

Voraussetzungen prüfen

Als wir mit unserem Shop starteten, dachten wir kaum an Daten-Backup und Sicherheitsvorkehrungen und wussten nicht viel vom richtigen eCommerce. Das kam erst nach dem Unternehmensstart.

Wie wichtig die Datensicherung ist, merken viele erst nach einem ersten massiven Datenverlust, wenn sie in mühevoller Nachtarbeit versuchen, ihre Daten wiederherzustellen. Darum sollten Sie diesen Teil des Buchs aufmerksam durchlesen. Wir raten Ihnen dringend, gleich zu Beginn ein zuverlässiges IT-Sicherheitskonzept zu entwickeln, um Ihre Daten ohne lästige Viren sicher zu haben.

Mit welcher Shop-Software starten?

In *Kapitel 5* helfen Ihnen einfache Schritt-für-Schritt-Anleitungen beim Installieren und Konfigurieren von verschiedenen Shop-Systemen. Selbst wenn Sie sie nur in der Theorie nachvollziehen, merken Sie schnell, ob für Sie eher ein Kauf-, Miet- oder OpenSource-Shop in Frage kommt. Die Entscheidung sollte letztlich von Ihren Kenntnissen und Bedürfnissen abhängen. Außerdem kommt es natürlich darauf an, welche monatlichen Grundkosten Sie zu zahlen bereit sind. Wir starteten unseren ersten Shop mit *1&1*. Damit waren unsere Produkte einfach und schnell online – genau was wir wollten.

Eine OpenSource-Lösung war jedenfalls für uns zu Anfang undenkbar, weil uns das nötige Wissen fehlte. Es mag sicherlich verlockend sein, gleich nach kostenlosen Shop-Systemen Ausschau zu halten. Wenn Sie allerdings nicht schon jetzt ein Computer-Crack sind, empfehlen wir Ihnen, erst einmal mit einem fertigen System anzufangen.

Ein Shop entwickelt sich

Die richtige Produktpalette ist für den Betreiber eines Shops Gold wert. »Anders sein als andere« lautet der Slogan. Aus diesem Grund stellten wir teilweise unser Produktsortiment um und testeten einige zusätzliche Bezahl- und Marketingverfahren. Durch diese neue Anforderungen an das Shop-System vertieften wir unsere Kenntnisse in HTML, PHP, JavaScript und weiteren Webtechnologien.

Anfangs haben wir nur Notebooks verkauft, zwar mit hohen Umsätzen, allerdings mit niedrigen Margen. Erst einige Zeit später haben wir umgeschwenkt auf Notebooktaschen: geringere Umsätze, aber auch geringere Risiken und bessere Margen. Inzwischen bieten wir nur noch Taschen von *Samsonite* an. In unserem zweiten Online-Shop konzentrieren wir uns auf die Zielgruppe Kleinunternehmer. Auf www.wallaby.de bieten wir Webhosting hauptsächlich für Shop-Betreiber und Content-Anbieter an. Unser weiteres Augenmerk liegt auf Tutorials (eBooks), Templates und Dienstleistungen speziell für Open-Source-Lösungen, wie *contenido*, *WordPress* und *xt:Commerce*. Inzwischen betreiben wir mehrere Webserver im Internet.

Im Laufe der Zeit nahmen wir immer wieder Anpassungen in unserem Shop vor. Auch Ihre Ansprüche werden wachsen. Ein Shop-System, das heute noch gut genug ist, wird morgen vielleicht nicht mehr alle Anforderungen erfüllen. Bei uns stand zum Beispiel ein Upgrade der Shop-Software an, weil die Kreditkartenzahlung eine zunehmend wichtige Rolle in unserem Shop spielte und wir unseren Kunden auch in anderer Hinsicht mehr Service bieten wollten. Damit sollte der Wandel vom einfachen Online-Shop zum anspruchsvollen eBusiness vollzogen werden.

Deshalb stiegen wir auf die OpenSorce-Lösung *xt:Commerce* um. Woraus sich – neben der erheblichen Einarbeitung – einige Fragen ergaben: Wie bringen wir ohne viel Aufwand unsere Produktdaten von *1&1* nach *xt:Commerce*? Wie sieht die Anbindung zu unserer Warenwirtschaft und Buchhaltung aus? ... Auch heute noch nehmen wir ständig Veränderungen an unserem Shop vor. Sie werden sehen, es wird Ihnen so gehen wie uns: Wer sich nicht auf Dauer mit zweitbesten Lösungen zufrieden geben will, wird mit Lust an seinem Shop basteln und ihn laufend optimieren.

Wegweiser Online-Recht

Das Online-Handelsparkett ist offenbar ein Tummelplatz für Rechtsanwälte. Sehr vielen Händlern flattern jedenfalls Abmahnungen ins Haus, weil sie angeblich kein richtiges Impressum auf ihren Shop-Seiten führen oder gegen die Preisangabenverordnung verstoßen. Seien Sie beruhigt: Es gibt noch vieles mehr, was Sie falsch machen können. Wir haben die wichtigsten rechtlichen Regelungen in *Kapitel 7* für Sie zusammengefasst und legen

Ihnen dessen Lektüre besonders ans Herz. Denn wer will schon 1.500 € bezahlen, nur weil er beim Produkt vergessen hat, einen Hinweis auf Umsatzsteuer bzw. Versandkosten in seine Website einzubauen?

An dieser Stelle möchten wir Sie vorsorglich darauf hinweisen, dass das Kapitel Online-Recht in diesem Buch keine verbindliche Rechtsberatung darstellt. Das liegt unter anderem daran, dass sich die Gesetzeslage leicht ändern kann, so wie gerade beim Telemediengesetz geschehen. Ebenso werden rechtliche Fragen für den Online-Handel durch Gerichtsurteile ständig neu beantwortet. Unser Anliegen ist es vielmehr, Sie auf die wichtigsten Problemfelder aufmerksam zu machen.

Teil III – Webdesign bis Marketing

Der dritte Teil umfasst die Themen Webseitengestaltung, Suchmaschinen-Optimierung und Online-Marketing.

Neues Outfit für den Online-Shop

Nachdem wir uns entschlossen hatten, auf eine andere Shop-Lösung umzusteigen, war auch gleich ein Redesign fällig (*Kapitel 8*). Hier war unsere Spürnase für aktuelle Trends und auch unsere Kreativität gefragt: Welche Farbzusammenstellung ist passend für unseren Shop? Wie kann man die designtechnischen Anpassungen durchführen? In diesem Zusammenhang lernten wir auch einiges über die Navigation moderner Websites und deren Bedienung.

Suchmaschinen – die heiligen Stätten des Internets

Durch den Umzug unseres Online-Shops waren unsere Produkte von den vorderen Plätzen bei *Google* plötzlich verschwunden. Offensichtlich hatte der überstürzte Shop-Wechsel ohne konkrete Planung uns unser gutes Ranking gekostet. Jetzt hieß es wieder einmal, nachforschen, nachlesen und in Foren nach geeigneten Lösungen stöbern. Mit unserem heutigen Wissen wäre vieles besser gelaufen – lesen Sie nach in *Kapitel 9*.

Wir mussten mit der Suchmaschinen-Optimierung von vorn beginnen, und diesmal wollten wir es gleich perfekt machen. Allein mit manuellen Einträgen bei den Suchmaschinen ist es heute nicht mehr getan, und auch ein paar auf Ihrer Webseite eingebaute Keywords reichen nicht mehr aus. Mit einer neuen Optimierung und einigen anderen Maßnahmen rutschten wir in den Ergebnisseiten von *Google & Co.* schnell wieder nach oben. Lassen Sie diese Aufgabe bloß nicht links liegen, womöglich in der Hoffnung, ein gutes Ranking käme schon von alleine. Die Konkurrenz schläft nie, schon gar nicht im Online-Geschäft.

Marketing-Budget planen

Die größte, aber häufig unterschätzte Herausforderung ist das Online-Marketing. Wir machten zumindest die Erfahrung, dass ein Shop im Web ohne Marketing nicht läuft. Hierfür sollten Sie genug Zeit reservieren und vor allem auch ein eigenes Budget einplanen. Allerdings ist der gezielte und genau geplante Einsatz auch eines geringen Budgets mindestens ebenso ertragreich wie wahllose, breit gestreute Marketinginvestitionen. Probieren Sie verschiedene Möglichkeiten aus, vergleichen Sie sie und bleiben Sie am Ball. Lesen Sie dazu unsere ausführlichen Anregungen in *Kapitel 10*. Wie schon anfangs erwähnt, finden Sie im neuen *Kapitel 11* viele Tipps und Anregungen zum Marketing mit Hilfe der zahlreichen *Google-Dienste*.

Fazit

Auch wenn das alles recht mühsam und schwierig klingen mag – wagen Sie den Schritt ins Online-Geschäft! Es gibt viele Highlights. Wenn Kunden freundliche Dankesmails schreiben, ist das nicht nur ein Zeichen für Ihren guten Service, der von entscheidender Bedeutung für das Geschäft ist, sondern auch ein Kompliment, über das Sie sich garantiert freuen werden. Oder denken Sie an uns, wenn Sie mal mittags gemütlich eine Tasse Kaffee mehr trinken, da Sie nun auch mal abends die verlorene Zeit reinholen können. So schmeckt der Sommer als Selbstständiger ...

Unser Buch liefert keine Erfolgsgarantie, aber wenn Sie es gelesen haben, wissen Sie mehr als andere und haben damit schon einen Vorsprung gegenüber Ihren Mitbewerbern. Sie müssen dann auch nicht mehr all die Fehler machen, die wir gemacht haben. Und Sie sind mit einem detaillierten und genauen »Reiseführer« ausgestattet, der Ihnen einen schnellen, einfachen Weg zum Ziel weist. Wir wünschen jedenfalls viel Erfolg und viele Kunden und freuen uns, wenn wir Ihnen mit unseren Erfahrungen zur Seite stehen können!

Danksagung und Autoren-Team

Wir möchten uns bei allen Korrektoren, Helfern und Mitwirkenden ganz herzlich bedanken. Ganz besonderer Dank gilt unserer Lektorin *Birgit Ellissen* für das entgegengebrachte Vertrauen und unseren beiden Kindern *Giulia* und *Mika* für ihre Geduld. Ohne ihre Hilfe und ihr Verständnis wäre dieses Buch nicht in dieser Form zustande gekommen.

Susanne Angeli betreut seit mehreren Jahren einen eigenen Online-Shop für Notebooks und Notebook-Taschen. Neueste Standbeine sind der Verkauf von eBooks und das Webhosting inklusive Installationsservice für Kleinunternehmer. Darüber hinaus gibt sie Erlebnis-Computerkurse für Kinder von 6 bis 14 Jahren. Nebenbei ist sie als Referentin tätig und hält Vorträge für zahlreiche Veranstalter über den sinnvollen Einsatz von Medien und Internet.

Wolfgang Kundler studierte Wirtschaftsmathematik an der Universität in Augsburg. Schon während des Studiums beschloss er, im IT-Sektor freiberuflich tätig zu werden. Seit 1998 befasst er sich intensiv mit den Themen Internet und Online-Handel. Über seine Tätigkeit als Trainer und Netzwerkadministrator landete er ehrenamtlich im *IHK*-Prüfungsausschuss für »Fachinformatiker Systemintegration«. Als Initiator und 1. Vorsitzender der *abakus Initiative für Bildung, Familie und Jugend e.V.* organisiert er die Lechfelder Lehrstellenbörse.

Autoren-Team

I

Unternehmensgründung und Unternehmensführung

TEIL I

>>>

1

Existenzgründung

Selbstständig machen – na klar!

Zunächst wollen wir Ihren persönlichen und fachlichen Stärken und Schwächen, die über die Eignung zu einer selbstständigen Tätigkeit entscheiden, auf die Spur kommen. Denn nur mit fachbezogenem Know-how, persönlicher Motivation und kaufmännischen Grundlagen meistern Sie die typischen Schwierigkeiten bei der Existenzgründung. Erfahren Sie hier, welche Kenntnisse Sie ggf. noch auffrischen sollten.

Die wichtigsten Grundlagen des Unternehmenskonzepts

Wir befassen uns mit den Grundzügen Ihres Unternehmenskonzepts. Den Anfang macht die Geschäftsidee. Wir vermitteln Ihnen einfache Methoden, mit denen Sie neue Ideen für Ihre Selbstständigkeit entwickeln. Danach informieren wir Sie über die die juristischen Formen, die Ihr Unternehmen annehmen kann. Zu guter Letzt stellen wir Ihnen Finanzierungsmöglichkeiten für Ihre Existenzgründung vor.

Wie erstellen Sie einen Business-Plan?

Wer sich selbstständig machen will, muss sein Vorhaben sorgfältig planen. Dazu dient der Business-Plan. Wir zeigen Ihnen, welche inhaltlichen und formalen Kriterien einen guten Business-Plan ausmachen. Mit Hilfe der zahlreichen Hinweise und Erläuterungen haben Sie bald einen Business-Plan erstellt und wissen, warum er ein unverzichtbares, effektives Planungsinstrument ist.

1.1 Selbstständig machen – na klar!

Persönliche Freiheit als Selbstständiger

Gerade kleine und mittlere Unternehmen (**KMU**) liefern einen bedeutenden Beitrag für die Wirtschaftsleistung Deutschlands. Mit jeder Firmengründung entstehen auch neue Arbeitsplätze. Die meisten Existenzgründer versuchen sich mit dem Schritt in die Selbstständigkeit den Traum von unternehmerischer und persönlicher Freiheit zu erfüllen. Die Gründe, die zur Selbstständigkeit führen, sind selbstverständlich vielfältig. Die einen wollen sich ein höheres Einkommen erarbeiten, der Arbeitslosigkeit entfliehen oder eine günstige Gelegenheit beim Schopf packen. Die anderen wollen endlich ihr eigener Chef sein, größere Unabhängigkeit genießen und ihren beruflichen Werdegang selbst in die Hand nehmen.

WWW ......   www.existenzgruender.de
BMWi *(Broschüre: Starthilfe der erfolgreiche Weg in die Selbstständigkeit)*

Die *EXFOR*-Projektgruppe an der Fachhochschule Trier sammelte dazu in einer Untersuchung interessante Daten. Für den Schritt in die Selbstständigkeit gibt es ganz unterschiedliche Beweggründe. Welche das genau sind, sehen Sie in Abbildung 1.1.

Quelle: EXFOR-Projektgruppe

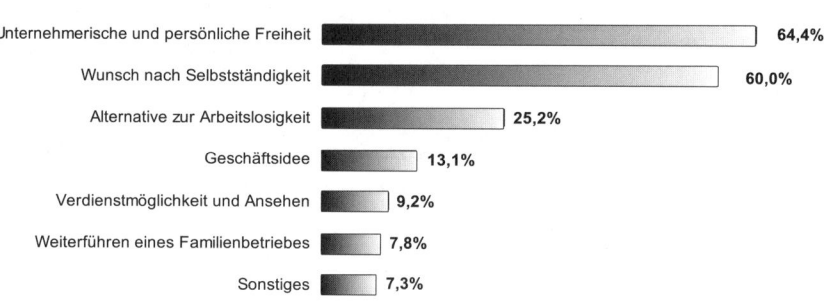

Abbildung 1.1: Gründe für den Schritt in die Selbstständigkeit

Chancen nutzen und Risiken mindern

Grundsätzlich gilt: Wer nicht wagt, der nicht gewinnt. Bei allen Chancen, die mit einer Existenzgründung verbunden sind, muss man sich aber auch über die Risiken im Klaren sein. Mit unserem Buch möchten wir Ihnen helfen, die Chancen bei der Gründung eines Online-Shops zu verbessern und gleichzeitig Ihre Risiken bei dessen Betrieb zu mindern.

WWW ......   www.quantumplus.de
Quantum Plus GmbH & Co. KG *(Beim Schreiben dieses Kapitels hat uns Norbert Meinl maßgeblich mit fachlichen Tipps und Anregungen geholfen.)*

1.1.1   Grundsätzliches zur Selbstständigkeit

Die steigende Zahl der Neugründungen ist insbesondere seit 2003 geprägt durch die massive Zunahme von Existenzgründern aus der Arbeitslosigkeit heraus. Die Gründungsaktivitäten erhielten dadurch einen gewaltigen Schub. Trotz der in den letzten Jahren angespannten wirtschaftlichen Lage ist es nicht verwunderlich, wenn viele sich zu einem solchen Schritt entschließen, statt sich auf die häufig aussichtslose Suche nach einem neuen Job zu machen. Allein das Förderinstrument **Existenzgründungszuschuss** (Ich-AG) motivierte im Jahr 2003 knapp 93.000 Leute zum Wechsel in die Selbstständigkeit. Dieser wurde im Jahr 2006 durch den **Gründungszuschuss** abgelöst. Mehr darüber erfahren Sie in *Kapitel 2*. Leider sanken dadurch die Neugründungen, da dieser Zuschuss nicht im gleichen Umfang in Anspruch genommen wurde wie der Existenzgründerzuschuss. An dieser Veränderung wirkte zusätzlich seit dem Jahr 2006 die gute konjunkturelle Entwicklung mit: Potenzielle Gründer entschieden sich nunmehr eher für ein Angestelltenverhältnis, da sich die Arbeitsplatzsituation erheblich verbesserte.

Anzahl der Existenzgründungen steigt

In Abbildung 1.2 sehen Sie, wie viele Existenzgründungen insgesamt es in den letzten Jahren deutschlandweit gab.

Quelle:
`Institut für Mittelstandsforschung`

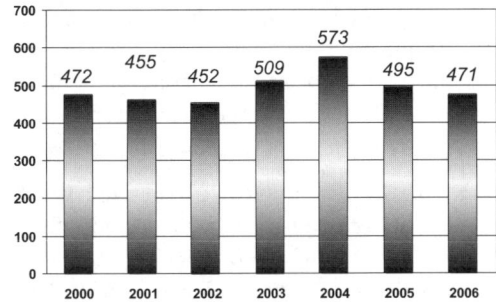

Existenzgründungen in Deutschland in Tsd.

Abbildung 1.2: Existenzgründungen in Deutschland

Chancen und Risiken für Selbstständige

Auch wenn die Wirtschaft nun endlich einen Aufwärtstrend verzeichnet, birgt eine Selbstständigkeit einige Gefahren. Die Gründe dafür sind die schwankende Kaufkraft seitens der Konsumenten und die bedrohlich niedrige Zahlungsmoral. Die Entwicklung der Verbraucherinsolvenzen, die in Abbildung 1.3 dargestellt ist, belegt dies deutlich.

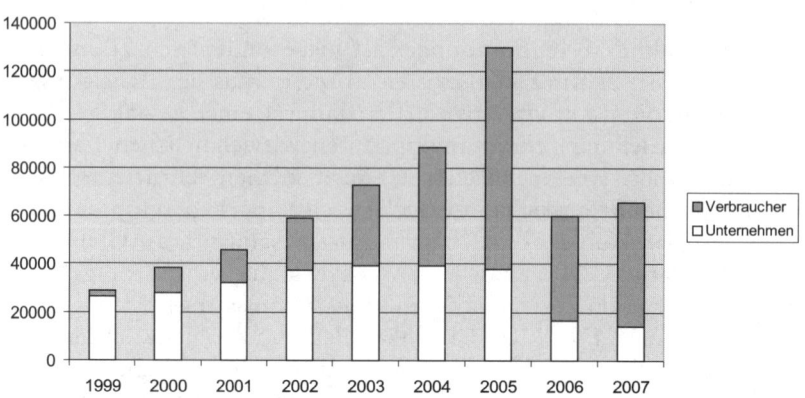

Abbildung 1.3: Anzahl der Insolvenzen in Deutschland

Unternehmens-
insolvenzen
gehen zurück

Im Vergleich dazu sanken die Unternehmer-Insolvenzen im ersten Halbjahr 2007 auf nur noch 14.100 Zusammenbrüche. In den beiden ersten Halbjahren 2003 und 2004 erzielten hingegen die Firmeninsolvenzen Spitzenwerte mit fast 20.000 Unternehmensinsolvenzen. Grund für diese Entwicklung ist der positive Verlauf der Konjunktur. Hoffen wir, dass sich dieser Trend weiter fortsetzt, damit wieder die positiven Zahlen der Jahrtausendwende erreicht werden. Ganz im Gegensatz zu den Unternehmern zeigen sich die Zahlen für natürliche Personen: Während die Unternehmensinsolvenzen im ersten Halbjahr einen Rückgang von 14,3 Prozent zu verzeichnen haben, steigen die Verbraucherinsolvenzen weiterhin kräftig an und das mit einem fetten Plus von 18,2 Prozent.

Warum machen wir Sie auf diese Risiken aufmerksam? Nicht weil wir Sie abschrecken wollen, sondern weil wir hoffen, dass Sie sich der möglichen Probleme bewusst werden. Als junger Unternehmer können Sie nur erfolgreich sein, wenn Sie sehr viel Einsatzwillen, ausreichend Eigenkapital und eine umfassende persönliche und auch fachliche Eignung mitbringen.

Instrumente des
kaufmännischen
Einmaleins

Unternehmer müssen jederzeit Bescheid wissen, wie ihr Geschäft läuft. Niedrige Rentabilität, sinkende Gewinne und nicht selten die Insolvenz des Unternehmens sind sonst oft die Folge. Wenn Ihnen das kaufmännische Grundwissen fehlt, verlieren Sie schnell die Kontrolle und den Überblick. In *Kapitel 1.1.2* erhalten Sie weitere Empfehlungen; hier finden Sie auch Adressen zu Weiterbildungsmaßnahmen. Die Mindestanforderungen, die Sie mitbringen müssen, sind aus betriebswirtschaftlicher Sicht:

>> Preis-/Handelskalkulation – Preise und Kosten berechnen

>> Buchführung – Einnahmen und Ausgaben verstehen

>> Finanzplanung – Zahlungsfähigkeit ist das A und O der Steuerung

>> Forderungsmanagement – Umgang mit säumigen Kunden

Die Arbeitswelt befindet sich in einem epochalen Wandel. Heute ist sehr viel mehr Eigenverantwortung, Flexibilität und Selbstmotivation als früher gefragt. Viele Trends beeinflussen diesen **Wertewandel** in unserer Gesellschaft, dazu gehören unter anderem die Globalisierung der Märkte, die steigende Mobilität, die Digitalisierung der Kommunikation und das lebenslange Lernen. Zeigen auch Sie sich wandlungsfähig: Suchen Sie neue Wege, neue Ziele und neue Arbeit. Nehmen Sie Ihre Zukunft selbst in die Hand und lernen Sie Ihre unentdeckten Potenziale kennen.

Arbeitswelt wandelt sich

Lassen Sie sich nicht von einer schlechten Wirtschaftslage abschrecken. Starten Sie mutig mit frischen Ideen in Ihre Selbstständigkeit, ohne die damit verbundenen Risiken zu ignorieren.

Gründe für eine Unternehmensinsolvenz

Eine Untersuchung der ehemaligen *Deutschen Ausgleichsbank* (*DtA*) ergab eine Reihe von Gründen für Unternehmensinsolvenzen. Die meisten davon stehen mit der Person des Gründers selbst in Verbindung:

Quelle:
existenz-
gruender.de

>> **Finanzierungsmängel** – angemessener Eigenkapitalanteil ist sinnvoll!

Existenzgründer unterschätzen ihren kurzfristigen Kapitalbedarf, oft sind Liquiditätsengpässe ausgelöst durch die schleppende Zahlung durch Kunden.

>> **Informationsdefizite** – Branchen-/Berufserfahrung ist von Vorteil!

Existenzgründer wissen zu wenig vom Markt, überschätzen die Nachfrage nach den angebotenen Produkten bzw. Dienstleistungen und unterschätzen die Konkurrenz.

>> **Qualifikationsmängel** – neues Motto ist das lebenslange Lernen!

Existenzgründern mangelt es selten an fachlicher Qualifikation, eher an betriebswirtschaftlichen, rechtlichen und unternehmerischen Kenntnissen.

>> **Planungsmängel** – richtig planen und sich an die Planung halten!

Existenzgründer planen zu wenig oder sogar falsch. Die meisten Pläne sind zwar im Nachhinein betrachtet fehlerhaft. Dennoch geht es ohne Planung noch weniger. Krisengebeutelte Unternehmer haben auffällig selten eine geeignete Business-Planung.

>> **Familienprobleme** – Zeit nehmen für Familie und Beruf!

Existenzgründer vernachlässigen ihre Partner und Familien, da gerade in der Anfangsphase die zeitliche Belastung extrem hoch ist.

>> **Äußere Einflüsse** – mehrere Standbeine gleichzeitig aufbauen!

Existenzgründer berücksichtigen zu wenig die Änderungen im Kundenverhalten, schwindende Kaufkraft, geänderte kommunale Planungen oder konjunkturellen Schwankungen. Bauen Sie dem möglichst vor, indem Sie Alternativen entwickeln. Verzetteln Sie sich aber dabei nicht.

Haben Sie auf alle Punkte eine positive Antwort, sind Sie auf dem besten Wege.

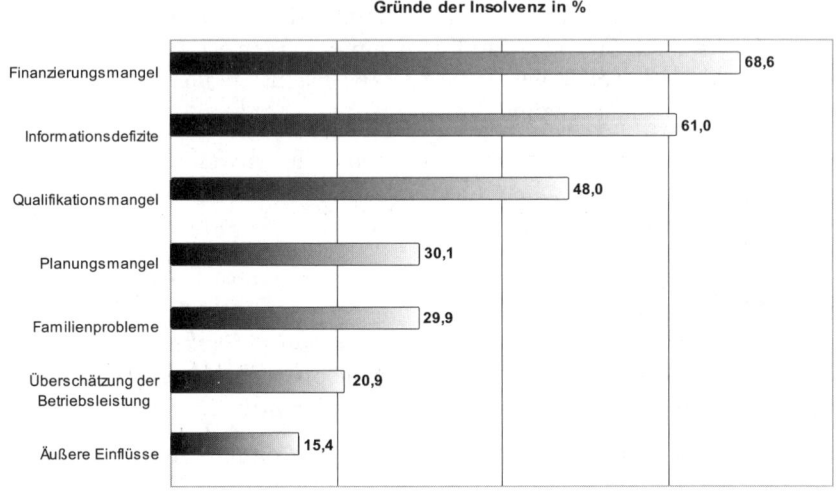

Abbildung 1.4: Gründe für Unternehmensinsolvenzen

Fehler bei der Existenzgründung vermeiden

Lernen Sie aus den Fehlern anderer

Mit dem richtigen Know-how entstehen viele dieser Probleme erst gar nicht. Im Anschluss haben wir für Sie eine Checkliste mit Tipps zur Vermeidung von Gründungsfehlern erstellt. Als Hobby-Schachspieler wissen wir aus Erfahrung: Nicht derjenige, der den ersten Fehler begeht, verliert, sondern der letzte Fehler entscheidet meistens das Spiel. Und: Fehler machen ist in Ordnung, solange Sie den gleichen Fehler nicht wiederholen.

Damit es nicht so weit kommt, lesen Sie die folgenden Tipps und versuchen Sie, sie zu beherzigen:

Tipps	Was ist zu beachten?
Geschäftsidee	Den Kunden dürfen Sie niemals aus dem Blick verlieren. Er muss einen echten Nutzen durch Ihr Angebot erhalten. Sonst kann er das Produkt auch bei der Konkurrenz kaufen. Hören Sie sich um, versuchen Sie mögliche Kundenwünsche herauszufinden. TIPP: Heben Sie sich von der Konkurrenz ab.
Qualifikation	Wer keine ausreichende Branchen- und/oder Berufserfahrung besitzt, sollte an Weiterbildungsmaßnahmen teilnehmen. Informationsquellen sind darüber hinaus Fachzeitschriften, das Internet und Fachbücher. TIPP: Nutzen Sie computerbasiertes Training für das Selbststudium.

Tabelle 1.1: Tipps, wie Sie Fehler bei der Existenzgründung vermeiden

Tipps	Was ist zu beachten?
Fachberatung	Qualifizierte Berater und erfahrene Coachs helfen Ihnen in der Gründungsphase und der ersten Zeit als Unternehmer. Verstehen Sie Ratschläge als Entscheidungshilfe, damit Sie Gründungsfehler vermeiden. Informieren Sie sich vorab gründlich und lassen Sie sich bei Bedarf beraten. TIPP: Beratungsquellen finden Sie online bei www.bdu.de.
Finanzierung	Erfolgreich wird nur, wer sein Gründungsvorhaben solide finanziert. Als Sicherheits- und Risikopolster brauchen Sie dazu eine angemessene Eigenkapitalquote und langfristige Darlehen. TIPP: Ein angemessener Eigenkapitalanteil ist sinnvoll.
Rechtsform	Die Wahl der Rechtsform ist abhängig von geschäftlichen, steuerlichen und rechtlichen Anforderungen. Lassen Sie sich von verschiedenen Personen umfassend beraten. In steuerlichen Dingen ist Ihr Steuerberater der richtige Ansprechpartner. Das Haftungsrisiko kann ein wichtiges Entscheidungskriterium sein, obwohl Sie bei Kreditvergaben häufig ohnehin persönlich haften. TIPP: 25% aller GmbH-Gründungen sind englische Limiteds.
Risikovorsorge	Kümmern Sie sich um geeignete Versicherungsverträge für Ihr Unternehmen. Vergessen Sie Ihre persönliche Absicherung nicht und denken Sie dabei auch an Ihre Familie. Einige Steuersparmodelle senken Ihre Gewinne und bieten zugleich Sicherheit. TIPP: Nur bedrohliche Unternehmensrisiken absichern.
Business-Plan	Bevor Sie sich selbstständig machen, erstellen Sie unbedingt ein strategisches Unternehmenskonzept. Lassen Sie es von Freunden, Kollegen und Ihrem Steuerberater durchlesen und prüfen. TIPP: Existenzgründungsberater (online) vom *BMWi*.

Tabelle 1.1: Tipps, wie Sie Fehler bei der Existenzgründung vermeiden (Forts.)

Der Existenzgründungsberater-Online (BMWi)

Das *Bundesministerium für Wirtschaft und Technologie* (*BMWi*) gibt eine kostenlose CD-ROM heraus, die sich speziell an Gründer und junge Unternehmer richtet. Das *BMWi*-Softwarepaket informiert interaktiv über grundlegende Fragen der Unternehmensgründung und -führung.

Darüber hinaus finden Sie im Internet zahlreiche interaktive Infotools und Anwendungen, die Sie rund um das Thema Selbstständigkeit informieren. Ihnen stehen mit dem Businessplaner, dem Existenzgründungsberater und den Informationen zu Chancen und Risiken wertvolle Tools zur Verfügung. Gehen Sie online und nutzen Sie die Vielseitigkeit der einfach zu bedienenden Online-Programme des *BMWi*. Für spezielle Fragen finden Sie dort ein Expertenforum mit kompetenten Ansprechpartnern.

Die Homepage des *Bundesministeriums für Wirtschaft und Technologie* informiert Sie über grundlegende Fragen zur Unternehmensgründung. In Abbildung 1.5 sehen Sie den Startbildschirm der Online-Software.

Abbildung 1.5: Startbildschirm des Existenzgründungsberaters (Online)

WWW · · · · ·

www.existenzgruender.de
BMWi *(Existenzgründerportal des BMWi)*

www.existenzgruender.de/beratungscheck/index.php
BMWi *(Online-Check Beratung)*

1.1.2   Bin ich ein Unternehmertyp?

Schlüssel zum Erfolg

Planen Sie gerade den Weg in die berufliche Selbstständigkeit? Wollen Sie sich mit einem Online-Shop eine tragfähige Existenz aufbauen? Wie schon erwähnt ist der Gründer – d.h. Sie selbst – der Schlüssel zum Erfolg. Bringt er die persönlichen Voraussetzungen mit, kann das Vorhaben gelingen. Auf was es ankommt, zeigen wir Ihnen in diesem Abschnitt.

Als Existenzgründer sind Sie Ihr eigener Chef. Das heißt: Der Erfolg hängt in erster Linie von Ihnen selbst ab. Sie wollen schließlich Ihr eigenes Unternehmen leiten und führen. Jetzt treffen Sie selbst die Entscheidungen und sind verantwortlich für die Resultate.

An dieser Stelle konfrontieren wir Sie nicht mit einer Liste von Kriterien, die eine gute Führungskraft ausmachen. Unser Anliegen ist es zunächst, dass Sie sich selbst unvoreingenommen beurteilen. Wir drehen also den Spieß um. Lernen Sie mit einer einfachen Methodik sich selbst und das geplante Tätigkeitsumfeld einzuschätzen. Danach sehen Sie sich die Idealvorstellung einer erfolgreichen Führungskraft an und ziehen einen Vergleich.

Eigenes Persönlichkeitsprofil erstellen

Eigene Stärken und Schwächen

Um ein Persönlichkeitsprofil aufzustellen, eignet sich als einfaches Hilfsmittel die so genannte **SWOT-Analyse** hervorragend. Auf die gegenwärtige Situation bezogen, finden Sie im Nu Ihre persönlichen Stärken und Schwächen heraus. Bezogen auf die Marktanalyse bedenken Sie gleichzeitig mögliche Chancen und Risiken, die Ihre zukünftige Situation näher beleuchten.

>> Strengths (interne Stärken), z.B. gute Kommunikationsfähigkeit

>> Weakness (interne Schwächen), z.B. kaum Durchsetzungsvermögen

>> Opportunities (externe Chancen), z.B. die Frage: Welche Markttrends kommen?

>> Threats (externe Gefahren), z.B. die Frage: Was macht die Konkurrenz?

Der Selbsttest verläuft richtig, wenn Sie einige ehrliche Einschätzungen und Fakten zu Ihrer Person sammeln. Nutzen Sie Ihre Stärken, um Schwächen auszugleichen, Chancen zu realisieren und Gefahren zu beherrschen. Stecken Sie den Kopf jedoch nicht in den Sand, falls der Test Ihrer Meinung nach nicht zufriedenstellend ausfällt. Sehen Sie es als Chance für Verbesserungen. Selbsterkenntnis ist schließlich der erste Schritt zur Besserung. Mit Einsatzwillen und Selbstdisziplin gelingt es Ihnen, das fehlende »Etwas« auszugleichen.

Bevor Sie weiterlesen, nehmen Sie sich 15 Minuten Zeit und füllen Tabelle 1.2 aus. Auch die *KfW-Mittelstandsbank* empfiehlt das von uns dargestellte Analyse-Tool. Es bietet sich sogar an, sich von Verwandten und Freunden beurteilen zu lassen. Auf diesem Wege erfahren Sie, wie Sie von anderen Personen eingeschätzt werden.

SWOT		Was sind die bedeutendsten Meinungen?
Gegenwart: interne Situation	Persönliche Stärken	– z.B. sehr kommunikationsfähig
		– _____
		– _____
		– _____
		– _____
	Persönliche Schwächen	– z.B. geringes Durchsetzungsvermögen
		– _____
		– _____
		– _____
Zukunft: externe Folgen	Chancen	– z.B. neuer Markttrend: Voice over IP
		– _____
		– _____
		– _____
		– _____
	Risiken	– z.B. starke Konkurrenz: Preisdruck
		– _____
		– _____
		– _____
		– _____

Tabelle 1.2: Stärken- und Schwächenanalyse mit SWOT

Die Idealvorstellung einer Führungskraft

Wenn Sie schon lange eine Stelle besetzen, kennen Sie jeden Handgriff in Ihrem Job. Im Gegensatz dazu unterschätzen Existenzgründer, wie viel Neues auf sie zukommt. Auf dem Weg vom Mitarbeiter zum Unternehmer liegen jede Menge neuer Aufgaben. Nachdem Sie sich über sich selbst ein Bild verschafft haben, liegt es nahe, von den Besten zu lernen. Als Gründerperson vergleichen Sie sich mit Führungskräften. Denn selbst wenn die meisten Ein-

Personen-Gründungen zumindest zu Beginn keine eigenen Mitarbeiter haben, müssen sie externe Lieferanten, Dienstleister und teilweise auch Kunden »führen«. Führung sieht dann zwar nicht so aus, wie Sie es möglicherweise als Angestellter aus einem Betrieb kannten, die Aufgaben sind prinzipiell aber die gleichen.

Benchmarking:
Lernen von den
Besten

Wer sich mit anderen Menschen oder Unternehmen messen möchte, bedient sich dazu einer sehr gängigen Methode, dem **Benchmarking**. Jeder kennt und nutzt es gelegentlich, ohne es zu wissen. Sobald wir einen anderen Menschen neidvoll bewundern, messen wir uns mit ihm. Wir wollen uns dann dessen Niveau durch Nachahmung und Weiterentwicklung schrittweise annähern oder ihn sogar überflügeln. Der erste Schritt dazu besteht darin, herauszufinden, was erfolgreiche Führungskräfte und Unternehmer ausmacht.

Gute Führungskräfte zeichnen sich neben ihrer Fachkompetenz aus durch:

>> **Selbstkompetenz** (engl. empowerment)

Es ist von Vorteil, wenn Sie die eigenen Fähigkeiten, Stärken und Schwächen kennen, damit Sie sie situationsgerecht einsetzen können. Jede Führungskraft übernimmt vermehrt Verantwortung für die Abläufe im Unternehmen und das eigene Handeln. Basis dazu sind die zuvor erworbenen Erfahrungen. In großen Unternehmen wird das umgesetzt durch flache Hierarchien, Förderung von Mitarbeitern, Übernahme von Verantwortung, Teamorientierung, Kompetenzverteilung, Erweiterung von Entscheidungs- und Gestaltungsspielräumen usw. Das Recht zu mehr Selbstbestimmung erhöht die Arbeitszufriedenheit der Mitarbeiter und erlaubt in hohem Maße eine optimale Nutzung von deren Potenzialen und Fähigkeiten.

>> Sach- und **Methodenkompetenz**

Diese Fähigkeit ist eine fachübergreifende Qualifikation. Die Führungskraft kennt Mittel und Wege, die ihm eine effiziente und erfolgreiche Aufgabenbewältigung ermöglichen. Sobald eine Aufgabe ansteht, wird versucht, dieses Problem mit geeigneten Maßnahmen selbstständig zu lösen. Zu diesen Kompetenzen zählen z.B. Methoden zur Informationsbeschaffung, Problemlösungs- und Kreativitätstechniken, Mittel zur Arbeitsteilung und -planung.

>> **Sozialkompetenz** (engl. **soft skills**)

Diese Schlüsselqualifikation beschreibt die Einflussmöglichkeit bei der Zusammenarbeit mit anderen Menschen. Führungskräfte vermitteln Teamgeist, motivieren und begeistern. Vorgesetzte nutzen diese Fähigkeit, denn auf diese Weise erzielen sie bei ihren Mitarbeitern eine bessere Arbeitsleistung. Aus Sichtweise der Psychologie bezeichnet Sozialkompetenz die Gesamtheit aller Fertigkeiten, die für zwischenmenschliche Interaktionen nützlich oder notwendig sind. Dazu gehören insbesondere Fähigkeiten, in Problemsituationen konstruktiv miteinander umzugehen und am Erreichen gemeinsamer Ziele mitzuwirken.

Die Liste der auf Sie zukommenden Aufgaben ist schier unendlich. Unterteilen Sie sie in kleine Arbeitspakete; das ist motivierender, weil Sie bereits Geleistetes abhaken können. Behalten Sie dabei aber auch mittel- und langfristige Strategien und Planungen im Blick, damit Sie die großen Ziele termingerecht vorantreiben. Um beides gut hinzukriegen, ist ein fundiertes Wissen im Bereich Projektmanagement sehr nützlich.

Praxis-Tipp: Projektmanagement Fähigkeiten erlernen

Zahlreiche Methoden aus dem Projektmanagement gestalten Ihren Alltag als Unternehmer effizienter und effektiver. Eignen Sie sich erforderliches Projektmanagement-Know-how in der Praxis oder in Seminaren an.

Prüfen Sie Ihre persönliche Voraussetzungen
Zu den wichtigen Voraussetzungen für Existenzgründer zählen fachbezogenes Know-how, persönliche Motivation und kaufmännisches Grundlagenwissen.

Je mehr **fachbezogene Fertigkeiten** Sie besitzen, desto besser sind Sie auf die Ausübung der künftigen Tätigkeit vorbereitet. Mit den wichtigsten Branchenkenntnissen ausgestattet, verfügen Sie über einen weiteren Pluspunkt. Dazu gehören neben aktuellen Marktentwicklungen und Kennzahlen auch Kenntnisse über die Wettbewerbssituation. Machen Sie sich kundig, indem Sie sich z.B. die Preisgestaltung Ihrer direkten Mitbewerber im Online-Shop oder auch im Ladengeschäft ansehen.

Ihre **persönliche Eignung** können Sie online testen, und zwar mithilfe des Eignungstests der *KfW-Mittelstandsbank* im Bereich Existenzgründer. Er umfasst Fragen zur Risikobereitschaft, Aufgeschlossenheit gegenüber neuen Ideen, Entscheidungsfreudigkeit, Kritikverträglichkeit, unternehmerischen Mut, Kommunikations- und Motivationsfähigkeit. Besonders hilfreich ist es, wenn die eigene Familie hinter Ihrem Vorhaben steht, da Sie weniger Zeit mit ihr verbringen werden und sie gegebenenfalls finanzielle Einbußen hinnehmen muss.

In 5 Minuten persönliche Eignung testen

www.existenzgruender.de
BMWi *(GründerZeiten Nr. 46: Unternehmensbewertung/Banken-Rating)*

www.kfw-mittelstandsbank.de
KfW-Mittelstandsbank *(Kredite für Unternehmer und Existenzgründer)*

Worauf Sie keinesfalls verzichten können, ist **kaufmännisches Wissen**. Das ist ein absolutes Muss. Da Sie als Existenzgründer sowieso den Gedanken der Selbstständigkeit in sich reifen lassen sollten, können Sie einige Maßnahmen treffen. Nutzen Sie Weiterbildungsmaßnahmen, um sich möglichst frühzeitig fehlendes Wissen in Schulungen und Fortbildungen anzueignen. Bauen Sie ein Netzwerk an Kontakten auf, zu potenziellen Kunden, Lieferanten und Dienstleistern, wie Steuer-, Rechts- und Gründungsberater und Anbieter von Versand- und Zahlungssystemen.

Netzwerk an Kontakten aufbauen

WWW . . . . . www.xing.de
*Xing AG (ehemals **Open Business Club** GmbH - Globales Networking für Geschäftsleute)*

Grundlegendes Wissen im kaufmännischen Bereich

Anhand der folgenden Übersicht können Sie schnell erkennen, in welchen Wissensbereichen Ihnen erforderliche Grundkenntnisse noch fehlen:

>> **Betriebliches Rechnungswesen** (Aufgabe und Funktionsweise)

Grundsätze ordnungsgemäßer Buchführung (**GoB**), Buchen von Geschäftsvorfällen, Einnahmen- und Überschussrechnung (**E/Ü**), Bilanz, Gewinn- und Verlustrechnung (**GuV**), Auswahl des Kontenrahmens, Abschreibungen, Rückstellungen ...

>> **Kalkulation** und **Controlling** (mittel- bis langfristige Planung)

Aufwendungen, Kosten, Controlling, Cashflow, Handelsspanne, Deckungsbeitrag, Liquidität, Break-even-Point, Finanzplanung, Kapitalbedarfsermittlung, Investitionen, Preiskalkulation ...

>> **Lohn-** und **Gehaltsabrechnung** (falls Sie Mitarbeiter einplanen)

Arbeitslohnberechnung, Feststellung der Lohn- und Kirchensteuer, Solidaritätszuschlag, Berechnung von Urlaubs- und Weihnachtsgeld, Sozialversicherungspflicht, Lohnfortzahlung im Krankheitsfall, vermögenswirksame Leistungen, Kündigungsfristen ...

>> **Rechtsgrundlagen** (Steuer-, Vertrags-, Arbeits- und Online-Recht)

Steuerarten, Einkommen-, Lohn-, Gewerbe- und Umsatzsteuer, Rechtsformen, Aufbewahrungspflichten, Mahnwesen, unlauterer Wettbewerb, Allgemeine Geschäftsbedingungen (**AGB**), Online-Recht (z.B. Preisangabenverordnung, Informationspflichten, Widerrufs- und Rücktrittsrecht) ...

>> **Vertrieb** und **Marketing** (zur Neukundengewinnung)

Kunden- bzw. **Kaltakquise**, Vermarktung von Produkten bzw. Services, Pressearbeit, Online-Marketing, Werbung, Kontaktnetzwerk, Customer-Relationship-Management (**CRM**), Verkaufsgespräche ...

Machen Sie sich die Mühe und überfliegen Sie die stichpunktartige Auflistung. Kommen Sie bei jedem zweiten Punkt ins Stocken, besteht erheblicher Nachholbedarf.

Bundesweite Schulungs- und Seminaranbieter

Haben Sie Wissenslücken gefunden? Oder fehlen Ihnen in einem Bereich sogar grundlegende Kenntnisse? Dann raten wir Ihnen zu folgender Vorgehensweise. Mit einem Fachbuch informieren Sie sich zunächst theoretisch über die wichtigsten Grundlagen. Später festigen Sie das angelesene Wissen anhand praxisnaher Aufgabenstellungen durch den Besuch von Kursen. Speziell für Existenzgründer bieten die regionalen *Industrie- und Handelskammern (IHK)* gute Basistrainings an.

Praxis-Tipp: Schulungen sind finanziell förderbar

Tipp . . . . . .

Informations- und Schulungsveranstaltungen sind finanziell förderbar. Die Seminare dienen Interessenten dazu, ihre Bereitschaft zur Existenzgründung zu stärken (Existenzgründerseminare), die Leistungs- und Wettbewerbsfähigkeit zu verbessern oder die Anpassung an veränderte wirtschaftliche Rahmenbedingungen zu erleichtern (Leistungssteigerungsseminare).

Spezielle bundesweite Schulungsangebote zu verschiedenen Themen der Existenzgründung und Unternehmensführung finden Sie beim Bundesministerium für Wirtschaft und Technologie. *Diese Veranstaltungen werden aus Mitteln des Bundes und des* Europäischen Sozialfonds *(ESF) gefördert.*

www.beratungsfoerderung.net
BMWi *(Beratungs- und Schulungsförderung)*

WWW . . . . .

Angebot	Anbieter
KURS Direkt	*Bundesagentur für Arbeit* www.arbeitsagentur.de *KURS* ist die führende Datenbank für Aus- und Weiterbildung der Bundesagentur für Arbeit in Deutschland. Mit fast 600.000 Veranstaltungen von ca. 20.000 Einrichtungen ist sie die größte ihrer Art. Sie ist einfach in der Handhabung und informiert Sie kostenlos und schnell über berufliche Bildungsmöglichkeiten. Sie finden alles vom Überblick über den Bildungsmarkt bis hin zu Detailinformationen zu den einzelnen Veranstaltungen. Ca. 600.000 Veranstaltungen in etwa 20.000 Einrichtungen. TIPP: Bildungsmaßnahmen nach § 85 SGB III.
Weiterbildungs-informationssystem (WIS)	*DIHK Service GmbH* www.wis.ihk.de Das Weiterbildungsinformationssystem ist das bundesweite Weiterbildungsportal der IHK. *WIS* bietet Ihnen Wissenswertes rund um die Weiterbildung durch eine umfassende Datenbank zu Veranstaltungen in ganz Deutschland, eine Datenbank zu IHK-Prüfungen, Beschreibungen der gängigsten IHK-Weiterbildungsabschlüsse, Informationen zu verschiedenen Themen und Schwerpunkten, News zur Weiterbildung, eine Datenbank zu Dozenten und Trainern usw. TIPP: Gute Basistrainings für Existenzgründer.

Tabelle 1.3: Deutschlandweite Schulungs- und Seminaranbieter

Angebot	Anbieter
VHS	*Volkshochschulen Deutschland*
	www.vhs.de
	Die deutschen Volkshochschulen (VHS) sind eine gemeinnützige Einrichtung für die Erwachsenen- und Weiterbildung. Das riesige Lehrangebot der Volkshochschulen besteht aus Einzelveranstaltungen, Kompaktseminaren, Kursen, Arbeitsamtmaßnahmen und Studienreisen und -fahrten. Teilweise werden sogar Firmen- oder Inhouse-Kurse angeboten. Die größte Einnahmequelle der VHS sind die Sprachkurse.
	Ca. 600.000 Veranstaltungen in etwa 1.000 Einrichtungen.
	TIPP: Preiswerte Kurse durch kompetente Dozenten.
Liquide	*Institut der Deutschen Wirtschaft*
	www.liquide.de
	Bei *Liquide* finden Sie Informationen zu Bildungsanbietern in ganz Deutschland. Zahlreiche Qualifizierungs- und Fortbildungsanbieter bieten Ihnen internetbasierte und computerbasierte Produkte sowie Mischformen (Blended Learning). Recherchieren Sie den für Sie geeigneten Anbieter für Inhouse-Seminare. Benutzen Sie die Volltextsuche oder den Katalog für die thematische Suche.
	TIPP: Entdecken Sie eine neue Art des Lernens: eLearning.

Tabelle 1.3: Deutschlandweite Schulungs- und Seminaranbieter (Forts.)

WWW . . . . .

www.euramedia.de

EuraMedia GmbH *(eLearning für SAP, IT-Grundlagen, Netzwerke)*

Tipp . . . . . .

Praxis-Tipp: eLearning mit webbasierten und computerbasierten Trainings

*Als persönlichen Tipp möchten wir Sie speziell noch auf **webbasierte Trainings** (WBT) und **computerbasierte Trainings** (CBT) aufmerksam machen. CBT sind Lernprogramme, die Sie auf dem eigenen Computer abspeichern und ausführen. Momentan ist dies die meistgenutzte Form des elektronischen Lernens (**eLearning**). Beim WBT handelt es sich um Lernumgebungen, die auf Internet-Technologien basieren und online über das Internet oder bei Großunternehmen im Intranet besucht werden.*

Der Zugriff auf Lerninhalte über das Internet bietet vielfältige Möglichkeiten der Kommunikation des Lernenden mit dem Dozenten. Bei der lokal installierten Intranetlösung werden die Lerneinheiten direkt auf dem Webserver der Firma angeboten. Große Unternehmen schulen so relativ preiswert eine riesige Anzahl Mitarbeiter in sehr kurzer Zeit, ohne dass die Mitarbeiter einen Schulungsraum besuchen müssen. Beide Angebote stellen komplexe Sachverhalte anschaulich dar. Dazu verknüpfen sie Texte, Bilder, Sprache, Videos und Animation in multimedialer Form.

1.1.3 Beratungsmöglichkeiten für Existenzgründer

Die Basis für den dauerhaften Unternehmenserfolg ist eine umfassende Vorbereitung der eigenen Existenzgründung. Sie wissen selbst: Unwissenheit schützt vor Strafe nicht. In Umfragen nennen gescheiterte Existenzgründer Informationsdefizite als die zweithäufigste Insolvenzursache (Abbildung 1.4).

Für Gründer stehen jede Menge Entscheidungen an, die gerade zu Beginn der Selbstständigkeit nicht immer einfach sind. Nach langem Zaudern haben Sie sich endlich entschlossen, den Schritt in die unternehmerische Freiheit zu wagen. Da möchten Sie sich nicht gleich bei den ersten anstehenden »kleinen« Entscheidungen helfen lassen. Schließlich kostet das oft Geld, das Sie viel lieber anderswo investieren wollen. Aber aufgepasst, den Zahn lassen Sie sich lieber gleich ziehen! Einen professionellen Berater hinzuziehen ist garantiert die beste Investition, die Sie zum Existenzstart vornehmen können. Und das Beste, Sie müssen nur einen Teil der Kosten selbst aufbringen!

Ohne Beratung geht es nicht

Praxis-Tipp: Finanzieller Zuschuss für Beratungen

Tipp . . . . . .

Die Förderung der Unternehmensberatung für KMUs beinhaltet Zuschüsse für Existenzgründungsberatungen und allgemeine Beratungen. Potenzielle Gründer können Zuschüsse für Existenzgründungsberatungen beantragen, wenn sie sich selbstständig machen wollen durch:

– *Neugründung eines Unternehmens*

– *Übernahme eines bestehenden Unternehmens*

– *tätige Beteiligung an einem Unternehmen*

Die Förderung erfolgt, wie bei den Schulungsförderungen, aus Mitteln des Bundes und des Europäischen Sozialfonds (ESF).

Gründungsberater unterstützen Ihre Geschäftsidee

Berater bieten Menschen bereitwillig Hilfe bei der Bewältigung von Schwierigkeiten an. Doch vielen fällt es schwer, diese Hilfe anzunehmen. Machen Sie nicht den gleichen Fehler. Holen Sie sich Unterstützung von Profis, die sich im Business auskennen. **Gründungsberatungen** schaffen für Sie Klarheit, welche Ertragschancen, Risiken und Aussichten Ihre Gründungsidee hat. Unabhängige Berater bewerten Sie und Ihre Idee fachmännisch, kritisch, individuell und vor allen Dingen objektiv. Das können Bekannte und Freunde leider nicht so gut.

Sparringspartner Gründungsberater

Den Beratungsbedarf zu erkennen, ist nicht immer einfach. Hinterher wissen Sie es zwar besser, doch dann ist es oft zu spät. Leider haben Sie im Leben immer oft nur eine erste Chance. Nehmen wir einmal an, Sie wollen Ihre Hausbank von Ihrer tollen Geschäftsidee überzeugen. Mit Müh und Not basteln Sie Ihren Business-Plan zusammen. Zu Ihrer Enttäuschung lehnt die Hausbank ab und Sie erhalten auch die dringend benötigten **Fördergelder** nicht. Sie fragen sich dann, warum?

Der erste Eindruck entscheidet

Zu einem aussagekräftigen **Business-Plan** gehören realistische betriebswirtschaftliche Planungszahlen. Ein Unternehmensberater kann Ihnen wertvolle Tipps geben, wie Sie an aussagekräftige Zahlen herankommen. Die Banken achten nicht nur auf Formalia bei der Beantragung von Existenzgründungsdarlehen und sonstigen Fördermitteln. Wichtig ist, dass Sie das Zahlenmaterial im Antrag vollständig und in sich stimmig aufbereiten. Ungereimtheiten können Sie sich kaum leisten, sie führen nur zu unangenehmen Fragen. Bei Bedarf begleitet und unterstützt Sie der Berater bei Finanzierungsgesprächen mit Ihrer Hausbank oder anderen wichtigen Vertragsverhandlungen.

Themenfelder für Beratungsgespräche

Wofür Beratung? Kompetente Hilfestellung kann für Sie als Existenzgründer nützlich sein. Relevante Problembereiche mit erhöhten Risiken sind:

>> Entwurf eines aussagekräftigen Business-Plans: Konsistenz, Produkt, Geschäftsidee, Konkurrenzanalyse, Unternehmensorganisation, Umsatz- und Rentabilitätsvorschau, Liquiditäts-, Finanzierungs-, Investitions- und Kapitalbedarfsplan ...

>> Wahl der richtigen Rechtsform: GbR, Ltd., GmbH, GmbH & Co. KG, OHG, KG, KGaA, e.K., eG, AG ...

>> Anträge für Fördermöglichkeiten: Auswahl der Hausbank, Kreditbedarfsermittlung, StartGeld, Mikro-Darlehen, *KfW*-Darlehen, Unternehmerkredit ...

>> Anmeldeformalitäten und rechtliche Belange: Gewerbeanmeldung, Handelsregister-Eintrag, Verletzung von Markenrechten ...

>> Überprüfung von Verträgen: Entwurf der AGB, Miet-, Kauf-, Pacht-, Leasing-, Arbeits-, Gesellschafter-, Franchisevertrag ...

>> Unterstützung bei Firmenübernahmen: rechtliche und kaufmännische Übernahme von Kunden, Ausschluss von Haftungsrisiken, Gestaltung des Kaufvertrags ...

Fachberater Es gibt vor Ort häufig Beratungsstellen, die Sie als Partner in der gesamten Existenzgründungsphase begleiten. Angefangen von der Geschäftsidee, über sämtliche Anmeldeformalitäten bis hin zur Umsetzung von Marketingstrategien zur Kundengewinnung. Gerade bei kleineren Unternehmensgründungen lohnt es sich, sich einen einzelnen Ansprechpartner zu suchen, der Ihnen die richtigen weiteren Ansprechpartner vermittelt. Seriöse Stellen verweisen Sie jeweils auf spezialisierte Fachberater.

www...... www.vdb-info.de
Verband der Bürgschaftsbanken e.V. *(öffentliche Bürgschaften)*

Von der Existenzgründungsberatung zum Coaching

In jedem Bundesland bieten sich angehenden Jungunternehmern verschiedene Beratungsangebote: Erstberatung vor Unternehmensgründung (**Existenz-gründungsberatung**), intensive Beratung nach Firmengründung (**Coaching**), *Business Angels* und *Aktivsenioren*. Business Angels sind erfahrene Unternehmer oder Führungskräfte, die aufgrund ihrer langjährigen Berufstätigkeit wertvolle Erfahrungen und Kontakte mitbringen. Mit Kapital, Know-how und Kontakten unterstützen sie Existenzgründer bei der Etablierung ihres Unternehmens. *Aktivsenioren* helfen bei Business-Plan, Anmeldeformalitäten, Marketing u.v.m.

Coaching

www.business-angels.de
Business Angels Netzwerk Deutschland e.V. *(BAND)*

WWW . . . . .

www.aktivsenioren.de
Aktivsenioren Bayern e.V.

Bundesweite Beratungsstellen für Existenzgründer

Spezielle Anlaufstellen für Existenzgründungsberatung und Coaching finden Sie in Tabelle 1.4.

Zentrale	Bundesweite Anlaufstellen
DIHK	*Industrie- und Handelskammern* www.dihk.de Im Bereich Online-Handel ist die IHK die erste Anlaufstelle für Existenzgründer und junge Unternehmer, die eine rechtliche oder betriebswirtschaftliche Beratung suchen. Die Kammern begutachten den Business-Plan zur Beantragung von Überbrückungsgeldern oder von Existenzgründerdarlehen.
ZDH	*Handwerkskammern* www.zdh.de Die Handwerkskammern vertreten die Interessen des Handwerks und führen die Lehrlings- und Handwerksrolle. Sie sind zuständig für berufliche Informationen, Bildung und Qualifizierung der Handwerksberufe. Sie sind die erste Anlaufstelle für Existenzgründer im Handwerk, die eine qualifizierte Beratung benötigen. Insbesondere prüfen sie das Unternehmenskonzept zur Vorlage bei Kreditverhandlungen oder zur Beantragung von Überbrückungsgeld.
ADT	*Technologie- und Gründerzentren* www.adt-online.de Die kommunale Wirtschaftsförderung versteht sich als Interessenvertretung der Wirtschaft. Unterstützt werden Existenzgründungen und bestehende Unternehmen. Viele Ämter oder Gesellschaften zur Wirtschaftsförderung bieten Gründern Orientierungsberatungen oder Hilfen bei der Standortsuche an. Die Kommunalverwaltungen stellen in der Regel Technologie- und Gründerzentren zur Verfügung. Technologieorientierte Unternehmen gelangen so an günstige Unternehmensstandorte. Dort erhalten sie auch die benötigte organisatorische und technische Infrastruktur, Dienstleistungen (Sekretariatsservice), Finanzierungshilfen und Beratung.

Tabelle 1.4: Anlaufstellen für Existenzgründungsberatung und Coaching

Zentrale	Bundesweite Anlaufstellen
Bundesagentur für Arbeit	*Agenturen für Arbeit* `vdb.arbeitsagentur.de` Die *Agenturen für Arbeit* vermitteln Arbeitssuchenden Arbeit, zahlen Arbeitslosengeld bzw. ab 2005 Arbeitslosengeld II (ALG II) aus und vermitteln bzw. finanzieren gegebenenfalls Umschulungen oder Weiterbildungen. Ihre Aufgabe ist aber auch, Arbeitslose auf dem Weg in eine selbstständige Tätigkeit zu unterstützen. Diese Aufgabe erfüllen sie durch Beratungs-, Trainings- und Coaching-Angebote. Nicht zuletzt unterstützen sie Gründungen aus der Arbeitslosigkeit durch Überbrückungsgeld bzw. den Existenzgründungszuschuss oder für ALG-II-Empfänger durch ein Einstiegsgeld.
Gründerinnenagentur	*Gründerinnenagentur* `www.gruenderinnenagentur.de` Die *Gründerinnenagentur* stellt ein rein an Gründerinnen gerichtetes Serviceangebot bereit. Sie setzen sich besonders für die Belange der Startchancen von beruflich selbstständigen Frauen ein. Das Internet-Angebot umfasst Gründungsinformationen, Veranstaltungshinweise, Arbeitshilfen und eine Online-Recherche für Coaching- und Beratungsmöglichkeiten.
Gründer-Zentrale	*Existenzgründer-Initiativen der Bundesländer* `www.existenzgruender.de` (in Gründerzeiten Nr. 1) Die Gründer-Zentrale des jeweiligen Bundeslandes gibt Auskunft über Existenzgründer-Initiativen vor Ort. Gründer erhalten Auskunft darüber, welche Angebote zum Thema Existenzgründung existieren, welche Angebote für eine bestimmte Zielgruppe relevant sind und welche Experten für weitere Informationen bzw. Beratungen zur Verfügung stehen.
KfW-Mittelstandsbank	*Gründer-Coaching der KfW-Mittelstandsbank* `www.kfw-mittelstandsbank.de` Das Gründer-Coaching erhalten Existenzgründer und junge Unternehmen, die maximal seit fünf Jahren bestehen. Der Gründer-Coach unterstützt den Jungunternehmer mit seinen guten betriebswirtschaftlichen Kenntnissen und Branchenkenntnissen. Nicht in allen Bundesländern sind darüber hinausgehende zusätzliche Beratungs- und Betreuungsleistungen möglich.
Hochschulnahe Organisation	*Bundesministerium für Bildung und Forschung* `www.exist.de` Das Programm *EXIST* steht für Existenzgründungen aus Hochschulen. Zu den Leitzielen gehören die zielgerichtete Förderung des enormen Potenzials an Gründungs-Geschäftsideen und -persönlichkeiten an Hochschulen und Forschungseinrichtungen. Das Programm zielt auf eine Steigerung innovativer Unternehmensgründungen und damit einhergehend die Schaffung neuer und sicherer Arbeitsplätze.

Tabelle 1.4: Anlaufstellen für Existenzgründungsberatung und Coaching (Forts.)

WWW ......
`www.nexxt.org/boersen/`
BMWi *(Unternehmens-, Berater- und Franchisebörse)*

1.2 Grundlagen des Unternehmenskonzepts

Der Löwenanteil des Online-Marktes liegt in der Hand weniger großer Unternehmen. So mancher neuer Online-Händler erblasst vor Neid, wenn die großen Shopbetreiber ihre Umsatzzahlen präsentieren.

Damit bestätigt sich, was sich beim Niedergang der **New Economy** schon andeutete: Das Altbewährte wird auch im Internet zum Erfolgsrezept. Die im Netz etablierten Top-Adressen von heute sind die vormals reinen Kataloghändler, wie *Quelle*, *Otto* oder *Karstadt*. Dennoch entstehen für Sie als innovativen Online-Händler immer wieder zukunftsträchtige Marktchancen. Vielleicht fehlt Ihnen bisher noch die passende Geschäftsidee? Dann helfen Ihnen unsere Tipps und Anregungen weiter, wie Sie Ihre persönliche Geschäftsidee im Online-Handel finden und weiterentwickeln.

New Economy schätzt Altbekanntes

New Economy

Mit der verstärkten Verbreitung des Computers entstanden online völlig neuartige Wirtschaftsmärkte. Durch die neuen Kommunikationsmöglichkeiten E-Mail und Internet findet ein rasant beschleunigter Informationsaustausch statt. Empfänger sind neben den Unternehmen auch immer mehr private Haushalte. Wie eBay erfolgreich bewiesen hat, beschäftigen sich innovative Gründerideen mit der Verarbeitung von Informationen.

<< Exkurs

1.2.1 Neue Geschäftsideen aufspüren

Zu Beginn jeder Unternehmensgründung steht die Geschäftsidee. Sie muss tragfähig sein, damit Sie langfristig darauf aufbauen können. Gleichzeitig ist es wichtig, eine Idee zu entwickeln, mit der Sie sich von Wettbewerbern abheben können. Nur dann kommen regelmäßig Käufer zu Ihnen. Natürlich müssen Sie sich in Ihrem Bereich auch einigermaßen auskennen. Versuchen Sie keinesfalls, einfach etwas nachzuahmen, was zehn andere vor Ihnen schon genauso machen, das funktioniert nicht. Konzentrieren Sie sich stattdessen auf eine fest umrissene Zielgruppe und suchen Sie Produkte, die diese Zielgruppe braucht. Bauen Sie nach Möglichkeit direkten Kontakt zum Hersteller auf, vielleicht ist eine Partner-Zertifizierung möglich. In manchen Branchen und bei bestimmten Lieferanten ist es möglich, bessere Bedingungen auszuhandeln.

Leitfaden – wie finde ich eine Geschäftsidee?

Wer erfolgversprechende Märkte finden will, der muss Bescheid wissen, wie, wo und warum innovative Geschäftsideen entstehen. Diese neuen Chancen entwickeln sich durch gesellschaftliche, wirtschaftliche und technologische Veränderungen oder durch neue gesetzliche Rahmenbedingungen. Sie sollten sie unbedingt nutzen!

Unser Leitfaden unterstützt Sie dabei, Marktlücken ausfindig zu machen. Folgende Vorgehensweise ist hierfür üblich:

>> Beobachten Sie den Markt!

Suchen Sie neue, attraktive Produkte oder Dienstleistungen am Markt. Durchforsten Sie am besten Branchen, in denen Sie sich schon auskennen.

Wie? Lesen, Surfen, Gespräche …

Als neuer Online-Händler tun Sie sich leichter, wenn Sie Ihren Fokus auf nur einen Markt und nur eine Zielgruppe beschränken. Nur ein Global Player schafft es, mehrere Märkte gleichzeitig zu bedienen. Als Neueinsteiger am Markt lohnt es sich eher, Nischenmärkte und Marktlücken zu besetzen.

Praxis-Beispiel Notebook-Shop: In Ihrem Online-Shop bieten Sie fast 80 Notebooks von acht verschiedenen Herstellern an.

Besser wäre es: Konzentrieren Sie sich lieber auf wenige ausgesuchte Hersteller. Mit diesen bauen Sie intensive Kontakte auf, um immer gut über spezielle Angebote oder Sonderaktionen informiert zu sein. Ihr Produktangebot ergänzen Sie durch dazu passende Notebooktaschen sowie Ersatzteile, wie Akkus und Netzteile.

>> Suchen Sie potenzielle Kunden/Käufer!

Finden Sie die Zielgruppe heraus, die das Produkt braucht und kauft. Ihre Idee richten Sie dann auf diese Käufergruppe aus.

Wer? Firmen, Privatleute, Männer, Frauen, Kinder, Senioren …

Sie sind gut beraten, wenn Sie zuerst versuchen, Markt und Kunden kennen zu lernen. Das gelingt allerdings nur dem, der Fachkompetenz und Branchenkenntnisse mitbringt. Sie dürfen niemals die Bedürfnisse Ihres Kunden vernachlässigen, sonst straft er Sie mit Nichtbeachtung.

Praxis-Beispiel Computer-Shop: Ihr Online-Shop besteht allein aus Angeboten über Computer verschiedener Hersteller.

Besser wäre es: PC-Anbieter gibt es wie Sand am Meer. Sie sind einfach nur einer von vielen, außerdem sind die Margen sehr gering. Als Apple-Händler spezialisieren Sie sich auf einen Nischenmarkt, den nur wenige bedienen.

>> Überlegen Sie den Nutzen für den Kunden!

Vergleichen Sie sich mit den direkten Konkurrenten (Benchmarking) und versuchen Sie für Ihre Kunden echten Mehrwert zu generieren.

Was? Billiger, schneller, kompetenter, spezieller …

An diesem Knackpunkt scheitern viele Unternehmensgründungen. Der Kunde kauft bei jenem Händler ein, dem es gelingt, dem Käufer einen echten Mehrwert zu verschaffen. Noch besser sind **Alleinstellungsmerkmale**, um sich von der Konkurrenz abzuheben.

Praxis-Beispiel Secondhand-Shop: Im Online-Shop verkaufen Sie Flohmarktartikel und sonstige gebrauchte Kleidungsstücke.

Besser wäre es: Das Auktionshaus *eBay* hat geschafft, wovon andere träumen. Sie schufen einen ganz eigenen neuen Markt. Die Anbieter verkaufen dort die Dinge, die bislang im Keller verstaubten.

>> Bewerten Sie Ihre Geschäftsidee!

Filtern Sie Schwachpunkte der Mitbewerber heraus und nutzen Sie dieses Wissen zu Ihrem Vorteil. Braucht der Markt Ihr Produkt?

Wo? Markt- und Konkurrenzanalyse, fremde Länder/Branchen …

Geld und Zeit investieren und keiner kommt … Für einen jungen Unternehmer gibt es nichts Schlimmeres. Sie müssen unbedingt frühzeitig feststellen, ob generell Bedarf an Ihrem Angebot vorhanden ist und ob der Kunde auch bereit ist, dafür Geld auszugeben. Die schönste Idee nützt Ihnen nichts, solange Sie keine Umsätze tätigen, um den gewünschten Gewinn einzufahren.

Praxis-Beispiel Telekommunikations-Shop: Im Online-Shop bieten Sie analoge Geräte und ISDN-Telefone zum Kauf an.

Besser wäre es: Sie haben den Trend der Zukunft erkannt und setzen verstärkt auf Voice-over-IP-Technologien. Denn schon im Jahr 2020, so schätzen Analysten, wird nur noch mit Voice over IP telefoniert.

Kreativitätstechniken – Methoden zur Ideenfindung

Mithilfe von **Kreativitätstechniken** können Sie nach vorgegebenen Regeln spielerisch Gedanken zur Lösungsfindung zu Papier bringen. Sie erhöhen durch Einsatz bestimmter Techniken die Wahrscheinlichkeit, eine wirklich kreative Lösung zu entdecken. Der spielerische Charakter stimuliert zusätzlich Ihre Kreativität und die der Teilnehmer. In unserem Fall greifen wir auf die zwei wohl bekanntesten Methoden zurück, das Mindmapping und das Brainstorming.

Kreative Lösungen finden

Eine **Mindmap** ist eine grafische Darstellung, die Beziehungen zwischen verschiedenen Begriffen aufzeigt. In Abbildung 1.7 sehen Sie ein einfaches Beispiel für eine Mindmap.

Beim **Brainstorming** suchen Sie nach neuartigen Ideen. Alle Teilnehmer versuchen hierbei, so viele Ideen wie möglich zu produzieren, und kombinieren die Gedanken miteinander. Jeder soll seinen Gedanken freien Lauf lassen, ohne Angst zu haben, dass die vorgetragenen Äußerungen negativ bewertet werden. Weitere Spielregeln finden Sie in unserem Tipp.

Praxis-Tipp: Die acht goldenen Regeln des Brainstormings

Beim Brainstorming machen Sie sich die Gruppendynamik zunutze. Damit diese Methode effizient funktioniert, müssen Sie bestimmte Verhaltens- oder Spielregeln während der Brainstorming-Sitzung beachten:

1. Quantität geht vor Qualität, d.h., möglichst viele Ideen zu finden

2. Keine Kritik, d.h., erst am Ende die Ideensammlung bewerten

3. Hohes Tempo, d.h., Ideen schnell äußern und knapp formulieren

4. Keine Killerphrasen, z.B. »hatten wir schon« oder »alter Hut«

5. Problemorientiert denken, d.h., Auffinden von Alternativen fördern

6. Spontanität, d.h., Ideen nicht prüfen, sondern aussprechen

7. Ideen anderer aufgreifen, d.h., andere Gedanken weiterentwickeln

8. Fantasieren erlaubt, d.h., auch abwegige Gedanken aussprechen

Jetzt wollen wir Ihnen an einem Beispiel zeigen, wie Sie die Kombination aus Mindmapping und Brainstorming bei der Suche nach Ihrer Geschäfts-idee unterstützen kann. Alles, was Sie dazu brauchen, ist ein Stück Papier und etwa eine Stunde Zeit. Am besten Sie laden noch ein paar Freunde dazu ein und gönnen sich eine gute Flasche Wein. Viel Spaß!

Geschäftsideen finden mit Hilfe von Mindmaps

Ein Patentrezept für die optimale Gründeridee gibt es nicht. Genauso unter-schiedlich wie Fingerabdrücke sind die Fähigkeiten und Voraussetzungen jedes Einzelnen. Manche verfügen über hervorragende IT-Kenntnisse, andere sind echte Verkaufstalente. Wieder andere besitzen ein finanzielles Polster zur Überbrückung der Gründungsphase. Aus diesem Grund verläuft die Umset-zung von Gründungsideen bei jedem vollkommen anders und können Ideen, die Sie irgendwo aufschnappen, höchstens als Anregung dienen. Sie müssen daraus erst Ihr ganz persönliches Unternehmenskonzept entwickeln.

Mindmap strukturiert Informationen

In der Orientierungsphase, in der Sie sich möglicherweise noch befinden, gel-ten gewisse allgemein gültige Grundüberlegungen. Mit Mindmapping sam-meln Sie Ihre Gedanken anhand der folgenden vier Hauptzweige (**4K-Modell**):

>> Kerngeschäft: Welche(s) Dienstleistung (Produkt) bieten Sie an?

>> Kundengruppe: Wer ist Ihre Zielgruppe, Privat- oder Firmenkunden?

>> Konzept: Wie setzen Sie Ihre Idee um, haupt- oder nebenberuflich?

>> Kundennutzen: Welcher Mehrwert überzeugt den Kunden?

In Abbildung 1.6 sind alle Informationen dieses Kapitels zusammengefasst.

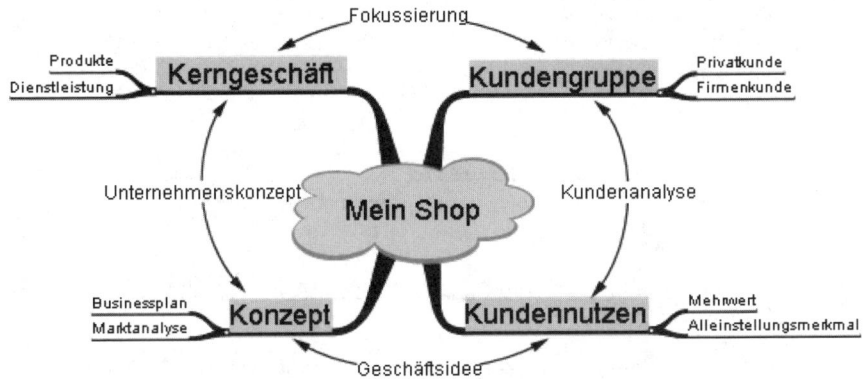

Abbildung 1.6: Geschäftsidee finden mit Mindmapping (4K-Modell)

So führen Sie ein Brainstorming durch

Eine gute Geschäftsidee ist die Basis für Ihren unternehmerischen Erfolg. Nehmen Sie sich knapp 45 Minuten Zeit, um in Ruhe über Ihre Geschäftsidee nachzudenken. Kombinieren Sie dazu die beiden Methoden Mindmapping und Brainstorming. Tragen Sie in die Mitte eines Blattes die Gründungsidee, z.B. Online-Handel für altes Holzspielzeug. Zu allen vier K-Bausteinen führen Sie Punkt für Punkt alleine oder besser noch in der Gruppe ein Brainstorming durch. Als Ergebnis erhalten Sie eine Mindmap, die vielleicht wie in Abbildung 1.7 aussieht.

Mindmap mit Brainstorming kombinieren

CD-Rom\tools: MindMapper 5 Professionell *(MM50ProGer.zip)*

CD . . . .

Wenn Sie inspiriert waren, kann die letzte Stunde die Geburtsstunde Ihrer neuen Geschäftsidee gewesen sein. Tragen Sie diesen Geburtstag Ihres Unternehmens in Ihren Kalender ein!

Stop . . . .

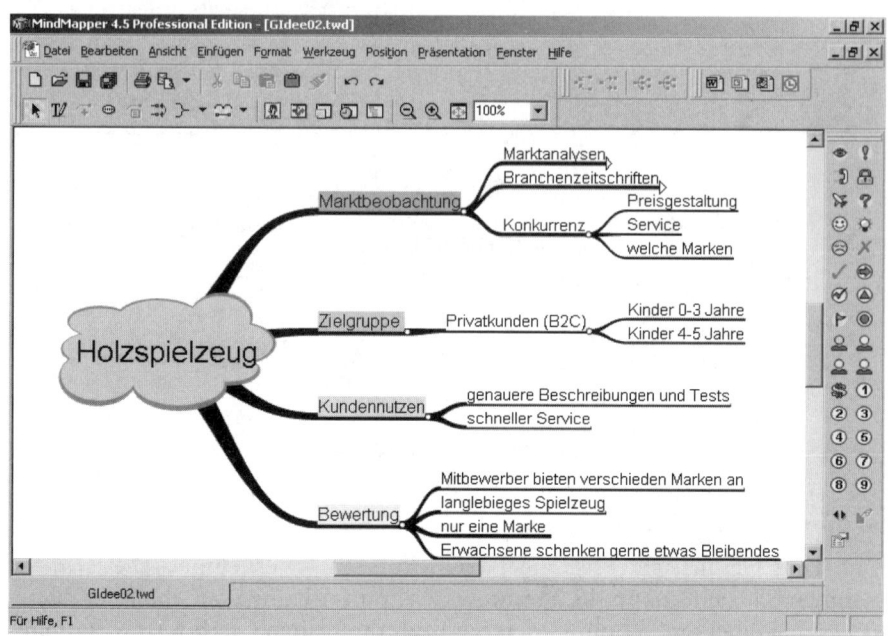

Abbildung 1.7: Gründungsidee finden mit Mindmapping

WWW .....

www.foerderland.de
Michael Pott & Matthias Storch GbR *(Gründungswissen und -ideen)*

www.mindmapper.de
IPD Ralph Weidert *(MindMapper Europe)*

www.nexxt.org
BMWi *(Initiative für Unternehmensnachfolge und Existenzgründung)*

www.peters-helbig.de/toolbox.html
Peters Helbig *(Übersicht zum Thema Ideenfindung und Kreativität)*

CD ....

CD-Rom\tools: InfoRapid *KnowledgeMap Personal Edition (inforapid.exe)*

1.2.2   Wahl des Firmennamens

Handelsgesetz-buch regelt Firmenrecht

Bevor wir mit dem eigentlichen Thema dieses Abschnitts loslegen, möchten wir noch etwas klären. Eine »echte« Firma führen und den dazugehörigen Firmennamen besitzen, darf nach deutschem Handelsrecht nur ein Kaufmann. Ein **Kaufmann** betreibt ein Handelsgewerbe, welches zwingend in das **Handelsregister** eingetragen werden muss. In aller Regel handelt es sich hierbei um eine Personen- oder Kapitalgesellschaft. Die Firma erhält dazu einen Rechtsformzusatz angehängt, wie e.K., GmbH, KG oder AG (*Kapitel 1.2.3*). Dieser Zusatz verdeutlicht in der Geschäftsbezeichnung die gewählte Rechtsform, z.B. Firma *Karstadt Warenhaus AG*.

Eine übliche Unternehmensform lautet **Einzelunternehmen** oder synonym **Gewerbe**. Dies wird in der Gewerbeordnung definiert als »erlaubte, auf Gewinnerzielung gerichtete, selbstständige Tätigkeit, die fortgesetzt und nicht nur gelegentlich ausgeführt wird«. Der Gewerbetreibende führt als offiziellen Firmennamen den Familiennamen und mindestens einen ausgeschriebenen Vornamen des Inhabers, z.B. Huber Erwin. Beschreibende Firmenzusätze sind erlaubt, sofern sie zur Unterscheidung von anderen Unternehmen dienen, z.B. Huber Erwin Schlosserei.

Quelle: Bundesministerium der Justiz

Aber das ist nicht das einzige, was im Zusammenhang mit der Namensgebung von Belang ist. Die einzelnen Namen werden zum Teil bei unterschiedlichen Institutionen eingetragen und von diesen geführt und überwacht. Daher gelten dafür im geschäftlichen Umgang auch verschiedene Spielregeln. Da auf diesem Gebiet viel Unsicherheit herrscht, sollen an dieser Stelle die Zuständigkeiten und im weiteren Verlauf die Unterschiede geklärt werden:

>> Firma oder Firmenname: Eingetragen im Handelsregister des jeweiligen Bundeslandes (Kaufmann). Geführt werden auch Genossenschafts-, Vereins- und Partnerschaftsregister.

>> Markenname: Registriert beim *Deutschen Patent- und Markenamt*

>> Domain-Name: Die *Internet Assigned Numbers Authority (IANA)* ist die höchste Autorität für die Vergabe aller Top Level Domains. Speziell für die Länder-Domains (ccTLD) sind nationale Organisationen zuständig (Deutschland: *DENIC*, Schweiz: *SWITCH*, Österreich *NIC.AT*).

>> Geschäfts- oder Etablissementbezeichnung: Diese haben keinerlei rechtliche Befugnisse. Sie werden nicht registriert und dürfen auch nicht den Eindruck einer eingetragenen Handelsfirma hervorrufen.

www.handelsregister.de
Justizministerium des Landes NRW *(Justizregister der Bundesländer)*

WWW . . . . .

Kriterien für den Firmennamen oder die Geschäftsbezeichnung

Das **Handelsgesetzbuch** (HGB) versteht unter einer **Firma** (Firmenbezeichnung) den Handelsnamen eines Kaufmanns. Unter diesem Firmennamen betreibt er seine Geschäfte. Seit der Reform des Handelsgesetzbuches ist es auch erlaubt, reine Sach- oder Fantasienamen zu führen. Gerade für Sie als Online-Shop-Betreiber ist es gut, wenn Firmenbezeichnung und Domain-Name übereinstimmen. Der Domain-Name der Firma *T-Online International AG* lautet beispielsweise t-online. Die dazugehörige Homepage lautet www.t-online.de.

HGB-Reform erlaubt jetzt Fantasienamen

Obwohl die Gesetzgebung das Firmenrecht liberalisiert hat, sind einige grundlegende Dinge bei der Namenswahl einzuhalten. Die wichtigsten Vorgaben bezüglich des Firmennamens sind:

>> Er muss Kennzeichnungs- und Unterscheidungskraft besitzen.

Kritisch: Gattungs- und Branchenbezeichnungen wie Reifen GmbH

>> Er darf nicht irreführend sein.

Kritisch: IT-Systeme Deutschland GmbH für eine Ein-Mann-Firma

>> Er muss den Rechtsformzusatz soweit vorhanden beinhalten.

Kritisch: Obsthandel Mayer, obwohl es sich um eine GmbH handelt

Exkurs >>

Firmenname für Freiberufler

Jeder Freiberufler muss bei der Namensgebung für sein Unternehmen besondere Vorsicht walten lassen. Viele Urteile aus der Rechtsprechung trennen strikt zwischen freiem Beruf und gewerblicher Tätigkeit. Sie gehören z.B. als IT-Berater zu den freien Berufen, als EDV-Berater wird eine gewerbliche Tätigkeit unterstellt. Die Konsequenz wäre, Sie verlieren Ihren Status als Freiberufler und werden gewerbesteuerpflichtig.

Vermeiden Sie also eine Unternehmensbezeichnung, hinter der das Finanzamt eine gewerbliche Tätigkeit vermuten kann. Durchforsten Sie dazu die einschlägigen Urteile oder lassen Sie sich beraten. Für den erwähnten IT-Berater wären Firmenbezeichnungen denkbar, in denen Trainer, System, Informatik oder Ingenieur enthalten ist, z.B. Müller Hans Systemberater. Übrigens ist die Rechtsform der Partnerschaftsgesellschaft ausschließlich Freiberuflern vorbehalten.

Geschäfts-
bezeichnung
ist frei wählbar

Viele Unternehmen treten häufig nicht unter dem richtigen Firmennamen auf, sondern verwenden einen anderen Namen. Vor allem im Internet- und Marketing-Bereich nutzen Unternehmen werbewirksamere **Geschäfts-** oder **Etablissementbezeichnungen**. Dieser Name kann frei erfunden sein, es darf allerdings zu keiner Verwechslungsgefahr mit bereits bestehenden Firmen führen.

Einschränkend möchten wir ergänzen, dass diese Bezeichnung keinerlei Rechtsverbindlichkeit besitzt. Wird ein Pachtvertrag von einem Einzelunternehmer unterzeichnet, darf nicht mit »Gasthof Goldene Gans« unterschrieben werden, sonst ist der Vertrag unwirksam.

Bevor Sie jetzt stundenlang über die Wahl eines sprechenden Namens für Ihre Firma sinnieren, lesen Sie sich die nächsten Abschnitte durch.

Empfehlungen zur Namenswahl im Internet

Domain-Name
finden

Ein gut gehendes Online-Geschäft braucht einen einprägsamen **Domain-Namen** (*Kapitel 4*). Das bewährte Brainstorming hilft sicherlich auch Ihnen, eine passende Geschäftsbezeichnung aufzuspüren. Damit Sie sich bei Ihrer Suche nicht verhaspeln, haben wir Ihnen ein paar Grundregeln aufgelistet. Verwenden Sie möglichst eine Internet-Adresse für Ihren Webauftritt oder Online-Shop, die folgende Kriterien erfüllt:

>> **Einprägsam**: z.B. cocacola, allesklar, mut ...

Leicht zu merken, dank einfacher Silben, Reime oder Wortspiele.

>> **Kurz**: z.B. sixt, ebay, dell, google, tui, otto ...

Leicht zu tippen, dank der Kürze weniger fehleranfällig.

>> **Einfach**: z.B. amazon, haribo ...

Leicht zu schreiben, dank unkomplizierter Namen und Begriffe.

>> **Einzigartig**: z.B. stepstone, gulp, monster ...

Leicht zu unterscheiden, da herausstechend.

>> **Beschreibend**: z.B. autoscout, pc-welt, bankenjob ...

Leicht assoziierbar, dank des Namens, der das Produkt beschreibt.

Praxis-Tipp: Brainstorming

Tipp . . . . . .

Notieren Sie sich alle Schlagwörter, die Ihnen zu Ihrer Geschäftsidee einfallen. Kombinieren Sie diese untereinander.

Jetzt noch ein paar Tipps, die Sie bei der Wahl des Domain-Namens berücksichtigen sollten. Finger weg von so genannten **Tippfehler-Domains**, wie yahou, ebuy, intell usw., denn Domain-Namen unterliegen dem Namens- und Markenschutz (*Kapitel 7*). Sonderzeichen sind erlaubt, aber Zeichen mit Umlauten und Akzenten werden nicht in jedem Browser und Land korrekt dargestellt. Schwierig auszusprechende oder komplizierte Namen wie Rhetorikkurs vermeiden, die User tippen den Begriff leicht falsch ein. Genauso problematisch sind Begriffe, für die mehrere Schreibmöglichkeiten bestehen, wie Joghurt oder Jogurt.

Finger weg von Tippfehler-Domains

www.erecht24.de
Sören Siebert (eBook-Praxisleitfaden: Die rechtssichere Website)

www . . . . .

Natürliche oder juristische Personen haben das Recht, den eigenen Namen als **Firmenbezeichnung** zu führen. Das Namensrecht hindert andere daran, unbefugten Gebrauch von diesem Namen zu machen. Deutschlandweit ist z.B. nur eine einzige Firma unter dem Namen *BMW* bekannt. Bei örtlich sehr begrenzten Firmen spielt das eine untergeordnete Rolle, wie das Beispiel Gasthof Goldene Gans belegt.

Das **Namensrecht** umfasst auch den Gebrauch des eigenen Namens als Domain. Die Vergabe der Second Level Domains erfolgt grundsätzlich nach dem Grundsatz: Wer zuerst kommt, mahlt zuerst. Einige Gerichtsurteile belegen jedoch, wie problematisch die Registrierung schutzwürdiger Domains ist: krupp.de, shell.de, ambiente.de oder heidelberg.de. Da liegt der Streitwert schnell bei 50.000 €. Und selbst eine einfache Abmahnung kostet schon mal

Domain-Recht: Wer zuerst kommt, mahlt zuerst

500 €. Niemals verwenden dürfen Sie bereits bestehende Marken-, Prominenten- und Städtenamen sowie Zeitschriften- oder Filmtitel. Das bedeutet Ärger für Sie.

Firmenname als eigener Domain-Name im Internet

Die besten Begriffe im Netz sind oft schon besetzt. Verschwenden Sie also vorab nicht zu viel Zeit mit der Suche nach einem künstlerisch wertvollen Firmennamen. Diese Internet-Adresse hat mit ziemlicher Sicherheit schon ein anderer reserviert. Kein Wunder, es sind inzwischen mehr als elf Millionen .de-**Top-Level-Domain** (TLD) bei der *DENIC* registriert. In Abbildung 1.8 sehen Sie, dass Deutschland hinter der .com-TLD weltweit bereits auf Platz zwei liegt (Stand: Juni 2007).

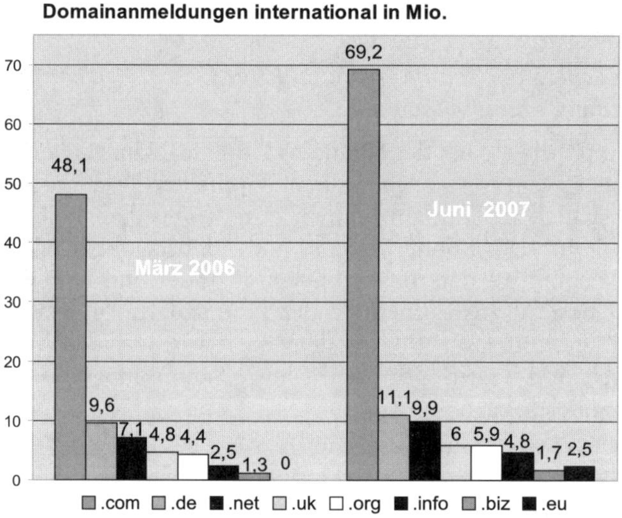

Domainanmeldungen international in Mio.

Abbildung 1.8: Domain-Zahlen der großen Top Level Domains

Quelle: Denic

Jede im Internet verfügbare Adresse besteht aus einer Folge von Namen, die durch Punkte getrennt werden. Die Abbildung 1.9 verdeutlicht anhand eines einfachen Beispiels die Struktur einer Internet-Adresse.

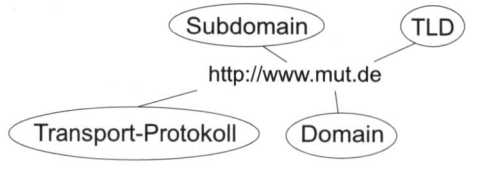

Abbildung 1.9: Beispiel für eine einfache Internet-Adresse

Die Top Level Domain ist die Zeichenfolge am Ende und stellt die höchste Ebene des Namens (DNS) dar. Es gibt weltweit etwa 200 länderspezifische TLDs. Auf der zweiten Ebene befindet sich die **Domain** (Second Level Domain). Viele Provider erlauben es, auf der dritten Ebene **Subdomains** (Third Level Domain) anzulegen. Die wohl bekanntesten Subdomains sind ftp und www.

Top Level Domain, Domain und Subdomain

Domain Name System (DNS)

<< Exkurs

Das Domain Name System bezeichnet das im Internet verwendete System hierarchisch gegliederter Bereichsnamen. Spezielle DNS-Server verfügen im Internet über verteilte Datenbanken, die den Namensraum im Internet verwalten. Dieser dynamische Dienst stellt jedem Domain-Namen eine IP-Adresse gegenüber. Die zugrunde liegende Logik ist mit einem Telefonbuch vergleichbar, wo zum Namen die Rufnummer steht.

Beispiel: Der logische DNS-Name www.web.de wird in die numerische IP-Adresse 217.72.195.42 aufgelöst. Das können Sie leicht selber testen, indem Sie im DOS-Fenster »ping www.web.de« eingeben.

Auch bezüglich der Namenswahl ist die Statistik in Abbildung 1.8 wichtig. Vor einigen Wochen haben Sie eine interessante Information über eine Firma in der Zeitung gelesen und erinnern sich noch vage an den Firmennamen. Jetzt wollen Sie das Angebot dieser Firma im Internet ansehen. Viele Leute testen zuerst die bekannteren Domain-Endungen. Suchen Sie mal nach der Internet-Adresse der schweizerischen Niederlassung von Siemens. Sicherlich hängen Sie an den Firmennamen einfach die schweizerische Länderkennzeichnung .ch an.

Die Wahl der Top Level Domain hängt von der geographischen Ausrichtung Ihrer Tätigkeit ab. Bei einer regionalen Ausrichtung Ihres Unternehmens sollten Sie sich für die in Deutschland wichtigsten Domains entscheiden: .de, .net oder .info. Bei internationaler Ausrichtung Ihres Online-Shops empfiehlt sich die .com-Domain als häufigste TLD oder die seit April 2006 frei verfügbare .eu-Domain. Für Seiten, die an einem Handy angezeigt werden sollen, gibt es jetzt die Top Level Domain **.mobi**. Diese Seiten sind angepasst an die spezielle Displaygröße und die geringe Datenübertragung. Außerdem lassen sie sich schneller über Handys, Smartphones und PDAs und andere mobile Endgeräte auffinden. Ob die von Ihnen gewünschte Domain verfügbar ist, können Sie sofort online prüfen. Anmelden können Sie Ihre Domain bei einem der großen Provider, z.B. *1&1* oder *domainfactory*.

TLDs: .de, .net, .info, .mobi, .eu und .com

WWW . . . . .

www.denic.de
DENIC Domain Verwaltungs- und Betriebsgesellschaft eG *(.de)*

www.mtld.mobi
MTLD *(Top-Level-Domain-Verwalter für .mobi-Domains)*

www.internic.com
U.S. Department of Commerce *(.com, .net, .info u.a.)*

Firmen- und Markennamenrecherche

Firmenname identifiziert Unternehmen

Der **Firmenname**, mit dem das Unternehmen am Geschäftsverkehr teilnimmt, hat nach außen hin einen hohen Stellenwert. Er sichert die Identität des Unternehmens. Eine Verwechslung mit anderen Unternehmen muss definitiv ausgeschlossen sein. Die Eintragung des Namens im Handelsregister gewährleistet dem Inhaber das ausschließliche Recht zu dessen Nutzung. Es könnte also leicht sein, dass Ihr Wunschname für das Unternehmen schon vergeben ist und der Betreffende daher ältere Rechte besitzt. Durch Verletzung vorhandener Rechte entstehen unvorsichtigen Gründern hohe, zum Teil existenzbedrohende Kosten.

IHK prüft Domain-Adresse

Dieses Risiko mindern Sie durch umfassende Recherchen. Fehlt Ihnen selbst dafür die Zeit, beauftragen Sie einen anerkannten Dienstleister mit der sorgfältigen Prüfung des Wunschnamens. Als Ergebnis liefert er Ihnen die Besitzer von identisch oder ähnlich klingenden Firmen- und Markennamen. Die Prüfung einer Domain-Adresse nach registrierten Internet-Adressen kostet Sie bei der *IHK* rund 75 €. Dafür erhalten Sie die ermittelten Adressen und deren Inhaber. Einen vorgegebenen Namen bzw. eine Buchstabenkombinationen auf identische Verwendung des Markennamens prüfen, kostet Sie dann schon 150 €; bei ähnlich klingenden etwa 360 €. Denken Sie trotzdem einmal darüber nach, denn es ist allemal billiger, als eine Palette gedruckter Rechnungsformulare wegzuschmeißen.

Also, im Zweifelsfall raten wir Ihnen, sich lieber Hilfe zu holen, bevor Sie teure Werbemaßnahmen starten und beispielsweise Stempel herstellen oder Briefpapier drucken lassen. Die zuständige Industrie- und Handelskammer ist Ihr erster Ansprechpartner. Dort unterstützt man Sie gerne bei der Klärung Ihrer Fragen rund um den von Ihnen gewünschten Firmennamen.

Fazit

Sie merken schon, es ist nicht ganz einfach, einen genialen Firmennamen zu finden. Als wir 1998 unsere erste Domain anmeldeten, kam nur eine Woche später der erste Konkurrent und forderte die Herausgabe der Domain. Die vermutlich größte Hürde für Sie auf der Suche nach dem Namen für Ihren Online-Shop sind sicherlich die Beschränkungen durch das Domain-, Namens- und Markenrecht.

1.2.3 Wichtige Rechtsformen für Existenzgründer

Welche **Rechtsform** ist für Sie die richtige? Diese Frage lässt sich pauschal nicht beantworten. Die Wahl der Rechtsform gehört zu den Entscheidungen, die langfristige Bedeutung haben. Sie ist das Grundgerüst Ihrer Firma. Die gesamte Tragweite der Entscheidung realisieren Sie oft erst Monate oder Jahre später. Falls sich wesentliche persönliche, wirtschaftliche oder steuerrechtliche Faktoren ändern, lässt sich die Rechtsform später allerdings anpassen.

Rechtsform ist der Rahmen der Firma

Im folgenden Textabschnitt geben wir Ihnen zur ersten Orientierung eine Reihe von Entscheidungskriterien an die Hand. Sobald Sie Ihr Vorhaben mit einem Unternehmens- oder Steuerberater diskutieren, was wir Ihnen dringend raten, werden Sie die Komplexität des Themas begreifen. Bei der Entstehung eines Unternehmens sind zahlreiche so genannte W-Fragen zu überdenken:

>> Wie wirken sich Risiken haftungsmäßig auf Firmen und Personen aus?

>> Wie verteilt sich die Entscheidungsbefugnis im Unternehmen?

>> Wie verändert sich der Aufwand bei den Gründungsformalitäten?

>> Wie beeinflusst die Rechtsform die steuerliche Belastung?

>> Wie versorgt sich das Unternehmen mit Eigen- und Fremdkapital?

>> Wie sieht die Buchführung aus (Umfang, Inhalt, Offenlegung)?

>> Wie zahlt die Unternehmensleitung Gewinne und Verluste aus?

>> Wie wirkt die Rechtsform eines Unternehmens auf Geschäftspartner?

Unterschied zwischen Personen- und Kapitalgesellschaft

Personengesellschaften entstehen, wenn sich mindestens zwei natürliche Personen und/oder juristische Personen zusammenschließen. Zu den wesentlichen Merkmalen dieser Rechtsform gehört die Tatsache, dass die beteiligten Gesellschafter für die Verbindlichkeiten des Unternehmens mit dem gesamten Vermögen haften. Natürliche Personen haften also auch mit dem Privatvermögen. Für die Gründung eines solchen Unternehmens benötigt der Inhaber kein Mindestkapital als Stammeinlage. Zu den typischen Vertretern dieser Gesellschaftsform zählen:

Personen-gesellschaften benötigen kein Stammkapital

>> **Gesellschaft bürgerlichen Rechts** (GbR)

>> **Partnerschaftsgesellschaft** (PartG)

>> **Offene Handelsgesellschaft** (OHG)

>> **Kommanditgesellschaft** (KG)

>> **GmbH & Co. KG**

*Kapitalgesell-
schaften sind
juristische
Personen*
Bei der **Kapitalgesellschaft** handelt es sich rechtlich gesehen um eine juristische Person. Sie kann vor Gericht Klagen einreichen und selbst verklagt werden. Nicht nur für Personengesellschaften gilt, dass eine Gründung durch mehrere Personen möglich ist, die ein gemeinsames wirtschaftliches Ziel verfolgen. Kapitalgesellschaften lassen sich aber durchaus nur mit einer natürlichen Person gründen. Erst mit dem Eintrag ins deutsche Handelsregister wird die Rechtsform aktiv.

Der wichtigste Unterschied im Vergleich zur Personengesellschaft ist das zur Gründung erforderliche Kapital, z.B. bei der GmbH das **Stammkapital** oder bei Aktiengesellschaften das **Grundkapital**. Die Gesellschafter bzw. Aktionäre haften nur in der Höhe ihrer **Stammeinlage**. Zu den Kapitalgesellschaften gehören die Rechtsformen:

>> **Gesellschaft mit beschränkter Haftung** (GmbH)

>> **Aktiengesellschaft** (AG)

>> **Limited** (Ltd.): Die englische Limited ist neuerdings häufiger in Deutschland vertreten.

WWW . . . . .
www.go-limited.de
Go Ahead Ltd. *(eine Limited gründen zum Komplettpreis)*

Die wichtigsten Rechtsformen im Überblick

*Auch ohne Buch-
führungspflicht
Buch führen*
Als Einzelunternehmer oder Personengesellschaft genießen Sie den Vorteil der überwiegend einfacheren Anmeldeformalitäten. Erst mit dem Eintrag ins Handelsregister werden diese Gesellschaftsformen buchführungs- bzw. bilanzierungspflichtig. Trotz der fehlenden Buchführungspflicht raten wir Ihnen dennoch zu einer ordentlichen kaufmännischen Buchhaltung. Es ist die einfachste und grundlegendste Form, die Werteströme für Erfolg oder Geldflüsse korrekt zu dokumentieren und sie sich selbst zu vergegenwärtigen. Selbst Kleinunternehmern erleichtert die Buchführung die Steuererklärung, Umsatzsteuer-Voranmeldung, sowie Einkommenssteuer- und Körperschaftssteuer-Jahreserklärung. Ein Steuerberater darf übrigens nur Ihre Steuererklärung anfertigen, aber nicht den Jahresabschluss prüfen. Diese Aufgabe obliegt einem Wirtschaftsprüfer.

Im Gegensatz dazu bieten die Kapitalgesellschaften den Riesenvorteil der Haftungsbeschränkung. Wobei sich auch mit Personengesellschaften die Haftung begrenzen lässt, z.B. mit der GmbH & Co. KG und teilweise auch mit der Partnerschaftsgesellschaft.

Die Wahl der Rechtsform ist immer im Hinblick auf den Einzelfall zu betrachten. Jede Rechtsform hat Vor- und Nachteile. Was für die eine Gründerperson gut ist, kann für den anderen eine eher ungünstige Wirkung erzielen. Viele finanzielle, persönliche und steuerrechtliche Konsequenzen machen die Entscheidung nicht gerade leicht. Es ist anzuraten, sich umfassende Informationen einzuholen und alle Vor- und Nachteile abzuwägen.

Einzelunternehmen – schneller Start mit voller Kontrolle

Für viele kleine Existenzgründungen ist das Einzelunternehmen der ideale Einstieg. Vorteile:

>> persönliche Haftung sichert Kreditwürdigkeit (Privatvermögen nötig)

>> sehr geringe Gründungsformalitäten und -kosten

>> Inhaber hat alleinige Entscheidungsbefugnis

>> Einkünfte steuerlich mit anderen Einkommensquellen verrechenbar

Nachteil:

>> Unternehmer haftet mit gesamten Vermögen

Rechtsform	Einzelunternehmen (nur 1 Person)
Leitung	Inhaber hat alleinige Entscheidungsbefugnis
Anmeldung	Gewerbeanmeldung ca. 20 €
Buchführung	Einnahmen-Überschussrechnung
Haftungsrisiko	Unternehmer haftet mit gesamten Vermögen, auch privat
Handelsregister	keine Eintragungspflicht (erst als Kaufmann)
Stammeinlage	kein Mindestkapital erforderlich

Tabelle 1.5: Rechtsform für kleine Existenzgründungen

Bereits mit der Gewerbeanmeldung starten Sie Ihr kleines Gewerbe. Dazu brauchen Sie noch nicht einmal ein gesetzlich vorgeschriebenes Mindestkapital. Als einziger Inhaber redet Ihnen niemand drein. Sie selbst behalten jederzeit die volle Kontrolle über Ihr Handeln. Der Aufwand für die Buchhaltung ist mäßig, wenn Sie nur eine Einnahmen-Überschussrechnung erstellen. Ein umfassendes Beispiel dafür finden Sie in *Kapitel 2*. Bei den Betriebseinnahmen fließen hauptsächlich Kontobewegungen des Geschäftskontos und der Kasse in die Gewinn- und Verlustermittlung ein:

Summe der Betriebseinnahmen

– Summe der Betriebsausgaben

_____

= Gewinn/Verlust

Buchhaltungs- und bilanzpflichtig werden Sie als Einzelunternehmer, wenn Sie Ihre Firma ins Handelsregister eintragen. Dazu muss Ihr Unternehmen »nach Art oder Umfang einen in kaufmännischer Weise eingerichteten Geschäftsbetrieb« erforderlich machen. Also erst wenn Ihre Umsätze im Einzelhandel 250.000 € übersteigen, wird die Eintragung beim Registergericht zur Pflicht. Bei der Neugründung eines größeren Unternehmens beginnt das Geschäftsjahr mit dem Gründungs- und nicht mit dem Eintragsdatum.

Quelle: Bundesministerium der Justiz

Personengesellschaft – gemeinschaftlich mit Partnern gründen

Die GbR, OHG oder KG sind die passende Rechtsform für eine Personengruppe, die gemeinschaftlich als Partner Eigenkapital und/oder Fähigkeiten
einbringen wollen. Beachten Sie hierbei, dass Sie mit Ihrem Privatvermögen
auch für Fehler und Eskapaden Ihrer Kollegen mithaften.

Vorteile:

>> persönliche Haftung sichert Kreditwürdigkeit (Privatvermögen nötig)

>> geringe Gründungsformalitäten und -kosten

>> Einkünfte steuerlich mit anderen Einkommensquellen verrechenbar

>> Kommanditisten haften nur mit der Geldeinlage (KG)

Nachteile:

>> Gesellschafter haften mit gesamten Privatvermögen

>> nur Kaufleute, kein Kleingewerbe (OHG + KG)

Rechtsformen	GbR, OHG oder KG (Mindestens 2 Personen)
Leitung	Gesellschafter (GbR + OHG) bzw. Komplementäre (KG)
Anmeldung	Gewerbeanmeldung ca. 250 €, schriftlicher Gesellschaftsvertrag
Buchführung	E/Ü-Rechnung (OHG + KG: Bilanzierungspflicht)
Haftungsrisiko	alle Gesellschafter haften mit gesamten Vermögen
Handelsregister	Eintragungspflicht für OHG und KG
Stammeinlage	kein Mindestkapital erforderlich

Tabelle 1.6: Rechtsform für Gründungen mit Partnern

Wenn Sie gemeinsam mit anderen eine Gesellschaft gründen möchten, weil
Sie ein gemeinsames Ziel verfolgen, dann geht das am einfachsten in Form
der GbR. Ein schriftlicher Gesellschaftervertrag beugt Streitereien vor und
ist dringend zu empfehlen.

*OHG genießt
hohes Ansehen*

Legen Sie mehr Wert auf Ansehen und Kreditwürdigkeit, dann gründen Sie
eine OHG. In Deutschland gilt sie als sehr solvente Gesellschaftsform. Dies
liegt sicherlich an der uneingeschränkten Haftung aller Gesellschafter.
Bilanzpflicht besteht, da nur Kaufleute eine OHG gründen dürfen. Als
stolze Ureinwohner Augsburgs möchten wir nicht unerwähnt lassen, dass
das 1494 gegründete Bankenimperium der Fugger als erste OHG firmiert.

*Haftung mit KG
vermeiden*

Gründen Sie mit mehreren Partnern eine Firma, wollen dabei aber vermeiden, dass alle voll haften? Dann kann die KG eine gute Wahl sein, sofern die
Gesellschafter ausreichendes Vermögen haben bzw. kreditwürdig sind. Die
Komplementäre sind die voll haftenden Gesellschafter, die auch in der
Firma die Führung übernehmen. **Kommanditisten** bringen eine im Handelsregister eingetragene Geldeinlage in die KG mit ein, in dessen Höhe sie auch
haften. Von der Geschäftsführung sind sie allerdings ausgeschlossen.

Kapitalgesellschaft – haftungsbeschränkte Rechtsformen

Ist die Gründung riskant oder besitzen Sie schützenswertes Privatvermögen, so bieten sich haftungsbeschränkende Rechtsformen an, wie GmbH, Aktiengesellschaft oder Limited.

Vorteil:

>> Haftung nur in Höhe der Stammeinlage

Nachteile:

>> höherer Gründungsaufwand, z.B. Handelsregisteranmeldung, Notar

>> Einlage: 1 £ (Ltd.), 10.000 € (GmbH), 50.000 € (AG)

>> gesetzliche Rechnungslegungspflicht

>> für sehr große Firmen sogar Publizitätspflicht

>> Haftungsbeschränkung begrenzt Kreditwürdigkeit

Rechtsformen	GmbH, Aktiengesellschaft oder Limited (nur 1 Person)
Leitung	Geschäftsführer (Ltd. + GmbH), Vorstand (AG)
Anmeldung	Gewerbeanmeldung und Eintragung ins Handelsregister
Buchführung	Bilanzierungspflichtig
Haftungsrisiko	alle Gesellschafter haften nur in Höhe ihrer Einlagen
Handelsregister	Eintragung ins Handelsregister
Stammeinlage	Stammkapital bzw. Grundkapital erforderlich

Tabelle 1.7: Rechtsformen mit Haftungsbeschränkung

Immer mehr Firmengründer sehen in der britischen Limited eine Alternative zur deutschen GmbH. Seit 2003 ist sie in Deutschland voll geschäfts- und rechtsfähig. Selbst nach einer Geschäfts- oder Privatinsolvenz starten Sie mit der Limited. wieder von vorne. Sie lässt sich unbürokratisch gründen und anpassen. Als Stammkapital ist nur 1 erforderlich. Für Gründung und Führung benötigen Sie eigentlich zwei Personen, den Geschäftsführer (**Director**) und den Gesellschaftssekretär (**Company Secretary**). Der Secretary kann jedoch von einem spezialisierten Dienstleister gestellt werden, wodurch die Einpersonen-Gründung möglich wird. Allerdings entstehen dadurch jährliche Kosten in Höhe von etwa 260 €. Der ebenso erforderliche Gesellschafter (**Shareholder**) kann wiederum der Geschäftsführer selbst sein.

Englische Limited als Rechtsform immer beliebter

Jedoch weisen hierzulande einige Juristen auf Risiken und Unsicherheiten mit der englischen Limited hin. Problematisch sind vor allen Dingen die Unterschiede zwischen deutschem und englischem Recht im Geschäftsverkehr.

Dank *Agenda 2010* sank ab 1. Januar 2006 mit dem neuen GmbH-Gesetz die Höhe des Mindeststammkapitals von bisher 25.000 € auf nur mehr 10.000 €. Damit fällt es künftig Kleinunternehmern und Existenzgründern erheblich leichter, eine GmbH zu gründen. Die Senkung geschah einerseits

Mindestkapital für GmbH nur noch 10.000 €

im Hinblick auf die zunehmende Ausbreitung des Wettbewerbs in der Europäischen Union. Andererseits gründen Unternehmer weniger Produktionsfirmen und vermehrt Dienstleistungsbetriebe mit geringerem Kapitalbedarf (*Kapitel 1.1.1*).

AG alleine gründen

Die Aktiengesellschaft besteht aus den drei Organen: **Vorstand, Aufsichtsrat** und **Hauptversammlung**. Sie als Existenzgründer haben aber durchaus die Möglichkeit, eine Aktiengesellschaft alleine zu gründen. Dazu werden Sie Aktionär und Vorstand in einer Person. Lediglich der Aufsichtsrat, der sich aus drei Personen zusammensetzt, beschränkt Ihre Entscheidungsbefugnisse als Vorstand. Für die Eintragung ins Handelregister sind stattliche 50.000 € Grundkapital notwendig, daher ist diese Rechtsform erfahrungsgemäß weniger für kleine Unternehmen geeignet.

Formale und gesetzliche Gestaltung von Geschäftsbriefen

Ein Geschäftsbrief dient der Kommunikation nach außen. Meist geht es um Angebote, Aufträge, Termine usw. In der DIN-Norm 5008 sind die Schreib- und Gestaltungsregeln festgelegt. Die dortigen Informationen in Tabelle 1.8 betreffen nicht den internen Schriftverkehr.

Neben diesen formalen Kriterien müssen Sie auch einige gesetzliche Vorschriften beachten. Ihre Geschäftspartner müssen erfahren, unter welcher Rechtsform Sie Ihre Geschäfte betreiben und welche Personen die vertretenden Organe des Unternehmens sind. Das gilt auch für Ihre E-Mail-Korrespondenz. So ist Ihr Geschäftspartner über die wesentlichen geschäftlichen Verhältnisse Ihres Unternehmens auf einen Blick informiert. Gerade bei der Anbahnung neuer Geschäftsbeziehungen bergen die in Geschäftsbriefen aufgeführten Informationen nützliche Hinweise.

Rechtsform	Pflichtangaben
Einzelunternehmen (nicht eingetragen)	– Familienname des Unternehmers mit mindestens einem ausgeschriebenen Vornamen
GbR oder BGB-Gesellschaft	– Familiennamen aller Gesellschafter mit jeweils mindestens einem ausgeschriebenen Vornamen
Einzelunternehmen (eingetragen)	– Firma, wie im Handelsregister eingetragen
	– Rechtsformzusatz: eingetragener Kaufmann/-frau (eK, e.K., e.Kfm. oder e.Kfr.)
	– Ort der Handelsniederlassung (Firmensitz)
	– Registergericht und die Handelsregister-Nummer
OHG oder KG	– Firmen der Gesellschafter, wie sie im Handelsregister eingetragen sind
	– Rechtsformzusatz der Gesellschaft
	– Sitz der Gesellschaft
	– Registergericht und die Handelsregister-Nummer

Tabelle 1.8: Pflichtangaben in Geschäftsbriefen

Rechtsform	Pflichtangaben
GmbH	– genauso wie bei der OHG und KG
	– Familiennamen der Geschäftsführer mit jeweils mindestens einem ausgeschriebenen Vornamen
	– Vorsitzende des Aufsichtsrates mit Familienname und mindestens einem ausgeschriebenen Vornamen (falls vorhanden)
Aktiengesellschaft	– genauso wie bei der OHG und KG
	– alle Vorstandsmitglieder und der Vorsitzende des Aufsichtsrats (der als solcher gekennzeichnet ist) mit Familiennamen und mindestens einem ausgeschriebenen Vornamen
	– Vorstandsvorsitzender muss erkenntlich sein

Tabelle 1.8: Pflichtangaben in Geschäftsbriefen (Forts.)

In den Vorschriften steht nichts darüber, an welcher Stelle in einem Geschäftsbrief Sie diese Pflichtangaben machen. Üblicherweise finden sich diese Angaben jedoch in der Fußzeile des Geschäftsbriefes. Informationen erteilt Ihnen sicherlich gerne die Industrie- und Handelskammer.

1.2.4 Förderprogramme zur Gründungsfinanzierung

Öffentliche Fördermittel

Nachdem Sie die ersten Entscheidungen wie Gründungsidee, Rechtsform und Firmenname vorbereitet haben, müssen Sie möglicherweise über die Finanzierung nachdenken. Reicht Ihr eigenes Kapital nicht aus, helfen öffentliche Fördermittel des Bundes und der Länder beim Start Ihres Unternehmens. Im Internet steht für die Suche nach Fördergeldern eine Förderdatenbank des *Bundesministeriums für Wirtschaft und Technologie* bereit.

db.bmwi.de
BMWi *(Förderdatenbank des Bundesministeriums)*

Kapitalbedarf planen

Eine solide Finanzierung Ihrer selbstständigen Tätigkeit ist Voraussetzung für den langfristigen Aufbau Ihres Unternehmens. In die Bedarfsplanung fließen die Zins-, Tilgungs-, Gründungs-, Investitions- und laufenden Betriebskosten ein. Vergessen Sie auch nicht, Ihre Privatentnahmen einzuplanen, mit denen Sie Ihren Lebensunterhalt bestreiten. Sie gehören genauso in eine bedarfsgerechte Finanzplanung.

Versuchen Sie sich zu Beginn mit wenig zufriedenzugeben. Unternehmerische Freiheit bedeutet nicht, dass Sie sich gleich am ersten Tag eine neue Büroeinrichtung, einen schnellen PC oder einen flotten Leasingwagen anschaffen. Beschränken Sie sich auf die wesentlichen Anfangsinvestitionen und kaufen Sie das eine oder andere gebraucht.

Wie beantrage ich Fördermittel?

Haben Sie sich einen ersten Überblick verschafft, wie viel Geld Ihre Gründung kostet? Wenn ja, dann planen Sie Schritt für Schritt weiter:

Step......

1. Planen Sie Ihren Kapitalbedarf!
2. Prüfen Sie Ihre Voraussetzungen!
3. Erstellen Sie Ihren Business-Plan!
4. Kontaktieren Sie Ihre Hausbank!
5. Beantragen Sie Ihre Fördermittel!

Kapitalbedarf

Bevor Sie sich überhaupt über Förderprogramme schlau machen, erstellen Sie eine übersichtliche Kapitalbedarfsplanung. Vielleicht stellen Sie fest, dass es auch ohne finanzielle Unterstützung geht. Dann dürfen Sie dieses Kapitel getrost überspringen. Wenn Sie hingegen merken, dass es ohne Fördermittel nicht geht, hilft es Ihnen allein schon, die Höhe des Kapitalbedarfs festgestellt zu haben. Diese Information ist nämlich mitentscheidend für die Auswahl des richtigen Förderprogramms.

Sind Sie noch unschlüssig, ob für Sie Fördermöglichkeiten bestehen, dann lassen Sie sich beraten. Sie haben nichts zu verlieren, verschenken aber womöglich wichtiges Finanzierungskapital als Starthilfe. Bei Existenzgründern erwartet der Geldgeber, dass eine tragfähige Vollexistenz als Haupterwerb entsteht. Sie dürfen erst nach der Bewilligung Ihrer Fördermittel finanzielle Verpflichtungen eingehen. Mit Ausnahme von Investitionszulagen werden im Nachhinein keine Gelder genehmigt.

Business-Plan

Nach Entstehung der Geschäftsidee legen Sie im Business-Plan Ihr Unternehmenskonzept fest. Das ist gewissermaßen Ihr persönlicher Fahrplan zur Umsetzung der Existenzgründung. Ihrem Geldgeber dient er als Nachweis für Ihre fachliche und kaufmännische Qualifikation (*Kapitel 1.1.2*). Die Bank interessiert sich am meisten für die Investitions- und Rentabilitätsplanung. Wie Sie einen aussagefähigen Business-Plan erstellen, erfahren Sie in *Kapitel 1.3*.

Fördermittel, die als Darlehen, Haftungsfreistellung oder Eigenkapital gewährt werden, beantragen Sie direkt bei Ihrer Hausbank. Kontaktieren Sie den für Sie zuständigen Firmenkunden- und Existenzgründungsbetreuer. Gerne erwartet er Ihre Unterlagen vorab. Die Kontaktaufnahme für Finanzierungsmaßnahmen sollte so früh wie möglich erfolgen, nicht erst wenn Sie feststellen, dass Ihnen Eigenkapital fehlt. Nur wenn Sie Ihre Finanzen zuvor sinnvoll geplant haben und Ihre Finanzierung auf soliden Füßen steht, werden Sie im Bankengespräch erfolgreich sein. Sie müssen jederzeit Ihren Zahlungsverpflichtungen für Lieferanten und Geldgebern nachkommen und ebenso den eigenen Lebensunterhalt bestreiten.

Ein von Ihnen eingesetztes Eigenkapital zeigt Ihrer Bank, wie ernst Sie Ihr Gründungsziel verfolgen und erhöht Ihre Glaubwürdigkeit. Gehen Sie offen auf den Mitarbeiter in der Bank zu und legen Sie einen fundierten Vorschlag zur Finanzierung im Business-Plan vor. Als neuer Gründer werden Sie ohnehin angehalten, privat für Ihr Vorhaben zu haften, erst recht, wenn Sie eine GmbH gründen wollen. Hat Ihr Business-Plan die Bank überzeugt, versucht sie Ihnen eine passende Finanzierungshilfe anzubieten. Je nachdem, was Sie beantragen wollen, übernimmt die Bank für Sie die Beantragung der Gelder.

Fördermittel

Bankinstitute wollen mit Krediten Geld verdienen. Das gelingt den Banken nur, wenn sie das verliehene Geld wieder zurückerhalten. Neben Gründerperson und Gründungskonzept entscheiden Sicherheiten (Basel II) und eine profitable Rentabilitätsvorschau über das Verhandlungsergebnis. Darüber hinaus spielen auch Eindruck und Auftreten eine Rolle.

Selbstbewusst ins Bankengespräch

Basel II

<< Exkurs

Der Baseler Ausschuss für Bankenaufsicht erarbeitete neue Regeln für die Eigenkapitalvorschriften der Kreditinstitute. Die Gesamtheit dieser Eigenkapitalvorschriften bezeichnet man als Basel II. Ende 2006 traten die Vorschriften in der Europäischen Union offiziell in Kraft. Es wird das Ziel verfolgt, die Kreditinstitute bei der Vergabe von Krediten stärker vom individuellen Risiko abhängig zu machen.

Die Basel-II-Regelungen verstehen sich als vorsorgliches Krisenmanagement und verhindern Finanzkrisen. Gleichzeitig tritt eine Stabilisierung des Banken- und Finanzsystems ein. Die damit einhergehende transparentere Kreditvergabe sorgt für weniger Probleme in der Wirtschaft.

Die Bewertungs- und Ratingverfahren stufen Ihr Unternehmen nach einem standardisierten Schema in eine Risikoklasse ein. Als Konsequenz ergibt sich daraus, dass Sie als Kreditnehmer mit einem schlechten Rating und geringer Bonität höhere Kreditzinsen zahlen.

www.basel-ii.info
Corporate-Consulting.Networking *(Infoportal zu Basel II)*

WWW . . . . .

Erfolgreich mit Banken verhandeln

Sie gehen in das Bankengespräch mit dem Wunsch, eine Kreditzusage zu erhalten. Im Grunde verfolgen Sie das gleiche Ziel wie bei der Bewerbung um einen guten Job. In beiden Fällen wollen Sie unbedingt eine Zusage. Darum sollten Sie sich auch genauso verhalten. Ein überzeugendes Gespräch gelingt Ihnen, wenn Sie die folgenden Regeln befolgen:

Wie verhandle ich richtig?

>> Selbstsicher, authentisch und seriös auftreten.

Ein professioneller Geschäftspartner taucht nicht in Jeans auf. Ziehen Sie sich also für den Bankenbesuch angemessen an. Mit selbstsicherem Auftreten und Redegewandtheit wirken Sie überzeugend. Sind Sie etwas unsicher, nehmen Sie Ihren Berater mit. Er überbrückt geschickt die eine oder andere Redepause. Dennoch sollte der Hauptredepart bei Ihnen liegen. Sie dürfen nie den Eindruck erwecken, als sei diese Bank Ihre letzte Chance.

>> Gründlich und umfassend vorbereiten.

Gehen Sie nur gut vorbereitet in ein solches Gespräch. Nichts ist peinlicher als Fragen, die Sie nicht beantworten können. Ihre Hausaufgaben haben Sie gemacht. Sie haben den Business-Plan und die Geschäftsidee sauber und gewissenhaft ausgearbeitet. Im Bankengespräch sollten Sie vermitteln, dass der Business-Plan Ihr eigenes Werk ist. Nur so wirken Sie bei Fragen überzeugend und argumentieren plausibel. Falls Sie noch kein Kunde der Bank sind, informieren Sie sich über das Internet, auf welcher Zielgruppe der Fokus dieser Bank liegt. Schließlich muss die Bank zu Ihnen passen, nicht umgekehrt.

>> Öffentliche **Förderprogramme** kennen.

Sie wollen etwas von der Bank, deshalb müssen Sie genau wissen, was die Bank im Angebot hat. In der Bäckerei einkaufen ist einfacher, da sehen Sie schon in der Auslage, was es gibt. Falls nötig verlangen Sie eine Kombination aus öffentlichen Fördermitteln und ein günstiges Hausdarlehen. Informieren Sie sich vor dem ersten Gespräch mit Ihrem Banker über mögliche Finanzierungslösungen. Haben Sie keine konkrete Vorstellung, erbitten Sie für Ihr geplantes Finanzierungsvorhaben einen Finanzierungsvorschlag durch den Bankberater. Vielleicht suchen Sie sich allein oder gemeinsam mit Ihrem Berater online zwei bis drei Förderprogramme heraus, über die Sie sich dann möglichst umfassend informieren.

Kreditzusage von der Hausbank? Erteilt Ihnen Ihre Hausbank trotz der guten Vorbereitung eine Absage, bedeutet das nicht unbedingt das endgültige Scheitern Ihres Vorhabens. Vielleicht war der Ansprechpartner nicht gut drauf oder Sie passen nicht so recht in das aktuelle Konzept der Bank. Möglicherweise hätten Sie ein paar Monate früher oder später eine Zusage erhalten. Worin auch die Gründe für die Absage lagen – gehen Sie zur nächsten Bank. Es kann sogar sein, dass die dort angebotenen Konditionen besser auf Sie zugeschnitten sind. Grundsätzlich lohnt sich ein Vergleich schon vorher.

Die wichtigsten Förderprogramme für Existenzgründer

Zuschuss für Beratungsförderung Sie wissen noch gar nicht, ob eine selbstständige Tätigkeit das Richtige für Sie ist? Dann interessiert Sie gewiss das finanzielle Unterstützungsangebot des *Bundeswirtschaftsministeriums*. Auf Antrag werden Ihnen in der Startphase Zuschüsse für eine **Existenzgründungs-** oder **Existenzaufbauberatung** gewährt (*Kapitel 1.1.3*).

Bund und Länder stellen aber auch andere finanzielle Hilfen speziell für Existenzgründer bereit. Zu den wichtigsten Förderprogrammen des Bundes gehören:

>> **Mikro-Darlehen:** Kleinkredite für den Start in die Selbstständigkeit

>> **StartGeld:** Für Existenzgründer, kleine Unternehmen und Freiberufler

>> **ERP-Kapital für Gründung:** Nachrangkapital für Existenzgründer

Jedes Kreditinstitut verlangt in der Regel für die Kreditvergabe Sicherheiten. Sind Ihre Sicherheiten zu gering, beantragt Ihre Hausbank bei bestimmten Förderprogrammen eine **Haftungsfreistellung.** Damit mindert sich das Ausfallrisiko für die Bank.

Mikro-Darlehen	Konditionen
Förderprogramm/-höhe	5.000 bis 10.000 € (Mikro 10)
	10.000 bis 25.000 € (Mikro-Darlehen)
Laufzeit der Förderung	2 bis 5 Jahre
Auszahlungsbetrag	100%
Haftungsfreistellung	80%
Tilgungsfreie Anlaufzeit	ja (6 Monate)
Tilgungshöhe der Rate	Tilgung in gleich hohen halbjährlichen Raten

Tabelle 1.9: Übersicht Förderprogramm Mikro-Darlehen

Mikro-Darlehen sind optimal für Kleinstgründungen mit geringem Finanzierungsbedarf. Sie lassen sich aber genauso gut für bestehende Unternehmen nutzen (10 Mitarbeiter, 0 – 2 Jahre nach Geschäftsaufnahme), die maximal nur 25.000 € brauchen. Die Hausbank erhält eine fixe Bearbeitungspauschale, damit sie auch kleine Vorhaben finanziert.

StartGeld	Konditionen
Förderprogramm/-höhe	bis 50.000 €
Laufzeit der Förderung	bis 10 Jahre
Auszahlungsbetrag	96%
Haftungsfreistellung	80%
Tilgungsfreie Anlaufzeit	ja (24 Monate)
Tilgungshöhe der Rate	Tilgung in gleich hohen halbjährlichen Raten

Tabelle 1.10: Übersicht Förderprogramm StartGeld

Speziell für Gründerinnen und Gründer mit mäßigem Finanzierungsbedarf bis 50.000 € gibt es das StartGeld der *KfW-Mittelstandsbank* und des *Europäischen Investitionsfonds (EIF)*. Ähnlich wie beim Mikro-Darlehen arbeitet die Bank mit einem festen Bearbeitungsentgelt, damit sich bereits kleinere Finanzierungen für die Banken lohnen.

ERP-Kapital für Gründung	Konditionen
Förderprogramm/-höhe	bis 500.000 €
Laufzeit der Förderung	15 Jahre
Auszahlungsbetrag	96%
Haftungsfreistellung	100% Kreditinstitut wird von der Haftung für das Nachrangdarlehen freigestellt
Tilgungsfreie Anlaufzeit	ja (84 Monate)
Tilgungshöhe der Rate	Tilgung in 16 gleich hohen halbjährlichen Raten

Tabelle 1.11: Übersicht Förderprogramm ERP-Kapital für Gründer

Der Darlehensgeber tritt beim **Nachrangkapital** im Rang hinter die Forderungen aller anderen Fremdkapitalgeber zurück. In aller Regel wird daher erwartet, dass eine natürliche Person privat für die Rückzahlung dieses Darlehens haftet. Das Darlehen erhält dadurch quasi eigenkapitalmäßigen Charakter und stärkt die Bonität des Unternehmens.

Nachrangkapital stärkt Eigenkapital

Vielen Gründern fehlt häufig das notwendige Eigenkapital für den Aufbau einer neuen Existenz. Ohne Sicherheiten oder Eigenkapital wäre bereits an diesem Punkt der Weg in die Selbstständigkeit beendet. Das spezielle Nachrangkapital für Gründer und junge Unternehmen (0 – 2 Jahre nach Geschäftsaufnahme) überbrückt diese Lücke und stärkt die Eigenkapitalbasis. Jetzt ist der Weg frei für Fremdkapitalgeber, die die darüber hinausgehenden Einstiegsinvestitionen und Markterschließungskosten finanzieren.

Tipp . . . . . .

Praxis-Tipp: KfW-Mittelstandsbank

Sowohl KMUs als auch Existenzgründer richten ihre Fragen direkt an ihre Hausbank. Nach Prüfung sendet die Bank Ihre Unterlagen zur Finanzierung direkt weiter an die KfW-Mittelstandsbank *in Frankfurt am Main.*

Weitere Informationen bekommen Sie wie immer beim *BMWi* (Förderdatenbank und PDF-Broschüren). Oder Sie wenden sich an das zuständige Wirtschaftsministerium, die Hausbank oder die Industrie- und Handelskammern. Die vorherigen Übersichtstabellen zu den einzelnen Förderprogrammen sollen Ihnen nur als Richtschnur dienen. Wir erheben keinen Anspruch auf Aktualität und Vollständigkeit. Da die Angebote ständig im Wandel sind, ist es sinnvoll, wenn Sie sich vorsorglich mit den neuesten Daten versorgen.

1.3   Der Business-Plan

Eine gute Geschäftsidee zu haben ist die eine Sache, sie erfolgreich in die Tat umzusetzen eine andere. Der **Business-Plan** ist die schriftliche Ausarbeitung Ihres Unternehmenskonzepts, jetzt zu Beginn also Ihre Visitenkarte. Hierin beschreiben Sie Ihre Geschäftsidee und die verfolgten Ziele, zeigen die Potenziale auf und erläutern die geplante Umsetzung. Je detaillierter der Inhalt dargestellt wird, desto besser verstehen potenzielle Geschäftspartner (Banken, Geldgeber usw.) Ihr Vorhaben. Wichtige Informationen, die der Business-Plan enthält, sind die Idee, Produkte/Dienstleistungen, Gründerperson, Chancen-/Risikobewertung, Marketingstrategie, Markt-/Konkurrenzanalyse sowie Ertrags- und Finanzplanung. Anhand des Business-Plans beurteilen Dritte, ob Ihre Geschäftsidee erfolgreich umsetzbar sein könnte.

Wichtige Inhalte im Business-Plan

Jetzt sind Sie gefragt. Legen Sie los mit Ihrer Business-Planung. Fassen Sie sich kurz, seien Sie ehrlich und unterfüttern Sie Ihre Idee mit Fakten und Zahlen. Hauchen Sie Ihrer Unternehmensvision Leben ein. Wie Sie das schaffen, erfahren Sie auf den folgenden Seiten.

1.3.1   Der Business-Plan als Erfolgsgrundlage für die Existenzgründung

Mit dem Business-Plan als Werkzeug begeistern Sie Investoren von Ihrer Geschäftsidee leichter. Als positiver Nebeneffekt zwingt er Sie selbst dazu, sich intensiv mit der Geschäftsidee auseinander zu setzen. Ganz am Anfang klingt jede neue Idee genial. Doch für die Planung brauchen Sie gute Marktkenntnisse und -informationen, damit die Idee bzw. das Konzept überhaupt in einen Plan umzusetzen ist – und die zeigen Ihnen gleichzeitig bald, ob Ihre Idee es überhaupt wert ist, in die Tat umgesetzt zu werden.

Vernünftige Konzeption

Markt- und Konkurrenzsituation betrachten

Zu einer ersten Bewertung werden häufig geschätzte Planzahlen herangezogen. Angefangen von der Kapitalbedarfs-, über die Umsatz- bis hin zur Rentabilitätsplanung sollte alles vorhanden sein. Da Sie genauso wenig Hellseher sind wie wir, empfehlen wir Ihnen, verschiedene Verlaufsszenarien zu entwickeln: schlecht – mittel – gut. Je nach Komplexität Ihres Vorhabens sind Sie vielleicht schon froh, wenn Sie überhaupt erstmal einen Entwurf mit halbwegs realistischen und nachvollziehbaren Annahmen und Daten besitzen. Schaffen Sie es nicht, diese überzeugend darzustellen, ist vielleicht Ihre Geschäftsidee oder Ihr Business-Plan nicht realisierbar.

Verschiedene Verlaufsszenarien planen

Machen Sie nicht den Fehler, ohne fundierte Marktanalyse überzeugen zu wollen. Eine Analyse der Konkurrenzsituation und eventuell der Verbrauchergewohnheiten ist für die realistische Beurteilung Ihres Kundenpotenzials sehr hilfreich. Verschaffen Sie sich selbst ein Bild über die Konkurrenz im Internet, suchen Sie dazu nach den Produkten, die Sie auch anbieten

Marktanalyse – ein wichtiges Instrument

möchten. Informationen über die Verbraucher bekommen Sie durch Studien oder teilweise durch Befragung von Freunden und Bekannten, berücksichtigen Sie dabei immer die Zielgruppe. Es nutzt wenig Ihren Opa zu befragen, wenn Sie als Zielgruppe die Jugendlichen anvisieren. Fragen Sie bspw. welche Produkte die Zielgruppe sucht und online auch kauft, welche Suchbegriffe für die Internetsuche relevant sind, auf welchem Preisniveau sich die Produkte bewegen sollen usw.

Gerne überschätzen Existenzgründer die möglichen Umsätze. Wirkt es Ihrer Meinung nach überzeugend, wenn Sie schreiben, dass der eCommerce-Handel in den USA Milliardenumsätze macht? Wohl kaum. Ihr Online-Shop mit Sonnenblumenkernen muss deshalb noch lange nicht boomen. Gehen Sie besser mehr ins Detail und nehmen Sie Zahlen aus dem deutschen Markt- und Kundensegment.

Zur Bewertung Ihrer Marktchancen hat sich das Umsehen im Markt und bei der Konkurrenz bewährt. Hierbei wird grobes Zahlenmaterial immer weiter verfeinert. Also zuerst den Gesamtmarkt betrachten, dann einen Teil als Kundensegment herauspicken und zuletzt die auf Sie entfallenden Umsätze schätzen. Vielleicht kennen Sie jemanden, der einen Shop betreibt, fragen bei der *IHK* nach Datenmaterial oder recherchieren im Internet nach Markt- und Kundenpotenzial. Ein ausführlicheres Beispiel finden Sie in *Kapitel 3* im Abschnitt »Umsatzplanung am Beispiel Notebook-Handel«.

Wie sieht ein guter Business-Plan aus?

Wie ein Business-Plan auszusehen hat, ist formal nicht festgelegt. Sie sollten jedenfalls neben inhaltlichen Fehlern auch Rechtschreib- und Grammatikfehler vermeiden. Ist das Konzept fertig, drucken Sie es am besten auf einem hochwertigen Laserdrucker auf sauberem Papier aus. Stecken Sie es anschließend in einen schönen Einband oder Hefter, bloß nicht zusammentackern. In der Regel umfasst ein Business-Plan etwa 25 bis 35 Seiten ohne Anhang.

Was einen guten Business-Plan sonst noch auszeichnet:

>> **Individualität:** Zugeschnitten auf die Gründerperson und -idee.

>> **Klare Gliederung:** Der rote Faden muss inhaltlich erkennbar sein.

>> **Sachlichkeit:** Beschränken Sie sich auf das Wesentliche.

>> **Klarheit:** Geben Sie auf alle Fragen eine angemessene Antwort.

>> **Innovation:** Ein klar erkennbarer Nutzen für den Kunden.

>> **Aufrichtigkeit:** Bleiben Sie realistisch und übertreiben Sie nicht.

>> **Optische Gestaltung:** Der Business-Plan ist Ihr Aushängeschild.

Als grobe Richtschnur für den Seitenumfang der jeweiligen Abschnitte dient Ihnen die nachstehende Tabelle 1.12. Wie ausführlich Sie die einzelnen Kapitel bearbeiten, hängt im Grunde von Ihnen ab. Die Zahlenangaben beruhen auf Erfahrungswerten, die sich in den bisherigen Gründerwettbewerben des *dortmund-projects* bewährt haben.

www.mbpw.de

WWW . . . . .

Münchner Business-Plan Wettbewerb *(Schwerpunkt: Technologiebereich)*

Nr.	Gliederungspunkt	Seitenumfang
1.	Zusammenfassung (Executive Summary)	2 – 3 Seiten
2.	Unternehmensprofil und Firmenziele	2 – 3 Seiten
3.	Produkte bzw. Dienstleistungen	4 – 5 Seiten
4.	Konkurrenzanalyse (Branche und Markt)	4 – 5 Seiten
5.	Marketing (Absatz und Vertrieb)	4 – 5 Seiten
6.	Management und Schlüsselpositionen	1 – 2 Seiten
7.	Umsetzungsplanung	1 – 2 Seiten
8.	Chancen und Risiken	1 – 2 Seiten
9.	Finanzplanung (GuV, Liquidität, Kapitalbedarf)	6 – 8 Seiten
10.	Anhang (bei Bedarf)	
	Empfohlene Gesamtseitenanzahl	**25 – 35 Seiten**

Tabelle 1.12: Vorschlag für Seitenumfang im Business-Plan

Innerhalb der dargestellten Struktur muss Ihr Business-Plan während der Arbeit daran Tag für Tag weiterwachsen. Oder wie wir es bezeichnet haben, Ihr Business-Plan wird reifen. Anfangs ist das Konzept gefüllt mit wenigen Informationen. Doch nach und nach bearbeiten Sie weitere Themen bzw. vertiefen bereits vorhandenes Material. Zum Schluss ergeben die Einzelbetrachtungen ein stimmiges und strukturiertes Gesamtbild.

Den Business-Plan sollten Sie als Ihren ganz persönlichen Wegweiser betrachten. Anfänglich wird er Ihnen behilflich sein, die schwierige Aufbau- und Orientierungsphase zu überstehen. Einmal wohl durchdacht, ist die vor Ihnen stehende Arbeit besser überschaubar und das gibt Ihnen das gute Gefühl, dass Sie alles im Griff haben. Als eine Art Messlatte dient der Business-Plan Ihnen im weiteren Verlauf zur Messung des Erfolges.

eCommerce-Besonderheiten im Business-Plan berücksichtigen

Als Gründer sollten Sie bereits in Ihrem Business-Plan deutlich machen, dass Sie sich mit den rechtlichen Vorgaben auskennen *(Kapitel 7)*. Gemäß Fernabsatzgesetz müssen Sie Kunden über ihre Rechte informieren und die Allgemeinen Geschäftsbedingungen (AGB) zugänglich machen.

Anbei noch eine kleine Liste mit Fragen, die bereits im Business-Plan beantwortet sein müssen. Denken Sie hierbei weniger an Ihre fachliche Kompetenz. Es geht vielmehr um Management- und organisatorische Entscheidungen für Ihr Unternehmen:

>> Sind Branche und Produkte/Dienstleistungen richtig gewählt?

>> Ist der geplante Marktplatz bzw. Online-Shop der richtige?

>> Haben Sie den Aufwand für Logistik und Lagerhaltung im Griff?

>> Welche Voraussetzungen müssen Sie zum Start noch erfüllen?

>> Besitzen Sie die technischen Voraussetzungen für den Online-Handel?

>> Nutzen Sie eine zuverlässige Basis-Plattform für den Online-Shop?

>> Nützt Ihnen die Preistransparenz in Preisvergleichssuchmaschinen?

>> Kommen genügend Käufer in Ihren Shop (Online-Potenzial prüfen)?

Diese und sicherlich noch einige weitere Fragen müssen Sie klären.

Der Aufbau eines Online-Handels zur Existenzgründung erfordert einige besondere Grundentscheidungen. Als Vertriebswege stehen hier mehrere Möglichkeiten zur Verfügung. Normalerweise schwenkt man nicht einfach von der einen zur anderen Lösung um, wenn die eine nicht mehr geeignet ist. Überlegen Sie sich genau, welche Lösung für Sie geeignet ist. Für kleinere Existenzgründungen ist übrigens der Online-Shop die gängigste Methode im eCommerce:

>> **Online-Shop**: Miet-, Kauf- und OpenSoure-Lösung

Ein Online-Shop ist ein eigenständiges System, mit dem Händler ihre Waren über das Internet anbieten und verkaufen. Damit Produkte oder Dienstleistungen online verkauft werden können, wird ein eigenes Shopsystem benötigt. Dafür ist ein breites Angebot an Standardsoftware- und Mietlösungen erhältlich. Eine kostspielige Programmierung individueller Lösungen bleibt meist den großen Anbietern vorbehalten.

Beispiel eines Online-Shops: www.otto.de

>> **Shopping-Mall**: Zusammengeschlossene eigenständige Online-Shops

Eine Mall ist ein Zusammenschluss eigenständiger elektronischer Läden mit unterschiedlichem Warenangebot. Struktur, Funktionalität und Design sind vom Plattformbetreiber vorgegeben. Der Kunde erhält durch shopübergreifende Funktionen, wie Suche und Kundenregistrierung, Zugang zu einer Vielzahl von Produkten und Anbietern.

Beispiel einer Shopping-Mall: www.shopping24.de

>> **Marktplatz:** Regionale, horizontale und vertikale Ausdehnung

Mit einem breiten Sortiment richtet sich der horizontale Marktplatz an ein branchenübergreifendes Publikum. Der vertikale Marktplatz ist hingegen speziell auf eine bestimmte Branche mit einer begrenzten Angebotsvielfalt ausgerichtet. Als besondere Ausprägung gibt es noch den regionalen Marktplatz, der örtlich begrenzt agiert.

Beispiel eines horizontalen Marktplatzes: www.ebay.de

Beispiel eines vertikalen Marktplatzes: www.wave-computer.de

Beispiel eines regionalen Marktplatzes: www.muenchen.de

>> **Katalogsystem:** Automatisiert Produktdaten übernehmen

Wer schon mal einen Online-Shop mit Produktdaten befüllt hat, weiß, dass das teuer und aufwendig ist, vor allem wenn die Angebotspalette aus mehreren Hundert Produkten besteht. Zu jedem Artikel gehören weitere Informationen: Produktbeschreibungstext, Bilder, Preis, Verfügbarkeit, PDF-Datenblatt uvm. Ein internes Warenwirtschafts- und Katalogsystem erlaubt die automatisierte Übernahme der Daten direkt aus einer anderen EDV-Umgebung. Typische Einsatzgebiete sind der Wareneinkauf über Distributoren, den Vertrieb unterstützende Konfiguratoren, Ersatzteil- oder Produktinformationssysteme.

Beispiel eines großen Katalogsystems: www.samsonite.de

1.3.2 Bestandteile eines übersichtlichen Business-Plans

Der Business-Plan ist die Grundlage Ihres künftigen Geschäftserfolgs. Dazu muss es Ihnen gelingen, die Geschäftsidee und die damit verbundenen Zielvorstellungen gekonnt niederzuschreiben. In diesem Abschnitt beschreiben wir Ihnen eine inhaltliche Gliederung, die sich in der Praxis bewährt hat. Damit strukturieren Sie Ihre unternehmerische Vision klar und eindeutig. So entsteht im Laufe der ersten Wochen für alle künftigen Geschäftspartner ein informatives Schriftstück.

Sobald Sie sich mit der Grobgliederung angefreundet haben, beginnen Sie mit der ausgiebigen Recherche nach Informationen. Das Expertenwissen finden Sie in Marktstudien, Expertenforen, Branchendaten, Auswertungen (Reports) usw. Bevorzugen Sie zuverlässige und objektiv vertrauenswürdige Quellen wie Universitäten, Organisationen oder Großfirmen. Der entscheidende Nutzen für Sie bei Ihrer Planungsarbeit ist die daraus entstehende Qualität Ihrer Prognosen.

Business-Plan klar und verständlich formulieren

Ihr Business-Plan muss für Ihre Geschäftsidee begeistern können. Eignen Sie sich einen motivierenden Schreibstil an. Vermeiden Sie allerdings Übertreibungen. Als Ergebnis muss das Besondere an Ihrer Idee herausgestellt sein, damit Sie darlegen können, warum der Kunde gerade bei Ihnen kaufen wird. Differenzierung ist das Schlagwort hierfür, also die Frage, was den Unterschied ausmacht (Kundennutzen). Aus diesen Informationen lassen sich die künftigen Umsätze und Gewinne der nächsten Jahre ableiten.

In der Einleitung schadet ein zusammenfassender Abstract nicht, das wird wenigstens gelesen. Das ist vergleichbar mit einem Bewerbungsschreiben, hier wird auch zunächst nur die Optik geprüft und die ersten Zeilen überflogen. Ein bekannter Manager formulierte es so: »Man sollte in der Lage sein, sein Geschäftsvorhaben einem 16-Jährigen innerhalb von zwei Minuten erklären zu können«. Ohnehin sollten Sie beherzigen: Formulieren Sie alles klar, verständlich und nicht zu technisch. Der Entscheider ist meist kein Experte. Lassen Sie Ihr Konzept darum von Freunden und Bekannten lesen, um rechtzeitig Unklarheiten auszuräumen.

Auch **Existenzgründer** brauchen den Business-Plan zur Vorlage beim Arbeitsamt. Außerdem legen Sie ihn bei Geldgebern vor und kontrollieren damit Ihre eigenen Unternehmensziele.

Gliederung und Inhalt des Business-Plans

Im Folgenden stellen wir Ihnen in groben Zügen die Gliederung eines Business-Plans vor. Beim Inhalt tun wir uns etwas schwerer. Wir geben Ihnen zwar einige Anregungen, aber das Eigentliche müssen Sie selbst erledigen. Schließlich ist es ja die Aufgabe des Business-Plans, dass Sie sich selbst mit Ihrem zukünftigen Unternehmenskonzept beschäftigen. So erkennen Sie frühzeitig Schwachstellen, um die Sie sich verstärkt kümmern sollten. Vielleicht ist in diesem Zusammenhang die Teilnahme an einem Business-Plan-Wettbewerb interessant. Hier bekommen Sie kostenlos Unterstützung und Ihnen stehen alle erforderlichen Ansprechpartner zur Verfügung. Im neuen *BMWi* Gründungsplaner, den wir Ihnen in *Kapitel 1.3.3* vorstellen, finden Sie ein inhaltliches Muster.

WWW www.start2grow.de
dortmund-project *(Gründungswettbewerb, Business-Plan-Handbuch)*

1. Gliederungspunkt: Zusammenfassung (Executive Summary)

Die Zusammenfassung ist eine verdichtete Darstellung Ihres Business-Plans. Gleich zum Einstieg versuchen Sie das Interesse des Lesers zu wecken, ihn zu fesseln. Sie müssen es schaffen, ihn hier bereits neugierig auf den Rest der Ausführungen zu machen. Schließlich wünschen Sie sich, dass er weiter liest.

Straff zusammengefasst erhält der Interessierte die Kurzfassung zu folgenden Punkten: Unternehmensziel, Kundennutzen, Kompetenzen, Marktanalyseergebnisse, Umsatzprognose, Marketing-/Absatzkonzept, Investitionsbedarf und Erfolgsaussichten.

Jeder liest zuerst die Zusammenfassung Ihres Business-Plans und entscheidet dann, ob er die Zeit investiert und weiter liest. Deshalb gehen Sie hier überwiegend auf entscheidungsrelevante Pluspunkte ein. Würzen Sie Ihre Worte mit einer guten Portion Überzeugungskraft, um den Leser auf Ihre Seite zu ziehen. Zeigen Sie, dass Sie es »draufhaben«. Argumentieren Sie schlüssig und nachvollziehbar, aber ohne in technisches Gefasel zu verfallen. Das Kurzportrait soll Ihr künftiges Unternehmen repräsentieren, bleiben Sie aber bei einer wahrheitsgemäßen Darstellung Ihres Konzepts.

Missbrauchen Sie dieses Einstiegskapitel nicht als bloße Einleitung oder Deckblatt. Es soll Ihr Hingucker werden. Es empfiehlt sich deshalb, das Summary zuletzt zu schreiben. Erst dann haben Sie den nötigen Überblick über die Inhalte aller Bausteine. Alle Ideen und Ziele formulieren Sie daher besser erst zum Schluss. Sobald mehrere unbedarfte Testpersonen Ihrer Argumentationskette folgen können, sind Sie fertig.

2. Gliederungspunkt: Unternehmensprofil und Firmenziele

Der zentrale Leitgedanke dieses Gliederungspunkts ist die zukünftige Positionierung Ihres Unternehmens. Hier erläutern Sie Ihre ganz persönliche Vision. Im Mittelpunkt stehen Ihre Ideen, Wünsche und Ziele. Gehen Sie bewusst auf die Marschroute ein und beschreiben Sie wichtige Etappenziele. Machen Sie deutlich, mit welcher besonderen Strategie Sie viel versprechende Erfolgsfaktoren nutzen wollen.

Erläutern Sie auch knapp, warum gerade Sie dazu prädestiniert sind, dieses Vorhaben umzusetzen. Zeigen Sie Ihrem Leser, dass Sie sich bei den vor Ihnen stehenden Aufgaben bestens auskennen. Basierend auf Marktpotenzialen, belegen Sie die Zukunftsperspektiven des Unternehmens. Im Optimalfall prognostizieren Sie ein stetiges Wachstum.

3. Gliederungspunkt: Produkte bzw. Dienstleistungen

In diesem Gliederungspunkt versuchen Sie Ihre innovative Produkt- oder Dienstleistungsidee darzulegen. Ziel ist es, die Funktion des Produkts oder der Dienstleistung zu erläutern und den Kundennutzen deutlich zu machen. Gibt es im Internet vergleichbare Angebote, stellen Sie dar, welchen Zusatznutzen den Kunden durch Ihr Angebot erwartet.

Differenzierungsmerkmale zur Auswahl gibt es genug. Versetzen Sie sich in die Lage des Kunden. Warum haben Sie Ihren Computer bei Anbieter A gekauft und nicht bei B oder C? In Anlehnung an das Projektmanagement dient vielleicht eine Art **Präferenzliste** als Entscheidungshilfe (Schulnoten-Prinzip), wie sie Tabelle 1.13 zeigt.

Präferenzmatrix: PC-Kauf		Anbieter A	Anbieter B	Anbieter C
Kaufentscheidende Produktmerkmale	Preis	1	4	4
	Lieferbarkeit	4	4	1
	Service/Hotline	3	3	5
	IT-Kompetenz	4	2	2
	Vor-Ort-Support	2	4	6
Ergebnissumme		**14**	**17**	**18**

Tabelle 1.13: Entscheidungsfindung anhand einer Präferenzmatrix

Indem Sie die verschiedenen Merkmale nach Ihren Vorlieben gewichtet haben, fiel die Entscheidung für Händler A aus. Ganz unbewusst findet dieser Entscheidungsprozess bei Ihnen wahrscheinlich automatisch statt.

4.   Gliederungspunkt: Konkurrenzanalyse (Branche und Markt)

Wie viel Marktpotenzial gehört Ihnen?

Wann haben Sie überhaupt eine Chance, mit Ihrer Idee am Markt zu bestehen? Umsätze generieren Sie nur, wenn Sie sich von dem vorhandenen Marktpotenzial einen Teil sichern können. Ermitteln Sie den auf Sie abfallenden Teil durch eine treffende Analyse der Branche und der Wettbewerber (Chancen und Risiken des Marktes). Die von Ihnen aufgestellte Annahme, dass der Markt auf Sie wartet, begründen Sie anhand aussagekräftiger Zahlen.

Für Ihre Hochrechnung nutzen Sie am besten mehrere Informationsquellen gleichzeitig. Zu den Quellen gehören: Technologietrends, Fachliteratur, Branchenbücher, Zentralverbände, IHK, Universitäten, Branchenberichte, Marktforschungsinstitute (z.B. *DIW*), Preisvergleichssuchmaschinen, sowie statistische Landes- und Bundesämter.

WWW......

www.diw.de
Deutsches Institut für Wirtschaftsforschung e.V. *(Konjunkturprognosen)*

Sie könnten gegebenenfalls auch eigene Umfragen im angepeilten Zielmarkt durchführen. Das ist zwar aufwendig, aber Sie erfahren gleich mehr über die »Wenns und Abers«. Welche Ansprüche hat mein Zielkundenkreis? Was könnte zur Kauf- bzw. Wechselentscheidung führen? Ihnen fallen hierzu sicherlich noch viele weitere nützliche Fragen ein.

Basierend auf Ihrer Marktanalyse beenden Sie diesen Gliederungspunkt mit einer Schätzung Ihrer künftigen Umsatzzahlen. Sehr bewährt hat sich die folgende Methode. Wie viel Sie verkaufen, hängt vom Stückzahlvolumen des Gesamtmarktes ab, z.B. Anzahl verkaufter Notebooks in Deutschland. Ausgehend von diesen allgemeinen Informationen konkretisieren Sie die

Thematik zielgruppenorientiert dann immer genauer, z.B. Anzahl über den Online-Handel verkaufter *Acer* Notebooks. Weiterführende Informationen zur Umsatzplanung finden Sie in *Kapitel 3*. Schön ist es, im Business-Plan eine kleine Prise Bedenken einzustreuen, um nicht übermotiviert zu wirken. Nach Möglichkeit bieten Sie mehrere Szenarien an.

5. Gliederungspunkt: Marketing (Absatz und Vertrieb)

Der erste Teil beschäftigt sich mit Ihrem Marketingkonzept. Wie machen Sie Ihr Angebot bekannt? Identifizierte Marktpotenziale wollen schließlich ausgeschöpft werden. Beschreiben Sie in erster Linie, wie es Ihnen gelingen soll, in den für Sie neuen Markt einzutreten. Zählen Sie die absatzfördernden Maßnahmen auf, die Sie dazu ergreifen werden, z.B. Anzeigen, Online-Marketing, Weblogs, Pressemitteilungen oder Messestände. Ein in sich stimmiges Konzept besteht nicht nur aus Preis- und Produktpolitik. Grundlegend für Ihren unternehmerischen Erfolg ist gerade im Online-Geschäft die Kommunikationspolitik des Unternehmens. Kostenlos, aber als sehr effektiv haben sich Kontakt-Netzwerke erwiesen. Leider wird ihr Wert für ein Unternehmen oft völlig unterschätzt. In größeren Städten gibt es geeignete Treffpunkte für Existenzgründer und junge Unternehmer. Dort können Sie neue Kontakte knüpfen und sogar Aufträge an Land ziehen.

Marketing-Mix festlegen

Beim zweiten Teil geht es um Ihr Distributionskonzept. Führen Sie eine Bestellung exemplarisch durch und erläutern Sie wichtige Abläufe. Zudem interessieren neben dem geplanten Vertriebskanal die dabei anfallenden Kosten. Vielleicht stellen Sie eigene Vertriebsmitarbeiter ein. Diese stehen den Kunden auch gleichzeitig für den Support zur Verfügung. Verlieren Sie auch einige Worte über die Kundenbindung. Manches Produkt erfordert ein erhöhtes Serviceangebot. Treiben Sie Ihre Kosten allerdings nicht durch zu große Investitionen ins Marketing in die Höhe. Schließlich müssen Sie immer noch rentabel und kostendeckend arbeiten.

6. Gliederungspunkt: Management und Schlüsselpositionen

Zeigt sich der Kapitalgeber neugierig, weil Sie ihn bisher überzeugen konnten, dann will er mehr über das komplette Management erfahren. Abhängig von dem vorhandenen Erfahrungsschatz des Unternehmens lässt sich gut abschätzen, wie aussichtsreich die Chancen sind. Zeigen Sie dem Kapitelgeber deshalb, wie leistungsorientiert, risikobewusst und verantwortungsvoll Sie Ihre Idee zum Erfolg bringen. Den vollständigen Lebenslauf sowie Zeugnisse und Referenzen packen Sie besser in den Anhang. Trotzdem wird es von entscheidender Bedeutung sein, alle Ihre Abschlüsse, Projekte und Führungspositionen hervorzuheben, die für die Umsetzung bedeutsam sind. Berichten Sie über Ihren bisherigen Werdegang und gehen Sie auf relevante Praxiserfahrungen ein. Im Vordergrund steht nicht nur der akademische Titel oder Berufsabschluss, vielmehr geht es um praktische Erfolge. Diese dienen dem Geldgeber als Nachweis Ihrer Qualifikation. Falls Sie nicht alleine sind, begründen Sie die Aufteilung der Verantwortlichkeiten. Erklären Sie auch, inwiefern gerade Sie das perfekte Team bilden.

*Berater
unterstützen*

Es mag zwar auf den ersten Blick komisch wirken, aber schreiben Sie es in Ihren Business-Plan, wenn Sie durch externe Berater unterstützt werden. In der heutigen Wirtschaftswelt geht es nicht mehr darum, alles selbst zu beherrschen. Das ist oft gar nicht mehr machbar. Viel wichtiger ist zu wissen, wem man sich anvertrauen kann und wer einem zum Fortbestand des eigenen Unternehmens nützt. Damit zeigen Sie schon die Stärke, die man von einer Führungskraft erwartet. Sie delegieren und führen die Fäden in der Hand – so etwas wollen auch die Geldgeber sehen. Außerdem gibt es den Investoren ein beruhigendes und sicheres Gefühl, wenn die Planung durch Steuer- und Unternehmensberater unterstützt wurde. Es darf allerdings keineswegs der Eindruck entstehen, dass Ihr Business-Plan von jemand anderem geschrieben wurde. Denn dann ist Ihr persönlicher Vertrauensbonus schnell dahin.

7. Gliederungspunkt: Umsetzungsplanung

Bringen Sie Kenntnisse aus dem Projektmanagement mit? Prima. Zur Umsetzung großer Aufgaben greifen Projektmanager immer wieder gerne auf bestimmte Werkzeuge zurück. Unter dem Begriff Meilensteinplanung (**Meilenstein-Trendanalyse**) ist eine Methode bekannt, die zur Überwachung des inhaltlichen Projektfortschrittes dient. Einfach gesagt wird dabei das Gesamtprojekt in kleinere Aufgabenpakete zerlegt. Jedes Paket wird mit einem Erledigungstermin versehen. Spezifizieren Sie für jedes Paket ein konkretes und messbares Ziel. Wird in den regelmäßigen Treffen des Teams (Jour fixe) bemerkt, dass ein Arbeitspaket in Verzug ist, können Sie als Projektleiter rechtzeitig einlenken.

Die Investoren erwarten eine übersichtliche Darstellung, die die einzelnen Schritte zur Umsetzung der Geschäftsidee klarmachen. Daraus werden Zusammenhänge deutlicher erkennbar und Auswirkungen einzelner Schritte lassen sich leichter analysieren. Mit kompetentem Rat können Sie wesentliche Planungsschritte und Prioritäten gezielter bestimmen. Einige zeitkritische Aktivitäten können ganze Projekte verzögern. Aktivitäten, die auf diesem so genannten **kritischen Pfad** liegen, fordern Ihre erhöhte Aufmerksamkeit.

8. Gliederungspunkt: Chancen und Risiken

Als künftige Führungskraft müssen Sie immer wieder aufs Neue Ihre Leistungsfähigkeit beweisen. Ihr unternehmerisches Geschick entscheidet über die Entwicklung Ihres Unternehmens. Können Sie Risiken nicht frühzeitig erkennen und diesen wirkungsvoll gegensteuern, dann wird Ihr Weg in die Selbstständigkeit zu einem kurzen und vielleicht sogar kostspieligem Abenteuer.

*Risiken
einschätzen*

Stellen Sie aus Ihrer Sicht dar, mit welchen objektiv beurteilten Chancen und Risiken Sie rechnen. Im weiteren Verlauf schildern Sie die entstehenden Konsequenzen. Beschreiben Sie verständlich, inwieweit Sie positive Auswirkungen für Ihr Unternehmen nutzen und fördern. Gehen Sie auch auf die negativen Aspekte ein und erklären Sie Ihre Aktions- und Schutzmaßnahmen. Ihr Leitsatz muss sein: Agieren nicht reagieren. Nicht erst gegensteuern, wenn der Problemfall eintritt, sondern auf alle Eventualitäten vorbereitet sein.

Ihre Objektivität und Ehrlichkeit belohnen Investoren mit Respekt und Vertrauen. Erstellen Sie Alternativszenarien, dann sind Sie für alle Eventualitäten gerüstet. Oft setzen Fachleute auf den Entwurf von Best-Case- und Worst-Case-Szenarien. Schon in *Kapitel 1.2.1* haben wir darauf aufmerksam gemacht, dass sich relativ schnell neue Chancen durch gesellschaftliche und technologische Veränderungen oder neue gesetzliche Rahmenbedingungen entwickeln. Variieren Sie Ihre Planungsergebnisse anhand verschiedener Parameter abhängig von Preis- und Umsatzentwicklung. Demonstrieren Sie gekonnt den Einfluss auf Ihre Planwerte.

9.   Gliederungspunkt: Finanzplanung (GuV, Liquidität, Bilanz)

Geschäftsidee und Konzept sind bis auf die abschließende Finanzplanung fertig. Jetzt müssen Sie noch mit Hilfe bestimmter Planvarianten beweisen, dass Ihr Konzept finanziell tragfähig und rentabel ist. Ihre vorherigen Ausführungen innerhalb des Business-Plans geben Sie hierfür in Form von möglichst aussagekräftigem Zahlenmaterial wieder. Das Ergebnis ist ein Überblick über die künftige Finanz-, Ertrags-, Vermögens- und Kapitalbedarfslage Ihres Unternehmens.

Die Finanzplanung umfasst zumindest die vier Bestandteile:

>> Gewinn- und Verlustplanung: Berichtet über die **Ertragslage** und Rentabilität. Als wichtigstes Ergebnis weist sie auf Gewinne bzw. Verluste Ihres Unternehmens hin.

>> Liquiditätsplanung/Cashflow: Informiert über die künftige **Finanzlage**. Stellen Sie sicher, dass Sie immer liquide sind und Ihren finanziellen Verpflichtungen nachkommen können.

>> Bilanzplanung: Zeigt, wie sich die **Vermögenslage** des Unternehmens entwickeln soll. Bei der Bilanz handelt es sich um eine Momentaufnahme Ihrer Vermögenssituation im Unternehmen zu einem bestimmten Stichtag.

>> Kapitalbedarfsplanung: Offenbart Ihnen, wie hoch der Kapitalbedarf zu welchem Zeitpunkt ist. Was Ihnen noch fehlt, ist eine Erläuterung, woher die fehlenden Eigen- und Fremdmittel fließen. Wählen Sie dazu aus der Vielzahl von Finanzierungsquellen den richtigen Mix aus.

Sie haben sicherlich nicht vergessen, dass die meisten Geschäftsvorhaben an einer mangelhaften Finanzplanung scheitern. Deswegen sollten Sie sich um diesen Gliederungspunkt besonders intensiv bemühen.

Anhand der Kapitalbedarfsplanung ermitteln Sie, ob Ihre eigenen Mittel und die von Freunden und Bekannten ausreichen. Falls nicht, stehen andere Kapitalgeber zur Verfügung. Im *Kapitel 1.2.4* haben wir Ihnen bereits einige öffentliche Förderprogramme vorgestellt. Weitere Möglichkeiten sind der kurzfristige Kontokorrentkredit sowie längerfristige Lösungen durch Beteiligungs- oder Venture-Capital-Gesellschaften. Denken Sie sich einen gesunden Finanzierungsmix aus, der Ihnen möglichst viel Entscheidungsfreiheit lässt.

10. Gliederungspunkt: Anhang

Ergänzende Informationen gehören in den Anhang. Das sind z.B. Tabellen, Organigramme, Datenmaterial, Verträge, Genehmigungen, Lebensläufe usw. Vermeiden Sie aber, hier alles unterzubringen, was Ihnen irgendwie relevant erscheint. Beschränken Sie sich auf das Wesentliche. Nehmen Sie nur Dokumente in den Anhang auf, wenn Sie mit Querverweisen darauf hinweisen. Sonst blättert dort niemand nach. Auf der ersten Seite im Anhang bietet sich eine Liste aller Unterlagen als Übersicht an.

Tipps zur Erstellung eines Business-Plans

Damit Ihnen der Business-Plan gelingt, haben wir Ihnen auf den nächsten Seiten ein paar Tipps aufgelistet. Natürlich bleibt es Ihnen überlassen, ob Sie sie befolgen. Aber es hilft sicher, die folgenden Anregungen im Kopf zu haben:

>> Den perfekten Business-Plan gibt es nicht.

An dieser Stelle wollen wir kurz an das Pareto-Prinzip erinnern. Beispielhaft besagt es: Mit 20% Zeitaufwand schaffen Sie bereits 80% der Gesamtaufgabe. Für die ausstehenden 20% zur kompletten Lösung der Aufgabe sind die übrigen 80% des Zeitaufwands erforderlich. Übertragen auf die Erstellung des Unternehmenskonzeptes bedeutet das, lassen Sie es irgendwann gut sein. Den hundertprozentig perfekten Plan wird es nicht geben. Ist Ihre Idee gut, dann können Sie auch so überzeugen. Nutzen Sie die gewonnene Zeit lieber für die Vorbereitung Ihres Vorhabens. Zudem möchten wir nochmals darauf hinweisen, dass der gesamte Business-Plan weniger als 35 Seiten haben soll. Konzentrieren Sie sich also auf die wirklich wesentlichen Aspekte.

>> Verwenden Sie die Gliederung des Business-Plans als Leitfaden.

Einen Business-Plan zu schreiben kann eine echte Herausforderung sein. Viele kleine, völlig verschiedene und zum Teil wirre Gedanken müssen in ein sauber strukturiertes Gebilde gefasst werden. Wo soll man da anfangen und wo aufhören? Das ist weniger schwer, als Sie vermuten. Denken Sie mal an einen Marathonlauf. Manchem Läufer kommt er schier unendlich vor, für andere vergeht er wie im Flug. Doch eines haben alle Teilnehmer gemeinsam, sie beginnen den Marathon alle mit dem ersten Schritt. Das ist genau das, was auch Sie tun müssen. Starten Sie mit Schritt 1 und hören Sie mit Schritt 10 auf. Genauso viele Kapitel hat nämlich Ihr künftiger Business-Plan. Wir raten Ihnen, sich an das Inhaltsverzeichnis des Business-Plans in Tabelle 1.12 zu halten.

>> Nutzen Sie bestimmte Leitfragen als Denkanstoß.

Im Internet finden Sie jede Menge Vorlagen und Broschüren mit jeder Menge Leitfragen für Business-Pläne. Entscheidend ist dabei nicht, ob Sie möglichst viele Fragen beantworten können, sondern welche für Sie relevant sind. Das Grundgerüst der sachlichen Gliederung ist für alle gleich. Dennoch muss jede Geschäftsidee inhaltlich auf die Gründerperson zugeschnitten sein. Die Fragen dienen Ihnen mit Sicherheit als Richtschnur dafür, wie Sie Ihren Business-Plan zusammenfügen. Verstehen Sie sie als Denkanstöße, die Sie auf den richtigen Weg bringen.

>> Lassen Sie Ihren Entwurf von Testkandidaten prüfen.

Eine übersichtliche Gliederung ist das A und O für eine strukturierte Vorgehensweise. In dem ganzen Wust an Informationen können Sie jedoch schnell den Überblick verlieren. Sie stecken ziemlich tief in der Materie und vergessen dabei ganz, den einen oder anderen wichtigen Punkt zu erwähnen. Und ohne einen roten Faden im Konzept verliert sogar die beste Idee. Entscheidend für den Erfolg sind die Einfachheit und Stimmigkeit Ihrer Überlegungen. Lassen Sie deshalb jemanden aus Ihrem näheren Umfeld den Business-Plan lesen. So kommt praktisch gratis frischer Wind in die Angelegenheit. Außenstehende beurteilen Ihre Schwachstellen objektiver, bringen weiterführende Impulse für Ihre Arbeit und machen auf Unstimmigkeiten aufmerksam.

>> Suchen Sie sich frühzeitig fähige Unterstützung (Mentor, Berater).

Nehmen wir einmal an, Sie wollen sich ein neues Notebook kaufen. Das Erste, was Sie tun werden, ist wahrscheinlich, sich eine aktuelle Fachzeitschrift zu kaufen und sich einen Überblick zu verschaffen. Haben Sie genug Informationen gesammelt, folgt der nächste Schritt. Sie gehen zu einem Bekannten, der sich besser auskennt als Sie. Sie bitten ihn um Rat und löchern ihn mit Fragen, um so eine Kaufentscheidung herbeizuführen. Dieselbe Vorgehensweise eignet sich auch, wenn Sie Ihren Business-Plan erstellen. Vermutlich entwickeln Sie nicht sehr häufig ein neues Geschäftskonzept. Also liegt es doch nahe, sich kompetente Unterstützung von Fachleuten zu holen. Auch hier leistet die IHK gute Dienste. Sie vermittelt Ihnen gerne den richtigen Ansprechpartner.

1.3.3   Business-Plan mit BMWi-Softwarepaket

Vom *Bundesministerium für Wirtschaft und Technologie* wird ein nützliches Softwarepaket angeboten. Abbildung 1.10 zeigt den Startbildschirm dieser Software. Sie erhalten eine Reihe praktischer Hilfen, die auf Personen- und Kapitalgesellschaften ausgerichtet sind. Speziell für Gründer und junge Unternehmen liefert das Softwarepaket die zwei Grundbausteine:

>> **Gründungsplaner**: Unterstützt Gründer bei der Planung und Erstellung des kompletten Gründungskonzepts.

>> **Mein Büro**: Alles rund um Buchhaltung, Rechnungen, Termine usw. Leicht verständliche Software für die tägliche Büroarbeit.

Die beiden Programme können Sie direkt aus dem Internet herunterladen. Das *BMWi*-Softwarepaket bekommen Sie auf Wunsch beim *Bundesministe-*

rium für Wirtschaft und Technologie (Referat Kommunikation und Internet/Versand) auch kostenlos als CD-ROM, inklusive Gründungs- und Unternehmensplaner und einer Testversion von »*Mein Büro*«.

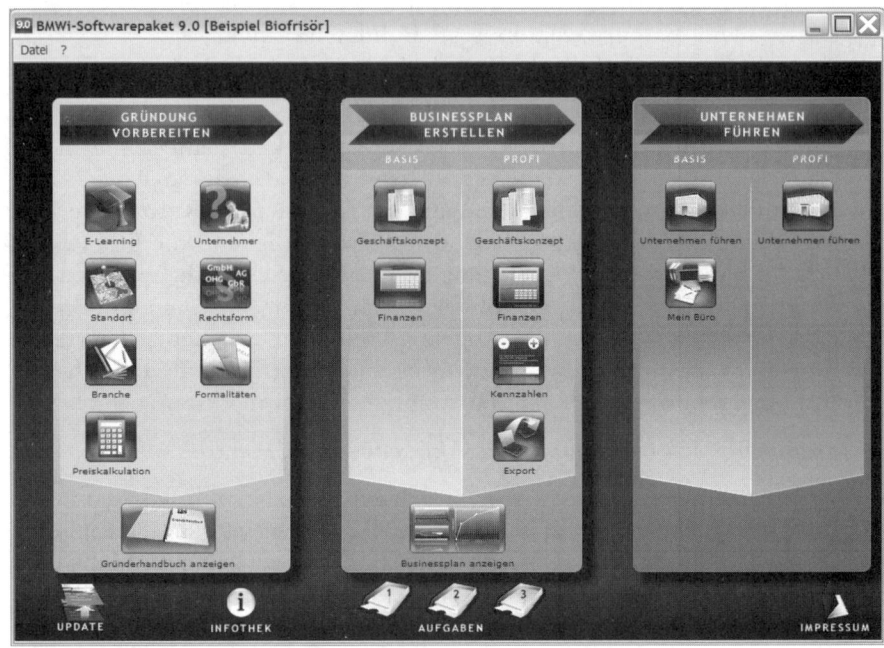

Abbildung 1.10: Startbildschirm des BMWi-Softwarepakets 9.0

WWW ...... www.softwarepaket.de
BMWi *(Softwarepaket für Gründer und junge Unternehmen)*

Installation des Softwarepakets

Die Software stellt an Ihren Personal Computer folgende Systemanforderungen: Prozessortyp *AMD K6, Athlon, Duron* oder *Intel Pentium III*, 512 MB RAM, CD-ROM-Laufwerk, Grafikkarte mit einer Auflösung von 1024 x 768 Pixel, Maus, *Microsoft Windows XP/Vista*. Die Vorgänger-Version 8 läuft auch unter *Microsoft Windows ME, 2000* und mit nur 256 MB RAM.

Die Installation gestaltet sich ziemlich einfach. Nach Einlegen der CD-ROM wird das Installationsfenster automatisch gestartet. Bitte folgen Sie den Anweisungen des Installationsassistenten auf dem Bildschirm. Ist die ziemlich einfache Installation geglückt, lässt sich das *BMWi*-Startcenter über »Start > Alle Programme > BMWi Softwarepaket 9.0 > BMWi- StartCenter« öffnen.

Überblick der Features im Gründungsplaner

Unternehmenszahlen übersichtlich dargestellt

Die aktuelle Version des Gründungsplaners leistet Ihnen beim Entwurf Ihres Unternehmenskonzepts gute Dienste. Integriert sind darüber hinaus Auswertungen für die Planung der Liquidität, des Kapitalbedarfs und der

Finanzierung. Sehr praktisch ist die mitgelieferte Beispieldatei, mit der Sie leicht den Einstieg in das Tool finden.

Mit der Software können Sie kinderleicht Ihren eigenen Business-Plan erstellen. Vorausgesetzt Sie haben die dazu erforderlichen Daten und Planungen bereits parat. In der individuell anpassbaren Business-Plan-Vorlage erfassen Sie Ihre Zahlen für die mittelfristige finanzielle Entwicklung Ihres Unternehmens. Wie Sie in Abbildung 1.11 sehen, lassen sich damit mehrere Auswertungen des Business-Plans übersichtlich darstellen.

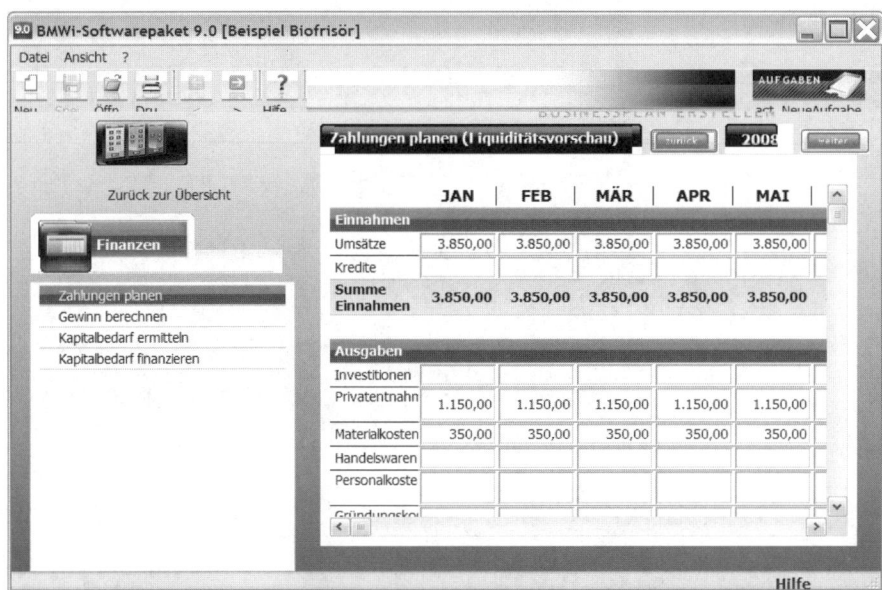

Abbildung 1.11: Auswertungsmöglichkeiten im Gründungsplaner

Die einzelnen Beträge in den Auswertungen berechnen sich aus Ihren vorherigen Eingaben im Business-Plan. Exemplarisch zeigt Abbildung 1.12 einen Screenshot zur Auswertung Ihres Kapitalbedarfs.

Eine prima Beigabe ist die Zusatzsoftware »*Mein Büro*«. Nach einer kostenlosen Freischaltung können Sie die Software für das Jahr 2007 nutzen. Nach dieser Testphase kostet das Jahres-Abo 74,95 €. Ähnlich wie *Lexware Büro easy* bietet die Software alle Funktionen für die wichtigsten Unternehmertätigkeiten. Sie schreiben Angebote, Rechnungen und können diese auch sofort buchen. Die E/Ü-Rechnung haben Sie somit im Griff und auch eine *Elster*-Schnittstelle für die Umsatzsteuer-Voranmeldung ist vorhanden. Einige Tools helfen Ihnen die Finanzen Ihres Unternehmens auszuwerten, wie Rechnungsumsatz pro Artikel oder Rechnungen nach Monat/Jahr. Terminkalender, Online Banking und viele andere kleine Helfer runden die Software ab. Alles in allem eine gelungene Sache, vor allem aufgrund des günstigen Preis/Leistungsverhältnisses.

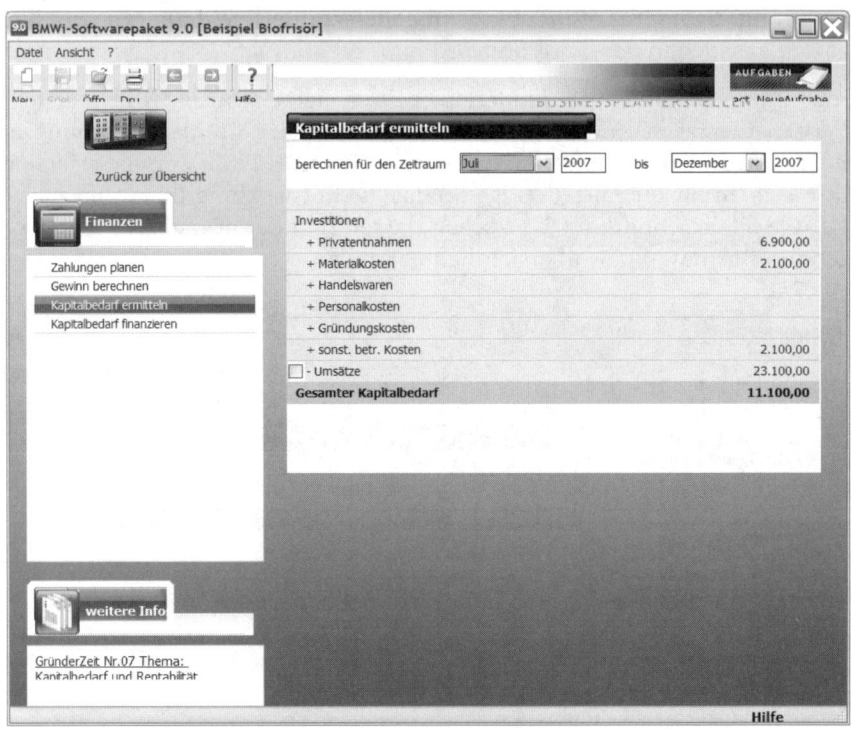

Abbildung 1.12: Auswertung des Kapitalbedarfs vor Gründung

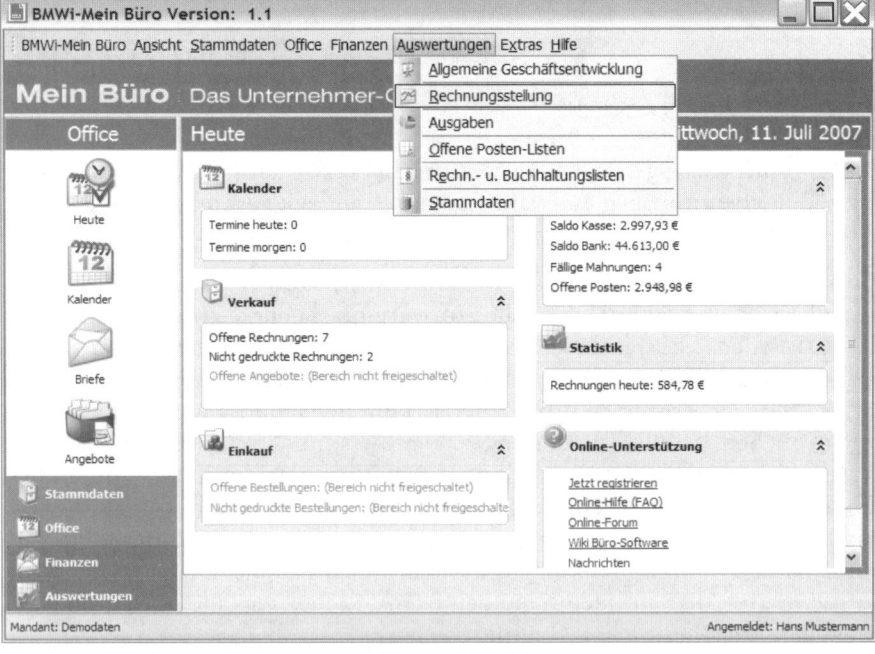

Abbildung 1.13: Bequem Rechnungen erstellen mit »Mein Büro«

Mit dem Businessplaner sofort online durchstarten

Das *Bundesministerium für Wirtschaft und Technologie* stellt Ihnen den in Abbildung 1.14 gezeigten *Businessplaner online* kostenlos zur Verfügung. Damit können Sie Ihren Business-Plan direkt im Internet erstellen und ausdrucken. Die eingegebenen Daten werden vertraulich behandelt und sind mit einem Benutzer- und Passwortschutz versehen.

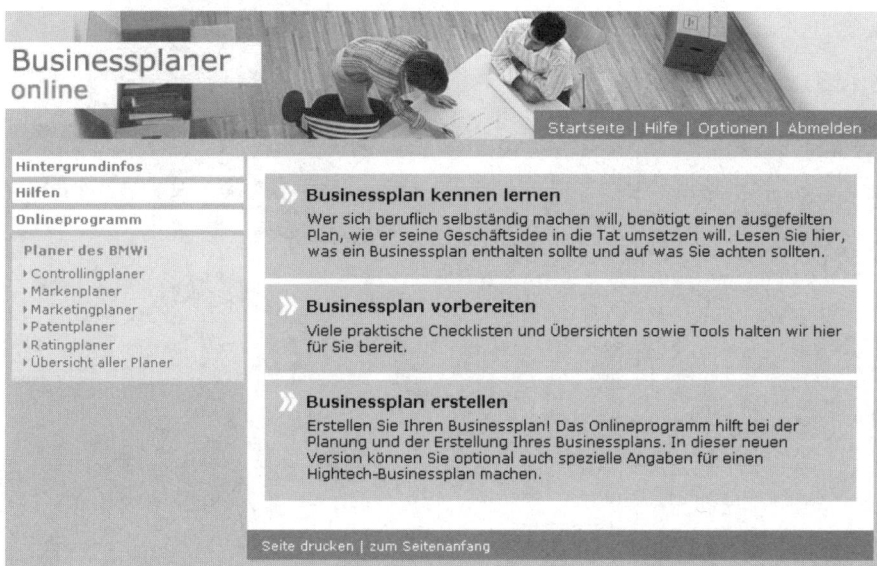

Abbildung 1.14: Businessplaner online des BMWi

2

Unternehmensstart

Anmeldeformalitäten – es geht los!

Neben den unterschiedlichen Gründungsarten informieren wir Sie detailliert über die wichtigsten Anmeldeformalitäten. Dadurch können Sie besser beurteilen, welche Behörden und Institutionen für Sie an diesem Punkt relevant sind und an wen Sie sich bei Fragen wenden können. Sobald Sie die Steuernummer vom Finanzamt erhalten haben, geht es richtig los.

Steuern, Vorschriften und Pflichten

Dieser zentrale Informationsblock betrifft das Thema Steuern. Wir zeigen Ihnen, welche für Sie als Unternehmer gelten. Außerdem erfahren Sie, wie, wo und wann Sie Steuererklärungen abgeben und -zahlungen leisten müssen. Danach weisen wir Sie auf die häufigsten Steuerfehler und die neuen Pflichtangaben auf Rechnungsformularen hin.

Kleinbetriebliche und kaufmännische Buchführung

Zum Unternehmensstart steht auch bei Ihnen die Entscheidung an, ob Sie kleinbetrieblich oder kaufmännisch Buch führen. Wir stellen Ihnen die Unterschiede sowie die Vor- und Nachteile dar und informieren Sie über Erleichterungen speziell für Kleinunternehmer und Existenzgründer. Zudem haben wir einige praktische Handlungsempfehlungen zusammengestellt, mit denen Sie die Buchhaltung künftig selber machen können. Eng verzahnt mit dem Rechnungswesen ist das Mahnwesen. Wir geben Ihnen wichtige Tipps, um Ihr Forderungsmanagement effizient zu organisieren.

2.1   Anmeldeformalitäten – es geht los!

Der Weg in Ihre berufliche Selbstständigkeit beginnt nicht erst mit Aufnahme der Tätigkeit, sondern bereits einige Monate früher. Das erste Kapitel bezog sich auf die grundlegende Ausarbeitung Ihres Gründungsplans. Im *Kapitel 2* setzen wir diese hoffentlich fruchtbaren Planungen in die Tat um. Der erste Teil der Gründung erfolgt durch die Anmeldung Ihrer Tätigkeit als Online-Händler bei dem zuständigen Gewerbeamt. Doch damit allein ist es noch lange nicht getan, es folgen zahlreiche weitere **Anmeldeformalitäten**, z.B. bei der IHK, den **Berufsgenossenschaften** usw. (*Kapitel 2.1.2*).

Bislang beschäftigten wir uns ganz allgemein mit der Existenzgründung. Wer überhaupt als Existenzgründer zählt, erfahren Sie in *Kapitel 2.3.2*. Nachfolgend wollen wir uns darauf konzentrieren, wie Sie den bürokratischen Teil für den Start Ihres eigenen Unternehmens bewältigen. Im Mittelpunkt steht zunächst die Frage, welche möglichen Gründungsarten es gibt. Die Antwort darauf hängt stark von Ihrer Ausgangssituation ab. Gibt es eine gute Gelegenheit, ein bestehendes Unternehmen zu kaufen, haben Sie eine tolle Geschäftsidee, wollen Sie der Arbeitslosigkeit entfliehen oder verfügen Sie vielleicht über genügend Kapital und Know-how, um den Schritt in die Selbstständigkeit zu wagen? Egal, was Sie motiviert hat, im folgenden Abschnitt finden Sie jede Menge nützliche Informationen für den Start.

2.1.1   Gründungsarten

Existenz gründen   Zu Beginn Ihrer Existenzgründung stellt sich Ihnen vermutlich die Frage nach den Möglichkeiten dazu. Dabei stoßen Sie häufig auf die folgenden **Gründungsarten:**

>> **Neugründung**: neue Geschäftsidee umsetzen

Eine Neugründung plant der Gründer vollkommen eigenverantwortlich. Er ist von Anfang an zuständig für alle Aktivitäten, die eine erfolgreiche Umsetzung seiner eigenen Geschäftsidee gewährleisten. Die große Vielfalt an neuen Aufgaben birgt das Risiko, dass wichtige Details möglicherweise übersehen werden. Problematisch ist insbesondere der Neuaufbau der organisatorischen Abläufe, des Kundenstamms und anderer Firmenkontakte. Anderseits liegt gerade darin die Herausforderung.

>> **Betriebsübernahme**: Nachfolgeregelung für ein bestehendes Unternehmen

Als Betriebsübernahme kommt eine vertragliche oder rechtliche Nachfolgeregelung in Frage. Sie erfolgt zumeist in Form von Kauf, Schenkung, Pacht oder Erbe eines Unternehmens. Das Unternehmen besteht schon gewisse Zeit am Markt und hat sich etablieren können. Daher sind aussagekräftige Bilanzen für Ihre eigene Planung vorhanden. Beurteilen Sie unbedingt den Kundenstamm und die daraus entstehenden

Umsätze. Für Sie ist eine korrekte und faire Firmenbewertung äußerst schwierig, deshalb ist eine kompetente Unterstützung nötig, z.B. für den Kaufvertrag. Für eine korrekte Unternehmensbewertung werden einfacher **Vergleichswert-** und einfaches **Multiplikatorverfahren** eingesetzt, die jedoch nur grobe Anhaltspunkte liefern, welchen Wert ein Unternehmen darstellt. Mit komplexeren Methoden, wie dem **Discounted-CashFlow** und dem **Ertragswert-** oder **Stuttgarter Verfahren**, sind Sie als Existenzgründer sicherlich überfordert.

>> **Beteiligung**: Aufnahme als neuer Partner in bestehendes Unternehmen

Bei einer **tätigen Beteiligung** werden Sie als neuer Partner in ein vorhandenes Unternehmen aufgenommen. Vereinbaren Sie rechtzeitig einen Vertrag, in dem die eingebrachten Leistungen oder das Ausscheiden geregelt sind. Sind Sie nur mit einer Einlage am Unternehmen beteiligt, dann spricht man von einer **stillen Beteiligung**. Abhängig davon, wie viel Kapital und/oder Manpower Sie einbringen, erhalten Sie als Gegenleistung einen Anteil am Unternehmen. Da Sie in ein laufendes Unternehmen einsteigen, hält sich das unternehmerische Risiko in Grenzen.

>> **Franchising**: erprobte und bestehende Geschäftsidee mieten

Das Franchising-System besteht aus der Kooperation zwischen einem **Franchise-Geber** und einem **Franchise-Nehmer**. Der Franchise-Geber hat ein eingeführtes Produkt und sucht Vertriebspartner für sein gut gehendes Unternehmenskonzept. Die Zentrale bemüht sich um Marketing, Preisgestaltung, Wareneinkauf und Distribution. Die wohl bekanntesten Vertreter sind *PC-Spezialist* und *McDonald's*. Aufgabe des Franchise-Nehmers ist der Vertrieb vor Ort. Dabei wird er tatkräftig von der Zentrale unterstützt, im Gegenzug zahlt er dafür eine Franchise-Gebühr.

Die am häufigsten gewählte Form der Existenzgründung ist die Neugründung. Das heißt, Sie starten komplett neu ohne Kunden- und Lieferantenkontakte, und die Geschäftsidee muss sich erst noch in der Praxis bewähren. Eine solche Gründung gelingt Ihnen, wenn Sie Marktanteile erobern und ggf. brauchbare Mitstreiter finden. Wenn Sie die schwierige Anlaufphase überdauert haben, ist die größte Hürde genommen. Betrachten Sie einen solchen Start als Herausforderung, denn, wie man so schön sagt: Sie wachsen mit Ihren Aufgaben.

Neugründung sehr beliebt

Gründungszuschuss und Überbrückungsgeld

Viele starten den Weg in die berufliche Selbstständigkeit, weil sie arbeitslos geworden sind oder ihnen dieses Schicksal droht. Für laufende Lebenshaltungskosten und für Investitionen ist das finanzielle Polster oft nicht gerade üppig. Auf die speziellen Bedürfnisse von Kleingründern hin ausgerichtet stehen mit dem **Mikro-Darlehen** und dem **StartGeld** zwei Förderprogramme bereit (*Kapitel 1*).

Förderprogramme für Kleingründer

Ohne Motivation geht nichts auf dem Weg in die Selbstständigkeit. Der Angestellte fühlt sich oft nicht bemüßigt, neue Ideen zu entwickeln – das sieht plötzlich ganz anders aus, wenn Arbeitslosigkeit droht bzw. der Betreffende schon arbeitslos ist. Gerade nach einer längeren Arbeitslosigkeit und vielen erfolglosen Bewerbungen bewirkt der Entschluss, sein eigener Chef zu werden, oft wahre Wunder. Der Arbeitslose hat wieder eine neue Aufgabe, und es geht etwas voran, so etwas stärkt das Ego.

Förderpro-
gramme für
Arbeitslose

Für Arbeitslose gibt es eigene Förderprogramme der *Bundesagentur für Arbeit*: Ab 2006 wurde aus dem **Existenzgründungszuschuss (Ich-AG)** der **Gründungszuschuss**. Sogar für die erwerbsfähigen Hilfebedürftigen (**ALG-II**-Empfänger) bietet die Arbeitsagentur das **Einstiegsgeld** an, mit dem der Schritt in die Selbstständigkeit finanziert werden kann. Über die jeweiligen Vorzüge der Förderart und die Anspruchsvoraussetzungen im Einzelnen informiert Sie der für Sie zuständige Leistungsberater bei der Agentur für Arbeit.

Wie setzt sich der neue Gründungszuschuss zusammen? Wir haben die wichtigsten Kriterien für Sie zusammengefasst, die Juli 2006 in Kraft getreten sind:

>> Gründer erhalten für neun Monate einen Zuschuss in Höhe ihres individuellen Arbeitslosengeldes zur Sicherung des Lebensunterhaltes in der ersten Phase nach der Gründung.

>> Zur sozialen Absicherung wird in dieser Zeit zusätzlich eine Pauschale von 300 € gezahlt. Diese soll es den Gründern ermöglichen, sich freiwillig in den gesetzlichen Sozialversicherungen abzusichern.

>> In einer zweiten Förderphase bekommen Betroffene dann nur noch für sechs Monate die Pauschale für die Sozialversicherung gezahlt. Damit wird das System vor allem den Bedürfnissen des neuen Potenzials an Gründern gerecht, die durch die »Ich-AG« erschlossen wurden (vor allem Frauen).

>> Die Förderung beträgt damit insgesamt 15 Monate. Spätestens danach muss der Gründer auf eigenen Füßen stehen.

>> Gefördert wird nur noch derjenige, der auch tatsächlich arbeitslos ist. Damit vermeidet man den direkten Übergang aus einem bestehenden Beschäftigungsverhältnis in die selbstständige Erwerbstätigkeit.

>> Grundlage für die Förderung ist weiterhin die Stellungnahme einer fachkundigen Stelle über die Tragfähigkeit eines Gründungsvorhabens. Um künftig eine Förderung zu erhalten, müssen die Gründer der *Bundesagentur für Arbeit* ihre persönliche und fachliche Eignung darlegen.

>> Um Kosten zu reduzieren und Anreize für eine frühzeitige Gründung zu setzen, wird nur noch gefördert, wer noch über mindestens drei Monate Restanspruch auf Arbeitslosengeld verfügt.

>> Um Mitnahme zu vermeiden, soll künftig ein noch bestehender Anspruch auf Arbeitslosengeld während der Förderung vollständig verbraucht werden. Zudem erhalten Arbeitnehmer für eine Karenzzeit von drei Monaten keine Förderung, falls sie ohne wichtigen Grund ihr bestehendes Arbeitsverhältnis selbst kündigen, Die Förderdauer wird zudem um die Karenzzeit gekürzt. Diese Karenzzeit entspricht der Sperrzeit für Arbeitnehmer, die kündigen und damit arbeitslos sind.

Gründungszuschuss	
Wichtig	Der Antrag auf Gründungszuschuss muss vor der Existenzgründung bei Ihrer zuständigen Agentur für Arbeit gestellt werden.
Antrag	Folgende Unterlagen benötigt die Agentur für Arbeit:
	– **Business-Plan** Ihres zukünftigen Unternehmens und eine fachkundige Stellungnahme, z.B. von der IHK
	– ggf. Anmeldung beim **Finanzamt** als Freirufler
	– ggf. **Gewerbeanmeldung** (Gewerbeamt)
	– ggf. Genehmigung oder Zulassung für bestimmte Gewerbe, z.B. IHK oder HWK
	– Nachweis, dass keine **Scheinselbstständigkeit** vorliegt, ist seit 2003 nicht mehr erforderlich
Sonstiges	Die Arbeitsagentur ist künftig vor einer Förderung ermächtigt, die beruflichen Kenntnisse und Fähigkeiten zu prüfen und kann eventuell Fortbildungs- oder Coaching-Maßnahmen verlangen.
Information	Weitere Informationen erhalten Sie hier:
	– *Agentur für Arbeit*
	– Auskunft des *BMWi*: Tel.: (01805) 615-001

Tabelle 2.1: Gründungszuschuss

www.arbeitsagentur.de
Bundesagentur für Arbeit *(Informationsstelle für Förderprogramme)*

Kleingewerbe ist nicht gleich Kleingründung

Damit Sie sich nicht im Dschungel der Begrifflichkeiten verirren, klären wir zuerst einige gebräuchliche Begriffe.

Als **Kleingründung** wird eine Existenzgründung bezeichnet, die mit wenig Startkapital loslegt und meist nur dem Gründer selbst einen Arbeitsplatz verschafft. Die *Bürgschaftsbank NRW* spricht von Kleingründungen, wenn weniger als 60.000 € investiert und dafür weniger als 50.000 € Darlehen aufgenommen werden. Bitte verwechseln Sie die Kleingründung nicht mit dem Kleingewerbe.

Eine Unterart der Kleingründung ist die **Nebenerwerbsgründung**, d.h., neben einer Vollerwerbstätigkeit wird eine nicht hauptberufliche selbstständige Tätigkeit ausgeübt. Die Einnahmen reichen dabei nicht aus, um den gewohnlichen Lebensunterhalt zu bestreiten, sondern bessern nur das bestehende Einkommen auf.

Gründung als Nebenerwerb

Im Rahmen der Offensive **pro mittelstand** bietet das *BMWi* Gründern Unterstützung. Weitergehende Informationen finden gründungswillige durch den *GründerService Deutschland* mit Gründertagen und der Broschüre »Kleingründungen«, die Sie online bestellen oder herunterladen können.

WWW . . . . .

www.bmwi.de
BMWi *(Broschüre: Kleingründungen)*

www.existenzgruender.de/guided_tour/tour_08.php
BMWi *(Der Fahrplan in die Selbständigkeit)*

Exkurs >>

Kleinunternehmerregelung

Normalerweise ist jeder Unternehmer verpflichtet, Umsatzsteuer (**USt**) abzuführen. Für ganz kleine Unternehmen gibt es eine besondere Umsatzsteuerregelung. Wenn Sie das bereits bei Ihrer Meldung ans Finanzamt vermerkt haben, machen Sie gemäß § **19 UStG** Gebrauch von der Kleinunternehmerregel. Sinnvoll ist das immer dann, wenn Sie gewisse Umsatzgrenzen einhalten und ansonsten keine gravierenden Einstiegsinvestitionen tätigen (*Kapitel 1*).

Die Umsatzsteuer muss nicht ausgewiesen werden, wenn Sie **Kleinunternehmer** (**Kleingewerbe**) sind. Kleinunternehmer sind Sie, wenn Folgendes auf Sie zutrifft.:

>> Im Vorjahr lag der Bruttoumsatz unter 17.500 €.

>> Im laufenden Jahr liegt der Bruttoumsatz nicht über 50.000 €.

Die **Kleinunternehmerregelung** bewirkt, dass ein Unternehmer von der Verpflichtung befreit ist, die Umsätze auf seinen Rechnungen mit Umsatzsteuer zu belasten. Sie senken mit diesem legalen Trick Ihren Verkaufspreis um die Höhe der Umsatzsteuer. Sie geben beim **Finanzamt** keine **Umsatzsteuer-Voranmeldung** ab, dürfen aber selbst auch keine **Vorsteuer** geltend machen. Verkaufen Sie Ihre Waren nur an Endverbraucher, spielt das für Sie und Ihre Kunden keine Rolle. Interessierte können diese festgeschriebene Regelung im Kleinunternehmerförderungsgesetz nachlesen.

Besonderheiten bei Existenzgründungen von Frauen

Laut einer Publikation des *Rheinisch-Westfälischen Instituts für Wirtschaftsforschung e.V.* wandelt sich auch hier das traditionelle Rollenbild der Frau. Lag 1991 ihr Anteil am selbstständigen Nebenerwerb noch bei 17%, so stieg ihr Anteil bis 1999 auf fast 27%. Frauen gehen den Sprung in die Selbstständigkeit viel konsequenter, ausdauernder und zielstrebiger an als männliche Existenzgründer. Trotzdem haben es Frauen in Deutschland immer noch ungleich schwerer. Es fehlen zum Teil viele notwendige gesellschaftliche Rahmenbedingungen, z.B. Kindertagesstätten mit Ganztagsbetreuung, familienfreundliche Entwicklung der Infrastruktur oder Wirtschaftsförderung für **Gründerinnen**. Wobei für Ersteres sich jetzt stark unsere Familienministerin einsetzt und das Thema **Kinderbetreuung** auf den Tisch bringt. Ist es aber nicht unsere Gesellschaft, in der noch ein großes Umdenken notwendig ist und ein entsprechendes Handeln, damit berufstätige Frauen gebührende Anerkennung erhalten?

www.rwi-essen.de

WWW.....

Rheinisch-Westfälisches Institut für Wirtschaftsforschung e.V.

Das Arbeitsministerium ermuntert gerade deshalb bevorzugt Frauen, den Schritt in die berufliche Selbstständigkeit zu wagen. Im Land Brandenburg errichten Frauen fast ein Drittel aller Unternehmen. Wie Untersuchungen der *KfW-Mittelstandsbank* zeigen, agieren Frauen anders als Männer. Sie gründen ihre Unternehmen überwiegend als dienstleistungsorientierte und vorsichtige Einzelkämpferinnen.

Die bundesweite Gründerinnenagentur ist ein deutschlandweites Projekt zur Unterstützung von Existenzgründerinnen. Inzwischen sind in vielen Bundesländern Netzwerke, Initiativen und Projekte entstanden, die Existenzgründungen von Frauen fördern. Neben Beratung und Qualifizierung unterstützen sie vor allem den Wandel des Frauenbildes in der Gesellschaft. Das *BMWi* fördert gemeinsam mit dem *Bundesministerium für Bildung und Forschung (BMBF)* und dem *Bundesministerium für Familie, Senioren, Frauen und Jugend (BMFSFJ)* eine bundesweite Agentur für Gründerinnen. Diese Gründerinnenagentur *(BGA)* vermittelt gründungswilligen Frauen Beratungsangebote und Ansprechpartner vor Ort.

Gründerinnen werden speziell unterstützt

www.gruenderinnenagentur.de

WWW.....

bundesweite gründerinnenagentur *(Umfassende Gründungsinformationen)*

www.dgfev.de

Deutsches Gründerinnen Forum e.V. *(Netzwerk von Expertinnen)*

2.1.2   Anmeldungen und Genehmigungen

Laut Rechtsprechung zählt als Gewerbe eine mit Gewinnerzielungsabsicht verfolgte und auf Dauer angelegte Selbstständigkeit. Sie als Existenzgründer müssen beim Start Ihres Unternehmens eine Reihe von **Anmeldeformalitäten** und gesetzlichen Vorschriften beachten. Jeder, der ein Gewerbe betreibt, muss seine Tätigkeit beim zuständigen Gewerbeamt der Gemeinde bzw. Stadt anmelden. Rückfragen vermeiden Sie, indem Sie Ihre kostenpflichtige Gewerbeanzeige persönlich bei der Gemeinde vornehmen. Zur Anmeldung sind der Personalausweis und sonstige erforderliche Genehmigungen mitzubringen, wie beispielsweise die Handwerkskarte.

Gewerbe bei Gemeinde oder Stadt anmelden

Im Einkommensteuergesetz verankert sind verschiedene **Einkunftsarten**, die für Sie als Gründer entscheidungsrelevant sind:

>> Einkünfte aus Gewerbebetrieb (§ 15 EStG) und

>> Einkünfte aus freiberuflicher Tätigkeit (§ 18 EStG).

Abhängig davon, welcher Art Ihre Tätigkeit angehört, ergeben sich vielfältige steuerliche und rechtliche Unterschiede. Dazu gehören insbesondere in welchem Amt Ihre Tätigkeit angemeldet wird, ob Sie gewerbesteuerpflichtig sind, wie hoch die steuerliche Belastung ist und die Art der Gewinnermittlung. In Tabelle 2.2 finden Sie eine kurze Gegenüberdarstellung für **Gewerbetreibende** und Freiberufler.

Unterschied	Gewerbe	Freie Berufe
Anmeldung	bei Ihrem Gewerbeamt: Formular Gewerbeanmeldung	bei Ihrem Finanzamt: formloses Anschreiben
Gewerbesteuer	ja (ab 24.500 € Gewinn)	nein
Einkommensteuer	ja (Stand 2005: 15 – 42%)	ja (Stand 2005: 15 – 42%)
Gewinnermittlung	E/Ü oder Bilanzierung	meist E/Ü-Rechnung

Tabelle 2.2: Steuerliche und rechtliche Unterschiede der Einkunftsarten

Tipp . . . . . .
Praxis-Tipp: Besteuerung als Kapitalgesellschaft

Einzelunternehmer und Personengesellschaften bekommen ab 2008 die Möglichkeit, sich wie eine Kapitalgesellschaft besteuern zu lassen. Somit errechnet sich ein relativ niedriger Steuersatz auf einbehaltene Gewinne.

Die Frage, ob Sie den Status eines Freiberuflers erhalten können, klärt der nächste Absatz.

Unterschied – gewerbliche und freiberufliche Tätigkeit

Als **freie Berufe** werden Tätigkeiten bezeichnet, die nicht der Gewerbeordnung unterliegen. Kurz nach Ihrer Anmeldung prüft das Finanzamt, ob bei Ihnen tatsächlich eine freiberufliche Tätigkeit vorliegt. Um Missverständnissen vorzubeugen, empfehlen wir Ihnen, sich rechtzeitig Gewissheit darüber zu verschaffen. Ihr zuständiger Berufsverband oder Ihr Steuerberater sind Ihnen dabei gerne behilflich.

Quelle: PartGG   Im **Partnerschaftsgesellschaftsgesetz** wird der Freiberufler verbindlich definiert: »Die freien Berufe haben im Allgemeinen auf der Grundlage besonderer beruflicher Qualifikation oder schöpferischer Begabung die persönliche, eigenverantwortliche und fachlich unabhängige Erbringung von Dienstleistungen höherer Art im Interesse der Auftraggeber und der Allgemeinheit zum Inhalt.«

Nach der Rechtsprechung des deutschen Bundesverfassungsgerichts ist für die freien Berufe Folgendes kennzeichnend. Ein **Freiberufler** ...

>> verfügt über eine besondere berufliche Qualifikation (Ausbildung).

>> erbringt Dienstleistungen, die eine höhere Bildung erfordern.

>> besitzt die volle fachliche Entscheidungsfreiheit.

>> verantwortet persönlich die Qualität seiner Leistung.

Das Einkommensteuergesetz legt dafür insbesondere folgende freiberufliche Tätigkeitsgruppen fest:

>> **Katalogberufe:** Heilberufe, rechts-, steuer- und wirtschaftsberatende Berufe, naturwissenschaftliche und technische Berufe, sprach- und informationsvermittelnde Berufe sowie folgende selbstständig ausgeübte Berufe: Diplom-Psychologe, Heilmasseur, Hebamme und hauptberuflicher Sachverständiger (**PartGG**)

>> **Katalogberufen ähnliche Berufe:** Ausbildung und berufliche Tätigkeit müssen mit einem Katalogberuf vergleichbar sein.

>> **Tätigkeitsberufe:** Selbstständige Ausübung freier wissenschaftlicher, künstlerischer (freie Kunst, Kunstgewerbe, Kunsthandwerk), unterrichtender, erzieherischer und schriftstellerischer Tätigkeiten höherer Art (Zuordnung nur nach Einzelfallprüfung möglich)

Da Sie als Betreiber einer Online-Handelsplattform kein Freiberufler sind, melden Sie ein Gewerbe an. Ihre Haupteinnahmequelle besteht schließlich im Wesentlichen aus den Umsätzen des Shops.

Online-Handel ist ein Gewerbe

Gewerbetätigkeit beim Gewerbeamt anmelden

Nur wenn Sie wirklich eine Gewerbetätigkeit ausüben, müssen Sie beim zuständigen Gewerbeamt Ihre Anmeldung vornehmen. Von Ihrer Gewerbeanmeldung erfahren mehrere Behörden, Institutionen und Träger. Sie nehmen mit Ihnen automatisch Kontakt auf.

Wichtige Meldungen

Die wichtigsten Institutionen, die sich bei Ihnen melden werden bzw. denen gegenüber Sie als Unternehmer meldepflichtig sein könnten, sind:

>> **Finanzamt:** Steuernummer und Umsatzsteuer-Identifikationsnummer

>> **Industrie- und Handelskammer:** Interessenvertretungen für Gewerbe

>> **Amtsgericht:** Eintragung ins Handelsregister (falls erforderlich)

>> **Agentur für Arbeit:** Betriebsnummer für eigene Mitarbeiter

>> **Berufsgenossenschaft:** Unfallverhütung und Unfallversicherung (*Kapitel 2.1.3*)

Von der Anzeigepflicht Ihres Gewerbes erfahren zudem noch die statistischen Landesämter, das Gewerbeaufsichtsamt, das staatliche Umweltamt und das Eichamt. In den folgenden Absätzen erklären wir Ihnen die oben genannten Anmeldestellen etwas näher und auch, wozu die Anmeldungen erforderlich sind.

www.existenzgruender.de/checklisten_und_uebersichten/index.php
BMWi (*Checklisten und Übersichten*)

`WWW......`

Steuernummer und Umsatzsteuer-Identifikationsnummer

Finanzamt erteilt die Steuernummer

Sobald das Finanzamt die Durchschrift der Gewerbeanmeldung von dem Gewerbeamt erhalten hat, wird Ihnen Ihre **Steuernummer** zugeteilt. Seit 2002 müssen Sie diese Steuernummer auf allen Rechnungen angeben, auf denen Sie Umsatzsteuer ausweisen. Wollen Sie die Zuteilung beschleunigen, nehmen Sie direkt Kontakt mit Ihrem zuständigen Finanzbeamten auf. Anschließend wird Gewerbetreibenden der Fragebogen zur steuerlichen Erfassung zugesandt. Darin müssen Sie verschiedene Fragen beantworten, die Ihre Tätigkeit und die zu erwartenden Umsätze und Einkünfte betreffen. Beachten Sie aber die Konsequenzen durch Einsendung des Fragebogens, denn:

>> die Angabe zur Tätigkeit beeinflusst die Einstufung als Gewerbe (gewerbesteuerpflichtig) oder freier Beruf (gewerbesteuerbefreit).

>> die Angabe zum erwarteten Gewinn beeinflusst die Höhe der Einkommens- und Gewerbesteuervorauszahlung sowie die Höhe des IHK-Beitrages.

>> die Angabe zum erwarteten Umsatz beeinflusst die Häufigkeit der Umsatzsteuervoranmeldung, die Zahlung der Umsatzsteuer und die Steuerbefreiung gemäß § 19 **UStG** (*Kapitel 1*).

Befreiung von ausländischer USt

Beschafft Ihr Unternehmen im EU-Ausland Waren, benötigen Sie dafür eine **Umsatzsteuer-Identifikationsnummer** (**USt-IdNr**). Damit ist Ihr Unternehmen von der Entrichtung der ausländischen Umsatzsteuer befreit. Zum Vorsteuerabzug berechtigte Unternehmer erhalten diese USt-IdNr auf Antrag. Einfacher geht es, indem Sie gleich auf dem Fragebogen zur steuerlichen Erfassung das entsprechende Kästchen ankreuzen. Kauft ein ausländischer Unternehmer bei Ihnen ein, benötigen Sie für eine umsatzsteuerfreie Lieferung im Gegenzug seine USt-IdNr.

WWW .....
www.bzst.bund.de
Bundeszentralamt für Steuern (*USt-IdNr prüfen oder beantragen*)

Mitgliedschaft in der Industrie- und Handelskammer

Pflichtmitglied bei der IHK?

Die Industrie- und Handelskammern sind die gesetzlich vorgeschriebenen Interessenvertretungen der Industrie und des Handels. Daher sind alle Gewerbetreibenden darin Pflichtmitglieder. Ausgenommen sind natürlich Handwerker, Freiberufler und Landwirte. Die IHK vertritt die Interessen ihrer Mitglieder und kümmert sich um die Förderung der Wirtschaft ihres Regionalbezirks. Des Weiteren ist sie beratend tätig, insbesondere wenn es um die Belange von Existenzgründern geht.

Zugehörigkeit zur IHK

Zu diversen Verpflichtungen führt die Zugehörigkeit gleichartiger Berufsbilder in Kammern. Nachdem z.B. die IHK vom Ordnungsamt über Ihre Anmeldung informiert wurde, erhalten Sie einen Antrag auf Mitgliedschaft. Damit verbunden ist die Entrichtung von Mitgliedsbeiträgen, die sich aus einem Grundbetrag zuzüglich eines bestimmten Prozentsatzes des **Gewerbeertrags** errechnen.

Das Finanzamt teilt der zuständigen IHK die Höhe des Gewerbeertrags mit. Daraus berechnet sich Ihr Mitgliedsbeitrag. Wer keinen Gewerbeertrag ausweist, zahlt nur den Grundbetrag. Ansonsten beläuft sich der Beitrag je nach Betriebsgröße auf 25 € bis 500 € pro Jahr. Dafür erhalten Sie meist gratis Beratungsgespräche und Informationsmaterial. Als kostenpflichtiges Angebot erstellt die IHK z.B. die fachkundige Stellungnahme für Ihren Business-Plan.

Eintrag im Handelsregister beantragen

Im jeweils zuständigen Amtsgerichtsbezirk wird das **Handelsregister** geführt. Darin werden eine Reihe wichtiger Informationen eingetragen, die für die Öffentlichkeit wesentlich sind. Einsicht in das Register kann jeder verlangen. Es besteht aus den beiden Abteilungen für Personen- und Kapitalgesellschaften:

>> Abteilung A (**HRA**): natürliche Personen (Einzelkaufmann) sowie Personengesellschaften, wie Offene Handelsgesellschaft und Kommanditgesellschaft

>> Abteilung B (**HRB**): juristische Personen, wie Aktiengesellschaft, Kommanditgesellschaft auf Aktien und Gesellschaft mit beschränkter Haftung

Die Eintragungspflicht besteht nur für Gewerbetreibende, deren Geschäftsumfang eine bestimmte Größenordnung überschreitet (*Kapitel 1*). Sofern Ihr Unternehmen nicht eintragungspflichtig ist, können Sie es bei Bedarf freiwillig eintragen. Die IHKs beraten Sie bei der Klärung der Frage, ob eine Eintragung in Ihrem Fall überhaupt erforderlich oder sogar sinnvoll ist. Für die Eintragung verantwortlich ist das Amtsgericht, dem Sie eine vom Notar beglaubigte Namensunterschrift vorlegen.

Eintrag im Handelsregister für Kaufleute

Sie als Eigentümer, Geschäftsführer oder Vorstand des Unternehmens sind verantwortlich für Ihre Anmeldung. Zwingend erforderlich zur Eintragung ist eine öffentlich beglaubigte Schriftform, die beim Gericht zur Aufbewahrung eingereicht wird. Holen Sie sich hierfür unbedingt Rat bei einem **Notar**. Für die Anmeldung beim Amtsgericht benötigen Sie zumindest:

>> Erklärung zum Unternehmen: Firmenname, Rechtsform, Ort der Niederlassung und Geschäftszweig

>> Erklärung zum Kaufmann: Name, Vorname, Geburtsdatum, Wohnort sowie eine notariell beglaubigte Namensunterschrift

>> gegebenenfalls Erteilung von Prokura

Sind alle Unterlagen vollständig vorhanden, veranlasst das Amtsgericht den Eintrag ins Handelsregister. Gleichzeitig wird die Eintragung im Bundesanzeiger und in einer regionalen Tageszeitung veröffentlicht. Ebenso müssen Sie jegliche Firmenänderungen (z.B. Rechtsform-, Inhaber- oder Geschäftsführerwechsel) durch Veröffentlichung im Bundesanzeiger und in einer Regionalzeitung bekannt machen.

Ämter und Dienstleister über Gründung informieren

Agentur für Arbeit erteilt Betriebsnummer

Sobald Sie in Ihrem Betrieb einen Arbeitnehmer beschäftigen, brauchen Sie eine **Betriebsnummer**. Wenn Sie Ihr Unternehmen bei der Agentur für Arbeit melden, wird Ihnen eine Betriebsnummer erteilt. Ein formloses Schreiben ist dafür völlig ausreichend. Auch wenn Sie einen Betrieb übernommen haben, müssen Sie sich eine Betriebsnummer besorgen, da sie an den Inhaber gekoppelt ist.

Ohne diese Nummer ist die Anmeldung Ihrer Mitarbeiter zur **Sozialversicherung** nicht möglich. Im Versicherungsnachweis Ihrer Arbeitnehmer tragen Sie hierfür die Nummer ein. Erst jetzt rechnen die Sozialversicherungsträger Ihre monatlichen Beiträge zur Kranken-, Renten- und Arbeitslosenversicherung ab.

Tipp . . . . . .

Praxis-Tipp: Online-Meldung an Sozialversicherungsträger

Seit Anfang 2006 müssen Sie die Sozialversicherungsmeldungen und Beitragsnachweise online an die Sozialversicherungsträger übermitteln.

Schlüsselverzeichnis kategorisiert Tätigkeiten

Für die Sozialversicherung Ihrer Mitarbeiter sind für die jeweiligen Tätigkeiten Schlüsselzahlen erforderlich. Von der *Bundesagentur für Arbeit* erhalten Sie das so genannte **Schlüsselverzeichnis**. Mit dessen Hilfe beschreiben Sie die versicherungspflichtige Tätigkeit Ihrer Mitarbeiter. Dadurch wird die ausgeübte Beschäftigung klassifiziert und dient quasi als Schlüssel für die Beschäftigtenstatistik. Die Angaben sind relevant für eine pflichtgemäße Meldung Ihrer Beschäftigten bei **Krankenkassen** und **Berufsgenossenschaften**.

Anregungen zu den Anmeldeformalitäten

Bevor Sie die wichtigsten **Anmeldeformalitäten** durchgehen, möchten wir Ihnen ergänzend einige Anregungen für Ihren Erledigungszettel geben. Verschiedene Ämter und Dienstleistungsunternehmen erwarten, dass sie über die Firmengründung in Kenntnis gesetzt werden. Womöglich sind bestehende Verträge an den Vertragspartner anzupassen, also an das neue Unternehmen. Nicht vergessen sollten Sie Energieversorger, Müllentsorgung, Postfach, Provider, Internet-Zugang, Telefonanbieter, Handyvertrag, Lieferanten, Steuerberatung und Druckerei (Briefpapier, Visitenkarten, Rechnungen etc.). Der Vorsteuerabzug ist erst möglich, sobald Rechnungen auf den korrekten Firmennamen lauten.

Abhängig vor Ihrer Tätigkeit und anderen Umständen machen Sie sich Gedanken zu den folgenden Themen:

>> **Bauamt**: Nutzungsänderung der Räumlichkeiten beantragen

>> **Gesundheitsamt**: Erlaubnis bzw. Unbedenklichkeitsbescheinigung einholen

>> **Gewerbeaufsichtsamt**: gesetzliche Bestimmungen einhalten

>> **Umweltamt**: Auflagen des Umweltschutzes einhalten

>> **Statistisches Landesamt**: Amt, das die statistischen Daten erfasst

>> **Genehmigungspflicht**: einholen für Handwerk, Gastronomie, Reisegewerbe ...

Seit der Gesetzesänderung zu Beginn 2003 entfällt der Nachweis, ob Sie einer abhängigen Beschäftigung (**Scheinselbstständigkeit**) nachgehen oder nicht. Jetzt muss Ihnen der Betriebsprüfer nachweisen, dass es sich um eine sozialversicherungspflichtige Beschäftigung und nicht um eine Selbstständigkeit handelt. Mit der *Bundesversicherungsanstalt für Angestellte* haben Sie früher im Rahmen des Statusfeststellungsverfahrens geklärt, ob Sie scheinselbstständig sind. Diese Aufgabe übernimmt inzwischen der *Deutsche Rentenversicherung Bund*.

Scheinselbstständig?

www.deutsche-rentenversicherung-bund.de
Deutsche Rentenversicherung Bund *(ehemals BfA)*

www .....

Praxis-Tipp: Denken Sie an Ihre Altersvorsorge

Tipp ......

*Sobald Sie mit Ihrem Gewerbe starten, sind Sie in der Regel nicht mehr rentenversicherungspflichtig. Denken Sie aber trotzdem an Ihre **Altersvorsorge** und zahlen Sie beispielsweise freiwillig Beiträge in die gesetzliche Rentenkasse. Werden Sie vom Arbeitsamt durch den Gründungszuschuss gefördert, sind Sie ohnehin rentenversicherungspflichtig. Alternativ können Sie selbstverständlich auch privat vorsorgen (Kapitel 3).*

2.1.3 Eigene Mitarbeiter

Sind bei Ihnen Mitarbeiter angestellt, müssen Sie als Arbeitgeber einen Anteil an den Sozialversicherungsbeiträgen zahlen. Dazu gehören Kranken-, Pflege-, Renten- und Arbeitslosenversicherung. Die Beträge werden mit Hilfe des Beitragsnachweises bei der Krankenkasse des Beschäftigten gemeldet und überwiesen. Ein wichtiger Ansprechpartner, den Sie direkt kontaktieren sollten, sind die Krankenkassen. Sie als Arbeitgeber erhalten hier einen speziellen Beratungsservice zu den Pflichten bezüglich der Sozialversicherung. Von Ihrer Krankenkasse erhalten Sie deren **Krankenkassenbetriebsnummer** und von der *Agentur für Arbeit* Ihre persönliche **Betriebsnummer**. Mit beiden Nummern melden Sie Ihre Mitarbeiter anhand der Meldebescheinigung zur Sozialversicherung an. Ihre Angestellten müssen Ihnen dazu Sozialversicherungsausweis und bei Bedarf eine Mitgliedsbescheinigung der **Krankenkasse** aushändigen.

Krankenkassen beraten über Sozialabgaben

Sozialversicherungspflichtige Mini- und Midi-Jobs

Gerade im Online-Handel sind Mini-Jobs relativ häufig, da sich kleine Unternehmen kaum Vollzeitkräfte für Lager und Versand leisten können. Im Rahmen der Organisationsreform der gesetzlichen Rentenversicherung kam es im Zusammenhang mit der *Mini-Job Zentrale* zu einer Veränderung. Die bisher eigenständigen Rentenversicherungsträger Bundesknappschaft, Bahnver-

Mini-Job Zentrale

sicherungsanstalt und Seekasse schlossen sich zur *Deutschen Rentenversicherung Knappschaft-Bahn-See* zusammen. Die Mini-Job Zentrale gehörte zuvor der Bundesknappschaft an. Für Arbeitgeber, die **Mini-Jobs** anbieten, ändert sich durch diese Fusion nichts.

Pauschalabgabe bei Mini-Jobs

Das Servicecenter der *Mini-Job-Zentrale* ist erreichbar unter der Rufnummer (01801) 200504 zum Ortstarif aus dem Festnetz der *Deutschen Telekom*. Es ist verantwortlich für den Einzug der pauschalierten Steuer für Mini-Jobs. Für solche Jobs erhalten Aushilfen maximal 400 € als Höchsteinkommen. Sie müssen Ihre Mini-Job-Beschäftigten anmelden bei der *Knappschaft-Bahn-See*. Als Arbeitgeber leisten Sie für geringfügig entlohnte Beschäftigte folgende Pauschalabgaben:

13% Krankenversicherungspauschale (bis 2005 11%)

+ 15% Rentenversicherungspauschale (bis 2005 12%)

+ 2% Lohnsteuer-, Kirchensteuer- und Solidaritätszuschlagspauschale

---

= 30% insgesamt (bis 2005 25%)

www.minijob-zentrale.de
Deutsche Rentenversicherung Knappschaft-Bahn-See

Seit Anfang 2006 sind einige Gesetzesänderungen für Mini-Job-Arbeitgeber aktiv. Damit ändern sich folgende Aspekte:

>> Zeitpunkt der Beitragsfälligkeit: Spätestens fällig am drittletzten Bankarbeitstag des Monats, in dem die Beschäftigung ausgeübt wird.

>> Elektronisches Meldeverfahren: Nur Verfahren der elektronischen Datenübertragung sind zulässig, z.B. E-Mail, systemgeprüfte Programme und Ausfüllhilfen (Tool *sv.net* von *ITSG*).

>> Änderung im Umlageverfahren: Erstattung der Aufwendungen für Mutterschaftsleistungen unabhängig von der Beschäftigtenzahl, Ausgleich der Kosten für Entgeltfortzahlung sowie Teilnahme aller Krankenkassen am Umlageverfahren.

www.itsg.de
ITSG *(Servicestelle der gesetzlichen Krankenversicherungen)*

www.minijob-zentrale.de
Minijob-Zentrale *(Informationsbroschüre über Mini-Jobs und Midi-Jobs)*

Mini- und Midi-Jobs

`<< Exkurs`

Zahlen Sie Ihrem Arbeitnehmer zwischen 401 € und 800 € monatlich, spricht man von **Midi-Jobs**. Nachfolgend finden Sie die wichtigsten Unterscheidungsmerkmale zwischen Mini- und Midi-Jobs. Seit 2003 gelten folgende Neuregelungen für Mini-Jobs:

>> Entgeltgrenze für Mini-Jobs steigt auf 400 €.

>> Wöchentliche Arbeitszeit ist nicht begrenzt (bisher maximal 15 Std.).

>> Arbeitgeber zahlt 30% pauschale Abgaben und eventuell Umlagen.

>> Bei Mini-Jobs im Privathaushalt zahlt man pauschal nur 12% plus Umlagen. und seit 2006 für die Unfallversicherung pauschal 1,6%.

Speziell für die Midi-Jobs gelten folgende Sonderregelungen:

>> Arbeitgeber zahlt für Midi-Jobs rund 21% Sozialversicherungsbeitrag.

>> Arbeitnehmeranteil steigt linear von 4% auf bis zu 21% an.

Unfallverhütung/-versicherung durch Berufsgenossenschaft

Die **Berufsgenossenschaften** (BG) sind Träger der gesetzlichen Arbeitsunfall-versicherung. Alle Mitarbeiter sind dadurch gegen Arbeitsunfälle und Berufskrankheiten versichert. Welche BG für Ihr Unternehmen verantwortlich ist, erfahren Sie beim jeweiligen Landes- oder Hauptverband.

www.lvbg.de
Landesverbände der gewerblichen Berufsgenossenschaften

`WWW . . . . .`

www.hvbg.de
Hauptverband der gewerblichen Berufsgenossenschaften

Sind in Ihr Unternehmen Mitarbeiter eingebunden, sind Sie zur Mitglied-schaft bei der Berufsgenossenschaft verpflichtet. Ohne eigene Angestellte ist nur eine formlose Meldung bei der für Ihre Branche zuständigen Berufs-genossenschaft erforderlich. Wer sich meldet, erhält von der BG einen Frage-bogen zur Erfassung des Unternehmens.

Zwangs-mitgliedschaft

Betriebliche Unfälle zu verhindern ist neben der **Unfallversicherung** die Hauptaufgabe der BGs. Die Betriebe werden deshalb auch regelmäßig kon-trolliert und bzgl. der Einhaltung dieser Vorschriften überwacht. Als vorbeu-gende Maßnahme erlassen die einzelnen Berufsgenossenschaften gewisse Vorschriften in Bezug auf Firmeneinrichtungen und Schutzmaßnahmen für jede Branche. Zudem beraten sie Arbeitgeber und stellen Informationsmate-rial zur Verfügung.

Betriebliche Unfallversiche-rung

Weitere Aufgaben betreffen die Themenbereiche:

>> **Arbeitssicherheit** und **Gesundheitsschutz**

>> Berufliche und soziale **Rehabilitation**

>> Organisation der medizinischen Rehabilitation

>> Information und Forbildung von Ärzten und deren Mitarbeitern

>> Durchführen arbeitsmedizinischer Vorsorgeuntersuchungen

Die zu entrichtenden Beiträge trägt allein Ihr Unternehmen. Gewerbe mit hohem Unfallrisiko zahlen einen höheren Gefahrtarif als Unternehmen mit einer geringeren Risikoklasse. Dabei ist die Höhe der Tarife abhängig von folgenden Faktoren:

>> **Bruttolohnsumme:** Alle an Mitarbeiter gezahlte Löhne und Gehälter

>> **Gefahrklasse:** Beschreibt den Grad der Unfallgefahr

>> **Beitragsfuß:** Grundbeitrag für 1.000 € Entgelt in der Gefahrklasse 1,0

Arbeitsmarktpolitische Hilfen für Arbeitgeber

Einstellungs- und Eingliederungs- zuschuss

Einen **Eingliederungszuschuss** erhalten kleine und mittelständische Unternehmen zur Förderung von Minderleistungen neu eingestellter Arbeitskräfte. Die Zahlung berücksichtigt nur Personen, bei denen der Wiedereintritt in den regulären Arbeitsmarkt ermöglicht wird. Förderhöhe und -dauer richten sich nach den jeweiligen Eingliederungserfordernissen. Mit Ausnahme der älteren Arbeitnehmer muss nach dem Ablauf der Förderung der Mitarbeiter für die gleiche Zeitdauer des gewährten Zuschusses weiterbeschäftigt werden, höchstens jedoch für zwölf Monate.

Auf Basis des Bruttoarbeitsentgelts gewährt die *Bundesagentur für Arbeit* momentan die in Tabelle 2.3 aufgelisteten Zuschüsse (Stand: August 2007). Darüber hinaus wird der mit 20% pauschalierte Arbeitgeberanteil zur Sozialversicherung erstattet.

Arbeitnehmer ...	Förderhöhe	Förderdauer
... die schwer vermittelbar sind	50%	12 Monate
... die schwerbehindert oder behindert sind	70%	24 Monate
... die das 50. Lebensjahr vollendet haben	50%	36 Monate

Tabelle 2.3: Förderhöhe und -dauer des Eingliederungszuschusses

Stellen Sie Arbeitslose ein?

Den **Einstellungszuschuss** erhalten speziell Existenzgründer, die Arbeitslose unbefristet einstellen. Damit wird das Beschäftigungspotenzial neu gegründeter Unternehmen genutzt und gleichzeitig die Eingliederung der Arbeitslosen unterstützt. Dieser Zuschuss wird gezahlt, wenn der betroffene Arbeitnehmer vor der Einstellung mindesten drei Monate:

>> Transferkurzarbeitergeld, Arbeitslosengeld oder -hilfe bezogen hat,

>> in einer Arbeitsbeschaffungsmaßnahme beschäftigt war,

>> an einer finanzierten Weiterbildung teilgenommen hat oder die Voraussetzungen für Entgeltleistungen bei beruflicher Weiterbildung oder Leistungen zur Teilnahme am Arbeitsleben erfüllt.

Die Genehmigung erhalten Arbeitgeber, die ihre selbstständige Tätigkeit vor weniger als zwei Jahren begonnen haben. Zudem darf Ihr Unternehmen maximal fünf Mitarbeiter beschäftigen. Der Einstellungszuschuss beträgt für die Dauer von zwölf Monaten höchstens 50% des bezahlten Bruttoarbeitsentgelts. Er wird auch für qualifizierte Arbeitslose gezahlt, ist jedoch nur für zwei Arbeitnehmer gleichzeitig abrufbar. Analog zum Eingliederungszuschuss erstattet Ihnen die *Bundesagentur für Arbeit* den mit 20% pauschalierten Arbeitgeberanteil zur Sozialversicherung. Sie müssen aber unbedingt daran denken, Ihren Antrag zu stellen, bevor Sie einen Arbeitsvertrag abschließen.

Arbeitgeberanteil wird erstattet

www.existenzgruender.de/imperia/md/content/pdf/
wirtschaftliche_foerderung_1.pdf
BMWi *(Förderung: Hilfen für Investitionen und Arbeitsplätze)*

WWW . . . . . .

2.2 Steuern, Vorschriften und Pflichten

Als Unternehmer zahlen Sie Steuern wie jeder andere auch. An den Steuerarten selbst hat sich nichts geändert, jedoch an der Art und Weise, wie Sie als Firmeninhaber damit künftig umgehen. Bisher waren Sie es gewohnt, dass Sie kaum Einfluss auf die Besteuerung hatten. Die Lohn- und Kirchensteuer wurde schon bei der Lohnabrechnung einbehalten. Die Umsatzsteuer bezahlten Sie beim Einkaufsbummel. Und am Jahresende berechneten Sie mit der Einkommensteuerabrechnung, ob Sie über das Jahr verteilt genügend Steuern abgeführt haben.

Wenn Sie Unternehmer sind, kommen zum Teil neue Steuerarten auf Sie zu, abhängig von der Rechtsform Ihres Unternehmens. Und die Handhabung ändert sich gravierend, weil z.B. die Umsatzsteuer für Sie zu einem durchlaufenden Posten wird. Im Handel merken Sie schnell, was gemeint ist. Bei umsatzsteuerpflichtigen Ausgaben (z.B. Wareneinkauf) spricht niemand mehr von Bruttopreisen, denn Sie erhalten die **Vorsteuer** in voller Höhe vom Finanzamt zurück. Es sei denn, Sie sind gemäß § 19 UStG von der Umsatzsteuer befreit. Auf der anderen Seite weisen Sie auf den von Ihnen gestellten Rechnungen die Umsatzsteuer aus. Diese geht in voller Höhe an die Finanzkasse. Natürlich rechnen Sie die Umsatz- und Vorsteuer in der monatlichen Umsatzsteuervoranmeldung gegeneinander auf.

Die USt ist ein durchlaufender Posten

Steuerarten Damit Sie nicht den Überblick verlieren, lohnt es sich also, dass Sie sich mit den grundlegenden Steuerarten auskennen:

>> **Umsatzsteuer**: Sie erhalten von Ihren Kunden Umsatzsteuer.

>> **Vorsteuer**: Sie zahlen an Ihre Lieferanten Umsatzsteuer.

>> **Einkommensteuer**: Sie versteuern alle Einkünfte als natürliche Person.

>> **Körperschaftsteuer**: Einkommensteuer für juristische Personen.

>> **Gewerbesteuer**: Sie führen GewSt an Stadt oder Gemeinde ab, sobald Ihr Gewinn als Gewerbetreibender über 24.500 € beträgt.

>> **Lohnsteuer**: Sie behalten LSt auf Löhne und Gehälter Ihrer Mitarbeiter ein.

WWW . . . . . www.existenzgruender.de
BMWi *(GründerZeiten Nr. 34: Steuern)*

www.steuerzahler.de
Bund der Steuerzahler e.V. *(Steuer-Lexikon mit grundlegenden Begriffen, Praxis-Tipps und Gerichtsurteilen)*

2.2.1 Steuerarten und -pflichten für Unternehmen

In aller Regel müssen Sie als Unternehmer zumindest Umsatz- und Einkommensteuer entrichten. Je nach Gewinn und Rechtsform zahlen Sie noch Gewerbe- und Körperschaftsteuer. Für eigene Mitarbeiter führen Sie in deren Namen noch Lohn- und Kirchensteuer ab.

Vorsteuer, Umsatz- und Mehrwertsteuer

Umsatzsteuer-Voranmeldung an Finanzamt In Ihren Rechnungen weisen Sie die **Umsatzsteuer** aus. Ihr Kunde zahlt somit den Bruttopreis für die von Ihnen erbrachten Lieferungen oder Leistungen. Immer der letzte in der gesamten Lieferkette bezahlt demzufolge die fällige Umsatzsteuer. Im alltäglichen Sprachgebrauch hält sich hartnäckig der synonym verwendete Begriff **Mehrwertsteuer**. Dieser Begriff stammt ursprünglich von dem in Deutschland eingesetzten Mehrwertsteuersystem, ist allerdings nicht korrekt. Freiberufler und Gewerbetreibende führen diesen Steuerteil in der Regel monatlich mit der Umsatzsteuer-Voranmeldung an das Finanzamt ab.

Im Gegenzug dürfen Sie die Ihnen von anderen Unternehmen in Rechnung gestellte Umsatzsteuer geltend machen. Damit vermindert sich die Höhe der Zahlungsverpflichtung gegenüber der Finanzbehörde. Tabelle 2.4 verdeutlicht die positive Wirkung auf die Steuerschuld durch den **Vorsteuerabzug**.

Beispielrechnung	in Euro	Umsatzsteuer	
Kunden kaufen Waren bei Ihnen:			
Netto-Verkaufwert	15.000 €		
+ 19% Umsatzsteuer	2.850 €	Umsatzsteuer:	2.850 €
= Bezahlte Kundenrechnungen	17.850 €		
Sie kaufen Waren bei Lieferanten:			
Netto-Einkaufswert	10.000 €		
+ 19% Umsatzsteuer	1.900 €	Vorsteuer:	1.900 €
= Bezahlte Lieferantenrechnungen	11.900 €		
		Steuerschuld:	950 €

Tabelle 2.4: Vorsteuerabzug senkt die Umsatzsteuer-Schuld

Liegt der Jahresumsatz Ihres Gewerbes unter 250.000 € (bisher: 125.000 €) oder sind Sie als Freiberufler/ Kleinunternehmer tätig, dann gilt für Sie die **Ist-Besteuerung**. Das bedeutet, Sie führen die Umsatzsteuer erst dann ab, wenn der Kunde tatsächlich bezahlt hat und nicht schon bei der Rechnungserstellung. Im Ausnahmefall kann die Soll-Besteuerung beim Finanzamt beantragt werden. In Ihrer Umsatzsteuer-Voranmeldung geben Sie sowohl die Umsatzsteuer als auch die Vorsteuer an. Die Differenz der beiden Werte wird an das Finanzamt überwiesen oder sogar von der Finanzbehörde erstattet. In unserem Beispiel aus Tabelle 2.4 wären 950 € zur Zahlung fällig.

Ist-Besteuerung auf Umsätze

Relevant für die Voranmeldung sind auch getätigte Einkäufe in der europäischen Union. Haben Sie (wie in *Kapitel 2.1.2* beschrieben) eine **USt-IdNr** erhalten, darf der Verkäufer im EU-Ausland seine Rechnung ohne ausländische Umsatzsteuer ausstellen. Allerdings sind nun Sie im eigenen Land umsatzsteuerpflichtig. Ihren innergemeinschaftlichen Erwerb melden Sie deshalb mit der Umsatzsteuer-Voranmeldung dem heimischen Finanzamt. Anschließend führen Sie pflichtgemäß die übliche Umsatzsteuer ab. Bei Einfuhren aus Nicht-EU-Ländern wird die **Einfuhrumsatzsteuer** bereits vom **Zollamt** erhoben.

Umsatzsteuerfreie Einkäufe im EU-Ausland

Besonders erfreulich für Existenzgründer sind negative Steuerschulden. Gerade in der Anlaufphase oder durch Anfangsinvestitionen fallen die Einnahmen oft geringer aus als die Ausgaben. Daraus ergibt sich in Ihrer Umsatzsteuererklärung ganz schnell ein »verbleibender Überschuss«, den das Finanzamt prompt ausbezahlt.

Speziell für Online-Händler und Freiberufler wirkt sich eine Umsatzsteuerbefreiung für das Kleingewerbe nicht gerade förderlich auf das Image aus (*Kapitel 1*). Bedarfsorientiert sollten Sie deshalb prüfen, ob Sie gemäß § 19 UStG nicht besser auf die Umsatzsteuerbefreiung verzichten. Obwohl es natürlich sehr verlockend klingt, keine Umsatzsteuererklärung abgeben zu müssen und Ihren Kunden keine Umsatzsteuer berechnen zu müssen. Sprechen Sie mit Ihrem Steuerberater, er weiß sicherlich Rat.

Umsatzsteuerbefreiung für Kleingewerbe

Einkommen- oder Körperschaftsteuer

*Einkommen-
steuer für natür-
liche Personen*

Die **Einkommensteuer** (ESt) ist eine Steuer, die natürliche Personen bezahlen. Bemessungsgrundlage ist das zu versteuernde Einkommen. Die Rechtsgrundlage befindet sich im **Einkommensteuergesetz** (EStG). Die wichtigsten Erhebungsformen der Einkommensteuer sind die **Lohnsteuer** (Arbeitnehmer), die Kapitalertragsteuer (Einnahmen aus Kapitalvermögen) und der Zinsabschlag (Steuer auf Zinsen und Dividenden).

Die Einkommensteuer besteuert Ihre Einkünfte als natürliche Person, nicht die des Unternehmens. Sie errechnet sich als Gesamtbetrag Ihrer Einkünfte aus allen Einkunftsarten abzüglich Sonderausgaben, außergewöhnlichen Belastungen und möglichen Freibeträgen. Der steuerfreie Teil des Einkommens ist je Person seit 2004 leicht auf 7.664 € pro Jahr gestiegen. Der so ermittelte Betrag ist das zu versteuernde Einkommen. Gemäß den amtlichen Steuertabellen ergibt sich daraus die zu entrichtende Steuerlast.

Im ersten Jahr der unternehmerischen Tätigkeit wird als Berechnungsgrundlage Ihr erwarteter Gewinn herangezogen. Die Höhe haben Sie selbst im Fragebogen des Finanzamts zur steuerlichen Erfassung eingetragen. Spätestens ab dem Folgejahr legt die Finanzbehörde eine Summe für Ihre quartalsmäßig zahlbare Vorauszahlung fest. Diese werden Ihnen dann bei der **Einkommensteuererklärung** für das Gesamtjahr angerechnet. Haben Sie einen sehr niedrigen Gewinn im Fragebogen angegeben, zahlen Sie kaum Steuern im Voraus. Ist Ihr tatsächlicher Gewinn höher als Ihr geschätzter Ertrag? Dann treffen Sie zum einen die Steuernachzahlung und zum anderen die neu berechnete Steuervorauszahlung.

*Mit Elster
elektronisch
Daten übermitteln*

Die jährliche Einkommensteuererklärung können Sie sogar online abgegeben. Dazu nutzen Sie bevorzugt das kostenlose **Elster-Formular** der deutschen Finanzverwaltung (*Elster*). Es gibt aber auch eine Liste weiterer Softwarehersteller, die die *Elster*-Software integriert haben. Bevor Sie eine Software käuflich erwerben, sollten Sie herausfinden, ob sie das Elster-Verfahren unterstützt. Ansonsten liegt auch bei Ihrer Finanzbehörde eine kostenlose CD für Sie zur Abholung bereit. Die Steuerdaten-Übermittlungsverordnung (**StDÜV**) aus dem Jahr 2003 stellt die rechtliche Basis für die elektronische Datenübermittlung dar. Informieren Sie sich online über die einzelnen Schritte.

WWW······   www.elster.de
Bayerisches Landesamt für Steuern *(Software für Steuererklärungen)*

Künftig erstellen Sie die wichtigsten Steuerinformationen bequem am PC und übermitteln sie direkt über das Internet an Ihr Finanzamt. Das *Elster*-Tool unterstützt inzwischen die elektronische Abgabe folgender Anträge bzw. **Steuererklärungen**: Umsatzsteuer-Voranmeldung, Lohnsteuer-Anmeldung, sowie **Umsatzsteuer-, Einkommensteuer- und Gewerbesteuererklärung**.

Wer zahlt Körperschaftsteuer?

Als Pendant zur Einkommensteuer zahlen juristische Personen, also Kapitalgesellschaften und Genossenschaften, die **Körperschaftsteuer**. Andere Unternehmen sind nicht körperschaftsteuerpflichtig. Als Basis liegt der ermittelte Gewinn Ihrer Firma zu Grunde. Anhand dessen wird die Höhe der Steuer berechnet, unabhängig davon, ob die Gewinne an Anteilseigner ausgeschüttet oder im Unternehmen verbleiben (**thesauriert**) werden. In Abbildung 2.1 wird der einheitliche Steuersatz in Höhe von 25% ersichtlich. Zusätzlich müssen Sie noch 5,5% Solidaritätsbeitrag auf die abzuführende Steuer einplanen. Auf ausgeschüttete Gewinne wird zusätzlich noch 20% Kapitalertragsteuer erhoben.

Körperschaftsteuer für juristische Personen

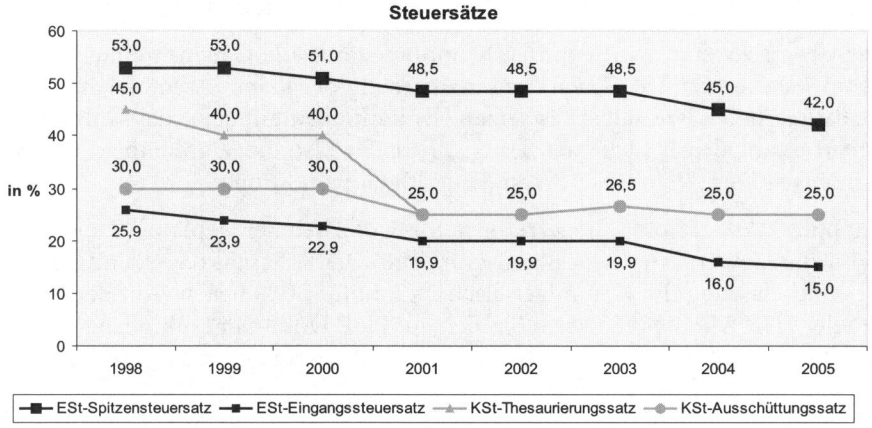

Abbildung 2.1: Entwicklung der Steuersätze

Je nach Festsetzung durch das Finanzamt leisten Sie zum Unternehmensstart normalerweise quartalsweise Vorauszahlungen auf die Körperschaftsteuer. Die jährliche **Körperschaftsteuererklärung** geben Sie am Ende des jeweiligen Geschäftsjahres ab.

Quelle:
Wikipedia

Praxis-Tipp: Einkommensteuer senken

Finanzielle Entnahmen sind bei einer GmbH als Gewinnausschüttung oder Geschäftsführerbezüge möglich. Grundsätzlich zählen Ausschüttungen an Gesellschafter als Kapitalerträge, die einkommensteuerpflichtig sind. Auf Ausschüttungen wird Kapitalertragsteuer mit einem Steuersatz von 20% erhoben. In der Einkommensteuererklärung werden sie mit dem Sparerfreibetrag und der Werbekostenpauschale verrechnet. Steuerfrei gelten aktuell 1.600 € für Ledige und 3.200 € für Ehepaare. Unter bestimmten Voraussetzungen, bedingt durch den niedrigen Steuersatz, wird bei einem steuerpflichtigen Jahresgewinn ab 100.000 € die GmbH zu einer attraktiven Rechtsform.

Tipp . . . . . .

Kommunale Gewerbesteuer auf Gewerbeerträge

Freiberufler zahlen keine Gewerbesteuer

Bund und Länder sind indirekt über die **Gewerbesteuerumlage** an der Gewerbesteuer beteiligt. Grundsätzlich wird die Gewerbesteuer als kommunale Steuer abgeführt, die jeder deutsche Gewerbebetrieb an Stadt oder Gemeinde zahlt. Üblicherweise sind die freien Berufe von der Zahlung befreit, solange sie keine Kapitalgesellschaft betreiben.

Zahlung der Gewerbesteuer berechnen

Personengesellschaften und Einzelunternehmer berechnen die Gewerbesteuerzahlung anhand einer komplexen mathematischen Formel. Grund dafür sind die variablen Freibeträge und staffelabhängigen Tarife. Wer weniger als 24.500 € Betriebsgewinn erwirtschaftet, ist noch davon verschont. Bis zu einer Obergrenze von 72.500 € beim Gewerbeertrag gibt es ermäßigte Steuerbeträge. Etwas simpler sieht die Sache bei Kapitalgesellschaften aus. Hier wird vom ersten Euro Gewinn an Gewerbesteuer fällig, mit einer gleich bleibenden **Gewerbesteuermesszahl** in Höhe von 5%.

Kommunen erheben Gewerbesteuer

Die Gewerbesteuer wird von den Kommunen auf alle Gewinne eines Unternehmens erhoben. Sie dienen der Finanzierung der Kommunen, die auch die Realsteuerhebesätze selbst festsetzen. Es kann also gut sein, dass im Nachbarort ein niedriger **Hebesatz** besteht. Falls Sie also die Wahl haben, wo Ihr Firmensitz liegt, klären Sie vorab die gültigen Konditionen.

Im Jahr 2008 ist eine Steuerreform für Unternehmer geplant. Dabei soll dann die Gewerbesteuermesszahl von 5 auf 3,5% gesenkt werden und die Gesamtbelastung der Kapitalgesellschaften unter 30% liegen. Auf der Website der *IHK München* können Sie sich ein PDF-Dokument mit allen geplanten Reformen herunterladen. Die einzelnen Änderungen sind von der *IHK* mit Kommentaren bewertet.

www . . . . .

www.ihk-muenchen.de
Industrie- und Handelskammer für München und Oberbayern

Übrigens wirkt sich die Gewerbesteuer gewinnmindernd aus. Denn den abgeführten Gewerbesteuerbetrag buchen Sie als Betriebsausgabe. Wie üblich leisten Sie auch hierfür quartalsmäßige Vorauszahlungen. Die Abrechnung erfolgt mit Ihrer Gewerbesteuererklärung, die Sie jährlich abgeben.

Tipp . . . . . .

Praxis-Tipp: Gewerbesteuer senken

Als Geschäftsführer einer GmbH setzen Sie Ihr monatliches Gehalt steuerlich als Betriebsausgabe ab. Genauso mindert eine laufende Pensionsrückstellung als Aufwendung für Ihre spätere Betriebsrente die Berechnungsgrundlage für die Gewerbesteuer. Durch beide Maßnahmen verringern Sie Ihre Gewerbesteuerbelastung.

Die häufigsten Steuerfehler vermeiden

Fehler macht jeder, der eine mehr, der andere weniger. Am besten und am wenigstens schmerzhaft ist, aus den Fehlern der anderen zu lernen. Viele der Entscheidungen, die Sie treffen, kosten Sie eine Menge Geld, und darunter fallen auch steuerliche. Ein paar unserer Anregungen bringen Sie hoffentlich zum Nachdenken, wie Sie typische Steuerfehler vermeiden können. Einige wertvolle Tipps sind aus unserer Sicht:

>> Wählen Sie die passende Rechtsform aus.

Steuerberater kontaktieren

Als Geschäftsführer beziehen Sie ein Gehalt, für das Lohnsteuer anfällt. Sie muss auch gezahlt werden, wenn das Unternehmen in der Startphase keine Gewinne erzielt. Haben Sie also geringe Umsatz- oder Gewinnerwartungen, starten Sie möglicherweise mit einer anderen Rechtsform günstiger. Deshalb empfehlen wir Ihnen, sich einen kompetenten Steuerberater zu suchen. Er kann Sie beraten bzgl. der für Sie korrekten Rechtsform, hilft bei den Anmeldeformalitäten und schützt Sie vor Fehlentscheidungen.

>> Kommen Sie Ihren Steuerpflichten nach.

Geschäftsbelege sammeln

Damit Sie im Zusammenhang mit Ihrer Buchführung überhaupt Ihren Steuerpflichten nachkommen können, müssen Sie alle Geschäftsunterlagen aufbewahren. Sammeln Sie alle Belege. Zeichnen Sie alle Geschäftsvorgänge ordentlich auf, indem Sie bei Bedarf Kassen-, Wareneingangs- bzw. Warenausgangsbuch führen. Ganz selbstverständlich verbuchen Sie Ihre Geschäftsvorfälle in der Einnahmen-Überschussrechnung oder der doppelten Buchführung. Jetzt müssen Sie noch fristgerecht Ihre Steuererklärungen abgeben sowie anfallende Steuern und Steuerbescheide bezahlen. Dann brauchen Sie vor keiner Buchprüfung Angst haben (*Kapitel 2.2.3*).

>> Legen Sie sich ein finanzielles Polster als Steuerreserve an.

Achtung: Steuersprung

In der Startphase eines neuen Unternehmens schätzen viele die Einnahmen absichtlich sehr niedrig. Investitionen senken zusätzlich die Steuerlast, da sie als Betriebsausgaben gerechnet werden. In der Folge zahlen sie im ersten Jahr keine oder nur geringe Steuern. Bessern sich die Geschäfte im zweiten Jahr, werden im dritten Jahr gewinnabhängig höhere Einkommens- bzw. Gewerbesteuer-Vorauszahlungen fällig. Denn anhand des Vorjahresgewinns berechnet die Finanzbehörde die Höhe der Vorauszahlungen des Folgejahres. Das ist für sich allein schon schlimm genug, doch jetzt stehen gleichzeitig noch die Nachzahlungen für das zweite Jahr an. Denken Sie auch daran, dass Sie Steuern künftig vierteljährlich im Voraus zahlen. Somit zahlen Sie gleichzeitig die Steuerlast für das Vorjahr und das laufende Jahr. Bereiten Sie sich frühzeitig vor. Schätzen Sie die zu erwartenden Steuerzahlungen realistisch ein. Dann haben Sie Zeit, um sich ein finanzielles Polster anzulegen.

>> Schließen Sie auch mit Familienmitgliedern Verträge ab.

Mit Verträgen sparen Sie Geld

Gerade als Existenzgründer schätzen Sie es sehr, wenn die ganze Familie Sie unterstützt. Da werden Arbeitskraft, finanzielle Mittel oder ganze Firmenräume kostenlos zur Verfügung gestellt. Das ist zwar sehr lobenswert, allerdings auch in mehrerlei Hinsicht leichtsinnig. Denn zum einen hört bei Geld die Freundschaft auf. Kommt es aus irgendwelchen Gründen zu Streitigkeiten, ist nicht klar geregelt, wer, wann und wie viel zahlt. Zum anderen verschenken Sie Geld. Warum schließen Sie keine Arbeits-, Darlehens- und Mietverträge ab, die sich steuerlich positiv auswirken?

Tipp ......

Praxis-Tipp: Raumkosten anteilsmäßig verbuchen

Rechnen Sie die anteilsmäßige Miete aus Ihrer Grundmiete heraus. Nehmen wir an Ihr Wohnhaus hat 150 m² für 1.000 € Kaltmiete. Ist Ihr rein geschäftlich genutztes Büro 30 m² groß, dann können Sie monatlich 200 € als Raumkosten verbuchen.

>> Versuchen Sie die Buchführung in den Griff zu bekommen.

Murphy schlägt zu

Die Steuerproblematik hat viele Facetten. Manche kosten Geld, andere Zeit. Wegen fehlerhafter Rechnungen oder Belege kann Ihnen der Vorsteuerabzug aberkannt werden. Einige Belege werden vielleicht sogar falsch kontiert bzw. verbucht. Sie kommen mit den Steuerterminen in Zeitverzug. Meist zu völlig ungelegener Zeit sollen Sie plötzlich viel Arbeit erledigen – da kommt die Dauerfristverlängerung gerade recht. Mit ihr glauben Sie Zeit zu gewinnen, aber leider stehen Sie im nächsten Monat vor genau dem gleichen Problem. Deshalb mal wieder ein Trick aus der Projektmanagement-Kiste: Schieben Sie ungeliebte Dinge nicht vor sich her, sondern erledigen Sie diese schnellstmöglich. Ein großer Vorteil: Sie haben die Zahlen noch im Kopf, finden die Belege gleich und buchen alles viel schneller. Nehmen Sie sich für die Buchhaltung alle zwei Wochen Zeit, falls nötig jede Woche.

2.2.2   Termine für Steuererklärungen und -zahlungen

Steuern im Voraus zahlen

Steuervorauszahlungen sind, wie der Name schon sagt, Vorauszahlungen auf eine künftig erwartete Steuerschuld. Das Problem für die Staatskasse ist dabei, dass die Höhe der so genannten **Veranlagungssteuern** erst im Nachhinein bestimmt werden kann. Damit Staatshaushalt und steuerpflichtige Unternehmen entlastet werden, sind kleinere Zahlungen gleichmäßig über das gesamte Jahr verteilt. Die im Voraus zu leistenden Beträge betreffen die Einkommen-, Körperschaft-, Gewerbe- und Umsatzsteuer.

Der **Vorauszahlungsbescheid** informiert Sie detailliert über die Höhe und Termine der bevorstehenden Zahlungen. Alle geleisteten Zahlungen werden auf die Jahressteuerschuld angerechnet. Laufen die Geschäfte besser als im Jahr zuvor, ist meist eine Nachzahlung zu entrichten. Haben Sie einen Umsatzeinbruch verzeichnen müssen, zahlen Sie über das Jahr gesehen zu viel Steuer, die Sie am Jahresende wieder erstattet bekommen.

Praxis-Tipp: Schonfristen für Steuererklärung

Die **Abgabeschonfrist** für die Umsatzsteuer- und Lohnsteueranmeldungen wurde 2004 abgeschafft. *Als Existenzgründer geben Sie jeweils am 10. des Monats Ihre Voranmeldung ab. Die für alle Steuern geltende **Zahlungs-schonfrist** wurde auf drei Tage gesenkt. Geht Ihre verspätete Zahlung auf das Konto des Finanzamts während der Zahlungsschonfrist ein, wird noch kein Säumniszuschlag erhoben. Davon ausgenommen sind Bar- oder Scheckzahlungen, die spätestens am Fälligkeitstag erfolgen müssen. Haupt-sache ist, das Geld wird dem Finanzamt rechtzeitig gutgeschrieben. Wir empfehlen Ihnen, am Lastschriftverfahren des Finanzamts teilzunehmen.*

Nachfolgend aufgelistet finden Sie die wichtigsten Steuertermine und Fristen zur Abgabe Ihrer Steuererklärungen und die Fälligkeit von Steuerzahlungen. Überschreiten Sie den Termin für die Abgabe nicht, denn das Finanzamt kann **Verzugszinsen** geltend machen. Beachten Sie bitte, dass die Tabelle 2.5, 2.6 und 2.7 keine Aufzählung aller Steuererklärungsfristen und Fälligkeitstermine enthalten. Die Termine sollen Ihnen vielmehr als grobe Richtschnur dienen. Ein Beispiel: Sind Sie zur monatlichen Zahlung verpflichtet, dann müssen Sie spätestens am 10. Juni Ihre Voranmeldung für Mai abgeben. Haben Sie Dau-erfristverlängerung beantragt, dann haben Sie Zeit bis zum 10. Juli.

Finanzamt erhebt Verzugszinsen

Voranmeldezeitraum für Umsatz-, Lohn- und Kirchensteuer

Steuertermine	Umsatz-, Lohn- und Kirchensteuer		Nur USt/LSt
Termine 2008	Zahlung für Monat	Zahlung für Quartal	Zahlung für Jahr
10. Januar	12/2007	IV./2007	nur LSt [a]
10. Februar	01/2008		nur USt [b]
10. März	02/2008		
10. April	03/2008	I./2008	
10. Mai	04/2008		
10. Juni	05/2008		
10. Juli	06/2008	II./2008	
10. August	07/2008		
10. September	08/2008		
10. Oktober	09/2008	III./2008	
10. November	10/2008		
10. Dezember	11/2008		

Tabelle 2.5: Voranmeldung bzw. Anmeldung und Zahlung (USt und LSt)

a.   Anmeldezeitraum bei weniger als 800 € Lohnsteuer im Vorjahr
b.   Sondervorauszahlung für Dauerfristverlängerung

Die **Umsatzsteuer** hat eine Besonderheit gegenüber den anderen Veranlagungssteuern: sie wird von Ihnen selbst berechnet. Mit Ihrer Buchführungssoftware erstellen Sie pflichtgemäß periodisch die Umsatzsteuervoranmeldung. Sie gilt insofern als Steuerfestsetzung, jedoch unter dem Vorbehalt der Nachprüfung. Sobald Sie am zehnten des Monats (bzw. Quartals) per *Elster* Ihre Voranmeldung abgeben, sollten Sie auch die Zahlung vornehmen.

Tipp . . . . . .

Praxis-Tipp: Dauerfristverlängerung

*Die Frist zur Abgabe der Umsatzsteuer-Voranmeldung können Sie auf Antrag um einen Monat verlängern. Gleichzeitig verschiebt sich die Entrichtung der Vorauszahlungen um einen Monat. Dem Antrag auf die so genannte **Dauerfristverlängerung** wird stattgegeben, wenn Sie jedes Jahr bis zum 10. Februar eine Sondervorauszahlung leisten. Die Höhe dieser Vorauszahlung beträgt 1/11 der Vorjahressteuer. Die **Sondervorauszahlung** verrechnen Sie wieder in der Umsatzsteuer-Erklärung mit den anderen Zahlungen im Dezember. Vergessen Sie aber nicht unsere Warnung aus Kapitel 2.2.1.*

Der reguläre **Voranmeldezeitraum** ist das Kalendervierteljahr, für das Sie die Umsatzsteuer-Voranmeldung abgeben. Dennoch gibt es ein paar Ausnahmen, die eine monatliche Anmeldung erfordern:

>> als Existenzgründer im ersten und folgenden Jahr nach der Gründung

>> im Vorjahr betrug Ihre Steuerschuld/-überschuss mehr als 6.136 €

Haben Sie eigene Mitarbeiter, dann sehen Sie bereits bei der **Lohnabrechnung**, was Sie vom Gehalt Ihres Mitarbeiters einbehalten. Unter anderem wird die Lohnsteuer abgezogen, die eine spezielle Form der Einkommensteuer ist. Für den Mitarbeiter stellt sie eine Art Vorauszahlung dar, die bei der Einkommensteuer angerechnet wird. Die Höhe richtet sich nach der Lohnsteuerklasse des jeweiligen Arbeitnehmers. Für den Mitarbeiter selbst kann sich unter gewissen Umständen der Antrag auf Einkommensteuerveranlagung lohnen. Damit lassen sich zu viel gezahlte Steuern zurückholen. Eine Sonderregelung betreffen die in *Kapitel 2.1.3* bereits erwähnten **lohnsteuerpauschalierten Mini-Jobs**.

Als Arbeitgeber sind Sie verpflichtet, die einbehaltene Lohn- und Kirchensteuer abzuführen. Dazu geben Sie wie üblich im Lohnsteuer-Anmeldezeitraum Ihre Lohnsteuer-Anmeldung ab. Hat die Lohnsteuer im Vorjahr weniger als 3.000 € betragen, reicht die quartalsmäßige Zahlung. Bei weniger als 800 € erlaubt der Finanzminister sogar eine jährliche Überweisung. Es gibt übrigens für die Lohnsteuer keine Möglichkeit zur Dauerfristverlängerung.

Einkommensteuer- und Körperschaftsteuer-Vorauszahlungen

Steuertermine	Einkommen- und Körperschaftsteuer
Termine 2008	Zahlung für Quartal
10. März	I./2008
10. Juni	II./2008
10. September	III./2008
10. Dezember	IV./2008

Tabelle 2.6: Quartalsmäßige Vorauszahlungstermine (ESt und KSt)

Aus dem Vorauszahlungsbescheid entnehmen Sie die Höhe für Ihre Einkommensteuer-Vorauszahlungen, die sich aus Ihrer Veranlagung des Vorjahres ergibt. Auf Antrag können Sie eine Anpassung bewirken, falls sich Ihre wirtschaftliche Lage erheblich verschlechtert hat. Eine solche Steuerherabsetzung müssen Sie glaubhaft begründen. Maßgebend für Existenzgründer ist die selbst abgegebene Schätzung.

Steuerherabsetzung erwirken

ESt-Vorauszahlung herabsetzen (Musterschreiben)

<< **Exkurs**

Sehr geehrte Damen und Herren,

hiermit beantrage ich die Herabsetzung meiner Einkommensteuer-Vorauszahlungen für das III. und IV. Quartal 2007 sowie für das I. und II. Quartal 2008.

Der Grund dafür ist … (stichhaltige und nachvollziehbare Begründung)

Abbildung 2.2: Musterschreiben, um ESt herabzusetzen

Die Körperschaftsteuer wird bei der Festsetzung und Erhebung wie die Einkommensteuer behandelt, nur eben für Kapitalgesellschaften. Es gelten auch die gleichen Grundsätze zur Körperschaftsteuer-Vorauszahlung, so als würden Sie die Vorschriften des Einkommensteuergesetzes anwenden.

Vorauszahlungstermine für die Gewerbesteuer

Steuertermine	Gewerbesteuer	
Termine 2008	Zahlung für Quartal	Zahlung für Halbjahr
15. Februar	I./2008	1. Hbj./2008
15. Mai	II./2008	
15. August	III./2008	2. Hbj./2008
15. November	IV./2008	

Tabelle 2.7: Vorauszahlungstermine (GewSt)

Ähnlich wie bei der Einkommens- und Körperschaftsteuer setzt die für Sie zuständige Kommune die Höhe Ihrer **Gewerbesteuer** fest. Alle Zahlen im Vorauszahlungsbescheid basieren auf der Veranlagung des Vorjahres. Auch eine Korrektur der Steuerhöhe erwirken Sie wieder per Antrag, falls Sie niedrigere Gewinne erwarten.

WWW . . . . .
www.bzst.bund.de
Bundeszentralamt für Steuern *(Formulare und Merkblätter als Download)*

2.2.3 Vorschriften und Pflichten zur Buchführung

Buchführung als Führungs- instrument

Die Buchführung müssen Sie keineswegs als notwendiges Übel begreifen, son- dern können Sie als ein geeignetes Führungsinstrument verstehen. Sie liefert Ihnen jederzeit wertvolle Hinweise über die finanzielle Lage Ihres Unterneh- mens. Bereits in *Kapitel 1* haben wir darauf hingewiesen: Grundlagenwissen im Bereich Buchführung gehört zum unverzichtbaren Handwerkszeug eines Selbstständigen. Auch das *BMWi* schreibt in seinen Broschüren: »Wer seine Buchführung im Griff hat, hat auch sein Unternehmen im Griff.«

Grundsätze ordnungsmäßiger Buchführung

Für die Finanzverwaltung steht im Vordergrund, dass Sie die Steuern richtig ermitteln. Ihre Steuerermittlung muss nachvollziehbar belegt werden. Es obliegt Ihnen, alle Betriebseinnahmen und -ausgaben korrekt aufzuzeich- nen, egal ob Sie buchführungspflichtig sind oder nicht. Im Laufe vieler Jahre haben Kaufleute sehr empfehlenswerte praxisnahe Grundsätze entwickelt, einige davon stehen heute sogar im HGB (**kodifiziert**).

GoB

Die **Grundsätze ordnungsmäßiger Buchführung** (GoB) sind gewissermaßen Vorgehensregeln, die die Qualität des Jahresabschlusses gewährleisten. Die GoBs bestimmen damit die Art und Weise der Buchführung. Die wichtigsten allgemein gültigen Grundsätze sind:

>> **Übersichtlichkeit:** Man muss sich in Ihrer Buchführung zurechtfinden.

>> **Vollständigkeit:** Geschäftsvorfälle müssen richtig und vollständig erfasst sein.

>> **Richtigkeit:** Nachträgliche Korrekturen sind nicht erlaubt, nur ersicht- liche Stornierungen.

>> **Vergleichbarkeit:** Daten verschiedener Geschäftsjahre sind vergleichbar.

>> **Verständlichkeit:** Gewährleistet im Jahresabschluss ein leichtes Ver- ständnis mitgeteilter Informationen.

>> **Beweisbarkeit:** Keine Buchung ohne Beleg als Nachweis.

>> **Ordnung:** Geschäftsvorfälle müssen immer richtig zugeordnet werden.

>> **Zeitgerechtheit:** Geschäftsvorfälle sind zeitgerecht zu erfassen.

Ihre Buchführung müssen Sie möglichst klar und übersichtlich gestalten. Es sollen sich auch unabhängige Dritte in angemessener Zeit eine Übersicht über Ihre geschäftlichen Aktivitäten (Geschäftsvorfälle) verschaffen können. Sie selbst und auch Ihr Steuerberater werden froh sein, wenn Ihre Einnahmen und Ausgaben einen Blick auf die Lage des Unternehmens zulassen. Damit das gelingen kann, untergliedern Sie gleiche Geschäftsvorfälle in sinnvolle Rubriken (Buchungskonten).

Übersichtlich

Unter dem Grundsatz Verlässlichkeit werden zahlreiche Eigenschaften subsumiert, die für die Zuverlässigkeit der relevanten Informationen sorgen. Sie erfüllen diese Bedingung, sobald Sie alle Geschäftsvorfälle fortlaufend, korrekt und vollständig erfassen, und zwar ohne ursprüngliche Buchungsinhalte zu korrigieren oder gar zu verfälschen. Auf diese Weise stellt sich auch für Sie Ihre Vermögens- und Ertragslage richtig dar. Jetzt sind Gläubiger, Geschäftskunden oder Unternehmenseigner weitestgehend geschützt vor falschen Daten und möglichen Verlusten.

Richtig und vollständig

Die Vergleichbarkeit Ihrer Unterlagen wird durch eine stetige Anwendung derselben Methoden Jahr für Jahr unterstützt. Erst dadurch werden Ihre Jahresabschlusspositionen besser lesbar. Mehrere Geschäftsjahre lassen sich so besser vergleichen. Formell erreichen Sie das, indem Kategorien und Bezeichnungen immer beibehalten werden und z.B. immer die gleiche Abschreibungsmethodik genutzt wird. Durch das Gegenüberstellen einzelner Jahreswerte erhöht sich auch das Verständnis für die Inhalte Ihres Abschlusses.

Vergleichbar, stetig und verständlich

Sämtliche Buchungen müssen nachprüfbar sein. Wenn Sie zunächst alle Ihre Belege beschaffen und sammeln, erleichtern Sie sich die Buchführung. Denn keine Buchung darf ohne Beleg vorgenommen werden. Die durchnummerierten und geordnet aufbewahrten Buchungsbelege sorgen für eine gute Übersicht. Gegenüber den Finanzbehörden sind so alle Einkäufe, Barzahlungen und sonstige Ausgaben beweisbar und eindeutig zuzuordnen.

Ordentlich und nachprüfbar

Sie erfassen Ihre Geschäftsvorfälle am besten immer relativ zeitnah. Dies gilt insbesondere für die monatliche oder quartalsmäßige Umsatzsteuer-Voranmeldung. Damit gelingt es Ihnen, den Steuerpflichten pünktlich nachzukommen.

Zeitgerecht

www.existenzgruender.de
BMWi *(GründerZeiten Nr. 38: Buchführung »Wer schreibt, der bleibt«)*

WWW . . . . .

Prüfbarkeit digitaler Geschäftsunterlagen (GDPdU)

Bei Betriebsprüfungen ist es seit geraumer Zeit erlaubt, einen Blick auf die eingesetzten IT-Systeme in Ihrem Unternehmen zu werfen. Zu diesem Zweck entwickelten die Finanzbehörden die **Grundsätze zum Datenzugriff und zur Prüfbarkeit digitaler Unterlagen (GDPdU).** Ein **Betriebsprüfer** kann auf verschiedene Arten auf Ihre Buchführungsdaten zugreifen:

GDPdU

>> unmittelbarer persönlicher Nur-Lesezugriff durch den Prüfer selbst

>> mittelbarer Datenzugriff über von Ihnen erstellte Auswertungen

>> Datenträgerüberlassung in verschiedenen Formaten

IDEA ist die offizielle Prüfsoftware

Speziell für die Art und Weise der Datenüberlassung gibt es verschiedene Datenformate. Als offizielle Prüfsoftware des *Bundesministeriums der Finanzen (BMF)* ist *IDEA* anerkannt. Diese Software der Firma *Audicon* ist spezialisiert auf Import, Selektion und Analyse großer Datenmengen. Sie gewährleistet damit eine flächendeckende Prüfung Ihres gesamten Datenbestands. Zahlreiche Importschnittstellen und verfügbare Routinen sorgen für eine lückenlose Prüfdokumentation. Mit diesem Tool sind Ihre Daten für den Betriebsprüfer lesbar.

WWW . . . . . .

www.audicon.de
audicon AG *(Hersteller der Prüfsoftware* IDEA*)*

Für kleinere Betriebe gibt es eigene Verfahrensrichtlinien. Auf Ihrem Buchhaltungsrechner darf kein Prüfer Zusatzsoftware installieren. Des Weiteren sind Anforderungen an die Buchführungssoftware definiert, so dass ein Erfassen der betriebswirtschaftlichen Daten gewährleistet ist.

Tipp . . . . . .

Praxis-Tipp: E/Ü-Rechnung mit Excel

Jeder Unternehmer, der nicht buchhaltungspflichtig ist, darf seine Einnahmen-Überschussrechnung als Excel*-Tabelle führen. Bitte heben Sie hierfür die Belege auf. Wir raten Ihnen dennoch, eine Buchführungssoftware zu verwenden.*

GoBS dokumentieren sauberen IT-Betrieb

Bitte verwechseln Sie die oben genannten Grundsätze nicht mit den **Grundsätzen ordnungsmäßiger DV-gestützter Buchführungssysteme** (GoBS). Darunter versteht man Regeln zur Buchführung mit datenverarbeitenden Systemen. Genauer gesagt geht es um die ordnungsmäßige Aufbewahrungspflicht Ihrer elektronischen Dokumente. Die GoBS wurden im Jahr 2005 durch die *Arbeitsgemeinschaft für wirtschaftliche Verwaltung e.V (AWV)* überarbeitet. Von den Bundesfinanzbehörden wurde erst 2006 eine überarbeitete Version veröffentlicht.

Ein wesentlicher Bestandteil der **GoBS** sind die Vorgaben zur Verfahrensdokumentation, die einen sauberen Systembetrieb bestätigen. Hauptsächlich gelten sie für die steuerliche Buchhaltung, indirekt wirken sie sogar auf die handelsrechtliche Buchführung. Denn sobald viele Kaufleute die gleichen Regeln befolgen, werden sie als handelsüblicher Usus anerkannt. Und damit werden sie Bestandteil der Grundsätze ordnungsmäßiger Buchführung.

www.stuttgart.ihk24.de

IHK Stuttgart *(Überblick über Regelungen im Handels- und Steuerrecht)*

Aufzeichnungs- und Buchführungspflicht

Laut § 147 Abgabenordnung müssen die Unterlagen aufbewahrt werden, die Bestandteil der Buchführungs- oder Aufzeichnungspflicht sind. Ziel der Buchhaltung ist die wertmäßige Ertrags-, Finanz- und Vermögenslage Ihres Unternehmens, die Sie nach den GoB feststellen und kontrollieren. Gefordert wird, jeden Geschäftsvorgang und jede Wertbewegung in Form eines Belegs aufzuzeichnen. Belege dienen im Nachhinein als Beweisgrundlage für Ihre Geschäftsvorfälle.

Keine Buchung ohne Beleg

Der Begriff **Buchführung** (Buchhaltung) wird definiert als chronologisch und sachbezogen geordnete, lückenlose Aufzeichnungsform. In ihr sind alle erfolgs- und vermögenswirksamen Geschäftsvorgänge anhand von Belegen nachweisbar. In § 141 Abgabenordnung steht, wer steuerrechtlich zur Buchführung verpflichtet ist. Dazu gehören hauptsächlich Gewerbetreibende, die

Buchführungspflichtig

>> mehr als 500.000 € Umsatz im Kalenderjahr erwirtschaften (bis 31.12.2006: 350.000 €; bis 31.12.2003: 260.000 €),

>> mehr als 30.000 € Gewinn im Wirtschaftsjahr erzielen,

>> gemäß § 238 Handelsgesetzbuch als Kaufmann gelten (Handelsrecht).

Gewerbliche Unternehmen, die einen der beiden ersten Grenzwerte überschreiten, sind ab dem Folgejahr automatisch buchführungspflichtig. Freiberufler sind von dieser Regelung normalerweise ausgenommen. Sie können jedoch wie alle anderen Gewerbetreibenden freiwillig Buch führen.

Freiwillige Buchführung

Das Ziel der handelsrechtlichen Buchführung ist, Vermögensgegenstände zu bilanzieren und aus einem Vermögensvergleich den Gewinn zu ermitteln. Die **handelsrechtliche Gewinnermittlung** gibt Ihnen Auskunft über das Vermögen Ihres Unternehmens. Ganz besonderes Augenmerk gilt den wirtschaftlichen Veränderungen und Entwicklungen Ihres Unternehmens. Sie dienen als Entscheidungsgrundlage für Sie selbst und für beteiligte Geschäftspartner. Die so genannte Handelsbilanz gibt Aufschluss über die Bonität Ihres Unternehmens.

Die **Handelsbilanz** dient im weiteren Verlauf letztlich als Grundlage für die **steuerrechtliche Gewinnermittlung**. Genauer gesagt ist die Handelsbilanz maßgeblich für die Steuerbilanz. Das Steuerrecht verfolgt einen anderen Zweck. Als Basis für Ihre **Steuerbilanz** dient Ihre Handelsbilanz, die Ihr Steuerberater durch einige steuerrechtlich bedingte Modifikationen verändert. Diese Anpassungen beziehen sich vor allem auf Rückstellungen, Entnahmen, Einlagen, Zulässigkeit der Bilanzänderung, Abgrenzung der Betriebsausgaben, die Bewertung und die Absetzung für Abnutzung. Den Finanzbehörden dient sie als reines Informationsinstrument zur periodengerechten Steuerberechnung.

Handels- oder Steuerbilanz

Auskunft über Erfolg oder Misserfolg

Gerade Sie als Existenzgründer sollten nicht nur wegen der gesetzlichen Vorgaben Bücher führen. Nutzen Sie diese wichtige Informationsquelle, die Ihnen schnell Auskunft über Erfolg oder Misserfolg gibt. Mit den Daten aus Ihrer Buchhaltung errechnen Sie wertvolle Kennzahlen, die Sie über Stärken und Schwächen Ihres Unternehmens informieren. Dazu gehören unter anderem Rentabilität, Liquidität oder Wertschöpfung.

Steuerrechtliche Aufbewahrungsfristen

In *Kapitel 2.2.1* sind wir bereits kurz auf die häufigsten Steuerfehler eingegangen und haben Sie auf Ihre Steuerpflichten aufmerksam gemacht. An dieser Stelle wollen wir ausführlicher auf die Frage der Aufbewahrungsfristen eingehen. Das Handelsgesetzbuch verpflichtet eigentlich nur Kaufleute zur Aufbewahrung von Geschäftsunterlagen.

Aufbewahrungsformen und -fristen

Leider stimmen die handels- und steuerrechtlichen Vorschriften zur Aufzeichnung und Aufbewahrung von Dokumenten nur zum Teil überein. Aus steuerlichen Gründen empfiehlt es sich für Selbstständige und Freiberufler, wichtige Geschäftsunterlagen und sonstige Unterlagen aufzubewahren. Sie müssen jederzeit verfügbar und nachprüfbar sein. Die erforderliche Form der Aufbewahrung geht aus § 147 Abgabenordnung (**AO**) hervor. Die nach Steuerrecht geltende **Aufbewahrungsfrist** von sechs Jahren gilt hauptsächlich für:

>> alle empfangenen Handels- und Geschäftsbriefe

>> alle abgesendeten Handels- und Geschäftsbriefe

>> alle für die Besteuerung wichtigen sonstigen Unterlagen

Handels- und Geschäftsbriefe

Werden Buchungsbelege sowie empfangene Handels- und Geschäftsbriefe nicht im Original aufbewahrt, muss die Aufbewahrungsart eine originalgetreue bildliche Wiedergabe gewährleisten, z.B. durch elektronische Datenarchivierung.

Für mindestens zehn Jahre müssen Sie Bücher, Inventare, Jahresabschlüsse, Buchungsbelege, Aufzeichnungen, Lageberichte, Eröffnungsbilanz und Arbeitsanweisungen aufbewahren. Bewahren Sie sechs Jahre lang empfangene und gesandte Handels-/Geschäftsbriefe (als Brief, Fax, E-Mail ...) auf. Sie dürfen diese Unterlagen auf Bild- und Datenträgern sichern, also optisch (Mikrofilm-Verfahren) oder elektrooptisch (digitale Speicherplatte). Ihre Jahresabschlüsse und Ihre Eröffnungsbilanz legen Sie jedoch unbedingt in Papierform ab. Die Aufbewahrungsfrist beginnt mit dem Ende des Kalenderjahres, in dem die Dokumente erstellt, empfangen oder versendet wurden.

Tipp ......

Praxis-Tipp: Aufbewahrungsfrist für Verträge

Für bestimmte dauerhaft gültige Dokumente, wie Verträge, Handelsregister- oder Grundbuchauszüge startet die Aufbewahrungsfrist erst nach Beendigung des Vertrags.

Die Aufbewahrungspflicht ist im Grunde ein Bestandteil der Buchführungs- und Aufzeichnungspflicht. Beachten Sie bitte, dass es sich bei den hier genannten Aufbewahrungsfristen um Mindestfristen laut HGB und AO handelt. Gemäß den steuerrechtlichen Vorgaben bewahren Sie alle aufbewahrungspflichtigen Gegenstände in Deutschland auf, damit sich ein Sachverständiger jederzeit innerhalb einer angemessenen Frist Einblick in die Geschäftsvorgänge verschaffen kann.

Neue Pflichtangaben für das Rechnungsformular

Seit 2004 ist jeder Unternehmer verpflichtet, bei entgeltlichen Lieferungen oder Leistungen eine Rechnung auszustellen. Die Verpflichtung zur Rechnungserstellung gilt seitdem für alle, sogar für nicht Steuerpflichtige. Jetzt müssen Sie also immer eine Rechnung erstellen, nicht nur wenn der Leistungsempfänger das wünscht. Das **Rechnungsformular** enthält auch einige neue Angaben und Formalien.

Rechnungs- empfänger prüft Angaben

Zudem muss der Rechnungsempfänger prüfen, ob die Angaben auf der Rechnung vollständig und richtig sind. Ausgenommen von dieser Regelung sind nur die Steuernummer, USt-IdNr und die fortlaufende **Belegnummer**. Mit der Belegnummer werden Buchungen eindeutig gekennzeichnet und Belegnummern sortieren alle Buchungen fortlaufend. Chronologisch abgelegt ergibt sich so das **Belegjournal**. Das ist auch der Grund warum Sie auf den Rechnungen die Rechnungsnummer finden. Enthält eine Rechnung fehlende oder unrichtige Angaben, wird der Rechnungsempfänger zur Korrektur der Rechnung auffordern. Ansonsten geht der Vorsteuerabzug verloren, der erst mit der korrigierten Rechnungsversion wieder möglich ist.

Kleinbetrags- rechnungen

Einen kurzen Überblick zu den gesetzlich zwingend vorgeschriebenen Rechnungsangaben bietet die folgende Auflistung. Die Angaben sind bindend für alle Rechnungsformulare, auch für Kleinbetragsrechnungen mit einem Gesamtbetrag unter 150 € (bis 2006 100 €):

>> **Rechnungsaussteller:** Name und Anschrift des Leistungserbringers

>> **Rechnungsdatum:** Ausstellungsdatum der Rechnung

>> **Beschreibung:** Menge und Art (Waren-/Leistungsbezeichnung)

>> **Entgelt:** Entgeltsumme und darauf entfallender Steuerbetrag

>> **Steuersatz:** Höhe des auf das Entgelt anzuwendenden Steuersatzes

Rechnungsbetrag über 150 €

Als Kleingewerbetreibender bauen Sie bitte einen Vermerk ein, der auf die Steuerbefreiung gemäß § **19 UStG** hinweist. Übersteigt die Rechnungssumme die Grenze von 150 € sind zusätzliche Angaben erforderlich:

>> **Rechnungsempfänger:** Name und Anschrift des Leistungsempfängers

>> **Lieferdatum:** Zeitpunkt der Lieferung, Leistung oder Vorauszahlung

>> **Nummerierung:** Fortlaufende Rechnungsnummer

>> **Entgelt:** Entgelteinzelheiten für Lieferungen oder sonstige Leistungen

>> **Entgeltdetail:** Aufschlüsseln des Entgelts nach Steuersätzen

>> **Entgeltminderung:** Aufschlüsseln einer vereinbarten Minderung

>> **Steuer-ID:** Steuernummer oder USt-IdNr des Leistungserbringers

>> **Steuerbetrag:** Höhe des auf das Entgelt entfallenden Steuerbetrags

Nur wenn alle gesetzlich vorgeschriebenen Rechnungsangaben beachtet werden, kann der Rechnungsempfänger seinen Vorsteuerabzug geltend machen. Das allerwichtigste Kriterium ist die Höhe der geschuldeten Steuer, die zweifelsfrei nachprüfbar sein muss. Intensiver beschäftigt mit dieser Thematik hat sich auch schon der **europäische Gerichtshof.** Vom Bundes-finanzministerium wurde daraufhin bestätigt, dass auch bei fehlendem Hinweis auf die Steuerschuld der Vorsteuerabzug gegeben ist, solange alle übrigen Voraussetzungen erfüllt sind. Doch so weit brauchen Sie es nicht kommen lassen. Erstellen Sie korrekte Rechnungen und zeigen Sie Ihren Kunden damit auch, wie professionell Sie Ihren Handel betreiben. Die Aufbewahrungsfrist von Rechnungen beginnt mit dem Schluss des Kalenderjahres, in dem die Rechnung ausgestellt worden ist.

CD . . . .

CD-Rom\sample: Korrektes Rechnungsformular (02_xx_Rechnung.pdf)

Angaben im Rechnungsformular

In den folgenden Abbildungen (2.3 bis 2.7) vermitteln wir Ihnen exemplarisch die wichtigsten Angaben eines korrekten **Rechnungsformulars**. In Abbildung 2.3 sehen Sie die vollständige Anschrift und den kompletten Firmenname der beteiligten Geschäftspartner dargestellt. Aus den Angaben sind die Rechtsform der Unternehmen und deren eindeutig feststellbare Adresse ersichtlich. Bei Privatkunden sind das natürlich deren Name und Anschrift.

Abbildung 2.3: Rechnungsformular – Angaben zu Name und Anschrift

Inzwischen müssen Sie, wie Abbildung 2.4 zeigt, neben dem Rechnungsdatum auch ein **Lieferdatum** vermerken. Das kann der Zeitpunkt sein, an dem das Entgelt bezahlt, eine Vorauszahlung eingeht oder die Lieferung bzw. Leistung erbracht wurde. Ausnahmsweise reicht beim Lieferdatum die Angabe des Kalendermonats aus. Für das Rechnungsdatum müssen Sie immer das genaue Datum einsetzen. Beide Datumsangaben sind auch dann erforderlich, wenn die Datumsangaben identisch sind.

Ganz selbstverständlich muss jede Rechnung eine eigene einmalige **Nummer** besitzen. Das gilt übrigens auch für Gutschriften. Es empfiehlt sich eine fortlaufende Nummerierung, die jede Rechnung eindeutig identifizierbar macht. Es ist erlaubt, für unterschiedliche Bereiche verschiedene **Belegnummernkreise** zu bilden. So kann man z.B. die Rechnungsnummer der Privatkunden immer mit einer 10 beginnen lassen und die der Firmenkunden mit einer 20. Häufig werden auch **Belegartkürzel** eingesetzt, z.B. für Rechnungen RE oder für Lieferscheine LI.

Einmalige Rechnungsnummern

Rechnung Nr. 80724	Datum	08.12.2007
(Bitte bei Zahlung unbedingt angeben!)		

Gemäß Ihrer Bestellung lieferten wir Ihnen am 02.12.2007 folgende Geräte:

Abbildung 2.4: Rechnungsformular – Rechnungs- und Lieferdatum

In Rechnungen schlüsseln Sie künftig detailliert das Zahlenmaterial zu den einzelnen Steuersätzen und Steuerbeträgen auf. Jeder anzuwendende Steuersatz muss konkret mit dem Zusatz Umsatzsteuer, USt o.Ä. genannt werden. In Abbildung 2.5 wird eine übliche Abkürzung verwendet, die die Waren trennt in »19% USt« und »7% USt«. Außerdem ist das Rechnungsformular jeweils für Privatkunden (oben) und Firmenkunden (unten) abgebildet. Nach **Steuersätzen** gegliedert stellen Sie Rechnungsbeträge und darin enthaltene bzw. darauf entfallende Steuerbeträge dar. Pro Rechnungsposition geben Sie jeweils an: Anzahl, Bezeichnung und Preis.

Steuersätze aufschlüsseln

Gemäß Ihrer Bestellung lieferten wir Ihnen am 02.12.2007 folgende Waren:

Pos	Menge		Art.-Nr.	Artikel-Bezeichnung	Einzelpreis	Preis 19 % USt	Preis 7 % USt
1	1	Stk.	123456	TFT-Monitor 22"	1.190,00 EUR	1.190,00 EUR	
2	1	Stk.	123457	DVD-Player	95,20 EUR	95,20 EUR	
3	1	Stk.	123458	Sachbuch	10,00 EUR		10,00 EUR
				Zwischensumme Waren 16 % USt		1.285,20 EUR	
				Zwischensumme Waren 7 % USt			40,00 EUR
				zzgl. Versandkosten		7,00 EUR	
				Gesamtbetrag brutto			**1.332,20 EUR**

Der Gesamtbetrag setzt sich wie nachfolgend zusammen:

19,00 % USt. aus	1.285,20 EUR	205,20 EUR	1.000,00 EUR (netto)
7,00 % USt. aus	40,00 EUR	2,62 EUR	37,38 EUR (netto)
19,00 % USt. aus Nebenleistungen	7,00 EUR	1,12 EUR	5,88 EUR (netto)

Abbildung 2.5: Rechnungsformular – aufgeschlüsselte Steuersätze/-beträge

Für Kleinbetragsrechnungen gilt die Sonderregelung, dass Sie nur den Brutto-Rechnungsbetrag in einer Summe angeben. Wird die Rechnung per Computer berechnet und ausgegeben, so genügt der Steuerausweis in einer Summe. Hauptsache, die jeweiligen Steuersätze der einzelnen Rechnungsposten sind unterscheidbar. Geben Sie auch in allen Rechnungen mit umsatzsteuerfreien Leistungen die geltende Steuerbefreiung an, z.B. für **Volkshochschulkurse**.

Tipp. . . . . .

Praxis-Tipp: USt-Ausweis für Kleinunternehmer

Falls Sie von der Kleinunternehmerregelung Gebrauch machen, dürfen Sie die Umsatzsteuer auf Ihren Rechnungen nicht gesondert ausweisen. Dies betrifft auch die Kleinbetragsrechnungen. Ansonsten würden Sie unberechtigt Umsatzsteuer aufführen und müssten den Steuerbetrag dem Finanzamt zukommen lassen. Wichtig: Dem Rechnungsempfänger ist es nicht erlaubt, die von Ihnen ausgewiesene Umsatzsteuer als Vorsteuer beim Finanzamt einzuziehen. Wobei natürlich fraglich ist, wie der Leistungsempfänger überhaupt prüfen kann, ob Sie die Umsatzsteuer unberechtigt angeben. Bei eBay müssen Sie beispielsweise bereits in der Artikelbeschreibung auf die Umsatzsteuerbefreiung hinweisen.

Minderung immer angeben

Neu ist auch, dass eine im Voraus vereinbarte Minderung des Kaufpreises auf dem Rechnungsformular vermerkt werden muss. Gewähren Sie also **Nachlässe**, vermerken Sie auf Ihrer Rechnung:

>> **Skonti**: z.B. »Bei Zahlung innerhalb von 10 Tagen ab Lieferung gewähren wir 2% Skonto«.

>> **Boni** und sonstige **Rabatte**: Hier genügt ein allgemeiner Hinweis wie »Aufgrund unserer Rabatt- und Bonusvereinbarungen ergeben sich Entgeltminderungen«.

Es ist zwar nicht gefordert, aber schadet auch nicht, wenn Sie vereinbarte **Zahlungsfristen** und **Zahlungsbedingungen** angeben. Sie beugen so Unstimmigkeiten vor, indem Sie vorgeben, dass der Gesamtbetrag innerhalb von 14 Tagen zahlbar ist.

> Wir bitten Sie den Rechnungsbetrag innerhalb 14 Tagen auf unser Konto zu begleichen.
> Bei Zahlungen innerhalb 3 Tagen gewähren wir Ihnen 2% Skonto (20,98 EUR).
>
> Wir bedanken uns für Ihren Einkauf.
>
> Gruß aus Musterhausen
> Muster Helfer
> Ihr Online - Team

Abbildung 2.6: Rechnungsformular – vereinbarte Minderung ausweisen

In Rechnungen Steuernummer aufführen

Mit Ausnahme der Kleinbetragsrechnungen müssen Sie als Unternehmer Ihre Steuernummer oder USt-IdNr auf den Rechnungen angeben. Zwei

Alternativen hierfür sehen Sie in Abbildung 2.3 und Abbildung 2.7. Diese Information dient der eindeutigen Kennzeichnung des Rechnungsstellers. Damit kann die Finanzbehörde kontrollieren, ob es sich tatsächlich um realisierte Umsätze handelt, für die USt abgeführt wird. Ohne diese Angabe ist die Geltendmachung des **Vorsteuerabzugs** nicht möglich.

Hausbank	Amtsgericht Netzstadt HR-B 12345	Gerichtsstand Netzstadt
Konto	Geschäftsführer: Muster Helfer	St.-Nr. 102 / 234 / 056789

Abbildung 2.7: Rechnungsformular – Steuernummer und USt-IdNr

Vergessen Sie auch nicht die Angabe Ihrer Bankverbindung. Das beschleunigt die Bezahlung. Weitere nützliche Angaben sind Telefon, Telefax, E-Mail, Ansprechpartner, Positionsnummer, Versandkosten, Logo, Überschrift »Rechnung«, Firmensitz.

Digitale Form der Rechnung

Als gültige Form für Ihre Rechnungen gelten Papierdokumente oder neuerdings Dokumente in elektronischer Form, also auch PDF-Dateien per E-Mail. Für die elektronische Rechnungsstellung bedarf es jedoch grundsätzlich einer formlosen Zustimmung durch den Empfänger. Schreiben Sie dazu einen Vermerk in Ihre **AGB**, die der Kunde bei seinem Bestellvorgang akzeptiert.

Praxis-Tipp: Doppelter Rechnungsversand

Tipp......

Wird nach dem elektronischen Versand eine zweite Rechnung zur gleichen Lieferung versendet, möglicherweise weil der Kunde dies wünscht, dann muss dieses Doppel eindeutig als solches erkennbar sein. Am einfachsten verwenden Sie hierfür eine Rechnungsnummer, die identisch mit der ersten ist, und vermerken deutlich den Text »Kopie« auf dem Duplikat.

Nach dem **Signaturgesetz (SigG)** ist eine elektronische Unterschrift (**Signatur**) genauso gültig wie eine handschriftliche Unterzeichnung. Mit Einführung elektronischer Rechnungen im Umsatzsteuerrecht fiel eine weitere Hürde für den wachsenden elektronischen Geschäftsverkehr weg. Eine sichere und rechtsverbindliche Kommunikation im eCommerce wurde erst durch elektronisches Signieren und Verschlüsseln möglich. Allerdings wird das nur dann anerkannt, wenn Echtheit, Herkunft und Unversehrtheit des Inhalts Ihrer Rechnungen gewährleistet sind. Dies ist möglich, indem das Originaldokument mit der entschlüsselten Kopie verglichen wird. Nur dann ist der Empfänger zum regulären Vorsteuerabzug der Rechnung berechtigt. Sie weisen dies nach durch:

Rechnung per E-Mail zustellen

>> qualifizierte elektronische Signatur

>> qualifizierte elektronische Signatur mit Anbieter-Akkreditierung

>> elektronischen Datenaustausch (**EDI**)

CD . . . .

Software-Tipp: Software-Lösung digiSeal office

Versenden Sie Ihre Rechnungen bequem per E-Mail, müssen Sie gewährleisten, dass diese zwischenzeitlich nicht unbemerkt manipuliert wurden. Eine einfache Lösung ohne Akkreditierung bietet die Software-Lösung digiSeal office *der Firma secrypt. Die Software versieht Ihre Rechnungen im PDF-Format mit einer rechtsverbindlichen elektronischen Signatur gemäß § 14 UStG. Der Mail-Empfänger kann jederzeit die Echtheit der Rechnung testen. Die PDF-Signatur ist kostenlos vom Empfänger prüfbar mit dem* Adobe Acrobat Reader *ab Version 6. Preise erhalten Sie bei der Firma auf Anfrage.*

WWW . . . . .

www.geldkarte-online.de
EURO Kartensysteme GmbH *(digitale Signatur mit der* GeldKarte*)*

www.pdfstore.de/PDF_Secrypt_digiSeal_Office.aspx
secrypt GmbH *(Hersteller der Signaturlösung* digiSeal office*)*

Quelle:
Kartengeräte
REINER

Zu einer kompletten professionellen Signaturausstattung gehören neben der passenden Signatursoftware auch eine Signaturkarte und ein entsprechendes Kartenlesegerät wie in Abbildung 2.8. Als Online-Händler hinterlegen Sie Ihre handschriftliche Unterschrift bei einer **Zertifizierungsstelle** (**Akkreditierung**). Im Anschluss daran erhalten Sie eine Chipkarte (**Signaturkarte**), die den verschlüsselten Unterschriftscode beinhaltet. Wollen Sie Ihre Rechnungen signieren, nutzen Sie ein Kartenlesegerät, mit dem Sie quasi anhand Ihrer **Chipkarte** verschlüsselt unterschreiben.

Abbildung 2.8: Kartenlesegerät cyberJack e-com

Deutsche Post
Com Tochter
SignTrust

Mit verschiedenen Produkten rund um die elektronische Signatur macht die *Deutsche Post Com* (Geschäftsfeld *Signtrust*) das Internet zu einer sicheren Plattform. Sie bietet Highend-Technologien für Verschlüsselung und Authentisierung an. Mit der preiswerten Einstiegslösung *Signtrust Card* steht eine Signaturkarte für weniger als 50 € pro Jahr im Angebot. Auf ihr wird das generierte Schlüsselpaar abgespeichert.

www.signtrust.de
Deutsche Post AG *(Anbieter elektronischer Signaturlösungen)*

WWW . . . . .

Nachdem Ihr öffentlicher und privater Schlüssel im Trustcenter generiert wurde, werden diese Schlüssel Ihnen persönlich zugeordnet (**Personalisierung**). Dies geschieht, indem Ihre persönlichen Daten mit dem Schlüsselpaar auf der Signaturkarte unveränderlich verbunden werden. Den **öffentlichen Schlüssel** verwaltet das Trustcenter von *Signtrust*. Ähnlich einem Telefonbuch können Ihre Kunden jederzeit eine kostenlose Online-Überprüfung des Zertifikats durchführen. Der **private Schlüssel** ist von Ihnen sicher aufzubewahren, denn dieser Teil des Schlüsselpaares ist Ihre digitale Unterschrift. Fällt dieser Teil des Schlüssels Dritten in die Hände, können diese jede Menge Unsinn damit anstellen. Das wäre fast so, als würden Sie die Schlüssel im Auto stecken lassen. Als Versender verknüpfen Sie Ihre Rechnung mit dem privaten Schlüssel. Das verschlüsselte und elektronisch signierte Dokument übermitteln Sie zum Abschluss per E-Mail an Ihren Kunden.

Öffentlicher und privater Schlüssel

2.3   Kleinbetriebliche und kaufmännische Buchführung

Eine Jahreserfolgsrechnung durchzuführen ist unabhängig von der Rechtsform eines Unternehmens und auch für Freiberufler Pflicht. **Jahreserfolgsrechnungen** sind für kleine Unternehmen die Einnahmen-Überschussrechnung oder für Unternehmen mit doppelter Buchführung die Gewinn- und Verlustrechnung plus Bilanz. Bei Art und Umfang der Buchhaltung wird zwischen der kleinbetrieblichen (**einfache Buchführung**) und der kaufmännischen Buchführung unterschieden. Letztere wird auch als **doppelte Buchführung** bezeichnet. Wie erwähnt gilt sie für alle im Handelsregister eingetragenen Firmen. Für den Fall, dass Ihr Unternehmen gewisse Umsatz- oder Gewinngrenzen überschreitet, werden Sie vom Finanzamt im nächsten Geschäftsjahr aufgefordert, kaufmännisch Buch zu führen.

Einfache und doppelte Buchführung

Alle anderen, auch die Freiberufler, unterliegen nicht der strengen kaufmännischen Buchhaltung. Für sie reicht eine Einnahmen-Überschussrechnung. Über die steuer- und handelsrechtlichen Pflichten haben wir Sie bereits in *Kapitel 2.2.1* informiert.

www.existenzgruender.de
BMWi *(GründerZeiten Nr. 49: Jahreserfolgsrechnungen)*

WWW . . . . .

2.3.1   Art der Buchführung

SKR und GKR   Sowohl die einfache als auch die doppelte Buchführung erfassen Geschäftsvorgänge auf **Konten** (Rubriken). Die üblichen Standardkonten werden in
einem **Kontenplan** zusammengefasst. Je nach Branche des Unternehmens
variieren die eingesetzten **Kontenrahmen,** die eine Art Vorlage für häufig
wiederkehrende Konten darstellen. Diese Kontenrahmen sind für viele kleinere Unternehmen meist zu umfangreich. Mit deren Hilfe basteln Sie den
für Sie passenden Kontenplan. Die drei wichtigsten sind:

>> **Spezialkontenrahmen** für den Einzelhandel (**SKR** 03 oder SKR 04)

>> **Industriekontenrahmen** (**IKR,** ehemals **GKR**)

>> Kontenrahmen für den Groß- und Außenhandel

Basierend auf einem dieser Kontenrahmen richten Sie die Sach- und Sonder-
konten für Ihre täglichen Geschäftsvorfälle ein.

Einfache Buchführung	Doppelte Buchführung
Wer setzt welche Buchführungsart ein?	
Kleinere Betriebe mit einfachen Abläufen, die nicht zur Buchführung verpflichtet sind, z.B. Existenzgründer, Freiberufler, Kleinbetriebe.	Größere Betriebe mit komplexen Abläufen, die aufgrund § 141 AO oder § 238 HGB zur Buchführung verpflichtet sind, z.B. GmbH, KG, AG.
Wie werden Einnahmen und Ausgaben gebucht?	
Einnahmen bzw. Ausgaben werden in chronologischer Reihenfolge auf einzelnen Konten erfasst, auch Ein- und Ausgänge in Kasse und Bank werden gebucht.	Alle Geschäftsvorfälle verbuchen Sie auf mindestens zwei Konten. Jedes Konto verfügt über eine Soll- und Habenseite, auf der Einnahmen und Ausgaben erfasst werden.
Wie wird das Geschäftsergebnis am Jahresende ermittelt?	
Gewinn oder Verlust wird per E/Ü-Rechnung durch Gegenüberstellen von Einnahmen und Ausgaben ermittelt.	Am Jahresende fertigen Sie oder Ihr Steuerberater die Bilanz sowie die Gewinn- und Verlustrechnung an.
Was sind die Hauptunterschiede bei der Gewinnermittlung?	
Ist-Prinzip (Zahlungszeitpunkt) Brutto-Prinzip (inkl. Umsatzsteuer)	Soll-Prinzip (Entstehungszeitpunkt) Netto-Prinzip (ohne Umsatzsteuer)
Nach welcher Formel wird der Gewinn ermittelt?	
Betriebseinnahmen – Betriebsausgaben ————————— = Gewinn/Verlust	Betriebsvermögen zum Jahresende – Betriebsvermögen zum Vorjahresende + Entnahmen – Einlagen ————————— = Gewinn/Verlust

Tabelle 2.8: Vergleich der einfachen mit der doppelten Buchführung

Im Folgenden wird detaillierter auf die einzelnen Buchführungsarten eingegangen.

Einnahmen- und Überschussrechnung

Kleinbetriebe ermitteln den steuerpflichtigen Gewinn bzw. Verlust durch die
Einnahmen-Überschussrechnung. Die auch **4(3)-Rechnung** oder **E/Ü-Rech-
nung** genannte Gewinn- und Verlustrechnung ist eine stark vereinfachte
Form der Gewinnermittlung. Bei ihr werden aus dem Tagebuch (**Journal**)
alle Geschäftseinnahmen, die in bar oder auf den Bankkonten eingehen, den
Betriebsausgaben gegenübergestellt. Sie ist hauptsächlich für steuerliche und
informative Zwecke gedacht. Im Vergleich zur doppelten Buchführung hat
der Unternehmer weniger Pflichten, da es sich lediglich um eine Gegenüber-
stellung von Betriebseinnahmen und Betriebsausgaben handelt.

*Kleinbetriebe
nutzen
E/Ü-Rechnung*

Die eingenommene Umsatzsteuer gehört zu den Betriebseinnahmen. Entsprechend gehört die bezahlte Umsatzsteuer zu den Betriebsausgaben. Diese
strikte Trennung in Einnahmen und Ausgaben bezeichnet man als **Brutto-
Prinzip.** Es besteht sogar ein **Verrechnungsverbot**, damit die Transparenz
der einzelnen Positionen gewährleistet bleibt. Für die zu berücksichtigende
Umsatzsteuer und die zu erfassende Vorsteuererstattung ist es unerheblich,
für welchen Zeitraum sie anfallen. Es kommt einzig und allein auf den Zu-
oder Abflusszeitpunkt an.

Brutto-Prinzip

Bei der Einnahmen-Überschussrechnung handelt es sich um eine Geldrech-
nung, d.h., grundsätzlich wird nur bei Geldzufluss oder -abfluss gebucht. Es
ist also nicht das Rechnungsdatum ausschlaggebend, sondern der Zeitpunkt
der Zahlung. Dies wird **Ist-Prinzip** (Zahlungszeitpunkt) genannt. Leider gibt
es keine Regel ohne Ausnahmen. Zu diesen gehören regelmäßig wiederkehrende Zahlungen (z.B. Löhne, Mieten, Zinsen), sowie zum Jahreswechsel
abnutzbare (z.B. PKW und PC) und nicht abnutzbare Wirtschaftsgüter (z.B.
Grund und Boden).

Ist-Prinzip

Aus Tabelle 2.9 ist das Grobschema einer Einnahmen-Überschussrechnung
ersichtlich, mit dessen Hilfe Sie Ihre Gewinne oder Verluste ermitteln. Es
sind die wichtigsten Konten aufgelistet, die bei den meisten Existenzgründern ausreichend sein dürften. Je nach Bedarf klären Sie die Notwendigkeit
weiterer Einnahmen- oder Ausgabenkonten.

CD-Rom: E/Ü-Rechnung (02_09_Einnahmen-Überschuss.xls)

`CD ·······`

Betriebseinnahmen	
Umsatzeinnahmen (Warenverkäufe, Honorare, Provisionen)	61.545,00 €
Vereinnahmte Umsatzsteuer 19%	11.693,00 €
Eigenverbrauch (private Nutzung von Kfz, Telefon usw.)	350,00 €
Summe Betriebseinnahmen	**73.588,00 €**
Betriebsausgaben	
Wareneinkäufe einschließlich Nebenkosten	29.350,00 €
Gezahlte Vorsteuer	4.725,00 €
Bezogene Fremdleistungen (Dienstleistung, Marketing)	3.802,00 €
Personalkosten (Lohn, Gehalt, Versicherungen)	1.205,00 €
Absetzungen für Abnutzung	1.800,00 €
Aufwendungen für geringwertige Wirtschaftsgüter bis 410 €	708,00 €
Kraftfahrzeug- und sonstige Fahrtkosten	450,00 €
Miet- und Raumkosten	0,00 €
Finanzierungskosten (Schuldzinsen, Leasingraten)	0,00 €
Versicherungen	1.215,00 €
Beschränkt abziehbare Ausgaben (Geschenke, Bewirtung) Unbeschränkt abzieh-	160,00 €
bare Ausgaben (Porto, Telefon, Bürobedarf, Fortbildung, Fachliteratur, Rechts-/ Steuerberatung, Buchführung)	845,00 €
Summe Betriebsausgaben	**39.195,00 €**
Gewinnermittlung	
Summe Betriebseinnahmen	73.588,00 €
– Summe Betriebsausgaben	44.410,00 €
Gewinn oder Verlust	**29.178,00 €**

Tabelle 2.9: Beispiel für eine Einnahmen-Überschussrechnung

Tipp . . . . . .

Praxis-Tipp: **Geringwertige Wirtschaftsgüter (GWG)**

Kostet der erworbene Gegenstand zwischen 60 € und 410 €, dann besteht ein **Abschreibungswahlrecht.** *Der Gegenstand darf in dem Jahr der Anschaffung abgeschrieben werden, muss aber nicht. Hier handelt es sich um eine Buchung als geringwertiges Wirtschaftsgut. Liegt die Kaufsumme unter 60 €, dürfen Sie den Gegenstand sofort als Aufwand erfassen (**Verbrauchsfiktion**).*

Für Wirtschaftsgüter mit einem Warenwert über 410 € besteht immer **Abschreibungspflicht.** *Das bedeutet, der gekaufte Gegenstand muss über mehrere Jahre abgeschrieben werden.*

Ab 2008 wird die **degressive Abschreibung** *abgeschafft. Darüber hinaus sind noch weitere Änderungen für GWGs und Abschreibungen geplant:*

– *die* **Sofortabschreibung** *auf geringwertige Wirtschaftsgüter wird auf 100 € beschränkt.*

– *jährliche Poolbildung für Wirtschaftsgüter von 100 € bis 1.000 €*

– *steuerliche Behandlung aller Wirtschaftsgüter innerhalb eines Pools wie ein Wirtschaftsgut*

– *einheitliche Abschreibung jedes Pools über 5 Jahre*

Bei der einfachen Buchführung richten Sie nur die gängigsten Konten für die relevanten Geschäftsvorgänge ein, z.B. Wareneinkauf, Personalkosten, Büromaterial, Reisekosten usw. Seit 2005 sind Sie erstmals verpflichtet, Ihre Einnahmen-Überschussrechnung auf einem amtlichen Formular abzugeben. Daher empfiehlt es sich, dass Sie Ihre Buchungen entsprechend dem Vordruck gliedern. In den Konten Ihrer einfachen Buchführung finden Sie die erforderlichen Zahlen für die Einnahmen-Überschussrechnung.

Amtliches Formular: Anlage EÜR

Praxis-Tipp: Vordruck Einnahmen-Überschussrechnung (Anlage EÜR)

Tipp . . . . . .

Ermitteln Sie Ihren Gewinn durch den Überschuss der Betriebseinnahmen über die Betriebsausgaben (§ 4 Abs. 3 EStG), müssen Sie Ihrer Steuererklärung die Anlage EÜR beifügen. Dies gilt für alle Existenzgründer, die nach dem 31. Dezember 2004 begonnen haben. Wenn jedoch Ihre Betriebseinnahmen unter der Grenze von 17.500 € liegen, dann reicht die Beilage der formlosen Gewinnermittlung. Formular und Anleitung zur »Anlage EÜR« finden Sie als Download in der Kategorie Formulare (Suchtext: EÜR) beim Bundesministerium der Finanzen.

www.bundesfinanzministerium.de
Bundesministerium der Finanzen

WWW . . . . .

Das **Journal** ist das Grundbuch der Buchführung. Aus diesem Journal leitet sich am Jahresende die Gewinn- und Verlustrechnung ab. In Tabelle 2.10 ist ein kleines Beispiel-Journal dargestellt, in dem Geschäftsvorfälle chronologisch mit Beleghinweis, Datum und Betrag erfasst sind. Software-Lösungen beinhalten etwas ausführlichere Journale, die noch die komplette Kontierung (Soll, Haben) und Belegnummerierung liefern. Ähnlich einfach verfahren Sie auch mit Ihrem Kassenbuch, welches alle ein- und ausgehenden Barzahlungen aufführt. Eine *Excel*-Tabelle leistet hier kostengünstig und schnell ihre Dienste. Buchhalterisch ist es übrigens niemals erlaubt, dass Ihre Kasse ins Minus läuft. Im Handel bekommen Sie auch saubere Lösungen in Buchform oder als Software.

Journal dient der Übersicht

www.softwarepaket.de/9.0/programme/journal/58,253,1,1,0.html
BMWi *(Software Kleingründungen – Angebotspreise, Kassenbuch, Journal)*

WWW . . . . .

Datum	Geschäftsvorfall	Kunde/Lieferant	Brutto	USt	Netto
16.10.	RE Tasche	KD Müller Hans	119,00 €	19%	100 €
18.10.	RE Koffer	KD Mayer Hubert	59,50 €	19%	50 €
23.10.	RE Ware	LI Warenlieferant	– 29,75 €	19%	– 25 €
		Summe	148,75 €		125 €

Tabelle 2.10. Beispiel für ein Journal mit Umsätzen und Kosten

*Lexware büro
easy 2008*

Suchen Sie eine Computerlösung, dann sind Sie mit der Software *Lexware büro easy 2008* gut bedient. Das Tool ist sehr einfach, also optimal geeignet für den Einstieg. Selbst wenn Sie nur mäßige Vorkenntnisse mitbringen, können Sie damit im Handumdrehen Angebote und Rechnungen erstellen. Das Programm erledigt Ihre komplette Buchhaltung, bereitet alle Daten für den Steuerberater (*DATEV*) und das Finanzamt (*Elster*) vor. Insgesamt eine ideale Lösung für Existenzgründer, Kleinunternehmer und Selbstständige. Und der Preis liegt unter 100 €.

Betriebsvermögensvergleich ermittelt steuerlichen Gewinn

*Soll- und Netto-
Prinzip*

Im Gegensatz zum Ist-Prinzip der E/Ü-Rechnung herrscht bei der Bilanzierung das **Soll-Prinzip** (Entstehungszeitpunkt) vor. Ebenso wird die Umsatzsteuer nicht gewinnwirksam gebucht. Deshalb spricht man hierbei von dem so genannten **Netto-Prinzip**. Sie leiten Ihren geschäftlichen Erfolg aus der Gewinn- und Verlustrechnung ab, indem Sie Ihr Betriebsvermögen vergleichen. Sowohl E/Ü-Rechnung als auch Bilanzierung führen letztendlich jedoch zum selben Ergebnis.

Wenn Sie Ihren steuerlichen Gewinn durch Betriebsvermögensvergleich ermitteln, dann bedeutet das für Sie:

>> Doppelte Buchführung: auf Soll- und Haben-Seite buchen (**Doppik**)

>> Erstellen einer Bilanz mit Gewinn- und Verlustrechnung

>> Aufstellen einer Vermögensübersicht (Bestandsverzeichnis, Inventar)

>> Durchführen einer jährlichen Bestandsaufnahme (Inventur)

*Wareneingangs-
buch*

Für den Einzelhandel ist ein Wareneingangsbuch vorgeschrieben, ansonsten haben Sie als Kaufmann für die Abwicklung weitgehend freie Hand. Das Warenausgangsbuch müssen Sie nur führen, wenn Sie Ihre Waren an andere gewerbliche Unternehmer liefern. Es gibt verschiedene Möglichkeiten zur Buchhaltung, die bekanntesten sind die Journal-, Durchschreibe- oder die weit verbreitete EDV-Buchführung (Artikelbestand).

Bilanzierung

Ein Betriebsvermögensvergleich setzt eine **Vermögensübersicht** voraus. Der Stichtag dazu ist der Tag der Betriebseröffnung (Eröffnungsbilanz) oder der Schlusstag des Wirtschaftsjahres (Schlussbilanz). Sobald Sie also Ihre gewerbliche Tätigkeit als Kaufmann aufnehmen, erstellen Sie eine **Eröffnungsbilanz**, die Vermögen und Verbindlichkeiten am Eröffnungstag beinhaltet. Von da an verfassen Sie jeweils zum Ende des Wirtschaftsjahres den Jahresabschluss, der auch **Schlussbilanz** genannt wird. Bei freien Berufen ist das Wirtschaftsjahr stets das Kalenderjahr. Als Gewerbetreibender wählen Sie unter Umständen ein vom Kalenderjahr abweichendes Wirtschaftsjahr.

Aktiva	Passiva
A) Anlagevermögen	A) Eigenkapital
I. Immaterielle Vermögensgegenstände	I. Gezeichnetes Kapital
II. Sachanlagen	II. Kapitalrücklagen
III. Finanzanlagen	III. Gewinnrücklagen
B) Umlaufvermögen	IV. Gewinn-/Verlustvortrag
I. Vorräte	V. Jahresüberschuss/-fehlbetrag
II. Forderungen	B) Rückstellungen
III. Wertpapiere	C) Verbindlichkeiten
IV. Schecks, Kassenbestand, Bankguthaben	D) Rechnungsabgrenzungsposten
C) Rechnungsabgrenzungsposten	

Tabelle 2.11: Grobe Gliederung einer Bilanz

Bilanzen geben Ihnen Aufschluss über die Vermögens- bzw. Schuldensituation Ihres Unternehmens. Die jährliche Vermögensübersicht muss das gesamte Betriebsvermögen enthalten. Dazu werden allerdings nur die Wirtschaftsgüter gerechnet, die Ihnen als Eigentümer gehören. Die nachfolgende Unterscheidung zwischen Betriebs- und Privatvermögen ist daher wichtig, da sonst private Gewinne oder Verluste den steuerlichen Gewinn unerlaubt beeinflussen könnten:

>> **Notwendiges Betriebsvermögen** gehört in vollem Umfang dazu. Das sind Wirtschaftsgüter, die mehr als 50% betrieblich genutzt werden.

>> **Gewillkürtes Betriebsvermögen** gehört wahlweise in vollem Umfang dazu. Hierzu zählen alle Wirtschaftsgüter, die zwischen 10% und 50% betrieblich genutzt werden.

>> **Privatvermögen** gehört in vollem Umfang nicht dazu. Dies sind alle Wirtschaftsgüter, die weniger als 10% betrieblich genutzt werden.

Mit der **Inventur** erfassen Sie alle körperlich vorhandenen Vermögenswerte Ihres Unternehmens. Das HGB schreibt Ihnen eine jährliche Bestandsaufnahme zur Vorbereitung Ihrer Bilanzen vor, z.B. durch Zählen, Wiegen oder Schätzen. Jede ordentliche Buchhaltung braucht die erstellte Inventarliste mit Angabe von Menge, Bezeichnung und Wert der Maßeinheit zur stichtagsbezogenen Bewertung der Vermögensgegenstände.

Inventur zur Bestands-aufnahme

In den meisten Fällen führen Sie innerhalb von zehn Tagen vor oder nach dem Bilanzstichtag die Inventur durch. Die Bilanz selbst müssen Sie innerhalb einer angemessenen Zeitspanne selber erstellen oder aufstellen lassen. Als Anhaltspunkt dient der für kleine Kapitalgesellschaften vorgeschriebene Zeitraum von sechs Monaten nach Ablauf des Wirtschaftsjahres. Nähere Einzelheiten dazu erfragen Sie entweder bei den Steuerbehörden oder Ihrem Steuerberater. Wenn Sie keine Bilanz abgeben, wird das sogar strafrechtlich verfolgt. Bei größeren Unternehmen muss übrigens der Jahresabschluss überprüft werden. Kleinere Firmen werden aber nicht selten von den Banken zu einer freiwilligen Prüfung angehalten.

Gewinn- und Verlustrechnung

Eine ordnungsmäßige Buchführung stellt Erträge und Aufwendungen des Wirtschaftsjahres in der **Gewinn- und Verlustrechnung (GuV)** gegenüber. Zu den Aufwendungen zählen hauptsächlich solche für Material und Personal. Auf der Ertragsseite wirken sich vor allem die Umsatzerlöse aus. Weiterer Kernpunkt auf beiden Seiten der GuV sind die Bestandsveränderungen Ihres Unternehmens, d.h. Änderung der Vorräte oder des Warenlagers im Vergleich zum Vorjahr. Insbesondere der Vorjahresvergleich bietet hierbei sehr aufschlussreiche Informationen über Entwicklungstendenzen.

Zudem werden Aufträge erfasst, an denen Sie noch arbeiten oder für die Sie noch kein Geld erhalten haben. Des Weiteren sind relevante steuerliche Abschreibungen inbegriffen. Alle erforderlichen Zahlen finden Sie in den Konten Ihrer doppelten Buchführung. In Tabelle 2.12 sehen Sie die Gliederung einer beispielhaften GuV.

Aufwendungen	Erträge
Materialaufwand:	Umsatzerlöse
a) Aufwendungen für Roh-, Hilfs- und Betriebsstoffe und für bezogene Waren	Erhöhung des Bestands an fertigen und unfertigen Erzeugnissen
b) Aufwendungen für bezogene Leistungen	Sonstige betriebliche Erträge
Personalaufwand:	Außerordentliche Erträge
a) Löhne und Gehälter	Zinsen und ähnliche Erträge
b) soziale Abgaben und Aufwendungen für Altersversorgung und für Unterstützung	Erträge aus Beteiligungen
Verminderung des Bestands an fertigen und unfertigen Erzeugnissen	
Sonstige betriebliche Aufwendungen	
Außerordentliche Aufwendungen	
Zinsen und ähnliche Aufwendungen	
Abschreibungen auf Vermögensgegenstände des Anlage- und Umlaufvermögens	

Tabelle 2.12: Grobe Gliederung einer Gewinn- und Verlustrechnung

Mittlere und große GmbHs sowie Aktiengesellschaften müssen für ihre Bilanz und GuV einen Anhang und Lagebericht erstellen. Kleinen GmbHs bleibt das erspart. Im Lagebericht machen Sie nähere Angaben bezüglich angewandter Bilanzierungs- und Bewertungsmethoden, offener Verbindlichkeiten, Entwicklung des Anlagevermögens und Unternehmens.

Generell ist es erlaubt, dass Sie die Jahreserfolgsrechnungen selbst erstellen. Dennoch raten wir Ihnen, sich nicht nur bei Unklarheiten an den Steuerberater zu wenden. Banken und Finanzämter legen erfahrungsgemäß Wert darauf. Das gilt umso mehr, wenn es um die Gewährung von Unternehmenskrediten geht.

Die Kosten Ihres Steuerberaters richten sich laut Gebührenordnung nach Ihren Einnahmen und Ausgaben sowie dem Aufwand. Sind Ihre Belege vorkontiert, zahlen Sie weniger an Ihren Steuerberater. Achten Sie bei dieser Gelegenheit auf die eingesetzte Buchhaltungssoftware. Ist sie mit einer *DATEV*-Schnittstelle versehen, können Sie die von Ihnen vorbereitete Buchführung direkt zur Prüfung an den Steuerberater übertragen. *Betriebsvergleich per DATEV*

Die *DATEV* ist die Genossenschaft für Steuerberater, Wirtschaftsprüfer und rechtsberatende Berufe. Sie stellt für die Bereiche Steuern, Wirtschaft und Recht innovative DV-, Service-, Software- und Dienstleistungsangebote bereit. So kann die Steuerkanzlei Ihre Unternehmensdaten mit denen von der Genossenschaft gesammelten Unternehmensdaten vergleichen.

2.3.2   Erleichterungen für Existenzgründer

Die Gesetzgebung führte 2003 eine Reihe von Erleichterungen speziell für Kleinunternehmer und Existenzgründer ein. Mit dem so genannten **Kleinunternehmerförderungsgesetz** beseitigt die Regierung bürokratische Hindernisse und Aufzeichnungspflichten auch für Existenzgründer. Junge Unternehmen kämpfen noch immer mit einem Wust von Vorschriften und Regelungen. Daher geht man mit dem neuen Gesetz einen Schritt in die richtige Richtung zu mehr Beschäftigung und Unternehmergeist. Eine Übersicht einiger Neuregelungen, die Ihren Unternehmeralltag vereinfachen, ist in diesem Unterkapitel dargestellt. *Kleinunternehmerförderungsgesetz*

Für das Einkommensteuergesetzt sind Existenzgründer solche Unternehmer, die innerhalb der letzten fünf Jahre vor dem Wirtschaftsjahr der Betriebseröffnung weder unmittelbar oder mittelbar zu mehr als einem Zehntel an Kapitalgesellschaften beteiligt sind. Und es dürfen keine Einkünfte aus Land- und Forstwirtschaft, Gewerbebetrieb oder selbstständiger Arbeit erzielt worden sein. Nicht dazu zählen Neugründungen zur rechtlichen Umstrukturierung von Unternehmen. Wer unter diese Regelung für Existenzgründer fällt oder Kleinunternehmer ist, kann von einer Reihe von Erleichterungen profitieren: *Wer ist ein Existenzgründer?*

>> Befristete Arbeitsverträge mit Mitarbeitern (**TzBfG**)

>> Umsatzsteuerbefreiung für Kleinunternehmer (USt)

>> Neuregelungen bei der Buchführungspflicht (AO)

>> Beitragsbefreiung für Industrie- und Handelskammer (**IHKG**)

>> Sonderabschreibungen im ersten Wirtschaftsjahr (EStG)

>> Ansparabschreibungen für Existenzgründer (EStG)

>> Eingliederungs- und Einstellungszuschuss (**SGB III**)

In *Kapitel 1* sind wir bereits eingegangen auf folgende Aspekte:

>> Beraterzuschüsse, Gründungsdarlehen und *KfW-Gründer-Coaching*

>> Existenzgründungszuschuss, Überbrückungsgeld und Einstiegsgeld

>> Förderung von Informations- und Schulungsveranstaltungen

Regelungen für Kleinunternehmer

Befristete
Arbeitsverträge

Im Rahmen der *Agenda 2010* hat die Arbeitsmarktreform zu einer gewissen Flexibilisierung des Arbeitsrechts beigetragen. Gerade die Lockerung des Kündigungsschutzes verschafft jungen Unternehmen die Chance, neue Arbeitnehmer **befristet** einzustellen. Existenzgründer können seitdem Arbeitnehmer für bis zu vier Jahre befristet einstellen, neu gegründete Unternehmen bei Auftragsspitzen zusätzliche Arbeitnehmer beschäftigen. Dazu bedarf es keiner besonderen sachlichen Begründung mehr.

Arbeitnehmer ab dem 52. Lebensjahr (seit Januar 2007 ab dem 58. Lebensjahr) dürfen sogar ohne zeitliche Begrenzung in befristeten Beschäftigungsverhältnissen beschäftigt werden. Die Regel greift jedoch nur, falls das letzte Arbeitsverhältnis bei Ihrem Unternehmen über sechs Monate zurückliegt. Diese Maßnahme verfolgt das Ziel, dass Ihr Betrieb der betroffenen Personengruppe die Rückkehr in den Arbeitsmarkt ermöglicht. Es genügt, wenn Sie also beispielsweise einen Einjahres-Vertrag abschließen, den Sie jeweils um ein Jahr verlängern. Sogar kurz vor Ablauf der Vierjahresfrist darf noch ein neuer befristeter Arbeitsvertrag geschlossen werden.

Befreiung von der
Umsatzsteuer

Ein als Kleinunternehmer zählender Unternehmer kann sich von der Zahlung der Umsatzsteuer befreien lassen. Für die Nichterhebung der Umsatzsteuer im Rahmen des § **19 UStG** ist eine Willenserklärung des Kleinunternehmers gegenüber dem Finanzamt erforderlich. Vorausgesetzt wird, dass sein Umsatz im vorangegangenen Kalenderjahr unter 17.500 € liegt und der Umsatz im laufenden Kalenderjahr vermutlich geringer als 50.000 € ausfallen wird. Weiterhin sieht das Kleinunternehmerförderungsgesetz vor, dass die Einnahmen-Überschussrechnung in standardisierter Form anzufertigen ist.

Also insgesamt gesehen die ideale Lösung für alle kleineren *eBay*-Händler. Allerdings darf natürlich derjenige, der keine Umsatzsteuer bezahlt, auch keine Vorsteuer geltend machen. Wenn Sie größere Ausgaben für Anfangsinvestitionen vorhaben, sollten Sie eher auf die Befreiung von der Umsatzsteuer verzichten. Der Gesetzestext sieht übrigens auch vor, dass Sie als Unternehmer wieder zur Ausweisung der Umsatzsteuer optieren dürfen, d.h. Sie können auf die Steuerbefreiung verzichten (**Wahlrecht**). Diese Änderung ist dann jedoch auf fünf Jahre bindend.

Eine weitere bedeutende Reform ist die Anhebung der steuerrechtlichen Gewinn- und Umsatzgrenzen zur Buchführungspflicht in § 141 Abgabenordnung. Diese Grenzen für Unternehmen wurden deutlich erhöht. Ab wann Sie zur vollständigen und komplizierten doppelten Buchführung verpflichtet sind, hängt ab von Ihrer:

Gewinn- und Umsatzgrenzen erhöht

>> **Umsatzgrenze**: 500.000 (bisher 350.000 €)

>> **Gewinngrenze**: 50.000 € (bisher 30.000 €)

>> **Wirtschaftswertgrenze** (Land-/Forstwirte): 25.000 € (bisher 20.500 €)

Sobald Sie eine dieser Bedingungen erfüllen, sind Sie buchführungspflichtig. Liegen Sie immer unter diesen Werten, können Sie Ihren Gewinn auch per Einnahmen-Überschussrechnung ermitteln. Damit ist eine erhebliche Erleichterung verbunden, denn die Buchführung kostet gerade für unerfahrene Kleinunternehmer eine Menge Zeit. Obwohl Finanzbeamte angewiesen sind, steuerpflichtige Kleinunternehmer auf diese Regelungen aufmerksam zu machen, wird dies doch gelegentlich versäumt.

Wird Ihr Betrieb beim zuständigen Gewerbeamt angemeldet, dann werden Sie automatisch Mitglied der örtlichen Industrie- und Handelskammer. Existenzgründer und Kleinunternehmer bleiben entsprechend den gesetzlichen Rahmenbedingungen beitragsfrei – zumindest solange das Unternehmen nicht im Handelsregister oder im Genossenschaftsregister eingetragen ist und der Gewinn 5.200 € im Beitragsjahr nicht überschreitet.

Befreiung vom IHK-Beitrag

Lineare und degressive Abschreibung

Vorab sei hier nochmals daran erinnert, dass die Regierung plant, die degressive Abschreibung ab dem Jahr 2008 zu streichen. In der Regel schreibt jedes Unternehmen die Ausgaben für neue und bewegliche Wirtschaftsgüter (z.B. Firmenwagen und Computer) ab. Die dazu am häufigsten genutzten Methoden sind die degressive und die **lineare Abschreibung**. Bei der linearen Variante verteilen sich die Anschaffungskosten gleichmäßig über die gesamte Nutzungsdauer:

Zuschuss für Arbeitslose

Erhöhte Sonderabschreibung

$$Abschreibungswert = \frac{Anschaffungskosten}{Nutzungsdauer}$$

Bei einer Nutzungsdauer von sieben Jahren (z.B. Großrechner) und einem Anschaffungswert von 21.000 € ergibt sich ein linearer Abschreibungswert von jährlich 2.625 €.

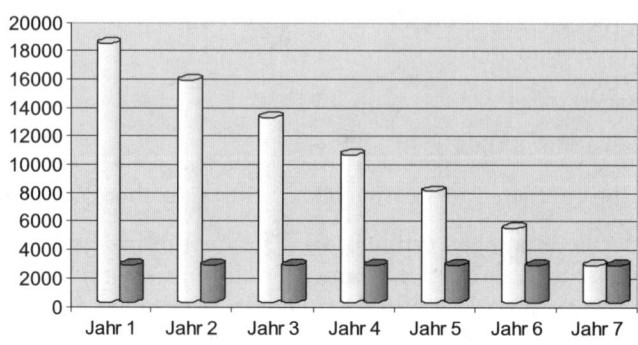

Abbildung 2.9: Beispiel für lineare Abschreibung

Degressive Abschreibung

Etwas komplizierter ist die **geometrisch-degressive Abschreibung**. Hierbei legen Sie im Anschaffungsjahr einen fixen Prozentsatz der Anschaffungskosten fest und schreiben diesen erhöhten Betrag ab. Die Höhe des Abschreibungssatzes ist im Normalfall auf höchstens 20% begrenzt. In den nachfolgenden Jahren wird dieser einmal festgelegte Prozentsatz von dem verbleibenden Restbuchwert abgeschrieben. Der Abschreibungsbetrag selbst wird demnach immer kleiner.

Tipp . . . . . .

Praxis-Tipp: Degressive Abschreibung bis 40%

Unternehmensgründer können zukünftig eine Sonderabschreibung auf neue bewegliche Wirtschaftsgüter in Höhe von 20% vornehmen, ohne dass zuvor eine Ansparrücklage gebildet worden ist. Speziell Existenzgründer dürfen im ersten Wirtschaftsjahr einen höheren Prozentanteil als üblich geltend machen, maximal bis zu 40% (Sonderabschreibung 20% zuzüglich einer degressiven Abschreibung von maximal 20%).

Steuer- und handelsrechtlich ist es Ihnen einmalig zum Jahresende erlaubt, von der degressiven zur linearen Abschreibung überzugehen. Damit wird gewährleistet, dass zum Schluss der geplanten Nutzungsdauer das Wirtschaftsgut komplett abgeschrieben ist. In welchem Jahr der optimale Zeitpunkt für den Wechsel gekommen ist, ergibt sich aus der Formel (i = Abschreibungsprozentsatz):

$$Wechselzeitpunkt = Nutzungsdauer + 1 - \frac{1}{i}$$

Diese Abschreibungsart wird gerne bei Autos angewendet, die zu Beginn mehr an Wert verlieren als am Ende der Nutzungsdauer. Abbildung 2.10 stellt anhand eines einfachen Beispiels den Unterschied grafisch dar; zum besseren Verständnis ohne den Wechselzeitpunkt zu berücksichtigen.

Mit dem Zahlenmaterial von vorhin und einem Abschreibungsprozentsatz in Höhe von 30% ergibt sich der Wechselzeitpunkt im 5 Jahr. Vom 5. bis einschließlich dem 7. Jahr schreiben Sie dann den jährlich gleich bleibenden Betrag von 1.680,67 € ab.

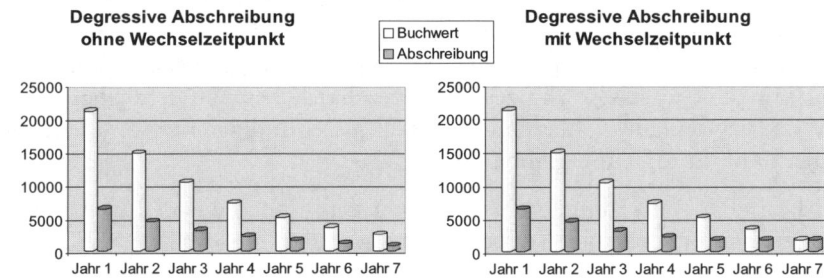

Abbildung 2.10: Beispiel für degressive Abschreibung

Welche von den beiden **Abschreibungsmethoden** die für Sie passende ist, hängt von den Zielen Ihrer Unternehmenspolitik ab. Diese Frage beantwortet Ihnen am besten ein Steuerberater, da Sie bis auf die eine erwähnte Ausnahme nicht ohne weiteres zwischen den Abschreibungsarten hin und her wechseln dürfen.

Ansparabschreibungen für geplante Investition

Kleine und mittlere Betriebe können eine **Ansparabschreibung** bilden. Damit schaffen Sie als Unternehmer eine Rücklage von maximal 50% der Anschaffungs- oder Herstellungskosten eines Wirtschaftsgutes (Büroeinrichtung oder EDV-Anlage). Der entscheidende Vorteil liegt darin, dass sich solche Rücklagen nicht als Unternehmensgewinn niederschlagen, sondern sie senken mit sofortiger Wirkung den zu versteuernden Gewinn. Für Existenzgründer gibt es hierfür folgende Sonderregelungen:

Ansparabschreibung bilden

>> Höchstbetrag der Rücklage beträgt 307.000 € (sonst 150.000 €)

>> Rücklage wird 6 Jahre beibehalten (sonst 2 Jahre)

>> kein Gewinnzuschlag, falls Investition nicht getätigt wird (sonst 6%)

Wer bis zum Ende des fünften (bzw. zweiten) auf die Bildung der Rücklage folgenden Wirtschaftsjahres voraussichtlich ein Wirtschaftsgut anschafft oder herstellt, darf eine Ansparabschreibung zurücklegen. Wird die vermeintlich geplante Investition nicht ausgeführt, muss die gesparte Rücklage spätestens am Ende des fünften auf ihre Bildung folgenden Wirtschaftsjahres gewinnerhöhend aufgelöst werden. Nur wer kein Existenzgründer ist, muss einen Gewinnaufschlag in Höhe von 6% einrechnen.

Kein Gewinnaufschlag für Neugründer

2.3.3   Rechnungs- und Mahnwesen organisieren

Aufgaben des Rechnungs-wesens

Die Hauptaufgaben des gesamten Rechnungswesens sind die Dokumentation, Rechenschaftslegung, Kontrolle und Disposition. Hierfür müssen Sie alle Geschäftsvorgänge aufzeichnen. Sie gehen dazu sowohl zeitlich als auch sachlich geordnet vor. Mit den gewonnenen Daten informieren Sie Anteilseigner, Finanzbehörden und Gläubiger über die aktuelle Vermögens- und Schuldenlage Ihres Unternehmens. In Bezug auf Wirtschaftlichkeit und Zahlungsfähigkeit lässt sich Ihr gesamtes geschäftliches Handeln überwachen. Und das gewonnene Zahlenmaterial steht als Grundlage für kommende Planungen und Entscheidungen bereit.

Das betriebliche **Rechnungswesen** besteht traditionell aus den in Abbildung 2.11 genannten einzelnen Teilbereichen.

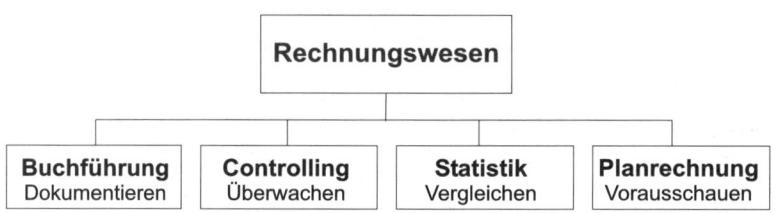

Abbildung 2.11: Teilbereiche des betrieblichen Rechnungswesens

In diesem Abschnitt befassen wir uns überwiegend mit dem ersten Teilbereich. Die **Buchführung** behandelt in erster Linie Höhe und Veränderungen der Vermögenssituation Ihres Unternehmens. Je nach Rechnungsperiode werden sämtliche Erträge allen Aufwendungen gegenübergestellt.

Controlling

Das **Controlling** ist mit dem Rechnungswesen eng verbunden, da es dessen Datengrundlage bereitstellt (*Kapitel 3*). Die Funktionen Kosten- und Leistungsrechnung sowie die Finanzbuchhaltung werden dem Controllingbereich zugeordnet. In Ihrer **Kostenrechnung** erfassen, berechnen und kontrollieren Sie die Kosten für den Güter- oder Wareneinsatz. Damit kalkulieren Sie die monetären Selbstkosten Ihrer Waren oder Dienstleistungen. Die **Leistungsrechnung** ermittelt im Gegenzug den Wertzuwachs. Dieser ergibt sich in Form von Umsatzerlösen oder Bestandsveränderungen.

Aktuelle und künftige Entwicklungen

Die betriebswirtschaftliche **Statistik** befasst sich mit den Zahlen aus Ihrer Buchführung und Kosten- und Leistungsrechnung. Das Betriebsgeschehen wird anhand der erstellten Auswertungen überwacht und beeinflusst Ihre künftigen Entscheidungen. Damit stellen Sie schnell fest, ob sich der Verkauf eines bestimmten Artikels für Sie finanziell wirklich lohnt. Die Statistiken werten hierfür die bereits vorhandenen, also aktuellen Unternehmenszahlen aus. Als Erweiterung dieser statistischen Daten wird die **Planungsrechnung** betrachtet, die zukünftige Entwicklungen vorhersagt.

Im weiteren Verlauf befassen wir uns ausschließlich mit dem Teilbereich Buchführung.

Vorteile einer Buchhaltungssoftware

Der Einsatz einer Buchhaltungssoftware bringt von Anfang an Vorteile für Sie. Sie sparen sich Zeit, Geld und Ärger. Zwar sind die ersten Versuche für Ungeübte schwierig, aber mit der Zeit lohnt sich die investierte Mühe. Schon beim Kauf einer Buchhaltungssoftware sollten Sie auf einfache Handhabung, integrierte Softwarepakete (Auftragsbearbeitung, Buchhaltung, Fakturierung, Lohn und Gehalt), hohe Datensicherheit und regelmäßige Upgrade-Möglichkeiten achten. Bei einer guten kaufmännischen Buchhaltungssoftware profitieren Sie zudem meistens von folgenden Vorteilen:

>> großer Funktionsumfang und vielfältige Schnittstellen, wie *DATEV*, *Elster*, Datenimport und -export, Online-Zahlungsverkehr

>> aktuelle Finanzlage übersichtlich im Blick: Liquidität, Rentabilität, vorläufiges Betriebsergebnis oder Cashflow

>> Berichte, Kennzahlen und Auswertungen für Sie und Ihren Steuerberater

>> automatisierte Buchungsvorlagen für laufend wiederkehrende Standardbuchungen

>> Storno-, Splitt- und Offene-Posten-Buchungen unter Beachtung der Grundsätze ordnungsmäßiger Buchführung (**GoB**)

Einige Vorgaben machen die elektronische Übermittlung gewisser Voranmeldungen, Formulare und Nachweise zur Pflicht:

>> Sozialversicherungsmeldungen und Beitragsnachweise online an Sozialversicherungsträger übermitteln (seit 2006)

>> elektronische Umsatzsteuervoranmeldung bzw. Lohnsteueranmeldung mit *Elster* (seit 2005)

>> **EÜR-Formular** gemäß E/Ü-Rechnung laut Kleinunternehmer-Förderungsgesetz (seit 2005)

Da der Einsatz einer Buchhaltungssoftware entscheidende Vorteile bietet, beziehen sich die angebotenen Ratschläge im weiteren Verlauf an die doppelte Buchführung. Auf den nächsten Seiten erfahren Sie, wie Sie dafür Ihre Belege richtig vorbereiten. Auch Unternehmer, die nur eine einfache Buchführung vornehmen, profitieren von den folgenden Tipps und Anregungen. Vielleicht übernehmen Sie auch nur den ersten Teil der Vorkontierung und Abheftung Ihrer Belege. Den Rest erledigt Ihr Steuerberater. So behalten Sie immer den Überblick und sparen noch ein paar Euro aufgrund der bereits erledigten Vorarbeiten.

Belege für die doppelte Buchführung richtig vorbereiten

Keine Buchung
ohne Beleg

Ein **Beleg** ist ein meist in Papierform vorliegendes Original-Schriftstück, das den Geschäftsvorfall dokumentiert und nachweist. Zu einem der wichtigsten Grundsätze ordnungsgemäßer Buchhaltung gehört die Regel: Keine Buchung ohne Beleg. Denn nur anhand des Belegs ist überprüfbar, ob die Buchungen im Grund- und Hauptbuch korrekt sind. Deshalb gelten strenge Anforderungen an die Aufbewahrungspflicht für Belege.

Eigen- und
Fremdbelege

In der Belegorganisation unterscheiden sich zwei Belegarten, die Fremd- und Eigenbelege. **Eigenbelege** sind diejenigen Dokumente, die im eigenen Unternehmen erstellt werden. **Fremdbelege** werden von anderen Unternehmen angefertigt. Diese gehen Ihrem Unternehmen meist per Post zu. In Tabelle 2.13 sehen Sie einige Beispiele dafür.

Eigenbelege	Fremdbelege
– Ausgangsrechnungen	– Eingangsrechnungen
– eigene Lieferscheine	– Lieferscheine, Gutschriften
– Quittungsdurchschriften	– Bar-Quittungen
– Lohn- und Gehaltszettel	– Bank- und Postauszüge
– eigene Wechsel und Schecks	– Steuer- und Strafbescheide

Tabelle 2.13: Beispiele für Eigen- und Fremdbelege

Ersatzbeleg
ausstellen

Ersatzbelege dürfen Sie bei Bedarf selbst ausstellen, falls der Originalbeleg verloren ging oder Sie den Fremdbeleg nicht mehr erhalten können. Das ist gelegentlich der Fall bei Tankbelegen, die auf Thermopapier gedruckt sind. Die Form des Ersatzbelegs ist weniger wichtig, er kann sogar von Hand geschrieben sein. Hauptsache ist, dass er die gleichen Informationen wie das Original beinhaltet.

Buchhalterische
Aufgaben

Die folgende Situation kommt Ihnen sicherlich bekannt vor: Sie haben keine Zeit, um Ihre Belege zu sichten und zu sortieren. Sie kommen schon mit dem Schreiben Ihrer Rechnungen kaum hinterher. Und der nächste Termin mit Ihrem Steuerberater steht vor der Tür, an dem Sie nur eine Handvoll unsortierter Belege abliefern können. Es geht auch anders. Um Ihre Belege korrekt für den Steuerberater vorzubereiten, sollten Sie regelmäßig die buchhalterischen Arbeiten ausführen. Die wichtigsten Aufgaben in diesem Zusammenhang sind das Vorbereiten, Buchen und Abheften der Belege (*Kapitel 2.2.3*).

Zur korrekten Vorbereitung Ihrer Belege gehören folgende Schritte:

Step . . . . . .

1. Sichten aller Belege: Sachliche und rechnerische Richtigkeit prüfen!

   Insbesondere die für Rechnungen geltenden Vorgaben müssen geprüft werden. Sonst ist der Vorsteuerabzug gefährdet.

2. Bestimmen des Buchungsbelegs: Doppelbuchungen vermeiden!

   Besteht ein Geschäftsvorfall aus mehreren Belegen, dann muss zuerst der für die Buchungsunterlagen verwendete bestimmt werden.

3. Sortieren gleichartiger Belegarten: Grundlage der Sammelbuchung!

   Erst wenn Sie Belege nach Belegarten ordnen, sind Sammelbuchungen und eine ordnungsgemäße Ablage und Aufbewahrung möglich.

4. Vergeben einer fortlaufenden Belegnummer: Belege identifizieren!

   Kassenbelege erhalten eine fortlaufende Nummerierung (monatlicher bzw. jährlicher Beginn). Das erleichtert Ihnen das Auffinden. Kontoauszüge der Bank sind bereits nummeriert.

5. Vorkontieren der Belege: Auf dem Beleg den Buchungssatz notieren!

   Mit Hilfe eines Kontierungsstempels oder einfacher Vermerke von Sachkonten geben Sie die Buchungssätze bereits auf den Belegen an.

Belege vorkontieren und buchen

Die Grundlage für jede Buchhaltung sind Belege. Damit ermitteln Sie Ihren Gewinn und die abzuführende Umsatzsteuer. Zu den Vorarbeiten Ihrer Buchführung gehört, dass Sie die Geschäftsvorfälle den entsprechenden Konten zuordnen. Diese Zuordnung wird **kontieren** genannt. Basierend auf dieser Kontierung erfassen Sie Ihre Belege in der Buchführung, d.h., Sie **buchen** den Geschäftsvorgang.

Geschäftsvorfälle den Konten zuordnen

Der **Buchungsablauf** in der Praxis sieht stark vereinfacht so aus: sortieren – vorkontieren – abheften – buchen. Es werden also zuerst alle Originalbelege in der richtigen Reihenfolge abgeheftet und kontiert. Anschließend wird unter Zuhilfenahme Ihrer Kontoauszüge und Ihres Kassenbuchs in einem Zuge gebucht. Gerne schiebt man diese Arbeit vor sich her, bis die Umsatzsteuervoranmeldung wieder bedrohlich nahe rückt.

Buchungsablauf in der Praxis

Deshalb unser Rat: Teilen Sie sich Ihre Arbeit besser ein. Das Vorkontieren und Abheften Ihrer Belege können Sie in einer ruhigen Stunde am Abend erledigen. Wenn Sie alles gut vorbereitet haben, ist das Buchen selbst nur noch ein Klacks. Vielleicht motiviert Sie die Tatsache, dass jede von Ihnen kontierte und abgeheftete Buchung Ihnen fast 1 € spart.

Jetzt stellt sich noch die Frage, was bei Ihnen am Schreibtisch vor dem Buchungslauf passiert? Sehr hilfreich für die anstehende Arbeit ist es jedenfalls, Bankbelege und Barbelege zu trennen. Die nachstehende Anleitung beschränkt sich darauf, wie Sie Ihre Kontoauszüge verarbeiten. Normalerweise starten Sie diese Arbeit bewaffnet mit mehreren Kontoauszügen und dem angesammelten Stapel an **Originalbelegen**. Legen Sie sich vorher mindestens einen Ordner für die Ablage der Bankbelege zu. Eine weitere Unterteilung in Quartals- oder Monatsordner kann unter Umständen sinnvoll sein. Dann beginnen Sie Ihren Buchungslauf:

Kontoauszüge und Bankbelege

1. Kontoauszüge chronologisch im Ordner vorsortieren!

   Bei kleineren Unternehmen reicht es aus, wenn zunächst alle Kontoauszüge chronologisch sortiert abgeheftet werden. Obenauf liegt immer der neueste Beleg. Für eine bessere Übersicht lohnt es sich, sich zwölf Monatsblätter anschaffen.

2. Originalbelege passend zum Kontoauszug im Ordner abheften!

   Alle passenden Rechnungen und Belege heften Sie direkt hinter dem jeweiligen Kontoauszug ab.

3. Originalbeleg und Kontoauszug vorkontieren!

   Als fortlaufende Nummer können Sie gleich die Belegnummer der Kontoauszüge nutzen. Vermerken Sie die geplante Kontierung anhand der betroffenen Konten sowohl auf dem Beleg als auch auf dem Kontoauszug.

4. Vorkontierten Kontoauszug im Buchhaltungsprogramm buchen!

   Jetzt werden die Belege der Reihe nach gebucht. Dazu wird jede Kontobewegung zeitlich sortiert abgearbeitet und anhand der Vorkontierung gebucht.

5. Saldo des Kontoauszugs mit dem des Buchhaltungssaldos vergleichen!

   Sind Sie mit dem gebuchten Kontoauszug fertig, muss der Saldo des Kontoauszugs mit dem Saldo Ihres Bankkontos in der Buchhaltung übereinstimmen. So sind Sie sicher, dass Sie keine Rechnung vergessen haben und die Kontierung zumindest zahlenmäßig richtig war.

Barbelege verbuchen

Sobald alle Kontoauszüge verbucht sind, buchen Sie anschließend alle **Barbelege** aus dem handschriftlichen Kassenbuch. Darin sind alle Belege gesammelt, für die Sie selbst bar bezahlt haben oder für die Sie Bargeld erhalten haben. Nach Ihrer Buchung legen Sie diese sorgfältig ab und bewahren sie ordnungsgemäß auf. Darüber haben wir Sie bereits in *Kapitel 2.2.3* genauer informiert. Kassenbuch und Bargeldbestand sollten Sie am besten monatlich abstimmen, damit Sie nicht erst am Jahresende Unstimmigkeiten feststellen und die ganzen Barbelege wieder von vorne aufrollen müssen.

Wird Ihre Firma größer, können Sie eigene Ordner für Kunden und Lieferanten anlegen. Sie finden unbezahlte Rechnungen schneller, indem Sie diese speziell kennzeichnen oder gesondert sammeln (**Rechnungseingangs-** und **Rechnungsausgangsbuch**). Alle anderen Rechnungen sortieren Sie darin sowohl alphabetisch als auch zeitlich.

Praxis-Tipp: Handelsbriefe aufbewahren

Sogar reine **Handelsbriefe** *sind Schriftstücke, die Sie aufbewahren müssen, denn sie betreffen in irgendeiner Weise die Handelsaktivitäten Ihres Unternehmens. Das sind insbesondere Angebote, Kalkulationen, Lieferscheine und sonstige Dokumente. Auch allerlei Produkt-Handbücher, Arbeits-, Verfahrens- und Organisationsanweisungen (Qualitätsmanagement-System) gehören dazu. Damit kann das Verständnis der Buchführung durch einen sachverständigen Dritten erheblich verbessert werden.*

Denken Sie in diesem Zusammenhang an Ihre monatlichen Buchungen ohne Geldfluss. Dazu gehören beispielsweise die private Nutzung von zum Betriebsvermögen gehörenden Gegenständen, wie PKW, Telefon und Handy. Fordern Sie von Ihren Telefongesellschaften einen Einzelgesprächsnachweis an. Die private Mitbenutzung stellt keinen umsatzsteuerpflichtigen **Eigenverbrauch** dar, d.h., Sie müssen die Vorsteuer um den privaten Anteil korrigieren. Ihre anteilsmäßig errechneten Raumkosten buchen Sie ebenso monatlich. Nähere Informationen erteilt Ihnen Ihr Steuerberater oder die vermutlich integrierte Kontierungshilfe in der Buchhaltungssoftware.

Eigenverbrauch

Abschreibungen für Anlagegüter (AfA) werden erst zum Jahresende abgeschrieben. Die Abschreibungsmethoden sind in *Kapitel 2.3.2* näher erläutert. Die geringwertigen Wirtschaftsgüter (GWG) dürfen komplett im Anschaffungsjahr in einer Summe abgeschrieben werden – vorausgesetzt sie sind selbstständig nutzbar, bewertbar und abnutzbar. Zum Zeitpunkt der Anschaffung werden die geringwertigen Wirtschaftsgüter auf einem besonderen Anlagekonto erfasst. Eine Tastatur ist demnach kein GWG und wird sofort als Betriebsausgabe verbucht.

AfA und GWG

www.rechnungswesenforum.de
Carsten Grentrup *(Rechnungswesenforum)*

Zahlungsverzug und Mahnwesen

Damit in Ihrem Rechnungsausgangsbuch die offenen Kundenrechnungen nicht ausufern, ist ein effektives Forderungsmanagement sinnvoll. Immer mehr Kunden lassen sich viel Zeit, bis sie ihre Rechnungen bezahlen. Das gilt für Privat- wie auch Firmenkunden. Zunehmend werden sogar totale **Forderungsausfälle** zum Problem. Vor allem Existenzgründer mit niedrigem Eigenkapital zahlen überdurchschnittlich häufig drauf.

Ganz besonders im Online-Handel tummeln sich viele Betrüger, die Waren bestellen und nicht bezahlen bzw. Lastschriften einfach rückbuchen. Oft wird z.B. auf den Namen der nicht vorhandenen Schwester eingekauft. Sie liefern die Ware aus, Ihr Lieferdienst liefert an die vermeintlich richtige Adresse, und Sie schauen in die Röhre. Denn an wen wollen Sie jetzt Ihren Mahnbescheid senden? Auf diese Art verloren wir gleich zu Beginn unseres Internet-Handels mit Notebooks mehrere Tausend Euro. Gerade ein junger Betrieb sollte auch einmal einen Auftrag aus Risikogründen ablehnen.

Betrugsmasche im Online-Handel

*Automatisch mit
Zahlung in Verzug*

In solchen Betrugsfällen nutzt das Gesetz der Bundesregierung zur Beschleunigung fälliger Zahlungen nichts. Dennoch erleichtert es in aller Regel den Umgang mit »normalen« säumigen Kunden, die nur vergessen haben ihre Rechnung zu begleichen. Denn ein Kunde kommt automatisch in Verzug, wenn er 30 Tage nach Erhalt der Rechnung oder dem genannten Fälligkeitsdatum den Rechnungsbetrag noch nicht überwiesen hat. Der Gesetzestext beinhaltet übrigens einen Passus, der die **Verzugszinsen** auf 5% über dem **Basis-/Referenzzinssatz** (Stand: Juli 2007 3,19%) erhöht. Verankern Sie dies unbedingt in Ihren AGBs, denn nur dann dürfen Sie die Verzugszinsen anrechnen. Wollen Sie es erst gar nicht soweit kommen lassen, dann lesen Sie die folgenden Tipps zum Thema **Mahnwesen**:

>> Schreiben Sie Ihre Rechnungen schnellstmöglich.

*Rechnungen
schreiben*

Haben Sie Ihre vereinbarte Lieferung oder Leistung erbracht, dann schreiben Sie sofort die Rechnung. Die formalen Grundregeln, die Sie hierbei befolgen müssen, haben wir bereits in *Kapitel 2.2.3* erläutert. Kunden nutzen jede Unstimmigkeit, um ihre Zahlungen hinauszuzögern. Besser ist es, wenn Sie den Kunden per Skonto vom Vorteil einer raschen Zahlung überzeugen.

>> Kontrollieren Sie regelmäßig Ihr Bankkonto auf Zahlungseingänge.

*Zahlungseingang
kontrollieren*

Nur wer regelmäßig alle gezahlten Beträge mit den offenen Posten abgleicht, findet schnell säumige Zahler. Ist ein Zahlungstermin überschritten, greifen Sie ruhig zu einer Mahnung. Sie brauchen kein schlechtes Gewissen zu bekommen, wenn Sie die ausstehenden Zahlungen per Zahlungserinnerung einfordern. Obwohl aufgrund der neuen Gesetzgebung Mahnungen nicht mehr erforderlich sind, gehört es immer noch zum guten Ton, vorab anzuklopfen. Also: Bevor Sie kostenpflichtige Mahnbescheide versenden, fordern Sie Ihre Zahlung zunächst auf dem üblichen Wege ein.

>> Behalten Sie Ihre Liquidität im Auge.

Liquidität planen

Ein einziger großer Zahlungsausfall kann unter Umständen Ihre gesamte Existenz gefährden. Planen Sie deshalb Ihre Ein- und Auszahlungen sorgfältig. Betrachten Sie die Zahlungsmoral eher pessimistisch und bauen Sie sich ein Polster auf, damit Sie Zahlungsverzögerungen nicht so sehr schmerzen. Möglicherweise zahlen viele Kunden online per Kreditkarte. Bis Sie Ihr Geld vom Anbieter des Zahlungssystems erhalten, können schon mal zwei Monate vergehen.

>> Prüfen Sie vorab die Kreditwürdigkeit potenzieller Kunden.

*Bonitätsaus-
künfte einholen*

Bei Geschäften mit langen Zahlungszielen, neuen Kunden oder hohen Summen prüfen Sie besser die Bonität des Kunden. **Addressfactory Prepaid** ist ein Gemeinschaftsprodukt der *Deutschen Post Direkt* und *Albis Zahlungsdienste*. Online korrigieren Sie Kundenadressen, holen Bonitätsauskünfte ein oder checken Bankverbindungen auf Plausibilität. Für Anfragen zur **Bonität** zahlen Sie zwischen 2 € für Privatkunden und 12 € für Firmenkunden.

Potenziellen Kunden mit unzureichender Bonität räumen Sie besser kein Zahlungsziel ein, sonst kann es teuer für Sie werden.

www.addressfactory-prepaid.de

Deutsche Post AG *(Anbieter von Bonitätsauskünften)*

WWW ......

>> Suchen Sie kompetente Unterstützung beim Forderungseinzug.

Lassen Sie sich beim Eintreiben Ihrer Forderungen durch ein professionelles Inkasso-Institut helfen. Je früher Sie diesen Schritt unternehmen, desto wahrscheinlicher bekommen Sie Ihr Geld. Die Firma *EuroTreuhand Inkasso* bietet Sonderkonditionen speziell für Online-Shops an. Nur im Erfolgsfall zahlt der Schuldner die fälligen Gebühren an das Inkasso-Unternehmen. Tritt kein Zahlungserfolg ein für die vorgerichtliche Realisierung von Forderungen, berechnet das Unternehmen keine Erfolgsprovision. Sollte ein Nichterfolg vorliegen, z.B. weil der Schuldner insolvent ist, liegt das Kostenrisiko nicht bei Ihnen. Keine jährliche Grundgebühr, Vertragsbindung oder Mitgliedschaft machen Ihnen den Einstieg vielfach leicht.

Inkasso-Institut beauftragen

www.euro-treuhand-inkasso.de

EuroTreuhand Inkasso GmbH *(Inkasso-Institut)*

WWW ......

Umsatzstarke Händler können sich gegen ausbleibende Zahlungen versichern, dafür gibt es einige spezielle **Kreditversicherer**. Von denen erhalten Sie die noch offenen Außenstände, falls Ihr Kunde zahlungsunfähig wird. Die Dienstleistung ist allerdings nicht ganz billig. Die *Euler Hermes Kreditversicherung* nimmt Kunden erst ab 5 Mio. € Umsatz an. Die *Allgemeine Kreditversicherung* hat diesbezüglich nicht so hohe Anforderungen, kostet aber immerhin ab 2.500 € Jahresprämie aufwärts. Übersteigen allerdings Ihre Ausfälle allmählich diese Höhe, ist es Zeit, über eine solche Lösung nachzudenken.

Außenstände versichern

www.eulerhermes.de

Euler Hermes Kreditversicherungs-AG *(Kreditversicherer)*

WWW ......

www.ak-coface.de

Allgemeine Kreditversicherung Coface AG *(Kreditversicherer)*

Haben Sie häufiger mit Stammkunden zu tun, lohnt sich möglicherweise das **Factoring**-Konzept. Hierzu kauft ein Factoring-Unternehmen (Factor) fortlaufend alle neu entstehenden, offenen kurzfristigen Forderungen aus Warenlieferungen oder Dienstleistungen auf. Der Factor treibt die Schulden bei den säumigen Kunden ein und zahlt Ihre Forderung zu etwa 90% im Voraus. Den Rest erhalten Sie bei Bezahlung durch den Kunden abzüglich der vereinbarten Provision. Die Vorteile für Sie sind sofortige Sicherung Ihrer Liquidität und Entlastung Ihres Forderungsmanagements.

Forderungen veräußern

Kreditwürdigkeit prüfen

Regelmäßig prüft der Factor-Partner die **Kreditwürdigkeit** Ihrer Kunden. Sie konzentrieren sich auf die solventen Geschäftspartner und Ihr Kerngeschäft. Der Preis für die Übernahme des Ausfallrisikos und des Debitorenmanagements liegt branchenabhängig zwischen 0,8 % und 2,5 % vom angekauften Brutto-Forderungsbestand. Dem Deutschen Factoring-Verband gehören momentan über zwanzig Factoring-Anbieter an. Nach Schätzungen des Verbandes werden darüber mehr als 95 % des deutschen Factoring-Marktes bedient.

WWW......

www.factoring.de
Deutscher Factoring-Verband e.V. *(Factoring-Verfahren und -Formen)*

Wichtige Tipps zur Buchhaltung im Überblick

Belege rasch kontieren

Wenn Sie Ihre Kontoauszüge abholen, fangen Sie gleich mit dem Vorkontieren Ihrer Belege und Auszüge an. Das muss Ihnen einfach ins Blut übergehen, genauso wie Sie beim Autofahren den Gang einlegen. Bereits auf den Belegen vermerken Sie, unter welcher Rubrik später gebucht wird. In Anlehnung an den *DATEV*-Kontenrahmen verwenden Sie beispielsweise für Ihre Miete das Konto 4200 (SKR 03). Sollten Sie zur doppelten Buchführung überwechseln, bleiben sogar die Kontennummern gleich.

Ähnlich verfahren Sie mit Barbelegen, die Sie nach Möglichkeit am selben Tag im Kassenbuch abheften oder einkleben. Im Schreibwarenhandel sind für die einfache Buchführung Kassenbücher erhältlich. Oder Sie besorgen sich eine preiswerte Kassenbuch-Software. Nach allen Vorarbeiten (sortieren, vorkontieren und abheften) buchen Sie Ihre Geschäftsvorfälle auch viel schneller.

Kleinbeträge zusammenfassen

Barbelege haben noch ein paar Besonderheiten. Bei uns hat es sich bewährt, gleichartige Kleinbeträge zusammenzufassen. So ist es bestimmt auch für Sie sinnvoll, wenn mehrere Parkbelege oder anfallende Beträge für Porto in einer **Sammelbuchung** gebucht werden. Sie können dazu alles einfach monatlich aufaddieren und als eine Summe verbuchen. Natürlich haben Sie für Barbelege keine fortlaufende Nummerierung wie bei Kontoauszügen der Bank, deshalb beginnen Sie jeden Monat wieder bei eins und nummerieren einfach durch. Die zum Teil sehr kleinen Belege kleben Sie einfach auf ein großes Din-A4-Blatt und heften dieses dann im Kassenbuch ab.

Regelmäßig buchen

Buchen Sie Ihre Belege regelmäßig. Je nach Umfang einmal wöchentlich oder 14-tägig. Gleich zu Beginn Ihrer Selbstständigkeit sollten Sie sich an die regelmäßige Buchführung gewöhnen. Vielleicht haben Sie anfangs noch etwas Luft und sammeln mit den wenigen ersten Buchungen erste praktische Erfahrungen. Mit der Zeit steigt Ihr Umsatz, und das Belegaufkommen nimmt zu. Wenn Sie jetzt erst damit starten, tun Sie sich viel schwerer.

Wollen Sie wiederkehrende Buchungen automatisiert vornehmen? Dann kaufen Sie sich ein professionelles Buchführungsprogramm, z.B. von *Lexware* oder *Sage KHK*. Im Einstiegsbereich kosten solche Programme unter 100 €. Weiterer Pluspunkt sind die bereits für vielerlei Branchen integrierten Kontenrahmen (*Kapitel 2.3.1*).

Buchhaltungssoftware

Ein weiterer Pluspunkt von einer regelmäßigen Buchhaltung ist die so genannte **Offene-Posten-Liste** (OP-Liste). Ein offener Posten unterrichtet Sie über eine noch nicht bezahlte Forderung. Sie können aber genauso gut eigene offene Lieferantenrechnungen als Verbindlichkeiten in der Buchhaltungssoftware einpflegen. So haben Sie Ihre Liquidität noch besser im Blick. Für kleinere Unternehmen kann bereits eine kleine Excel-Tabelle eine brauchbare Hilfe sein.

Offene-Posten-Liste pflegen

Müssen Sie mehrere offene Lieferantenrechnungen begleichen, bündeln Sie aus Zeitgründen Ihre Zahlungsaktivitäten auf einen Tag in der Woche. Das ist effektives Zeitmanagement im praktischen Einsatz. Wenn Sie jeden Tag nur eine Rechnung per Online-Banking begleichen, kostet Sie das sehr viel Zeit. Stattdessen sollten Sie lieber alle anstehenden Rechnungsbeträge sammeln und auf einen Rutsch am Sonntag überweisen. Gleichzeitig arbeitet Ihr Konto noch mit dem Kapital übers Wochenende.

Turnusmäßig überweisen

Wem jetzt noch der Durchblick fehlt, der kann einen Einsteigerkurs zum Thema Buchführung besuchen. Sie werden von regionalen Seminaranbietern gegeben (*Kapitel 1*). Noch schneller geht es, wenn Sie sich das fehlende Wissen im Selbststudium aneignen. Im Fachbuchhandel gibt es jede Menge guter Bücher. Oder Sie suchen im Internet nach online verfügbaren Informationsquellen.

Buchführung selbst erlernt

www.collmex.de/einfuehrung_buchhaltung.html
Collmex OHG *(Online-Software für kleine Unternehmen und Freiberufler)*

www.zingel.de
Harry Zingel *(Nachschlagewerk über Rechnungswesen und Controlling)*

WWW . . . . .

3

Geschäftsführung

Büroorganisation und Geschäftsabläufe verbessern

Ihre Tätigkeit im Büro lässt sich effizienter organisieren, wenn Sie sich von »Zeitfressern« trennen. Hier erfahren Sie, wie Sie es anstellen, die anstehende Tagesplanung zu vereinfachen. Im Anschluss zeigen wir Ihnen die Vorteile digitaler Geschäftsabläufe im Vergleich zu traditionellen Abläufen in Papierform. So helfen Ihnen im Onlinehandel verschiedene IT-Systeme bei der Abwicklung Ihrer Aufträge. Damit schöpfen Sie das Unternehmenspotenzial voll aus und Ihre Auftragsabwicklung läuft schneller, besser und günstiger.

Controlling – planen, kontrollieren, lenken

Das Controlling plant, kontrolliert und steuert Aktivitäten. Als innovatives Führungsinstrument eignet es sich dazu, langfristige Unternehmensziele voranzutreiben. Sie benötigen einen Überblick über den Unternehmerlohn und alle anfallenden betrieblichen Kosten und Umsätze. Wir bringen Ihnen bei, wie Sie sich mit den richtigen Informationen rüsten. Ziel ist es, Rentabilität planbar zu machen. Wir haben für Sie einen Leitfaden entworfen, mit dem Sie strategische Ziele entwickeln und vorantreiben.

Risiken kennen und absichern

Jede Selbstständigkeit birgt ein unternehmerisches Risiko. Wer sein Unternehmen gut genug kennt, kann Krisen rechtzeitig bemerken. Wir zeigen, wer Ihnen hilft, falls Sie das Unternehmen sanieren oder liquidieren. Wer alles im Griff hat, kann sich mit der persönlichen und betrieblichen Absicherung beschäftigen. Als letzten Punkt betrachten wir das betriebliche Mahnwesen und den Ablauf des außergerichtlichen und gerichtlichen Mahnverfahrens.

3.1   Büroorganisation und Geschäftsabläufe

Gerade in der Startphase Ihres Unternehmens wissen Sie oft nicht, was Sie als Erstes machen sollen. Jede Menge Aufgaben und Termine liegen vor Ihnen. Die verfügbare Zeit ist aber leider begrenzt, egal wie viele Stunden Sie auch arbeiten. Und dann kommt noch alles Mögliche an einem Tag zusammen. Da wartet z.B. die Umsatzsteuervoranmeldung, wichtige E-Mails müssen beantwortet und Bestellungen mit Lieferanten geklärt werden, und persönliche Gesprächstermine stehen auch noch an.

Verfallen Sie jetzt bloß nicht in panische Arbeitswut, das bringt nichts. Mit einem guten Zeitmanagement hält sich Ihr Stress in Grenzen. Dann geht die Arbeit besser von der Hand und Sie bringen geplante Aufgaben leichter zu einem positiven Ergebnis. Das steckt hinter dem Sprichwort »Eile mit Weile« oder managementorientiert ausgedrückt: »Wenn Du es eilig hast, gehe langsam.«

Effektives Zeitmanagement bedeutet mehr als das bloße Sortieren der täglichen Arbeit nach Prioritäten. Weitaus wichtiger ist ein sinnvolles Selbstmanagement.

Ihre Nerven und Ihre Familie werden es Ihnen danken.

Zwei Begriffe sind für Sie in dieser Arbeitssituation ausschlaggebend:

>> **Effektivität**, d.h., zielorientiert »das Richtige tun« (doing the right things)

>> **Effizienz**, d.h., tätigkeitsorientiert »etwas richtig tun« (doing things right)

Kleine Arbeits-
pakete helfen

Effizienz ist optimierte Effektivität! Sie werden jetzt vermutlich leise vor sich hinmurmeln: Wenn das so einfach wäre. Nun, die Sache ist einfacher, als Sie vermuten. Rationell arbeiten Sie immer dann, wenn Sie sich an diese Vorgehensweise halten:

`Step ......`

1. Formulieren Sie die Aufgabenstellung schriftlich!

2. Zerlegen Sie die Gesamtaufgabe in übersichtliche Arbeitspakete!

3. Ordnen Sie einzelne Arbeitspakete nach Prioritäten und Terminen!

4. Erledigen Sie wichtige Aktivitäten und kontrollieren Sie das Ergebnis!

Sie sind effektiv, wenn Sie Ihr täglich vorgegebenes Ziel erreichen. Wobei nur Sie selbst den dazu benötigten Aufwand einschätzen können, den Sie anhand des Kriteriums Effizienz beurteilen. Wir arbeiteten immer dann sehr effizient an diesem Buch, wenn wir trotzdem noch genug Zeit mit unseren Kindern verbringen konnten.

Beim Schreiben dieses Kapitels haben uns *Albert Pschera* und *Rosali Ziller* mit fachlichen Tipps und Anregungen unterstützt.

3.1.1 Büroarbeit effizient organisieren

Deutsche Manager arbeiten im Durchschnitt etwa elf Stunden täglich. *Lothar Seiwert*, ein anerkannter Experte für Organisationsmanagement, ist davon überzeugt: »Mit optimalem Zeitmanagement könnten sie deutlich weniger arbeiten und mehr erreichen.« Nicht nur alleine mit einer effektiven und effizienten Arbeitsweise schaffen Sie Ihr tägliches Päckchen, Sie müssen Ihre kostbare Zeit auch richtig einteilen. Wie mein Selbst- und Zeitmanagement-Dozent *Hans-Georg Wurm* zu sagen pflegte: »Mit Zeitmanagement beherrschen Sie Ihre Zeit und Arbeit, anstatt sich von Ihrer Zeit und Arbeit beherrschen zu lassen«.

Zeit einteilen baut Stress ab

www.seiwert.de
Seiwert- Institut GmbH *(Zeit- und Selbstmanagement)*

Zeitmanagement ist ein sehr weiter Begriff. Darunter fallen eine ganze Reihe nützlicher Strategien und Methoden, mit denen Sie Ihre private und berufliche Zeiteinteilung organisieren. Ein konsequentes Zeitmanagement schafft mehr Übersicht, hilft beim Stressabbau, gibt Freiräume für neue Kreativität, schult den Blick für das Wesentliche und ermöglicht Ihnen mehr freie Zeit. Diese eingesparte Zeit soll Ihnen allerdings nicht dazu dienen, noch mehr Termine in Ihren Arbeitstag hineinzuquetschen. Ziel ist es, die Zeit optimal auszunutzen, indem Sie quasi sich selbst und Ihren Erfolg managen. Aktives Zeitmanagement erfordert dazu hauptsächlich eines: **Selbstdisziplin**.

Zeitplanung erfordert Selbstdisziplin

Zeitmanagement trennt Wichtiges vom Unwichtigen

Planen bedeutet, zukünftige Handlungen bereits heute für morgen geistig vorwegzunehmen. Durch eine konsequente und vor allen Dingen zielorientierte Zeitplanung organisieren Sie Ihre Aufgaben für den Tag oder für ein Projekt strukturierter. Gleichzeitig erhöhen Sie Ihre Leistungsfähigkeit. Planen Sie genügend Freizeit zur Entspannung ein. Doch bevor Sie jetzt anfangen, Ihre gesamte verfügbare Zeit zu verplanen, denken Sie daran, dass nicht alle Aufgaben gleich wichtig sind.

Planen spart Zeit

Einige Angelegenheiten sind wichtiger als die anderen. Doch welche genau das sind, erkennen Sie nicht immer auf Anhieb. Eine allgemein gültige Regel besagt: Verschwende keine knappen und teuren Ressourcen. Dieses Erfolgsrezept basiert wohl auf dem **Pareto-Prinzip** (80:20-Regel), dass ein deutliches Missverhältnis zwischen Ursache und Wirkung feststellt:

Pareto-Prinzip

>> 80% der Umsätze werden durch 20% der Kunden generiert.

>> 80% aller Nachrichten finden Sie in 20% aller Zeitungen.

>> 80% des Ergebnisses wird in 20% der Zeit erstellt.

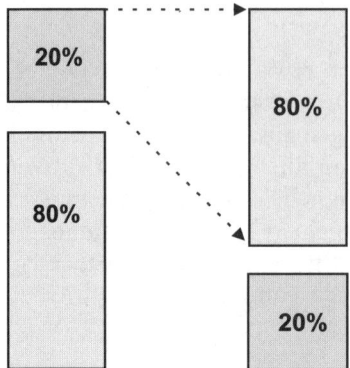

Abbildung 3.1: Pareto-Prinzip – mehr Erfolg mit wenig Aufwand

Prioritäten setzen

Wenn mit nur 20% des Aufwands bereits 80% der Wirkung erreicht werden, dann bedeutet das anders formuliert: Mehr Erfolg mit weniger Aufwand. Im Umkehrschluss heißt das leider auch, es wird eine große Menge Ressourcen nicht effizient eingesetzt bzw. sogar verschwendet. Wir müssen also lernen, wichtige Aufgaben von unwichtigen zu unterscheiden. Den gezielten Umgang mit Ihren Ressourcen können Sie sich mit einer simplen Methodik aneignen, indem Sie **Prioritäten** setzen.

Wichtige und dringliche Aufgaben

Dazu räumen Sie bestimmten Aufgaben Vorrang gegenüber anderen ein. Dafür stellen wir Ihnen das klassische **Eisenhower-Prinzip** in Abbildung 3.2 vor, das verschiedene Prioritätsklassen unterscheidet. Sie erfassen viel schneller, welche Aufgaben Sie an Mitarbeiter delegieren können. Falls Sie Ihre Aufgaben in ein Raster aus **Dringlichkeit** und **Wichtigkeit** einordnen, beschleunigt das Ihre Entscheidungen:

>> **A-Aufgaben**: Vormittags einplanen und sofort erledigen.

Beispiel: Kurzfristiges Angebot für Ihren wichtigsten Kunden.

>> **B-Aufgaben**: Als Termin einplanen oder teilweise delegieren.

Beispiel: Umsatzsteuervoranmeldung termingerecht erstellen.

>> **C-Aufgaben**: Umfang reduzieren oder Aufgabe delegieren.

Beispiel: Ablage sortieren und Schreibtisch aufräumen.

>> **D-Aufgaben**: Ab in den Papierkorb damit und löschen.

Praktisch gesehen wäre es am effektivsten, wenn Sie für wenige A-Aufgaben etwa drei Stunden täglich einplanen. Für ein paar B-Aufgaben reservieren Sie höchstens eine Stunde pro Tag. Für C-Aufgaben investieren Sie sich nicht mehr als eine Dreiviertel Stunde pro Tag. Die restliche Zeit des Tages ist für Unerwartetes und Spontanes vorgesehen. So steuern Sie aktiv Ihren Tagesablauf, konzentrieren sich auf Wesentliches, arbeiten effizient und bleiben ruhig und ausgeglichen.

Wichtigkeit

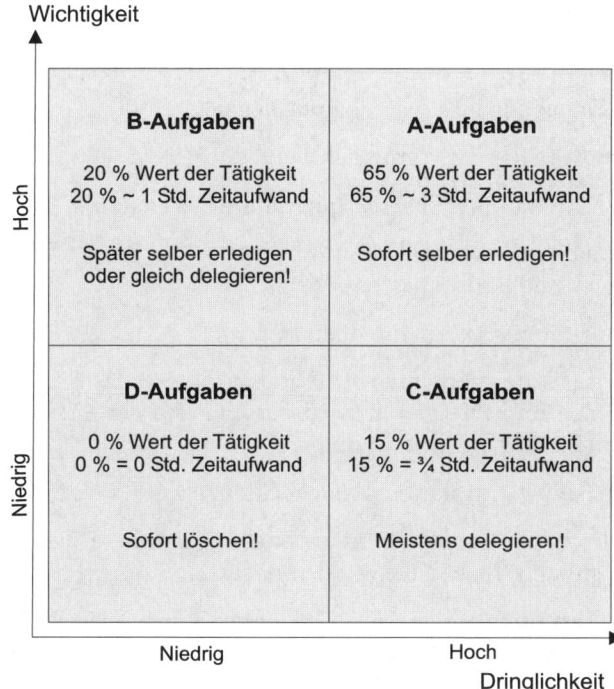

B-Aufgaben

20 % Wert der Tätigkeit
20 % ~ 1 Std. Zeitaufwand

Später selber erledigen
oder gleich delegieren!

A-Aufgaben

65 % Wert der Tätigkeit
65 % ~ 3 Std. Zeitaufwand

Sofort selber erledigen!

D-Aufgaben

0 % Wert der Tätigkeit
0 % = 0 Std. Zeitaufwand

Sofort löschen!

C-Aufgaben

15 % Wert der Tätigkeit
15 % = ¾ Std. Zeitaufwand

Meistens delegieren!

Hoch

Niedrig

Niedrig Hoch
Dringlichkeit

Abbildung 3.2: Aufgaben nach Prioritätsklassen ordnen

Obwohl dieses einleuchtende Grundprinzip von manchen Leuten kritisch betrachtet wird, sind wir der Meinung, dass viele Einsteiger damit ein leicht umsetzbares Instrument in Händen halten. Im Grunde sollen Sie sich einfach bevorzugt den wichtigen Angelegenheiten des Tages zuwenden. Nehmen Sie sich unseren Rat zu Herzen und stopfen Sie nicht den ganzen Tag mit Terminen und Aufgaben voll. Verplanen Sie nach Möglichkeit nur 60% des Tages. Den Rest brauchen Sie für unvorhergesehene oder unerwartet eilige Dinge. Wurden Sie noch nicht so häufig mit Planungsaufgaben konfrontiert, beschränken Sie sich in den ersten Wochen rein auf die **Tagesplanung**. Nehmen Sie sich dafür täglich etwa 5 bis 10 Minuten. Sie werden bald merken, dass Sie mehr Zeit für die wirklich wichtigen Aufgaben haben. Wenn alles zur Zufriedenheit klappt, erweitern Sie Ihren Planungshorizont. Als Nebeneffekt erfahren Sie, welche Tätigkeiten bei Ihnen »Zeitfresser« sind.

Verplanen Sie maximal 60% des Tages

Tagesplan erstellen mit der Alpen-Methode

Die verfügbare Zeit schriftlich planen erfordert Übung. Als grundlegende Vorgehensweise haben sich Tagespläne bewährt. Sehr gut eignet sich hierfür die **Alpen-Methode** (To-do-Liste oder Agenda), mit der Sie in wenigen Minuten Ihren schriftlichen Tagesplan erarbeiten. Die fünf Einzelelemente für Ihre effektive Tagesplanung sind:

Tagesplan schriftlich erstellen

>> Aufgaben: Aktivitäten und Termine aufschreiben.

Notieren Sie, was an diesem bestimmten Tag erledigt werden muss.

>> Länge: Realistische Dauer für Ihre Aufgaben festlegen.

Schätzen Sie für jede Aufgabe die voraussichtlich benötigte Zeit.

>> Pufferzeit: Für jede Aktivität ausreichend Spielraum reservieren.

Verplanen Sie maximal 60% der täglichen Arbeitszeit. Der Rest bleibt für Unvorhergesehenes und Spontanes reserviert.

>> Entscheidungen: Prioritäten setzen, Aufgaben kürzen bzw. delegieren.

Überprüfen Sie Ihre Liste der geplanten Aktivitäten. Durch das Setzen von Prioritäten, Kürzen und Delegieren wird der Umfang der eigenen Arbeiten beschränkt (Eisenhower-Methode).

>> Nachkontrolle: Notizen im Zeitplanbuch nachprüfen.

Am Tagesende vergleichen Sie geplante und tatsächlich erledigte Arbeiten. Unerledigte Aufgaben schieben Sie auf den nächsten Tag.

Zeitplanbuch, Web-Organizer, PIM und PDA

Je nachdem welchen Terminkalender Sie einsetzen, wird Ihr Platz beschränkt sein. Fangen Sie jetzt nur keine Zettelwirtschaft an, da verlieren Sie den Überblick. Stattdessen führen Sie Ihre Notizen in einem **Zeitplanbuch,** online im **Web-Organizer** oder ganz modern im *BlackBerry*-Gerät bzw. **Personal Digital Assistant** (**PDA**). Im Gegensatz zu einem PDA lässt sich die Software auf einem **Personal Information Manager** (**PIM**) kaum verändern und ist zudem auf wenige Funktionen begrenzt. Häufig bieten schon Handys einfache PIM-Funktionen an.

Exkurs >>

BlackBerry-Geräte

BlackBerry ist der Name für eine ganze Familie von Handhelds, entwickelt von der Firma *Research In Motion* (**RIM**). Der Hauptunterschied zum PDA liegt darin, dass Sie von überall E-Mails empfangen und überallhin senden können und sich gleichzeitig nicht um die Synchronisierung der Daten kümmern müssen. Mit Hilfe des **Push-Dienstes** werden E-Mails, Kalendereinträge, Notizen und Adressbucheinträge automatisch vom Server auf den Handheld übertragen.

Die Geräte bieten ansonsten die üblichen PDA-Funktionen, wie Adressdaten, Kontakt-/E-Mail-Adressen, Terminkalender, To-do-Listen usw. Andererseits können Sie die Geräte auch wie ein Handy nutzen, also telefonieren, SMS versenden und drahtlos im Internet surfen.

Laut *Gartner* stieg die Zahl der verkauften PDAs weltweit im Jahr 2006 auf 17,74 Millionen. Dies entspricht einem Zuwachs von mehr als 18% gegenüber dem Vorjahr. Knapp zwei Drittel dieser Geräte könnten auf Mobilfunknetze zugreifen, im Jahr 2005 waren es erst 47%. Der *BlackBerry*-Hersteller *Research in Motion* setzte als Marktführer dreieinhalb Millionen Geräte ab. Inzwischen belegen sie mit rund 19,8% Marktanteil den ersten Platz im Hersteller-Ranking vor *Palm*.

Drei Viertel der Anwender nutzen bereits elektronische Organizer: Web-Organizer, *BlackBerry*, einfache PIM- oder komfortablere PDA-Geräte. Wir persönlich schätzen den *Nokia Communicator* für solche Zwecke, ein ausgereiftes Business-Handy mit integrierter PDA-Funktionalität.

Endlich kommt auch die dritte Mobilfunkgeneration (**3G**) in Schwung. Die in Europa verbreitete 3G-Technologie **UMTS** verzeichnete Ende des vergangenen Jahres ein Plus von 170%. Laut Analysen von *Idate* verfügten Mitte 2006 nur 9% der Mobilfunkkunden über ein 3G-Handy. Bis 2010 soll weltweit jedes fünfte neue Handy mit einer 3G-Funktion ausgestattet sein.

Praxis-Tipp: Zeitplan für nächsten Tag am Abend erstellen

Tipp . . . . . .

Aus eigener Erfahrung empfehlen wir Ihnen, sich zumindest am Anfang jeden Abend etwas Zeit für die Terminplanung zu nehmen. Starten Sie damit, Ihren Zeitplan für den nächsten Tag zu erstellen. Am Wochenende können Sie auch die komplette bevorstehende Woche planen. Vielleicht haben Sie die Gelegenheit und können diese Zeit- bzw. Terminpläne gemeinsam mit einem Vertrauten anfertigen. Denn zu Beginn ist es noch etwas schwierig, Zeitbedarf und Prioritäten realistisch einzuschätzen.

Ein Zeitplanbuch ist ein hilfreiches Mittel und dient nicht nur als reine Erinnerungshilfe für Daten und Termine. Das Zeitplanbuch, besser bekannt als Terminplaner, ist ein Ringbuch mit Loseblatt-Einheftung. Notieren Sie sich darin Ihre Ziele, Prioritäten und Aktivitäten, die für Sie persönlich relevant sind. Es leistet Ihnen wertvolle Dienste als Terminkalender, Aktivitäten-Tagebuch, Erinnerungsstütze und sogar Ideenspeicher. Schreiben Sie Ihre Einfälle auf, dann können neue Gedanken und Geistesblitze nicht verloren gehen.

Business-Handy als PDA nutzen

<< Exkurs

Im Zeitalter der fortschreitenden Technologie wird Ihr Business zunehmend mobiler. Adressdaten, E-Mail-Adressen, Telefon- und Telefaxnummern werden vermehrt auf PDAs gespeichert.

Das Business-Handy bietet einen schnellen Zugriff auf Internet und Firmennetzwerk. Mit integrierten Büro-Anwendungen, z.B. Internet-Browser und E-Mail-Client, bearbeiten Sie unterwegs Ihre Dokumente. Als Organizer-Funktionen lassen sich Kontakte, Termine und Aufgaben mit Ihrem E-Mail- bzw. Adressverwaltungsprogramm auf dem PC, z.B. *Microsoft Outlook*, synchronisieren.

Elektronische Organizer-Dienste und -Software

Nur wer alles im Blick hat, gelangt schnell und stressfrei ans Ziel. Professionelle Zeitplanungstools ordnen Ihre Kontakte, Termine und Aufgaben aktuellen Aktivitäten zu. Mit zum Teil umfangreichen und zuverlässigen Funktionen eignen sich Web-Organizer gut für Ihre Planung. Die virtuellen Planer verfügen mit ihren webbasierten Kalendern über das perfekte, ortsunabhängige Zeitmanagementsystem.

Alle ausgewählten Tools aus Tabelle 3.1 bieten Schnittstellen, damit Sie Daten (**Synchronisation**) abgleichen können. Die kostenpflichtigen Lösungen warten hingegen mit einer großzügigen Anzahl von Schnittstellen zu gängigen PDA-Modellen für den Datenabgleich auf. Diese Anbieter haben jeweils eine 30-tägige Testphase im Angebot. Egal ob Sie sich von zu Hause über den PC anmelden, unterwegs mit dem PDA bzw. Notebook zugreifen oder online aus dem Internet-Cafe einloggen – Sie sind immer gut informiert und haben Zugriff auf Ihre Termine und Kontakte.

WWW .....

www.daybyday.de
daybyday Media GmbH *(Spezielle Lösungen für Unternehmenskunden)*

www.1und1.de
1&1 Internet AG *(MS Outlook Exchange als Kommunikations-Zentrale)*

Bei *daybyday* sticht besonders der **Unified Messaging Service** heraus, mit dem die komplette Kommunikationspalette abgedeckt wird. Im Vergleich etwas dürftig sind die 500 MB des Postfachs, allerdings hat man hier zum Vorjahr stark aufgestockt. Mit seinem riesigen Postfach und vielen Synchronisationsmöglichkeiten ist die Lösung von *1&1* sicher im Profibereich anzusiedeln. Zudem beinhaltet das Angebot *Microsoft Outlook 2007*. Leider wurde das kostenlose *freeOffice* zum 31.12.2006 eingestellt.

Kategorie	Fortgeschritten	Professionell
Anbieter	*daybyday Media*	*1&1*
Produkt	*Classic*	*Outlook Exchange*
Preis	3,25 €/Monat	9,99 €/Monat für 1 Nutzer
Postfach	500 MB (Postfach) 500 MB (Dateien) 1,3 GB (Fotos)	Bis 2,0 GB (Postfach)
Zugriff	Internet-Browser Outlook WAP Palm Lotus Notes Lotus Organizer	Internet-Browser Outlook Pocket PC SmartPhone
Funktion	E-Mail SMS/MMS Kalender Adressbuch Aufgaben Links Gruppenfunktion Voicemail Faxempfang Dateiverwaltung	E-Mail SMS Kalender Adressbuch Gruppenfunktion Aufgaben Journal Notizen Dateiverwaltung Links Wissensdatenbank

Tabelle 3.1: Vergleich von Web-Organizer-Lösungen

Kategorie	Fortgeschritten	Professionell
Besonderes	Unified Messaging-Lösung inklusiv Abfrage/Eingabe per Telefon	eine Domain inklusiv und MS Outlook 2007

Tabelle 3.1: Vergleich von Web-Organizer-Lösungen (Forts.)

Stop ......

*Es muss Ihnen allerdings klar sein, dass Ihre persönlichen und betrieblichen Daten bei ASP-Lösungen (**Application Service Provider**) auf einem fremden Server liegen. Zudem gehen die Daten zum Teil unverschlüsselt über das Internet zum Anbieter, denn standardmäßig ist jeder Verkehr über das Internet unverschlüsselt. SSL sichert den Verkehr zwischen Webbrowser und Webserver ab. Die Sicherheit hat allerdings ihren Preis, insofern dadurch die Geschwindigkeit sinkt. Ähnlich arbeitet auch das Angebot von 1&1. Ist nämlich am Microsoft Exchange Server das SSL-Protokoll aktiviert, geht der von Microsoft Outlook Web Access (OWA) produzierte Netzwerkverkehr verschlüsselt über das Internet.*

Bei der Auswahl unserer Anbieter haben wir zudem nur auf langjährig am Markt etablierte Unternehmen zurückgegriffen. Denn wenn Sie Ihre sensiblen Unternehmens- und Kontaktdaten speichern, erfordert dies eine vertrauenswürdige Basis.

3.1.2   Abläufe im Online-Handel verbessern

In den ersten Monaten Ihrer selbstständigen Tätigkeit freuen Sie sich, wenn Sie alle neuen Aufgaben zu Ihrer Zufriedenheit erledigen. Sicherlich wird nicht alles so rund laufen, wie Sie es sich wünschen. Allmählich merken Sie, an welchen Stellen Sie effizienter vorgehen könnten.

Wir zeigen Ihnen, wie Sie Ihre Tätigkeiten noch viel besser und schneller erledigen. Betriebsabläufe beschleunigen, Qualität steigern oder Kosten senken – welcher Unternehmer träumt nicht davon? Wir möchten Sie dahingehend sensibilisieren, dass Sie einzelne Ziele nicht isoliert voneinander, sondern als Gesamtsystem betrachten. Abbildung 3.3 macht diese Abhängigkeit grafisch sichtbar.

Zeit, Kosten und Qualität

Magisches Dreieck im Veränderungsprozess

Anhand eines Fallbeispiels möchten wir Ihnen das Zusammenspiel kurz verdeutlichen. Sie planen die Integration einer neuen Versandlösung für Ihren Online-Shop. Ihr eigentliches Hauptziel: Sie wollen Ihre Versandabwicklung vereinfachen. Als positiver Nebeneffekt werden sich die Abläufe beschleunigen (Zeit sparen) und der Kundenservice wird durch ein Online-Trackingsystem verbessert (Qualität verbessern). Gleichzeitig sinken sogar noch die Versandpreise für Ihre Pakete, da Sie zu einem günstigeren Anbieter wechseln (Kosten senken).

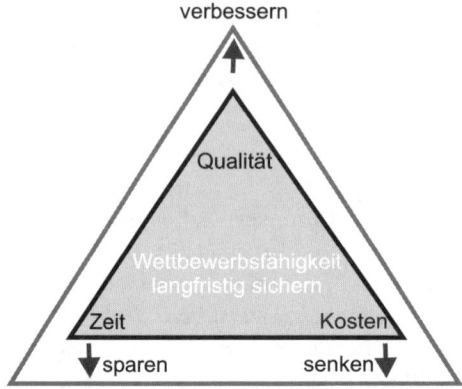

verbessern

Qualität

Wettbewerbsfähigkeit
langfristig sichern

Zeit   Kosten

sparen   senken

Abbildung 3.3: Magisches Dreieck

*Magisches
Dreieck*

Mit dem so genannten **magischen Dreieck** haben Sie eine einfache Regel an der Hand, wie sich innovative Neuerungen auswirken. Lernen Sie Ihre betrieblichen Aufgaben und Geschäftsabläufe gut kennen, dann haben Sie auffallende Schwachstellen schnell im Griff. Denn Sie können die Wettbewerbsfähigkeit Ihres Unternehmens nur langfristig sichern, wenn Sie nicht immer nur an den Kostenfaktor denken. Nach dem Motto: Verbesserungen sind gut, solange sie nichts kosten. Wenn jeder diese Einstellung hätte, dann dürfte es in keiner Firma einen Kundenservice geben. Zunächst kosten die Servicemitarbeiter sicherlich Geld, aber zufriedene Kunden bleiben Ihrem Unternehmen länger erhalten (*Kapitel 10*). Setzen Sie besser die Kosten zum erzielbaren Gesamtnutzen ins Verhältnis.

Probleme traditioneller Unternehmensabläufe

*Internet- und
E-Mail-Nutzung
im Aufwind*

Sowohl im Geschäfts- als auch im Privatkundenumfeld nimmt die Internet- und die E-Mail-Kommunikation stetig zu. Die herkömmliche Abwicklung von Aufträgen verliert immer mehr an Bedeutung. Bestellungen gehen zwar nach wie vor auch per Telefon, Telefax oder Post ein, werden aber zunehmend durch E-Mail-Bestellungen verdrängt. Manche Unternehmen setzen inzwischen komplett auf den Online-Handel, wie z.B. *Dell* und *Amazon*. Die Vorteile liegen laut Abbildung 3.4 auf der Hand. Nachrichten, Anfragen und Bestellungen werden per Mail vom Absender zum Empfänger wesentlich schneller und vor allem meist billiger versendet, und das rund um die Uhr.

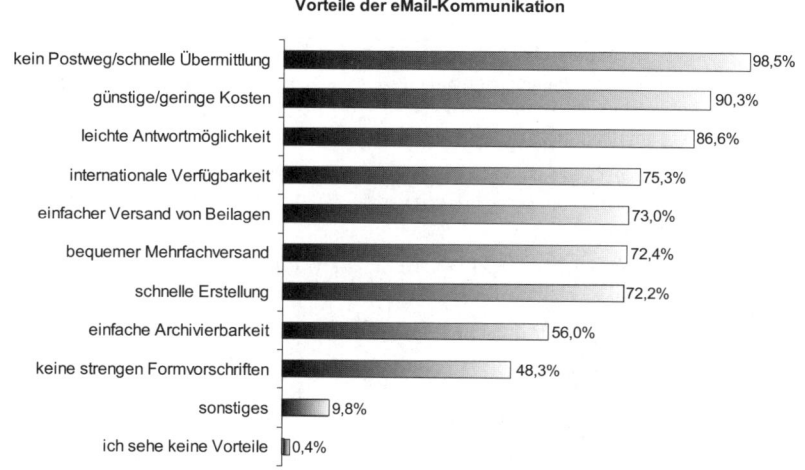

Abbildung 3.4: Vorteile der E-Mail-Kommunikation gemäß einer Umfrage

Vergleich herkömmlicher und digitaler Geschäftsabläufe

Der herkömmliche Abwicklungsprozess von Aufträgen umfasst im einfachsten Fall nur wenige einzelne Vorgänge, wie Abbildung 3.5 zeigt.

Quelle:
`marketagent.`
`com`

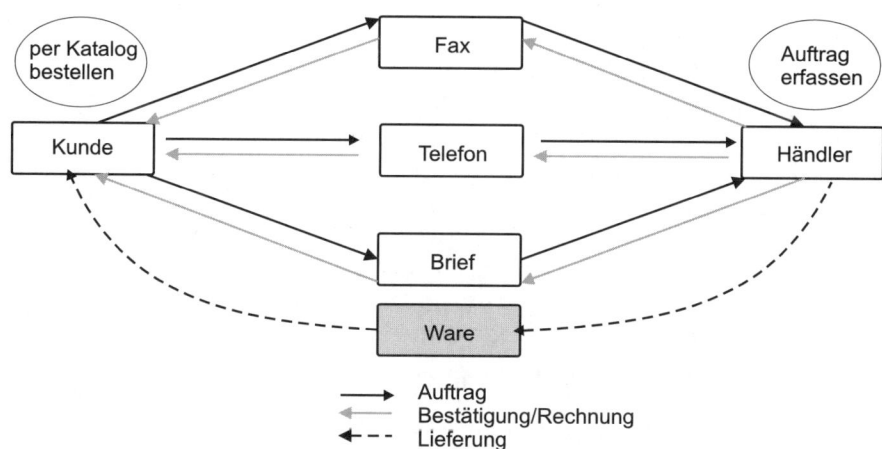

Abbildung 3.5: Herkömmlicher Ablauf am Beispiel der Auftragsabwicklung

Die Realisierung eines Online-Shops wirkt sich im Gegensatz dazu deutlich auf die Abläufe Ihres Unternehmens aus. Diese laufen im Optimalfall größtenteils auf digitaler Ebene ab.

In Tabelle 3.2 wird der Unterschied verdeutlicht.

Ablauf	Herkömmlich	Digital
Produktmanagement	Beschaffung und Lagerhaltung anhand von Erfahrungswerten (produktorientiert)	Kundennutzen wird in Vordergrund gestellt (kundenorientiert)
Marketing	Prospekt, Ladengeschäft oder Katalog (segmentorientiertes Massenmarketing)	Online-Shop mit Cross-Selling (kundenindividuelles Marketing)
Kundenberatung	Persönlicher oder telefonischer Kontakt	Website-Inhalt, Download, E-Mail oder Telefon
Bestelleingang	Telefon, Telefax, Post oder persönlicher Kontakt	E-Mail oder Internet (elektronischer Warenkorb)
Verwaltung	Manuelle Auftragserfassung nach Bestelleingang	Elektronischer Datenimport bereits während Bestellung
Bezahlung	Rechnung, Barzahlung, Bank oder elektronische Lastschrift	Online-Überweisung, PayPal oder Kreditkarte (ePayment)
Logistik	Kunde kann kaum den Status der Warenlieferung feststellen	Kunde kann bequem online Warensendung verfolgen
Kundenservice	Kundenakte in Papierform (Post und Telefax)	KundenbeziehungsManagement (CRM)
Garantie-Abwicklung	Kunde bringt Ware in ein Ladengeschäft vor Ort	Kunde versendet Ware an Lieferant oder Hersteller

Tabelle 3.2: Herkömmliche und elektronische Auftragsabwicklung

Elektronische Auftragsabwicklung optimieren

Herkömmliche Auftragsabwicklung ist fehleranfälliger

Als Kommunikationsmittel nutzen Kunden bevorzugt traditionelle Medien wie Telefon, Brief oder Telefax. Die herkömmliche Auftragsabwicklung beinhaltet daher manuelle Vorgänge, die zu den typischen Problemen im Zusammenhang mit **Medienbrüchen** führen. Diese entstehen, sobald Informationen von einem Medium auf ein anderes Medium übertragen werden. Beispielsweise erfasst ein Servicemitarbeiter eine eingehende Faxbestellung (Medium Papier), indem er die Daten in das Programm zur Auftragsverwaltung eintippt. Dies beeinflusst folgende Aspekte negativ:

>> **Zeit:** Unternehmensabläufe werden zum Teil verlangsamt.

>> **Qualität:** Erfassen der Belege ist fehleranfällig.

>> **Kosten:** Manuelle Vorgangsbearbeitung verursacht Extrakosten.

Vorteile der Digitalisierung

Der Online-Handel hat gegenüber der traditionellen Auftragsabwicklung eine Reihe von Vorteilen, von denen sowohl der Käufer als auch Sie profitieren. Einige Vorteile werden bereits von vielen Kunden und Händlern erkannt. Denn eine digital unterstützte Auftragsabwicklung arbeitet letztendlich schneller, besser und günstiger.

Vorteile	Optimierungspotenziale im Online-Handel
Zeit	**Durchlaufzeiten verringern!**
	Verkürzen Sie Transport-, Liege- und Bearbeitungszeiten:
	– Ineffiziente Medienbrüche (Fax, Formulare) vermeiden
	– Unternehmensinterne Lauf- und Wartezeiten verringern
	– Unnötige Schnittstellen (Post, Drucker) beseitigen
Qualität	**Kundennutzen erhöhen!**
	Erstellen Sie ein lückenloses, digitales Bestellverfahren:
	– Fehlinterpretationen und Sprachbarrieren ausschalten
	– Systematisches Online-Beschwerdemanagement errichten
	– Erfassungs- bzw. Flüchtigkeitsfehler eliminieren
Kosten	**Aufwand reduzieren!**
	Optimieren Sie den Zeit- und Ressourceneinsatz:
	– Außenstände, Lager- und Transportkosten senken
	– Digitalisiert Dokumente sammeln, verteilen und archivieren
	– Manuelle Abläufe (Tippen, Kopieren, Scannen) vermeiden

Tabelle 3.3: Optimierungspotenzial für digitale Betriebsabläufe

Der Einsatz von **Informationstechnologien** spielt eine wesentliche Rolle für den digitalen Online-Handel. Dabei steht im Vordergrund, Medienbrüche zu vermeiden und Mitarbeitereingriffe zu reduzieren. Das **papierlose Büro** ist das angestrebte Ziel. Dazu ist aber eine weitestgehende Integration aller Geschäftsfunktionen erforderlich, angefangen beim Online-Marketing über den digitalen Bestelleingang und Zahlungs- und Versandlösungen bis hin zum datenbankgesteuertem **Kundenbeziehungsmanagement**.

Papier kostet Zeit und Geld

Der Aufwand für einen kleineren Shop ist möglicherweise hoch. Sie müssen auch nicht alle Anwendungen sofort parat haben. Als Existenzgründer können Sie auch nicht alle genannten Anwendungsbeispiele gleichzeitig implementieren. Wir wollen Ihnen vielmehr klar machen, wohin sich Ihr Online-Shop entwickeln kann.

3.2   Controlling – planen, kontrollieren, lenken

Ein Unternehmen wird oft verglichen mit einem großen Schiff. Und Sie als Kapitän geben die Richtung vor, in die Ihr Schiff steuern soll. Damit Sie es nicht gegen die Hafenmauer setzen, müssen Sie vorausschauend fahren. Ihre Aufgabe ist es, rechtzeitig zu bremsen oder bei der Ausfahrt aus dem Hafen ausreichend Fahrt aufzunehmen. Denn Ihre Passagiere wollen fahrplangemäß pünktlich und unversehrt am Ziel ankommen. Aber nicht nur die Geschwindigkeit spielt eine Rolle, sondern auch die Fahrtrichtung. Regelmäßig überprüft der Kapitän die Abweichung von der geplanten Route und korrigiert bei Bedarf die Richtung. Dass ein Schiff im richtigen Hafen ankommt, ist also kein Zufall. Der Steuermann kontrolliert laufend und steuert rechtzeitig entgegen.

Fahrtrichtung und Geschwindigkeit steuern

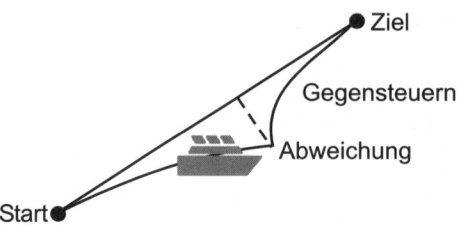

Abbildung 3.6: Abweichung von der geplanten Fahrtrichtung

Controlling als Führungsinstrument

Ähnlich verhält es sich mit Ihrem Unternehmen. Sie planen und überprüfen als Ihr eigener Chef regelmäßig die gewünschte Entwicklung. Dafür hat sich das unter dem Begriff **Controlling** bekannt gewordene Führungswerkzeug etabliert. Die Übersetzung von Controlling mit »kontrollieren« allein ist irreführend und unzureichend. Der Begriff stammt vom englischen »to control« ab und bedeutet umfassender steuern, regeln oder lenken. Controlling beinhaltet eine Sammlung von Steuerungsinstrumenten, die Ihre Informationsflüsse koordinieren und Entscheidungsprozesse unterstützen.

WWW······

www.existenzgruender.de
BMWi *(GründerZeiten Nr. 23: Controlling)*

3.2.1   Controlling systematisch einsetzen

Daten beschaffen, aufbereiten und analysieren

Sinn und Zweck des Controllings ist es, dass Sie Ihr Unternehmen besser kennen lernen. Dies wird Ihnen erleichtert mit aktuellem und aussagekräftigem Zahlenmaterial, wie Umsätze, Kosten, offene Rechnungen usw. Erst dadurch stellen Sie fest, ob Ihre Planungen *(Kapitel 1)* auch tatsächlich eintreffen, und woran es liegen könnte, wenn das nicht der Fall ist. Auch für den Kleinunternehmer gehört Controlling zu den wichtigsten unternehmerischen Aufgaben. Es stehen Ihnen Zahlen und Daten zur Verfügung, anhand derer Sie Probleme frühzeitig erkennen können, um ihnen gleich gegenzusteuern. Aus dem Datenmaterial der vergangenen Jahre lesen Sie mögliche Entwicklungen und Tendenzen Ihres Unternehmens heraus.

Rechtzeitig gegensteuern

Abweichungen von Ihren Zielen gehören zum ganz gewöhnlichen unternehmerischen Alltag. Falsch wäre daher die Annahme, Sie schafften Ihre Ziele auch ohne Planung. Gerade für Sie als Existenzgründer ist es besser, wenn Sie basierend auf den Abweichungen von Ihrer Planung konkrete Schlussfolgerungen ziehen. Diese neue Erfahrung hilft Ihnen, nicht nur einen erneuten und korrigierten Plan zu erstellen, sondern auch künftige Pläne besser aufzustellen.

Operatives und strategisches Controlling

Man unterscheidet zwischen **operativem** und **strategischem** Controlling, und je nach Zeithorizont unterscheidet man kurzfristiges bzw. langfristiges Controlling. Das operative Controlling sichert die Liquidität Ihres Unternehmens, es betrachtet dazu die Einflussgrößen Kosten, Zeit und Qualität (Abbildung 3.3). Das strategische Controlling befasst sich eher mit langfristiger Planung und Positionierung Ihres Unternehmens. Es betrachtet dazu Ihr unternehmerisches Erfolgspotenzial (*Kapitel 3.2.3*).

Kurz- bzw. langfristiges Controlling

Beide Controlling-Varianten dürfen Sie jedoch keinesfalls getrennt voneinander betrachten. Denn ohne strategisches Controlling ist der operative Ansatz wertlos und umgekehrt. Ihr Controlling muss demzufolge immer eine operative und eine strategische Ausrichtung haben.

Controlling	Operativ	Strategisch
Zeitspanne	1 – 3 Jahre (kurzfristig) → Tagesgeschehen planen → Änderungsbedarf erkennen	3 – 5 Jahre (langfristig) → Chancen erarbeiten → Markt beobachten
Unternehmensziele	Liquiditätssicherung Rentabilität (Firmenerfolg) Ertragskraft → Detaillierte Planung	Langfristplanung Existenzsicherung Unternehmenspositionierung → Grobplanung
Fallbeispiele	Absatzplan (Menge) Umsatzplan (Menge x Preis) Kosten-/Investitionsplan → Budgetplanung	neue Märkte erschließen innovative Produktideen Vertriebswege ausbauen → Grundsatzentscheidung
Einflussfaktoren	Kosten, Zeit bzw. Qualität	Erfolgspotenzial
Beispiele	ABC-Analyse Bilanzierung Break-Even-Analyse Budgetierung Deckungsbeitragsrechnung Gewinn-/Verlustrechnung Liquiditätsplanung Prozesskostenrechnung Soll-/Ist-Vergleich	Balanced Scorecard Benchmarking GAP-Analyse Lebenszyklusanalyse Portfolioanalyse Six Sigma (QM) SWOT-Analyse Target Costing Wettbewerbsanalyse

Tabelle 3.4: Vergleich zwischen operativem und strategischem Controlling

Im Zusammenhang mit den anderen Unternehmensbereichen formulieren Sie Ihre Unternehmensziele. Im ersten Jahr der Existenzgründung steht natürlich Ihr **Business-Plan** im Mittelpunkt (*Kapitel 2*), da Ihnen noch kein Zahlenmaterial aus der eigenen Unternehmertätigkeit vorliegt. Erst ab den folgenden Jahren nach der Gründung unterfüttern Sie die bevorstehenden Planungsdaten mit Ist-Daten aus den Vorjahren.

Business-Plan: Grundlage für das Controlling

Ihre zentrale Aufgabe beim Controlling besteht darin, Abweichungen und Schwachstellen Ihres Unternehmens rechtzeitig zu erkennen. Wenn das geschehen ist, ergreifen Sie notwendige Korrekturmaßnahmen, mit denen Sie das abweichende Zwischenergebnis positiv beeinflussen und Ihr »Schiff« wieder auf den richtigen Kurs bringen. Die Hauptaufgaben des Controllings sind folglich: Planung, Kontrolle und Steuerung.

Vorteile des Controllings

Durch den Einsatz eines Controlling-Systems ergeben sich folgende Vorteile für Sie als Unternehmer:

>> Frühzeitig Schwachstellen aufdecken

>> Rechtzeitig Korrekturmaßnahmen ergreifen und gegensteuern

>> Unternehmensführung zukunftsorientiert ausrichten

Praxis-Tipp: Quartalsmäßiger Plan-/Ist-Vergleich

Wir raten Ihnen, die geplanten Umsatzzahlen quartalsmäßig mit den tatsächlich realisierten Umsatzerlösen zu vergleichen. In den ersten Monaten nach der Gründung vielleicht sogar monatlich.

Aufbau und Struktur eines Controlling-Systems

Für den Aufbau eines effektiven und effizienten Controlling-Systems klären Sie zunächst einige Fragestellungen:

Frage	Ihre Aufgabe	Beispiele
Was berichten?	Controlling-Ziele und Kenngrößen festlegen	Auftragseingang Umsatzgröße/-wachstum Produktivität
Wem berichten?	Beteiligte Mitarbeiter benennen, die Sie informieren	Inhaber Team-/Abteilungsleiter Geschäftsführer/Vorstand alle Mitarbeiter
Wann berichten?	Zeitraum bestimmen, wann Zahlen verteilt werden	Wochenberichte Monatsberichte Quartalsberichte Halbjahresberichte
Wie berichten?	Termine, Aufgaben und Personenkreis exakt vorgeben	Zuständigkeiten Kompetenzen Datum

Tabelle 3.5: Grundlegende Vorgaben des Controlling-Systems

Fallbeispiel

Ein vollständig ausformuliertes Beispiel wäre die monatliche Auswertung Ihrer Logfiles. Die Controlling-Aufgabe lautet: Ermitteln Sie die aktuellen Zugriffszahlen auf Ihre Homepage (Was berichten?). Diese Information leiten Sie regelmäßig einmal pro Monat an Sie selbst oder an den Inhaber eines größeren Unternehmen (Wem berichten?). Ihre Ist-Zahlen sammeln Sie jeweils bis zum fünften jedes Monats (Wann berichten?). Die Daten tragen Sie zur besseren Übersicht in eine vorgefertigte *Excel*-Tabelle ein, die auch gleich eine grafische Auswertung enthält. Diese Grafik leiten Sie per E-Mail direkt an den Chef weiter (Wie berichten?).

Vom *BMWi* stehen eine praktische Einführung, eine Broschüre (Gründer-Zeiten Nr. 23) und ein Online-Tool zur Verfügung. Online finden Sie zahlreiche Beiträge, Checklisten und Arbeitsblätter zum Einstieg in das Unternehmens-Controlling. In dem Controlling-Planer fertigen Sie eine sorgfältige Analyse Ihres Unternehmens an. Für die Strukturierung Ihres Controlling-Systems wird empfohlen, sich branchenspezifisch gewichtet mit den nachstehenden Controlling-Bereichen auseinander zu setzen:

Strukturierung des Controllings

>> **Strategisches Controlling**: Markt und Wettbewerb beobachten.

   Ziel: Langfristig den Geschäftserfolg sichern.

>> **Auftrags-Controlling**: Auftragseingang erfassen (Umsatzrückgang).

   Ziel: Veränderungen von Markt- und Kundenerfordernissen erkennen.

>> **Sortiments-Controlling**: Produktnieten gemäß Umsatz aussortieren.

   Ziel: Komplexität des Warensortiments reduzieren (ABC-Analyse).

>> **Ressourcen-Controlling**: Mitarbeiter- und Ressourcenkapazität prüfen.

   Ziel: Optimale Auslastung erreichen und Leerlauf verringern.

>> **Risiko-Controlling**: Garantie-, Rechts- oder Vertragsbelastung kennen.

   Ziel: (Währungs-)Risiken minimieren.

>> **Funktionales Controlling**: Produktivität und Qualität bewerten.

   Ziel: Kennzahlen erfassen und Effizienz steigern (Benchmarking).

>> **Finanz-Controlling**: Buchführung (Bilanz, GuV, Liquidität) einsetzen.

   Ziel: Ergebnis steigern, Liquidität und Existenz absichern.

www.softwarepaket.de
BMWi *(CD – Unternehmensplanung und -steurung)*

`WWW......`

Saisonale Umsatzschwankungen branchenüblich einplanen

Bevor Sie sich jetzt alle möglichen Ziele vornehmen, möchten wir Ihnen noch ein paar Vorschläge an die Hand geben. Ist die Aussage »Ich will dünner werden!« ein Ziel? Wohl kaum, dabei handelt es sich eher um einen guten Vorsatz. Ein Ziel wäre: »Ich gehe ab heute jede Woche zweimal ins Fitnessstudio, damit ich fit bleibe.«

Ziele richtig formulieren

Richtig Ziele formulieren, lernen Sie anhand der einfachen **SMART-Methode**:

>> **S**pezifisch: Ziel muss konkret, eindeutig und präzise formuliert sein.

    Grund: Ein Ziel ist kein vager Wunsch, sondern klar interpretierbar.

>> **M**essbar: Ziel muss überprüfbar sein.

    Grund: Nur beim messbaren Ziel ist erkennbar, ob es erreicht wurde.

>> **A**ktionsorientiert: Ziel muss positive Veränderungen aufzeigen.

    Grund: Positiv formulierte Ziele sind förderlich für die Zielerreichung.

>> **R**ealistisch: Ziel muss erreichbar sein.

    Grund: Sind Ziele nicht erreichbar, wirken sie eher demotivierend.

>> **T**erminierbar: Ziel muss zeitlich klar definiert sein.

    Grund: Das schönste Ziel ist unnütz, wenn der Endtermin unklar ist.

Haben Sie Ihre Ziele formuliert, beschreiben Sie diese durch Soll-Vorgaben und Planungen, z.B. Umsatz im nächsten Jahr um 10% von 50.000 € auf 55.000 € steigern. Das erreichen Sie möglicherweise durch ein erhöhtes Marketingbudget. Als einfach strukturierte und praktische Vorgehensweise hat sich folgende grundsätzliche Methode bewährt:

Step.......

1. Ziele formulieren, z.B. Trends und Entwicklungen vorhersehen!

2. Pläne erstellen, z.B. Soll-Vorgaben festlegen (operative Planung)!

3. Plan mit Ist vergleichen, z.B. Abweichungen analysieren (Kontrolle)!

4. Korrekturmaßnahmen einleiten, z.B. Engpässe beseitigen (Steuerung)!

Die Schritte 1 + 2 lassen sich noch relativ leicht umsetzen. Schwierig wird es erst bei Schritt 3. Was heißt es denn nun, wenn Sie nach dem I. Quartal feststellen, dass Sie dem geplanten Umsatz um etwa 8% hinterherhinken? Müssen Sie gemäß Schritt 4 sofort Maßnahmen einleiten und Ihren Kurs korrigieren? Die nachfolgenden Informationen helfen Ihnen, das festgestellte Umsatzergebnis praxisbezogen einzuschätzen.

Gerade zu Beginn Ihres Online-Handels im Internet wachsen nicht selten Monat für Monat Ihre Zugriffszahlen um mehr als 25%. Eintragungen in Suchmaschinen sind erfolgreich, erste Werbemaßnahmen laufen, Ihr Waren- oder Serviceangebot überzeugt immer mehr neue Kunden usw. Je mehr Besucher Sie anlocken, desto mehr Umsatz ist die Folge.

Trends aus dem Pago Report 2007   Wie im Einzelhandel gibt es zudem verstärkt saisonale Schwankungen der Kaufvorgänge. Ähnliches konnten wir bisher auch bei unseren Online-Angeboten bestätigen. Sicherlich verwundert es Sie auch nicht, wenn die Arbeitslosenquote zum Winteranfang steigt und zum Frühjahr hin tendenziell sinkt. Ein vergleichbares Phänomen für den Bereich Online-Handel stellt der *Pago Report 2007* fest. Erstmals im Onlinehandel ist ein »Früh-jahrsloch« im April und ein »**Sommerloch**« im Juli erkennbar. Anders im Einzelhandel, dort gibt es immer saisonelle Schwankungen. Der stärkste Monat ist nun der September. Im *Pago-Report 2005* waren die schlechtes-ten Monate von Juli bis September und die verkaufsstärksten Zeiten waren der Februar und die Wochen zum Jahresende.

www.pago.de
Pago eTransaction Services GmbH *(Zahlungsabwicklung im Handel)*

WWW . . . . .

Quartale	Startzeitraum	2004/2005	2005/2006
Quartal I.	Januar-März	ca. 32,0%	ca. 28,5%
Quartal II.	April-Juni	ca. 25,5%	ca. 23,5%
Quartal III.	Juli-September	ca. 19,8%	ca. 25,0%
Quartal IV.	Oktober-Dezember	ca. 22,7%	ca. 23,0%

Tabelle 3.6: Kaufvorgänge pro Quartal

Die beiden Haupttrends sind ersichtlich aus Tabelle 3.6. April und Juli sind die umsatzschwächsten Monate. Das Hauptgeschäft steigt ab September an und reicht über das Jahresende hinaus bis in den Monat Februar.

Quelle: Pago
Report 2007

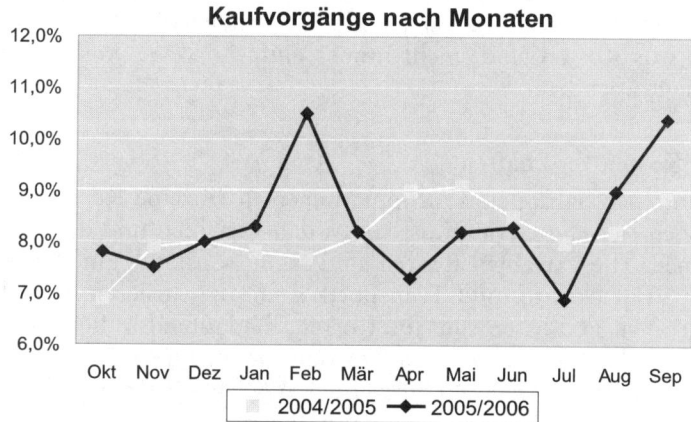

Abbildung 3.7: Kaufvorgänge im Monatsüberblick

Sie dürfen also nicht von einem gleichmäßigen Umsatz in Höhe von 25% pro Quartal ausgehen. Bedenken Sie bei Ihren Planzahlen saisonal stärkere und schwächere Monate bzw. Quartale. Haben Sie im ersten Quartal einen Umsatz in Höhe von 17% Ihrer Jahresplanung erreicht, dann haben Sie bereits eine saisonal bereinigte Abweichung in Höhe von 15% (= 32 – 17).

Kostenrechnung als Baustein des Controllings

Decken Ihre Umsatzerlöse alle Kosten?

Als ein wesentlicher Bestandteil des Controllings gilt die **Kostenrechnung**, als ein Baustein des **Rechnungswesens**. Die dafür relevanten Informationen entstammen größtenteils aus Ihrer Buchführung. Die Hauptaufgabe besteht darin, alle Kosten zu erfassen, die Sie für Produkte oder Dienstleistungen aufbringen. Die zentrale Frage hierzu lautet: Decken Ihre Umsatzerlöse alle anfallenden Kosten? Je nach Bedarf bedient sich das Controlling dabei einer bestimmten Art der Kostenrechnung:

>> **Kostenartenrechnung**: Welche Kosten gibt es?

   Aufgabe: Identifikation aller Kosten, z.B. Miete und Personal

>> **Kostenstellenrechnung**: Wo entstehen die Kosten?

   Aufgabe: Kosten auf Betriebsbereiche aufteilen, z.B. Verwaltung und Versandabteilung

>> **Kostenträgerrechnung**: Wofür fallen Kosten an?

   Aufgabe: Herstellungs- und Selbstkosten ermitteln (Preiskalkulation), z.B. Materialkosten und Fertigungslohn

Einstieg in die Kostenarten-rechnung

>> Für kleine Unternehmen eignet sich die Methode der **Kostenartenrechnung** am besten. Deshalb berücksichtigen wir nur diese Variante. Mit ihr erfassen Sie alle anfallenden Kosten und gliedern sie nach deren Herkunft. Der Betrachtungszeitraum ist jeweils ein Monat, ein Quartal oder ein ganzes Jahr. Klingt zwar nicht schwer, dennoch ist die Unterscheidung, was Kosten sind, nicht immer einfach. Keine Kosten sind z.B. freiwillige Spenden.

Überblick über Kosten verschaffen

Variable und fixe Kosten

Für die Kostenartenrechnung sind Gruppierungen in einzelne Kostenarten sinnvoll. So setzen sich die **Gesamtkosten** aus den variablen und den fixen Kosten zusammen. Die **variablen Kosten** sind nicht konstant. Ein Beispiel hierfür sind die Verpackungs- und Transportkosten, die variieren, je mehr Pakete Sie versenden. **Fixkosten** sind die Kosten, die laufend in konstanter Höhe anfallen, egal ob Sie etwas verkaufen oder nicht. Im Online-Bereich gehören dazu die Kosten für den Online-Shop, die Miete für das Lager oder der Lohn für Mitarbeiter. Diese Kosten fallen sogar im Betriebsurlaub an. Normalerweise können Sie diese Kostenart nicht oder nur sehr begrenzt beeinflussen.

Deckungsbeitrag

Der Sinn jeder Selbstständigkeit besteht darin, dass der Unternehmer Gewinne macht. Nur wenn Sie Gewinne einfahren, kann Ihr Unternehmen langfristig überleben. Das bedeutet, Ihre Umsätze müssen deutlich höher sein als Ihre Kosten. Mit Hilfe der einfachen Deckungsbeitragsrechnung klären Sie, welche Produkte einen Beitrag zur Deckung der fixen Kosten leisten. Jeder positive **Deckungsbeitrag** leistet einen wünschenswerten Beitrag zum Betriebsergebnis.

CD-Rom\sample: Deckungsbeitragsrechnung (03_xx_Kennzahlen.xls)

Kostenartenrechnung	Produkt A	Produkt B	Produkt C
Nettoumsatzsumme	620 €	1.660 €	880 €
– variable Kosten (direkt)	280 €	1.220 €	410 €
= Deckungsbeitrag Produkt	340 €	440 €	470 €
Deckungsbeitrag Summe			1.250 €
– fixe Kosten (indirekt)			820 €
= Gewinn vor Steuern			430 €

Tabelle 3.7: Beispiel für eine einstufige Deckungsbeitragsrechnung

Damit Sie keine Verluste einfahren, müssen Sie vorab herausfinden, wie hoch Ihre Kosten sind bzw. sein dürfen. Um sich darüber Klarheit zu verschaffen, reicht für den Anfang eine Aufstellung aller anfallenden Kostenarten aus. Anhand dieses Überblicks sehen Sie, ob Ihre Umsätze die Kosten decken. Ergibt sich aus Ihrer Deckungsbeitragsrechnung ein **Verlust**, dann können Sie versuchen, Ihre Kosten zu senken oder die Umsätze zu steigern.

Kostenarten sammeln

Eine einfache Übersicht stellen Sie bereits mit wenigen Kostenarten auf: Material-, Personal-, Raum-, Werbe- und Verwaltungskosten. Fassen Sie verschiedene Kosten unter einer Hauptrubrik zusammen. So sammeln Sie beispielsweise unter den Raumkosten alle einzelnen Kosten, die für die Nutzung der Räumlichkeiten anfallen, z.B. Miete, Reinigung, Nebenkosten und Strom.

Beispiele für Kostenarten

Rentabilität steigern: Kosten senken und Umsätze erhöhen

Sie steigern den Gewinn Ihres Unternehmens, indem Sie niedrigere Kosten verursachen und gleichzeitig die Umsatzerlöse halten oder sogar steigern. Unerfahrene Existenzgründer schätzen den erwarteten Umsatz tendenziell zu hoch und die Kosten zu gering ein. Wo auch immer die hohen Kosten herkommen – reduzieren Sie so frühzeitig wie möglich unnötige Kostenfaktoren. Versuchen Sie Folgendes:

Rationalisierungsmaßnahmen

>> Betriebsinterne Abläufe effizient gestalten (*Kapitel 3.1.2*)

>> Zusammenarbeit mit Kunden und Lieferanten optimieren

>> Geringe Lagerhaltungskosten (Just-in-Time)

Untersuchen Sie dazu die internen Abläufe und die externen Schnittstellen zwischen Ihrem Unternehmen und den Kunden, den Lieferanten und anderen Dienstleistern. Gerade die heutigen Möglichkeiten der Informationstechnik bieten viele Ansatzpunkte, wie Sie Ihre Prozesse optimieren können. Landen Ihre Faxe bisher noch in Papierform bei Ihnen (**Medienbruch**), dann könnten Sie sich eine preiswerte PC-Lösung anschaffen. Das spart Papier und beschleunigt die Bearbeitung. Je schneller Sie Ihre Aufträge abwickeln, desto zügiger geht das Geld der Kunden auf Ihrem Konto ein. Ein zufriedener und positiv überraschter Kunde ist die beste Werbung für Ihren Online-Handel. Zumal die Neukundengewinnung zehnmal so viel kostet, wie einen vorhandenen zu behalten.

Betriebsausstattung einsparen

Zum Unternehmensstart reichen meist gebrauchte Büroeinrichtungen oder Kraftfahrzeuge. Kaum sinnvoll sind jedoch gebrauchte Computer, da diese im Preis-Leistungsverhältnis teurer als neue sind. Unter Einschränkungen kann auch über **Leasing** nachgedacht werden. Der Vorteil ist, dass Sie in der Anfangszeit Ihren Etat entlasten, denn gerade Kredite sind mit erheblichen Zinsaufwendungen verbunden, die Ihren Gewinn und die Liquidität schmälern. Nutzen Sie bei Bedarf zinsgünstige **Förderprogramme** von Bund und Ländern (*Kapitel 1*). Insgesamt gesehen ist Leasing in der Regel trotzdem teurer.

Raumkosten sparen

Ein weiteres Sparpotenzial bieten Räumlichkeiten, denn dafür sind Sie schnell ein paar Hundert Euro im Monat los. Möglicherweise können Sie sich in ein staatlich gefördertes Gründerzentrum einmieten, sie bieten oft sehr günstige Büroflächen an. Wobei speziell im eCommerce-Bereich die Kunden ja selten bei Ihnen direkt vorbeischauen. Daher brauchen Sie nicht sofort ein eigenes Büro oder Lager zu beziehen.

Datenbankgestützte Shop-Systeme

Ein anderer Kostenfaktor sind häufig die **Shop-Systeme** selbst, da können Sie ein wenig an der Fixkostenschraube drehen. Gerade für eCommerce-Neulinge ist es sinnvoll, wenn sie zunächst mit einer gemieteten Shopping-Lösung starten. Läuft Ihr Online-Handel gut, können Sie häufig mit einer Kauf- oder OpenSource-Lösung Kosten reduzieren, solange Sie das benötigte Know-how mitbringen. Im Allgemeinen besitzen datenbankgestützte Online-Shops sehr gute Schnittstellen für den schnellen Datenimport und -export. So machen sich nicht nur die eingesparten Grundkosten bemerkbar. Nebenbei sparen Sie durch das einfachere Handling zusätzlich Arbeitszeit und damit letztlich Kosten durch automatisierbare Abläufe. Näheres hierzu finden Sie in *Kapitel 5*.

Lohnkosten senken?

Die ungeliebten Lohnkosten zu senken, ist nicht ganz so einfach. Wahrscheinlich sind Sie froh, dass Sie überhaupt einen gewillten und fähigen Mitarbeiter gefunden haben. Gehen Sie unbedingt vorsichtig bei Einstellungen vor und nutzen Sie nach Möglichkeit finanzielle Zuschüsse für ehemals Arbeitslose (*Kapitel 2*). Einen Teil Ihrer Arbeiten erledigen gelegentlich sogar preiswertere freie Mitarbeiter oder Mini-Jobber. Andererseits ist es eine Überlegung wert, ob Sie nicht einen Geschäftspartner einbinden oder

Kooperationen mit anderen eingehen. Neben dem Zugewinn an Fachwissen kommen Sie dadurch möglicherweise an günstigere Einkaufskonditionen oder größere Kunden.

Dann können Sie natürlich auch durch eine Umsatzsteigerung Ihre Rentabilität positiv beeinflussen. Betreiben Sie regelmäßig Werbung, die Ihre Kunden anspricht oder neugierig macht. Loten Sie alle Werbemaßnahmen am Markt aus und suchen Sie sich passende Marketingangebote heraus. In *Kapitel 9* und *Kapitel 10* zeigen wir Ihnen einige praktische Lösungen. Zwar kostet Werbung meistens Geld, aber ohne Werbung finden die Kunden Ihren Shop nicht. Damit Sie nicht an Kundenbedürfnissen und -wünschen vorbei werben, vergleichen Sie regelmäßig Ihre Produktangebote mit denen Ihrer Konkurrenz. Schauen Sie genau, was sich in Bezug auf Preis, Qualität, Erscheinungsbild und Service tut. Vielleicht ermitteln Sie anhand einer kleinen Kundenbefragung Wünsche und Anregungen Ihrer Zielgruppe.

Umsätze stetig steigern

Viele Anbieter versuchen, ihre Produkte rein über den günstigen Preis loszuschlagen. Oft können Sie allerdings den Preis der Konkurrenz nicht mehr unterbieten, schon gar nicht, wenn es sich beim Mitbewerber um Kleingewerbetreibende handelt, die häufig die Waren zum Einkaufspreis anbieten. Es kann also keinesfalls in Ihrem Interesse liegen, die Marge noch weiter zu senken, bis kaum mehr etwas hängen bleibt. Auf Dauer haben Sie mit dieser Strategie keine langfristige Überlebenschance. Nehmen Sie sich lieber »Service ist geil« als Leitmotiv. Optimieren Sie Ihren Shop **kundenorientiert** und nicht rein produkt- oder preisorientiert.

Service ist geil

3.2.2   Rentabilität ist planbar

Früher oder später werden auch Sie als Existenzgründer nicht an dem Faktor **Rentabilität** vorbeikommen. Als erfolgreicher Unternehmer decken Sie mit den erzielten Einnahmen zumindest Ihre privaten und betrieblichen Kosten. Richtig rentabel ist Ihr Unternehmen erst, wenn zusätzlich noch ein akzeptabler Gewinn herausspringt.

Je größer Ihr Unternehmen ist, desto mehr gewinnt die Rendite an Bedeutung. Das investierte Kapital des Unternehmers oder der Geldgeber muss genug **Rendite**, genauer gesagt: Zinsen abwerfen. Deshalb wird bereits beim Business-Plan und später bei den Statusberichten Wert auf eine Rentabilitätsvorschau gelegt. Sie können die Rentabilität Ihres Unternehmens anhand verschiedener Kennzahlen feststellen: Eigenkapital-, Fremdkapital- und Gesamtkapitalrentabilität. Für Sie als Gründer ist zu Beginn die **Umsatzrentabilität** entscheidend und in den allermeisten Fällen auch ausreichend:

Rentabilitätsquote

$$Umsatzrentabilität\ [in\ \%] = \left(\frac{Gewinn}{Umsatz}\right) \times 100$$

Bei 15.000 € Gewinn und 100.000 € Umsatz ergibt sich eine Umsatzrentabilität von 15%. Mit je 100 € Umsatz haben Sie also 15 € verdient. Ob Ihre Umsatzrentabilität gut ist, merken Sie an den durchschnittlichen Rentabilitätszahlen von Unternehmen Ihrer Branche. Entsprechende Vergleichsdaten der Unternehmen mit gleicher Größe und ähnlichem Umsatz bekommen Sie von den IHKs, Verbänden oder Ihrer Hausbank.

Informationen für die Umsatzplanung finden

Im Umsatzplan erfassen Sie die Summe aller Erlöse aus Produkten oder Dienstleistungen. So weit, so gut, nur wie bekommen Sie eine plausible Umsatzplanung für Ihren Online-Shop? Denn die verschiedensten Faktoren beeinflussen Ihre Prognose, dazu gehören Konkurrenz, Produkte, Kundenzielgruppe, Benutzerzahlen, Trends, Branchengesamtumsatz usw. Ihr Nutzen liegt jedoch nicht so sehr in einer genau zutreffenden Prognose, sondern darin, Entwicklungstendenzen und Fehler frühzeitig zu erkennen.

Vermeiden Sie Fehler

Auf jeden Fall müssen Sie für eine möglichst aussagekräftige Umsatzschätzung Sorgfalt walten lassen. Das gelingt Ihnen, indem Sie Ihre Pläne unter der Angabe von Jahreswerten aufstellen. Diese können Sie dann monatlich bzw. quartalsweise aufschlüsseln. Berücksichtigen Sie hier die branchenüblichen saisonalen Schwankungen (Abbildung 3.7). Grobe Fehler bei der Planung führen schnell zum Scheitern Ihres Unternehmens.

Damit Sie eine plausible Finanzplanung aufstellen können, sind Branchenkenntnisse auf den Gebieten Einkauf, Absatzmenge, Produktionsmenge, Preis- und Konkurrenzsituation sehr hilfreich. Es gibt branchenspezifische Vergleichswerte, die Sie Ihren Planungen zugrunde legen können. Außerdem finden Sie jede Menge Vergleichsdaten und Informationsquellen bei:

>> örtlichen Industrie- und Handelskammern

>> regionalen **Wirtschaftsförderungsämtern** und **-gesellschaften**

>> dem Fachverband für den Einzelhandel

>> der Auskunftsdatenbank der statistischen *Ämter des Bundes* und der Länder (*Genesis*)

www.destatis.de
Statistisches Bundesamt Deutschland (*Statistische Informationen*)

www.einzelhandel.de
Hauptverband des Deutschen Einzelhandels (*Portal für den Einzelhandel*)

www.ifhkoeln.de
Institut für Handelsforschung (*Fachverband für den Einzelhandel*)

www.statistik-portal.de
Statistische Ämter des Bundes und der Länder (*Veröffentlichungen*)

>> Studien: *eCommerce Center Handel, Deutsches Zentrum für Luft- und Raumfahrt, eMarket ...*

www.ecc-handel.de

eCommerce Center Handel *(ECC-Handel – Institut für Handelsforschung)*

WWW . . . . .

www.ec-net.de

Deutsches Zentrum für Luft- und Raumfahrt e.V. *(KMU-Unterstützung)*

www.emar.de

Europa Fachpresse Verlag GmbH *(Web-Magazin für eCommerce)*

>> **Wirtschaftsministerien**

www.ebigo.de

Medien- und Filmgesellschaft Baden-Württemberg mbH

WWW . . . . .

>> Forschungsinstitute: *TNS-Infratest, GfK ...*

www.tns-infratest.de

TNS Infratest Holding GmbH & Co. KG

WWW . . . . .

www.gfk.de

GfK AG

Als Endergebnis enthält Ihr Umsatzplan die von Ihnen geplanten Umsätze. Je nach Art Ihres Unternehmens und der gewollten Planungstiefe kann es sinnvoll sein, die Umsätze in einzelne Produktgruppen aufzusplitten. Stellen Sie bei Ihrer Szenarienanalyse mehrere Modelle auf. So bekommen Sie ein besseres Gefühl für die Erfolgschancen Ihrer Produkte oder Dienstleistungen. Betrachten Sie daher bis zu drei Fälle:

>> **Best-case-Szenario:** bester Fall

>> **Realistic-case-Szenario:** realistischer Fall

>> **Worst-case-Szenario:** schlechtester Fall

Der Auf- bzw. Abschlag zum Best- bzw. Worst-case-Szenario sollte 20 bis 30% betragen. So haben Sie gleich einen Überblick über den besten und ungünstigsten Fall. Diese Vorgehensweise gewährleistet Ihnen eine solide Planungssicherheit, falls Sie z.B. Ihre Produkte doch nicht so leicht verkaufen wie gedacht.

Umsatzplanung am Beispiel Notebook-Handel

Praxisbeispiel Nehmen wir an, Sie wollen *Acer*-Notebooks über Ihren Online-Shop anbieten. Dann wird Sie folgender Presseartikel bestimmt interessieren:

»computerbase.de — Ende 2006 werden voraussichtlich noch 47 Prozent des Umsatzes im Komplettsystem-Markt durch Desktop-Systemen erreicht, während Notebooks einen Anteil von 41,6 Prozent innehaben. Für 2007 wird allerdings erwartet, dass der Anteil von Notebooks auf 45,6 Prozent ansteigt und der von Desktop-Systemen auf 43,1 Prozent sinkt. Für 2008 wird bei Notebooks mit einem Anteil von an die 50 Prozent gerechnet; Desktop-Systeme sollen dann nur noch auf etwa 40 Prozent kommen. Der größere Umsatz, der durch den Verkauf von Notebooks erzielt wird, ist teilweise mit den höheren Stückpreisen zu erklären. So liegt der erwartete Durchschnittspreis für ein Notebook im kommenden Jahr bei rund 1.100 US-Dollar, während Desktop-Systeme im Schnitt für 760 US-Dollar den Besitzer wechseln. Für einen kräftigen Schub werden demnach außerdem die neuen Multicore-Prozessoren von Intel und AMD sorgen (siehe auch: Die Pläne von Intel und AMD für 2007). Insgesamt würden im weltweiten PC-Markt 262,9 Millionen Geräte ausgeliefert, ein Plus von 10,2 Prozent gegenüber dem Vorjahr, als 238,5 Millionen Rechner abgesetzt worden waren. Das Wachstum lag 2006 bei neun Prozent.

In Deutschland wurden nach Zählung von Gartner im ersten Quartal 2005 insgesamt 2,26 Millionen PCs verkauft, das sind sieben Prozent mehr als im vergleichbaren Vorjahreszeitraum. ... auf der Consumer-Seite lag das Wachstum bei acht Prozent. Überproportional wuchs mit 21 Prozent einmal mehr das Notebook-Segment, das bereits 43 Prozent des Gesamtmarkts ausmachte. ... Der Durchschnittpreis für ein privates Notebook liegt mit 1050 Euro jetzt 17 Prozent unter dem des Vorjahres. ... Acer steigerte seine Verkäufe um 20,9 Prozent auf 220.553 Einheiten und belegte mit 9,8 Prozent Market Share Platz zwei.«

WWW · · · · · ·   www.computerwoche.de/index.cfm?pid=254&pk=556032
IDG Business Verlag GmbH *(Fünf Prozent weniger Umsatz)*

Mit Hilfe von Informationen aus der *GfK Web*Scope Studie* (Juni 2005) in Abbildung 3.8 erstellen Sie eine erste grobe Umsatzplanung. Wir nehmen für unser Beispiel einfach einmal an, dass vom Gesamtumsatz der Computerhandelsbranche knapp 6% auf den Online-Handel entfallen.

WWW · · · · · ·   www.gfk.de
GfK AG *(Erstes deutsches Marktforschungsinstitut)*

*Quelle:*GfK
Web*Scope

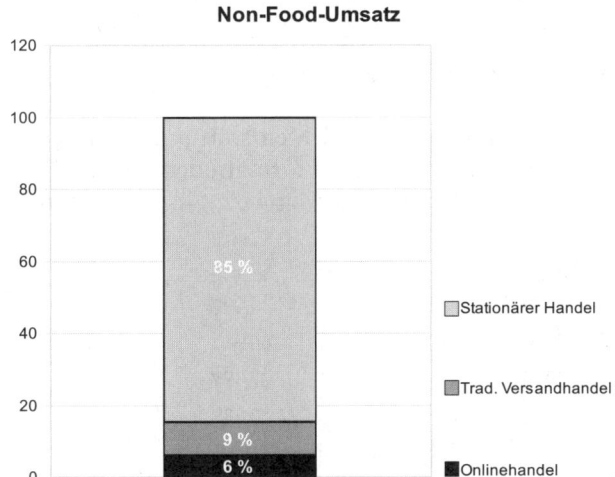

Abbildung 3.8: Online-, herkömmlicher Versand- und stationärer Handel

Damit stellen Sie eine erste Berechnung Ihrer Verkäufe pro Quartal auf:

	Rechengrundlage	Acer-Produkte
Verkaufszahlen I. Quartal 2005	9,8% von 2,26 Mio.	220.553 Stück
Über das Internet verkauft	6,0% über Internet-Handel	13.233 Stück
Ihr Marktanteil, z.B. 1,0%	Computer 57%	76 Stück
	Notebooks 43%	56 Stück
Quartalsumsatz mit Notebooks	Durchschnittspreis 1.050 €	58.800 €

Tabelle 3.8: Vertrieb von Acer Notebooks per Online-Shop

Worst-Case

Selbst wenn Ihr Gewinn pro Notebook bei 50 € liegen würde, kämen Sie damit noch nicht einmal auf 1.000 € Gewinn pro Monat. Ganz abgesehen davon, dass Sie Online-Shop-, Marketing- und Zahlungssystemkosten davon begleichen müssen. Dafür blättern Sie locker 250 € pro Monat auf den Tisch. Vielleicht sind die Zahlen in Tabelle 3.8 auch etwas zu pessimistisch geschätzt. Als Worst-case-Betrachtung liefern sie Ihnen aber zumindest einen Einstieg. Allerdings verkaufen Sie mit Sicherheit Zusatzprodukte, wie Software, Notebooktaschen, Akkus usw.

Aber es geht uns auch gar nicht um die Frage, ob sich ein Notebook-Handel lohnt. Sie sollten einfach mal sehen, wie eine Umsatzplanung aufgebaut sein kann. Mit den richtigen weiterführenden Informationen wird daraus eine recht brauchbare Umsatzplanung. Ergänzt durch folgende Informationen aus dem *Pago Report 2005* rechnen Sie den Gesamtumsatz auf die einzelnen Monate um.

Kaufmonat	Januar	Februar	März	...	Dezember
Umsatzanteil	10,39%	10,34%	11,33%	...	8,00%
Umsatz in €	6.109 €	6.079 €	6.662 €	...	4.704 €

Tabelle 3.9: Monatliche Umsatzverteilung im Online-Handel

An welche Zielgruppe Sie Ihr Marketing ausrichten sollen, merken Sie bei-spielsweise an den nachstehend aufgeführten Informationen aus dem *Pago Report 2005*. Scheinbar gehören hauptsächlich Männer zu Ihrer Kundschaft.

Warenkorbwerte	männlich	weiblich
bis 10 €	14,27%	6,99%
bis 100 €	55,31%	65,31%
bis 500 €	29,62%	27,42%
über 500 €	0,80%	0,28%

Tabelle 3.10: Warenkorbwerte deutscher Shopper in europäischen Shops

Das Wachstumspotenzial für die nächsten Jahre lehnen Sie an die Daten aus Abbildung 3.9 an.

Quelle:
Forrester
Research

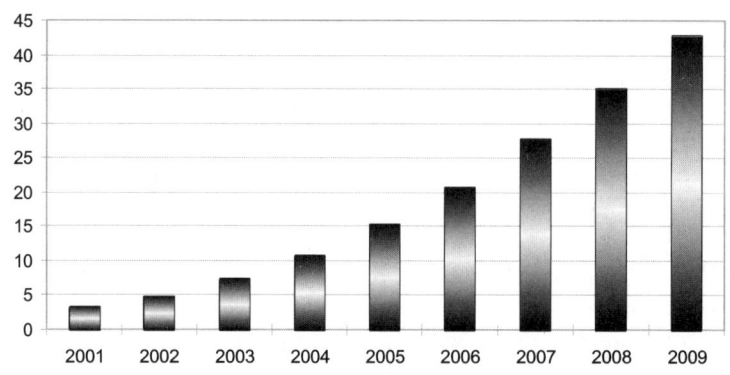

Abbildung 3.9: eCommerce-Umsatz von 2001 bis 2009 (B2C-Bereich)

Je mehr interessante Informationen Sie sammeln und je gründlicher Sie recherchieren, desto genauer wird Ihre Umsatzprognose ausfallen. Die geplanten Umsätze zeigen Ihnen und bzw. Ihrer Bank, ob Sie in der Lage sind, sowohl kostendeckend als auch rentabel zu arbeiten. Stützen Sie die Umsatzplanung auf Ihre Marktanalysen und Branchenerfahrung. Wunsch-denken ist jedenfalls gleichermaßen fehl am Platz wie übertriebene Zurück-haltung.

Rohgewinn und Handelsspanne errechnen

Einen Betriebsgewinn zu erreichen, ist Ihr Hauptziel, das ist klar. Die absolute Höhe Ihres Jahresgewinns allein in Euro hat allerdings nur geringe Aussagekraft. Informativer wird die Zahl erst, wenn Sie sie in Relation zum eingesetzten Kapital oder zum Umsatz setzen. Die Rentabilität wird für Sie und andere somit ein wichtiger Maßstab zur Beurteilung der Ertragskraft Ihres Unternehmens. Zur Berechnung einer **Rentabilitätsvorschau** ziehen Sie den so genannten Rohgewinn heran.

Ertragskraft beurteilen

Der **Rohgewinn I** errechnet sich aus der Differenz zwischen Nettoumsatz und Waren-/Materialeinsatz (Fremdleistungen und Wareneinkaufspreis); einfacher gesagt: dem Unterschied zwischen Verkaufs- und Einkaufspreis. Als Kennzahl in Prozent hat sich im Einzelhandel für den Rohgewinn I auch der Begriff **Handelsspanne** eingebürgert. Der **Rohgewinn II** entsteht aus dem Rohgewinn I nach Abzug der Personalkosten. Berücksichtigt wird hierbei auch Ihr Geschäftsführergehalt oder Unternehmerlohn. Die Angabe in Prozent wird auch als **Betriebshandelsspanne** bezeichnet; das ist der Mischwert aus den unterschiedlichen Handelsspannen, die für dasselbe Sortiment erzielt werden. Beim Rohgewinn unterscheidet man also:

Rohgewinn bzw. Handelsspanne

Rohgewinn I	Beispiel	Rohgewinn II	Beispiel
Umsatz brutto	1.190 €	Umsatz netto	1.000 €
– Umsatzsteuer 19%	– 190 €	– Wareneinkaufspreis	– 900 €
= Umsatz netto	= 1.000 €	= Rohgewinn I	= 100 €
– Wareneinkaufspreis	– 900 €	– Personalkosten	– 40 €
		– Unternehmerlohn	– 30 €
= **Rohgewinn I**	= 100 €	= **Rohgewinn II**	= 30 €

Tabelle 3.11: Ermitteln des Rohgewinns (Prognose)

Für die Rentabilitätsanalyse ist der ermittelte Rohgewinn ebenso als Kennzahl in Prozent darstellbar. Sie beantwortet die Frage, was von Ihrer Betriebsleistung übrig bleibt, wenn Sie Fremdleistungen sowie Waren- und Materialeinsatz abziehen. Haben Sie im Vergleich zu konkurrierenden Unternehmen (**Benchmarking**) einen niedrigen Rohgewinn I, können Sie daraus folgern, dass entweder die Kosten durch Subunternehmer oder durch den Wareneinkauf zu hoch sind. Mit unserem Beispiel aus Tabelle 3.11 ergibt sich eine Handelsspanne für dieses Produkt in Höhe von 10%.

Im Einkauf liegt der Gewinn

CD-Rom\sample: Kennzahlen und Rohgewinn (03_xx_Kennzahlen.xls)

CD . . . .

$$Rohgewinn\ I\ [in\ \%] = \left(\frac{Nettoumsatz - Wareneinsatz}{Nettoumsatz} \right) \times 100$$

Geringe Personal-
kosten helfen

Der Rohgewinn II errechnet sich aus dem Rohgewinn I abzüglich der Perso- nalkosten inklusive Ihrem Unternehmerlohn. Diese wichtige Formel beschreibt die Belastung des Unternehmens durch die beiden großen Kos- tentreiber Wareneinsatz und Personalkosten. Die Kennzahl muss groß genug sein, damit die Hauptkosten und ein angemessener Betriebsgewinn abgedeckt sind.

$$Rohgewinn\ II\ [in\ \%] = \left(\frac{Rohgewinn\ I - Personalkosten}{Nettoumsatz} \right) \times 100$$

Für eine Beispielrechnung dient uns folgendes Jahreszahlenmaterial: Net- toumsatz 43.000 €, Wareneinsatz 14.000 € und Personalkosten (inkl. Unternehmerlohn) 26.000 €. Daraus ergeben sich ein traumhafte Handels- spanne in Höhe von 67,44% und ein Rohgewinn II in Höhe von 6,98%. Solange Sie positive Rohgewinne erwirtschaften, können Sie die noch anste- henden **Sachgemeinkosten** (Betriebsausgaben) bezahlen.

Exkurs >>

Handelsspanne mehr als 25% im Online-Handel

Online-Händler fahren häufig Verluste ein. Die Gründe dafür sind:

>> aufwendige und manuelle **Kommissionierung** der Produkte

>> hohe Auftragsabwicklungskosten (Fulfilment: Lager, Versand ...)

>> hohe Retourenquote (Warenrücklieferungen)

>> fehlende Vertriebs- und Marketingerfahrung

>> intensiver Preiskampf mit der Konkurrenz

>> niedriger Umsatz pro Lieferung

Als Online-Händler arbeiten Sie am profitabelsten, wenn:

>> die Handelsspanne mehr als 25% beträgt

>> der Bestellwert mindestens 100 € übersteigt

>> eine effiziente und preiswerte Kommisionierungslösung im Einsatz ist

eCommerce im B2C-Bereich funktioniert am besten bei Produkten, die sich billig versenden lassen und trotzdem eine hohe Handelsspanne abwerfen. Toll ist es, wenn dazu noch ein zusätzlicher Kundennutzen geschaffen wird.

Mit den Privatausgaben Ihren Unternehmerlohn kalkulieren

Unternehmerlohn

In einer Art privater **Liquiditätsplanung** ermitteln Sie, wie hoch Ihr **Unter- nehmerlohn** sein muss. Ihren monatlichen Lebensunterhalt finanzieren Sie hoffentlich möglichst rasch durch Ihre berufliche Selbstständigkeit.

Private Ausgaben
sammeln

Notieren Sie sich alle regelmäßig anfallenden größeren Ausgaben. Am ein- fachsten nehmen Sie sich dazu die Kontoauszüge des Vorjahres zur Hand.

Wobei Sie nicht nur die monatlichen Zahlungen erfassen sollten, sondern natürlich auch quartalsweise (quart.), jährliche (jährl.) oder andere periodische Zahlungen. Planen Sie auch einen Puffer für Unvorhergesehenes ein. Für gewöhnlich sollte Ihr Unternehmen Sie bereits nach einer etwa zwölfmonatigen Anlaufphase ernähren.

CD-Rom\sample: Unternehmerlohn (03_12_Unternehmerlohn.xls)

CD . . . .

Privat (3 Personen)	Zeit	Januar	Februar	...	Dezember
Haushalt:					
Miete und Nebenkosten	1mtl.	600 €	600 €		600 €
Lebenshaltung	1mtl.	600 €	600 €		600 €
Strom	2mtl.	180 €	0 €		0 €
Telekommunikation	1mtl.	100 €	100 €		100 €
Kindergarten und Verein	1mtl.	100 €	100 €		100 €
Geldanlage und Sparen	1mtl.	300 €	300 €		300 €
Einkommensteuer	quart.	600 €	0 €		0 €
Sonderausgaben	1mtl.	100 €	100 €		100 €
Darlehen	1mtl.	100 €	100 €		100 €
Summe Haushaltsausgaben		2.680 €	1.900 €		1.900 €
Vorsorge:					
Lebensversicherung	1mtl.	100 €	100 €		100 €
Rentenversicherung	1mtl.	150 €	150 €		150 €
Krankenversicherung	1mtl.	250 €	250 €		250 €
Unfallversicherung	1mtl.	50 €	50 €		50 €
Haftpflichtversicherung	jährl.	0 €	90 €		0 €
Kfz-Haftpflichtversicherung	quart.	180 €	0 €		0 €
Hausratversicherung	jährl.	0 €	70 €		0 €
Summe Vorsorgeausgaben		730 €	710 €		550 €
Haushaltsausgaben		2.680 €	1.900 €		1.900 €
+ Vorsorgeausgaben		730 €	710 €		550 €
– sonstige Einnahmen		600 €	600 €		600 €
Gesamtkapitalbedarf		2.810 €	2.010 €		1.850 €

Tabelle 3.12: Privaten Kapitalbedarf (Unternehmerlohn) ermitteln

An einer solchen Übersicht erkennen Sie im Privatbereich größere finanzielle Schwankungen. Besonders die Monate Januar und Juli fallen zumindest bei uns unangenehm auf. Bei Angestellten fällt das weniger auf, weil sie ja (zumindest oft noch) Weihnachtsgeld und Urlaubsgeld erhalten. Bei Ihnen als Unternehmer sieht die Sache schon etwas anders aus, da vor allem im Sommer die bekanntlich umsatzschwächeren Monate liegen (Abbildung 3.7). Das bedeutet für Sie, dass Sie sich unbedingt frühzeitig ein kleines finanzielles Polster zulegen sollten.

Polster anlegen

Betriebliche Ausgaben und Einnahmen gegenüberstellen

Wichtig für den Business-Plan

Als Existenzgründer besitzen Sie anfangs noch kein eigenes Zahlenmaterial. Daher greifen Sie auf Zahlen vergleichbarer Unternehmen, Angebotspreise künftiger Lieferanten und Nachfragepreise potenzieller Kunden zurück. Die so recherchierten Zahlen fließen in Ihre Rentabilitätsvorschau ein (*Kapitel 1*), die auf der Umsatzprognose basiert. Neben Investitions-, Kapitalbedarfs- und Liquiditätsplan ist diese Vorschau Bestandteil Ihres Business-Plans.

Cashflow des Unternehmens

Der Begriff **Cashflow** ist hierfür eine wirtschaftliche Messgröße, mit deren Hilfe Sie die Zahlungs- und Ertragskraft Ihres Unternehmens beurteilen. Er bezeichnet den Überschuss an liquiden Mitteln. In Tabelle 3.13 wird ausgehend vom Rohgewinn der Jahresüberschuss errechnet.

In der Rentabilitätsvorschau vergleichen Sie die erwartete Umsatzvorschau (enthalten im Rohgewinn II) mit den vermutlich anfallenden Kosten. Besonders das dritte Jahr gilt als äußerst kritisch, weshalb sich die Planung über die nächsten drei Jahre erstrecken sollte.

CD . . . . *CD-Rom\sample: Rentabilitätsvorschau (03_13_Rentabilitätsvorschau.xls)*

Rentabilitätsvorschau	1. Jahr	2. Jahr	3. Jahr
Rohgewinn II			
– Sachgemeinkosten			
= Erweiterter Cashflow			
– Zinsen			
= Cashflow			
– Abschreibungen			
+ Zuschreibungen			
= Jahresüberschuss			
– Kredittilgung			
– Investitionen			
– Geldreserve/Rücklage			
– Privatentnahmen			
= Über-/Unterdeckung			

Tabelle 3.13: Muster einer Umsatz- und Rentabilitätsvorschau

Des Öfteren wird vom **Jahresüberschuss (Reingewinn)** bzw. **Jahresfehlbetrag** ausgehend in der Tabelle 3.13 von unten nach oben gerechnet. Das bedeutet: Sie legen einen festen Betrag für die Überdeckung fest und berechnen »rückwärts« den Rohgewinn. Dabei wird der Cashflow um neutrale, rein buchhalterische Werte bereinigt (mit vertauschten Vorzeichen!):

>> Subtrahieren Sie **einnahmenneutrale Erträge**, z.B. Zuschreibungen (Gegenteil von Abschreibungen für die Wertzunahme eines Vermögensgegenstandes) und außerordentliche Erträge.

>> Addieren Sie **ausgabenneutrale Aufwendungen**, z.B. Abschreibungen, Rückstellungen, Rücklagen und außerordentliche Aufwendungen.

Nach den beiden Kostenblöcken Waren-/Materialeinsatz und Personalkosten (versteckt im Rohgewinn II) werden als dritter Kostenblock die Sachgemeinkosten dazuaddiert. Unter den betrieblichen **Sachgemeinkosten** finden Sie: Miete, Pacht, Heizung, Wasser, Strom, Versicherungen, Steuern, Beiträge, Fahrzeugkosten, Werbung, Reisekosten, Leasing, Finanzierungskosten (Leasingrate, Zinsen, Tilgung), Buchführung, Geräteinstandhaltung, Büro-/Verwaltungskosten, Telekommunikation, Internet, Beratung usw.

Umsätze allein sind noch keine Garantie für die Erhaltung des finanziellen Gleichgewichts im Unternehmen. Soll in Ihrem Unternehmen der Betriebsablauf ohne Probleme erfolgen, so müssen Ein- und Auszahlungen zeitlich koordiniert werden. Dadurch stehen dem Unternehmen immer die benötigten finanziellen Mittel rechtzeitig zur Verfügung. Stellen Sie Erlöse und Kosten gegenüber, so können Sie den künftigen Kapitalbedarf oder die Mittelüberschüsse erkennen. Ihr Gesamtsaldo zeigt, ob ein **Fehlbetrag** oder ein **Überschuss** vorhanden ist: *Überschuss oder Fehlbetrag*

>> **Unterdeckung** (Fehlbetrag): Kapital wird benötigt für Zahlungsverpflichtungen.

>> **Überdeckung** (Überschuss): Kapital ist verfügbar für Investitionen.

Einnahmen vorziehen	– Schreiben Sie schneller Ihre Rechnungen.
	– Räumen Sie kürzere Zahlungsziele ein.
	– Motivieren Sie mit Nachlässen zu schneller Bezahlung.
	– Führen Sie ein effektiveres Forderungsmanagement ein.
	– Vereinbaren Sie Abschlagszahlungen mit Kunden.
	– Integrieren Sie Vorkasse als Zahlungsart im Shop.
	– Nutzen Sie kurzfristig Kontokorrentkredite.
Ausgaben verschieben	– Versuchen Sie selbst, längere Zahlungsziele zu erhalten.
	– Stellen Sie geplante Anschaffungen zurück.
	– Verschieben Sie Ihre privaten Entnahmen.
	– Vereinbaren Sie Wechselzahlungen mit Lieferanten.

Tabelle 3.14: Liquiditätsproblem – drohender Unterdeckung vorbeugen

Beachten Sie genauestens, in welchem Monat Ihre geplanten Einnahmen zu tatsächlichen Einzahlungen werden. Dieselbe Überlegung gilt auch für Ihre Ausgaben. Aufgrund von saisonalen Schwankungen, eingeräumten Zahlungszielen und aus anderen Gründen kommt es zu monatlichen Überschüssen oder Fehlbeträgen. Hält die Unterdeckung über einen längeren Zeitraum an, droht die **Zahlungsunfähigkeit**. Diese kann ein kleines und mittleres Unternehmen ziemlich unverhofft treffen, wenn es Pech mit zahlungsunwilligen Kunden hat. Solche Zahlungsausfälle verursachen einen wesentlichen Anteil der Insolvenzen. Mit geeigneten Maßnahmen können Sie einem solchen Schicksal vorbeugen; sehen Sie sich dazu Tabelle 3.14 an. *Zahlungsunfähigkeit vorbeugen*

Geldreserven schaffen

Lassen Sie sich durch hohe Einnahmen nicht dazu verleiten, überhöhte Privatentnahmen oder nicht unbedingt notwendige betriebliche Anschaffungen vorzunehmen. Bilden Sie stattdessen mit erwirtschafteten Überschüssen eine Reserve für schlechtere Zeiten. Damit können Sie spätere Schwankungen aufgrund fehlender Einnahmen oder unvorhergesehener Ausgaben bzw. Investitionen ausgleichen. Und der teure Kontokorrentkredit bleibt ungenutzt. Verschaffen Sie sich stattdessen, ähnlich wie im Privatbereich (Tabelle 3.12), mit Hilfe einer betrieblichen Liquiditätsplanung einen Überblick.

CD . . . . . .

CD-Rom\sample: Liquiditätsvorschau (03_15_Liquiditätsvorschau.xls)

Betriebliche Liquidität	Januar	Februar	...	Dezember
Einnahmen:				
Warenverkäufe/Umsatzerlöse				
+ Honorare				
+ Provisionen				
+ sonstige Einnahmen				
= Summe Gesamteinnahmen				
Ausgaben:				
Wareneinkäufe				
+ Personalkosten/Unternehmerlohn				
+ Sachgemeinkosten				
+ sonstige Ausgaben				
= Summe Gesamtausgaben				
Gesamteinnahmen				
− Gesamtausgaben				
=				
Monatsüberschuss/-fehlbetrag				
− Investitionen				
− Liquiditätsreserve/Rücklage				
− Privatentnahmen				
= Effektive Liquidität				

Tabelle 3.15: Betriebliche Liquiditätsengpässe rechtzeitig erkennen

Die Liquidität Ihres Unternehmens ist mit Hilfe der betrieblichen Liquiditätsrechnung systematisch im Voraus berechenbar. Ihr Planungszeitraum muss mindestens die nächsten sechs Monate umfassen, besser sind allerdings zwölf Monate.

WWW . . . . .

www.existenzgruender.de
BMWi *(GründerZeiten Nr. 7 – Rentabilität)*

Klassische Handelskalkulation für den Produktpreis

Die **Produktpreisfindung** ist ein schwieriges Unterfangen. Einerseits müssen Sie genügend einnehmen, damit Sie wenigstens kostendeckend arbeiten. Aber eigentlich wollen Sie ja vom Erlös leben, so dass Sie Ihre Produktpreise gewinnbringend kalkulieren müssen. Andererseits möchte Ihr Kunde keinen überhöhten Preis bezahlen, sonst wird er das angebotene Produkt nicht bei Ihnen, sondern bei der Konkurrenz kaufen. Diese Spanne gilt es auszuloten.

Produktpreis finden

Die entscheidungsrelevanten Preise in diesem Zusammenhang sind:

>> **Kostenpreis** deckt alle Kosten plus einen Gewinn.

>> **Marktpreis** orientiert sich am Kunden und an der Konkurrenz.

Liegt der Marktpreis über Ihrem Kostenpreis, werden Sie wohl Ihren Verkaufspreis am Marktpreis anlehnen. Das gelingt Ihnen meist nur für Produkte, die Sie zu vorteilhaften Einkaufskonditionen beschaffen. Meistens liegt der Kostenpreis allerdings über dem Marktpreis, da sich zu viele Anbieter mit »Kampfpreisen« um die Kunden bemühen. Damit können Sie kaum Gewinne erwirtschaften, denn die Konsequenz des teuren Preises ist, dass Sie sehr wenig bis gar nichts verkaufen. Als Lösung sind zwei Varianten denkbar: 1. Kosten senken durch bessere Konditionen mit Lieferanten. 2. Das Kundensegment wechseln, da eine andere Zielgruppe eventuell einen höheren Preis zahlt.

Kostenpreis größer als Marktpreis

Sie merken schon, im Grunde ist der Marktpreis derjenige Preis, der darüber entscheidet, ob und wie viel Sie absetzen. Mit Hilfe der **Preis-** und **Handelskalkulation** suchen Sie den theoretisch optimalen Absatzpreis für Ihre Produkte.

Preis- und Handelskalkulation

Grundsätzlich unterscheidet man innerhalb der Kalkulation drei Arten:

>> **Einkaufskalkulation**: ermittelt den Netto-Einkaufspreis.

>> **Betriebliche Kalkulation**: berechnet Nettoerlös, den ein Kunde zahlt.

>> **Verkaufskalkulation**: ermittelt den Brutto-Verkaufspreis.

Daraus ergibt sich das in Tabelle 3.16 exemplarisch beschriebene **Kalkulationsschema**. Als Erläuterung möchten wir Ihnen noch ein paar Begriffe erklären. Zu den **Bezugskosten** gehören alle Kosten, die bei der Beschaffung von Waren anfallen. Das sind vor allem Zölle und Versicherungs-, Transport-, Verpackungs- und Verladekosten. Im **Handlungskostenzuschlag** sind Ihre Geschäfts- oder Gemeinkosten enthalten, d.h. Personalkosten (Löhne, Gehälter, Sozialkosten), Abschreibungen, Mieten, Kommunikationskosten (Büromaterial, Werbekosten, Telefonate), Fuhrparkkosten und Betriebsteuern. Der Einfachheit halber werden sie über eine gewisse Zeitperiode erfasst und als Gemeinkosten in einem Prozentsatz ausgedrückt.

Kosten einrechnen

Den **Einstandspreis** bezahlen Sie beim Kauf Ihrer Handelswaren. Als normaler Gewerbetreibender brauchen Sie sich um die Umsatzsteuer nicht zu kümmern, denn sie ist nur ein durchlaufender Posten. Gemäß Ihrer Kalkulation
zahlt in aller Regel Ihr Kunde den **Barverkaufspreis**. Dieser geht im Grunde
als Nettoerlös bei Ihnen ein, zuzüglich der USt, die von Ihnen abgeführt wird.
Wichtig in Ihrer Preiskalkulation ist der **Selbstkostenpreis**. Ist er erreichbar,
dann arbeiten Sie zumindest schon kostendeckend. Erst wenn Ihr Verkaufspreis über den Selbstkosten liegt, erzielen Sie Gewinne. Diesen können Sie
langfristig auch als unterste Preisgrenze durchhalten. Der **Brutto-Angebots-
preis** dient für standardisierte Produkt- oder Werbekataloge.

CD . . . . *CD-Rom\sample: Handelskalkulation (03_16_Handelskalkulation.xls)*

Art	Kalkulationsstufe	Prozentsatz	Betrag
Kalkulation für Einkauf	Listeneinkaufspreis (netto)		100,00 €
	– Rabatt/Handelsspanne	25%	– 25,00 €
	= Zieleinkaufs-/Rechnungspreis		75,00 €
	– Skonto	2%	– 1,50 €
	= Bareinkaufspreis		73,50 €
	+ Bezugskosten (ohne USt)		+ 6,50 €
	= Bezugs-/Einstandspreis		80,00 €
Kalkulation für Gewinn	Bezugs-/Einstandspreis		80,00 €
	+ Handlungskostenzuschlag	25%	+ 20,00 €
	= Selbstkostenpreis		100,00 €
	+ Gewinn	15%	+ 15,00 €
	= Barverkaufspreis/Nettoerlös		115,00 €
Kalkulation für Verkauf	Barverkaufspreis/Nettoerlös		115,00 €
	+ Kundenskonto	2%	+ 2,30 €
	= Zielverkaufs-/Rechnungspreis		117,30 €
	+ Kundenrabatt	10%	+ 11,73 €
	= Listenverkaufspreis		129,03 €
	+ Umsatzsteuer	19%	+ 24,52 €
	= Katalog-/Brutto-Angebotspreis		149,67 €

Tabelle 3.16: Kalkulationsschema zur Preis- und Schlüsselzahlfindung

*Kalkulation
aufstellen* Die aufgeführte Kalkulation müssen Sie nicht für jedes Produkt einzeln aufstellen, das wäre bei vielen Produkten ziemlich mühsam. Es reicht, wenn sie
zu Beginn Ihrer Existenzgründung ein einziges Mal erstellt wird. Interessant
sind hierbei die Prozentsätze, mit denen Sie künftig arbeiten. Je nachdem
wie die Geschäfte laufen, kann eine Korrektur der Sätze notwendig sein.

Für eine rasche Preiskalkulation bedienen Sie sich eines ziemlich einfachen Tricks. Sie verwenden hierfür nämlich **Schlüsselzahlen**, auch **Faktoren** genannt. Diese Schlüsselzahlen errechnen Sie aus Ihrer **Grundkalkulation** in Tabelle 3.16, daraus wiederum berechnen Sie einen Näherungswert (Faktor). Möglicherweise hilft Ihnen der jeweilige Gewerbeverband oder ein Kollege im Sinne einer Empfehlung für den Faktor weiter. Beispiele:

Eigene Handelsfaktoren ermitteln

>> Faktor 1,0: Listeneinkaufspreis 100,00 € zu Selbstkostenpreis 100,00 €

>> Faktor 1,2: Listeneinkaufspreis 100,00 € zu Zielverkaufspreis 117,30 €

>> Faktor 1,5: Listeneinkaufspreis 100,00 € zu Katalogpreis 149,67 €

Wenn Sie den Faktor für den Zielverkaufspreis errechnen wollen, dann ist dafür der Zielverkaufspreis aus der Handelskalkulation Ihr Vergleichswert. Der Faktor für Ihren Zielverkaufspreis liegt also gerundet bei 1,2.

Ihre eigenen Faktorwerte ermitteln Sie gemäß folgender Formel:

$$Faktor = \left(\frac{Vergleichswert}{Listeneinkaufspreis} \right)$$

Mit dem so errechneten Faktor können Sie für jedes beliebige Produkt Ihres Sortiments recht schnell den gewünschten Preis ausrechnen. Liegt Ihr Listeneinkaufspreis bei 125,00 €, so liegt der Zielverkaufspreis bei 125 € x 1,2 = 150 €. Künftig müssen Sie nur alle Listeneinkaufspreise in Excel mit dem gewünschten Faktor multiplizieren und Sie haben die Preise für Ihren Online-Shop.

Preise für Online-Shop

Praxis-Tipp: Faktoren variieren abhängig vom Produktpreis

Tipp . . . . . .

Sie können nicht bei allen Preiskategorien die gleiche Handels- und Gewinnspanne aufschlagen. Ein Produkt für 1 € kalkulieren Sie wohl eher mit dem Faktor 2,0 bis 5,0. Hingegen wird der Faktor für ein Produkt für 300 € tendenziell niedriger liegen, vielleicht bei 1,2 bis 1,5. Suchen Sie sich hierfür bei Ihrer Konkurrenz ruhig ein paar Vergleichsprodukte aus und prüfen Sie anhand Ihrer eigenen Einkaufskonditionen, mit welchen Faktoren dort gearbeitet wird. Nehmen Sie sich aber keinesfalls die Superschnäppchen-Angebote zum Vorbild, dort wird meist sehr niedrig kalkuliert – in der Hoffnung, dass der Kunde noch etwas anderes in den Warenkorb legt. Mit dieser Methode stellen Sie auch fest, ob Sie mit den von Ihnen angebotenen Preisen überhaupt konkurrenzfähig sind. Im Zweifelsfall sollten Sie mit den Lieferanten verhandeln und bessere Konditionen aushandeln. Im Laufe der Zeit bekommen Sie ein recht gutes Gefühl dafür, welche Preise am Markt üblich sind.

Psychologische Preisbildung

Bei der Produktpreisfindung spielen auch psychologische Aspekte eine wichtige Rolle. Man spricht daher auch vom psychologischen Preis: »Preiswert, aber nicht billig« Das Gegenteil erkennen Sie beim **Snob-Effekt**, der auf Kunden zielt, die eine besondere Preisstrategie verfolgen: »Was teuer ist, ist auch gut« (**Markentreue**) Allgemein erzielen im Einzelhandel Preise mit optischer Signalwirkung bessere Ergebnisse – 1,99 € statt 2,00 € klingt doch viel verlockender.

Zielkosten-rechnung – eine Alternative?

Seit Ende der achtziger Jahre etablierte sich ein anderes Verfahren als Kalkulationsform, die so genannte Zielkostenrechnung (**Target Costing**). Das Konzept wurde bereits in den siebziger Jahren maßgeblich von den Japanern geprägt. Damit wird die umgekehrte Vorgehensweise bezeichnet. Man geht also von einem gewünschten Zielpreis aus und dreht die Kostenschraube so lange nach unten, bis ein Gewinn übrig bleibt. Dazu wird ein andersartiger Ansatzpunkt verfolgt, bei dem die Kosten nicht mehr starr vorgegeben sind, sondern als flexibel gestaltbar betrachtet werden. Letztlich bestimmt doch immer der Markt den Preis.

3.2.3   Balanced Scorecard als Strategieleitfaden

Strategisches Controlling

Wir haben aus Tabelle 3.4 exemplarisch ein sehr innovatives Controllinginstrument herausgepickt, das sich nicht nur für große Unternehmen eignet. Das Managementinstrument **Balanced Scorecard** (**BSC**) bildet die für den Erfolg eines Unternehmens wichtigen Faktoren ab. Man will auf einfache Art und Weise die wichtigsten Faktoren für den Unternehmer messbar machen. Als zentrale Aspekte betrachtet man für gewöhnlich interne Geschäftsabläufe, finanzielle Entwicklung, Mitarbeiter- und Kundenzufriedenheit. Auch abstrakte Einflüsse, wie Zufriedenheit oder Qualität, werden beim BSC-System berücksichtigt.

Strategische Ziele verfolgen

Grundlage der Arbeit mit BSC sind **Kennzahlen**, die sich konsequent an Ihrer Vision und Strategie ausrichten. In ein Gesamtsystem werden nichtfinanzielle Messgrößen (Qualität) sowie vergangenheitsorientierte (Umsatz) und zukunftsorientierte (Website-Traffic) Kennzahlen eingebettet. Im Optimalfall identifizieren Sie Abhängigkeiten zwischen den Kennzahlen. Brechen z.B. weniger Kunden den Bestellvorgang ab, so erhöht sich sicherlich der Umsatz. Bieten Sie bspw. Kreditkarte als neue Bezahlart im Online-Shop an, kaufen sehr wahrscheinlich mehr Kunden ein und die Abbruchquote sinkt. Damit erhöht sich die **Conversion Rate**, d.h. im Verhältnis zu vorher kaufen mehr Kunden bei Ihnen ein, die Kennzahl erhöht sich von vielleicht 0,5% auf 1,0 bis 2,0%.

Eine Webseite allein ist schon ein komplexes Vorhaben, noch schwieriger umzusetzen sind Online-Shops. Hier wird eine gezielte Nutzung und Steuerung der Aktivitäten anvisiert. Eine erfolgreiche Strategieumsetzung benötigt einfach seine Zeit. Keiner kann Ihnen garantieren, dass Sie damit auch erfolgreich sein werden. Nur eines ist ganz sicher, wer sein Ziel nicht kennt, wird niemals dort ankommen. Wenn Sie also nicht bestimmen, dass Sie die Conversion Rate um 0,5 % steigern, werden Sie es kaum schaffen.

Visionen umsetzen

Strategische Ausrichtung mit Balanced Scorecards

Das Balanced Scorecard-Konzept ist eine innovative Managementmethode. Sie übersetzt die strategische Ausrichtung (Vision) Ihres Unternehmens in Ziele, nicht umgekehrt. Als messbare Größe für die Zielerreichung gibt es Kennzahlen. Sie sind in vier verschiedene Perspektiven unterteilt:

Zukunftsperspektiven managen

>> **Finanzperspektive:** Belegt, ob sich durchgeführte Aktivitäten positiv auf den finanziellen Erfolg auswirken. Beispiel: Hat sich die Einführung des Kreditkarten-Zahlungssystems positiv auf den Umsatz ausgewirkt?

>> **Prozessperspektive:** Zeigt, ob sich interne Unternehmensabläufe durch Anpassungen oder Regelungen optimieren lassen. Beispiel: An der Durchlaufzeit für die Bestellabwicklung lässt sich messen, wie viel Zeit zwischen Bestelleingang und Warenauslieferung vergeht.

>> **Innovationsperspektive:** Belegt, ob sich die Motivation und Zufriedenheit Ihrer Mitarbeiter durch personalbezogene Maßnahmen steigern lässt. Dadurch wird letztlich langfristig die Verbesserungs-, Innovations- und Anpassungsfähigkeit des Unternehmens gesichert. Beispiel: An der Mitarbeiterfluktuation kann man erkennen, ob sich Mitarbeiter in Ihrem Unternehmen wohl fühlen.

>> **Kundenperspektive:** Informiert Sie darüber, wie sich das bestehende Kunden- oder Marktsegment entwickelt. Beispiel: An der Verweildauer der Kunden auf Ihrer Webseite lässt sich die Kundenzufriedenheit prüfen.

Praxis-Tipp: Feedback vom Kunden erbitten

Konkretes Kundenfeedback erhalten Sie, indem Sie am Ende des Bestellvorganges einige schnell beantwortbare Fragen einbauen:

Tipp ......

– *Wie gefällt Ihnen dieser Shop?*

– *Wie zufrieden waren Sie mit der Bedienbarkeit?*

– *Würden Sie diesen Online-Shop weiterempfehlen?*

Als Bewertungsskala geben Sie entweder das Notensystem 1 bis 6 oder »gut – mittel – schlecht« vor.

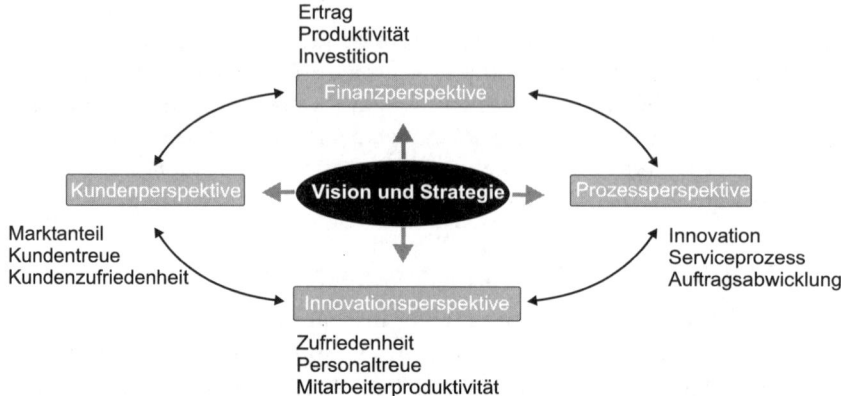

Abbildung 3.10: Verschiedene Blickwinkel im Balanced-Scorecard-Modell

Balanced Scorecards verwenden (8-Punkte-Plan)

Finanzielle, zeitliche und qualitative Faktoren

Durch die Anwendung eines solchen Hilfsmittels ergibt sich der vorteilhafte ganzheitliche Planungsansatz. Er berücksichtigt alle für Ihr Unternehmen wichtigen Einflussfaktoren. Beim Balanced-Scorecard-Konzept handelt es sich keinesfalls nur um den Aufbau eines **Kennzahlensystems**. Dies stellt nur den abschließenden Kontrollpart dar. Anhand messbarer Daten und Fakten argumentieren Sie viel besser gegenüber Kollegen und Geschäftspartnern. Wobei das nicht bedeutet, dass es sich immer um finanzielle Aspekte handelt. Bei der Datenanalyse berücksichtigen Sie auch zeitliche und qualitative Faktoren.

8-Punkte-Plan

An einem kleinen Beispiel möchten wir Ihnen die optimale Vorgehensweise näher bringen:

Step......

1. Formulieren Sie ein langfristiges strategisches Unternehmensziel!
   Beispiel: Sie möchten den Markanteil Ihres Shops um 10% ausbauen.

2. Leiten Sie Ursache- und Wirkungsprinzipien ab!
   Beispiel: Sie vermuten, dass mehr Marketing die Bekanntheit steigert.

3. Legen Sie konkrete Handlungsmaßnahmen für die Zielumsetzung fest!
   Beispiel: Sie investieren pro Monat 250 € mehr für Online-Marketing.

4. Verwenden Sie Tools, Regeln oder andere Verfahren zur Kontrolle!
   Beispiel: Sie führen ein Logfile-Analyse-Tool als Messinstrument ein.

5. Erfassen Sie den aktuellen Ist-Zustand Ihrer Zugriffszahlen!
   Beispiel: Sie speichern die aktuelle Anzahl angezeigter Seiten.

6. Messen Sie anhand operativer Kennzahlen die Zielerreichung!
   Beispiel: Sie lesen monatlich die Anzahl angezeigter Seiten aus.

7. Vergleichen Sie am Quartalsende die tendenzielle Entwicklung!
   Beispiel: Sie vergleichen die erzielten Ist-Daten mit Ihrem Plan, eine Umsatzsteigerung von 10% zu erzielen.

8. Entgegensteuern, falls Sie Ihr gewünschtes Ziel nicht erreichen!

Beispiel: Sie testen neue Produkte, neue Werbeideen oder passen bestehende Marketingmaßnahmen an, damit Ihre Zugriffszahlen steigen.

Sie sehen schon, ohne konkrete Zielsetzungen und entsprechende Handlungsmaßnahmen sind die operativen Kennzahlen nur schmückendes Beiwerk. Dann ist BSC nicht sinnvoll. Merken Sie sich das so genannte **ZAK-Prinzip**, mit dem Sie Ihre strategischen Visionen in operative Kennzahlen umwandeln. ZAK steht in diesem Zusammenhang für:

ZAK-Prinzip

1. Ziele definieren (Unternehmensziele)!

Step......

2. Aktionen planen (Handlungsmaßnahmen)!

3. Kennzahlen ableiten und überwachen!

Ähnlich zu den Kennzahlen im Controlling stellen Sie anhand der operativen Kennzahlen unerwünschte Abweichungen fest. Darauf aufbauend können Sie sich neue und hoffentlich bessere Handlungsmaßnahmen ausdenken, die Sie Ihr strategisches Ziel doch noch erreichen lassen. Beginnen Sie immer wieder bei Schritt 1, denn nur so ist ein langfristiger Erfolg erzielbar. Rein zufällig werden sich die Zugriffszahlen, wie beim einführenden Beispiel beschrieben, schließlich kaum merklich verbessern. So etwas müssen Sie zielorientiert anpacken.

Strategien langfristig ausrichten

Operative Kennzahlen für den Bereich eCommerce

Speziell für den eCommerce-Bereich haben wir beispielhaft einige Unternehmensziele und Kennzahlen zusammengetragen:

Strategische Ziele	Operativen Kennzahlen
→ Kundenperspektive	→ Instrument: Webseiten-/Logfile-Analyse
Kundenzufriedenheit steigern	Besuchte Seiten pro Besucher (Besuchstiefe)
Kundenbindung erhöhen	Anzahl Besuche pro Besucher (Verweildauer)
Marktanteil ausbauen	Anzahl angezeigter HTML-Seiten
Informationsumfang ausbauen	Umfang übertragener Datenmenge (Download)
Websitequalität verbessern	Anzahl http-Fehlercodes (Fehlerqualität)
	→ Instrument: Kundenumfrage
Kundenzufriedenheit messen	Kennzahl ermittelt aus Umfragebögen
→ Finanzperspektive	→ Instrument: Buchhaltung
Verkaufsumsätze steigern	Umsatzhöhe durch Online-Handel
Marketingumfang steigern	Budgetverwendung für Marketingmaßnahmen
Beschaffungskosten senken	Verhältnis von erzieltem zu bisherigem Einkaufspreis
Versandkosten senken	Verhältnis Umsatz zu Versand-/Logistikkosten
finanziellen Erfolg erhöhen	Cashflow, Rohgewinn oder Conversion Rate
→ Prozessperspektive	→ Instrument: Ablaufdokumentation
Papierbenutzung mindern	Anzahl Medienbrüche bei Auftragsabwicklung
Online-Bezahlsysteme einführen	Verhältnis von automatischer zu manueller Arbeit
Arbeitsabläufe beschleunigen	Durchlaufzeit Auftragseingang bis -ausgang

Tabelle 3.17: Einige Strategien und Kennzahlen für den Online-Handel

Strategische Ziele	Operativen Kennzahlen
→ Innovationsperspektive	→ Instrument: Statistik (Datenanalyse)
Mitarbeiter-Know-how steigern	Anzahl interner/externer Fortbildungen
Zufriedene Mitarbeiter sichern	Fragebogen und Mitarbeitergespräche auswerten
Neue Produktideen finden	Anzahl neuer Produkte im Online-Shop
Produktqualität steigern	Retourenquote im Handel
Infodarstellung verbessern	Click-through-Rate beim Marketing

Tabelle 3.17: Einige Strategien und Kennzahlen für den Online-Handel (Forts.)

Mit Excel BSC-
Daten darstellen

Die Kunden- und Finanzperspektive möchten wir Ihnen dringend anraten. Die Beobachtung des Kundenverhaltens und der Finanzen hat für Sie als Unternehmer oberste Priorität und ist relativ leicht zu machen. Wird Ihr Unternehmen größer, ergänzen Sie es mit den weiteren **Perspektiven** aus Tabelle 3.17. Die einzelnen strategischen Zielsetzungen geben Sie zu Beginn in Ihrem Business-Plan vor. Legen Sie los und arbeiten Sie den 8-Punkte-Plan durch. Suchen Sie je Planungsperspektive mindestens drei strategische Ziele. Mit der Zeit verfeinern Sie das Balanced-Scorecard-System, denn der Nutzen zeigt sich langfristig. *Microsoft Excel* oder *OpenOffice Calc* eignen sich übrigens hervorragend dazu, die Daten zu sammeln und grafisch darzustellen.

WWW .....

de.openoffice.org
Sun Microsystems Inc. *(Freies Office-Programm)*

www.wisolution.com
Wisolution Ltd. *(Hersteller der Balanced-Scorecard-Software* myBSC)

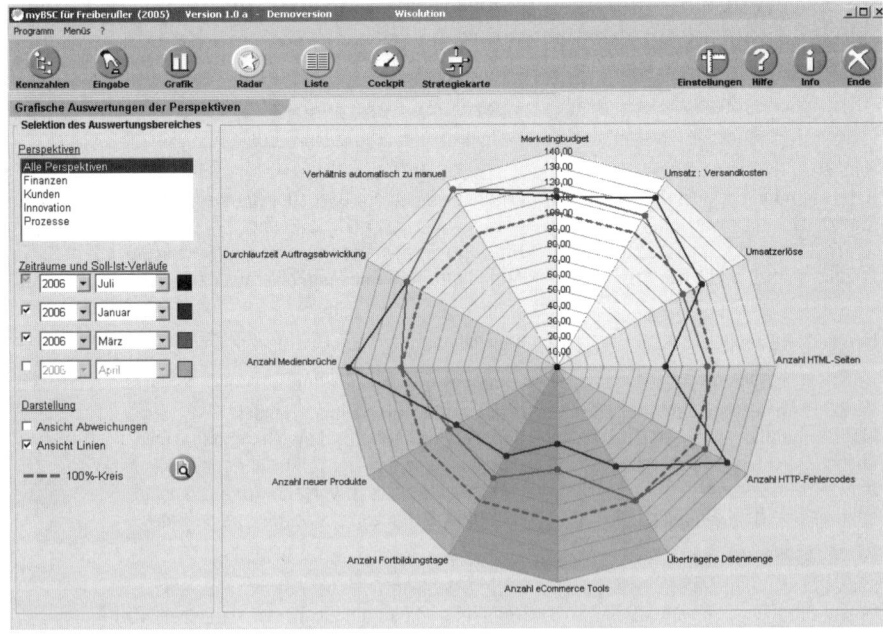

Abbildung 3.11: myBSC-Netzdiagramm für alle Perspektiven

CD-Rom\tools: Wisolution *Balanced-Scorecard-Tool (SetupMyBSC.exe)*

CD . . . .

Studie belegt positiven Nutzen

Horvath & Partner befragten BSC-Anwender zum dritten Mal seit 2001 in einer eigenen Studie. Interviewt wurden deutschsprachige Anwender hinsichtlich ihrer Erfahrungen und Zufriedenheit. An der Befragung haben insgesamt 120 Unternehmen unterschiedlicher Größe aus verschiedenen Branchen teilgenommen.

BSC-Studie

Die Kernaussagen der vorangegangenen ersten beiden Studien konnten erneut bestätigt werden. Das Balanced-Scorecard-Konzept hat sowohl auf den Umsatz als auch auf das Ergebnis einen positiven Effekt. Es wurde ebenso festgestellt, dass sich auch die nicht monetären Faktoren wie Qualität oder Zufriedenheit verbesserten. Zwei Drittel der BSC-Anwender vertreten die Meinung, ihr Jahresüberschuss habe sich besser als der ihrer Konkurrenz entwickelt. Demzufolge sind fast 80% der Anwender mit der strategischen Unterstützung durch BSC mehr als zufrieden. Deshalb gehen die Teilnehmer an der Studie davon aus, dass ihr Unternehmen auch in den nächsten drei Jahren noch mit Balanced Scorecard arbeitet.

80% sind mit dem Ergebnis mehr als zufrieden

www.balancedscorecard.de
Dr. Herwig R. Friedag *(Einführung zu Balanced Scorecard)*

WWW . . . . .

www.horvath-partners.com/hp3/1709153/2336048.html
Horvath & Partners *(Studie zu Erfahrungen und Erkenntnissen mit BSC)*

3.3 Risiken kennen und absichern

Betriebliche Krisen kommen und gehen. In Zeiten schlechter Konjunktur häufen sich leider die Fälle, die in die Insolvenz führen (*Kapitel 2*). Häufig sind Außenstehende schuld an der Misere. Richtig kritisch wird es, wenn Sie häufiger Forderungsausfälle verbuchen oder Verkaufs- und Umsatzzahlen drastisch einbrechen. Dann droht auch Ihrem Unternehmen früher oder später die Zahlungsunfähigkeit.

Umsatzeinbruch

Andererseits sind die Probleme vielfach hausgemachter Art. Häufige Ursachen sind schlechtes Management und ausbleibendes Wachstum. Ebenso verkennen viele Unternehmer Warnsignale. Es fehlt zudem oft an strategischen Konzepten und Entscheidungen. Die Problemfelder sind immer wieder die gleichen:

Warnsignale nicht verdrängen

>> Neue Kunden und innovative Produkte fehlen.

>> Produktprogramm ist unausgeglichen gestaltet.

>> Umsätze und Kosten werden nicht richtig geplant und kontrolliert.

>> Liquidität des Unternehmens sinkt.

>> Zukünftige Visionen und Strategien bleiben aus.

>> Sanierungsbedarf wird zu lange verdrängt.

>> Entwicklungen im Unternehmensumfeld/Konkurrenz werden ignoriert.

>> Motivation der Mitarbeiter nimmt ab.

>> Veränderungsbereitschaft/-fähigkeit ist nicht ausreichend vorhanden.

Plan-/Kennzahlen aufstellen

Was müssen Sie tun, damit Sie von diesem Schicksal verschont bleiben? Sie brauchen Mechanismen, die Ihnen ein rechtzeitiges Erkennen solcher Probleme ermöglichen. Bisher ging es in *Kapitel 3* im Grunde um nichts anderes. Angefangen bei der persönlichen Planung (*Kapitel 3.1.1*), über die private Ausgabenplanung *Kapitel 3.2.2* bis hin zur betrieblichen Kostenplanung. Nicht zu vergessen die strategische Planung und Kontrolle mit BSC (*Kapitel 3.2.3*). Ihre Aufgabe besteht nun darin, regelmäßig alle relevanten Ist-Daten zu beschaffen und mit den vorgegebenen Planwerten zu vergleichen.

Agieren statt reagieren

Aktive **Früherkennung** ist wohl die zentrale Aufgabe für die Sicherung Ihres langfristigen unternehmerischen Erfolgs. Wie sagt man treffend: Unwissenheit schützt vor Strafe nicht. Schwierigkeiten können Sie nicht früh genug feststellen. Nur so haben Sie noch genügend Zeit zum Agieren. Vergleichen Sie das mit dem vorausschauenden Autofahren. Bewegen Sie sich auf eine rote Ampel zu, nehmen Sie Gas weg. Sie sind vorbereitet, dadurch bremsen Sie rechtzeitig ab und können bei Grün schneller wieder durchstarten. In einem Unternehmen funktioniert das genauso, Sie planen in die Zukunft und handeln entsprechend in der Gegenwart.

WWW . . . . .

www.existenzgruender.de/gruendungswerkstatt/
lernprogramme/chancen/HTML/start.html
BMWi *(PC-Lernprogramm: Früherkennung von Chancen und Risiken 3.0)*

3.3.1   So bekommen Sie Krisen in den Griff

Früherkennungs-treppe

Das *BMWi*-Gründerportal stellt als einfaches Hilfsmittel die Früherkennungstreppe zur einfachen Selbstdiagnose vor. Damit finden Sie sofort den aktuellen Handlungsbedarf für Ihr Unternehmen heraus. Sämtliche Schwierigkeiten werden auf den Punkt gebracht. Sie müssen einfach nur ein paar Fragen beantworten, die Sie bitte von unten nach oben durcharbeiten:

Abbildung 3.12: Früherkennungstreppe vom BMWi-Gründerportal

>> Zu-spät-Erkennung: Wenn Sie bereits im untersten Bereich von Abbil-   *Quelle:* BMWi
dung 3.12 »nein« sagen müssen, ist die Lage äußerst kritisch. Der Fortbestand Ihres Unternehmens ist stark gefährdet. In *Kapitel 3.3.3* finden
Sie Informationen, wo Sie Unterstützung erhalten.

>> Späterkennung: Wenn Sie im mittleren Bereich »nein« ankreuzen, müs-
sen Sie die Angelegenheit sehr ernst nehmen. Handeln Sie rasch und führen Sie Kurskorrekturen durch. Das *Kapitel 3.2.1* über Controlling ist
genau der richtige Ansatzpunkt für Sie.

>> Früherkennung: Auch wenn Sie nur im obersten Bereich mit »nein«
geantwortet, sollten Sie sich nicht zurücklehnen. Sie haben ebenso
Handlungsbedarf, aber Ihnen bleibt genügend Zeit. Beschäftigen Sie
sich dennoch eingehend mit dem aktuellen Kapitel.

Damit Sie nicht zu spät den falschen Kurs erkennen, sollten Sie regelmäßig
Ihre Planzahlen im Auge behalten. Im Grunde müssen Sie bereits in guten
Zeiten mit einer genauen Unternehmensanalyse beginnen. Dann können Sie
beim ersten Verdacht reagieren. Planen Sie diese Analysen als festen
Bestandteil monatlich in Ihr Zeitmanagement ein, genauso wie Sie das stän-
dige Erstellen der Umsatzsteuervoranmeldung einplanen.

Frühwarnindikatoren im Krisenmanagement

Probleme entstehen nicht aus dem Nichts, meistens kündigen sie sich einige Zeit vorher an. Betrachten Sie Ihr Unternehmen mit offenen Augen und beachten Sie Warnsignale. Als ausgezeichnetes Führungsinstrument haben wir Sie auf das **Controlling** hingewiesen. Mit dessen Hilfe werden Sie nicht nur Krisen früher erkennen, sondern auch schneller gegensteuernde Maßnahmen ergreifen. Alarmierend sind sinkende Gewinne, steigende Kosten, schwache Liquidität sowie zunehmende Beschwerden von Kunden, Lieferanten, Mitarbeitern oder Ihrer Hausbank. Die nachfolgenden Kennzahlen weisen Sie auf typische Warnsignale hin:

Kennzahl	Aussage, Beschreibung, Richtwert und Formel
Liquidität 1. Grades	Kennzahl für verfügbare Zahlungsmittel im Kassenbestand und Bankkonto **(Barliquidität)**. – Besagt, ob Sie mit Ihren liquiden Barmitteln die anstehenden kurzfristigen Schulden bezahlen können. Beachten Sie den Grundsatz: »Liquidität geht vor Rentabilität.« – Optimaler Richtwert liegt bei mindestens 25%. $$= \left(\frac{Verfügbare Zahlungsmittel}{Kurzfristige Verbindlichkeiten} \right) \times 100$$
Liquidität 2. Grades	Kennzahl für verfügbare Zahlungsmittel im Kassenbestand und Bankkonto, zuzüglich offener Kundenrechnungen (Forderungen). – Besagt, ob Sie mit Ihren liquiden Zahlungsmitteln und den zu erwartenden Eingangszahlungen Ihrer Kunden sämtliche kurzfristigen Schulden begleichen können. – Optimaler Richtwert liegt bei deutlich über 100%. $$= \left(\frac{Zahlungsmittel + Forderungen}{Kurzfristige Verbindlichkeiten} \right) \times 100$$
Eigenkapital-Quote	Kennzahl für Eigenkapitalausstattung. – Besagt, ob Sie im Verhältnis zu Ihrem Eigenkapital (Betriebsvermögen abzüglich Schulden) zu viele Verbindlichkeiten haben. – Optimaler Richtwert liegt bei mindestens 20%. $$= \left(\frac{Eigenkapital}{Fremdkapital} \right) \times 100$$

Tabelle 3.18: Typische Kennzahlen für liquide Mittel

CD-Rom\sample: Kennzahlen (03_xx_Kennzahlen.xls)

CD . . . .

Sinkt Ihre Liquidität 1. Grades unter 25%, dann können Sie weniger als ein Viertel aller kurzfristigen Verbindlichkeiten (z.B. offene Rechnungen von Lieferanten) durch Ihre freien Barmittel abdecken. Die Liquidität 2. Grades ist noch etwas aussagekräftiger als die Liquidität 1. Grades. Liegt dieser Wert nicht deutlich über 100%, können Sie mit Ihren freien Barmitteln und offenen Forderungseingängen in nächster Zeit Ihre kurzfristigen Verbindlichkeiten nicht mehr bezahlen. Sie steuern direkt auf eine Liquiditätskrise zu.

Bleibt Ihre Eigenkapitalquote länger unter 20%, dann besteht ebenso Handlungsbedarf. Ihre Kapitaldecke ist dann im Grunde geringer, als Sie es sich erlauben können. Investitionen aus eigener Tasche sind kaum mehr finanzierbar, gleichzeitig ist Ihr Rating bei Banken sehr niedrig. Das kostet Sie letztlich Geld, da Ihre Kreditzinsen höher ausfallen. Falls die Bank Ihnen überhaupt noch einen Kredit gibt.

Rating

In den vorigen Unterkapiteln haben Sie bereits einige Kennzahlen kennen gelernt, die ebenso maßgeblich für die Früherkennung sind:

>> **Cashflow**: Kennzahl für die Beurteilung der Liquidität. Eine ausreichende Liquiditätsreserve überbrückt eine Zeitspanne von mehr als drei Monaten. Als Existenzgründer in einer kleineren Firma liegt die Höhe also bei dem dreifachen Unternehmerlohn. Andernfalls signalisiert Ihnen der Cashflow eine unbefriedigende Rentabilität.

>> **Umsatzrentabilität**: Kennzahl für den Anteil des Gewinns am Umsatz. Ein gesunder Richtwert liegt bei ca. 5%. Die Zahl deutet an, wie viel Prozent vom Umsatz Ihr Gewinn beträgt.

>> **Rohgewinn I**: Kennzahl für die Kostenbelastung und den Waren-/Materialeinsatz. Ein geringer Rohgewinn I ist die Folge einer hohen Kostenbelastung.

>> **Rohgewinn II**: Kennzahl für die Belastung durch Wareneinsatz und Personalkosten. Der Rohgewinn II muss so groß sein, dass er alle übrigen Kosten sowie einen angemessenen betriebswirtschaftlichen Gewinn abdeckt.

Natürlich sind die angegebenen Richtwerte nur generelle Erfahrungswerte, die sehr stark von der Branche abhängig sind. Die Zahlen und Prozentwerte dienen aber zumindest als Anhaltspunkt. Dennoch werden keinerlei firmen- und branchenspezifische Besonderheiten berücksichtigt. Die genauen Werte für Ihre Branche kennt beispielsweise Ihr Steuerberater oder die *IHK*.

WWW ......
www.existenzgruender.de
BWWi *(GründerZeiten Nr. 22: Krisenmanagement)*

Mit geeigneten Maßnahmen die Liquidität verbessern

In der Krise entschlossen handeln

Stecken Sie in einer anhaltenden Krise, hilft nur noch eine entschlossene und tief greifende **Sanierung**. Ein Tipp vorab: Suchen Sie sich unbedingt kompetente Unterstützung und erstellen Sie gemeinsam mit einem Fachmann einen Sanierungsplan. Allein schon die ehrlichen Gespräche mit Dritten wirken oft wahre Wunder.

Das Ruder aus eigener Kraft noch herumzureißen fällt den meisten ohnehin schwer (**Turnaround**). Vor allem dann, wenn sich die Liquiditäts- und Ertragssituation über einen längeren Zeitraum nicht bessert. Dann gehen die Finanzierungs- und Kreditmöglichkeiten schnell zur Neige. Ermitteln Sie auf jeden Fall schnellstmöglich die Krisenursachen und entwickeln Sie einen Krisenplan. Speziell im Online-Handel können Sie mit angepassten Bezahlungssystemen die Liquiditätssituation verbessern. Bei den Kreditkarteninstituten dauert es zum Teil fast zwei Monate, bis das Entgelt für die Waren bei Ihnen eintrifft.

Sie können kurzfristig eine drohende Zahlungsunfähigkeit verhindern, indem Sie selbst aktiv werden:

>> Bareinlage aus dem Privatvermögen tätigen.

>> Nicht unbedingt betriebsnotwendige Vermögensteile veräußern.

>> Mit Sonderaktionen Warenbestand und Lagerkapazität vermindern.

>> Konsequent eigenes Mahnwesen aufbauen (*Kapitel 3.3.3*).

>> Frisches Beteiligungskapital und aktiven Teilhaber einbinden.

>> Anlagegüter verkaufen und dann Objekte zurückleasen (**sale and lease back**).

Solche Maßnahmen haben Sie weitgehend selber in der Hand. Es gibt aber noch andere liquiditätsverbessernde Maßnahmen, bei denen die Entscheidung von beteiligten Personen oder Firmen abhängt. Nicht selten entstehen Ihnen dabei zusätzliche Kosten, z.B. durch Steuerberater oder **Factoring**-Institute (*Kapitel 2*). Weitere wichtige Ansprechpartner sind Ihre Großkunden, Lieferanten und Hausbanken. Gehen Sie aktiv auf Ihre Kunden zu, damit die Kundschaft nicht über andere Kanäle von Ihrer schwierigen Lage erfährt. Damit verspielen Sie nur Vertrauen. Eine aktive, aber ehrliche Informationspolitik beruhigt. Informieren Sie auch Mitarbeiter und freiberufliche Kollegen. Womöglich boykottieren sonst interne und externe Partner Ihre Sanierungsmaßnahmen.

Sehr unangenehm wird es für Sie, wenn die Lieferanten Sie nicht mehr beliefern. Hier können Sie nur die Zahlungsvereinbarung anpassen, im Extremfall müssen Sie auf Vorauskasse umstellen. Mit Ihrer Bank reden Sie am besten zügig über Ihre Kreditlinie. Damit stärken Sie gleichzeitig das Vertrauen in Ihr Unternehmen. Denn sonst dreht die Bank irgendwann den Geldhahn zu. Ihren **Kontokorrentkredit** wandeln Sie unbedingt in ein langfristiges Darlehen um. Bei der Gelegenheit können Sie den Kreditumfang in Maßen erhöhen.

Kontokorrent-kredite nur für Notfälle

Insgesamt gesehen zielt ein **Sanierungsplan** nicht nur darauf, wie Sie am meisten einsparen können. Kurzfristig gesehen mag Ihnen das zwar auf die Sprünge helfen. Doch das Hauptziel ist eine strategische Neuausrichtung Ihres Unternehmens. Nur dadurch gelangen Sie mittel- bis langfristig wieder in die schwarzen Zahlen. Steuern Sie auf eine kritische Situation zu und erkennen Sie diese in einer ziemlich frühen Phase, dann hilft Ihnen womöglich eine der grundlegenden Wachstums- bzw. Wettbewerbsstrategien:

Strategische Neuausrichtung

>> **Konsolidierungsstrategie**: Konzentrieren Sie sich auf Ihre Hauptprodukte und verbleiben Sie am bestehenden Markt mit den bestehenden Produkten (Marktdurchdringung). Sie müssen dazu alle Geschäftsfelder überdenken und unrentable Produkte/Dienstleistungen herausfiltern. Gleichzeitig überprüfen und senken Sie alle nur erdenklichen Kosten.

>> **Verdrängungsstrategie**: Einzigartige qualitative, zeitliche oder preisliche Aspekte für Kunden hervorheben (**Differenzierung**). Mit dieser Zielvorgabe bestehende Marktanteile sichern und durch aggressives Marketing erweitern. Denkbar sind eine radikale Tiefpreisstrategie (**Kostenführerschaft**) oder eine konsequente Kunden- und **Qualitätsorientierung**.

>> **Erweiterungsstrategie**: **Kernkompetenzen** sichern und neue Märkte mit den bewährten Produkten erschließen (**Markterweiterung**). Dem bestehenden Kundensegment neue Produkte anbieten (**Produkterweiterung**). Oder neue Produkte auf neuen Märkten absetzen (**Diversifikation**).

Kontaktadressen für Schuldnerberatungsstellen

Vielfach wird der Sanierungsbedarf nicht richtig wahrgenommen, viel zu spät erkannt oder sogar verdrängt. Teilweise wird überhaupt kein strategisches Konzept mehr vorgelegt, da eine Sanierung aussichtslos scheint. Lohnenswert wird eine Sanierung, falls noch Erfolgspotenziale vorhanden sind, die die Chance bieten, die Ertragskraft mittelfristig zu steigern. Die Devise für Sie als Unternehmer lautet dann: »Durchhalten!« Krisenmanagement darf keine kurzfristige Maßnahme sein, die nach anfänglichen kleineren Erfolgen aufgegeben wird. Der begonnene Sanierungsplan ist in aller Regel auf eine langfristige Existenzsicherung ausgelegt. Dies gelingt natürlich erst, sobald die großen Schwachstellen des Unternehmens ausgemerzt sind.

Praxis-Tipp: Finanzielle Förderung für Krisenberatung

Unter Umständen fördert das Bundesamt für Wirtschaft und Ausfuhrkontrolle *(BAFA) Ihre Krisenberatung finanziell.*

www.bafa.de
Bundesamt für Wirtschaft und Ausfuhrkontrolle *(Fördermittel für Beratung)*

Beratungsstellen   Als Beratungsstellen für Unternehmen in bzw. besser noch vor der Krise sind bundesweit folgende Institutionen aktiv:

>> **Runder Tisch**: Sanierungsangebot der *KfW-Mittelstandsbank* vermittelt durch die Industrie- und Handelskammern

>> Bundesarbeitsgemeinschaft **Wirtschafts-Senioren**: *Alt hilft Jung e.V.* bietet *erfahrene Wirtschaftsexperten zur Betriebssicherung, mit denen Sie z.B. Marketing- und Betriebskonzepte sowie Finanz- und Kostenpläne entwickeln.*

>> *Bundesverband Deutscher Unternehmensberater e.V. (BDU):* Größter europäischer Unternehmensberater-Verband

>> *Bundesarbeitsgemeinschaft Schuldnerberatung e.V.:* Informationszentrale mit bundesweitem Adressverzeichnis von Schuldnerberatungsstellen, die hauptsächlich privat insolvente Personen beraten.

>> Coaching-Programme der Kreditinstitute (Hausbank) oder des *Rationalisierungs- und Innovationszentrums der Deutschen Wirtschaft e.V* (RKW)

>> *KfW-/DIHK-Patencoaching:* Verbessert in den neuen Bundesländern als begleitende Managementbetreuung die betrieblichen Abläufe und Prozesse sowie Wettbewerbs- und Leistungsfähigkeit von Unternehmen

www.althilftjung.de
Alt hilft Jung e.V. *(Wirtschafts-Senioren)*

www.bag-sb.de
Bundesarbeitsgemeinschaft Schuldnerberatung e.V. *(Schuldnerberatung)*

www.bdu.de
Bundesverband Deutscher Unternehmensberater e.V. *(Beraterdatenbank)*

www.kfw-beraterboerse.de
KfW-Mittelstandsbank *(Beraterbörse)*

www.rkw.de
Rationalisierungs- und Innovationszentrum der Deutschen Wirtschaft e.V.

Über die Industrie- und Handelskammer bekommen Sie Zugang zum Run- *Runder Tisch*
den Tisch. Ein von der *KfW-Mittelstandsbank* geprüfter (**auditierter**) Unternehmensberater kann für maximal zehn Tage gebucht werden. Mit Hilfe
des Beraters wird ein umfassendes Maßnahmenpaket erstellt. Sein Auftrag
lautet, Schwachstellen zu analysieren und Unternehmenspotenziale ausfindig zu machen. Zum Abschluss treffen sich alle Beteiligten mit Ihnen am
Runden Tisch. Dabei sind Ihr Unternehmensberater, ein Mitarbeiter Ihrer
Hausbank und alle Hauptgläubiger anwesend. Falls sich alle Beteiligten
einigen, wird basierend auf der Grundanalyse des Beraters das Unternehmen saniert. In den allermeisten Fällen verpflichtet sich der Unternehmer
dazu, dass er

>> ein effektives Controlling und eine zeitnahe Buchführung aufbaut.

>> einen realistischen Tilgungs- und Zinszahlungsplan erstellt.

>> überflüssige Mitarbeiter entlassen wird.

>> sich selbst in Managementaufgaben besser qualifiziert.

KonTraG   << Exkurs

Mit dem Gesetz zur Kontrolle und Transparenz im Unternehmensbereich (**KonTraG**)
ist seit 1998 die Haftung von Vorstand, Aufsichtsrat und Wirtschaftsprüfern in
Unternehmen erheblich erweitert. Die Hauptaussage des **KonTraG** besagt, dass die
Geschäftsführung von Großunternehmen ein Früherkennungssystem (**Risiko-
managementsystem**) aufbauen muss. Zudem ist das Unternehmen aufgefordert, im
Lagebericht des Jahresabschlusses Aussagen zur Risikostruktur zu veröffentlichen.

Auf Ähnliches zielt auch **Basel II** ab. Banken prüfen vor einer Kreditvergabe kritisch, ob unternehmensweite Risikomanagementsysteme betrieben werden.

Verbraucher- und Regel-Insolvenzverfahren

Ist Ihr Unternehmen nicht mehr sanierungsfähig, bleibt als letzter Ausweg *Liquidation des*
nur noch die **Liquidation** des Unternehmens. Bei juristischen Personen liegt *Unternehmens*
ein Grund zur Insolvenz vor, wenn die Firma überschuldet ist. Die **Insolvenz**
darf sogar einer Ihrer Gläubiger beantragen. Dazu muss er gegenüber dem
Gericht glaubhaft machen, dass Sie dauerhaft die ausstehenden Schulden
nicht mehr begleichen können. Sie als Schuldner können einen **Eigenantrag**
stellen. Ihr Insolvenzgrund als natürliche Person ist entweder die Zahlungsunfähigkeit oder die drohende Zahlungsunfähigkeit. Aber sehen Sie es positiv, Sie bekommen dadurch eine echte zweite Chance für einen Neuanfang.

www.existenzgruender.de   WWW.....
BMWi *(GründerZeiten Nr. 14: Insolvenz und Neustart)*

Praxis-Tipp: Straftaten bei drohender Insolvenz

*Vorsicht, Ihre Firmeninsolvenz wird von der Staatsanwaltschaft strafrechtlich überprüft! Die Insolvenzanmeldung muss daher zügig beantragt werden, d.h. spätestens mit Ablauf von drei Wochen nach Eintritt des Insolvenzgrundes. Lassen Sie mehr Zeit verstreichen, werden Sie je nach Rechtsform möglicherweise wegen **Insolvenzverschleppung** belangt. Das wird mit einer Freiheitsstrafe von bis zu drei Jahren bestraft. Daneben kann Ihnen die **Restschuldbefreiung** versagt werden.*

Weiteren Straftatbestand begehen Sie, sobald Sie Arbeitsentgelte vorenthalten oder veruntreuen. Ebenso trifft Sie die volle Härte des Gesetzes, wenn Sie Handelsbücher verräumen, Bücher überhaupt nicht führen oder Bilanzen nicht in der vorgeschriebenen Frist erstellen. Dadurch können Sie sich eine Freiheitsstrafe von bis zu fünf Jahren einhandeln.

Restschuld-Befreiungs-verfahren

Freiberufler, Gewerbetreibende und Kleinunternehmer sind von dem **Regel-Insolvenzverfahren** betroffen. Für zahlungsunfähige natürliche Personen gibt es das **Verbraucher-Insolvenzverfahren**. Schuldner erlangen mit Hilfe der beiden Insolvenzverfahren nach einer sechsjährigen Wohlverhaltensphase eine endgültige Schuldenbereinigung. Zu diesem Zweck führte die Insolvenzordnung (**InsO**) die **Restschuldbefreiung** ein. In Tabelle 3.19 sehen Sie die beiden Verfahren im Vergleich.

Regel-Insolvenzverfahren	Verbraucher-Insolvenzverfahren
Insolvenz beantragen	**Erster Einigungsversuch**
Unternehmer (bzw. Firma) beantragt »Eröffnung des Insolvenzverfahrens« beim Amts- bzw. Insolvenzgericht.	Außergerichtlicher Einigungsversuch mit Gläubigern (Vorphase).
Insolvenz prüfen	**Insolvenz beantragen**
Insolvenzgericht prüft Insolvenzmasse, Eröffnungsvoraussetzungen und sonstige Abweisungsgründe.	Falls die Gläubiger die erste Einigung ablehnen, wird versucht, sich gerichtlich anhand des Schuldenbereinigungsplans zu einigen (Insolvenzphase).
Insolvenzverfahren eröffnen	**Insolvenzverfahren eröffnen**
»Eröffnung des Insolvenzverfahrens« wird beschlossen und das Insolvenzverfahren wird eingeleitet.	Falls die Gläubigermehrheit wieder ablehnt, wird die »Eröffnung des Insolvenzverfahrens« von Amts wegen wieder aufgenommen.
Berichterstattermin	**Wohlverhaltensphase beginnt**
Insolvenzverwalter berichtet über wirtschaftliche Lage des Schuldners. Versammelte Gläubiger entscheiden, ob Firma saniert oder liquidiert wird.	Restschuldbefreiung wird versagt, falls Schuldner nicht innerhalb von 6 Jahren seinen Obliegenheiten nachkommt oder bestimmte Versagungsgründe vorliegen (Wohlverhaltensphase).
Insolvenzmasse verteilen	**Pfändungsbetrag abtreten**
Verwertungserlöse der Insolvenzmasse gleichmäßig während der Wohlverhaltensphase an Gläubiger verteilen.	In diesen 6 Jahren tritt der Schuldner den pfändbaren Anteil seines Einkommens an den Treuhänder ab (Treuhandphase).

Tabelle 3.19: Vergleich zwischen Regel- und Verbraucherinsolvenz

Regel-Insolvenzverfahren	Verbraucher-Insolvenzverfahren
Restschuldbefreiung erteilen	**Restschuldbefreiung erteilen**
Insolvenzverfahren wird aufgehoben und sechsjährige Wohlverhaltensphase beginnt, danach wird die Restschuldbefreiung erteilt.	Falls der Schuldner keine Insolvenzstraftat begeht, seine Obliegenheiten erfüllt und der Treuhänder die jährliche Mindestvergütung erhält, wird Restschuldbefreiung erteilt.
Verbraucherinsolvenz beantragen	**Restschuldbefreiung widerrufen**
Private Restschuldbefreiung beantragen (parallel zur betrieblichen Insolvenz), falls es sich beim Schuldner um eine natürliche Person handelt und nicht um eine Firma.	Restschuldbefreiung kann innerhalb von 12 Monaten widerrufen werden, wenn nachträglich ein vorsätzlicher Obliegenheitsverstoß bekannt wird (Widerrufsphase).

Tabelle 3.19: Vergleich zwischen Regel- und Verbraucherinsolvenz (Forts.)

3.3.2   Versicherungen gegen Risiken

Neben dem unternehmerischen Risiko sind Existenzgründer zusätzlich von persönlichen und betrieblichen Risiken bedroht. Das **Unternehmerrisiko** trifft nahezu jeden Selbstständigen, der eigene Ressourcen ins Unternehmen einbringt. Das kann die Arbeitskraft selber sein und/oder finanzielle Mittel. Geht etwas schief, passiert es oft, dass Sie Kapital und Arbeitszeit umsonst investiert haben. Es gibt leider keinen Garantieschein für unternehmerischen Erfolg.

Risiken für Existenzgründer

Als Chef im Unternehmen sind Sie mit Ihrer Arbeitskraft fast unverzichtbar. Besonders bei kleinen Firmen in der Startphase können Sie sich einen Ausfall Ihrer Arbeitsfähigkeit, z.B. wegen Krankheit, im Grunde nicht leisten. Damit Ihre Existenz zumindest nicht finanziell bedroht wird, müssen Sie vorbereitet sein. Obwohl Sie sehr vorsichtig mit Ihrem Startkapital umgehen sollten, geben Ausgaben in die richtigen Absicherungen ein beruhigendes Gefühl. Es gibt einiges zu beachten, falls Sie sich gegen Arbeitsunfähigkeit und andere Risiken versichern wollen. Die zentrale Frage, die Sie sich privat stellen sollten, ist: Welche Versicherungen sind für Sie die wichtigsten?

vertretung.allianz.de/gilbert.mayer
Mayer Gilbert *(Zahlreiche Anregungen zu diesem Abschnitt über Versicherungen stammen vom Versicherungsfachwirt der* Allianz Private Krankenversicherungs-AG.*)*

WWW . . . . .

Sieben Grundregeln für Versicherungsverträge

>> Regel Nr. 1: Risiken absichern, die Ihre Existenz bedrohen.

Ein akuter Versicherungsbedarf liegt in den Fällen vor, die zu hohe finanzielle Folgen mit sich bringen. Darunter fällt hauptsächlich der vorübergehende Verlust der Arbeitskraft durch Krankheit und Unfall. Noch schlimmer kann es bei Haftpflichtschäden oder Berufsunfähigkeit werden. Hierbei ist das Risiko sehr groß, in finanzielle Bedrängnis zu geraten.

>> Regel Nr. 2: Über gesetzliche Absicherungsmodelle informieren.

Reden Sie vor dem Abschluss privater Versicherungsverträge mit den gesetzlichen Rentenversicherungsträgern und Krankenkassen. Entschließen Sie sich voreilig von den gesetzlichen Versicherungen auf private umzusteigen, kann dies später mit Nachteilen verbunden sein. Kehren Sie in ein Angestelltenverhältnis zurück, ist z.B. eine Rückkehr in die gesetzliche Krankenversicherung sehr schwer. Ab dem 55. Lebensjahr verbleiben Sie endgültig in der privaten Krankenversicherung.

>> Regel Nr. 3: Die Versicherungstarife unbedingt vergleichen.

Ihre betrieblichen Kosten halten Sie so gering wie möglich. Das gleiche Prinzip wenden Sie auch für Ihre betrieblichen und persönlichen Versicherungsleistungen an. Die Verwaltungs- und Provisionskosten der Versicherungen machen für dieselben Leistungen und Bedingungen Preisunterschiede bis zu 300% aus. Selbst Sammelrabatte lohnen kaum mehr, da es am Markt meist noch einen günstigeren Anbieter gibt. Achten Sie auf Seriosität.

>> Regel Nr. 4: Auf Kombipakete verzichten, lieber gezielt versichern.

Einzig und allein auf die Kombination mit anderen Produkten zu schauen, ist nicht immer sinnvoll. Oft sind in solchen Kombipaketen Produkte, die Sie eigentlich gar nicht brauchen. Picken Sie sich besser genau das heraus, was Sie brauchen, dann sparen Sie meist Geld. Stimmen Sie den Versicherungsschutz auf Ihre speziellen Bedürfnisse ab. Manchmal ist weniger mehr.

>> Regel Nr. 5: Lange Vertragslaufzeiten vermeiden.

Lange Vertragslaufzeiten bringen Ihnen als Versicherungsnehmer keinen Vorteil. Generell ist ein Jahresvertrag empfehlenswert. Lediglich für Lebens- und Berufsunfähigkeitsversicherungen sind längere Laufzeiten sinnvoll. Sie haben sonst keine Gelegenheit, später günstigere Angebote wahrzunehmen. Sehen Sie sich genau Ihre automatische Vertragsverlängerung an, die möglicherweise länger als ein Jahr läuft.

>> Regel Nr. 6: Rechtzeitig an die finanzielle Altersvorsorge denken.

Stellen Sie die persönliche Absicherung sicherheitshalber auf mehrere Standbeine. Ergänzend zur staatlichen Vorsorge gibt es als persönliche Absicherungsvarianten die private Lebens-/Rentenversicherung, die kapitalgedeckte Altersvorsorge (**Riester-Rente**) und die **Rürup-Rente**. Als weitere Anlageformen gelten Aktien, Fonds und Immobilien.

>> Regel Nr. 7: Einen seriösen unabhängigen Finanzdienstleister suchen.

Eigentlich ist die siebte Regel eher ein Tipp. Auf dem Versicherungsmarkt tummeln sich so viele Anbieter, dass man schnell den Überblick verliert.

Ihr Versicherungsfachmann verkauft Ihnen durchaus nicht immer das für Sie passende Produkt zum besten Preis, da ihm der Mutterkonzern die Angebote vorgibt. Lassen Sie sich deshalb von einem unabhängigen Finanzdienstleister beraten und konzentrieren Sie sich stattdessen auf Ihre unternehmerische Tätigkeit. Dieser hat umfangreiche Preis- und Leistungsübersichten von zahlreichen Anbietern. Finanzdienstleister wollen zwar auch Geld verdienen, helfen Ihnen aber bei der Auswahl preiswerter Lösungen. Falls Sie lieber selbst aktiv werden wollen, lassen Sie sich zumindest 2 bis 3 verschiedene Angebote von unterschiedlichen Beratern erstellen.

Damit Sie einen ersten Überblick bekommen, welche Versicherungen Sie persönlich benötigen, haben wir in Tabelle 3.20 Vorschläge ausgearbeitet. Den absoluten Minimalschutz finden Sie in der linken Spalte. Ergänzend stehen einige zusätzliche Versicherungsarten in der mittleren Spalte, die Sie als Zusatzversorgung abschließen können. Die rechte Spalte beschreibt einige Arten, um Vermögen für die Altersvorsorge aufzubauen. Im Anschluss daran finden Sie weiterführende Erläuterungen.

Private Absicherung		
Basisschutz	**Zusatzvorsorge**	**Vermögensaufbau**
Krankenversicherung	Unfallversicherung	Rentenversicherung
Haftpflichtversicherung	Pflegeversicherung	Riester-/Rürup-Rente
Berufsunfähigkeitsversicherung	Krankentagegeld	betriebliche Rente
		Lebensversicherung

Tabelle 3.20: Persönliche Absicherung für den Unternehmer

www.existenzgruender.de
BMWi (*GründerZeiten Nr. 41: Persönliche Absicherung für Existenzgründer und Unternehmer*)

Basisschutz und Zusatzvorsorge für Unternehmer
Zum Basisschutz, der die größten finanziellen Risiken abdeckt, gehören:

>> Private oder gesetzliche **Krankenversicherung**

Die Krankenversicherung deckt Kosten für Ärzte, Krankenhäuser, Medikamente, Heil- und Hilfsmittel ab, die durch eine Krankheit oder Unfall verursacht werden. Die einzelnen Vor- und Nachteile der privaten Krankenversicherung werden im weiteren Verlauf dieses Kapitels noch erläutert.

>> Private **Haftpflichtversicherung**

Eine private Haftpflichtversicherung übernimmt Schadenersatzansprüche für Schäden, die von Ihnen oder Ihrer Familie verursacht wurden.

Typisches Beispiel ist die versehentlich zerschlagene Blumenvase bei Freunden oder Bekannten. Wichtig ist diese Police vor allem dann, wenn Personenschäden entstehen. Die Kosten dafür gehen leicht in die Millionenhöhe. Ausgenommen sind lediglich selbst erlittene, vorsätzlich verursachte oder mit Auto, Mofa und Motorrad entstandene Schäden.

>> Private **Berufsunfähigkeitsversicherung**

Die Berufsunfähigkeitsversicherung ist ein Zweig der Invaliditätsversicherung. Sie zahlt Ihnen eine monatliche Rente, wenn Sie Ihren Beruf aus gesundheitlichen Gründen nicht mehr ausüben können. Wir raten Ihnen dringend dazu, einen solchen Vertrag abzuschließen. Verzichten Sie stattdessen lieber auf die Unfallversicherung, denn die häufigere Ursache für Berufsunfähigkeit sind Krankheiten und nicht Unfälle.

Rundum-sorglos-Paket

Wie der Name **Unfallversicherung** andeutet, wird ausschließlich das Unfallrisiko abgesichert. Kein Geld bekommen Sie bei Berufsunfähigkeit infolge einer Krankheit. Im Unterschied zur gesetzlichen (**Berufsgenossenschaft**) bietet Ihnen die private Unfallversicherung Schutz rund um die Uhr. Also nicht nur im Beruf und auf dem Weg dorthin, sondern auch in Ihrer Freizeit. Bei der gesetzlichen Unfallversicherung steht die Rehabilitation im Vordergrund. Geldleistungen fließen erst, wenn die Rehabilitation nicht zum Erfolg führt. Im Gegensatz dazu steht bei privaten Anbietern in der Regel die Kapitalleistung an erster Stelle.

Pflege-aufwendungen versichern

Mit der **Pflegeversicherung** finanzieren Sie Pflegemaßnahmen im Alter, infolge einer schweren Krankheit oder eines Unfalls. Gesetzlich krankenversicherte Selbstständige sind automatisch pflegeversichert. Für die vielen privat Krankenversicherten gibt es die Möglichkeit, eine private Pflegeversicherung abzuschließen.

Ab dem 30. Krankentag Geld kassieren

Werden Sie als Selbstständiger aufgrund einer Krankheit arbeitsunfähig, dann zahlt keine Krankenversicherung Ihren ausfallenden Unternehmerlohn. Gerade für Unternehmer mit hohen Belastungen durch Kredite für die eigene Immobilie oder den Firmenkredit empfiehlt sich die **Krankentagegeldversicherung**. Damit mildern Sie längerfristige Einkommenseinbußen. Je früher das Krankentagegeld ausgezahlt wird, desto teurer ist die Versicherung. Problematisch wird Ihre Situation erst, wenn mehrere Monate kein Geld fließt. Deshalb überbrücken Sie den ersten Monat aus eigenen Mitteln.

Vor- und Nachteile der privaten Krankenversicherung

Eine sehr wichtige und langfristige Entscheidung ist die Wahl der Krankenversicherung und der Versicherungsart: gesetzlich oder privat. Für Selbstständige besteht keine Versicherungspflicht für die gesetzliche Krankenversicherung, d.h. Sie haben eine Wahlmöglichkeit:

>> Verbleib in gesetzlicher Krankenversicherung als freiwilliges Mitglied

>> Wechsel zur privaten Krankenversicherung

Denkbar ist auch eine Kombination aus gesetzlicher Krankenkasse und privaten Zusatzversicherungen. Die in Tabelle 3.21 stehenden Leistungsvorteile von privaten Versicherungen sind zwar verlockend, aber mit ihr sind auch gravierende Nachteile verknüpft.

Vorteile	Private Krankenversicherung
Ambulante und stationäre Behandlung	
Behandlung	Sie werden als Privatpatient behandelt.
Ärztewahl	freie Wahl unter allen Ärzten (teilweise Chefarzt)
Arztwechsel	Arztwechsel ohne Überweisung
Heilpraktiker	Heilpraktiker sind meistens mitversichert.
Krankenhaus	freie Wahl des Krankenhauses ohne tägliche Zuzahlung
Zimmer	im Ein- oder Zweibettzimmer untergebracht
Arznei-, Heil- und Hilfsmittel	
Verschreibung	freie Verschreibungsmöglichkeit für Arzneien
Zuzahlung	erstattet komplette Kosten ohne Selbstbeteiligung
Medikamente	erstattet nahezu alle medizinisch erforderlichen Medikamente
Brillen/Linsen	erstattet im tariflichen Umfang auch Brillengestelle, Gläser und Kontaktlinsen
Zahnärztliche Versorgung	
Kosten	erstattet über Mindestleistungen hinausgehende Kosten
Zahnersatz	Kostenübernahme liegt in etwa zwischen 60 bis 80%
Material	bessere zahnmedizinische Versorgung, in der Regel auch Inlays
Sonstiges	
Rücktransport	Rücktransport und Überführung ist im Todesfall mitversichert
Rückerstattung	Teilbeträge werden bei Nichtinanspruchnahme rückerstattet

Tabelle 3.21: Leistungsvorteile der privaten Krankenversicherung

Die privaten Anbieter prüfen die gesundheitliche Voraussetzung sehr genau. Nicht jeder wird aufgenommen. Eine beitragsfreie Mitversicherung des Ehepartners und der Kinder ist nicht möglich. Beitragsbefreiungen gibt es auch nicht bei längerer Krankheit oder während Mutterschutz- und Elternzeit. Sie müssen die anfallenden Arztrechnungen vorab selbst bezahlen. Zudem ist eine Rückkehr in die gesetzliche Krankenversicherung bekanntlich schwierig.

Nachteile der privaten Krankenversicherung

Praxis-Tipp: Regelmäßiger Gesundheitscheck

Zum Thema Gesundheit möchten wir Sie darauf hinweisen, dass Sie sich vor Ihrer Selbstständigkeit einem kompletten Gesundheitscheck unterziehen sollten. Sie sind als Unternehmer auf Ihre Arbeitskraft angewiesen. Wissen Sie bereits oder wird bei einer solchen Untersuchung festgestellt, dass Sie (auf Dauer) nicht ganz fit sind, fehlt Ihnen eine wesentliche Voraussetzung für eine erfolgreiche Tätigkeit. Es ist ja auch nicht gerade sinnvoll, als Möbelpacker tätig zu werden, wenn das Kreuz bereits kaputt ist.

Riester-, Rürup- und betriebliche Rente

Neben der gesetzlichen Rentenversicherung und der bisher sehr beliebten Kapitallebensversicherung haben sich inzwischen einige weitere Varianten zur Altersvorsorge etabliert. Dazu gehören:

>> Rürup-Rente: für alle Angestellten, vor allem aber für Selbstständige

>> Riester-Rente: für alle Pflichtversicherten in der gesetzlichen Rentenversicherung, Arbeitnehmer, insbesondere auch mit Existenzgründer-Zuschuss, da diese versicherungspflichtig sind.

>> Betriebsrente: in der gesetzlichen Rentenversicherung pflichtversicherte Arbeitnehmer, darunter fallen auch GmbH-Geschäftsführer

Rürup-Rente

Die so genannte Basis-Rente (**Rürup-Rente**) ist eine private, kapitalgedeckte Rentenversicherung. Vorrangige Zielgruppe sind nicht gesetzlich rentenversicherte Selbstständige, die für ihr Alter vorsorgen möchten. Sie eignet sich speziell für Selbstständige mit einer relativ hohen Steuerbelastung. Die Rürup-Rente garantiert Ihnen eine lebenslange monatlich ausgezahlte Rente, die bereits ab dem 60. Lebensjahr mit niedrigeren Leistungen beantragt werden kann. Als weiterer Vorteil können Sie als Versicherter diese Vorsorgeart individuell ergänzen, z.B. durch Berufsunfähigkeit, Erwerbsminderung oder Hinterbliebenenversicherung (**Hartz IV sicher**).

`WWW .....`

www.bundesfinanzministerium.de
Bundesministerium der Finanzen *(Wichtiges zum Thema Steuern)*

Steuerlich abzugsfähig

Beiträge zur klassischen Rentenversicherung oder zur neuen Kapitallebensversicherung sind nicht mehr als Sonderausgaben abzugsfähig, wenn sie nach dem 01.01.2005 abgeschlossen wurden. Das Verlockende an der Rürup-Rente ist, dass die Beiträge zum Teil als Sonderausgaben steuerlich abzugsfähig sind. Alleinstehenden steht dafür ein Höchstbetrag von insgesamt 20.000 € zur Verfügung, für Verheiratete das doppelte. In einer bis zum Jahr 2025 laufenden Übergangsphase steigt diese Quote (2005 angefangen bei 60%) jährlich um 2%. Der jährliche Anstieg verläuft linear, d.h., im Jahr 2006 liegt die Berücksichtigungsquote, die steuerlich absetzbar ist, bei 62%. Bis zu welchem Bruttoeinkommen noch Spielraum für die private Altersvorsorge bleibt, erfahren Sie in einem Beratungsgespräch.

Renten steuer-pflichtig

Tritt der Versicherungsfall ein, zählt die Rürup-Rente zu Ihren sonstigen Einkünften laut EStG. Ihr steuerpflichtiger Rentenanteil hängt dabei ab vom Jahr des Rentenbeginns. Wer bereits in 2008 eine Rente empfängt, muss 56 Prozent davon versteuern. Bis 2020 steigt dieser Anteil jährlich um 2%, danach um jeweils 1%. Erst 2040 sind sowohl die gesetzliche als auch die Rürup-Rente voll steuerpflichtig.

www.bmgs.bund.de
Bundesministerium für Gesundheit und Soziale Sicherung

WWW ......

Das Bürgertelefon vom *Bundesministerium für Gesundheit und Soziale Sicherung* (**BMGS**) stellt einen telefonischen Service bereit (Stand 2007): Montag bis Donnerstag von 8:00 bis 18:00 Uhr, Freitag von 8:00 bis 12:00 Uhr für 0,14 €/Min. aus dem deutschen Festnetz:

Bürgertelefon

>> Tel.: (01805) 996601 – Fragen zum **Krankenversicherungsschutz**

>> Tel.: (01805) 996602 – Fragen zur Krankenversicherung

>> Tel.: (01805) 996603 – Fragen zur Pflegeversicherung

>> Tel.: (01805) 996609 – Fragen zur **gesundheitlichen Prävention**

>> Tel.: (01805) 996607 – Gehörlosen/Hörgeschädigten-Service

Die **Riester-Rente** ist eine private Altersvorsorgeform für alle Pflichtversicherten in der gesetzlichen Rentenversicherung. Durch Beitragszahlungen bauen Sie langfristig Vorsorgekapital auf. Sie erhalten Zuschüsse vom Staat und eventuell eine zusätzliche steuerliche Förderung; sehen Sie hierzu Tabelle 3.22.

Zulagen und Beträge	ab 2004	ab 2006	ab 2008
Grundzulage (Zuschuss)	76 €	114 €	154 €
Zulage pro Kind (Förderung)	92 €	138 €	185 €
Steuerlich absetzbarer Betrag inklusive der Zulagen	max. 1.050 €	max. 1.575 €	max. 2.100 €

Tabelle 3.22: Jährliche Zulagen und steuerlich absetzbare Beträge

Neben der Förderung bietet diese Altersvorsorge eine Reihe von Vorteilen:

>> Sie wird lebenslang in monatlichen Renten bzw. Raten ausgezahlt.

>> Die eingezahlten Beträge und Zulagen sind für Auszahlung garantiert.

>> Die steuerlich geförderte Riester-Rente ist geschützt (**Hartz IV** fest).

>> Sie ist durch Berufsunfähigkeits-/Hinterbliebenen-Absicherung ergänzbar.

Die betriebliche Altersversorgung ist eine Leistung des Arbeitgebers für seine Arbeitnehmer. Diese Vorsorgemöglichkeit steht daher auch für Geschäftsführer einer GmbH bereit. Sie umfasst für gewöhnlich eine Alters-, Invaliditäts- oder Hinterbliebenenversorgung. Sind Sie in der gesetzlichen Rentenversicherung pflichtversichert, haben Sie seit 2002 einen Anspruch auf die so genannte **Entgeltumwandlung**. Die fünf Durchführungswege sind:

Betriebsrente

>> **Pensionskasse:** Unternehmen zahlen Beiträge an eine Pensionskasse, aus der die spätere Leistung finanziert wird.

>> **Direktversicherung:** Unternehmen schließen als Versicherungsnehmer zugunsten des Arbeitnehmers einen Lebensversicherungsvertrag ab.

>> **Direktzusage:** Unternehmen verpflichten sich, dem Arbeitnehmer bei Eintritt eines Versorgungsfalls bestimmte Leistungen zu zahlen.

>> **Unterstützungskasse:** Unternehmen stellen durch selbst bestimmbare Einzahlungen die Leistungsfähigkeit der Kasse sicher.

>> **Pensionsfonds:** Altersversorgungsleistungen in Form von Leistungs- oder Beitragszusagen für den Arbeitnehmer, bei der ein Rechtsanspruch für eine gewisse Mindestleistung besteht.

Betriebliche Absicherung für das Unternehmen

Für den betrieblichen Versicherungsschutz steht eine ganze Reihe von Versicherungsangeboten bereit. Die Wahl der betrieblichen Versicherungen hängt verstärkt von Firmentätigkeit und -umfang ab. Sie sollten nur die Risiken mit dem größten Schadenspotenzial oder der größten Eintrittswahrscheinlichkeit versichern. Aus diesem Grunde wird hier nur ein kleiner Auszug möglicherweise sinnvoller Versicherungen aufgelistet. Die angebotenen Versicherungsarten unterteilen sich grob in Sach- und Haftpflichtversicherungen:

>> **Betriebshaftpflicht:** Deckt Schäden der eigenen Mitarbeiter gegenüber Dritten ab, insbesondere gegenüber Kunden, Lieferanten und Besuchern.

>> **Feuer:** Übernimmt technische und wirtschaftliche Schäden, verursacht durch Brand, Blitzschlag oder Explosion.

>> **Einbruchdiebstahl:** Zahlt für entwendete oder zerstörte Gegenstände innerhalb eines Firmengebäudes oder -grundstücks.

>> **Elektronik:** Übernimmt Schäden an Computer- und Telekommunikationsanlagen der betrieblichen Ausstattung.

Vom *Allianz Zentrum für Technik (AZT)* wurde ein kleiner Fünfpunkteplan zu einem erfolgreichen **Risikomanagement** aufgestellt:

Step . . . . .

1. Risiken erkennen: Bestehendes und zukünftiges Schadenspotenzial!

2. Risiken bewerten: Prioritäten setzen und Gefahren gewichten!

3. Maßnahmen festlegen: Risiken versichern, vermeiden oder verringern!

4. Risiken beobachten: Maßnahmen prüfen und bei Bedarf anpassen!

5. Risiken aufspüren: Neuartige Problemfelder ausfindig machen!

azt.allianz.de
Allianz AG *(Beratungsunternehmen für Sicherheit, Risiko und Technik)*

www.existenzgruender.de
BMWi *(GründerZeiten Nr. 24: Betriebliche Versicherungen)*

WWW . . . . .

3.3.3 Betriebliches Mahnwesen im praktischen Einsatz

Je weniger Sie über Ihren Kunden wissen, desto größer ist das Risiko für Ihr Unternehmen. Laut einer Umfrage von *ECC-Handel* liegt das größte Risiko, sein Geld nicht zu erhalten, beim Versand der Ware auf Rechnung, dicht gefolgt von **Rückbuchungen** beim Lastschriftverfahren. Etwas besser, aber immer noch bedenklich genug, sieht die Lage bei Rückbuchungen im Kreditkartenbereich aus. Laut *Pago Report 2007* liegt die durchschnittliche **Chargeback**-Quote in Europa bei 0,33%, im Card-not-present-Bereich. Ein Jahr zuvor lag diese Quote noch bei 0,83%. Dies ist auf erfolgreiche Maßnahmen zur Betrugsabwehr zurückzuführen. Die Chargeback-Quote für deutsche Konsumenten liegt bei extrem niedrigen 0,087%. Die höchste Chargeback-Quote mit über 1,6% findet sich bei Warenkörben mit einem Wert von über 500 €. In Deutschland entsteht übrigens die höchste Chargeback-Quote mit etwa 1,4% bei Käufern aus der PLZ-Region 3.

Bei 60% der Online-Händler liegt das Ausfallrisiko unter 1%

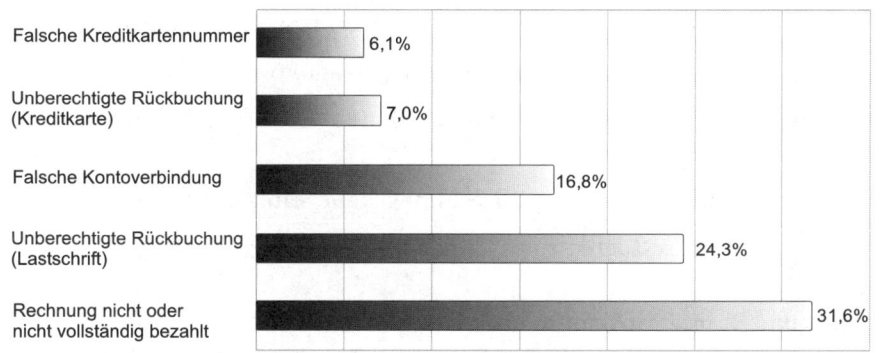

Abbildung 3.13: Gründe für Ausfälle bei der Zahlungsabwicklung

Der anonyme Handel im Internet begünstigt die seit mehreren Jahren zunehmende Verschlechterung der Zahlungsmoral. Gravierend wirkt sich auch die steigende Bereitschaft für **Betrügereien** im eCommerce aus. Die dafür ausschlaggebenden Gründe liegen wohl in der wirtschaftlichen Lage Deutschlands, der zunehmenden Überschuldung der Menschen und auch in einem **Mentalitätswandel**. Das führt seit mehreren Jahren zu einem spürbaren Anstieg gerichtlicher Mahnverfahren sowie Firmen- und Privatinsolvenzen.

Abnehmende Zahlungsmoral

Umsatzvolumen
gegenüber
Ausfallrisiko
Sie befinden sich im Grunde in der Zwickmühle zwischen Ausfallrisiko und Umsatzentwicklung auf der einen Seite und Kundenzufriedenheit auf der anderen Seite (Abbildung 3.14). Beschränken Sie sich auf sichere Bezahlarten wie Vorauskasse oder Nachnahme, geht Ihnen ein enormes Umsatzpotenzial verloren. Dieses Problem mindern Sie, indem Sie ergänzend die bevorzugten Bezahlarten der Deutschen (**Kreditkarte, Lastschrift** und **Rechnungskauf**) in Ihrem Shop einführen. Der Negativaspekt dabei sind erhebliche Zahlungsausfälle hauptsächlich im B2C-Bereich.

	Kundenzufriedenheit	Umsatzentwicklung	Ausfallrisiko
Vorauskasse	niedrig	niedrig	niedrig
Nachnahme	niedrig	niedrig	niedrig
Kreditkarte	mittel	mittel	mittel
(EC-) Lastschrift	hoch	mittel	mittel
Rechnung	hoch	hoch	hoch
Zielkauf	hoch	hoch	hoch

Abbildung 3.14: Kundenzufriedenheit, Umsatz und Ausfallrisiko

Als Online-Händler stehen Sie generell vor folgenden Problemen:

>> Versehentlich falsche Adressdaten: Pakete sind nicht zustellbar

>> Absichtlich falsche Adressdaten (**Identitätsklau**): Betrugsversuch

>> Spaßbesteller (**Fakebestellung**): Paketannahme wird verweigert

>> **Retouren**: unnötige Nachnahme- und Versandkosten

>> Zahlungsrückbuchung: **Rücklastschrift** (Lastschrift) oder **Chargeback** (Kreditkarte)

>> Zahlungsausfall: Kunde will Rechnungskauf, zahlt dann aber nicht

>> **Dubletten**: Adressdaten eines Kunden sind mehrfach vorhanden

Adress- und Bonitätsauskünfte über Geschäftspartner

Risiko-
management
Allgemein gilt: Je mehr Informationen Sie von neuen Geschäftspartnern oder Kunden haben, desto geringer ist das Risiko von Zahlungsausfällen oder Versandfehlern. (Wir hatten interessanterweise bisher noch nie einen Zahlungsausfall eines Kunden mit einer E-Mail-Adresse von *T-Online*.) In erster Linie kommt es darauf an, eine effektive Strategie zu entwickeln, mit der Sie die angesprochenen Probleme weitgehend vermeiden. Abhängig von Ihrem unternehmerischen Sicherheitsbedürfnis und dem Warenwert, kommen verschiedene Lösungen in Frage:

>> **Eigenrecherche:** Kontakt- und Adressdaten des Kunden überprüfen

Unter anderem können Sie mit dem gewöhnlichen Telefonbuch kostenlos eigene Recherchen durchführen. Eigene Recherchen nach Kundeninformationen sind allerdings zeitaufwendig. Finden Sie beim »Googeln« absolut nichts heraus, dann empfehlen wir Ihnen, vorsichtshalber auf kostenpflichtige Adressauskünfte zu wechseln. Speziell für insolvente Privatleute und Firmen finden Sie online beim Justizministerium NRW einige Daten. Hier funktioniert sogar eine ortsbezogene Suche.

Kunden »googeln«

www.telefonbuch.de
www.gelbe-seiten.de
Deutsche Telekom Medien GmbH *(Kontakt- und Adressdaten)*

WWW......

www.insolvenzbekanntmachungen.de
Justizministerium des Landes Nordrhein-Westfalen *(Insolvenzverfahren)*

>> Plausibilitätsprüfungen: Kontoverbindungen und Kartennummern

In einer ersten Stufe wird die angegebene Bankleitzahl auf ihre Existenz geprüft. Darauf folgt die zweite Stufe, in der geprüft wird, ob die Kontonummer zur angegebenen Bankleitzahl passt. Alle deutschen Kontonummern werden nach einem speziellen Verfahren errechnet. Dafür hinterlegen die Banken einen Berechnungsschlüssel bei der Bundesbank. Ist eine Kontonummer plausibel, haben Sie allerdings immer noch keine Garantie dafür, dass dieses Konto tatsächlich bei der Bank existiert. Leider gibt es Tools im Internet, die problemlos Konto- und Kartennummern errechnen und Betrügereien ermöglichen.

Daten prüft ePayment-Anbieter

www.ipayment.de
Schlund + Partner AG *(Zahlungssysteme im Internet)*

WWW......

>> Adress-/Identitätsprüfung: Auskünfte von einer Wirtschaftsauskunftei

Ein gutes Adress- bzw. Identitäts-Verifizierungssystem verhindert preiswert fehlgeleitete Falschlieferungen. Es prüft hierzu Postleitzahlen, Orte, Straßen sowie Hausnummernbereiche auf Plausibilität. Sie können auch feststellen, ob der Kunde tatsächlich dort gemeldet ist. Profilösungen korrigieren sogar automatisch Tippfehler in Vor- und Nachnamen. Die geringen Kosten machen sich schnell durch eine deutlich niedrigere Retourenquote bemerkbar. Mit *4Control WebClient* bietet Ihnen *KarstadtQuelle Information Services (KQIS)* bereits bei wenigen Bonitätsabfragen rationale Einschätzungen der Chancen und Risiken einer potenziellen Geschäftsbeziehung.

Retourenquote senken

www.addressfactory-prepaid.de
Deutsche Post AG *(Plausible Kundenadressen und Bankverbindungen)*

WWW......

www.kqis.de
KarstadtQuelle Information Services GmbH *(Debitorenmanagement)*

>> Bonitätsprüfungen: mit Hilfe externer Daten (Auskunfteien)

Einkauf unter falschem Namen

Bei Bonitätsprüfungen werden größere Wirtschaftsauskunftsdienste wie etwa *Schufa* oder *Creditreform* angefragt. Sie erfahren sofort, wenn vom potenziellen Geschäftspartner negative Informationen vorliegen. Deshalb umgehen Betrüger das System durch Angabe eines falschen Namens.

>> Scoring-Verfahren: Bonität wird anhand des Wohnumfelds eingeschätzt

Etwas effizienter als reine Bonitätsprüfungen erweisen sich Scoring-Verfahren. Hier wird anhand des Wohnumfelds versucht, Aussagen über die Kreditwürdigkeit zu machen. Hinterlegt sind Informationen zu Haushalts- und Einkommensstruktur sowie Altersverifikation bei jugendgefährdenden Angeboten.

WWW ......

www.infoscore.de
arvato infoscore GmbH *(Risiko- und Forderungsmanagement-Lösungen)*

www.schufa.de
SCHUFA Holding AG *(Scoring Services verringern Forderungsausfälle)*

Als ergänzende Instrumente im praktischen Risikomanagement sind bei vielen Anbietern die nachstehenden Möglichkeiten im Einsatz:

>> Ware wird nur gegen Nachnahme oder Vorauskasse geliefert.

>> Unternehmen pflegen Listen mit »schwarzen Schafen«.

>> Kunden bekommen bei Erstbestellungen ein Betragslimit.

>> Bezahlungsarten risikoabhängig anbieten.

>> Kreditinstitut identifiziert den Kunden.

>> Betreiber des Zahlungssystems übernimmt Zahlungsgarantie.

Tipp ......

3D-Secure Technologie

Praxis-Tipp: Haftungsübernahme bei Kreditkarten

*Mit der **3D-Secure**-Technologie schützen Sie sich als Online-Händler vor Kreditkartenmissbrauch oder falsch angegebenen Kartennummern. Dieser Authentifizierungsstandard garantiert Ihnen ein sicheres Bezahlverfahren. Mit* Verified by Visa *und* Mastercard SecureCode *wird Ihr Käufer zweifelsfrei als Karteninhaber identifiziert. Durch ein selbst gewähltes Kennwort muss sich der Inhaber der Karte ausweisen. Hat Ihr Kunde kein Kennwort vergeben, dann funktioniert der Einkauf auch ohne. Sowohl* Visa *als auch* MasterCard *übernehmen für Sie die Haftung.*

Interessant ist in diesem Zusammenhang, dass kleinere Online-Händler bevorzugt Vorauskasse, Nachnahme und *PayPal* anbieten. Größere Shops tendieren mehr zu Rechnungskauf in Kombination mit Inkasso- und Zahlungssystemen. Zu den einzelnen Bezahlsystemen erfahren Sie in *Kapitel 7* mehr.

Einsteiger	Fortgeschrittene	Professionell
Bezahlungsarten		
Vorauskasse	Vorauskasse	Vorauskasse
Nachnahme	Nachnahme	Nachnahme
PayPal Basis	PayPal Basis	PayPal Basis
	Kreditkarte	Kreditkarte
	Lastschrift	Lastschrift
		Rechnungskauf
Sicherheitsbedürfnis		
Niedrig	Mittel	Hoch
Risikomanagement		
Eigenrecherche	Eigenrecherche	Eigenrecherche
Adressprüfung	Adressprüfung	Adressprüfung
	Plausibilitätsprüfung	Plausibilitätsprüfung
		Bonitätsprüfung
		Scoring-Verfahren
Lösungsanbieter		
1	1 + 2	2 + 3

1. *Addressfactory Prepaid* ist die Einstiegslösung für Ihren Adress- und Bonitäts-Check im Internet.
2. *ipayment* unterstützt die sichere Bezahlung per Kreditkarte und internetbasiertem elektronischen Lastschriftverfahren.
3. *infoscore eScore* gibt die Bezahlungsart nach Prüfung der Adressdaten und einer vorab festgelegten Definition automatisiert vor.

Tabelle 3.23: Risikomanagement abhängig von Bezahlverfahren

```
ecc-handel.de/zahlungsverfahren_und_
zahlungssysteme.php
```
E-Commerce-Center Handel *(ePayment und Risikomanagement)*

WWW . . . . .

Ablauf des außergerichtlichen Mahnverfahrens

Aus Gründen der Kundenfreundlichkeit sollten Sie eine höfliche Zahlungserinnerung per Post versenden, auch wenn rechtlich normalerweise nur ein Mahnschreiben erforderlich ist, damit Ihr Schuldner in Verzug gerät. Vorausgesetzt die Ware wurde ordnungsgemäß geliefert, tritt der Verzug in dem Moment ein, wenn Ihr Schuldner nicht bezahlt und einer der folgenden Punkte zutrifft:

Eintritt des Verzugs

>> Wenn der Schuldner die auf der Rechnung enthaltene Fälligkeit verstreichen lässt.

>> Wenn 30 Tage vergehen, seitdem die Rechnung erstellt wurde.

>> Wenn das Mahnschreiben beim Kunden eingeht.

*Schuldner trägt
Mahnkosten*

Ab dem Tag des Verzugseintritts können Sie zusätzlich vom Schuldner **Verzugszinsen** für den entstandenen Zahlungsverzug einfordern. Sofern Sie es in Ihren AGBs verankert haben. Diese liegen für Endverbraucher bei 5% bzw. bei Kaufverträgen zwischen Unternehmen sogar bei 8% über dem Basiszinssatz der *Bundesbank*. Bei der *Forschungsgruppe Rechtsinformatik* finden Sie online einen Zinsrechner für Verzugszinsen. Weitere typische Kosten, die der Schuldner Ihnen erstatten muss, sind Porto-, Adressermittlungs-, Rechtsanwalts- und Gerichtskosten.

WWW . . . . . .

www.basiszinssatz.info/zinsrechner
Forschungsgruppe Rechtsinformatik *(Zinsrechner für Verzugszinsen)*

Tipp . . . . . .

Praxis-Tipp: Im Rechnungsformular ein Fälligkeitsdatum einbinden

Ein schriftliches Mahnschreiben oder eine Zahlungserinnerung sind nicht erforderlich, wenn »für die Leistung eine Zeit nach dem Kalender bestimmt ist« (§ 286 Abs. 2 Nr. 1 BGB). Fügen Sie in Ihre Rechnungen also einen festgelegten Leistungszeitpunkt ein, d.h. einen fixen Kalendertag, an dem der Kunde gezahlt haben muss. Beispiel hierfür sind: »Zahlbar in der 12. Kalenderwoche« oder »Zahlbar bis 01.11.2007«. Nicht ausreichend sind Formulierungen, aus denen ein Kunde das Fälligkeitsdatum errechnen muss, wie »Zahlbar 14 Tage nach Bestelleingang«.

*Außenstände
belasten Liquidität*

Die nicht bezahlten Außenstände belasten die Liquidität Ihres Unternehmens. Kosten verursachen dabei nicht nur Zins- und Forderungsverluste, sondern auch das Mahnverfahren. Damit Sie Außenstände möglichst schnell und ohne Verluste ausgleichen, ist ein auf Kundenerhaltung ausgerichtetes effektives Mahnwesen erforderlich. In der Praxis haben sich folgende Schritte für das **außergerichtliche Mahnverfahren** bewährt:

Step . . . . . .

1. Kundenstammdaten sorgfältig erfassen!

2. Abhängig von Auftragsvolumen und Zahlungsart den Kunden prüfen!

3. Ausgehende Rechnungen ordentlich erstellen!

4. Sofort nach Rechnungsfälligkeit erstes Mahnschreiben versenden!

*Beliebte
Betrugsmasche*

Die Kontakt- und Anschriftsdaten müssen stimmig und vollständig sein. Sie müssen genau wissen, welche Person oder welche Firma die Ware bestellt. Ansonsten kann ein notwendig werdendes gerichtliches Mahnverfahren mittels Mahnbescheid kaum rechtswirksam zugestellt werden. Im Online-Handel reicht schon die absichtliche Angabe eines falschen Vornamens durch den Besteller aus, dass Ihr Mahnbescheid ins Leere geht. Daher ist vor allem bei teuren Produkten eine Adress- oder Bonitätsprüfung sinnvoll.

Adressprüfung

Wenn Ihr Kunde per Vorauskasse bezahlt, dann können Sie den Schritt 2 überspringen. Die Prüfung lohnt sich auch nicht, wenn Sie nur kleinpreisige Produkte anbieten. Denn eine **Adressprüfung** zur **Namenskorrektur** und

Zustellbarkeitsprüfung kostet Sie bei der *Deutschen Post* 50 Ct. zzgl. 19 % Umsatzsteuer (Stand: August 2007). Gibt es unter der Bestelladresse nur eine Person mit ähnlich klingendem Namen, raten wir Ihnen bei teuren Produkten dringend zur Vorsicht. Wollen Sie **Auskünfte** zur einfachen Bonität von Privatkunden, bezahlen Sie bereits etwa 2 € zzgl. 19 % Umsatzsteuer. Noch teurer wird es bei Auskünften über Unternehmen. Das ist allerdings noch längst keine Garantie, dass Sie tatsächlich an Ihr Geld kommen.

Die Rechnung erstellen Sie unmittelbar, nachdem Ihre Ware geliefert oder Ihre Dienstleistung erledigt wurde. Spätestens 30 Tage nach Fälligkeit und Zugang der Rechnung tritt automatisch Verzug ein. Weisen Sie vorsorglich Ihre Kunden darauf schon in der Rechnung hin. Vermerken Sie deshalb Zahlungsbedingungen und Fälligkeitstermin auf Ihren Rechnungen (*Kapitel 1*). Ihr Kunde gerät dann laut BGB bei Nichteinhalten der Zahlungsfrist automatisch in Verzug. Wir raten Ihnen zumindest bei Stammkunden allerdings erst einmal zu einem freundlich formulierten Mahnschreiben.

Rechnung mit Zahlungsziel

Begleicht Ihr Kunde die gestellte Rechnung nicht am Tag der Fälligkeit, senden Sie ein Mahnschreiben zur Erinnerung. Sie können dazu vielleicht noch drei Tage Karenzzeit geben. Eine einzige Mahnung ist ausreichend, um den Schuldner in Verzug zu setzen. Die höflich formulierte Mahnung sollte folgende Mindestangaben enthalten: Rechnungsdatum, Forderungsgrund, Fälligkeit, Mahnstufe, Gesamtbetrag, Zahlung berücksichtigt bis … und letzte Zahlungsfrist. Eine weitere schriftliche Mahnung sollten Sie nicht versenden.

Hat das alles keine Wirkung gezeigt, bleiben Ihnen nur noch gerichtliche Maßnahmen, und zwar entweder der gerichtliche Mahnbescheid oder eine Klage. Für Mahnverfahren oder Inkasso fallen in der Regel Kosten und Gebühren an, die sich stark an dem **Rechtsanwaltsvergütungsgesetz (RVG)** orientieren. Je länger Sie mit dem Mahnbescheid warten, desto größer wird die Ausfallwahrscheinlichkeit. Ausgangspunkt für das gerichtliche Mahnverfahren ist ein Antrag auf Erlass eines Mahnbescheids beim zentralen Mahngericht Ihres Bundeslandes. Darauf basierend wird ein rechtskräftiger Vollstreckungsbescheid erlassen. Leider geht das nicht von heute auf morgen. Bis der beauftragte Gerichtsvollzieher tätig werden kann, vergehen erst noch mal fast zwei Monate, das sind die gesetzlichen Fristen.

Klage oder Mahnbescheid

Gerichtliches Mahnverfahren im Überblick

An das außergerichtliche Mahnverfahren schließt sich in aller Regel direkt das **gerichtliche Mahnverfahren** an. In Deutschland regelt § 688 der Zivilprozessordnung (**ZPO**), wie Sie Geldforderungen gegenüber säumigen Kunden einfordern. Ziel des gerichtlichen Mahnverfahrens ist es dabei, einen rechtskräftigen **Vollstreckungsbescheid** (VB) zu erwirken. Ihre Ausfertigung als Antragsteller des Vollstreckungsbescheids wird als **Vollstreckungstitel** bezeichnet. Mit diesem darf ein von Ihnen bestellter **Gerichtsvollzieher** von Zeit zu Zeit Ihre titulierten Forderungen vollstrecken, so lange bis die Schuld komplett beglichen ist.

Titulierte Forderung

Verjährungsfrist liegt bei 3 Jahren

Für gewöhnlich verjähren nicht eingeforderte Forderungen gegenüber Kunden nach drei Jahren, gerechnet ab dem Ende des Jahres, in dem der Kauf getätigt wurde. Kauft ein Kunde am 01.10.2007 Waren bei Ihnen und bezahlt nicht, beginnt nach der aktuellen Regelung die **Verjährungsfrist** am 01.01.2008. Ihr Anspruch auf Zahlung des Kaufpreises durch Ihren Kunden ist nach dem 31.12.2010 verjährt und damit hinfällig. Mit einem Vollstreckungstitel in der Hand verlängert sich die Verjährungsfrist auf ganze 30 Jahre – es sei denn Ihr Kunde durchläuft ein Regel- oder Verbraucher-Insolvenzverfahren (*Kapitel 3.3.1*), dann ist bereits nach sechs Jahren die Sache erledigt und Ihre Forderung verloren.

Beim Mahnverfahren handelt es sich um ein spezielles zivilgerichtliches Verfahren. Wenn der säumige Schuldner keinen Einspruch einlegt, geht das Verfahren ohne Richter zu Ende, also völlig ohne Verhandlung, Klageschrift und Beweiserhebung. Im Vergleich zur Klage ist das wesentlich billiger, da Sie als Unternehmer sogar ohne Rechtsanwalt auskommen. Allerdings darf das Verfahren nur für fällige Geldforderungen eingesetzt werden, dafür aber in unbegrenzter Höhe.

Tipp ......

Praxis-Tipp: Wann sofort Klage erheben?

Erwarten Sie, dass Ihr Schuldner gegen den Mahnbescheid Widerspruch einlegt, dann können Sie sich das gerichtliche Mahnverfahren sparen. Es verwandelt sich dann ohnehin in ein normales Zivilprozessverfahren. Mit allem, was dazugehört: Beweiserhebung, zu begründender Klageschrift und mündlicher Verhandlung vor einem Richter. Sie sollten auch dann sofort klagen, wenn es um einen höheren Streitwert geht oder die Anschrift des Schuldners nicht genau feststellbar ist.

Den zeitlichen Ablauf eines gerichtlichen Mahnverfahrens sehen Sie in Abbildung 3.15 abgebildet.

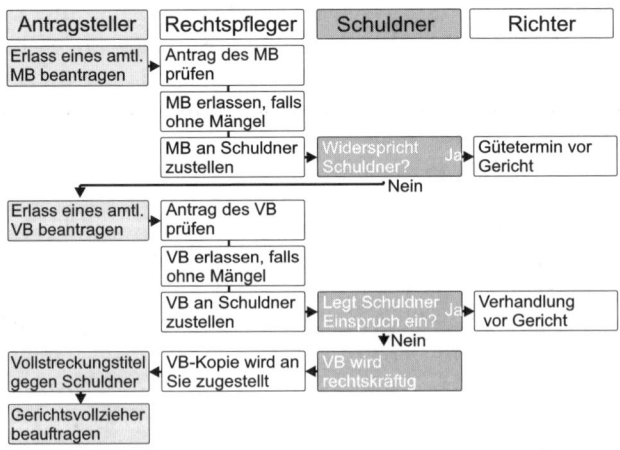

Abbildung 3.15: Ablauf des gerichtlichen Mahnverfahrens im Überblick

Erlass eines amtlichen Mahnbescheids beantragen

Antragsberechtigt ist nur der Gläubiger selbst (Antragsteller) oder ein gesetzlicher Vertreter. Das gerichtliche Mahnverfahren führt ausschließlich das zuständige **Amtsgericht** durch, unabhängig von der Höhe des Streitwerts. Verantwortlich dafür ist das am Sitz des Antragstellers zuständige Gericht. Üblicherweise steht in Ihren eigenen **Allgemeinen Geschäftsbedingungen (AGB)** der **Gerichtsstand** Ihres Unternehmens.

Amtsgericht des Antragstellers

Für den Mahnbescheid (MB) dürfen Sie nur das offizielle Formular verwenden. Im Schreibwarenhandel oder bei speziellen Fachverlagen erhalten Sie den amtlichen Vordruck »Antrag auf Erlass eines Mahnbescheids«. Verwenden Sie den vorgesehenen Vordruck nicht, so ist Ihr Antrag unzulässig. Die Antragsformulare für das automatisierte Verfahren besitzen Din-A4-Format und sind mit gängigen Laser- oder Tintenstrahldruckern bedruckbar. Es ist Ihnen allerdings auch erlaubt, sie handschriftlich auszufüllen.

Der Antrag auf Erlass eines Mahnbescheids gliedert sich in sechs Schritte:

1. Prozessbevollmächtigten Anwalt erfassen (falls vorhanden)!

2. Ihre eigenen Adressdaten und die des Antraggegners eintragen!

3. Angaben zu Anspruchsgrund, Hauptforderung und Zinsen eintippen!

4. Entstandene Kosten, Auslagen und Nebenforderungen erfassen!

5. Allgemeine Angaben zum Antrag eingeben!

6. Mahnbescheid ausdrucken oder direkt einreichen!

Step......

Viel bequemer und vor allem korrekt füllen Sie den Mahnbescheid online aus. Zahlreiche Dienstleister bieten einen solchen Service im Internet an. Die Kosten muss Ihnen Ihr Schuldner in voller Höhe erstatten. Falls Ihr Schuldner allerdings überhaupt nicht zahlt, tragen Sie auch noch diese Kosten. In der Online-Software erfassen Sie alle relevanten Daten. Dabei werden Sie in der Regel durch zahlreiche Hilfsfunktionen unterstützt. So werden das örtlich zuständige Gerichte, das richtige Formular und auch die Verfahrenskosten automatisch ermittelt. Die Dienstleister bieten meistens zwei Verfahren an:

Online-Mahnbescheid

>> Mahnbescheid-Antragsformular online erfassen inkl. Druckservice

Zuerst wird der ganze Mahnvorgang in der Online-Mahnsoftware eingetippt. Anschließend wird der aktuelle Mahnbescheid für Ihren Gerichtsstand mit Ihren individuellen Daten beim Serviceanbieter bedruckt. Wenige Tage später erhalten Sie das unterschriftsreife Formular per Post zugesandt.

>> Mahnbescheid-Antragsformular online erfassen und selbst bedrucken

Sie erfassen ebenfalls den kompletten Mahnvorgang. Der Unterschied ist, dass Sie das von Ihnen gekaufte Mahnformular selbst mit Ihrem Laser- oder Tintenstrahldrucker bedrucken.

WWW ...... www.letzte-mahnung.de
Judico GmbH *(Anbieter für Online-Mahnbescheide)*

Positiver Nebeneffekt der online bedruckten Mahnbescheide: Die im automatisierten gerichtlichen Mahnverfahren eingescannten Vordrucke sind gut maschinell lesbar. Verzögerungen werden so vermieden. Handschriftlich ausgefüllte Formulare werden im ungünstigsten Fall umständlich manuell nachbearbeitet.

Vom Mahnbescheid zum Vollstreckungstitel

Mahnbescheid erlassen Liegen nun alle förmlichen Voraussetzungen vor, wird der Mahnbescheid erlassen. Danach wird der Mahnbescheid dem Schuldner zugestellt, die Widerspruchsfrist von zwei Wochen beginnt. Legt in diesem Zeitraum der Antragsgegner Widerspruch ein, geht das Mahnverfahren in ein reguläres Gerichtsverfahren über. Dort darf sich der Antraggegner gegen den von Ihnen behaupteten Anspruch wehren.

Tipp ...... *Praxis-Tipp: Mahnbescheid unterbricht Verjährungsfrist*

Der Mahnbescheid wird Ihrem Schuldner vom Gericht automatisch »von Amts« wegen zugestellt. Mit dessen Zustellung wird die laufende Verjährungsfrist unterbrochen.

Vollstreckungs-bescheid beantragen Hat der Antragsgegner nicht oder zu spät widersprochen, so erlässt das Amtsgericht auf Ihren Antrag den Vollstreckungsbescheid. Diesen beantragen Sie spätestens sechs Monate, nachdem der Mahnbescheid zugestellt wurde. Der **Vollstreckungsbescheid** ist die spätere Grundlage für Zwangsvollstreckungsmaßnahmen. Gegen den Vollstreckungsbescheid kann Ihr Antragsgegner jedoch auch Einspruch erheben. Innerhalb von zwei Wochen nach erfolgter Zustellung erwirkt er damit den Übergang in ein ordentliches Gerichtsverfahren.

Vollstreckungs-titel Geht das Mahnverfahren ohne Einspruch weiter, dann wird Ihr Vollstreckungsbescheid endlich rechtskräftig und Sie erhalten den ersehnten **Vollstreckungstitel**. Nur mit dieser Urkunde können Sie einen Gerichtsvollzieher schriftlich beauftragen. Beim Amtsgericht, in dessen Zuständigkeitsbereich der Schuldner wohnt, finden Sie einen Gerichtsvollzieher über die Gerichtsvollzieher-Verteilungsstelle. In den nächsten 30 Jahren dürfen Sie damit jederzeit Zwangsvollstreckungsmaßnahmen einleiten.

Inkasso unterstützt vor- und nachgerichtliches Mahnwesen

Sie können das gesamte Mahnwesen auf ein externes Inkassounternehmen auslagern. Zu dessen Hauptaufgaben gehört das Forderungsmanagement. Die Aufgaben eines Inkassounternehmens beginnen bei angemahnten Kunden und enden erst, wenn Sie bereits titulierte Forderungen geltend machen. Einige Jahre später ist es nicht mehr einfach, Vollstreckungsmaßnahmen einzuleiten. Es kann sein, dass ein säumiger Zahler umgezogen ist oder durch Heirat seinen Namen geändert hat. Auch für solche Fälle bieten Inkassounternehmen ihre Dienste an. Die Abwicklung verläuft für Sie meistens ohne Kostenrisiko oder Mitgliedschaft. Ohne Zahlungseingang entstehen Ihnen keine Gebühren oder sonstige Kosten bei Nichterfolg.

Aufgaben des Inkasso-unternehmens

Sie als Inhaber eines kleinen Unternehmens wollen und sollen nicht allzu viel Energie an das Mahnwesen verschwenden. Aufgrund ihrer Spezialisierung haben Inkassounternehmen natürlich deutlich höhere Erfolgsquoten als betriebsinterne Mahnabteilungen. Laut dem *Bundesverband Deutscher Inkasso-Unternehmen (BDIU)* fließen dadurch pro Jahr mehr als vier Milliarden Euro an die Auftraggeber zurück. Daneben schlagen noch weitere Vorteile für Ihr Unternehmen zu Buche. Inkassounternehmen ...:

Inkassovorteile

>> vermeiden Gerichts-, Rechtsanwalts- und Gerichtsvollzieherkosten.

>> haben eine vorgerichtliche Erfolgsquote von mehr als 50%.

>> vermitteln kundenorientiert zwischen Gläubiger und Schuldner.

>> stoppen ihre Aktivitäten bei aussichtslosen Fällen.

>> entlasten Ihr Unternehmen effektiv beim Forderungsmanagement.

>> kontrollieren laufend Fristen und Verjährungen.

>> übernehmen konsequent die Adresspflege Ihrer Schuldner.

>> überwachen laufend die Vermögensverhältnisse des Schuldners.

>> prüfen regelmäßig Vollstreckungsmöglichkeiten.

www.bdiu.de
Bundesverband Deutscher Inkasso-Unternehmen e.V.

WWW .....

Der Online-Shop

TEIL II

>>>

4

Voraussetzungen

Basiswissen für Online-Händler

Wir erklären Ihnen den Unterschied zwischen eBusiness und eCommerce. Danach nennen wir Ihnen die wichtigsten Kriterien zur Auswahl der passenden Domain und des bestmöglichen Providers.

eCommerce verstehen und planen

Hier erfahren Sie, welche Vorteile ein Online-Shop bringt und wie er funktionieren muss, damit Ihre Kunden und Sie selbst zufrieden sind. Ebenso machen wir Sie mit den wichtigsten Standardkomponenten eines Shops vertraut. Dafür geben wir Ihnen einen kompletten Leitfaden an die Unternehmerhand.

Datensicherheit

In diesem Abschnitt zeigen wir Ihnen, was Sie für die Ausfallsicherheit Ihres Unternehmens tun können. Außerdem lernen Sie, wie ein sinnvoller Viren- und Spam-Schutz für Ihr Unternehmen umgesetzt wird. Und wir machen Sie mit einigen der Grundregeln vertraut, wie Sie die Anfragen Ihrer Kunden sicher per E-Mail beantworten.

4.1 Basiswissen für Online-Händler

Noch vor wenigen Jahren wurde das Internet zumeist als reine Informations- und Präsentationsplattform genutzt. Inzwischen hat es sich in rasanter Geschwindigkeit zu einer Plattform für die elektronische Abwicklung von Ein- und Verkäufen entwickelt. Kein anderes Medium in der Geschichte hat eine so rasche **Marktdurchdringung** vollzogen. Wofür das Telefon 75 Jahre brauchte und der Fernseher immerhin noch 13 Jahre, das schaffte das Internet in nur 4 Jahren (die Zahlen beziehen sich auf einen Zeitraum, innerhalb dessen 50 Mio. Nutzer in den USA erreicht wurden). In punkto Wachstum schlägt also das Internet alle bisherigen Medien:

Medium	Zeitraum
Telefon	75 Jahre
Radio	38 Jahre
Personal Computer	16 Jahre
Fernseher	13 Jahre
Internet	4 Jahre

Tabelle 4.1: Durchdringung des Marktes durch bestimmte Medien

Exkurs >>

Neue Medien als Bildungsaufgabe

Untersuchungen bestätigen immer wieder: Menschen benutzen den Computer am häufigsten dazu, um E-Mails zu versenden, Informationen zu suchen und Internet-Banking zu betreiben. Aufgrund der steigenden Informationsflut wird der souveräne Umgang mit dem Internet zur Basisqualifikation. Im bayerischen **Bildungs- und Erziehungsplan** (BEP) für Kindergärten und Tageseinrichtungen wird **Medienkompetenz** als eine der **Basiskompetenzen** genannt. Gemeint ist damit »der sachgerechte, selbstbestimmte und verantwortliche Umgang mit Medien«.

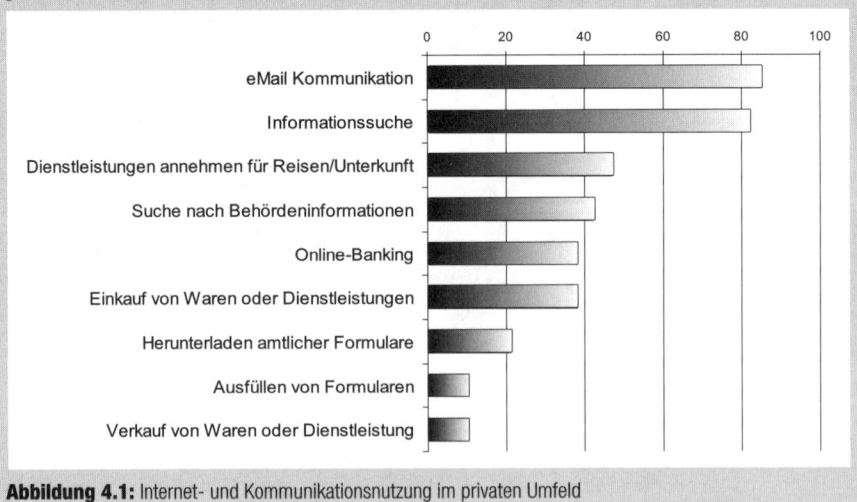

Abbildung 4.1: Internet- und Kommunikationsnutzung im privaten Umfeld

Ein frühzeitiges Heranführen unseres Nachwuchses an neue Medien wird zu einer wichtigen Erziehungsaufgabe. Leider gehen immer noch zu viele Bewahrpädagogen nicht mit der Zeit. Erschreckend für alle ist dabei: Je niedriger das Bildungsniveau der Jugendlichen ist, desto seltener nutzen sie das Internet. Insgesamt ist diese Altersgruppe jedoch überdurchschnittlich stark online vertreten. Auch die Generation »50plus« bleibt von dieser technologischen Entwicklung nicht verschont. Nur wer heute Schritt hält und bereit ist dazuzulernen, hat Chancen auf dem sich wandelnden Arbeitsmarkt.

Neue Zielgruppe: 50plus

Auf dem Weg zur Informations- und Wissensgesellschaft hat das Medium Internet bald alle Bereiche des täglichen Lebens und der Arbeitswelt erreicht. Ein Büro ohne Internet ist häufig gar nicht mehr denkbar. Elektronische Mails sind im Geschäftsleben schon zu dem vorherrschenden Kommunikationsmedium aufgestiegen.

4.1.1   Was unterscheidet eBusiness von eCommerce?

Mit dem seit 1995 gebräuchlichen Begriff **eCommerce** bezeichnet man die reinen Handelsprozesse im Rahmen des Online-Verkaufs von Gütern. Darunter fällt hauptsächlich der Kauf und/oder Verkauf von Produkten und Dienstleistungen über das Internet. Synonym dazu tauchen häufig die Begriffe elektronischer Handel und **Online-Handel** auf. eCommerce ist eines der Teilgebiete des eBusiness. Sobald Sie geschäftliche Beziehungen z.B. mit Lieferanten oder Geschäftspartnern auch digital koppeln, wird Ihr Online-Handel mehr und mehr zu einem eBusiness-Unternehmen.

Warenhandel per Internet

Mit digitalen **Informations- und Kommunikationstechniken (IuK)** können Sie geschäftliche Beziehungen über das Internet pflegen und Geschäfte abwickeln. Das so genannte **eBusiness** umfasst sämtliche Arten von Unternehmensabläufen, die auf elektronischem Wege abgewickelt werden. Es beinhaltet eine Vielzahl von Aufgabenfeldern: Kundenservice, Online-Marketing/-Banking, Geschäftsanbahnung und -abwicklung. Ihr Einstieg ins eBusiness beginnt spätestens mit dem eigenem Online-Shop.

Einstieg ins eBusiness

Der wesentliche Kernpunkt von eBusiness ist die umfassende digitale Vernetzung der Beteiligten. Sie vollzieht sich meist nach und nach, indem Sie Ihren Online-Shop durch Zusatzfunktionen erweitern oder verbessern. Beispielsweise übertragen Sie die eigenen Bestellungen regelmäßig in Ihr Warenwirtschaftssystem, wo Sie den Bestand der Handelsprodukte verwalten und Bestellungen abwickeln. Oder Sie arbeiten mit Kreditkarten als einem neuen, elektronischen Zahlungssystem im Shop. Dazu benötigen Sie eine digitale Schnittstelle zu einem ePayment-Dienstleister. Eine weitere Zusatzfunktion wäre die Versandabwicklung durch einen professionellen Logistikpartner. Mit einer direkten Schnittstelle zu diesem Versandpartner ist ein nächster Schritt in Richtung eBusiness getan.

WWW ...... www.bsi.bund.de/fachthem/egov/download/5_EShop.pdf
BSI *(Modul des eGovernment-Handbuchs: Leitfaden für die Einrichtung eines Online-Shops)*

www.zukunft-ebusiness.de
BMWi *(eBusiness-Portal)*

Das Sieben-Stufen-Model im Unternehmen

Die Nutzung des Internets für das digitale Geschäft von Seiten der Unternehmen wird in der *IBM*-Studie »Internet und E-Business im Mittelstand« in sieben Stufen aufgesplittet:

Abbildung 4.2: Stufenmodell der Internet-Nutzung in Unternehmen

Auf der untersten Ebene verfügt das Unternehmen noch nicht einmal über einen Internet-Zugang. Es kann also nicht, wie in der Stufe darüber, im Internet Informationen recherchieren oder per E-Mail Daten austauschen. In der nächsten Stufe hat das Unternehmen bereits eine eigene Homepage, setzt diese aber lediglich zur Darstellung des eigenen Unternehmens oder der Produkte ein.

Ab Stufe 3 beginnt der Einstieg ins eBusiness

Ab der dritten Stufe beginnt das Unternehmen, auf der Homepage digital Bestellvorgänge abzuwickeln. Der Einstieg in den eBusiness-Bereich ist vollzogen. Firmen, die noch eine Stufe höher angesiedelt sind, betreiben einen eigenen Online-Handel und sind bereits digital vernetzt, z.B. mit den Zulieferern oder Kunden. Der Datenaustausch erfolgt dazu komplett digitalisiert über das Internet. Ab der fünften Stufe werden komplette Geschäftsabläufe vollautomatisch über das Internet abgewickelt. Die elektronische Lieferkette entsteht, die so genannte **Supply Chain**. Auf der obersten Stufe befinden sich Unternehmen, die ihr gesamtes eBusiness an einen Dienstleister auslagern und sich nur noch dynamisch (und nicht mehr nur statisch) online befinden.

Quelle:
IBM-Studie

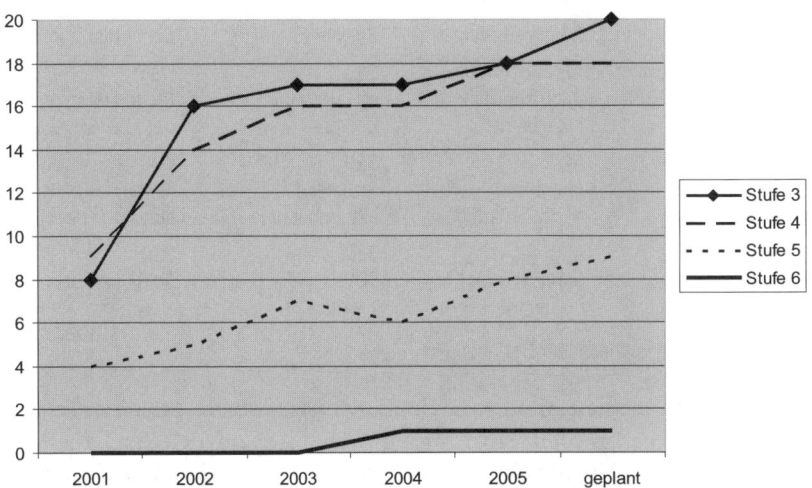

Abbildung 4.3: eBusiness-Aktivitäten mehr als verdoppelt

Seit 2001 erhöhte sich die Anzahl der kleinen und mittelständischen Unternehmen (KMU), die im Bereich eBusiness tätig sind. 2007 ist der deutsche Mittelstand fast komplett »online«. Weniger als 1% der Unternehmer nutzen kein Internet oder E-Mail, sind also offline und stehen auf der untersten Stufe der eBusiness-Skala. Satte 89% präsentieren sich inzwischen mit der eigenen Firmenwebsite oder stellen ihre Produkte und Dienstleistungen vor. Die Tendenz geht zu den höherwertigeren eBusiness-Lösungen, was sich in diesem Jahr fortsetzt. Laut Abbildung 4.3 haben sich die eBusiness-Aktivitäten mehr als verdoppelt. Wenn die Unternehmen erst mal die Vorteile des eCommerce kennen lernen, dann wollen die meisten tiefer einsteigen.

99% des Mittelstandes sind online

www.impulse.de/eb-studie
www.ibm.com/businesscenter/smb/de/de/
IBM Deutschland/impulse *(IBM-Studie »Internet und E-Business im Mittelstand«)*

Virtuelle Marktplätze im Internet

Nicht nur Firmen, sondern auch Institutionen und sogar Privatleute verlagern ihre Aktivitäten zunehmend auf das Internet. Regierungsstellen und Behörden (**Administration**), Unternehmen (**Business**) und Endverbraucher (**Consumer**) treten hierbei sowohl als Leistungsanbieter wie auch -empfänger auf.

Die digitalen Geschäftsbeziehungen dienen der **Wertschöpfung**, d.h., der **Leistungsanbieter** verspricht sich hiervon einen finanziellen oder immateriellen Mehrwert. In Abhängigkeit von den jeweils beteiligten Akteuren gibt es die in Tabelle 4.2 beispielhaft aufgeführten Geschäftsbeziehungen.

Leistungsanbieter				
		Administration	Business	Consumer
Leistungsempfänger	Administration	A2A Datenabgleich Meldeämter	B2A öffentlicher Bedarf	C2A Steuererklärung mit ELSTER
	Business	A2B öffentliche Ausschreibung	B2B Großhändler ingrammicro.de	C2B Jobbörse stepstone.de
	Consumer	A2C Service für Bürger	B2C EDV-Händler alternate.de	C2C Auktionen ebay.de

Tabelle 4.2: Varianten geschäftlicher Beziehungen im eBusiness

*Was bedeutet
B2C?*
Der erste Buchstabe steht immer für den Leistungsanbieter, der zweite, nach dem 2 (sprich: to), für den Leistungsempfänger. Von den in Tabelle 4.2 genannten Varianten gehören die nachstehenden zu den gängigsten Geschäftsbeziehungen:

>> **Business to Business** (B2B): Großhändler verkauft an Einzelhändler, z.B. Großhändler für IT-Fachhandel *Ingram Micro Distribution*.

>> **Business to Consumer** (B2C): Einzelhändler verkauft an Endkunden, z.B. *Alternate Computerversand*.

>> **Consumer to Consumer** (C2C): Endkunde verkauft an Endkunden, z.B. *eBay International, Microsoft Expo* und *Google Base*.

WWW .....
base.google.com
Google Inc. *(Base ist für die verschiedensten Inhalte geeignet.)*

www.ebay.de
eBay International AG *(Online-Marktplatz)*

expo.live.com
Microsoft Deutschland *(*Windows Live Expo, *ehemals* Fremont*)*

Mit diesen Grundlagen lassen sich jetzt ein paar wichtige Definitionen viel besser angehen und einige der Begriffe erklären, denen man ständig begegnet, wie eGovernment, eProcurement und mCommerce. Im Zusammenhang damit wird Ihnen auch eCommerce und eBusiness klarer.

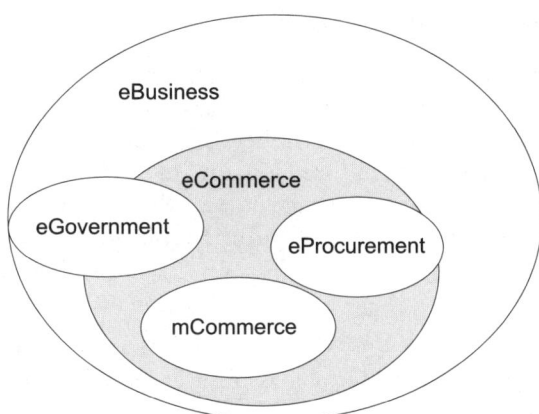

Abbildung 4.4: Abgrenzung zwischen eBusiness und eCommerce

Weitere Grundbegriffe und Definitionen

Beim so genannten **eGovernment** ist einer der Beteiligten eine Regierungs-stelle. Bürger, Unternehmen und andere staatliche Institutionen treten mit Hilfe von IuK-Technologien mit einer Regierungsstelle in Kontakt. Als Bei-spiel dient die bereits genannte elektronische Steuererklärung eines Unter-nehmers. Auf einfache Art und Weise werden dabei wichtige Daten mit der Behörde ausgetauscht.

eGovernment: beteiligt Regierungsstellen

Das **eProcurement** beschreibt die Möglichkeit des Erwerbs von Waren und Dienstleistungen über das Internet. Hauptsächlich wird dies im B2B-Bereich angewandt. Großhändler stellen beispielsweise ihren registrierten Einzel-händlern einen besonderen Zugang bereit. Damit greifen diese direkt in die Abläufe ihrer Lieferanten ein. Sie durchsuchen das angebotene Sortiment, prüfen die Lieferfähigkeit, geben Bestellungen auf oder kontrollieren den Versandstatus.

eProcurement: Waren online beschaffen

mCommerce, also der mobile Handel (mobile commerce), ist ein eigenes Teilgebiet des eCommerce. Hierfür wird mit Hilfe mobiler Endgeräte, z.B. Handys, eingekauft. Als drahtlose Übertragungstechnik sind **Mobilfunk**, **Wireless LAN** oder **Bluetooth** verfügbar.

Handy: der mobile Geldbeutel

www.zukunft-ebusiness.de/E-Business
/Navigation/Service/e-facts.html
BMWi *(e-f@cts-Reihe behandelt eCommerce- und eBusiness-Themen)*

WWW . . . . .

4.1.2   Die passende Domain- und Provider-Wahl

Einprägsam, kurz, einfach, einzigartig und obendrein auch noch beschreibend – das sind die bestmöglichen Eigenschaften, die Ihr Domain-Name besitzen sollte. Lange und komplizierte Namen erhöhen die Fehleranfälligkeit beim Eintippen. Sie sollten einem Kunden Ihre Domain am Telefon mitteilen können, ohne dass dieser nachfragen muss, wie man diese schreibt. An einen gut gewählten Domain-Namen erinnert sich Ihr Kunde auch noch eine Woche später.

Richtlinien für die Domain

DENIC-Richtlinien   Die *DENIC* sieht für eine Domain (ungeachtet der Top Level Domain .de) gewisse Richtlinien vor:

>> Die Domain kann aus Ziffern (0 bis 9), Bindestrichen, den Buchstaben A bis Z und den weiteren Buchstaben bestehen, die bei der *DENIC* aufgeführt sind.

>> Sie muss wenigstens einen Buchstaben enthalten.

   Fehlerhaft wäre z.B. 123456.de

>> Sie muss mit einer Ziffer oder einem Buchstaben beginnen oder enden. Es darf an dritter und vierter Stelle kein Bindestrich sein.

   Fehlerhaft wäre z.B.: –ente.de, ente–.de, en—te.de.

>> Sie besteht in der Regel aus mindestens 3 bis maximal 63 Zeichen.

   Fehlerhaft wäre z.B.: ab.de, ein-Domain-Name-mit-64-zeichen-wennwir-uns-nicht-verzaehlt-haben.de.

>> Es wird nicht unterschieden zwischen Groß- und Kleinschreibung.

   Identisch sind z.B.: siemens.de, Siemens.de, SiEmEnS.de

Tipp......

Praxis-Tipp: Groß- und Kleinschreibung bei Verzeichnis- und Dateinamen

Nur bei Verzeichnis- und Dateinamen wird zwischen Groß- und Kleinschreibung unterschieden. Die beiden HTML-Dateien www.domain.de/Angeli.html *und* www.domain.de/angeli.html *sind demzufolge verschiedene Dokumente. Dies ist natürlich abhängig vom Betriebssystem auf dem die Internetpräsenz gehostet wird, unter Linux (Apache) ist Groß-/Kleinschreibung relevant, bei Windows (Internet Information Server) nicht.*

Häufig dient die Großschreibung von Domain-Namen lediglich der besseren Lesbarkeit in Druckmedien. So könnten wir www.Onlineshop-Handbuch.de *genauso gut in Kleinbuchstaben schreiben.*

Als Name für Ihre Domain sind Bezeichnungen und Buchstabenkombinationen unzulässig, die folgende Merkmale aufweisen:

>> Bezeichnungen anderer Top Level Domains.

Fehlerhaft wären z.B.: **com**.de, **net**.de und sämtliche länderbezogenen TLDs.

>> Buchstabenkombinationen, die in deutschen Kfz-Kennzeichen zur Benennung des Zulassungsbezirks verwendet werden.

Fehlerhaft wären z.B.: **gap**.de (Garmisch), **reg**.de (Regen), **gth**.de (Gotha).

>> Zeichenfolgen, die sich aus Kfz-Kennzeichen ergeben, wenn man in den Buchstabenkombinationen ä → ae, ö → oe und ü → ue ersetzt.

Fehlerhaft wären z.B.: **rueg**.de (Rügen), **soem**.de (Sömmerda)

DENIC registriert Ihre **Domain**, sofern sie nicht schon für einen anderen registriert wurde. Wie bereits in *Kapitel 1* erwähnt, verfolgt *DENIC* das Grundprinzip: »First come, first served!« Lediglich die Registrierung offenkundig rechtswidriger Domains wird abgelehnt.

First come, first served!

www.denic.de/de/richtlinien.html
DENIC Domain Verwaltungs- und Betriebsgesellschaft eG

Tipps für einen guten und korrekten Domain-Namen

Angesichts von über elf Millionen registrierten .de-Domains (Stand: Juli 2007) werden ansprechende Adressen knapp. Damit Sie bei der Wahl Ihres Domain-Namens nicht den Überblick verlieren, geben wir Ihnen acht grundsätzliche Tipps zur Hand:

1. Passende Top Level Domain auswählen.

Die Wahl der Top Level Domain hängt, wie schon in *Kapitel 1* erwähnt, mit der geographischen Ausrichtung Ihrer Tätigkeit ab. Bei regionaler Ausrichtung sind .de-, .net- oder .info-Domains die richtige Wahl. Bei internationaler Ausrichtung empfiehlt sich die .com- oder .eu-Domain als TLD. Im Zweifelsfall registrieren Sie lieber beide Varianten. Ob Ihre Wunsch-Domain noch frei ist, prüfen Sie direkt online bei: *DENIC, INTERNIC* oder Ihrem jeweiligen Provider. Für Unternehmen ist auch .biz als TLD denkbar. Da darunter noch relativ wenige Domains registriert sind, ist hier die Chance am größten, einen geeigneten freien Namen zu finden.

In Tabelle 4.3 finden Sie die regulären Domain-Registrierungspreise pro Jahr (Stand: 07/2007; inkl. 19% USt.) von *united-domains* (**Registrar**). Ein Registrar bietet im Unterschied zum Provider keinen Webspace an, sondern nur den Domain-Namen.

Tipp . . . . . .

Praxis-Tipp: Neu gelöschte .de-Domains

Täglich wieder freigewordene bzw. aktuell gelöschte .de-Domains finden Sie bei: www.zonespy.de, www.desnap.de *und* www.freihits.de.

WWW . . . . . .

www.united-domains.de
united-domains AG *(Registrar für Domain-Namen)*

TLD	Land/Bezeichnung	Laufzeit	Preis pro Jahr
Domain .de	Deutschland	1 Jahr	12,00 €
Domain .at	Österreich	1 Jahr	49,00 €
Domain .ch	Schweiz	1 Jahr	99,00 €
Domain .eu	Europa	1 Jahr	29,00 €
Domain .com	Commercial (int.)	1 Jahr	12,00 €
Domain .net	Network (int.)	1 Jahr	12,00 €
Domain .org	Organisation (int.)	1 Jahr	12,00 €
Domain .info	Information	1 Jahr	19,00 €
Domain .biz	Business	1 Jahr	39,00 €
Domain .mobi	Mobil	1 Jahr	29,00 €

Tabelle 4.3: Registrierungspreise für unterschiedliche Top Level Domains

2. Thematisch wichtige Schlüsselwörter im Domain-Namen verwenden.

Viele Kunden gelangen über Suchmaschinen zu Ihrem Online-Shop. Der Name Ihrer Domain sollte möglichst Schlüsselwörter enthalten, die mit Ihrer Tätigkeit zusammenhängen. Einerseits erkennt der Kunde dadurch schon am Domain-Namen, dass er bei Ihnen richtig ist, und andererseits binden Suchmaschinen bei der Schlüsselwortanalyse den gesamten **Uniform Resource Locator (URL)** mit ein – neben dem Domain-Namen also auch Verzeichnis- und Dateinamen. Bei manchen Suchmaschinen wird das Schlüsselwort innerhalb des Dateinamens sogar stärker gewichtet als das innerhalb des Domain-Namens. Die Schlüsselwörter sollten sich deshalb wie ein roter Faden durch alle Webseiten Ihres Webauftritts ziehen. Verwenden Sie Schlüsselwörter für Verzeichnisse, Dokumentennamen und den Titel jeder einzelnen Seite. Dann erkennen Kunden schon an der URL, worum es geht und wo sie sich befinden, z.B. *www.zugspitze.de/ alpspitze/rundreise.php.*

Tipp . . . . . .

Praxis-Tipp: Domains mit Bindestrichen bei Suchmaschinen anmelden

Um Schlüsselwörter zu verbinden, eignen sich besonders gut Bindestriche im Domain-Namen. Diese werden bei der Indizierung durch Suchmaschinen entfernt. Übrig bleiben die einzelnen Schlüsselwörter, die die Suchmaschine bei entsprechenden Suchanfragen höher gewichtet. Melden Sie daher bevorzugt die URL mit den Bindestrichen an.

Da der Hauptbegriff meist schon vergeben ist, finden Sie oft mit Hilfe einer begrifflichen Erweiterung eine passende freie Domain. Die Google-Suche nach »allinurl:holz« zeigt Ihnen Domains, die den Begriff »Holz« in der URL verwenden. Versuchen Sie ein gewisses Gefühl dafür zu entwickeln, wie Suchmaschinen arbeiten. Geben Sie in Google Folgendes ein: »allinurl: ecommerce« und anschließend »allinurl: ecommerce AND buch«. Den Unterschied lernen Sie damit recht schnell.

3. Domain-Namen mit Umlauten sind seit 2004 erlaubt.

Seit Einführung der **Umlaut-Domains** bzw. der so genannten **Internationalized Domain Names (IDN)** sind Umlaute (ä, ö, ü) und sprachenspezifische Sonderzeichen im Domain-Namen registrierbar. Sie stehen für eine zunehmende Anzahl von Domain-Endungen zur Verfügung. Momentan sind das die Domains .de, .at, .ch, .li, .info, .net, .org, .biz, .cc, .tv und .com. Damit ist es möglich, Domain-Namen wie www.ä-test.com zu registrieren. Sie können übrigens mit dieser Adresse feststellen, ob Ihr Internet-Browser die Umlaute verwenden kann.

www.denic.de/de/domains/idns/index.html
DENIC Domain Verwaltungs- und Betriebsgesellschaft eG

`WWW`......

4. **Subdomains** zur einfachen Navigation einplanen.

Ihrer Hauptdomain können Sie weitere Subdomains zuordnen. Dabei geht es im Grunde um das »www« vor dem Domain-Namen. Das www können Sie durch andere Begriffe austauschen, wie das z.B. bei de.wikipedia.org und en.wikipedia.org der Fall ist. Besonders bei umfangreichen Websites lohnt es sich, darüber nachzudenken. Sie ermöglichen dem Benutzer eine rasche und gezielte Navigation und Orientierung. Außerdem bieten sie ihm einen eigenen Einstiegspunkt auf separat vorhandene Informationen. Allerdings müssen Sie mit Subdomains sparsam umgehen, da Subdomains von Suchmaschinen als eigenständige Domains betrachtet werden.

5. Mehrere ähnliche Schreibweisen registrieren.

Bei Bedarf ist es empfehlenswert, mehrere Domains in ähnlichen Schreibweisen einzutragen. So führen gogle.de und guugle.de auch zur Suchmaschine *Google*. Registrieren Sie jedoch keine Tippfehler-Domains von bekannten großen Webseiten, wie googl.de, nur um mehr Traffic zu erzielen, Sie handeln sich bloß Ärger ein.

Gleiches gilt auch für Domains, die aus mehreren eigenständigen Wörtern bestehen. Registrieren Sie beide Varianten einmal mit und einmal ohne Bindestrich, also sowohl spielwaren-schulze.de als auch spielwarenschulze.de. Sicher ist sicher.

6. **Markenrechte** Dritter nicht verletzen.

    Eine sehr wichtige Frage muss vor der Registrierung geklärt sein. Hat ein anderes Unternehmen am Markt eine ähnlich klingende Zeichenfolge als Marke angemeldet? Wer auf Nummer sicher gehen will, sollte vorab eine Markenrecherche durchführen. In *Kapitel 1* haben wir Sie bereits auf den zugehörigen IHK-Service verwiesen, der Sie ab etwa 75 € über Markenrechte anderer informiert. Weitere Informationen über Markennamen bieten Ihnen auch Wirtschaftsdatenbanken oder das *Patent- und Markenamt*.

WWW . . . . .
`https://dpinfo.dpma.de`

Deutsches Patent- und Markenamt *(Marken, Patente, Gebrauchs- und Geschmacksmuster)*

`www.genios.de`
Verlagsgruppe Handelsblatt GmbH *(Genios Wirtschaftsdatenbanken)*

7. Keine reinen Ortsnamen oder Namen bekannter Persönlichkeiten verwenden.

    Ortsnamen sind Städten und Gemeinden vorbehalten. Vergleichbar dazu unterliegen Personennamen dem Persönlichkeitsschutz. Deshalb ist von Domain-Namen mit dem Namen von bekannten Persönlichkeiten, Prominenten oder Politikern abzuraten. Genauso hat der Lieblingsverein einen Anspruch auf seinen Namen. Als Merkregel möchten wir es einmal so formulieren: Finger weg von jedem Namen, der landes- bzw. deutschlandweit Bekanntheit besitzt.

8. Richtige Keyword-Kombination für die Domain wählen.

    Im *Google AdWords* Keyword Tool erhalten Sie gute Anregungen für relevante Schlüsselbegriffe (Keywords). Ähnliches bieten auch die Dienste von *Yahoo! Search Marketing* und *Miva*. Die Systeme funktionieren bei allen ziemlich einfach: Sie geben einen Suchbegriff ein und erhalten die häufigsten Suchbegriffe oder **Keyword**-Kombinationen. Daraus lassen sich z.B. eine der folgenden Domain-Varianten bilden:

    – keyword: `spielzeug.de`

    – keyword1-keyword2: `holzspielzeug-shop.de`

    – keyword1-keyword2-keyword3: `holz-spielzeug-shop.de`

    – keyword-firmenname: `spielzeug-schulze.de`

adwords.google.com/select/main?cmd=KeywordSandbox

WWW .....

Google Inc. *(Schlüsselwörter suchen mit* Google AdWords *Keyword Tool)*

www.miva.com/de/content/advertiser/landing1.asp

MIVA (Deutschland) GmbH *(ehemals* espotting*)*

inventory.overture.com/d/searchinventory/suggestion/?mkt=de

Yahoo! Search Marketing, Overture *(Suchbegriffe finden)*

Nehmen Sie sich für die Domain-Wahl genug Zeit. Ein Wechsel der Domain ist mit geringeren Zugriffszahlen verbunden. Viele Stammkunden speichern Ihren Shop als Favoriten bzw. Lesezeichen. Ist über das Lesezeichen keine Webseite mehr zu finden, fliegt Ihr Shop aus der Favoritenliste heraus. Ebenso benötigt die Suchmaschine für einen neuen Domain-Eintrag möglicherweise wieder mehrere Wochen oder sogar Monate, und Ihr Shop ist in dieser Zeit über diese Suchmaschine nicht aufzufinden. Auch verlieren Sie Ihren bisherigen **Page-Rank** für Ihren Shop, den Sie sich mit Backlinks mühevoll aufgebaut haben. Mehr zum Thema Page-Rank und Suchmaschinen-Optimierung erfahren Sie in *Kapitel 8*.

Haben Sie mit Hilfe dieser Anregungen Ihre Domain gefunden, dann beginnt die Suche nach dem richtigen Provider.

Webhosting oder dedizierter Server

Bevor Sie jetzt gleich losrennen, um sich Ihre Domain registrieren zu lassen, sollten Sie erst genau überlegen, wo und wie Sie Ihre Domain registrieren. Ein **Registrar** sichert Ihnen nur den Domain-Namen. Das ist sinnvoll, wenn Sie auf die Schnelle nur den Namen sichern wollen. Gehen Sie mit Ihrer Registrierung gleich zu einem **Provider**, dann erhalten Sie bei der Anmeldung ein Leistungspaket mit dem Domain-Namen, Webspace und weiteren Features.

Provider versus Registrar

Als künftiger Betreiber eines Shop-Systems stehen Ihnen folgende Alternativen zur Wahl:

>> **Webhosting** oder **Virtual Hosting:** Ihre Webseiten und Artikelinformationen liegen auf einem an das Internet angeschlossenen Server des Providers. Sie als Kunde mieten lediglich Speicherplatz auf einem Server, den Sie sich mit mehreren hundert anderen Kunden teilen. Im Preis enthalten sind mindestens eine Domain und der häufig mengenmäßig begrenzte Datentransfer. Auf dieser Ebene arbeiten die meisten Mietshop-Systeme.

>> **Dedizierter Server, Managed Server** oder **Root-Server:** Solche Server sind speziell für eine einzige Tätigkeit abgestellt, im Web z.B. als Internet-Server. Im Unterschied zum Webhosting arbeitet ein solcher Server nur für Sie allein. In diesem Fall mieten Sie einen kompletten physikalischen Server mit vollem Root-Zugriff inklusive Stellplatz, Klimatisierung und Energieversorgung. Das Paket ist daher teurer. Enthalten sind auch hier mindestens eine Domain und der zum Teil mengenmäßig begrenzte Datentransfer.

Webhosting

Ihren Webhoster sollten Sie anhand von Kriterien auswählen, die Sie vorher festgelegt haben. Je nachdem welche Anforderungen Ihr Webauftritt und die Shop-Software stellen, treffen Sie Ihre Wahl. Vergleichen Sie folgende Features: Inklusiv-Domains, Subdomains, Speicherplatz, Postfachgröße, Transfervolumen, Hotlinekosten, Grundpreis, Einrichtungsgebühr, Vertragslaufzeit, Datenbankanzahl, Betriebssystem, Server-Performance, RAID-System … Nutzen Sie für die Auswahl Ihres Providers die in *Kapitel 1* bereits erwähnte **Präferenzmatrix**.

Performance bei Webhosting-Paketen

Die Angebote der Provider unterscheiden sich sehr stark voneinander. Das fängt bereits bei der Anzahl von Domains ab, die im Preis enthalten sind (**Inklusiv-Domains**). Sie variiert von ein bis zehn Domains. Die Größe des mietbaren **Speicherplatzes (Webspace)** reicht von etwa 250 MB bis 10 GB. Für Ihren ein- und ausgehenden E-Mail-Verkehr ist die **Postfachgröße** je Account relevant; sie schwankt zwischen 10 MB und 10 GB. Genauso unterschiedlich ist der angebotene Umfang des **Datentransfers**. Dieser so genannte **Traffic** beschreibt den Datenverkehr beim Provider, der während der Aufrufe Ihrer Webseite entsteht. Geboten wird alles – von wenigen Gigabyte bis hin zu einer Flatrate mit unbegrenztem Datentransfer.

Datenbankanzahl

Die Artikelverwaltung findet bevorzugt in Datenbanken statt. Sie importieren, pflegen und exportieren damit Ihre Artikel- und Kundendaten komfortabler und schneller. Eine größere Anzahl von *MySQL*-**Datenbanken** ist gerade bei komplexen Installationen einfacher zu verwalten. Installieren Sie gleichzeitig mehrere Internet-Anwendungen, z.B. ein Wiki, ein CMS und ein Shop-System, dann sind drei Datenbanken erforderlich. Allerdings können Sie in einer kleineren Firma auch mit einer einzigen Datenbank auskommen. Das gelingt, indem Sie unterschiedliche Präfixe vor die Tabellennamen in der Datenbank stellen, d.h., alle zusammengehörigen Tabellennamen in der Datenbank beginnen mit dem gleichen Präfix, wie »wiki_«, »cms_« und »shop_«. Damit funktioniert es genauso, es ist aber nicht unbedingt eine saubere Lösung.

Dynamische Webseiten

Erst durch den Einsatz von Datenbanken werden aus **statischen** HTML-Seiten **dynamische** PHP-Dokumente. Wer anspruchsvollere Webseiten plant, kommt um **PHP** kaum herum. Bei PHP handelt es sich um eine serverseitig interpretierte und in **HTML** eingebettete Skriptsprache. Damit greift die Webseite auf Datenbankinhalte zu. Eine PHP-Unterstützung wird nicht bei allen Webhosting-Tarifen der Provider angeboten, z.B. nicht in reinen Web-Visitenkarten. Eine Alternative zu PHP und *MySQL* stellen beispielsweise Gästebücher oder Counter auf Ihrer Webseite dar, die das **Common Gateway Interface (CGI)** als Standardschnittstelle im Web nutzen. Mit dessen Hilfe wird der Datenaustausch zwischen Skripten auf Webservern und den sie aufrufenden Webbrowsern erledigt. In Kombination mit dem weit verbreiteten **Perl** als Laufzeitinterpreter lassen sich sogar eigene CGI-Skripte ausführen. Ansonsten können Sie nur die vom Provider eingebundenen Skripte verwenden.

Erst bei den dedizierten Servern können Sie das Betriebssystem, die Server-Performance und das RAID-System stärker beeinflussen. Sie können wählen, ob Sie lieber mit *Linux* oder *Microsoft Windows* als Betriebssystem arbeiten. Die Performance hängt wie bei Ihrem heimischen PC von dem verwendeten Prozessor, der Größe des Arbeitsspeichers und den Festplatten ab. Auch Ihr Sicherheitsbedürfnis spielt bei der bevorstehenden Entscheidung eine wesentliche Rolle. Ist es für Sie tragbar, dass Ihr Online-Shop bei einem Festplattenausfall im **Rechenzentrum** des Providers längere Zeit ausfällt? Wenn nein, dann bietet Ihnen **RAID** womöglich eine Lösung. Denn dann sind im Server zwei gespiegelte Festplatten mit vollkommen identischem Inhalt vorhanden.

Dedizierter Server

Egal ob Webhosting oder dedizierter Server, die Spanne des Preises, den Sie bezahlen müssen, ist nicht unerheblich. Je nach System reicht er von wenigen Euro bis zu zweihundert Euro. Achten Sie auf den monatlichen Grundpreis, die einmalig fällige **Einrichtungsgebühr** und die **Vertragslaufzeit**. Die Servicebedingungen sind auch ein Kriterium, das Sie nicht vergessen sollten. Ein Blick auf die Servicekonditionen ist sehr ratsam. Ein guter Provider kassiert keine allzu hohen Kosten für **Hotline** und Support, mal abgesehen von den üblichen Telefonkosten. Im Optimalfall wird kostenloser E-Mail-Support und telefonischer 24h-Profi-Support an sieben Tagen die Woche angeboten.

Service und Support

Den richtigen Provider auswählen

In den Preislisten der Provider sind noch viele weitere Zusatzfunktionen aufgeführt, auf die wir nicht alle eingehen können. Das wäre ein Thema für ein eigenes Handbuch. Unser vorrangiges Ziel ist es, Sie mit den wichtigsten Begriffen und Funktionen vertraut zu machen.

Abschließend möchten wir Sie nochmals darauf hinweisen, dass Ihre Provider-Wahl sehr stark vom künftigen Shop-System abhängt. Bei Kauf-Shop-Systemen und OpenSource-Lösungen achten Sie genau auf die technologischen Voraussetzungen. In Tabelle 4.4 empfehlen wir Ihnen eine Auswahl an Anbietern für Hosting und dedizierte Server (Stand: Juli 2007; Preise inkl. 19% USt). Denken Sie daran: Mit Mietshop-Systemen sind Sie weitgehend vom Angebot des Providers abhängig. Darauf gehen wir näher in *Kapitel 5* ein.

Shop-System bestimmt Leistungspaket

Webhosting	Einsteiger	Fortgeschrittene	Profis
Anbieter	wallaby	1&1	domainfactory
Tarifpaket	MEDIUM	Business Pro	ManagedHosting
Speicherplatz	500 MB	1.000 MB	2.000 MB
Postfachgröße	100 MB/Account	1 GB/Account	20 GB/Account
Transfervolumen	50 GB	75 GB	200 GB
Inklusiv-Domains	1 Domain (.de) ∞ Subdomains	3 Domains 20 Subdomains	unbegrenzt

Tabelle 4.4: Provider-Empfehlungen für Webhosting-Pakete

Webhosting	Einsteiger	Fortgeschrittene	Profis
Datenbankanzahl	3x MySQL 5	3x MySQL 4	5x MySQL 4
PHP	PHP 5	PHP 3/4/5	PHP 3/4/5
Service	E-Mail-Support Telefonhotline	E-Mail-Support 0900-Hotline	E-Mail-Support 0800-Hotline
Grundpreis	4,99 €/Monat	9,99 €/Monat	16,95 €/Monat
Einrichtungsgebühr	9,99 € einmalig	14,90 € einmalig	9,95 € einmalig
Mindestlaufzeit	1 Monat	24 Monate	3 Monate
Besonderheit	Einsteigerpaket inklusive eBooks	umfassendes Softwarepaket	starke Leistung & Ausstattung

Tabelle 4.4: Provider-Empfehlungen für Webhosting-Pakete (Forts.)

WWW . . . . . .

www.1blu.de
1blu AG *(preiswerter Hosting-Provider)*

www.1und1.de
1&1 Internet AG *(großer Hosting-Provider)*

www.domaingo.de
www.domainfactory.de
domainfactory GmbH *(großer Hosting-Provider)*

www.wallaby.de
Angeli Susanne *(Hosting-Angebote speziell für Online-Shop-Systeme)*

Tarif hoch stufen

Für welchen Provider und welches Paket Sie sich entscheiden, hängt neben dem Shop-System auch von Ihrem Angebot ab. Für einen kleinen Online-Shop mit übersichtlicher Produktpalette reichen günstige Pakete unter 10 € locker aus. Nur wer vermehrt Dateien, Videos, Musik usw. als Download oder Informationsquelle anbietet, sollte sich für einen eigenen dedizierten Server entscheiden. Bei allen Providern ist ein Upgrade auf einen höheren Tarif kein Problem, eine Rückstufung auf ein geringeres Leistungspaket ist jedoch nicht immer möglich.

Tipp . . . . . .

Praxis-Tipp: .htaccess-Features

Achten Sie darauf, dass Ihr Provider .htaccess-Features unterstützt. Einen Shop ohne diese Dateien zu betreiben stellt ein Sicherheitsrisiko dar.

ISDN oder DSL?

Wer heutzutage **analog** ins Internet geht, hat als Online-Shop-Betreiber nicht die bestmöglichen Voraussetzungen. Allein schon wegen der (fehlenden) Geschwindigkeit ist ein analoger Anschluss wenig sinnvoll. Als Shop-Betreiber befinden Sie sich sehr oft im Internet und auch Ihr Transfer erhöht sich. Deshalb unser Rat: Legen Sie sich schnellstens einen Internet-Zugang per **ISDN (Integrated Services Digital Network)** oder noch besser per **DSL (Digital Subscriber Line)** zu. Am zweckmäßigsten kombiniert mit einer **Flatrate**, die zwischenzeitlich fast nichts mehr kostet. Darunter versteht man einen Pauschaltarif mit unbeschränktem Datentransfer über das Internet zum Telefonieren, Herunterladen und/oder Surfen. Eine Flatrate ist schon wegen der umfangreichen Recherchen im Internet und der Übertragung Ihrer Bilder und Dokumente (**FTP**) preiswerter als ein volumen- oder zeitabhängiger Tarif.

4.2   eCommerce verstehen und planen

Die Aussicht auf neue Geschäftsmöglichkeiten und damit Wachstum ist der Hauptantrieb für den Einstieg ins eBusiness. Das ist schon seit Jahren so, und die Zahl der Unternehmen, die hierzulande auf diesen Vertriebszweig setzen, wächst stetig. Kein Wunder, tummeln sich doch immer mehr deutsche Konsumenten im Internet. Die *AGOF* legte letztes Jahr dazu die *internet facts 2006-IV* vor.

Geschäftschance Online-Handel

www.agof.de
Arbeitsgemeinschaft Online-Forschung *(Studie* internet facts*)*

WWW . . . . .

Dabei handelt es sich um eine repräsentative Studie, in der alle Deutschen über 14 Jahren berücksichtigt werden. Der Anteil der Internet-Nutzer wird aus den gewonnenen Daten hochgerechnet. Pro Monat sind mittlerweile rund 56,3% – im Jahre 2006 waren es 3% weniger – dieser Leute regelmäßig im Internet, das entspricht etwa 37 Mio. der Bevölkerung. Nahezu täglich sind 31% online, also fast 20 Mio. Das Internet beeinflusst mehr und mehr auch die Kaufentscheidung, bzw. das Einkaufsverhalten. Es wird zur Informationssuche und zum Kauf von Produkten eingesetzt. Satte 94,5% der Onliner, das sind 34,6 Millionen Menschen, informierten sich schon einmal über Produkte im Internet. Das Internet hat sich längst als Massenmedium etabliert.

Sogar der ehemalige Bundeswirtschaftsminister *Werner Müller* hat den eCommerce-Bereich zur Chefsache erklärt: »Nur wer eCommerce als Chance begreift, wird sich dauerhaft am Markt behaupten.« Die vielen kleinen und mittleren Betriebe werden durch die 25 über ganz Deutschland verteilten regionalen Kompetenzzentren tatkräftig unterstützt. Hinter dem Netzwerk Elektronischer Geschäftsverkehr (NEG) verbirgt sich eine gemeinsame Informationsplattform. Diese Initiative wird gefördert durch das *Bundesministerium für Wirtschaft und Technologie*. Durch diese Fördermaßnahme unterstützt das *BMWi* sowohl Mittelstand als auch Handwerk bei der Einführung und Nutzung von eBusiness.

www.ec-net.de
DLR *(Initiative »Netzwerk Elektronischer Geschäftsverkehr«)*

WWW . . . . .

www.begin.de/know-how/downloads/page.html
IHK Hannover *(eCommerce-Beratungszentrum)*

Die Themenschwerpunkte im »Netzwerk Elektronischer Geschäftsverkehr«
liegen in den Bereichen:

>> `www.ec-elogistik.de`: Entwickeln von Strategien im eLogistik-Bereich
   sowie Auswahl geeigneter IT-Systeme und Lösungsanbieter.

>> `www.ec-management.de`: Einbinden technologischer IT-Systeme in die
   unternehmensinternen Geschäftsabläufe.

>> `www.ec-kooperationen.de`: Beraten bei der Suche nach Kooperationspart-
   nern und der rechtlichen Ausgestaltung von neuen oder bestehenden
   Kooperationsbeziehungen (Bilden von Netzwerken).

>> `www.ec-beschaffung-und-maerkte.de`: Sichern von Wettbewerbsvorteilen
   durch den Einsatz elektronischer Beschaffung. So sparen Einkäufer und
   Lieferanten Kosten (niedrige Einkaufspreise) und Zeit (hohe Automatisierung).

>> `www.ec-kundenbeziehung.de`: Nutzung von innovativen Medien und
   Instrumenten, damit Sie besonders wettbewerbsfähig und effektiv Kundenbeziehungsmanagement und Online-Marketing durchführen.

>> `www.ec-sicherheit.de`: Praxisnahe Unterstützung beim sicheren Umgang
   mit Internet-Technologien und Informationen über vermeidbare Risiken infolge gefährlicher Schwachstellen.

>> `www.ec-akademie.de`: Bereitstellung spezieller Informationen zu den The-
   men Online-Recht und eBusiness, mit den Schwerpunkten Netz- und
   Informationssicherheit.

4.2.1   Lohnt sich ein Online-Shop?

eCommerce-
Umsätze legen
kräftig zu

Im Versandhandel, wie ihn spezielle Katalogversender wie *Neckermann* und
Otto betreiben, bewegen sich die Umsätze seit Jahren kaum. Seit 1992 pendelt der Umsatz um die 21 Milliarden Euro (Abbildung 4.5). Kräftig zugelegt
hat ab dem Jahr 2000 hingegen der eCommerce-Umsatz. Sowohl Europa als
auch die **Vereinigten Staaten von Amerika** gehen künftig von einer jährlichen
Wachstumsrate von etwa 14% aus. Experten rechnen innerhalb der nächsten
fünf Jahre mit einer Verdoppelung der Umsätze in den USA. Damit läge die
Höhe des Umsatzes bis 2010 bei 329 Milliarden US-Dollar. Dem Online-
Handel prognostiziert man weltweit ein explosionsartiges Wachstum. Der
Grund dafür liegt darin, dass immer mehr Konsumenten Zugang zum Inter-
net besitzen und der Online-Handel an Vertrauen gewinnt.

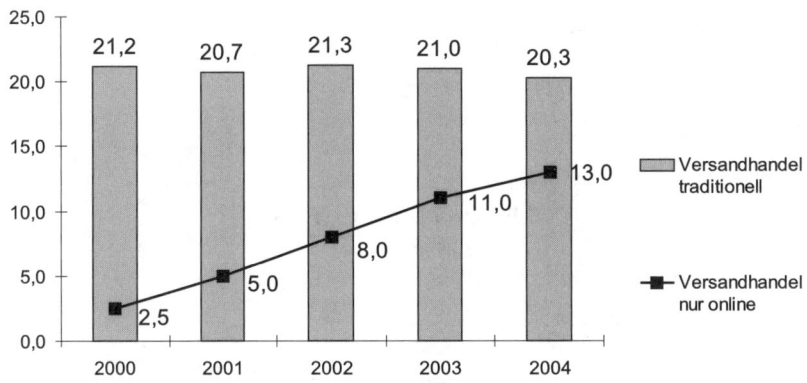

Abbildung 4.5: Umsatzvergleich – Versandhandel vs. eCommerce

Laut der *IBM*-Studie »Internet und E-Business im Mittelstand« ist fast der gesamte Mittelstand im Internet vertreten. Die nächsten Jahre stehen ganz im Zeichen der zunehmenden Digitalisierung. Das Industriezeitalter ist bereits zu Ende. Unsere Zukunft ist die Arbeit in der Informationsgesellschaft. Wissen wird »der« Rohstoff der Zukunft.

Ende des Industriezeitalters

Wie schon gesagt, entfernen sich immer mehr Unternehmen von der rein passiven Internet-Nutzung. Einfache und starre Webpräsenzen sind inzwischen out. Geschickte Unternehmer benutzen den Webauftritt für den aktiven Kontakt mit den Kunden (*Kapitel 10*). Viele bauen in ihre Homepages eine digitale Bestellmöglichkeit ein und vernetzen sich mit ihren Lieferanten und Dienstleistern (*Kapitel 6*).

Deutschland ist führende eCommerce-Nation in Europa

TNS-Infratest und das *Institute for Information Economics* (*IIE*) berichten regelmäßig über Deutschlands eCommerce-Position im europäischen Vergleich. Auch der inzwischen *8. Faktenbericht* beinhaltet informative Statistiken zu den aktuellen Anwendungsfeldern im Umfeld moderner **Informations- und Kommunikationstechnologien (IuK)**.

Deutschland liegt im eCommerce ganz vorn

Hätten Sie es gewusst? Gerechnet am Online-Handelsumsatz in Westeuropa zählt Deutschland zu den führenden Wirtschaftsmächten. Die Zahlen der Abbildung 4.6 stammen von *Bitkom*, dem führenden Verband der Informations- und Telekommunikations-Branche (**ITK**) in Deutschland und Europa.

WWW . . . . .

www.bitkom-service.org

Bitkom Servicegesellschaft mbH *(Verband der Informations- und Telekommunikations-Branche)*

www.tns-infratest-bi.com/bmwa

TNS-Infratest *(Grundlagenstudie:* Monitoring Informationswirtschaft*)*

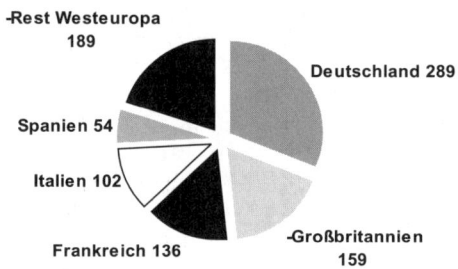

2005 Europa-Umsatz (B2B)
929 Mrd. Euro

Abbildung 4.6: eCommerce-Umsätze in Westeuropa im Jahr 2005 (B2B)

Deutschland entwickelte sich neben Großbritannien zur führenden eCommerce-Nation Europas. Die Deutschen sind eben begeisterte Online-Shopper. Deutschland und Großbritannien zusammen erwirtschafteten im Jahr 2005 laut einer Studie von *Bitkom* schon fast 50% des gesamten eCommerce-Umsatzes in Westeuropa. Dies prognostizierte man eigentlich erst für das Jahr 2009, Tendenz steigend. Bis zum Jahr 2009 rechnet man nun mit einem Gesamtumsatz (B2C und B2B) in Deutschland von stolzen 694 Milliarden Euro – im Vergleich dazu waren es im Jahr 2005 immerhin 321 Milliarden Euro.

Im Bereich Business-to-Consumer (**B2C**) wird der Anteil am Gesamtumsatz in Höhe von 32 Mrd. Euro wie in Abbildung 4.7 dargestellt aufgeteilt.

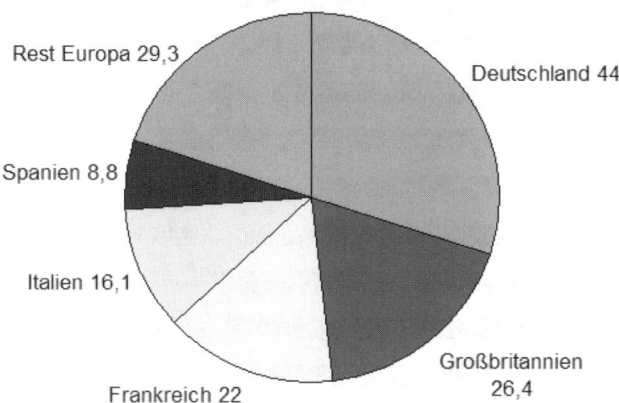

Abbildung 4.7: Deutschland entwickelt sich zur eCommerce-Nation (B2C)

Bücher und Reisen bescheren hohe Online-Umsätze

Auf europäischer Ebene gehört das *European Information Technology Observatory (EITO)* zu den am meisten zitierten Publikationen der ITK-Branche. Unter den Internetnutzern liegt der Anteil der eCommerce-User bereits bei 75,6%, d.h. 27 Millionen Menschen kauften in den vergangenen 12 Monaten etwas im Internet. Dies wurde laut EITO erst für das Jahr 2008 erwartet und beweist, dass die Nutzung des Internets zum Einkaufen schnell akzeptiert wurde. Tendenziell ist die Internet-Nutzung erwartungsgemäß bei der jüngeren Bevölkerungsgruppe stärker verbreitet. Schon jeder zweite Internet-Nutzer hat zumindest einmal im Internet etwas gekauft.

50% der Deutschen kaufen online

Die beliebtesten Internet-Waren sind nach wie vor Bücher, Kleidung, Sportartikel, Filme, Musik und Software. Etabliert hat sich auch schon der Reisemarkt, also Bestellungen von Hotelübernachtungen sowie Flug- und Bahntickets. Immer mehr werden inzwischen auch Karten für Konzerte, Theater und sonstige Events online bestellt. Die in Abbildung 4.8 gezeigten beliebtesten Waren belegen deutlich die Bewegung des Marktes im Online-Handel.

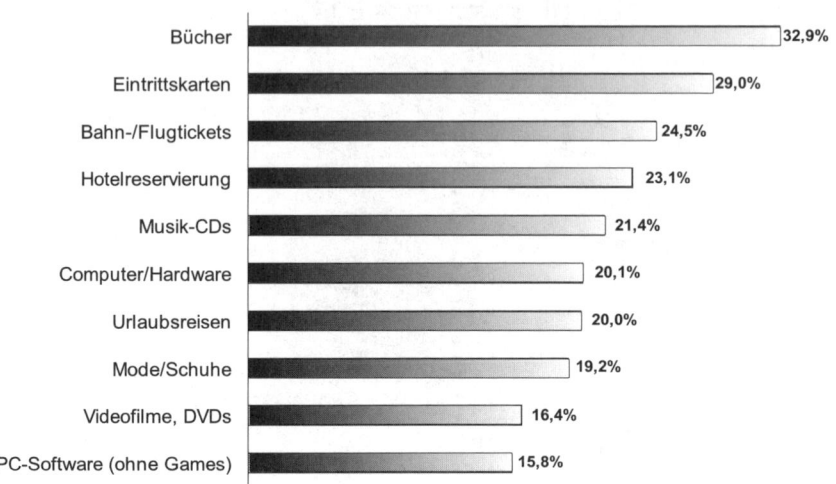

Abbildung 4.8: Im Internet bevorzugt gekaufte Produkte der Deutschen

Aktuelle Trends im eCommerce

Trends 2007   Zusammenfassend finden Sie in Tabelle 4.5 eine kleine Auswahl an Entwicklungstrends und Vorteilen von eCommerce.

Trends	Begründung
Umsätze steigen	Die technologische Bandbreiten-Entwicklung und die sinkenden Preise für Internet-Zugänge zeigen Wirkung. Immer mehr Surfer bescheren dem Online-Handel saftige Zuwachsraten beim Umsatz. Die Investitionen ins digitale Geschäft liefern endlich den gewünschten Return-on-Investment (**ROI**). Leider profitieren überdurchschnittlich stark die Global-Player vom Zugewinn.
Fixkosten sinken	Die Unternehmen senken die laufenden Kosten und steigern ihre Umsätze in hohem Maße. Die modernisierten Abläufe im Unternehmen geben dem Vertrieb und dem Marketing neuen Schwung. Ein Extrabonus erhalten alle durch die eingesparten Miet- und Anschaffungskosten für Programme beim Einsatz von OpenSource-Lösungen.
Dynamische Webauftritte	Es reicht nicht mehr aus, nur »drin« zu sein. Reine Webpräsenzen im Web sind bald überholt. Die Kunden bedienen auf der Webseite gerne aktive Funktionen., wie Chat, Foren, Wiki, Blog u.v.a. Auch Web 2.0 genannt, gehört zum guten Ton professioneller Firmenauftritte (*Kapitel 10*), wobei es natürlich auch vom Inhalt der Webseiten abhängt Qualität geht vor Quantität. Übertreiben Sie es daher nicht und überlegen Sie, welche Web 2.0- oder sogar Web 3.0-Technologien zu Ihren Produkten passen.
In eBusiness investieren	Kunden und Lieferanten erwarten einfache digitale Abläufe. Wenn sie weiterhin mit niedrigen Ausgaben für das eBusiness kalkulieren, geraten Unternehmen vermehrt ins Hintertreffen. Nach eigenen Aussagen seitens der Unternehmer scheitern eBusiness-Projekte häufig an zu hohen Kosten oder an mangelnder Kompetenz. Nicht selten sind die operativ Verantwortlichen mit der Umsetzung überfordert.

Tabelle 4.5: Aktuelle Trends im IT- und eCommerce-Bereich

Trends	Begründung
Marketing geht online	Unternehmen suchen verstärkt nach alternativen Werbemöglichkeiten. Bezahlte Ergebnisse (Keyword-Advertising) in Suchmaschinen zählen verstärkt zu einem wirkungsvollen Online-Marketing. Der führende Anbieter im Bereich Internet-Marktforschung *Nielsen//NetRatings* bestätigt, dass die Anzahl der Banner-anzeigen im europäischen Internet im Jahr 2004 um 24% stieg. Gerade *Google AdSense* liefert weitere gute Gründe, in den eigenen Online-Handel zu investieren. Mit zusätzlichen Einnahmen durch Affiliate-Marketing kann das Betriebsergebnis noch verbessert werden. Wobei eher die Shops profitieren, die mit hohen Zugriffszahlen aufwarten können.
RFID, VoIP und WLAN	Kunden bevorzugen kompetent wirkende Dienstleister im Internet. Lieferanten müssen mit der Technik mithalten können. **Radio Frequency Identification (RFID)**, **Wireless LAN (WLAN)** und Telefonie mit **Voice over Internet Protocol (VoIP)** sind auf dem Vormarsch.
Sichere IT-Umgebung	Die IT-Sicherheit war bereits in den letzten vier Jahren der Dauerbrenner, und das wird vermutlich so bleiben. Dies bestätigt auch eine Studie von *Market Research & Services*, nach der etwa 75% der Verantwortlichen für IT-Sicherheit mit steigenden bis gleich bleibenden Budgets rechnen.
Customer-Relationship-Management	Alle reden vom Kundenbeziehungsmanagement (CRM) dem aktiven Kundenma-nagement. Es überlässt Kundengewinnung und Kundenbindung nicht dem Zufall, sondern setzt auf übersichtlich strukturiertes Vorgehen in der Kundenbetreuung.

Tabelle 4.5: Aktuelle Trends im IT- und eCommerce-Bereich (Forts.)

4.2.2 Startprobleme vermeiden

Wenn Sie sich intensiver mit der Planung eines Online-Shops beschäftigen, merken Sie schnell, ob Ihnen das Online-Geschäft wirklich liegt. Dieses Buch hilft Ihnen dabei, sich über das notwendige Wissen einen Überblick zu ver-schaffen und es dann auch in die Tat umzusetzen. Dabei gibt es immer wieder Probleme, auf die wir Sie schon im Vorhinein aufmerksam machen möchten.

Know-how vorhanden?

Die meisten Shop-Systeme, die man fertig kaufen kann, sind zwar weitge-hend ausgereift, aber gerade die Schnittstelle zu bestehenden oder künftigen IT-Umgebungen bergen oft noch Schwierigkeiten. Sie werden also wahr-scheinlich einigen Aufwand betreiben müssen, um ein Shop-System an eine bereits bestehende IT-Umgebung anzubinden.

Ähnliches gilt selbstverständlich auch für Existenzgründer, die mit einem Online-Handel den Schritt in die Selbstständigkeit wagen. Bietet Ihre Shop-Soft-ware viele und vor allem die richtigen Schnittstellen (*Kapitel 6*), erleichtert das die spätere Erweiterbarkeit und verhindert **Medienbrüche**. Im Funktionsum-fang von Online-Shops befinden sich vielfach nachstehende **Schnittstellen**:

Auf Schnittstellen achten

>> Export von Produktdaten, z.B. für Preissuchmaschinen

>> Export von Kundendaten, z.B. für das Newsletter-Marketing

>> Integration von Zahlungsmodulen, z.B. Kreditkartzahlungssystem

>> Einbau von Versandlösungen, z.B. *DHL*, *UPS* und *GLS*

>> Schnittstellen zu Fremdsystemen, z.B. Warenwirtschaft und Faktura

Der Kunde ist auch online König

Kunden schätzen Bequemlichkeit

Warum kauft ein Kunde über das Internet ein? Der Hauptvorteil, den Ihre Kunden genießen, liegt in der Bequemlichkeit. Der potenzielle Käufer kann praktisch vom Sofa aus die Online-Shops hinsichtlich Preis, Verfügbarkeit, Produktinformationen und Angebotsvielfalt vergleichen. Inzwischen wird ein immer größerer Anteil am Gesamtumsatz des Einzelhandels über das Internet gemacht.

Tipp . . . . . .

Praxis-Tipp: Detaillierte Beschreibung Ihrer Produkte

Nehmen Sie sich die Zeit, um Ihre Produkte detailliert zu beschreiben. Damit verbessern Sie Ihr Suchmaschinen-Ranking und bieten dem interessierten Kunden viele Informationen zum Produkt. Der Kunde kann sich so leichter für ein Produkt entscheiden. Halten Sie trotzdem an einem strukturierten Layout fest. Nichts ist schlimmer zu lesen als eine Webseite mit reinem Text, der sich über drei und mehr Bildschirmseiten hinzieht.

Vertrauen der Kunden steigt langsam

Nachteilig empfinden die Käufer meist, dass sie die Waren vorher nicht anfassen oder testen können. Inzwischen sind andere bekannte Probleme zwar entschärft, doch es herrscht noch mangelndes Vertrauen in den Online-Kauf und die Kunden fürchten teilweise, etwas falsch zu machen. Dadurch dass inzwischen mehr im Internet bestellt wird, haben viele Kunden den Umgang mit Online-Shops kennen gelernt, nur einigen Käufern muss man die Angst noch nehmen. Das fängt bei Datenschutzaspekten an und hört auf bei finanziellen und rechtlichen Risiken, z.B. Zahlungssicherheit oder Umtausch bzw. Rückgabe der Ware. Weiterhin brechen viele Kunden den Einkauf vorzeitig ab, wenn die gewünschte Bezahlungsart fehlt oder der Bestellvorgang zu kompliziert erscheint.

Kundenorientiert denken

Die wachsende Popularität von Shopping im Netz und damit die wachsende Konkurrenz unter Online-Shops verlangt von Ihnen, neue Wege zu beschreiten. Die zentrale Rolle des Internets, also die Informationssuche ist unverändert. Gerade die Recherche vor dem Kauf über Produkte ist stark gestiegen: 94,5% der Online-Besucher (34,62 Mio.) informieren sich vorab im Internet über Produkte. Dieses Ergebnis zeigt, dass der Online-Recherche inzwischen eine, wenn nicht gar die kaufentscheidende Bedeutung zukommt. Wenn Sie die Wünsche und Bedürfnisse Ihrer Kunden kennen, sind Sie klar im Vorteil und können dies gegenüber nebulösen Rahmenbedingungen mancher Konkurrenten nutzen. Geben Sie Ihrem Kunden einen seriös bedienbaren Shop: unter anderem sichere Bezahlungsarten und vertrauenswürdige Bestellkonditionen. Wenn Sie Ihrem Kunden jetzt noch einen schnellen Service, ein ausgefallenes Design, umfassende Produktinformationen und gute Beratung liefern, wird er gerne wieder bei Ihnen einkaufen. Sehr gut ist es natürlich, wenn Sie ein besonderes Highlight im Angebot haben: exklusiv erhältliche Produkte oder eine besonders innovative Suchfunktion.

Nutzen Sie Studien zum Kaufverhalten der Kunden

Ob ein Kunde bei Ihnen oder bei der Konkurrenz einkauft, hängt in erster Linie von Preis und Lieferkonditionen ab. Auch kaufen Kunden bevorzugt in den Shops ein, mit denen sie bereits positive Erfahrungen gemacht haben und in denen sie ein umfangreiches, aber gut sortiertes Warenangebot finden. Überraschend und motivierend für kleinere Anbieter dürfte die Erkenntnis sein, dass Bekanntheitsgrad und Image des Anbieters nur für 64% der Käufer relevant sind.

Quelle:

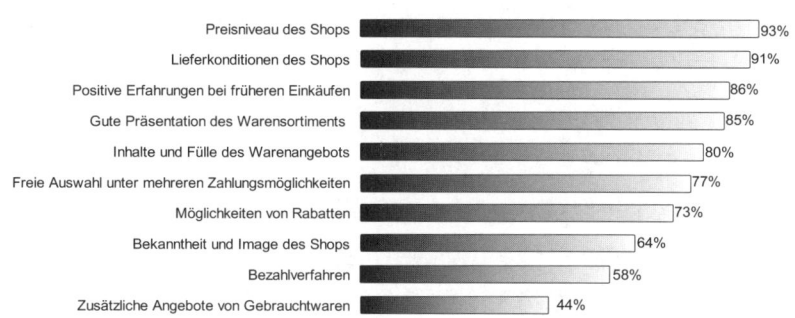

Abbildung 4.9: Kriterien der Kunden bei der Auswahl des Online-Shops

Ein Ergebnis der Studie »Kundenkompass Online-Shopping« von der *novomind AG* und dem *F.A.Z.-Institut* ist höchst interessant: 64% der Online-Käufer brechen aufgrund unsicherer Zahlungsaufforderungen im Online-Shop den Einkauf vorzeitig ab. Und auch noch 54% beenden den Kauf nicht, da ihnen der Shop zu unsicher scheint. Das bestätigt, was oben schon gesagt wurde: unzureichende Informationen, fehlende Bezahlungsarten, hohe Versandkosten und aufwendiger Bestellvorgang schrecken den Kunden ab. Also: Achten Sie bei Ihrem Shop auf Funktionsfähigkeit!

Kundenstudie

Quelle:

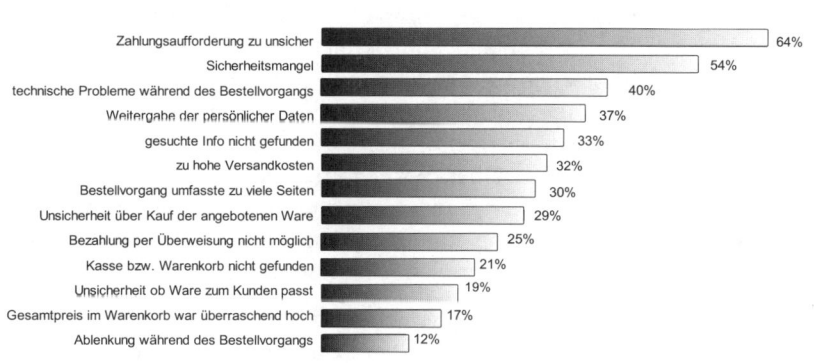

Abbildung 4.10: Gründe für Kaufabbruch beim Online-Bestellvorgang

Nicht alle Unternehmen setzen auf den Online-Handel

Noch vor wenigen Jahren standen einem Einstieg ins Online-Geschäft am häufigsten das fehlende technische Know-how und die unausgereifte, teure Software im Wege. Inzwischen erhalten Sie jedoch bessere Softwarelösungen für weniger Geld. Auch Sicherheitsmängel im Internet fallen lange nicht mehr so sehr ins Gewicht.

Dennoch gibt es immer noch Unternehmen, die sich ausdrücklich gegen eCommerce oder eBusiness entscheiden. Die am häufigsten vorgebrachten Gründe lauten: Passt nicht zu unseren Produkten, der Kostenaufwand ist zu hoch. In einer neuen Studie behaupten immerhin beachtliche 41% der Unternehmen, der Erfolg sei nicht messbar. In Abbildung 4.11 haben wir einige weitere Ergebnisse der bereits erwähnten *TNS*-Studie dargestellt.

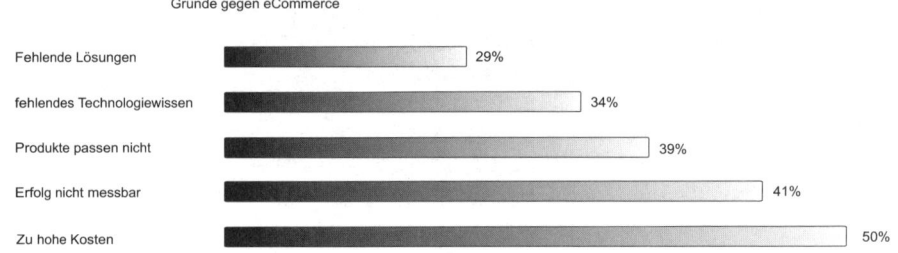

Gründe gegen eCommerce

Fehlende Lösungen	29%
fehlendes Technologiewissen	34%
Produkte passen nicht	39%
Erfolg nicht messbar	41%
Zu hohe Kosten	50%

Abbildung 4.11: Gründe der Unternehmen gegen eCommerce & eBusiness

Für den flexiblen Existenzgründer und Jungunternehmer liegen hier enorme Chancen, wenn nicht sogar Wettbewerbsvorteile. Sie gehen frisch auf den Markt mit neuen und passenden Produkten. Gut ist, wenn Sie technisch fit sind, dann benötigen Sie wenig externe Dienstleister und Sie halten die Kosten in Grenzen. Deshalb möchten wir Ihnen im nächsten Abschnitt auch die Funktionsweise eines Online-Shops erklären.

4.2.3   Wie ein Online-Shop funktioniert

*Trennung in
Front- und
Backend*

Die Architektur eines elektronischen Shop-Systems ist, grob gesagt, unterteilt in den Frontend- und den Backend-Bereich. Ihre Kunden greifen per Webbrowser über das Internet auf das **Frontend** des Shops zu. Sie informieren sich über die von Ihnen angebotenen Produkte, legen Artikel in den Warenkorb und bestellen diese. Der Zugriff auf das **Backend** bleibt ausschließlich Ihnen als Shop-Betreiber vorbehalten. Hier verwalten Sie die Produkte, bearbeiten Bestellungen und kümmern sich um Zahlung und Versand der Waren. Diese Trennung hat den Vorteil, dass Sie im Backend-Bereich arbeiten können, während gleichzeitig der Kunde bestellt.

*Der Kunde im
Frontend*

Funktionieren Ihre Marketingkonzepte, gelangen vermehrt Kunden in Ihren Online-Shop. Das Produkt, der Preis und der Service müssen stimmen. Überzeugen die angebotenen Produkte Ihre Kunden, bestellen sie auch die Ware.

Dazu legt Ihr Kunde die Waren in einen virtuellen Warenkorb. Anschließend geht er zur »Kasse«, wobei er im Internet logischerweise nicht mit Bargeld zahlen kann. Damit er bestellen kann, muss sich der bisher anonyme Kunde in Ihrem Online-Shop registrieren. Erst dann kann er die gewünschte Versand- und Zahlungsart auswählen. Ihr Kunde kann im Frontend auch jederzeit den Status seiner Bestellung aufrufen. Diese Statusabfrage ist dabei abhängig von der eingesetzten Shop-Lösung. Hat er seine Wahl getroffen, bestätigt der Kunde die Bestellung. Jetzt erhalten Sie die Kundendaten für die getätigte Bestellung.

Damit Ihr Kunde im Frontend bestellen kann, haben Sie im Backend einige grundlegende Einstellungen und Installationen vorzunehmen. Dazu müssen Sie jede Menge Daten eingeben. Welche Aufgaben und Daten dazu zählen, erfahren Sie detailliert in *Kapitel 5*. Hier schon mal ein kurzer Überblick: das Hauptaugenmerk liegt auf dem Produkt-, Zahlungs- und Versandmanagement. In Ihren Produktkatalog nehmen Sie Produktdaten, -bilder und -preise auf, die Sie in Kategorien einteilen. Verschiedene Zahlungsarten sollten immer zur Auswahl stehen, dazu müssen Sie unterschiedliche Zahlungsprozesse in das Shop-System integrieren. Des Weiteren bieten Sie abhängig von den Produkten auch verschiedene Versandoptionen an. Digitale Güter lassen sich einfach herunterladen, dagegen erfordern physische Waren einen gewissen **logistischen** Aufwand, was Lager, Verpackung und Versand angeht.

Ihre Vorarbeiten im Backend

Bei Shop-Systemen unterscheidet man zwischen rein webserverbasierten Applikationen (z.B. *1&1 Shop* oder *xt:Commerce*) und solchen, die statische Seiten lokal auf Ihrem Rechner erzeugen (z.B. *Mondo Shop*). Bei Letzterem wird der Online-Shop erst nach dem Erzeugen am lokalen Rechner auf den Webserver im Internet übertragen und damit publiziert.

Die wichtigsten Standardkomponenten für Ihren Shop

Die Standardkomponenten sind der wichtigste Teil Ihres Shops. Sie sollten sie genau kennen, um eine Shop-Software beurteilen zu können. Wir erklären kurz, wofür die Komponenten gebraucht werden, und gehen später in den jeweiligen Kapiteln näher darauf ein.

Das Shop-System dient quasi als Vermittler zwischen dem Kunden im Frontend und Ihnen als Shop-Betreiber im Backend. Damit die Shop-Software Ihnen alle Daten für den Bestellablauf liefern kann, sind einige Standardkomponenten im Einsatz:

>> **Warenkorb:** Der virtuelle Warenkorb sammelt Artikel, die der Kunde kaufen möchte; er speichert sie client- oder serverseitig.

>> **Datenbanksystem:** Die zu einem Shop gehörende Datenbank verwaltet Produktinformation, Kundendaten, Auftragsdaten und viele administrative Informationen.

>> **Warenwirtschaftssystem**: Mit dessen Hilfe bearbeiten Sie die Aufträge Ihrer Kunden, verwalten den Lagerbestand, erstellen Belege (Lieferschein, Rechnung, Gutschrift ...) und geben statistische Informationen über Kunden und Produkte aus.

>> **Zahlungssysteme**: Je mehr Schnittstellen zu Payment-Dienstleistern vorhanden sind, desto mehr Zahlungsarten können Sie den Kunden anbieten.

>> **Layout**/Präsentationssystem: Einige Gestaltungshilfen erleichtern Anpassungen beim Shop-Layout, z.B. Templates, CSS usw.

>> **Versandarten/**-kosten: Die Versandarten bzw. -kosten sind neben den Zahlungsarten für Ihre Kunden sehr wichtig. Im Vergleich zu sofort lieferbaren digitalen Produkten erfordern klassische Produkte einen logistischen Aufwand.

>> **Import/Export**funktionen: Sie sind nicht nur für die Datenpflege hilfreich, sondern auch für Ihr Produktmarketing erforderlich.

>> **Statistik-/Reportingfunktion**: Kundendaten werden statistisch erfasst und mit hilfreichen Managementtools ausgewertet. Damit optimieren Sie Ihren Online-Shop und vor allem Ihre Produktpalette, z.B. erkennen Sie so leichter Ladenhüter.

>> **Zusatzfunktionen**: Kleine Tools helfen Ihren Kunden während bzw. nach dem Einkauf, z.B. Sendungsverfolgung, Volltextsuche, Sitemap, Hilfe, FAQ usw.

Warenkorb

Das zentrale Element Ihres Shops ist die Warenkorbfunktion. Sie lässt sich ganz unterschiedlich realisieren. Gängige Techniken sind **CGI-Skripte**, **Java-Applets** oder **Cookies**, wie z.B. bei *xt:Commerce* oder *Mondo* Shop. Welche Varianten eingesetzt werden, ist meist von der Shop-Software vorgegeben. Denken Sie daran: Sind Cookies oder Java im Browser deaktiviert, werden dadurch möglicherweise potenzielle Kunden ausgeschlossen. Wenn Sie dagegen CGI-Skripte verwenden, dann geht ein Webserver mit sehr hohem Kundenaufkommen schon mal in den Keller. Häufig wird die Warenkorbfunktionalität mit Hilfe von Java-Script bereitgestellt, wie beispielsweise bei der Shop-Software *GS-ShopBuilder*.

Datenbank-systeme

Datenbankbasierende Lösungen lohnen sich fast nur für große Shops mit vielen Produkten, weil sie eine bessere Performance und einfachere Handhabung bieten. Preislich sind sie heute allerdings auch für kleinere Unternehmer erschwinglich und daher empfehlenswert.

Warenwirt-schaftssysteme

Besonders wichtig für nahezu alle Unternehmensgrößen ist eine **Schnittstelle** zwischen Shop- und Warenwirtschaftssystem. Denn Produkt-, Kunden- und Belegdaten werden automatisch vom Shop in das **Warenwirtschaftssystem** übernommen. In *Kapitel 6* erfahren Sie, wie dadurch letztendlich Ihre Unternehmensabläufe beschleunigt werden.

Ein guter Shop verfügt neben den klassischen Zahlungsarten Vorauskasse, Rechnung oder Nachnahme über weitere Payment-Schnittstellen. Das Internet ist definitiv keine **abhörsichere** Zone und sensible Zahlungsdaten müssen unbedingt durch spezielle Vorkehrungen verschlüsselt werden. Die geforderten Sicherheitstechniken sind in der Shop-Software, bei Ihrem Provider oder durch den Payment-Anbieter eingebunden. *Zahlungsarten*

Günstige Versandkosten sind ein wichtiges Auswahlkriterium für den Kunden. Informieren Sie Kunden immer zügig bei jeder Statusänderung. Ihr Kunde sollte auch eine kurze Info über den Warenversand erhalten. *Versand*

Das Auge isst mit, sagt man, in unserem Zusammenhang muss es heißen: es kauft mit. Sobald ein Kunde Ihren Shop besucht, begutachtet er automatisch zuerst das verwendete Layout. Die gewählten Bilder, das Layout und die Farben müssen harmonieren und zu den angebotenen Produkten passen. Hierüber mehr in *Kapitel 8*. *Shop-Layout*

Ein guter Online-Shop darf niemals auf eine übersichtliche **Navigation** verzichten. Dem Kunden muss immer und überall klar sein, wie er eine gewünschte Information finden kann und wie er wieder zurück zur Startseite gelangt. Deshalb ist eine Struktur anhand von Produktkategorien sehr sinnvoll. *Einfache Navigation*

Jede gute Shop-Software ist heute mit Import- und Exportschnittstellen ausgestattet. Sie pflegen damit nicht nur Ihre Artikeldaten sehr bequem, sondern bedienen mit den Exportschnittstellen auch manche Produktsuchmaschinen direkt. Dazu lesen die Schnittstellen automatisch aus Ihrer Datenbank die Artikelbeschreibungen aus.

Im Gegensatz zu einem klassischen Ladengeschäft sehen Sie Ihre Kunden im Online-Handel nicht von Angesicht zu Angesicht. Damit Sie den Kundenstamm trotzdem besser kennen lernen, gibt es die Möglichkeit, statistische Informationen zu sammeln und auszuwerten. Die Shop-Software gibt Ihnen häufig schon Auskunft darüber, welche Artikel die Kunden am häufigsten anklicken oder einkaufen. Zudem stehen Kundenbestell- und Umsatzstatistiken zur Verfügung. *Statistik*

Sie können Funktionen nutzen, die das Kundenverhalten protokollieren und grafisch aufbereiten. Die verfügbaren Daten kann man bereits mit simplen **Logfile-Analyse**-Tools auswerten. Für die Erstellung ist allerdings nicht die Shop-Software verantwortlich, sondern Ihr Provider. Damit erfahren Sie, wann Ihr Shop am häufigsten besucht wird, wo bzw. wie lange sich die Kunden in Ihrem Shop aufhalten, und über welche Website die Kunden auf Ihren Shop kommen. Gezielt lassen sich damit die Gestaltung oder Platzierung von Artikeln verbessern, die Kategoriestruktur optimieren oder Ladenhüter ausfindig machen. *Logfile-Analyse*

awstats.sourceforge.net
Open Source Technology Group *(grafischer Logfile-Analyzer)*

google.com/analytics/de-DE/
Google Analytics *(kostenlose Webanalyse von* Google*)*

Ausführliche
Hilfesysteme

Trotz gut aufgebauter Navigation kommt es häufig vor, dass User Hilfe benötigen. Gut ist dafür eine eigene Hilfeseite mit Tipps, gerade für Kunden, die Ihren Shop zum ersten Mal besuchen. Das gilt aber auch für Benutzer, die schon öfter bei Ihnen zu Besuch waren, jedoch nicht mehr wissen, wo sie zu den Artikeln die passenden Informationen finden. So etwas kann nach dem Überarbeiten der Kategorien vorkommen. Auf gar keinen Fall darf in einem Shop die Suchfunktion fehlen. Am besten ist eine **Volltextsuche**, die alle Produktfelder durchforstet.

Liefertermin
und Sendungs-
verfolgung

Hat ein Kunde das passende Angebot gefunden und bestellt, erwartet er heute eine automatische Bestätigung. Eine solche Bestätigung per Mail ist nicht nur wegen des Verbraucherschutzes wichtig, sie gehört auch zu Ihrem Kundenservice. Außerdem wird eine Kopie im Kundenkonto angelegt, auf die der Kunde mit seiner Registrierung immer zugreifen kann. Die E-Mail enthält Angaben über die bestellten Artikel, die Preise und die Zahlungs- und Lieferart. Halten Sie den Käufer nach der Bestellung auf dem Laufenden, d.h., informieren Sie ihn schnellstmöglich über einen Liefertermin oder wann die Ware versendet wurde.

Nun wissen Sie schon mal grob über die wichtigsten Funktionen und Komponenten eines Shops Bescheid. Sie haben erfahren, worauf es ankommt und welche Einzelheiten speziell für Sie wichtig sind. Ein nützliches Grundwissen für Ihr Shop-Konzept.

4.2.4   Strategieleitfaden zum eigenen Online-Shop

Strategisches
Konzept

Leider können wir Ihnen kein allgemeingültiges Konzept anbieten. Denn es kommt immer auf die Art der Produkte an, die Sie anbieten wollen, und welche Shop-Software Sie verwenden. Aber einige Denkanstöße schaden sicher nicht. Sie sollten einen gut durchdachten Leitfaden als persönliches Konzept für Ihren Shop entwickeln und einen Business-Plan zur Existenzgründung aufstellen. Planen Sie also Ihren Online-Shop auf jeden Fall langfristig im Voraus. Dann verlieren Sie nicht die Richtung und vergessen auch keine wichtigen Meilensteine. Anhand von vierzehn Fragen helfen wir Ihnen bei den ersten Überlegungen, damit Ihr Konzept auf einer stabilen Basis steht. Grob teilen sich die Fragen auf in folgende Abschnitte:

>> Frage 1 – 2: Manuelle oder automatische Bestellabwicklung

>> Frage 3 – 5: Shop-System mit passenden Schnittstellen wählen

>> Frage 6 – 9: Inhalt, Erscheinungsbild, Kategorien und Datenpflege

>> Frage 10 – 13: Kundennutzen und Marketingmaßnahmen planen

>> Frage 14: Riskieren Sie keine Abmahnungen oder Klagen

Erstellen eines strategischen Konzepts

1. Welche Produkte bieten Sie für welche Zielgruppe zum Verkauf an?

Diese Frage zielt darauf ab, ob Sie überhaupt einen Online-Shop brauchen. Vielleicht reicht für Ihre Zwecke schon ein schöner Webauftritt aus. Gerade wenn Sie wenige sehr spezielle oder nicht standardisierte Produkte vertreiben, genügt vielleicht die Bestellmöglichkeit per E-Mail. Schwebt Ihnen dagegen eine breite Produktpalette vor, ist ein Shop-System die richtige Wahl.

Vorentscheidung: Shop oder Webauftritt?

2. Welche Domain bzw. welchen Provider wählen Sie aus?

Für eine automatische Bestellabwicklung benötigen Sie eine Shop-Software. Bei den Mietprodukten ist die Sache relativ einfach, da der Anbieter eine funktionsfähige Plattform anbietet. Die gekauften Shop-Systeme und Open-Source-Lösungen erfordern, dass bestimmte Voraussetzungen beim Provider gegeben sind. Einige brauchen **Perl**, **PHP** und *MySQL*, andere benötigen nur einen beliebigen Webserver mit freiem Speicherplatz. Was sonst noch wichtig ist, haben wir Ihnen unter *Kapitel 4.1.2* gezeigt.

Mit Datenbank oder ohne?

3. Welche Art von Shop-System ist für Sie das richtige?

Die Angebotspalette umfasst **Mietshops**, die für den Einstieg in den Online-Handel genügen. Umfassende programmiertechnische Kenntnisse sind hierfür kaum erforderlich. **Kaufshops** richten sich dagegen an fortgeschrittenere User, die höhere Anforderungen stellen. Wer schon über tiefer gehende Kenntnisse verfügt oder diese extern kaufen kann, für den sind individuell anpassbare **OpenSource-Lösungen** genau das Richtige. Von der Shop-Software hängt auch ab, welche Datenbankvariante verwendet wird. Beispielsweise liegt beim *Mondo Shop* Ihre Datenbank lokal auf Ihrem Rechner oder bei *xt:Commerce* online auf dem Webserver des Providers. Über Shop-Software informieren wir Sie detailliert in *Kapitel 5*.

Miet-, Kauf- oder OpenSource-Shop?

4. Welche Zahlungsarten möchten Sie anbieten?

Am einfachsten realisieren lassen sich die Zahlungsarten **Vorauskasse** und **Nachnahme**. Dafür müssen Sie nur geringe Anpassungen im Online-Shop durchführen. Jedoch sind die beiden beliebtesten Zahlungsarten der deutschen Kunden die elektronische **Lastschrift** und die **Kreditkarte**. Damit Sie sich nichts im Vorfeld verbauen, sollte die Shop-Software die Integration solcher elektronischen Zahlungsarten ermöglichen. Denken Sie daran: Werden spezielle Online-Zahlungssysteme genutzt, wie **Kreditkarte**, *PayPal* oder Online-Überweisung, so müssen Sie eine sichere Übertragung per **SSL** gewährleisten. In *Kapitel 6* erfahren Sie, welche Lösungen es dazu gibt und wie Sie sie in Ihren Shop einfügen.

Lastschrift und Kreditkarten ein Muss?

Tipp ......

Praxis-Tipp: Identitäts- und Bonitätsprüfung

*Wer noch einen Schritt weiter gehen möchte, nutzt besondere Leistungs-merkmale: Identitäts- und **Bonitätsprüfung**. Noch sind relativ wenige Shop-Lösungen mit solchen Features ausgerüstet. In der Regel können sie jedoch darum erweitert werden. Weitere Tipps über die Ausfallrisiken lesen Sie in Kapitel 3 und Kapitel 6.*

5.   Welche Versandart planen Sie für Ihren Shop?

Schnittstelle zum Paketversender

Bezahlte digitale Daten, wie Musik- oder Informations-Download, sind schnell und einfach per Internet direkt zum Kunden übertragbar. Handfeste Produkte erfordern einen erhöhten Aufwand für **Logistik, der wie folgt ablaufen kann**: Die Ware wird beim **Distributor** gelagert, dann bei Ihnen als Einzelhändler zwischengelagert und verpackt, und zum Schluss wird sie mit einem Logistikunternehmen Ihrer Wahl an den Kunden versendet.

Hierfür gibt es ebenso spezielle Schnittstellen; die Daten stammen entweder aus der Warenwirtschaft oder aus der Shop-Datenbank. Über spezielle Versandsoftware beauftragen Sie Ihr Logistikunternehmen mit der Abholung der Pakete. Gleichzeitig benachrichtigen Sie die Kunden über den Versand per E-Mail. Außerdem profitieren Sie mit einer solchen Software von der automatischen Aufzeichnung aller Versandaktivitäten und drucken schneller **Versandetiketten** aus. Die logistische Dienstleistung wickeln verschiedene Anbieter ab, wie *DHL*, *United Parcel Service (UPS)* oder *Deutscher Paket Dienst (DPD)*. Mehr darüber erfahren Sie in *Kapitel 6*.

6.   Welche Inhalte bietet die zugehörige Webseite?

Content als interessanter Mehrwert

Unserer Meinung nach gehören zu einem erfolgreichen Online-Handel drei Dinge: Content, Community und **Commerce**. Es darf nicht Ihr alleiniges Bestreben sein, einen isolierten Online-Shop ins Internet zu stellen. Vielmehr brauchen Sie auch ein Rahmenprogramm. Spezialisieren Sie sich z.B. auf den Vertrieb von Souvenirs für Ihren lokalen Sportverein? Dann wecken vielleicht Geschichten und Fotos der Spieler das Interesse der Kunden (**Content**). Wo es passt, gehört ebenfalls eine **Community** gleichgesinnter User dazu, die über ein bestimmtes Thema online diskutieren, sich gegenseitig austauschen, helfen oder informieren.

Tipp ......

Praxis-Tipp: Content-Management-System

*Bauen Sie sich eine dynamische Website mit einem **Content-Management-System** (CMS) als Startseite. Die einzelnen Webseiten füllen Sie mit interessanten und wissenswerten Inhalten passend zu den Produkten. Integrieren Sie an geeigneter Stelle einen Link zu Ihrem Online-Shop. Im Community-bereich stellen Sie den Mitgliedern weitere exklusive Informationen, Produkte, Tools und Downloads zur Verfügung. Natürlich versuchen Sie die angemeldeten Benutzer mit Newslettern regelmäßig zu versorgen.*

7. Welches Layout bekommt Ihr Online-Shop?

Erzeugen Sie nach Möglichkeit ein einheitliches und unverwechselbares **Layout** für Ihren Shop. Ein durchgehendes **Corporate-Design** spiegelt sich auch wider in Firmenlogo, Farbgebung, Autobeschriftung/-aufkleber, Briefpapier, Prospekten usw. – also überall dort, wo Ihr Unternehmen öffentlich in Erscheinung tritt. Ein besonderer Vorteil ist es, wenn der Inhalt vom Layout getrennt ist. Dann lässt sich mit wenigen Mausklicks ein komplett neues Shop-Design mit dem vorhandenen Inhalt austauschen. Mit Formatvorlagen, **Templates** und **Cascading Style Sheets** (CSS) können Sie für eine einheitliche Optik in Ihrem Webauftritt sorgen. Je mehr Vorlagen vorhanden sind, desto größer ist der Spielraum für die Gestaltung.

Shop, Website und Briefkopf einheitlich gestalten

Verwenden Sie ein Standarddesign, das vielleicht auch noch viele andere Shops benutzen, ist das nicht gerade förderlich für die Kundenbindung. Ihr Shop sollte ein Unikat sein. An eine außergewöhnlich attraktive Produktpräsentation erinnert sich der Kunde gerne zurück. Vorausgesetzt werden natürlich perfekte Funktionalität, guter Service und tolle Produkte. Grundlagen zu **Webdesign** und **Farbenlehre** finden Sie in *Kapitel 8*.

8. Welche Kategorieaufteilung bzw. Sitestruktur findet ein User online?

Der Besucher Ihres Online-Shops verfolgt im Normalfall ein sehr konkretes Ziel. Er sucht Informationen, möchte ein neues Produkt kennen lernen oder einfach bei Ihnen einkaufen. Dabei sind potenzielle Kunden nicht besonders geduldig. Analoge Modems sind immer noch verbreitet, obwohl inzwischen fast zwei Drittel der User mit ISDN und DSL surfen. Beträgt die Ladezeit Ihrer Startseite mehr als zehn Sekunden, dann klickt bereits die Hälfte der Besucher wieder weg. Von der anderen Hälfte bekommen Sie vielleicht noch einmal zehn Sekunden, in denen Sie dem Kunden verständlich machen müssen, wo er ist, was ihn erwartet und ob er bei Ihnen sein Ziel erreichen kann. Darum ist eine flache **Sitestruktur** bei Website-Informationen und Produktkategorien sinnvoll. Gehen Sie also sehr sparsam mit Unterkategorien um – Sie sollten niemals mehr als drei Ebenen nutzen. Zu diesem Thema finden Sie ebenso in *Kapitel 8* weiterführende Informationen.

Mit drei Klicks zum Produkt

Praxis-Tipp: Beschreiben Sie auf der Startseite schlagkräftig das Angebot

Angesichts der Fülle von Informationen, mit denen die User im Internet konfrontiert sind, wollen sie schnell entscheiden können, wo und wie sie das Gesuchte finden. Bei der Gestaltung Ihrer Startseite und auch bei den einzelnen Produktseiten muss deutlich werden: Wer Sie sind, was Sie anbieten, und welchen Nutzen und Vorteil Ihre Kunden aus Ihrem Angebot ziehen können. Verwenden Sie besonders auf Ihrer Startseite einige wenige schlagkräftige Worte, um die angebotene Leistung zu erklären. Drei Regeln sind dabei zu beachten:

– *Beschreiben Sie das Alleinstellungsmerkmal Ihres Shops.*
– *Lassen Sie die schon fast lästige Begrüßungsfloskel weg.*
– *Vermeiden Sie allzu lange Sätze.*

Die Betrachter sehen sich ein Bild 1 Sekunde an und schweifen dann bei Desinteresse weiter. Ob Texte gelesen werden, entscheiden Ihre Kunden in den ersten 20 Sekunden. Achten Sie daher auf einen interessanten und kurzweiligen Einstieg auf Ihre Seite.

9. Welche Möglichkeiten der Dateneingabe und -pflege benötigen Sie?

Wie bringe ich meine Daten online?

Liegen Shop-Struktur und Design vor, dann sind die Daten und Bilder Ihrer Produkte an der Reihe. Die ersten Daten erfassen Sie manuell. Als sehr effizient erweist sich hier der Einsatz von *Microsoft Excel*, da von dort ein Export in viele beliebige Dateiformate möglich ist. In den meisten Shop-Systemen sind mehr oder weniger bequeme Importfunktionen eingebaut. Damit lassen sich Produkte und Kategorien per **CSV-** (Comma Separated Values) oder **XLS**-Datei (Excel) in den Online-Shop einlesen bzw. pflegen. Beachten Sie dabei die in Ihrer Shop-Software maximal erlaubte Anzahl von Kategorien und Produkten. Bei kleineren Shops erhalten Sie Bestellungen und Aufträge von Kunden per E-Mail. Größere Shop-Systeme binden Sie direkt an das bestehende **Warenwirtschaftssystem** an. Da Sie die eingehenden Neuaufträge nicht mehr manuell erfassen, ersparen Sie sich Tippfehler (**Medienbruch**) und müssen Stammdaten nicht doppelt erfassen. Die meisten Shop-Systeme können Sie an bestehende Warenwirtschaftssysteme anbinden oder es ist bereits eine eigene Lösung integriert (*Kapitel 6*).

Tipp . . . . . .

Praxis-Tipp: Auf ein Warenwirtschaftssystem verzichten

Erwarten Sie nur wenige Bestellungen, lohnt sich der technische und finanzielle Aufwand für die Kopplung mit einem Warenwirtschaftssystem kaum. Hier ist es sinnvoller, wenn Sie sich selbst eine Kopie der Bestell- und Kundendaten per E-Mail zustellen lassen und die Auftragsbearbeitung manuell vornehmen.

10. Welche interaktiven oder multimedialen Inhalte planen Sie?

Sinnvolle Präsentation Ihrer Produkte

Ihrer Kreativität bei der Darstellung Ihrer Ideen und Produkte sind kaum Grenzen gesetzt. Überraschen und begeistern Sie Ihre Kunden. Denn mit spritzigen Ideen für Präsentation und Kundenkontakt ziehen Sie die Blicke auf Ihren Shop. Vermeiden Sie aber in Ihrem Shop zu viel des Guten. Multimediale Inhalte realisieren Sie durch Flash-Animationen, 3D-Produktdarstellung, Spiele, virtuelles Kaufhaus, Bildschirmschoner, Online-Berater, interaktive Präsentation von Produkten und Informationen (Film, Ton, Musik, Sprache). Einige Vorschläge unterbreiten wir Ihnen in *Kapitel 8*, insbesondere Anwendungsbeispiele mit **JavaScript**, **Routenplanern** oder **Live Support**.

Praxis-Tipp: 360-Grad-Produktdarstellung

Mit Apple QuickTime VR Authoring Studio für MacOS können Sie Ihr Produkt als Objekt in einem virtuellen Raum betrachten (Java VR-Applet, QuickTime VR, Macromedia Flash). Produkte lassen sich vollständig horizontal um 360 Grad drehen. Es sind sogar mehrere 360-Grad-Darstellungen kombinierbar, so dass Sie durch den ganzen Bereich navigieren können. Dadurch können Sie virtuell von einem Zimmer zum nächsten laufen, mit entsprechend vielen Punkten kann sich ein Besucher in den Räumlichkeiten bewegen. Einige Objekte können vom Ersteller virtuell aktiviert werden. Dadurch kann mit Hilfe der Maus das Objekt von allen Seiten betrachtet werden. Die Kombination von Szenen und Objekten vermittelt den Eindruck, als befände man sich mitten im Geschehen.

Es gibt spezialisierte Dienstleister, die solche 3D-Bilder erstellen. Je nach Aufgabenstellung und Technologie variieren die Preise für das Endprodukt. Fragen Sie direkt bei den Anbietern nach einem passenden Angebot.

11. Welche Maßnahmen zur Kundenbetreuung treffen Sie?

Hier stellt sich Ihnen die Frage, wie Sie gespeicherte Informationen, z.B. Kontakte, Adressen oder Termine, verarbeiten. Weitere Wettbewerbsvorteile erlangen Sie durch optional erweiterbare Reportingtools und integrierbare **Statistiken**. Natürlich gibt es auch Kunden, die für ein aktuelles Problem eine Lösung suchen und dafür Beratung und Hilfestellung in Anspruch nehmen wollen. Hierfür gibt es verschiedene Möglichkeiten, die gerne angenommen werden und sehr beliebt sind: z.B. Forum, Weblog, Chat, FAQ, Telefon-Hotline, E-Mail-Support, Artikelbewertung und Online-Beratung.

Pflegen Sie guten Kundenkontakt

12. Welche Suchmaschinen und Webkataloge eignen sich für Ihre Waren?

Für gewöhnlich reicht es heute alleine nicht mehr aus, wenn Sie Ihre Startseite (**Homepage**) nur bei den großen **Suchmaschinen** und **Webkatalogen** anmelden. Dennoch gehört Suchmaschinen-Optimierung zu einem guten Marketing-Mix für Ihren Shop dazu. Die Shop-Software kann Sie möglicherweise durch suchmaschinenfreundliche URLs unterstützen.

Ranking – achten Sie darauf!

Gemäß dem **Pareto-Prinzip** locken Sie damit bereits 80 bis 90% der Besucher auf Ihre Webseiten. Nachdem Sie Ihren Online-Shop angemeldet haben, brauchen Sie etwas Geduld, bis ein Suchmaschinen-**Spider** oder -**Crawler** auf Ihren Webseiten vorbeikommt. Bei einigen dauert das ein paar Tage, bei anderen sogar Wochen und Monate, bis die Webseiten gelistet werden. In *Kapitel 9* geht es verstärkt um Suchmaschinen und wie Sie deren Technologie für Ihren Webshop gewinnbringend nutzen.

13. Welche Marketingkonzepte bevorzugen Sie?

Kostengünstiges
Produktmarketing

Die technische Realisierung und der Einsatz einer Software ist nur die halbe Arbeit. Ein weiterer wichtiger Schritt liegt im Bereich Suchmaschinen- und Online-Marketing. Gelingt es Ihnen, durch Marketing viele Besucher anzulocken, sollten daraus auch potenzielle Kunden werden. Je mehr Besucher Ihr Online-Shop anzieht, desto höher wird Ihr Umsatz liegen. Durch eine schnelle und freundliche Kommunikation erzielen Sie Pluspunkte.

Für das reine Produktmarketing gibt es online eine Menge Lösungen. Dazu gehören spezielle **Produktsuchmaschinen** oder **Preisvergleichsportale**. Dort hinterlegen Sie all Ihre Produkte und werden so leichter von Kunden gefunden. Neben dieser Möglichkeit gibt es spezielle kommerzielle Suchangebote im Internet, kostenpflichtiges **Keyword Advertising** oder **Pay-per-Click**. Mehr und mehr Unternehmen entdecken diese Werbemethoden für ihre Online- und Direktmarketing-Aktivitäten. Aber Vorsicht bei Keyword-Advertising, Beim Online-Marketing mit bezahlten Keywords dürfen Sie keine markenrechtlich geschützten Begriffe verwenden.

Tipp . . . . . .

Praxis-Tipp: (Marketing-)Einstiegsseiten erstellen

*Ein simpler, aber effektiver Optimierungsgrundsatz lautet: pro Thema bzw. Produktgruppe eine HTML-Seite. Gehen bestimmte Produkte besonders gut oder haben Sie nur wenige im Angebot, dann erstellen Sie für jedes Produkt eine eigene HTML-Seite. Diese wird mit passendem Inhalt über das Produkt gefüllt. Beschreiben Sie es mit verbreiteten Suchbegriffkombinationen (**Keyphrase**, z.B. »Samsonite Rucksack«), die ganz oben in der Datei stehen. Solche Einstiegsseiten gelangen häufig kostenlos auf Top-Positionen in den Suchergebnissen. Auf Ihrer Startseite legen Sie zusätzlich eine Art **Quicklink** auf diese HTML-Seiten. Damit ist ein Hyperlink auf Ihrer Startseite (**Homepage**) direkt zur produktbezogenen Detailansicht gemeint.*

Vertrauen
schenken und
Rabatte geben

Ihren Stammkunden oder als Anreiz für größere Bestellmengen können Sie **Staffelpreise** anbieten. Versandkostenfreie Lieferung, Rabatt- und Bonussysteme sind weitere verlockende Angebote (**Kundenbindung**). Zögerliche Interessenten beruhigen Sie mit Hilfe einfacher Rückgabemöglichkeiten oder **Geld-zurück-Garantien**. Damit steigern Sie das Vertrauen in Ihren Shop. Unter anderem sollten Sie sich Gedanken machen zu Ihrem Produktmarketing. Hauptsächlich geht es um die Frage, wie Sie die Produktdaten von Ihrem Online-Shop zu *Google Produktsuche*, *Kelkoo*, *Pangora*, *preisauskunft.de* usw. bringen. Ob Sie auf deren Webseiten selbst die Daten eingeben oder dies über die Exportmodule der Shop-Software lösen, hängt von Ihnen und Ihrer Shop-Software ab. Bequemer ist es, per Knopfdruck die Daten im richtigen Format zu exportieren. Wie Sie mit Bannerwerbung, Newslettern, Affiliate-Marketing, Partnerprogrammen, Gewinnspielen und vielen anderen Ideen das Vertrauen und Ihren Umsatz noch steigern können, erfahren Sie in *Kapitel 10*.

14. Welche rechtlichen Fragen sind für Sie relevant?

Uns ist ein Fall bekannt, bei dem ein Shop nach nur einer Woche im Internet schon die erste Abmahnung im vierstelligen Bereich bekam. Das Online-Recht ist ein sehr heikles Thema. Zu diesem Resultat kommen übereinstimmend Untersuchungen von *Trusted Shops* und der *Verbraucherzentrale Bundesverband e.V.* Viele Online-Händler sind mit den geltenden Vorschriften überfordert. Die häufigsten Fehler schleichen sich ein beim Datenschutz, der Anbieterkennzeichnung (**Webimpressum**), der **Preisangabenverordnung** und weiteren Informationspflichten vor und nach **Vertragsschluss**. Des Weiteren sind einige Haftungs- und Rechtsvorschriften zu beachten, wie das **Widerrufs-** und **Rückgaberecht** des Verbrauchers. Fehler in diesen Bereichen können richtig Geld kosten. Damit Sie keine **Abmahnungen**, Klagen von Verbraucherschutzverbänden oder verlängerte Rückgaberechte durch die Kunden riskieren, ist die Lektüre von *Kapitel 7* dringend ratsam.

Bleiben Sie in Rechtsfragen auf dem Laufenden

Sehr wichtig ist nach der Erstinstallation und allen kommenden Änderungen eine ausführliche Testphase. Gehen Sie selbst und am besten auch ein paar Freunde auf eine ausgiebige Einkaufstour in Ihrem Shop. Kaufen Sie Produkte und testen Sie die einzelnen Zahlungsmethoden. Prüfen Sie, ob die Testkäufe auch bei Ihnen richtig und komplett ankommen. Ihr Kunde soll einen voll funktionsfähigen Shop vorfinden und keine unnötigen Wartezeiten in Kauf nehmen müssen.

Testläufe starten

Da steht jede Menge Arbeit vor Ihnen. Aber mit einem genau ausgearbeiteten Handlungsleitfaden schaffen auch Sie den Weg zum gut laufenden Online-Shop. Eine richtige und ausführliche Vorbereitung ist hierfür unabdinglich, scheuen Sie dazu weder Mühen noch kostbare Zeit. Und selbst wenn es so scheint, als sei Ihr Online-Shop fertig, sollten Sie ihn ständig durch neue Ideen und Produkte ergänzen – Ihr Shop lebt! Das muss Ihnen von Anfang an klar sein. Einfach nebenbei betreibt man (zumindest ernsthaft) keinen Online-Shop.

Ihr Shop lebt

4.3   Datensicherheit

Es vergeht kaum ein Tag, an dem nicht über Viren, Spam, Würmer, Trojaner, Hacker oder andere Bedrohungen aus dem Internet berichtet wird. Gerade im Bereich Online-Handel befinden Sie sich ständig im Internet und sind dieser Gefahr überdurchschnittlich stark ausgesetzt. Machen Sie sich die Risiken bewusst, denn nur mit dem Wissen um die bestehenden Gefahren können Sie sich mit geeigneten Mitteln davor schützen. Das Thema IT-Sicherheit muss von Ihnen zur Chefsache erklärt werden.

Sicherheit ist Chefsache!

Sicherheits-
konzepte erstellen

Keine Frage, viele der kleinen und mittelständischen Unternehmen treffen Sicherheitsmaßnahmen. Jedoch wird nur ein kleiner Teil des Ganzen erledigt und vieles häufig versäumt: ständiges Updaten des Virenscanners, regelmäßige Datensicherung oder die sichere Konfiguration von Routern und Firewalls. Eine Dokumentation dafür liegt leider nicht in der Schublade, d.h., es fehlen entsprechende Sicherheitskonzepte in den Unternehmen.

4.3.1   Entwickeln Sie ein Sicherheitskonzept

Aspekte zur
IT-Sicherheit

Wie brisant die IT-Sicherheitspolitik im Umfeld großer Unternehmen ist, möchten wir Ihnen anhand einiger rechtlicher Beispiele zeigen. Sehr heikel ist das Thema Datenschutz. Geschäftsführer und IT-Verantwortliche haften persönlich für mangelnde IT-Sicherheit, z.B. bei einer fehlenden Datensicherung, da diese laut **Datenschutzgesetz** vorgeschrieben ist. Bei grober Fahrlässigkeit führt dies zum Totalverlust des betrieblichen Versicherungsschutzes. Für IT-spezifische Straftaten werden die Unternehmensvertreter stellvertretend als Straftäter behandelt. Ein weiteres wichtiges Gesetz zielt auf Großunternehmen ab. Beim **KonTraG** geht es um den Einsatz von Risiko-Managementsystemen, die auf kritische Tendenzen aufmerksam machen können (**Frühwarnsystem**). Erhöht werden soll damit die Sicherheit der IT-Infrastrukturen und die Sicherheit von Internet-Anwendungen.

WWW ......

www.sicher-im-netz.de
Deutschland sicher im Netz e.V. *(Portal zu IT- und Internet-Sicherheit)*

www.ec-net.de/EC-Net/Navigation/netz-informationssicherheit.html
BMWi *(Netzwerk Elektronischer Geschäftsverkehr)*

Sicherheitsprobleme durch Spam und Computer-Viren

Sicherheits-
bewusstsein fehlt

Auch im Zusammenhang mit **Basel II** steht IT-Sicherheit sehr hoch im Kurs. Laut Marktforschungsinstitut *Market Research & Services* setzen zwar 85% der mittelständischen Unternehmen Antiviren-Programme ein, trotzdem waren im letzten Jahr über 54% von Viren-, Würmer- oder Trojaner-Angriffen betroffen. Ähnliche Ergebnisse zeigt die Studie »Sicherheit im Internet« für den privaten Bereich von *TNS-Emnid* im Auftrag der *Initiative D21* und von *AOL Deutschland*.

Leider glauben viele, dass durch die einmalige Anschaffung oder Installation eines Schutzprogramms, das Thema Sicherheit für sie erledigt ist. Einzig und allein hilfreich ist jedoch die Aktualität der eingesetzten Sicherheitsmechanismen, z.B. der Einsatz der neuesten Virensignatur. Der Sicherheitsspezialist *Sophos* empfiehlt daher ganzheitliche Sicherheitslösungen, die von jedermann bedienbar sind und sich vollautomatisch über das Internet aktualisieren. Denn technische Mängel und fehlende Updates sind immer noch die Hauptursachen für die rasante Verbreitung von schadhaften Eindringlingen.

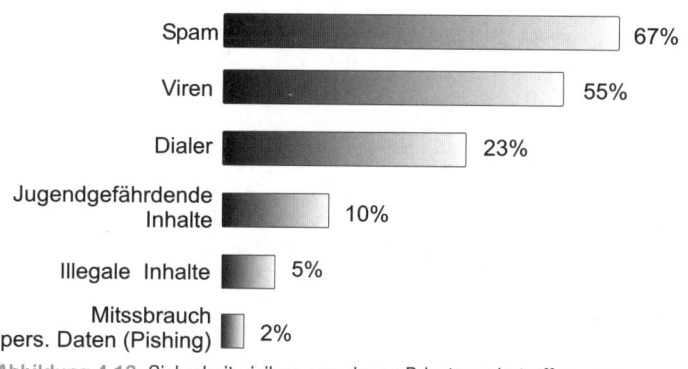

Quelle:
TNS-Emnid

Abbildung 4.12: Sicherheitsrisiken, von denen Privatuser betroffen waren

Sicherheitsstufenkonzept für kleinere Unternehmen

Für Großunternehmen gibt es sehr breit angelegte Sicherheitskonzepte, wie das *BSI IT-Grundschutzhandbuch* vom *Bundesamt für Sicherheit in der Informationstechnik (BSI)*. Dieses IT-Grundschutzhandbuch, seit 2005 auch IT-Grundschutz-Katalog genannt, ist für kleine und mittlere Unternehmen überdimensioniert. Für deren IT-Sicherheit reicht ein einfacheres Modell. Wir zeigen Ihnen ein übersichtliches siebenstufiges Sicherheitskonzept, das an den Vorschlag vom eBusiness-Kompetenzzentrum *KECoS* angelehnt ist:

1. Verankern Sie die IT-Sicherheit im Unternehmenskonzept!

2. Führen Sie eine sicherheitstechnische Dokumentation ein!

3. Starten Sie regelmäßig eine Datensicherung gemäß Ihrem Sicherungs-plan!

4. Installieren Sie auf lokalen Servern und Computern Antivirensoftware!

5. Spielen Sie Updates für Browser, Betriebssystem und Office-Paket ein!

6. Konfigurieren Sie Ihre Firewall, DSL- und WLAN-Router sicher!

7. Informieren Sie Ihre Mitarbeiter über Sicherheitsvorkehrungen!

`Step......`

www.bsi.bund.de/gshb
BSI *(IT-Grundschutz-Kataloge)*

`WWW .....`

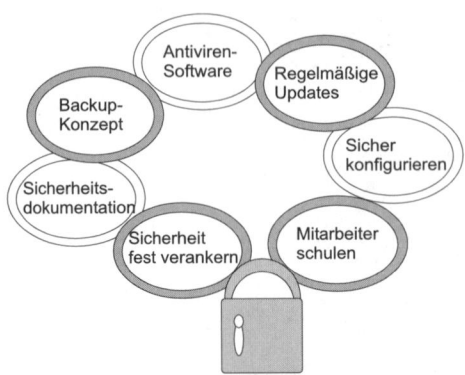

Abbildung 4.13: Sicherheitsstufenmodell für kleinere Unternehmen

Sicherheits-
beauftragter

Die Themen Informationssicherheit und Datenschutz müssen Sie fest in Ihre Unternehmenspolitik verankern. Anhand eines Wartungsplans veranlassen Sie die regelmäßige Durchführung entsprechender Maßnahmen. Eine Sicherheitsrichtlinie führt nur dann mittelfristig zum Erfolg, wenn diese von oben befürwortet und unterstützt wird. Ernennen Sie zu Beginn einen Mitarbeiter als Sicherheitsbeauftragten. Dieser ist künftig für die IT-Sicherheit verantwortlich und führt alle erforderlichen Sicherheitsmaßnahmen durch. In einem sehr kleinen Betrieb sind das selbstverständlich Sie selbst.

Sicherheits-
leitfaden
dokumentieren

Zu den ersten wesentlichen Aufgaben des Sicherheitsbeauftragten gehört die Dokumentation des Netzwerks. Am Anfang dokumentieren Sie hauptsächlich sicherheitsrelevante Soft- und Hardwarekomponenten. Zum besseren Verständnis möchten wir Ihnen ein kurzes Beispiel bringen. Sie betreiben zu zweit einen Online-Shop. Während des Urlaubs Ihres Partners, fällt der DSL-Router wegen eines Hardwaredefekts komplett aus. Was tun Sie jetzt? Sie brauchen auf jeden Fall einen Ersatz-Router, möglichst dasselbe Modell. Haben Sie einen Ersatz, stellt sich die Frage: Wie konfigurieren Sie dieses Gerät? In diesem Fall ist eine kurze Dokumentation über den DSL-Router eine wertvolle Hilfe. Am besten haben Sie die verwendete Konfigurationsdatei auf einem Rechner gespeichert. Die Frage ist dann meistens nur: wo?

Als Bestandteil enthält die Dokumentensammlung des Sicherheitskonzepts: Wartungsintervalle und -regeln. Einbezogen werden auch administrative Zugangsdaten, Kennwörter, Softwarelizenzen, Notfallszenarien, Richtlinien, Ausfall-, Datensicherungs- und Datenwiederherstellungspläne u.v.a. Mit Hilfe der jeweiligen Arbeits- und Verfahrensanweisungen muss eine berechtigte Person in der Lage sein, erforderliche Maßnahmen bei einem Systemausfall durchzuführen. Speichern Sie diese Datei aus Gründen der Sicherheit nicht nur auf Ihrer Festplatte, denn dort nützt sie im Falle eines Falles nichts. Drucken Sie sie also unbedingt auch auf Papier aus.

Datensicherung
erstellen

Beziehen Sie in Ihre regelmäßige Datensicherung nicht nur den hauseigenen Server ein, sondern binden Sie darin auch Ihren Online-Shop inklusive aller Artikel- und Kundendaten ein. Überschreiben Sie selbst Ihre Datenbank auf dem Server mit falschen Daten, dann ist wenigstens ein Ersatz zur Rücksicherung vorhanden. Der Provider sichert zwar Ihre Daten für einen möglichen Server-Ausfall, dies ist jedoch weniger als Backup für Sie gedacht. Deshalb sollten Sie die Daten mindestens einmal monatlich und immer vor umfangreichen Updates lokal sichern, indem Sie einen Datenbank-**Dump** erstellen. Bei häufig wechselndem Datenbestand kann eine wöchentliche oder sogar tägliche Sicherung nötig sein. Als preiswertes Sicherungsmedium bieten sich Bandlaufwerke an.

Praxis-Tipp: Datensicherung nicht mit Datenarchivierung verwechseln

Tipp . . . . . .

Eine **Datensicherung** *ist die kurz- bis mittelfristig verfügbare Kopie von Daten. Magnetbänder bieten große Kapazitäten und sind das typische Medium dafür. Leider weisen diese jedoch keine lange Lagerfähigkeit auf. Alle drei Jahre sollten Sie, laut Hersteller, davon eine Kopie mit einem neuen Medium erstellen. Zudem überschreiben Sie die Bänder laufend mit neuen Datensicherungen.*

Eine **Datenarchivierung** *soll sicherstellen, dass wichtige Daten, z.B. Kundenrechnungen, auch noch nach Jahren verfügbar sind. Als Speichermedium reichen CD-ROMs oder DVDs vollkommen.*

Richten Sie einen wirksamen Virenschutz auf allen Servern und Clients ein. Falls ein **Mailserver** im Einsatz ist, sollte für diesen eine spezielle Schutzsoftware angeschafft werden. Gute Erfahrungen im Mittelstand hatten wir bisher mit *Sophos* und *Trend Micro* gesammelt (Tabelle 4.8). Die Antivirensoftware konfigurieren Sie am besten so, dass die Virensignatur täglich automatisch aktualisiert wird. Sicher ist sicher.

Virenschutz einsetzen

Sicherheitsspezialisten entdecken immer wieder zahlreiche sicherheitskritische Lücken bei Internet-Browsern. Sie stellen ein enormes Gefahrenpotenzial für ein Unternehmen dar. Neben dem Webbrowsern stellen häufig das Betriebssystem und die Office-Pakete weitere beliebte Angriffspunkte dar. Ähnlich wie bei den Antiviren-Programmen ist es ratsam, mindestens ein monatliches Update mit **Patches** (Bezeichung für ein Software-Update) einzuspielen. Besonders wichtig ist die richtige Konfiguration der einzelnen Softwarekomponenten, wie das Aktivieren der automatisierten Update-Funktion in den Programmen.

Regelmäßig Service Patches einspielen

Die meisten Privatleute, aber auch einige Kleinunternehmer ändern die Standard-Werkskonfiguration des Routers nicht ab. Das Kennwort ist in der Grundeinstellung definitiv nicht sicher, vergeben Sie sofort ein neues Passwort. Spielen Sie bei Bedarf die neueste Firmware des Geräts ein. Die Software bekommen Sie dazu im Internet bzw. starten die Update-Funktion. Lesen Sie dazu die Bedienungsanleitung Ihres Gerätes. Vor allem bei den weit verbreiteten WLAN-Routern ist Vorsicht geboten. Sie sollten unbedingt Bescheid wissen über die Funktionen von **MAC-Adressen, DHCP-Server, SSID, WEP-** und **WPA(2)-Verschlüsselungen.** Sonst nutzt ein anderes WLAN-fähiges Note

Router konfigurieren

book dieses Hintertürchen, um auf Ihre Kosten E-Mails zu versenden oder im Internet zu recherchieren. Im schlimmsten Fall kann sogar auf Ihre Festplatte zugegriffen werden. Trauen Sie sich selbst keine Änderungen an Router oder Firewall zu, überlassen Sie diese Aufgabe kompetenten Dienstleistern.

Mitarbeiter über Sicherheit informieren

Haben Sie die Sicherheitseinstellungen vorgenommen oder zumindest begonnen, bauen Sie eine Sicherheitskultur in Ihrem Unternehmen auf. Machen Sie Ihre Mitarbeiter mit den wichtigsten Sicherheitsproblemen bekannt, indem Sie Sicherheitsnews per E-Mail verschicken. Es ist nicht sinnvoll, alle Mitarbeiter mit Administratorrechten auszustatten. Ein Mitarbeiter braucht nur Zugriff auf die Daten, die er für seine tägliche Arbeit benötigt. Die Unternehmensberatung *KPMG* meldete 2002, dass bis zu 80% der Angriffe aus dem eigenen Unternehmen stammen. Dahinter stecken Gedankenlosigkeit, technische Unwissenheit, Neugier und zum Teil leider auch Böswilligkeit. Mit einer restriktiven Zugriffsregelung schränken Sie den netzinternen Datenzugriff ein (**Need-to-know-Prinzip**).

Daten regelmäßig und richtig sichern

Warum Daten sichern?

Zu den allerwichtigsten sicherheitstechnischen Schutzmaßnahmen gehört ein sauberes Datensicherungskonzept. Der Zeitabstand zwischen den einzelnen Datensicherungen hängt von mehreren Fragen ab:

>> Wie geschäftskritisch wirkt sich ein Datenverlust aus?

Beispiel: Sie verlieren durch einen Festplattenausfall alle Bilder und Beschreibungen der Produkte in Ihrem Online-Shop. Je nach Umfang kann die Wiederherstellung mehrere Wochen dauern.

>> Wie viele Informationen ändern sich bzw. entstehen täglich neu?

Beispiel: Sie bieten Ihren Kunden online zahlreiche Informationen rund um Ihre Produkte/Dienstleistungen an. Dazu zählen Datenblätter, Kommentare, Anleitungen, Whitepaper, Vorlagen usw. Im Laufe der Zeit sammelt sich mit diesen Daten ein sehr wertvoller Wissenspool an. Bei einem Ausfall gehen Ihnen eine Menge Daten oftmals unwiederbringlich verloren.

>> Wie hoch sind die Ausfallkosten pro Stunde durch Einnahmeverluste?

Beispiel: Sie realisieren monatlich 10.000 € Umsatz. Fällt Ihr Online-Shop komplett aus, benötigen Sie mehrere Tage, bis alles wieder rund läuft. In dieser Zeit verlieren Sie täglich etwa 500 € Einnahmen. Bei einem dreitägigen Ausfall des weltweit zweitgrößten Online-Shops für Privatkunden würden schon etwa 50.000 € Umsatz verloren gehen. Ganz abgesehen vom entstehenden Imageschaden.

Wann Daten sichern?

Richten Sie grundsätzlich die Häufigkeit der Datensicherung danach, wie geschäftskritisch und wie hoch die **Ausfallkosten** für die sicherungsrelevanten Daten sind. Vergessen Sie auch den hohen zeitlichen und finanziellen Aufwand für Ihre Datenwiederherstellung nicht.

Datensicherung	Einsteiger	Fortgeschritten	Professionell
Datenvolumen	gering	mittel	hoch
Datenänderung	selten	regelmäßig	häufig
Minimale Empfehlung	monatliche Datensicherung	14-tägige Datensicherung	tägliche Datensicherung

Tabelle 4.6: Häufigkeit der Datensicherung nach Nutzungsgrad

RAID 1 und RAID 5 am lokalen Server kombinieren

<< **Exkurs**

Das Betriebssystem *Microsoft Windows Server* ermöglicht Ihnen softwaretechnisches RAID. Mit Hilfe spezieller RAID-Controller bauen Sie sehr stabile hardwaretechnische RAID-Systeme für eine ausfallsichere Datensicherheit auf:

>> **RAID 1** (**Spiegelung** oder **Mirroring**): Besteht aus zwei Festplatten, deren Daten untereinander gespiegelt werden. Fällt eine der beiden gespiegelten Festplatten aus, läuft der Server trotzdem weiter. Die resultierende hohe Ausfallsicherheit verwenden Sie bevorzugt für die **Systempartition** C:, auf der Ihr Betriebssystem installiert ist.

>> **RAID 5** (**Block Striping** mit verteilter **Parity**): Besteht aus mindestens drei Festplatten, deren Daten untereinander redundant gespeichert sind. Fällt eine der beteiligten Festplatten im RAID-5-Verbund aus, läuft der Server unbeschadet weiter. Die daraus entstehende gesteigerte Performance (höhere Leseleistung) als auch Redundanz verwenden Sie bevorzugt für Ihre **Datenpartition D:/.**

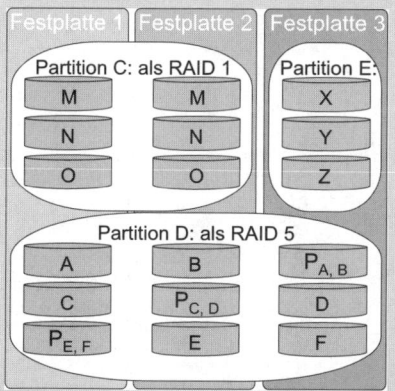

Abbildung 4.14: Lokalen Server mit RAID vor Festplattenausfall schützen

Der kombinierte RAID-Verbund funktioniert bereits mit drei Festplatten. Besser sind jedoch fünf Festplatten, dann laufen die beiden gespiegelten RAID-1-Festplatten separat. Diese Technik erhöht zwar die Ausfallsicherheit Ihrer Daten im eigenen Netzwerk, kann aber niemals eine Datensicherung ersetzen. Denn Löschen von Daten, Viren, Blitzeinschlag, Hardwarefehler u.v.m. kann Ihre Daten trotzdem unbrauchbar machen.

Einige Provider bieten dieses Sicherheitsfeature übrigens für Webspace oder auch Miet-Server an.

Unterschied der einzelnen Datensicherungsvarianten

Grundsätzlich unterscheidet man drei verschiedene **Backup**-Varianten:

>> **Vollständige Datensicherung**: Sichert komplett alle Dateien, unabhängig vom Zeitpunkt der letzten Datensicherung.

>> **Differenzielle Datensicherung**: Sichert die Dateien, die seit dem Zeitpunkt der letzten vollständigen Datensicherung geändert wurden oder neu hinzukamen.

>> **Inkrementelle Datensicherung**: Sichert die Dateien, die seit der letzten Datensicherung geändert wurden oder neu hinzukamen.

In Abbildung 4.15 stellen wir die vollständige, die inkrementelle und die differenzielle Datensicherung einander gegenüber. Im Beispiel werden dazu täglich 10 MB neue Daten erstellt und 5 MB an bestehenden Daten verändert. Passiert Ihnen am 5. Tag ein Datenausfall, dann benötigen Sie für eine Datenwiederherstellung in den einzelnen Varianten folgende Medien:

>> Vollständiges Backup: Medium der letzte Komplettsicherung, d.h. nur Medium Nr. 4.

>> Differenzielles Backup: Medium der letzten Komplettsicherung und Ihr letztes differenzielles Backup-Medium, d.h. Medien Nr. 1 und Nr. 4.

>> Inkrementelles Backup: Medium der letzten Komplettsicherung und alle seitdem gespeicherten inkrementellen Backup-Medien, d.h., Medien Nr. 1, Nr. 2, Nr. 3 und Nr. 4.

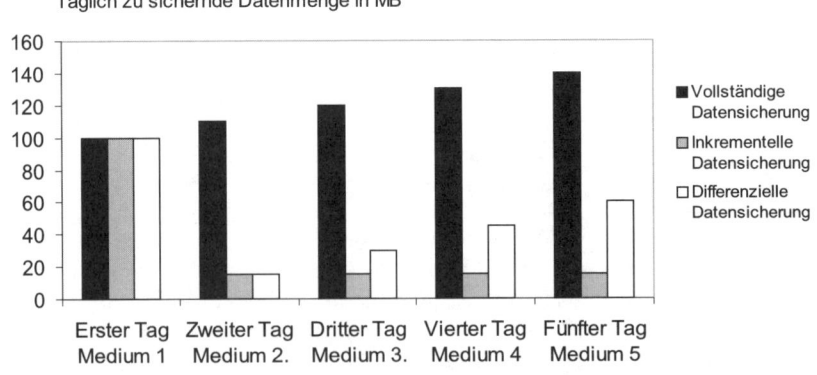

Abbildung 4.15: Vollständiges, inkrementelles und differenzielles Backup

Für einen kleineren Betrieb ist die vollständige Datensicherung die einfachste Variante. Zum Teil können Sie ein Full-Backup mit der CD-/DVD-Brennsoftware erstellen, z.B. *nero* von *Ahead Software AG*. Erst mit zunehmender Datenmenge werden die beiden anderen Möglichkeiten interessant.

www.yosemitetech.com
Yosemite Technologies Inc. *(Anbieter preiswerter Backup-Software)*

www.symantec.com/de/de/enterprise/products/
overview.jsp?pcid=2244&pvid=57_1
Symantec *(ehemals* Veritas Software GmbH *– Anbieter der Softwarelösung*
Backup Exec*)*

Generationenprinzip im Datensicherungskonzept

Wir haben im Beispiel in Abbildung 4.15 mehrere Medien zur Datensicherung verwendet, damit Sie die Varianten besser unterscheiden können. Aber warum reicht ein einziges **Speichermedium** nicht aus, mit dem Sie z.B. wöchentlich Ihre Daten sichern?

Für Backup mehrere Medien nutzen

Hier ein einfaches Beispiel: Nehmen wir an, Sie speichern jede Woche Ihre Daten auf dem gleichen Speicherband. Einige Zeit später fangen Sie sich per Internet einen Virus ein, der jede Menge Daten beschädigt. Leider bemerken Sie diesen Eindringling erst drei Wochen später. Dumm, denn nun haben Sie den Virus schon auf dem Medium mitgesichert. Ihre Daten auf dem Medium sind genauso beschädigt wie die auf Ihrer Festplatte. Behalten Sie daher nicht nur eine einzige Version Ihres Datenbestandes, sondern sichern Sie Ihre Daten in verschiedenen Versionen.

Aus diesem Grund planen Sie die Aufbewahrung älterer Datenversionen bei Ihrem Datensicherungskonzept mit ein. Dafür hat sich das so genannte Generationenprinzip bewährt, eine Methode der zyklischen Datensicherung. Im deutschen Sprachgebrauch wird diese Vorgehensweise auch als **Großvater-Vater-Sohn-Prinzip** bezeichnet. Damit sammeln Sie mehrere Datensicherungen verteilt über mehrere Wochen und Monaten. Üblicherweise werden für eine Datensicherung nach diesem Prinzip 23 Medien benötigt.

Großvater-Vater-Sohn-Prinzip

Datensicherung	Tag der Sicherung	Medium	Anzahl
Tagessicherung (Sohn: jedes Medium 1x pro Woche im Einsatz)	Mo. – Do.	Nr. 1 Montag Nr. 2 Dienstag Nr. 3 Mittwoch Nr. 4 Donnerstag	4 Stk.
Wochensicherung (Vater: jedes Medium 1x pro Monat im Einsatz)	Jeden Freitag	Nr. 5 Freitag 1 Nr. 6 Freitag 2 ... Nr. 9 Freitag 5	5 Stk.
Monatssicherung (Großvater: jedes Medium 1x pro Jahr im Einsatz)	letzter Freitag im Monat	Nr. 10 KW 1 – 4 Nr. 11 KW 5 – 8 ... Nr. 22 KW 49 – 52	13 Stk.
Reservemedium	Keine	Nr. 23 Reserve	1 Stk.

Tabelle 4.7: Medien optimal einsetzen im Generationenprinzip

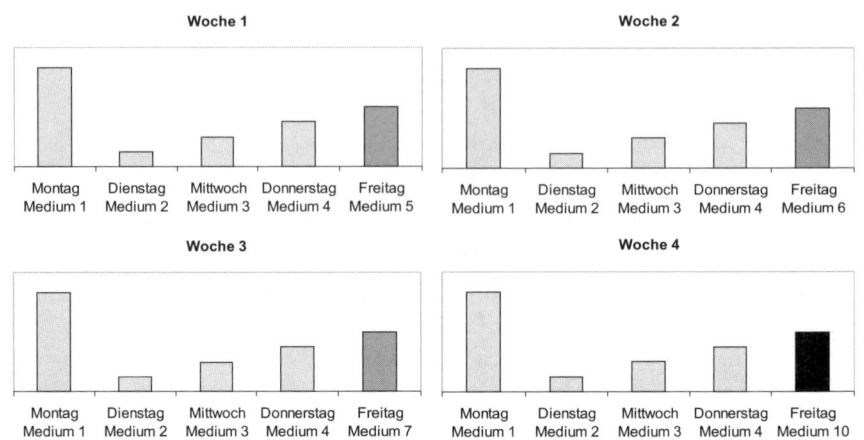

Abbildung 4.16: Generationenprinzip einer differenziellen Datensicherung

Als Wechselmedien eignen sich CD-, DVD-, Band-, *ZIP*- und *REV*-Laufwerke sowie externe Festplatten (z.B. USB). Sicherheitshalber sollten Sie die Medien räumlich getrennt von Ihrem Arbeitsort aufbewahren, damit die Daten auch vor Feuer sicher sind. Viele Firmen bringen die Datenträger auch in ein externes Schließfach.

www . . . . .

www.iomega.de
Iomega Corporation *(ZIP- und REV-Laufwerke)*

Tipp . . . . .

Praxis-Tipp: Datensicherung im Internet

Meistens denkt man über das Thema Datensicherung erst nach, wenn es zu spät ist. VIA net.works bietet eine interessante Alternativlösung für alle Backup-Muffel: Datensicherung online per Knopfdruck. Das ist sehr geeignet für alle DSL-Nutzer mit Flatrate. Sie legen dazu einfach fest, welche Dateien und Ordner gesichert werden sollen. Durch einen Knopfdruck auf Ihrem Desktop startet die Datensicherung. Bei jeder erneuten Sicherung werden zuerst die Daten abgeglichen und nur die veränderten Daten übertragen. Kein manueller Abgleich einzelner Ordner oder Dateien, keine komplizierten Netzlaufwerke, kein lästiges Brennen von CDs oder DVDs. Bedenken Sie jedoch, dass diese Art der Sicherung je nach Datenmenge und Internet-Anschluss sehr zeitaufwendig sein kann.

www . . . . .

www.vianetworks.de
VIA net.works Deutschland GmbH *(Datensicherung via Internet)*

4.3.2   Nur ein aktiver Virenschutz ist ein guter Virenschutz

Oft nisten sich Sasser, Blaster & Co mit Hilfe lückenhafter oder gar komplett fehlender Absicherung auf dem Rechner ein. Unterstützt wird dies durch das leichtsinnige Verhalten der Nutzer. Aufgrund von Unwissenheit installieren sich dann Dialer- oder Spionage-Software völlig unbemerkt. In privaten Haushalten erhalten Kinder teils unbeaufsichtigt Zugang zum Computer und gelangen so ins Internet. Ungeschützte Rechner werden dann leicht von Viren befallen.

Ungeschützte Rechner sind leichtes Opfer

Kindgerechter Computer (Medienkompetenz)

<< **Exkurs**

Nebenbei bemerkt sollten Kinder auch gegen Gefahren aus dem Netz geschützt werden. Dafür eignen sich Filtersoftware, kindgerechte Browser-Einstellungen und vor allem Aufklärungsgespräche mit dem Kind. In einer modernen Erziehung darf die Vermittlung von **Medienkompetenz** nicht fehlen.

Anfangs steckten sich Rechner fast ausnahmslos über Datenträger wie Disketten oder CDs mit Computerviren an. Heutzutage haben sich die möglichen Übertragungswege an die neuen Medien angepasst. Vor allem das Internet und der verstärkte E-Mail-Verkehr erleichtern es Viren und Würmern, sich zu verbreiten. Das gilt vor allem für ungeschützte E-Mail-Software der Anwender. Wer ohne Virenwächter im Internet surft, schädigt damit meist nicht nur sich selbst, sondern sehr häufig auch andere.

Grundlegendes über Malware und deren Schadenspotenzial

Internet-Würmer, Trojanische Pferde, Spyware, Computer- und Makroviren sind Begriffe, die kein Computerbesitzer gerne hört. Sie haben eines gemeinsam: Keiner will sie. Zusammenfassend werden solche Programme als **Malware** bezeichnet. Darunter versteht man Softwareprogramme, die Böses für Ihre Daten im Schilde führen. Bevor wir uns im Anschluss mit vorbeugenden Sicherheitsmaßnahmen beschäftigen, erläutern wir hier die wichtigsten Vertreter von Malware:

Malware

>> **Computerviren:** Programme, die sich ganz von selbst, sozusagen automatisch vermehren. Virenprogramme installieren sich unerkannt auf dem PC und schreiben Quellcode in bestehende Dateien.

>> **Würmer:** Spezielle Virenprogramme, die im Gegensatz zu Viren über eigene Programmdateien verfügen und versteckt im Hintergrund laufen. Unangenehm ist, dass sie sich selbstständig über das Internet verbreiten können, z.B. per E-Mail-Anhang oder Instant-Messaging.

>> **Trojaner/Backdoors:** Programme führen heimlich auf einem Rechner verborgene Funktionen aus, meistens um Daten auszuspionieren. Geht ein infizierter Rechner ins Internet, kann der Hacker mithilfe des Trojaners unbemerkt die Kontrolle Ihres Rechners übernehmen.

>> **Spyware/Spionage-Software:** Programme, die Informationen über die Tätigkeiten des Benutzers sammeln und an Dritte weiterleiten. Oder es werden Start- und Suchseiten des Internet-Browsers verändert bzw. werden laufend lästige Werbefenster eingeblendet.

Viren löschen und verfälschen Daten

Zum Schadenspotenzial gehören vorwiegend Datenmanipulationen, d.h., Daten werden gelöscht oder verfälscht. Andererseits können Trojaner bzw. Spyware Daten ausspionieren und öffnen für entfernte Benutzer den betroffenen Rechner. Aufgrund ihres hohen Verbreitungsgrades sind aktuell überwiegend *IBM*-kompatible Personalcomputer mit den Betriebssystemen der Firma *Microsoft* betroffen.

Für das erste Halbjahr 2005 verzeichnete die Virenschutzfirma *Sophos* eine Steigerung an Viren gegenüber dem Vorjahr um 59% auf 7.944 neue Viren. Bis ein ungeschützter Windows-Rechner mit 50% Wahrscheinlichkeit von einem Wurm verseucht wird, dauert es laut *Sophos* etwa zwölf Minuten.

Trojaner nehmen an Bedeutung zu

Web-Bedrohungen stellen mittlerweile E-Mail-Viren in den Schatten. Allein im Juni 2007 registrierte der Antiviren-Softwarehersteller *Sophos* rund 29.700 neu infizierte Internet-Seiten pro Tag. Anfang des Jahres lag die Zahl noch bei lediglich 5.000. In den vergangenen sechs Monaten des Jahres 2007 wurden PC-Anwender so sehr durch Trojaner und Massen-Mailer belästig, wie nie zu vor. Zu diesem Ergebnis kamen auch die Antiviren-Experten des Sicherheitsanbieters *BitDefender*. Das häufigste Schadprogramm war der so genannte **Peed-Trojaner:** Über ein Viertel aller entdeckten Malware gehörte zu diesem Bedrohungstyp. Gleichzeitig befinden sich nicht mehr so viele Massen-Mailer im Umlauf wie noch vor einigen Monaten, kommentierte Viorel Canja (Leiter von *BitDefender Labs*). Jedoch kann man hier noch nicht von einem Ende der Bedrohung durch Massen-Mailer sprechen, so der Antiviren-Experte: »Obwohl große Mailer-Attacken seltener werden, gibt es immer noch zahlreiche Varianten älterer Schadprogramme. Diese stellen nach wie vor eine konkrete Bedrohung für die IT-Sicherheit dar und können nur durch geeignete Softwarelösungen bekämpft werden.«

22 Mrd. Euro Schaden

Network Associates (*McAfee*) veröffentlichte 2003 eine Studie zu Schäden durch Viren in europäischen Kleinunternehmen. Das Ergebnis: Unternehmen mussten durch Virenattacken insgesamt 22 Mrd. € Schaden hinnehmen. In dieser Summe sind nur die Ausfallzeiten der infizierten Computer berücksichtigt. Die durchschnittlichen Kosten pro Virenattacke für lahm gelegte Rechner betragen damit 5.000 €. Als Hauptgrund für die hohen Schäden gaben die Unternehmen unzureichende Schutzmaßnahmen an. Laut Studie haben fast ein Drittel der Leute nach einem Virenbefall wichtige Dateien verloren oder schwere Beschädigungen festgestellt.

Vergessen dürfen Sie dabei auch nicht den regelmäßig anfallenden Aktualisierungsaufwand und die Schulungskosten für Ihre Mitarbeiter. Und die zusätzlichen materiellen und personellen Kosten für die Virensuche und -entfernung nach einer Infizierung.

www.networkassociates.com

McAfee GmbH *(Anbieter von Sicherheitslösungen für KMUs)*

WWW .....

Computerviren erkennen und entfernen

Eine *BSI*-Kurzinformation zu aktuellen Themen der IT-Sicherheit definiert einen Computervirus als »eine nicht selbstständige Programmroutine, die sich selbst reproduziert und dadurch vom Anwender nicht kontrollierbare Manipulationen in Systembereichen, an anderen Programmen oder deren Umgebung vornimmt« (Quelle: *BSI* F19Kurzviren.htm). Ein Computervirus benötigt ein Wirtsprogramm und kann sich wie sein biologisches Vorbild auch eigenständig fortpflanzen.

Viren reproduzieren sich selbst

Besonders gern überschreibt der Virus- bzw. Softwarecode andere Software-programme und Betriebssystembereiche. Entsprechend vielfältig sind die Merkmale und Eigenschaften. Dabei werden zuerst der Viruscode und anschließend das ursprüngliche Programm ausgeführt. Die häufigsten Computerviren werden anhand der infizierten Dateitypen bzw. -bereiche auf dem Datenträger klassifiziert:

>> **Dateiviren:** Der Virus ist in einem Wirtsprogramm integriert und wird erst durch Aufruf dieses Programms aktiviert. Dateiviren hängen sich an ausführbare Dateien an, z.B. *.exe, *.bat, *.pif, *.jsp oder *.vbs, die sich auf der Festplatte oder anderen Datenträgern befinden.

>> **Office-Makroviren:** In einer an Basic angelehnten Sprache werden Makros in *Word* und *Excel* zur Automatisierung von Aufgaben genutzt. Vom Prinzip her sind Office-Makroviren Dateiviren. Sie infizieren lediglich Dokumente und keine Programme.

>> **Linkviren:** Sie fügen ihren eigenen Code an das Ende von Programm-dateien ein. Dabei versehen sie die Startroutine des infizierten Programms mit einem Link auf den schädlichen Inhalt. Sie verbleiben meist im Speicher und infizieren Programme bei deren Ausführung.

>> **Companionviren:** Infizieren keine ausführbaren Dateien, sondern benennen die ursprüngliche Datei um und erstellen eine Datei mit dem gleichen Namen bzw. sehr ähnlichem Namen. Die neue Datei enthält dann den Virus.

>> **Bootviren:** Computervirus, der beim Start des Rechners aktiv wird, noch bevor das Betriebssystem komplett geladen ist. Er befindet sich im Boot-Sektor von Disketten bzw. im Master-**Boot-Record** (**MBR**) einer Festplatte.

Ergänzend weisen wir Sie noch auf weitere Virenarten hin: Script-, Split-, Ver-zeichnis-, Direct-Action-, Header-, HLL-, HTML-, Java-, Kernel-, Research-, Retro-, Residente-, Slack-, Slow-Infector-, Stealth-, Update-, WAP-, meta-morphe oder polymorphe Viren.

Virenbefall erkennen

Jeder Virus arbeitet ein wenig anders, deshalb lassen sich die Anzeichen eines Virenbefalls nur schwer verallgemeinern und erkennen. Trotzdem haben wir Ihnen eine Liste mit den häufigsten Anzeichen zusammengestellt, wenn es auch bei weitem nicht alle sind. Erkennen Sie ein Merkmal oder auch mehrere davon, muss Ihr Rechner noch lange nicht von einem Virus befallen sein. Häufig verursachen die Anwender selbst durch Fehlbedienungen des Rechners ähnliche Anzeichen. Genauso kann ein Soft- oder Hardwareproblem vorliegen.

>> Der Virus macht sich selber bemerkbar, z.B. in Form einer Fehlermeldung, Nachricht oder Grafik.

>> Abnormales Verhalten Ihres Computers: Das System bootet langsamer als gewohnt oder stürzt sehr häufig ohne Grund ab.

>> Gängige Standardprogramme lassen sich nicht mehr benutzen.

>> Die Startseite Ihres Internet-Browsers hat sich geändert.

>> Dateien tragen plötzlich einen völlig anderen Namen oder fehlen komplett. Auch Dateien mit doppelter Dateiendung sind verdächtig.

>> Verfügbarer Speicherplatz im Arbeitsspeicher und auf den Festplatten verringert sich stark, z.B. werden Dateien ohne Ihr Zutun größer.

>> Undefinierbare Fehlermeldungen auf dem Desktop, z.B. unleserliche Zeichenfolge in einem Hinweisfenster.

>> Ungewohnt hohe Systemlast oder auffällig lange Reaktionszeiten beim Programmstart, z.B. arbeitet die Festplatte ohne Grund ungewöhnlich viel.

>> Dateien, Programme oder Systemuhr zeigen ein verändertes Datum, z.B. eines zehn Jahre zuvor oder zurück.

Viren entfernen

Bei Verdacht auf einen Virenbefall des Rechners beenden Sie möglichst unverzüglich Ihre Arbeit. Wenn es noch keine Datensicherung gibt, sollten Sie dies falls möglich sofort nachholen. Grundsätzlich gilt: Besser eine virenverseuchte Sicherung als gar keine. Vermeiden Sie auf jeden Fall Panik und sonstige Überreaktionen, sondern nehmen Sie sich Zeit, um in Ruhe nachzudenken. Das Formatieren der Festplatte sollte die allerletzte Maßnahme sein, die Sie ergreifen. Die Systempartition formatieren Sie leichter, falls Betriebssystem und Nutzdaten jeweils auf eigenen Festplattenpartitionen liegen. Dadurch ist auch die Datensicherung für Sie bequemer, da alle Daten an einem Punkt gespeichert sind.

Falls Sie unsicher sind, wie Sie einen virenbefallenen PC wieder sauber bekommen, ziehen Sie vorsichtshalber einen Fachmann zurate. Bei Bootviren sollten Sie als Erstes den PC mit der Notfalldiskette Ihres Antiviren-Programms booten. Nur so ist sichergestellt, dass ein eventuell vorhandener Virus nicht aktiv wird. Denken Sie dabei daran, den Schreibschutz der Diskette zu aktivieren.

Damit der Virus nicht irgendwo in Ihrem Rechner unentdeckt überlebt und später erneut aktiv wird, unterziehen Sie den PC einer genauen Prüfung. Verwenden Sie dazu eine aktualisierte Antiviren-Software. Beziehen Sie alle Festplattenpartitionen, Disketten und vermutlich infizierte Wechselmedien ein. Versuchen Sie festzustellen, wie Sie sich den Virus zugezogen haben, z.B. per E-Mail, Datei, CD, Diskette oder Download. Informieren Sie den Absender oder Website-Anbieter mit möglichst genauen Angaben über den Virus. Auch in Websuchmaschinen oder bei den Antiviren-Softwareherstellern finden Sie unter dem **Virusnamen** gute Tipps, wie Sie den Virus beseitigen. Den Schädling und damit den Namen erkennt das Antivirenprogramm, allerdings gelingt es diesem Tool nicht immer ihn zu entfernen bzw. die **Schadwirkung** rückgängig zu machen. Besonders bei Makroviren sollten Sie sich in der Virendatenbank des Antiviren-Programms über die Schadensfunktion kundig machen. Es ist durchaus denkbar, dass der Virus den Inhalt von Dokumenten verändert hat. Prüfen Sie in den nächsten Wochen lieber häufiger Ihre Laufwerke. Damit verhindern Sie eine Neuinfektion Ihres Systems und können beruhigt wieder an dem Rechner arbeiten.

Schädlingen am Rechner effektiv vorbeugen

Besser ist es natürlich, es kommt erst zu keinem Virenbefall. Daher nennen wir Ihnen hier ein paar Tipps, wie Sie sich vor einem Virenbefall schützen:

1. Führen Sie regelmäßig Datensicherungen durch!

2. Installieren Sie auf jedem Rechner eine Antiviren-Schutzsoftware!

3. Aktualisieren und nutzen Sie das Antiviren-Programm täglich!

4. Lassen Sie das Antiviren-Programm resident im Hintergrund arbeiten!

5. Schalten Sie in der Antivirensoftware die Makro-Virenerkennung ein!

6. Öffnen Sie Mailanhänge oder Downloads nicht ungeprüft!

7. Installieren Sie einen alternativen Standard-Browser!

8. Spielen Sie regelmäßig Windows- und Browser-Updates ein!

9. Richten Sie ein Benutzerkonto mit eingeschränkten Rechten ein!

10. Öffnen Sie nur bestimmte Ports für den Datenverkehr in der Firewall!

11. Erstellen Sie eine virenfreie Boot- und Notfalldiskette!

12. Aktivieren Sie im BIOS die wichtigsten Sicherheitsmechanismen!

Diese Liste möchten wir Ihnen näher erläutern.

Daten regelmäßig sichern

Führen Sie regelmäßig eine Datensicherung der wichtigsten selbst erstellten Dateien und individuellen Konfigurationsdateien durch. Nur so können Sie langfristig Datenverluste vermeiden. Abhängig von der Menge und Wichtigkeit der Daten sowie vom möglichen Schadenspotenzial bei einem Datenverlust sollten Sie ein Datensicherungskonzept erstellen. Damit legen Sie fest, wie oft Sie sichern (Zeitintervall: täglich, wöchentlich, monatlich), wie viele Datenträger Sie aufbewahren (Anzahl Datenträger: die letzten drei Monatssicherungen und eine Jahressicherung), was Sie sichern (Datenbestand: ganze Partitionen oder nur einzelne Verzeichnisse) und das Speichermedium selbst (Band, CD, DVD, Diskette).

Antiviren-
Software
installieren

Damit Computerviren überhaupt Zugang zu Ihrem Rechner bekommen, ist eine Datenübertragung oder ein Austausch von Datenträgern erforderlich. Das kann über eine Netzwerkverbindung oder über Datenträger wie Disketten oder CD-ROMs stattfinden. Ein für den Firmengebrauch geeignetes, aktuelles und residentes Viren-Suchprogramm gewährleistet einen maximalen Schutz vor solchen Eindringlingen. Betreiben Sie einen eigenen Datei- oder Mailserver im Hause, müssen Sie ihn auf jeden Fall in die Schutzmaßnahmen einbeziehen.

WWW . . . . .

`www.antivir.de`
H+BEDV Datentechnik GmbH *(Produkt* AntiVir Workstation *für PCs)*

`www.kaspersky.com/de/`
Kaspersky Internet Security 7 *(Rundum-Schutz für Workstations)*

Hersteller	TrendMicro	Sophos
Produkt	Client Server Suite SMB	Small Business Solution
Client/Server	5 User	5 User
Fileserver	Windows NT/2000/2003	Windows 2000/2003
Mailserver	kein Schutz	Exchange 2000/2003
Clients	Arbeitsplatzrechner mit Windows 98/ME/NT/2000/XP/ Vista	Arbeitsplatzrechner mit Windows 98SE/ME/2000/Vista/ Windows XP Home und Pro Mac OS X 10.2 und höher
Schutz	Antivirenschutz	Antivirenschutz Spam-Schutz
Preis	ca. 230 € inkl. 19% USt	ca. 420 € inkl. 19% USt
Update-Pflege	inklusive 1 Jahr Wartung	inklusive 1 Jahr Wartung
Download	30-tägige Testversion `de.trendmicro-europe.com/smb`	30-tägige Testversion `www.sophos.de/trysbs`

Tabelle 4.8: Antivirenschutz-Software für Client-/Server-Umgebungen

Antiviren-
Software
aktualisieren

Auf den Rechnern muss das installierte Antiviren-Programm heutzutage täglich aktualisiert werden. Dazu wird entweder manuell oder automatisch über das Internet das neueste **Patternfile** mit den aktuellen **Virensignaturen** heruntergeladen. Ohne diese Aktualisierung ist die Schutzsoftware nicht in der Lage, die neuesten Computerviren zuverlässig zu erkennen.

Ein Viren-Schutzprogramm, das **speicherresident** arbeitet, wird beim Start des Rechners in den Speicher geladen und bleibt bis zum Ausschalten aktiv. Dort arbeitet das Programm als Wächter im Hintergrund, um einen permanenten Schutz zu gewährleisten. Wird ein Virus gefunden, während Sie z.B. eine Datei öffnen, kopieren, drucken oder entpacken, sperrt das Virenprogramm die betroffene Datei für den Zugriff und steckt sie in **Quarantäne.** Dafür nutzen Sie am besten die Konfiguration, bei der alle Lese- und Schreibaktivitäten auf der lokalen Festplatte laufend überwacht werden. Dies übernimmt die Wächter-, Monitor- oder Guard-Funktion des Virenscanners. Achten Sie aber darauf, dass stets nur ein **Hintergrundwächter** aktiv ist. Arbeiten mehrere gleichzeitig, können sie sich gegenseitig blockieren und das System zum Absturz bringen. Installieren Sie folglich auch keine zwei Antiviren-Programme parallel.

Antiviren-Software als residenter Wächter

Gute Virenprogramme enthalten einen leistungsfähigen Makrovirenschutz (**Makrovirenheuristik**). Dazu werden eingehende Dateien beim Datenträgeraustausch oder bei der elektronischen Übermittlung einer Virenprüfung unterzogen. Das gilt auch für solche Dateien, die eine Makrosprache unterstützen, z.B. *Word, PowerPoint, Excel, AmiPro* usw. Hilfreich kann es in diesem Zusammenhang sein, empfangene Dateien vorab mit so genannten Viewern zu betrachten, die die Ausführung von Makros nicht zulassen. Übrigens sind Dateien im **RTF-Format** (*WordPad*) sicherer, da diese keine Makrosprache beinhalten.

Schutz gegen Makroviren

www.microsoft.com/downloads/results.aspx?displaylang=de&freeText=viewer
Microsoft Deutschland *(Viewer für* Word, Visio, PowerPoint, Excel*)*

WWW ·····

Vermeiden Sie es, Dateianhänge von E-Mails direkt zu öffnen, wenn Ihnen die Betreffzeile oder der Inhalt der Mail fragwürdig oder seltsam erscheint. Gleiches sollten Sie beim Internet-Download aus unzuverlässigen oder unbekannten Quellen beachten. Für beide Fälle gilt: Speichern Sie Dateien immer zuerst auf Ihrer Festplatte oder noch besser auf einem externen Speichermedium ab. Denn erst dann kann die Antiviren-Software aktiv werden und die Dateien testen.

Dateianhänge zuerst lokal abspeichern

Das Internet stellt eine eigene Gefahrenquelle dar. Meist wird mit unzureichenden Standardeinstellungen gesurft, die aktive Elemente, wie Java, **JavaScript** und **ActiveX**, zulassen. Nicht nur wegen seines riesigen Marktanteils bietet der *Microsoft Internet Explorer* eine große Angriffsfläche für Schädlinge. Wegen massiver Sicherheitslücken und des momentan noch mangelhaften Sicherheitskonzepts des *Internet Explorer 6.x* empfiehlt sogar das *BSI* (Bundesamt für Sicherheit in der Informationstechnik), einen anderen Browser zu installieren. Erst ab der Version 7.0 ist das Tool wieder einsatzfähig. Besonders empfehlenswert ist das kostenloses OpenSource-Programm *Mozilla Firefox*, für den es eine Vielzahl von Erweiterungen und Ergänzungen gibt.

Alternativer Browser

WWW ......

www.mozilla.org

Mozilla Europe *(Download* Mozilla Firefox*)*

Windows- und Browser-Updates aufspielen

Verwenden Sie stets die aktuellen Versionen der Programme (Betriebssystem, Office-Paket, Internet-Browser, E-Mail-Programm usw.). Führen Sie mindestens monatlich alle wichtigen Sicherheits-Updates durch. Von *Microsoft* stehen alle wichtigen *Windows*-Updates online zur Verfügung. Dadurch können Sie sicherheitsrelevante Ergänzungen des Betriebssystems einspielen. Lesen Sie jedoch genau nach, manche Patches brauchen Sie vielleicht gar nicht, Es macht keinen Sinn, sich ein Patch für *Outlook Express* herunterzuladen, wenn Sie dieses Programm gar nicht benutzen. An jedem zweiten Mittwoch eines Monats werden am so genannten *Microsoft* **Patchday** eine Reihe wichtiger Sicherheits-**Bulletins** und Updates für die *Windows-* und *Office*-Familie veröffentlicht.

WWW ......

windowsupdate.microsoft.com

Microsoft Deutschland *(Windows Update funktioniert nur mit IE 5.0+)*

Benutzerkonto mit eingeschränkten Rechten

Für das Surfen im Internet ist es sinnvoll, ein Benutzerkonto mit eingeschränkten Rechten zu verwenden, also ohne Administratorrechte. Einerseits kann dann nicht jeder Anwender heruntergeladene Programme installieren, andererseits kann ein Angreifer keine grundlegenden Veränderungen an Ihrem Rechner vornehmen. Bei *Microsoft Windows XP Professional* gibt es hierfür lokale Benutzer und Gruppen. Anwender von *Microsoft Windows XP Home* müssen sich mit dem Applet Benutzerkonten in der Systemsteuerung begnügen. Bei dem zwei Benutzertypen, neben dem Gastkonto, verfügbar sind: Der Administrator und der eingeschränkte Anwender.

Aufgabe einer Firewall

Viele verwechseln gerne eine Firewall mit einem Schutzmechanismus gegen Viren und vernachlässigen deshalb Virenschutzmaßnahmen. Eine **Firewall** hat allerdings eine etwas andere Aufgabe. Sie verhindert den ungewollten aus- und eingehenden Datenverkehr, verursacht beispielsweise durch Trojaner und Spyware. Diese Schädlinge versuchen, zwischen Ihrem lokalen Netz oder Einzelplatzrechner (**LAN**) und dem Internet (**WAN**) Daten auszutauschen. Teurere **Content-Filter** prüfen die Inhalte der Pakete und nicht nur die Quell- oder Zieladresse des Pakets. Solche Tools erledigen verschiedene Aufgaben, z.B. Spam-Mails ausfiltern, Viren-Mails löschen und vertrauliche Firmeninformationen oder aktive Inhalte aus HTML-Seiten herausfiltern. Bieten Sie aktive Inhalte auf Ihren Webseiten an, kann das zu einem Problem für Ihre Kunden werden.

Erst alle Ports sperren

Die gängigen ISDN- und DSL-Router sind preiswerte Paketfilter mit integrierter Firewall-Funktion. Sie sperren bestimmte Ports für die Besucher aus dem Internet. Grundsätzlich sollten Sie bei der Erstkonfiguration alle **Ports** der Hardware- und Software-Firewall sperren. Sukzessive öffnen Sie dann nach Bedarf wieder alle notwendigen Ein- und Ausgangstüren. Wichtig sind der **Posteingangs-** (**POP3**, Port 110) und **Postausgangsserver** (**SMTP**, Port

25) für den E-Mail-Verkehr, Port 21 für den Datenaustausch über **FTP** sowie Port 80 zum Surfen im Internet. Für Sie als Unternehmer ist der Einsatz einer Hardware-Firewall am sinnvollsten.

Die verbreitete Software- bzw. **Personal-Firewall** von *Zone Labs* namens *ZoneAlarm* ist nur für erfahrene private User empfehlenswert. Mit diesem Tool legen Sie fest, welche Anwendungen von Ihrem Einzelplatzrechner aus auf das Internet zugreifen dürfen und welche nicht bzw. umgekehrt. Ab etwa 50 € gibt es diese Software-Firewall in Kombination mit Antivirus, Anti-Spyware, Schutz vor Identitätsdiebstahl, Betriebssystem-Firewall, Netzwerk- und Programm-Firewall, IM-Schutz, Zugangssteuerung und einen automatischen Lernmodus.

Aufgabe einer Software-Firewall

www.zonealarm.com
Zone Labs GmbH (*Schutz mit ZoneAlarm Firewall*)

WWW . . . . .

Für den Notfall sollten Sie unbedingt eine garantiert virenfreie Bootdiskette oder Boot-CD parat haben. Bei einem auftretenden Virenbefall kann dies der einzige Weg sein, sich Zugang zu Ihrem Rechner zu verschaffen. Häufig erstellen Sie diese Notfalldiskette mit Hilfe der mitgelieferten CD Ihrer Antiviren-Schutzsoftware. Versehen Sie eine Boot-Diskette mechanisch mit einem Schreibschutz, um einem Virenbefall oder ein versehentliches Löschen vorzubeugen.

Notfalldiskette erstellen

Falls Sie sich damit auskennen, sollten Sie die in modernen **BIOS**-Varianten angebotenen Sicherheitsmechanismen nutzen. Beachten Sie allerdings, dass eine unsachgemäße Nutzung schwerwiegende Schäden verursachen kann. Schalten Sie den BIOS-Passwortschutz ein, können andere davon abgehalten werden, Unfug mit Ihrem BIOS zu treiben. Zu empfehlen ist es besonders, die Boot-Reihenfolge anzupassen. Es sollte immer zuerst von der Festplatte gebootet werden, stellen Sie z.B. »C, CDROM, A« ein. Das schützt vor Virusinfektionen, falls man versehentlich eine Diskette mit infiziertem Boot-Virus im Floppylaufwerk lässt. Das gilt übrigens auch für virenverseuchte CD-Rohlinge.

BIOS absichern

4.3.3 Spam vermindern

Spam sind Massensendungen mit werbendem Inhalt in elektronischer Form. Man stellt Ihnen Informationen über Dienstleistungen oder Produkten zu, ohne vorab Ihre ausdrückliche Zustimmung einzuholen. Es besteht kein geschäftlicher Kontakt zwischen Ihnen und dem Versender, z.B. durch Anmeldung bei einem Newsletter.

Definition des Begriffs Spam

Spam, Viren, Dialer oder Datenmissbrauch: 63% aller Internet-Nutzer halten das Internet für nicht sicher. Eine Studie von *TNS-Emnid* zum Thema »Sicherheit im Internet« hat ergeben, dass neben Viren die Belästigung durch Spam die bekannteste Bedrohung aus dem Internet ist. Das Gefähr-

Zunehmende Verbreitung von Spam

dungspotenzial durch Spam wird als sehr hoch eingeschätzt. Für fast alle Befragten ist daher Sicherheit eines der wichtigsten Themen bei der Nutzung des Internets. Allerdings gibt es bei der praktischen Anwendung von Schutzmaßnahmen große Defizite.

Spam bedroht Unternehmen

Spam stellt also ein weiteres Problem für Ihr Unternehmen dar. Die unverlangten Werbemails müllen Ihre Postfächer zu. Das alleine wäre schon nervig genug, aber es kommt noch die erschreckenden Entwicklung hinzu, dass Spam-Versender ihre Nachrichten immer häufiger mit Hilfe von Virentechniken verbreiten. Momentan benötigt ein Spammer noch riesige E-Mail-Adresslisten, bzw. helfen heute schon auch unbedarfte User bei der massenhaften Verbreitung von Spam mit. Eine Kombination aus Spam und Viren stellt daher tatsächlich eine ernsthafte Bedrohung dar.

Spam-Mails auszusortieren und zu entfernen, kostet Mitarbeiter schon heute rund zehn Minuten ihrer täglichen Arbeitszeit. Erst mit steigender Unternehmensgröße erhöht sich die Bereitschaft in sicherheitstechnische Investitionen. Doch auch kleinere Betriebe können sich Systemausfälle, Produktivitätseinbußen oder Datenverluste eigentlich nicht leisten.

Gerade Sie als Betreiber eines Online-Shops sind überdurchschnittlich stark von Spam-Mails betroffen. Was schon allein daran liegt, dass Ihre sämtlichen Kontaktdaten leicht zugänglich im Internet stehen. Im Juni 2002 waren von den empfangenen Mails nur 1% Spam. Ein Jahr später lag die Quote bei 38% und im Juni 2004 schon bei unglaublichen 86% – diese Zahl wächst stetig an.

Quelle:
MessageLabs

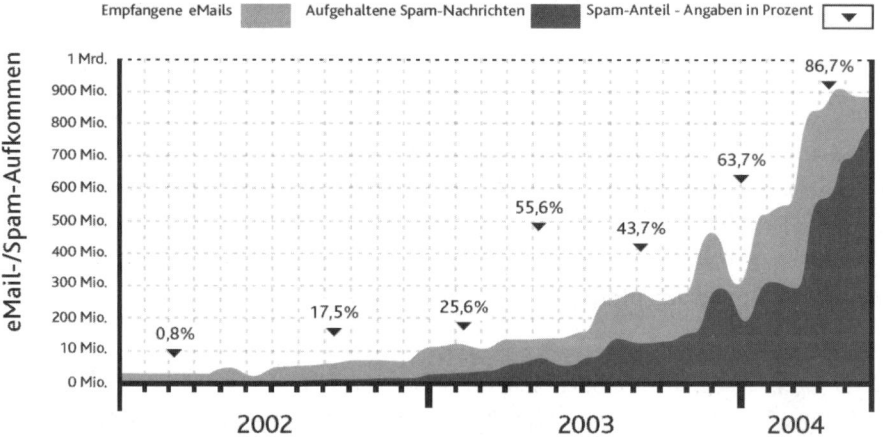

Abbildung 4.17: Verbreitung von Spam im Verhältnis zu E-Mail

Wie entstand Spam und wie wirkt Spam sich aus?

Der Begriff **Spam** stammt aus einem Sketch der englischen Comedyserie *Monty Python's Flying Circus* (1936 entstanden aus spiced ham oder spiced pork and meat/ham). In einem darin vorkommenden Restaurant besteht die Speisekarte ausschließlich aus Gerichten, die Spam enthalten. Einem Restaurantgast wird Spam in den verschiedensten Zusammensetzungen ziemlich aufdringlich als Mahlzeit angeboten.

Von SPAM zu SPIM und SPIT

Zunächst bezeichnete Spam die extrem häufige Wiederholung von Artikeln in den Newsgroups des **Usenet**. Später wurde der Begriff auf unerwünschte Werbemails übertragen. Andere Bezeichnungen für Spam sind **UBE** (unsolicited bulk email, unerwünschte Massen-E-Mail) oder **UCE** (unsolicited commercial email, unerwünschte kommerzielle E-Mail).

Als Werbemöglichkeit nutzen mittlerweile zahlreiche Spezialprogramme öffentliche Kommunikationskanäle über das Internet:

>> **Spam over Instant Messaging (SPIM):** Betrifft Programme oder Protokolle wie **IRC**, **ICQ** oder den *Windows*-Nachrichtendienst.

>> **Spam over Internet Telephony (SPIT):** Das sind unerwünschte Anrufe per **VoIP**, die teilweise über automatische Anrufer vorgenommen werden.

In dem Bericht »The global economic impact of spam 2005« geht das US-Forschungsinstitut *Ferris Research* davon aus, dass Spam im Jahre 2005 weltweit Kosten von 50 Milliarden US-Dollar verursacht hat. Für Deutschland wird hochgerechnet, dass jährlich Gesamtkosten von rund 4,5 Milliarden US-Dollar durch Spam entstehen. Diese Kosten entstehen durch Produktivitätsverluste, zusätzliche Bindung von Ressourcen sowie durch den Aufwand für den Kampf gegen Spam.

Weltweit 50 Mrd. US-Dollar Kosten durch Spam

Und nicht nur das. 2007 könnte ein neues Rekordjahr für Spam werden. Laut der Einschätzung der *G DATA Security Labs* und des Technologiepartners *Commtouch* könnte **Newsletter-Hijacking**, eine neue Methode der Spammer, den Wirkungsgrad von Spam deutlich erhöhen. Diese Methode nutzt gekidnappte Newsletter aus und setzt an deren Anfang ein Spam-Bild. Selbst ausgeklügelte Erkennungsverfahren unterscheiden diese Mails nicht von den echten Newslettern. Newsletter-Hijacking verursacht in Europa wahrscheinlich Milliarden-Schäden.

Newsletter-Hijacking – neue Spammethode

Weitere negative Auswirkungen von Spam sind in Tabelle 4.9 aufgelistet.

Wirkung	Ursache
Kosten	– Schäden durch Ausfälle von Mailservern.
	– Übertragene Datenmenge steigt und Datendurchsatz sinkt.
	– Spam-Filter verursachen Anschaffungs-/Wartungskosten.
Zeit	– Sinkende Produktivität durch Aussortieren von Spam.
	– Blockieren seriöser E-Mails durch volle Postfächer.
	– Verzögert den Versand seriöser E-Mails.
Qualität	– Überlastete Server und belegte Ressourcen.
	– Anzügliche oder beleidigende Mails verärgern Empfänger.
	– Zerstört das E-Mail-System als Kommunikationsmittel.

Tabelle 4.9: Negative Auswirkungen von Spam

Filter schützen vor Spam

Viele Internet Service Provider (**ISP**) bieten einen im Postfach online integrierten Spam-Filter an. Aktivieren Sie diesen Service, wenn er verfügbar ist. Reicht Ihnen die Filterung durch den ISP nicht aus, installieren Sie eine spezielle Filtersoftware oder aktivieren Sie eine Junk-E-Mail-Funktion. *Microsoft Outlook 2007* bietet dazu die Filteroptionen »Junk eMail«.

Kostenlose Filtersoftware

Auf Ihrem lokalen Rechner lassen sich Werbemails durch den Einsatz eines Filterprogramms aussortieren, z.B. *SpamPal*. Diese kostenlose OpenSource-Software sitzt zwischen dem Mailserver des ISP und Ihrem E-Mail-Programm. Während des Empfangs werden alle eingehenden E-Mails überprüft und die gefundenen Spam-Mails aussortiert. Dazu werden Schwarze Listen verwendet, die Ihnen überwiegend kostenlos zur Verfügung stehen. Eine Schwarze Liste ist eine Liste mit Domains, E-Mail-Adressen und natürlich IP-Adressen. Jede Mail, die auf einer Schwarzen Liste auftaucht, wird im Betreffstext deutlich als Spam markiert:

>> speziellen Header »X-SpamPal: SPAM« oder

>> einer Erweiterung im Betreff »***SPAM***«

http://spampal.de
Daniel Friedmann *(Gutes OpenSource-Programm zum Schutz vor Spam)*

CD ....

CD-Rom\tools: SpamPal *Spamschutz (spampal-1.594.exe)*

Sie müssen dennoch vorsichtig sein. Keine Spam-Software ist vollkommen sicher, obwohl gute Erkennungsraten bei über 95% liegen. Leider filtert die Software gelegentlich auch korrekte E-Mails als Spam aus. Schauen Sie daher gelegentlich in den Junk-E-Mail-Ordner Ihres Mailprogramms.

Erkennungsrate liegt bei 95 bis 99%

Im Internet finden Sie zahlreiche Antispam-Verfahren, die ständig weiter optimiert werden. Interessant ist, welche Merkmale diese Verfahren zur Unterscheidung zwischen **Ham** und Spam heranziehen.

Ham sind erwünschte E-Mails

In Antispam-Programmen sind häufig folgende Verfahren integriert:

>> **Domain Name System Blacklists (DNSBL):** Über eine DNS-Anfrage lassen sich IP-Adressen erkennen, die unter Spam-Verdacht stehen.

>> **Blacklists:** Darin sind IP-Adressen, Absenderadressen oder -domains gespeichert, von denen nur Spam erwartet wird.

>> **Whitelists:** Das sind Listen bekannter Mailadressen und Stichwörter, um erwünschte E-Mails vor automatischer Spam-Erkennung zu retten.

Erfahrungsgemäß kommt von bestimmten IP-Adressen nur Spam. Darauf basiert die Idee, Listen mit IP-Adressen von Spam-Versendern anzulegen und öffentlich zu verbreiten. Für einen schnellen und einfachen Zugriff auf die Listen wurde das Domain Name System zweckentfremdet. Über eine bestimmte DNS-Anfrage wird festgestellt, ob eine IP-Adresse unter Spam-Verdacht steht oder nicht. Mit der Zeit haben sich immer mehr solcher Listen etabliert, so genannte Domain Name System Blacklists, z.B. *SpamCop* oder *Spamhaus*. Sie benutzen alle die gleiche DNS-Technik, unterscheiden sich aber darin, welche IP-Adressen sie aufnehmen. Viele dieser Listen sind kostenlos nutzbar.

DNSBL enthalten IP-Adressen mit Spammern

www.spamcop.net
IronPort Systems Inc. *(SpamCop)*

www.dsbl.org
Distributed Sender Blackhole List *(OpenSource Antispam)*

WWW . . . . .

In **Whitelists** werden Personen und Firmen sowie Versender von legitimer Massen-Mail manuell eingetragen, die akzeptiert sind, u.a. große Versandhäuser wie *Otto* und *KarstadtQuelle*. Sie fielen sonst einer automatischen Spam-Erkennung zum Opfer. Zudem sind Stichwörter festlegbar, bei deren Verwendung im Betreff oder im Inhalt eine eingehende Nachricht automatisch als erwünscht eingestuft wird. Enthält ein Spam-Filter eine solche Whitelist, werden alle E-Mails von den aufgelisteten Adressen als sauber akzeptiert.

In Whitelists aufgelistete Mail-Adressen sind sauber

Hierzu empfehlen wir Ihnen: Aktivieren Sie die Funktion Auto-Whitelist, damit Ihre E-Mail-Adressen automatisch in die Whitelist eingetragen werden. Dadurch wird die Zahl der Fehlalarme bedeutend reduziert, also der fälschlichen Kategorisierung von erwünschten Mails als Spam. Das automatische Hinzufügen von Adressaten funktioniert sehr zuverlässig. Es hält die Whitelist stets auf dem aktuellen Stand, ohne dass Sie sie aufwendig betreuen müssen.

Blacklists enthalten Adressen von Spammern

Blacklists hingegen enthalten Adressen, von denen nur Spam kommt. Je nach Art der Liste sind entweder die IP-Adresse des sendenden Rechners oder die Absenderadresse bzw. -domain gespeichert. Die in Blacklists enthaltenen Mailversender werden beim E-Mail-Empfang gesondert behandelt. Das beinhaltet beispielsweise das Kennzeichnen, Verzögern, Löschen oder Ablehnen von Spam. Da sich IP-Adressen und Domain-Namen bekanntermaßen verändern, ist es für die Listenbetreiber ziemlich aufwendig, stets auf dem aktuellen Stand zu sein. Dann werden auch korrekte E-Mails fälschlicherweise als Spam herausgefiltert.

Vorbeugende Maßnahmen gegen Spam

Niemals auf Werbemails antworten

Vorbeugen ist besser als nachsorgen. Befolgen Sie daher einige Grundregeln, damit möglichst wenige Spam-Mails bei Ihnen im Posteingang landen. Auf keinen Fall dürfen Sie auf Werbemails antworten, die Potenzmittel, Geldtransfers (**Nigeria-Scam**), Passwortanfragen, pharmazeutische Produkte usw. anbieten – noch nicht einmal, um sich von diesem E-Mail-Service abzumelden.

Aus dem gleichen Grunde raten wir Ihnen auch von automatisch generierten Mails ab. Vermeiden Sie möglichst den Einsatz des Abwesenheitsassistenten oder automatisierter Zustell- bzw. Lesebestätigungen (**Autoresponder**). Klicken Sie keinesfalls auf in Spam enthaltene Hyperlinks. Sie bestätigen damit nicht nur Ihre Mail-Adresse, sondern installieren sich zudem vielleicht noch einen kostspieligen Dialer oder Trojaner. Das gilt auch für Dateianhänge. Diese Mails beinhalten nicht selten Malware. Öffnen Sie nur selbst angeforderte Dateianhänge. Im Zweifelsfall fragen Sie lieber telefonisch nach.

Private und öffentliche Mailadresse trennen

Ihre private E-Mail-Adresse ist definitiv nur für vertrauenswürdige Personen gedacht, mit denen Sie regelmäßig Kontakt pflegen. Nutzen Sie daher noch mindestens eine weitere »öffentliche« E-Mail-Adresse für spezielle Internet-Aktivitäten, wie Newsletter, Newsgroups, Chat-/Diskussionsforen, Produktregistrierungen, Gästebücher, Gewinnspiele, Online-Shopping ...

Für Adressgeneratoren ist es ein Leichtes, alle zwei-, drei- und vier-buchstabigen Variationen bekannter Domains (*GMX*, *AOL*, *MSN* usw.) abzuklappern. Aus diesem Grunde erhalten sehr kurze, nur aus drei oder vier Buchstaben bestehende Adressen (z.B. abc@domain.de) übermäßig viele Werbemails. Auch E-Mail-Adressen, deren Alias nur aus gängigen Vornamen oder Begriffen besteht, werden von Spammern getestet. **Spambots** sind spezielle Suchmaschinen-**Crawler**, mit denen sich bequem (Shop-) Webseiten nach E-Mail-Adressen durchforsten lassen. Tarnen Sie Ihre auf Webseiten eingebundenen Mailadressen in Form von Bildern, damit diese nicht als HTML-Text gespeichert sind. Eine andere Variante ist die Schreibweise: *name at domain dot com*, z.B. *susangeli at onlineshop-handbuch dot de*. Profis sichern alternativ durch den Einsatz von JavaScript Ihre E-Mail-Adressen ab. Denken Sie aber daran, dass Ihre Website nicht mehr barrierefrei ist, wenn Sie zur Sicherung der Mail-Adresse mit Bildern oder JavaScript verwenden. Jedoch geht Sicherheit vor Barrierefreiheit!

Eine aussagekräftige Betreffzeile Ihrer Mail sorgt dafür, dass Ihre eigenen E-Mails beim Empfänger nicht als Spam gefiltert werden und ungelesen im Papierkorb landen. Wenn Sie E-Mails an mehrere Empfänger senden wollen, nutzen Sie eigene Verteilerlisten und das hierfür gedachte **BCC-Feld** (**Blind Carbon Copy**). Dies dient dem Schutz der Privatsphäre Ihrer Korrespondenzpartner und verhindert gleichzeitig die unkontrollierte Verbreitung Ihrer Adressliste. Im Januar 2006 wurden wir selbst Opfer einer unglücklichen Spam-Ausbreitung. Wir standen auf einer per **CC-Feld** verteilten Mailing-Aktion. Leider lief etwas schief und wir bekamen daraufhin fast hundert Mal die gleiche E-Mail zugestellt, die dummerweise fast 1 MB groß war ...

Ähnliches gilt auch für angebliche Viruswarnungen oder **Kettenbriefe**, die auf die Gutgläubigkeit, Glückssuche und Warmherzigkeit der Empfänger abzielen. In Kettenbriefen stehen oft rührselige Geschichten über ein todkrankes, verwaistes oder verletztes Kind. Nach dem Tsunami in Südostasien Ende 2004 gab es eine Welle solcher Mails. Häufig wird der Empfänger aufgefordert, sie an Bekannte weiterzuverbreiten. Einfacher Tipp: Löschen Sie grundsätzlich diese Weiterleitungsaufrufe, egal was darin steht.

Rührselige Kettenbriefe löschen

Deaktivieren Sie im Mail-Programm unbedingt den automatischen Download. Insbesondere bei Bildern und anderen externen Inhalten von HTML-Nachrichten steckt der Wurm drin. Denn mit jedem automatisierten Download wird per Server-Kommunikation den Junkmail-Versendern Ihre E-Mail-Adresse bestätigt.

Praxis-Tipp: Spam vermindern mit besonderen Verhaltensregeln

- *Nutzen Sie mindestens eine private und eine öffentliche Mail-Adresse.*
- *Geben Sie nur guten Freunden Ihre private Mail-Adresse.*
- *Verwenden Sie lange und phantasievolle Namen als Mail-Adresse.*
- *Tarnen Sie E-Mail-Adressen im Webauftritt.*
- *Nutzen Sie keine automatische Lesebestätigung oder Autoresponder.*
- *Löschen Sie Kettenbriefe und Weiterleitungsaufforderungen.*
- *Beantworten oder öffnen Sie niemals eindeutige Spam-Mail.*
- *Aktivieren Sie beim Provider Ihren Spam-Schutz.*
- *Installieren Sie Spam-Filtersoftware.*
- *Deaktivieren Sie den automatischen Download von Bildern in Mails.*

Wie Sie E-Mails sicher und korrekt erstellen

Wie aus Abbildung 4.1 ersichtlich ist, ist für mehr als 80% der privaten Internet-Nutzer die Kommunikation per E-Mail sehr wichtig. Aber auch aus dem beruflichen Alltag sind Internet und E-Mail nicht mehr wegzudenken. Als Shop-Betreiber bekommen Sie per E-Mail Bestellungen, Support-Anfragen, Produktanfragen usw. Wenn Sie dem Absender eine Antwort senden, wollen Sie natürlich nicht, dass Ihre E-Mail in seinem Spam-Ordner landet. Daher halten Sie sich an einige Grundegeln, wenn Sie Anfragen beantworten oder weiterleiten:

>> Verwenden Sie eine aussagekräftige Betreffzeile.

>> Sprechen Sie den Empfänger mit seinem korrekten Namen an.

>> Vermeiden Sie bei Geschäftskunden Tipp- und Rechtschreibfehler.

>> Erstellen und nutzen Sie eine Signatur für Ihre eigenen Kontaktdaten.

>> Verwenden Sie den Antworten-Button Ihres E-Mail-Programms.

>> Hängen Sie nur Dateien an, die nicht mehr als 2 MB groß sind.

>> Senden Sie ausführbare Dateien (*.exe) nur als ZIP-Datei mit.

>> Setzen Sie für Serienmails das BCC-Feld ein.

>> Signieren und verschlüsseln Sie Ihre Kundenrechnungen.

>> Tragen Sie Ihre Benutzerinformationen im E-Mail-Konto ein.

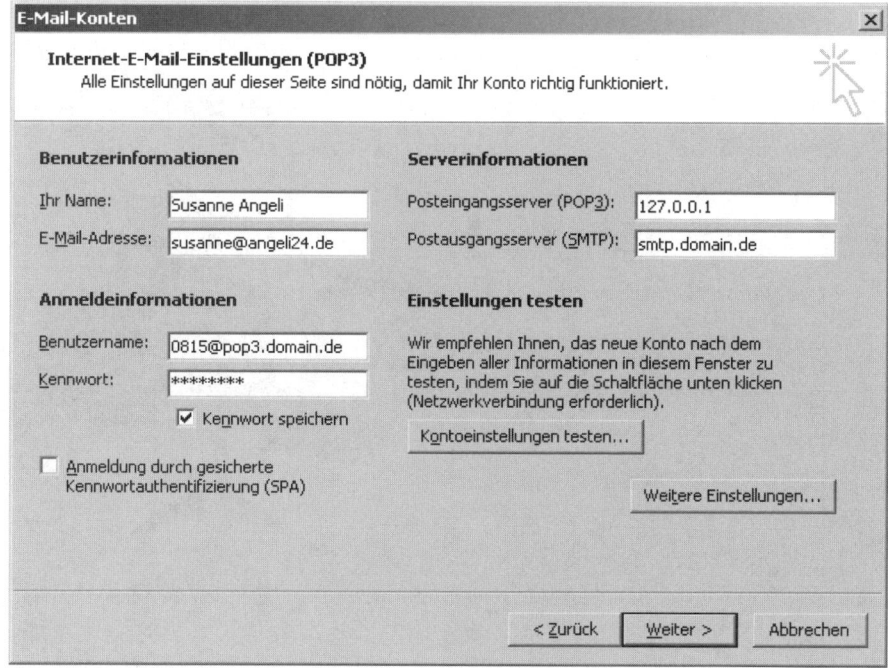

Abbildung 4.18: Benutzerinformationen im E-Mail-Konto von Outlook

www.bsi.de/literat/studien/antispam

BSI *(Antispam-Strategien: Unerwünschte E-Mails erkennen und abwehren)*

WWW ......

Je besser Ihnen das Gesamtkonzept für Ihren Shop gelingt, desto erfolgrei-cher wird Ihr Unternehmen sein. Nicht nur der Kunde wird es Ihnen dan-ken. Damit Sie dabei nicht den Überblick verlieren oder gar etwas vergessen, lieferte Ihnen dieses Kapitel dazu einen Leitfaden. In dem nächs-ten Kapitel lernen Sie Wichtiges über die einzelnen Shop-Systeme.

Fazit für dieses
Kapiteln

5

Shop-Systeme

KAPITEL 5
Shop-Systeme

Shop-Lösungen im Überblick

Wir informieren Sie über Vor- und Nachteile von Miet-, Kauf- und OpenSource-Shop-Systemen. Ein Vergleich dieser sehr unterschiedlichen Lösungen erleichtert Ihnen die Wahl Ihrer künftigen Shop-Software. Im Anschluss erläutern wir die fünf Kernbereiche eines Shops: allgemeine Daten, Versandarten und -kosten, Zahlungsarten, Informationspflichten und Produktinformationen.

Shop einrichten

Mit Hilfe leicht verständlicher Anleitungen zeigen wir Ihnen die komplette Installation und Konfiguration von drei ausgewählten Shop-Lösungen. Danach lernen Sie anhand unserer Schritt-für-Schritt-Anleitung, wie Sie die Kernbereiche des Shops einrichten und ihn ins Netz bringen. Zum Abschluss bewerten wir die einzelnen Shop-Lösungen.

5.1   Shop-Lösungen im Überblick

Für Sie als künftigen Shop-Betreiber ist die Wahl der passenden Shop-Software eine schwere Entscheidung. Die am Markt angeboten Software-Produkte reichen von Mietshops, über fertige Kaufshops bis hin zu Individuallösungen. Im vorhergehenden Kapitel erklärten wir Ihnen, welche Standardkomponenten erforderlich sind und wofür sie in einem Shop benötigt werden. Davon ausgehend müssen Sie die richtige Software-Lösung finden und sehen, ob sie mit Ihren Vorstellungen über Preis und Bedienbarkeit vereinbar ist. Hinzu kommen für Sie die wichtigen Fragen zum Thema Administration und Rentabilität:

>> Statistik: Lassen sich Erkenntnisse über die Kunden sammeln?

>> Integration: Lässt sich der Shop in Ihre Ist-Landschaft einbinden?

>> Schnittstellen: Unterstützt er Zahlungs-, Versand- und Exportmodule?

>> Administration: Ist der Backend-Bereich einfach bedienbar?

>> Erweiterbarkeit: Ist die Investition zukunftssicher?

>> Rentabilität: Was kostet die Software, die Realisierung (**TCO**) und der laufende Betrieb?

Kosten für eCommerce

Auch was die Anfangskosten für die Software anbelangt, haben Sie die Wahl. Wenn Sie nur wenige Produkte anbieten wollen, ist sogar ein kostenloser Einstieg möglich. Angefangen bei sehr günstigen Mietshops für weniger als 5 € im Monat bis hin zur Profi-Kauflösung für knapp unter 1000 €. Eine große eBusiness-Software-Lösung inklusive Einrichtung kann aber durchaus zwischen einer und zehn Millionen Euro kosten. Es ist allerdings nicht nur relevant, wie viel Sie zu Anfang investieren wollen, sondern auch die Frage, wie die ideale Einstiegslösung aussieht, die sich langfristig für Sie rechnet.

Total Cost of Ownership

Entscheidend sind eben nicht nur die Kosten für die Anschaffung, sondern auch die, die durch den laufenden Betrieb entstehen. Dazu gehören die mit Installation, Konfiguration, Programmierung, Internet-Zugang, Provider und Support verbundenen Kosten. Aber auch der zeitliche Aufwand für Umsetzung, Programmierung und Pflege durch Sie selbst spielen eine wesentliche Rolle. Eine zentrale Rolle nehmen hier besonders die Schnittstellen ein: Zahlungs-, Versand- und Exportmodule (z.B. für den Export an Produktsuchmaschinen). Oftmals denken Online-Shop-Betreiber kaum darüber nach, doch gerade hier liegen enorme Einsparungspotenziale in Bezug auf Wartungskosten und Zeitgewinn durch effiziente Arbeitsabläufe (*Kapitel 3*). Der Hersteller von *actindo Pro*, einer webbasierten kaufmännischen Komplettlösung für eBusiness, automatisiert die Auftragsabwicklung Ihres Online-Shops. Laut Herstellerangaben sparen Sie sich bis zu 90% Ihrer Zeit und Kosten in der Auftragsbearbeitung, Warenwirtschaft und Buchhaltung. All diese verschiedenen Kostenaspekte fassen Sie mit einem speziellen Berechnungsverfahren zusammen, dem so genannten **Total Cost of Ownership** (TCO).

www.aldebaran.de

aldebaran GmbH *(Bei der Erstellung dieses Kapitels hat uns* Stefan Hackenthal *maßgeblich mit fachlichen Tipps und Anregungen unterstützt.)*

5.1.1 Vor- und Nachteile verschiedener Shop-Lösungen

Wir unterteilen die in diesem Buch vorgestellten verfügbaren Shop-Lösungen in drei Kategorien. Ihre Entscheidung für eines der Shop-Systeme sollte sich an Ihrer zukünftigen Produktanzahl und an Ihrem technischen Know-how orientieren. In die Entscheidung sollten darüber hinaus die gesamte Investitionshöhe und zumindest die Fixkosten für den Shop für die ersten beiden Jahre einfließen. Wir stellen Ihnen die einzelnen Shop-Lösungen vor, dadurch bekommen Sie einen ersten Überblick über die eingesetzten Techniken. So können Sie besser beurteilen, welches Wissen Sie zusätzlich für die künftigen Anpassungen benötigen. In den nächsten Abschnitten geben wir Ihnen dazu einige Anhaltspunkte über Installation, Konfiguration und Bedienung.

Verschiedene Shop-Lösungen

Diese drei verschiedenen Möglichkeiten stehen Ihnen zur Auswahl:

>> **Mietshop (Application Service Providing)**: Hierbei wird die gesamte technische Infrastruktur von einem Internet Service Provider zur Verfügung gestellt. So gelingt Shop-Betreibern mit einem beschränkten Budget und geringen Anforderungen der schnelle Einstieg in die Welt des Online-Handels. Bei einem Mietshop sind Shop-Software, Webserver (Hardware) sowie regelmäßige Wartung und Update des Systems bereits im Preis inbegriffen. Der Provider bietet Ihnen alle erforderlichen Anwendungen und Hilfsprogramme für Betrieb und Pflege des Shops an. Großer Vorteil: Sie sind immer auf dem neuesten Stand und das bei ständig fortschreitenden Anforderungen an die Shop-Features. Durch dieses Sharing-Prinzip profitieren Sie von professionellen Schnittstellen.

>> **Kaufshop (Standard-Software)**: Diese Variante basiert auf Standardlösungen von der Stange. Kaufsoftware ist in einem gewissen Rahmen an betriebliche Bedürfnisse anpassbar. Der große Vorteil bei Standardsoftware ist sicherlich die Möglichkeit eines schnellen Einstiegs in den eCommerce. Nützliche Assistenten und Datenimport-Funktionen erlauben Ihnen, innerhalb eines Tages einen voll funktionsfähigen Standard-Shop aufzubauen.

>> **OpenSource (Individuallösung)**: Eine professionelle Lösungsvariante basiert auf OpenSource-Shop-Software, die genau an Ihre Bedürfnisse anpassbar ist. Sie betreiben von Grund auf ein anspruchsvolles und maßgeschneidertes Shop-System. Darin sollte sich das Erscheinungsbild Ihres Unternehmens (**Corporate Design**) widerspiegeln. Mit Hilfe eigener personeller und finanzieller Ressourcen pflegen Sie den Shop, vor allem die Schnittstellen zu Warenwirtschafts-, Marketing- und Payment-Systemen. Zu einem gewissen Teil ist der Shop mit programmierten Modulen selbst zusammengestellt.

Exkurs >>

Shopping-Mall

Die Beteiligung an einem B2C-Marktplatz oder einer **Shopping-Mall** ist eine interessante Ergänzung zu einer Mietlösung. Denn damit binden Sie Ihre Produkte kostenpflichtig bei einem großen Marketingpartner ein. Ihr Shop muss nicht unbedingt unter seiner eigenen Domain erreichbar sein. Vielmehr nutzen eShops in Malls so genannte **Synergieeffekte**. Die ergeben sich, weil der Shop sich in der Nähe von zahlreichen anderen Geschäften befindet, vergleichbar mit einer gut frequentierten Fußgängerzone.

WWW .....

www.tiscali.de/shopping_mall
Tiscali GmbH *(Shopping-Mall)*

www.evita.de
Lycos Europe GmbH *(Shopping-Mall)*

www.eco-world.de
ALTOP Verlags- und Vertriebsgesellschaft mbH *(Shopping-Mall)*

Vergleich	Mietshop	Kaufshop	OpenSource-Shop
Kosten	– –	– –	+ +
Zeit	+ +	+	–
Technik	–	+	–
Know-how	+ +	+	– –
Sicherheit	+	+	+
Layout	+	–	+
Warenwirtschaft+CMS	–	+ +	+

Tabelle 5.1: Vergleich von Shop-Lösungen

Eine kurze Checkliste hilft Ihnen bei der Wahl der passenden Shop-Software:

>> Der Anbieter sollte eine kostenlose Testmöglichkeit bieten.

>> Zahlreiche Import- und Exportschnittstellen sind wichtig.

>> Der Shop muss möglichst viele Produkte und Kategorien verarbeiten.

>> Bei Artikeln sollten Produktvarianten möglich sein, z.B. Farbe und Größe.

>> Der externe Provider muss Ihre Daten sichern (Backup und RAID 1).

>> Im Shop sollten die für Sie wichtigsten Zahlungsarten enthalten sein.

>> Der Shop sollte über eine SSL-gesicherte Datenübertragung verfügen.

>> Der Support sollte gut und günstig sein (E-Mail, FAQ, Forum, Telefon).

>> Der Shop sollte sich im Design anpassen lassen (CSS, Template ...)

>> Achten Sie auf wichtige Features: Suche, Schnittstellen ...

>> Aussagekräftige Report- bzw. Statistikinformationen sind vorteilhaft.

>> Eine kurze Mindestvertragslaufzeit und Kündigungsfrist ist wichtig.

>> Beachten Sie Transfer-, Einrichtungs- und Monatsgebühren.

>> Schauen Sie sich aussagekräftige Referenzkunden an.

>> Legen Sie sich einen größentechnisch skalierbaren Online-Shop zu.

Achten Sie bei der Wahl Ihrer Shop-Software besonders darauf, wie die laufende Sortiments- und Kundendatenpflege funktioniert. Normalerweise werden für diesen Zweck Schnittstellen für den Import und Export dieser Daten angeboten. Je mehr Produkte Sie führen und je häufiger sich Ihre Produktdaten ändern, desto wichtiger sind solche Schnittstellen.

Praxis-Tipp: Dokumentation

Tipp . . . . . .

Dokumentieren Sie von Anfang an alle Schritte der Installation und der Konfiguration. Das ist bereits ein Teil Ihres IT-Sicherheitskonzepts. Eine solche Dokumentation ist nicht nur für Sie wichtig, sondern ist auch für Kollegen und im Falle eines erforderlichen Supports hilfreich. Notieren Sie sich alle Eingaben, die von der Standardeinstellung abweichen. Oft reichen schon Screenshots aus, die Sie in Microsoft WordPad speichern:

– *kompletter Bildschirminhalt:* Strg + Druck

– *einzelnes markiertes Fenster:* Alt + Druck

Sie klicken also lediglich auf den oberen Teil des Fensterrahmens, um das gewünschte Fenster zu aktivieren. Anschließend drücken Sie die Tastenkombination Alt + Druck *. Nun öffnen Sie z.B. WordPad über »Start > Alle Programme > Zubehör« und fügen an beliebiger Stelle den Screenshot mit Hilfe der Tastenkombination* ⇧ + Einfg *ein.*

Damit Sie gut entscheiden können, welches Shop-System für Sie das richtige ist, haben wir uns einiges einfallen lassen. Wir werden gemeinsam einen ausgewählten Mietshop, Kaufshop und OpenSource-Shop komplett installieren und grundlegend konfigurieren:

>> Installation: Das erste Etappenziel ist der voll funktionsfähige Online-Shop auf Ihrem Webserver.

>> Konfiguration: Das zweite Ziel ist das Einrichten des Shops mit den fünf Bereichen: allgemeine Daten, Versandarten und -kosten, Zahlungsarten, Informationspflichten und Produktinformationen.

Mietshops

Mietshops eignen sich sehr gut für Neueinsteiger. Die Anfangskosten sind überschaubar und auch das benötigte Know-how hält sich in Grenzen. Sie sind in der Lage, in relativ kurzer Zeit Ihre Tätigkeit im Online-Handel aufzubauen. Allerdings summieren sich die monatlichen Mietkosten im Laufe der Zeit. Hier finden Sie einige Anbieter von Mietshops.

Für wen eignen sich Mietshops?

Mietshop	Mietpreis	Webseite
1blu eShop	ca. 7 €/Monat	www.1blu.de
1&1 eShop	ca. 15 €/Monat	www.1und1.de
apt-ebusiness GbR	ca. 29 €/Monat	www.apt-ebusiness.com
Cosmo Shop	ca. 49 €/Monat	www.cosmoshop.de
Host Europe GmbH	ca. 9 €/Monat	www.hosteurope.de
Lycos	ca. 10 €/Monat	www.lycos.de/webhosting
Mallux	ca. 5 €/Monat	www.mallux.de
ShopSystems	ca. 50 €/Monat	www.shopsystems.biz
Strato Shop	ca. 10 €/Monat	www.strato.de
xanario	ca. 119 €/Monat	www.xanario.de

Tabelle 5.2: Alphabetische Marktübersicht von Mietshop-Systemen

Info ......

Schlund + Partner *ist mit der* 1&1 Internet AG *verschmolzen und jetzt eine Marke der* 1&1 Internet AG. *Deshalb sind die Produkte von* Schlund+Partner AG *nicht mehr direkt buchbar.*

Vorteile von Mietshops

Ein großer Vorteil von Mietshops besteht darin, dass nicht Sie für Software-installation und -verwaltung verantwortlich sind. Das übernimmt der Anbieter des Mietshops, der die Software auf seinen eigenen Servern verwaltet. Alle administrativen Aufgaben führen Sie online über das Internet aus. Sie müssen also an Ihre Online-Kosten denken! Für Sortimentspflege und Verwaltung öffnen Sie Ihr Kundenkonto über den Internet-Browser und loggen sich in Ihren Online-Shop ein.

Offline adminis-trierbarer Mietshop

Inzwischen haben z.B. *1blu* und *Strato* spezielle Mietlösungen im Angebot, die im Unterschied dazu komplett offline administrierbar sind. Im Grunde handelt es sich hierbei um eine Mischung zwischen Miet- und Kaufshop. Wie bei einem Kaufshop erhalten Sie die Shop-Software auf CD und installieren sie lokal auf Ihrem Rechner, bevor Sie mit ihr ins Netz gehen. Sie kaufen die Software allerdings nicht, sondern mieten das Softwarepaket zu einem sehr günstigen Preis. Zusätzlich zu Ihrer Shop-Lösung bekommen Sie obendrein ein umfassendes Webhosting-Paket.

Tipp ......

Praxis-Tipp: 1blu eShop Professional

Für den preiswerten Einstieg haben wir für Sie den 1blu eShop Professional *getestet. Als neuer Anbieter hat er sehr umfassende Features und einen äußerst günstigen Preis. In der vorgestellten Version sind nicht einmal die Artikel-menge und Warengruppen eingeschränkt. Außerdem sind bereits ein Waren-wirtschaftssystem und eine eBay-Schnittstelle ohne Aufpreis enthalten.*

Abbildung 5.1: Startbildschirm des Softwarepakets 1blu eShop

Laut 1blu ist der integrierte GS ShopBuilder die meistverkaufte eShop-Lösung in Deutschland. Im monatlichen Preis inbegriffen ist ein großzügiges Webhosting-Paket mit .de-Domain, unlimitiertem Traffic und genügend Webspace. Das von uns getestete Professional-Leistungspaket enthält den GS BusinessManager. Dabei handelt es sich um eine browserbasierte Warenwirtschaft, die sich sehr gut für Einsteiger eignet.

Je mehr Produkte angeboten werden, desto höher sind die Grundkosten bei einigen Mietshops. Manche Shop-Anbieter errechnen die monatlichen Mietkosten anhand des vom Shop-Betreiber erzielten Umsatzes. Ein weiteres großes Problem entsteht beim Wechsel von einer Mietlösung zu einer anderen Shop-Lösung. Leider schlägt es sich negativ auf Ihren Umsatz nieder, wenn Sie zu einem anderen Anbieter wechseln. Ihre Produkt- und Kategoriepfade können Sie technisch bedingt nicht in den neuen Shop mitnehmen. Sie verlieren bereits in Suchmaschinen gelistete Produkt-Links und Ihr Besucherstrom geht zurück. Auch Ihr Ranking in Suchmaschinen müssen Sie fast neu aufbauen. Daher empfiehlt es sich, in der Übergangszeit beide Shops parallel zu betreiben bzw. schon in der Planungsphase die Größenordnung des Shops richtig zu planen. Ein anderer Nachteil von Mietshops liegt in der gelegentlich fehlenden oder mangelhaften Anbindung an Warenwirtschaftssysteme. So genannte **Medienbrüche** sind die Folge, und Sie müssen die Daten manuell in Ihrem Warenwirtschaftsystem erfassen. Dadurch geht viel Zeit verloren.

Nachteile von Mietshops

Mietshop	
Vorteile	+ keine Programmierkenntnisse erforderlich
	+ preisgünstiger Einstieg in den Online-Handel
	+ Anfangsinvestitionen sind niedriger als bei Kaufshops
	+ einfach administrierbar und erweiterbar
	+ Anbieter ist für Software-Aktualisierung verantwortlich
Nachteile	– Administration und Wartungsarbeiten meistens nur online möglich
	– laufende monatliche Grundgebühren summieren sich mit der Zeit
	– Webdesign hängt stark von standardisierten Templates ab
	– Nicht alle Mietshops verfügen über Warenwirtschaftsschnittstellen
Note – –	Kosten: laufende Kosten, Einrichtung, Online-Zeiten, Internet-Zugang
Note + +	Zeit: schnelle Realisierung, leichte Erweiterbarkeit
Note –	Technik: Aktualisierung, Administration, Bedienung, Wartung
Note + +	Know-how: Geringe Programmierkenntnisse
Note +	Sicherheit: Datenschutz, Datensicherheit, Datensicherung
Note +	Layout: anpassbare Vorlagen
Note –	Warenwirtschaft + CMS: komplizierte Anbindung

Tabelle 5.3: Argumente für und gegen Mietshop-Lösungen

Wir werden Ihnen in *Kapitel 5.2.1* die Mietshop-Lösung des Anbieters *1&1 Internet AG* vorstellen. Diese Shop-Software lässt sich hinsichtlich der Funktionsvielfalt gut mit Kauf- bzw. OpenSource-Shops vergleichen. Es gibt am Markt zwar billigere Lösungen, doch die Features dieses Pakets schienen uns im Vergleich zu anderen Anbietern überzeugender – zumal wir einige Jahre selbst mit dieser Lösung gearbeitet haben und in dieser Zeit überwiegend positive Erfahrungen sammeln konnten.

Kaufshops

Für wen eignen sich Kaufshops?

Wer professionell und langfristig in den Online-Handel einsteigen möchte, für den sind nicht nur Mietshops eine Option, sondern auch **Kaufshops**. Die Anfangskosten sind zwar höher, amortisieren sich aber meist im Laufe von ein bis zwei Jahren. Man muss auch nicht unbedingt Programmierkenntnisse besitzen, so dass sich Kaufshops auch für Neueinsteiger eignen. Eine Übersicht der wohl bekanntesten Kaufshop-Systeme finden Sie in Tabelle 5.4 (Preise inkl. 19% USt).

Kaufshop	Kaufpreis	Webseite
aconon Shop	ab 1069 €	www.aconon.de
Caupo Shop	ab 290 €	www.caupo.net
Data Becker	ab 360 €	www.shop-2-date.de
GS Software GmbH	ab 79 €	www.gs-shopbuilder.com
OXID eShop	ab 950 €	www.oxid-esales.com/de/
Mondo Shop	ab 82 €	www.mondo-media.de

Tabelle 5.4: Alphabetische Marktübersicht über Kaufshop-Systeme

Kaufshop	Kaufpreis	Webseite
PhPepperShop	ab 165 €	www.phpeppershop.com
Sage GS-Shop	ab 522 €	www.gs-shop.de
ShopFactory	ab 149 €	www.shopfactory.de
ShopPilot	ab 1059 €	www.shoppilot.de
Shop Weezle	ab 289 €	www.shopweezle.de
ShopXS	ab 249 €	www.shopxs.de
Smartstore	ab 236 €	www.smartstore.de
xaranshop	ab 149 €	www.xaran.de
Xynx NetShop	ab 40 €	www.xynx.de

Tabelle 5.4: Alphabetische Marktübersicht über Kaufshop-Systeme (Forts.)

Offline und online installieren

Kleinere Programmpakete werden häufig unter dem Begriff »Out of the Box« zusammengefasst. Im Normalfall kaufen Sie die standardisierte Software gewissermaßen von der Stange. Sie erhalten sie auf CD oder oft etwas preiswerter per Download. Der erste Teil der Installation wird offline auf Ihrem lokalen Rechner ausgeführt. Im Anschluss daran veröffentlichen Sie das Ergebnis online auf den Speicherplatz beim Provider. Die Voraussetzungen, die die Shop-Software an die Hardware stellt, variieren genauso stark wie der Kaufpreis. Achten Sie daher sehr genau darauf, dass der gewählte Provider die benötigten Programmiersprachen anbietet, z.B. PHP, Perl, *MySQL*, und sie auch in der richtigen Versionsnummer unterstützt. Etwas ungewöhnlich arbeitet der *Xynx NetShop*, der weder eine SQL-Datenbank noch PHP-Unterstützung benötigt.

Gute Leistungs- merkmale haben ihren Preis

Kostengünstige Lösungen eignen sich oft nur für kleinere Shops. Sie sind aber flexibel, sicher und benutzer- und anwenderfreundlich und daher gut für Neueinsteiger geeignet. Achten Sie auf Upgrade-Angebote mit zusätzlichen Features, hierzu gehören eine Vielzahl von Importschnittstellen für CSV-, Excel-, Access- und *MySQL*-Daten. Im Gegensatz zu vielen Mietshops haben einige gute, meist teurere Kaufshops bereits ein komplettes Warenwirtschaftssystem integriert. Falls nicht, ist es fast immer möglich, den externen Online-Shop mit der internen Warenwirtschaft zu verknüpfen.

Kaufshop
Vorteile   + einfache Bedienung und Administrierbarkeit
+ Administration und Wartungsarbeiten offline möglich
+ keine monatliche Grundgebühr für die Shop-Software
+ geringe Programmierkenntnisse ausreichend
+ oft reicht eine geringe Hardware-Ausstattung für den Shop-Betrieb

Tabelle 5.5: Argumente für und gegen Kaufshop-Lösungen

Kaufshop	
Nachteile	– einmalige hohe Investitionen für den Kauf der Software – es entstehen extra Kosten für Upgrades, Templates und Module – gelegentlich ist ein Erweitern durch Zusatzfeatures nicht möglich – Webdesign hängt von standardisierten Templates ab
Note – –	Kosten: Shop-Software, Internet-Zugang, Domain-Gebühr
Note +	Zeit: Realisierung, Installation, Administration
Note +	Technik: Aktualisierung, Administration, Bedienung, Wartung
Note +	Know-how: keine Programmierkenntnisse
Note +	Sicherheit: Datenschutz, Datensicherheit, Datensicherung
Note –	Layout: überwiegend vorgegebenes Design
Note + +	Warenwirtschaft + CMS: häufig bereits integriert

Tabelle 5.5: Argumente für und gegen Kaufshop-Lösungen (Forts.)

Mondo Shop 3 StartUp

Als Kaufshop-Lösung haben wir für Sie die Shop-Software *Mondo Shop 3 StartUp* ausgewählt. *Kapitel 5.2.2* behandelt die grundlegende Installation und Konfiguration dieser Softwarelösung.

CD . . . .   *CD-Rom\tools:* Mondo Shop 3 StartUp *(MSHOP31056_M-T06.exe)*

OpenSource-Shops

Für wen eignen sich OpenSource-Shops?

Inzwischen eignen sich OpenSource-Lösungen auch für den professionellen Einsatz. Wer sich etwas mehr mit Technik und dem Einsatz von Modulen auskennt und darüber hinaus viel Zeit aufbringen kann, profitiert von Shop-Software ohne Anfangsinvestitionen und laufende Kosten. Inzwischen haben sich einige deutschsprachige Lösungen am Markt etabliert, die zum Teil sogar an die speziellen inländischen Bedürfnisse angepasst sind. Denn bekanntlich setzen Internet-Käufer nicht überall die gleichen Zahlungsarten ein. Es steht Ihnen frei, ob Sie lokal an Ihrem PC den Shop installieren und konfigurieren oder gleich online auf Ihrem Webserver. Auf den ersten Blick sieht es recht schwierig aus. Ist der Anfang jedoch einmal gemacht, arbeiten Sie sich schneller ein, als Sie vermuten.

OpenSource	Sprache	Webseite
Commerce.CGI	Englisch	www.commerce-cgi.com
InterChange	Englisch	www.icdevgroup.org
osCommerce	Deutsch	www.oscommerce.de
PgMarket	Englisch	www.sourceforge.net/projects/pgmarket
PhPay	Englisch	phpay.sourceforge.net
phpShop	Englisch	www.phpshop.org
tt_products	Deutsch	www.ttproducts.de (für Typo3)
VirtueMart	Englisch	www.virtuemart.net (für Joomla)

Tabelle 5.6: Marktübersicht von OpenSource-Shop-Systemen

OpenSource	Sprache	Webseite
xt:Commerce	Deutsch	www.xtcommerce.de
ZenCart	Englisch	www.zencart.com

Tabelle 5.6: Marktübersicht von OpenSource-Shop-Systemen (Forts.)

Die sehr hohe Flexibilität basiert auf dem OpenSource-Gedanken (»offene Software«). Denn aufgrund des frei zugänglichen **Quellcodes** kann die Software von jedermann an die eigenen Bedürfnisse angepasst werden. Zügig fließen deshalb gute Ideen in die jeweilige Software ein. Durch diese Offenheit lassen sich Fehler recht schnell finden und beheben. Im Normalfall arbeiten kontinuierlich eine Vielzahl von Entwicklern und Testern an der Weiterentwicklung mit. Dies sorgt für sehr stabile und robuste Systemumgebungen. Und dabei ist OpenSource-Software in den allermeisten Fällen kostenlos!

Vor-/Nachteile von OpenSource-Shops

www.gnu.de
Peter Gerwinski *(deutsche Übersetzung der GNU General Public License)*

WWW . . . . .

Bei vielen gängigen Standard-Softwarepaketen (»geschlossene Software«) haben Sie keinen Einfluss auf die Programmierung. Im Gegensatz dazu sind bei OpenSource-Software die Module für alle sichtbar, wodurch sich Sicherheit und Ausfallschutz erhöhen. Mit dem notwendigen technischen Knowhow gerüstet, können Sie einzelne Shop-Module selbst überarbeiten oder erstellen. Zudem entfallen meist die sonst üblichen Lizenzverträge. Die niedrigen Investitionskosten erleichtern Ihnen jederzeit einen Anbieterwechsel. Mit Hilfe des Baukastenprinzips anhand einzelner Module ist der eingesetzte Programmieraufwand überschaubar. Einzelne **Contributions** bzw. kompletten Softwarecode verwenden Sie aus anderen Projekten oder von anderen Usern.

Sicherheit, Kostenniveau und Leistungsumfang

Das Ganze ist aber mit ein paar Nachteilen verbunden. Das Thema **Haftung** führt vor allem bei größeren Installationen zu Problemen. Denn bei OpenSource-Software ist die Haftung üblicherweise ausgeschlossen. Genauso haben Sie in aller Regel keinen Rechtsanspruch auf Support. Der läuft bei OpenSource-Angeboten häufig über so genannte **Communities**. Überwiegend sind das Support-Foren, die von Usern und Entwicklern gepflegt werden. Darin tauschen die Anwender Fragen und Antworten aus und unterstützen sich gegenseitig. Häufig funktioniert das sogar besser und schneller als bei Anbietern herstellerspezifischer Software-Lösungen. Leider ist OpenSource-Software oft schlecht dokumentiert. Als Anwender benötigen Sie daher relativ breit gefächerte Kenntnisse und den Willen, sich eigenständig weiterzubilden. Wer sich davor nicht scheut, kann OpenSource-Software prima einsetzen und an die eigenen Wünsche anpassen.

Haftungs- und Support-Probleme

OpenSource	
Vorteile	+ Shop-Software ist kostenlos verfügbar
	+ flexible Lösung, die an alle Bedürfnisse anpassbar ist
	+ Webdesign und Layout sind ziemlich frei konfigurierbar
Nachteile	– Shop-Betreiber aktualisiert und verwaltet Software selber
	– Viel Know-how im Internet-/Programmierumfeld erforderlich
	– Suche nach Erweiterungen ist meist sehr zeit- und arbeitsintensiv
Note + +	Kosten: OpenSource, Internet-Zugang, Domain-Gebühr, Datenbank
Note –	Zeit: Erweiterungen, Anpassungen und Programmierung kosten Zeit
Note –	Technik: Aktualisierung, Administration, Bedienung, Wartung
Note – –	Know-how: IT-/Programmierkenntnisse, PHP, *MySQL*, Webserver
Note +	Sicherheit: Datenschutz, Datensicherheit, Datensicherung
Note +	Layout: anpassbare Templates
Note +	Warenwirtschaft + CMS: leicht kostenlos erweiterbar

Tabelle 5.7: Argumente für und gegen OpenSource-Shop-Lösungen

xt:Commerce   Wir haben uns bei der OpenSource-Lösung in diesem Buch für den Hersteller *xt:Commerce* entschieden. Hierbei handelt es sich um eine für den EU-Binnenhandel optimierte eCommerce-Lösung. Damit wir Ihnen die aktuellste Shop-Version 3.0.4 SP2.2 (momentan noch Beta) vorstellen können, haben wir uns im kostenpflichtigen Sponsorenbereich registriert. Momentan wird zwar noch fieberhaft an der Version 3.0.4 SP2.2 gearbeitet, aber diese wird wahrscheinlich bis zum Erscheinen der 2. Auflage dieses Buches erhältlich sein. Bereits seit einiger Zeit ist die nächste Version xt:Commerce 4 auf **Framework**-Basis in Arbeit und wird dann die 3.0.4 Serie ersetzen.

5.1.2   Grundlagen der Shop-Konfiguration

Die folgenden Grundlagen gelten für alle Shop-Lösungen, egal für welche Software Sie sich entscheiden werden. Nehmen Sie sich genügend Zeit und notieren Sie sich alle Vorgaben an die Grundkonfiguration in einer Checkliste. Schreiben Sie gleich von Anfang an alle gemachten Änderungen an Ihrem Online-Shop und dem Webserver auf. Mit solchen Informationen verläuft die Konfiguration viel schneller und im selben Zug erstellen Sie gleich eine saubere Dokumentation (*Kapitel 4*).

Software testen   *1&1* gewährt für seine Mietshops einen kostenlosen Testzeitraum. Den *Mondo*-Kaufshop können Sie zunächst problemlos kostenfrei mit der Free-Edition für 25 Produkte testen. Mit *xt:Commerce* sind Sie sowieso unabhängig, da die Software als OpenSource-Lösung kostenlos ist. Im nächsten Abschnitt beginnen wir mit der Grundkonfiguration der verschiedenen Shop-Lösungen. Vorab möchten wir Ihnen dafür noch ein paar allgemeine Hinweise mit auf den Weg geben.

Nach Ihrem ersten Login in den Administrations-/Konfigurationsbereich nehmen Sie jede Menge Einstellungen vor und geben Grunddaten ein. Diese müssen Sie vor der Inbetriebnahme Ihres Shops anpassen. Die erforderlichen Angaben haben wir in fünf Bereiche unterteilt:

>> **Allgemeine Daten**: Firmenanschrift, Kontaktdaten, Design/Layout, Belegnummernkreise, Steuerinformationen, Länderliste und Steuerzonen, Infotexte und Bilder auf der Startseite.

>> **Versandarten und -kosten**: Versandzonen, Versandarten, Aufschlag, Mindermengenzuschlag und versandkostenfreie Lieferung

>> **Zahlungsarten**: Zahlungsbedingungen und Zahlungsweisen

>> **Informationspflichten**: Impressum, Privatsphäre und Datenschutz, Allgemeine Geschäftsbedingungen, Kundeninformationen und Preisangabenverordnung

>> **Produktinformationen**: Mengeneinheit, Grundpreis, Produkt, Produktbild, Produktvarianten, Kategorie, Lagerprodukt, Lieferant und Hersteller

Haben Sie sich bereits für eine Shop-Software entschieden, arbeiten Sie diese Bereiche der Reihe nach durch. Dann besitzen Sie einen nahezu fertig konfigurierten Online-Shop. Sind Sie noch unschlüssig, welche Shop-Software Sie verwenden möchten, dürfte der Vergleich der Installation und Konfiguration der verschiedenen Shop-Systeme für Sie hilfreich sein. Andererseits sehen Sie auf diese Weise vielleicht, ob Ihnen nicht doch eine andere Shop-Lösung besser liegt. Mit den enthaltenen Anleitungen in diesem Buch gelingt Ihnen das recht zügig.

Allgemeine Daten

Das Einfügen der eigenen Firmenanschrift und Ihrer Kontaktdaten ist nicht besonders schwer. Ergänzend dazu konfigurieren Sie die Länderliste, diese beinhaltet sämtliche Länder, in die Sie liefern können. In der Grundkonfiguration ist sie mit allen Ländern der Welt vorbelegt. Überlegen Sie sich schon vorab, welche Länder Sie mit Ihren Waren beliefern wollen. Damit die richtige **Umsatzsteuer** berechnet werden kann, benötigt die Shop-Software Informationen zum Land, in dem die Steuer erhoben wird, und den dort gültigen Steuersatz. Diese Informationen fließen in die Konfiguration der Steuerzonen (z.B. **B2B**, EU oder EU-Ausland) bzw. Steuersätze (z.B. 0%, 7% oder 19%) ein. Als Infotext auf Ihrer Startseite überlegen Sie sich einen **Willkommenstext**. Ein allgemein gehaltenes »Herzlich Willkommen in unserem Online-Shop!« ist nicht sinnvoll und obendrein ziemlich langweilig. Heben Sie lieber ein paar Produkte besonders hervor oder informieren Sie über Aktuelles oder sonstige Neuheiten. Ziel ist es, den Online-Besucher gleich auf der Startseite zu packen und ihn zum Weiterlesen zu animieren.

Ihr eigenes Firmenlogo platzieren Sie ebenso auf der Startseite. Damit ist das Logo auf allen anderen Shop-Seiten vorhanden.

Belegnummern-
kreise

Als selbstständiger Unternehmer müssen Sie dafür Sorge tragen, dass alle Informationen »eindeutig« gespeichert werden. Wer sich mit Datenbanken auskennt, weiß, es gibt hierfür eine einfache Möglichkeit. Jeder Datensatz und damit jede Zeile werden mit einer einzigartigen ID gekennzeichnet. In einer Mitarbeiterdatenbank ist das oft die Mitarbeiternummer. Ähnlich verhält es sich mit den Informationen, die Sie in Ihrem Online-Shop verwalten. Produkte, Kategorien, Lieferanten und vor allem **Belege** (Bestellung, Lieferschein oder Rechnung) werden in unterschiedliche Nummernkreise eingeteilt. Steuer- und handelsrechtlich ist das bei Buchungsbelegen besonders relevant.

Durch fortlaufende Nummern muss sichergestellt werden, dass erstellte Belege einmalig sind. Es ist erlaubt, eine oder mehrere Zahlen- oder Buchstabenreihen einzusetzen. Es dürfen auch mehrere separate **Nummernkreise** geschaffen werden, die sich zeitlich (Zeitraum), geographisch (Orte) oder organisatorisch (Filiale) unterscheiden. Hauptsache, die Belege lassen sich den Nummernkreisen leicht und eindeutig zuordnen.

Ausländische
USt-IdNr prüfen

Ein weiterer wichtiger Aspekt ist die für alle Shops gültige Umsatzsteuer-Identifikationsnummer. Tätigen Sie Geschäfte mit ausländischen Kunden ist gemäß § 18e Umsatzsteuergesetz eine Prüfung der Gültigkeit von ausländischen **USt-IdNr** erforderlich. Das gilt natürlich nicht nur für den Aufbau der Steuernummer, sondern auch dafür, ob die Nummer zu dem Firmenkunden gehört. Das *Bundeszentralamt für Steuern* (ehemals *Bundesamt für Finanzen*) bietet auf der Homepage ein Online-Formular zur einfachen Bestätigung von ausländischen Umsatzsteuer-Identifikationsnummern.

WWW ......

evatr.bff-online.de/eVatR
Bundeszentralamt für Steuern *(Ausländische USt-IdNr prüfen)*

Versandarten und -kosten

Versandzonen
festlegen

Als nächsten Punkt betrachten wir die Versandzonen. Die bei Versandarten anzugebenden Aufschläge variieren meist nach Gewicht oder Warenwert. Das ist sehr stark abhängig von Ihrer Produktpalette, denn ein PC ist nun mal schwerer als ein Taschenrechner. Damit Sie in Ihrer Shop-Software die Versandkosten korrekt zuteilen können, brauchen Sie **Versandzonen**. Hierin definieren Sie mit Hilfe von **Länderlisten** einzelne Bereiche, wobei jedes Land nur in einer Zone enthalten sein kann (**Zonenkonzept**).

Zonenkonzept

Die Standardzone mit den billigsten Versandtarifen ist natürlich Deutschland. In der Zone A befinden sich näher gelegene Länder, wie Belgien, Niederlande, Luxemburg und Österreich. Wobei Sie auch einfach in Inland und EU-Ausland aufteilen können. Am besten kontaktieren Sie Ihren Logistikpartner und besorgen sich eine aktuelle Preisliste. Diese sieht in etwa wie in Tabelle 5.8 aus. Für unsere Beispielkonfiguration nutzen wir den in der letzten Spalte angegebenen Pauschalpreis. Je nach Ware ist eine Preisstaffelung abhängig vom Gewicht sinnvoller. Bedenken Sie auch, dass Kartonagen, Verpackungsmaterial und Arbeitszeit zum Verpacken auch Geld kosten.

Zonen	Land	Abk.	Gewicht/Preis	Shop-Preis
Standardzone	Deutschland	DE	bis 4 kg 4,85 €	4,50 €
			bis 6 kg 5,65 €	
			bis 8 kg 6,45 €	
			bis 10 kg 7,25 €	
Zone A	Belgien	BE	bis 4 kg 5,90 €	6,50 €
	Luxemburg	LX	bis 6 kg 6,45 €	
	Niederlande	NE	bis 8 kg 7,55 €	
	Österreich	AT	bis 10 kg 8,75 €	
Zone B	Dänemark	DK	bis 4 kg 8,65 €	8,50 €
	Liechtenstein	LI	bis 6 kg 8,85 €	
	Schweiz	CH	bis 8 kg 9,95 €	
	Tschechien	CZ	bis 10 kg 11,35 €	
Zone C	Großbritannien	GB	bis 4 kg 11,60 €	10,50 €
	Italien	IT	bis 6 kg 12,50 €	
	Monaco	MC	bis 8 kg 13,35 €	
	Polen	PL	bis 10 kg 14,30 €	
	Schweden	SE		
	Slowakei	SK		
Zone D	Frankreich	FR	bis 4 kg 15,95 €	12,50 €
	Spanien	SP	bis 6 kg 16,65 €	
			bis 8 kg 17,80 €	
			bis 10 kg 19,15 €	

Tabelle 5.8: Versandkosten nach Zonen aufgeteilt

de.wikipedia.org/wiki/ISO_3166_Kodierliste
Wikimedia Foundation Inc. (ISO 3166-1 Kodierliste mit Ländercodes)

WWW . . . . .

Des Weiteren brauchen Sie mindestens einen Logistikpartner als Versender für Ihre Waren. Abhängig von den angebotenen Produkten suchen Sie sich ein bis zwei Unternehmen, z.B. *DPD, GLS, UPS, DHL* usw. (**Versandart**). Unter 20 € Warenwert soll ein **Mindermengenzuschlag** in Höhe von 2,50 € auf die Versandkosten erhoben werden. Bestellt also ein Kunde eine Ware für 15 €, muss er zu den normalen Versandkosten zusätzlich 2,50 € Mindermengenzuschlag bezahlen. Wenn Ihr Kunde viel einkauft, können Sie ihn mit einer **versandkostenfreien** Lieferung ab einem bestimmten Warenwert belohnen. Da die Versandkosten ins Ausland sehr hoch sein können, haben wir bei allen Lieferungen über 150 € Warenwert nur 4,50 € nachgelassen. Wie Sie aus Tabelle 5.8 ersehen, liefern Sie dann in Deutschland versandkostenfrei.

Versandarten den Zonen zuteilen

Step...... Versandarten und -kosten konfigurieren Sie wie folgt:

1. Versandzonen einrichten!

2. Zahlungsarten einrichten und den Versandzonen zuordnen!

3. Versandarten einrichten und den Versandzonen zuordnen!

4. Mindermengenzuschlag einrichten!

5. Versandkostenfreie Lieferung einrichten!

Zahlungsarten

Zahlungsarten den Zonen zuordnen

Bevor Sie Ihre Versandkosten planen, brauchen Sie eine Übersicht, welche **Zahlungsarten** Sie im Shop integrieren möchten. Je nach Bedarf implementieren Sie dazu die folgenden Varianten: Vorauskasse, *PayPal*, Lastschrift, **Kreditkarte**, **Leasing**, **MicroPayment**, Rechnung, Nachnahme usw. (*Kapitel 6*). Davon hängen spezielle Aufschläge ab, so fallen z.B. für den Nachnahmeversand höhere Versandkosten an. Jetzt müssen Sie die Zahlungsarten den jeweiligen Versandzonen zuordnen. Denn im Gegensatz zum Ausland bieten Sie Ihren Kunden im Inland mehrere oder vielleicht sogar andere Bezahlmöglichkeiten an.

Tipp...... *Praxis-Tipp: Zahlungsart Nachnahme*

Viele Spaßbesteller nehmen Ware erst gar nicht an, die sie per Nachnahme bestellt hatten. Daher raten wir Ihnen: Verzichten Sie lieber auf diese Zahlungsart, da Sie sonst womöglich auf den Versandkosten sitzen bleiben.

Akzeptanzverträge abschließen

Für Online-Zahlungsarten, die ein Payment-Provider abwickelt, sind gesonderte Verträge mit Payment-Dienstleistern oder Banken erforderlich. Organisationen, mit denen Akzeptanzverträge bestehen, nennt man **Acquirer**. Bei Ihrem Webhoster können Sie beispielsweise kostenpflichtig *ipayment* als Finanzdienstleister aktivieren. Erst dann können Sie Ihren Online-Shop technisch darauf einrichten, automatische Zahlungen per Kreditkarte oder Lastschrift zu akzeptieren. Die Vor- und Nachteile der einzelnen Zahlungsarten lesen Sie in *Kapitel 6* nach.

Informationspflichten

Für die nun folgenden Angaben in den Informationspflichten können wir keine Gewähr übernehmen. Es ergeben sich viel zu häufig Änderungen in den relevanten Gesetzen und Bestimmungen. Weitergehende Informationen finden Sie auch in *Kapitel 7*.

Laut **Teledienstegesetz** sollten Sie den allgemeinen Informationspflichten online folgendermaßen nachkommen:

Impressum

>> leicht erkennbar: Text des Hyperlinks lautet »Impressum«

>> unmittelbar erreichbar: mit einem Klick erreichbar

>> ständig verfügbar: im oberen Teil auf jeder Internetseite sichtbar

Folgende Inhalte sind ein Muss:

>> Name und Anschrift sowie bei juristischen Personen zusätzlich der Vertretungsberechtigte

>> Angaben, die eine schnelle elektronische Kontaktaufnahme und unmittelbare Kommunikation ermöglichen: E-Mail, Telefon- und Telefaxnummer

>> Handels-, Vereins-, Partnerschafts- oder Genossenschaftsregister, inklusive der entsprechenden Registernummer

>> ggf. die Umsatzsteuer-Identifikationsnummer (**USt-IdNr**)

Gesetzlich ist zudem vorgeschrieben, den Kunden vor Vertragsabschluss über bestimmte Informationen zu unterrichten. Der Kunde kann z.B. ohne Angabe von Gründen den Vertrag unter gewissen Bedingungen widerrufen. Darüber unterrichtet ihn die Belehrung über das **Widerrufsrecht**.

Die Praxis der »professionellen« Abmahnfirmen ist bereits gut erprobt. Gerade die Einführung der **Impressumspflicht** und die überarbeitete Version seit März 2007 führten zu einer regelrechten **Abmahnwelle**. Ausgenommen von der Impressumspflicht sind lediglich rein private Sites. Zur Impressumspflicht kommen nun noch notwendige Angaben in E-Mails von Firmen hinzu.

www.it-recht-kanzlei.de/?id=generator
IT-Recht-Kanzlei *(E-Mail-Pflichtangaben-Konfigurator)*

WWW . . . . .

www.digi-info.de/de/netlaw/webimpressum/
Net & Law *(Webimpressum-Assistent)*

Produktinformationen

Als letzten der fünf Konfigurationspunkte betrachten wir die bedeutsamen Informationen rund um Ihre Produkte. Bieten Sie Endverbrauchern gewerbsmäßig Waren oder Leistungen an, müssen Sie die **Endpreise** einschließlich Umsatzsteuer und sonstiger Preisbestandteile angeben. Daneben brauchen Sie selbstverständlich die Verkaufs- oder Leistungseinheit sowie Artikelbeschreibung und Warenbezeichnung des Produktes. Je detaillierter Sie die angebotenen Produkte beschreiben, desto leichter begeistern Sie einen Kunden für den Kauf eines Shop-Produkts.

Endpreise inkl. USt (B2C)

Versandkosten

Falls zusätzliche Liefer- und Versandkosten anfallen, so ist deren Höhe anzugeben. Erstellen Sie dafür eine Seite mit einer Versandkosten-Tabelle. Zum Produktpreis schreiben Sie »inkl. USt. zzgl. Versandkosten« und verlinken das Wort Versandkosten mit der Versandkosten-Tabelle.

Grundpreis pro
Mengeneinheit

Laut **Preisangabenverordnung** müssen Sie für offene Packungen oder bei Verkaufseinheiten ohne Umhüllung einen **Grundpreis** angeben. Sie dürfen nur dann auf die Angabe des Grundpreises verzichten, wenn dieser mit dem Endpreis identisch ist, z.B. bei der Mengeneinheit Stück. Verkaufen Sie Ware nach Gewicht, Volumen, Länge oder Fläche, so ist der Grundpreis unmittelbar neben dem Endpreis anzugeben. Zusätzlich können Sie die Preisangaben auch noch in Übersichtslisten darstellen.

WWW .....

bundesrecht.juris.de/pangv
Bundesministerium der Justiz *(Preisangabenverordnung)*

GIF, JPG und PNG

Zu guter Letzt wollen wir auf die Produktbilder eingehen. Im Internet haben sich dafür besonders zwei **Grafikformate** durchgesetzt, die von allen Internet-Browsern angezeigt werden können: die Formate GIF und JPG. Auch Sie sollten Ihre Produktbilder in diesen Formaten abspeichern. Für die vergrößerte Darstellung Ihrer Produkte verwenden Sie eine einheitliche Bildgröße zwischen 300 x 300 bis 500 x 500 Pixel. Bei einigen Shop-Lösungen reicht ein einziges Bild aus. Die Bildgröße der **Thumbnails** und **Vorschaubilder** errechnet die Software automatisch. Zunehmend verbreiten sich Bilder im **PNG-Format**. PNG vereint die Vorteile von GIF und JPEG in sich und ist obendrein lizenzkostenfrei nutzbar *(Kapitel 8)*.

Die Größe Ihrer Produktbilder hat Einfluss auf die Ladezeit Ihres Online-Shops, daher sollten Sie auf die Speichergröße Ihrer Bilder achten. Folgende Größen der Bildformate sind aus unserer Erfahrung gute Anhaltspunkte:

>> **GIF-Format**: Vorschaubild mit 100 x 100 Pixel bis 150 x 150 Pixel

>> **JPG-Format**: Detailbild mit 300 x 300 Pixel bis 500 x 500 Pixel

Wenn Sie unsicher sind, welches Format Sie wählen sollen, dann speichern Sie ein Produktfoto sowohl als GIF als auch als JPG ab und prüfen die entstehende Dateigröße an. Die wichtigsten Unterschiede der drei Internet-Grafikformate sind in Tabelle 5.9 dargestellt.

	GIF-Format	JPG-Format	PNG-Format
Farbanzahl/-tiefe	256/8 Bit	16,7 Mio./24 Bit	16,7 Mio./24 Bit
Animierbar	ja (animierte Grafiken)	nein	nein
Komprimierbar	komprimiert verlustfrei	komprimiert verlustbehaftet (Grad einstellbar)	komprimiert verlustfrei

Tabelle 5.9: Unterschied zwischen GIF-, JPG- und PNG-Format

	GIF-Format	JPG-Format	PNG-Format
Transparenz	unterstützt Transparenz	keine Transparenz	unterstützt »echte« Transparenz
Einsatzbereich	Grafiken, Buttons	Bilder, Produktfotos mit vielen Farben	vereint Vorteile von GIF und JPG

Tabelle 5.9: Unterschied zwischen GIF-, JPG- und PNG-Format (Forts.)

Verwenden Sie online keine Grafikformate wie **TIFF** oder **BMP**, da diese viel zu große Dateigrößen verursachen und somit die Ladezeit zu lange dauern kann. Ungeduldige Kunden klicken schnell weiter. Allerdings eignen sich diese Formate dazu, Ihre Original-Produktbilder zu speichern. Hersteller schicken gerne Produktfotos in diesen Formaten. Diese eignen sich gut als Ausgangsmaterial für Ihre Webbilder. Grund dafür ist die unkomprimierte oder verlustfrei komprimierte Bildspeicherung. *TIF und BMP*

Mit **SVG** und *LuraWave* stehen noch zwei weitere Formate bereit. SVG ist ein vektorgrafisches Format, das offen dokumentiert und frei verwendbar ist. *LuraWave* ist ein Dateiformat der Firma *LuraTech* für Pixelgrafiken. Dieses Format ist von bestimmten Software-Programmen bzw. Plug-ins abhängig und wird von Internet-Browsern standardmäßig nicht unterstützt. *SVG und LWF*

Zu den weiteren Produktinformationen gehören noch Varianten, Kategorien, Lagerprodukt, Lieferant bzw. Hersteller. Da die Begriffe weitgehend selbsterklärend sind bzw. mit der Konfiguration im Shop klar werden, verzichten wir an dieser Stelle auf eine Erläuterung.

5.2 Shop einrichten

Wir werden nun der Reihe nach die Mietshop-, Kaufshop- und Open-Source-Shop-Lösung einrichten. Grundlegend halten wir uns dabei an die oben beschriebenen fünf Bereiche. Im Einzelnen handelt es sich um folgende Shop-Lösungen (Preise inkl. 19% USt):

>> Mietshop: *1&1 Perfect Shop* für 15 €/Monat (zzgl. einer einmaligen Einrichtungsgebühr von 10 €)

>> Kaufshop: *Mondo Shop 3 StartUp* für einmalig ca. 80 €

>> OpenSource-Shop: *xt:Commerce 3.0.4 SP2.2* (98 €/Jahr für Support)

5.2.1 1&1 Perfect Shop installieren und konfigurieren

Zu allen Tarifen bei *1&1* erhalten Sie kostenlos ein recht üppiges Software-paket. Bestellen Sie es für die paar Euro unbedingt gleich mit! Es enthält *Macromedia Contribute 3*, *Ulead Gif Animator 5*, *Photoshop Elements 5*, *WISE.FTP*, *in2site Dialog-Tool* und weitere *1&1* Web-Tools. *1&1 Shop bestellen*

Nach Auswahl des Softwarepakets benötigen Sie die für das Hosting-Paket erforderliche Domain. Sie können die Domainbestellung aber auch später im 1&1 Control-Center nachholen, dem geschützten Kundenbereich zu Ihrem Paket. Durch Eingabe Ihrer Kontakt- und Bankdaten (Personalisierung) schließen Sie die Bestellung ab.

Shop administrieren

Der Auftragsservice informiert Sie per E-Mail über den Bestellfortgang und Ihre Kundennummer. Nach etwa 30 Minuten können Sie sich mit Ihrem Domain-Namen (oder Kundennummer, Benutzername, 0700 **Nummer** oder Internetzugangs-Kennung) und Kennwort am **Control-Center** unter `https://login.1und1.de` über den Browser einloggen. Trotzdem müssen Sie sich noch etwas gedulden, denn zur Einrichtung Ihres Shops ist ein Nameserver-Eintrag am **DNS** unerlässlich. Das dauert im Normalfall nach Bestellung der Internet-Domain etwa 6 bis 24 Stunden. Erst danach ist ein Anmelden auf der Administrationsoberfläche des Shops möglich. Mit etwas Glück funktioniert es auch schon früher. Dann beginnen Sie mit dem Einrichten Ihres Shops. Im Bereich »1&1 E-Shop > Shop > Shop-Konfiguration« klicken Sie dazu auf den Button »E-Shop konfigurieren«.

Abbildung 5.2: Erster Login auf der Administrationsoberfläche des Shops

Für die Shop-Konfiguration öffnet sich ein intuitiv bedienbarer Einrichtungs-Assistent, der Sie durch die ersten Schritte Ihrer Shop-Konfiguration führt. Er wurde gegenüber der Vorgängerversion stark überarbeitet und strukturiert übersichtlich alle relevanten Informationen, was Ihnen den Einstieg wesentlich erleichtert. Mit dem Einrichtungs-Assistenten legen Sie leicht die ersten wichtigsten Grundeinstellungen fest:

>> Firmensitz, Shop-Domain und E-Mail-Adresse des Shop-Administrators

>> Betreiberdaten für das Shop-Impressum

>> Bankverbindung inkl. IBAN und BIC

>> Angabe des Standardwertes für die Umsatzsteuer Ihres Shops

>> Die Zusammenfassung liefert nochmals alle Angaben in der Übersicht.

>> Shop-Konfiguration starten und eigene Daten eingeben, Demodaten einspielen oder Daten aus einem älteren *1&1 E-Shop* importieren

Die tiefer gehende Konfiguration erledigen Sie später. Bisher konfigurierten Sie an dieser Stelle noch Angaben zu Partnerprogrammen, Produktsuchmaschinen, Warenkorbeinstellungen, Preisgestaltung, Daten zur Bestellabwicklung, Lieferarten und Zahlungsarten.

Erster Start der Administratoroberfläche des 1&1 Shop

Wie in allen Shop-Lösungen gibt es auch hier eine Oberfläche für die Administration. In das Administrationsmenü gelangen Sie über das Control-Center. Über `https://shoplogin.1und1.de` kommen Sie direkt zur Shop-Konfiguration, ohne zuvor das *1&1 Control-Center* aufzurufen. Damit können Sie Ihren Online-Shop einrichten und veröffentlichen und Ihre Produkte, Kunden und Bestellungen verwalten. Immer nach der Anmeldung sehen Sie auf der Startseite allgemeine Shopinformationen (laufende Prozesse, Mitteilungen, Neuigkeiten) und eine kompakte Zugriffsstatistik zu Bestellungen, Besuchern und Shop-Daten.

Menü: »Online > Online-Shop (Publizieren bzw. Shop-Vorschau)«

Der Shop besteht aus zwei getrennten Bereichen, der **Shop-Vorschau** (Test-Umgebung) und dem Online-Shop (Live-Umgebung). Die Inhalte und Funktionalitäten prüfen Sie zunächst in der Shop-Vorschau. Ist alles in Ordnung, dann publizieren Sie die veränderten Inhalte, wodurch alle Änderungen für Ihre Kunden sichtbar werden. Bevor die Kunden im Internet Ihren Shop sehen, müssen Sie die Daten Ihres Shops freigeben, um diese veröffentlichen zu können. Nicht durch die Freigabe werden die Daten im Internet veröffentlicht, sondern erst mit dem Publizieren.

Test- und Live-Umgebung

Beim ersten Aufruf Ihres Shops werden alle HTML-Seiten erzeugt und auf dem externen Speicherplatz zwischengespeichert (**Cache**). Wenn Sie Ihren Shop online stellen, erzeugt die Software automatisch einen neuen **Suchindex** für Produkte. Die Shop-Vorschau verwendet dafür eine langsamere, aber volltextbasierte Suche. Mit `http://s123456789.e-shop.info/` greifen Sie bereits ohne eigene Domain auf Ihren Shop im Internet zu. Wesentlich pfiffiger sehen übrigens die inzwischen knapp 100 Design-Vorlagen aus.

Abbildung 5.3: Erster Start des 1&1-Online-Shops in der Shop-Vorschau

Ihr Mietshop ist standardmäßig unter einer Subdomain erreichbar, die sich Kunden kaum merken können, wie http://s123456789.e-shop.info oder http://s123456789.online.de. Schon beim kleinsten Shop-Paket haben Sie bereits zwei Domains frei, inzwischen steht hierfür sogar ein **FTP-Zugang** zum Aufspielen einer Homepage bereit. Das bedeutet: Es sind bis zu zwei zusätzliche Domains frei geschaltet, die auf die Shop-Adresse verlinken. Auf diesen Domains können Sie nun eigene Webseiten hinterlegen. Sie benötigen daher zum Shop kein zusätzliches Webhosting-Paket mehr. Dort erstellen Sie den eigenen Webauftritt für Ihr Unternehmen (**Content**). Mit den zusätzlichen Domain-Adressen lässt sich auf sinnvolle Weise der Shop in Ihre Webpräsenz direkt einbetten. Um das umzusetzen, gibt es mehrere Möglichkeiten:

>> Per Hyperlink: Binden Sie in die Webseite einen Link ein, der die Kunden direkt zu Ihrem Online-Shop führt. Dafür eignen sich Text-Links oder Buttons mit der Aufschrift »Shop« in Ihrer Navigationsleiste: <a href=»http://s123456789.e-shop.info«>Shop</a>

>> Per Umleitung (**Redirect**): Sobald ein Kunde die Shop-Adresse aufruft, wird er zum Shop umgeleitet. Dies erfolgt durch eine angepasste index.html-Datei, die im Head-Bereich diese Zeile hat: <meta http-equiv=»refresh« content=»0; URL= http://s123456789.e-shop.info «>

>> Per Frame: Der Einsatz von **Frames** (Rahmen) bzw. **Iframes** ist eine weit verbreitete Methode, den Shop in den eigenen Webauftritt einzubinden. Mit Hilfe einer speziell konfigurierten index-Datei erstellen Sie ein solches Frameset. Die Navigation legen Sie manuell in einem Frame fest, der Shop wird nur als Linkziel genutzt.

WWW . . . . .

`de.selfhtml.org/html/frames`
SELFHTML e.V. *(Online-Angebot von selfhtml)*

Nachdem die Erstinstallation erledigt ist, melden Sie sich über den Browser unter `https://login.1und1.de` mit Kundennummer (Domain) und Kennwort an. Klicken Sie dann auf den Button »E-Shop konfigurieren«. In dem sich öffnenden Administrationsbereich geben Sie alle relevanten Daten ein. Die gut gegliederte Übersicht spart Ihnen sehr viel Zeit und ist kinderleicht bedienbar. Mit dem Assistenten für die Grundeinstellungen erfassen Sie einige wichtige Daten auf einen Rutsch.

1&1 Perfect Shop konfigurieren

Teil 1 – allgemeine Daten

1. Firmenanschrift, Kontaktdaten und Design/Layout (1&1 Shop)

Menü: »Startseite > Grundeinstellungen«

Im Assistenten für die Grundeinstellungen geben Sie die komplette Firmenanschrift und sämtliche Kontaktdaten ein, angefangen von der Kontaktadresse, Bankverbindung, dem Ansprechpartner bis hin zu Telefon, Telefax und E-Mail. Die Eingaben in jedem einzelnen Fenster bestätigen Sie immer mit »Speichern«. Die E-Mail-Adresse, die Sie hier eingeben, sollte gültig sein und regelmäßig abgerufen werden. Denn das System sendet jeden Bestelleingang automatisch an diese Adresse. Die Daten werden übrigens gleichzeitig für die Angaben im Impressum verwendet.

Praxis-Tipp: Adressprüfung und Automatisierung

Tipp . . . . . .

*Hier verbergen sich zwei sehr nützliche Helfer. Die **Adressprüfung** dient dazu, Fehllieferungen zu vermeiden. Bereits direkt während des Bestellablaufs wird die von Ihrem Kunden eingegebene Adresse überprüft. Unterläuft Ihrem Kunden ein Fehler, bekommt er einen Hinweis und kann den Fehler beheben. Für die Nutzung der Adressprüfung fallen Zusatzkosten in Höhe von 5 Cent pro überprüfter Adresse an.*

*Mit dem Shop-Status legen Sie fest, ob Sie die **Automatisierungs-Schnittstelle** nutzen. Falls diese aktiviert ist, können Sie bestimmte Funktionen Ihres Shops offline bearbeiten. Für diese Aufgabe benötigen Sie allerdings eine externe Software, sehr empfehlenswert ist Lexware warenwirtschaft pro 2007. Die Schnittstelle unterstützt alle shopspezifischen Programme von Lexware ab der Version 2007.*

Menü: »Shop-Designer > Shop-Designer starten > Layout«

Abbildung 5.4: Assistent für die Grundeinstellungen des Shops

Layout ändern Mit dem Shop-Designer bietet 1&1 ein wirklich geniales Tool an. Damit legen Sie fest, wie Sie Ihren Online-Shop im Internet präsentieren werden. Sie bestimmen das Shop-Layout und ergänzen Ihren Shop um eigene Seiten, Texte und Bilder. Sie können unter anderem:

>> das Layout Ihres Online-Shops festlegen

>> bestimmen, welche Seiten im Internet veröffentlicht werden

>> Seiten und Texte (z.B. Warenkorb, Artikelübersicht etc.) hinzufügen

>> die Reihenfolge der Seiten in der Navigation verändern

>> Seitentitel und Stichwörter für Suchmaschinen hinterlegen

>> Einfluss auf die Funktionalität einzelner Shop-Bausteine nehmen

Design anpassen Das grobe Layout wird über Vorlagen festgelegt, dadurch sind Sie gestalterisch schnell am Ziel, aber dennoch relativ flexibel. Das Aussehen Ihres Shops lässt sich mit fast hundert eingebauten Layout-Vorlagen (die Vorgängerversion hatte nur 40!) steuern. Sie können im Menüpunkt »Layout« folgende Angaben ändern: Hauptgrafik, Logo, Navigationsmenü, Slogan, Shop-Intro, Fußzeile und alle Textformate.

Nummernkreise festlegen In den grundlegenden Shop-Daten konfigurieren Sie das Format der im Shop verwendeten Artikel-, Rechnungs-, Bestellungs- und Kundennummern. Die Nummernkreise benötigen Sie immer dort, wo eindeutige Nummern für Organisation und Verwaltung erforderlich sind. Für jeden dieser Nummerntypen legen Sie hier den Startwert fest. Es ist möglich, zusätzlich ein **Präfix** (Vorsilbe) oder auch ein **Suffix** (Nachsilbe) vorzugeben. Ein Beispiel soll Ihnen das verdeutlichen: Eine Kundennummer mit Präfix und Suffix lautet K-2222-2007.

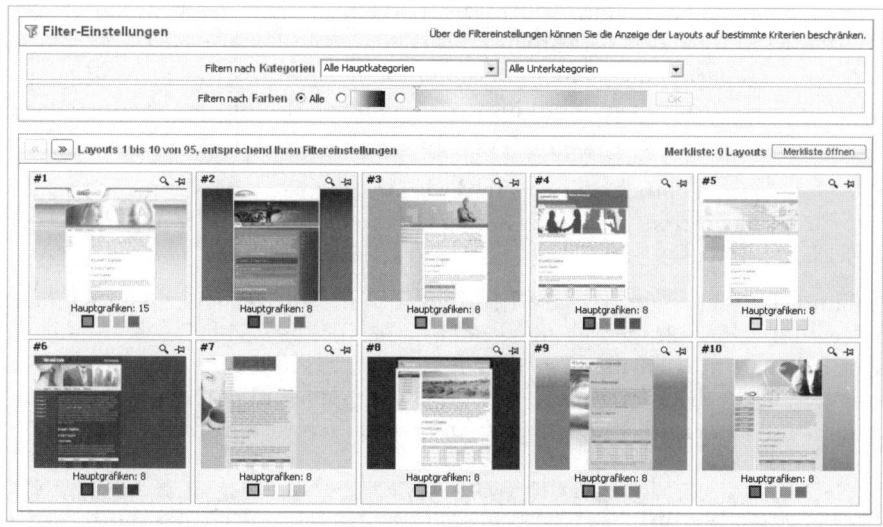

Abbildung 5.5: Layout wählen im Shop-Designer

2. Kaufmännische Daten bzw. Nummernkreise (1&1 Shop)

Menü: »Grundeinstellungen > Zahlenformate«

>> Startnummer: »2222«

>> Präfix: »K-«

>> Suffix: »-2007«

Der eigentliche Nummernwert zählt ab dem voreingestellten Startwert automatisch hoch. Präfix und Suffix bleiben gemäß Ihren Vorgaben immer fix.

3. Steuerinformationen (1&1 Shop)

Menü: »Zahlung & Versand > Steuerberechnung«

Bei den Daten zum Impressum »Grundeinstellungen > Betreiberdaten« hinterlegen Sie Ihre Angaben zu Steuernummer, USt-IdNr und Handelsregistereintrag.

Die Steuereinstellungen konfigurieren Sie bei »Zahlung & Versand«, die dort gemachten Angaben wirken sich direkt auf die Artikelanzeige und die Bestellungen im Online-Shop aus. Hier legen Sie unter anderem fest, ob die Umsatzsteuer überhaupt angezeigt werden soll und welcher Steuersatz in Ihrem Online-Shop gilt. Mit den »Allgemeinen Einstellungen« bestimmen Sie z.B.:

>> Umsatzsteuer berechnen: Standardmäßig ist die Berechnung der Umsatzsteuer aktiviert. Deaktivieren Sie diese nur dann, wenn Sie ausschließlich gewerbliche Kunden beliefern. An private Endkunden muss die Umsatzsteuer berechnet werden. Beachten Sie in diesem Zusammenhang, dass bei Versandkosten immer Bruttowerte gelten.

>> EU-Steuergebiete und USt-IdNr. berücksichtigen: Haben Sie diesen Punkt aktiviert, dann zahlen gewerbliche Kunden aus einem EU-Land keine Steuern, falls sie beim Bestellvorgang eine korrekt USt-IdNr. angeben. Bestellen private Endkunden aus einem EU-Land, so bezahlen diese die Umsatzsteuer des Landes, in dem der Online-Shop ansässig ist.

>> Umsatzsteuer auch immer für Drittland berechnen: Wenn Sie diesen Punkt aktivieren, wird die Umsatzsteuer auch für Länder außerhalb der EU erhoben.

Anhand des Steuergebiets wird beurteilt, ob die Umsatzsteuer dem Kunden in Rechnung gestellt werden muss oder nicht. Ihre gewerblichen Kunden aus dem Ausland müssen die USt-IdNr bei der Bestellung eintragen. Trotzdem müssen Sie die Gültigkeit des Steuerabzugs immer online beim *Bundeszentralamt für Steuern* (ehemals *Bundesamt für Finanzen*) prüfen.

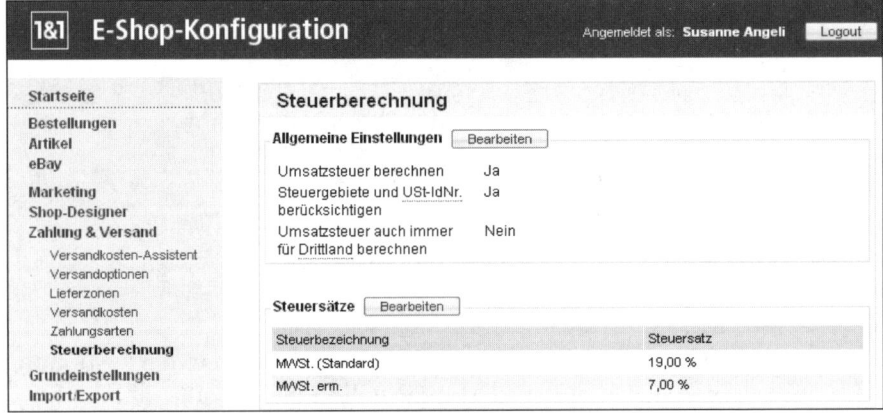

Abbildung 5.6: Steuergebiete und USt-IdNr berücksichtigen

4. Länderliste und Zonen (1&1 Shop)

Menü: »Zahlung & Versand > Lieferzonen«

Die belieferbaren Länder fassen Sie hier zusammen. Hinterlegen Sie alle Länder mit gleichen Lieferbedingungen in separate Lieferzonen. Dadurch ersparen Sie sich viel Arbeit, da Sie nicht die Versandkosten für jedes dieser Länder einzeln definieren müssen. Leider ist im kleinsten Tarif nur eine einzige Lieferzone möglich.

Ab der Version *1&1 Business Pro* sind mehrere Zonen zulässig. Dann sind standardmäßig die Lieferzonen gemäß der Ländereinteilung der *Deutsche Post AG* festgelegt. Diese Zonen-Einteilung lässt sich jederzeit ändern oder löschen.

5. Infotexte und Bilder auf Ihrer Startseite (1&1 Shop)

Menü: »Shop-Designer > Shop-Designer starten > Inhalte«

Sehr komfortabel und bedienerfreundlich gelöst ist die Bearbeitung der Inhalte, also von Texten, Links und Bildern. Im Grunde handelt es sich um einen intuitiv bedienbaren HTML-Editor, mit dem Sie alle relevanten Shop-Seiten einzeln inhaltlich bearbeiten. Diesen Editor finden Sie unter dem Menüpunkt »Inhalt«. Im links abgebildeten Navigationsbaum wählen Sie die Webseite aus und im rechten Fensterbereich verändern Sie den Inhalt.

Abbildung 5.7: Texte und Bilder der Startseite ändern

Neben Ihrem Shop-Projekt sollten Sie zusätzlich einige Content-Seiten auf Ihre Domain stellen. Anfangs reichen dafür ein paar statische HTML-Seiten, z.B. Testberichte oder Betriebsanleitungen zu Ihren Produkte. Mit der Zeit wachsen die Bedürfnisse in Richtung einer dynamischen Lösung. Sehr hilfreiche Dienste kann Ihnen hierbei ein Content-Management-System leisten (*Kapitel 4*).

Content ist Trumpf

Menü: »Shop-Designer > Shop-Designer starten > Einstellungen«

Weitere Einstellungen definieren Sie im Bereich »Einstellungen«. Hier finden Sie z.B. den Browsertitel, der in der Titelzeile des Webbrowsers erscheint. Sie können an dieser Stelle Informationen für Suchmaschinen einbinden in Form eines maximal 200 Zeichen langen Beschreibungstextes für Ihren Online-Shop. Darüber hinaus geben Sie Suchbegriffe für Suchmaschinen vor (**META-Tags**), insgesamt stehen bis zu maximal 1.000 durch Komma getrennte Zeichen bereit. Wie weiter oben bereits erwähnt können Sie im Shop-Designer auch die **Fußzeile** (Footer) für das Seitenende erstellen, z.B. Copyright © 2006-2007 domain.de. Powered by Meine Firma.

Teil 2 – Versandarten und -kosten

1. Aufschlag und Versandzonen (1&1 Shop)

Menü: »Zahlung & Versand > Versandkosten-Assistent«

Wie bereits geschrieben benötigen Sie für unser Zonenkonzept die eShop-Version *1&1 Business Pro*. Deshalb erläutern wir Ihnen an dieser Stelle die Funktion des Versandkosten-Assistenten. Mit ihm können Sie mehrere Dinge festlegen:

Step......

1. Bestimmen Sie, ob Sie Waren ins Ausland liefern!

2. Bearbeiten Sie die bestehende Lieferzone »National«!

3. Nehmen Sie Einstellungen für zusätzliche Versandoptionen vor!

4. Wählen Sie die Berechnungsgrundlage zur Versandkostenberechnung!

Lieferzone bearbeiten

Im ersten Schritt legen Sie die Lieferzonen fest bzw. bearbeiten die vorhandenen Lieferzonen. Falls Sie keine Waren ins Ausland liefern, wird nur die ohnehin aktive **Standard-Lieferzone** (National) genutzt. Wenn Sie auch ins Ausland liefern, weisen Sie der **Lieferzone** »National« weitere Länder zu.

Versandoptionen anlegen

Als Nächstes nehmen Sie alle weiteren Einstellungen vor, die für die Versandkostenberechnung wichtig sind. Bestimmen Sie zunächst, welche Zusatzoptionen Sie Ihren Kunden als Liefermethode bieten möchten. Zu den möglichen Versandoptionen gehören unter anderem Expressversand, Luftfracht oder Abholung. Die Kosten für die einzelnen Versandoptionen bearbeiten Sie auch direkt unter »Zahlung & Versand > Versandoptionen«.

Die Versandoptionen dienen der Versandsteuerung beim Bestellvorgang, so kann ein Kunde zwischen verschiedenen Versandarten auswählen. Für die Konfiguration stehen Ihnen folgende Möglichkeiten bereit:

>> Name der Versandoption: Vergeben Sie eine eindeutige Bezeichnung für die Anzeige im Online-Shop.

>> Bezeichnung der Kosten im Warenkorb: Unter diesem Namen zeigt der Warenkorb die durch diese Versandoption verursachten Kosten an.

>> Interne Notiz: Die hier gemachten Angaben sind nur innerhalb der Shop-Konfiguration ersichtlich (**Merkzettel**).

>> Infotext für den Bestellvorgang: Dieser veränderbare Textvorschlag wird während des Bestellablaufs im Shop angezeigt.

>> Infotext in der Kunden-E-Mail: Diesen Text finden Sie in der Bestätigungsmail wieder, die Ihr Kunde nach Absenden seiner Bestellung erhält.

Versandkosten berechnen

Die wichtigste Entscheidung betrifft die Berechnungsgrundlage und Berechnungsmethode für die Versandkosten. Folgende Einstellungen zur Kostenberechnung können Sie vornehmen:

>> Pauschale Versandkosten pro Kombination: Bei dieser Einstellung vergeben Sie für jede Versandkostenkombination fixe Versandkosten.

>> **Warenkorbsumme**: Diese Berechnungsgrundlage stellen Sie ein, wenn Sie die Versandkosten in Abhängigkeit vom Gesamtpreis aller im Warenkorb befindlicher Artikel vornehmen möchten.

>> **Warenkorbgewicht**: Entscheiden Sie sich für diese Art, wenn Sie die Versandkosten anhand des Gewichts der bestellten Artikel berechnen. Natürlich ist hierbei eine Angabe des **Versandgewichtes** bei jedem Artikel erforderlich.

>> Anzahl der Artikel im Warenkorb: Diese Variante basiert auf der Anzahl der in den Warenkorb gelegten Artikel.

Nutzen Sie den Versandkosten-Assistent nur für die Erstkonfiguration, denn alle bisher angelegten Versandkosten gehen bei der Veränderung der Berechnungsgrundlage verloren. Haben Sie die Versandkosten erfolgreich eingerichtet, klicken Sie nun auf »Schließen«, damit Ihre Einstellungen übernommen werden.

Abbildung 5.8: Berechnungsgrundlage für Versandkosten wählen

2. Mindermengenzuschlag (1&1 Shop)

Menü: »Zahlung & Versand > Versandkosten«

Bislang musste man ziemlich umständlich programmiertechnisch aktiv werden und so genannte »Rules« nutzen, um einen **Mindermengenzuschlag** im Shop einzubauen. In der neuen Shop-Version bietet sich eine simple Lösung für Bestellungen unter 20 € an, um einen Mindermengenzuschlag in Höhe von 2,50 € einzubinden. Wählen Sie zunächst als Berechnungsgrundlage »Warenkorbsumme« aus, so genügt es die Warenkorbsumme auf 0 € zu setzen. Die gesamten Versandkosten belaufen sich dann auf 7,00 € inklusive Zuschlag anstatt auf nur 4,50 €.

Mindermengen-zuschlag einfügen

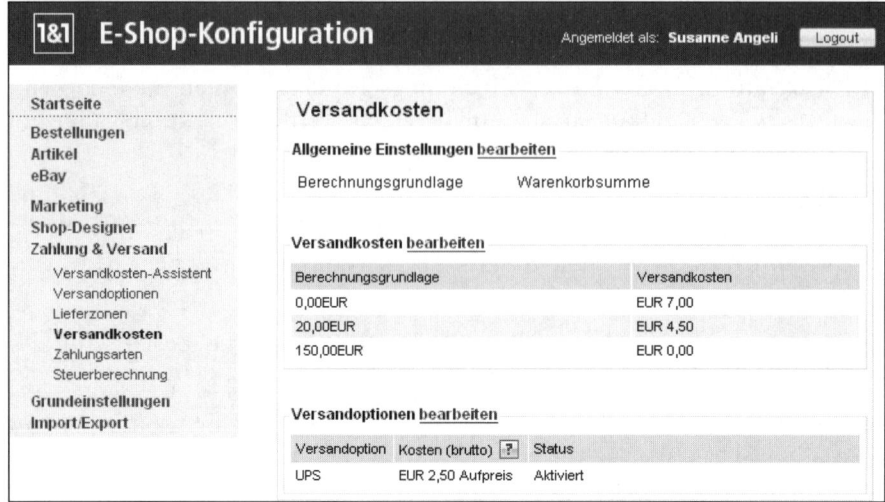

Abbildung 5.9: Mindermengenzuschlag bei Versandkosten berücksichtigen

3. Versandkostenfreie Lieferung (1&1 Shop)

Menü: »Zahlung & Versand > Versandkosten«

Bisher haben wir ab einem Warenwert von über 150 € die Versandkosten um 4,50 € gesenkt (Tabelle 5.8). Für Deutschland (also »national«) entsteht dadurch eine versandkostenfreie Lieferung. Genau wie beim Mindermengenzuschlag ist dies von der Bestellsumme abhängig.

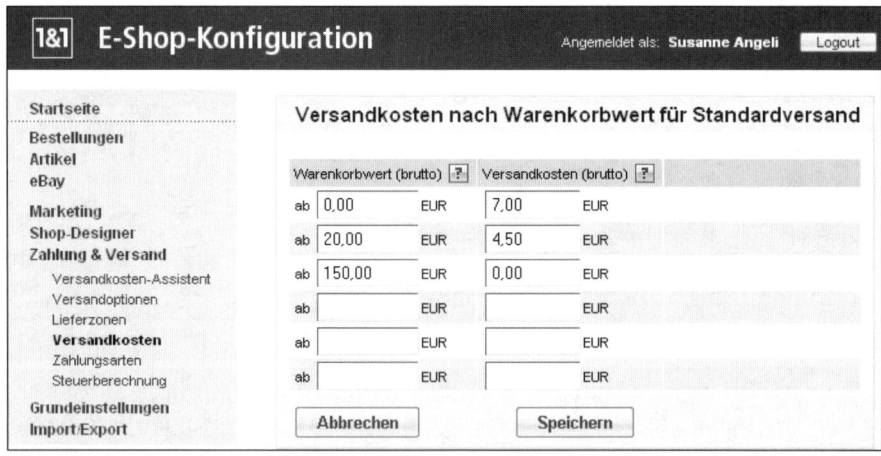

Abbildung 5.10: Versandkostenfreie Lieferung ab 150 € Warenkorbwert

Teil 3 – Zahlungsarten

Menü: »Zahlung & Versand > Zahlungsarten«

Mit dem Assistenten »Zahlungsarten« speichern Sie Ihre Bankverbindung. Entweder klicken Sie in der Übersicht direkt auf die Bezeichnung »Rechnung« oder wählen bei »Neu« als Typ der Zahlungsart Rechnung. Im weiteren Verlauf fügen Sie die Daten Ihrer Bankverbindung ein. Für Auslandsüberweisungen notieren Sie zusätzliche Angaben für die internationale Kontonummer **IBAN** und den Bank Identifier Code (BIC). Diese Aufgabe erledigen Sie weiter unten im Dialogfenster, bei den für diese Zahlungsart spezifischen Einstellungen. *Bankverbindung abspeichern*

Neben den klassischen Zahlungsarten Rechnung, Nachnahme, Lastschrift, Vorkasse (Überweisung), *PayPal*, Verrechnungsscheck und Barzahlung finden Sie noch die Zahlungsmöglichkeit Kreditkarte. Die Kreditkartenzahlung führen Sie manuell und offline durch, d.h., um die Belastung der Kreditkarte kümmern Sie sich selbst z.B. über Telefon. Ihr Shop akzeptiert alle international wichtigen Kreditkarten: *Visa*, *MasterCard*, *Diners Club*, *American Express*, *JCB*, *Maestro* und *Solo*.

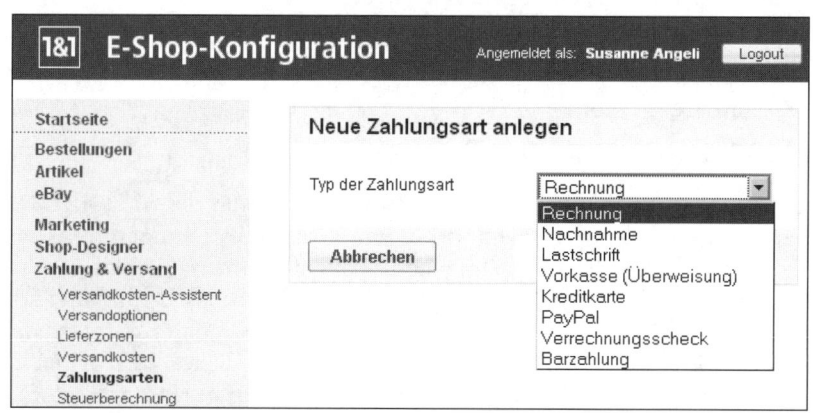

Abbildung 5.11: Alle Zahlungsarten der manuellen Abwicklung

Sehr sinnvoll und nützlich ist die Möglichkeit der **Länderzuordnung** zu jeder einzelnen Zahlungsart. Hiermit legen Sie fest, in welchen Ländern ein Kunde welche Zahlungsart zum Einkauf nutzen darf. Für die im Shop angebotene Auswahl ist die vom Kunden eingegebene Rechnungsadresse maßgebend. Mit den Pfeilsymbolen können Sie die Zuweisung ändern. *Länderzuordnung*

Je nach Shop-Paket bietet Ihnen die Produktlinie der *1&1 E-Shops* die Möglichkeit, Online-Zahlungen über die Zahlungsplattform *ipayment* abzuwickeln. Gegen Aufpreis ist diese Option auch einzeln verfügbar. Empfehlenswerter ist jedoch der Upgrade zum *1&1 Business Shop*, bei dem *ipayment* für die automatische Abwicklung von Zahlungen (*Kapitel 6*) bereits im Funktionsumfang enthalten ist. Wie Sie bisher erfahren haben, können Sie verschiedene Zahlungsarten anbieten, wenn Sie automatisiert Zahlungen einziehen möchten, dann ist vielleicht *ipayment* die richtige Lösung. Sie müssen *ipayment* jedoch mit den Zahlungsanbietern Akzeptanzverträge geschlossen haben. Ist das getan, können Sie Ihren Kunden auch andere Zahlungsarten anbieten. Verfügbar sind alle international verfügbaren Kreditkarten, elektronisches Lastschriftverfahren und sogar Guthabenkarten. Leider ist der Erhalt dieser Verträge teilweise recht schwierig. Manche Zahlungsanbieter fordern sogar eine Bankbürgschaft. Eine andere Voraussetzung könnte ein bestimmter Jahresumsatz sein, den ein Existenzgründer kaum erreicht.

WWW `.....`   `www.ipayment.de`
Schlund + Partner AG *(Payment Service Provider)*

Informations-
pflichten
Die Startseite ist das Erste, was Ihre Kunden im Shop sehen. Nach unserer bisherigen Konfiguration zeigt Ihr Shop-System die noch leere Seite »Home« auf der Startseite an. In Abbildung 5.3 sehen Sie die Links in der **Hauptnavigation**: »Impressum«, »Kontakt«, »AGB«, »Datenschutz«, »Versandkosten«, »Artikel«, sowie »Suche« und »Warenkorb«. Je nach Bedarf füllen Sie Impressum, Datenschutz, Versandkosten und Allgemeine Geschäftsbedingungen mit aussagekräftigen Texten.

Teil 4 – Informationspflichten

1. Impressum (1&1 Shop)

Menü: »Shop-Designer > Shop-Designer starten > Inhalt«

Impressum
anpassen
Die ersten Angaben zu Firmenanschrift und Kontaktdaten des Shop-Betreibers haben Sie bereits ganz zu Beginn bei den Grundeinstellungen erfasst.. Wenn Sie noch weitere Angaben machen wollen, können Sie dafür den Impressumseintrag erweitern. Wählen Sie dazu bei »Inhalt« im Navigationsbaum »Impressum« aus und klicken Sie mit der rechten Maustaste kontextsensitiv im Shop-Baustein »Impressum« auf »Texte bearbeiten«. Dann öffnet sich das in Abbildung 5.12 dargestellte Konfigurationsfenster.

2. Privatsphäre und Datenschutz (1&1 Shop)

Menü: »Shop-Designer > Shop-Designer starten > Inhalt«

In Abbildung 5.32 weiter hinten sehen Sie ein Beispiel für eine Datenschutzrichtlinie. Um eine solche in Ihren Shop zu integrieren, benötigen Sie am besten eine kopierbare Vorlage. Markieren und kopieren Sie hierfür einfach einen fertigen Mustertext einer Datenschutzerklärung (Mustervorlage auf CD). Klicken Sie in den Inhalt der Seite »Datenschutz« und fügen Sie bequem den Text ein. Optimal ist es natürlich, wenn Sie den Text in einem externen HTML-Editor erstellen. So können Sie bereits vorab Titel, Überschriften und sonstige Elemente, die hervorgehoben werden sollen, mit den entsprechenden Tags versehen, wie `<h1>`-`<h6>`, `<strong>` etc. Die Seite wird im Shop erst dann wirklich angezeigt, wenn im Fensterbereich beim Menüpunkt »Shop-Seiten« ein Haken vor »Datenschutz« gesetzt ist.

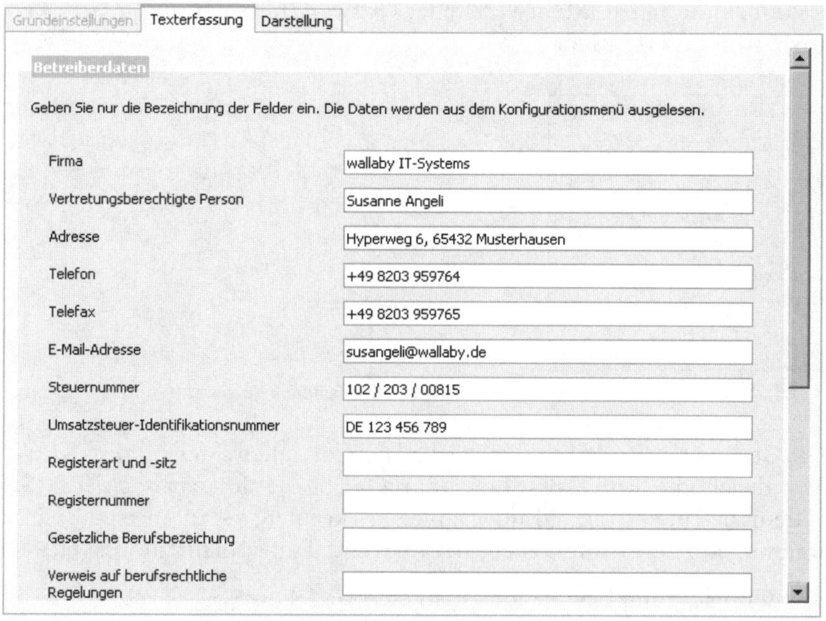

Grundeinstellungen	Texterfassung	Darstellung

Betreiberdaten

Geben Sie nur die Bezeichnung der Felder ein. Die Daten werden aus dem Konfigurationsmenü ausgelesen.

Firma	wallaby IT-Systems
Vertretungsberechtigte Person	Susanne Angeli
Adresse	Hyperweg 6, 65432 Musterhausen
Telefon	+49 8203 959764
Telefax	+49 8203 959765
E-Mail-Adresse	susangeli@wallaby.de
Steuernummer	102 / 203 / 00815
Umsatzsteuer-Identifikationsnummer	DE 123 456 789
Registerart und -sitz	
Registernummer	
Gesetzliche Berufsbezeichnung	
Verweis auf berufsrechtliche Regelungen	

Abbildung 5.12: Erweiterte Texterfassung für das Impressum

3. Allgemeine Geschäftsbedingungen (1&1 Shop)

Menü: »Shop-Designer > Shop-Designer starten > Inhalt«

Sofern Sie in Ihrem Online-Shop Allgemeine Geschäftsbedingungen verwenden, müssen Ihre Kunden diese entsprechend dem Fernabsatzgesetz beim Bestellvorgang akzeptieren. Erst dadurch werden sie Bestandteil des Kaufvertrages. Für die AGB steht Ihnen eine spezielle Seite zur Verfügung, die Sie zum einen im Shop-Designer aktivieren und zum anderen mit Inhalten füllen müssen.

Nur wenn der Käufer während des Bestellvorgangs die AGB akzeptiert, kann er seine Bestellung fortsetzen. Vergisst er dies, dann bekommt er den entsprechenden Warnhinweis: »Bitte überprüfen und vervollständigen Sie Ihre Eingaben.«.

4. Kundeninformationen (1&1 Shop)

Menü: »Shop-Designer > Shop-Designer starten > Inhalt«

Wie bereits erwähnt, ist es wichtig, dass Sie einen Hinweis, wie beispielsweise »Preis enthält USt zzgl. Versandkosten«, mit den Kundeninformationen (z.B. Versandkosten) verlinken. Dies ist standardmäßig aktiviert in den Shop-Seiten und im Shop-Baustein »Artikelübersicht«. Dadurch wird bei den Produktpreisen im Shop ein Link auf die Tabelle mit den Versandkosten eingefügt. Mit Hilfe der Tabelle kann sich Ihr Kunde schon vorab informieren, wie hoch die Versandkosten sein werden. Falls gewünscht können Sie dort den Text anpassen, der angezeigt wird. Dazu stehen die Textbau-

Produkthinweis einfügen

steine »Information zur Mehrwertsteuer« bzw. »Information zu den Versandkosten« zur Verfügung.

Abbildung 5.13: Versandkostenhinweis mit der Kundeninfo verknüpfen

Bei der Gelegenheit ersetzen Sie hier gleich an allen Stellen das Kürzel »Mwst« durch die korrekte Bezeichnung »USt«. Informationen, die Sie unter dem Menüeintrag »Info« ablegen können, sind beispielsweise Beschreibungen zu Versandkosten, Bezahlarten, Transportmethoden etc.

5.   Kundenbelehrung bzw. Widerrufsrecht (1&1 Shop)

Menü: »Shop-Designer > Shop-Designer starten > Inhalt«

In der Vorgänger-Software des Shops hatte man nach einem Textbaustein für die Belehrung über das Widerrufsrecht vergeblich gesucht. Wir hatten damals das Widerrufsrecht an den Anfang der AGB gesetzt und so dieses Manko umgangen. Auf jeden Fall ist es sinnvoll und wichtig, wenn Sie dem Kunden die Widerrufsbelehrung vor der Bestellbestätigung anzeigen und zusammen mit den AGB bestätigen lassen. Mit ein paar Anpassungen können Sie das entsprechend einrichten. Verwenden Sie dafür die in Tabelle 5.10 aufgeführten Textbausteine.

Textbaustein	Inhalt
Überschrift	Widerrufsbelehrung und AGB
Text für das Widerrufsrecht	Verbraucher können ihre Vertragserklärung innerhalb von zwei Wochen ohne Angabe von Gründen in Textform …
AGB akzeptieren	Hiermit bestätige ich, dass ich die Allgemeinen Geschäftsbedingungen und die Widerrufsbelehrung gelesen habe.

Tabelle 5.10: Widerrufsbelehrung in Bestätigung einbauen

Die zu ändernden Textbausteine für die Belehrung über das Widerrufsrecht finden Sie im Shop-Baustein »Bestellablauf«. Öffnen Sie per Rechtsklick mit der Maus den Menüpunkt »Texte bearbeiten«. Im Karteireiter »Texterfassung« scrollen Sie ganz nach unten bis zu »Schritt 4: AGB akzeptieren«.

Abbildung 5.14: Texterfassung im Shop-Baustein Bestellablauf starten

Ein Muster zur Widerrufsbelehrung finden Sie übrigens in *Kapitel 7*. Im Unterschied zur ursprünglichen Anzeige sieht die Meldung nun wie in Abbildung 5.15 aus.

┌─**Widerrufsbelehrung und AGB**─────────────────────────────

  ☐ Hiermit bestätige ich, dass ich die Allgemeinen Geschäftsbedingungen und die
     Widerrufsbelehrung gelesen habe.

Abbildung 5.15: Kunde muss Widerrufsbelehrung und AGB akzeptieren

Teil 5 – Produktinformationen

1. Mengeneinheit und Grundpreis (1&1 Shop)

Menü: »Grundeinstellungen > Mengeneinheiten« (nur Business Pro Shop)

Gemäß Preisangabenverordnung sind Sie bei bestimmten Artikeln verpflichtet, einen Grundpreis anzugeben. Notwendig wird dies, wenn Sie Waren in Fertigpackungen oder offenen Packungen vertreiben. Nähere Informationen lesen Sie in § 2 der Preisangabenverordnung (www.gesetze-im-internet.de/pangv/index.html).

Leider sind die Mengeneinheiten für die Berechnung des Grundpreises (wie bisher auch) erst im größten Paket *1&1 Business Pro Shop* enthalten. Allerdings ist dies nicht weiter tragisch. Hinterlegen Sie den Hinweis auf den Grundpreis in Form von »Grundpreis: 15 EUR/kg« in der Artikelbeschreibung.

Bei Bedarf oder bei mehr als 1.000 Artikeln müssen Sie sowieso umsteigen. Dann wird die Handhabung der Mengeneinheiten viel leichter, denn es sind bereits viele Standardwerte wie Zentimeter, Gramm, Kilogramm, Liter und Meter vordefiniert. Bei Bedarf können Sie natürlich noch weitere Mengeneinheiten hinzufügen.

2. Kategorie, Artikel, Bild und Hersteller (1&1 Shop)

Menü: »Artikel > Neu > Warengruppe bzw. Artikel«

Sie sollten Ihre Artikel durch Kategorien strukturieren, dabei jedoch die Kategorien in einer möglichst flachen Struktur anlegen. Nichts ärgert einen Kunden mehr, als wenn er erst vier bis fünf Mal klicken muss, um an ein gewünschtes Produkt zu gelangen. Daher erstellen Sie bitte wenig verschachtelte Warengruppen. Die Reihenfolge der Warengruppen und Artikel wird vom System nicht verändert, d.h., Ihre angelegte Struktur wird eins zu eins in den Online-Shop übernommen.

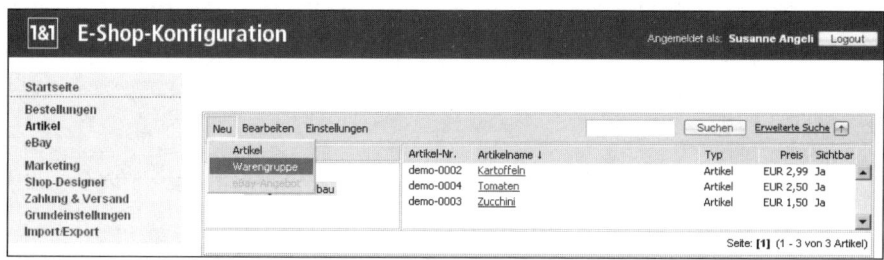

Abbildung 5.16: Warengruppen anlegen, bearbeiten und umbenennen

Zuerst legen Sie die benötigten Warengruppen an, dann erst ordnen Sie die Artikel den Kategorien zu. In der Artikelverwaltung beschreiben Sie jeden Artikel mit Artikelnummer, Steuersatz, Endkundenpreis, Kurzbeschreibung und Detailbeschreibung.

Artikelbilder einbinden Menü: »Artikel > Bearbeiten > Artikel bearbeiten«

Entweder Sie laden alle Bilder in einem Rutsch auf den Speicherplatz Ihrer zugehörigen Domain und verweisen im jeweiligen Artikel mit einer URL darauf. Oder Sie lassen die Bilder beim Anlegen bzw. Bearbeiten der einzelnen Produkten von Ihrer lokalen Festplatte hochladen. Bei sehr vielen Produkten ist Letzteres jedoch sehr mühsam und zeitraubend.

```
┌─ Allgemein ──────────────────────────────────────────────────────────── [?]
│
│   Artikelnummer *        D30*012
│
│   Artikelname *          Samsonite Lady Business Small A
│
│   Kurzbeschreibung       Elegante Notebooktasche für die      [−]
│                          Frau von Welt.                       [+]
│
│
│   Detailbeschreibung     Elegante Notebooktasche für die      [−]
│                          Frau von Welt.                       [+]
│
│                          Außenabmessungen: 37 x 31 x 13
│                          cm, Innenabmessungen
│                          Notebookfach: 30 x 26 x 4,5 cm.
│
│   Artikelbilder          [ Artikelbilder bearbeiten ]  2  zugewiesene Bilder
│
└─────────────────────────────────────────────────────────────────────────

┌─ Preis ─────────────────────────────────────────────────────────────── [?]
│
│   Artikelpreis in EUR *   79,99        z.B. 1,99   UVP (Brutto) in EUR   89,99      z.B. 1,99
│
│   Artikel ist neu         ○ ja  ⊙ nein            Sonderangebot         ○ ja  ⊙ nein
│
│   Steuersatz *            19,00 % ▼
│
└─────────────────────────────────────────────────────────────────────────

┌─ ▼ Artikeldetails ───────────────────────────────────────────────────────
│
└─────────────────────────────────────────────────────────────────────────

┌─ ▼ Versand ──────────────────────────────────────────────────────────────
│
└─────────────────────────────────────────────────────────────────────────
```

Abbildung 5.17: Neue Artikel anlegen und vorhandene bearbeiten

Praxis-Tipp: Artikelbild mit mindestens 500 x 500 Pixel nutzen

Tipp ....

Für jeden Artikel ist es möglich, bis zu drei Bildgruppen zu hinterlegen. Jede Bildgruppe enthält wiederum drei Bilder, die Sie in verschiedenen Größen angezeigt bekommen: Vorschau (small, 80 x 80 Pixel), Normalansicht (medium, 200 x 200 Pixel) und Großansicht (large, 500 x 500 Pixel). Die verschiedenen Bildgrößen generiert das Shop-System automatisch, indem es das eingefügte Bild herunterrechnet. Laden Sie ein Bild hoch, welches größer als 500 x 500 Pixel ist, werden automatisch Bilder der Größe S, M und L erzeugt. Ist das Bild kleiner als 500 x 500 Pixel, ist es nicht möglich, ein Bild der Größe L zu berechnen. Ist das Bild kleiner als 200 x 200 Pixel ist, wird nur das Vorschaubild erstellt.

Hersteller-Logos und einen Link zu deren Homepages fügen Sie bei den Grundeinstellungen ein, dies ist jedoch erst ab dem *1&1 Business Shop* möglich. Verfahren Sie deshalb wie bei der Angabe des Grundpreises und binden Sie den Link gleich in die Detailbeschreibung des Produkts ein. Positiver Nebeneffekt, Sie können hier gut HTML-Quellcode verwenden. Leider fehlt für diesen Zweck der sonst übliche **WYSIWYG-Editor**, der die Arbeit mit HTML erleichtert.

3. Produktvarianten (1&1 Shop)

Menü: »Artikel > Bearbeiten > Varianten«

Der komplette Artikel-Bereich umfasst neben der Verwaltung Ihrer Artikel, Warengruppen und Bundles, auch die Pflege von Artikelvarianten. Dies gilt allerdings nur für den *1&1 Business Pro Shop*. Bei einer **Artikelvariante** kann der Kunde bei einem bestimmten Produkt eine Auswahl treffen. Dabei handelt es sich beispielsweise um die Farbe oder Größe eines Artikels, die der Kunde dann aus einer Dropdown-Liste auswählt.

4. Lagerprodukt (1&1 Shop)

Menü: »Artikel > Einstellungen > Artikelbestände«

In diesem Abschnitt nehmen Sie die Einstellungen zur Bestandsverwaltung vor. Aktivieren Sie zuvor die Bestandsverwaltung unter »Einstellungen > Artikelbestände«. Hier strukturieren und sortieren Sie hierarchisch Warengruppen und befüllen diese mit Artikeln und Artikelvarianten. Eine richtige Lagerverwaltung ist natürlich nur eingeschränkt möglich. Jedoch kooperiert 1&1 schon seit längerer Zeit mit der Firma *Lexware*. *Lexware faktura+auftrag* liefert mit *eShop* eine sehr nützliche Schnittstelle (*Kapitel 6*). Dort verwalten Sie Ihr Lager einfach und bequem.

Durch die Bestandsverwaltung behalten Sie im Shop den Überblick über Ihren Lagerbestand. Sie sehen die Anzahl verfügbarer Exemplare eines Artikels und wissen daher, wann Handlungsbedarf besteht. Im Shop erhalten Ihre Kunden die Information angezeigt, ob der Artikel noch verfügbar ist, ob nur noch wenige Exemplare auf Lager sind oder ob er zurzeit ausverkauft ist.

>> **Immer verfügbar:** Wählen Sie »Nein«, falls Sie die Bestandsverwaltung einsetzen möchten. Sobald Sie »Ja« anklicken, wird der Artikel als immer verfügbar gekennzeichnet.

>> **Bestandsänderung:** Fügen Sie Bestandserhöhung oder -minderung ein. Der Wert, den Sie hier eintragen, wird zum bereits verfügbaren Warenbestand hinzuaddiert oder davon abgezogen. Wie viele Artikel Sie auf Lager haben, sehen Sie hinter dem Feld »Bestandsänderung«.

>> **Meldebestand:** An dieser Stelle tragen Sie ein, ab welcher Anzahl die Bestandsmenge kritisch ist. Das bedeutet für Sie, ab welcher Anzahl Sie weitere Exemplare dieses Artikels bestellen müssen. Sobald ein Online-Kunde den Meldebestand unterschreitet, bekommt er im Shop einen Texthinweis angezeigt.

>> Wenn (Artikel-)Bestand kleiner oder gleich Null: Wählen Sie aus, welchen Text Sie im Online-Shop anzeigen lassen, falls keine Exemplare des Artikels mehr auf Lager verfügbar sind. Die zugehörigen Wiederbeschaffungszeiträume (mittel, unbestimmt, kurz, lang oder ohne Bestand nicht bestellbar) legen Sie ebenfalls im Bereich Artikel unter »Einstellungen > Artikelbestände« fest.

>> **Bestand**: Hier zeigen Sie den aktuellen Bestand dieses Artikels an. Den Wert verändern Sie über das Feld Bestandsänderung.

>> Reservierter Bestand: Dabei handelt es sich um die Anzahl der Artikel, die Sie zu *eBay* übertragen haben. Diese Artikel sind für Verkäufe bei *eBay* reserviert und werden vorsichtshalber vom aktuellen Bestand abgezogen. Konnten Sie den Artikel über eBay nicht verkaufen, wird der Artikel aus dem reservierten Bestand entfernt und zum aktuellen Bestand hinzugefügt.

Alle Artikeldaten stehen nach dem Import zu *Lexware* bereits in der Fakturierung bereit, dadurch entfällt die aufwendige Doppelerfassung der Bestelldaten. Ebenso wird die Artikelpflege an einer zentralen Stelle durchgeführt. Ihre Online-Shop-Artikel lassen sich so bequem aktualisieren. Der Import und Export der Bestelldaten zwischen Ihrem Online-Shop und *Lexware* funktioniert reibungslos per Mausklick. Mit dem *eShop* selektieren Sie die Shop-Bestellungen und ordnen Kunden zu bereits vorhandenen Stammkunden zu. Dieses Zusatz-Modul ist die integrierte Schnittstelle zu *Lexware faktura+auftrag* und *Lexware warenwirtschaft pro*, womit Sie Ihre Produktpalette im Internet abbilden. Somit besitzen gerade Sie als Existenzgründer die besten Voraussetzungen für den Betrieb eines erfolgreichen Internet-Shops. Nutzen Sie die optimale Synergie dieser leistungsstarken Partner.

Artikel und Kunden pflegen

5. Produktdaten im-/exportieren (1&1 Shop)

Menü: »Import/Export > Export«

Mit Hilfe des CSV-/XML-Exporttools exportieren Sie alle Artikel und Warengruppen (bzw. alternativ Bestellungen). Bei Bedarf können Sie zusätzlich Artikelbilder im Export-Verzeichnis ablegen. Die URLs zu den Artikelbildern werden automatisch generiert und in der Export-Datei gespeichert.

Produkte aus CSV-Datei importieren

Für die erste Musterdatei reicht ein einziger Artikel. Nach dem Klick auf den Button »OK« befindet sich der Artikelexport in der Warteschlange. Die gewünschte Datei wird nun vom System erzeugt und auf dem Shop-Server passwortgeschützt in einem automatisch angelegten Export-Verzeichnis auf Ihrem Webspace abgelegt.

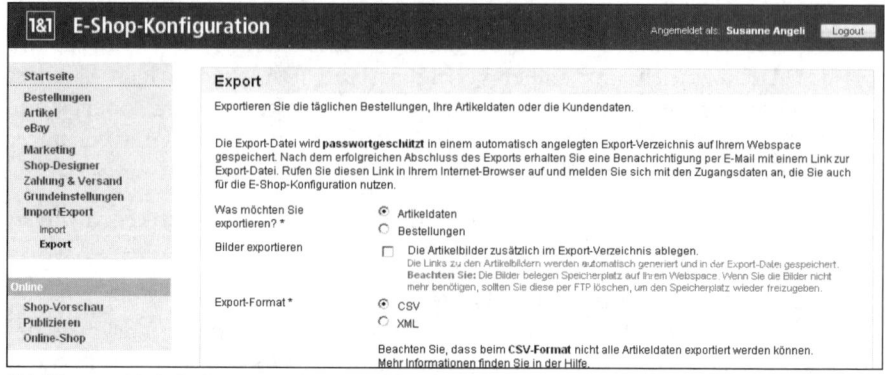

Abbildung 5.18: Artikelexport mit Hilfe des CSV-/XML-Exporttools

Größere Datenbestände aktualisieren

War der Export erfolgreich, dann erhalten Sie eine Benachrichtigung per E-Mail mit einem Link zur exportierten Datei. Um an die Datei zu gelangen, klicken Sie auf diesen Link und melden Sie sich mit den gleichen Zugangsdaten an, die Sie für die E-Shop-Konfiguration nutzen.

Mit *Microsoft Excel* oder *OpenOffice Calc* lässt sich die Datei bearbeiten, z.B. können Sie neue Produkte einfügen, alte Produkte löschen oder Produkte ändern. Es ist kein Problem, selbst größere Datenbestände für den Shop zu erfassen. Auch Ihre Bestellungen inklusive Kundendaten sichern Sie auf diese Weise. Die Datei dient Ihnen gleichzeitig als Backup.

Menü: »Import/Export > Import«

Mit Hilfe der CSV-Importschnittstelle im Shop ist es Ihnen möglich, CSV-Dateien zu importieren. Suchen Sie dazu die gewünschte Datei auf Ihrer lokalen Festplatte. Passen Sie auf, dass Sie nicht existierende Artikel und Warengruppenattribute überschreiben, z.B. weil Sie Ihr Sortiment um weitere Artikel ergänzen. Als Import-Optionen stehen zur Wahl:

>> Artikel aktualisieren: Vorhandene Artikel aktualisieren und neue hinzufügen

>> Artikelpreise und Bestandsinformationen aktualisieren: Bereits bestehende Artikel werden aktualisiert.

>> Artikelbestand neu anlegen: Alle Artikeldaten werden überschrieben.

Ein großes Artikelsortiment lässt sich so bequem komplett importieren. Mit dem Import-Modul importieren Sie extern angelegte Artikeldaten. Dazu erfassen Sie in einer solchen Datei über eine Tabellenkalkulation Ihre Artikeldaten. Zuerst erstellen Sie hierfür online ein einzelnes Produkt und exportieren diesen Artikel als CSV-Datei. Die Datei bietet Ihnen eine gute Vorlage, in der Sie sofort sehen, in welche Spalte Sie die Daten eingeben müssen, z.B. articleId, articleName, articleDescription, keywords, image1, price usw. In der ersten Zeile finden Sie die Einträge der verwendeten Feldnamen.

Fazit zu 1&1 Perfect Shop

1&1 Perfect Shop	Beurteilung
Installation	Sie bestellen den Shop online, warten ein paar Stunden und schon können Sie loslegen. Den Shop konfigurieren Sie ab diesem Zeitpunkt immer über das Internet. Legen Sie sich unbedingt eine Flatrate zu.
Konfiguration	Allgemeine Daten: Für die einfachen Arbeiten stehen bequeme Assistenten zur Verfügung. Für zusätzliche Belange gibt es die veränderbaren Textbausteine.
	Versandarten und -kosten: Gestaffelte Versandkosten sind einfach realisierbar. Bauen Sie ein komplexeres Zonenkonzept auf, benötigen Sie dafür das große Paket.
	Zahlungsarten: Neben den üblichen Zahlungsarten gibt es die Lösung *ipayment* (Aufpreis!). Damit rechnen Sie elektronisch Kreditkarten und Lastschriften ab.
	Informationspflichten: Die Texte sind vom Design getrennt und einzeln editierbar. Einige Angaben werden in den erweiterten Shop-Bausteinen vorgenommen.
	Produktinformationen: Die Produktverwaltung ist absichtlich einfach gehalten und leicht bedienbar. Die wichtigsten Aufgaben lassen sich bequem durchführen.
Ausblick	Einzig und allein die unzureichende Funktionsvielfalt liefert in der Basisversion Grund zur Kritik. Wünschenswert wären u.a. Lieferzonen, Produkt-Varianten, Grundpreisberechnung und Lager-Verwaltung. Der Mietshop hat jedoch im Vergleich zur Vorgängerversion einen Quantensprung vollzogen. Der Shop präsentiert sich extrem kunden- und bedienerfreundlich. Ein ideales Instrument zum Einstieg in den Online-Handel. Wer die Kosten nicht scheut, ist mit dem *1&1 Business Pro Shop* in Kombination mit *Lexware faktura+auftrag* perfekt gerüstet.

Tabelle 5.11: Bewertung der Mietshop-Lösung 1&1 Perfect Shop

Wer nur geringe Kenntnisse im Programmierumfeld besitzt, liegt mit dieser Lösung goldrichtig. Der Einstieg gelingt schnell und ist einfach. Wir sammelten einige Jahre Erfahrung mit diesem Shop-System und waren sehr zufrieden, bevor wir auf eine OpenSource-Lösung umgestiegen sind.

Gesamtfazit

5.2.2 Mondo Shop 3 StartUp installieren und konfigurieren

Mit einer einzigen *Mondo-Shop*-Lizenz können Sie auf Ihrem PC mehrere Shops mit unterschiedlichen Domain-Adressen betreiben. Wird die Software als Mehrplatzsystem installiert, dürfen Sie von mehreren Arbeitsplätzen gleichzeitig auf den oder die Shops zugreifen. Sie können also parallel Aufträge bearbeiten, Produktdaten pflegen und das Design anpassen.

Voraussetzungen für die Installation

CD-Rom\tools: Testversion Mondo Shop 3 StartUp *(MSHOP32021.exe)*

`CD........`

Ihr Online-Shop besteht im Gegensatz zur *1&1-* bzw. *xt:Commerce*-Lösung aus zwei Teilen. Der erste Teil ist das für den Kunden uneinsehbare **Shop-Office** (administrative **Backend**). Darin bearbeiten Sie die wichtigsten Informationen lokal auf Ihrem PC, z.B. Artikeldaten und Zahlungsarten. Der zweite Teil ist die Shop-Oberfläche für Ihren Kunden, die so genannte **Shop-**

Front (Frontend). Diese Oberfläche ist auf dem Webspace bei Ihrem Provider gespeichert.

Abbildung 5.19: Shop-Office und Shop-Front im Mondo Shop

Shop publizieren   In einem ersten Schritt erzeugen und testen Sie die Shop-Front lokal, erst im zweiten Schritt veröffentlichen Sie den Online-Shop auf Ihrem Webserver. Anschließend steht der Shop für Ihre Kunden unter Ihrer Domain-Adresse für Einkäufe bereit. Kauft ein Kunde einen Artikel in Ihrer Shop-Front, wird Ihnen der Auftrag per E-Mail an das Shop-Office gesendet. Hier bearbeiten Sie den Auftrag und erstellen Belege (Auftragsbestätigungen Rechnungen …), die Sie per E-Mail oder Brief an den Kunden weiterleiten.

Tipp . . . . . .   *Praxis-Tipp: Eine Auftrags-E-Mail-Adresse für mehrere Shops*

*Für den Mondo Shop ist ein eigenes E-Mail-Postfach für den Bestelleingang erforderlich. Betreiben Sie mehrere Shops mit derselben Lizenz, werden alle Bestellungen und Anfragen aus der Shop-Front an die gleiche Auftrags-E-Mail-Adresse gesendet. Mehrere Shops können sich sogar eine E-Mail-Adresse teilen. Jeder Shop holt nur die für ihn relevanten Bestellungen im Postfach ab, die er anhand der in der Mail enthaltenen **Shop-ID** erkennt.*

Sie als Shop-Betreiber benötigen einen neueren Computer mit Drucker, den *Microsoft Internet Explorer* ab Version 5.5 und einen schnellen Internet-Zugang. Die Anforderungen an Ihren Provider lauten:

>> Zugangsberechtigung zum Internet und E-Mail-Anbindung

>> eigene Domain für Ihre Shop-Verzeichnisse und -daten

>> Webspace mit mindestens 10 MB Speicherplatz

>> Webserver, der PHP ab Version 4.1.x unterstützt

>> FTP-Dienst, um Shop-Dateien auf den Webserver zu übertragen

Wünschenswert ist ein **Apache**-Webserver bei Ihrem Provider mit nutzbarem **mod_rewrite**. Dadurch können dynamisch per PHP erzeugte URLs (z.B. index.php?seite=7&inhalt=3&foo=bar) durch die Namen einfacher statischer Seiten ersetzt werdeb. Das ist besonders im Zusammenhang mit der Suchmaschinenoptimierung wichtig.

Optionale Features

Praxis-Tipp: Bestellabwickler-Skript SendOrder

Tipp........

Die SSL-Verschlüsselung steht über das Bestellabwickler-Skript »SendOrder« auf Mondos Server zur Verfügung. Damit werden die Bestellungen und Zahlungsinformationen vom Kunden verschlüsselt zu Ihnen übertragen. Bei Bedarf ist ein eigenes SSL-Zertifikat oder das preiswertere Shared SSL-Zertifikat Ihres Providers sinnvoll.

Falls gewünscht, überträgt das CGI-Programm SendOrder die Kundenaufträge verschlüsselt an das Shop-Office oder an einen anderen E-Mail-Client. Zudem ist es zuständig für die Abwicklung elektronischer Zahlungsverfahren in Ihrem Shop. Dazu brauchen Sie allerdings auf dem Webserver Ausführungsrechte für CGI-Scripte.

Einzelplatzmodus (Clientinstallation) oder Mehrplatzmodus

Für die Nutzung der Software haben Sie zwei Möglichkeiten: Installation auf allen Clients oder **Freigabe** des Installationsordners am Server. Die erste Version ist nur dann sinnvoll, wenn Sie kein **Netzwerk** haben. Technisch gesehen ist die Installation auf einem als Server fungierenden Rechner die bessere Lösung. Das hat für Sie den Vorteil, dass Sie Ihre Updates einzig und allein an dieser Stelle durchführen müssen. Am besten erstellen Sie einen Ordner namens \shop, darin installieren Sie die Shop-Software im Unterordner \mondo3 (also: \shop\mondo3).

Clients greifen per Netzwerkfreigabe auf Shop zu

Damit alle Rechner in Ihrem Netzwerk die Shop-Software nutzen können, müssen Sie nur den Installationsordner \mondo3 freigeben. Die Clients sind anschließend in der Lage, über die **Netzwerkfreigabe** (Berechtigung: Vollzugriff) mit Hilfe eines **Netzlaufwerks** auf den Shop zuzugreifen. Grundlage für diese Funktionsweise ist die Datei- und Druckerfreigabe Ihres *Windows*-Betriebssystems. Falls auf den Clients keine *Borland Database Engine* (**BDE**) installiert ist, muss das noch nachgeholt werden. Zur Not können Sie dazu die Installationsroutine des Mondo Shop nutzen.

Praxis-Tipp: Netzlaufwerk erstellen

Tipp......

Nachdem Sie den Ordner am Server im Windows-Explorer *freigegeben haben, erstellen Sie an allen Clients ein Netzlaufwerk. Gehen Sie dazu am Client in den* Windows Explorer *und öffnen Sie in der Menüleiste den Eintrag »Extras > Netzlaufwerk verbinden...«. Wählen Sie einen freien Laufwerksbuchstaben, z.B. M:, und verbinden Sie das Laufwerk mit dem Netzlaufwerk am Server. Lautet der Server-Name NTSERVER und der*

Freigabename (des Ordners \mondo3) »mondo«, dann geben Sie als Ordner \\NTSERVER\mondo (\\Servername\Freigabename) ein. Ein Haken bei »Verbindung bei Anmeldung wiederherstellen« stellt automatisch die Verbindung zu Ihrem Freigabeordner nach einem Neustart wieder her.

Mehrplatzmodus verwenden

Unter *Microsoft Windows XP Pro* konnten wir am Client-Rechner den Shop im Einzelplatzmodus mit der Datei MShop.exe starten. Damit Sie Ihren Shop im Mehrplatzmodus betreiben können, müssen Sie vorher den Netzlaufwerkpfad im Client eintragen. Öffnen Sie dazu den bestehenden Shop im Einzelplatzmodus und gehen Sie in die Menüleiste der Shop-Software »Einstellungen > Shop-Einstellungen > Mehrplatzmodus«. Hier geben Sie den Laufwerksbuchstaben des Netzlaufwerks (z.B. M:) gefolgt vom Namen des Shop-Verzeichnisses ein. Sind Sie erfolgreich, dann öffnen Sie Ihren Shop über den Befehl »Durchsuchen«, den Sie im Menü »Datei > Shop im Mehrplatzmodus öffnen ...« finden.

Ablauf der Grundinstallation von Mondo Shop 3 StartUp

Wir helfen Ihnen nun bei der Installation auf Ihrem lokalen Rechner. Im weiteren Verlauf dieses Handbuchs nutzen wir die Version 3.2.0.21. Für die Erstinstallation der Shop-Software benötigen Sie unter *Microsoft Windows NT/2000/XP/Vista* Administratorrechte. Erfreulicherweise brauchen Sie kein vorinstalliertes *XAMPP* für die Nutzung des lokal installierten Shop-Offices. Es ist jedoch möglich (allerdings kein Muss), eine *MySQL*-Datenbank für die Shop-Front zu verwenden.

Die Installation verläuft in folgenden Schritten ab, die wir gleich im Anschluss genauer erläutern:

Step......

1. Legen Sie die CD ein oder wählen Sie die EXE-Datei aus dem Web!

2. Führen Sie die Installation der Software aus (lokal oder Server)!

3. Starten Sie die Shop-Software am Rechner!

4. Legen Sie den ersten eigenen Shop an!

5. Tragen Sie den erhaltenen Lizenzschlüssel für diesen Shop ein!

6. Konfigurieren Sie bei Bedarf den Mehrplatzmodus im Netzwerk!

7. Lesen Sie dieses Handbuch und verschaffen Sie sich einen Überblick!

WWW......

www.mondo-media.de
Mondo Media eBusiness-Systems GmbH *(Download Shop-Software)*

Mondo–Shop-Installation starten

Haben Sie das Software-Setup gestartet, beginnt die Installationsroutine. Diese fordert Sie zu weiteren Eingaben auf. Sie müssen dem Lizenzvertrag zustimmen, können aktuelle Informationen zur Software nachlesen und das Zielverzeichnis für die Installation wählen. Wählen Sie als Installationsverzeichnis einfach *\shop\mondo3*. Im weiteren Verlauf wählen Sie den Umfang der Installation aus, wie Abbildung 5.20 zeigt.

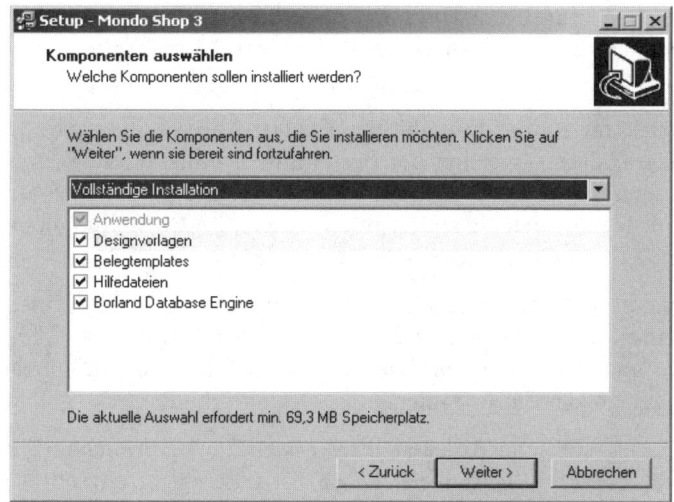

Abbildung 5.20: Vollständige oder benutzerdefinierte Installation

Anschließend werden Sie gefragt, ob Sie eine Programmverknüpfung auf dem Desktop erstellen wollen. Am besten belassen Sie die restlichen Angaben wie voreingestellt. Vor dem Start der Installation erhalten Sie eine Zusammenfassung der von Ihnen gemachten Angaben. Passt alles, klicken Sie auf »Installieren«. War die Installation erfolgreich, wird in manchen Fällen die *Borland Database Engine* aktualisiert.

Nach wenigen Handgriffen können Sie bereits Ihren ersten Shop im Menü »Datei > Shop neu …« anlegen. Eine Eingabemaske öffnet sich, darin können Sie einige notwendige Angaben machen:

Neuen Shop anlegen

>> **Shopname:** Wird in allen Menüs verwendet.

>> **Shopbezeichnung:** Wird Ihren Kunden angezeigt.

>> **Shop-ID:** Eindeutige ID, die z.B. im E-Mail-Verkehr verwendet wird.

Im nachfolgenden Fenster erscheint eine Auswahl zwischen Netto- und Bruttopreisen. Bei Nettopreisen speichert der Shop alle Preise netto ab, vorzugsweise verwendet für **B2B**-Shops. Speichern Sie Ihre Preise brutto, richten sich Ihre Angebote hauptsächlich an Endverbraucher (**B2C**-Shop). Diese Einstellung kann später nicht mehr geändert werden. Aber es lassen sich in beiden Fällen an der Shop-Front die Preise sowohl netto wie auch brutto anzeigen.

B2B oder B2C?

Als Nächstes wählen Sie in Ihrem Online-Shop die künftig aktiven Sprachen aus. Zur Auswahl stehen neben Deutsch noch Dänisch, Englisch, Französisch, Italienisch, Niederländisch und Spanisch. Gegenüber dem Vorjahr kamen noch Portugiesisch und Ungarisch neu hinzu. Suchen Sie sich daraus

Sprache und Währung wählen

die Basissprache Ihres Shops aus. Im nächsten Auswahlfenster markieren Sie aus den angebotenen Währungen die Basiswährung Ihres Online-Shops. Sie können außer Euro auch noch wählen zwischen Schweizer Franken, dänischen Kronen, britischen Pfund, ungarischen Forint und US-Dollar. Sowohl die Basissprache als auch die Basiswährung sind später nicht mehr veränderbar.

E-Mail-Adresse festlegen

Im nächsten Dialogfenster ist die Eingabe der E-Mail-Adresse Ihres Shops erforderlich. An diese Adresse werden die Bestellungen und andere Daten aus der Shop-Front gesendet. Diese Adresse sollten Sie möglichst nur für den Shop verwenden. Sie können sie später noch im Menü »Einstellungen > Shop-Einstellungen > Allgemeine Informationen« ändern.

Bevor der Shop fertig gestellt wird, geben Sie den Haupt- bzw. Unterordner vor. In diesem Ordner wird der neu erstellte Shop gespeichert. Das Verzeichnis können Sie später nicht mehr ändern. Dabei wird ein Standard-Shop als Muster angelegt, der ein grundlegendes Design erhält.

Lizenz eintragen

Im Anschluss an das erfolgreiche Anlegen Ihres ersten Shops brauchen Sie die Lizenz. Als Erstes kopieren Sie den per E-Mail erhaltenen Lizenzschlüssel (enthalten im E-Mail-Lieferschein von *Mondo*) in die *Windows*-Zwischenablage. Hierfür markieren Sie den Lizenzschlüssel und drücken die Tastenkombination Strg+C. Anschließend fügen Sie die Lizenz aus der Zwischenablage im Shop ein. Dazu gehen Sie im Menü (Einzelplatzmodus) zu »Einstellungen > Shop-Lizenz > Lizenz eintragen …« und klicken Strg+V. Die so gespeicherte Lizenz können Sie auch für weitere Shops auf Ihrem PC verwenden. Jetzt verfügt Ihr aktueller Shop über die in der Lizenz festgelegten Berechtigungen. Von Zeit zu Zeit stellt *Mondo Shop* Updates zum Download bereit. In der Regel sind diese kostenfrei und Ihre Lizenz bleibt weiterhin gültig.

Mondo Shop auf Webspace veröffentlichen

Normalerweise würden Sie jetzt damit fortfahren, Firmendaten einzutragen, das Design der Shop-Front anzupassen und Kategorie- und Produktdaten anzulegen. Diese Schritte überspringen wir zunächst, wir werden uns später eingehend damit beschäftigen. Zunächst wollen wir Ihre Neugierde stillen und Ihren Shop online betrachten. Hierfür veröffentlichen Sie den Shop erst einmal lokal und im Anschluss daran auch online. Das hört sich komplizierter an, als es ist. Nehmen Sie die folgenden Anweisungen und konfigurieren Sie damit Ihre Shop-Software.

Modem, ISDN oder DSL

Auf der Startseite klicken Sie im rechten Fensterinhalt auf »Wichtige Einstellungen«. Durch erneutes Klicken auf »Onlineeinstellungen« starten Sie den Assistenten für die Internet-Verbindung. Der **Online-Einstellungsassistent** hilft Ihnen, eine Internet-Verbindung herzustellen. Wählen Sie Ihre Verbindung aus, entweder über ein DFÜ-Netzwerk (analoges Modem oder ISDN-Anschluss) oder über ein lokales Netzwerk (DSL-Anschluss). Sammeln Sie für die Online-Verbindung zunächst die folgenden Informationen:

Web- und FTP-Server (erhalten Sie von Ihrem Provider)	– Domain-Name Ihres Online-Shops
	– Hostname des **FTP-Servers** (Port 21) von Ihrem Provider, z.B. ftp.onlineshop-handbuch.de.
	– Benutzerkennung für den FTP-Server (Identifikation)
	– Kennwort für den FTP-Server
	– Anfangpfad der Domain auf dem Webserver, z.B. das root-Verzeichnis selbst oder besser ein neues eigenständiges Unterverzeichnis für den Shop.
E-Mail	– eine eigene E-Mail-Adresse für den Online-Shop, z.B. mondoshop@domainname.de
	– Host-Name des **POP3-Servers** für den Empfang von E-Mails (Port 110), z.B. pop3.domainname.de
	– Host-Name des **SMTP-Servers** für den Versand von E-Mails (Port 25), z.B. smtp.domainname.de
	– Benutzername für den E-Mail-Server (Identifikation)
	– Kennwort für den E-Mail-Server

Tabelle 5.12: Wichtige Informationen für die Online-Verbindung

FTP und E-Mail einstellen

Mit den gesammelten Daten gelingt es Ihnen im Nu, die notwendigen Einstellungen für Internet-Verbindung, FTP-Server und Mail-Server vorzunehmen. Damit stellen Sie Ihren Online-Shop ins Internet und tauschen E-Mails zwischen Shop-Front und Shop-Office aus. Ihr FTP-Client kommuniziert mit dem FTP-Server Ihres Providers, um den Shop zu veröffentlichen. Wird der Dateitransfer einmal durch einen Übertragungsfehler unterbrochen, setzt der Transfer beim erneuten Start an der Stelle, an der die Unterbrechung stattfand, fort. Das Shop-Office verfügt hierzu über einen integrierten E-Mail- und FTP-Client. Der eingebaute E-Mail-Client kommuniziert mit dem POP3-Server (Post-Empfang) und SMTP-Server (Post-Senden) Ihres Providers. Damit Sie über das Shop-Office Anfragen abholen und Belege versenden können, müssen Sie diesen Dienst Ihres Providers korrekt konfigurieren.

Shop lokal erzeugen und testen

Nun starten Sie das Publizieren (im Internet Veröffentlichen) mit dem Shop-Generator. Dazu wählen Sie im Menü »Shop-Front > Erzeugen ...« oder tippen die Taste [F6]. Ihr Online-Shop wird im Anschluss aus den Programm-, Design- und Shop-Einstellungen erzeugt. Ergänzt werden diese Informationen durch die Kategorie-, Produkt- und Kundendaten aus Ihrer Warenwirtschaft. Bei einem neuen Shop erzeugen Sie die Shop-Front komplett neu. Bei jedem erneuten Publizieren reicht es, wenn Sie nur die geänderten Daten aktualisieren. Mit der Taste [F7] testen Sie Ihren Shop lokal, es öffnet sich dazu im Internet-Browser Ihr Online-Shop.

Shop publizieren

Wird Ihr Shop im Browser richtig angezeigt, gehen Sie zurück in die Shop-Software. Dort stellen Sie den Shop mit [F8] oder der Menübefehlsfolge »Shop-Front > Publizieren ...« vollständig online. Dadurch kopieren Sie Ihren lokal erzeugten Online-Shop auf den Speicherplatz Ihrer Shop-Domain beim Provider. Vor dem Publizieren zeigt Ihnen ein Dialog die von Ihnen verwendete FTP-Konfiguration.

Wir hatten diesmal etwas Probleme mit den Online-Einstellungen, da wir eine Subdomain zum Testen im Web nutzen wollten. Dank des kompetenten Online-Forums kamen wir aber schnell auf die Lösung. Der korrekte »Anfangspfad« bei den FTP-Einstellungen lautete bei uns schließlich »/sub-domains/mondo3/httpdocs/shop« (**Plesk**-Umgebung). Der genutzte Domain-Name lautete `http://mondo3.wallaby.de/shop`.

Mit F9 greifen Sie per Internet-Browser auf Ihren Online-Shop zu und testen so die Funktionsweise der Shop-Front im Internet.

Mondo Shop 3
StartUp
konfigurieren

Für die nun anstehende Konfiguration des *Mondo Shops* bleiben Sie offline, d.h., Sie benötigen zunächst keine Verbindung ins Internet. Sie pflegen am lokalen Rechner sämtliche Daten des Online-Shops. Erst mit dem Menü-befehl »Erzeugen« und anschließendem »Publizieren« ändern Sie die Shop-Front im Internet. Zuvor sollten Sie aber die nachfolgenden Anpassungen durchführen, damit Ihr Shop grundlegende Daten enthält.

Der *Mondo Shop* bietet Ihnen zwei Wege für die Konfiguration. Im Anfänger-modus legen Sie anhand eines einfachen WYSIWYG-Editors fest, wie Ihre einzelnen Überschriften, Texte, Bilder usw. aussehen. Dies ist die Standard-einstellung nach der ersten Installation. Die Bedienung im Expertenmodus empfiehlt sich für Fortgeschrittene. In diesen Modus wechseln Sie, indem Sie im Menü »Einstellungen« den Begriff »Experte« anklicken. Hier finden Sie dann die Shop- und Designelemente, in denen Sie die einzelnen Bausteine finden. Wir verwenden zum leichteren Einstieg den Anfängermodus.

Teil 1 – Allgemeine Daten

1. Firmenanschrift, Kontaktdaten und Design/Layout (Mondo Shop)

Menü: »Einstellungen > Shop-Einstellungen > Firma > …«

In den **allgemeinen Daten** erfassen Sie die grundlegenden Firmeninformatio-nen zu Ihrem Online-Shop. Die Daten sehen Ihre Kunden auf den Belegen und auf der Bestellseite des Shops. Bei der **Bankverbindung** ist es für Zah-lungen aus dem Ausland sinnvoll, wenn Sie auch die den **IBAN**- bzw. den **SWIFT(BIC)**-Codes eingeben. Im dritten Dialogfenster legen Sie die **Mit-arbeiter** Ihres Shops an, die die Belege bearbeiten.

Menü: »Design > Design wählen«

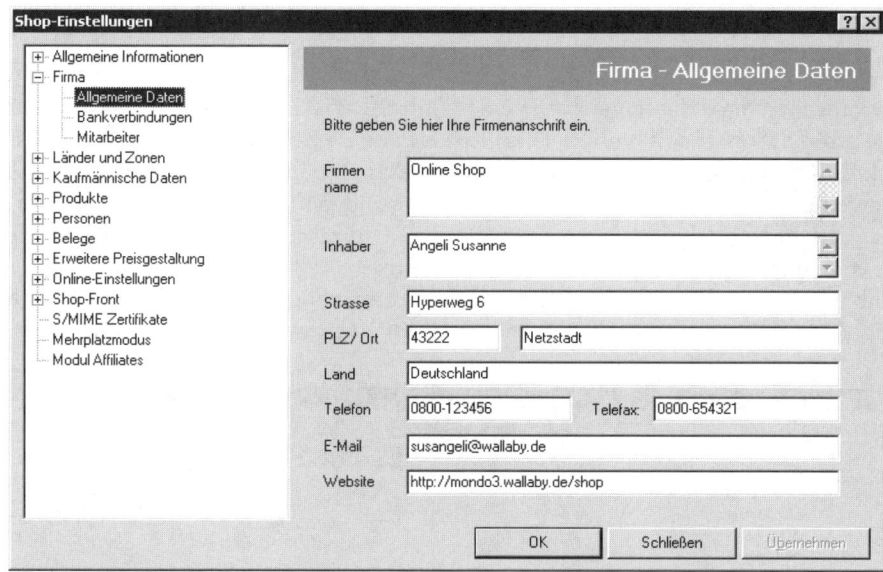

Abbildung 5.21: Dialogfenster für allgemeine Firmendaten

Ein neues Design lässt sich ziemlich einfach umsetzen. Durch die Menüwahl *Design wechseln* »Design > Design wählen…« öffnet sich ein Fenster, in dem Sie aus mehr als 30 verschiedenen Designs eines auswählen.

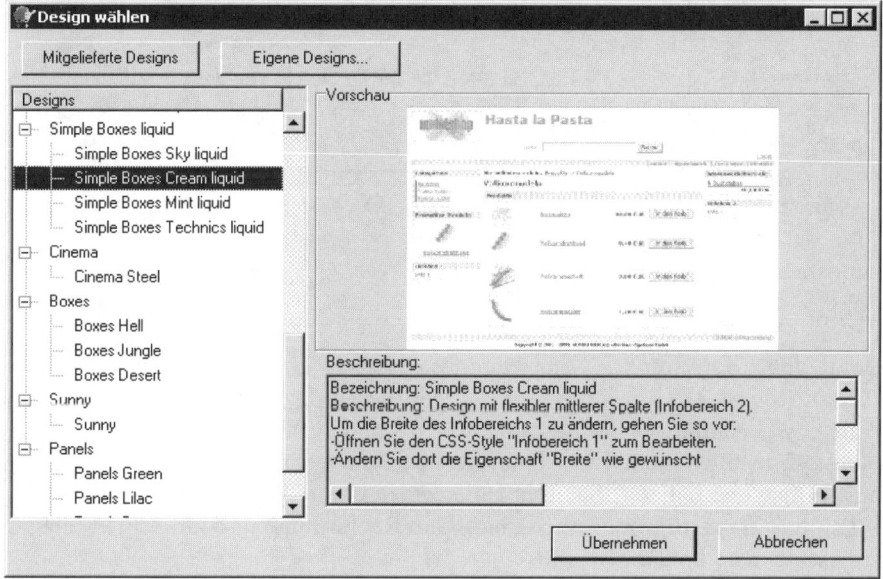

Abbildung 5.22: Design für Shop-Front wechseln

2. Kaufmännische Daten und Nummernkreise (Mondo Shop)

Menü: »Einstellungen > Shop-Einstellungen > Kaufmännische Daten > ...«

Im *Mondo Shop* lassen sich für eine Vielzahl von Personen, Produkten und Belegen automatisch Nummernkreise vergeben. Hier legen Sie fest, nach welchem Schema dies geschieht. Wählen Sie zuerst im Listenauswahlfeld das jeweilige Objekt und nehmen Sie die Anpassungen in den unteren Feldern vor. Da die verschiedenen Belege hervorragend nummeriert sind, brauchen Sie hier eigentlich keine Anpassungen vornehmen, z.B. bedeutet BE07-000001 die erste Bestellung im Jahr 2007. Man kann aber auch, wie in Abbildung 5.23 aufgeführt, als nächste Nummer 100001 anstatt 000001 wählen.

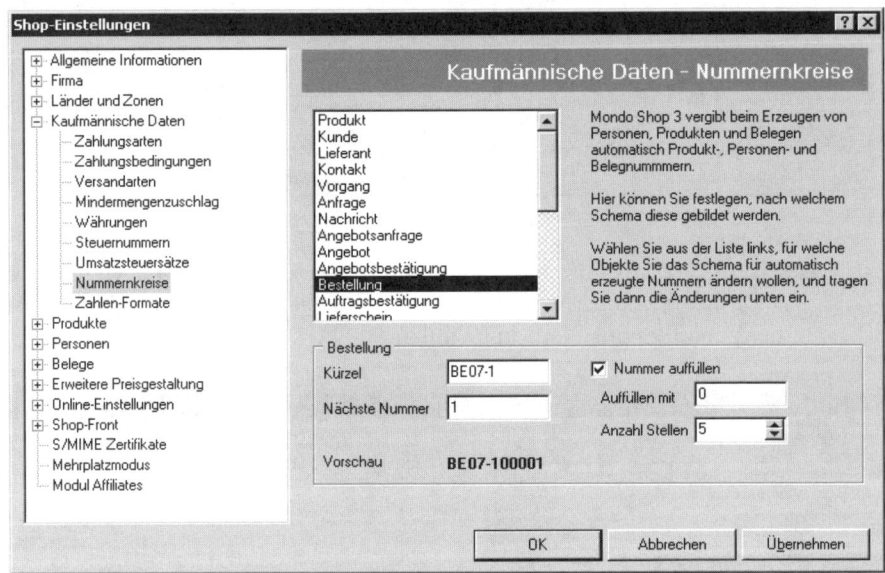

Abbildung 5.23: Nummernkreise für verschiedene Belegarten einstellen

3. Steuerinformationen (Mondo Shop)

Menü: »Einstellungen > Shop-Einstellungen > Kaufmännische Daten > ...«

Unter dem Menüpunkt »Umsatzsteuer« lassen sich die im Shop benötigten Umsatzsteuersätze konfigurieren. Sie definieren dazu die Steuersätze für die **volle** bzw. **ermäßigte** Umsatzsteuer. Die aktuellen Werte finden Sie im Menüpunkt »Umsatzsteuersätze«. Der jeweils geltende Steuersatz wird beim Produkt angegeben. Die **USt-IdNr** (falls vorhanden) und die vom Finanzamt vergebene **Steuernummer** werden auf den Rechnungs- und Gutschriftbelegen angezeigt (*Kapitel 2*).

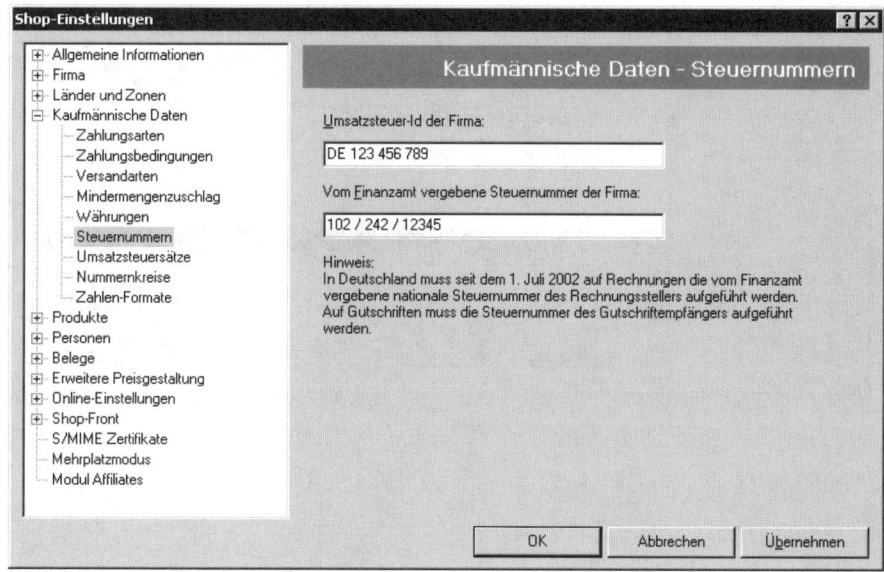

Abbildung 5.24: USt-IdNr und Steuernummer eintragen

4. Länderliste und Zonen (Mondo Shop)

Menü: »Einstellungen > Shop-Einstellungen > Länder und Zonen > ...«

Hier finden Sie eine umfassende **Länderliste,** aus der Sie die Länder den Versandzonen zuordnen. Bei Bedarf verschieben Sie Länder in andere Zonen. Anhand dieser Informationen berechnet Ihr Online-Shop die Versandkosten.

Mit Hilfe der gerade erwähnten Länderliste legen Sie neue Versandzonen an. *Neue Versand-* Ein Land kann jeweils nur einer Zone zugeordnet werden. Als Erstes legen Sie *zonen anlegen* die Zonenbezeichnungen fest, dafür vergeben wir die Namen Standard-Zone, Zone A, Zone B, Zone C und Zone D. In der Standardeinstellung sind zunächst alle Länder in einer Zone enthalten. Markieren Sie daher alle Länder in dieser Zone und entfernen Sie diese. Danach wählen Sie für Ihre Standard-Zone nur Deutschland aus. Für die anderen Zonen markieren Sie alle gewünschten Länder, die künftig zu den jeweiligen Zonen gehören sollen.

5. Infotexte und Bilder auf Ihrer Startseite (Mondo Shop)

Anfängermodus: »Shop-Editoren > Front-Editor > Infotext Text im Footer«

Expertenmodus: »Shop-Elemente > Texte > SN_Footer«

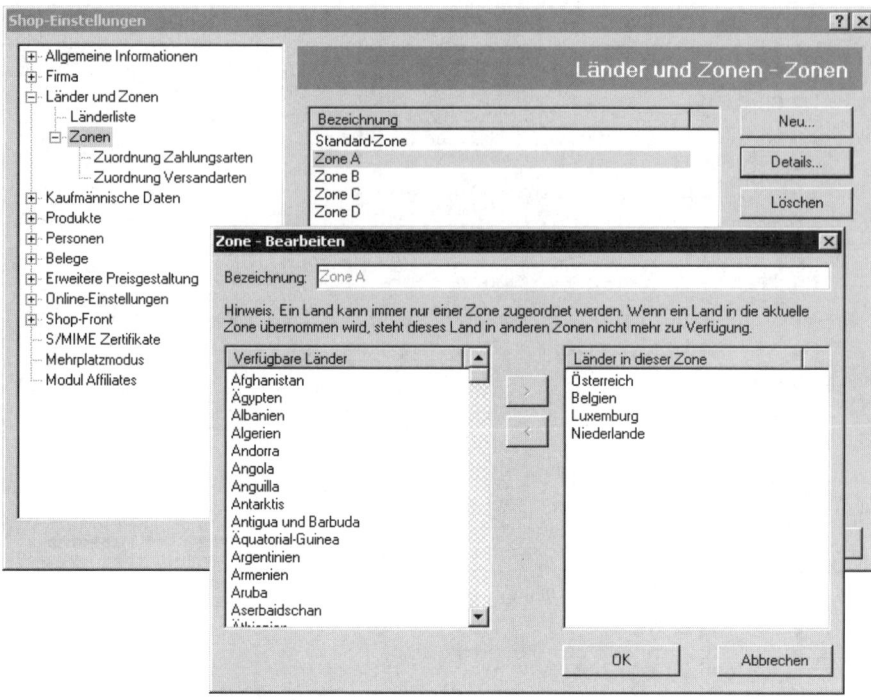

Abbildung 5.25: Verfügbare Länder aus der Länderliste in Zone A einfügen

Anfänger- oder Expertenmodus

In der linken Navigationsleiste öffnen Sie das Layout Ihrer Shop-Front. Dort klicken Sie auf den Front-Editor, der die grundlegende Shop-Ansicht erzeugt. Hier können Sie mit der rechten Maustaste kontextsensitiv die einzelnen Felder markieren und Texte bzw. Bilder austauschen (Abbildung 5.30).

Auf der nun angezeigten Startseite Ihres Online-Shops passen Sie den Informationstext an. Hier informieren Sie über Ihr Produktportfolio, Highlights oder Neuerscheinungen in Ihrem Shop. Für wichtige Neuigkeiten nutzen Sie die immer sichtbaren Infoboxen. Auch den Text im Footer-Bereich (SN_Footer) sollten Sie abändern, z.B.:

>> © 2005-2007 Firmenname – http://www.domain.de oder

>> Copyright © 2005-2007 domain.de. powered by Firmenname.

Unter »Shoplogo« (SN_ShopLogoImage) tauschen Sie hier gleich noch das Standardlogo durch Ihr eigenes aus, öffnen Sie dazu »Shop-Elemente > Bilder«. Geben Sie immer gleich einen Alternativtext ein. Falls das Bild nicht auffindbar ist, wird zumindest der Text angezeigt. Gleich daneben finden Sie den Slogan (SN_Slogan) des Shops. Ebenso wechseln Sie unter »Shopbild« (SN_Main_Info_InfoPageImage) das Infobild auf der Einstiegsseite.

Praxis-Tipp: Texte formatieren und übersetzen

Wenn Sie in der Shop-Front das kontextsensitive Menü öffnen und auf »Section: ... bearbeiten« klicken, können Sie Textinformationen überarbeiten. Markieren Sie eine Textauswahl und klicken Sie nochmals mit der rechten Maustaste, jetzt können Sie die Textauswahl formatieren oder sogar als HTML-Quelltext bearbeiten. Bei der Gelegenheit sollten Sie auch gleich an die Übersetzung Ihrer Texte denken. Auf den Textseiten steht Ihnen hierfür ein großes »T« (Translate) zur Verfügung, dort lassen sich die anderen Sprachtexte überarbeiten.

Teil 2 – Versandarten und -kosten

1. Aufschlag und Versandzonen (Mondo Shop)

Menü: »Einstellungen > Shop-Einstellungen > Kaufmännische Daten > ...«

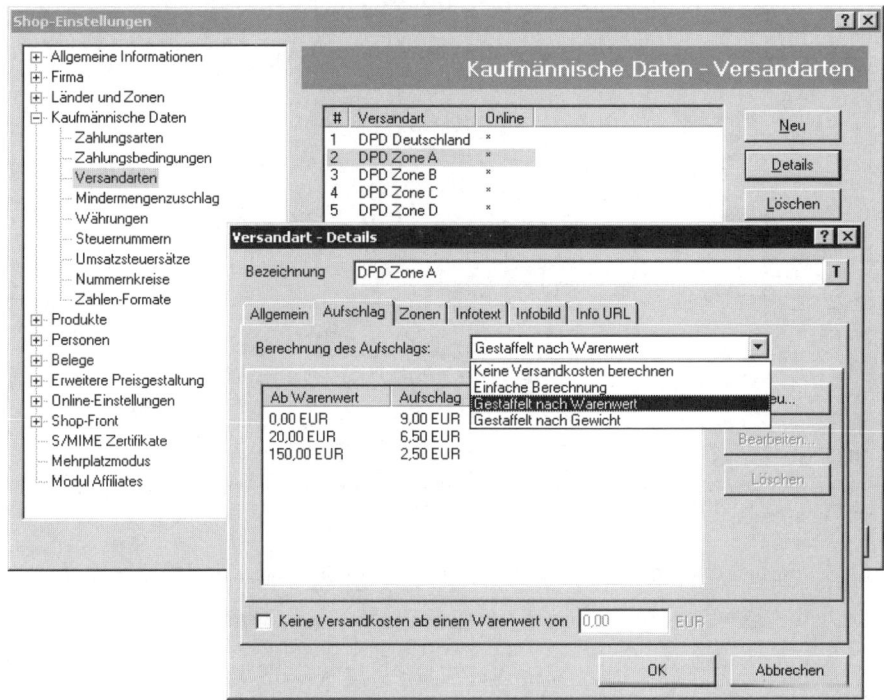

Abbildung 5.26: Gestaffelter Aufschlag nach Warenwert oder Gewicht

In dem Menüpunkt **Versandarten** lassen sich recht bequem neue Versandarten anlegen. Anschließend geben Sie die Aufschläge an, die Sie vom Kunden als Versandkosten verlangen. Sie haben dazu drei Wahlmöglichkeiten: einfache Berechnung (fester Aufschlag) und gestaffelt nach Wert oder Gewicht. In Zone A verlangen wir z.B. bis 150 € ohne Mindermengenzuschlag 6,50 € als Versandkosten. Über 150 € schlagen wir nur noch 2 € Versand auf. Bei einem Netto-Shop tragen Sie Nettopreise ein, analog geben Sie

Versandarten anlegen

Bruttopreise bei einem Brutto-Shop an. Die Anzeigereihenfolge lässt sich bequem in der Liste mit Hilfe von »Auf« und »Ab« korrigieren.

Neben dem Aufschlag sind auf jeden Fall noch die Versandzonen einzustellen, für die diese Versandart gelten soll.

2.   Mindermengenzuschlag (Mondo Shop)

Menü: »Einstellungen > Shop-Einstellungen > Kaufmännische Daten > ...«

Ganz simpel ist die Einstellung für den **Mindermengenzuschlag** gelöst. Dafür müssen Sie nur einen Haken setzen, den jeweiligen **Mindestwarenwert** und den Mindermengenzuschlag angeben. Wobei Sie diesen Mindermengenzuschlag auch sehr einfach über **Staffelpreise** erheben können.

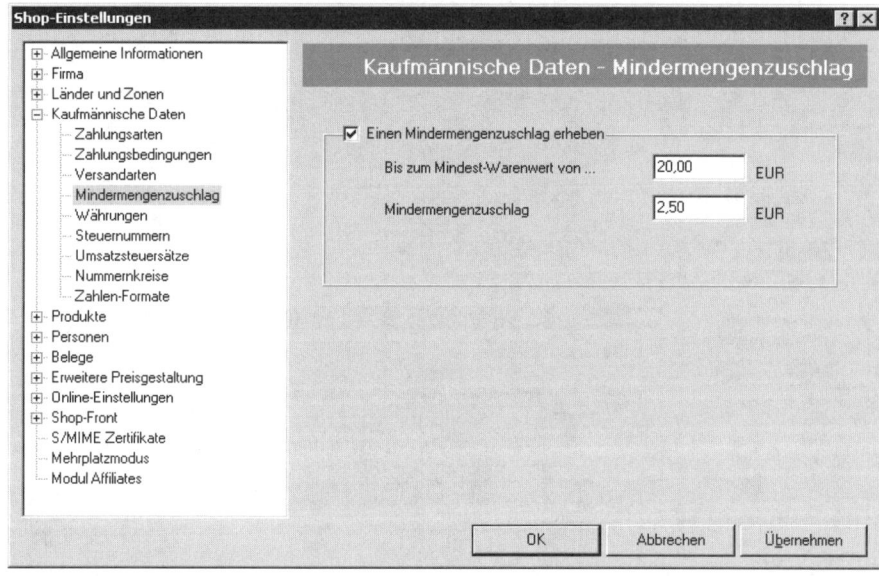

Abbildung 5.27: Erheben eines Mindermengenzuschlags

3.   Versandkostenfreie Lieferung (Mondo Shop)

Menü: »Einstellungen > Shop-Einstellungen > Kaufmännische Daten > ...«

Genauso leicht legen Sie fest, wenn Sie ab einem bestimmten Warenwert **versandkostenfrei** liefern. Sie brauchen dies nur in der jeweiligen Versandart unter Aufschlag anhaken und den Warenwert vorgeben.

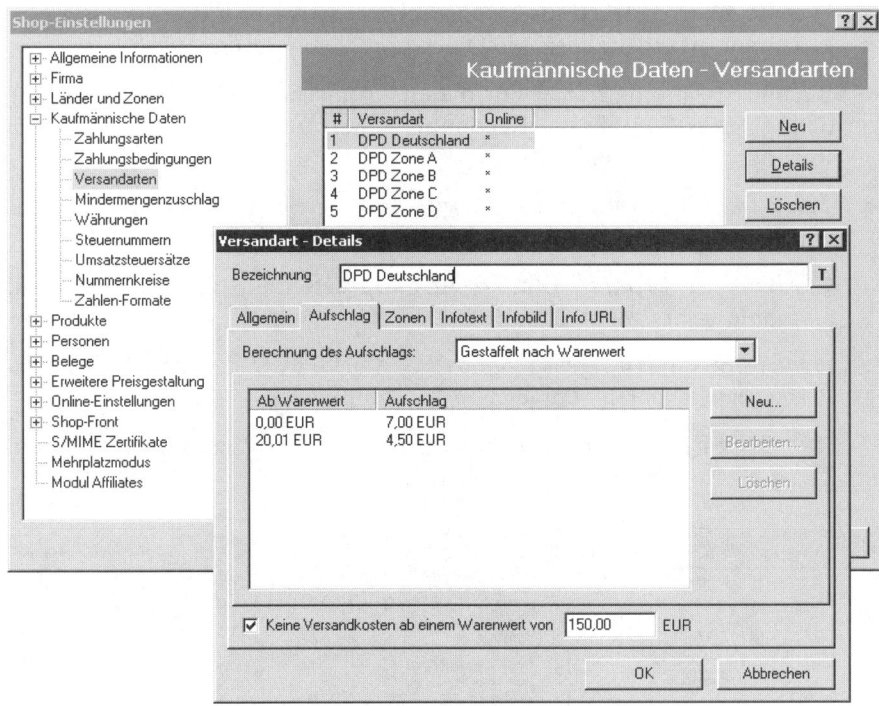

Abbildung 5.28: Warenwert für versandkostenfreie Lieferung eintragen

Teil 3 – Zahlungsarten

Menü: »Einstellungen > Shop-Einstellungen > Kaufmännische Daten > …«

Neben den Versandarten sind besonders die Zahlungsarten wichtig. Unter »Kaufmännische Daten« bestimmen Sie die in Ihrem Shop verfügbaren Zahlungsarten. Die Anzeigereihenfolge an der Shop-Front definieren Sie durch Positionierung in der Liste. Für jede neue Zahlungsart legen Sie eine Bezeichnung fest und vergeben einen Typ. Vergessen Sie nicht, die jeweils richtigen Versandzonen zuzuordnen.

Zahlungsarten einrichten

Je nach gewähltem Typ fordert Sie ein weiteres Dialogfenster zur Eingabe zusätzlicher Informationen auf. Dazu öffnet sich ein eigener Karteireiter im Detailfenster:

>> Rechnung, Vorkasse, Nachnahme: Weitere Angaben sind nicht erforderlich.

>> *Firstgate Click&Buy* Transaktionsmodul: Die Zahlungsart für Micro-Payment binden Sie einfach per Link ein.

>> Kreditkartenzahlung (offline): Die Kreditkartendaten werden am Ende der Bestellung abgefragt und mit der Bestellung übermittelt, daher übertragen Sie Bestelldaten SSL-verschlüsselt an das Shop-Office.

>> *WebTrade.net*: Elektronische Lastschrift (**ELV**) und die Kreditkarten-akzeptanz erfordern spezielle Daten zum Zahlungstyp.

>> Rechnungszahlung *iclear*: Für die elektronische Rechnungsabwicklung (Clearing) stellen Sie die Rechnung an *iclear*. Ihr Kunde bezahlt den Rechnungsbetrag bei *iclear*.

>> *TeleCash*: Hier bekommen Sie sehr umfangreiche Dienste als Zahlart, wie elektronische Lastschrift, Kreditkarten- und **Debitcard**-Zahlung.

>> *CC-Bank fin@nzkauf*: Ermöglicht Shop-Betreibern Finanzierungskauf als Zahlungsart anzubieten.

>> *HeidelPay, PayPal, Qenta, SaferPay, WorldPay* und *YellowPay*: Erfordern spezielle Daten zum jeweiligen Zahlungstyp.

>> Die voriges Jahr noch angebotenen Typen »Kreditkartenzahlung« und »Lastschrift« wurden durch neuere Typen ersetzt.

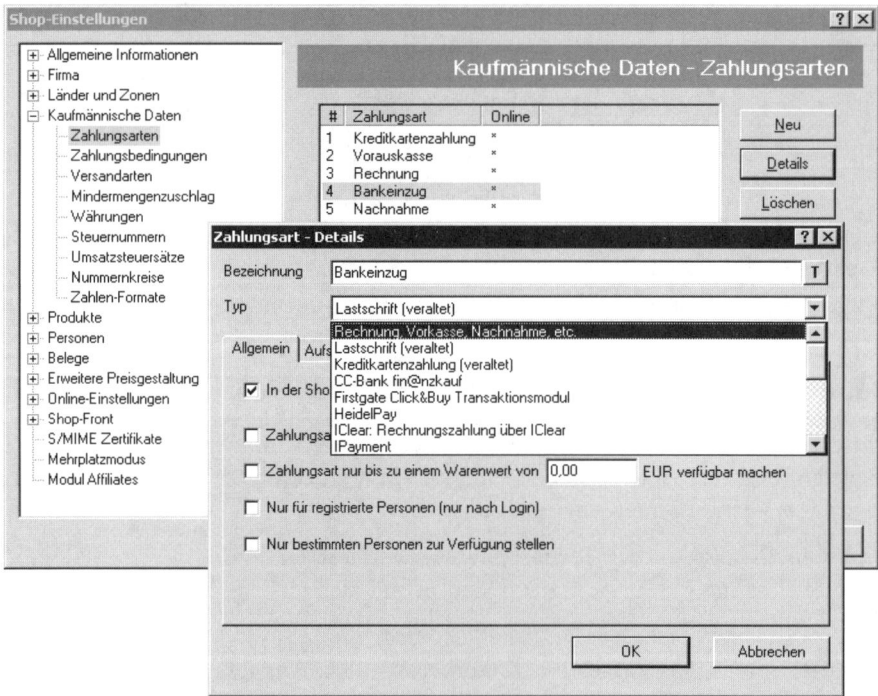

Abbildung 5.29: Verschiedene Typen von Zahlungsarten

Anfängermodus: »Shop-Editoren > Front-Editor > Zur Kasse«

Expertenmodus: »Shop-Elemente > Texte > SN_Main_CheckOut«

Sie müssen jetzt noch einige Infotexte ergänzen, insbesondere die Texte, die beim **Login** zur Kasse und bei Liefer- und Zahlart angezeigt werden. Leichter bearbeiten Sie diese Angaben im Expertenmodus. In der Navigationsleiste gehen Sie zu »Shop-Elemente« und dort zu »Texte«. Aktivieren Sie hierfür rechts oben die Filtersuche. Jetzt suchen Sie alle Einträge, die mit SN_Main_CheckOut beginnen. Nun können Sie die fehlenden Texte vervollständigen.

Infotexte für Liefer- und Zahlart

Teil 4 – Informationspflichten

1. Impressum (Mondo Shop)

Anfängermodus: »Shop-Editoren > Front-Editor > Impressum«

Expertenmodus: »Shop-Elemente > Texte > SN_Imprint«

Rechts unten steht der Begriff »Impressum«, den Sie zunächst anklicken müssen. Anschließend betätigen Sie die rechte Maustaste in der Nähe des Impressumstextes. Aus dem erscheinenden Menü wählen Sie »Section: Impressum > Bearbeiten«.

Impressum bearbeiten

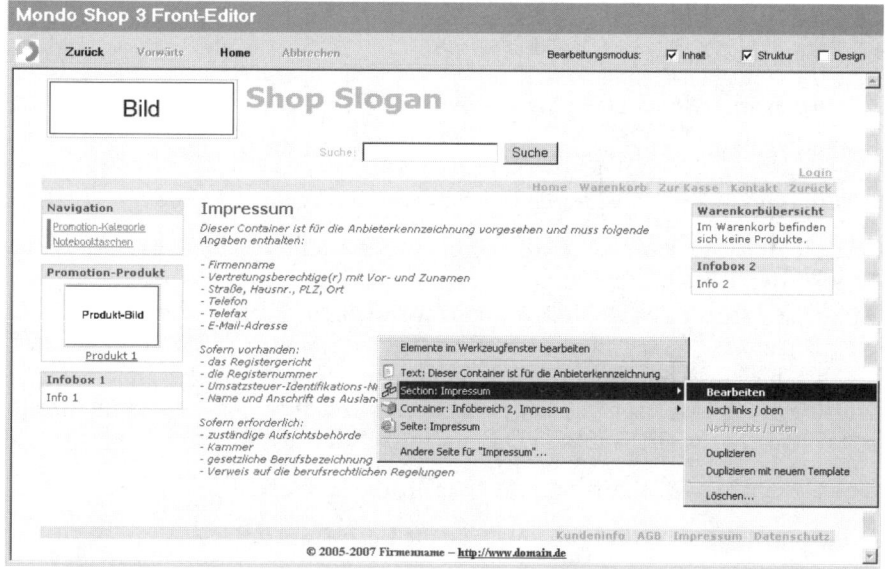

Abbildung 5.30: Kontextsensitives Menü beim Impressum im Front-Editor

In dem sich öffnenden Fenster wählen Sie aus dem Elementbaum »Impressum (Text)«. Hier können Sie im rechten Teil des Fensters Ihre Änderungen vornehmen.

Sie als Shop-Betreiber sind verpflichtet, ein Impressum mit Angaben zu Ihrer Firma bereitzustellen. Es muss sogar auf jeder Seite Ihres Webauftritts ein Hyperlink auf Ihr **Impressum** verfügbar sein (*Kapitel 7*).

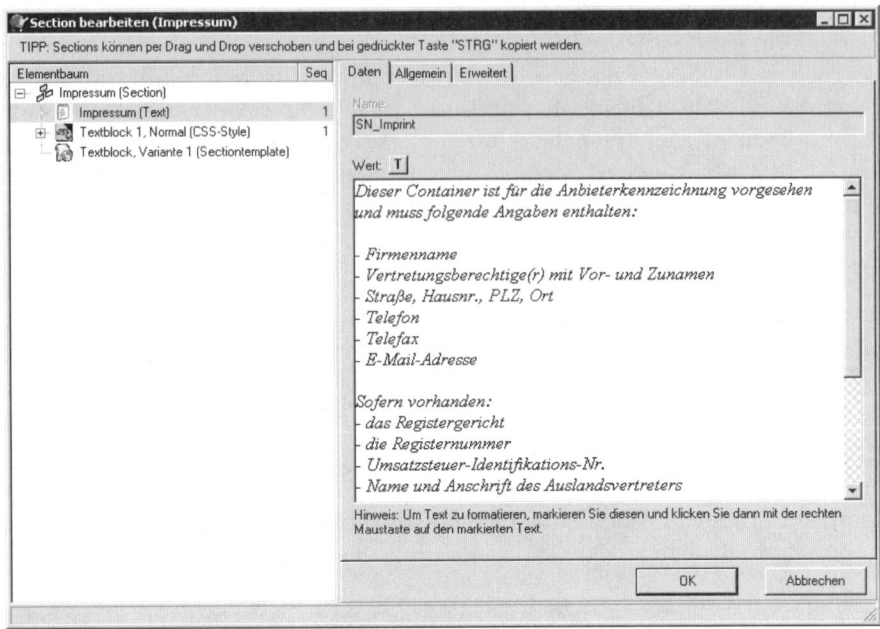

Abbildung 5.31: Impressum im Front-Editor editieren

2. Privatsphäre und Datenschutz (Mondo Shop)

Anfängermodus: »Shop-Editoren > Front-Editor > Datenschutz«

Expertenmodus: »Shop-Elemente > Texte > SN_Privacy_Infotext«

Unterrichten Sie Kunden bereits vor der Bestellung über Art, Umfang, Zweck der Erhebung, Verarbeitung und Nutzung personenbezogener Daten. Der Inhalt der Unterrichtung muss für den Käufer jederzeit abrufbar sein. Darum ist dieser Punkt als »Datenschutz« extra im Shop eingebaut. Das Beispiel in Abbildung 5.32 zeigt Ihnen, wie eine solche Datenschutzrichtlinie aussehen kann. In *Kapitel 7* bzw. auf CD finden Sie ein ausformuliertes Muster für eine saubere **Datenschutzerklärung**.

3. Allgemeine Geschäftsbedingungen (Mondo Shop)

Anfängermodus: »Shop-Editoren > Front-Editor > AGB«

Expertenmodus: »Shop-Elemente > Texte > SN_OrderTerms«

AGB aktivieren   Hier können Sie Allgemeine Geschäftsbedingungen einfügen. Allerdings ist es nicht vorgeschrieben, dass Sie AGB verwenden müssen, so dass dieser Container auch abgeschaltet werden kann. Falls Sie AGB einsetzen, müssen Sie diese in den Bestellablauf einbeziehen (Menü »Shop-Einstellungen > Shop-Front > Verhalten > Verhalten (Allgemein)«). Standardmäßig ist diese Funktion aktiviert. Ihre Kunden können Bestellungen nur dann ausführen, wenn sie während des Bestellvorgangs bestätigen, die AGB gelesen zu haben.

Quelle:
computer-
universe.net

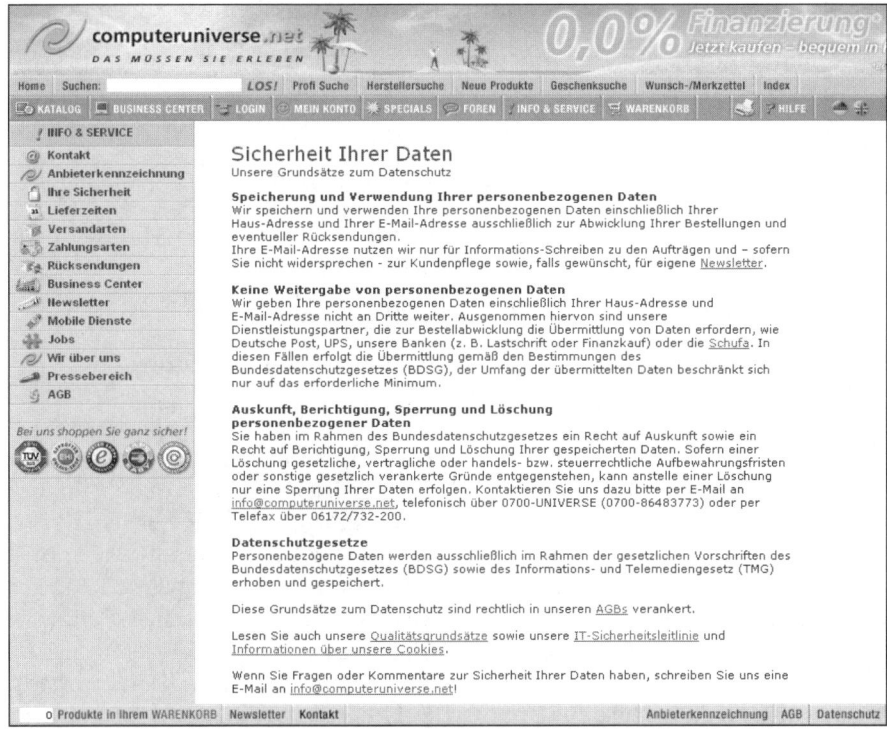

Abbildung 5.32: Datenschutzerklärung der Firma computeruniverse.net

4. Kundeninformationen (Mondo Shop)

Anfängermodus: »Shop-Editoren > Front-Editor > Kundeninfo«

Expertenmodus: »Shop-Elemente > Texte > SN_CustomerInfo«

Unter dem Punkt »Kundeninfo« sind zahlreiche Informationen zusammengefasst. Sie müssen der Reihe nach die mehr als zehn Punkte einzeln durcharbeiten. Am besten nehmen Sie diese Änderungen wieder im Expertenmodus vor, wo Sie alle Einträge ändern, die mit SN_CustomerInfo beginnen. Ihre Informationen für den Kunden beinhalten im Einzelnen:

>> Widerrufs-/Rückgaberecht: Belehrung über die Widerrufsfolgen und die Rückgabeabwicklung.

>> Identität und Anschrift des Shop-Betreibers: Hier stehen Ihre Firmendaten.

>> Vertragsschluss: Eine verbindliche Kundenbestellung wird zu einem Kaufvertrag, sobald die Auftragsbestätigung oder Warenlieferung zugeht.

>> Vertragstextspeicherung: Hier steht ein Hinweis auf die allgemeinen Vertragsbedingungen, in der Regel ein Hyperlink auf Ihre AGB.

>> Kundeninfo/Bestellung: Beschreibt die Abwicklung des Bestellvorgangs.

>> Kundeninfo/Lieferung: Informiert über die voraussichtlichen Lieferzeiten.

>> Kundeninfo/Preise: Information, ob es sich um Netto- oder Brutto-preise handelt.

>> Kundeninfo/Versandkosten: Tabellarische Aufstellung der Versandkosten.

>> Kundeninfo/Zahlung: Informiert über verfügbare Zahlungsmöglichkeiten.

Der inzwischen erforderliche Hinweis bei den Produktpreisen »Preis enthält USt zzgl. Versandkosten« ist mit dieser Kundeninfo verlinkt.

5. Kundenbelehrung bzw. Widerrufsrecht (Mondo Shop)

Anfängermodus: »Shop-Editoren > Front-Editor > Kundeninfo«

Expertenmodus: »Shop-Elemente > Texte > SN_CustomerAdvice«

Zwar kann das Widerrufs- und Rückgaberecht bereits bei den Kundeninformationen vervollständigt werden. Dennoch weisen wir Sie vorsichtshalber an dieser Stelle nochmals auf die Kundenbelehrung hin. Dieser Text wird übrigens in der Shop-Front auf der Bestellseite (OrderSummaryPage.html) ausgegeben. Sämtliche Belehrungen des ehemaligen **Fernabsatzgesetzes** (jetzt § 312 BGB) aktivieren Sie im Menü »Einstellungen > Shop-Einstellungen > Shop-Front > Verhalten > Verhalten (Allgemein)«. Dort markieren Sie die Checkbox »Meldungen nach FernAbsG anzeigen«. Beim Bestellvorgang werden dem Kunden produktspezifische Hinweise und die Belehrung zum Widerrufsrecht angezeigt.

Produkt- bzw. kategoriespezifische Belehrungen geben Sie ein im Menü »Produkt > Produkt bearbeiten > Bemerkung« (nach Auswahl eines spezifischen Produkts) bzw. »Kategorie > Kategorie bearbeiten > Bemerkung« (nach Auswahl einer Kategorie). Diese Texte muss der Kunde im Shop vor seiner Bestellung des Artikels als gelesen quittieren.

Teil 5 – Produktinformationen

1. Mengeneinheit und Grundpreis (Mondo Shop)

Menü: »Einstellungen > Shop-Einstellungen > Produkte > Mengeneinheit«

Mengeneinheiten anlegen

Laut der Preisangabenverordnung sind Sie verpflichtet, je **Mengeneinheit** einen dazugehörigen Grundpreis anzugeben. Die ersten Mengeneinheiten für Ihre Produkte legen Sie mit einem Klick auf »Neu« in den Shop-Einstellungen an. Sie benötigen dazu folgende Angaben:

>> Name der Mengeneinheit: Bezeichnung der Mengeneinheit, z.B. 100-g-Packung, 700-ml-Flasche, Kilogramm oder Stück.

>> Kürzel der Mengeneinheit: Abkürzung der Mengeneinheit, z.B. Pckg, L, kg oder Stk. Das Kürzel wird in allen Standarddesigns der Shop-Front gleich hinter dem Eingabefeld der Bestellmenge angezeigt.

Ist bei dieser Mengeneinheit die Angabe eines Grundpreises erforderlich, konfigurieren Sie auch noch die beiden nächsten Felder:

➤➤ **Grundmengeneinheit**: Die **Grundmenge** müssen Sie nur bei Verkaufsmengen, die Teilmengen von üblichen Mengenangaben sind, angeben, z.B. 700 ml von 1 L oder 100 g von 1 kg. Bei solchen Mengenangaben, z.B. 100 g, ist nach der Preisangabenverordnung auch der **Grundpreis** je Grundmengeneinheit anzugeben, z.B. 1 kg. Dadurch kann der Kunde die Preise besser vergleichen.

➤➤ **Faktor**: Der Grundpreis wird vom Shop-System über einen Faktor errechnet und angezeigt. Für unser Beispiel ergibt sich die Mengeneinheit aus der Formel: 100 g = 0,1 x 1 kg.

$$Mengeneinheit = Faktor \times Grundmengeneinheit$$

Beispiel: Ein Shop verkauft Pralinen in kleinen Packungen. Wie müssen die Werte definiert werden? In diesem Falle wäre es am besten, wenn Sie als Mengeneinheit »Packung 100 g«, als Abkürzung »100 g Pckg« und als Grundmengeneinheit »kg« wählen. Für den Umrechnungsfaktor ergibt sich dann 0,1.

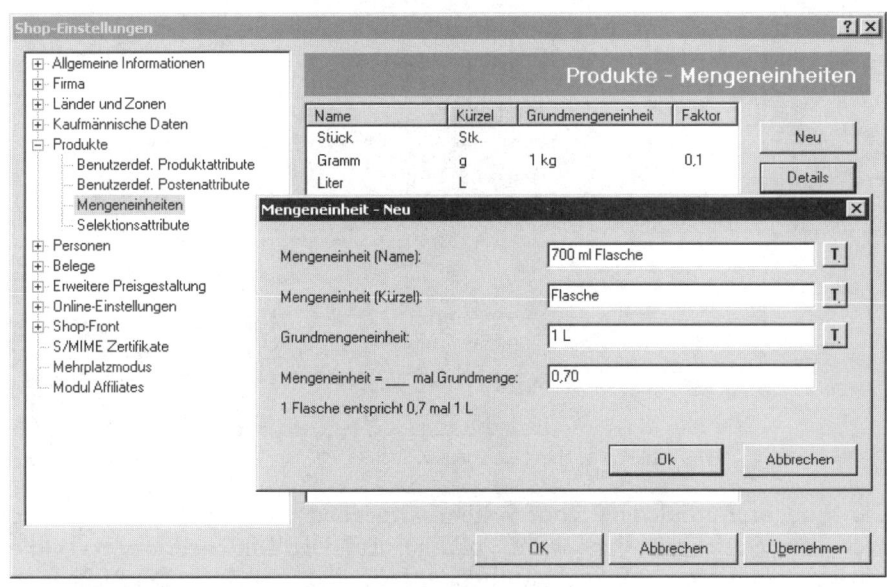

Abbildung 5.33: Grundmengeneinheiten und Faktoren festlegen

2. Kategorie, Artikel, Bild und Hersteller (Mondo Shop)

Menü: »Kategorie > Kategorie neu bzw. Produkte neu«

Ihre Produktpalette gliedern Sie anhand von Kategorien. Die Anzahl der Kategorien und die darin enthaltenen Produkte geben Sie vor. Verwenden Sie aus Gründen der Übersichtlichkeit möglichst wenige Kategorien. Die

Kategorien gliedern Produkte

Kategorien stellen einen baumartig aufgebauten **Katalog** dar. Dieser steht im Navigationsbereich Ihres Online-Shops für den Zugriff auf die jeweiligen Produkte bereit. Es kann sich auch erst nach einiger Zeit eine brauchbare Struktur ergeben.

Eine neue **Kategorie** erstellen Sie im Programmbereich unter »Stammdaten > Produkte > Kategorien bzw. Alle Produkte«. Mit der rechten Maustaste klicken Sie eine bestehende Kategorie an. Es öffnet sich das zugehörige kontextsensitive Menü. Hier gehen Sie zum Eintrag »Kategorie neu«. Die neue Kategorie wird im Baum unterhalb der markierten Kategorie angelegt.

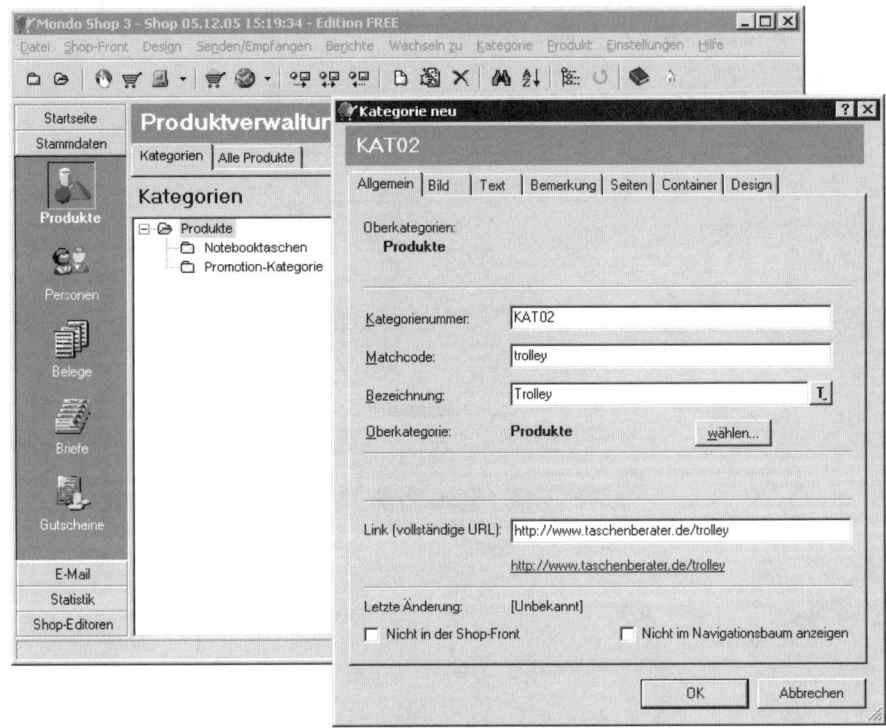

Abbildung 5.34: In der Produktverwaltung eine neue Kategorie anlegen

Kategorien anlegen
Die Kategorie erhält eine vom System vorgegebene Kategorienummer, die nach dem Speichern nicht mehr änderbar ist. Der Matchcode steuert die Anzeigereihenfolge auf der betreffenden Navigationsebene. Beispielsweise liegt der **Matchcode** AA vor einer Kategorie mit dem Matchcode AB. Die Bezeichnung wird als Kategoriename im Shop angezeigt. Im geöffneten Kategoriedialog füllen Sie der Reihe nach alle gewünschten Felder aus.

Innerhalb der Kategorien legen Sie Ihre neuen Produkte an. Zunächst wählen Sie im linken Bereich die jeweilige Kategorie aus, dann klicken Sie im
rechten Bereich wieder mit der rechten Maustaste in den freien Raum. Analog zur Kategorie wählen Sie im nun aufklappenden Menü »Produkt neu«.
Im »Produkt bearbeiten«-Modus lassen sich neben Texten, Preisen, Herstellerlink, Produktvarianten, Cross-Selling-Produkten usw. auch Produktbilder zum Artikel hinzufügen. Neue Bilder binden Sie über »Bilder > Neu >
Bild auswählen…« ein.

*Neue Produkte
anlegen*

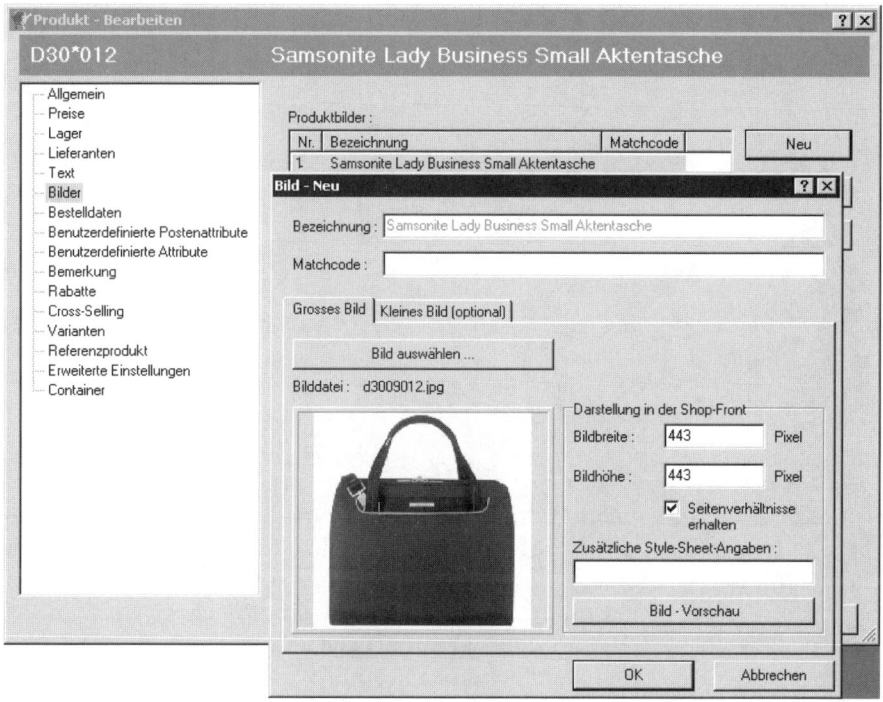

Abbildung 5.35: Produkt bearbeiten und Produktfoto einfügen

Den Lieferanten eines Produkts definieren Sie in der linken Navigationsleiste
unter »Stammdaten > Personen«. Hier wählen Sie den Karteireiter »Lieferanten«. Im dortigen kontextsensitiven Menü starten Sie die Bearbeitung mit
»PG neu«.

Lieferant anlegen

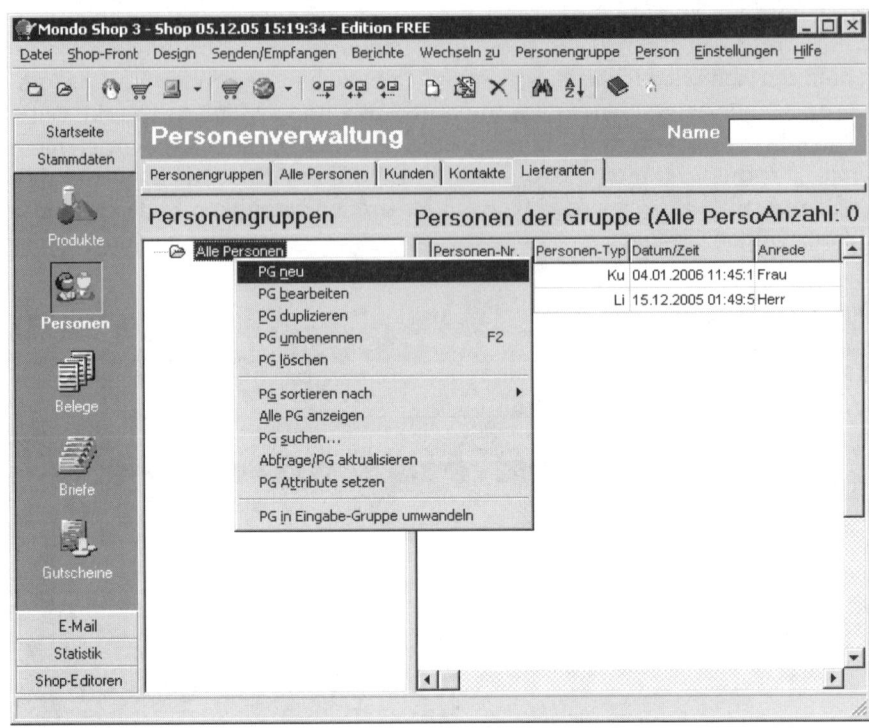

Abbildung 5.36: Neuen Lieferanten in der Personenverwaltung anlegen

Herstellerlink erstellen

Sie konfigurieren bei einem Produkt einen Link zum Hersteller, indem Sie bei »Stammdaten > Produkte« auf den jeweiligen Artikel doppelklicken. Dort finden Sie unter »Allgemein« ein Feld namens »Link«. Online finden Kunden den Herstellerlink direkt unterhalb der Produkterläuterung: »Weitere Informationen: www.herstellerlink.de«. Ausführliche Informationen zum Lieferanten eines Produktes stellen Sie in der Produktverwaltung ein (Abbildung 5.35). Im sich öffnenden Eingabefenster wählen Sie Lieferanten aus. Damit können Sie den eben erfassten Lieferanten dem Produkt zuordnen.

3.   Produktvarianten (Mondo Shop)

Anfängermodus: »Stammdaten > Produkte«

Produktbezogene Attribute festlegen

Zu den angelegten Produkten lassen sich unterschiedliche Produktvarianten erstellen. Folgendes Beispiel mit Notebooktaschen soll Ihnen die Funktion näher erläutern: In diesem Beispiel sollen die Notebooktaschen in den Farben schwarz und braun und in den Größen small und medium angeboten werden. Legen Sie dafür zunächst für das Produkt die vorhandenen **Selektionsattribute** fest.

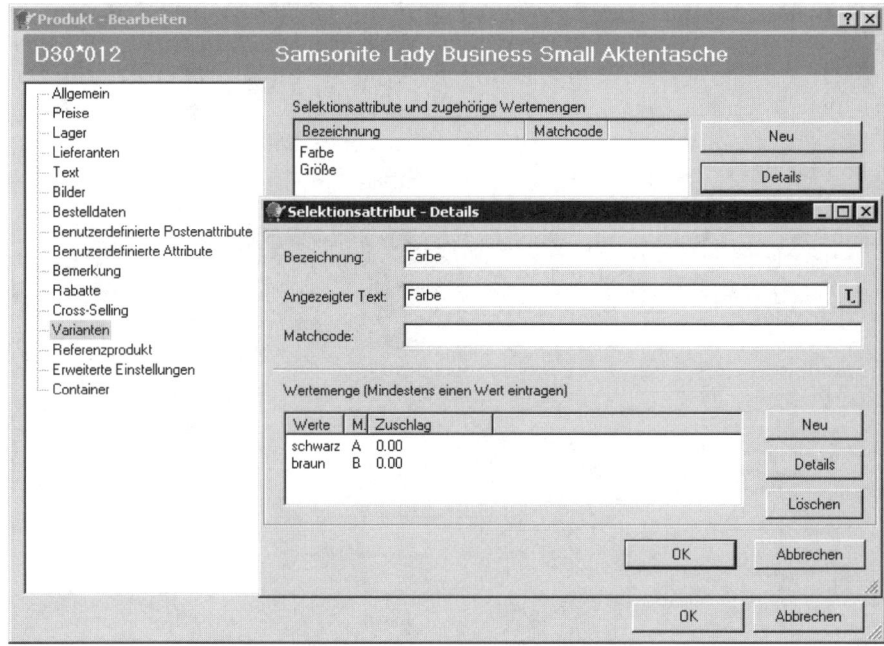

Abbildung 5.37: Anlegen neuer Selektionsattribute für Produktvarianten

Falls Sie bei vielen ähnlichen Produkten die gleichen **Selektionsattribute** benö- *Globale Attribute*
tigen, definieren Sie besser globale Selektionsattribute. Diese brauchen Sie
nur einmal zu erstellen, sie sind dann aber für alle Produkte verwendbar. Öffnen Sie dazu »Einstellungen > Shop-Einstellungen > Produkte > Selektionsattribute«. Mit »Neu« erfassen Sie globale Selektionsattribute, z.B. die Größe
mit der zugehörigen Wertemenge: S, M, L und XL. In Abbildung 5.38 sehen
Sie, wie sich zwei Attributwerte im Online-Shop kombinieren lassen.

Abbildung 5.38: Attribute in der Detailansicht des Shops kombinieren

4. Lagerprodukt (Mondo Shop)

Anfängermodus: »Stammdaten > Produkte«

Ein Lagerprodukt muss im Produktkatalog enthalten sein. Dazu klicken Sie *Lagerprodukt*
auf den in Abbildung 5.37 gezeigten Eintrag »Lager«. Damit Sie Artikel als *pflegen*
Lagerprodukt pflegen können, setzen Sie den Haken vor »Lagerprodukt«.
Ist das nicht möglich, kann es sein, dass Sie unter Varianten einen Haken

gesetzt haben auf »Lagerverwaltung in den Varianten«. Im Dialogfenster geben Sie jetzt die Mindestmenge ein. Wird die Mindestmenge im Lager erreicht bzw. unterschritten, erhalten Sie eine Meldung. Außerdem buchen Sie hier Warenzugänge (durch Warenlieferung) und Warenabgänge (durch Verkauf). Falls Ihr Lieferant für bestellte Ware einen Termin bestätigt, geben Sie die Bestellmenge im letzten Feld ein.

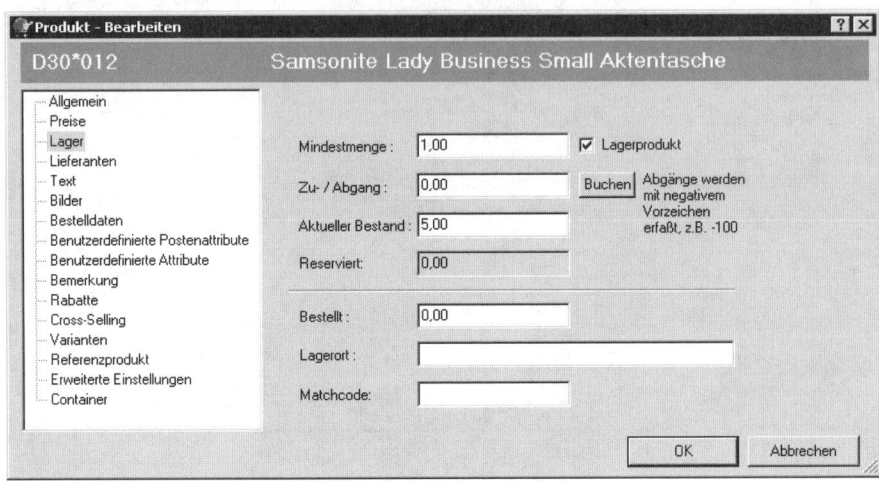

Abbildung 5.39: Lagerprodukt erstellen und Warenbestand pflegen

Ist nicht nur eine Farbe oder Größe am Lager verfügbar, lassen sich einzelne **Produktvarianten** als Lagerprodukt anlegen. Hierfür wird in »Stammdaten > Produkte > Varianten« der Haken bei »Lagerverwaltung bei Varianten« gesetzt. Direkt darüber befindet sich ein breiter Button »Varianten bearbeiten«. Mit einem Klick darauf gelangen Sie in »Varianten bearbeiten«. Mit dem Doppelklick auf eine Variante öffnet sich ein weiteres Fenster, in dem Sie die Konfiguration vornehmen. Auch hier finden Sie den Eintrag »Lager«. Dort aktivieren Sie diese Produktvariante als »Lagerprodukt«.

Lagerbestand im Online-Shop anzeigen

Den Lagerbestand Ihrer Lagerartikel können Sie Ihren Kunden an der Shop-Front anzeigen. Das konfigurieren Sie im Menü unter »Einstellungen > Shop-Einstellungen > Shop-Front > Verhalten > Verhalten (Produkte und Kategorien)«. Dort aktivieren Sie den Haken bei »Verfügbarkeit von Lagerprodukten anzeigen«. Sie können auf Wunsch auch den Lagerbestand von Produkten nicht anzeigen lassen, deren Lagerbestand kleiner oder gleich Null ist.

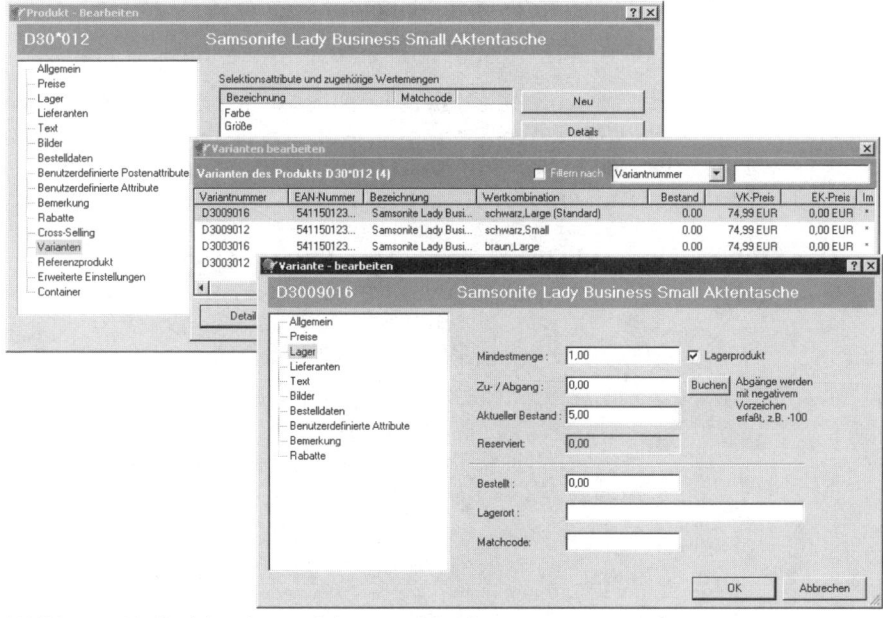

Abbildung 5.40: Produktvarianten als Lagerprodukt pflegen

Praxis-Tipp: Ampeldarstellung für Lagerbestand

Tipp . . . . . .

In einer der künftigen Versionen soll eine Ampeldarstellung implementiert werden. Momentan finden Ihre Kunden online einen der beiden Hinweise:

– *Produkt derzeit nicht auf Lager*

– *x Stück auf Lager*

Man kann sich aber mit einem kleinen Trick behelfen. In den Bereichen für die Produktdetailansicht existiert pro Lagerzustand ein Shoptext. Da sämtliche Shoptexte über HTML-Quellcode formatierbar sind, ist es auch möglich, anstatt Text das Bild einer Ampel einzufügen. Klicken Sie dazu einfach mit der rechten Maustaste in das Feld Wert des Shoptextes und wählen Sie aus dem Kontextmenü den Menüpunkt »Bild einfügen...«.

Damit die ausgewiesenen Artikelbestände an der Shop-Front aktuell sind, berücksichtigen Sie, dass erst mit Fertigstellen eines Lieferscheines im Shop-Office der Bestand aktualisiert wird. Deshalb ist es erforderlich, anschließend den Shop erneut zu erzeugen und zu publizieren. Dies bedeutet, dass Sie den Shop täglich nach dem Rechnungslauf ins Internet publizieren müssen.

Bei Lagerprodukten werden Warenzugänge automatisch hinzugebucht, wenn der Folgebeleg der Lieferantenbestellung verbucht wird. Dasselbe passiert bei Gutschriften durch Warenretoure, da die Ware wieder in Ihr Lager eingeht. Ähnlich werden Warenabgänge automatisch abgebucht, sobald der Kundenlieferschein vom System erstellt wird.

Automatisch Zu-/ Abgänge buchen

5. Produktdaten importieren/exportieren (Mondo Shop)

Menü: »Datei > Import/Export > Stammdaten exportieren/importieren«

Stammdaten exportieren

Der Export in *Mondo Shop* erlaubt Ihnen die Ausgabe verschiedener Datenobjekte: Produkte, Personen, Elemente usw. Auf den ersten Blick mag das etwas verwirren, aber Sie haben damit ein mächtiges und einfach zu bedienendes Tool an der Hand, um Daten in Form von CSV-Dateien zu erstellen.

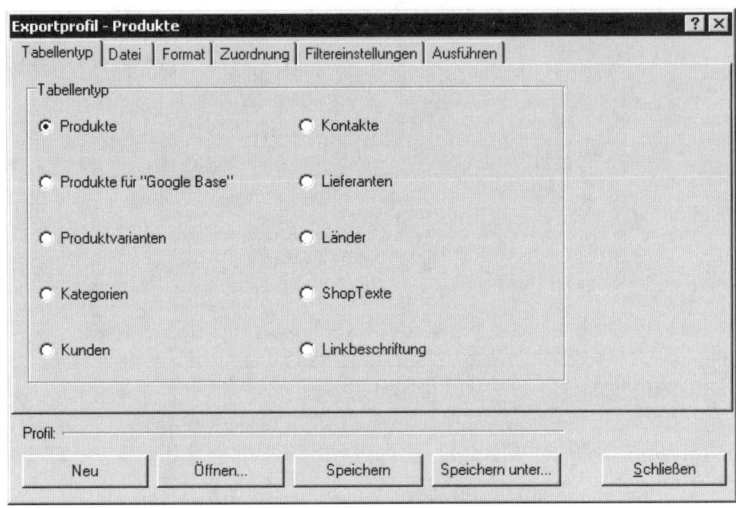

Abbildung 5.41: Exportprofil erstellen für den Im- und Export

Die Vorgehensweise gliedert sich in sieben überschaubare Schritte:

Step.......

1. Tabellentyp: Legen Sie fest, welche Objekte exportiert werden sollen!

2. Datei: Vergeben Sie einen CSV-Dateinamen, z.B. export.csv!

3. Format: Bestimmen Sie Trenn- und Texterkennungszeichen!

4. Zuordnung: Wählen Sie die Datenbankfelder für den Export aus!

5. Filtereinstellungen: Filtern Sie je nach Kategorie Ihre Artikel heraus!

6. Ausführen: Starten Sie den Datenexport!

7. Speichern: Sichern Sie das Exportprofil zur erneuten Verwendung!

Importmodus wählen

Ein Import ist sinnvoll, wenn eine große Anzahl von Produkten neu erstellt oder überarbeitet wurde. Der Import unterscheidet sich nur unwesentlich vom Export. Der auffälligste Unterschied ist der gewählte Importmodus.

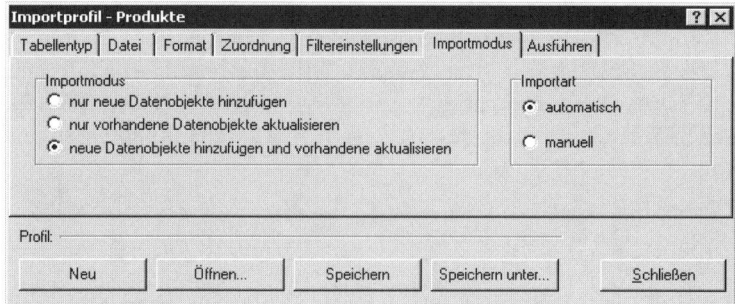

Abbildung 5.42: Verschiedene Importmodi für den Objektimport

Damit Sie nicht jedes Mal alle gewählten Einstellungen aufs Neue vorneh- *Profil speichern* men müssen, gibt es die so genannten Import- bzw. Exportprofile. Diese verwenden Sie jedes Mal für den gleichen Import- oder Exportvorgang oder um einen wiederholten Einsatz abzuspeichern. Benötigen Sie ein Profil häufiger, sind damit konfigurationsbedingte Fehler nahezu ausgeschlossen. Sie erstellen ein Profil, indem Sie einfach den Button »Speichern« oder »Speichern unter…« auswählen.

Fazit zu Mondo Shop 3 StartUp

Mondo Shop	Beurteilung
Installation	Sie installieren und administrieren den Shop lokal, entweder im Einzelplatz- oder Mehrplatzmodus. Erst im Anschluss publizieren Sie den Shop auf Ihrer Domain. Der Mehraufwand bei der Installation ist gerechtfertigt, denn Sie profitieren von der Offline-Verfügbarkeit.
Konfiguration	Allgemeine Daten: Mit den leicht bedienbaren Assistenten nehmen Sie alle Einstellungen vor. Selbst ohne Programmierkenntnisse ist das ein Kinderspiel.
	Versandarten und -kosten: Sogar unser recht komplexes Zonenkonzept ist bei Versandkosten einstellbar. Ohne große Mühe konfigurieren Sie die Grundeinstellungen.
	Zahlungsarten: Jede Menge Zahlungsmodule machen eine Vielzahl von Zahlungsarten möglich. Selbst die elektronische Abwicklung stellt kein Problem dar.
	Informationspflichten: Alle erforderlichen Texte speichert das System in Shop-Elementen. Ein einfacher WYSIWYG-Editor erleichtert Ihnen das Schreiben.
	Produktinformationen: Sehr gut gelungen ist auch die Konfiguration von Kategorien und Produkten. Alle gewünschten Details konnten wir problemlos erfassen.
Ausblick	Wirklich überrascht hat uns die absolut problemlose Installation einer neuen Version eigentlich nicht. Angenehm fiel auf, dass das System die vorinstallierte Software vom Vorjahr ohne Murren wieder entdeckte, obwohl sie auf der Festplatte ganz woanders lag. Auch gab es keinerlei Probleme beim Update der Daten. So etwas nenne ich bedienerfreundlich. Perfekter Einstieg!

Tabelle 5.13: Bewertung der Kaufshop-Lösung Mondo Shop 3 StartUp

Gesamtfazit

Wer diesen Shop kauft, erhält eine sehr gute Lösung für fortgeschrittene Ansprüche. Die Installation ist etwas anspruchsvoll, aber dafür könnte die Konfiguration des Shops kaum einfacher sein. Mit der bereits enthaltenen Warenwirtschaft ist es daher ein rundum gutes Produkt. Aufgrund der vielen unterschiedlichen Produktvarianten ist der Shop an nahezu jede Firmengröße anpassbar.

5.2.3   xt:Commerce 3.0.4. SP2.2 installieren und konfigurieren

Systemvorausset-
zungen für die
Installation

osCommerce ist die Basis von *xt:Commerce*, das zahlreiche sinnvolle neue Funktionalitäten und Detailverbesserungen enthält. Es bietet Ihnen einen Funktionsumfang, der sich keineswegs vor kommerziellen Lösungen zu verstecken braucht. Besonders im Zusammenspiel mit externen Systemen ist diese Software sehr fortschrittlich. Es gibt Schnittstellen zu zahlreichen Warenwirtschaftssystemen, Logistik- und Payment-Anbietern.

Die Entwicklung von *xt:Commerce* begann 2002 durch *Guido Winger* und *Mario Zanier*. Derzeit arbeiten fünf Hauptentwickler und zahlreiche engagierte Community-Mitglieder an der Weiterentwicklung der Shop-Software. Ziel der Bemühungen ist es, kleinen und mittleren Unternehmen ein einfaches und dennoch umfassendes eCommerce-Werkzeug an die Hand zu geben.

xt:Commerce ist in der Version 2.x als kostenlose OpenSource-Shop-Lösung (**GNU/GPL**) erhältlich. Für 98 € Jahresbeitrag bekommen Sie die Version 3.x und vor allem einen Zugang zum »geschützten« Support-Bereich. Für diesen Entwicklungs- und Support-Beitrag erhalten Sie zusätzlich folgende Annehmlichkeiten:

>> Zugang zu internen Support-Foren: Für die jeweils aktuellste Version erhalten Sie direkte Hilfestellung durch die Hauptentwickler selbst.

>> Zugang zum exklusiven Download-Bereich: Für die Dauer von zwölf Monaten finden Sie dort die aktuelle Software-Versionen 3.x und alle zukünftigen Update- und Bugfix-Pakete.

>> Sonderkonditionen bei diversen Software-Partnern, momentan sind das *Speed4Trade* (Workflow), *Luupay* (Handy-Bezahlsystem), *sofortüberweisung*, *iclear* und *moneybookers* (Bezahlsysteme)

Ihr finanzieller Beitrag unterstützt die Entwicklung des Systems und die Betreuung der Anwender. Im Gegenzug profitieren Sie von kompetentem Support, Informationen und Software-Updates seitens des Entwickler- und Support-Teams.

Die Version 3.x benötigt folgende technische Mindestvoraussetzungen beim Provider:

>> PHP ab Version 4.1.3 (empfohlen 4.3.0)

>> *MySQL* ab 3.23.xx als leistungsfähige OpenSource-Datenbank

>> *GDlib* mit GIF-Support

>> Optional wird ein **SSL-Zertifikat** vorausgesetzt, falls sensible Daten über eine SSL-Verbindung verschlüsselt übertragen werden sollen.

Trennung von Inhalt und Layout   << **Exkurs**

Der Systemquellcode von *xt:Commerce* ist durch eine Template-Engine vom Layout abgekapselt. Damit erreicht man bei der Entwicklung von Webapplikationen die Trennung von Quellcode und Layout (Ausgabe). Das bedeutet, alle Layoutänderungen sind einfach durchführbar und der Kern des Systems bleibt davon unberührt. Erreicht wird dies durch ein spezielles Template-System namens **Smarty**.

---

smarty.php.net/manual/de   WWW . . . . .
PHP Group *(deutsche Anleitung zur Template-Engine für PHP)*

www.boutell.com/gd/
Boutell.Com Inc. *(GDlib erzeugt und manipuliert dynamisch Grafiken.)*

XAMPP als lokale Test- und Entwicklungsumgebung

Falls Sie Ihren datenbankbasierten Online-Shop vor dem Publizieren lokal testen möchten, müssen Sie auf Ihrem PC Software nachinstallieren. Denn mit den Standard-Mitteln in *Microsoft*-Umgebungen ist das nicht möglich. Dafür eignet sich ein zusätzliches Softwarepaket wie *XAMPP für Windows*: Darin steckt ein Webserver, eine *MySQL*-Datenbank sowie PHP und Perl als serverseitig interpretierte Sprachen. Diese Skriptsprachen verbinden Webserver, Datenbank, weitere Tools und administrative Daten. Das Ergebnis wird in Form von HTML-Seiten im Internet-Browser angezeigt.

www.apache.org   WWW . . . . .
The Apache Software Foundation *(Webserver)*

www.mysql.de
MySQL AB *(OpenSource-Datenbank)*

www.perl.org
The Perl Foundation *(plattformunabhängige Programmiersprache)*

Apache Friends   *XAMPP* von *Apache Friends* ist dafür eine Komplettlösung. Mit diesem Softwarepaket installieren Sie die erforderlichen Programme auf sehr einfache Weise. Momentan gibt es vier Versionen für *Linux*, *Windows*, *Mac OS X* und *Solaris*.

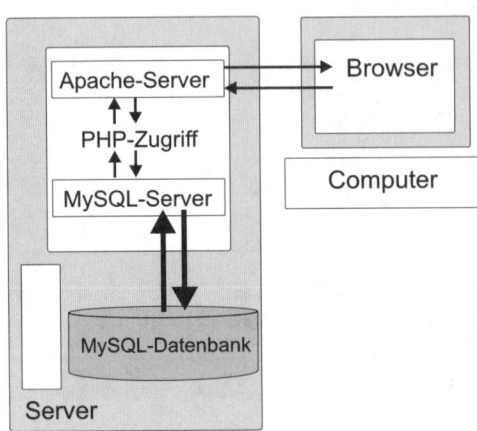

Abbildung 5.43: Zusammenspiel von Apache, PHP und MySQL

Installation von XAMPP mit dem Installer

Wer *xt:Commerce* mit dem Warenwirtschaftssystem *CAO-Faktura* nutzen möchte, sollte auf die Installation von *XAMPP* verzichten. Mit diesem Paket wird *MySQL 5* installiert, die Warenwirtschaftssoftware läuft allerdings nur mit der *MySQL 4.0.x*. Sind bei Ihnen im Netzwerk mehrere Rechner im Einsatz, dann installieren Sie *XAMPP* für die Shop-Software und *MySQL 4* für das Warenwirtschaftssystem *CAO* auf getrennten PCs.

Für die Installation halten Sie sich an die folgende Vorgehensweise. Falls Sie die Software auf einem Desktop-PC installieren, können Sie sich sogar die Schritte 3 bis 5 sparen:

1. Laden Sie *XAMPP* für *Windows* bei *Apache Friends* herunter!

2. Installieren Sie eine lokale Test- und Entwicklungsumgebung!

3. Installieren Sie die Server *Apache*, *MySQL* und *FileZilla* als Dienste!

4. Starten und stoppen Sie den *XAMPP*-Server!

5. Aktivieren Sie die wichtigsten Sicherheits-Features!

CD . . . .   *CD-Rom\tools:* XAMPP für Windows *(xampp-win32-1.6.3a-installer.exe)*

XAMPP   Die Installer-Version ist die ideale Lösung für alle Einsteiger. Die Software
installieren   finden Sie im Download-Bereich von *Apache Friends*. Darin ist das erforderliche Basispaket enthalten. Nach dem Start der EXE-Datei müssen Sie

lediglich die Sprache und das Installationsverzeichnis (z.B. D:\) auswählen, und die Installation ist so gut wie fertig. Auf das Einrichten der Server als Dienste können Sie im Normalfall verzichten, das dies ohnehin nur auf einem Server-Betriebssystem sinnvoll ist. Der Vorteil eines **Dienstes** ist, dass die Server-Applikation auch ohne Benutzeranmeldung automatisch startet und im Hintergrund läuft. Die Funktionsweise ist im Grunde vergleichbar mit dem Autostart. Die MySQL-Anwendung läuft automatisch als Service.

www.apachefriends.org/de/xampp-windows.html
Apache Friends *(Download* XAMPP für Windows, *ca. 33 MB)*

www . . . . .

Praxis-Tipp: Anwender von Microsoft Windows Vista

Tipp . . . . . .

Eine Microsoft Windows Vista-*Standardinstallation verfügt nicht über ausreichende Schreibrechte für das Verzeichnis* C:\Programme *bzw.* C:\program files. *Wir empfehlen Ihnen daher* XAMPP *in einem separaten Verzeichnis* C:\xampp zu installieren.

Zum Starten und Stoppen der in *XAMPP* enthaltenen Serverdienste öffnen Sie die Konsole namens *XAMPP Control Panel Application.* Für die lokale Arbeit benötigen Sie nur die beiden Module *Apache* (Webserver) und *MySQL* (Datenbankserver). Im Infobereich der Taskleiste finden Sie dann das passende Icon. Ist der *Apache*-Webserver gestartet, lassen sich direkt mit Ihrem normalen Internet-Browser alle weiteren Tools aufrufen. Ob der Webserver läuft, prüfen Sie, indem Sie die Internet-Adressen http://localhost bzw. http://127.0.0.1 (**Loopback**-Adresse) aufrufen. Klappt der Aufruf, zeigt Ihnen das Statusfenster an, welche Komponenten aktiv sind.

Installation testen

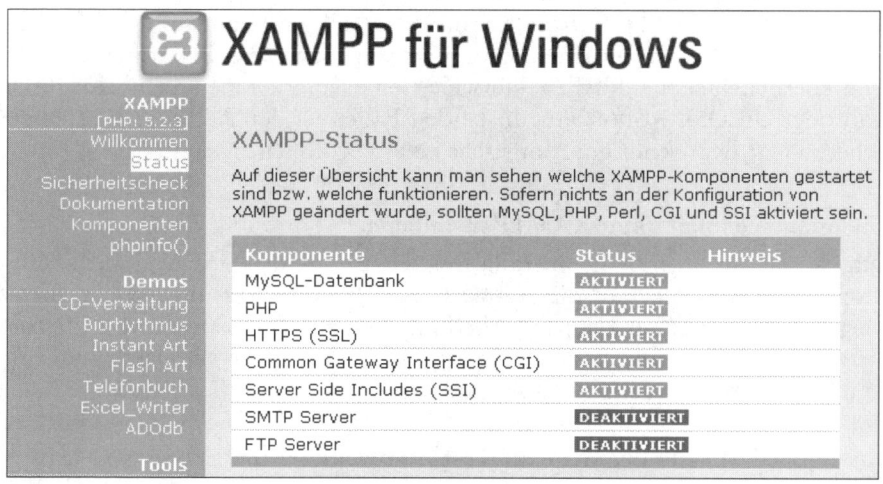

Abbildung 5.44: Aktive Komponenten im Statusfenster des Browsers

Tipp ...... *Praxis-Tipp: Online-Dokumentation*

Nach dem Start der XAMPP-Version im Browser finden Sie unter »Doku-mentation« eine Liste der Standard- und Referenzdokumentationen zu den wichtigsten Paketbestandteilen:

— *Apache-2-Dokumentation:* httpd.apache.org/docs/2.0/de

— *PHP-Dokumentation:* www.php.net/manual/de

— *MySQL-5-Dokumentation:* dev.mysql.com/doc/refman/5.0/de

— *SELFHTML:* de.selfhtml.org

— *CGI-Einführung:* www.stephan-muller.com/cgi

Testumgebung   Abschließend stellt sich Ihnen vielleicht noch die Frage nach der Sicherheit. Die Installation von *XAMPP* ist ist nicht für den produktiven Einsatz gedacht, vielmehr dient sie als lokale Test- und Entwicklungsumgebung. Das System ist deshalb sehr offen vorkonfiguriert, d.h., es sind in der Stan-dardversion keine Sicherheitsmechanismen eingebaut. Einige Dinge sind sogar absichtlich unsicher konfiguriert:

>> Der *MySQL*-Administrator (**root**) hat kein Kennwort.

>> Der *MySQL*-Dienst ist übers Netzwerk erreichbar.

>> *phpMyAdmin* ist übers Netzwerk erreichbar.

>> Das *XAMPP*-Verzeichnis ist nicht geschützt.

>> Es gibt Standardbenutzer bei *FileZilla*-FTP- und *Mercury*- Mail-Server.

Sicherheitslücken   Es ist allerdings nicht im Sinne der Entwickler, den betreffenden Rechner schutzlos im Internet agieren zu lassen. Wie bereits erwähnt ist *XAMPP* eben nicht für den produktiven Einsatz im Internet gedacht. Bei Bedarf lassen sich die Sicherheitslücken schließen. Für viele kleine Unternehmen reicht eine **Fire-wall** oder ein **DSL-Router** aus. In beiden Fällen ist der Rechner nach einer sicheren Hardwarekonfiguration nicht mehr von außen erreichbar.

xt:Commerce lokal unter XAMPP installieren

Jetzt kann die eigentliche Installation der Shop-Software beginnen. Wir beschränken uns hier auf die *XAMPP-für-Windows*-Version, da die über-wiegende Mehrheit der User sicherlich mit einem Betriebssystem von *Micro-soft* arbeitet. Folgende kurze Übersicht hilft Ihnen, die Shop-Lösung auf dem lokalen Webserver zu realisieren:

Step ......   1.   Bei Bedarf installieren Sie die Test-/Entwicklungsumgebung *XAMPP*!

2.   Laden Sie *xt:Commerce* aus dem Internet (als Sponsor anmelden)!

3.   Entpacken Sie *xt:Commerce*!

4. Kopieren Sie die entpackte Software in das **htdocs-Verzeichnis!**

5. Legen Sie eine Datenbank und einen Benutzer mit *phpMyAdmin* an!

6. Konfigurieren Sie das Shop-System auf dem lokalen Webserver!

Für die anstehende Installation des OpenSource-Shop-Systems müssen Sie wissen, wo der Pfad der HTML-Dateien beim *Apache*-Webserver ist. Diese Pfadangabe haben Sie vorhin bei der Installation von *XAMPP* festgelegt. Genau dorthin muss *xt:Commerce* entpackt werden. Lautete Ihr Installationspfad D:, dann gehören die HTML- bzw. PHP-Seiten normalerweise in den Ordner D:\xampp\htdocs.

Im nächsten Schritt entpacken Sie das Software-Archiv und kopieren danach den kompletten Ordner nach htdocs. Schneiden Sie dafür den xtCommerce-Ordner (z.B. xt_commerce_304SP2.2) aus und fügen Sie ihn in den Ordner \htdocs wieder ein. Anschließend benennen Sie den Ordner in »xtcommerce« um. Schreiben Sie diesen Ordnernamen auf jeden Fall in Kleinbuchstaben, sonst bekommen Sie später unnötige Fehlermeldungen.

Praxis-Tipp: Dateinamen

Schreiben Sie auch künftig alle Datei-, Bilder- und Verzeichnisnamen klein. Verzichten Sie auch auf besonders lange Namen und Leerstellen (besser ist hierfür der Unterstrich _ geeignet).

Tipp ......

Bevor Sie weitermachen, erstellen Sie mit der Administrationsoberfläche *phpMyAdmin* eine Datenbank namens »xtcommerce«. Starten Sie hierfür den Browser mit der Adresse http://localhost/phpmyadmin. Klicken Sie mit dem Mauszeiger in das Eingabefeld links oben unter der Überschrift »Neue Datenbank anlegen«. Tippen Sie dort den Namen für Ihre neue Shop-Datenbank ein und bestätigen Ihre Eingabe mit einem Klick auf den Button »Anlegen«. Im weiteren Installationsverlauf des Shops werden in diese Datenbank sämtliche Datentabellen eingefügt.

Neue Datenbank anlegen

Jetzt legen Sie in *phpMyAdmin* noch einen Datenbankbenutzer an. Klicken Sie dazu oben auf »Server: localhost« und gehen Sie weiter unten auf »Rechte« in der Auswahlliste der Startseite und dann auf »Neuen Benutzer hinzufügen«. Tragen Sie als Benutzernamen und Kennwort z.B. »xtcuser« bzw. »xtcpw123« ein. Als Host-Namen verwenden Sie »localhost«. Markieren Sie alle Rechte bis auf die Administrationsrechte. Stimmt Ihre Auswahl mit der in Abbildung 5.45 überein, dann bestätigen Sie Ihre Eingabe mit »OK«. Im Browser erscheint nun die Meldung: »Der Benutzer wurde hinzugefügt.«

Datenbank benutzer hinzufügen

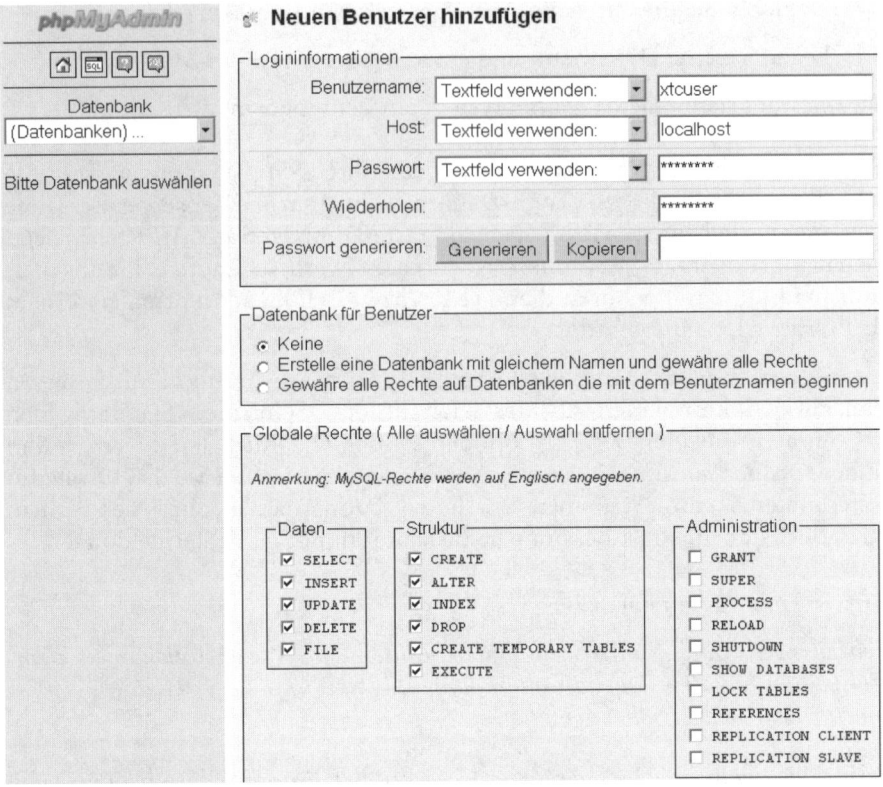

Abbildung 5.45: Neuen Datenbankbenutzer in phpMyAdmin hinzufügen

xtc_installer   Jetzt beginnen Sie mit der eigentlichen Installation. Als Erstes rufen Sie die Installationsroutine der Shop-Software im Browser auf. Benutzen Sie dazu die lokale Webserver-Adresse: http://localhost/xtcommerce/xtc_installer. Haben Sie bisher alles richtig gemacht, begrüßt Sie an dieser Stelle das Installationsprogramm. Die erste Seite des Installers erscheint. Hier prüft die Shop-Software nochmals kurz die wichtigsten Systemvoraussetzungen. Weiter unten wählen Sie Deutsch als Sprache für den weiteren Installationsverlauf aus. Danach bestätigen Sie Ihre Eingabe mit »Continue«.

Auf der nächsten Seite ist die Datenbank- und Webserver-Konfiguration an der Reihe. Beim Datenbank-Server fügen Sie »**localhost**« ein. Im Feld für die Datenbank tragen Sie die in *phpMyAdmin* erstellte Datenbank »xtcommerce« ein. Als Benutzernamen und Kennwort verwenden Sie die Angaben des bereits erstellten Benutzers. Bei den Webserver-Informationen brauchen Sie nichts zu verändern. Haben Sie alle Eingaben getätigt, bestätigen Sie sie mit »Continue«.

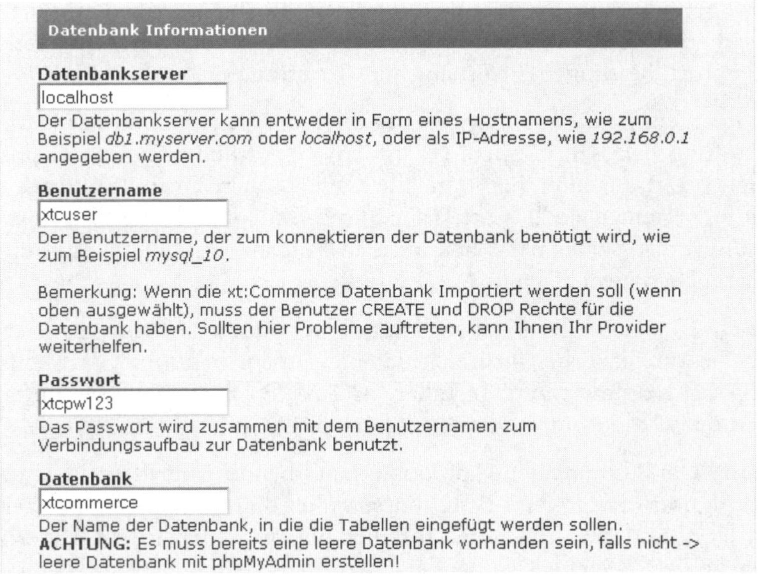

Datenbank Informationen

Datenbankserver

localhost

Der Datenbankserver kann entweder in Form eines Hostnamens, wie zum Beispiel *db1.myserver.com* oder *localhost*, oder als IP-Adresse, wie *192.168.0.1* angegeben werden.

Benutzername

xtcuser

Der Benutzername, der zum konnektieren der Datenbank benötigt wird, wie zum Beispiel *mysql_10*.

Bemerkung: Wenn die xt:Commerce Datenbank Importiert werden soll (wenn oben ausgewählt), muss der Benutzer CREATE und DROP Rechte für die Datenbank haben. Sollten hier Probleme auftreten, kann Ihnen Ihr Provider weiterhelfen.

Passwort

xtcpw123

Das Passwort wird zusammen mit dem Benutzernamen zum Verbindungsaufbau zur Datenbank benutzt.

Datenbank

xtcommerce

Der Name der Datenbank, in die die Tabellen eingefügt werden sollen. **ACHTUNG:** Es muss bereits eine leere Datenbank vorhanden sein, falls nicht -> leere Datenbank mit phpMyAdmin erstellen!

Abbildung 5.46: xt:Commerce mit Datenbank verknüpfen

Erscheint die Meldung »Access denied for user 'xtcuser'@'localhost'«, dann haben Sie sich bei den Zugangsdaten vertippt. Wenn Sie die Daten korrekt eingetragen haben, sehen Sie auf der nächsten Seite die Meldung »Eine Testverbindung zur Datenbank war erfolgreich«. Der xt:Commerce-Installer kann nun beginnen, automatisch die Datenbank zu installieren. Ihre noch leere Datenbank befüllt das System mit Standardinformationen. Verläuft alles nach Plan, klicken Sie zweimal auf »Continue«. Die Daten wurden dann erfolgreich importiert. Die nächste Übersichtsseite zeigt Ihnen nochmals alle Pfade, Benutzernamen und Konfigurationen an, die Sie eingegeben haben. Überprüfen Sie alle Daten und gehen Sie im Fenster ganz nach unten.

Session-Informationen abspeichern

Wenn Sie »Speichere Sessions in Dateien« wählen, benötigen Ihre **Session**-Informationen ein lokales TMP-Verzeichnis. Erstellen Sie dazu den Ordner D:\tmp. Die Konfigurationsdatei wird darin lokal gespeichert. Ohne diesen Ordner ist es Ihnen nicht möglich, sich in Ihrem Shop einzuloggen. In der Live-Umgebung im Internet stellt diese Art des Sessions-Handlings jedoch ein Sicherheitsrisiko dar. Hier wird empfohlen, in den configure-Dateien auf mysql umzustellen, besser wählen Sie gleich bei der Installation »Speichere Sessions in der Datenbank« aus. Wenn Sie die Meldung »xt:Commerce Webserver Konfiguration war erfolgreich« erhalten, klicken Sie erneut auf »Continue«.

Jetzt folgen einige grundsätzliche Shop-Konfigurationen. Der Installer richtet für Sie den benötigten Admin Account (Administratorkonto) ein und schreibt verschiedene weitere Daten in die Datenbank. Setzen Sie bei Land auf jeden Fall »Germany« ein, denn die angegebene Ländereinstellung wird für Versand und Steuerberechnungen genutzt. Sofern sich Ihr Shop inner-

Administratorkonto anlegen

halb Europas befindet, integriert *xt:Commerce* die EU-Steuerzonen automatisch. Sobald Sie E-Mail-Absenderadresse, Shop- und Firmennamen eingetragen haben, bestätigen Sie erneut mit »Continue«.

Nun folgen noch ein paar shopinterne Vorgaben, die Sie jedoch in der Standardkonfiguration belassen können. Nach dem »Continue«-Klick erscheint die letzte Seite. Der Installer hat nun alle wesentlichen Grundfunktionen Ihres Shops eingerichtet. Jetzt starten Sie Ihren Shop mit http://localhost/ xtcommerce/index.php oder per Klick auf den Button »Catalog«. Im Internet-Browser tauchen zwei Warnhinweise auf:

>> **Warnung**: Das Installationsverzeichnis ist noch vorhanden. Bitte löschen Sie aus Sicherheitsgründen das nicht mehr benötigte Verzeichnis /htdocs/xtcommerce/xtc_installer. (XAMPP: Benennen Sie unter *XAMPP* den Ordner um in /xtc_installer_LOESCHEN).

>> **Warnung**: Das Shop-System hat noch schreibende Zugriffsrechte auf die Konfigurationsdateien. Bitte passen Sie die Benutzerrechte der Dateien **configure.php** und configure.org.php in den beiden Ordnern an (Tabelle 5.16). Suchen Sie bei der XAMPP-Nutzung dazu im *Microsoft-Windows-Explorer* die vier Konfigurationsdateien, klicken Sie mit der rechten Maustaste in das kontextsensitive Menü und wählen Sie dort »Eigenschaften« aus. Jetzt aktivieren Sie das Attribut »Schreibgeschützt« und bestätigen dies mit »OK«. In der Live-Umgebung eines Internet-Webservers verwenden Sie für diese Aufgabe das FTP-Tool.

Die erste Admin-Anmeldung   Geschafft. Die lokale Installation Ihres Online-Shops (**Frontend**) ist fertig. Mit Ihrem Administratorkonto (E-Mail-Adresse) melden Sie sich zum Betreten des administrativen **Backends** an. Mit einem Klick auf »Admin« gelangen Sie erstmals in den Administrationsbereich.

xt:Commerce auf einem externen Webserver installieren

Die lokale Installation dient nur zu Test- oder Entwicklungszwecken. Damit Kunden auf Ihren Shop zugreifen können, ist eine Installation auf einem externen Webserver eines **Hosting-Providers** erforderlich. Eine Online-Installation auf einem externen Webserver unterscheidet sich nur unwesentlich von der eben beschriebenen lokalen Installation. Abweichungen gibt es bzgl. der Webserver-Konfiguration, des Dateitransfers per FTP sowie bzgl. der höheren Sicherheitsanforderungen in Form von Berechtigungen, Zugangsdaten und Zugriffsrechten. Als Provider empfehlen wir Ihnen folgende: *all-inkl*, *domainfactory*, *domaingo*, *server4you* und *wallaby IT-Systems*. Alle bieten ein gutes Preis-Leistungsverhältnis und *xt:Commerce* läuft stabil.

WWW.....   www.all-inkl.de
Neue Medien Münnich *(Provider)*

www.domaingo.de
www.domainfactory.de
domainfactory GmbH *(Provider)*

www.server4you.de
BSB Service GmbH *(Provider)*

www.wallaby.de
wallaby IT-Systems *(Provider)*

Natürlich müssen Sie bei einem normalen Webhosting-Paket *Apache*, *MySQL*, PHP oder Perl nicht installieren. Diese müssen in dem Domain-Paket Ihres Providers bereits enthalten sein. Anders sieht es bei einem dedizierten Server aus, hier kann es durchaus sein, dass Sie Software nachinstallieren müssen.

Wir beschreiben Ihnen hier exemplarisch die Installation der Shop-Software auf einem Webhosting-Paket:

1. Laden Sie *xt:Commerce* aus dem Internet herunter!

2. Entpacken Sie *xt:Commerce*!

3. Kopieren Sie *xt:Commerce* per FTP ins Webverzeichnis!

4. Setzen Sie spezielle Verzeichnis- und Dateiberechtigungen!

5. Legen Sie Datenbank und Benutzer mit *phpMyAdmin* an!

6. Konfigurieren Sie das Shop-System auf Ihrem Webserver!

Laden Sie zunächst den entpackten Inhalt des Ordners »xtcommerce« mit allen Unterverzeichnissen per FTP auf Ihren Webserver. Laufen auf Ihrem Webserver noch andere Applikationen, wie CMS oder Weblog, kopieren Sie den Hauptordner »xtcommerce« mit auf den Webspace. Als kostenlose OpenSource-Lösung bietet sich der zu *XAMPP* passende **FTP-Client** *FileZilla* an. Die Angaben für FTP-Hostname, Benutzername, Kennwort und Port können Sie online bei Ihrem Domain-Konto nachlesen. Tragen Sie die Verbindungsdaten in die vorgesehenen Felder bei Ihrem FTP-Client ein und klicken Sie auf den Button »Verbinden«. Ist eine Verbindung hergestellt, können Sie per **Drag&Drop** von Ihrer lokalen Festplatte aus Daten auf den Webspace kopieren. Sind Ihre Dateien online, benennen Sie den Hauptordner in »shop« um.

Shop per FTP-Client online kopieren

Möglicherweise erstellen Sie eine eigene **Subdomain**, z.B. shop.domain.de, damit Sie und Ihre Kunden einen schnellen Einstiegspunkt für Ihren Shop besitzen *(Kapitel 1)*. Hierzu ist es normalerweise erforderlich die Dateien an einen anderen Speicherort zu kopieren. Klären Sie dies einfach mit Ihrem Webhoster.

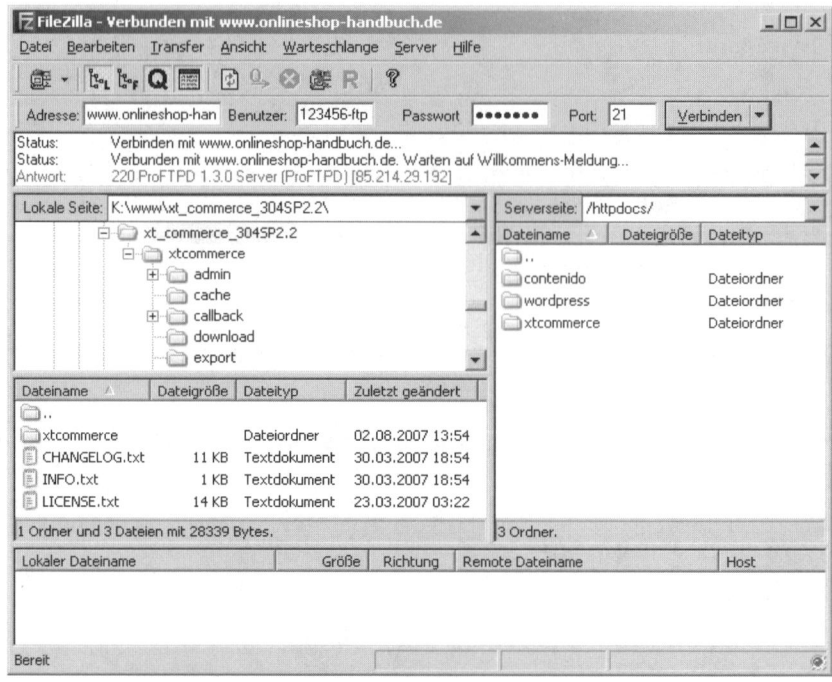

Abbildung 5.47: FileZilla-FTP-Client im Einsatz

WWW......

filezilla.sourceforge.net
Open Source Technology Group *(OpenSource* FileZilla *FTP Client)*

Da es sich bei Ihrem Webserver für gewöhnlich um einen **Linux**-Server handelt, passen Sie die Datei- und Verzeichnisberechtigungen im Shop über den FTP-Client an. 777 oder rwx rwx rwx bedeuten Vollzugriff (4 = **read**, 2 = **write**, 1 = **execute**). Markieren Sie eine Datei oder ein Verzeichnis und öffnen Sie mit der rechten Maustaste das kontextsensitive Menü. Bei *FileZilla* öffnet sich das in Abbildung 5.48 gezeigte Dialogfenster (**chmod**). In Tabelle 5.14 sehen Sie alle Verzeichnisse und Dateien mit den für die Installation erforderlichen Berechtigungen. Am besten geben Sie den numerischen Wert ein.

Übrigens werden bei *Windows* und Linux unterschiedliche Trennzeichen gesetzt. Unter *Microsoft DOS* und *Microsoft Windows* wird der umgekehrte Schrägstrich \ (**Backslash**) als Trennzeichen verwendet. Bei Linux setzt man den **Slash** / als Trennzeichen ein. Beide markieren die Trennung des Verzeichnispfades, unterscheiden sich also nur optisch.

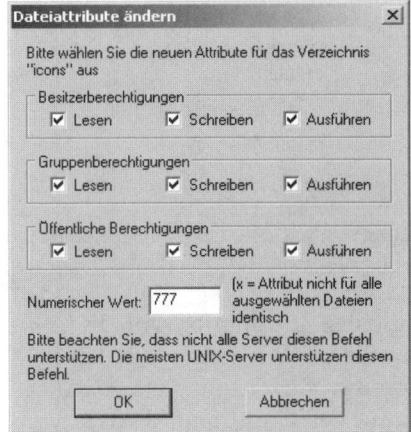

Abbildung 5.48: Datei- bzw. Verzeichnisattribute anpassen

Verzeichnisberechtigungen	
/admin/backups/	777 bzw. rwx rwx rwx
/admin/images/graphs/ (bisher: /icons/)	777 bzw. rwx rwx rwx
/admin/rss/	777 bzw. rwx rwx rwx
/cache/	777 bzw. rwx rwx rwx
/images/	777 bzw. rwx rwx rwx
/images/categories/ (bisher: /content/)	777 bzw. rwx rwx rwx
/images/banner/ (Neu)	777 bzw. rwx rwx rwx
/images/product_images/info_images/	777 bzw. rwx rwx rwx
/images/product_images/original_images/	777 bzw. rwx rwx rwx
/images/product_images/popup_images/	777 bzw. rwx rwx rwx
/images/product_images/thumbnail_images/	777 bzw. rwx rwx rwx
/media (nicht mehr nötig)	755 bzw. rwx r-x r-x
/media/content (nicht mehr nötig)	755 bzw. rwx r-x r-x
/media/products (nicht mehr nötig)	755 bzw. rwx r-x r-x
/templates_c/	777 bzw. rwx rwx rwx
Dateiberechtigungen	
/admin/includes/configure.php	777 bzw. rwx rwx rwx
/admin/includes/configure.org.php	777 bzw. rwx rwx rwx
/admin/rss/xt-news.cache (Neu)	777 bzw. rwx rwx rwx
/includes/configure.php	777 bzw. rwx rwx rwx
/includes/configure.org.php	777 bzw. rwx rwx rwx

Tabelle 5.14: Verzeichnis- und Dateiberechtigungen auf externem Server

Sind Sie fertig, benötigen Sie die Zugangsdaten zu Ihrer Datenbank. Finden *Datenbank* Sie die Daten nicht online im Administrationsbereich Ihrer Domain, dann *verbinden* erkundigen Sie sich bei Ihrem Provider. Wer vom Provider aus dazu berechtigt ist, kann eine eigene Datenbank für den Shop erstellen. Jetzt können Sie den Installer starten. Selbstverständlich ersetzen Sie bei einer Installation im Internet »localhost« durch Ihre Internet-Adresse (Name der Domain): www.domain.de/shop/xtc_installer. Bei Verwendung einer Subdomain reicht bereits shop.domain.de/xtc_installer.

Zugangsdaten	XAMPP-Installation	Provider-Installation
Speicherort	lokale Installation im Intranet (Netzwerk)	externe Installation im Internet
Datenbank-Server	localhost	mysql.domain.de
Benutzername	xtcuser	db123456
Kennwort	xtcpw123	pw123456
Datenbank	xtcommerce	db123456

Tabelle 5.15: Vergleich interner bzw. externer Datenbankzugangsdaten

Installation online beim Provider

Ansonsten verfahren Sie so wie bei der lokalen Installation von *xt:Commerce*. Ist die Installation erfolgt, beachten Sie die Warnhinweise. Löschen Sie sofort nach der erfolgreichen Installation das Verzeichnis »xtc_installer« und verändern Sie die Dateiberechtigungen für den Zugriff auf die vier Konfigurationsdateien. Online spielt dies eine wesentliche Rolle, da sonst fast jeder Ihren Shop »administrieren« kann, wenn Sie die Berechtigung nicht beschränken. Erst wenn keine Warnungen mehr angezeigt werden, ist Ihr Shop vor fremden Zugriffen geschützt.

Dateiberechtigungen	
/admin/includes/configure.php	444 bzw. r-- r-- r--
/admin/includes/configure.org.php	444 bzw. r-- r-- r--
/includes/configure.php	444 bzw. r-- r-- r--
/includes/configure.org.php	444 bzw. r-- r-- r--

Tabelle 5.16: Dateiberechtigungen der Konfigurationsdateien anpassen

Tipp . . . . . .

Praxis-Tipp: .htaccess deaktivieren

Werden beim Start der Homepage keine Bilder, Farben und Buttons angezeigt, dann liegt das vielleicht an der Datei ».htaccess«. Benennen Sie die .htaccess in den beiden Ordnern /templates und /lang um. Verwenden Sie als Dateiname »old.htaccess«.

xt:Commerce konfigurieren

Die Konfiguration führen Sie bei *xt:Commerce* online durch. Starten Sie dafür über den Browser Ihren Shop. Melden Sie sich dort mit der E-Mail-Adresse und dem Kennwort des Administratorkontos an, welches Sie bei der Installation erstellt haben. Mit einem Klick auf den Button »Admin« in der rechten Fensterhälfte öffnet sich die Administrator-Oberfläche. Für die nun folgenden Einstellungen sollten Sie genügend Zeit einplanen.

Teil 1 – Allgemeine Daten

1. Firmenanschrift, Kontaktdaten und Design/Layout (xt:Commerce)

Admin-Bereich: »Konfiguration > Mein Shop«

Hier stellen Sie die grundlegenden Firmendaten Ihres Online-Shops ein. Wichtig ist unter anderem das Konfigurationsfeld »Geschäftsadresse und Telefonnummer«. Tragen Sie hier Ihre Geschäftsadresse ein und belassen

Sie die Such- und Sortierfunktionen wie voreingestellt. Falls Ihnen das Design nicht gefällt, können Sie bei »Templateset (Theme)« ein anderes auswählen, das sich im Ordner /templates befindet. Einige weitere Templates finden Sie im Download-Bereich.

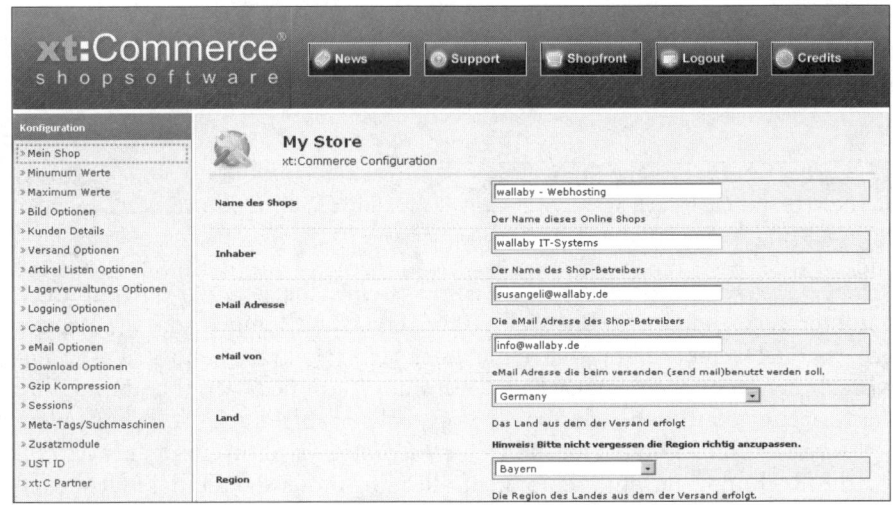

Abbildung 5.49: Angabe der Firmen- und Kontaktdaten

2. Kaufmännische Daten und Nummernkreise (xt:Commerce)

phpMyAdmin: »Datenbank > SQL > ...«

Starten Sie die Datenbankverwaltung *phpMyAdmin*, indem Sie ein neues Browser-Fenster öffnen und die Internet-Adresse für die Datenbank eingeben. Diese Adresse lautet:

>> lokal mit *XAMPP*: http://localhost/phpmyadmin/ oder

>> extern im Internet (abhängig vom Hosting-Anbieter): Bei Kunden mit einer *Plesk*-Administrationsoberfläche ist ein Zugriff lediglich über *Plesk* selber möglich.

Wählen Sie hier Ihre Datenbank aus und klicken Sie auf den Karteikartenreiter »SQL«, jetzt können Sie beliebige SQL-Befehle auf Ihrer Datenbank ausführen lassen. Damit ab sofort der Nummernkreis für Ihre Online-Bestellungen bei 100001 beginnt, fügen Sie folgenden Code ein und bestätigen diesen mit OK:

```
ALTER TABLE orders AUTO_INCREMENT=100001;
```

In unserem Beispiel startet anschließend die Anfangsbestellnummer (Feld orders_id in Tabelle orders) bei Belegnummer 100001. Wir empfehlen Ihnen dafür eine 5- bis 6-stellige Nummer, weil sie einen besseren Eindruck beim Kunden hinterlässt. Denn es sieht schon irgendwie seltsam aus, wenn ein Shop bereits ein Jahr online und immer noch zweistellige Bestellnummern verteilt.

Abbildung 5.50: Nummernkreis für Bestellnummer verändern

Rechnungs-
nummer
vom System
vorgegeben

In *xt:Commerce* können Sie nur die vom System selbst generierte Rechnungs-nummer verwenden. Die Entwickler vertreten die Meinung, dass jeder, der professionell einen Shop betreibt, auch eine Faktura und ein Waren-wirtschaftsystem benutzen. Die Rechnungsnummer vergibt dann Ihre Fakturierungs-Software, dessen Nummernkreis Sie auch dort einstellen. Selbstverständlich können Sie in Ihrem *xt:Commerce* Shop ein eigenes Modul für die Rechnungsnummer einbauen, allerdings müssten Sie das selbst pro-grammieren.

3. Steuerinformationen (xt:Commerce)

Admin-Bereich: »Land / Steuer > Steuersätze«

In diesem Bereich lassen sich die unterschiedlichen Steuersätze verändern. Die Standardeinstellung ist für Sie korrekt. Passen Sie lediglich bei Bedarf die Steuerzonen an oder verändern Sie hier an zentraler Stelle den Satz der Umsatzsteuer für Ihren Online-Shop.

Abbildung 5.51: Steuersätze, -klassen und -zonen anpassen

Admin-Bereich: »Konfiguration > UST ID«

Auf dieser Seite im Konfigurationsbereich geben Sie Ihre USt-IdNr ein. Bei ausländischen (Firmen-)Kunden wird übrigens geprüft, ob die Nummer syn-taktisch korrekt ist. Sie selbst müssen, wie bereits in *Kapitel 2* erwähnt, die

USt-IdNr beim *Bundeszentralamt für Steuern* (ehemals *Bundesamt für Finanzen*) kontrollieren.

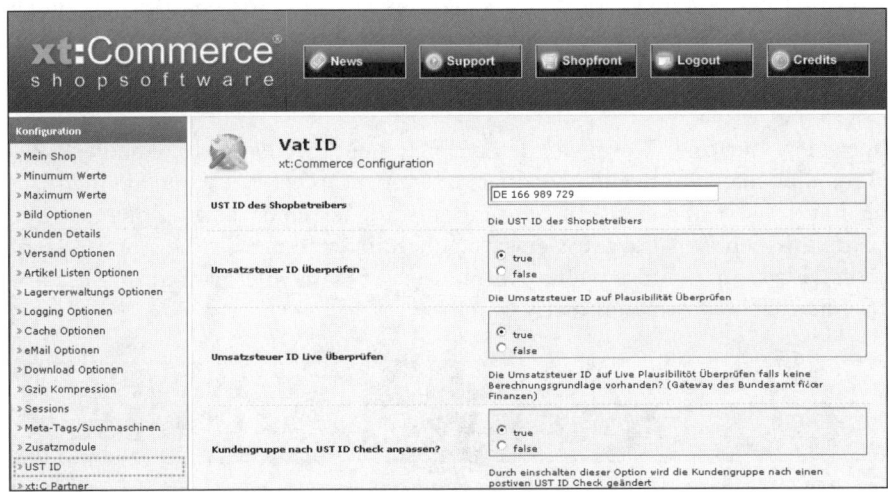

Abbildung 5.52: Tragen Sie hier Ihre USt-IdNr ein

Praxis-Tipp: Steuernummer auf Rechnung ausgeben

Damit Ihre Steuernummer auf dem von xt:Commerce *generierten Rechnungsformular erscheint, müssen Sie das Template anpassen. Öffnen Sie dazu das Template der Rechnung und geben Sie an beliebiger Stelle Ihre Steuernummer an. Gehen Sie hierfür in den Ordner /templates und öffnen Sie die von Ihnen aktuell verwendete Template-Datei /admin/ print_order.html (für Admin) bzw. /module/print_order.html (für Kunden). Um die Datei bearbeiten zu können, importieren Sie den Template-Ordner als Projekt in* Dreamweaver *oder öffnen die Datei mit einem anderen Editor. Zur HTML-Bearbeitung eignen sich z.B.:* Dreamweaver, WebEditor, PSPad *oder Ähnliches.*

www.adobe.de
Adobe Systems Inc. *(HTML-Editor* Adobe Dreamweaver CS3*)*

www.namo.com
SJ Namo Interactive Inc. *(HTML-Editor* Namo WebEditor 2006*)*

www.pspad.de
Jan Fiala *(Ultimativer Editor für Softwareentwickler)*

4.   Länderlisten und Zonen (xt:Commerce)

Admin-Bereich: »Land / Steuer > Land«

Genauso wie bei den anderen Shop-Installationen finden Sie hier eine umfassende **Länderliste,** die derzeit 239 Länder beinhaltet.

Admin-Bereich: Land / Steuer > Steuerzonen

Wer es sich einfach machen möchte, kann die vorgegebenen **Steuerzonen** beibehalten. In der Version 3.0.3 fehlten in der »Steuerzone EU« noch einige Länder, dieser Fehler ist seit der Version 3.0.4 SP1 behoben. Die angelegten Zonen sind Voraussetzung für die Wahl der Versandzone und nicht für die Steuerzone, wie der Name vermuten lässt.

Über den Button »Einfügen« lassen sich neue Steuerzonen erstellen. Per Mausklick auf das jeweilige Ordner- oder Aktionssymbol sehen Sie die Liste der Länder, die in dieser Zone enthalten sind. Bei einer neuen Zone ist diese Liste natürlich leer und muss erst noch befüllt werden. Für die Zone A sieht unsere Liste am Schluss wie in Abbildung 5.53 aus. Sie beinhaltet alle Länder mit gleichen Versandkosten.

Abbildung 5.53: Liste der neu hinzugefügten Länder in Zone A

5. Infotexte und Bilder auf Ihrer Startseite (xt:Commerce)

Admin-Bereich: »Hilfsprogramme > Content Manager > Index«

Text auf Start-
seite ändern

Den Startseitentext ändern Sie im Content Manager unter dem Titel »Index«. Wie Sie in Abbildung 5.54 sehen, müssen Sie die Standardtexte für die anderen Sprachen auch ändern. Es sind bereits Menübefehle, Überschriften und kurze Texte in andere Sprachen übersetzt. Eine Veränderung oder Entfernung der Fußzeile (**Footer**) ist nicht gestattet. Falls Sie Ihr eigenes **Copyright** in die Fußzeile (Footer) schreiben möchten, passen Sie dazu die Datei /templates/xtc/index.html an. Gehen Sie ganz an das Ende dieser HTML-Datei und suchen Sie nach »Your Company Footer here«. Versuchen Sie aber nicht den Copyright-Hinweis auf *xt:Commerce* zu löschen.

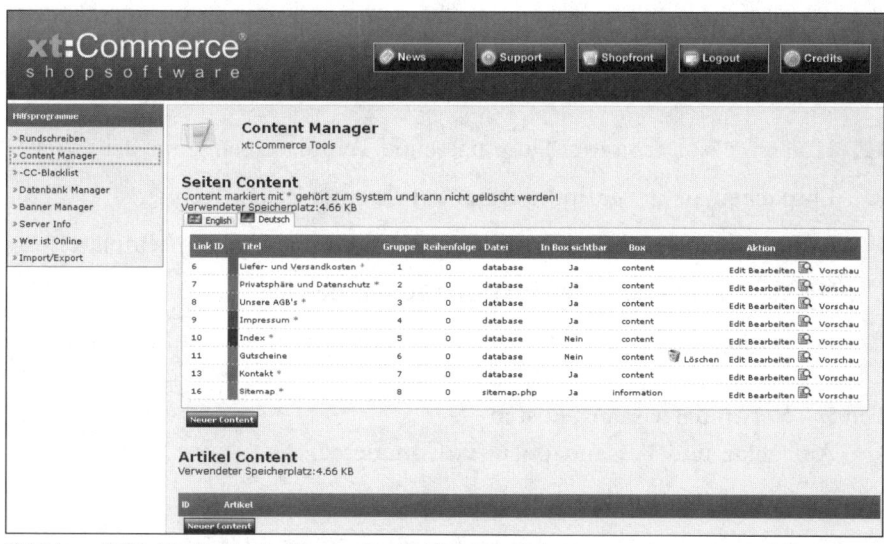

Abbildung 5.54: Alle Standardseiten des Content Managers

Das bestehende Bild können Sie einfach durch Ihr eigenes Firmenlogo per *Logo tauschen* FTP ersetzen. Solange Sie mit dem Standard-Template arbeiten, finden Sie die jeweils genutzten Bilder in den Verzeichnissen /templates/xtc5/img/ (Frontend) bzw. /admin/images/ (Backend). Sie müssen Ihre Logo-Dateien folgendermaßen benennen:

>> Logo auf Startseite von Version 3.x: top_logo.jpg (286 x 115 Pixel)

>> Logo im Administrationsbereich: logo_black.jpg (286 x 115 Pixel)

>> Logo in Rechnungen, Lieferscheinen, Bestätigungsmails usw.: logo.gif als »company logo« in Rechnung (193 x 67 Pixel) bzw. logo_shop.gif (185 x 95 Pixel)

Das kleine XT-Logo, das als **Wasserzeichen** auf Produktbildern erscheint, *Eigenes Wasser-* finden Sie unter /images/overlay.gif (56 x 43 Pixel). Sie können es ganz ent- *zeichen im* fernen oder Ihr eigenes Wasserzeichen im selben Verzeichnis abspeichern. *Produktbild* Als Standardwert für die transparente Farbe des Wasserzeichens dient Ihnen die HTML-Farbe »#FF0000« (*Kapitel 8*). Diese Einstellung können Sie natürlich unter »Konfiguration > Bild Optionen« anpassen. Jetzt suchen Sie noch nach »Artikel Info Bilder:Merge« oder »Artikel-Popup Bilder:Merge«. Damit Ihre gesamten Bilder verarbeitet werden, starten Sie danach unbedingt »Module > XT-Module > XT-**Imageprocessing**«. Die Dauer der Stapelverarbeitung kann je nach Anzahl der Bilder variieren. Ansonsten werden die Änderungen nicht übernommen.

Würden Sie gerne das Aussehen des Shops verändern? Mit wenigen Schritten können Sie bei Bedarf ein anderes **Template** in Ihrem Shop installieren. Hiermit ändern Sie das Shop-Design:

Step......

1. Holen Sie sich eine zum Shop passende Template-Datei aus dem Web!

2. Entpacken Sie die gezippte Datei auf Ihrem lokalen Rechner!

3. Kopieren Sie per FTP den Ordner in den Online-Ordner /templates!

4. Wählen Sie das neue Template im Admin-Bereich aus!

5. In »Mein Shop« finden Sie ein Auswahlfeld Templateset (Theme)!

Teil 2 – Versandarten und -kosten

1. Aufschlag und Versandzonen (xt:Commerce)

Admin-Bereich: »Module > Versandart«

Die Berechnung von Versandkosten nach Preis oder Gewicht ist bei *xt:Commerce* einfach gelöst. Dazu installieren Sie »**Tabellarische Versandkosten**« (Modul **table**). Danach erscheint unter Versandarten ein neues Modul. Zwei Klicks und Sie können im Eingabefeld die neuen Versandkosten eingeben. Fügen Sie z.B. »150:4.50,10000:0.00« ein, bedeutet diese Zahlenkolonne: Bis 150 € trägt Ihr Kunde 4,50 € Versandkosten, darüber erfolgt die Lieferung versandkostenfrei.

Abschließend tragen Sie in den erlaubten Versandzonen manuell alle Länderkürzel ein. Oder Sie verwenden den Eintrag »Versandzone«, für die diese Versandkosten gelten. In einem der vorhergehenden Schritte haben wir die Zonen bereits mit allen geltenden Länderkürzeln belegt.

Abbildung 5.55: Tabellarische Versandkosten nach Zonen anlegen

Möchten Sie mehrere Zonen mit unterschiedlichen Versandkosten nutzen, wird es etwas komplizierter. Dieses Beispiel ist allerdings nicht ganz abwegig. Denn Versandkosten in ein europäisches Nachbarland sind einfach höher, als wenn Ware innerhalb Deutschlands versendet wird. Eine Unterscheidung ist in diesem Fall angebracht.

Hierfür benötigen Sie ein neues Modul »Tabellarische Versandkosten Zone A«. Sie müssen dazu zwei neue Dateien erstellen:

>> /includes/modules/shipping/tablea.php

>> /lang/german/modules/shipping/tablea.php

Mit Hilfe eines FTP-Clients duplizieren Sie online die in den beiden Verzeichnissen abgelegten Dateien »table.php«. Benennen Sie anschließend beide Dateien um, z.B. in »tablea.php«. Leider wird das neue Modul nicht ganz automatisch eingebunden. Sie müssen noch ein paar inhaltliche Änderungen durchführen, damit Sie das Modul doppelt benutzen können. Innerhalb der ersten Datei ersetzen Sie jedes Mal den Begriff »table« durch »tablea« (achten Sie auf die Groß- und Kleinschreibung!). Einzige Ausnahme ist »TABLE_CONFIGURATION«, daran dürfen Sie nichts ändern. Die zweite Datei bearbeiten Sie genauso. Zur besseren Unterscheidung passen Sie den Titel und die Beschreibung für Zone A an.

```
define('MODULE_SHIPPING_TABLEA_TEXT_TITLE',
'Tabellarische Versandkosten Zone A');
define('MODULE_SHIPPING_TABLEA_TEXT_DESCRIPTION',
'Tabellarische Versandkosten Zone A: BE, NE, LX, AT');
```

Abbildung 5.56: Texte der tabellarischen Versandkosten für Zone A ändern

Praxis-Tipp: Andere Sprachversionen nicht vergessen

Tipp . . . . . .

Liefern Sie auch in nicht deutschsprachige Länder, vergessen Sie nicht, diese Zonen ebenfalls anzupassen. Denken Sie immer daran, Sie müssen in allen verwendeten Sprachversionen die gleichen Änderungen vornehmen. Beispielsweise müssen Sie die Anpassungen auch im Verzeichnis für die englische Sprache vornehmen: /lang/english/modules/shipping/tablea.php.

Danach gehen Sie in den Admin-Bereich. Im Menü »Module« unter »Versandart« sollte jetzt eine zweite tabellarische Versandkostenzone angelegt sein. In unserem Beispiel haben wir die Benelux-Länder und Österreich aufgenommen. Die höheren Versandkosten entnehmen Sie der Zahlenkolonne: »150:6.50,10000:2.00«. Wir haben hier generell 2,00 € aufgeschlagen. Nehmen Sie die Preisliste Ihres Logistikers zur Hand, damit können Sie Ihre Versandkosten prima kalkulieren.

2. Mindermengenzuschlag (xt:Commerce)

Admin-Bereich: »Module > Zusammenfassung«

Im Modulbereich unter »Zusammenfassung« finden Sie das Modul **ot_loworderfee** für den Mindermengenzuschlag. Das können Sie nach der Installation nach Wunsch anpassen.

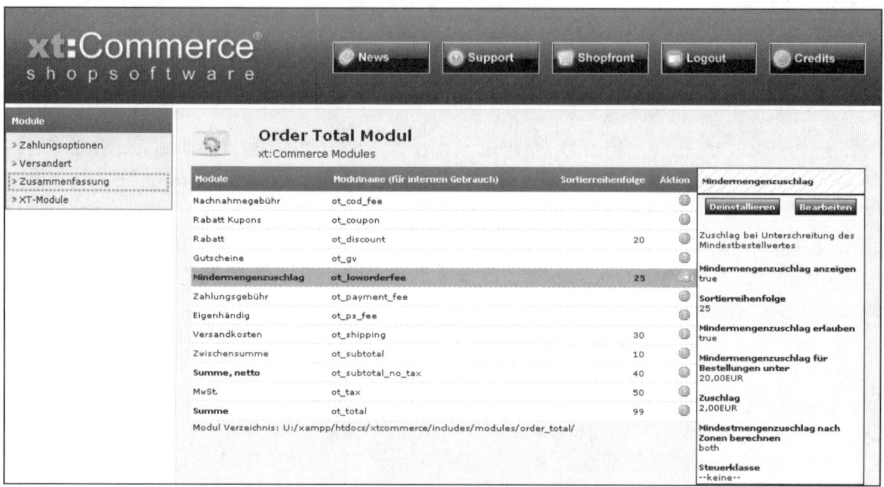

Abbildung 5.57: Mindermengenzuschlag für alle Länder bearbeiten

3. Versandkostenfreie Lieferung (xt:Commerce)

Admin-Bereich: »Module > Zusammenfassung«

Ebenso passen Sie den Betrag an, ab dem eine Ware versandkostenfrei geliefert wird. Dazu stehen zwei Module zur Verfügung:

>> Versandkostenfrei: Modul »**freeamount**« (»Module > Versandart«)

Berechnungstechnisch arbeitet dieses Modul richtig. Allerdings müssen Ihre Kunden die versandkostenfreie Lieferung zuerst anwählen, damit sie sich das Geld sparen. Das wird von den Kunden jedoch häufig vergessen.

>> Versandkosten: Modul »**ot_shipping**« (»Module > Zusammenfassung«)

Die fehlerhafte Berechnung in diesem Modul scheint ab der Version 3.0.4 SP1 behoben zu sein. Allerdings kann der Kunde, sobald er über dem Schwellenwert liegt, keine alternative Versandart, z.B. Selbstabholung, anwählen.

Wir empfehlen Ihnen den Einsatz des Moduls ot_shipping. In »Versandkostenfrei nach Zonen« stellen Sie »national« ein, da Sie aus Kostengründen sicherlich nur innerhalb Deutschlands versandkostenfrei liefern.

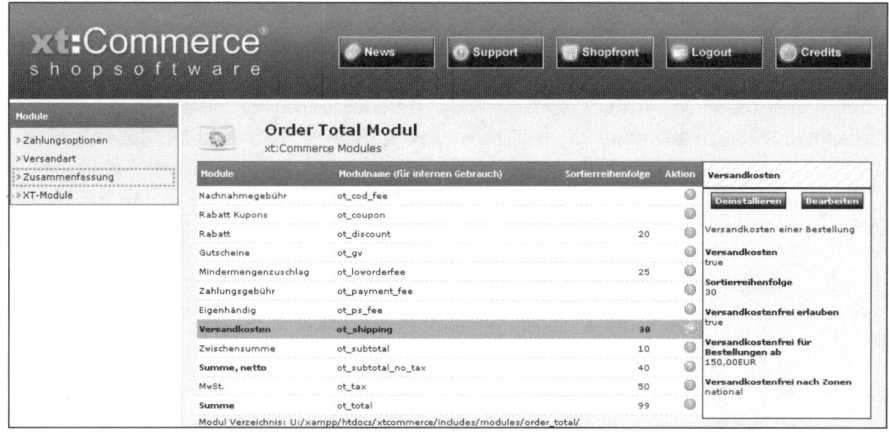

Abbildung 5.58: Versandkostenfreie Lieferung mit dem Modul ot_shipping

Teil 3 – Zahlungsarten

Admin-Bereich: »Module > Zahlungsoptionen«

Im Modulverzeichnis für die Zahlungsarten liegen fast zwanzig verschiedene Module. Sie beschränken sich zum Einstieg zunächst auf einige wenige (*Kapitel 6*). Am leichtesten lässt sich die Zahlungsart »Scheck/Vorkasse« mit Hilfe des Moduls **moneyorder** realisieren.

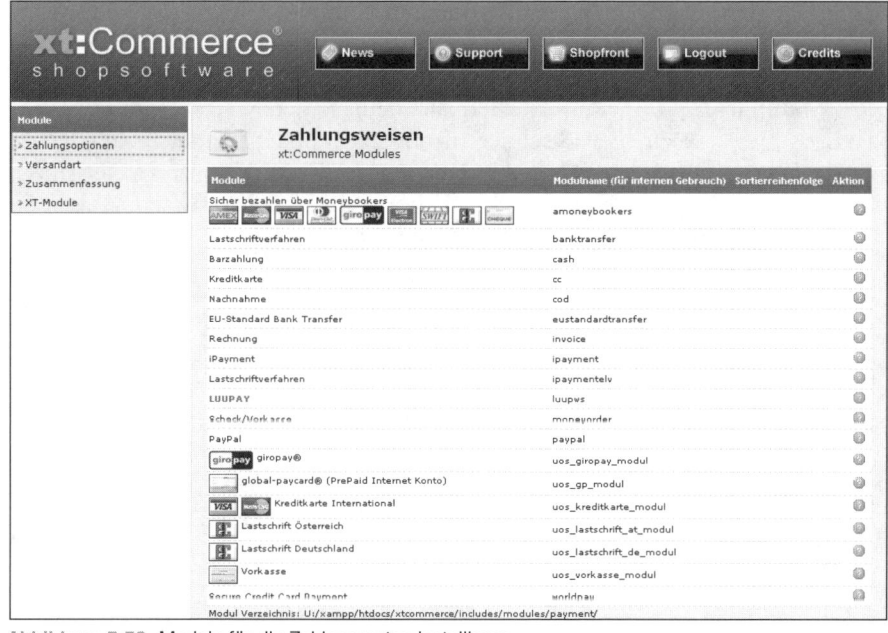

Abbildung 5.59: Module für die Zahlungsarten installieren

Die unter »Scheck/**Vorkasse**« angezeigte Anschrift (Store Name Address, Country, Phone) stammt aus dem Eingabefeld »Geschäftsadresse und Telefonnummer etc.« (»Konfiguration > Mein Shop«). Wichtig ist das Feld »Zahlbar an«, darin stehen Ihre Bankinformationen: Kontoinhaber, Bankleitzahl und Kontonummer, z.B. »Angeli Susanne – BLZ: 12345678 – Konto-Nr.: 1234567«. Für den europäischen Geldtransfer mit **IBAN** und **SWIFT** (**BIC**) aktivieren und konfigurieren Sie das Modul **eustandardtransfer**.

Auf diese Weise installieren Sie die gewünschten Zahlungsarten. Die Anzeigereihenfolge bestimmen Sie anhand von Ziffern. Je kleiner die Ziffer, desto weiter oben steht die Zahlungsart in der Anzeige.

Teil 4 – Informationspflichten

1. Impressum (xt:Commerce)

Admin-Bereich: »Hilfsprogramme > Content Manager > Impressum«

Wie der Name Content Manager schon andeutet, handelt es sich hierbei um ein echtes kleineres Content-Management-System. Alle Änderungen, die Sie hier und im Admin-Bereich vornehmen, sind sofort online sichtbar. Im Content Manager der OpenSource-Lösung lässt sich eine Vielzahl von Dokumenten bearbeiten. Hierzu gehört auch das wichtige Impressum. Im Kapitel »Online-Recht« (*Kapitel 7*) finden Sie einige Anhaltspunkte zu den Informationen, die Sie online platzieren müssen.

Öffnen Sie den in Abbildung 5.54 gezeigten Content-Titel namens »Impressum«. Wählen Sie ganz rechts am Bildschirm die Aktion »Bearbeiten«. Danach öffnet sich ein WYSIWYG-Editor, mit dem Sie den Textinhalt bequem anpassen können. Natürlich ist es empfehlenswerter, längere Textpassagen auf dem eigenen Rechner offline zu erstellen. Ist der Text fertig, müssen Sie ihn online im WYSIWYG-Editor einfügen. Verwenden Sie dafür einen simplen Texteditor und nicht *Microsoft Word*. Mit *Word* schleppen Sie ansonsten nur viele unnötige Formatierungen ein.

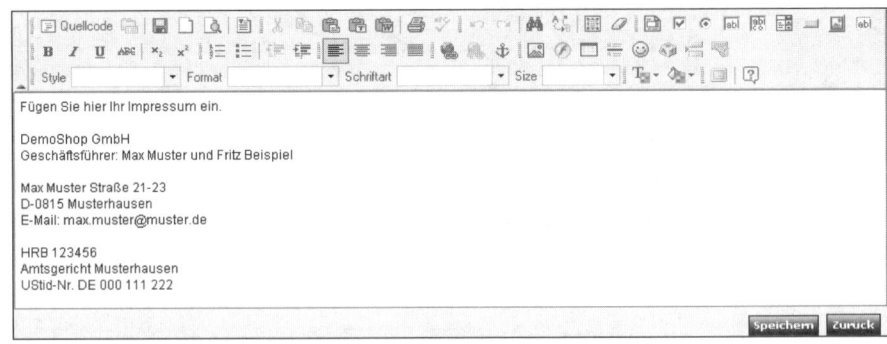

Abbildung 5.60: Komfortabler WYSIWYG-Editor im Content Manager

2. Privatsphäre und Datenschutz (xt:Commerce)

Admin-Bereich: »Hilfsprogramme > Content Manager > Privatsphäre und Datenschutz«

Wie bereits erwähnt, müssen Sie als Shop-Anbieter Ihrer Sorgfaltspflicht gegenüber Ihren Kunden nachkommen. Das heißt, Sie müssen Kunden zu Beginn einer Bestellung über Art, Umfang und Zweck der Erhebung, Verarbeitung und Nutzung personenbezogener Daten unterrichten. Ein Beispiel aus der Praxis sehen Sie in Abbildung 5.32. In *Kapitel 7* und auf CD finden Sie ein Muster für eine Datenschutzerklärung.

3. Allgemeine Geschäftsbedingungen (xt:Commerce)

Admin-Bereich: »Hilfsprogramme > Content Manager > Unsere AGB«

Sie sind nicht gezwungen, Allgemeine Geschäftsbedingungen anzugeben. Falls Sie doch welche einsetzen möchten, müssen Sie diese in den Bestellablauf einbeziehen. Standardmäßig ist diese Funktion bereits aktiviert. Vergisst ein Kunde, den Haken zu setzen, um Ihre **AGB** zu akzeptieren, kann er seinen Bestellvorgang nicht korrekt beenden.

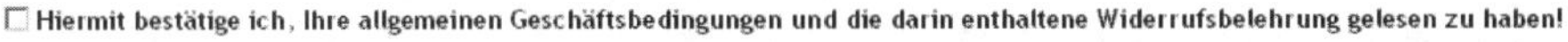

☐ Hiermit bestätige ich, Ihre allgemeinen Geschäftsbedingungen und die darin enthaltene Widerrufsbelehrung gelesen zu haben!

Abbildung 5.61: Allgemeine Geschäftsbedingungen akzeptieren

Wenn der Kunde vergisst, die Allgemeinen Geschäftsbedingungen zu akzeptieren, erhält er eine auffällige Meldung mit dem Wortlaut: »* Sofern Sie unsere Allgemeinen Geschäftsbedingungen nicht akzeptieren, können wir Ihre Bestellung bedauerlicherweise nicht entgegennehmen!«

Praxis-Tipp: AGB als HTML-Datei einbinden

Erstellen Sie eine Datei mit einem HTML-Editor, die Ihre AGB enthält. Danach übertragen Sie diese Datei via FTP auf Ihren Webserver in den Ordner /media/content/. Binden Sie diese Datei abschließend im Content Manager mit »Datei Wählen:« ein. Somit entgehen Sie Formatierungsproblemen mit den AGB im Bestellvorgang. Das Aktualisieren der AGB ist damit viel leichter, da lediglich die HTML-Datei ausgetauscht werden muss.

Tipp . . . . . .

4. Kundeninformationen (xt:Commerce)

Admin-Bereich: »Hilfsprogramme > Content Manager > Liefer- und Versandkosten«

Bevor ein Kunde bei Ihnen bestellt, muss ihm schon bei der Artikelbeschreibung mitgeteilt werden, dass zusätzlich zum Warenwert Versandkosten anfallen. Diese Kosten hängen von der Menge der bestellten Ware (Gewicht oder Warenwert) und der Versandart ab. Sie müssen dem Kunden vor Abgabe einer verbindlichen Bestellung diese Informationen mitteilen. Des-

Versandkosten in Tabellenform

halb ist es erforderlich, in der Nähe des Produktpreises einen Link zu den »Liefer- und Versandkosten« einzubinden. Dieser führt zu einer ausführlichen Aufstellung der Versandkosten, z.B. in tabellarischer Form. Seit der Version 3.0.4 ist dieser Link bereits enthalten.

5.   Kundenbelehrung bzw. Widerrufsrecht (xt:Commerce)

Admin-Bereich: »Hilfsprogramme > Content Manager > Unsere AGB«

Ihr Kunde hat vor Vertragsschluss allerhand zu lesen, dazu gehört auch die Widerrufsbelehrung. Der Text muss frei zugänglich im Online-Shop liegen. Am besten nehmen Sie die Kundenbelehrung in Ihre Allgemeinen Geschäftsbedingungen auf. Dadurch wird sie bereits während des Bestellvorgangs eindeutig angezeigt. Der Kunde muss vor dem Ende des Bestellvorgangs noch bestätigen, dass er die Belehrung und die AGB gelesen hat. Wenn die Kundenbelehrung erst in der Bestellmail erfolgt oder der Rechnung beiliegt, verlängert sich die Widerrufsfrist auf einen Monat (anstatt zwei Wochen). Bekommt ein Endverbraucher gar keinen Hinweis, ist der Widerruf bis auf unbestimmte Zeit gültig.

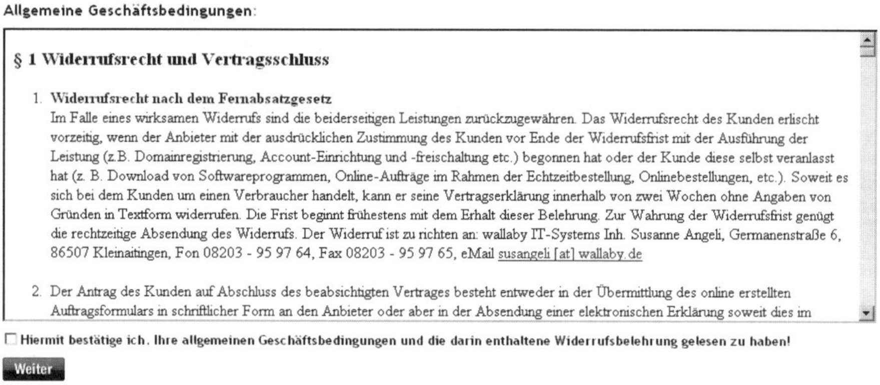

Allgemeine Geschäftsbedingungen:

> **§ 1 Widerrufsrecht und Vertragsschluss**
>
> 1. Widerrufsrecht nach dem Fernabsatzgesetz
>   Im Falle eines wirksamen Widerrufs sind die beiderseitigen Leistungen zurückzugewähren. Das Widerrufsrecht des Kunden erlischt vorzeitig, wenn der Anbieter mit der ausdrücklichen Zustimmung des Kunden vor Ende der Widerrufsfrist mit der Ausführung der Leistung (z.B. Domainregistrierung, Account-Einrichtung und -freischaltung etc.) begonnen hat oder der Kunde diese selbst veranlasst hat (z. B. Download von Softwareprogrammen, Online-Aufträge im Rahmen der Echtzeitbestellung, Onlinebestellungen, etc.). Soweit es sich hierbei um einen Verbraucher handelt, kann er seine Vertragserklärung innerhalb von zwei Wochen ohne Angaben von Gründen in Textform widerrufen. Die Frist beginnt frühestens mit dem Erhalt dieser Belehrung. Zur Wahrung der Widerrufsfrist genügt die rechtzeitige Absendung des Widerrufs. Der Widerruf ist zu richten an: wallaby IT-Systems Inh. Susanne Angeli, Germanenstraße 6, 86507 Kleinaitingen, Fon 08203 - 95 97 64, Fax 08203 - 95 97 65, eMail susangeli [at] wallaby.de
>
> 2. Der Antrag des Kunden auf Abschluss des beabsichtigten Vertrages besteht entweder in der Übermittlung des online erstellten Auftragsformulars in schriftlicher Form an den Anbieter oder aber in der Absendung einer elektronischen Erklärung soweit dies im

☐ Hiermit bestätige ich, Ihre allgemeinen Geschäftsbedingungen und die darin enthaltene Widerrufsbelehrung gelesen zu haben!

 Weiter

Abbildung 5.62: Widerrufsbelehrung in den AGB als HMTL-Datei

Praxis-Tipp: Widerrufsbelehrung

Setzen Sie die Widerrufsbelehrung doch einfach möglichst zu Beginn in die Allgemeinen Geschäftsbedingungen. Ändern Sie den angezeigten Text in: »Hiermit bestätige ich, Ihre allgemeinen Geschäftsbedingungen und die darin enthaltene Widerrufsbelehrung gelesen zu haben!«. Dazu öffnen Sie die Konfigurationsdatei /lang/german/lang_german.conf und passen den Eintrag bei »text_accept_agb« an.

Des Weiteren schlagen wir Ihnen vor, dass Sie die AGB auch zum Herunterladen anbieten. Mit xt:Commerce kann man zusätzlich noch die AGB als PDF-Anhang bei der Bestellbestätigung mitsenden.

Teil 5 – Produktinformationen

1. Mengeneinheit und Grundpreis (xt:Commerce)

Admin-Bereich: »Konfiguration > Verpackungseinheit«

Um bei Ihren Produkten den Grundpreis laut Preisangabenverordnung anzuzeigen, sind zwei Schritte erforderlich. Zuerst erstellen Sie eine neue Mengeneinheit. Die Mengen- bzw. Verpackungseinheiten (**VPE**), wie Stück oder Liter, legen Sie im unteren Fensterbereich der Konfiguration an.

Als Zweites weisen Sie dem Produkt die Verpackungseinheit zu, indem Sie Ihr Produkt editieren. Bei der »Anzeige VPE« der Produktdaten aktivieren Sie die Anzeige und geben den dazugehörigen **Multiplikator** (Wert) ein. Er ist vergleichbar mit dem **Faktor** bei *Mondo Shop*.

Abbildung 5.63: Auswahl, Anzeige und Multiplikator der Mengeneinheit

Wir wollen mit einem Beispiel die Funktion des Multiplikators verdeutlichen. Ihr Produkt wird in einer Menge von 2 Litern angeboten. Um den Grundpreis für 1 Liter automatisch errechnen zu lassen, müssen Sie für den Wert einfach den Dividend angeben, d.h., Wert = 2. Wird Ihr Produkt in einer Menge von 0,5 Liter angeboten, tragen Sie als Multiplikator den Wert 0,5 ein. Haben Sie nur die Verpackungseinheit Stück in Ihrem Shop vertreten, brauchen Sie bei Ihren Produkten nichts unter »Wert« einzutragen. *(Multiplikator berechnen)*

2. Kategorie, Artikel, Bild und Hersteller (xt:Commerce)

Admin-Bereich: »Artikelkatalog > Kategorien / Artikel«

Kategorien legen Sie an, indem Sie im Admin-Bereich unter Artikelkatalog »Kategorien / Artikel« auswählen. Es können beliebig viele Kategorien angelegt werden. Dort haben Sie auch die Möglichkeit, neue Produkte anzulegen bzw. bestehende Artikel zu verwalten. Wichtig: Falls Sie in der Kategoriebezeichnung später etwas ändern, ist der Status automatisch deaktiviert, d.h., die Kategorie erscheint im Shop nicht mehr. *(Kategorien und Produkte anlegen)*

Beim Anlegen eines neuen Produkts sind folgende Informationen nötig:

>> Artikelbeschreibung: Eine detaillierte Beschreibung des Produkts.

>> Kurzbeschreibung: Eine knappe, ca. zweizeilige Artikelbeschreibung.

>> Meta Tags: Titel (Title), Beschreibung (Description) und Schlüsselwörter (Keywords) für die Suchmaschinen.

>> Artikelname: Möglichst genaue Produktbezeichnung mit Hersteller, Produktbezeichnung und Artikelart, z.B. Samsonite Lady Business Small Aktentasche.

>> Artikelbilder: Es ist sinnvoll, mehrere Bilder pro Produkt anzugeben.

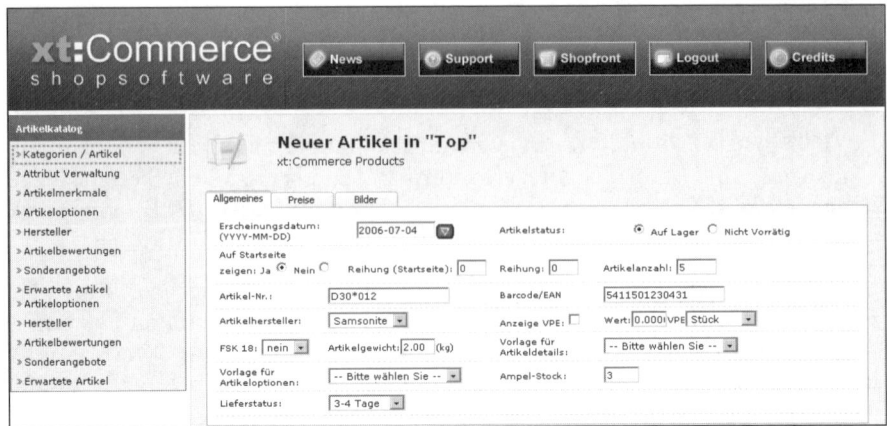

Abbildung 5.64: Produktdaten konfigurieren

>> Preisoptionen: Steuerklasse (Standardsatz) und Artikelpreis. Verwenden Sie in der Preisangabe nur Punkte und keine Kommata. Falls Sie umsatzsteuerpflichtig sind, geben Sie Preise immer netto ein und auf vier Nachkommastellen gerundet.

Ein Produkt bzw. eine Kategorie sind nur dann online im Shop sichtbar, wenn das Statusfeld der jeweiligen Zeile »grün« ist (linkes Symbol).

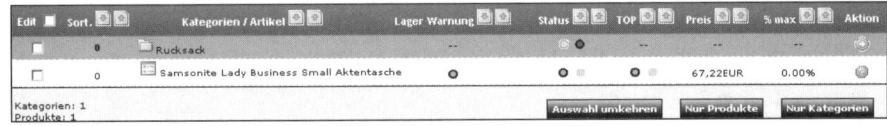

Abbildung 5.65: Neue Kategorien und Produkte anlegen

Produkte und Kategorien verschieben

Klicken Sie auf das Ordnersymbol vor dem Kategorienamen, dann wechseln Sie in den Ordner. Innerhalb eines Ordners bzw. einer Kategorie lassen sich neue Kategorien erstellen, so genannte Unterkategorien. Damit Ihr Artikel in der richtigen Kategorie erscheint, brauchen Sie nur das gewünschte Ordnersymbol anzuklicken, um darin den Artikel zu erstellen. Wollen Sie ein Produkt in einen anderen Ordner verschieben oder kopieren, markieren Sie in der rechten Spalte »Aktion« den Artikel. Rechts daneben erscheinen sogleich zwei Buttons: »Verschieben« und »Kopieren«.

Bilder berechnen

Im Artikelfenster weisen Sie dem Artikel ein Produktbild zu, indem Sie den Karteireiter »Bilder« anklicken. Die Größe der Bilder konfigurieren Sie unter »Konfiguration > Bild Optionen«. Der Shop skaliert Produktbilder immer auf die eingestellte Bildgröße in diesem Bereich, d.h., Sie benötigen nur ein einziges größeres Produktbild. Thumbnail-, Produkt- und Popup-Images werden beim Upload passend und einheitlich aus diesem großen Bild berechnet. Nur bei Kategoriebildern findet keine Neuberechnung statt.

Haben Sie eine größere Menge an Produktbildern, dann legen Sie alle Originalbilder per FTP im Verzeichnis /images/product_images/original_images/ ab. Anschließend starten Sie »Module > XT-Module > XT-Imageprocessing«. Dadurch werden automatisch alle Thumbnails, Info- und Popup-Bilder in der vorher eingestellten Größe generiert.

Im Menübereich Artikelkatalog finden Sie auch einen Menüpunkt für die Hersteller. Dort tragen Sie den Hersteller mit Firmenlogo und Webseite ein. Für das Logo verwenden Sie eine Bildgröße von ca. 150 x 40 Pixel. Diese Informationen werden als Hersteller-Info auf Ihrer Webseite gezeigt. Ihr Kunde kann sich alle Produkte im Shop auch herstellerbezogen anzeigen lassen. Vorausgesetzt natürlich, Sie haben vorher bei den Artikelstammdaten im Feld »Artikelhersteller« den Hersteller ausgewählt.

Hersteller-Info

3. Produktvarianten (xt:Commerce)

Admin-Bereich: »Artikelkatalog > Artikelmerkmale«

Hier können Sie verschiedene Produktmerkmale hinterlegen, wie Größe, Farbe usw. Falls Sie nachträglich Änderungen durchführen wollen, klicken Sie einfach in den entsprechenden Zeilen auf den Aktions-Button »Bearbeiten«.

Artikelmerkmale konfigurieren

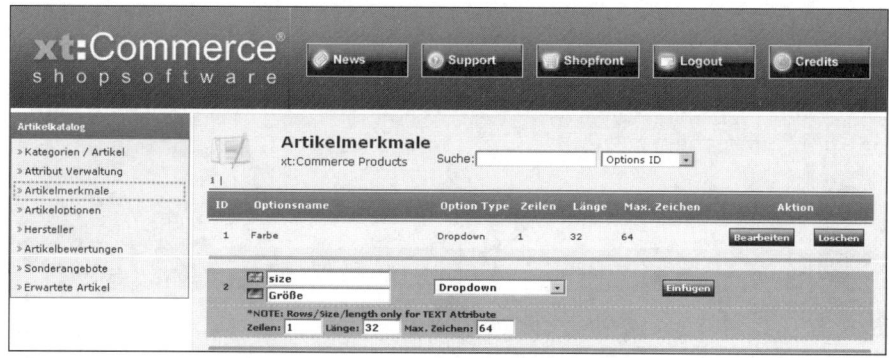

Abbildung 5.66: Optionsname als beschreibendes Artikelmerkmal erfassen

Admin-Bereich: »Artikelkatalog > Artikeloptionen«

Einzelne Optionswerte, wie schwarz, blau, braun etc., fügen Sie anschließend über Artikeloptionen ein. Nachdem Sie das Artikelmerkmal »Farbe« erstellt haben, fügen Sie die einzelnen Optionswerte ein.

Admin-Bereich: »Artikelkatalog > Kategorien / Artikel«

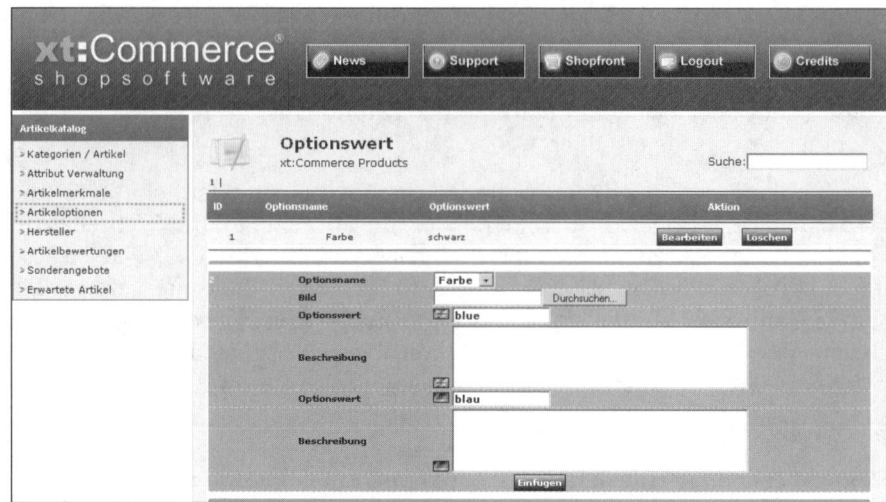

Abbildung 5.67: Einzelne Optionswerte für Artikelmerkmale einfügen

Produktvarianten zuordnen

Markieren Sie im Admin-Bereich unter »Artikelkatalog > Kategorien / Artikel« das gewünschte Produkt und klicken Sie rechts auf den Button »Attribute editieren« (bisher Produktoptionen). Alternativ nutzen Sie dafür den direkten Weg über die »Attribut Verwaltung«. Dort lassen sich den entsprechenden Produkten bequem einzelne Varianten zuweisen. Mit einem Haken aktivieren Sie die lieferbaren Farben oder Größen. Gegenüber der Vorgängerversion 3.0.4 SP2.1 wurde die Attributvergabe ein weiteres Mal deutlich verbessert und angepasst.

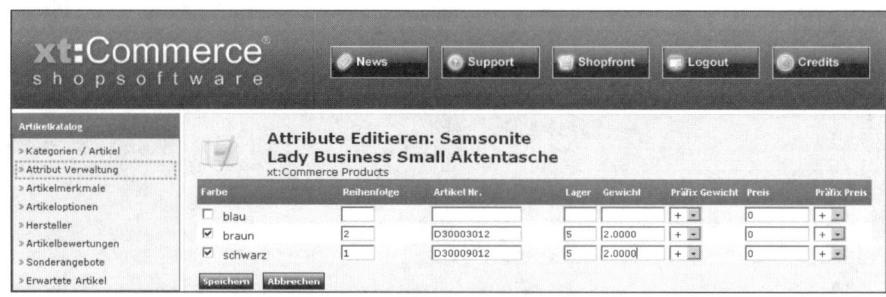

Abbildung 5.68: Auswahl einzelner Optionswerte als Produktvarianten

4. Lagerprodukt (xt:Commerce)

Admin-Bereich: »Konfiguration > Lagerverwaltungs-Optionen«

Lagerzugang manuell einbuchen

Für den Einstieg reicht es häufig aus, den Lagerbestand manuell anzupassen. Sobald Sie Waren von Ihrem Lieferanten erhalten, müssen Sie die gelieferte Stückzahl zubuchen. Der Einsatz einer professionellen Warenwirtschaft ist dann sinnvoll, wenn Sie viele Produkte anbieten und Ihr Umsatz stetig steigt.

Mehr darüber erfahren Sie in *Kapitel 6*. Speziell für *osCommerce* und *xt:Commerce* gibt es eine kostenlose Lösung namens *CAO-Faktura* (GNU/GPL).

Als reines eCommerce-Tool ohne integrierte Warenwirtschaftslösung bietet xt:Commerce dennoch von Haus aus einige Leistungsmerkmale:

>> Verfügbarkeitsprüfung des Artikels: Prüft, ob die Anzahl der Waren im Lager ausreicht.

>> Überprüft das Artikelattribut »Lager«: Prüfen des Warenbestandes von bestimmten Produktvarianten (Abbildung 5.68).

>> Zieht Warenmenge ab: Verkaufte Warenmenge wird vom Lagerbestand abgezogen.

>> Erlaubt den Einkauf nicht vorrätiger Ware: Laut Lagerbestand nicht verfügbare Ware ist trotzdem bestellbar, falls Sie es so einstellen.

>> Kennzeichnet vergriffene Artikel: Dem Kunden wird kenntlich gemacht, z.B. mit ***, welche Artikel aktuell nicht verfügbar sind.

>> Wird der Mindestbestand unterschritten, meldet dies das System sofort. Somit können Sie frühzeitig neue Ware bestellen (»Lager Warnung« im Artikelkatalog).

>> Die Lieferfähigkeit wird im Shop visuell dargestellt, zum Einsatz kommt eine hübsche grafische Ampel-Darstellung.

Bestellt der Kunde mehr, als im Lager vorrätig ist, dann bekommen Sie als Shop-Betreiber einen Hinweis darauf. Der Kunde kann trotzdem die Bestellung abgeben. Nach der Bestellung wird das Produkt künftig mit Hilfe von *** markiert, da es nun nicht mehr am Lager verfügbar ist. Der Ware wird sozusagen ein Liefertermin zugewiesen.

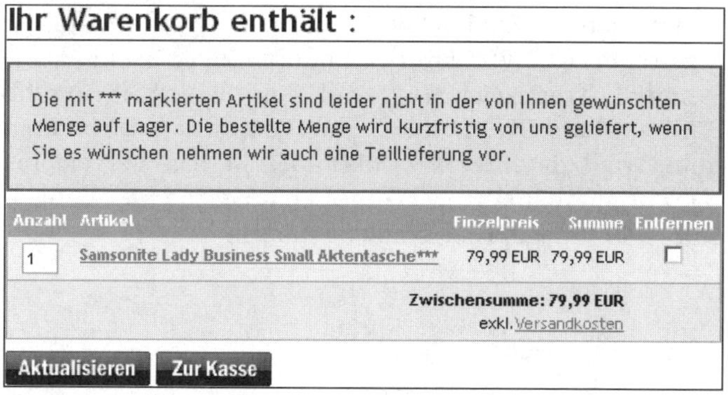

Ware nicht mehr vorrätig

Ihr Warenkorb enthält :

Die mit *** markierten Artikel sind leider nicht in der von Ihnen gewünschten Menge auf Lager. Die bestellte Menge wird kurzfristig von uns geliefert, wenn Sie es wünschen nehmen wir auch eine Teillieferung vor.

Anzahl	Artikel	Einzelpreis	Summe	Entfernen
1	Samsonite Lady Business Small Aktentasche***	79,99 EUR	79,99 EUR	☐

Zwischensumme: 79,99 EUR
exkl. Versandkosten

Aktualisieren   **Zur Kasse**

Abbildung 5.69: Kundenhinweis – Artikel ist momentan nicht auf Lager

5.   Produktdaten im-/exportieren (xt:Commerce)

Admin-Bereich: »Hilfsprogramme > Import/Export«

Im-/Export-Einstellungen

Im Bereich »Hilfsprogramme« finden Sie ein Tool für den Import bzw. Export Ihrer Produktdaten. Bei dem Link »Einstellungen« haben wir für den Export als Texterkennungszeichen ' und als Trennzeichen | voreingestellt, weil die Produktbeschreibung als HTML-Code hinterlegt ist und daher das Anführungszeichen belegt ist. Mit einem Klick auf den Button »Export« wird eine **CSV-Datei** (products.csv) erstellt, die anschließend im Online-Verzeichnis /export gespeichert ist.

Produktdaten einlesen und bearbeiten

Diese Datei holen Sie per FTP-Client lokal auf Ihren PC. Öffnen lässt sich diese Datei mit *OpenOffice Calc* oder Sie importieren sie in *Microsoft Excel*. Bei *Excel* lesen Sie Daten ein über das Menü »Daten > Externe Daten importieren > Daten importieren...«. Für Datentyp und Trennoption wählen Sie »getrennt«. Anschließend verwenden Sie Ihr oben festgelegtes Texterkennungszeichen und Trennzeichen. Achten Sie darauf, dass alle Spalten markiert sind und Sie das Datenformat komplett auf »Text« ändern. Ansonsten wird z.B. Ihre EAN-Nummer falsch formatiert. Aus 5411501230431 wird dann 5,4115E+12. Den Wert XTSOL belassen Sie bei jedem Artikel immer in der ersten Spalte.

	A	B	C	D	E	F
1	XTSOL	p_model	p_stock	p_shipping	p_tpl	p_manufacturer
2	XTSOL	D30*012	5	2	product_info_v1.html	Samsonite

Abbildung 5.70: Importierte Produktdaten als CSV-Datei

Produktdaten im Shop importieren

Jetzt können Sie eine größere Anzahl an Produktdaten leichter und schneller erfassen. Das Ändern der Preise, Hinzufügen von Varianten und Löschen alter Produkte wird stark vereinfacht. Noch viel bequemer wird die Produktdatenpflege natürlich mit einer richtigen Warenwirtschaftslösung. Zum Abschluss wählen Sie im Menü »Datei > Speichern unter...« den Dateityp »CSV (Trennzeichen-getrennt) (*.csv)«. Für den Import wählen Sie als Texterkennungszeichen " und als Trennzeichen ; (Semikolon). Bevor Sie nun die fertige CSV-Datei im Admin-Bereich des Online-Shops importieren, kopieren Sie die unbearbeiteten Originale Ihrer Produktbilder in das Verzeichnis /images/product_images/original_images/. Vergessen Sie nicht, danach »Module > XT-Module > XT-Imageprocessing« zu starten.

Achten Sie auf folgende wichtige Eingaben für einen stolperfreien Datenimport:

>> Artikelnummer muss immer vorhanden sein (p_model).

>> Mindestens eine Kategorie muss vorhanden sein (p_cat.0, ..., p_cat.5).

>> Den USt-Satz legen Sie entweder mit dem Wert 19.0000 oder 7.0000 an (p_tax).

Fazit zu xt:Commerce 3.0.4 SP2.2

xt:Commerce	Beurteilung
Installation	Eine lokale Installation funktioniert nur mit Zusatztools. Die Installation im Internet gelingt recht zügig, sofern Sie den richtigen Provider wählen. Trotzdem zieht sich die Grundkonfiguration in die Länge. Sie benötigen dafür zumindest programmiertechnisches Grundwissen.
Konfiguration	Allgemeine Daten: Die grundlegenden Daten sind recht einfach einstellbar. Aber schon bei den ersten Schritten benötigen Sie Wissen über *MySQL*, HTML und PHP.
	Versandarten und -kosten: Die meisten Einstellungen nehmen Sie in Modulen vor. Bereits etwas komplexere Versandzonen erfordern einen erhöhten Aufwand.
	Zahlungsarten: Zum Glück enthält der Shop schon eine sehr große Menge an Zahlungsmodulen. Diese lassen sich auch sehr leicht einbinden und konfigurieren.
	Informationspflichten: Grundsätzlich ist alles machbar, wenn man nur weiß, wo und wie. Wer genug Zeit mitbringt, kann den Shop an alle Bedürfnisse anpassen.
	Produktinformationen: Hervorragend gelöst ist die Produkt- und Bilderverwaltung. Der Shop verfügt bereits in der Grundversion über tolle Features.
Ausblick	In Auflage 1 vewendeten wir noch Version 3.0.4 SP1, zurzeit aktuell ist 3.0.4 SP2.1. Dennoch haben wir uns entschlossen, in diesem Buch gleich die Beta-Version 3.0.4 SP2.2 vorzustellen, die offiziell die letzte der 3er Reihe sein soll. Gespannt darf man schon auf die nächste Version sein.

Tabelle 5.17: Bewertung der OpenSource-Lösung xt:Commerce

Wer keine Angst vor Modulen, Datenbanken und Programmierung hat, der erhält mit dieser Shop-Software eine echte Profi-Lösung. Wer sich zusätzlich noch mit der Erstellung von Templates beschäftigen mag, kann sich einen individuellen Shop passend zur eigenen Corporate-Identity aufbauen.

Gesamtfazit

6

eBusiness

Zahlungsabwicklung und ePayment-Systeme

Wir stellen Ihnen klassische und internetbasierte Zahlungssysteme vor. Speziell geht es um eMail-Payment, Rechnungskauf, Kreditkarten- und Lastschriftzahlung, Micro- und Macro-Payment sowie Leasing und Finanzierungskauf. Wir bewerten diese Systeme in Bezug auf Ausfallrisiken und informieren Sie über aktuelle Sicherheitsstandards im Kreditkartenwesen. Im Anschluss daran zeigen wir einige ausgewählte Zahlungsverfahren in den Frontend- und Backend-Bereichen.

Schnittstellen für die Auftragsbearbeitung

In diesem Abschnitt dreht sich alles um Warenwirtschaftssysteme. Wir zeigen Ihnen, wie Sie sich das Zusammenspiel zwischen Online-Shop, Auktionshaus und Warenwirtschaft erleichtern. Sie lernen, wie Sie mit geeigneten Programmen den Warenbestand effizienter verwalten. Zudem präsentieren wir Schnittstellen, die dabei helfen, Produkt- und Zahlungsdaten abzugleichen. Abschließend stellen wir einige nützliche Hilfsmittel für die Versandabwicklung vor, die Sie bei der Sendungsverfolgung und dem Paketscheindruck unterstützen.

6.1   Zahlungsabwicklung und ePayment-Systeme

Zahlarten im
Online-Handel
Im Online-Handel sollten Sie auch bei der Art des Bezahlens die Wünsche Ihrer Kunden berücksichtigen. Wer über das Internet kauft, setzt auf Bequemlichkeit und Sicherheit. Speziell auf dem deutschen Markt hat sich das elektronische **Lastschriftverfahren** (**ELV**) etabliert. Der Anteil der Kaufvorgänge mit ELV bei deutschen Käufern in deutschen Shops beträgt konstant rund 58%. In Gesamteuropa liegt dagegen die **Kreditkarte** (**KK**) als Zahlungsart klar vorn. Bei deutschen Shops beträgt der Anteil der Kreditkarte als Zahlungsart hingegen knapp 38% Die Anzahl der Kaufvorgängen mit **Online-Überweisung** (**OLÜ**) und weitere **Offline-Zahlarten** (**OZA**), wie Rechnungskauf, Vorauskasse und Nachnahme, pendeln sich zusammengerechnet auf stabilen 4% ein. Diese Angaben zum Zahlverhalten basieren auf einer von *Pago* durchgeführten Marktanalyse, in der rund 30 Millionen (bislang 20 Mio.) Kaufvorgänge unter die Lupe genommen wurden.

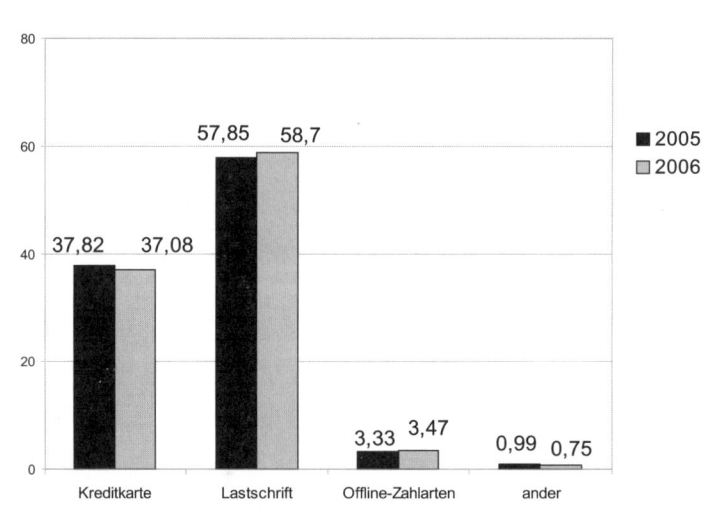

Abbildung 6.1: Verteilung der Zahlungsarten in Deutschland und Europa

Die wichtigsten Fakten aus dem *Pago-Report 2007* zu Trends im Kauf- und Zahlverhalten in den relevanten eCommerce-Branchen sind:

>> Deutsche Konsumenten bevorzugen in über 65% der Fälle ELV.

>> Kreditkarte ist weltweit Zahlungsmittel Nummer eins im eCommerce.

>> Der Anteil von *Visa* bei allen Kreditkartentransaktionen steigt auf 69%.

>> *MasterCard* fällt beim Anteil der Kreditkartentransaktionen auf 29%.

>> Bei deutschen Käufern liegen *Visa* und *MasterCard* etwa gleich auf.

>> Der durchschnittliche Warenkorbwert bei Kaufvorgängen aller Consumer mit *MasterCard* liegt deutlich höher als bei *Visa*.

>> Der durchschnittliche Warenkorbwert verdoppelt sich auf 86 € beim Kauf per Kreditkarte durch Käufer aus aller Welt.

>> Online-Überweisung und *giropay* steigern ihren Anteil bei allen Konsumenten auf 2,6%.

6.1.1   Zahlungssysteme im Überblick

Die Zahlungssysteme im Internet teilen sich in folgende Sparten auf:

>> internetbasiert: online während der Bestellung bezahlen

>> traditionell: offline nach der Bestellung bezahlen

Gerade bei digitalen Gütern sind internetbasierte Bezahlverfahren geeigneter. So setzt man beim Verkauf von Download-Artikeln bevorzugt Micro-Payment ein, damit der Bestell-, Liefer- und Zahlungsvorgang in einem vonstatten geht. Die herkömmlichen Verfahren sind schon wegen des Medienbruchs nicht für alle Angebote sinnvoll. Neu im Rennen um die Gunst der Online-Käufer und Shop-Betreiber buhlt die Online-Überweisung, u.a. die Bezahlsysteme von *giropay* und *sofortüberweisung*. Sie erreichen laut *Pago* bei den Kaufvorgängen in Deutschland momentan einen Anteil von ziemlich genau 1%, allerdings mit erheblichem Wachstumspotenzial. *Online*

Offline-Zahlverfahren lassen sich einfach in Ihren Shop einbauen. In den Anfangstagen des deutschen eCommerce spielten sie eine überragende Rolle, bleiben mit stabilen 3% aber weiterhin auf niedrigem Niveau. Das Hauptmanko für Sie als Shop-Betreiber ist die verzögert eintreffende Zahlung des Kunden, was natürlich den Warenversand verzögert. Eine weitere Schwierigkeit liegt darin, den Zahlungseingang auf Ihrem Bankkonto mit den Bestelldaten abzugleichen. Dazu brauchen Sie eine passende Schnittstelle. Und der Kunde muss im Betreff die genauen Daten angeben, damit das System die Bestellung findet (*Kapitel 6.2.2*). *Offline*

Tabelle 6.1 zeigt Ihnen die möglichen Zahlungsabwicklungen der drei in *Kapitel 5* besprochenen Shop-Lösungen.

Webseite	Zahlarten	1&1	Mondo	xt:C
chronopay.de	Kreditkarten/ELV/Debit			neu
clickandbuy.com [1]	Micro-/Macro-Payment	o	o	o
giropay.de	Online-Überweisung	1+4	1+2+4+5	neu
heidelpay.de [2]	Kreditkarten/ELV/Debit		neu	neu
iclear.de	Rechnung	o	o	o
ipayment.de	Zahlungsplattform	o	neu	o
libereco.net	Kreditkarten/ELV			o
luupay.de	Handy-Bezahlsystem			neu
moneybookers.com [3]	E-Mail/Kreditkarten			o
paypal.de [4]	E-Mail/Kreditkarten	o	o	o
paysafecard.de	Wertkarte	neu		
qenta.at	Zahlungsplattform		neu	
saferpay.de [5]	Kreditkarten/ELV		o	neu
saftpay.de	Online-Überweisung			neu
santander.de	Finanzierung		o	
sofortueberweisung.de	Online-Überweisung			neu
united-online-services.de	Kreditkarten/ELV			neu
telecash.de	Kreditkarten/ELV/Debit		o	
webtrade.net	Kreditkarten/ELV		o	
worldpay.de	Zahlungsplattform	o	o	o
yellowpay.ch	Kreditkarten/ELV		o	

Tabelle 6.1: Standardmäßig implementierte Zahlungssysteme (Europa)

Etwas mehr als ein Jahr ist seit der ersten Buchauflage vergangen. Vergleicht man die Daten aus Tabelle 6.1 mit denen aus dem Vorjahr, merkt man recht schnell, es ist enorme Bewegung am Markt. Interessant für den Online-Händler und beruhigend für die Shop-Kunden ist jedoch die Tatsache, dass kein bekannter Großanbieter komplett vom Markt verschwunden ist. Diese positive Entwicklung trägt sicherlich dazu bei, das Vertrauen in den Online-Handel zu stärken. Dies spiegelt sich natürlich in den steigenden Umsätzen wider.

Internetbasierte Zahlungssysteme

Anbieter von Zahlungs-systemen

Im folgenden Abschnitt erläutern wir Ihnen kurz die wichtigsten webbasierenden Zahlungsarten. Sie finden hier kompakt zahlreiche Internet-Adressen von bekannten Anbietern aus den Sparten: Pico-, Micro- und Macro-Payment, Kreditkartenzahlung, virtuelle Geldbörse, Prepaid-Karte oder Guthabenkarte, eMail-Payment, Treuhandservice, Leasing oder Finanzierung, mPayment und Online-Überweisung.

>> **Pico-, Micro-** und **Macro-Payment**

Den Micro-Payment-Bereich im unteren Cent Bereich bezeichnet man als Pico-Payment. Mit Micro-Payment sind Zahlungen von Kleinstbeträgen unter fünf Euro gemeint. Ab etwa fünf bis zehn Euro beginnt der Bereich des Macro-Payment.

Seit dem massenhaften Vertrieb von digitalen Gütern ändert sich zunehmend die »Alles-ist-kostenlos«-**Mentalität** im Internet. Die Kunden sind zunehmend bereit, für digitale Inhalte Geld auszugeben. Hierunter fallen insbesondere der digitale Download von Musik, Spiele, Tickets, Abonnements, eBooks, Nachrichten oder andere Informationen.

www.firstgate.de
Firstgate AG (Click&Buy *ist das auf dem Markt führende Zahlungssystem*)

www.paynova.com
Paynova AB *(virtuelle Geldbörse mit günstigen Konditionen)*

www.paysafecard.com
paysafecard.com Wertkarten AG *(Wertkarten zu 10/25/50/100 € erhältlich)*

www.micromoney.de
Deutsche Telekom AG *(MicroMoney Guthabenkarte von T-Pay)*

www.sofortueberweisung.de
Payment Network AG *(Zahlungslösung für Content-Anbieter)*

WWW .....

>> Kreditkartenzahlung

Wollen Sie Zahlungen per Kreditkarte erhalten, dann benötigen Sie erstens einen Payment-Dienstleister und zweitens. einen Akzeptanzvertrag mit einem Acquirer. Der Payment Service Provider ist verantwortlich für die technische Abwicklung der Zahlungen. Sein System verfügt über Schnittstellen zu den bekannten Kreditkarten (Zahlungsmedien), wie *American Express*, *Diners Club*, *MasterCard* und *VisaCard*. Dafür kassiert er Monats-, Jahres- und/oder Transaktionsgebühren. Bei Letzterem hängen die laufenden Kosten von der Anzahl der übermittelten Transaktionen ab.

Kreditkarten	Webseite
American Express	www.americanexpress.com
Diners Club	www.dinersclub.com
JCB	www.jcbinternational.com
MasterCard	www.mastercard.com
MasterCard SecureCode	www.mastercard.com/securecode
Visa	www.visa.com
Verified by Visa	www.visa.at/e-commerce/verified-by-visa

Tabelle 6.2: Internationale Zahlungsmedien im Überblick

Einen **Akzeptanzvertrag** vereinbaren Sie mit einem Acquirer (Tabelle 6.3). Den Akzeptanzvertrag schließen Sie also nicht mit *Visa/Master-Card* selbst, sondern Sie wenden sich an spezielle Akzeptanzstellen, die Sie eventuell über Ihren Payment-Dienstleister finden. Dieser Payment Service Provider zieht pro Transaktion von Ihnen einen Abschlag ein, das so genannte **Disagio**, welches sich momentan zwischen 3,3 und

3,9% bewegt bei **Neuverträgen** für *VISA/Mastercard*. Klingt spontan recht hoch, bedenkt man jedoch, dass *eBay* einiges an Einstellgebühren und Verkaufsprovisionen (ca. *5 – 12%*) kassiert, so relativieren sich die Kosten für das Disagio.

Denken Sie bei dieser Gelegenheit gleich an die Buchungsdauer, also wann die Auszahlung der Gelder erfolgt. Bei jedem Anbieter dauert es eine gewisse Zeit, bis er die Umsätze an Sie ausbezahlt. Manche Anbieter zahlen bereits nach einer Woche. In der Regel gibt es 30 Tage Verzögerung bei der Auszahlung. Bei anderen vergehen schon mal bis zu zwei Monate, bis die Zahlung auf Ihrem Konto eingeht. Laufen die Verträge stabil und problemlos, ist auch im eCommerce ein geringeres Zahlungsziel möglich. Bis dahin haben Sie natürlich schon längst die Ware geliefert und den Lieferanten bezahlt.

Acquirer vs. Payment Service Provider
Damit Sie in Ihrem Shop Kreditkartenzahlungen annehmen können, benötigen Sie einen so genannten **Akzeptanzvertrag** mit einem **Akzeptanzpartner**. Sowohl *VISA* als auch *MasterCard* schließen selbst keine Verträge mit Online-Shop-Betreibern ab. Eine der wenigen Ausnahmen ist hier *American-Express*. Im Normalfall schalten jedoch die großen Kreditkartengesellschaften die **Acquirer** als direkten Vertragspartner dazwischen. Das sind also Akzeptanzstellen, Kreditkarten- oder Händler-Banken, die für die Kreditkartenunternehmen aktiv werden. Zu deren Hauptaufgaben gehören z.B. neue Vertragspartner zu gewinnen und Umsätze mit Shop-Betreibern abzurechnen. Der Acquirer ist also das kaufmännische Bindeglied zwischen Bezahlsystem und Online-Händler. Ein reiner **Payment Service Provider** fungiert als technisches Bindeglied zwischen Acquirer und Online-Händler. *WorldPay* und *WireCard* sind in ihrer Doppelrolle sowohl für die technische Realisierung zuständig und zugleich noch für die kaufmännische Abwicklung.

Acquirer	Webseite
B+S Card Service	www.bs-card-service.com
ConCardis	www.concardis.com
Elavon (ehemals *euroConex*)	www.euroconex.de
Lufthansa AirPlus	www.acceptance.de
Pago eTransaction Services	www.pago.de

Tabelle 6.3: Top 5 der deutschen Acquirer im Überblick

Dienste des Acquirers
Einige Acquirer, wie *Lufthansa AirPlus*, stellen neben den eigentlichen Diensten (Autorisierung und Abrechnung von Kreditkartentransaktionen) noch weitere Dienstleistungen zur Verfügung. Dies sind unter anderem:

>> Technische Abwicklung: PCI-konforme Softwarelösung einbinden und betreiben, im Idealfall mit *Verified by VISA* und *Mastercard Secure Code*.

>> Zusatzdaten bereitstellen: Zusätzliche Angaben auf der Abrechnung helfen beim effizienten Abgleich von Zahlungs- und Kontendaten.

>> Mehrere Datenformate: Einige Acquirer stellen dem Händler die Abrechnung in unterschiedlichen Datei-Formaten zur Verfügung.

>> Umfangreiche Beratung: Betreuung der Online-Händler, besonders in Fragen zur Effizienzsteigerung der Zahlungsabwicklung oder Minimierung von Zahlungsausfällen.

>> Persönliche Betreuung: Direkter Kontakt zu einem Ansprechpartner vor Vertragsabschluss mit Schulung zu allen relevanten Themen rund um die Kreditkartenakzeptanz und darüber hinaus.

Die Vertragsmindestlaufzeiten bei Akzeptanzverträgen bewegen sich im Allgemeinen zwischen 36 und 60 Monaten. Größere Unterschiede gibt es jedoch bei den Zusatzkosten: Beleganforderungs-, Chargeback-, Storno-, Gutschrifts- oder Anschlussgebühr. Die Kosten für diese Vorgänge sind breit gefächert, sie reichen von teils Null-Kosten (bei *Lufthansa AirPlus*) bis zu erheblichen Gebühren (z.B. über 40 € pro Chargeback bei der *Postbank*). Der für Sie wichtigste Faktor ist anfänglich sicherlich das Disagio. Bei Kreditkarten-Umsätzen im siebenstelligen Bereich geht es schon mal weit unter die 3% Marke, eigentlich jedoch so gut wie nie unter 2%, da dort die Höhe der **Interchange-Fee** liegt. Das sind die Gebühren, die die Acquirer selbst an Banken und Kartenorganisationen abführen.

Payment-Dienstleister für Kreditkartenzahlungen:

www.ipayment.de
Schlund + Partner AG *(Payment Service Provider)*

www.payone.de
payone GmbH & Co. KG *(Payment Service Provider)*

www.moneybookers.com
moneybookers Ltd. *(Payment Service Provider)*

www.saferpay.de
Telekurs Card Solutions GmbH *(ePayment-Lösung für Online-Zahlungen)*

www.telecash.de
TeleCash GmbH *(Automaten-, Terminal- und Internetlösungen)*

www.webtrade.net
WebTRADE.NET - The-Payment.Company-GmbH *(Payment-Anbieter)*

www.wirecard.de
Wire Card AG *(Acquirer und Akzeptanzstelle in einem)*

www.worldpay.de
WorldPay GmbH *(Acquirer und Akzeptanzstelle in einem)*

>> **Virtuelle Geldbörse, Prepaid-Karte** oder **Guthabenkarte**

Elektronisches Geld macht den Computer zur virtuellen Geldbörse (**eWallet**). Das funktioniert genauso wie bei den Prepaid-Karten für Mobiltelefone mit ihrem im Voraus bezahlten Guthaben. Solche Guthabenkarten kaufen Sie als Wertkarte und können sie an Geldautomaten oder speziellen Ladeterminals wieder befüllen. Es werden hardware- und softwarebasierte Lösungen angeboten. Als Hardwarelösung gibt es zum Beispiel eine *GeldKarte* in Form einer **SmartCard** oder *paysafecard* als **Wertkarte** im Scheckkartenformat. Die softwarebasierten virtuellen Geldbörsen befüllt der Konsument mittels Online-Zahlung durch eine Kreditkarte, Banküberweisung oder andere gleichartige virtuelle Geldbörse. Dieses einbezahlte Guthaben steht dann für Einkäufe im Internet zur Verfügung.

WWW ......

www.ccard.net
Ccard Ltd. *(Guthaben-Debit-Karte und Prepaid* MasterCard*)*

www.geldkarte-online.de
EURO Kartensysteme GmbH *(Online-Shopping mit der* GeldKarte*)*

www.maestrokarte.de
MasterCard Europe *(elektronische Debitfunktion auf Bankkarten)*

www.micromoney.de
Deutsche Telekom AG *(Guthabenkarte von* T-Pay*)*

www.moneybookers.com
moneybookers Ltd. *(Geldbörse im Internet)*

www.paynova.com
Paynova AB *(Geldbörse als Zahlungsmittel)*

www.paysafecard.com
paysafecard.com Wertkarten AG *(Europas erste Prepaid-Karte)*

www.quick.at
Europay Austria GmbH *(elektronische Geldbörse* @Quick *im Internet)*

www.t-pay.de/t-pay
Deutsche Telekom AG *(Internet-Payment* T-Pay *für* T-Online-*Kunden)*

>> **eMail-Payment** (Bezahlen per E-Mail)

Diese Systeme funktionieren wie ein Bankkonto im Internet. Mit diesem Bankkonto zahlt Ihr Kunde bequem und sicher mit seiner E-Mail-Adresse bei Shoppingtouren im Netz. Dazu brauchen Sie und der Kunde lediglich ein Konto bei einem eMail-Payment-Anbieter. Dort hinterlegen Sie als Online-Händler eine E-Mail-Adresse Ihres Shops, an die dann die Zahlung geleitet wird. Wenn der Käufer die Zahlung von seinem bestehenden

Guthaben getätigt hat, verfügen Sie als Verkäufer innerhalb von Sekunden über das Geld. Bei einer herkömmlichen Banküberweisung dauert der Geldeingang im Normalfall etwa zwei bis vier Tage.

Das *eBay*-Tochterunternehmen *PayPal* ist eine umfassende Zahlungslösung für den Online-Handel. Mit dem Basiskonto können Sie eine Ihrer E-Mail-Adressen als Zahlungskonto nutzen. Ab dem Premiumkonto akzeptieren Sie zusätzlich Zahlungen per Kreditkarte, Lastschrift und Banküberweisung. Auch mit *moneybookers* ist es möglich, Kreditkartenzahlungen abzuwickeln.

www.moneybookers.com
moneybookers Ltd. *(Geld per E-Mail senden und empfangen)*

www.paypal.de
PayPal Europe Ltd. *(Bezahlen ist genauso einfach wie Mailen)*

>> Treuhandservice

Mit *iclear by Kinteki* wird der Kauf auf Rechnung zur sicheren Zahlungsabwicklung für Käufer und Händler. Es ist eine schnelle, einfache und sichere Zahlungsart, und es fallen keine Zusatzkosten für Ihren Kunden an. Sie als Shop-Betreiber zahlen eine geringe Gebühr (**Disagio**) von 2,65% (Vorjahr noch 2,9% bis 3,5%). Die Zahlung leistet der Kunde direkt an *iclear*, die quasi als **Treuhänder** agieren und das geschäftliche Risiko übernehmen. Der Shop-Betreiber erhält eine Meldung über den Zahlungseingang bei *iclear* und versendet daraufhin die Ware. Dieser Treuhandservice schafft beiderseitiges Vertrauen und sorgt für eine sichere und transparente Bestellabwicklung.

www.iclear.de
Kinteki GmbH *(Treuhand-Service, Zahlungsabwicklung auf Rechnung)*

>> Leasing oder Finanzierung

Mit einem Online-Service wie Leasing oder Finanzierung bieten Sie Ihrem Kunden eine Zahlungsform für größere Anschaffungen an. Der jeweilige Lösungsanbieter wickelt für Sie alle Vorgänge ab, bis hin zum Abschluss eines Leasing- und/oder Finanzierungsvertrags. Der Vertrag entsteht somit zwischen Ihrem Kunden und dem Anbieter. Sobald der Finanzierungs- bzw. Leasingantrag eingeht und auch die Bonitätsauskunft des Kunden positiv ist, können Sie für Ihren Kunden den gewünschten Artikel ohne weitere Verzögerung beschaffen. Der Lösungsanbieter bestellt dazu die vom Kunden gewünschte Ware direkt bei Ihnen. Hat Ihr Kunde die Ware erhalten und deren Empfang bestätigt (sehr wichtig!), erhalten Sie die komplette Verkaufssumme von Ihrem Anbieter. Die Bestellung ist für Sie damit abgewickelt; die monatlichen Raten leistet Ihr Kunde an den Lösungsanbieter.

WWW . . . . .

www.albis-zahlungsdienste.de
ALBIS Zahlungsdienste GmbH & Co. KG *(Online-Leasing-Lösung)*

www.electroleasing.de
electroLEASING AG *(Leasing für Unternehmen und Privatkunden)*

www.santander.de/de/waren/software/software.html
Santander Consumer Bank AG *(Online-Lösung für Finanzierungskauf)*

www.weblease-europe.com
Grenkeleasing AG *(Online-Leasing-Lösung)*

>> mPayment

Mobiles Bezahlen oder einfach mPayment ist die Zahlungsabwicklung mit Hilfe des Mobiltelefons. Dafür gibt es jedoch auf dem deutschen Markt nur wenige Anbieter. Neben der *Deutschen Telekom AG* mit der Bezahlvariante *Pay by Call* bietet nun ebenfalls *Luupay* eine funktionierende Lösung an. Bei der Zahlvariante von T-Pay bezahlt der Kunde entweder über seinen *T-Com*-Festnetzanschluss oder über sein Handy. Der Online-Käufer wählt eine Servicenummer und die Kosten des zu bezahlenden Einkaufs erscheinen als Verbindungsentgelte in der Abrechnung seines Kommunikationsdienstleisters oder Netzanbieters. Mit einem *Luupay*-Händlerkonto können Sie Zahlungen über SMS, WAP oder Internet entgegen nehmen. Die Transaktionen werden bearbeitet und unmittelbar vom *Luupay*-Konto des Käufers auf das Händlerkonto gebucht. Für das Bankkonto fallen für Sie als Händler weder Eröffnungs-, Einrichtungs- noch sonstige laufende Gebühren an. Bezahlt wird nur die in Anspruch genommene Leistung auf Transaktionsbasis.

WWW . . . . .

www.luupay.de
Contopronto AS *(Kombination aus mobiler Geldbörse und Guthabenkonto)*

www.mpay24.com
mPAY24 GmbH *(Österreichische eCommerce-/mCommerce-Zahlplattform)*

www.t-pay.de/t-pay
mw1.t-home.de
Deutsche Telekom AG *(T-Pay bietet mit Pay by Call bezahlen per Anruf)*

>> Online-Überweisung

Die *eps* (**ePayment Standard**)-Online-Überweisung setzt auf dem jeweiligen Online-Banking der österreichischen Banken auf. Das System ist vergleichbar mit *giropay*. Wählt nun ein Kunde in Ihrem Shop Online-Überweisung als Bezahlvariante aus, wird er im nächsten Schritt zur Eingabe der Bankleitzahl seines Kreditinstituts aufgefordert. So gelangt er auf die gesicherte Login-Seite seines Kreditinstituts, wo er sich mit seiner Kontonummer und PIN anmeldet. Nach dem Login erscheint der ihm vertraute Überweisungsträger, in den bereits alle relevanten Überweisungsdaten eingetragen sind. Die Zahlung wird durch die Eingabe einer TAN abgeschlossen. Sie als Shop-Betreiber erhalten sofort eine Zahlungsbestätigung und können daraufhin den Versand der Ware veranlassen.

Vertrauensmäßig haben *giropay* und *eps* einen wesentlichen Vorteil, denn dahinter stehen die großen Bankenkonsortien selber. Das alternative Bezahlsystem *sofortüberweisung* betreibt die *Payment Network AG*. Das kontinuierlich TÜV-geprüfte Unternehmen baut sein Sicherheitskonzept auf folgende Säulen: Identitätsschutz dank PIN und TAN, verschlüsselte SSL-Verbindungen und vor Missbrauch von PIN/TAN versicherte Transaktionen (Versicherungssumme beträgt 5.000 € pro Versicherungsfall). Viel Diskussionsstoff liefert die Bankenbedingung, dass keine andere Person Kenntnis von der PIN und der TAN erlangen darf. Diese Daten nimmt zwar die Software entgegen und übermittelt diese zusammen mit der Überweisung über eine SSL-Verbindung an die Bank. Für die weitere Bearbeitung ist eine Speicherung der Daten nicht nötig. Keine einzige Person kann die zwischengespeicherten Daten einsehen. Aus Kundensicht sind also die wesentlichen Anforderungen an ein Bezahlsystem erfüllt: SSL-Schutz, Anonymität und Bedienbarkeit. Insgesamt betrachtet also eine rundum interessante, zuverlässige und sichere Angelegenheit.

Praxis-Tipp: Schnelle Online-Überweisung mit giropay

Das Ziel dieses Bezahlverfahrens besteht darin, sowohl die Belange der Verbraucher als auch die der Händler zu berücksichtigen. Die Verbraucher haben ein sicheres und bequemes Zahlverfahren an der Hand, das den Händlern gleichzeitig wirtschaftliche Sicherheit bietet. Sofort nach dem Zahlungsvorgang während des Bestellvorgangs erhält der Händler eine Bestätigung und eine Zahlungsgarantie von der Bank des Online-Shoppers.

Zahlungen mit giropay *sind eine neue Art der Sofortzahlung. PayPal war einer der ersten* **Acquirer** *dafür. Der Endkunde wählt im Online-Shop die Zahlungsart* giropay, *danach gibt er bei der Bank Kontonummer, Bankleitzahl und eine gültige PIN ein. Das vorausgefüllte Überweisungsformular bestätigt der Kunde noch durch eine TAN. Ab diesem Moment ist die Zahlung gesichert und Sie können die Ware versenden.*

Die technische Realisierung in Ihren Shop erfolgt in der Regel über den Payment Service Provider eines Acquirers. Als Alternative gibt es Bezahlsysteme (PayPal, Click&Buy von Firstgate oder moneybookers). Zur Wahl stehen Lösungen unter anderem von B+S allpos, Tclckurs Safcrpay, ALBIS-Zahlungsdienste (gehört zur EOS-Gruppe) oder Heidelberger Payment.

Tipp . . . . . .

www.giropay.de
giropay GmbH *(Anwendung von Homebanking direkt im Shop)*

www.sofortueberweisung.de
Payment Network AG *(Echtzeit-Bestätigung für Online-Überweisungen)*

www.stuzza.at
Stuzza *(Studiengesellschaft für Zusammenarbeit im Zahlungsverkehr)*

Herkömmliche Bezahlsysteme

Viele Kunden bevorzugen die herkömmlichen Bezahlverfahren, also **Rechnung, Lastschrift** oder **Nachnahme**. Weniger verbreitet sind Internet-Bezahlsysteme, wie **Vorauskasse** bzw. **Online-Überweisung** mit Hilfe von **Online-Banking**. Hier fehlt es noch am Vertrauen bei den Kunden. Bei Händlern, die einen geprüften Online-Shop besitzen und dies mit einem offiziellen Gütesiegel nachweisen können, ist der Anteil an Vorauskasse bzw. Online-Überweisungen größer *(Kapitel 10)*.

Ganz besonders das Lastschrift- und Abbuchungsverfahren hat im bargeldlosen Zahlungsverkehr viele Anhänger. Für den Anbieter birgt es allerdings ein erhöhtes Ausfallrisiko. Das Hauptproblem sind die **Rücklastschriften** im Einzugsermächtigungsverfahren.

Lastschrift	Einzugsermächtigung	Abbuchungsauftrag
Befugnis	Der Zahlungspflichtige erteilt dem Zahlungsempfänger eine Einzugsermächtigung.	Der Zahlungspflichtige erteilt der Bank (Zahlstelle) einen Abbuchungsauftrag.
Funktionsweise	Lastschriften werden einmalig oder mehrmals vom Konto eingezogen.	Abbuchungsaufträge des Zahlungspflichtigen werden regelmäßig eingelöst.
Rücklastschrift	Zahlungspflichtiger kann die Belastung bis zu 6 Wochen nach Geldabgang widerrufen.	Einer Belastung kann durch den Zahlungspflichtigen nicht widersprochen werden.
Zielgruppe	Business-to-Consumer (B2C)	Business-to-Business (B2B)

Tabelle 6.4: Vergleich der beiden Lastschriftverfahren

Lastschrift-
verfahren

Besonders bei deutschen Shop-Betreibern ist das Lastschriftverfahren weit verbreitet, da die Kunden damit am liebsten bezahlen. Dabei unterscheidet man zwischen dem manuellen und dem elektronischen Verfahren (ELV) bzw. Direct **Debit**. Anders wie bei einer Überweisung lösen Sie als Geldempfänger den Zahlungsvorgang aus. Dies geschieht entweder aufgrund einer **Einzugsermächtigung (Bankeinzug)** oder eines **Abbuchungsauftrages**. Beim manuellen Verfahren gehen Sie in Ihre Bankfiliale und lassen das Geld einziehen bzw. abbuchen. Das elektronische Verfahren wickeln Sie über spezielle Payment-Dienstleister ab. Meistens sind das die gleichen Dienstleister wie bei den Kreditkartenzahlungen.

Hier ist erhöhte Vorsicht geboten: Das per Einzugsermächtigungen abge-
buchte Geld kann von Ihrem Kunden sechs Wochen zurückgebucht werden,
d.h. auch noch nach Erhalt der Ware. Wir empfehlen diese Variante nicht
für sehr teure Artikel. Nehmen wir an, Sie versenden nach dem Bankeinzug
ein Notebook an Ihren Kunden. Nun nimmt Ihr Kunde nach dem Waren-
eingang eine Rückbuchung vor oder auf dem Konto liegt gar kein Geld, was
ohne weiteres möglich ist. Wir haben durch solche betrügerischen Machen-
schaften schon mehrere Tausend Euro eingebüßt.

Betrugsgefahr!

Ausfallrisiken der Bezahlsysteme bewerten

Ihr Erfolg hängt nicht nur von der Bedienerfreundlichkeit des Online-Shops
ab, sondern auch von den angebotenen Bezahlsystemen. Der tollste Shop
nützt nichts, wenn der Kunde nicht sicher und bequem zahlen kann. Online-
Händler und Online-Käufer haben leider unterschiedliche Ansprüche an die
Bezahlverfahren. Bei Ihnen als Shop-Anbieter stehen folgende Aspekte im
Vordergrund:

*Ansprüche an
Bezahlverfahren
aus Händlersicht*

>> niedriges Ausfallrisiko für die eingehende Zahlung

>> geringe Transaktions-, Installations- und Wartungskosten

>> starke Verbreitung und hohe Akzeptanz der Zahlungsart

>> einfache Handhabung und schnelle Abwicklung des Bezahlvorgangs

>> hoher Sicherheitsstandard und Schutz vor Missbrauch

Der Konsument wünscht sich hingegen vor allem Sicherheit beim Bezahlen.
Er erwartet eine missbrauchssichere SSL-verschlüsselte Übertragung seiner
Bezahldaten und seiner persönlichen Daten. Er möchte seine Anonymität
gewährleistet wissen, damit er nicht durch seine Aktivitäten Opfer von
Spam-Attacken oder sogar Geldbetrug wird. Eine einfache, schnelle und
benutzerfreundliche Bedienung bei der Bezahlung ist inzwischen selbstverständlich. Vorteilhaft ist ein Zahlungsmittel, das viele **Akzeptanzstellen**
akzeptieren. Wünschenswert ist auch die Verwendbarkeit außerhalb vom
Internet; so lässt sich z.B. die **Wertkarte** auch beim Shopping in der Stadt
verwenden. Förderlich für die Kundenakzeptanz ist, wenn der Bezahldienst
für den Kunden kostenfrei ist. Ganz oben auf der Wunschliste der Käufer:
Problemfälle absichern durch **Geld-zurück-Garantie**, Stornomöglichkeit
oder sogar Warenerhalt, bevor der Zahlungseingang beim Shop-Betreiber
erfolgt ist.

*Forderungen aus
Kundensicht*

Untersuchungen belegen, dass Internet-Käufer als Hauptgrund für den
Bestellabbruch eine fehlende Bezahlungsart nennen (*Kapitel 3*). Immerhin
rund 64% der Shop-Kunden brechen eine Online-Bestellung ab, weil ihnen
die Zahlungsaufforderungen im Online-Shop unsicher erscheint Wie
Tabelle 6.5 zeigt, gibt es jede Menge Zahlungsarten, die den Ausfall von
Zahlungen minimieren, was ganz im Sinne des Händlers ist. Leider sind die
bevorzugten Bezahlarten der deutschen Kunden für den Shop-Betreiber mit

einem mittleren bis hohen Ausfallrisiko verbunden. Das sind insbesondere die Zahlungsarten **Lastschrift** (Einzugsermächtigung im Business-to-Consumer-Bereich) und **Rechnungskauf**. Erst danach folgen die rein internetbasierten Bezahlsysteme. Deutlich besser steht inzwischen die Beurteilung des Zahlungsausfallsrisikos mit Kreditkarte da. Die Investitionen der Kreditkarteninstitute in die Betrugsabwehr tragen also erste Früchte.

Risikobewertung	Hauptvorteil (Kunde)	Ausfallrisiko
Abbuchungsauftrag	Business-to-Business	niedrig
eMail-Payment	verbreitete Akzeptanz	niedrig
Finanzierung	bequeme Online-Abwicklung	niedrig
Guthabenkarte	internationaler Einsatz	niedrig
Kreditkartenzahlung	bequem und sofortiger Warenversand	niedrig (neu)
Leasing	bequeme Online-Abwicklung	niedrig
Micro-/Macro-Payment	sehr starke Verbreitung	niedrig
Nachnahme	bequem und sicher	niedrig
Online-Überweisung	unkomplizierte Handhabung	niedrig
Treuhandservice	einfach, bequem und sicher	niedrig
Vorauskasse	gebräuchliches Verfahren	niedrig
Rechnungskauf	sehr bequem und sicher	hoch
Einzugsermächtigung	Widerspruch gegen Kontobelastung möglich	hoch

Tabelle 6.5: Beurteilung des Ausfallrisikos für den Händler

Sicherheitsstandards im Kreditkartenbereich

Erfolgsquote bei Kreditkarten

Speziell bei Kreditkartenzahlungen verringerte sich das Zahlungsausfallrisiko 2007 im Vorjahresvergleich deutlich. Allerdings belegen die Zahlen der *Pago*-Studie, dass das gesunkene Chargeback-Volumen mit einer geringeren Erfolgsquote erkauft worden ist Die **Erfolgsquoten** sinken um satte 5% auf nunmehr 89,6%. Für fast 90% der Ablehnungsgründe waren folgende Ursachen verantwortlich: Ablehnung vom Autorisierungssystem, gesperrte Karte bzw. Manipulationsverdacht. Die Chargeback-Quote gibt Auskunft über die tatsächliche Rate an erfolgtem Betrug. In deutschen Shops sinkt laut *Pago*-Report 2007 die Chargeback-Quote bei Kreditkartentransaktionen um deutliche 0,33% auf nur noch 0,087%. Diese Entwicklung zeigt, dass das Zahlungsausfallrisiko bei Kreditkarten kein wirklich großes Problem mehr darstellt.

Chargeback Gradmesser für Betrug

Erfolgreicher Online-Handel mit geringen Zahlungsausfällen setzt eine funktionierende **Betrugsabwehr** voraus. Eine **Autorisierung** wird bei der Kreditkarten-Gesellschaft dann als erfolgreich bezeichnet, wenn spätestens im zweiten Anlauf die angegebenen Daten existieren und zueinander passen. Wie detailliert dies vorgenommen wird, hängt von der jeweiligen Kreditkarten-Gesellschaft ab und von den dort verwendeten Autorisierungsverfahren. Mit **Chargeback** bezeichnet man den Einspruch eines Kunden bzw. einer Bank gegen eine Kreditkartenzahlung. Der dem Online-Händler gutgeschriebene Geldbetrag wird wieder zurückbelastet.

Die in der *Pago-Studie 2007* vorgenommene Auswertung der Chargeback-Quote nach Warenkorbwert zeigt ein alarmierendes Bild. Je höher der Warenkorbwert, desto höher die Rückbuchungsquote. Besonders dramatisch ist die Verschiebung zu hohen Warenkorbwerten. Bei Einkäufen über 500 € liegt die Quote 2006 bei 1,5%, aber immer noch besser als 2004 mit 3,71%. Für Händler, die Waren in diesem Preissegment anbieten, bedarf es einer besseren Betrugsabwehr. In Deutschland sieht die Situation etwas besser als in anderen Ländern aus; hier liegt die Chargeback-Quote bei 0,67% (2004: 0,31%), in anderen Ländern liegt die Zahl bei über 3%.

Quelle: Pago-Studie 2007

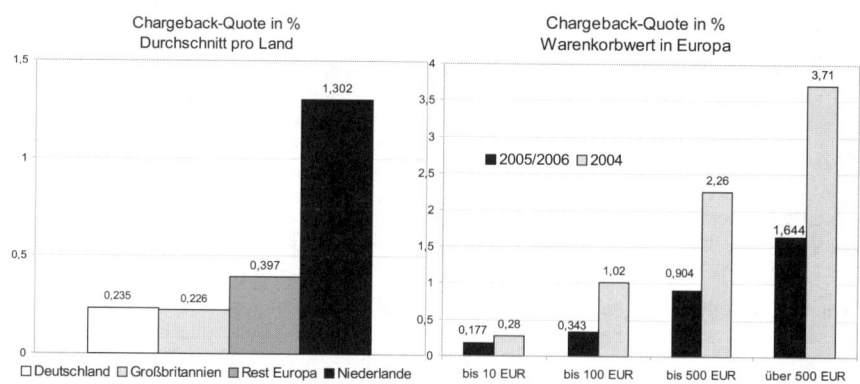

Abbildung 6.2: Chargeback-Quote nach Shopper-Land und Warenwert

Jeder Online-Händler ist auf jeden Fall gut beraten, wenn er sich bemüht, Kreditkarten als Zahlungsart im Shop anzubieten. Das gilt besonders, wenn er im internationalen Online-Geschäft tätig werden möchte. Denn die Quoten für Rücklastschriften bei ELV und im Mahnbereich für Rechnungskauf liegen um ein Vielfaches höher. Führen Sie stattdessen professionelle und bewährte Systeme zur Betrugsabwehr (**Fraud**-Prevention) ein. Die Investition in diesem Bereich zahlt sich in kürzester Zeit durch sinkende Chargeback-Quoten aus.

Händler tragen im Normalfall bei Zahlungen ohne Identifizierung des Karteninhabers das Haftungsrisiko zu 100%. Dem kann man mit der **Haftungsumkehr** mit *Verified by VISA* (**VbV**) oder *MasterCard SecureCode* beikommen. Hier identifiziert sich der Karteninhaber und das Chargeback-Risiko verschiebt sich auf die kartenausgebende Bank. Das Tolle: Bei einigen Anbietern entstehen Ihnen dadurch nicht einmal Mehrkosten. Betrüger wenden sich logischerweise von Märkten ab, in denen die Chip- und PIN-Methode eingesetzt wird.

Das VbV-System reduziert bei Händlern die Schäden in den Bereichen:

>> abgelehnte Kreditkarten-Transaktionen

>> durch Betrug verloren gegangene Waren

>> Bearbeiten von Rückbelastungen und strittigen Transaktionen

>> entgangener Umsatz aufgrund von Screening-Fehlern, z.B. bei Ablehnung von Neukunden oder ausländischen Karteninhabern

>> Ansehensverlust und Beschädigung der Marke

Sicherheitsstandard	Beschreibung
EMV Chiptechnologie	Neuere Kreditkarten besitzen den so genannten **EMV-Chip**. EMV steht für *Europay*, *MasterCard* und *VISA* und bezeichnet die einheitliche Chiptechnologie dieser Kartengesellschaften. Der Chip garantiert mit Hilfe des persönlichen **Kundenterminals** (**Chipkartenlesers**) und einer **PIN** (Personal Identification Number) die sichere Bezahlung über das Internet.
Kartenprüfnummer bzw. MasterCards CVC2	Das ist eine 3- bis 4-stellige (*AmEx*) Zahl, die sich im Unterschriftsfeld auf der Rückseite der Kreditkarte befindet. Mit ihr ist sichergestellt, dass betrügerisch erlangte Kartendaten nicht eingesetzt werden. Der Käufer muss im Besitz der Karte sein, da die Ziffern nicht im Magnetstreifen gespeichert sind.
MasterCard **SecureCode** oder **Verified by VISA**	Bei diesem passwortgeschützte System prüft die Bank die eindeutige Identität des Kunden. Kauft ein Kunde bei registrierten Händlern ein, benötigt er für die Nutzung der Kartendaten ein Passwort.
Payment Card Industry	Als Zusammenfassung von **AIS** von *VISA* (Account Information Security Program) und **SDP** von *MasterCard* (Site Data Protection) schreibt **PCI** eine sichere Datenarchivierung vor. Ziel ist ein besserer Schutz der Kreditkarteninformationen und Transaktionsdaten, um das Vertrauen von Käufern und Verkäufern zu erhöhen.

Tabelle 6.6: Sicherheitsstandards von Kreditkartengesellschaften

Akzeptanz Beachten Sie bei der Kreditkartenakzeptanz noch die folgenden Aspekte:

>> Für jeden Vertriebsweg benötigen Sie eigene Akzeptanzverträge, d.h. je ein Vertrag für eCommerce, Telefon bzw. Ladengeschäft.

>> Speichern Sie keine Kartennummern auf Ihren Systemen, sonst wird die Zertifizierung Ihres Systems nach PCI erforderlich.

Der Payment Card Industry Data Security-Standard bezeichnet sich selbst als Standard für alle Händler. Gerade auf dem europäischen Markt trifft das auch zu, da hier rund 98% der Umsätze mit *VISA* und *MasterCard* getätigt werden. Wie die Sicherheitsanforderungen umgesetzt werden können, wird in verbindlichen Richtlinien festgelegt.

Händler und andere am Zahlungsverkehr Beteiligte, die sich an diese Standards nicht halten, verursachen schwer berechenbare Risiken. Man erhofft sich eine zügige Umsetzung des Sicherheitsstandards, vorausgesetzt alle Händler und Dienstleister ziehen mit.

PCI-Datenschutz-Regelwerk

<< **Exkurs**

PCI ist ein gemeinsamer Standard aller großen Kreditkartenorganisationen. Das PCI-Datenschutz-Regelwerk umfasst insgesamt zwölf Punkte. Alle Akzeptanzstellen und Service-Provider müssen sich daran halten und dies gewährleisten. Grob zusammengefasst gibt es dazu folgende Regeln:

1. Installieren Sie eine Firewall zum Schutz der Daten!
2. Verzichten Sie auf voreingestellte Passwörter oder andere Parameter!
3. Sichern Sie die gespeicherten Karten- und Transaktionsdaten!
4. Übertragen Sie sensible Informationen nur auf verschlüsselten Wegen!
5. Verwenden Sie eine Antiviren-Software mit regelmäßigen Updates!
6. Entwickeln und Verwenden Sie sichere Systeme und Anwendungen!
7. Beschränken Sie den Datenzugriff auf die geschäftlichen Erfordernisse!
8. Teilen Sie jeder Person mit Zugang zum Computersystem eine ID zu!
9. Beschränken Sie die Zugriffsberechtigungen auf Karteninhaberdaten!
10. Überwachen Sie Zugriffe auf Netzwerkressourcen und Kartendaten!
11. Überprüfen Sie Sicherheitssysteme und Prozessabläufe!
12. Regeln Sie die IT-Sicherheit in einer Unternehmensrichtlinie!

Sobald Sie also intern in Ihrem Unternehmen die Kreditkartendaten der Kunden speichern, ist eine recht kostspielige Zertifizierung erforderlich. Sie müssen dann nachweisen, dass Ihr Unternehmen diese Regeln befolgt.

Zertifizierte Sicherheitsspezialisten

Die Kartenorganisationen setzen speziell akkreditierte Auditoren ein, um die PCI-Datenschutz-Richtlinien zu testen. Diese prüfen die Umsetzung der Maßnahmen und Unternehmensabläufe durch Schwachstellen-Scans und Vor-Ort-**Audits**. *Excelsis* ist eines der hierfür weltweit akkreditierten Unternehmen, die den Händlern und Service-Providern für den Überprüfungsservice zur Verfügung stehen. Diese Sicherheitsspezialisten erfüllen mehrere Anforderungen: die der Kreditkartengesellschaften, die des *BSI* sowie die des internationalen Standards **ISO 17799**.

www.excelsisnet.com
Excelsis Business Technology AG *(Security Services für AIS und SDP)*

www.visa.de/visa_akzeptieren/ais/main.jsp
VISA Europe Services Inc. *(VISA Account Information Security Program)*

www.mastercard.com/us/sdp/
MasterCard International Inc. *(MasterCard Side Data Protection Program)*

WWW . . . . .

6.1.2   Einsatz ausgewählter Zahlungsverfahren

In diesem Abschnitt möchten wir Ihnen ausgewählte Zahlungsverfahren genauer vorstellen. Da diese Zahlarten in den meisten Shop-Systemen ähnlich aktiviert werden, zeigen wir Ihnen als Beispiel dafür die Installation in *xt:Commerce*. Diese Zahlungsverfahren stellen wir Ihnen im Detail vor:

>> *moneybookers* – eMail-Payment

>> *iclear* von *kinteki* – Treuhandservice (Rechnungskauf)

>> *Click&Buy* von *Firstgate* – Micro-/Macro-Payment

>> *WorldPay* – Kreditkarten-/Lastschriftzahlung

>> *Grenkeleasing* – Leasing

>> *Santander* – Finanzierungskauf

>> (Optional: *Luupay* – Mobile Geldbörse)

Anhand der Installation und Konfiguration lassen sich die Zahlungssysteme und deren Funktionsweise besser beurteilen. Beachten Sie hierbei die strikte Trennung der Nutzung in Backend-Bereich (Administrator) und Frontend-Bereich (Kunde). Nach der Anmeldung erfolgt die Konfiguration zuerst im Online-Shop, die wir Ihnen in einzelnen Schritten erklären. Abschließend erläutern wir Ihnen das Zahlungssystem aus Kundensicht.

E-Mail-Payment mit moneybookers

Da das Zahlungsverfahren *PayPal* sehr einfach umsetzbar ist, möchten wir Ihnen an dieser Stelle die Alternative *moneybookers* zeigen. Die *Wikimedia Foundation* sammelt beispielsweise Spenden über diese Zahlungsart. Der entscheidende Vorteil hierbei, alle Zahlungen über *moneybookers* sind unwiderruflich. Eine abgeschlossene Transaktion kann nicht mehr storniert werden (»harte« Währung). Im Gegensatz dazu sind Kreditkarten eine eher »weiche« Währung, da Transaktionen wieder rückgängig gemacht werden können. Dies versetzt Sie als Online-Händler normalerweise in eine nachteilige Position, sobald ein Kunde einmal getätigte Zahlungen wieder rückgängig macht. *moneybookers* gibt jedoch keine **Charge Backs** an Händler weiter, sondern trägt selbst das Risiko aller Transaktionen. Natürlich setzt dies voraus, dass Sie als Händler Ihrer Sorgfaltspflicht bei Ausübung Ihrer Geschäfte nachkommen.

Anmeldung   Damit Sie Zahlungen über *moneybookers* akzeptieren können, benötigen Sie dort ein eigenes Konto.

1. Registrieren Sie sich für ein *moneybookers*-Privat-/Firmenkonto!

2. Wählen Sie ein Zahlungssystem: *E-Mail Pay* oder *Merchant Gateway*!

3. Integrieren Sie einen *moneybookers*-Zahlungsbutton in Ihre Website!

Step......

Für das Basisprodukt *E-Mail Pay* müssen Sie in Ihrem Online-Shop keine Integration vornehmen. Sobald Sie als normaler Nutzer registriert sind, können Sie Zahlungen über Ihre E-Mail-Adresse annehmen. Für Sie als Shop-Anbieter fallen bei diesem Zahlungssystem als Zahlungempfänger keine Gebühren an, als Zahlungssender zahlen Sie Abhängigkeit vom Status des Kontos ca. 2,9%. Dem Käufer berechnet das System eine Gebühr (Geld senden: 1%, maximal jedoch 50 ct., Geld empfangen: gratis). Ihre Kunden bezahlen den ausstehenden Rechnungsbetrag an die von Ihnen eingetragene E-Mail-Adresse, weisen also die Zahlung bei *moneybookers* selbst an und verarbeiten die Transaktion manuell. Der Zahlungseingang erscheint in Echtzeit auf Ihrem Konto und Sie erhalten sofort eine Bestätigungs-Mail über die Transaktion.

E-Mail Pay

Das Standardsystem für Händler namens *Merchant Gateway* ist eine bedienerfreundliche Schnittstellenlösung. Hierbei fallen Gebühren für die Standardzahlung (ab 2,9%) bzw. die Kreditkartenzahlung (8%) an. Die Kosten sind relativ hoch, allerdings zahlen Sie im Gegenzug keine Einrichtungs- und Jahresgebühr. Dieses Gateway erlaubt Echtzeitkommunikation zwischen Online-Shop und Transaktions-Server. Der Kunde leistet die Zahlung über den sicheren Webserver von *moneybookers*. Nach Bestätigung der Zahlung wird der Kunde auf die Shop-Seite zurückgeleitet. Für die Integration stehen zwei Varianten zur Verfügung:

Merchant Gateway

>> Basisintegration: Verwenden eines einfachen HTML-Codes

>> Volle Integration: Einbau des Gateways in Shop und Datenbank

Der Zahlungsvorgang auf dem Webserver von *moneybookers* gliedert sich in folgende Schritte:

1. Der Online-Shop leitet den Kunden zum *moneybookers*-Webserver!

2. Der registrierte oder neue Kunde prüft die Zahlungsdetails!

3. Der Kunde bestätigt abschließend seine Bestellung!

4. Der Webserver zeigt den Status der abgewickelten Transaktion an!

5. *moneybookers* sendet den Statusreport an den Händler!

Step......

Frontend moneybookers

Der Zahlungsvorgang läuft im Detail folgendermaßen ab: Zunächst wird der Kunde auf den Webserver von *moneybookers* umgeleitet. Dann zeigt das System dem Kunden dort die Zahlungsdetails an, wie sie vom Shop-Anbieter übermittelt wurden. Dazu gibt es zwei denkbare Ablaufszenarien:

>> Der Kunde ist noch nicht registriert: Dem Kunden wird ein Registrierungsformular angezeigt und er kann sich neu eintragen.

>> Der Kunde ist bereits registriert und gibt seine Login-Daten an.

Abbildung 6.3: Einloggen eines registrierten moneybookers-Kunden

Turing-Nummer

Mit Hilfe der **Turing-Nummer** (besser bekannt als **Captcha**) auf der Login-Seite wird verhindert, dass sich Dritte automatisiert einloggen können. Diese generierte Zufallszahl wird Ihnen als Bild angezeigt. Wer sich anmelden möchte, muss die Zahl in das vorgesehene leere Feld eintragen.

Verfügbare Zahlungsoptionen

Dann wählt der Kunde zwischen den üblichen Zahlungsoptionen Kontoguthaben oder Offline-Überweisung (Dauer 2 bis 3 Tage). Falls Sie Zahlungen per Kreditkarte oder Bankeinzug annehmen möchten, benötigt Sie als Shop-Anbieter eine spezielle Autorisierung. Hat Ihr Kunde seine Kreditkarten- oder Bankangaben im vorigen Fenster eingegeben, wird ihm sofort ein **Verifizierungscode** per Mail zugesandt. Diesen Code gibt er im nächsten Fenster ein.

Nach einem ersten Klick auf »Bestätigen« und einem zweiten auf »OK« wird Ihr Kunde zu Ihrem Online-Shop zurückgeleitet. Der Zahlungsprozess endet auf der von Ihnen voreingestellten cancel_url (bei Zahlungsabbruch) oder return_url (bei erfolgreicher Zahlung, z. B. checkout_success.php). Falls dem Webserver beim ersten Versenden des Statusreports über die Transaktion ein Fehler unterläuft, versucht er dies bis zu zehn Mal erneut. Die Transaktionsdetails werden dabei an die status_url zugestellt.

Abbildung 6.4: Zahlung wird vor dem Absenden nochmals bestätigt

Abbildung 6.5: Statusbestätigung über die erfolgreiche Bezahlung

Treuhandservice mit iclear (Rechnungskauf)

Damit Sie den Treuhandservice des Anbieters *kinteki* nutzen können, müssen Sie sich bei *kinteki* für *iclear* anmelden. Die für die Anmeldung notwendigen Unterlagen finden Sie unter www.iclear.de im Bereich »Verkäufer > Händleranmeldung«.

Anmeldung

>> Clearing-Vertrag für physische Güter

>> technischer Fragebogen zur Implementierung

>> Zusatzvereinbarung über Marketing (optional)

Die ausgefüllten und unterschriebenen Unterlagen senden Sie per Fax oder Post an *iclear* zurück. Im Anschluss daran erhalten Sie Ihre Shop ID, die Sie in der Shop-Software eintragen. Außerdem erhalten Sie die Benutzerdaten für Ihren persönlichen »Mein iclear«-Bereich. Über `www.iclear.de` loggen Sie sich ein und finden so den Status Ihrer sämtlichen Kundenbestellungen, Reklamationen, Rechnungen, Ein- und Auszahlungen.

WWW ......

`www.iclear.de/media/pdf/iclear_clearingvertrag.pdf`
Kintekti GmbH *(Clearing-Vertrag mit Fragebogen und Zusatzverein-barung)*

iclear aktivieren

Damit Sie diese Zahlungsart einsetzen können, müssen Sie im Backend-Bereich von *xt:Commerce* das *iclear*-Modul installieren und konfigurieren. Für einige freie Shop-Plattformen finden Sie die entsprechenden Module kostenlos bei *iclear* oder auf der jeweiligen Website der Shop-Software. Sehr ähnlich verläuft die Installation beim *1&1 Shop* und beim *Mondo Shop*. Nach der Installation des Moduls tragen Sie noch die zugeteilte **Merchant ID** oder **Shop ID** ein. Zone, Status und Anzeigen-Reihenfolge passen Sie an Ihre Bedürfnisse an. Sobald Sie »Zahlungsweise anbieten« auf »True« setzen, können Ihre Kunden diese Zahlungsart nutzen.

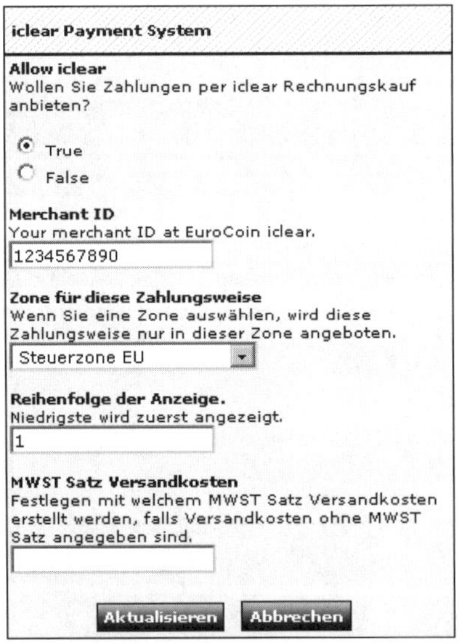

Abbildung 6.6: Konfiguration des iclear-Moduls mit der Merchant ID

Frontend iclear

Wählt Ihr Kunde bei einer Bestellung »iclear« als Zahlungsart, dann öffnet sich am Ende seiner Bestellung ein Browser-Fenster. Wie Sie in Abbildung 6.7 sehen, kann sich der Kunde hier einloggen oder falls erforderlich neu anmelden.

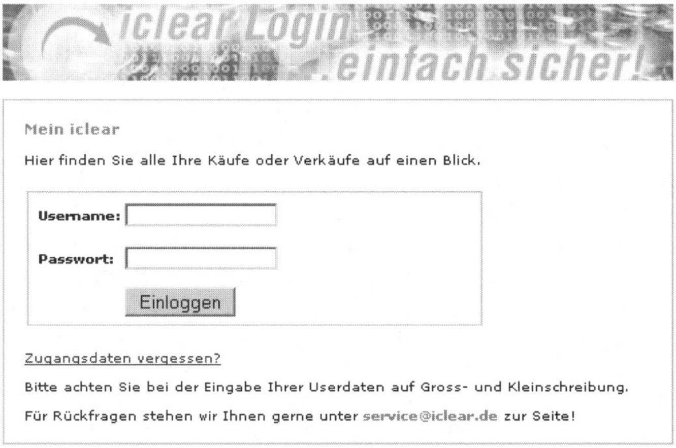

Abbildung 6.7: iclear-Kunden-Login nach Bestellung

Nachdem sich der Kunde erfolgreich angemeldet hat, bestätigt er seine Bestellung mit einem Klick auf den Button »Absenden«. Für den Kunden ist damit der Bestellvorgang abgeschlossen.

Kunden-
bestätigung

Sie als Shop-Betreiber werden über den Bestelleingang per E-Mail und/oder über die Bestellverwaltung Ihrer Shopsoftware informiert. Wie Sie vielleicht wissen, müssen Sie nun zuerst die Lieferung vornehmen, erst dann bestätigen Sie den Status der Bestellung zeitnah in »Mein iclear«. Gehen Sie hierfür unter »Shop-Bereich« zu »Neue Bestellungen«. Dort klicken Sie auf die Bestell-ID und betätigen den Button »Ware wurde versendet!«.

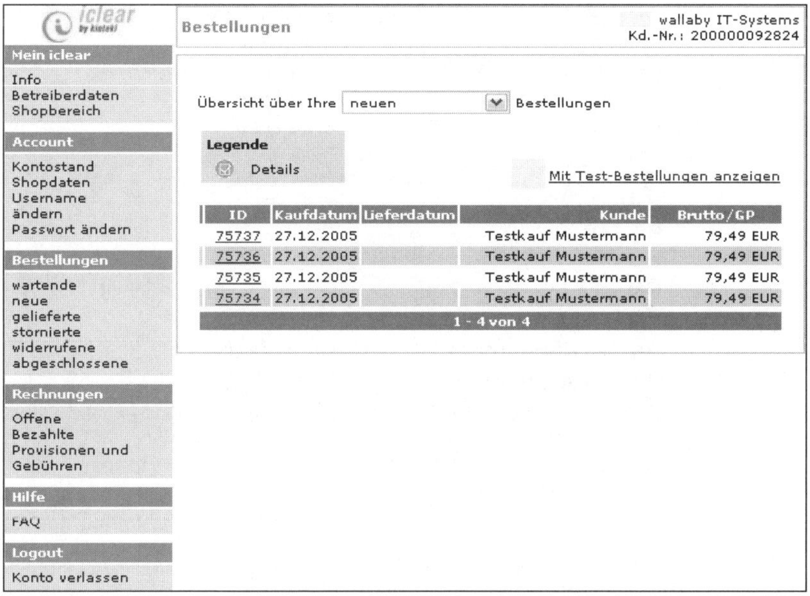

Abbildung 6.8: Neue Bestellungen im Shopbereich von »Mein iclear«

Kreditkarten- und Lastschriftzahlung mit WorldPay

WorldPay vs.
ipayment

Die Unternehmen *WorldPay* und *Wire Card* bieten eine Besonderheit, sie sind gleichzeitig **Acquirer** und Payment Service Provider. Bei diesen weltweit führenden Anbietern für ePayment-Lösungen bekommen Sie mit nur einem Vertrag Kreditkartenakzeptanz und ePayment-Dienstleistungen. Deshalb eignen sich diese Dienstleister ganz besonders für kleinere und auch neue Shop-Anbieter. *ipayment* ist im Gegensatz dazu nur ein Gateway-Anbieter, der Schnittstellen zu diversen Zahlungsanbietern integriert hat. Sie benötigen zusätzlich noch einen Akzeptanzvertrag mit dem von Ihnen bevorzugten Zahlungsanbieter. *ipayment* sorgt lediglich für eine reibungslose und sichere Abwicklung der Zahlung zwischen dem Akzeptanzanbieter und Ihrem Shop (Stand 08/2007 inkl. 19% USt).

Wichtig: *WorldPay* überarbeitet momentan die komplette Oberfläche der Webseite. Daher kann sich das Aussehen und eventuell sogar die Funktionalität in absehbarer Zeit wesentlich verändern.

Systemvergleich	WorldPay	ipayment
Einmalige Einrichtungsgebühr	125 € (bisher 145 €) 90 € für andere Währung	29,75 € (bisher 29 €)
Jahresgebühr	ab 240 € (bisher 290 €)	357 € (bisher 348 €)
Kreditkarten-Disagio	3,45% - 4,5% je nach Tarif keine Transaktionskosten	abhängig vom Anbieter + ab 19 ct./Transaktion
Lastschriften	40 ct./Transaktion	ab 19 ct./Transaktion
Kontakt	+49 (0)180 / 5055551 Stand 08/2007: 14 ct./Min.	+49 (0)180 / 5002313 Stand 08/2007: 18,2 ct./Min.
Zahlungsmedien	*American Express* *Diners Club* *Elektronische Lastschrift* *JCB International* — *Laser* *Maestro* (neu!) *MasterCard* *Solo* (nur GB) *Visa* *Visa Delta* *Visa Electron*	*American Express* *Diners Club* *Elektronische Lastschrift* *JCB International* *paysafecard* — *Maestro* (neu!) *MasterCard* *Solo* (nur GB) *Visa* — *Visa Electron*
Vorteile	akzeptiert kleinere Händler Abrechnung: vier Wochen bisherige Handelsumsätze nicht erforderlich	preiswerte Lösung flexibles Gateway im *1&1 Business-/Business-Pro-Shop* integriert

Tabelle 6.7: Vergleich von WorldPay und ipayment

Praxis-Tipp: Akzeptanzvertrag für ipayment

Wer als kleinerer Onlinehändler die Zahlung mit Kreditkarte anbieten will, findet mit Acceptance *einen interessanten Partner. Das Unternehmen von* Lufthansa AirPlus Servicekarten GmbH *verlangt eine geringe jährliche Gebühr. Diese Gebühr wird Ihnen zurückerstattet, falls Sie einen gewissen Mindestumsatz erreichen.*

www.acceptance.de
Lufthansa AirPlus Servicekarten GmbH *(Kreditkarten Acquirer)*

Anmeldung bei WorldPay

WorldDirect ist das Online-Abrechnungssystem von *WorldPay*. Im Bestellpaket ist auch das Betrugserkennungssystem *WorldAlert* enthalten. Wenn Sie das Angebot direkt bei WorldPay bestellen, so sparen Sie sich die zusätzlichen Kosten für einen Service Payment Provider. Zu preisgünstigen Konditionen ist auch eine indirekte Buchung über *ipayment* möglich. Für die Online-Anmeldung des *WorldDirect*-Basispakets benötigen Sie etwa 15 Minuten. Halten Sie folgende Informationen parat:

>> Handelsregisterauszug bzw. Gewerbeanmeldung

>> Bankverbindung: Bankleitzahl, Kontonummer und SWIFT-Code

>> Kontaktdaten des technischen Administrators in Ihrem Unternehmen

>> Shop-Software bzw. Integrationsart zur technischen Anbindung

>> eigene Kreditkarte oder Bankverbindung für Anmelde-/Jahresgebühr

Sobald Ihre Anmeldung bei *WorldPay* angenommen wurde, können Sie mit der Integration des Zahlungssystems in Ihren Online-Shop beginnen. Es sind einige Informationen für den direkten Zugriff vom Shop auf das *WorldPay*-System erforderlich. Von der technischen Support-Abteilung erhalten Sie die wichtige **Installations-ID** sowie Benutzername und Kennwort für das Kundenverwaltungssystem (**KVS**). Anhand des Benutzernamens und Kennworts erhalten Sie persönlich Zugriff auf das KVS. Darin finden Sie zahlreiche Funktionen, die Ihnen beim Management und der Verwaltung der Zahlungen für Ihren Online-Shop helfen:

>> Sie erhalten Zugriff auf Kontodaten und Kontoauszugsinformationen.

>> Sie können Kaufpreiserstattungen und Nachautorisierungen (falls dieser Service genehmigt ist) vornehmen.

>> Sie können individuelle Layout-Anpassungen der Zahlungsseiten durchführen.

Tipp . . . . . . *Praxis-Tipp: Sprachen und Layout der Zahlungsseiten individuell anpassen*

Nachdem Sie sich bei WorldPay am Administration-Server angemeldet haben, öffnen Sie mit einem Klick die »Zahlungsseiten-Bearbeitung«. Dadurch gelangen Sie in den in Abbildung 6.9 dargestellten komfortablen Zahlungsseiten-Editor. Damit die Zahlungsseite für den Kunden mehrsprachig angezeigt wird, lassen sich dort unter »Menü Bearbeiten > Sprachen« mehrere Sprachen aktivieren. Des Weiteren können Sie sehr flexibel Hintergrundbilder, Farben, Texte, E-Mail-Bestätigung und einiges mehr an Ihre Wünsche anpassen.

Abbildung 6.9: Editor erstellt individuelle Zahlungsseiten in WorldPay

Kreditkarten-
zahlung
installieren

Sowohl bei *Mondo Shop* als auch bei *xt:Commerce* ist die Umsetzung einfach. Sie müssen bei »Zahlungsoptionen« das Modul *WorldPay* installieren und die Installations-ID angeben. Für den Echtbetrieb schalten Sie noch den Testmodus aus. Das einzige, was uns unangenehm auffiel, war die fehlende Übersetzung ins Deutsche. Dies korrigieren Sie manuell in der Datei: /lang/german/ modules/payment/worldpay.php. Dadurch erscheint online bei Auswahl der Zahlungsweise »Secure Credit Card Payment« statt »Sichere Kreditkartenzahlung« o.Ä. Allerdings ist dieses Problem in *xt:Commerce* leicht behebbar.

Frontend
WorldPay

Nachdem ein Kunde seine Artikel in den Warenkorb gelegt hat, schließt er seine Bestellung mit der gewünschten Zahlart ab. Hat der Kunde die Kreditkartenzahlung gewählt, reicht er den Warenkorb zur Abrechnung bei *World-Pay* ein. Eine Zusammenfassung seines Einkaufs wird automatisch zur Zahlungsbearbeitung auf eine sichere Zahlseite weitergeleitet. Den Vorgang bezeichnet man häufig als »**Kauf-Token**«. Auf den Server-Seiten bekommt der Kunde dann eine Reihe von Formularen angezeigt, in denen er seine Zahlungsangaben einträgt. Zuerst wählt Ihr Kunde eine der Zahlmethoden (Kreditkarten) aus, die Sie in Ihrem Online-Shop als akzeptierte Methode anzeigen. Es nutzt Ihrem Kunden wenig, wenn er erst nach der Bestellung feststellt, dass Sie zum Beispiel *American Express* gar nicht akzeptieren, und er gerade damit zahlen wollte.

Abbildung 6.10: Auswahl der verfügbaren Zahlmethode für den Kunden

Alle Angaben über Kauf und Zahlung speichert die Datenbank des sicheren *WorldPay*-Servers. Zahlt Ihr Kunde mit Kredit- bzw. Kontokarte, werden seine Angaben an die Bank gesendet, um die Kreditwürdigkeit zu prüfen. In der Rückantwort der Bank wird die Karte entweder autorisiert oder zurückgewiesen. Wird die Zahlung zurückgewiesen, kann Ihr Kunde eine andere Zahlungsart wählen oder muss den Kauf stornieren. Andernfalls wird dem Kunden eine Seite mit dem Ergebnis der Zahltransaktion angezeigt. Außerdem versendet das System eine »digitale Quittung« per E-Mail an Ihren Kunden und an Sie als Shop-Anbieter.

Micro- und Macro-Payment mit Click&Buy von Firstgate

Für diese Zahlungsart stehen zwei verschiedene Versionen zur Verfügung:

>> **Basic-Account:** Dieses ist speziell gedacht für Warenwerte (Inhalte und Services) zwischen 10 ct. und 10,00 € und unterstützt nur **Pay-per-Click**, z.B. für HTML-Seiten oder Downloads.

>> **Premium-Account:** Bei dieser Version ist der Warenwert an kein Preislimit gebunden und es sind mehrere Modelle möglich: Online-Abonnement, Spendenmodul, Abrechnung pro Transaktion (Pay-per-Click), Abrechnung pro Minute (Pay-per-Minute) Transaktionsmodul zur Warenkorbanbindung oder die Zahlung per Rechnung.

Abbildung 6.11: Sichere Zahlseite für die Kartenangaben

Anmeldung bei Firstgate

Die ersten Schritte zur Anmeldung sind ziemlich einfach und übersichtlich gehalten. Beim Basic-Account füllen Sie ein Online-Formular aus. Sind Ihre Daten erfolgreich geprüft, wird Ihr Account aktiviert. Sie können dann eigenständig Ihre kostenpflichtigen Angebote einstellen, verwalten und modifizieren. Falls Sie Interesse am Premium-Account haben, kontaktieren Sie telefonisch den Vertrieb oder schicken eine E-Mail an sales@de.clickand-buy.com. Die Mitarbeiter dort beraten Sie bei der Integration von *Firstgate* und der Vermarktung Ihrer Produkte. Auch bei diesem Account können Sie sofort nach dem Einrichten beginnen, Ihre Angebote eigenständig zu vermarkten.

Um das Zahlungssystem von *Firstgate* einsetzen zu können, gehen Sie etwas anders vor. Denn für die Basisvariante ist kein Zahlungsmodul im üblichen Sinne erforderlich. Für den Einsatz verwenden Sie so genannte *Click&Buy*-Links, die Sie online beim Anbieter des Zahlungssystems erstellen. Diese richten Sie wie folgt ein:

1. Legen Sie in Ihrem *Firstgate*-Account eine neue Domain an!

2. Erstellen Sie *Click&Buy*-Links innerhalb der Domain-Verwaltung!

3. Kopieren Sie die URL des *Click&Buy*-Links!

4. Ersetzen Sie im Shop den Download-Link durch den *Click&Buy*-Link!

www.clickandbuy.com/DE/de/
Firstgate AG *(Zahlungssystem für Micro- und Macro-Payment)*

Sie erstellen im Servicebereich unter »Angebotsverwaltung > Neue Domain« die gewünschte Domain. Dort geben Sie alle erforderlichen Angaben ein. Falls schon eine Domain vorhanden ist, gehen Sie in die »Übersicht« und wählen sie dort aus.

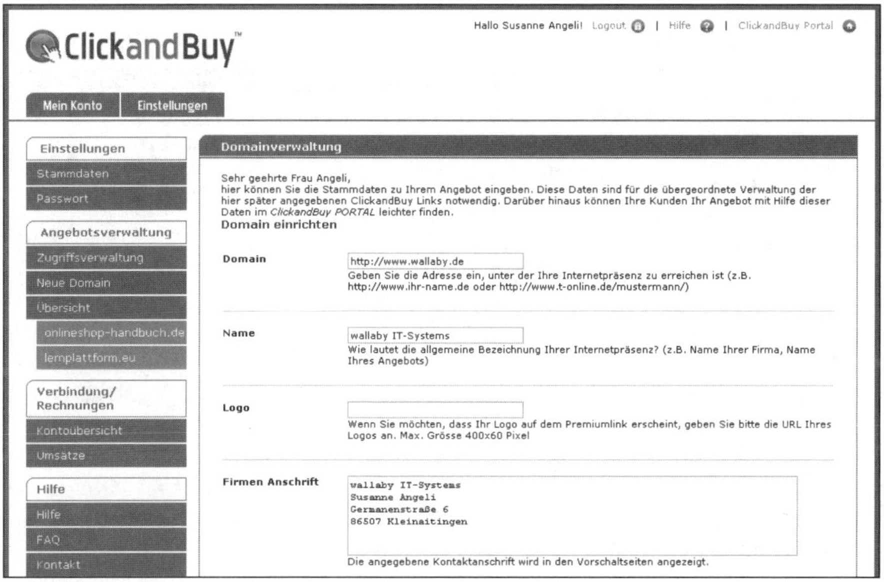

Neue Domain anlegen

Abbildung 6.12: Neue Domain in der Angebotsverwaltung erstellen

Im Bereich Angebotsverwaltung wählen Sie unter »Übersicht« den Menüpunkt »Linkliste« der gewünschten Domain. Hier legen Sie neue *Click&Buy*-Links zur ausgewählten Domain an oder verwalten bestehende Links. Ganz hervorragend funktioniert auch der Experten-Modus. Geben Sie in den Feldern unter der Überschrift »Neuen Link einrichten« alle Werte ein. Bei »Link« schreiben Sie die komplette URL des Links, der auf Ihr Angebot im Internet verweist. In unserem Beispiel haben wir folgende URL http://www.lernplattform.eu/paidcontent/ als Premiumverzeichnis verwendet. Damit gelangt der Kunde in einen .htaccess geschützten Ordner, in dem alle Dokumente liegen, eventuell die Dokumentenvorlage namens rechnung.pdf (Rechnungsformular aus *Kapitel 2*). Richtig spannend wird das

Click&Buy-Link erstellen

Ganze erst in Kombination mit **Pattern**, wie /00999/ oder /01499/. Jedes Pattern stellt einen separaten Unterordner im Premiumverzeichnis dar, dem Sie einen eigenen Preis zuordnen können, z.B. 9,99 € oder 14,99 €. In diese Ordner legen Sie alle Download-Produkte mit den gleichen Preisen und sparen sich besonders bei einem umfangreichen Warenangebot eine Menge Tipp-Arbeit. Mit einem Haken aktivieren Sie den neuen Link. Ansonsten sind folgende Werte einzutragen:

>> Pattern: Bezeichnung des Links, z.B. /00999/

>> Preis: Angebotspreis für Micro-Payment, z.B. 9,99 €

>> Dauer: Zeitspanne, wie lange der User Zutritt zum Verzeichnis hat, z.B. 30 Minuten, 1 Stunde oder 30 Tage.

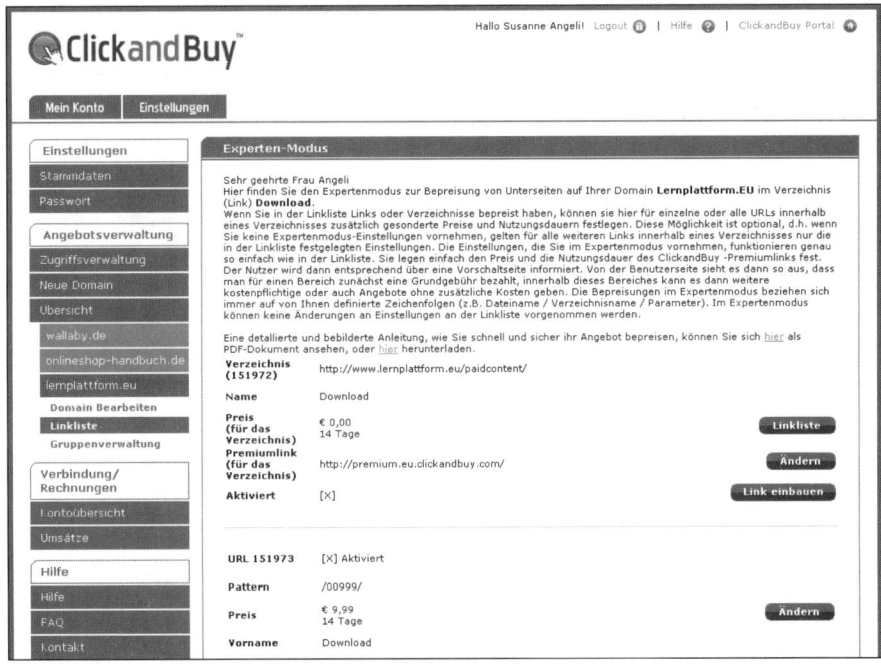

Abbildung 6.13: Pattern-Verzeichnis im Expertenmodus erstellen

Damit Sie die Zahlungsmethode in Ihren Webauftritt einbinden können, ersetzen Sie einfach in der Artikelbeschreibung Ihres Online-Shops den Link http://www.lernplattform.eu/paidcontent/ durch den *Click&Buy*-Link: http://premium.eu.clickandbuy.com/01999/ebook-xtcommerce.zip. Als Anhang sinnvoll ist dann noch »?cb_content_name=xtCommerce-eBook«. Die Information nach »cb_content_name« erscheint beim Bezahlvorgang als Bestelltext. Jetzt brauchen Sie nur noch alle Produkte mit den gleichen Preisen als ZIP-Datei in denselben Ordner zu legen. Der Produktlink setzt sich dann zusammen aus: Premiumlink + Pattern + Dateiname (+ optionalem Bestelltext). Damit Ihren Kunden auch auffällt, dass die Abrechnung sicher ist, dürfen Sie das *Click&Buy*-Logo auf der Shopseite integrieren. Ob der Link zum Premiumverzeichnis funktioniert, lässt sich übrigens testen: Klicken Sie in der Link-Liste auf die Zahl unterhalb der **Link ID**.

Eine andere Alternative zum Experten-Modus ist das Download-Modul von *Click&Buy*. Installieren Sie im *xt:Commerce* Shop dieses Modul und nehmen Sie noch ein paar Anpassungen vor. Damit ein Artikel zu einem Download-Produkt wird, sind folgende Schritte erforderlich:

Step......

1. Erstellen Sie in allen Sprachen das Artikelmerkmal »downloads«!

2. Weisen Sie der Download-Datei einen neuen Optionswert zu!

3. Kopieren Sie die Datei per FTP in das Verzeichnis /download!

4. Editieren Sie das Attribut »downloads« in der Attributverwaltung!

5. Erstellen Sie den neuen Lieferstatus »sofort per Download«!

6. Bearbeiten Sie die .htaccess-Datei für den Zugriff durch *Firstgate*.

Wir zeigen Ihnen nun, wie die oben genannten Schritte in *xt:Commerce* ausgeführt werden. Um einem Produkt eine kostenpflichtige Download-Möglichkeit hinzuzufügen, erstellen Sie ein neues Artikelmerkmal. Gehen Sie dazu unter »Artikelkatalog > Artikelmerkmale« und fügen Sie ein Artikelmerkmal namens »downloads« ein. Anschließend ergänzen Sie für dieses Artikelmerkmal einen neuen Optionswert, z.B. eBook-xtCommerce.zip.

Artikelmerkmal »downloads« einfügen

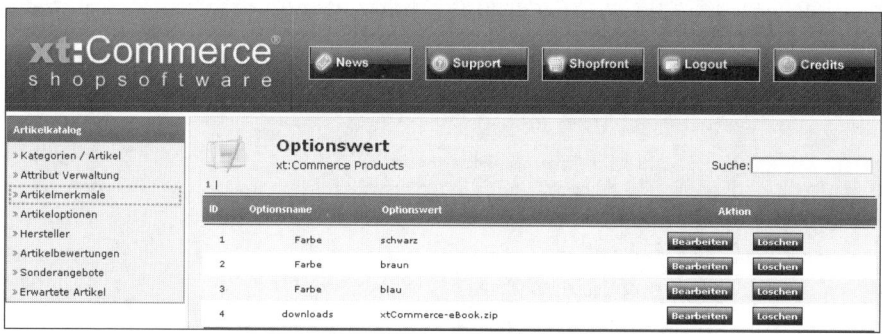

Abbildung 6.14: Optionswert für Download-Datei einfügen

Übertragen Sie die digitale Download-Datei (Bild, Text, Vorlage, Musik usw.) per **FTP** in das Verzeichnis /download auf Ihren Webserver. In »Artikelkatalog > Attribut Verwaltung« wählen Sie jetzt den Artikel aus und editieren das Attribut »downloads«. Weisen Sie dem Attribut die gewünschte Datei als Download zu. Damit Ihre Kunden erkennen, dass sofort nach dem Bezahlen der Download erfolgt, erstellen Sie noch den neuen Lieferstatus »sofort per Download«.

Kostenpflichtige Datei veröffentlichen

Abbildung 6.15: Neuen Lieferstatus für Datei-Download einfügen

Damit nur diejenigen Kunden den **Download**-Möglichkeit erhalten, die dafür auch bezahlt haben, ist eine funktionsfähige **.htaccess**-Datei im Verzeichnis /download wichtig.

Praxis-Tipp: .htaccess-Datei in allen Download-Verzeichnissen

Die .htaccess-Datei schützt kostenpflichtigen Content vor unerlaubtem Zugriff. Ein Benutzer sollte auf das Originalverzeichnis Ihrer kostenpflichtigen Dateien (z.B. www.domain.de/download/) nicht ohne Bezahlung zugreifen können.

Deshalb legen Sie in jeden Ordner mit kostenpflichtigem Content eine .htaccess-Datei. In dieser tragen Sie die IP-Adresse ein, die Ihre User bei Click&Buy verwenden. Die enthaltenen Ordner oder Dateien öffnen sich nur dann, wenn der Kunde über die IP-Adresse 217.22.128.xx kommt. Die letzte Endung kann dynamisch sein, der Aufruf ist dann möglich von 217.22.128.12 oder 217.22.128.22. Surft der Kunde z.B. mit der IP-Adresse 210.99.16.148 seines Providers im Internet, kann er das Download-Verzeichnis nicht aufrufen. Sie sollten dies aber unbedingt einmal praktisch testen.

```
# .htaccess-Datei für den Apache Webserver
# erlaubt Zugriffe auf das Download-Verzeichnis
# nur von Firstgate ClickundBuy-link.net aus
order allow,deny
allow from 217.22.128.
deny from all
```

Abbildung 6.16: Beispiel einer .htaccess-Datei für Firstgate-Click&Buy

Firstgate-Click&Buy am Frontend

Ihr Kunde hat nun zwei Möglichkeiten, das eBook zu erwerben: per Klick auf das *Click&Buy*-Logo oder über den üblichen Klick in den Warenkorb. Allerdings bekommt er bei der letzten Variante nicht sofort sein Produkt. Nur für den Verkauf kostenpflichtiger Dateien brauchen Sie die Warenkorbfunktionalität eines Online-Shops gar nicht. Statische HTML-Seiten sind in diesem Fall ausreichend.

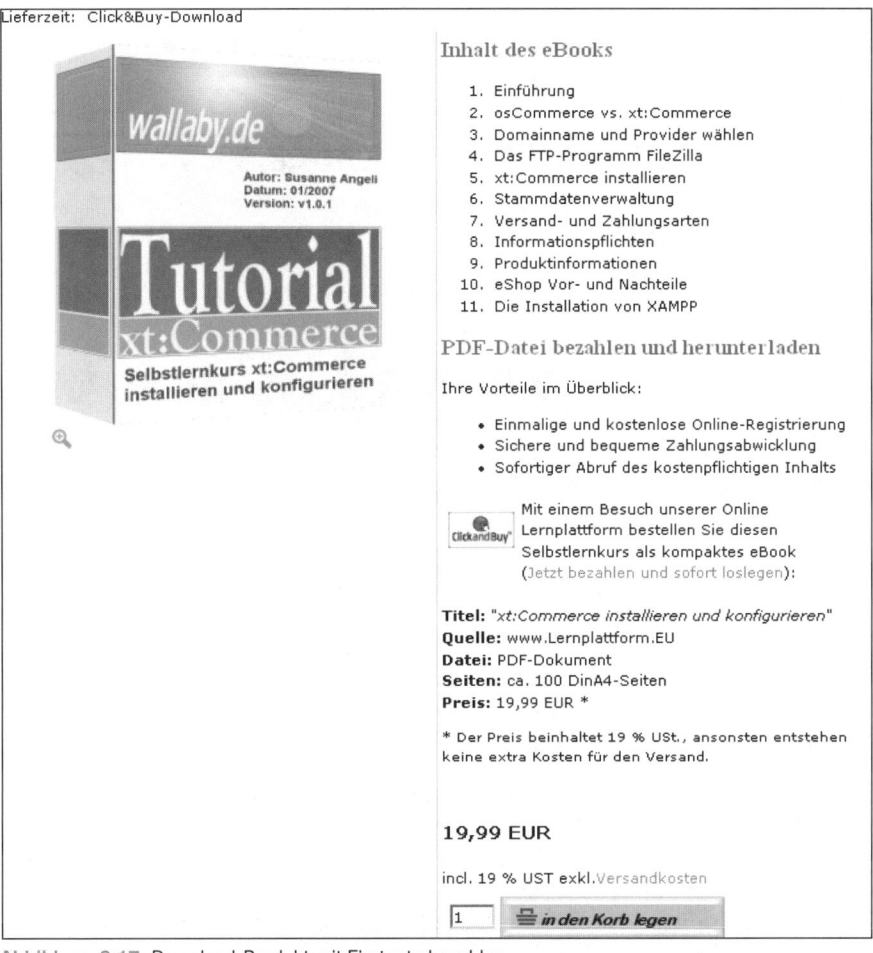

Abbildung 6.17: Download-Produkt mit Firstgate bezahlen

Kauft Ihr Kunde per *Click&Buy* ein, so wird er auf die Webseite von *First-gate* umgeleitet. Dort kann ein registrierter Kunde nach seinem Login den Kauf abschließen. Noch nicht beim Zahlungsanbieter registrierte Kunden können ihre Anmeldung hier gleich vornehmen.

Leasing und Finanzierungskauf

Leasing im Internet anzubieten ist lange nicht so schwer, wie Sie vielleicht vermuten. Leasingfinanzierung ist für private oder gewerbliche Kunden schon ab einem Volumen von 500 € netto möglich. Sie als Anbieter müssen keinerlei Investitionen vornehmen oder Gebühren zahlen. Es stehen Ihnen zwei Varianten zur Auswahl: Warenkorb mit Leasing (Leasing-API) und Online-Leasingservice.

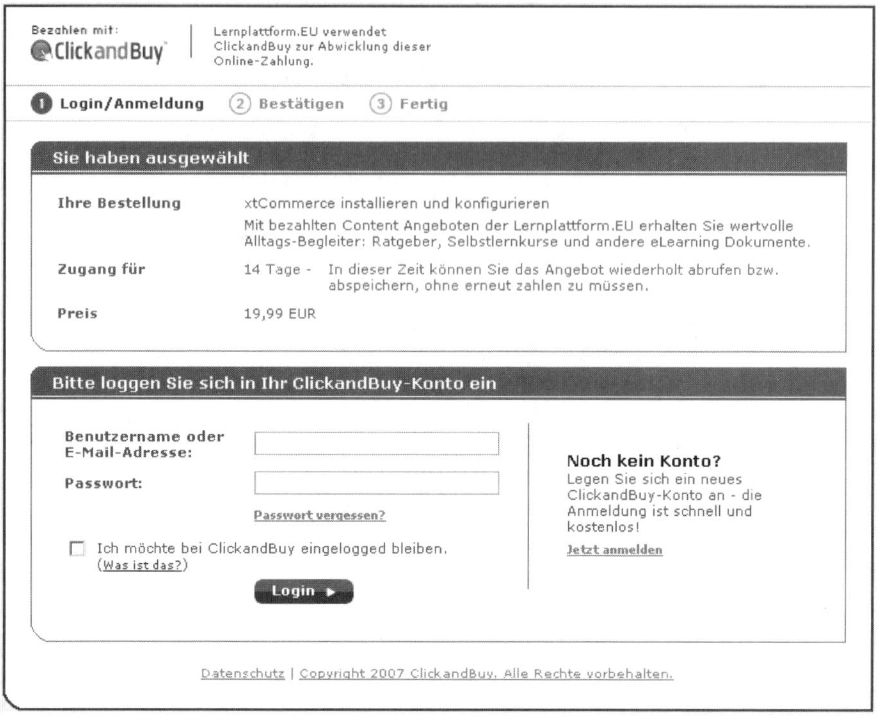

Abbildung 6.18: Kauf der Download-Datei per Click&Buy bestätigen

Leasing als neue Zahlungsart im Warenkorb

Grenkeleasing stellt eine spezielle **Leasing-API** für gehobene Ansprüche zur Verfügung. Dabei handelt es sich um eine XML-basierte Programmierschnittstelle. Diese lässt sich kundenfreundlich direkt in den Online-Shop integrieren, ohne dass von außen auf Ihre Systeme oder Datenbanken zugegriffen werden muss. Dazu bedarf es aber Änderungen in Ihrem Shop-System und Erfahrung in der XML-Programmierung. Es werden Ihnen alle dazu erforderlichen XML-Skripte und Vorlagen für HTML-Seiten bereitgestellt. Außerdem sollten Sie den Warenkorbinhalt in Ihrem Online-Shop zusätzlich mit Leasingraten darstellen.

Online-Leasing in Shop einbinden

Die Installation der **Online-Leasing**lösung der *Grenkeleasing AG* ist leichter umsetzbar. Mit Hilfe eines JavaScripts binden Sie die Webseiten ein, aus denen Ihr Kunde auf diese Zahlungsart zugreifen soll. In Abbildung 6.19 sehen Sie den dafür erforderlichen Skriptcode, den Sie im Bodybereich der HTML-Seite einbinden. Achten Sie nur darauf, dass sich der Inhalt zwischen den geschweiften Klammern in einer einzigen Zeile befindet, drucktechnisch ist das hier nicht möglich.

```
<script type="text/javascript" language="JavaScript">
     <!--
       function leasingaufruf()
       {
         window.open('http://www.weblease-europe.com/
         cgi-bin/nb-shop-index.pl?userid=xxx-xxxxx','LEASING','width=450,
         height=470,resizable=no,scrollbars=yes,toolbar=no,
         status=no,directories=no,menubar=no,location=no');
       }
     // -->
     </script>
```

Abbildung 6.19: JavaScript-Quellcode des Online-Leasingservice

Der Aufruf dieses JavaScripts erfolgt über Textlink: <a href="java-script:leasingaufruf()">Leasing</a> oder per Bildlink: <a href="java-script:leasingaufruf()"><img src="leasing.gif"></a>. Das lässt sich beispielsweise auf der jeweiligen Produktseite realisieren. Entweder öffnet sich dadurch sofort der Leasingrechner oder Sie leiten den Kunden auf eine eigens erstellte HTML-Seite, wo Sie ihn zuerst über den Ablauf des Verfahrens detailliert informieren.

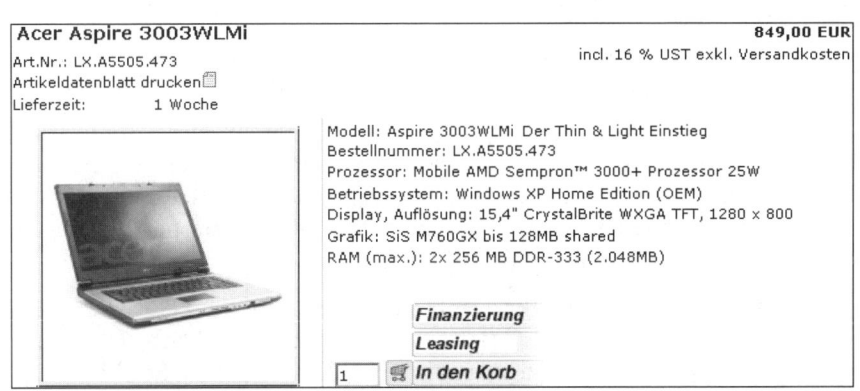

Abbildung 6.20: Finanzierungs- bzw. Leasingaufruf auf der Produktseite

Leasingrechner im Internet

Ihr Kunde kann den Online-Leasingantrag rund um die Uhr stellen. Der Antrag erscheint beim Kunden als Popup-Fenster auf dem Bildschirm. Der potenzielle **Leasingnehmer** kalkuliert zuerst seine Raten mit Hilfe eines **Leasingrechners**. Darin tippt er den Kaufpreis inklusive Umsatzsteuer ein; Format mit Punkt, z.B. 979.99. Wenn er auf den Button »GO« klickt, werden ihm je nach Laufzeit verschiedene Leasingraten angezeigt.

Offlineantrag

Für den Online-Kunden gibt es auch die Möglichkeit, den Leasingantrag in Ruhe offline auszufüllen. Anhand des Kaufpreises inkl. Umsatzsteuer wählt er die Laufzeit und lässt online im Leasingrechner die monatliche Leasingrate errechnen. Im Anschluss daran kann er den Offline-Leasingantrag herunterladen und bequem zu Hause ausfüllen. Für Sie als Händler gibt es eine kostenlose Software *GLWEB*, mit der Sie die Leasinganträge als speziellen Service für den Kunden selbst ausfüllen und einfach online verwalten.

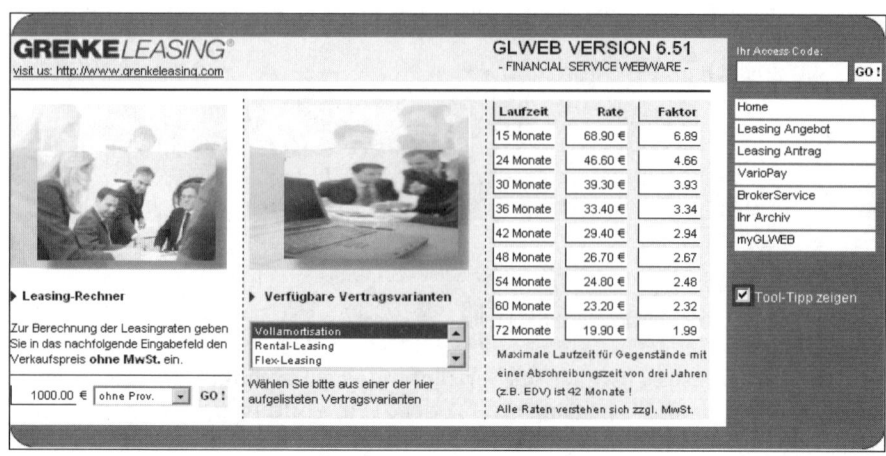

Abbildung 6.21: Online-Leasingrechner GLWeb der Grenkeleasing AG

WWW ..... www.weblease-europe.com

www.grenkeleasing.com

Grenkeleasing AG *(Leasingverträge mit* Weblease *im Internet abschließen)*

www.albis-zahlungsdienste.de

ALBIS Zahlungsdienste GmbH & Co. KG *(alternative Leasinglösung)*

Ablauf eines
Leasingantrags

Eine erste Stellungnahme zum Leasingvertrag bekommt der Kunde nach etwa zwanzig Minuten. Die vom Kunden gemachten Angaben werden mithilfe eines elektronisch gestützten Verfahrens geprüft (elektronische Kreditprüfung). Innerhalb eines Werktages erhält Ihr Kunde dann per E-Mail die Zugangskennung für sein persönliches Leasingkonto.

Dieses Leasingkonto ergänzt Ihr Käufer um die Geräte- und Lieferantendaten. Im Leasingkonto führt ihn dazu ein einfacher Schritt-für–Schritt-Assistent durch die Vertragsunterlagen. Anschließend steht dem Leasingnehmer der unterschriftsreife **Vertrag** zum Download bereit. Der Vertrag wird anschließend vom Leasingnehmer ausgedruckt. Nachdem er unterzeichnet ist, sendet er ihn auf dem Postweg an *Weblease Netbusiness*. Nach Erhalt der unterschriebenen Unterlagen bestellt die **Leasinggesellschaft** das vom Kunden gewünschte Gerät beim Shop-Betreiber. Dadurch erhalten Sie die Freigabe für den Versand der Ware. Nach Übernahme des Geräts bestätigt der Leasingnehmer den Empfang der Ware. Erst mit dieser Bestätigung erhalten Sie direkt von der Leasinggesellschaft das Geld.

Grundsätzlich kann jeder Kunde Leasingkauf in Anspruch nehmen, also sowohl Unternehmer als auch Privatpersonen (nur Standardleasing). Davon profitieren jedoch besonders Freiberufler, Selbstständige und leitende Angestellte von kleinen und mittleren Unternehmen. Dem Leasingnehmer stehen folgende Varianten zur Auswahl:

>> **Standard-Leasing**: Vollamortisationsvertrag für gewerbliche und private Kunden. Eine Zusatzoption ermöglicht dem Leasingnehmer den Austausch der Leasinggeräte bereits während der Grundmietzeit.

>> **Rental-Leasing**: Teilamortisationsvertrag ohne Restwertverpflichtung speziell für gewerbliche Kunden ab einem Kaufpreis von 1.500 €. Auch hier hat der Leasingnehmer die Austauschoption.

>> **FLEX-Leasing**: Vollamortisationsvertrag für gewerbliche Kunden ab einem Kaufpreis von 1.500 €. Hiermit leasen Kunden im Idealfall sogar zu 0%. Die Leasingrate errechnet sich, indem Sie den Anschaffungspreis durch die Grundmietzeit teilen. Bei dieser Variante gibt der Leasingnehmer das Leasingobjekt am Ende einfach zurück.

Wenn sich Ihr Warenangebot überwiegend an Privatkunden richtet, ist es vermutlich sinnvoller, die Waren als Finanzierungskauf anzubieten. Für den Kunden ist es ebenso leicht wie beim Leasing, seine gewünschten Waren über den Online-Shop zu finanzieren. Die *Santander Consumer Bank AG* (bzw. *Santander Consumer*) bietet Ihnen dazu einen Online-**Finanzierungs-rechner** an, vergleichbar mit dem Leasingrechner. Der Kunde gibt online seinen Kaufpreis, Anzahlungshöhe und Laufzeit ein. Anschließend erhält er eine Übersicht über die fälligen Raten. Passt ihm das Angebot, beantragt er hier seinen Finanzierungswunsch.

Finanzierung

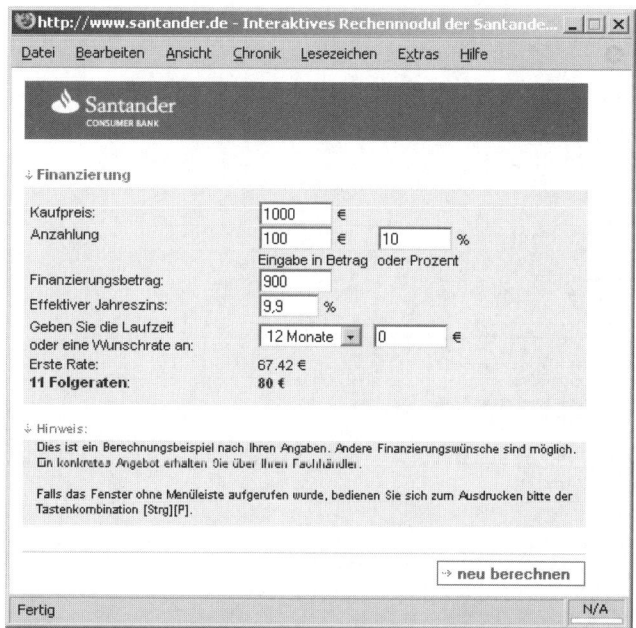

Abbildung 6.22: Finanzierungsrechner der Santander Consumer Bank

Eine Finanzierung über die *Santander Consumer Bank* ist möglich, wenn einige Kriterien erfüllt sind. Der Bestellwert muss mindestens 150 € betragen, der Kunde muss zwischen 18 und 70 Jahren alt sein, in einem Arbeitsverhältnis stehen und einen gültigen Personalausweis oder Reisepass besitzen. Natürlich gibt es noch ein paar Feinheiten, aber die wollen wir hier außer Acht lassen.

Santander Consumer BankModul

Wer sich ein entsprechendes Modul für *xt:Commerce* programmieren lässt, kann sogar die Warenkorbfunktionalität nutzen. Allerdings schlägt die benötigte Programmierleistung je nach Schwierigkeitsgrad mit rund 300 bis 800 € zu Buche. Der Vorteil ist, dass der Kunde wie gewohnt seinen Warenkorb befüllt und damit zur virtuellen Kasse geht. Nachdem er seine Adressdaten eingetragen hat, wählt er als Zahlungsart »Finanzierung«. Nach Abschluss der Bestellung findet der Kunde auf der Bestätigungsseite einen Link zur Fin@nzkauf-Anfrage der *Santander Consumer Bank*.

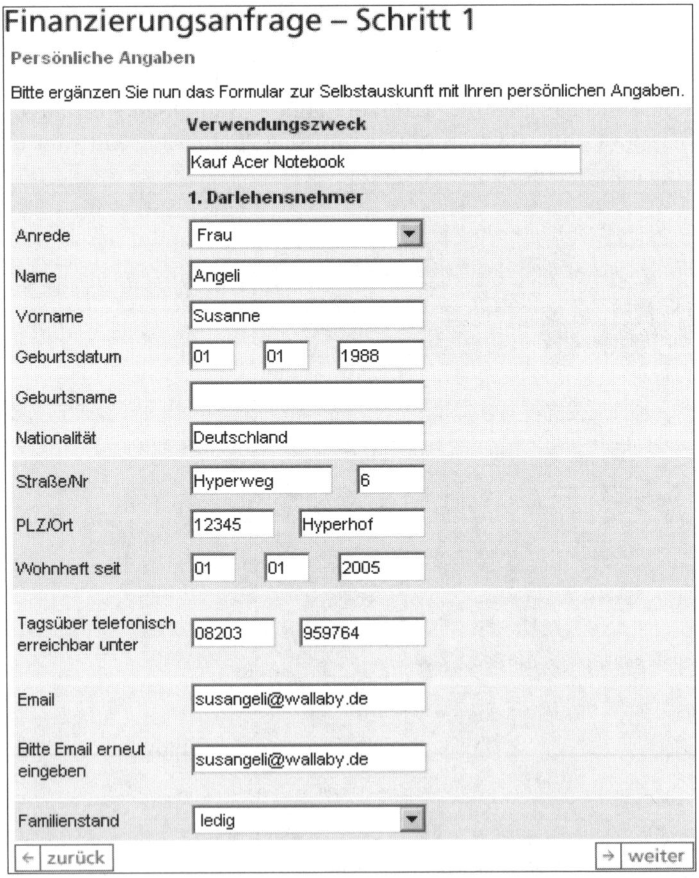

Finanzierungsanfrage – Schritt 1

Persönliche Angaben

Bitte ergänzen Sie nun das Formular zur Selbstauskunft mit Ihren persönlichen Angaben.

Verwendungszweck	
	Kauf Acer Notebook

1. Darlehensnehmer

Anrede	Frau
Name	Angeli
Vorname	Susanne
Geburtsdatum	01 01 1988
Geburtsname	
Nationalität	Deutschland
Straße/Nr	Hyperweg 6
PLZ/Ort	12345 Hyperhof
Wohnhaft seit	01 01 2005
Tagsüber telefonisch erreichbar unter	08203 959764
Email	susangeli@wallaby.de
Bitte Email erneut eingeben	susangeli@wallaby.de
Familienstand	ledig

← zurück   → weiter

Abbildung 6.23: Finanzierungsanfrage an Santander Bank starten

Hier gibt der Kunde alle relevanten Finanzierungsdaten ein und erhält im Anschluss eine E-Mail mit einer Bestätigung und einem Link. Damit gelangt der Kunde auf die Webseite der Bank und druckt sich die Verträge aus. Die unterschriebenen Verträge sendet er dann der *Santander Consumer Bank* zu. Erst nachdem das Okay der Bank vorliegt, dürfen Sie die Ware an den Kunden versenden. Die Ware bezahlt Ihnen die Bank.

Luupay als mobile Geldbörse

Seit Anfang 2006 ist das **Handy-Bezahlsystem** *Luupay* im deutschen Markt aktiv. Damit können Sie Micro- und Macropayments von 0,99 € bis 587,42 € einziehen. Ihr Kunde bezahlt seine Rechnung über WAP, SMS oder Internet, er benötigt dazu nur seine Handy-Nummer und seine persönliche 4-stellige *Luupay-PIN*. Momentan kämpft diese neue Zahlungsart jedoch noch mit der mangelnden Akzeptanz der Käufer, andererseits bekommen Sie eine Reihe attraktiver Vorteile. So erfolgt die Zahlung hierbei in Echtzeit (Realtime) sofort nach der Transaktion des Kunden. Das Gebührenmodell basiert rein auf Transaktionsbasis, d.h. es entstehen Ihnen keine Fixkosten oder sonstige laufende Kosten. Als Online-Händler steht Ihnen ein Webmodul mit allen benötigten Funktionalitäten zur Verfügung und auch die Integration im Shop stellt keine große Hürde dar. Besonderer Vorteil dieser Bezahlart ist die Akzeptanz von gleichzeitig verschiedenen Zahlungsarten: Kreditkarte (Visa und MasterCard/Eurocard), Lastschrift und Banküberweisung.

Neues Handy-Bezahlsystem Luupay

Damit Sie Zahlungen über *Luupay* einziehen können, benötigen Sie zunächst ein eigenes Händlerkonto. Die komplette Integration erfolgt so:

Anmeldung

1. Melden Sie sich für ein eigenes *Luupay* Händlerkonto an!
2. Senden Sie den Händlervertrag unterschrieben zurück!
3. Berbeiten Sie Ihr Händlerprofil unter `http://merchant.luup.com`!
4. Integrieren Sie die neue Bezahlungsart in Ihrem Online-Shop!

`Step......`

Als **eGeld-Institut** verknüpft *Luupay* bereits heute den Online-Handel mit dem Handy und stellt eine effektive Überschneidung virtueller und realer Zahlungsträger dar. Ein **Händlerkonto** erhalten Sie, indem Sie ...

>> online das Händlerformular ausfüllen und absenden oder

>> das deutsche Vertriebsteam kontaktieren, entweder telefonisch unter (069) 30855050 bzw. per E-Mail DEinfo@luupay.de.

Wenige Tage nachdem Sie den unterschriebenen Händlervertrag zurückgesendet haben, erhalten Sie die Zugangsdaten für den Händlerzugang. Für den Online-Zugriff zu Ihrem Händler-Administrator-Konto benötigen Sie

Zugangsdaten für Luupay

eine eindeutige »ShopID«, den jeweiligen Benutzernamen und das dazu passende Kennwort. In Ihrem Händlerkonto verwalten Sie als Administrator Ihr Händlerprofil und fügen neue Benutzer hinzu. Außerdem richten Sie Vorgänge wie Überweisungen ein oder geben Kundenrückerstattungen frei. Über Ihr Händlerkonto führen Sie auch die Überweisungen von Guthaben auf das Bankkonto Ihres Unternehmens aus.

Shop-Integration
mit der ShopID
Die **ShopID** ist ebenso für die technische Integration der *Luupay*-WebService-Module erforderlich. Die ShopID ergibt zusammen mit der Länderkennung den Benutzernamen, zudem erhalten Sie per E-Mail ein 32-stelliges Passwort. Diese beiden Angaben benötigt der Verantwortliche Shop-Administrator für die Integration der neuen Zahlungslösung in Ihr Shop-System.

6.2   Schnittstellen für die Auftragsbearbeitung

Inzwischen befindet sich Ihr Shop online und Kunden bestellen und bezahlen im Normalfall auch die Waren. Doch wie bearbeiten Sie eigentlich Ihre Bestellungen und Aufträge? Die gängigste Lösung dafür ist, die Kundenbestellung per E-Mail an sich selbst zu senden. Gleichzeitig schreibt die Shop-Software alle Bestellungen in eine Datei oder vielleicht direkt in eine Datenbank. Je nachdem, wie viele Besucher Sie erwarten und wie hoch die Umsätze sind, bietet sich für diese Daten ein **Warenwirtschaftssystem** an.

6.2.1   Warenwirtschaftsprogramm anbinden

Aufgabe der
Warenwirtschaft
Optimalerweise übergeben Sie Bestellungen, Kunden- und Zahlungsdaten (**Zahlungsabgleich**) direkt an ein Warenwirtschaftssystem. Dort verarbeiten Sie die Bestelldaten weiter für Lieferschein, Paketaufkleber und sonstige Belege. Auch Ihre komplette Warenbeschaffung verwalten Sie mit einem solchen Warenwirtschaftssystem. Der große Vorteil dabei ist, dass Sie Kunden- und Produktdaten nur an einer zentralen Stelle pflegen. Außerdem bekommen Sie eine Meldung zu den Produkten, bei denen der Mindestbestand unterschritten ist. Der Online-Shop ist somit voll in Ihr Unternehmen integriert.

Schwieriger wird die Angelegenheit, wenn Sie mehrere **Vertriebskanäle** (**Multichannel**) nutzen. Neben Online-Shops gibt es bekanntlich noch andere Vertriebswege: **Außendienst, Ladengeschäft** oder **Auktionshäuser**. Dann alles unter einen Hut zu bringen, ist ohne eine professionelle Warenwirtschaft kaum mehr möglich. Deshalb möchten wir Ihnen ein paar Lösungen vorstellen:

>> *1&1 Shop – Lexware faktura+auftrag*

>> *Mondo Shop* – integrierte Warenwirtschaft

>> *xt:Commerce Shop – CAO-Faktura* bzw. *Oktopus Pro TS*

Mit Lexware faktura+auftrag den Warenbestand verwalten

Lexware faktura+auftrag ist die kostenpflichtige Einstiegslösung für Ihre Warenwirtschaft mit einem *1&1 Shop*. Ihr Shop muss dafür schon komplett eingerichtet sein. Im Shop aktivieren Sie dann den Parameter \$USE_AUTOMATION im Bereich »**Automatisierungsschnittstelle**« unter »Einstellungen > Erweiterte Parameter > Grundeinstellungen«. Erst danach kann die externe Warenwirtschaft mit Ihrem Shop Daten austauschen. In den Firmenangaben von *faktura+auftrag* setzen Sie einen Haken auf der »Optionen«-Seite bei »eBusiness verwenden«; in früheren Versionen finden Sie sie unter eShop. Die »Optionen«-Seite befindet sich im Menü »Bearbeiten > Firma … > Firmenanlage Fakturierung > Optionen«.

eBusiness-Schnittstellen aktivieren

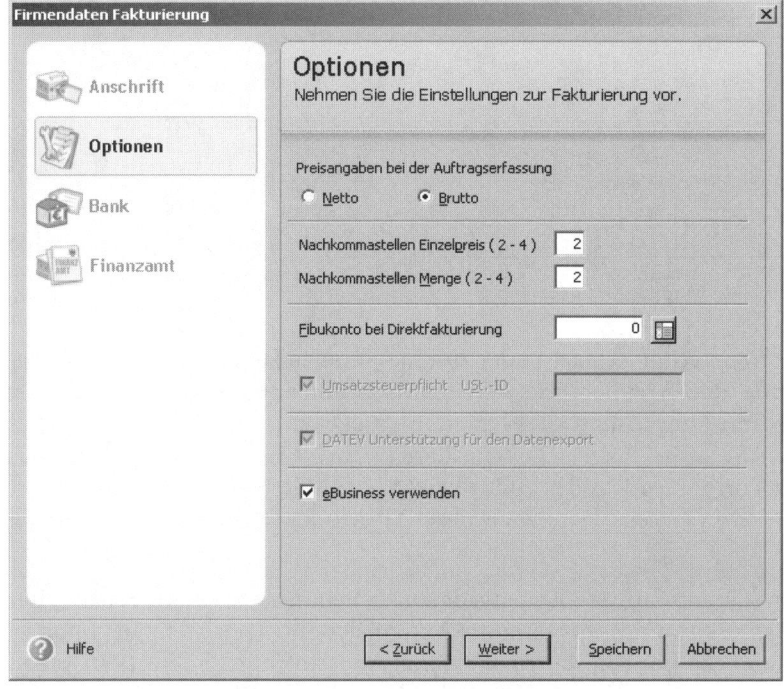

Abbildung 6.24: Anbindung an eBusiness mit dem 1&1 Shop aktivieren

Sie können das Warenwirtschaftsprogramm auch einsetzen, wenn Sie eine andere Shop-Lösung verwenden. Leider müssen Sie dann jedoch Ihre Aufträge manuell eingeben oder die Daten mit einer Zusatzsoftware importieren. Für *xt:Commerce* gibt es dazu die Software *OscWare Plus*.

Sind bereits Artikel in Ihrem Online-Shop vorhanden, lassen sich diese noch über das Menü »Datei > Import« in *faktura+auftrag* einlesen. In der Artikelbearbeitung markieren Sie Artikel als Internetartikel und können diese wieder ganz einfach zurück in den Shop übertragen. Sie verwalten somit künftig alle Shop-Artikel offline in der Warenwirtschaft, die Pflege Ihrer Artikel im Shop entfällt. Unter »eBusiness > Internetartikel verwalten… >

Internetartikel anlegen

Details« pflegen Sie die zusätzlich online verfügbaren Detailbeschreibungen (Übersichtstext) der Artikel und Artikelbilder.

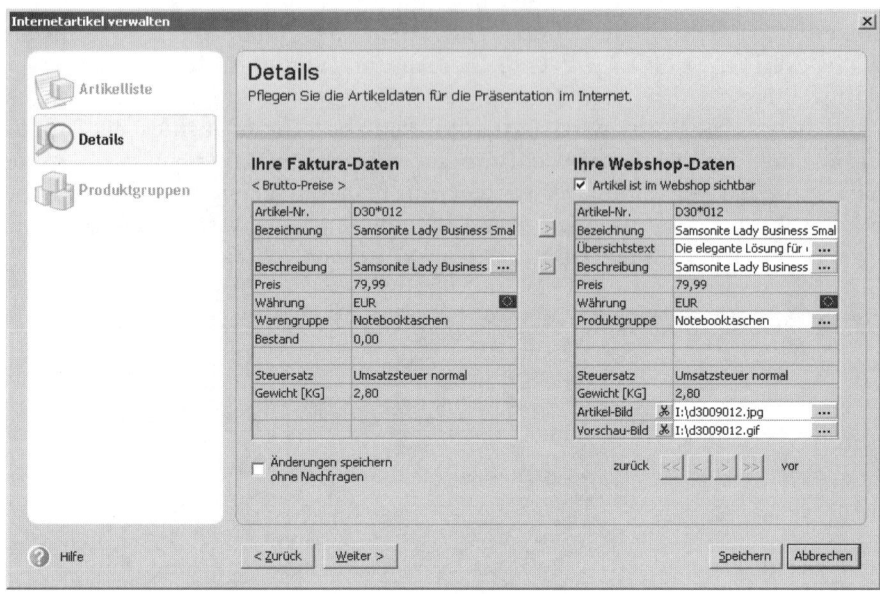

Abbildung 6.25: Detailbeschreibung und Bilder der Artikel pflegen

Artikel in den Shop hochladen

Um Ihre Artikel von *Lexware* in den Online-Shop zu laden, starten Sie in *faktura+auftrag* den Menüeintrag »eBusiness > eBusiness starten…«. Zuerst wählen Sie Ihre Shoplösung »1&1 E-Shop« im Dropdown-Feld. Als Nächstes hinterlegen Sie dort unter »Zugangsdaten« Ihre Kundennummer und das Kennwort von Ihrem Kundenkonto bei *1&1*. Im Normalfall bleibt das Eingabefeld »Proxyserver« leer; auch der FTP-Modus sollte passiv geschaltet sein.

Datenaustausch mit Shop starten

Nach der Eingabe Ihrer Zugangsdaten gehen Sie zu dem Karteireiter »Datenaustausch« und klicken auf »Aktualisieren«. Jetzt steht Ihr Shop in der Liste und Sie können die Artikeldaten und Aufträge laden. Bei Upload entscheiden Sie nun, wie Sie die Artikeldaten hochladen: mit Bildern, nur die Produktdaten oder nur die Bilder. Bedenken Sie, dass Sie bei dieser Aktion alle vorhandenen Artikel in Ihrem Online-Shop durch den Artikelbestand des **Shop-Moderators** überschreiben.

Bestellungen herunterladen

Haben Sie bei »Download« den Haken gesetzt, werden im gleichen Arbeitsgang die im Shop befindlichen neuen Bestellungen heruntergeladen. Diese Bestellungen deklariert das System automatisch als Internetauftrag. Wichtig: Diese Aufträge werden nur angezeigt, wenn Sie unter »Ansicht > Auftragsliste« die Auftragsart »**Internetauftrag**« aktivieren. Erst dann sind die Aufträge in *Lexware* sichtbar und lassen sich weiterverarbeiten. Die im Shop implementierten Zahlungsarten werden lediglich in einem Textfeld des Artikels abgelegt und müssen leider manuell nachbearbeitet werden.

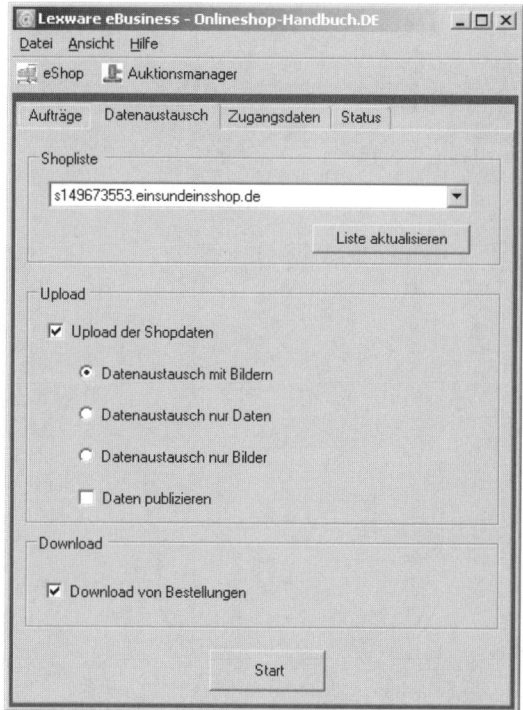

Abbildung 6.26: Artikeldaten und Aufträge mit dem Shop austauschen

Nach dem Datenaustausch sehen Sie im linken Fensterbereich die neuen Aufträge aus dem Shop. Im rechten Bereich sind die Kundendaten. Die Aufträge lassen sich mit Hilfe des Buttons »Kunde zuordnen« bequem einem schon vorhandenen Stammkunden zuteilen oder der Kunde wird neu angelegt. Ab diesem Zeitpunkt haben Sie sämtliche Artikel-, Kunden- und Auftragsdaten in der Warenwirtschaftssoftware. Hier können Sie auch Ihren **Lagerbestand** verwalten und Lieferantendaten anlegen, die Kontaktinformationen Ihrer Kunden pflegen und Belege zu deren Bestellungen erstellen. Diese Buchungsdaten dienen wiederum als Übertragungsquelle für die eingesetzte Buchhaltungssoftware. Hierfür eignet sich z.B. *Lexware financial office 2008*. Dieses Gesamtpaket ist eine kaufmännische Komplettlösung für Freiberufler, Handwerker und Kleinbetriebe. Es beinhaltet die drei Komponenten *buchhalter 2008*, *faktura+auftrag 2008* und *lohn+gehalt 2008*.

Aufträge bequem verwalten

Integrierte Warenwirtschaft in Mondo Shop 3 Startup

Die Warenwirtschaft Ihres *Mondo Shop* gliedert sich in verschiedene Verwaltungsbereiche:

>> Produkte und Produktkategorien

>> Personen (Kunden, Lieferanten, Kontakte) und Personengruppen

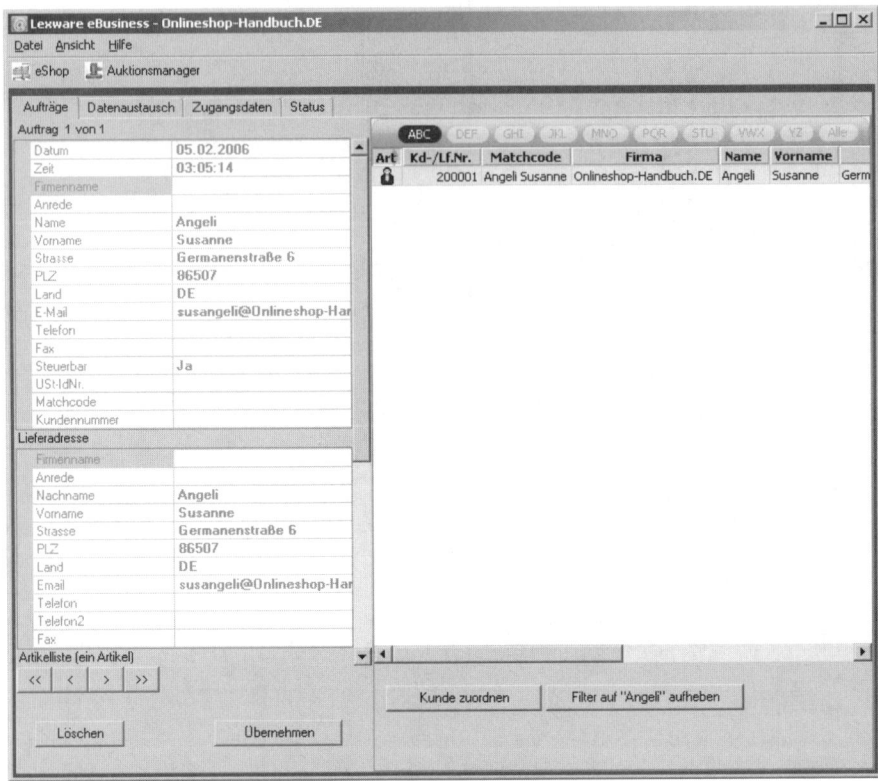

Abbildung 6.27: Lexware-Shop-Moderator mit neuem Auftrag

>> Belege und Vorgänge

>> Ausgabekanäle (Druck, Fax, E-Mail) und den Eingabekanal (E-Mail)

>> Sicherheit, Online-Payment und Shop-Front

Produktdaten verwalten

Hier wird der Vorteil der lokalen Installation Ihrer Shop-Software klar. Die Produktdaten und die zugehörigen Kategorien können Sie bequem offline verwalten. Sie müssen keinen separaten Artikel- oder Kundenimport starten, damit die Daten in der Warenwirtschaft verfügbar sind. Genauso einfach verwalten Sie alle Personen und Personengruppen. Kunden, Lieferanten und sonstige Kontakte sind über die Navigationsleiste »**Stammdaten**« verfügbar.

Bestellungen im Shop abholen

Für den Import und Export ist eine Schnittstelle vorhanden, mit der Sie Artikeldaten einfacher pflegen. Die Aufträge sind nicht nur von der **Shop-Front** aus zu bearbeiten (Online-Aufträge), sondern auch wenn Sie sie offline direkt im **Shop-Office** eingeben. Die Bestellungen gelangen mit wenigen Klicks in die Warenwirtschaft, wenn Sie wie in *Kapitel 5* beschrieben die

Online-Einstellungen für **POP3/SMTP** korrekt eingegeben haben. Für den Datenaustausch mit dem Shop klicken Sie einfach im Menü »Senden/Empfangen« auf »E-Mails abholen und senden«. Nun empfangen Sie alle Aufträge als E-Mail in Ihrem Shopoffice oder mit einem Mail-Client (*Edition BV*). Die benötigte Shop-E-Mail-Adresse haben Sie bereits im Menü »Einstellungen > Shop-Einstellungen > Allgemeine Informationen« eingetragen.

Praxis-Tipp: Relay-Programm leitet Aufträge weiter

Tipp . . . . . .

*Das auf einem Server installierte Relay-Programm **SendOrder** dient zum Übertragen der Aufträge an das Shop-Office. Sie haben dafür zwei Möglichkeiten, das SendOrder-Programm liegt entweder ...*

– *auf dem Server von* Mondo Media *(Standard) oder*

– *auf Ihrem eigenen Webserver.*

*Sie verwenden dafür das auf dem Server installierte SendOrder-Programm. Die einfachere Standard-Variante von SendOrder funktioniert über das Menü »Einstellungen > Shop-Einstellungen > Shop-Front«. Hier finden Sie den Eintrag »E-Mail-Versand«, in dem Sie den Ort des **Relay-Moduls** auswählen. Kleiner Nachteil:* Mondo Media *übernimmt keine Garantie für die ständige Verfügbarkeit des Programms SendOrder. So können Ihnen bei einem möglichen Server-Ausfall auch keine Bestellungen gesendet werden.*

Die zweite Möglichkeit ist, dass Sie das von Mondo Media *per E-Mail erhaltene Programm SendOrder auf Ihrem eigenen Webserver installieren. Den vollständigen Adresspfad (URL) des Programms geben Sie an der gleichen Stelle ein. Hierbei ist zu beachten, dass das Installationsverzeichnis von SendOrder Ausführungsrechte auf dem Server besitzen muss. Soll die S/MIME-Verschlüsselung zwischen Webserver und Shop-Office eingesetzt werden, benötigt das Tool SendOrder auf dem Server die C-Bibliothek SMIMEUtil Version 0.7.*

Die aus dem Internet abgerufene Bestellung, die sich im Posteingang unter »E-Mail > Eingang« befindet, übernehmen Sie nun in die Belegverwaltung. Markieren Sie dazu die Bestellung und öffnen Sie mit der rechten Maustaste das kontextsensitive Menü. Wenn Sie dort auf den Eintrag »Post in Belegbearbeitung« klicken, dann übernimmt die Belegverwaltung den Auftrag. Zunächst werden dabei die Adressdaten abgeglichen und in die Personenverwaltung eingetragen. Handelt es sich um eine neue Person, so erhält diese bei einer Bestellung den Typ Kunde. Die ursprüngliche E-Mail erhält den Status »Erledigt« und die Kundennummer wird in der Spalte »PersonenNr« angezeigt. Ein neuer Vorgang wird mit der Bestellung (»In Bearbeitung«) als erstem Beleg erzeugt.

E-Mail in Bestellbeleg übernehmen

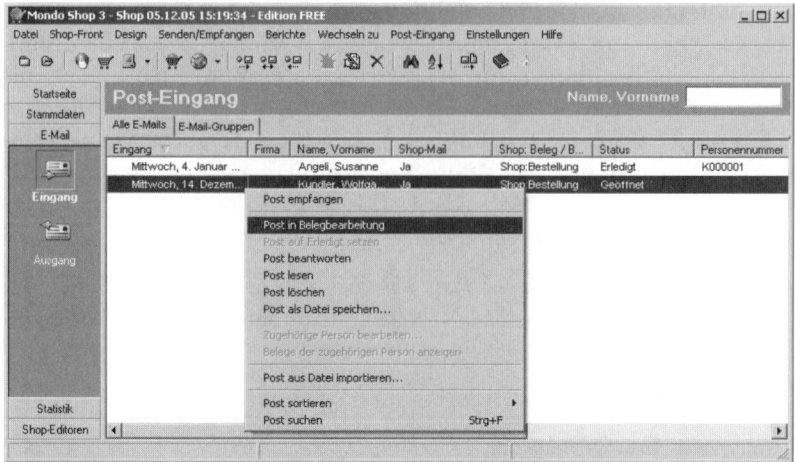

Abbildung 6.28: E-Mail-Bestellung in Bestellbeleg überführen

Kunde benachrichtigen

Ist Ihr Kunde ein Neukunde, erhält er über die Registrierung eine Nachricht mit Kundennummer, Benutzername und Kennwort. Diese E-Mail wandert zunächst in den Postausgang und wird erst an den Kunden zugestellt, wenn Sie sie mit »Senden/Empfangen > E-Mails senden« abschicken. Bei der Gelegenheit werden auch die Personendaten für das Kunden-Login aktualisiert. Im Anschluss daran öffnet sich das Fenster »Beleg fertig stellen«. Der Beleg ist danach erstellt und kann auf Wunsch ausgedruckt werden.

In den Stammdaten finden Sie den Beleg »Bestellung« und auch die per E-Mail versendete Nachricht. Die gesammelten Informationen speichert das System in einen **Vorgang**. Dort erstellen Sie auch Folgebelege und weitere Nachrichten.

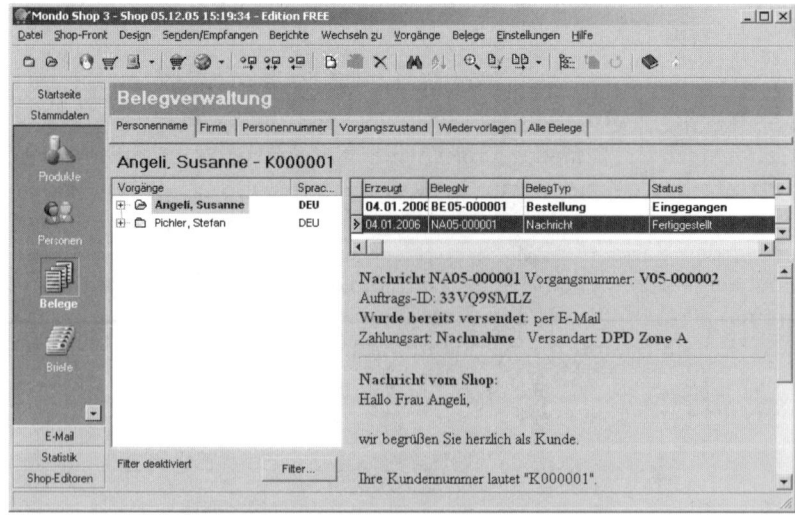

Abbildung 6.29: Belegverwaltung mit der neuen Kundenbestellung

Zusammenspiel von CAO-Faktura mit xt:Commerce

Auch für die Shop-Software *xt:Commerce* gibt es mehrere Warenwirtschaftslösungen: *actindo, Amicron-Faktura, CAO-Faktura, Faktura-XP, Kontor.NET, Lx-Office, Oktopus Pro, mention* und *Vario Compact*. Die Warenwirtschaftssoftware *CAO-Faktura* ist sehr beliebt und obendrein kostenlos (GNU/GPL). Aus diesem Grund stellen wir Ihnen die Installation und Konfiguration von *CAO-Faktura* vor.

www.actindo.de

actindo GmbH *(Fakturierung, Warenbestandsverwaltung und CRM)*

WWW . . . . .

www.amicron.org

Amicron Software *(SQL-basierte Auftragsbearbeitung* Amicron-Faktura*)*

www.cao-faktura.de

ACP Computer *(Kostenloses Warenwirtschaftssystem* CAO-Faktura*)*

www.faktura-xp.de

m-por media GmbH *(Auftragsverwaltung* Faktura-XP *für Unternehmen)*

www.heyer-unternehmenssoftware.de

Heyer Unternehmenssoftware *(Online-Warenwirtschaft und -CRM)*

www.lx-office.org

LINET Services GbR (Lx-Office *ist eine Business-Anwendung unter Linux)*

www.codegarden.de

codegarden software *(Modulare Warenwirtschaftslösung* Kontor.NET*)*

www.mention.de

mention Software GmbH *(Bidirektionale XML-Schnittstelle zum Shop)*

www.vario-software.de

Vario Software GmbH *(Warenwirtschaft für Einsteiger und Kleinbetriebe)*

Bereits im vorigen Kapitel haben wir Sie darauf hingewiesen, dass *CAO-Faktura* nicht mit *MySQL 5.0* läuft. Daran hat sich seit dem letzten Jahr auch nichts geändert. Deshalb können Sie das neueste *XAMPP* nicht gleichzeitig zusammen mit dieser Warenwirtschaft nutzen. Installieren Sie daher z.B. *MySQL 4.0.26* auf einem anderen Rechner als *XAMPP*. Eine andere Lösung finden Sie bei *Apache Friends*, dort gibt es auch *XAMPP*-Versionen mit einer älteren *MySQL*-Version, die direkt mit *CAO-Faktura* kompatibel sind. Alternativ lassen sich zwei *MySQL*-Versionen auf einem Rechner installieren, Sie müssen sie nur auf verschiedenen Ports laufen lassen.

MySQL installieren

Nach der erfolgreichen Installation starten Sie winMySQLadmin.exe aus dem Verzeichnis \MySQL\bin\. Nach dem ersten Programmstart müssen Sie Benutzernamen und Kennwort eingeben. Dies ist allerdings nur der Fall, wenn Sie vorher noch nie *MySQL* installiert hatten. Tragen Sie dort Ihre eigenen Werte ein, z.B. »xtcuser« und als Kennwort »xtcpw123«. Daraufhin wird eine Datei mit Namen C:\windows\my.ini erzeugt, die vom *MySQL*-Server-Dienst für den Start benötigt wird. Die Datei beinhaltet zu diesem Zeitpunkt nur einige Standard-Konfigurationseinstellungen und die von Ihnen eingegebenen Daten. Die Installation war erfolgreich, wenn Sie neben der Uhrzeit im Systray der *Windows*-Taskleiste eine grüne Ampel sehen.

www.....   download.cao-faktura.de/MYSQL/mysql-4.0.26-win32.zip
CAO Faktura *(Download-URLs für den* MySQL-*Server 4.0.26)*

downloads.mysql.com/archives.php
MySQL AB *(MySQL-Datenbank-Server)*

Ist das erledigt, legen Sie sich im Handumdrehen mit dem Tool *MySQL Administrator* die benötigte Datenbank namens »cao« an *(Kapitel 5)*. Des Weiteren ist für die Konfiguration der **Mandant** sehr wichtig, damit bezeichnet man eine abgeschlossene Organisationseinheit, z.B. Ihr eigenes Unternehmen in einem Finanzbuchhaltungs- oder Warenwirtschaftssystem. Die weiteren Konfigurationsschritte nach der Installation erklären wir Ihnen ausführlicher gleich im Anschluss:

Step......

1. Installieren Sie *CAO* mittels der entpackten EXE-Datei!

2. Starten Sie *CAO-Faktura* und legen Sie einen neuen Mandant an!

3. Melden Sie sich als Administrator beim neuen Mandanten an!

4. Legen Sie im aktiven Mandanten ein neues Benutzerkonto an!

5. Installieren Sie *Microsoft MSXML 4.0*!

6. Melden Sie sich im *CAO-Forum* an und laden Sie die *xt:C*-Skriptdateien herunter!

7. Testen Sie die Skripte und aktualisieren Sie die Shop-Datenbank!

8. Konfigurieren Sie die Shop-Einstellungen für *xt:Commerce*!

Die Installationsanleitung und das Handbuch für *CAO-Faktura* finden Sie im Download-Bereich. Gehen Sie dazu in die Rubrik »02 Dokumentationen, Handbücher, Anleitungen...«. Ein kleiner Start- bzw. Schönheitsfehler im Setup von Version 1.2.6.7 F ist inzwischen behoben. In der aktuellen CAO-Version 1.4.1.16 F ist die CAO32_DB.CFG Datei korrekt.

Neuen Mandant anlegen   Jetzt starten Sie mit cao_admin.exe die Software. Dabei merkt *CAO* automatisch, dass kein Mandant existiert, und fordert Sie auf, einen neuen Mandanten anzulegen. In einem Dialogfenster werden einige Angaben abgefragt: Der Mandant ist Ihr Firmenname (ohne Leerzeichen und Umlaute). Bei einer lokalen Installation genügt der Server-Name »localhost« oder die **IP-Adresse** des PCs, auf dem der *MySQL*-Server läuft. Achten Sie auf den Datenbanknamen, dieser darf nicht »test« oder »MySQL« lauten, denn Datenbanken mit diesen Namen gibt es bereits. Auf einem Einzelplatz nennen Sie die Datenbank »cao«.

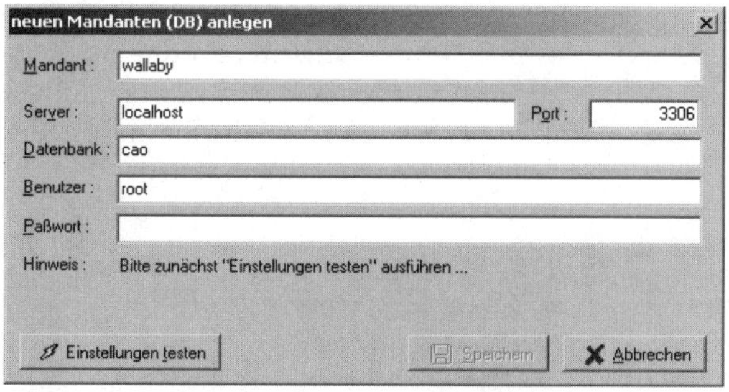

Abbildung 6.30: Neuen Mandanten in CAO anlegen

Falls Sie mehrere Mandanten benötigen, weil Sie verschiedene Shops betreiben, stellen Sie dem Namen das Präfix »cao_« voran. Haben Sie noch keine neue Datenbank angelegt, können Sie das vorab nur mit Administratorrechten erledigen. Als Benutzer verwenden Sie für den Anfang »root« mit einem leeren Kennwort. Bevor Sie alle Angaben speichern können, ist ein Test der Einstellungen sinnvoll. Nur wenn die Einstellungen korrekt sind, lässt sich der neue Mandant anlegen.

Das Erstellen eines neuen Mandanten ist übrigens identisch mit dem Anlegen einer neuen *MySQL*-Datenbank. Ein Mitarbeiter, den Sie für den Mandant »ErsteFirma« nutzen, ist daher nicht automatisch im Mandanten »ZweiteFirma« vorhanden.

Erste Anmeldung am System

Nach erfolgreicher erster Anmeldung mit diesem Mandanten meldet das Programm: »Die Datenbank für diesen Mandanten existiert noch nicht, möchten Sie diese anlegen?« Beantworten Sie die Frage mit »Ja«. Bevor Sie nun mit dem Programm arbeiten können, müssen Sie für jeden Mandanten einen so genannten **Standardbenutzer** erstellen. Erst mit den Anmeldedaten dieses Benutzers gelingt Ihnen der erste Zugriff auf einen neuen Mandanten. Die Zugangsdaten lauten für den Administrator: Benutzername »Administrator« und Kennwort »sysdba«. Im Anmeldedialog wählen Sie den gewünschten Mandanten aus.

Neues Benutzerkonto

Danach ist Ihre erste Aufgabe, einen neuen Mitarbeiter anzulegen. Klicken Sie dazu in der Navigationsleiste auf »Stammdaten > Mitarbeiter«. Mit der Menübefehlfolge »Bearbeiten > Neu« erstellen Sie nun das Benutzerkonto. Das standardmäßige Kennwort dieses Mitarbeiters lautet ebenso »sysdba«. Um sich Schreibarbeit zu sparen, vergeben Sie als Login-Namen den von Ihnen verwendeten *Windows*-Anmeldenamen, denn dieser wird automatisch in das Anmeldefenster eingetragen.

Möchten Sie auf jedem von Ihnen genutzten Computer die Software *CAO-Faktura* einsetzen, benötigen Sie als Erstes das Update *Microsoft MSXML 4.0*. Sobald Sie *CAO-Faktura* an Ihren Online-Shop binden, erhalten Sie ohne dieses Update die Fehlermeldung: »Klasse nicht registriert«. Die aktuelle Version finden Sie im *Microsoft*-Download-Bereich unter www.microsoft.com/germany. Suchen Sie dort nach der Datei »**msxmlger.msi**«.

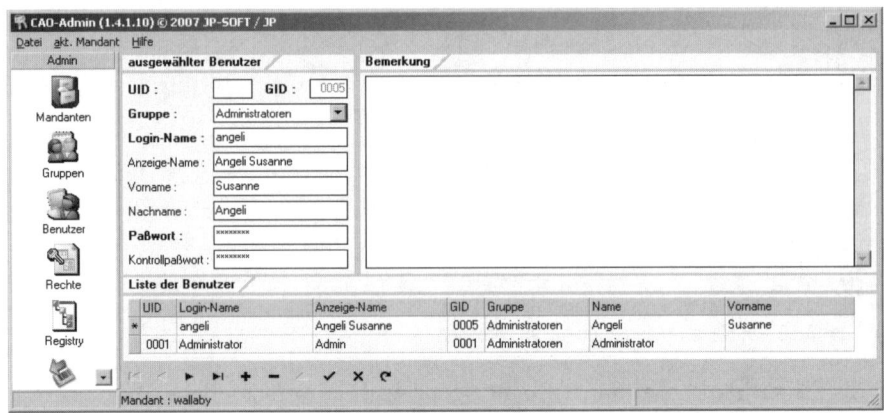

Abbildung 6.31: Den ersten Benutzer im Mandanten erstellen

PHP-Skripte für
Shop-Anbindung

Nach der Installation benötigen Sie zusätzlich spezielle PHP-Skripte für die Anbindung des Shops an *CAO*. Da sich diese Skripte häufiger ändern, sind sie nicht im Setup integriert. Wichtig hierbei: Die Anpassungen sind an Ihrem Online-Shop vorzunehmen, nicht in der Warenwirtschaftssoftware. Die aktuellsten Versionen der Skripte für die Nutzung mit *xt:Commerce* sehen Sie nur als angemeldetes Foren-Mitglied im *CAO*-Forum. Dafür müssen Sie sich in diesem Forum zuvor als Benutzer anmelden. Für den *osCommerce*-Shop finden Sie im Online-Forum ebenfalls vergleichbare Skripte mit ähnlichem Aufbau.

Die Skriptversion 1.40 wird erforderlich für *CAO-Faktura* ab Version 1.2.6.1 (F + K) in Verbindung mit *xt:Commerce* Version 2.12, 3.02 und 3.03. Mit Skriptversion 1.51 und höher läuft *xt:Commerce* ab Version 3.0.4. Das Skriptpaket bestand bisher aus mehreren Dateien: cao_log.sql, xml_export.php, cao_import.php, cao_install.txt und cao-xtc-versionen.txt. Die weitere Vorgehensweise ist beschrieben in der Datei cao_install.txt (bzw. cao_xtc_install.txt). Die Skriptversion 1.51 (für v3.0.4) bringt folgende Neuerungen:

>> Die Datei cao_xtc.php ist nunmehr das einzige Skript, das Sie in *CAO* unter import und export eintragen.

>> Sämtliche Funktionen des Skriptes wurden ausgelagert in die Datei cao_xtc_functions.php.

>> Die korrekte Funktionsweise stellen Sie durch einen Skript-Aufruf im Browser fest: http://www.deinewebseite.de/export/cao_xtc.php. Über das gleiche Skript nehmen Sie die Änderungen an der Shop-Datenbank vor, ergänzt durch die Parameter Admin-E-Mail und –Passwort.

>> Bei neuen Katalogeinträgen oder Artikeln wird in allen Sprachen der deutsche Text eingetragen. Im Falle eines Updates werden nur noch die deutschen Texte geändert und keine anderen Texte.

Auf der Seite »Allgemein« der »Datei > Shop-Einstellungen« in *CAO* wählen Sie im Feld »Software« statt »osCommerce« nun »XT-Commerce« aus. Diese Änderung führt dazu, dass *CAO-Faktura* die abweichende Anwendung der Benutzerdaten für *xt:Commerce* beachtet. Als Benutzername und Kennwort geben Sie unter dem Karteireiter »URL/Proxy« die Zugangsdaten für Ihren Online-Shop ein. *xt:Commerce* benutzt übrigens eine ungewöhnliche, aber dennoch sehr praktische Art der Zugriffskontrolle. Die Anmeldung des Administrators basiert so wie die der Shop-Besucher auf Anmeldekonten. Die Eingaben unter »Order-Status«, »Lieferart« und »Zahlart« entsprechen denen im Shop.

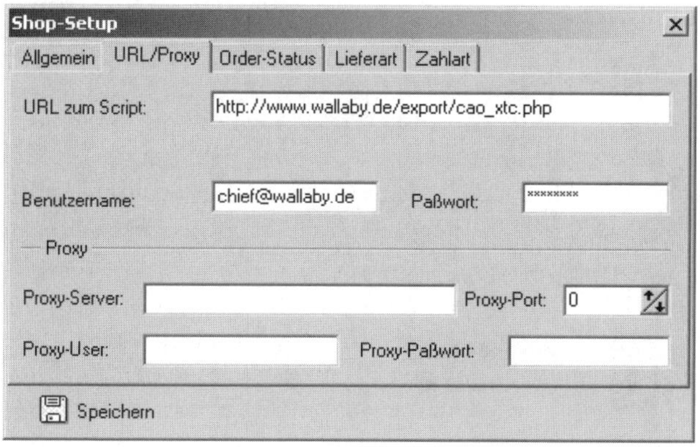

Abbildung 6.32: Shop-Einstellungen für den Datenimport aus xt:Commerce

Sind alle Einstellungen vorgenommen, öffnen Sie über das Menü »Modul > Tools« den »Shoptransfer«. Mit dem Button »Einlesen« am unteren Fensterrand importiert *CAO-Faktura* die jeweiligen Daten aus Ihrem Shop. Das funktioniert mit den Daten: Artikel, Katalog, Hersteller, Kunden und natürlich Bestellungen. Die als Liste dargestellten Daten importieren Sie entweder einzeln oder komplett. Jetzt können Sie sie bequem bearbeiten. Mit »Update CAO -> SHOP« exportieren Sie die überarbeiteten Daten wieder zurück in den Shop.

Daten importieren

Warenwirtschaftsprogramm Oktopus für eBay-Powerseller

Es gibt auch einige professionelle Warenwirtschaftsprogramme, die sich für die Auktionsabwicklung bei *eBay* eignen. Preislich liegen sie meist etwas höher, leisten dafür aber auch deutlich mehr. Sie sind immer dann die bessere Wahl, wenn es um größere Datenmengen, viele Schnittstellen und erweiterte Funktionen geht.

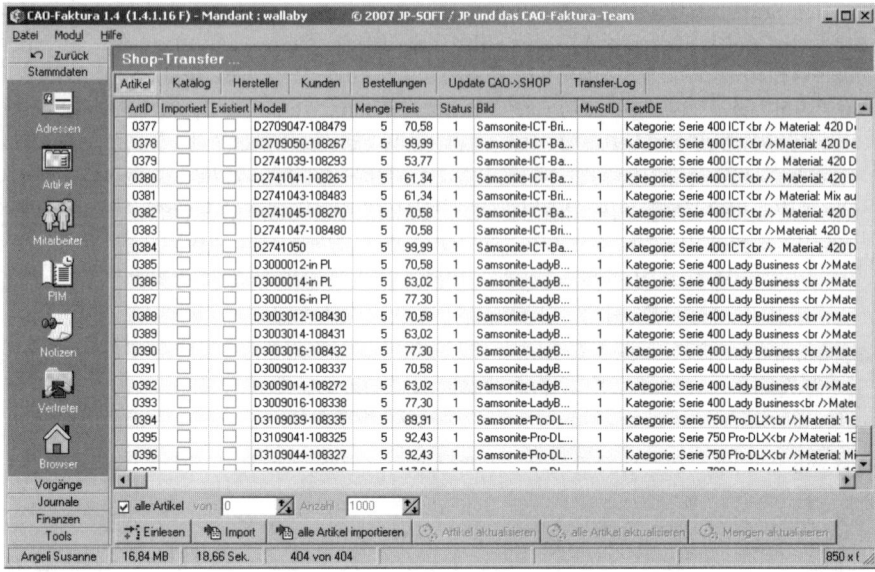

Abbildung 6.33: Shop-Transfer tauscht Daten mit xt:Commerce aus

Produkt	Schnittstelle	Webseite
Büro Plus Next	*Speed4Trade*	microtech.de
GS-Produkte	*Afterbuy*	sage.de
Office Line	k.A.	sage.de
Oktopus	*Afterbuy*	heyer-unternehmenssoftware.de
PC-Kaufmann	*Afterbuy*	sage.de

Tabelle 6.8: Warenwirtschaftssoftware mit eingebauter eBay-Schnittstelle

Oktopus Pro TS
als ASP-Lösung

Beispielhaft stellen wir Ihnen im Folgenden kurz *Oktopus Pro TS* vor, die Mietversion dieses Warenwirtschafts- und Office-Systems. Die ASP-Lösung bieten Ihnen: Mail-Handling mit CRM-Funktion (*Kapitel 10*), Multi-Channel-Lösung und Abbildung komplexer Prozesse für effizientes Arbeiten. Die Vorteile der **ASP-Lösung** sind dieselben wie bei dem *1&1* Shop-System: Sie müssen sich nicht mehr um die Technik kümmern. Um den zuverlässigen Betrieb, redundante Hardware, *Microsoft SQL Server* und die Datensicherung der Applikation-Server kümmert sich der Betreiber für Sie.

Die Software erledigt für Sie die Warenbestandsführung sowie die Adress- und Produktverwaltung. Mit zahlreichen integrierten Schnittstellen binden Sie bequem Ihren *osCommerce*- oder *xt:Commerce*-Online-Shop an. Des Weiteren wickeln Sie die komplette Auktionsverarbeitung über **Schnittstellen** zu *Afterbuy* und *AuctionWeb* ab. Sogar etliche Versandmodule sind zum Teil direkt integriert in das Warenwirtschaftssystem, so beispielsweise *DPD*, *GLS*, *UPS* und *DHL*.

Bestellungen lassen sich ganz einfach direkt aus Online-Shops verarbeiten. Sogar die grundlegende Konfigurationen Ihres Shops ist möglich. Für den Datenaustausch kommuniziert die Software mit der *MySQL*-Datenbank des Online-Shops. Um Bestellungen aus dem Shop zu übernehmen, klicken Sie im Bereich »Online-Shop« auf »Bestellungen«. Für die Übernahme der Shop-Aufträge ist es notwendig, dass das Produkt im Auftrag mit derselben Produktnummer wie in der Datenbank angelegt ist. Ansonsten weigert sich die Software, den Auftrag anzulegen.

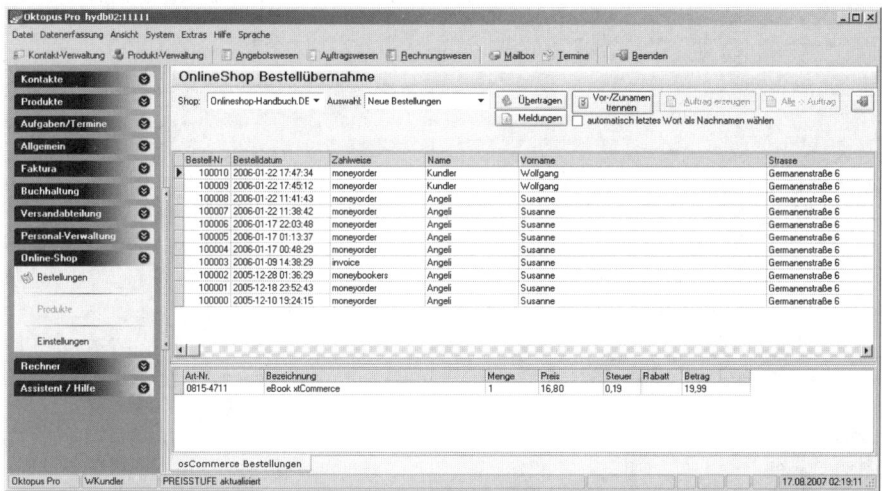

Abbildung 6.34: Eingelesene Bestellungen in Oktopus Pro TS

Übernommen werden nur Shop-Bestellungen mit dem Status »1«. Bei der Übernahme der Shop-Daten überprüft das System, ob der Kunde in der Datenbank vorhanden ist. Falls nicht, legt die Software den Kunden automatisch an. Zahlt der Kunde per Lastschrift, werden auch gleich die Bankdaten hinterlegt. Nach der Datenübernahme schreibt die Software den veränderten Status »2« in die *MySQL*-Datenbank des Online-Shops. Loggt der Kunde sich in den Shop ein, sieht er sofort seine in Bearbeitung befindliche Bestellung.

Statusanpassung in Shop-DB

Die Kompaktansicht der **Produktverwaltung** in Abbildung 6.35 zeigt alle Daten eines Produkts in einem einzigen Formular. Im oberen Bereich des Fensters finden Sie die Navigationsleiste, mit der Sie durch die einzelnen Produktdatensätze blättern und neue Produkte anlegen können. Der entscheidende Vorteil dieser Ansichtsart ist, dass Sie nur ein einziges Fenster zu öffnen brauchen, damit Sie Detaildaten eines Produkts sehen. Zur einfacheren Navigation ist dieses Formular mit verschiedenen Karteireitern versehen, unter denen Sie die gewünschten Daten sehen. Der untere Bereich steht für weitere Informationen zur Verfügung. In unserem Beispiel haben wir Bild-Links zu Webgrafiken hinterlegt, die das Produkt zeigen.

Produktverwaltung

Bestellwesen

Mit dem **Auftrags-** bzw. **Bestellwesen** schließlich schreiben Sie für Ihre Kunden die Aufträge. Sie öffnen das Bestellwesen, indem Sie in der Buttonbar in der linken Spalte »Faktura > Bestellwesen« auswählen. Anschließend drucken Sie den Auftrag aus und versenden ihn per Post, Fax oder E-Mail.

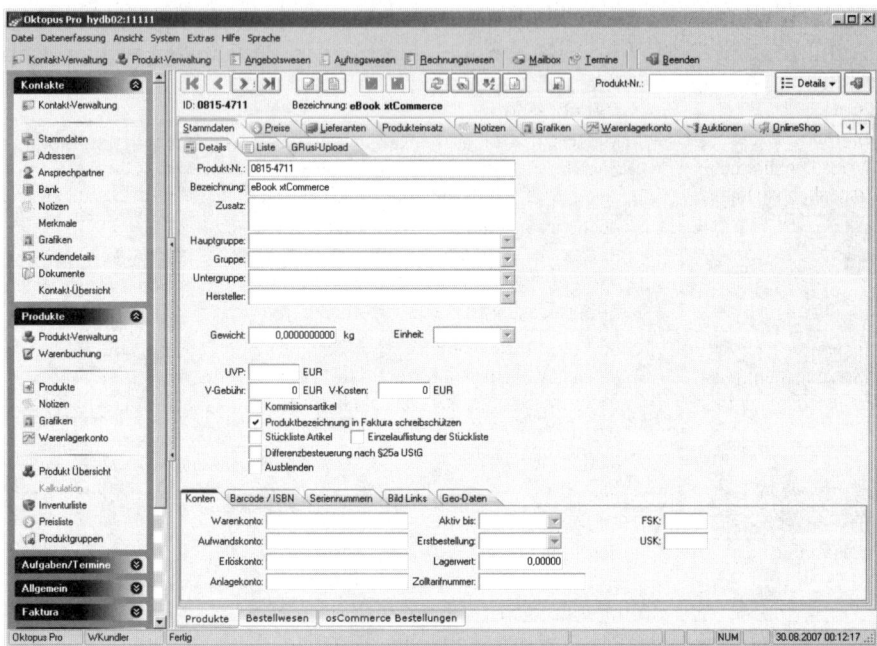

Abbildung 6.35: Produktverwaltung in Oktopus Pro TS

6.2.2   Produkt- und Zahlungsdaten abgleichen

Viele Händler verkaufen ihre Artikel nicht nur über ihren Online-Shop, sondern auch über *eBay* oder andere Marktplätze. Problem hierbei ist die doppelte und dadurch fehleranfällige Pflege der Produktdaten. Wie Sie die Daten einfacher verwalten, zeigen wir Ihnen in diesem Abschnitt. Es gibt mehrere Möglichkeiten, wie man das technisch bzw. kaufmännisch angeht.

>> Online-Shop und Auktionshaus trennen: Preiswerte und zum Teil kostenlose Verkaufstools helfen beim Einstellen der Waren. Eignet sich meist nur für die Verkäufer, bei denen einer der beiden Vertriebswege stark überwiegt.

>> Online-Shop mit integrierter Schnittstelle: Die großen zertifizierten *eBay*-Verkäufertools haben eine eigene Shop-Lösung integriert. Es gibt auch Shop-Lösungen, die eine Schnittstelle zu *eBay* besitzen. Mit der zentralen Produktdatenverwaltung ist es einfach, Produkte in den Online-Shop einzubinden und sie an das Auktionshaus zu überspielen.

>> Warenwirtschaftssystem mit *eBay*-Anbindung: Die professionellen und meist teureren Programme haben eigene Schnittstellen zu den großen Anbietern. Ausgehend von den zentral gepflegten Produktdaten stellen Sie die Artikel parallel in den Shop und in das Auktionshaus.

In Tabelle 6.9 finden Sie einige von *eBay* unterstützte Tools externer Anbieter und die hauseigenen *eBay*-Verkäufertools.

Tool	Beschreibung
Afterbuy (Monatsgebühr plus Transaktionsgebühr)	Mit diesem externen Tool organisieren Sie alle anfallenden Aufgaben. Wichtige Features sind das zeitgesteuerte Einstellen von Auktionen, die Abgabe von Bewertungen und die integrierte Bestandsverwaltung. Auktionshäuser/Marktplätze: *Agamo, Amazon, Atrada, Auvito, Auxion.de / xhammer.com, Azubo, eBay Deutschland, eBay Express, ebay International, Elimbo, Google Base, Hood, i-sells* Reichweitenpartner: *Kelkoo, Pangora* und *Yatego*
AuctionWeb (Monatsgebühr plus Provisionsgebühr)	Ihre Komplettlösung für Online-Auktionen: Artikel verwalten und Auktionen einstellen. Außerdem lassen sich Lagerbestände verwalten, Zahlungseingänge abgleichen, Lieferscheine und Rechnungen erstellen, *DHL Fulfilment*, Kontakte und Bewertungen pflegen. Marktplätze: *Amazon, eBay, eBay Express, eBay International* und *eBay Shops*.
marketworks (umsatzabhängig)	*marketworks* ist eine vollständige eBay- und Online-Shop-Lösung. Der gesamte Verkaufsprozess wird automatisiert. Mit diesem Tool lässt sich die Effizienz enorm steigern. Marktplätze: *Amazon, eBay* und *eBay Express*.
Supreme Auction (Freeware-Tool nutzt kein Shop-System)	Supreme Auction enthält alle Funktionen, die Sie bereits von *eBay* kennen. Mit dieser Software ist das Erstellen einer Auktion ein Kinderspiel und sie spart nicht nur Zeit bei der Erstellung, sondern sogar bares Geld. Die Freeware-Version ist voll funktionstüchtig und beinhaltet die kostenlosen Funktionen: Designs, Bilder, Startzeit, Cross-Marketing, Bilder-Galerie mit Slideshow und individualisierbare Design-Vorlagen.
Turbo Lister (kostenlos)	Mit diesem Offline-Tool planen und speichern Sie Angebote, die Sie immer wieder einstellen können. Wieder verwendbare oder selbst erstellte Angebotsvorlagen erleichtern Ihre Angebotserstellung.
Verkaufsmanager (4,99 €/Monat)	Dieses Online-Tool ist in »Mein eBay« eingebunden und erledigt für Sie Artikelverwaltung, Etikettendruck, Einstellen von Artikeln und Kundenkommunikation.
Verkaufsmanager Pro (9,99 €/Monat)	Dieses Online-Tool bietet Ihnen dieselben Features wie der Verkaufsmanager. Zusätzlich sind viele Funktionen automatisierbar. Daneben sind zahlreiche Analysewerkzeuge für Ihre Verkaufsplanung integriert.

Tabelle 6.9: Hauseigene und von eBay unterstützte Verkäufertools

```
pages.eBay.de/verkaeufer-tools/
pages.eBay.de/turbo_lister/
pages.eBay.de/verkaufsmanager/
pages.eBay.de/verkaufsmanager_pro/
```
www . . . . .

eBay International AG *(Verkäufertools vom Anbieter selbst)*

www.afterbuy.de
ViA-Online GmbH *(Auktionen und Onlineverkäufe mit* Afterbuy*)*

www.marketworks-de.de
marketworks Inc. *(vollständige* eBay- *und eCommerce-Lösung)*

auktionmaster.channeladvisor.de/de/index.php
ChannelAdvisor GmbH *(Artikel verwalten und einstellen mit* AuctionWeb*)*

www.supreme-auction.de
Supreme NewMedia GmbH *(Bequemes Erstellen von eBay-Auktionen)*

In Tabelle 6.10 finden Sie einige weitere Verkaufstools. Diese sind von *eBay* zum Teil zwar nicht zertifiziert, haben aber dennoch zahlreiche Anhänger gefunden.

Produkt	Hersteller	Webseite
Auktionsbuddy	*indisoftware GmbH*	auktionsbuddy.de
etope	*Freshworx Softwaregroup OHG*	etope.de
Speed4Trade	*Speed4Trade GmbH*	speed4trade.de
SpeedSell	*ChannelAdvisor GmbH*	speedsell.de

Tabelle 6.10: Verkaufstools für die Auktionsabwicklung

Produktdaten aus faktura+auftrag an eBay übermitteln

Auch *Lexware* hat den Trend der Zeit erkannt und bietet Ihnen zwei Varianten für den Export der Artikelinformationen nach *eBay* an:

>> kostenfreier Export nach *eBay Turbo Lister* im CSV-Format

>> kostenpflichtiger Export nach *Lexware auktionsmanager*.

CSV-Datei exportieren   Wenn Sie nur ab und zu Ihre Produkte bei eBay anbieten, reicht die kostenfreie Variante aus. Die Arbeit wird Ihnen dahingehend erleichtert, dass Sie die kompletten Artikelbeschreibungen als **CSV-Datei** exportieren können. Die Vorgehensweise ist simpel. Sie öffnen dazu in der Navigationsleiste die Ansicht »Artikel«. In der nun erscheinenden Artikelliste markieren Sie alle gewünschten Artikel und wählen mit der rechten Maustaste kontextsensitiv den Befehl »Export nach Turbolister (CSV-Format)«. Diese Datei lesen Sie anschließend in den *Turbo Lister* ein. Nachdem Sie die Daten manuell aufbereitet haben, stellen Sie sie bei *eBay* ein. Der Nachteil ist: Die eingegangenen Bestellungen müssen Sie danach in *faktura+auftrag* von Hand eintippen.

Praxis-Tipp: eBay Turbo Lister 2 *ist verfügbar*

Der Turbo Lister 2 ist laut eBay schneller, stabiler und hat eine verbesserte Benutzeroberfläche. Die alte Version des Turbo Lister können Sie seit April 2007 nicht mehr benutzen.

Wer dagegen mit sehr vielen Produkten bei *eBay* handelt, der weiß, wie zeitraubend der kaufmännische Aufwand ist. Dazu gehört: Warenbestand führen, Angebote und Artikelvorlagen erstellen, Einstellgebühren berechnen, Bewertungen abgeben sowie Kontakt- und Bestelldaten des Kunden erfassen. Hierbei unterstützt Sie der *Lexware auktionsmanager*, der aus zwei Teilbereichen besteht. Das Warenwirtschaftsprogramm auf Ihrem Rechner ist der Offline-Teil. Im Internet liegt der Online-Teil, eine **ASP-Lösung** namens *Ageto WebService*. Diesen Dienst können Sie vier Wochen lang kostenlos und völlig unverbindlich testen. Die beiden Teilbereiche kommunizieren mit Hilfe von Schnittstellen miteinander.

Lexware Auktionsmanager

www.truition.net
Truition GmbH *(Anbieter von On Demand eCommerce-Software)*

Nähere Informationen finden Sie in der *Lexware* Warenwirtschaft unter »eBusiness > eBusiness starten… > Auktionsmanager > Zugangsdaten«. Klicken Sie hier auf den Button »Infos und Registrierung«. Nachdem Sie das Anmeldeformular ausgefüllt und abgesendet haben, erhalten Sie Ihre Zugangsdaten per E-Mail. Damit melden Sie sich beim Servicepartner online an. Als Erstes erteilen Sie hier die noch fehlende Vollmacht. *eBay* verlangt zu Ihrer eigenen Sicherheit Ihre ausdrückliche Zustimmung (**Token-Registrierung**). Erst danach dürfen Transaktionsdaten an Dritte im Internet weitergegeben werden. Ausgenommen davon sind natürlich Kennwörter oder Kreditkartendaten. Die Zugangsdaten tragen Sie ebenfalls im *auktionsmanager* ein, nämlich auf der Registerkarte »Zugangsdaten« unter »eBusiness > eBusiness starten…«. Nun können Sie sich künftig in den Online-Bereich über die Schaltfläche »Start« einloggen.

Bereiten Sie jetzt Ihren ersten Artikel für *eBay* vor. Öffnen Sie dazu die Artikelverwaltung und wählen Sie aus der Artikelliste mindestens einen Artikel aus. Klicken Sie mit der rechten Maustaste auf den Eintrag »Export nach Lexware auktionsmanager« und übertragen Sie die augewählten Produktdaten. Ist der Upload erfolgreich, können Sie sofort die Online-Verwaltung aufrufen.

Produktdaten-Upload

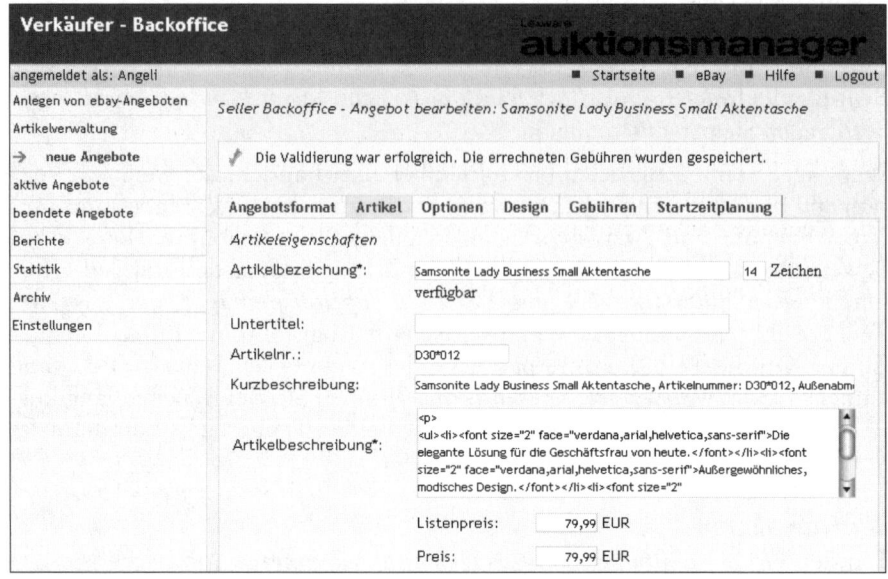

Abbildung 6.36: Online-Verwaltung im Backoffice des auktionsmanager

Bestelldaten-Download

Später markieren Sie im *auktionsmanager* Ihre Bestellungen als bezahlt und übergeben die Daten an den Offline-Bereich auf Ihrem Rechner. Hier führen Sie die neue Bestellung weiter in die gewünschte Auftragsart: Lieferschein oder Rechnung. Für den Datenabgleich zwischen Offline- und Online-Bereich betätigen Sie die Schaltfläche »Download starten« im *auktions-manager* bei »Datenaustausch«.

Afterbuy-Schnittstelle einrichten für xt:Commerce

Wozu Afterbuy verwenden?

Afterbuy ist hauptsächlich für diejenigen interessant, die den Bestellablauf verstärkt automatisieren möchten. Es sammelt zentral alle Bestellungen, und zwar sowohl vom Auktionshaus als auch von Ihrem Online-Shop. Die Software entlastet Sie mit automatisierten Routineaufgaben: Automail, Etikettendruck, Sendungsverfolgung, Zahlungsabgleich, Bewertungen, Auktionsübersicht usw.

WWW . . . . . .

www.kinderschmuck4u.de
Sandra Oostinga *(Shop für Kinderschmuck auf* xt:Commerce-*Basis)*

Bei der Erstellung dieses Abschnitts hat uns Sandra Oostinga *maßgeblich unterstützt. Alle Anpassungen der Datei afterbuy.php stammen aus ihrer Hand.*

CD . . . .

CD-Rom\scripts: Afterbuy-*Schnittstelle (06_4x_afterbuy1.8.zip)*

Mithilfe der *Afterbuy*-Schnittstelle kann *xt:Commerce* Bestellungen automatisch in das *Afterbuy*-System einspielen. Für jede Artikel-Position innerhalb einer Bestellung legt *Afterbuy* einen eigenen Datensatz an. Damit Sie das Verkaufsabwicklungstool nutzen können, ist eine **PartnerID** erforderlich. Diese beantragen Sie per E-Mail bei info@afterbuy.de. Dazu bekommen Sie für die Schnittstelle per E-Mail noch ein Passwort und eine **UserID** (Benutzername). Ob sich für Sie eine Anbindung lohnt, entscheiden Sie anhand der Funktionsliste. Bedenken Sie auch, dass die *Afterbuy*-Schnittstelle nur dazu verwendet wird, externe Online-Shops anzubinden. Die Schnittstelle hat nicht die Aufgabe, Ihre Produkte online bei *eBay* & Co. einzustellen.

net.afterbuy.de/afterbuy/schnittstellendownload.aspx
ViA Online GmbH *(Dokumentation der Afterbuy-Shop-Schnittstelle)*

WWW ·····

Bevor Sie mit *Afterbuy* arbeiten können, sind noch ein paar Einstellungen im Shop unter »Konfiguration > xt:C Partner > Afterbuy« erforderlich. Wir empfehlen Ihnen hier die Einstellung »In Bearbeitung«. Nach erfolgreicher Übertragung wird die Bestellung dadurch nicht aus der Bestellübersicht bei *xt:Commerce* ausgetragen. Im Verzeichnis /includes/classes befindet sich die Konfigurationsdatei afterbuy.php. Darüber hinaus können Sie noch weitere Dinge an Ihre Wünsche anpassen. Gehen Sie folgendermaßen vor:

Konfiguration in xt:Commerce

1. Benennen Sie die Zahlungsarten in beiden Systemen identisch!

Step ······

2. Berechnen Sie die Versandkosten über *xt:Commerce* oder *Afterbuy*!

3. Passen Sie die Datenübergabe der Kundendaten an!

4. Aktivieren Sie die Stammkunden-Erkennung, z.B. per E-Mail-Adresse!

5. Passen Sie die ISO-Codes (Länderkürzel) an!

6. Übermitteln Sie die Rechnungs- und/oder Lieferanschrift!

7. Übergeben Sie Bruttopreise an *Afterbuy*!

8. Wickeln Sie den Verkauf mit bzw. ohne Feedbackdatum ab!

9. Prüfen Sie, welche cURL-Version Ihr Provider einsetzt!

10. Zusenden einer E-Mail, wenn der Kunde einen Kommentar hinterlässt!

Passen Sie den Eintrag für Zahlungsarten nicht an, überträgt die Schnittstelle die Informationen, die Sie unter »Module > Zahlungsoption > Modulname (für internen Gebrauch)« eingegeben haben. Damit die Zahlungsarten korrekt dargestellt werden, benennen Sie die Zahlungsarten in beiden Systemen identisch. Suchen Sie außerdem in der Konfigurationsdatei afterbuy.php den Eintrag »cod«:

Zahlungsarten

```
if ($oData['payment_method'] == 'cod')
        $oData['payment_method'] = 'Nachnahme';
```
Abbildung 6.37: Bezeichnung für Zahlungsarten übermitteln

Diese Anweisung besagt, dass wenn die Zahlungsart »cod« ist, dann als Bezeichnung für diese Zahlungsart der Begriff »Nachnahme« übergeben werden soll. Erweitern Sie dies für die anderen verfügbaren Zahlungsarten, indem Sie die Zeile kopieren und gleich darunter wieder einfügen. Für »banktransfer« übergeben Sie dann als Name »Bankeinzug«. Falls Sie für Nachnahme (cod) einen Aufschlag berechnen, übergibt die Schnittstelle diese Zusatzkosten als Artikel (cod_fee). Nach dem gleichen Prinzip gehen Sie auch bei der Übergabe von Gutscheinen (ot_gv) und Rabatten (ot_discount) vor.

Versandarten Ähnlich wie mit den Zahlungsarten verfährt die Schnittstelle mit den Versandarten. Ohne etwas zu verändern, übermittelt das System nur den Eintrag, den Sie unter »Module > Versandart > Module« finden. Den Namen ändern Sie, indem Sie auf /lang/german/modules/shipping/ihrmodul.php per FTP zugreifen. Vergessen Sie hier nicht auch die anderen von Ihnen verwendeten Sprachen abzuändern. Passen Sie in der jeweiligen Datei den Namen in der Zeile TEXT_TITLE an und legen Sie die Datei wieder auf Ihrem Webserver ab. Bei »NoVersandCalc« finden Sie die Voreinstellung, wie die Versandkosten übermittelt werden:

```
$DATAstring .= "NoVersandCalc=1&";
```
Abbildung 6.38: Versandkosten im Online-Shop berechnen

Wenn Sie die Voreinstellung belassen, versucht *Afterbuy* nicht, die Versandkosten neu zu ermitteln. Es ist empfehlenswert, diese Einstellung zu übernehmen, da die Kunden die Versandkosten bereits mit der Bestellung bestätigt haben. Möchten Sie die Versandkosten dennoch von *Afterbuy* berechnen lassen, ersetzen Sie »1&« durch »0&«.

Tipp .....   *Praxis-Tipp: **Bankdaten-Übergabe** bei Bestellungen per Lastschrift*

Mit Afterbuy *können Sie Rechnungsbeträge, die mit der Zahlungsart Lastschrift eingegangen sind, per DTA-Export und mit Hilfe einer Software (z.B. StarMoney) einziehen lassen. Die Voraussetzungen hierfür sind: Ihr Geschäftskonto wird von Ihrer Hausbank freigeschaltet, Sie besitzen eine Software zum Einlesen von Export-Daten und die afterbuy.php wurde entsprechend angepasst. Dann werden die Bankdaten Ihres Kunden von Ihrem xt:Commerce-Shop korrekt an* Afterbuy *übergeben. Es empfiehlt sich bei dieser Zahlungsart ein **SSL-Zertifikat** zu verwenden, um den Kunden die Sicherheit zu geben, dass die Daten verschlüsselt übertragen werden.*

Für die Anpassungen in der Datei afterbuy.php suchen Sie dazu die Zeile mit dem Eintrag: if ($oData[payment_method]=='banktransfer') und ändern diesen so ab:

```
$a_query = xtc_db_query("select * FROM
        ".TABLE_ORDERS_PRODUCTS_ATTRIBUTES." WHERE orders_id='".$oID."'
                AND orders_products_id='".$oDATA['orders_products_id']."'");
        $options = '';
        while ($aDATA = xtc_db_fetch_array($a_query)) {
                if ($options == '') {
                        $options =
$aDATA['products_options'].":".$aDATA['products_options_values'];
```

```
        } else {
                $options .=
 "|".$aDATA['products_options'].":".$aDATA['products_options_values'];
        }
 }
 if ($options != "") {
        $DATAstring . = "Attribute_".$nr."=".$options."&";}
```
Abbildung 6.39: Übergabe der Bankdaten bei Lastschrift-Bestellungen

Sie sollten bevorzugt den Namen »Bankeinzug« nutzen. Hinter diesem Namen liegt in Afterbuy *eine Funktion, die sicherstellt, dass* Afterbuy *diese Zahlungsart auch entsprechend erkennt und die Bankdaten des Kunden richtig verarbeiten kann. Wichtig ist auch, dass Sie in Ihrem* Afterbuy *Account unter »Stammdaten > Zahlarten« die Zahlungsart »Bankeinzug« angelegt haben.*

www.starmoney.de

Star Finanz GmbH *(Banking-Software für Geschäfts- und Privatkunden)*

WWW . . . . .

Es empfiehlt sich, auch die Kundendaten anzupassen. Gelegentlich kommt es vor, dass Kunden beim Bestell- bzw. Anmeldevorgang Leerzeichen in einigen Feldern eintragen. Diese Leerzeichen übergibt das System nicht an *Afterbuy*. Um dies zu korrigieren, fügen Sie folgenden Codeschnipsel an den jeweiligen Stellen ein: ereg_replace(" ","%20",

Suchen Sie sich jeden Eintrag in der afterbuy.php heraus, der Leerzeichen übertragen soll, und ändern Sie die Einträge entsprechend ab. Hauptsächlich betrifft das die Bereiche: // customers Address, // Delivery Address und // init GET string. Vergessen Sie nicht die abschließende Klammer »)« vor dem Semikolon zu setzen. Das Ergebnis sieht dann wie in Abbildung 6.40 aus.

```
$customer['firma'] = ereg_replace(" ", "%20", $oData['billing_company']);
$customer['vorname'] = ereg_replace(" ", "%20", $oData['billing_firstname']);
$customer['nachname'] = ereg_replace(" ", "%20", $oData['billing_lastname']);
$customer['strasse'] = ereg_replace(" ", "%20",
$oData['billing_street_address']);
```
Abbildung 6.40: Leerzeichen bei Datenübergabe ersetzen

Afterbuy speichert jeden Kunden in die Datenbank. Kauft ein Kunde nochmals mit demselben Account ein, kennzeichnet ihn das System in der Auktionsübersicht mit einem »S« als Stammkunde. Mit Hilfe der Schnittstelle kann man nachprüfen, ob der Kunde bereits in der Kundendatenbank enthalten ist. In der Standardfassung der afterbuy.php erfolgt die Prüfung anhand von »Benutzername« (*Afterbuy* UserID). Allerdings müssen Sie vorher den Eintrag entsprechend anpassen. Sehen Sie sich zunächst die Zeile in Abbildung 6.41 an.

Stammkunden erkennen

```
$DATAstring.= "Kbenutzername=". $customer['id']."_XTC-ORDER_".$oID."&";
```
Abbildung 6.41: String für Feldinhalt von EbayName in Afterbuy

Diese Zeile regelt den Inhalt des Feldes »EbayName« in der Auktionsübersicht. Bei einer Shop-Bestellung steht im Feld »EbayName« die OrderID, die sich bei jeder Bestellung verändert. Da die gesamte Zeile zur Prüfung herangezogen wird, findet *Afterbuy* den Kunden nicht als Stammkunden. Jeder Kunde wird daher als neuer Kunde in der Datenbank angelegt. Um das zu lösen, ändern Sie die Zeile wie in Abbildung 6.42 dargestellt ab.

```
$DATAstring.= "Kbenutzername=". $customer['id']."&";
```
Abbildung 6.42: OrderID aus EbayName löschen

Ein alternativer Weg besteht über die Prüfung der E-Mail-Adresse. Dazu ersetzen Sie in der in Abbildung 6.42 dargestellten Zeile »id« durch »mail«. Dadurch verläuft die Stammkundenerkennung über die E-Mail-Adresse. Sie sollten diese Zeile nachträglich nicht mehr verändern, da sonst die Kundenerkennung nicht mehr möglich ist. Die vorher übermittelten Vorgänge befinden sich mittlerweile schon in der Datenbank.

Länderkürzel

Benötigen Sie die ISO-Codes, weil Sie in unterschiedliche Länder versenden, binden Sie über die *Afterbuy*-Mailvorlagen IF-Anweisungen ein. Je nach Variablen wird eine andere Anweisung ausgeführt. Die Bestellbestätigung wird dann je nach Wahl des Länderkürzels in der entsprechenden Sprache versendet. Leider verwenden *xt:Commerce* und *Afterbuy* verschiedene Länderkürzel. Für dieses Problem bieten sich zwei Lösungen an: Sie passen Ihre Angaben manuell in *Afterbuy* an oder suchen im Forum nach der neuesten Erweiterung. Falls Sie mit einem Versanddienstleister arbeiten und dafür Paketscheine erstellen, werden Sie auf diese Erweiterung nicht verzichten können.

Als Nächstes steht die Frage an: Wie wird im Vorfeld die Rechnungs- und Lieferanschrift abgeglichen? Bei der Adressübermittlung übergibt die Schnittstelle in der Grundversion sowohl die Liefer- als auch die Rechnungsanschrift. Gibt der Käufer keine Lieferanschrift an, wird stattdessen die Rechnungsanschrift übermittelt. Bei jeder Shopbestellung sehen Sie dann in der Auktionsübersicht ein »L« für Lieferanschrift. Abhilfe schafft, wenn Sie die Zeile 136: $DATAstring .= "Lieferanschrift=1&"; mit dem folgendem Inhalt aus Abbildung 6.43 ersetzen.

```
if( ($customer['firma']     == $customer['d_firma']) &&
($customer['vorname']     == $customer['d_vorname']) &&
($customer['nachname']    == $customer['d_nachname']) &&
($customer['strasse']     == $customer['d_strasse']) &&
($customer['strasse2']    == $customer['d_strasse2']) &&
($customer['plz']         == $customer['d_plz']) &&
($customer['ort']         == $customer['d_ort']))
{
$DATAstring .= "Lieferanschrift=0&";
}
else
{
$DATAstring .= "Lieferanschrift=1&";
}
```
Abbildung 6.43: Rechnungs- und/oder Lieferanschrift übermitteln

*Rechnungs-
anschrift
übermitteln*

Damit wird zunächst geprüft, ob überhaupt eine Lieferanschrift vorliegt. Sind Rechnungs- und Lieferanschrift identisch, übermittelt die Schnittstelle die Rechnungsanschrift. Sind beide Adressen verschieden, werden beide übermittelt und das »L« taucht zu Recht in der Übersicht auf.

Eine weitere Änderung ist notwendig, wenn Sie über den Shop an Händler verkaufen. *Afterbuy* behandelt den übergebenen Preis aus der Schnittstellenübergabe als Bruttopreis. Problematisch ist das bei Händlern, die Nettopreise angezeigt bekommen. Die Schnittstelle übergibt den Preis korrekterweise netto, *Afterbuy* behandelt den Preis aber brutto. Ein Beispiel soll Ihnen zeigen, was passiert: Ein Händler bestellt bei Ihnen im Shop ein Produkt für 10 € netto. *xt:Commerce* stellt diesem Händler dafür eine Rechnung über 11,90 € (10 € Artikelpreis + 1,90 € USt). *Afterbuy* betrachtet bei der Übergabe jedoch die 10 € als Bruttopreis (8,40 € Artikelpreis + 1,60 € USt). Wichtig: Dies wird natürlich nur dann so übergeben, wenn eine Ihrer Kundengruppen in *xt:Commerce* auf »exkl. Steuern« eingestellt ist. Damit Sie die Preise brutto übergeben können, gibt es in der afterbuy.php den Bereich der Preisübergabe. Suchen Sie die beiden Zeilen in // products_data, die die Begriffe »products_price« und »products_tax« enthalten, und ersetzen Sie diese durch:

```
$price = $pDATA['products_price'];
$tax_rate = $pDATA['products_tax'];
if ($pDATA['allow_tax']==0) {
$cQuery=xtc_db_query("SELECT customers_status_add_tax_ot FROM ".TABLE_CUSTOMERS_STATUS."
    WHERE customers_status_id='".$oData['customers_status']."' LIMIT 0,1");
$cData=xtc_db_fetch_array($cQuery);
if ($cData['customers_status_add_tax_ot']==0) {
$tax_rate=0;
} else {
$price+=$price/100*$tax_rate;
}
}
$price = ereg_replace("\.", ",", $price);
$tax = ereg_replace("\.", ",", $tax_rate);
```

Abbildung 6.44: Übergabe des Bruttopreises an Afterbuy bei Händlern

Künftig werden alle Netto-Artikelpreise für Ihre Händler mit dem hinterlegten Steuersatz multipliziert. Genauso verhält es sich mit den Versandkosten für diese Kundengruppe. Bekommen diese Kunden die Netto-Versandpreise angezeigt (und nur dann!), müssen Sie die Konfiguration entsprechend anpassen. Wir empfehlen Ihnen: Legen Sie für die Netto-Kundengruppe eine eigene Versandgruppe an. Nach der Zeile mit: $DATAstring .= "PosAnz=".$p_count."&"; setzen Sie die Zeilen aus Abbildung 6.45 ein.

```
$DATAstring .= "PosAnz=".$p_count."&";

if ($order_total_values['class'] == 'ot_shipping')
        $shipping = $order_total_values['value'];
if ($pDATA['allow_tax']==0) {
$cQuery=xtc_db_query("SELECT customers_status_show_price_tax FROM ".TABLE_CUSTOMERS_STATUS."
    WHERE customers_status_id='".$oData['customers_status']."' LIMIT 0,1");
$cData=xtc_db_fetch_array($cQuery);
if ($cData['customers_status_show_price_tax']==1) {
$tax_rate=0;
} else {
$shipping=((($shipping/100)*$tax_rate)+$shipping);
}
}
```

Abbildung 6.45: Preisübergabe der Versandkosten für Firmenkunden

Jetzt gehen wir näher auf eine der wichtigsten Fragen ein: Wie soll *Afterbuy* Ihre Transaktionen genau abwickeln? Je nach Zahlungsart teilen Sie Ihrem Kunden auf der vorletzten Seite des Bestellvorgangs (checkout_confirmation) die dazugehörigen Daten mit, bei der Überweisung z.B. die Bankdaten.

Transaktionen abwickeln

Der Kunde kann sofort danach die Zahlung vornehmen und erhält per E-Mail eine Bestellbestätigung mit den Bankdaten vom Online-Shop. Wie *Afterbuy* mit dieser Bestellung umgehen kann, beschreiben die nachfolgenden drei Fallbeispiele in Tabelle 6.11.

Fallbeispiele	Beschreibung
Mit Feedbackdatum (Standard)	Die Schnittstelle übergibt Bestellungen mit Feedbackdatum, d.h. dieses Datum zeigt Ihnen, wann der Kunde die Abwicklung getätigt hat. Bei aktivierter Auto-Erstkontaktmail wird keine Erstkontaktmail versendet. In der Auktionsübersicht erscheint der Datensatz als unbezahlter Vorgang mit Feedbackdatum. Manuell übersenden Sie dem Kunden bei Bedarf eine individuell erstellte Bestätigung per Mail.
Ohne Feedback-datum	Die Schnittstelle übergibt Bestellungen ohne Feedbackdatum. Bei aktivierter Auto-Erstkontaktmail wird die Erstkontaktmail versendet. Der Datensatz erscheint in der Auktionsübersicht ohne Feedbackdatum, aber mit Erstkontakt-mail-Datum. Dazu hinterlegen Sie nach der Zeile mit »NoVersandCalc« den Eintrag: $DATAstring .= »NoFeedback=1&«; + Verkäufe werden zusammengefasst, da Feedbackdatum fehlt. – Kunde muss die im Shop gemachten Angaben wiederholen.
Mit Feedback- + Maildatum	Die Schnittstelle übergibt Bestellungen mit Feedbackdatum. Bei aktivierter Auto-Erstkontaktmail wird die Erstkontaktmail versendet. Der Datensatz erscheint in der Auktionsübersicht mit Feedbackdatum und Erstkontaktmail-Datum. Dazu hinterlegen Sie nach der Zeile mit »NoVersandCalc« den Eintrag: $DATAstring .= »NoFeedback=2&«; Die Erstkontaktmail muss mit *Afterbuy*-Variablen auf diesen Fall eingerichtet werden. + Kunde muss kein Feedback erneut durchlaufen. – Verkäufe werden nicht mehr zusammengefasst.

Tabelle 6.11: Drei Fallbeispiele zur Verkaufsabwicklung mit Afterbuy

Afterbuy stellt über kurz oder lang auf den net-Server um. Diese Umstellung kann dazu führen, dass Ihre Übermittlung nicht mehr funktioniert. Denn das darauf ausgestellte *Wildcard*-**SSL-Zertifikat**, das für die Übertragung genutzt wird, wird leider nicht von jeder **cURL**-Version akzeptiert. Welche cURL-Version Ihr Provider einsetzt, lesen Sie in der Administrationsoberfläche unter »Hilfsprogramme > Server-Info«. Zu diesem Thema wurde eigens im *Afterbuy*-Forum unter News ein eigener Beitrag eröffnet. Überprüfen Sie hierfür in der Konfigurationsdatei den Eintrag hinter $afterbuy_URL:

>> https://www.afterbuy.de/afterbuy/ShopInterface.asp

Hinterlässt Ihnen ein Kunde während der Bestellung einen Kommentar, wird dieser an *Afterbuy* übergeben und auch in der Bestellbestätigung ange-zeigt. Es kann aber durchaus sinnvoll sein, dass Sie diesen Kommentar sofort als gesonderte E-Mail zugestellt bekommen.

Um dies zu erreichen, suchen Sie in der afterbuy.php den in Abbildung 6.46 gezeigten Quellcode.

```
// extract ID from result
                    $cdr = explode('<KundenNr>', $result);
                    $cdr = explode('</KundenNr>', $cdr[1]);
                    $cdr = $cdr[0];
                    xtc_db_query("update ".TABLE_ORDERS." set
        afterbuy_success='1',afterbuy_id='".$cdr."' where orders_id='".$oID."'");
```

Abbildung 6.46: Anzupassende Stelle in der Datei afterbuy.php

Unter diese Stelle setzen Sie den in Abbildung 6.47 enthaltenen Eintrag. Achten Sie darauf, dass die Zeilen 3 bis 5 in einer einzigen Zeile stehen.

```
//wenn Kundenkommentar
        if ($oData['comments'] |='')
        {
                $mail_content .= "Name: " . $oData['billing_firstname']."
        ".$oData['billing_lastname'].
                "\nEmailadresse: " .$oData['customers_email_adress'].
        "\nKundenkommentar: "
                .$oData['comments']. "\nBestellummer: " .$oID.chr(13).chr(10). "\n;
                mail(EMAIL_BILLING_ADRESSE, "Kundenkommentar bei Bestellung",
        $mail_content);
        }
```

Abbildung 6.47: Quellcode zur Anzeige des Kundenkommentars

Die E-Mail, die Sie daraufhin erhalten, sieht aus wie in Abbildung 6.48.

Sandra Oostinga - Am Schützenplatz 3 - 28844 Weyhe

Wolfgang Kundler
Germanenstraße 6
86507 Kleinaitingen
Germany

Kinderschmuck4u.de
Sandra Oostinga
Am Schützenplatz 3
28844 Weyhe
Telefon: +49 (0421) 258 4 685

Eingangsbestätigung
Kundennummer: 53611256

Donnerstag, 16. August 2007

Sehr geehrte Damen und Herren,

gemäß Ihrer Angaben bestätigen wir Ihnen hiermit den Eingang Ihrer Bestellung!
Mit dieser E-Mail Bestätigung ist der Kaufvertrag zu Stande gekommen!

Stk.	Produkt	Artikel Nr.	Einzelpreis	Preis
1 x	~ Kinderschmuck ~ Halskette ~ Käfer im Herz ~ Silber	6260	11,99 EUR	11,99 EUR

Zwischensumme: 11,99 EUR

Paketdienst Hermes (keine Packstation!) (Die Zustellung erfolgt ca. 1-5 Werktage nach Aufgabe der Sendung; ohne Gewähr): 4,95 EUR

inkl. gesetzl. MwSt.: 2,70 EUR

Summe: 16,94 EUR

Ihre Anmerkung:
Hier steht der Kundenkommentar, der während der Bestellung eingegeben wurde.
Zahlungsmethode: Überweisung / Vorkasse

Abbildung 6.48: E-Mail inklusive Kundenkommentar

eBay anbinden

Die Konfigurationsdatei für die Schnittstelle ist fertig eingerichtet. Die Bestellverarbeitung übernimmt nun *Afterbuy*. Als Nächstes ist die Schnittstelle zu *eBay* an der Reihe. Sie haben zwei Möglichkeiten, *Afterbuy* mit der Auktionsverwaltung zu verknüpfen:

>> Sie leiten Auktionsende-E-Mails (**EOA**-Mails) von *eBay* an *Afterbuy*.

>> Sie verwenden die *eBay-API* für den Direktzugriff auf die Datenbank.

Abbildung 6.49: Datenaustausch mit Afterbuy

**Auktionsende-
E-Mails an
Afterbuy leiten**

Für Ihre EOA-Mails steht ein spezielles *Afterbuy*-Mailkonto bereit, von dem Sie selbst keine Mails abfragen können. Ihre persönliche Adresse finden Sie in der Administrationsübersicht unter www.afterbuy.de/afterbay/admin.asp beim »Postfachstatus«. Das Konto dient dem System ausschließlich für den Import Ihrer Auktionen. Alle dort ankommenden E-Mails werden nach dem Datenimport sofort gelöscht. Daher sollten Sie diese E-Mail-Adresse niemals bei *eBay* für den Kundenkontakt angeben. Mit dem Regelassistenten in *Microsoft Outlook* erstellen Sie unter »Extras > Regeln und Benachrichtigung ...« eine Weiterleitungsregel. Die »eBay-Weiterleitung an Afterbuy« leitet alle von endofitem@ebay.de kommenden Auktionsende-E-Mails weiter an Ihr persönliches *Afterbuy*-Mailkonto.

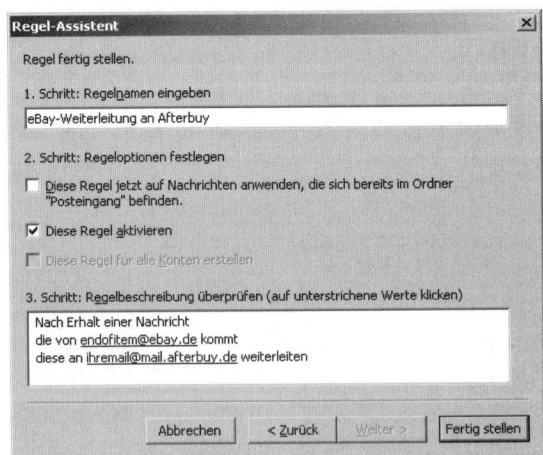

Abbildung 6.50: Auktionsende-E-Mail per Regel an Afterbuy weiterleiten

eBay-API nutzen

Seit 2004 betreibt *eBay* das **Token-Verfahren**, das besonders den Zugriff auf die *eBay-API* sicherer machen soll. Erst wenn Sie Ihre ausdrückliche Zustimmung anhand dieses Token erteilen, werden Ihre Transaktionsdaten an Dritte weitergegeben. Bei *Afterbuy* handelt es sich um die Firma *ViA Online GmbH*.

Das verlangt das Auktionshaus zu Ihrer eigenen Sicherheit und zum Schutz persönlicher Daten. *Afterbuy* benötigt ein gültiges Token als eine Art Passwort, um Daten abzurufen oder Artikel einzustellen. Für die Konfiguration in den *Afterbuy*-Stammdaten erfassen Sie Benutzername und die E-Mail-Adresse, die Sie bei *eBay* verwenden. Erst im Anschluss daran können Sie Artikel listen, Zahlungsaufforderungen versenden und Kunden bewerten.

Achten Sie beim Erstellen des Tokens darauf, dass Sie sich beim *eBay*-Login mit dem passenden Account anmelden. Melden Sie sich mit einem anderem Namen bzw. Account an, führt *Afterbuy* alle Abfragen für diesen Account durch. Nachdem Sie Ihren Token erfolgreich generiert haben, gehen Sie auf der Administrationsseite »Zur Tarifwahl«. Dort schalten Sie die »Option: Direktabfrage der Daten bei eBay (API-Nutzung)« ein und wählen ein **Abfrageintervall**. Das Intervall, in dem die Daten regelmäßig abgefragt werden, liegt zwischen 2 und 12 Stunden. Kurz nach der Token-Eingabe erhalten Sie eine E-Mail-Bestätigung, die Sie zurücksenden, damit die Änderung wirksam wird. Das neu gewählte Intervall (neuer Tarif) gilt dann ab dem 1. des Folgemonats.

www.afterbuy.de/dokumentation/
www.afterbuy.de/api-regeln.htm

WWW . . . . . .

ViA-Online GmbH *(ausführliche Dokumentation über* Afterbuy *und API)*

Doch bevor der Zugriff per Schnittstelle (API) möglich ist, müssen Sie noch eine letzte Konfiguration vornehmen. In den »Einstellungen« finden Sie nach der Freigabe den erweiterten Eintrag »Ebaydaten-Zugriff«. Dort setzen Sie einen Haken bei »API-Nutzen« und speichern somit die Eingabe.

API-Nutzung einschalten

Ebaydaten-Zugriff		
API-Nutzen	☑	**Regeln zur API-Nutzung**
Abfrageintervall	alle 720 min. frühestens wieder: 18.01.2006 04:03:33	Klicken Sie hier, um innerhalb der nächsten 2 Minuten neu abzufragen. Diese Funktion kostet 0,06 EUR
eBay-Token	OK. eBay-Token erneuern | Wer bin ich?	Wird benötigt um Daten von der Ebay-Datenbank abzurufen, oder Artikel einzustellen
EOA-Absender		Wenn Sie nicht wollen, das weitergeleitete EOA-Mails unabhängig vom Absender verarbeitet werden, können Sie hier eine oder mehrere Email-Adressen angeben, die EOA-Mails an Afterbuy weiterleiten dürfen. Andere Absender werden dann ignoriert. Lassen Sie das Feld leer, werden EOA-Mails immer verarbeitet.
Sub-Accounts	**Sub-Accounts verwalten**	Wenn Sie mehrere eBay Accounts haben, können Sie diese hier anlegen, oder verwalten.

Abbildung 6.51: API-Nutzung in Afterbuy einschalten

Praxis-Tipp: Hinweise zum eBay-Direktzugriff (API)

Tipp . . . . . .

Der direkte Datenzugriff ersetzt komplett den Import der Auktionsende-E-Mails. Hauptvorteil der API-Schnittstelle ist, dass sie viel sicherer funktioniert als der EOA-Import – vor allem, wenn sich wieder einmal das E-Mail-Format von eBay ändert. Zudem werden noch ein paar Zusatzinformationen übertragen. Sie erhalten auch eine Übersicht über die letzten von Ihnen bei eBay eingestellten bzw. verkauften Artikel (eBay-History).

*Beachten Sie folgende wichtigen Hinweise, bevor Sie die API-Nutzung ein-
schalten:*

— *Durch den Einsatz der API entstehen zusätzliche Gebühren, die abhängig
von der Länge des Abfrageintervalls sind. Die Kosten für ein 12-stündiges
Abfrageintervall liegen brutto bei 3,50 €/Monat (Stand: 08/2007). Manuelle Abfragen sind jederzeit für 6 ct./Abfrage (inkl. USt) möglich.*

— *Bevor Sie die API einschalten, dürfen keine EOA-Mails weitergeleitet
werden. Das erreichen Sie ganz sicher, indem Sie als EOA-Absender
eine unsinnige Angabe einfügen.*

— *Der Import mit Copy&Paste ist nicht mehr erlaubt. Abgefragt werden
nur Transaktionen, die seit dem letzten EOA-Import erzeugt wurden.*

— *Ohne ein gültiges Token (Passwort) funktioniert die API nicht.*

— *Wollen Sie die API-Abfragen nicht mehr nutzen, ist eine Abwahl der
optionalen Funktion nur über eine neue Tarifwahl möglich.*

Egal ob Sie die Auktionsende-E-Mails oder die API-Schnittstelle verwenden,
ab sofort können Sie alle über *eBay* und *xt:Commerce* getätigten Bestellungen mit *Afterbuy* abwickeln. In der Auktionsübersicht finden Sie alle bereits
verkauften Artikel. Dort sehen Sie in einem Dropdown-Menü alle verfügbaren Möglichkeiten – vorausgesetzt Sie setzen nur numerische Werte im Feld
»Artikelnummer« ein.

Abbildung 6.52: Bestellauftrag in der Auktionsübersicht bearbeiten

marketworks – Shop- und Auktionslösung in einem

Auf dem Markt tummeln sich inzwischen viele Tools, mit deren Hilfe Sie
Bestellungen in Ihrem Shop und *eBay* zentral steuern. Einige laufen dank
der *eBay*-API sehr stabil. Die in Tabelle 6.12 mit * gekennzeichneten Produkte werden direkt von *eBay* unterstützt und enthalten teilweise einen
eigenen Online-Shop.

Produkt	Schnittstelle	Webseite
4sellers (Sage) *	eBay-API	www.4-sellers.de
Afterbuy *	eBay-API	www.afterbuy.de
AuctionWeb *	eBay-API	www.auktionmaster.de
BüroWARE *	eBay-API	www.softengine.de
GS-ShopBuilder	Speed4Trade	www.gs-shopbuilder.de
osCommerce Shop	AuctionBlox	www.oscommerce.com
Oxid eShop	Ageto Service	www.oxid-esales.de
marketworks *	eBay-API	www.marketworks.com/de/
PC-Kaufmann (Sage) *	eBay-API	www.pc-kaufmann.de
plentyShop	eBay-API	www.plentyshop.de
T-Online Shop	eBay-API	shops.t-online.de

Tabelle 6.12: Shop-Lösungen mit eBay-Schnittstelle

Nachdem sich die Systeme *AuctionWeb* und *Afterbuy* bereits sehr gut am Markt etabliert haben, möchten wir Ihnen den Neuling im Bunde vorstellen: *marketworks*. Seit Herbst 2004 ist eine für *eBay Deutschland* angepasste Version verfügbar. In dieser relativ kurzen Zeit entwickelte sich das Unternehmen zum drittgrößten *eBay*-Tool-Anbieter, gemessen an den eingestellten Artikeln.

Dieses Online-Verkaufstool automatisiert und optimiert den gesamten Verkaufsprozess. Geboten werden zudem ein integrierter Online-Shop und Schnittstellen zu diversen Preissuchmaschinen. Dazu erhalten Sie noch einen üppigen Webspace für Produktbilder. Diese können Sie mit wenigen Mausklicks und ohne HTML-Befehle direkt in *eBay*-Angebote und den integrierten Online-Shop übernehmen.

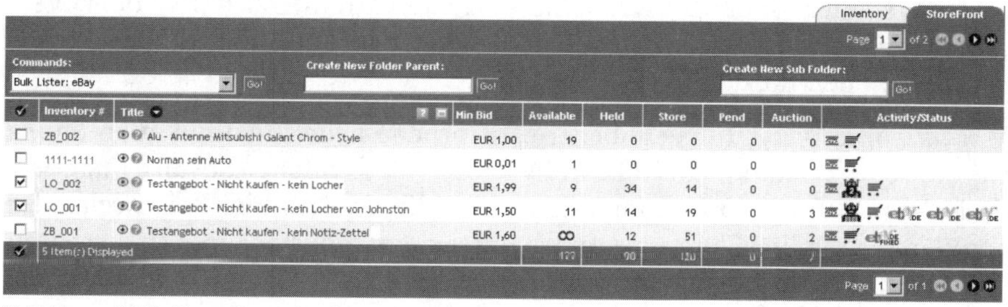

Features von marketworks

Abbildung 6.53: Verwaltung des Warenbestands bei marketworks

Im Mittelpunkt des Systems steht eine Warenwirtschaft, in der Sie alle Produkte erfassen. Das System zieht automatisch alle verkauften Produkte vom verfügbaren Bestand ab, egal ob diese über das Auktionshaus oder im Online-Shop verkauft wurden. Vorteil: Es ist damit ausgeschlossen, dass Sie Artikel über den Bestand hinaus verkaufen. Mithilfe separater Listings verwalten Sie einfach und übersichtlich die Angebotspalette. Die auktionsspezifischen

Eigenschaften, z.B. Dauer eines Auktionsangebots oder Zusatzoptionen, weisen Sie erst beim Einstellen des Artikels zu. Möchten Sie einen einzelnen Artikel bei *eBay* einstellen, benutzen Sie dafür das Tool *ClickLaunch*. Wenn Sie mehrere Produkte für *eBay* vorbereiten möchten, dann klicken Sie nach Auswahl von »Bulk Lister: eBay« (*Bulk Launch*) auf den daneben befindlichen Button »Go!«.

Zeitgesteuert bei eBay einstellen
Ebenfalls in Abbildung 6.53 sehen Sie die so genannten **LaunchBots (Roboter)**. Mit deren Hilfe stellen Sie Artikel automatisch und zeitgesteuert auf einem Marktplatz ein. Dafür definieren Sie einen oder auch mehrere Roboter mit unterschiedlichen Zeitplänen. Anschließend müssen Sie sie nur noch den jeweiligen Artikeln zuordnen. Ihre laufenden Angebote verwalten Sie über die so genannte Monitor-Seite. Hier beobachten Sie alle Angebote übersichtlich auf einer Seite, sogar wenn Sie mit mehreren *eBay*-Mitgliedskonten arbeiten.

eBay-Kaufabwicklung über den Shop
Ist ein Angebot beendet, versendet auch dieses Tool automatisch eine E-Mail an den Käufer. Darin erhält der Kunde den Link für die Kaufabwicklung. Dort kann er dann auch mehrere gekaufte Artikel zusammenfassen. Der besondere Clou dabei: Die Kaufabwicklung ist gleichzeitig ein Teil des integrierten Shops. Ihr Kunde kann so weitere Produkte aus dem Online-Shop zum *eBay*-Auktionsartikel in den Warenkorb legen. Somit ergeben sich weitere gute Chancen für Verkäufe per Cross-Selling und die Promotion des eigenen Shops.

Das Tool bietet alle wichtigen Funktionen zum Automatisieren Ihrer Verkäufe. Dazu gehören ein leistungsfähiger Zahlungsabgleich und automatische E-Mail-Benachrichtigungen für den Zahlungseingang bzw. über den Versand des Artikels. Genauso praktisch ist der gebündelte Druck von Rechnungen, Lieferscheinen, Packlisten oder Versandetiketten. Zusätzlich lässt sich der Datenexport von Transaktionsdaten automatisieren, was besonders interessant ist, wenn Sie externe Warenwirtschafts- oder Versandprogramme einsetzen. Ansonsten bietet das Tool alle üblichen Standardfunktionen für den Verkauf bei *eBay*.

marketworks Premium Web Shops (PWS)
Marketworks bietet für gehobenere Ansprüche neue Premium Web Shops an, die selbstverständlich vollständig in die *marketworks*-Lösung integriert sind. Mit diesen Shops kombinieren Sie die Stärke und Reichweite der populärsten Online-Verkaufskanäle mit einem robusten und skalierbaren Online-Shop. Die folgenden Verkaufskanäle (**Multi-Channel**) bündeln Sie mit einem solchen Premium Shop:

>> Marktplätze: *eBay* und *Amazon*

>> Suchmaschinen: *Yahoo!*, *MSN* und *Google*

>> Vergleichsseiten: *shopzilla*, *Google Produktsuche* und *kelkoo*

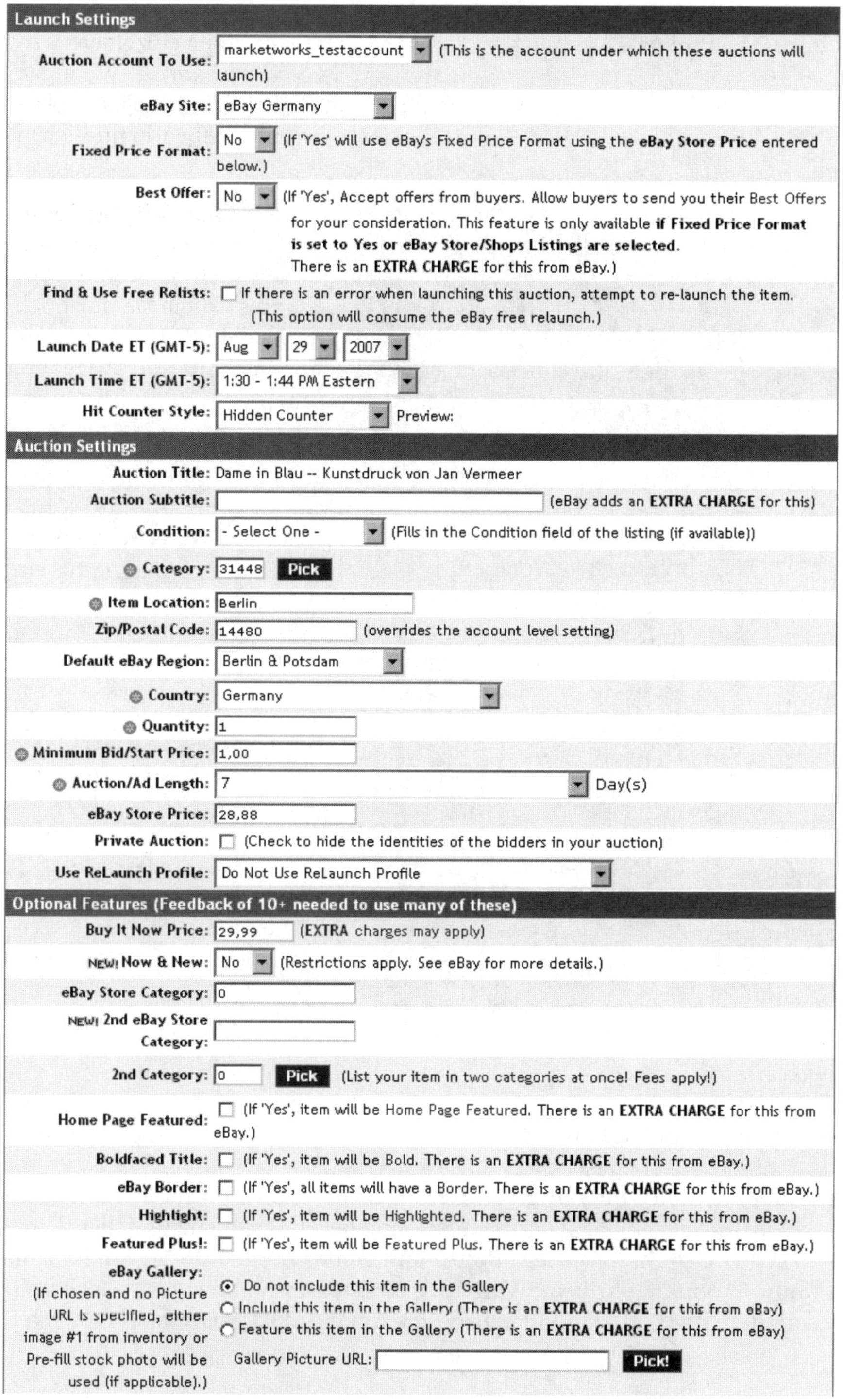

Launch Settings

Auction Account To Use: marketworks_testaccount ▼ (This is the account under which these auctions will launch)

eBay Site: eBay Germany ▼

Fixed Price Format: No ▼ (If 'Yes' will use eBay's Fixed Price Format using the **eBay Store Price** entered below.)

Best Offer: No ▼ (If 'Yes', Accept offers from buyers. Allow buyers to send you their Best Offers for your consideration. This feature is only available **if Fixed Price Format is set to Yes or eBay Store/Shops Listings are selected.** There is an **EXTRA CHARGE** for this from eBay.)

Find & Use Free Relists: ☐ If there is an error when launching this auction, attempt to re-launch the item. (This option will consume the eBay free relaunch.)

Launch Date ET (GMT-5): Aug ▼ 29 ▼ 2007 ▼

Launch Time ET (GMT-5): 1:30 - 1:44 PM Eastern ▼

Hit Counter Style: Hidden Counter ▼ Preview:

Auction Settings

Auction Title: Dame in Blau -- Kunstdruck von Jan Vermeer

Auction Subtitle: [   ] (eBay adds an **EXTRA CHARGE** for this)

Condition: - Select One - ▼ (Fills in the Condition field of the listing (if available))

⊚ **Category:** 31448 **Pick**

⊚ **Item Location:** Berlin

Zip/Postal Code: 14480 (overrides the account level setting)

Default eBay Region: Berlin & Potsdam ▼

⊚ **Country:** Germany ▼

⊚ **Quantity:** 1

⊚ **Minimum Bid/Start Price:** 1,00

⊚ **Auction/Ad Length:** 7 ▼ Day(s)

eBay Store Price: 28,88

Private Auction: ☐ (Check to hide the identities of the bidders in your auction)

Use ReLaunch Profile: Do Not Use ReLaunch Profile ▼

Optional Features (Feedback of 10+ needed to use many of these)

Buy It Now Price: 29,99 (EXTRA charges may apply)

NEW! **Now & New:** No ▼ (Restrictions apply. See eBay for more details.)

eBay Store Category: 0

NEW! **2nd eBay Store Category:** [   ]

2nd Category: 0 **Pick** (List your item in two categories at once! Fees apply!)

Home Page Featured: ☐ (If 'Yes', item will be Home Page Featured. There is an **EXTRA CHARGE** for this from eBay.)

Boldfaced Title: ☐ (If 'Yes', item will be Bold. There is an **EXTRA CHARGE** for this from eBay.)

eBay Border: ☐ (If 'Yes', all items will have a Border. There is an **EXTRA CHARGE** for this from eBay.)

Highlight: ☐ (If 'Yes', item will be Highlighted. There is an **EXTRA CHARGE** for this from eBay.)

Featured Plus!: ☐ (If 'Yes', item will be Featured Plus. There is an **EXTRA CHARGE** for this from eBay.)

eBay Gallery:
(If chosen and no Picture URL is specified, either image #1 from inventory or Pre-fill stock photo will be used (if applicable).)

⦿ Do not include this item in the Gallery
◯ Include this item in the Gallery (There is an **EXTRA CHARGE** for this from eBay)
◯ Feature this item in the Gallery (There is an **EXTRA CHARGE** for this from eBay)

Gallery Picture URL: [   ] **Pick!**

Abbildung 6.54: Einige Konfigurationsoptionen des eBay ClickLaunch

Das Beste daran ist die zentrale Kaufabwicklung sowohl für Online-Shop als auch Marktplatz-Bestellungen.

Abbildung 6.55: Muster eines Premium Web Shops von marketworks

WWW . . . . .

www.artzite.de
www.peters-tintenfass.de
marketworks Inc. *(Demoshop)*

Kosten   *marketworks* bietet für **Powerseller** ein transparentes Preismodell an. Jeder angemeldete Nutzer hat Zugriff auf sämtliche Funktionen. Es fallen keine zusätzlichen Gebühren für die *eBay*-Schnittstelle oder den Lister an. Nur für verkaufte Produkte wird eine Verkaufsprovision in Höhe von 1,5% berechnet, mindestens 0,20 US-Dollar bzw. maximal 3,00 US-Dollar pro Artikel.

Eine monatliche Gebühr von 29,95 US-Dollar wird nur fällig, falls die monatlichen Verkaufsprovisionen diese Summe nicht übersteigen. Eine deutsche Version soll noch im Laufe des Jahres 2007 verfügbar sein.

Zahlungsdaten mit der Bank abgleichen

Die Zahlungsarten Vorauskasse und Rechnung entdeckt man in fast jedem Online-Shop, ganz besonders stark sind sie im Auktionshandel vertreten. Daher ist es nicht verwunderlich, dass die Anbieter auch diesen Teil automatisieren möchten. Denn wer quält sich schon gerne mit dem Suchen und Vergleichen von Kundennamen, Bestellungen und Artikelnummern auf dem Bankkonto? Ein automatischer **Zahlungsabgleich** kann hier Abhilfe schaffen.

Die meisten besseren Verkaufstools und Warenwirtschaftsprogramme haben den **Kontoabgleich** mit den Banken bereits eingebaut. Sie benötigen für den automatischen Zahlungsabgleich lediglich eine TXT- bzw. CSV-Datei mit dem aktuellen Kontoauszug von Ihrer Bank. Diese bekommen Sie entweder über Online-Banking oder über eine Finanzsoftware von *StarMoney*, *Postbank*, *Quicken* oder *T-Online*.

	A	B	C	D	E	F	G	H
1	Kontonummer	Buchungsdatum	Valuta	Empfaenger 1	Empfaenger 2	Verwendungszweck	Betrag	Waehrung
2	1234567	03.04.2006	03.01.2006	KUNDE 1		BESTELLUNG VOM 02.04.2006 BUCH	69,50	EUR
3	1234567	03.04.2006	03.01.2006	KUNDE 2		EBAY <-KD-NUMMER2-> - <-EBAYNAME2->	17,80	EUR
4	1234567	03.04.2006	04.01.2006	RECHNUNG 1		PRIVAT	1.100,00	EUR
5	1234567	03.04.2006	04.01.2006	PRIVAT 1		PRIVAT	-208,00	EUR
6	1234567	04.04.2006	04.01.2006	PRIVAT 2		PRIVAT	-26,70	EUR
7	1234567	04.04.2006	04.01.2006	KUNDE 3		EBAY <-KD-NUMMER3-> - <-EBAYNAME3->	-88,00	EUR
8	1234567	04.04.2006	04.01.2006	PRIVAT 3		MIETE	408,00	EUR
9	1234567	05.04.2006	05.01.2006	KUNDE 4		BESTELLUNG VOM 30.04.2006 HEFT	12,00	EUR
10	1234567	06.04.2006	06.01.2006	RECHNUNG 2		PRIVAT	225,99	EUR
11	1234567	09.04.2006	09.01.2006	RECHNUNG 3		PRIVAT	186,00	EUR
12	1234567	09.04.2006	09.01.2006	PRIVAT 4		BESTELLUNG VOM 01.04.2006 KLAMMER	17,00	EUR
13	1234567	09.04.2006	09.01.2006	KUNDE 5		EBAY <-KD-NUMMER5-> - <-EBAYNAME5->	29,00	EUR
14	1234567	09.04.2006	09.01.2006	KUNDE 6		EBAY <-KD-NUMMER6-> - <-EBAYNAME6->	255,00	EUR

Abbildung 6.56: Muster einer CSV-Datei zum Kontenabgleich

Wie üblich bei CSV-Dateien, ordnen Sie die vorhandenen Spalten den entsprechenden Feldern Ihrer verwendeten Software zu. Nach dem Import der Datei untersucht Ihre Software hauptsächlich die Spalten »Verwendungszweck« und »Betrag«. Sie werden damit in der Lage sein, Ihre Kontoauszüge direkt mit den offenen Transaktionen abzugleichen. Diese werden als bezahlt markiert, so dass später daraus die Rechnungen und Versanddokumente ausgedruckt werden können.

Für die Spalte »Verwendungszweck« gibt es die Suchvariablen Transaktions-, Artikel-, Kunden- oder Bestellnummer. Geben Sie Ihrem Kunden genau vor, was er hier einzutragen hat. Damit erhöhen Sie Ihre Trefferquote merklich, und Ihnen wird einige Sucherei erspart. Hat sich Ihr Kunde beim Verwendungszweck vertippt, sinkt natürlich die Erkennungsrate. Zur Kontrolle wird auch noch die Spalte »Betrag« herangezogen. Ein Kunde könnte versehentlich zu wenig bezahlen oder aber auch mehrere Produkte bestellen.

	Verwendungszweck ist identisch	Verwendungszweck ist nicht identisch
Betrag ist identisch	Abgleich erfolgreich: Bestellung wird aufgrund des Imports aktualisiert.	Falscher Verwendungszweck: Eventuell passende Bestellungen werden angezeigt.
Betrag ist nicht identisch	Abweichender Geldbetrag: Kunde muss nachzahlen oder Sie ändern Zahlsumme.	Keine Zuordnung: Suchen Sie eine passende Bestellung.

Tabelle 6.13: Mögliche Ergebnisse des Zahlungsabgleichs

6.2.3   Tools zur Versandabwicklung

Online die Kundensendung verfolgen

Mit der **Sendungsverfolgung** (auch Tracking & Tracing genannt) erfüllen Sie einen oft geforderten Kundenwunsch: Dieser möchte jederzeit überprüfen können, wo die Ware steckt. So lässt sich ganz bequem online in Erfahrung bringen, wo sich eine Sendung gerade befindet. Der Weg der Warensendung ist komplett nachvollziehbar, von der Abholung bei Ihnen bis zum Kunden. Für die Sendungsverfolgung stehen im Internet Webseiten bereit, auf denen man mit der Paket- oder Auftragsnummer alles genau nachlesen kann.

Sendungs-verfolgung

In Tabelle 6.14 finden Sie die Internet-Adressen der wichtigsten Logistik-unternehmen für die Online-Sendungsverfolgung.

Anbieter	Online-Sendungsverfolgung
DHL	`www.dhl.de/dhl?lang=de_DE&xmlFile=40315` oder `www.dhl.de/popup_application/popup_dhl_sendungsstatus.html` → PLZ und Packstück-/Referenznummer
DPD DELIS-track	`www.dpd.net/index.php?id=43727` → Paketscheinnummer (12- bzw. 14-stellig) oder Referenznummer
GLS Germany	`www.gls-germany.com/online/paketstatus.php3` → Paketnummern (die ersten 11 Paketscheinziffern)
Hermes Logistik	`privatpaketservice.hlg.de/wps/portal/SENDUNGSSTATUS` → Auftragsnummer
Illox	`www.illox.de` → Auftragsnummer
UPS	`www.ups.com/content/de/de/resources/check/index.html` → Kontroll- und/oder InfoNotice-Nummer

Tabelle 6.14: Internet-Adressen für die Online-Sendungsverfolgung

Tracking & Tracing

Die Ermittlung des aktuellen Versandstatus bezeichnet man als **Tracking**. Das **Tracing** beschreibt den gesamten Sendungsverlauf mit allen relevanten Ereignissen. Die Übergabe der Warensendung an jeden Beteiligten in der Logistikkette bis zur Ablieferung beim Kunden wird damit einfach nachvollziehbar. So weisen Sie gegenüber dem Kunden nach, an wen die Ware übergeben wurde. Hiermit können Sie auch Zustellungsfehler, Diebstahl und Schwund belegen.

Damit Ihr Kunde davon profitieren kann, brauchen Sie ihm nur in einer E-Mail die benötigte Paket- oder Auftragsnummer mitteilen. Am besten senden Sie ihm diese Daten, sobald die Ware Ihr Haus verlässt. Auf Ihren Webseiten und/oder in Ihrer Kundenmail bauen Sie den Link ein, wo der Kunde den Status mit der Nummer eigenständig prüfen kann. So ersparen Sie sich Rückfragen durch verunsicherte Kunden.

Paketlebenslauf:

DPD

Datum Uhrzeit	Depot Ort	Scannung Ausrolllisten-Nr.	Route	PLZ	Code
10.10.2005 17:47	186 ▷ Augsburg (D)	Einrollung	110	14195	
11.10.2005 00:29	10 Mörsdorf (D)	HUB-Durchlauf	110	14195	
11.10.2005 05:54	110 ▷ Berlin (D)	Eingang	110	14195	
11.10.2005 06:01	110 ▷ Berlin (D)	Ausrollung 0833 J ▷			
11.10.2005 13:27	110 ▷ Berlin (D)	Zustellung 46134 J ▷			40
11.10.2005 16:18	110 ▷ Berlin (D)	Info-Container POD available	Gescannt am: 11.10.2005 15:35		

Abbildung 6.57: Paketlebenslauf verfolgen mit DPD DELIStrack

Adress- bzw. Paketaufkleber drucken

Wenn Sie erst einmal ein paar Bestellungen pro Tag abwickeln, merken Sie schnell, wie lästig es ist, wenn Sie die **Versandetiketten** manuell erstellen müssen. Sie suchen zunächst aus den Bestelldaten die hoffentlich richtige Lieferadresse heraus und füllen von Hand die Etiketten aus. Dann fahren Sie die fertig adressierten Pakete zu Ihrem Paketservice. Alles in allem kostet das wahnsinnig viel Nerven, Zeit, Benzin und Kugelschreiberminen.

Versandetiketten erstellen

Eine komfortablere Lösung wäre dafür natürlich eine spezialisierte Versandsoftware. Von den Logistikunternehmen erhalten Sie für diese Aufgabe verschiedene Hilfsmittel, die sich aufteilen in bequeme Online-Tools und professionelle Software-Tools. Eine Vielzahl dieser Produkte ist sogar kostenlos nutzbar. Vor allem die Software-Tools richten sich an Händler mit größerem Versandvolumen. Neben der Hauptaufgabe, den Ausdruck der Versanddokumente bzw. Paketscheine, bieten viele dieser Programme noch einige Features mehr:

>> Auslesen der Lieferadressen automatisch aus der Warenwirtschaft

>> Speichern und Verwalten der Adressdaten von Kunden

>> Informieren der Logistikpartner über den bevorstehenden Abholtermin

>> Elektronische Übermittlung der Versanddaten an das Logistikunternehmen

>> Möglichkeit, Paketsendungen über das Internet zu verfolgen

Anbieter	Webseite
DHL Intraship (online)	Drucken Sie online die Kontaktdaten: Versandetiketten, Briefbögen, Formulare für Päckchen und Pakete mit *DHL*-Paketmarke. www.intraship.de https://www.dhl.de/olapl/dhlportal.do
DHL Easylog (Software)	Kostenpflichtiges Programm, mit dem Sie Versanddokumente erstellen. Warenwirtschaftssysteme lassen sich manuell, halb- oder vollautomatisch anbinden. Einsetzbar sind auch spezielle Adressetikettendrucker und elektronische Waagen. www.dhl.de/dhl?tab=1&skin=hi&check=yes& lang=de_DE&xmlFile=1225
DPD (online)	Im Depot erhalten Sie Paketscheine mit Ihrer vorgedruckten Absenderadresse. Oder Sie nutzen *DELISprint,* das praktische Tool, um Handelsrechnungen zu erstellen. Einfach das Online-Formular ausfüllen und gleich auf firmeneigenem Briefpapier ausdrucken. www.dpd.net/index.php?id=43840
eBay (online)	Klicken Sie in »Mein eBay« auf den Link »Versand vorbereiten«. Dort haben Sie drei Optionen zur Auswahl: Adressaufkleberdruck, Briefmarkendruck oder Abholauftrag. pages.ebay.de/versandcenter/versand/
GLS iPrint (online)	Mit *GLS iPrint* können registrierte Kunden Paketscheine über das Internet selbst ausdrucken und alle dazugehörigen Daten verwalten. www.gls-germany.com/iprint/
UPS Internet Shipping (online)	*UPS Internet Shipping* ermöglicht Ihnen, die Versanddokumente über PCs mit Internetzugang vorzubereiten. Es ist keine Kundennummer nötig, da Sendungen direkt über Kreditkarte abgerechnet werden. https://www.ups.com/uis/create?loc=de_DE
UPS WorldShip (Software)	Die Software *WorldShip* automatisiert Versandaufgaben, richtet sich aber nur an Großkunden. Sie verfolgen Sendungen, drucken Adressaufkleber bzw. Versanddokumente und übertragen elektronisch Ihre Versanddaten und Abholaufträge. www.ups.com/content/de/de/bussol/offering/ worldship/offering.html

Tabelle 6.15: Web-Applikationen und Software für Adressetikettendruck

Lieferlisten importieren

Im Zusammenhang mit einigen in Tabelle 6.15 aufgeführten Softwareprodukten ist auch die so genannte Polling-Funktion interessant. Aus der Warenwirtschaft oder dem verwendeten Verkäufertool heraus lässt sich normalerweise eine CSV- bzw. TXT-Datei mit Lieferadressen erstellen.

Diese Funktion müssen Sie meist nur einmal konfigurieren. Periodisch prüft die Versandsoftware, ob in einem bestimmten Verzeichnis eine neue Datei mit Adressen liegt. Wird eine Datei gefunden, startet je nach Wunsch ein manueller, halb- oder vollautomatischer Datenimport. Je mehr Waren Sie versenden, desto mehr eignet sich der vollautomatisierte Datenimport. Mit diesen exportierten Adresslisten erstellen Sie im **Seriendruck** alle benötigten Etiketten.

Die Softwareprodukte eignen sich für Online-Händler, die über 500 Pakete pro Jahr versenden. Für *WorldShip* von *UPS* sind sogar zehn Pakete pro Tag (ca. 2500 Pakete/Jahr) gefordert. Auf den nächsten Seiten zeigen wir Ihnen ein paar ganz unterschiedliche Lösungen, die sich auch für kleinere Händler eignen:

Software zur Versandabwicklung

>> *DHL Easylog* – M-Version, L-Version und XL-Version

>> *DPD DELISprint* – Softwarelösung der *DPD*-Zentrale

>> *UPS Internet Shipping* – Internet-Tool »Mein UPS«

Für welchen Logistikpartner Sie sich entscheiden, darf nicht allein vom Preis abhängen. Beziehen Sie Vor-Ort-Verfügbarkeit, Zielgruppe (Verbraucher oder Unternehmen), Service, Artikelgewicht und -maße in die Überlegungen mit ein. Ein paar grundlegende Entscheidungskriterien haben wir in Tabelle 6.16 zusammengetragen. Alle aufgeführten Preise gelten für Deutschland und beinhalten 19% Umsatzsteuer.

DHL		**DPD**		**UPS**	
Preise gültig seit 07/2006 (Preissenkung: ca. 5,5%)		Preise gültig seit 04/2007 (Preisanstieg: ca. 8,4%)		Preise gültig seit 01/2007 (Preisanstieg: ca. 2,5%)	
bis 2 kg	3,90 €	bis 2 kg	5,12 €	bis 4 kg	5,70 €
3 – 10 kg	6,90 €	3 – 4 kg	6,31 €	5 – 7 kg	6,80 €
10 – 20 kg	9,90 €	5 – 6 kg	7,50 €	8 – 11 kg	7,90 €
21 – 31,5 kg	13,90 €	7 – 8 kg	8,45 €	12 – 14 kg	10,45 €
		19 – 20 kg	14,64 €	16 – 20 kg	12,65 €
Gewicht max. 31,5 kg		Gewicht max. 31,5 kg		Gewicht max. 70,0 kg	
Länge max. 1,20 m		Länge max. 1,75 m		Länge max. 2,70 m	
Gurtmaß [a] max. 2,40 m		Gurtmaß max. 3,00 m		Gurtmaß max. 3,30 m	
Post-Filialen ca. 13.000		Paket-Shops ca. 800		Versandstellen ca. 110	
Haftungsgrenze 520 €		Haftungsgrenze 520 €		Haftungsgrenze 510 €	
Abholung ab 6,90 €		Abholung 0,00 €		Abholung 6,95 €/Woche	
Regellaufzeit 1 – 2 Tage		Regellaufzeit 1 – 2 Tage		Regellaufzeit 1 – 2 Tage	
+ flächendeckend		+ Abholservice		+ sehr professionell	
+ Packstation für Kunden		+ einfache Software		+ gute Versandsoftware	
+ billige Päckchen (2 kg)		+ preiswert bei 3 – 4 kg		– Privatkundenzustellung	

Tabelle 6.16: Vergleich der Logistikunternehmen DHL, DPD und UPS

a. **Gurtmaß** = Umfang + längste Länge.

Mautkosten

Seit Beginn 2005 ist das Autobahn-**Mautgesetz** für schwere Nutzfahrzeuge (**ABMG**) in Kraft. In ganz erheblichem Maße betrifft dies die Logistiker. Sie zahlen pro gefahrenen Autobahnkilometer die so genannte **LKW-Maut**. Bei *DPD* verlangt man einen Mautsatz für Pakete (bisher: 15 ct.) und ParcelLetter (bisher: 2 ct.). Auch *UPS* erhebt seit Inkrafttreten der LKW-Maut für nationale und internationale Standardpakete einen Zuschlag in Höhe (bisher: 8 ct.).

Kraftstoffkosten

Zusätzlich verlangen seit Ende 2005 *DPD* und *UPS* wegen der hohen Kraftstoffpreise einen indexbasierten **Diesel-** bzw. **Treibstoffzuschlag**, der jeden Monat neu angepasst wird. *DPD* schlägt den Dieselzuschlag auf den bezahlten Transportbetrag. Der Zuschlag bei *UPS Deutschland* gilt für alle nationalen und internationalen Versandtarife (Stand 08/2007: 10,5 %, Ausnahme *UPS Standard*: 10 ct. zzgl 19% USt.) sowie für besondere Dienste: einmalige Abholung, Zustellung und Abholung in Außengebieten sowie Zustellung am Samstag und zu Privatadressen.

WWW ......

www.ups.com/content/de/de/shipping/cost/zones/
UPS Deutschland *(Tariftabellen und Versandtarife für Sendungen)*

Tipp ......

Praxis-Tipp: Mit DHL Paketmarken *Kosten senken*

Bestellen Sie Briefmarken und DHL Paketmarken *über das Internet unter* www.efiliale.de, *dem Online-Shop der Deutschen Post. Sie erhalten Ihre Bestellung portofrei zugestellt. Es lohnt sich natürlich erst, wenn Sie Paketmarken mit 3, 10, 50, 100 oder 200 Stück pro Packung kaufen.*

Versandabwicklung mit DHL Easylog

Verschiedene Versionen

Für das Versandlogistiksystem *DHL Easylog* gibt es drei verschiedene Versionen. Je nach Ihrem Versandaufkommen können Sie sich entscheiden zwischen L-Version und XL-Version. Die Miniversion (M-Version) mit eingeschränkter Nutzung wird nicht mehr angeboten. In der L-Version generieren Sie Barcodes und erstellen Versandunterlagen; die XL-Version ist zudem netzwerkfähig. Sowohl die L- als auch die XL-Version sind kostenpflichtig. Zum Vorabtest steht eine Download-Version bereit.

Die Programminstallation ist bei beiden Versionen gleich. Sie erledigen mit dem Stammdaten-Assistenten schrittweise die Grundeinstellung des Systems. Seine wichtigsten Aufgaben sind: Stammdatenverwaltung öffnen, Systemdatenimport durchführen und Absenderadresse anlegen. Auch Ihre Bankdaten können Sie bei Ihrer Absenderadresse abspeichern, wählen Sie dazu den Menüpunkt »Finanzinstitute« im linken Listenbereich aus. Je nach Bedarf tragen Sie optional noch Kostenstellen ein und legen sogar verschiedene Absenderadressen an. Die benötigten Empfängeradressen erfassen Sie entweder automatisch über die Import- bzw. Polling-Funktion oder manuell über den Menüpunkt »Empfängeradressen« im linken Listenbereich.

Die **Polling**-Funktion in *DHL Easylog* ermöglicht es Ihnen, Daten aus Ihrem Warenwirtschaftssystem einzulesen und zu verarbeiten. Hierfür benötigen Sie ein fest vorgegebenes Verzeichnis. In diesem Verzeichnis sucht die Polling-Funktion nach neuen Versanddaten. Als Datenquellen eignen sich wie üblich **ASCII**-, *Excel-*, *dBase-*, *Paradox-*, *Access-* und *PC-Kaufmann-* Dateien. Oder Sie greifen auf eine installierte **ODBC**-Datenbank zu.

Polling mit DHL Easylog

Für die Polling-Konfiguration wählen Sie den Menüeintrag »System > Pollingeinstellungen«. Im Bereich »Aktuelle Konfiguration« klicken Sie auf den rechts verfügbaren Button. Daraufhin öffnet sich entweder eine Liste mit bereits angelegten Polling-Funktionen oder Sie definieren hier kontextsensitiv mit der rechten Maustaste eine neue Polling-Funktion.

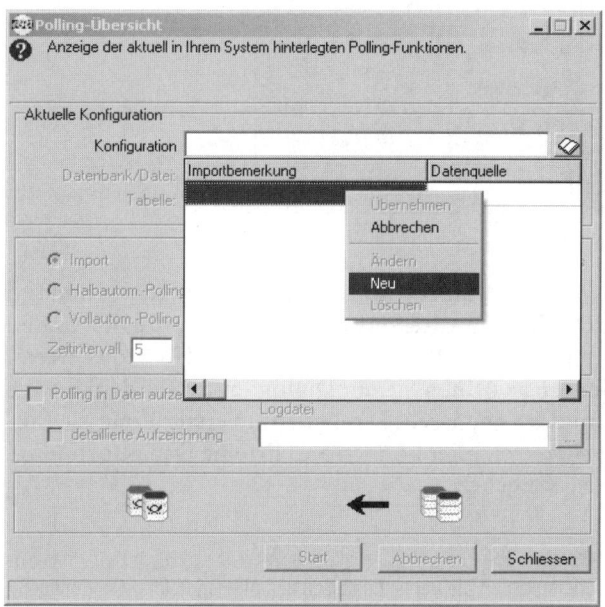

Abbildung 6.58: Polling-Funktion für Import der Lieferadressen

Jetzt richten Sie noch den Speicherort der Quelldatei ein (Tabellenname) und geben das Format der externen Datenquelle an. Anschließend ordnen Sie aus Ihrer Quelldatei per **Drag&Drop** den entsprechenden Zieldatenfeldern auf der linken Seite alle benötigten Datenfelder zu.

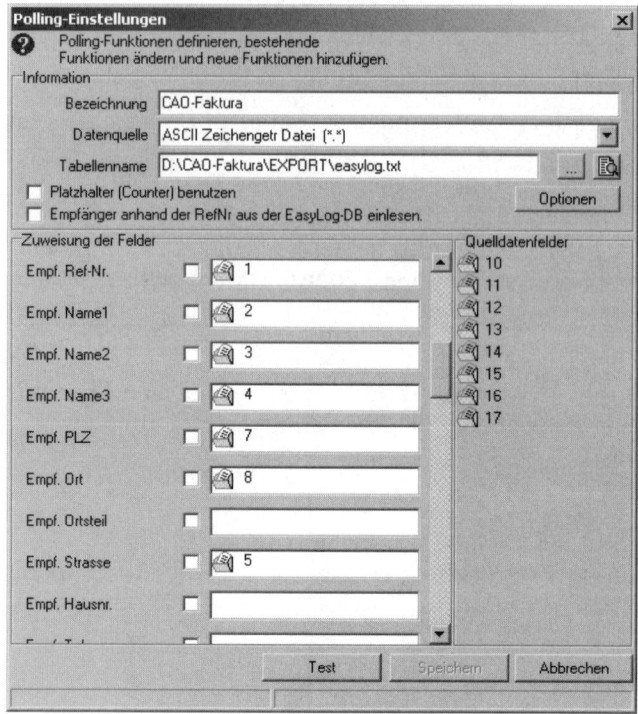

Abbildung 6.59: Datenquelle für automatisches Polling einfügen

Lieferadressen importieren

Starten Sie nun manuell mit dem »Start«-Button oder automatisch anhand eines einstellbaren **Zeitintervalls** den Adressimport. Die Lieferadressen finden Sie dann im Menü »Daten > offene Polling-Sendungen«. Über das Menü »System > Formulareinrichtung« öffnen Sie ein Dialogfenster, in dem Sie die Einstellungen für Ihre Formulare anpassen. Das betrifft in erster Linie die **Einlieferungsliste** und **Aufschriftzettel**. Hier können Sie einzelne Druckformulare bearbeiten und sperren oder freigeben.

Modus	Beschreibung
Halbautomatisch	Die Software importiert die Versanddaten zu den offenen Polling-Sendungen, welche Sie dann selbst auf Gültigkeit prüfen. Dazu rufen Sie die Liste auf, entweder über das Feld »Sendungs Ref-Nr.« aus der Sendungserfassung oder über den Menüpunkt »Datei > offene Polling-Sendungen«. + Während des Imports ist die Software weiterhin nutzbar.
Vollautomatisch	Beim Import erzeugt die Software automatisch die Sendungsdaten und prüft dabei die Datensätze auf Gültigkeit. Alle fehlerhaften Sendungsdaten finden Sie in den offenen Polling-Sendungen. Für die korrekten Sendungen erstellt das System einen Aufschriftzettel. Parallel übernimmt die Software die Sendungen in einen offenen Auftrag zur Paketbeförderung. Wenn die Software einmal richtig eingestellt ist, brauchen Sie keine Eingaben mehr vornehmen. – Während des Imports ist die Software komplett gesperrt.

Tabelle 6.17: Zwei Arten der Sendungsverarbeitung in DHL Easylog

Im Dialogfenster »Daten > Auftrag zur Paketbeförderung« finden Sie alle importierten Sendungen. Genauer gesagt, Sie sehen sämtliche offenen und auch erledigten Sendungen eines Kunden. Für den Versand müssen Sie die offenen Aufträge zur Paketbeförderung jetzt nur noch abschließen. Durch den Abschluss werden die Dokumente für den Versand ausgedruckt und die Aufträge mit dem Status »Abgeschlossen« archiviert.

Paketversand vorbereiten

Praxis-Tipp: Mit CAO eine TXT-Datei mit Lieferadressen erstellen

Tipp ......

Möchten Sie neben CAO-Faktura für den Versand DHL Easylog verwenden, dann sind noch ein paar Anpassungen in CAO-Faktura erforderlich. Den Belegexport von Lieferscheinen, Rechnungen bzw. Gutschriften konfigurieren Sie bei »Einstellungen/Shop-Einstellungen > Belege > Beleg-Export« (Modul M-BelegExport). Dort wählen Sie das Modul »Post« aus und klicken auf »Export Einstellungen«. In Abbildung 6.60 sehen Sie eine beispielhafte Konfiguration für den Export Ihrer Lieferscheine.

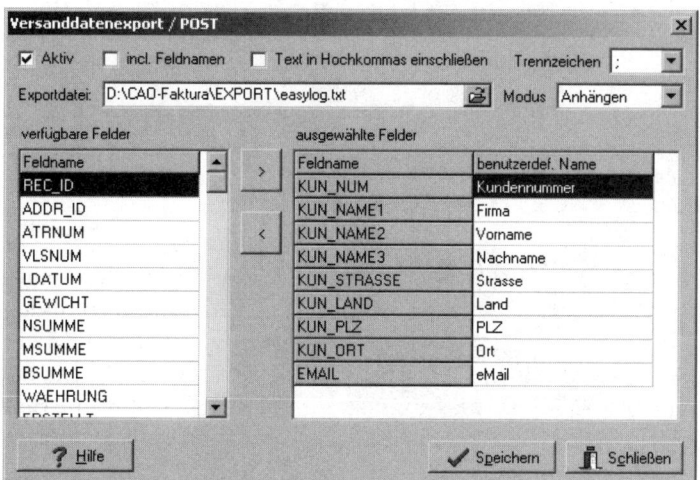

Abbildung 6.60: Versanddaten für DHL mit CAO-Faktura exportieren

Damit der Export einwandfrei abläuft, muss künftig bei den Bestellvorgängen die Lieferart »Post« verwendet werden. Das stellen Sie auf der Seite »Allgemein« im Auswahlfeld »Versand« ein. Betätigen Sie den Button »Lieferschein erstellen« in CAO-Faktura, bevor Sie in der Seite »Fertigstellen« auf »Speichern und buchen« klicken. Das sich öffnende Popup-Fenster schließen Sie gleich wieder, außer Sie möchten den Lieferschein ausdrucken. Durch den Lieferschein-Druck schreibt die Software die Lieferadresse des Kunden in die Datei easylog.txt. Wichtig: Aktivieren Sie den Modus »Anhängen«, sonst ist nur die letzte Lieferadresse in die Datei geschrieben worden.

www.dhl.de/dhl?skin=hi&check=yes&lang=de_DE&xmlFile=3000647
DHL Express Vertriebs GmbH & Co. OHG *(Download der Demoversion)*

DPD DELISprint – Paketschein-Druckprogramm

Von der *DPD Zentrale* erhalten Sie das Paketschein-Druckprogramm *DELISprint*. Es ist jedoch möglich, dass Ihr zuständiges *DPD*-Depot eine eigene Software anbietet. Kontaktieren Sie daher unbedingt zunächst den verantwortlichen Mitarbeiter, der Ihnen genau erklären kann, worin die Unterschiede bestehen. Damit Sie sich ein Bild machen können, zeigen wir Ihnen kurz die Lösung der Zentrale.

DELISprint installieren

Bevor Sie mit dem Druck der ersten Paketscheine beginnen, benötigt die Software nach der Installation die richtige Druckerkonfiguration. Damit Sie bestehende Adressdaten in *DELISprint* übernehmen können, öffnen Sie die Adressverwaltung über »Stammdaten > Adressen…«. Hier lesen Sie Adressdatensätze ein, indem Sie in der Navigationsleiste auf den Button »Importieren…« klicken. Dadurch öffnet sich das Dialogfenster »Paketdruckaufträge/ Adressen importieren«.

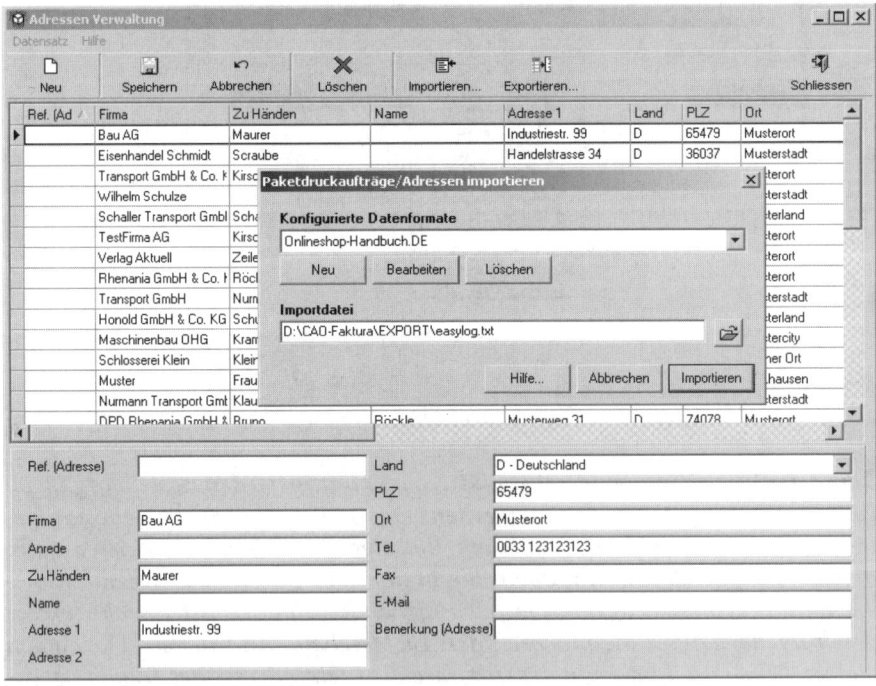

Abbildung 6.61: Adresslisten importieren in DPD DELISprint

Im Dropdown-Feld »Konfigurierte Datenformate« wählen Sie das benötigte Datenformat aus. Der Standard enthält alle Datenfelder. Mit dem Button »Neu« können Sie auch ein eigenes Adressformat erstellen, angepasst an Ihre Warenwirtschafts- bzw. Online-Shop-Software. Bevor Sie die **Importdatei** einlesen, wird eine Plausibilitätsprüfung durchgeführt. Die Übernahme der Adressdaten findet erst statt, wenn alle Datensätze der Formatbeschreibung in Tabelle 6.18 entsprechen. Anhand des Übernahmeprotokolls korrigieren Sie fehlerhafte Datensätze.

Adressformat anpassen

Nr.	Feld	Länge	Format	Bemerkung
1	Referenz	20	alphanumerisch	optional
2	Firma	40	alphanumerisch	Pflicht, wenn Nachname leer
3	Anrede	40	alphanumerisch	optional
4	Zu Händen	40	alphanumerisch	optional
5	Nachname	40	alphanumerisch	Pflicht, wenn Firma leer
6	Adresse 1	40	alphanumerisch	Pflicht
7	Adresse 2	40	alphanumerisch	optional
8	Länderkürzel	10	Routen-Tabelle	Pflicht
9	PLZ	10	alphanumerisch	Pflicht
10	Ort	40	alphanumerisch	Pflicht
11	Telefon	25	numerisch	optional
12	Fax	25	numerisch	optional
13	E-Mail	40	alphanumerisch	optional
14	Kommentar	60	alphanumerisch	optional

Tabelle 6.18: Struktur der Importdatei für Adressen

Die Produktdatei und die **Routen-Tabelle** benötigen Sie, damit Sie als Berechnungsgrundlage immer die aktuellen Transportwege, Preise und Leistungsangebote für die Paketbeförderung nutzen. Das Versanddepot stellt Ihnen alle Dateien als manuelles oder automatisches Update bereit. Die Daten tauschen Sie mindestens alle vier Monate aus.

DELISprint updaten

Praxis-Tipp: Zyklischer Schnittstellenimport bei DELISprint

Tipp . . . . . .

Auch diese Software nutzt eine periodische Importfunktion aus einem festgelegten Verzeichnis Ihrer Paketdruckaufträge. Gemäß dem konfigurierbaren Zeitintervall liest die Software zyklisch die Daten ein. Dazu gibt es, wie auch in Easylog, zwei Modi:

– *Halbautomatisch: Liest periodisch Paketscheindruckaufträge ein und zeigt diese im Hauptfenster DELISprint an, druckt jedoch keine Paketscheine.*

– *Vollautomatisch: Liest periodisch Paketscheindruckaufträge ein, zeigt diese im Hauptfenster DELISprint an und druckt sofort die Paketscheine.*

Diese Einstellung aktivieren Sie im Menüpunkt »Konfiguration« und dann unter »Konfiguration... > Zyklischer Schnittstellen Import«.

Datentransfer
freischalten

Hat der Datenimport geklappt, drucken Sie die erfassten, aber noch nicht gedruckten Paketscheine aus. Entsprechend der Versandart vergibt die Software jetzt die Paketscheinnummern.

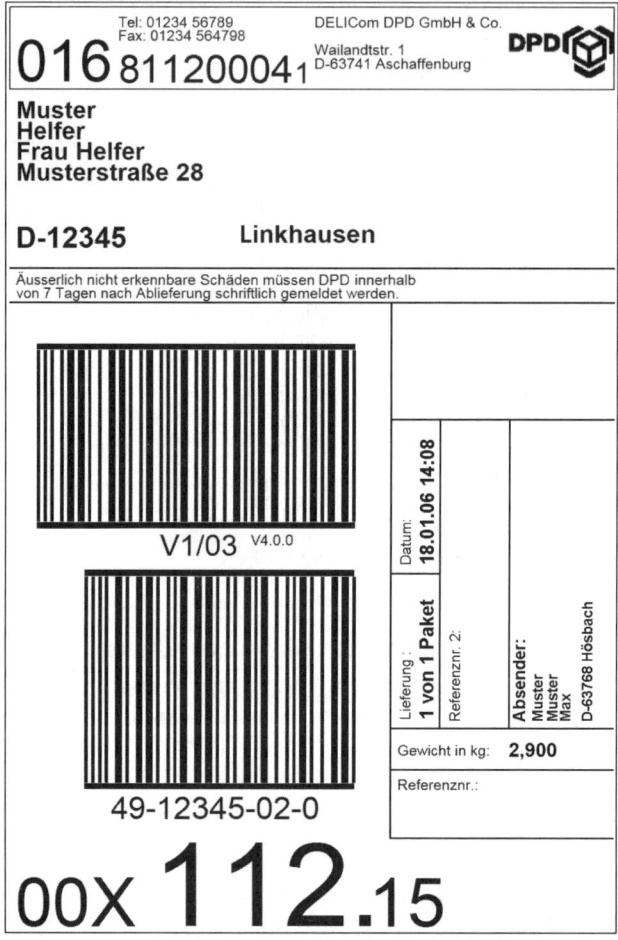

Abbildung 6.62: Mit DELISprint ausgedruckter Paketschein

Mit einem seit *DELISprint*-Version 3.0 integrierten Service lassen sich erfasste Paketdaten auch online zu *DPD* übertragen. Ihr zuständiger PC-Arbeitsplatz benötigt hierfür natürlich einen Internet-Zugang. Zudem müssen Sie Ihre Benutzerkennung für die Datenübertragung freischalten lassen. Beim lokalen Versanddepot beantragen Sie dafür die erforderliche Erweiterung Ihres *DPD Online Services*.

Praxis-Tipp: Barcode-System und Paketscheinnummern umstellen

August 2006 hat DPD das neue Barcode-System eingeführt. Die bisherigen **Barcodes** *ersetzt das Unternehmen durch international standardisierte Barcodes im Format* **Code 128.** *Der neue Barcode verbindet Paketnummer und Routing miteinander und ersetzt die beiden getrennten Barcodes durch einen einheitlichen. Alle DELISprint-Kunden erhalten hierzu ein Software-Update.*

Kunden, die Paketscheine mit eigenen Programmen erstellen und auch die Zielinformationen selbst aufbringen, müssen ihr Drucksystem anpassen. Für die Kunden, die ausschließlich vorgedruckte Paketscheine verwenden, ändert sich nichts. Für sie werden bereits Paketaufkleber mit dem neuen Barcode und der neuen 14-stelligen Paketscheinnummer erstellt.

Verschiedene UPS-Softwareprogramme und Online-Tools

Bei *UPS* gibt es für jede Größenordnung und jedes Versandvolumen die richtige Lösung:

>> **UPS Internet-Versand** (»Mein UPS«)

Dieses Online-Tool unterstützt Sie bei folgenden Aufgaben: Versandtarif schätzen, Selbstanlieferstelle suchen, Adressbuch pflegen, Versand vorbereiten und Sendung verfolgen. Alles, was Sie dazu brauchen, ist eine Kundennummer oder eine Kreditkarte.

>> **UPS CampusShip** (Filialkonzept)

Diese webbasierte Lösung ermöglicht mehreren Mitarbeitern den Warenversand und andere versandbezogene Aufgaben von jedem Computer mit Internet-Zugang aus, also dezentral. Sie behalten an zentraler Stelle die Kontrolle über alle Versandaktivitäten, Optionen und Kosten.

>> **UPS WorldShip** (ab etwa 50 Paketen pro Woche)

Diese PC-basierte Versandlösung eignet sich für höchste Ansprüche. Automatisiert tauschen Sie direkt mit dem Unternehmenssystem Ihre Versand- und Auftragseingangsdaten aus. Die Software bearbeitet alle Sendungen und übermittelt elektronisch die täglichen Versanddaten.

>> **UPS OnLine Tools** (Webseiten-Funktionalität ausbauen mit **API**)

Integrieren Sie die angebotenen Funktionen mit Hilfe von APIs direkt in Ihre Webseiten. Mit diesen Tools können Sie Sendungen verfolgen, Adressen validieren, voraussichtliche Laufzeiten abrufen sowie Tarife und Servicearten auswählen.

WWW .....
www.ups.com/content/de/de/bussol/offering/technology/
automated_shipping.html
UPS Deutschland *(Internetversand,* CampusShip, WorldShip *und API)*

Für den Versand per *UPS* über Internet-Shipping melden Sie sich bequem
online an. Wenn Sie über eine Kundennummer verfügen, tragen Sie diese im
Anschluss gleich online unter »Mein UPS« ein. Dann können Sie sich auch
sofort die HTML- und XML-OnlineTools herunterladen.

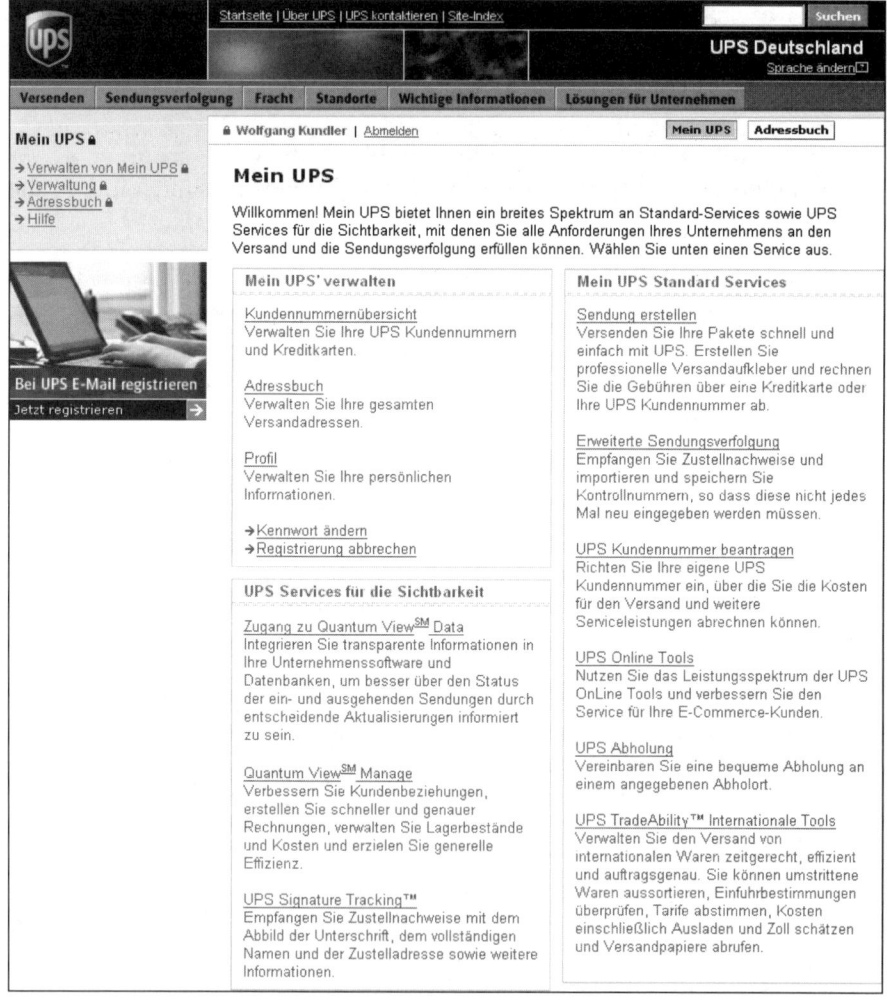

Abbildung 6.63: UPS-Internet-Versand (»Mein UPS«) nach dem Login

Mit den kostenlosen *UPS-OnLine*-Tools schöpfen Sie alle Vorteile des eCommerce aus. Die Tools bieten Ihnen vielfältige Optionen, mit denen Sie Ihren Online-Shop anpassen können. Die Vorteile für Ihre Kunden sind im Einzelnen: Kundendienst verbessern, Webfunktionalität hinzufügen, Kosten senken, Vertrauen aufbauen, Besuchszeiten auf Ihrer Website erhöhen.

OnLine-Tools in Webseiten integrieren

Folgende Aufgaben lassen sich realisieren:

>> Tracking: Liefert Ihren Kunden den aktuellen Versandstatus.

>> Signature Tracking: Sie erhalten Abbildungen der Unterschriften.

>> Rates & Service Selection: Serviceleistungen einsehen und auswählen.

>> Time in Transit: Laufzeiten der Versandarten vergleichen.

>> U.S. Address Validation: Prüft eingegebene US-Kundenadressen.

>> Shipping: Ihre Mitarbeiter bearbeiten webbasiert den Versand.

>> Quantum View: Sendungen verfolgen.

>> TradeAbility Web Services: Internationale Warenbewegung verwalten.

7

Online-Recht

KAPITEL 7
Online-Recht

Recht im Internet

In diesem Kapitel erhalten Sie natürlich keine Rechtsberatung. Wir haben hier für Sie lediglich die wichtigsten Gesetze und Vorschriften zusammengestellt, so dass Sie einen Einblick in das Thema »Online-Recht« erhalten. Unser Ziel ist es, Ihnen ein grundsätzliches Rechtsverständnis im Umgang mit dem Online-Handel zu vermitteln.

Wir befassen uns mit vor- und nachvertraglichen Informationspflichten, auch solchen, die speziell im Online-Handel und bei *eBay* gelten. Des Weiteren geht es um die allgemeinen Vertragsbedingungen. Hauptsächlich umfasst dieser Bereich die AGB, Preisangabenverordnung und die Belehrung zum Widerrufs- oder Rückgaberecht. Darüber hinaus geht es um den oft vernachlässigten Datenschutz und um die ebenso wichtige Signatur.

Was immer man zu diesem Thema sagt, kann leider schnell überholt sein, da sich das Online-Recht ständig wandelt. Daher unser Appell: Halten Sie sich stets über neue Gesetze in diesem Bereich auf dem Laufenden!

Abschließend möchten wir Sie schon im Vorfeld darauf hinweisen, dass dieses Kapitel leider keine vergnügliche Lektüre sein wird. Wir haben zwar versucht, verständlich zu schreiben, mussten uns jedoch oft für die rechtsverbindliche Formulierung entscheiden.

WWW . . . . . www.it-recht-kanzlei.de

IT-Recht Kanzlei *(Beim Überarbeiten dieses Kapitels stand uns Rechtsanwalt Max-Lion Keller mit Rat und Tat zur Seite.)*

7.1   Recht im Internet

Häufige Fehler im Online-Handel

In der Studie über die »Top 10 der häufigsten Fehler von Online-Händlern« hat das Unternehmen *Trusted Shops* bisher fast 1.000 Online-Shops untersucht. Immer noch vergessen viele Online-Händler die Folgen, die es haben kann, wenn sie gesetzliche Vorgaben nicht beachten. Zu diesen Folgen gehören z.B. verlängerte Rückgabemöglichkeiten für Produkte oder Abmahnungen durch Verbände. Folgende wesentliche Fehler wurden in dieser Studie festgestellt:

>> Unvollständige Anbieterkennzeichnung bzw. Web-Impressum oder missverständliche Verweise, z.B. steht statt der E-Mail-Adresse im Impressum der ungenügende Verweis zum Kontaktformular.

>> Die Angaben in vorvertraglichen und nachvertraglichen Informationen sind unzureichend, z B. fehlender Link zu den Versandkosten.

>> Die Hinweise zum Thema Datenschutz sind unzureichend oder es fehlt eine separate Datenschutzerklärung.

>> Fehlender Hinweis oder zweifelhafte Verweise zur Einsicht in den Vertragstext und offensichtlich unzulässige Klauseln in den AGB, z.B. unzulässige **salvatorische Klausel**.

>> Es gibt unzulässige Einzelheiten oder Ausschlüsse sowie Einschränkungen des Widerrufsrechts. Einige Shops hatten im Verlauf der Bestellung nicht auf das Widerrufsrecht hingewiesen.

Tipp . . . . . .

Praxis-Tipp: Erstellen Sie getrennte Webseiten zur Kundeninformation

Für eine übersichtliche und einfache Gestaltung im Sinne der Kunden sollten Sie alle geforderten Informationen nicht nur auf einer einzigen Seite oder in die AGB quetschen. Besser ist es, wenn Sie die Informationen getrennt speichern. Von jeder Seite aus erreichbar verweisen Sie detailliert auf die einzelnen Angaben: Impressum, Datenschutz, AGB und Versandkosten. Geben Sie auch ergänzende Erläuterungen und Hilfen über den technischen Verlauf bei der Bestellung, z.B. Zahlungsarten und deren Funktionsweise vorstellen.

Wir bieten keine Rechtsberatung!

Das Kapitel über Online-Recht soll Ihnen einen Überblick über die gesetzlichen Anforderungen geben und als erste Orientierungshilfe dienen. Wir und der Verlag erheben keinerlei Anspruch auf Vollständigkeit oder Richtigkeit der Angaben. Genauso wenig können wir Ihnen Aktualität gewährleisten.

Außerdem können bzw. wollen wir eine rechtliche Beratung im Einzelfall nicht ersetzen. Lassen Sie sich bei speziellen Fragen oder spezifischen Problemen immer von einem Rechtsanwalt beraten. Hierbei bietet sich insbesondere ein Fachanwalt für Telekommunikationsrecht, der neuen Medien sowie Urheber- oder Verlagsrecht an. Im Internet gibt es zahlreiche Möglichkeiten, über die Sie entsprechende Fachanwälte in Ihrer Nähe finden können, z.B. unter www.anwalt24.de.

www.bmwi.de/BMWi/Navigation/Service/gesetze.html
Bundesministerium für Wirtschaft und Technologie *(Gesetze von A bis Z)*

WWW . . . . .

7.1.1 Informationspflichten im Internet

Ausgangspunkt jedes Internet-Auftritts ist die Anbieterkennzeichnung. Diese benötigt jeder Homepage- oder Online-Shop-Betreiber, der Waren, Dienstleistungen oder sonstige Informationen anbietet. Die Kunden können damit den Anbieter besser identifizieren und gleichzeitig erhöht es das Vertrauen des Nutzers – gerade wenn die Kunden gewerbliche Internet-Angebote in Anspruch nehmen. Die Anbieterkennzeichnung enthält alle Angaben, die für eine schnelle Kontaktaufnahme und zur unmittelbaren Kommunikation erforderlich sind. Die Anbieterkennzeichnung umfasst verschiedene Pflichten:

>> Allgemeine Informationspflichten

>> Besondere Informationspflichten

>> Informationspflichten vor Vertragsschluss

>> Informationspflichten über Vertragserfüllung

>> Spezielle Informationspflichten im Online-Handel

Allgemeine und besondere Informationspflichten

Immer wieder erfolgten in der Vergangenheit wettbewerbsrechtliche Abmahnungen gegenüber gewerblichen Anbietern im Internet. Die Begründung ist häufig, dass die Internetpräsenz gar kein oder nur ein unvollständiges Impressum enthält. Dies ist Anlass genug, um an dieser Stelle noch einmal darauf hinzuweisen, dass auf geschäftsmäßigen Websites zwingend ein Impressum aufzunehmen ist (§ 5 des Telemediengesetzes).

Allgemeine Informations- pflichten

Die Rechtslage ist nicht eindeutig festgelegt. So gelten als **geschäftsmäßig** auch allgemein meinungsbildende Portale und sogar private Websites. Eine Homepage wird immer dann als geschäftsmäßig eingestuft, sobald diese Werbebanner, Angebote von Partnerprogrammen (Affiliates), spezielle Tarifrechner oder sonstige Werbung (z.B. für andere Vereine) beinhaltet. Nicht dazu gehören reine Visitenkarten oder private Websites ohne jegliche Werbung für Dritte.

Jeder Gewerbetreibende hat im Internet bestimmte Informationen im **Impressum** zu hinterlegen. Das Impressum muss die drei folgenden Merkmale aufweisen: leicht erkennbar, unmittelbar zugänglich und ständig verfügbar. Damit sollen einheitliche Rahmenbedingungen und Pflichten für alle elektronischen Informations- und Kommunikationsdienste gelten, die folgende **allgemeine Informationspflichten** beinhalten:

>> Der Anbieter hat seinen kompletten Namen bzw. die vollständige Firmenbezeichnung inklusive Rechtsformzusatz anzugeben. Zudem müssen die Straße, Hausnummer, Postleitzahl und Ort angegeben werden. Die Angabe eines Postfachs genügt dabei nicht.

>> Zudem hat der Anbieter eine schnelle Kontaktaufnahme zu ermöglichen. Die Gesetzesbegründung versteht darunter insbesondere die Angabe der Telefonnummer, Faxnummer und E-Mail-Adresse.

>> Gegebenenfalls ist die Angabe der Aufsichtsbehörde nötig, falls der angebotene Teledienst eine behördliche Zulassung erfordert.

>> Bei juristischen Personen ist auf eine korrekte Firmierung zu achten.

>> Handelt es sich beim Anbieter um eine juristische Person, Personengesellschaft oder einen sonstigen Personenzusammenschluss, ist zwingend die Angabe der Vertretungsberechtigten erforderlich.

>> Gegebenenfalls ist es bei eingetragenen Firmen nötig, die Angaben über Handels-, Vereins-, Genossenschafts- oder Partnerschaftsregister mit entsprechender Registernummer zu hinterlegen.

>> Gegebenenfalls ist es bei speziellen Berufsgruppen nötig, folgende Angaben zu machen: Berufskammer, Berufsbezeichnung und Staat, in dem die Berufsbezeichnung verliehen wurde, Bezeichnung der berufsrechtlichen Regelungen und der Zugänglichkeit zu diesen.

>> Wenn Sie eine Umsatzsteuer-Identifikationsnummer besitzen, ist deren Angabe erforderlich.

Bitte beachten Sie dies, sonst drohen einige Tausend Euro Strafe! Dieser Betrag schwebt wie ein Damoklesschwert über den Köpfen von Unternehmern. Gefährdet sind Firmen, die ihre geschäftliche Korrespondenz noch immer unzureichend oder etwa gar nicht mit den erforderlichen Pflichtangaben versehen. Die Angaben sind bei Geschäftsbriefen schon längst vorgeschrieben. Nun wurde Anfang 2007 Jahresbeginn gesetzlich klargestellt, dass auch in E-Mails (und bei Fax) bestimmte Angaben zur jeweiligen Rechtsform nicht fehlen dürfen. Um allen Handels- bzw. Gewerbetreibenden eine korrekte Kennzeichnung ihrer Korrespondenz zu ermöglichen, bietet die *IT-Recht-Kanzlei* einen kostenlosen Pflichtangaben-Assistenten an. Mit diesem erstellen Sie die geforderten Angaben je nach Rechtsform bequem online.

bundesrecht.juris.de/tmg/
Bundesministerium der Justiz *(Gesetz für alle elektronischen IuK-Dienste)*

WWW . . . . .

www.digi-info.de/de/netlaw/webimpressum/
digitale informationssysteme gmbh *(Webimpressums-Assistent)*

www.it-recht-kanzlei.de/?id=generator
IT-Recht-Kanzlei *(E-Mail-Pflichtangaben- und Webimpressums-Assistent)*

Darüber hinaus gibt es **besondere Informationspflichten** für kommerzielle Internetseiten. Natürlich fällt darunter auch der geschäftsmäßig betriebene Online-Handel. Deutlich sichtbar anzeigen müssen Sie die Kontakt- und Kommunikationsmöglichkeiten. Falls nicht ohnehin schon vorhanden, fügen Sie dazu in Ihrem Navigationsmenü einen Link »**Kontakt**« oder auch »**Impressum**« ein. Darunter darf nicht nur die **Geschäfts-** oder **Firmenbezeichnung** stehen, vielmehr muss auch die natürliche oder juristische Person eindeutig identifizierbar sein, unter dessen Namen die Handlungen erfolgen. Außerdem müssen Sie Angebote, die der Verkaufsförderung dienen, eindeutig als **Preisnachlass**, **Zugabe** oder **Geschenk** kenntlich machen. Das gilt ebenso für **Gewinnspiele** oder **Preisausschreiben** mit werbendem Charakter. Bei solchen Angeboten haben Sie zudem die Teilnahmebedingungen leicht zugänglich sowie klar und eindeutig zu hinterlegen.

Besondere Informationspflichten

Um dem Gebot der leichten Zugänglichkeit gerecht zu werden, fügen Sie auf allen Webseiten einen Link ein. Hauptsächlich betrifft dies den Verweis zu »**Impressum**« oder »**Kontakt**« (alternativ »**Wir über uns**«). Bei Unterlassung oder Nichtbeachtung dieser Vorgaben drohen Bußgelder bis zu 50.000 €. Es kann auch zu kostenpflichtigen Abmahnungen kommen, bei denen noch die Kosten des abmahnenden Rechtsanwaltes drohen. Deshalb empfehlen wir Ihnen gleich zu Beginn: Kümmern Sie sich um diese wichtigen Pflichten zur Anbieterkennzeichnung! In Abbildung 7.1 sehen Sie ein Beispiel, wie das in der Praxis aussehen kann. Prüfen Sie genau, welche notwendigen Angaben für Ihr Unternehmen nötig sind. Im Zweifelsfall schreiben Sie lieber zu viel als zu wenig.

Wann drohen Abmahnungen und Bußgelder?

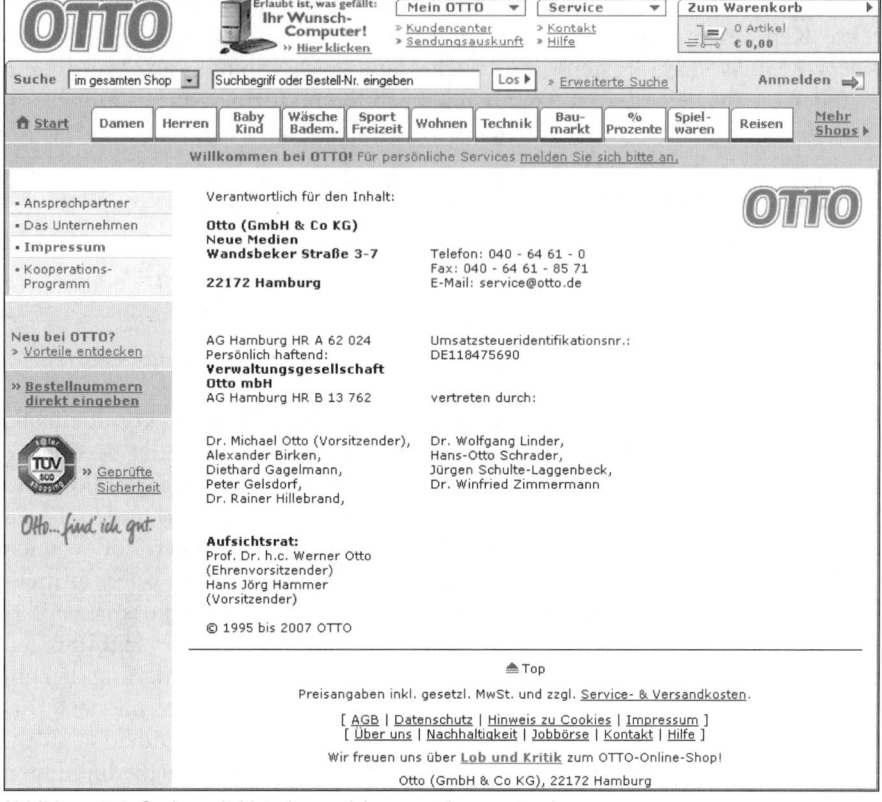

Abbildung 7.1: Saubere Anbieterkennzeichnung auf www.otto.de

Informationspflichten vor Vertragsschluss

Wie kommt der Vertragsschluss zustande?

Neben diesen allgemeinen und besonderen Informationspflichten bestehen weitere Informationspflichten speziell bei Fernabsatzverträgen und im elektronischen Geschäftsverkehr (Internet). Ein **Vertragsschluss** erfolgt nach dem deutschen Recht durch übereinstimmendes **Angebot** und **Annahme**. Dabei stellt die in Ihrem Online-Shop präsentierte Werbung noch kein Angebot dar, sondern lediglich eine so genannte »invitatio ad offerendum« – Sie fordern quasi Ihre Kunden auf, ein Angebot abzugeben. Dieses Angebot gibt der Kunde dann durch seine Bestellung ab. Das muss wiederum von Ihnen als Händler angenommen werden. Möglich ist dabei eine ausdrückliche Annahme, z.B. per E-Mail oder durch schlüssiges Verhalten Ihrerseits. Das kann die Lieferung der Ware, die Erbringung einer Leistung oder eine entsprechende Vorbereitungshandlung sein.

Tipp . . . . . .

Praxis-Tipp: Schutz von Minderjährigen

*Achten Sie beim Vertragsschluss mit einem **Minderjährigen** (unter 18 Jahren) darauf, dass der Vertrag nach deutschem Recht nur wirksam ist, wenn die gesetzlichen Vertreter (**Eltern**) daran beteiligt waren. Liegt diese Beteiligung nicht vor, können Sie als Shop-Betreiber die Zahlung nicht einfordern. Gerade im **Handy**-Bereich kommen oftmals solche Vertragsschlüsse ohne Beteiligungen der Eltern zustande.*

Abbildung 7.2: Logos und Klingeltöne sind oft ohne Einwilligung bestellbar

Dabei kann das Angebot nicht zeitlich unbegrenzt angenommen werden, sondern nur innerhalb der Annahmefrist. Diese kann der Kunde ausdrücklich in seiner Bestellung festlegen. Falls er das nicht tut, sind die einzelnen Umstände der Bestellung maßgeblich. Als grobe Leitlinie kann eine zweiwöchige **Annahmefrist** angenommen werden, die jedoch bei sofort verfügbaren Waren auch kürzer ausfallen kann. Eine längere Frist kann im Einzelfall dadurch gerechtfertigt sein, dass eine Ware erst speziell bestellt werden muss oder eine Bonitätsprüfung des Käufers erforderlich ist. Erst mit der Annahme kommt der Vertrag zustande. Falls dieser Vertrag einen Fernabsatzvertrag darstellt, gelten weitere Informationspflichten, die Sie als Händler erfüllen müssen.

Annahme von Bestellungen

Ein **Fernabsatzvertrag** ist gegeben, wenn ein Vertrag zustande kommt zwischen einem Unternehmer und einem Verbraucher über die Lieferung von Waren oder die Erbringung von Dienstleistungen. Und wenn dieser im Rahmen eines für Fernabsatz organisierten Vertriebs- und Dienstsystems unter ausschließlicher Verwendung von Fernkommunikationsmitteln zustande kommt . Beachten Sie dabei: Auch wenn Sie Existenzgründer sind, gelten Sie bereits als Unternehmer.

Fernabsatzvertrag mit Verbrauchern

Trotz Vorliegen eines Fernabsatzvertrages treten die speziellen Informationspflichten bei folgenden Ausnahmen außer Kraft:

>> Verträge über Fernunterrichtsleistungen

>> Verträge über Versicherungen und deren Vermittlung

>> Verträge über den Verkauf von Grundstücken, grundstücksgleichen Rechten einschließlich der Begründung von dinglichen Rechten

>> Verträge über die Errichtung von Bauwerken

>> Verträge über die Lieferung von Lebensmitteln, Getränken oder sonstigen Haushaltsgegenständen des täglichen Bedarfs, die am Wohnsitz, Aufenthaltsort oder Arbeitsplatz eines Verbrauchers im Rahmen häufiger und regelmäßiger Fahrten geliefert werden

>> Verträge über die Erbringung von Dienstleistungen in den Bereichen Unterbringung, Beförderung, Lieferung von Speisen und Getränken sowie Freizeitgestaltung – wenn sich der Unternehmer verpflichtet, die Dienstleistung zu einem bestimmten Zeitpunkt oder innerhalb eines genau angegebenen Zeitraums zu erbringen.

Informationen vor Abgabe der Bestellung

Bei den Fernabsatzverträgen müssen Sie für die **Erfüllung** der Informationspflichten verschiedene Zeiträume beachten, besonders den Zeitraum vor Abgabe der Bestellung und vor Vertragsschluss (der Fachbegriff dazu lautet Erfüllung). Bevor ein Verbraucher seine Bestellung abgibt, müssen Sie ihm aufgrund des Fernabsatzgesetzes einige Informationen zur Verfügung stellen. Diese Pflichten folgen im Wesentlichen § 312c Abs. 1 des **Bürgerlichen Gesetzbuchs** (BGB)[1]. Folgende Informationen müssen auf den Webseiten bereitstehen:

>> Angabe Ihrer persönlichen **Identität** und gegebenenfalls eines Unternehmensvertreters sowie das öffentliche Unternehmensregister, in dem das Unternehmen eingetragen ist, mit der Registernummer.

>> Eine ladungsfähige Anschrift des Unternehmers. Bei juristischen Personen, Personenvereinigungen oder -gruppen gehört dazu auch der Name mindestens eines Vertretungsberechtigten.

>> Wesentliche Merkmale der Ware oder Dienstleistung und ein Hinweis darauf, wie der Vertrag zustande kommt. Sinnvoll ist es, das per Lieferung oder Auftragsbestätigung zu verschicken, nicht schon mit der Bestellbestätigung per E-Mail. Sonst bekommen Sie Probleme, falls Ihre Ware nicht mehr verfügbar ist.

>> Bei dauernd oder regelmäßig wiederkehrenden Leistungen ist die Angabe einer **Mindestlaufzeit** des Vertrags erforderlich.

>> Den **Leistungsvorbehalt** für eine in Qualität und Preis gleichwertige erbrachte Leistung (**Ersatzlieferung**) oder für den Fall der Nichtverfügbarkeit einer Leistung (**Stornierung**)

>> Den **Gesamtpreis** einer Ware oder Dienstleistung inklusive aller damit verbundener Kosten; besonders relevant sind hier die von Ihnen abgeführten **Steuern**. Falls Sie keinen genauen Preis angeben können, ist zumindest die Berechnungsgrundlage zur Überprüfung des Preises anzugeben.

---

1   Ehemals Fernabsatzgesetz (**FernAbsG**). In Verbindung mit Art. 240 Einführungsgesetz zum Bürgerlichen Gesetzbuch (EGBGB) und des § 1 BGB-Informationspflichten-Verordnung (**BGB-InfoV**).

>> Gegebenenfalls zusätzlich anfallende **Liefer-** und **Versandkosten** (separat für jedes Exportland) sowie einen Hinweis auf mögliche weitere Steuern oder Kosten, z.B. Zollgebühren.

>> Details bezüglich der Zahlung (z.B. Kreditkarte, Rechnung oder Lastschrift), Versand oder **Erfüllung,** d.h., wie die geschuldete Leistung erbracht wird.

>> Angabe darüber, ob ein **Widerrufs-** oder **Rückgaberechts** besteht oder nicht. Darunter fallen hauptsächlich die Bedingungen und die Einzelheiten der Rücksendung. Sie müssen Namen und Anschrift desjenigen aufführen, gegenüber dem der Widerruf zu erklären ist. Außerdem haben Sie den Verbraucher über die rechtlichen Folgen des Widerrufs oder der Rückgabe zu informieren, einschließlich des Betrags, den er für eine bereits erbrachte Dienstleistung zu zahlen hat. Ein bloßer Hinweis, wie »Ihnen steht ein 14-tägiges Widerrufsrecht nach Lieferung der Ware zu«, reicht nicht mehr aus (Tabelle 7.1).

>> Bitte beachten Sie, dass im Gegensatz zum Impressum in der Widerrufs- oder Rückgabebelehrung keine Telefonnummer enthalten sein darf. Ebenso sollten Sie daran denken bei *eBay* keine Rückgabebelehrung einzusetzen, denn dies ist mittlerweile ebenfalls abmahnfähig.

Keine Telefon-Nummer in Belehrungen!

>> Alle relevanten Zusatzkosten, die der Verbraucher für die Benutzung des Fernkommunikationsmittels trägt, die über den normalen Standardtarif hinausgehen, z.B. 0700-, 0900- (ehemals 0190-) oder 0180-**Nummern.**

>> Viele Gewerbetreibende setzen auf ihren gewerblichen Webseiten Servicerufnummern ein, um Endnutzern kostenpflichtige Dienst anzubieten. Darunter fallen z.B. bestimmte **Premium-Dienste, Auskunftsdienste, Massenverkehrsdienste, Service-Hotline** etc. Seit dem September 2007 treten nun einige Änderungen im Telekommunikationsgesetz (TKG) in Kraft. Als Diensteanbieter ist es sehr empfehlenswert, die Neuerungen dringend zu beachten. Ansonsten laufen Sie in Gefahr, kostenpflichtig abgemahnt zu werden.

>> Angabe einer **Gültigkeitsdauer** oder des Preises für Angebote, die nur befristet zur Verfügung stehen.

>> Weitere Anforderungen ergeben sich bei Finanzdienstleistungen. Nähere Informationen dazu liefert Ihnen die BGB-InfoV.

Praxis-Tipp: Formulierung zur Angabe von Telefontarifen

Tipp . . . . . .

Die IT-Recht Kanzlei empfiehlt Ihnen die folgende Formulierungen, bei …:

– **Minutenabrechnung:** *X €/Min. aus dem deutschen Festnetz; ggf. abweichender Mobilfunktarif.*

– **Verbindungsabrechnung:** *X €/Verbindung aus dem deutschen Festnetz; ggf. abweichender Mobilfunktarif.*

WWW . . . . .
bundesrecht.juris.de/bgb-infov/
Bundesministerium der Justiz *(Verordnung über Informations- und Nachweispflichten nach bürgerlichem Recht)*

mwl.telekom.de
Deutsche Telekom AG *(Mehrwertlösungen für Geschäftskunden)*

Barrierefreie Webseiten

Selbstverständlich sollten Sie diese Informationen verständlich formulieren und auch für technisch weniger versierte Nutzer zugänglich machen. Der Abruf darf keine große Hürde darstellen. Seit Jahresbeginn 2006 geht man bei Internet-Auftritten von **Behörden** der Bundesverwaltung sogar noch einen Schritt weiter. Die Barrierefreie Informationstechnologie Verordnung (BITV) schreibt den Behörden vor, dass deren Internetseiten komplett **barrierefrei** gestaltet sein müssen.

Abbildung 7.3: Justitia

Informationspflichten erfüllen

Im Online-Handel benötigt der Kunde vor dem Absenden seiner Bestellung Zugang zu sämtlichen pflichtgemäßen Informationen. In diesem Zusammenhang stellt sich natürlich die Frage, wie Sie es schaffen, Ihrer Informationspflicht nachzukommen, rechtzeitig vor Abschluss eines Fernabsatzvertrages (**Zeitpunkt**) und in einer dem jeweils eingesetzten Fernkommunikationsmittel entsprechenden Art und Weise. Er muss die Möglichkeit haben, die von Ihnen erstellten Pflichtangaben in seine Entscheidung einfließen zu lassen. Die Angaben erfüllen ihre verbraucherschützende Wirkung erst, wenn der Nutzer sie vor der Bestellung aufrufen kann und damit sein Einverständnis geben kann..

Pflichtangaben vor Bestellung

Im Online-Shop führen Sie dazu den Verbraucher über Link-Verweise auf verschiedene Webseiten, die alle relevanten Informationen beinhalten. In aller Regel ist in den Bestellablauf ein weiterer Link eingebaut etwa mit folgendem Text: »Ich stimme den Allgemeinen Geschäftsbedingungen zu und möchte mit der Bestellung fortfahren.« Die Anzeige der **Vertragsbedingungen** im Überblick und die Möglichkeit, die **AGB** auf dem Bildschirm aufzurufen und durch einen entsprechen Klick zu speichern, ist ausreichend.

Erst wenn der Kunde vor diesen Satz einen Haken setzt, kann er seinen Bestellvorgang fortführen. Es heißt ja auch Informationspflichten »vor« **Vertragsschluss**. In den allermeisten Fällen ist es sinnvoll, die Informationen in die Allgemeinen Geschäftsbedingungen mit aufzunehmen, auch wenn das nicht unbedingt notwendig ist. Viel entscheidender ist die Tatsache, dass Sie wichtige Informationen gegenüber dem Verbraucher deutlich erkennbar hervorheben.

Falls Sie gegen diese Pflichten verstoßen sollten, kann das unterschiedliche Konsequenzen haben. Denkbar sind beispielsweise Schadensersatzansprüche oder dass dem Kunden dadurch ein zeitlich **unbegrenztes Widerrufsrecht** zusteht. Stellen Sie sich vor, Ihr Kunde schickt die bei Ihnen gekaufte Ware zwei Monate nach Erhalt zurück und das auch noch in einem nicht einwandfreiem Zustand. Wenn Sie den Käufer nicht über das Widerrufsrecht und seine damit verbundenen Pflichten über die ordnungsgemäße Rückgabe informiert haben, müssen Sie die Ware wohl oder übel annehmen. Vermeiden Sie solche unternehmerische Risiken auf jeden Fall.

Unbegrenztes Widerrufsrecht

Informationspflichten vor Vertragserfüllung

Neben diesen Informationspflichten vor der Abgabe der Bestellung müssen Sie als Online-Händler auch nach der Abgabe der Bestellung einige Pflichten beachten. Allerdings muss deren Ausübung unbedingt noch vor **Vertragserfüllung** erfolgen, also vor der Lieferung der Ware oder Dienstleistung. Andernfalls drohen wiederum Schadensersatzansprüche und das zeitlich unbegrenzte Widerrufsrecht.

Nach Abgabe der Bestellung

Speziell im elektronischen Geschäftsverkehr besteht die Pflicht gegenüber allen Kunden, den Eingang einer Bestellung unverzüglich per E-Mail, Post oder online zu bestätigen. Hierfür reicht es aus, wenn eine automatisch generierte **Empfangsbestätigung** per E-Mail versendet wird und der Kunde diese in seinem E-Mail-Postfach abrufen kann.

Automatische Empfangs-bestätigung

Gegenüber Verbrauchern im Rahmen von Fernabsatzverträgen greifen wiederum zusätzliche Pflichten (**Dokumentationspflicht**):

>> Die im vorhergehenden Abschnitt genannten »Informationspflichten vor Abgabe der Bestellung« (gemäß Art. 240 EGBGB und des § 1 BGB-InfoV). Es ist zwingend erforderlich, den Verbrauchern die Vertragsbestimmungen einschließlich der AGB zukommen zu lassen. Speziell für Finanzdienstleister gibt es hierzu ergänzende Angaben.

>> Die Bedingungen und Einzelheiten des Widerrufs- und Rückgaberechts. Zur Erfüllung Ihrer Informationspflichten genügt es, die in Tabelle 7.1 und Tabelle 7.2 aufgeführten Muster zu verwenden. Leider kann heute nicht mehr dazu geraten werden, die amtlichen Musterbelehrungen aus dem offiziellen **Bundesgesetzblatt** zu verwenden.

Vertragsinhalt   Außerdem informieren Sie über alle relevanten Vertragsbestimmungen:

>> Bei der Lieferung von Waren und sonstigen Dienstleistungen benötigt der Verbraucher auch Informationen über **Kundendienst** und geltende **Gewährleistungs-** und **Garantiebedingungen.**

>> Bei **Dauerschuldverhältnissen** mit einer mehr als einjährigen Vertragsdauer müssen Sie die Kündigungsbedingungen aufführen.

>> Produktbeschreibung, Einzelpreise mit USt, Endpreis sowie zusätzliche Porto- und Versandkosten; die AGB und Informationen zu den Vertrags- und Zahlungsbedingungen (**Vertragsschluss** und **Leistungsvorbehalte**).

Wann und wo erbringen Sie die Leistung?   Vergessen Sie auch nicht, den Kunden direkt über die **Leistungserbringung** zu informieren. Bei Warenlieferungen im Online-Handel betrifft dies: Beschränkungen des Liefergebietes (z.B. Deutschland, Österreich, Schweiz oder EU), erkennbare **Nichteinhaltung** voraussichtlicher **Liefertermine** oder die **Nichtverfügbarkeit** vergriffener Produkte. Bei Auftreten eines Problems setzen Sie den Kunden davon unverzüglich in Kenntnis.

Angaben in Textform anfügen   Senden Sie dem Verbraucher spätestens bis zur Lieferung eine **Bestellbestätigung**, in Textform fügen Sie dieser die nachfolgenden Angaben hinzu. Die Shop-Software versendet vordefinierte Informationen in der Regel von alleine. Viele der Angaben sind also bereits automatisch enthalten, bei anderen müssen Sie noch selber Hand anlegen. Hinterlegen Sie folgende wichtige Angaben in Ihrer Bestellbestätigung:

>> Angaben zur Anbieterkennzeichnung

>> Informationen zu den Vertrags- und Zahlungsbedingungen: AGB, Vertragsschluss, Leistungsvorbehalte, Widerrufs- oder Rückgaberecht

>> Produktbeschreibung, Einzelpreise, Endpreis sowie zusätzliche Porto- und Versandkosten

>> Informationen über den Kundendienst sowie geltende Garantie- und Gewährleistungsbedingungen

Tipp......   *Praxis-Tipp: Geeignete Belehrungsform*

Sie müssen den Verbraucher in geeigneter Form über alle aufgeführten Informationen belehren (Belehrungspflicht). Sie müssen ihm die oben stehenden Informationen in Textform mitzuteilen. Bei der Textform ist die Möglichkeit zur dauerhaften Wiedergabe in Schriftzeichen entscheidend (PDF- oder HTML-Datei). Das kann durch eine E-Mail geschehen oder per Briefpost oder Abdruck auf dem Lieferschein. Definitiv nicht ausreichend ist dagegen die Möglichkeit zum Nachlesen oder Herunterladen auf einer Webseite. Da Sie dem Kunden gegenüber verpflichtet sind, den Zugang seiner Bestellung auf elektronischen Weg zu bestätigen, empfiehlt es sich die oben stehenden Informationen in die Bestätigung einzubinden. Im Gegensatz dazu reicht es, die pflichtgemäßen Informationen vor Abgabe der Bestellung auf der Homepage bereitzustellen.

*Es ist zudem ratsam, die wichtigen Angaben in der Bestellbestätigung durch spezielle **Auszeichnungen** gesondert hervorzuheben, wie durch andere Schriftgröße, Fettdruck, Farbgestaltung oder Rahmen. Speziell für eBay-Verkäufer ist es ausreichend, diese Informationen auf der **mich-Seite** abzulegen.. Verweisen Sie in der jeweiligen Artikelbeschreibung deutlich mit so genannten »sprechenden Links« auf die mich-Seite.*

Für den Fall der Zuwiderhandlung führt das nicht nur eventuell zu finanziellen Einbußen und sogar Strafen, sondern verlängert wiederum die Widerrufsfrist.

Angaben zum Verkäufer

Verkäufer:	for scully (527 ☆) 🛡 mich
Bewertungen:	**100 % Positiv**
Mitglied:	seit 02.12.01 in Deutschland
	Angemeldet als gewerblicher Verkäufer

▪ Bewertungskommentare lesen
▪ Zu meinen bevorzugten Verkäufern hinzufügen
▪ **Andere Artikel des Verkäufers**

Sicher kaufen

1. **Sehen Sie sich das Bewertungsprofil des Verkäufers an**
   Bewertungspunkte: 527 | 100% Positiv
   Bewertungskommentare lesen

2. **Informieren Sie sich über den Käuferschutz**
   Lesen Sie unsere Tipps zum sicheren Kauf

Abbildung 7.4: »Angaben zum Verkäufer« und »mich«-Button bei eBay

Praxis-Tipp: Link-Hinweis in Artikelbeschreibung zur Widerrufsbelehrung

Folgende Formulierung empfiehlt sich hierfür: »Als Verbraucher steht Ihnen grundsätzlich ein einmonatiges Widerrufsrecht zu. Die vollständige Widerrufsbelehrung finden Sie auf unserer mich-Seite (bitte hier anklicken).«

Die **Schutzvorschriften** des Fernabsatzrechts stellen übrigens zwingendes Recht dar. Das bedeutet, dass Sie davon lediglich zum Vorteil des Kunden abweichen dürfen, insbesondere im Rahmen Ihrer AGB. Andere Regelungen dürfen Sie nur dann nutzen, wenn sich Ihr Produktangebot nicht an natürliche Personen (**Verbraucher**) richtet, sondern an gewerbliche **Unternehmen** oder beruflich **Selbstständige**, worunter auch alle **Freiberufler** fallen. Dies setzt allerdings voraus, dass Sie anders lautende Vereinbarungen getroffen haben.

Fernabsatzrecht

Spezielle Informationspflichten für alle Kunden

Daneben treffen Sie nach § 312e BGB (in Verbindung mit Art. 241 EGBGB und § 3 BGB-InfoV) spezielle Pflichten des elektronischen Geschäftsverkehrs. Wichtig ist, dass diese speziellen Pflichten des elektronischen Geschäftsverkehrs alle Kunden betreffen (auch Unternehmen) und nicht nur Verbraucher:

Pflichten im elektronischen Geschäftsverkehr

>> Sie stellen dem Kunden Informationen über die einzelnen technischen Schritte dar, die letztlich zum Vertragsabschluss führen.

>> Sie stellen Informationen darüber bereit, ob der Vertragstext nach dem Vertragsabschluss von Ihnen gespeichert wird und ob er dem Kunden frei zugänglich ist.

>> Sie stellen leicht zugängliche und einfach funktionierende technische Mittel bereit, mit denen Ihre Kunden **Eingabefehler** rechtzeitig vor dem Versand der Bestellung erkennen und korrigieren können, z.B. per Ändern- oder Löschen-Button. Darüber hinaus weisen Sie den Kunden auf diese Möglichkeiten hin.

>> Sie teilen dem Kunden rechtzeitig die wichtigen pflichtgemäßen Informationen mit, bevor er seine Bestellung absendet (Art. 241 EGBGB). Dazu setzen Sie die Punkte um, die in *Kapitel 7.1.1* (Informationspflichten laut **BGB-InfoV**) erwähnt wurden.

>> Sie informieren über die Sprachen, in denen der Vertrag für den Vertragsschluss vorliegt.

>> Sie informieren über alle einschlägigen Verhaltenskodizes, denen Sie sich unterwerfen. Am besten bieten Sie auch die Möglichkeit, mit elektronischen Hilfsmitteln auf dieses Regelwerk zuzugreifen, z.B. Bedeutung des **Gütesiegels**.

Anwendbares Recht im Ausland

Als Shop-Betreiber wählen Sie die Sprache der Internetseiten relativ frei. Abhängig von der Sprachwahl legen Sie letztlich auch den Kundenkreis fest, der im Normalfall auf den Shop zugreift. Bieten Sie nur Deutsch an, richtet sich Ihr Angebot vornehmlich an deutsche, österreichische und schweizerische Kunden. Ihre AGB haben dem anwendbaren nationalen Recht zu entsprechen. Genauso sind alle Informationspflichten in der dafür vorgesehenen Art und Weise einzuhalten. Sie müssen daher Informationen einholen, inwieweit auch das Recht des Empfängerlandes anzuwenden ist. Wichtig sind besonders die Verbraucherschutz- und Datenschutzrechte.

>> **Herkunftslandprinzip** (B2B): Für die meisten B2B-Geschäfte gilt das Recht des Landes, in dem der Online-Shop seine Niederlassung, also seinen Firmensitz, hat.

>> **Bestimmungslandprinzip** (B2C): Für einen Verbrauchervertrag gilt im Online-Handel zwingend das Recht des Landes, in dem der Verbraucher wohnt. Hierbei können einzelne Abweichungen zu den Anforderungen nach den deutschen Gesetzen auftreten. Im Wesentlichen herrschen im Geltungsbereich der europäischen Union sehr ähnliche Standards und Anforderungen, da alle gesetzlichen Umsetzungen auf europäischen Richtlinien beruhen.

In Ihren AGB dürfen Sie daher keine Klausel einfügen, die im gewerblichen Handel mit Verbrauchern innerhalb der EU Ihren Firmensitz als ausschließlichen **Gerichtsstand** festlegt. Damit verstoßen Sie unter Umständen gegen das Bestimmungslandprinzip.

7.1.2 Spezielle rechtliche Aspekte im Online-Handel

Für Sie als Online-Händler spielen einige rechtliche Punkte eine wesentliche Rolle. Besonders wichtig sind dabei:

>> Widerrufs- oder Rückgaberecht

>> Allgemeine Geschäftsbedingungen (AGB)

>> Preisangabenverordnung

Der Gesetzgeber regelt diese grundsätzlichen Vorschriften in verschiedenen Gesetzestexten, um den Schutz der Verbraucher und einheitliche Regelungen für den Online-Handel zu gewährleisten. Im weiteren Verlauf dieses Abschnitts erklären wir Ihnen dazu die relevanten Vorgaben.

Kunden über Widerrufs- oder Rückgaberecht belehren

Sehr wichtig für den Fernabsatz von Waren und Dienstleistungen über den Online-Handel ist das **Widerrufs-** (§ 355 BGB) oder **Rückgaberecht** (§ 356 BGB). Grundsätzlich haben Kunden bei Online-Bestellungen und anderweitigen Fernabsatzverträgen ein Widerrufsrecht. Sie dürfen ohne Angabe von Gründen innerhalb von zwei Wochen widerrufen, indem sie die Ware an Sie zurücksenden oder Sie in Textform über die Rücksendung der Ware informieren, z.B. per E-Mail oder Brief. Diese Frist gilt nur für Online-Shops. Bei *eBay* oder etwa auch *Amazon* ist eine zweiwöchige Widerrufsfrist keineswegs ausreichend. Hier sind Sie gehalten, dem Verbraucher eine 1-monatige Widerrufsfrist einzuräumen. Was Sie dabei alles beachten müssen, damit diese Belehrungen rechtzeitig und in ordnungsgemäßer Form dem Verbraucher übermittelt werden, lesen Sie in den kommenden Absätzen.

Kunden über Widerrufsrecht belehren

Eine rein mündliche oder fernmündliche Erklärung ohne Rücksendung der Ware reicht übrigens nicht aus. Dabei handelt es sich um ein reines **Reuerecht** für den Verbraucher, durch das er sich von einem getätigten Rechtsgeschäft nachträglich lösen kann. Dieses gewährt man Online-Kunden als Ausgleich dafür, dass sie die Ware vor der Bestellung nur über Fotos und Produktbeschreibung auswählen und nicht genau untersuchen können. Damit Ihre Kunden von dieser Möglichkeit Kenntnis erhalten, müssen Sie sie in geeigneter Form über ihr Recht belehren. In unserer überarbeiteten Auflage, trennen wir die Belehrungen für *eBay*-Händler und Online-Händler. Leider sind hier inzwischen unterschiedliche Vorgaben von Gerichten beschlossen worden:

>> Für die **Belehrung** über das Widerrufs- (für *eBay*- und *Amazon*-Plattform) und Rückgaberecht (für Online-Shopbetreiber) eignen sich die Muster in Tabelle 7.1 und 7.2.

>> Verwenden Sie eine der angebotenen Musterbelehrungen, dürfen Sie in Format und Schriftgröße von dem Muster abweichen und Zusätze wie die Firma oder ein Kennzeichen des Unternehmers anbringen.

Zeitlich unbegrenzter Widerruf

Beachten Sie dabei, dass die Widerrufsfrist erst mit der Lieferung der Ware oder Dienstleistung beginnt. Die hohe Bedeutung der Belehrung über das Widerrufsrecht ergibt sich daraus, dass sie bei nicht ordnungsgemäßer Belehrung dem Kunden quasi ein zeitlich unbegrenztes Widerrufsrecht einräumen.

Widerrufsbelehrung speziell für eBay und Amazon

Diese Widerrufsbelehrung ist rechtlich passend für die Veröffentlichung auf der *eBay*- und der *Amazon*-Plattform. Verstehen Sie die nachfolgenden Punkte als Handlungsanleitung zum rechtssicheren Gebrauch der Widerrufsbelehrung in Tabelle 7.1:

>> Diese Widerrufbelehrung sollte nicht im Zusammenhang mit Rechnungen oder in E-Mails eingesetzt werden. Hierzu nutzen Sie bitte unser zweites Widerrufsbelehrungsexemplar (Tabelle 7.2).

>> Achten Sie bitte darauf, dass Sie keine andere Widerrufsbelehrung auf *eBay* oder *Amazon* verwenden – sei es auf der mich-Seite oder etwa versteckt in AGB.

>> Diese Widerrufsbelehrung können Sie auch in Ihrem Online-Shop einsetzen, sie ist prinzipiell für reine Warengeschäfte erstellt worden.

>> Vor Einsatz dieser Widerrufsbelehrung sollte genauestens geprüft werden, ob sie möglicherweise einer Unterlassungserklärung widerspricht, der man sich zuvor unterworfen hat. Lassen Sie sich hierzu und bei weiteren Fragen vorsichtshalber anwaltlich beraten.

Die folgende Widerrufsbelehrung entspricht dem aktuellen Rechtsstand und wurde nach bestem Wissen und Gewissen erstellt. Dennoch kann diese Widerrufsbelehrung eine individuelle sowie adäquate anwaltliche Beratung keineswegs ersetzen. Abgesehen von einer nicht rechtssicheren Widerrufsbelehrung gibt es eine Vielzahl weiterer Möglichkeiten von Gründen, aus denen gewerbliche Internetpräsenzen abgemahnt werden können. Gerade in komplexeren Angelegenheiten wird daher empfohlen, eine im Wettbewerbs- sowie IT-Recht geschulte Kanzlei zu kontaktieren.

`www......`

www.it-recht-kanzlei.de
IT-Recht-Kanzlei *(Abmahnradar informiert über bekannte Abmahnfallen)*

Widerrufsrecht für Verbraucher

1. Ist der Kunde Verbraucher, kann er seine Vertragserklärung innerhalb eines Monats ohne Angaben von Gründen in Textform (z.B. Brief, Telefax, E-Mail) oder durch Rücksendung der Ware widerrufen.

2. Die Frist beginnt am Tag, nachdem die Ware beim Kunden eingegangen ist und der Kunde eine in Textform (z.B. Brief, Telefax, E-Mail) noch gesondert mitzuteilende Widerrufsbelehrung erhalten hat.

3. Zur Wahrung der Frist genügt die rechtzeitige Absendung des Widerrufs oder der Ware.

4. Widerruf bzw. Warenrücksendung sind zu richten an: [Namen/Firma, Angaben zum gesetzlichen Vertreter, ladungsfähige Anschrift des Widerrufsadressaten (kein Postfach angeben), wenn vorhanden eine Faxnummer, keine Telefonnummer angeben].

5. Das Widerrufsrecht gilt dagegen nicht in den vom Gesetz geregelten Ausnahmefällen, insbesondere …

Widerrufsfolgen

1. Im Falle eines wirksamen Widerrufs sind die bereits empfangenen Leistungen zurückzugewähren und ggf. gezogene Nutzungen (z.B. Zinsen) herauszugeben. Kann der Kunde die empfangene Leistung ganz oder teilweise nicht oder nur in verschlechtertem Zustand zurückgewähren, hat er insoweit ggf. Wertersatz zu leisten. Bei der Überlassung von Waren gilt dies nicht, wenn …

2. Paketversandfähige Sachen sind zurückzusenden, wobei der Verkäufer insoweit das Versandrisiko trägt. Der Kunde hat die Kosten der Rücksendung zu tragen, wenn die gelieferte Ware der bestellten entspricht und wenn der Preis der zurückzusendenden Sache einen Betrag von 40 EUR nicht übersteigt oder wenn der Kunde bei einem höheren Preis der Sache zum Zeitpunkt des Widerrufs noch nicht die Gegenleistung oder eine vertraglich vereinbarte Teilzahlung erbracht hat. Andernfalls ist die Rücksendung für den Kunden kostenfrei. Nicht paketversandfähige Sachen werden beim Kunden abgeholt.

Ende der Widerrufsbelehrung

Tabelle 7.1: Auszug aus der Muster-Widerrufsbelehrung (Stand: 08/2007)

CD-Rom\sample: Muster Widerrufsbelehrung (Widerrufsbelehrung.doc)

Widerrufs- oder Rückgaberecht

Als Shop-Betreiber haben Sie, im Gegensatz als *eBay*-Händler, bei einem Fernabsatzvertrag die Wahl, ob Sie ein **Widerrufsrecht** oder ein **Rückgaberecht** einräumen. Das Widerrufsrecht ermöglicht es Verbrauchern, die eingegangene vertragliche Verpflichtung durch einseitige Erklärung wieder aufzuheben. Der Verbraucher kann sich also bereits durch eine einfache Erklärung vom Vertrag lösen. Einer der entscheidenden Unterschiede zum Rückgaberecht besteht demzufolge darin, dass dieses nur durch die Rücksendung der Sache ausgeübt werden kann. Eine **Erklärung** wie beim Widerrufsrecht genügt hierfür nicht. Sobald Sie die Ware zurückerhalten haben, stehen Sie quasi in der Schuld des Verbrauchers. Das bedeutet, Sie müssen den bereits erhaltenen Warenwert und eventuell angefallene Versandkosten zurückerstatten (**Rückgewährschuld**).

Widerrufsrecht wird bevorzugt

Welche Alternative die sinnvollere Variante für Ihren Online-Shop ist, müssen Sie selber prüfen. Allerdings wird in den meisten Fällen das Widerrufsrecht verwendet. Den rechtlichen Hinweis müssen Sie dem Kunden in Form einer Belehrung vor dem Absenden seiner Bestellung mitteilen. Damit ein Kunde seine bestellte Ware zurücksenden kann, sollte die Rückgabe möglichst einfach verlaufen. Dem Kunden muss klar sein, welche Kosten auf ihn zukommen und wie er sein Geld zurückerstattet bekommt.

Beachten Sie dabei die nachstehenden Grundprinzipien:

>> Vor der Bestellung muss in der **Widerrufsbelehrung** deutlich auf Ausnahmen vom Widerrufs- und Rückgaberecht hingewiesen werden.

>> Die eindeutig definierte **Widerrufs-** oder **Rückgabefrist** muss mindestens vierzehn Tage betragen, gültig ab Lieferdatum.

>> Eine **Rückerstattung** gezahlter Rechnungsbeträge muss innerhalb von dreißig Tagen erfolgen. Andernfalls geraten Sie automatisch in Verzug, was den Verbraucher dazu berechtigt, zusätzlich von der Rückerstattung einen Zinssatz von 5% über dem Basiszinssatz von momentan 3,19% (Stand Juli 2007) im Jahr von Ihnen zu fordern.

>> Der Verbraucher ist nach Ausübung des Widerrufrechtes zur Rücksendung der Sache verpflichtet, außer die Sache kann nicht durch Paket versendet werden. Die **Rücksendekosten** und die Gefahr der Rücksendung tragen dabei Sie. Allerdings dürfen Sie die Kosten (nicht jedoch das **Versandrisiko**) durch eine entsprechende Vereinbarung z.B. in Ihren AGB in zwei Fällen auf den Verbraucher abwälzen. Zum einen, wenn der Preis der zurückgesendeten Sache unter 40 € liegt. Zum anderen dann, wenn bei einem höheren Preis der Verbraucher zum Zeitpunkt des Widerrufs die Gegenleistung oder eine Teilzahlung noch nicht erbracht hat. Dies gilt nicht, wenn die gelieferte Ware nicht der bestellten entspricht.

>> Der Verbraucher schuldet **Wertersatz** für die Verwendung der Ware. Diesen dürfen Sie bei Fernabsatzverträgen vom Verbraucher auch für die Verschlechterung einer Ware fordern, die durch eine bestimmungsgemäße **Ingebrauchnahme** (erstmalige Nutzung) eintritt. Dies gilt jedoch nicht bei *eBay* und bei Online-Shops auch wiederum nur für den Fall, dass Sie den Verbraucher bereits vor Vertragsabschluss hinsichtlich seines Widerrufsrechts belehrt haben.

>> Vor- und Nachteile im Widerrufsrecht

Als Nachteil zählt beim Widerrufsrecht, dass der Verbraucher nach dem Widerruf in Textform, z.B. Brief, E-Mail oder Fax, verpflichtet ist, Ihnen die Ware zurückzuschicken (**Warenrücksendung**). Das an sich wäre kein Problem! Behält er jedoch einfach die Ware, liegt es an Ihnen, sich die Ware zurückzuholen. Notfalls müssen Sie dazu den Kunden verklagen. Hier sind logischerweise die Zahlungsarten von Vorteil, bei denen Sie das Geld sicher in der Tasche haben. Denn Sie sind zur Rückzahlung dieses Geldes nur Zug um Zug gegen Rückgabe der Sache verpflichtet.

Besonders problematisch sind hier Lastschriften per Einzugsermächtigung. Innerhalb von sechs Wochen kann ein Kunde ohne Grund widerrufen und sich sein Geld zurückzuholen. Ein grundsätzliches Problem bei der **Rück-**

abwicklung einer Bestellung ist für Sie das **Versandrisiko**. Sie als Unternehmer tragen immer das Risiko für Diebstahl, Verlust oder Beschädigung der Ware bei einer Rücksendung. Der Verbraucher trägt dieses Risiko nur bis zur Aufgabe beim Logistikpartner. Besser ist somit ein versicherter Versand.

Einen Vorteil dagegen haben Sie beim Widerrufsrecht bei den zu erstattenden **Rücksendekosten**. Liegt der Warenwert unter 40 €, bezahlt der Verbraucher die Versandkosten, sofern dies in den AGB vereinbart ist. Daher gehört das Widerrufs- oder Rückgaberecht in die AGB.

Praxis-Tipp: Unversicherter Versand im Online-Handel

Tipp . . . . . .

*Das Wort »**unversicherter**« Versand ist im Online-Handel zu einem Reizwort geworden, das mittlerweile abmahnfähig ist. Verschicken Sie unversichert, dann gebrauchen Sie besser die Formulierungen »per Brief« oder auch »per Päckchen«.*

In der nachfolgenden Tabelle finden Sie eine Muster-Vorlage für Online-Shops, die speziell für reine Warengeschäfte erstellt wurde. Der Inhalt ist ausschließlich zur Veröffentlichung im Internet bestimmt.

Rückgaberecht für Verbraucher

1. Ist der Kunde Verbraucher, kann er die erhaltene Ware ohne Angabe von Gründen innerhalb von zwei Wochen durch Rücksendung der Ware zurückgeben, wobei bei nicht paketversandfähigen Waren (mehr als 20 kg, oder bei sperrigen Gütern) die Absendung eines Rücknahmeverlangens in Textform (z.B. per Brief, Fax oder E-Mail) genügt. Das Rücknahmeverlangen bedarf insoweit keiner Begründung.

2. Die Frist beginnt einen Tag, nachdem die Ware beim Kunden eingegangen ist und der Kunde eine in Textform (z.B. Brief, Telefax, E-Mail) noch gesondert mitzuteilende Rückgabebelehrung erhalten hat.

3. Zur Wahrung der Frist genügt die rechtzeitige Absendung der Ware oder des Rücknahmeverlangens. In jedem Fall erfolgt die Rücksendung auf Kosten und Gefahr des Verkäufers.

4. Die Rücksendung oder das Rücknahmeverlangen ist an die folgende Adresse zu richten: [Firma, Name und Anschrift oder E-Mail/Fax (keine Telefonnummer, kein Postfach)].

Folgen der Ausübung des Rückgaberechtes

1. Im Falle einer wirksamen Rückgabe sind die beiderseits empfangenen Leistungen zurückzugewähren und gegebenenfalls gezogene Nutzen (z.B. Gebrauchsvorteile) herauszugeben.

2. Kann der Kunde die empfangene Leistung ganz oder teilweise nicht oder nur in verschlechtertem Zustand zurückgewähren, hat er insoweit ggf. Wertersatz zu leisten. Bei der Überlassung von Waren gilt dies nicht, wenn die Verschlechterung der Ware ausschließlich auf deren Prüfung – wie sie etwa im Ladengeschäft möglich gewesen wäre – zurückzuführen ist. Im Übrigen kann der Kunde die Wertersatzpflicht vermeiden, indem er die Sache nicht wie sein Eigentum in Gebrauch nimmt und alles unterlässt, was deren Wert beeinträchtigt.

Kein Rückgaberecht in den vom Gesetz geregelten Ausnahmefällen [a]

Das Rückgaberecht gilt dagegen nicht in den vom Gesetz geregelten Ausnahmefällen, so: …

Ende der Rückgabebelehrung

Tabelle 7.2: Auszug aus der Muster-Rückgabebelehrung

a. Bitte streichen Sie hier die Ausnahmefälle raus, die für Ihre Geschäfte ohnehin nicht in Frage kommen können.

CD . . . . *CD-Rom\sample: Rückgabebelehrung (Rückgabebelehrung.doc)*

Tipp . . . . . . *Praxis-Tipp: Kostenlosen Rücknahmeservice anbieten*

*Bieten Sie für die Rücksendung Ihrer Online-Käufer einen kostenlosen **Rücknahmeservice** an. Zu diesem Zweck legen Sie jeder Sendung beispielsweise einen DHL-Paketaufkleber für Retouren bei. Dies wäre ein praktisches Mittel, um der Problematik der »unfreien Rücksendung von Waren« beizukommen. Falls eine solche Regelung für Sie nicht in Betracht kommt, streichen Sie diesen Punkt.*

Ausnahmen   Vom Widerrufs- oder Rückgaberecht ausgeschlossen sind bei Fernabsatzverträgen folgende Waren (§ 312d BGB):

>> Speziell nach **Kundenspezifikation** angefertigte oder eindeutig auf die persönlichen Bedürfnisse zugeschnittene Waren. Bei der individuellen Zusammensetzung von Computern auf Kundenwunsch bleibt das Widerrufsrecht dann bestehen, wenn die einzelnen Komponenten leicht wieder voneinander getrennt werden können.

>> Schnell verderbliche oder sonstige Waren, deren **Verfallsdatum** bei der Rücksendung überschritten wird.

>> Gelieferte Audio- oder Videoaufzeichnungen sowie vom Kunden bereits entsiegelte Software.

>> Lieferung von Zeitungen, Zeitschriften und Illustrierten.

>> Erbringung von Wett- und Lotterie-Dienstleistungen sowie Verträge, die in Form von Versteigerungen geschlossen werden. Wichtig ist hierbei, dass mit **Versteigerung** der Begriff des BGB gemeint ist. Dabei kommt der Vertrag durch den **Zuschlag** des Versteigerers zustande. Da bei Online-Auktionen nach dem Vorbild von *eBay* der Vertrag nicht durch den Zuschlag, sondern durch Ablauf der gesetzten Auktionsdauer zustande kommt, erfasst der Ausschluss diese Versteigerungen gerade nicht. Auch bei eBay besteht also ein Widerrufsrecht, sofern Sie an einen Verbraucher verkaufen.

>> Lieferung von Waren oder die Erbringung von Finanzdienstleistungen, deren Preis auf dem Finanzmarkt starken Schwankungen unterliegt, z.B. Handel mit Aktien, Anteilsscheinen, Wertpapieren oder Devisen.

WWW dejure.org/gesetze/BGB/312d.html
dejure.org *(§ 312d BGB, Widerrufs- und Rückgaberecht)*

Beweis der
Belehrung   Kommt es zum **Streitfall**, müssen Sie als Anbieter nachweisen, dass der Kunde über das Widerrufs- oder Rückgaberecht belehrt wurde. Der reine Versand einer E-Mail ist dafür zwar ein **Indiz**, aber kein vollständiger **Beweis**. Hier bleibt ein Entscheidungsspielraum des Richters bestehen. Für

die volle Beweiskraft benötigen Sie eine korrekt bestätigte Rückmail des Kunden (**Opt-In**). Daher aktivieren Sie vorsichtshalber die automatische Empfangsbestätigung in Ihrem Mail-Programm. So erhöhen Sie zumindest die Chance für die Beweisbarkeit des Zugangs.

Nützlich ist auch die von uns bevorzugte Lösung, wie wir sie in *Kapitel 5* empfohlen haben. In den Bestellvorgang integrieren Sie dazu einen speziell beschrifteten Text, über den Ihr Kunde bestätigt, die AGB sowie das Widerrufs- oder Rückgaberecht gelesen zu haben. Ihr Kunde kann mit seiner Bestellung nur dann fortfahren, wenn er das Häkchen gesetzt hat. Der Klick dazu wird im **Logfile** protokolliert.

Allgemeine Geschäftsbedingungen

Der Einsatz von AGB zielt in den allermeisten Fällen auf die Stärkung der eigenen Rechtsposition ab. Gleichzeitig verlagert sich das Risiko zu Lasten der Kunden. Was also an sich durchaus legitim ist, benachteiligt den beteiligten **Vertragspartner**. Damit sich diese verschobene Rechtsposition nicht übermäßig nur einseitig verbessert, gibt es gewisse gesetzliche Grenzen bzw. Vorschriften.

Praxis-Tipp: Verschiedene AGB für Online-Shop und eBay-Plattform

Tipp......

Viele Online-Händler haben sich für ihren Online-Shop spezielle AGB stricken lassen, die sie auch einfach ohne weitere rechtliche Prüfung bei eBay einsetzen. Dies wäre jedoch abmahnfähig, da es dem eBay-Händler nicht zugestanden wird, den Vertragsschluss von der Übersendung der Ware oder einer Bestätigung in Textform abhängig zu machen. Werfen Sie diesbezüglich mal einen Blick in die eBay-eigenen AGB.

Unter **Allgemeinen Geschäftsbedingungen** (**AGB**) versteht man all diejenigen Vertragsbedingungen, die Sie festlegen und dem Verbraucher rechtzeitig mitteilen. Wichtig ist dabei, dass sie nur dann Bestandteil von Fernabsatzverträgen werden, wenn sie **wirksam** einbezogen wurden. Das heißt, dass der Kunde vor Vertragsschluss von diesen Bedingungen Kenntnis nehmen kann und mit der Gültigkeit einverstanden ist. Dazu ist es natürlich notwendig, dass Ihr Online-Kunde vor der Bestellung die AGB lesen kann. Nachträglich im Anhang einer Bestätigungsmail zugestellte Vertragsbedingungen sind nicht wirksam einbezogen und daher wirkungslos. Damit sich Ihre Kunden nicht darauf herausreden, dass sie die Informationen nicht gelesen haben, binden Sie sie in den Bestellablauf ein. Das Einverständnis des Kunden für Ihre AGB erhalten Sie am besten, wenn Sie sie in den Bestellvorgang mit einer entsprechenden Bestätigung einbauen. Zudem ist es empfehlenswert, auf die AGB an gut sichtbarer Stelle hinzuweisen, ohne dass der Verbraucher danach lange suchen muss.

AGB wirksam einbinden

WWW . . . . .

dejure.org/gesetze/BGB/312e.html

dejure.org *(§ 312e BGB, Pflichten im elektronischen Geschäftsverkehr)*

dejure.org/gesetze/EGBGB/241.html

dejure.org *(Art. 241 EGBGB, Informationspflichten für Verträge)*

Link auf Start-
seite zu den AGB

Im Normalfall verfügt Ihre Online-Shop-Software auf der Startseite und der Bestellseite über einen eigenen Link zu den AGB. Als Shop-Betreiber sind Sie verpflichtet, die AGB auf Ihren Webseiten in wiedergabefähiger Form abzuspeichern. Dies gelingt Ihnen, indem die AGB in einem eigenen Browser-Fenster angezeigt werden. Der Kunde kann sie über den Internet-Browser abspeichern oder ausdrucken, wobei sich HTML dafür nicht wirklich gut eignet. Besser Sie bieten deshalb ergänzend eine PDF-Datei zum Herunterladen an.

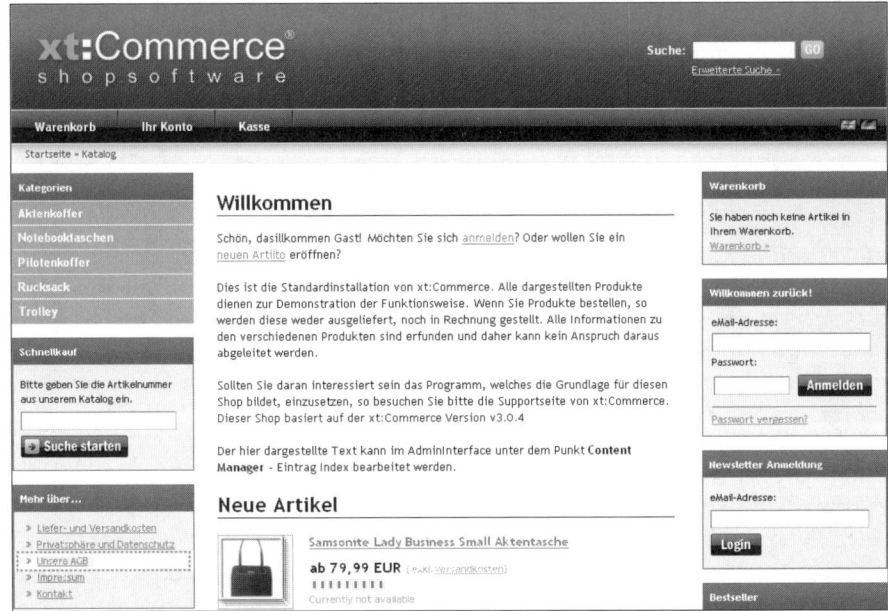

Abbildung 7.5: Link-Verweis auf der Startseite des Shops zu den AGB

Unwirksame AGB

Alle einzelnen Vorschriften Ihrer AGB sind nur dann gültig, wenn Sie die Vorschriften der §§ 307, 308 und 309 BGB beachten. Planen Sie den Einsatz ausführlicher AGB, holen Sie sich unbedingt fachkundigen Rat eines Rechtsanwalts, der Ihre AGB-Vorschriften inhaltlich kontrolliert. Nach der Generalklausel des § 307 BGB sind Bestimmungen in AGB **unwirksam,** wenn sie den Kunden entgegen den Geboten von **Treu und Glauben** unangemessen benachteiligen. Dies ist nach dem so genannten **Transparenzgebot** bereits dann der Fall, wenn der AGB-Inhalt unklar oder missverständlich formuliert ist. Achten Sie deshalb auf klare und verständliche Texte und versuchen Sie den Umfang auf maximal 2 bis 3 Bildschirmseiten zu beschränken.

In den §§ 308 und 309 finden Sie zudem einzelne **Klauselverbote**. Hierbei muss nicht explizit eine unangemessene Benachteiligung wie bei § 307 BGB festgestellt werden, sondern entsprechende Klauseln sind grundsätzlich nichtig. Dies betrifft z.B. Regelungen über pauschalierten **Schadensersatzanspruch**, kurzfristige Preiserhöhung, umfassende **Haftungsausschlüsse, Änderungs-** oder **Rücktrittsvorbehalt**.

Über das *BMWi-Gründerportal* finden Sie die »Übersicht Nr. 74« zu den AGB. Darin beschreibt die *IHK für München und Oberbayern* den Inhalt von AGB. Die darin folgenden Mindestinhalte sollten Sie dabei ebenso in Betracht ziehen. Natürlich dürfen und müssen Sie sie an die eigenen Unternehmensbedürfnisse anpassen. Beachten Sie bei der Abfassung Ihrer Vertragsbedingungen die neuen gesetzlichen Vorschriften. Das ehemalige **AGB-Gesetz** wurde bereits mit der Modernisierung des Schuldrechts aufgehoben. Die Vorschriften dazu integrierte man gemeinsam mit anderen Verbraucherschutzregelungen in die §§ 305 bis 310 BGB: **Haftung, Vertragsabschluss, Zahlungsmodalitäten, Lieferung/Lieferverzug, Mängelhaftung, Eigentumsvorbehalt, Preis** usw.

Quelle: IHK München

Grundvorschriften der Preisangabenverordnung

Bereits seit 1985 legt die **Preisangabenverordnung (PAngV)** zusätzliche Pflichten auf. Diese verfolgen im Wesentlichen die Ziele der **Preisklarheit** und **Preiswahrheit**. Hierbei handelt es sich um Anforderungen, die von Betreibern von Online-Shops gerne übersehen werden, weil sie aufgrund der Vielzahl der gesetzlichen Vorschriften den Überblick verlieren. Teilweise halten sich nicht einmal die Anbieter von Standard-Software-Produkten an die Mindestvorgaben. Bei einem Verstoß drohen kostspielige Abmahnungen und **Unterlassungsansprüche** von Mitbewerbern, **Verbraucherschutzverbänden** oder der Wettbewerbszentrale. Zudem kann eine **Ordnungswidrigkeit (Verstoß)** nach dem Wirtschaftsstrafgesetz mit Bußgeldern bis zu 25.000 € geahndet werden.

Preisangabenverordnung

Die Preisangabenverordnung differenziert zwischen **Anbietern** (Unternehmern) und **Letztverbrauchern**. Dabei gelten dieselben Grundsätze wie bei Fernabsatzverträgen. Gegenüber Unternehmern und Freiberuflern sind diese Vorschriften daher nicht zu beachten.

Sobald Sie Verbrauchern gewerbsmäßig Waren oder Dienstleistungen anbieten, müssen Sie den **Endpreis** angeben. Darunter versteht man den Preis, der einschließlich der Umsatzsteuer und sonstiger Preisbestandteile (Versicherungskosten und besondere Gebühren) zu zahlen ist. In Ihrem Online-Shop haben Sie auch die Verkaufs- oder Leistungseinheit und die **Gütebezeichnung** anzugeben, auf die sich dieser Endpreis bezieht. Bestellt ein Kunde mehrere Artikel, dann muss die Shop-Software dem Verbraucher stets eine Kontrolle über einzelne Artikel und deren Anzahl ermöglichen.

Grundvorschriften der PAngV

Sofern dem keine Rechtsvorschriften entgegenstehen, können Sie Ihre Bereitschaft angeben, über den angegebenen Preis zu verhandeln. Dabei ist insbesondere an **Preisbindungen** für spezielle Produkte, wie Bücher, zu denken. Bei Dienstleistungen können Sie, soweit dies üblich ist, auch Stunden-, Kilometer- und andere Verrechnungssätze angeben. Alle diese Elemente der Dienstleistung müssen die anteilige Umsatzsteuer enthalten. Die Materialkosten können Sie dabei in die Verrechnungssätze mit einbeziehen. Ein **Änderungsvorbehalt** für den Preis ist nur unter bestimmten strengen Voraussetzungen möglich.

Sämtliche Preisbestandteile angeben

Zusätzlich zu diesen Angaben bestimmt die PAngV die Angabe weiterer Informationen im Online-Handel. Danach müssen Sie angeben, dass die geforderten Endpreise die Umsatzsteuer und sonstige **Preisbestandteile** enthalten. Weiterhin muss angegeben werden, ob zusätzlich **Liefer-** und **Versandkosten** anfallen. Wenn das der Fall ist, dann ist deren Höhe zu nennen. Falls das nicht möglich ist, dürfen Sie nähere Einzelheiten zur Berechnung angeben, z.B. über Versandkostentabelle. Voraussetzung ist dabei, dass der Verbraucher mit Hilfe dieser Angaben die Versandkosten leicht selbst ermitteln kann. Durch diese umfangreichen Anforderungen bieten sich in der Praxis insbesondere Versandkostenpauschalen je nach Kategorie und/oder Anzahl der bestellten Artikel an.

Endpreise deutlich hervorheben

Im Online-Handel müssen Sie den Endpreis unmittelbar bei den Abbildungen oder Beschreibungen der Waren angeben. Das gilt auch für die Anzeige bei Preislisten, Schnäppchen, Neuigkeiten, Sonderangeboten usw. Unzulässig ist dagegen ein als »zusätzliche Informationen« gekennzeichneter Link oder ein bloßes »Sternchen« hinter dem Preis. Vertreiben Sie gewerblich Ihre Produkte an Verbraucher, so sind die Preise dem Angebot oder der Werbung eindeutig zuzuordnen. Der Angebotspreis muss leicht erkennbar oder auch sonst gut wahrnehmbar angebracht werden. Gliedern Sie dabei den Preis auf, so sind die Endpreise deutlich hervorzuheben.

Bieten Sie im Online-Shop Waren nach Gewicht, Volumen, Länge oder Fläche an, dann ist neben dem Endpreis in unmittelbarer Nähe die Angabe des **Grundpreises** zu platzieren. Damit bezeichnet man den Preis, der je Mengeneinheit zu zahlen ist, inklusive der Umsatzsteuer und sonstiger Preisbestandteile. Auf die Angabe des Grundpreises dürfen Sie nur dann verzichten, wenn dieser mit dem Endpreis identisch ist, z.B. Preis pro Stück.

Die übliche **Mengeneinheit** für den Grundpreis ist jeweils: 1 Kilogramm, 1 Liter, 1 Kubikmeter, 1 Meter oder 1 Quadratmeter. Bei Produkten mit einem **Nenngewicht** oder -**volumen** unter 250 Gramm oder Milliliter dürfen Sie als Mengeneinheit für den Grundpreis 100 Gramm oder Milliliter verwenden. Ansonsten haben Sie die Mengeneinheit zu verwenden, die der allgemeinen Verkehrsauffassung am ehesten entspricht. Bei Haushaltswaschmitteln dürfen Sie als Mengeneinheit für den Grundpreis die übliche Anwendung (Verpackungseinheit) verwenden. Dies gilt ebenso für einzeln portionierte Wasch- und Reinigungsmittel, solange Sie die Anzahl der Portionen zusätzlich zur Gesamtfüllmenge angeben.

Abbildung 7.6: Endpreis in unmittelbarer Nähe des Produkts

bundesrecht.juris.de/pangv/
Bundesministerium der Justiz *(Preisangabenverordnung)*

7.1.3   Schutz vor Datenmissbrauch

Der Erfolg eines Online-Shops steht und fällt mit dem Vertrauen der Kunden in dessen Betreiber – denn jeder Online-Shop speichert, verarbeitet und nutzt personenbezogene Daten. Dementsprechend zurückhaltend sind Internet-Nutzer gegenüber Geschäftstransaktionen im Internet. Die Besucher vertrauen ihre Daten nur einem seriösen Anbieter an. Verstärkt setzt sich die Einsicht durch, dass es sich für den Shop-Betreiber mit der Einhaltung der gesetzlichen Vorgaben um vertrauensbildende Maßnahmen handelt. Sie handeln kundenorientiert, sobald Sie die datenschutzrechtlichen Vorgaben berücksichtigen. Erfragen und speichern Sie mehr Kundendaten, als für die Bestellabwicklung eigentlich erforderlich ist, wechselt der Kunde im Zweifelsfall zu einem anderen Anbieter. Hierdurch beeinflussen Sie letztendlich den Erfolg oder Misserfolg Ihres Shops. Daher ist für den Shop-Betreiber ein effektives Datenschutzkonzept, das die gesetzlichen Vorgaben einhält und leicht zu realisieren ist, ein echter Wettbewerbsvorteil.

Das **Datenschutzrecht** in Deutschland umfasst eine Fülle an Vorschriften und Gesetzen. Es stellt ein sehr komplexes Rechtsgebiet dar und wird laufend und in teils kurzen Zeitabständen aktualisiert. Die wichtigsten Regeln ergeben sich aus vier Gesetzen. Das **Bundesdatenschutzgesetz** (**BDSG**) kann als das allgemeine Gesetz zum Datenschutz bezeichnet werden. Die **Telekommunikations-Datenschutzverordnung** (**TDSV**) regelt dabei den Datenschutz im Bereich der Telekommunikation. Den Datenschutz bei Telediensten regelt das Gesetz über die Nutzung von Telediensten (TDG) sowie das Gesetz über den Datenschutz bei Telediensten (**TDDSG**). Beide wurden im März 2007 durch das **Telemediengesetz** abgelöst. Und der Mediendienste-Staatsvertrag (MDStV) enthält Regeln zum Datenschutz in Mediendiensten.

Exkurs >>

Jugendschutzgesetz

Etwas einfacher macht es sich das neu geregelte **Jugendschutzgesetz** (**JuSchG**). Ein zentraler Punkt betrifft die bisherige Trennung in Teledienste (Zuständigkeit des Bundes) und Mediendienste (Zuständigkeit der Länder), die seit 2003 aufgehoben ist. Hier unterscheidet man zielgruppengerechter zwischen **Telemedien** (Tele- und Mediendienste) sowie **Trägermedien** (Videokassetten, Bücher, Musik-CD, CD-ROM und DVD). Bislang hat sich diese Unterscheidung leider noch nicht richtig durchsetzen können.

Tipp ....

Praxis-Tipp: Alterskontroll-Mechanismen

*Als Online-Händler sind Sie verpflichtet, den Verkauf von Waren, die nur für volljährige Personen bestimmt sind, nicht an **Minderjährige** auszuliefern. Sicherstellen können Sie dies mit Hilfe anerkannter **Alterskontroll-Mechanismen**, z.B. **Post-Ident**-Verfahren. Hierbei erfolgt mit Hilfe der deutschen Post eine Identifizierung, entweder in den Filialen der deutschen Post oder durch die Zustellperson am Empfangsort der Waren.*

Nationale Gesetze zum Datenschutz

Anwendungs-bereich der Datenschutz-gesetze

Um einen Überblick über den Anwendungsbereich dieser Gesetze zu erhalten, erscheint eine Gliederung in verschiedene Phasen sinnvoll. Die erste Phase stellt die **Transportphase** (Stufe 1) dar: Die Telekommunikation findet über den Internet-Browser oder über E-Mail statt. Hier greift die **Telekommunikations-Datenschutzverordnung** (**TDSV**). Die zweite Phase ordnet man hier zum »**Online-Recht**«, da sie die Interaktion zwischen Anbieter und Nutzer erfasst (Stufe 2) und der Kunde durch den Besuch Ihres Online-Shops ein Internet-Angebot nutzt. In dieser Phase sind die Regelungen des TDG, TDDSG und des MDStV zu beachten. Die dritte und letzte Phase nennt sich »**Offline-Recht**«. Hier geht es um den Inhalt der Kommunikation, ganz besonders um den Abschluss eines Kaufvertrags (Stufe 3) in Form eines Fernabsatzvertrages. Hier greift das BDSG. In den folgenden Absätzen erläutern wir Ihnen diese Gesetze näher.

Mit den **Transportdiensten** bezeichnet man die Dienste auf der reinen Transportebene, z.B. DSL, ISDN, E-Mail-Transport oder IP-Telefonie. Zu den wesentlichen Vorschriften zählen das **Telekommunikations-Gesetz** (**TKG**) und die TDSV. Diese Vorschriften regeln die technische Infrastruktur des Internets bei den Telekommunikationsanbietern.

Tele- und Mediendienste (Telemedien)

Teledienste sind Informations- und Kommunikationsangebote, die für eine individuelle Nutzung bestimmt sind. Deren Daten werden über Telekommunikation übermittelt. Beispiele: Online-Banking, Online-Shop, Online-Marketing, Homepages, Suchmaschinen, E-Mail, Börsenticker usw. Für diese Dienste richtet sich der Datenschutz vornehmlich nach dem Telemediengesetz (TMG).

Mediendienste sind an die Kunden gerichtete Informations- und Kommunikationsdienste. Informationen werden mit Hilfe von Bildern, Tönen oder Texten verbreitet. Hierfür stehen in der Regel redaktionell bearbeitete Medien im Vordergrund, die elektronisch verteilt werden. Beispiele: Teleshopping, Videotext, Online-Zeitungen usw. Die dazu maßgeblichen Normen und Gesetze stehen im **Mediendienste-Staatsvertrag (MDStV)**. Seit März 2007 löst das neue **Telemedien-Gesetz (TMG)** die wichtigsten drei Vorgaben ab: Mediendienste-Staatsvertrag, Teledienste-Datenschutz- und Teledienste-Gesetz. Problematisch ist bislang noch die Kompetenzverteilung. Für die Teledienste ist der Bund zuständig, für die Mediendienste die Länder. Das Gesetz wird daher umgangssprachlich schon als **Internet-Gesetz** bezeichnet. Speziell im Bereich Jugendschutz sind die Regelungen des **Jugendmedienschutz-Staatsvertrags (JMStV)** relevant.

Datenschutzvorschriften im Online-Handel

Das TDDSG stellt den Schutz personenbezogener Daten im Online-Handel sicher. Es trat 1997 zusammen mit dem Teledienste-Gesetz und dem **Signaturgesetz** in Kraft. Diese Beiden wurden 2007 durch das **Telemediengesetz** abgelöst. Darüber hinaus beinhaltet das Gesetz zahlreiche für den Online-Händler relevante Pflichten und Grundsätze. Betroffen davon sind beispielsweise statistische Auswertung der Webserver-**Logfiles** und (Bestell-)**Formulare**, in denen Nutzer persönliche Daten eingeben.

Als Shop-Anbieter dürfen Sie zwar personenbezogene Daten erheben, verarbeiten und nutzen, jedoch nur im Rahmen des gesetzlich erlaubten Rahmens oder falls der Nutzer dazu eingewilligt hat. Die Einwilligung des Nutzers kann unter bestimmten Voraussetzungen auch elektronisch erfolgen. Sie dürfen Ihre Diensteerbringung jedoch nicht von einer Einwilligung des Nutzers zum Gebrauch seiner Daten für andere Zwecke abhängig machen. Im Internet gilt der Grundsatz, dass Sie so wenige Daten wie möglich zu erheben haben. Dazu müssen Sie selbst entscheiden, welche Vertragsdaten Sie wirklich benötigen. Für Online-Bestellungen reichen der Kundenname und seine Anschrift sowie die E-Mail-Adresse und natürlich Angaben zur Zahlungsabwicklung. Über welches Nettoeinkommen der Kunde verfügt oder wie alt er ist, braucht Sie für die Auftragsabwicklung nicht zu interessieren.

Grundsätze beachten

Natürlich sind viele Unternehmen, die auf Online-Marketing setzen, sehr interessiert an umfangreichen **Kundendaten** und -**profilen**. Damit wäre eine direkte und gezielte Ansprache potenzieller Kunden möglich. Kontaktieren Sie Kunden oder Interessenten mittels elektronischer Kommunikationsmittel (Telefax, E-Mail, SMS oder MMS), stellt sich die Frage, ob Sie dem Kunden eine Werbebotschaft zukommen lassen dürfen. Eventuell stellt dies bereits eine unerlaubte Belästigung dar. Sie als Shop-Betreiber halten sich deshalb an

Rechtliche Vorgaben im Bereich Werbung

einige Verhaltensregeln im Marketingbereich. Im Zusammenhang mit bestehenden **Kunden** dürfen Sie nur Werbung versenden, falls eine nachweisbare Einwilligung vorliegt. Der Kunde muss in der Lage sein, den Informationsdienst einfach einzustellen, z.B. einen Newsletter-Versand abzubestellen (**unsubscribe**). Einen dementsprechenden Hinweis, dass der Zusendung jederzeit widersprochen werden kann, müssen Sie in jeden Newsletter aufnehmen. Überhaupt dürfen Sie Kunden nur mit Werbung für eigene Produkte versorgen. Widerspricht ein Kunde, darf er künftig nicht mehr angesprochen werden. Einem **Interessenten,,** mit dem noch keine Geschäftsbeziehung besteht, darf grundsätzlich nur Werbung zukommen, falls eine nachweisbare Einwilligung per Telefon, Telefax oder E-Mail vorliegt.

Gerade der deutsche Markt reagiert auf unerwünschte Werbung sehr empfindlich und versucht, besonders sensible Kundendaten zu schützen. So müssen Sie den Kunden ermöglichen, für die angebotenen Dienste ein **Pseudonym** zu nutzen, z.B. genügt für die Newsletter-Anmeldung eine »anonyme« E-Mail-Adresse. Aus dem Pseudonym dürfen Sie niemals Rückschlüsse auf den tatsächlichen Nutzer ziehen, d.h., Sie dürfen das Nutzerprofil nicht mit dem Pseudonym zusammenführen.

Sie nutzen natürlich mit Ihrem Shop einen Teledienst, damit fallen auf der Stufe 2 Bestands-, Abrechnungs- und Nutzungsdaten an:

>> **Bestandsdaten** sind nötig für die Abwicklung des Vertrags über die Nutzung eines Teledienstes.

Solche **Stammdaten** dürfen Sie deshalb ohne besondere Einwilligung erheben, verarbeiten und nutzen. Eine anderweitige Nutzung, z.B. für Werbezwecke, ist nur mit ausdrücklicher Zustimmung erlaubt.

>> **Nutzungsdaten** sind die Daten, die dem Nutzer die Inanspruchnahme des Teledienstes ermöglichen sollen.

Ohne Einwilligung dürfen dabei nur solche Daten erhoben, verarbeitet oder genutzt werden, die für den Dienst erforderlich sind. Daten hingegen zur Identifikation des Nutzers, zum Beginn sowie Umfang und Ende der jeweiligen Nutzung, sowie Angaben über den genutzten Dienst sind spätestens unmittelbar nach Ende der jeweiligen Nutzung zu löschen, außer sie werden zur Abrechnung benötigt (**Abrechnungsdaten**).

Datensicherheit   Nehmen Sie während der Auftragsabwicklung die **Integrität** (Unversehrtheit), **Authentizität** (Echtheit) und **Vertraulichkeit** der Kundendaten ernst. Die sicherheitstechnischen Vorkehrungen müssen im Rahmen Ihres IT-Sicherheitskonzeptes auf dem aktuellen Stand der Technik sein (*Kapitel 4*). Die dazu eingesetzten Verfahren müssen Sie und Ihre Kunden vor allen relevanten Bedrohungen schützen. Als Betreiber eines Online-Shops sind Sie verpflichtet, ein geeignetes **IT-Sicherheitskonzept**, Verschlüsselungstechnologien und sichere Webserver einzusetzen.

Alle Vorkehrungen zielen darauf ab, die **Privatsphäre** des Kunden und seine Daten vor Missbrauch zu schützen. Im Rahmen des TDDSG gilt ein gewisser Schutzcharakter auch für die Nutzungsdaten. Die Weitergabe von Nutzungsdaten ist nur in anonymisierter Form erlaubt. Falls gespeicherte Nutzungsdaten nicht mehr benötigt werden, so sind die angefallenen persönlichen Daten über den Ablauf des Zugriffs sofort nach Beendigung der Nutzung zu löschen oder zu sperren. Sie müssen dem Kunden darüber hinaus gewährleisten, dass Sie die Daten vor Nutzung unberechtigter Dritten schützten und die Daten verschiedener Dienste getrennt verarbeiten. Lediglich für Zwecke der Abrechnung dürfen Sie diese gemeinsam verwenden.

Privatsphäre der Kunden beachten

Nach dem BDSG ist einiges zu beachten, bei einer Bestellung in Online-Shops und der darauf folgenden Vertragsabwicklung (Offline-Phase). Ohne Einwilligung des Betroffenen ist die Verarbeitung personenbezogener Daten nur in bestimmten Fällen zulässig. Dabei unterscheidet das BDSG zwischen der Verarbeitung zu eigenen **Geschäftszwecken** und der geschäftsmäßigen Verarbeitung zum Zwecke der Übermittlung. Dies ist immer dann der Fall, wenn ein Unternehmer Daten ausschließlich zu dem Zweck sammelt, sie einem Dritten zur Verfügung zu stellen. In vielen Fällen ist eine Einwilligung des Nutzers erforderlich. Zulässig ist dagegen im Rahmen der Verarbeitung zu eigenen Geschäftszwecken Folgendes:

>> Die Verarbeitung zur Abwicklung eines Vertrags mit dem Betroffenen: Hierbei gilt das Prinzip der **Erforderlichkeit**. Die Verarbeitung ist nur insoweit zulässig, als sie zur Abwicklung des Vertrags erforderlich ist. Eine zulässige Nutzung liegt dabei in jedem Falle bei allgemein zugänglichen Daten vor. Das sind solche Daten, die einem nicht bestimmbaren Personenkreis zugänglich gemacht werden (z.B. Angaben im Telefonbuch).

>> Eine Datenverarbeitung ist nur dann möglich, wenn ein sonstiges berechtigtes Interesse an der Datenverarbeitung besteht: Dabei muss die Datenverarbeitung für einen eigenen, berechtigten Zweck erforderlich sein; des Weiteren dürfen keine schutzwürdigen Belange des Betroffenen entgegenstehen.

Als Shop-Betreiber sind Sie verpflichtet, die Kunden zu Beginn ihres ersten Einkaufs über Art, Umfang und Zwecke der Datenverarbeitung zu informieren. Kernstück der datenschutzrechtlichen Information für den Internet-Besucher ist eine **Datenschutzerklärung**. Diese binden Sie am besten an zentraler, gut sichtbarer Stelle ein, z.B. in der Navigationsleiste. Damit ist sie von überall mit nur einem Mausklick erreichbar. Benötigen Sie vom Besucher eine elektronische Einwilligung, so muss sichergestellt sein, dass sie durch seine bewusste Handlung erfolgt. Ein versehentlicher Mausklick des Nutzers darf keine Einwilligung bewirken. Diese Einwilligung müssen Sie protokollieren und den Inhalt der Einwilligung für den Nutzer abrufbar machen.

Pflichten des Dienstanbieters

Praxis-Tipp: Kunden über den Einsatz von Cookies informieren

*Im Online-Handel werden für den **Warenkorb** oder das **Tracking** häufig **Cookies** genutzt. Der Vorteil besteht darin, dass gewisse Grunddaten des Nutzers für Formulare vorhanden sind. Außerdem bleiben die Daten für eine spätere Wiedernutzung im Falle von technischen Problemen auf Seiten des Nutzers erhalten. Hierin ist eine besondere Form der Datenerhebung zu sehen, denn in Cookies sind Informationen des Nutzers gespeichert. In diesem Fall wäre eigentlich die Einwilligung des Nutzers erforderlich. Theoretisch könnte man mit Hilfe dieser Informationen komplette Nutzerprofile erstellen und sammeln. Dies ist übrigens auch gängige Praxis bei unseriösen Anbietern, was die Flut von so genannter Spam-Mails noch vergrößert.*

*Wir empfehlen Ihnen daher, dem Kunden innerhalb der **Datenschutzrichtlinien** anzuzeigen, wenn Sie Cookies verwenden möchten. Damit fördern Sie auch das Kundenvertrauen, indem Sie über Zweck und Inhalt der Cookies informieren. Weisen Sie dabei auch unbedingt auf die Möglichkeit hin, dass Ihr Kunde über die Browser-Einstellungen die Funktion der Cookies abschalten kann. Ein pauschaler Hinweis oder sogar eine Unterrichtung im Nachhinein sind bedeutungslos.*

Ausdrückliche Zustimmung

Im Falle von Tele- und Mediendiensten reicht es nicht aus, den Kunden ein **Widerspruchsrecht** für die Verarbeitung der Daten einzuräumen. Eine pauschale Einwilligung innerhalb der AGB ist ebenso ungenügend und ist für eine wirksame Einwilligung nicht ausreichend. Der Nutzer muss der Verwendung seiner persönlichen Daten ausdrücklich zustimmen. Auch das **Bundesdatenschutzgesetz** ist insoweit für die Offline-Ebene (Stufe 3) eindeutig: Eine **Einwilligung** ist nur dann wirksam, wenn sie auf der freien Entscheidung des Betroffenen beruht. Diese Einwilligung müssen Sie protokollieren und sicherstellen, dass sie durch den Nutzer jederzeit abrufbar ist. Dies ist vor allem dann erforderlich, wenn persönliche Daten an Dritte zu Werbezwecken übermittelt werden (Weitergabe an Dritte). Im Online-Handel ist für eine normale Bestellabwicklung keine Einwilligung erforderlich.

Löschen, berichtigen oder sperren

Dem Nutzer steht ein **Auskunftsrecht** zu. Danach kann er jederzeit unentgeltlich Auskunft über seine gespeicherten Daten verlangen. Auf seinen Wunsch hin müssen Sie seine Daten löschen oder korrigieren. Informieren Sie den Kunden auch darüber, dass er eine einmal erteilte Einwilligung jederzeit widerrufen kann (**Widerrufsrecht**). Solche Hinweise müssen Sie klar und verständlich formulieren. Sehr wichtig ist auch die sofortige Verfügbarkeit auf der Homepage des Internetauftritts – so ersparen Sie sich Ärger mit Anwälten (Abbildung 7.5). Ein pauschaler Hinweis auf die AGB, die dann die entsprechenden Informationen enthalten, reicht nicht aus. Bei Verstoß gegen die Anforderungen an den Datenschutz drohen wiederum erhebliche Bußgelder von bis zu 50.000 €.

bundesrecht.juris.de/bdsg_1990/
Bundesministerium der Justiz *(Bundesdatenschutzgesetz)*

Muster einer Datenschutzerklärung

Für Ihren Online-Shop ist eine **Datenschutzerklärung** erforderlich. Nachfolgend haben wir für Sie einen einfachen Vorschlag verfasst, den Sie natürlich noch an Ihre jeweiligen Bedürfnisse anpassen müssen. Das Muster dient als Orientierungshilfe und soll keine rechtliche Beratung ersetzen. Ausführliche Ergänzungen sind vor allem dann nötig, wenn Sie in umfangreichen Maße Daten erfassen. Ganz besondere Vorsicht ist auch geboten, wenn Sie Daten an Dritte, speziell an Stellen außerhalb der EU weiterleiten. In einem solchen Fall benötigen Sie dringend fachkundige Rechtsberatung.

Datenschutzerklärung

Herzlich Willkommen bei [Anbieter]. Wir freuen uns, dass Sie unsere Webseiten besuchen und bedanken uns für Ihr Interesse an unserem Unternehmen und unseren Produkten. Der Schutz Ihrer Privatsphäre und persönlichen Daten bei der Nutzung unserer Webseiten ist uns wichtig. Daher halten wir uns strikt an die Regeln der Datenschutzgesetze. Personenbezogene Daten erheben wir nur im technisch notwendigen Umfang.

Die nachfolgenden Erklärungen geben Ihnen Aufschluss darüber, wie wir diesen Schutz gewährleisten und welche Daten zu welchem Zweck erhoben werden.

Keine Weitergabe personenbezogener Daten (Pflichtfeld)

Wir geben Ihre personenbezogenen Daten einschließlich Ihrer Hausanschrift und E-Mail-Adresse nicht an Dritte weiter. Ausgenommen hiervon sind lediglich unsere Dienstleistungspartner, die wir zur Abwicklung Ihrer Bestellung benötigen. Dazu gehören [Logistikpartner], [Distributor], [Hausbank] oder die Schufa. In diesen Fällen leiten wir die Daten gemäß den Vorgaben des Bundesdatenschutzgesetzes weiter. Der Umfang der übermittelten Daten beschränkt sich auf ein Mindestmaß.

Auskunft, Berichtigung, Sperrung und Löschung von Daten (Pflichtfeld)

Im Rahmen des Bundesdatenschutzgesetzes haben Sie jederzeit ein Recht auf Auskunft, Berichtigung, Sperrung oder Löschung Ihrer gespeicherten Daten. Sofern der Löschung gesetzliche, vertragliche, handels- bzw. steuerrechtliche Aufbewahrungsfristen oder Gründe entgegenstehen, erfolgt anstelle einer Löschung eine Sperrung Ihrer Daten. Kontaktieren Sie uns auf Wunsch per E-Mail [info@domain.de], Telefon [0815 / 123456] oder Telefax [0815 / 123457].

Externe Links und fremde Inhalte (Pflichtfeld)

Die Inhalte dieser Domain wurden mit größter Sorgfalt erstellt. Dennoch übernehmen wir keine Garantie für Aktualität und Vollständigkeit. Verantwortlich sind wir nur für eigene Inhalte, nicht aber für fremde Inhalte. Für weiterführende Informationen finden Sie bei uns zahlreiche Links, die auf Webseiten Dritter verweisen. Alle externen Links haben wir auf rechtswidrige Inhalte überprüft und zum jeweiligen Zeitpunkt waren solche nicht erkennbar. Bezüglich fremder Inhalte besteht keine allgemeine Überwachungs- und Prüfungspflicht. Bei Kenntnis rechtswidriger Inhalte überprüfen wir diese sofort und werden sie gegebenenfalls unverzüglich entfernen. Externe Links öffnen sich immer in einem neuen Browser-Fenster und sind deutlich erkennbar anhand folgender Merkmale: (externer Link), http:// oder https://.

Tabelle 7.3: Muster für die Datenschutzerklärung

Anonyme Datenverarbeitung (falls verwendet)

Wir erheben und speichern in den Logfiles unseres Webservers nur die Informationen, die Ihr Browser an uns übermittelt. Dies sind: Betriebssystem, Browser-Typ/-Version, Name Ihres Internet Service Providers, Uhrzeit der Server-Anfrage, Webseite, von der aus Sie uns besuchen (Referrer-URL), und Webseiten, die Sie bei uns besuchen.

Diese Daten lassen sich keinen bestimmten Personen zuordnen, d.h., Sie bleiben als einzelner Nutzer hierbei anonym. Eine Zusammenführung dieser Daten mit anderen Datenquellen wird nicht vorgenommen. Nach erfolgter statistischer Auswertung werden sämtliche Daten gelöscht.

Cookies (falls verwendet)

Diese Website benutzt Google Analytics, einen Webanalysedienst der Google Inc. Diese Web-analyse nutzt so genannte Cookies (= kleine Textdateien), die eventuell auf Ihrem Rechner gespeichert werden und eine Auswertung der Benutzung unserer Website durch Sie ermöglichen. [a]

Unser Online-Shop verwendet für den Inhalt Ihres Warenkorbs so genannte Cookies. Diese dienen dazu, unser Angebot nutzerfreundlicher, effektiver und sicherer zu machen. Cookies sind kleine Textdateien, die Ihr Internet-Browser auf Ihrem Rechner ablegt und speichert. Die meisten der von uns verwendeten Cookies sind so genannte »Session-Cookies«, diese werden nach Ende Ihres Besuchs automatisch gelöscht. Cookies richten auf Ihrem Rechner keinen Schaden an und enthalten auch keine Viren.

Newsletter (falls verwendet)

Bestellen Sie den von uns angebotenen Newsletter, benötigen wir von Ihnen nur eine gültige E-Mail-Adresse. Nach der Anmeldung sendet Ihnen unser System eine E-Mail mit einem Aktivie-rungs-Link, womit Sie die Eintragung bestätigen. Damit gewährleisten wir, dass Sie tatsächlich der Inhaber der angegebenen E-Mail-Adresse sind und Sie mit dem Empfang des Newsletters einverstanden sind. Ihre Einwilligung zur Speicherung der E-Mail-Adresse sowie deren Nutzung zum Versand des Newsletters können Sie jederzeit widerrufen.

Weitere Informationen

Ihr Vertrauen ist uns wichtig. Daher möchten wir Ihnen jederzeit Rede und Antwort bezüglich der Verarbeitung Ihrer personenbezogenen Daten stehen. Wenn Sie Fragen haben, die Ihnen diese Datenschutzerklärung nicht beantworten konnte oder wenn Sie zu einem Punkt weitergehende Informationen wünschen, wenden Sie sich bitte vertrauensvoll an uns [info@domain.de].

Die Grundsätze zum Datenschutz sind rechtlich in unseren AGB verankert.

[Brief- und E-Mail-Adresse des Anbieters/Zuständigen/Datenschutzbeauftragten]

Tabelle 7.3: Muster für die Datenschutzerklärung (Forts.)

a.   Dieser Absatz ist nur dann notwendig, falls Sie Google Analytics einsetzen. Wenn Sie
     nur Cookies nutzen, so genügt der folgende Absatz.

CD-Rom\sample: Datenschutzerklärung (Datenschutzerklärung.doc)

7.1.4   Auswirkungen auf den Online-Handel

Haftung für eigene Inhalte

Neben den allgemeinen und besonderen Informationspflichten regelt das TDG auch, inwieweit Sie als Betreiber einer Website für deren Inhalt verant-wortlich sind. Dabei geht es um die grundsätzliche Frage: Wann und unter welchen Voraussetzungen haften Sie für Informationen auf Ihrer Website? Es gilt laut allgemeinen Gesetz, dass Sie immer verantwortlich sind für eigene **Inhalte** und Informationen.

Für fremde Informationen sind Sie dagegen grundsätzlich nicht verantwortlich. Fremde Informationen sind z.B. Produktbeschreibungen, Erfahrungsberichte oder Zitate. Bei der erstmaligen Verlinkung auf externe Quellen haben Sie den fremden Inhalt zu überprüfen. Danach besteht keine allgemeine Prüfungs- und Überwachungspflicht mehr – außer Sie erhalten Kenntnis von zivil- oder strafrechtlichen Inhalten, z.B. durch die Presse oder einen Hinweis von Kunden. Bei den rechtswidrigen Inhalten ist insbesondere relevant: Pornographie, verfassungswidrige Parteien/Organisationen, verbotene Dienstleistungen oder verbotene Publikationen.

Keine Haftung für externe Inhalte/ Links

Haftungsausschluss für externe Inhalte

Praxis-Tipp: Keinen pauschalen Disclaimer für externe Links einsetzen

Tipp . . . . . .

*Ein pauschaler **Disclaimer** oder **Haftungsausschluss** schadet mehr, als dass er nutzt. Möglicherweise beurteilt ein Richter ihn sogar als Indiz für vorhandenes Unrechtsbewusstsein. Sobald Sie auf Ihrer Homepage also einen Disclaimer verwenden, zeigen Sie im Grunde schon, dass Ihnen die Möglichkeit von Rechtsverletzungen durch Hyperlinks bekannt ist. Es gibt daher keine optimale Lösung, sich aus der Haftungsfalle heraus zu stehlen. Besser ist es stattdessen, vor dem Setzen eines Hyperlinks die entsprechende Seite manuell zu überprüfen und eventuell auf das Datum der letzten Link-Prüfung hinzuweisen. Eine laufende Überprüfung externer Links ist bisher nicht erforderlich. Sie müssen diesen Link jedoch schnellstmöglich entfernen, sobald Sie Kenntnis davon bekommen, dass sich auf der verlinkten Webseite **rechtswidrige Inhalte** befinden.*

Beispiel für einen pauschalen Disclaimer: »Der Autor übernimmt keinerlei Gewähr für die Aktualität, Korrektheit, Vollständigkeit oder Qualität der bereitgestellten Informationen.« Bitte einen solchen Satz nie verwenden!

jendryschik.de/misc/disclaimer
Michael Jendryschik *(Warum Disclaimer dem WWW schaden.)*

WWW . . . . .

Früher war man sich darüber einig, dass zu den eigenen Informationen und Inhalten auch solche Dritter gehören, die sich der Dienstanbieter zu eigen macht. Damit war der Fall gemeint, in dem der Betreiber einer Website nicht deutlich zum Ausdruck brachte, dass der Zielinhalt nicht der eigene ist. Diese Frage stellt sich besonders für die **Links**, die auf externe Inhalte verweisen, auch wenn diese in Framesets eingebaut sind. Rechtlich bedenklich: Gerade bei Frames wird der externe Inhalt oft so eingebaut, dass die URL nicht mehr in der Adresszeile des Browsers erscheint. Auf den ersten Blick erscheint dem Besucher die angezeigte Seite somit nicht als fremder Inhalt.

Eigener oder fremder Inhalt

Durch die **E-Commerce-Richtlinie** wurde diese Unterscheidung in Frage gestellt, da diese Richtlinie nicht in eigene und fremde Inhalte trennt. Eine eindeutige Rechtslage ist momentan noch nicht gegeben. Allerdings geht die Tendenz wohl dahin: Sie als Website-Betreiber müssen die eigenen von den fremden Inhalten abgrenzen. Je nachdem, ob Sie die Informations- oder Inhaltsänderung steuern, veranlassen oder beeinflussen können. Entscheidend ist dabei, wie viel Einfluss Sie tatsächlich auf diese fremden Inhalte haben. Das gilt in besonderem Maße für Produktbeschreibungen, -datenblätter, -bilder oder Erfahrungsberichte über Produkte, die Sie von anderen Seiten übernehmen.

Tipp . . . . . .

Praxis-Tipp: Eigene und fremde Inhalte kenntlich machen

Weisen Sie Besucher in Ihrer Datenschutzerklärung darauf hin, dass sich auf Ihren Webseiten Querverweise (æ) befinden. Sorgen Sie dafür, dass sich externe Links immer in einem neuen Browser-Fenster öffnen. Kennzeichnen Sie zusätzlich alle Links auf folgende Weise:

– *externe Links:* `http://www.domain.de`

– *interne Links:* `Datenschutzerklärung`

Prüfen Sie bei der erstmaligen Verlinkung auf externe Quellen den fremden Inhalt darauf, ob rechtswidrige Inhalte enthalten sind.

Klare Verantwortung für Ihre Seite

Dies ist allerdings nur eine aktuelle Tendenz und Sie müssen abwarten, wie sich die Rechtssprechung zu diesem Problem entscheiden wird. Falls Sie im stärkeren Umfang auf andere Seiten verlinken oder eine Link-Sammlung bereitstellen, sollten Sie dafür wie bereits erwähnt niemals einen pauschalen **Disclaimer** einsetzen. Besser ist ein ausführlicher Text, der auf die **Verantwortlichkeit** der Betreiber der jeweiligen Zielseite hinweist und darüber hinaus einige klarstellende Aussagen enthält:

>> Die Inhalte Ihrer Seiten wurden mit größter Sorgfalt erstellt, Sie übernehmen aber keine Garantie für Aktualität und Vollständigkeit.

>> Sie sind grundsätzlich nur für die eigenen Inhalte verantwortlich, nicht aber für fremde Inhalte.

>> Dass Ihr Angebot auch Links zu externen Seiten von dritten Personen enthält, und Sie auf deren Inhalt keinen Einfluss haben und stets der jeweilige Anbieter oder Betreiber verantwortlich ist.

>> Dass Sie die verlinkten Seiten auf rechtswidrige Inhalte überprüft haben und zu diesem Zeitpunkt solche nicht erkennbar waren.

>> Bezüglich fremder Inhalte besteht keine allgemeine Überwachungs- und Prüfungspflicht. Bei Kenntnis rechtswidriger Inhalte überprüfen Sie diese aber sofort und soweit dies erforderlich, werden Sie diese Verweise unverzüglich entfernen.

Bedenken Sie allerdings immer: Nur ein Fachanwalt kann abschließend für jeden Einzelfall beurteilen, ob ein Disclaimer in Ihrem Fall mehr schadet oder mehr nützt. Die oben stehenden Punkte dienen nur als grobe Orientierungshilfe.

Urheberrechte und Urheberschutz im Internet

Im Internet sind auch die Grundsätze des **Urheberrechts** zu beachten. Wenn Sie Inhalte verwenden, die nicht von Ihnen selber erstellt wurden, müssen Sie an das Urheberrecht denken. Bei Verletzung dieser Rechte drohen Ihnen Zahlungen für **Schadensersatzansprüche**. Obendrein müssen Sie vielleicht noch mit einer strafrechtlichen Verfolgung rechnen.

Urheberrecht greift auch im Internet

Das Urheberrecht entsteht im deutschen Recht generell mit der Schaffung eines **Werkes**, sofern dieses urheberrechtlich schutzfähig ist. Wichtig ist dabei: Es entsteht der Schutz ohne Einhaltung irgendwelcher formeller Voraussetzungen. Insbesondere ist es nicht erforderlich, es bei den **Verwertungsgesellschaften** (*GEMA*, *Verwertungsgesellschaft Wort* usw.) anzumelden oder einen **Urheberrechtsvermerk** (z.B. Copyright oder ») anzubringen. Voraussetzung ist, es handelt sich um eine persönliche Schöpfung, die einen geistigen Gehalt, eine ihn repräsentierende sinnlich wahrnehmbare Formgestaltung oder einen hinreichenden Grad an schöpferischer Eigentümlichkeit aufweist. Dabei muss das Werk nur das Durchschnittliche überragen und es müssen individuelle Eigenheiten vorhanden sein. Nicht geschützt ist demnach das, was jeder mit seinen durchschnittlichen Fähigkeiten zu leisten im Stande ist. Dabei könnte im Internet speziell Folgendes unter den **Urheberschutz** fallen:

Urheberrecht für geistige Werke

>> Gestaltung und Aufbau von Internetseiten

>> Fotos, Zeichnungen, Filmsequenzen, Sprach- und Schriftwerke

>> Sammlungen von Daten, Datenbanken und Internet-Adressen

Der Urheberschutz drückt sich aus in dem **Urheberpersönlichkeitsrecht**. Danach entscheidet der Urheber alleine darüber, ob, in welcher Art und Weise und ab welchem Zeitpunkt seine Werke veröffentlicht werden. Gleichzeitig kann der Urheber vorgeben, ob bei einer eventuellen Verwertung sein **Name** genannt werden muss oder ein entsprechendes **Pseudonym**. Zwar gestattet das Urheberrecht den **Privatgebrauch**, davon erfasst ist auch die einmalige Vervielfältigung durch Herunterladen auf die eigene Festplatte (**Sicherungskopie**). Dennoch ist die Wiedergabe auf der eigenen Website nicht erlaubt, da dies aufgrund der Vielzahl der Nutzer nicht mehr zum privaten Gebrauch zählt.

Schutz des Urheberrechts

Wollen Sie fremde Werke auf Ihrer Seite einbinden, brauchen Sie die **Genehmigung** des Urhebers. Im Zweifelsfall holen Sie sich lieber anwaltlichen Rat ein. Auch wenn Sie die Genehmigung des Urhebers haben, sollten Sie ausdrücklich darauf hinweisen, dass es sich um das Werk eines anderen Urhebers handelt.

Wichtige
Urheberrechte
Im Folgenden erläutern wir einige wichtige Punkte des Urheberrechts. Auch hierbei ist die Rechtssprechung leider sehr ungleich und sollte deshalb stets verfolgt werden:

>> **Grafikdateien** sind frei nutzbar – sobald sie der Urheber zur Benutzung freigegeben hat oder diese direkt zur freien Verwendung geschaffen wurden. Das ist der Fall bei Downloads von Online-Bildergalerien oder bei Cliparts, die in Programmen verwendet werden.

>> Fremde **Markenzeichen** oder **Logos** dürfen verwendet werden – wenn dabei aus dem Zusammenhang klar wird, dass es sich um ein fremdes Logo handelt. Im Online-Shop platzieren Sie z.B. die Markenzeichen oder Logos direkt neben dem Produkt. Falls die Logos einen Urheberrechtsvermerk enthalten, sollten Sie diesen dazu angeben.

>> **Texte** sind in der Regel immer urheberrechtlich geschützt. Nicht geschützt sind dagegen allgemein gehaltene Beschreibungen über Produkte und Dienstleistungen, gerade wenn diese technische Daten auflisten, Produkte vorstellen und dessen Anwendungsmöglichkeiten aufzeigen. Jedoch besteht Urheberrechtsschutz grundsätzlich dann, wenn zur Produktbeschreibung eine konkrete Bewertung vorgenommen wurde, z.B. Test, Prüfung oder Benotung. Aufgrund des **Persönlichkeitsrechts** des Verfassers zählen zu den geschützten Texten auch private E-Mails. Achten Sie darauf bei Erfahrungsberichten zu Produkten, die User über E-Mail-Beiträge abgeben.

>> **Links** auf fremde Seiten sind aus urheberrechtlichen Gesichtspunkten zulässig, da die gegenseitige Verlinkung von Internetseiten unverzichtbarer Bestandteil des WWW ist. Zudem wird alleine durch den Link eine andere Seite nicht vervielfältigt, es wird also noch gar nicht in das Urheberpersönlichkeitsrecht eingegriffen. Die Grenze besteht hier bei beleidigenden oder verachtenden Verweisen, z.B. Link zum »Schlechtesten Produkt des Monats«.

Domain-Adresse und Domain-Schutz

Denic prüft nicht
das Markenrecht
Die Vergabe von Adressen unter der Top Level Domain »de« erfolgt in Deutschland durch die *DENIC*. Diese vergibt die Domains nach dem **Prioritätsprinzip**, also der Reihenfolge der Antragsstellungen. Die *DENIC* prüft lediglich, ob der gewünschte Domain-Name bereits vergeben ist. Nicht geprüft wird, ob der beantragte Name eventuell die Rechte von Dritten verletzt. Mit dem **Nutzungsrecht** an einer Domain entsteht für den Inhaber eine eigentumsfähige Position im Sinne des Art. 14 Abs. I 1 des Grundgesetzes. Der Inhaber erwirbt aber nicht das Eigentum an der Adresse.

Domains unter-
liegen dem
Markengesetz
Als individuelle namensähnliche Kennzeichen unterliegen Domains zunächst dem allgemeinen **Namensschutz** nach § 12 BGB. Danach können Sie bei unbefugter Verwendung des Namens eines Dritten verklagt werden. Diese Klage würde dann darauf abzielen, dass Sie die Namensschutz-Verlet-

zung beseitigen und zukünftig unterlassen. Zusätzlich besteht ein Schutz nach dem **Markengesetz**, falls die Adresse zugleich eine Firmen-, Unternehmens- oder Markenbezeichnung darstellt.

Prüfen Sie also immer, ob ein Konflikt zu schon bestehenden Firmen-, Unternehmens- oder Markenbezeichnungen entsteht. Achten Sie dabei besonders darauf, dass der gewünschte Domain-Name Folgendes nicht darstellt:

>> Eine fremde Marke oder einen fremden **Unternehmensnamen**.

>> Den Namen eines Prominenten oder den Titel eines bekannten Werks.

>> Den Namen einer Stadt oder öffentlichen Einrichtungen.

>> So genannte Tippfehler-Domains, die bei häufig vorkommenden Tippfehlern nach der Rechtssprechung ebenfalls als unzulässig angesehen werden, z.B. www.tschibo.de statt www.tchibo.de.

Abschließend weisen wir Sie darauf hin, dass sich auch im deutschen Rechtswesen mittlerweile die Meinung durchgesetzt hat, dass Domains ein ganz normales **Wirtschaftsgut** wie jedes andere auch darstellen. Im Gegensatz zu früher können Sie heute Ihre Domain bei Bedarf verkaufen oder verpachten. Allerdings hat dies auch den Nachteil, dass laut dem **Bundesgerichtshof** eine Domain pfändbar ist. Im Wege der **Zwangsvollstreckung** kann ein Gläubiger auf diese Rechtsposition zugreifen und eine Verwertung erreichen, z.B. in Form einer Versteigerung.

Domain als Wirtschaftsgut

Signaturgesetz erhöht Rechtssicherheit im eCommerce

Das Internet wird von vielen Nutzern als unsicheres Medium angesehen. Dementsprechend besteht ein hohes Bedürfnis nach **vertraulicher** Kommunikation, d.h., Dritte sollen keinen Zugriff auf Daten des Nutzers erlangen können. Diesem Bedürfnis können Sie durch den Einsatz von Verschlüsselungstechnologien begegnen.

Ein weiteres wichtiges Bedürfnis besteht beim Nutzer hinsichtlich der **Identität** des Vertragspartners im anonymen Internet. Hierbei bietet sich der Einsatz von elektronischen Signaturen an. Der Hauptzweck der elektronischen Signatur ist, dass eine Datenübermittlung unter erhöhten Sicherheitsbedingungen stattfindet und Manipulationsrisiken minimiert sind. Ziel des Signaturgesetzes ist es, erhöhte Rechtssicherheit und einheitliche technische Bedingungen für den internetbasierten Geschäftsverkehr zu erhalten. Hierfür regelt das Gesetz unter anderem den Markt der Anbieter von Zertifizierungsdienstleistungen. In *Kapitel 2* haben wir Sie bereits auf die Möglichkeit hingewiesen, wie Sie mit geeigneten Mitteln **Rechnungen** in elektronischer Form versenden.

Rechnungen elektronisch unterschreiben

Elektronische Signaturen sind im Grunde elektronisch erstellte Willenserklärungen (z.B. Bestellung, Vertrag oder Auftrag) oder Bestätigungen (z.B. Rechnung oder Empfangsbescheinigung) von Personen. Mit einer solchen

Signatur verschlüsseln Sie den Inhalt dieser Dokumente, so dass der Empfänger überprüfen kann, ob sich darin etwas verändert hat. Eine elektronische Signatur kann im eigenen Namen oder im Auftrag erfolgen, ist aber immer personengebunden. Man unterscheidet die **einfache**, die **fortgeschrittene** und die **qualifizierte** elektronische Signatur.

Einfache elektronische Signaturen

Einfache elektronische Signaturen sind Daten in elektronischer Form, die anderen elektronischen Daten beigefügt oder logisch mit diesen verknüpft werden. Die einfache elektronische Signatur verfügt über keinerlei **Verschlüsselung** bzw. **Public Key Infrastructure** (**PKI**). Sie dient lediglich der Authentifizierung, also der Überprüfung der Identität eines Benutzers. Beispiele dazu ist eine E-Mail-Nachricht, unter der Sie einfach Ihren Namen setzen oder eine eingescannte Unterschrift einfügen. Für jede Bestellung reicht diese einfachste Form der Signatur aus.

Die fortgeschrittene elektronische Signatur stellt höhere Anforderungen. Hierbei handelt es sich um eine verschlüsselt erzeugte elektronische Signatur. Dadurch ist es möglich, den Signaturschlüsselinhaber bzw. eine E-Mail-Adresse eindeutig zu identifizieren. Denn sie ist ausschließlich dem Inhaber des Signaturschlüssels zugeordnet und dieser hat über diesen Schlüssel die alleinige Kontrolle. Eine nachträgliche Veränderung bzw. Manipulation des Dokuments ist sicher erkennbar. In den meisten Fällen erstellt man diese Signatur durch einen **privaten Schlüssel** am lokalen Computer. Zusätzlich wird auf einem anderen Speichermedium ein **öffentlicher Schlüssel** gespeichert. Diese Art von elektronischer Signaturen lässt sich mit der Signatur-Software **Pretty Good Privacy** (**PGP**) erzeugen.

www.pgp.com/de/
PGP Deutschland AG *(Pretty Good Privacy Software-Lösungen)*

www.gnupg.org
Free Software Foundation Inc. *(OpenSource-Produkt Pretty Good Privacy)*

Zertifizierungs-Diensteanbieter

Das qualifizierte **Zertifikat** ermöglicht die eindeutige Zuordnung zum Signaturschlüsselinhaber und macht auch die Überprüfung der Gültigkeit des Zertifikates möglich. Das Zertifikat bestätigt die Identität des Unterzeichnenden und auch den Gültigkeitszeitraum des **Schlüsselpaares**, es wird durch einen Zertifizierungs-Diensteanbieter (**Trustcenter**) signiert. Die Aufgabe des Trustcenters besteht darin, die Gültigkeit des Signaturschlüsselpaares abrufbar und überprüfbar zu halten. Das Schlüsselpaar zur Erzeugung von qualifizierten Signaturen bekommen Sie auf Antrag von einem Trustcenter. Das Signaturschlüsselpaar wird in einer Signaturerstellungseinheit gespeichert, z.B. einer Signaturkarte. Nur qualifizierte elektronische Signaturen eignen sich dazu, die gewünschte Rechtssicherheit bei allen Anwendern im Internet zu erreichen. Mit einer qualifizierten elektronischen Signatur haben Sie in aller Regel die gleiche rechtsverbindliche Wirkung wie mit einer eigenhändigen **Unterschrift**.

www.t-home.de WWW .....
T-Systems Systems Integration *(Akkreditiertes Trustcenter)*

Die elektronischen Signaturen werden von Zertifizierungs-Diensteanbietern angeboten. Einen solchen Dienst kann mittlerweile jeder anbieten, wenn er bestimmte Voraussetzungen erfüllt. Anders als nach dem früheren Recht besteht also keine Genehmigungspflicht mehr, sondern nur noch eine Anmeldepflicht. Die Diensteanbieter können sich freiwillig akkreditieren lassen (**Akkreditierung**), damit erhalten sie quasi ein Gütezeichen. Dabei wird geprüft, ob die Einhaltung und Umsetzung eines ausreichenden Sicherheitskonzepts gewährleistet ist. Nur bei der Verwendung von Signaturen freiwillig akkreditierter Anbieter können Sie sich absolut sicher sein und mit dem vollen Vertrauen der Nutzer rechnen. *Akkreditierter Diensteanbieter*

Für die Kaufverträge mit Ihren Online-Kunden benötigen Sie die **Schriftform**-Erfordernis nach dem deutschen Recht nicht. Für den Bestellvorgang im Online-Handel genügt der einfache E-Mail-Verkehr. Auch alle Belehrungen des Nutzers sowie seine eventuelle Widerrufserklärung müssen lediglich in **Textform** erfolgen, wofür wiederum eine normale E-Mail oder einfache HTML-Seiten ausreichen. *Vertragsrecht im eCommerce*

Wir empfehlen Ihnen für die rechtsverbindliche Abwicklung des Geschäftsverkehrs die Signatursoftware *digiSeal office*. Diese ermöglicht Ihnen die Abwicklung sicherer und rechtswirksamer elektronischer Geschäftsprozesse über das Internet. Dokumente jeder Art versehen Sie bequem mit einer rechtsverbindlichen elektronischen Signatur, was die Authentizität und Integrität der elektronischen Dokumente gewährleistet. Unbemerkte Manipulationsversuche sind nicht mehr möglich. Neben einer qualifizierten Signatur unterstützt die Software auch fortgeschrittene und einfache Signaturen. Das Ver- und Entschlüsseln der Dateien stellt sicher, dass kein Unbefugter Einblick in vertrauliche Daten erhält. Das Tool ist hervorragend für alles Mögliche gewappnet: vorsteuerabzugsberechtigte Rechnungen (gemäß § 14 Abs. 3 UStG), Gutschriften, Verträge, Bescheide, Klageschriften, Qualitätsunterlagen usw. *Rechtsverbindlicher Geschäftsverkehr*

Praxis-Tipp: Qualifizierte Signatur Tipp ......

In elektronischer Form kann nur eine qualifizierte Signatur die Schriftform rechtsverbindlich ersetzen. Dies ist z.B. teilweise bei einigen Bescheiden im Steuerrecht zwingend erforderlich.

www.apsec.de/deutsch/produkte/fideas-sign/ WWW .....
Applied Security GmbH *(Rechnungen signieren mit* fideAS sign*)*

www.secrypt.de
secrypt GmbH *(Software-Hersteller für elektronische Signaturen)*

III

Webdesign und Marketing

TEIL III

>>>>

8

Webseitengestaltung

KAPITEL 8
Webseitengestaltung

Webseiten von heute

Eine zentrale Forderung an Webseiten ist deren Barrierefreiheit. Zu Beginn zeigen wir Ihnen einen kurzen Überblick zu ergonomischen Richtlinien im Umgang mit der Gestaltung von Websites und der nun auch in Deutschland geltenden Barrierefreien Informationstechnik-Verordnung (BITV).

Grundlegende Tipps zum Webdesign

Einer der wichtigsten Ziele des Webdesigns ist die einfache Bedienung der Webseite. Eine einheitliche Gestaltung von Navigationselementen erleichtert es den Kunden, sich zurechtzufinden. Wir geben Ihnen Empfehlungen für die richtige Seitenlänge von HTML-Seiten und deren Inhalt. Außerdem zeigen wir, wie Sie mit typografischen Tricks die Lesbarkeit der Textinhalte verbessern.

Techniken und Tools fürs Webdesign

Was macht eine gut gestaltete Webseite aus? Anhand einiger ausgewählter Beispiele zeigen wir Ihnen Lösungen und geben Anregungen. Außerdem stellen wir Ihnen einige nützliche Webdesign-Tools vor. Ergänzend informieren wir Sie aber auch über verschiedene Gefahrenquellen von aktiven Inhalten. Der abschließende Usability-Test ist wichtig, um die Funktionalität und Bedienbarkeit Ihrer Webseite zu testen.

Farben und Grafiken professionell einsetzen

Wir stellen Ihnen in groben Zügen die Farbenlehre vor. Dadurch verstehen Sie besser, wie einzelne Farben und Farbkombinationen auf den Betrachter wirken. Mit Hilfe der Grundbegriffe der Bildbearbeitung lernen Sie Webgrafiken richtig zu bearbeiten und zu verbessern. Wir behandeln auch das Thema Digitalfotografie, damit Ihre Produktbilder gut gelingen.

Häufige Webdesign-Fehler

Abschließend setzen wir uns kritisch mit dem Webdesign auseinander. Unser Ziel ist es, Sie über die typischen Fehler beim Webdesign aufzuklären, damit Sie sie vermeiden können. Zu den gängigen Web-Technologien (HTML, Cascading Style Sheets, JavaScript usw.) erfahren Sie ergänzend einige positive und kritische Meinungen.

8.1   Webseiten von heute

Es gibt eine Reihe von Aspekten, die beim Aufbau von benutzerfreundlichen Webseiten beachtet werden sollten. Zu Beginn dieses Kapitels möchten wir Sie vertraut machen mit den wichtigsten Gesichtspunkten ergonomisch gestalteter Informations-/Softwaresysteme im Internet. Dabei geht es hauptsächlich um die Gestaltung und Lesbarkeit von Webseiten. Für die Einhaltung ergonomischer Richtlinien bei der Webseitengestaltung sorgen einige Erlasse aus den letzten Jahren:

>> 1992 Prüfsiegel für die ergonomische Qualität (TCO 92/95/99/03/06)

>> 1996 Bildschirmarbeitsverordnung (**BildschArbV**)

>> 1999 Zugänglichkeitsrichtlinien für Web-Inhalte

>> 2002 Barrierefreie Informationstechnik-Verordnung (BITV)

TCO regelt Bildschirm-Ergonomie

Erste Bemühungen in diese Richtung unternahm die *Tjänstemännens Centralorganisation* (**TCO**), der schwedische Gewerkschaftsdachverband für Angestellte. Die Organisation spezifiziert unter anderem den **TCO-Standard** für die ergonomische Qualität von Bildschirmen und Tastaturen. Seit 1992 gibt es die entsprechenden Gütesiegel, aktuell ist die TCO 06. Es beurteilt Monitore unter den Gesichtspunkten Ergonomie, Energieverbrauch, Emission und Ökologie. Obwohl das strenge Prüfsiegel nicht gesetzlich vorgeschrieben ist, ist es inzwischen sehr weit verbreitet. Qualität ist zumindest hier wichtiger als der Preis.

Arbeitsschutz an Bildschirm-Arbeitsplätzen

In Deutschland ist seit 1996 die **Bildschirmarbeitsverordnung** in Kraft. Sie regelt im Rahmen des Arbeitsschutzes die Sicherheit und den Gesundheitsschutz bei der Arbeit am Bildschirm. Es wird von Betrieben und Verwaltungen verlangt, die Arbeitsbedingungen an Bildschirmgeräten gemäß **Arbeitsschutzgesetz** (**ArbSchG**) zu beurteilen. Damals entstanden auch verbindliche Bestimmungen, wie die Benutzungsoberfläche von Programmen ergonomisch zu gestalten ist.

W3C fördert Bedien- und Lesbarkeit

Aufgrund der zunehmenden Bedeutung des Internets befasste sich bereits 1999 das *World Wide Web Consortium* (*W3C*) mit diesem Thema. Die Richtlinien sind Empfehlungen für die einfachere Zugänglichkeit von Webinhalten. Insbesondere verfolgt man das Ziel, auch Behinderten das Internet zugänglich zu machen. Dadurch sollten sich für alle Benutzer die Bedien- und Lesbarkeit von Webinhalten verbessern. Diese Empfehlungen helfen Benutzern, die Informationen im Internet schneller zu finden. Und den Website-Entwicklern liefert man Anhaltspunkte, wie multimediale Inhalte auf ein breiteres Publikum zugeschnitten werden können. Inzwischen sind Technologien, die nicht *W3C*-konform sind, kaum mehr durchsetzbar. Vielleicht mal abgesehen von der Flash-Technologie, die jedoch Nachteile bietet bezüglich Suchmaschinen-Indexierung und Lesbarkeit. Daher ist diese Technik sinnvollerweise oft nur als Werbebanner im Einsatz.

Seit 2002 gilt in Deutschland die **Barrierefreie Informationstechnik-Verord-** *Barrierefreies*
nung (BITV). Dies ist eine Ergänzung des **Behindertengleichstellungsgesetzes** *Design*
(BGG), die das Aussehen von Internetauftritten sowie öffentlich zugänglichen
Intranetangeboten von Behörden der Bundesverwaltung regelt. Die Bestimmungen dazu basieren im Wesentlichen auf den W3C-Zugangsrichtlinien für
Webinhalte. Sie finden darin zahlreiche Anforderungen an die Barrierefreiheit
für Internetseiten. Die Begriffe Zugänglichkeit, Accessibility oder barrierefreies Webdesign bezeichnen die Kunst, Webseiten leichter und einfacher
nutzbar und lesbar zu gestalten. Dabei geht es nicht so sehr um einzelne technische Programmierdetails. Es ist vielmehr ein grundlegendes Konzept, wie
Sie Informationssysteme besser bedienbar gestalten.

Trotzdem wird man im Internet immer wieder über wirklich augenfeindliche
Webseiten stolpern. Zwar sind mittlerweile die Internet-Browser in ergonomischer Hinsicht ausgereift. Doch hinsichtlich der Gestaltung von Webseiten
kann man das nicht immer behaupten: unansehnliche Farbkombinationen,
unpassendes Layout, komplizierte Site-Struktur, zu viele Schrifttypen,
schlechtes Textlayout, miserable Grafiken, multimediale Ausschweifungen
u.v.m. Dazu gesellt sich im schlimmsten Fall noch kaum verständlicher
Inhalt. Es geht auch anders, nur was macht eine gut gestaltete Webseite aus?
Einige Tipps und die wichtigsten Gestaltungshinweise finden Sie in diesem
Kapitel.

www.w3.org/WAI/
www.w3.org/TR/WCAG10/
www.w3.org/Consortium/Offices/Germany/Trans/WAI/webinhalt.html
World Wide Web Consortium *(Zugänglichkeitsrichtlinien für Web-Inhalte)*

8.2   Grundlegende Tipps zum Webdesign

Beim Aufbau Ihres Online-Shops ist es wichtig, dass sich die Kunden darin
leicht und schnell zurechtfinden. Im Folgenden haben wir Ihnen einige
Gesichtspunkte aufgelistet, die dafür aus ergonomischer Sicht bedeutend
sind. Die einzelnen Gesichtspunkte werden im Anschluss genauer erläutert.

Gesichtspunkte	Bedeutung
Bedienung und Navigation	Navigation und Orientierung sind im Internet ziemlich schwierig. Bieten Sie Ihren Kunden dafür Navigationshilfen an.
Gestaltungsgrundsätze und Einheitlichkeit	Eine einheitliche Bedienoberfläche und ein einheitliches Layout erleichtern es Besuchern, sich auf Internetseiten zu orientieren.

Tabelle 8.1: Wichtige Aspekte des grundlegenden Webdesigns

Gesichtspunkte	Bedeutung
Seitenlänge und Inhalt	Der Anwender verfolgt das Ziel, sich schnell einen Überblick zu einem bestimmten Thema zu verschaffen. Überfordern Sie den User nicht mit langen Texten.
Typografie und Lesbarkeit	Das Internet ist sehr textlastig. Eine Reihe grundlegender Aspekte ist hierbei zu beachten.

Tabelle 8.1: Wichtige Aspekte des grundlegenden Webdesigns (Forts.)

8.2.1 Bedienung und Navigation

Hypertext-Medium

Im Internet kann es schnell passieren, dass der User die Orientierung verliert. Grund dafür ist die für viele noch ungewohnte Hypertext-Struktur und das gleichzeitige Fehlen von Navigationshilfen. Oberflächlich betrachtet erstellen herkömmliche Medien Texte in der Regel linear, die Informationen sind sequentiell angeordnet, also einfach aneinandergereiht. Im Gegensatz dazu sind Hypertexte und Hypermedia netzartig strukturiert. **Hypertext** betont den textlichen Teil, **Hypermedia** dagegen verstärkt den multimedialen Teil. Die netzartige Struktur zwischen den einzelnen Objekten wird durch Links, also mit logischen Verbindungen hergestellt. In einem Buch ist der Seiteninhalt linear angeordnet, lediglich das Stichwortverzeichnis verweist sehr einfach vernetzt auf bestimmte Seiteninhalte. Der Schlüssel des Interneterfolgs liegt unter anderem in der sehr starken Vernetzung der einzelnen Seiten untereinander.

Unterscheidungsmerkmal	Traditionelles Medium	Hypertext-Medium
Text-/Infoorganisation	linear bzw. sequentiell	netzartig, nicht linear
Objektverknüpfung	Aneinanderreihung	Hyperlink-Verweise
Menüstruktur	Hierarchie	Kategorie
Beispiele	Buch, Film, Hörspiel	Internet

Tabelle 8.2: Vergleich – Traditionelles Medium vs. Hypertext-Medium

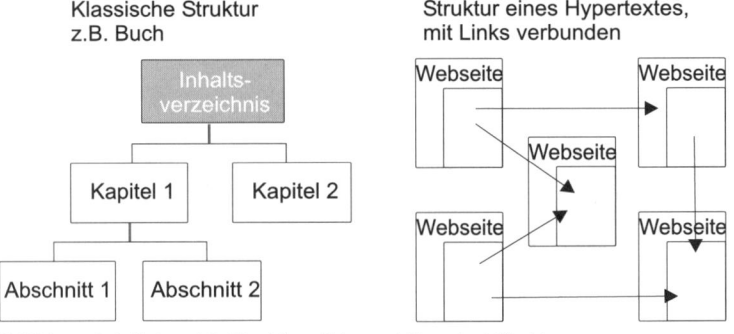

Abbildung 8.1: Unterschied herkömmliche und Hypertext-Struktur

Webseiten bieten verknüpfende Links an, um zu themenverwandten Inhalten *Orientierungslos?*
zu verlinken. Weiterführende Informationen liegen teilweise auf fremden
Webseiten. Der Überblick geht von Klick zu Klick immer mehr verloren. Ein
unbedarfter Surfer verstrickt sich mehr und mehr in den Weiten des Netzes
(**Lost in Hyperspace**). Der Navigationsweg ist kaum mehr nachvollziehbar.
Damit Sie das vermeiden, benötigt Ihr Webauftritt verschiedene Arten der
Navigation. Sinnvoll ist eine Orientierungsmöglichkeit, die dem Anwender
zeigt, wo er sich gerade befindet und welche sonstigen Navigationswege offen
stehen, z.B. Kategorie > Unterkategorie > Produkt. Zur schnellen Navigation
dienen bei umfangreicheren Webseiten auch **Sitemaps**. Mit nur einem Klick
gelangt der Besucher ganz ohne Umwege direkt in die gewünschte Kategorie.

Viele Hyperlinks innerhalb des Textes führen zu einer unübersichtlichen
Informationsstruktur. Ein zielgerichtetes Navigieren ist dann kaum möglich.
Dem schaffen Sie Abhilfe, indem Sie Information und Navigation trennen,
beispielsweise in Form einer Menüleiste auf Basis der wichtigsten Kategorien.
Wird dieses **Menü** in einem eigenen Frame hinterlegt oder auf jeder Seite eingebunden, ist es zur einfacheren Navigation dauerhaft sichtbar. Auf **Frames**
verzichten lässt sich, wenn Sie dynamische Menüs mit CSS oder *Flash* erstellen. Ein durchdachtes Informationsangebot ermöglicht es dem Surfer, schneller gesuchte Information zu finden. Welche Navigationsart Sie einsetzen,
hängt von der Art Ihres Angebots ab:

>> Hierarchisch strukturiertes Menü: Diese Art der Navigation ist von vie-
len Software-Programmen her bekannt.

>> (Volltext-)Suche: Bei Content-Managementsysteme, großen Websites
oder Shops wird häufig eine Schlagwortsuche angeboten.

>> Explorer-Navigation: Diese Bedienungsoberfläche ist dem Windows-
Explorer nachempfunden (Baumstruktur).

>> Alphabetisches Lexikon: Alle Webseiten oder Dateien sind über eine
alphabetisch sortierte Liste auffindbar. Der Schnellzugriff erfolgt über
ein Index-Menü von A bis Z.

>> Imagemap-Menü: Um zu navigieren klickt der Anwender in einem Bild
(z.B. Deutschlandkarte) auf einen Bereich. Oder Sie verwenden Gegenstände in einem Bild zur Navigation, z.B. www.philip-maus.de.

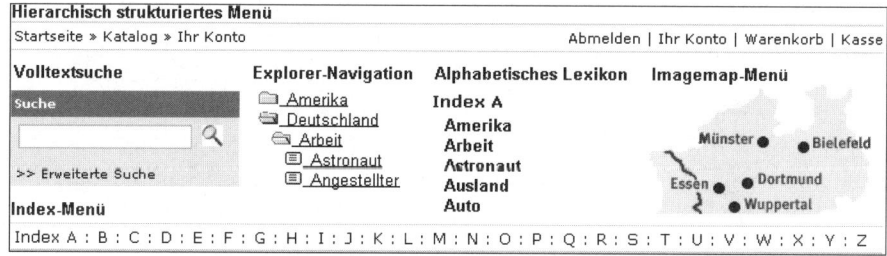

Abbildung 8.2: Verschiedene Navigationsarten

Ein Link muss als solcher erkennbar sein, egal ob es sich um einen Bild- oder Text-Link handelt. Bei Text-Links sollten in besuchte und noch nicht besuchte Links farblich unterschieden werden. Außerdem muss deutlich erkennbar sein, wo der Link hinführt: auf eine interne oder externe Seite, beachten Sie dazu in *Kapitel 7* das Thema Datenschutz.

Damit **Hyperlinks** den Surfer bei der Navigation unterstützen, müssen Sie einige Punkte berücksichtigen:

>> Beschreiben Sie alle Text-Links eindeutig, damit das Ziel klar wird.

>> Beschriften Sie alle Bild-/Text-Links ausführlich und aussagekräftig.

>> Gestalten Sie Links auch so, dass diese erkennbar sind.

>> Binden Sie für jedes Bild einen alternativen Text ein.

>> Heben Sie Grafik-Links hervor (**Mouse-over**), z.B. mit JavaScript.

>> Heben Sie Download-Links unbedingt deutlich hervor.

>> Vermeiden Sie Links auf unfertige Webseiten (Baustellen).

>> Prüfen Sie regelmäßig interne/externe Links mit Linkchecker-Tools.

Farbliche Orientierung
Neben traditionellen Navigationshilfen unterstützen **Orientierungshilfen** den Weg des Besuchers durch Ihr Webangebot. Im Grunde beschäftigt den Besucher häufig die Frage, wo er eigentlich gerade ist. Optische Hilfsmittel helfen bei der Antwort. Große Webseiten zeigen, wie so etwas funktioniert. Für jede Produktkategorie wird eine eigene Farbe eingesetzt. Amazon verwendet z.B. für Bücher Grün und für Software Blau. Dieses Konzept lässt sich auf alle Elemente einer Webseite anwenden, indem Sie bei den **Buttons**, Icons, **Bullets**, Rahmen, Symbolen usw. mit der jeweiligen Farbe arbeiten.

Eine weitere Unterstützung liefern die Verzeichnispfade der Produkte und Kategorien. Anhand der Verzeichnis- und Dateinamen sehen Besucher genau, wo sie sich gerade befinden – allerdings nur dann, wenn der Name passend gewählt wurde. Verwenden Sie für Ordner und Dateien also möglichst aussagekräftige Namen, z.B. /hilfe/zahlungsarten.html. Natürlich wird eine solche Namenswahl auf dynamisch realisierten Webseiten und in Online-Shops schwierig. Abhilfe schafft hier **mod_rewrite** (**.htaccess**), mit dem Sie auf suchmaschinenfreundliche URL-Syntax umstellen oder zusätzlich statische HTML-Seiten anbieten können. Mehr dazu in *Kapitel 9*.

Symbolik
Eindeutige Symbole helfen dem User auch, sich zu orientieren. Am Ende einer Webseite navigieren Besucher mit Hilfe von Pfeilsymbolen nach links, nach oben oder nach rechts. Damit gelangen sie schnell zum vorigen Artikel, zum Artikelbeginn oder zum nächsten Artikel. Die Frage, die Sie sich stellen müssen, lautet: Versteht jeder die Bedeutung der Symbole? Überlegen Sie mal, was in Abbildung 8.3 die drei Symbole rechts oben bedeuten könnten.

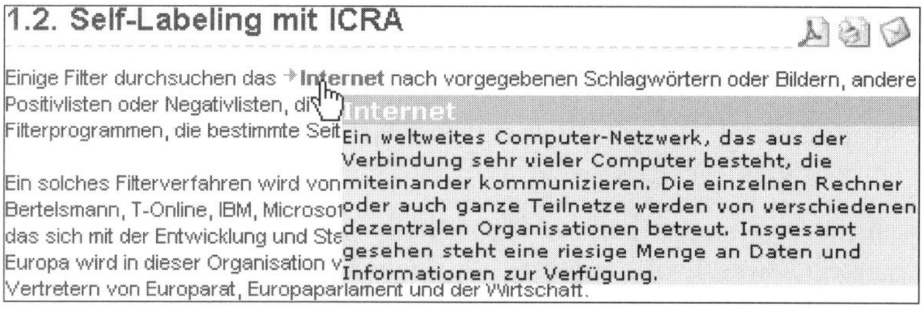

1.2. Self-Labeling mit ICRA

Einige Filter durchsuchen das → Internet nach vorgegebenen Schlagwörtern oder Bildern, andere
Positivlisten oder Negativlisten, di~~e~~
Filterprogramme, die bestimmte Seit
Ein solches Filterverfahren wird von
Bertelsmann, T-Online, IBM, Microso
das sich mit der Entwicklung und Ste
Europa wird in dieser Organisation v
Vertretern von Europarat, Europaparlament und der Wirtschaft.

> **Internet**
> Ein weltweites Computer-Netzwerk, das aus der
> Verbindung sehr vieler Computer besteht, die
> miteinander kommunizieren. Die einzelnen Rechner
> oder auch ganze Teilnetze werden von verschiedenen
> dezentralen Organisationen betreut. Insgesamt
> gesehen steht eine riesige Menge an Daten und
> Informationen zur Verfügung.

Abbildung 8.3: Glossar als Mouse-over-Effekt erläutert komplexe Begriffe

Wir verraten es Ihnen: PDF erstellen, Dokument drucken und E-Mail senden. *Hilfeseiten*
Gleichzeitig wird in Abbildung 8.3 eine Hilfefunktion gezeigt, die bei allzu
technischen Texten den User informiert. Üblicherweise gehören auch Online-
Shops mit vielen erklärungsbedürftigen Begriffen und Technologien dazu.
Erläutern Sie deshalb speziell die Funktionsweise der angebotenen Zahlungssysteme und Versandarten. Neben statischen und dynamischen Hilfeseiten
eignen sich möglicherweise auch eigene Hilfedateien. Hierfür ist das Free-
ware-Tool *Microsoft HTML Help* nützlich. Damit erzeugen Sie strukturierte
Hilfedateien im **HLP-** oder **CHM-Format**.

msdn.microsoft.com/library/ **WWW** . . . . .
Microsoft Deutschland GmbH *(Download* Microsoft HTML Help*)*

8.2.2 Einheitlichkeit in der Website-Gestaltung

Das Informationsangebot in Ihrem Webauftritt sollte eine einheitliche *Quelle:*
Bedienoberfläche und ein einheitliches Layout aufweisen. Die Norm **DIN** ergo-online
EN ISO 9241 formuliert die **Konsistenz** (**Einheitlichkeit**) als software-ergo-
nomischen Gestaltungsgrundsatz, so sollen z.B. Hyperlinks immer die gleiche Farbe besitzen, nicht das eine Mal blau und das andere Mal grün sein.
Wenn Sie immer die gleichartigen Bedienelemente einsetzen, finden sich die
potenziellen Kunden schneller zurecht. Denken Sie bei der Menüsteuerung
und den Navigationshilfen an die folgenden konkreten Gestaltungsanforde-
rungen:

>> Die Einheitlichkeit gestalterischer Elemente fördert die Orientierung.

>> Ein ruhigeres Layout verbessert das gestalterische Design.

>> Das Hypertext-System strukturiert die Informationen im Internet.

>> Die Bildschirmauflösung beeinflusst die Darstellung beim User.

Die Einheitlichkeit betrifft besonders Farbauswahl, Bildformate, Grafikele- *Einheitlicher*
mente und Typografie. Weitere Gestaltungselemente sollten ebenso aufein- *Gestaltungsstil*
ander abgestimmt sein, dazu gehören die Form und Anordnung von

Navigationselementen. Verständliche Bezeichnungen oder Buttons für die Hyperlinks erleichtern dem Surfer das schnelle Auffinden der gesuchten Information. Schreiben Sie lieber »Hier gelangen Sie zum Thema …« anstatt nur »Weiter« oder »mehr …«. Verwenden Sie dafür ebenso auf allen Seiten immer die gleichen Link-Formate oder Symbole.

Ruhiges Layout

Achten Sie bei dieser Gelegenheit auf ein ruhiges Layout für Ihre Webseite. Es lenkt immer vom Inhalt ab, wenn Sie zu viele Hervorhebungen, Hintergrundbilder, animierte, blinkende oder in anderer Weise auffallende Gestaltungselemente einbauen. Außerdem stört es die Informationsaufnahme des Lesers. Planen Sie genügend freie Flächen oder Zeilenabstände ein, die Sie z.B. in Form von Leerzeilen einfügen. Dann kann sich das Auge etwas ausruhen. Auch die Elementausrichtung sollte an einer einheitlichen Fluchtlinie ausgerichtet werden. Das lässt sich ganz leicht an einem schlichten Beispielformular für die Benutzeranmeldung verdeutlichen.

Abbildung 8.4: Ruhiges vs. unruhiges Formular-Layout im Vergleich

Hypertext strukturiert Wissen

Hyperlinks sind das zentrale Gestaltungselement im Internet. Weiterführende Details und Hilfen lagern Sie besser auf separate Dokumente aus. Der User gelangt per Link zu diesen Informationen, z.B. zu großen Produktbildern, Detailbeschreibungen, PDF-Datenblätter usw. Dadurch wird eine beschleunigte Navigation erreicht, denn zuerst werden dem User nur grobe Beschreibungen angezeigt. Hat er Interesse an ausführlicheren Informationen, klickt er auf den entsprechenden Link mit den weiterführenden Informationen. Wie schon erwähnt, versteht man unter **Hypertext** eine nicht lineare Organisation von Objekten, die mit Hilfe von Hyperlinks netzartig strukturiert sind.

Häufig werden am Ende eine Webseite die wichtigsten Informationen gebündelt. Wenn Sie das einheitlich machen, erleichtert das dem Benutzer die Orientierung. Sie können sich grundsätzlich darauf verlassen, dass am Ende eines Artikels von *Wikipedia* zum Inhalt passende Weblinks erscheinen. Genauso konsequent sollten Sie bei Ihrem Webauftritt hier die wichtigsten Links sammeln, z.B. Link zur Startseite, nach oben, Hersteller, Datenblatt sowie Informationen über Bearbeiter oder Datum der letzten Änderung usw.

Tipp . . . . . .

Praxis-Tipp: Text-Links werden häufiger als Bild-Links geklickt

User klicken lieber auf Text-Links als auf grafische Links. Daher empfehlen wir, Text-Links mit einer Standard-Link-Farbe zu verwenden, die sich vom restlichen Text deutlich abhebt.

Ein nächster wichtiger Punkt ist die Bildschirmauflösung. Wie ein Nutzer Ihre Webseite sieht, hängt ab von der verwendeten **Bildschirmauflösung**. Ist Ihre Seite für eine Auflösung von 1024 x 768 optimiert, dann beschäftigt sich ein Kunde, der an einem Computer mit einer Bildschirmauflösung von 800 x 600 sitzt, erheblich mehr mit den Bildlaufleisten als mit dem Inhalt Ihre Webseite. Eine Tabelle, die an einem großen Monitor gut aussieht, passt vielleicht bei einer kleineren Auflösung nicht mehr auf den Monitor. Die Standardwerte liegen sowohl für **CRT-Monitore** als auch **TFT-Monitore** bei:

Bildschirm-darstellung

Größe	CRT-Standardauflösungen	TFT-Standardauflösungen
15" Monitor	800 x 600 Pixel	1024 x 768 Pixel
17" Monitor	1024 x 768 Pixel	1280 x 1024 Pixel
19" Monitor	1280 x 1024 Pixel	1280 x 1024 Pixel
21" Monitor	1600 x 1200 Pixel	1600 x 1200 Pixel
22" Monitor	1600 x 1200 Pixel	1920 x 1200 Pixel

Tabelle 8.3: Standardauflösungen von CRT- und TFT-Monitoren

Im Juli 2007 waren noch immer rund 5% (2006 waren es noch 10%) der User mit einem Computer mit der Auflösung von 800 x 600 Pixel im Internet unterwegs. Geschätzte 80% der Besucher haben eine Darstellung zwischen 1024 x 768 und 1280 x 1024 Pixel eingestellt. Relativ wenige User setzen größere Werte als 1600 x 1200 Pixel ein. Daher möchten wir Ihnen folgende Ratschläge geben:

>> Vermeiden Sie unbedingt, dass Kunden waagerecht scrollen müssen.

>> Optimieren Sie Webseiten für eine Auflösung von 1024 x 768.

>> Verwenden Sie relative Tabellengrößen in Prozent, keine absoluten.

>> Testen Sie erstellte Seiten mit verschiedenen Auflösungen.

Für die Breitenangaben von Tabellen nutzen Sie den HTML-Quellcode: <table width=»100%«> (relativ) anstatt <table width=»500«> (absolut). Zum Testen der verschiedenen Auflösungen hat sich das Plug-in »Web Developer« für den Browser *Mozilla Firefox* bewährt. Diese Erweiterung ergänzt den Browser um eine neue Symbolleiste und einen Eintrag im Extras-Menü (»Extras > Web Developer > Resize«). Der Webdesigner verfügt damit über nützliche Funktionen mit neuen Menüpunkten, wie CSS, Formulare, Grafi-

CSS-Tool für den Firefox

ken, Informationen, Verschiedenes, Hervorheben, Größe, Werkzeuge, Quelltext anzeigen, etc. Das Beste: Unter Menüpunkt »Extras > CSS > Edit CSS« bearbeiten Sie den CSS-Code in Echtzeit und können die veränderte CSS-Datei auch abspeichern.

WWW ......   www.erweiterungen.de/detail/Web_Developer/
Erweiterungen.de *(Download* Web Developer 1.1.4 *dt.)*

Im Internet stellen Kunden andere Anforderungen an die Darstellung des Inhalts als an das gedruckte Medium auf Papier. Im Unterschied zum Buch wird kaum jemand sehr lange Texte am Bildschirm lesen. Die Besucher verfolgen meist ein ganz anderes Ziel. Sie wollen sich in relativ kurzer Zeit einen Überblick zu einem bestimmten Thema verschaffen. Das Internet dient bevorzugt als allzeit verfügbare Informationsquelle. Vertiefendes Wissen eignet man sich weiterhin über Bücher, Zeitschriften oder andere Medien an. Berücksichtigen Sie diese Eigenheit bei Form und Inhalt Ihrer Webseiten mit folgenden Anhaltspunkten:

>> Beschränken Sie Texte und Beschreibungen auf eine Bildschirmseite.

>> Teilen Sie längere Texte in mehrere Dokumente auf.

>> Stellen Sie eine inhaltliche Gliederung an den Beginn des Dokuments.

>> Eignen Sie sich einen einfachen, fast journalistischen Schreibstil an.

>> Veranschaulichen Sie komplexe Sachverhalte mit Hilfe von Bildern.

>> Verwenden Sie multimediale Inhalte zur Produktdarstellung.

Kurze Texte bevorzugt   Mehrseitige Produktbeschreibungen liest kaum jemand; wenn Sie nicht darauf verzichten wollen, bieten Sie sie doch als eigenes Dokument zum Herunterladen an. Das Gleiche gilt für normalen Content, der sich über mehrere Bildschirmseiten hinzieht. Potenzielle Käufer lesen Texte mit über 1000 Zeichen meistens nicht komplett durch. Daher ist es sinnvoller, die Produktbeschreibungen aufzuteilen. Betonen Sie im ersten Absatz die Highlights, dazu reichen je nach Produkt oftmals drei bis vier Sätze. Danach fügen Sie noch einen Absatz für die knapp gefassten Details hinzu. Denken Sie an die eigenen Surfgewohnheiten. Sie picken sich auch nur die wichtigsten Stellen heraus, meist die Überschriften oder auf andere Art ausgezeichnete Schlagworte, und nur an den ausgesuchten Stellen lesen Sie intensiver nach. Prinzipiell gilt: Je mehr Zeit das Lesen eines Textes benötigt, desto mehr nimmt die Aufmerksamkeit des Betrachters ab.

Nutzen Sie auch die Vorzüge der Hypertext-Struktur für Ihre Informationen im Internet, indem Sie mit Hyperlinks auf themenähnliche Inhalte verweisen. Platzieren Sie dazu im Hauptdokument alle wesentlichen Links, auch zu externen Quellen. Auch hier gilt: Weniger ist manchmal mehr. Teilen Sie sehr lange Texte in mehrere einzelne Dokumente auf, z.B. Datenblatt, Produktbilder, Empfehlen-Button, Merkliste, Finanzierungs- oder Leasingrechner. Dadurch wirkt Ihr Webauftritt viel lebendiger und sauberer gegliedert. Im Layout der Seite spiegelt sich die Textgliederung in Form von Überschriften wieder.

Quelle:
cyberport.de

Abbildung 8.5: Sehr lange Texte und viele Informationen aufteilen

Ein weiterer Knackpunkt beim Entwurf von Webseiten ist der richtige Schreibstil. Wenn er nicht passt, führt das leicht zu Verständnisproblemen oder Langeweile beim Leser. Sehr beliebt, aber unbedingt zu vermeiden sind Bandwurm- und Schachtelsätze. Einfache und kürzere Sätze erleichtern den Lesefluss. Knackig zu schreiben, ist nicht leicht, aber man kann es schaffen. Beherzigen Sie auch noch folgende Tipps:

Schreibstil

>> Vermeiden Sie den so genannten Nominalstil.

Schlecht: Maßnahmen zur Spam-Vermeidung.

Besser: So verhindern Sie Spam.

>> Formulieren Sie aktiv anstatt passiv.

Schlecht: Zum Schutz vor Spam bieten viele Internet Service Provider einen online im Postfach integrierten Spam-Filter an. Dieser Service sollte auf jeden Fall aktiviert werden, sofern er verfügbar ist.

Besser: Wollen auch Sie Spam effektiv bekämpfen und eindämmen? Dann schalten Sie den im Postfach integrierten Spam-Filter ein, der bei vielen Internet Service Providern verfügbar ist.

>> Setzen Sie beschreibende Adjektive richtig ein und vermeiden Sie Phrasen.

Schlecht: Ich bin der felsenfesten Überzeugung …

Besser: Ich bin fest überzeugt …

Das Internet besitzt multimediale bzw. audiovisuelle Möglichkeiten. Nur aus Text bestehende Webseiten sind langweilig und nutzen die Möglichkeiten des Mediums nicht richtig aus. Mit ergänzenden Bildern veranschaulichen Sie komplexe Sachverhalte viel einfacher. Einerseits erfasst der Surfer

Internet – multimediales Medium

die dargebotene Information schneller, andererseits prägt sich die bildliche Information besser im Gedächtnis ein. Ganz nebenbei erhöht sich beim richtigen Einsatz von Bildern auch der Wiedererkennungswert Ihres Webauftritts.

8.2.3   Typografische Gestaltung zur besseren Lesbarkeit

Lese- und Werbetext

Eine korrekte Darstellung und Verwendung von Schriften dient der besseren Lesbarkeit. Abhängig von Textart, Medium und Situation variiert die Textgestaltung. Es gibt fortlaufenden Lesetext in Büchern und Zeitungen, der hauptsächlich der Informationsvermittlung dient. Ganz anders verhält es sich mit Texten in Werbeanzeigen oder auf Flugblättern. Sie zielen stärker darauf, die Aufmerksamkeit des Betrachters zu gewinnen. Im Internet müssen Sie deshalb genau unterscheiden zwischen Lese- und Werbetext. Je nachdem, welche Wirkung Sie erzielen wollen, setzen Sie andere Schriftarten ein.

In der **Typografie** bezeichnet man die **Schriftart** als grafische Gestaltung eines **Zeichensatzes** (**Font**). Mit den unterschiedlichen Schriftarten erreichen Sie völlig andersartige Darstellungsmöglichkeiten.

www ......

www.myfont.de
Christoph Köckerling *(kostenloses Archiv mit zahlreichen Schriftarten)*

www.typolexikon.de
Wolfgang Beinert *(Lexikon der westeuropäischen Typografie)*

Der Zusammenhang zwischen Schrift und Lesbarkeit wird deutlich, wenn Sie sich ein wenig mit den verschiedenen typografischen Elementen auseinandersetzen:

>> Schriftart: Es gibt Serifenschriften, serifenbetonte und serifenlose Schriften.

>> Schriftgröße: Die Schriftgröße richtet sich nach dem Zweck und der Ästhetik eines Textes.

>> Spaltenbreite: Die optimale Lesebreite liegt bei etwa 55 Zeichen.

>> Auszeichnungen: Dadurch werden einzelne Wörter oder Textpassagen hervorgehoben.

Schriftarten

Die verschiedenen Schriften gruppiert man in Familien. Recht bekannt ist die Matrix des deutschen Typografen *Beinert*: ein Schriftklassifikationsmodell für das Electronic Publishing. *Beinert* ordnet die westeuropäischen Druck- und Bildschirmschriften sowie Bildzeichen in eine Matrix von neun Hauptgruppen. Für Ihre Zwecke reicht eine gröbere Einteilung in drei Gruppen.

Gruppierung	Schriftarten
Serifenschrift	**Antiqua** (engl. Serif): z.B. Times New Roman.
	Egyptienne (oder serifenbetonte Linear-Antiqua, engl. Slab Serif), z.B. Rockwell, Scarab und Serifa, die allerdings kaum für Webseiten geeignet sind, da diese Schriften nicht installiert sind.
	→ Sehr gut lesbare und weit verbreitete Schriften. Geeignet für größere Textmengen in Büchern, Zeitungen oder Zeitschriften.
Serifenlose Schrift	**Grotesk** (oder serifenlose Linear-Antiqua, engl. Sans Serif), z.B. Arial oder Helvetica.
	→ Moderne Schriftarten, die vermehrt in umfangreichen Texten eingesetzt werden. Im Druckbereich sind diese schlechter lesbar als Serifenschriften, auf dem Bildschirm ist es genau umgekehrt.
Sonstige Schriften (für Druck)	**Schreibschriften** (Zierschrift) sind dem handschriftlichen Schreiben nachempfunden, z.B. Amazone, Dolores oder Zapfino.
	Symbolschriften sind Zeichensätze mit Symbolen und griechische oder mathematische Zeichen, z.B. Wingdings oder Webdings.
	Gebrochene Schriften (Fraktur) bezeichnet man als deutsche Schriften, z.B. Textura oder Schwabacher.
	→ Sie sind für lange fortlaufende Lesetexte ungeeignet. Verwendet man in festlichen Drucksachen wie Einladungen, Glückwunsch- oder Speisekarten.

Tabelle 8.4: Grobe Unterteilung der Schriftarten

Gruppierung	Schriften	Schriftart	Beispiel
Serifenschrift	Antiqua (engl. Serif)	Times New Roman	Times New Roman
	Egyptienne (engl. Slab Serif)	Rockwell	Rockwell
Serifenlose Schrift	Grotesk (engl. Sans Serif)	Arial	Arial
Sonstige Schriften	Symbolschriften	Wingdings	✆✂■♍♌Ω✂■♍♌◆
	Gebrochene Schriften	Alte Schwabacher	Schwabacher
	Schreibschriften	Zapfino	Zapfino

Abbildung 8.6: Beispiele für verschiedene Schriftarten

Beim Thema Schriftarten unterscheidet man **Bitmap**-/Pixel-, TrueType- und Postscript-Schrift. **Bitmap**- bzw. Pixel-Schriften setzen sich aus einzelnen Bildpunkten (**Pixeln**) zusammen. Die Schriftgröße ist fest vorgegeben. Vergrößern oder verkleinern Sie eine solche Schrift, dann verschlechtert und verzerrt sich das Schriftbild. Die **TrueType**-Technologie stammt von *Microsoft* und *Apple*. TrueType-Schriften eignen sich sehr gut für die Bildschirmdarstellung. Auch die gängigen Drucker kommen damit gut zurecht, obwohl die Qualität des ausgedruckten Textes geringer ist als der Ausdruck mit Postscript-Schriften. Der Vorteil dieser Technologie ist, dass solche Schriften **skalierbar** sind, also sich in der Größe variieren lassen.

Pixel-, TrueType- und Postscript-Schrift

Postscript ist eine geräteunabhängige Seitenbeschreibungssprache von *Adobe*. Im Gegensatz zu TrueType werden die Schriften nicht im Computer in Pixelgrafiken umgerechnet, sondern erst im Drucker. Da es sich um eine formelle Beschreibungssprache handelt, lassen sich die Schriften beliebig skalieren und in unterschiedlicher Auflösung ausgeben. Laserdrucker, Belichter, Plotter usw. müssen dazu jedoch postscriptfähig sein. In der Bedienungsanleitung Ihres Druckers können Sie das nachlesen.

Schriftarten im Internet

Für das Design von Internetseiten verwendet man hauptsächlich die Schriftarten: Arial (*Mac*: Helvetica), Comic Sans MS, Courier New, Impact, Times New Roman (*Mac*: Times) und Verdana. Diese Schriften sind auf den meisten *Windows*-Rechnern standardmäßig installiert. Es empfiehlt sich aber der Blick auf Ihre Webseite von einem Linux- und *Apple*-Computer aus, da hier andere Schriftarten installiert sind.

Tipp . . . . . .

Praxis-Tipp: Verdana als Internet-Schriftart

Auf Webseiten ohne Angabe einer Schriftart wird die Standardschriftart verwendet, die im Browser des Users eingestellt ist. Als Standardschriftarten der Betriebssysteme gelten:

– Windows: *Times New Roman, Arial*

– Mac: *Times, Helvetika*

Diese Schriften sind nahezu bedenkenlos einsetzbar. Im Allgemeinen gilt die Serifenschrift Times New Roman wegen der Formenvielfalt als gut lesbar. Am Bildschirm erscheint die Schrift wegen der geringen Auflösung jedoch leider häufig sehr klein. Dadurch sind viele Details dieser Schriftart kaum mehr erkennbar. Unser Tipp: Möchten Sie ein sehr kleines Schriftbild verwenden, dann eignet sich eher eine serifenlose Schrift wie Arial oder Helvetika. Der Nachteil dieser Schriften ist ein enges Schriftbild mit dünner Strichstärke. Deshalb wurde speziell für den Einsatz im Internet die Schriftart Verdana entwickelt.

Im Bereich Webdesign haben sich herunterladbare Schriftarten leider nicht durchgesetzt. Wollen Sie dennoch neue Schriftarten einsetzen, dann sollte der Text als Bild eingefügt werden. Dafür eignen sich am besten die Bildformate GIF oder PNG. Das JPG-Format ist aufgrund der Art der Komprimierung ungeeignet, da kleinere Details verschwimmen. Es besteht jedoch die Möglichkeit, dem Internet-Browser eine bestimmte Schriftart mit <font face=»Verdana«> oder sogar eine ganze Liste von Schriftarten vorzugeben. Ist die Standardschrift nicht verfügbar, wird versucht, die in der Liste als nächstes verfügbare Schrift zu verwenden. Dazu nutzen Sie den HTML-Code: <font face=»Verdana,Helvetica,sans-serif«>. Allerdings ist diese Variante nicht mehr state-of-the-art, geben Sie besser Schriften über CSS an, also body { font-family:Verdana; } oder body { font: Verdana; }. Im Normalfall verwenden Sie eine bis maximal drei verschiedene Schriften. Damit Sie beliebige Schriftarten einsetzen können, bleibt Ihnen als Lösung für die Seitengestaltung auch *Adobe Flash*.

Problematisch bei Schriftgrafiken, in Form von Bildern, ist meistens die Darstellung sehr kleiner Schriften. Sie lassen sich nicht gut lesen und sind deshalb nicht besonders gut für das Internet geeignet. Trotzdem ein paar Tipps: Mit Hilfe des Anti-Aliasing-Verfahrens können Sie versuchen, die Darstellung der Schrift zu verbessern. Anti-Aliasing ist ein rechnerisches Verfahren zur Kantenglättung speziell bei Rastergrafiken und Fonts, dadurch werden Treppeneffekte entschärft. Der Computer errechnet in diesem Verfahren die Farbverläufe zwischen Objekt- und Hintergrundfarbe und kann so allzu harte Kontraste vermeiden.

Abbildung 8.7: Darstellen einer Schriftart ohne und mit Anti-Aliasing

Neben der Schriftart spielt auch die Schriftgröße eine wesentliche Rolle. In der Textverarbeitung bezeichnet man die Größe der Buchstaben auch als **Schriftgrad**. Sie wird in der Grundeinheit **Punkt** (pt) angegeben. Mit **Pixeln** (px) bzw. Bildpunkten wird die kleinste Einheit einer digitalen **Rastergrafik** bezeichnet, sowie deren Darstellung auf einem Bildschirm mit Rasteransteuerung. Ein solcher **Bildschirmpixel** besteht in der Regel aus drei Farbpunkten jeweils einer Grundfarbe (Rot, Grün und Blau), wobei die physische Größe eines Bildschirmpixels vom Ausgabegerät abhängt. Die Buchstaben-Größe hängt ab vom Zweck eines Textes, der Zeichenmenge pro Zeile, dem Inhalt und dem Empfänger der Nachricht. Die **Grundschrift** (**Brotschrift**) von Texten, die mit normalem Abstand noch lesbar ist, sollte folgende Größen haben:

Schriftgröße bzw. Schriftgrad

>> bei Erwachsenen zwischen 8 und 12 Pixel

>> bei Kindern und Senioren zwischen 11 und 14 Pixel

Ganz grob können Sie sich an folgende Empfehlungen halten:

>> kleinste noch lesbare Schriftgröße: 6 Pixel

>> Anmerkungen, Hinweise, Fußnote: 6 – 8 Pixel (**Konsultationsgröße**)

>> normaler Lesetext: 8 – 12 Pixel (Grundschrift)

>> Überschriften: 10 – 16 Pixel

>> Overhead- und Präsentationsfolien: 16 Pixel

>> Computerpräsentationen: 24 Pixel

Die Schriftgröße von Fußnoten sollte etwa zwei Pixel kleiner sein wie die der Grundschrift. Ebenso sollte die Größe für Überschriften vom Grundtext abhängig sein. Denken Sie daran, dass Überschriften die Texte gliedern und die Suche beschleunigen sollen. Deshalb müssen sie sich deutlich von der Grundschrift abheben. Dazu dient nicht nur die Schriftgröße, sondern auch **Auszeichnungen** (Hervorheben einzelner Wörter) oder **Ausrichtungen** (Platzierung von Textzeilen). Bei Letzterem sollten Sie auf den Einsatz verschiedener Schriftgrade verzichten. Ab 14 Pixel spricht man übrigens von der **Schaugröße**, die Sie aus größerer Entfernung noch lesen können.

*Texte
hervorheben*

Auszeichnung bedeutet in der Typografie das Hervorheben einzelner Wörter oder Textstellen. Die Grundregel für deren Einsatz ist ganz einfach: Setzen Sie möglichst wenige Auszeichnungen ein. Es stehen Ihnen verschiedene **Auszeichnungsarten** zur Wahl: kursiv, fett, **Versalien/Kapitälchen**, sperren, unterstreichen, unterschiedliche Schriftarten und -farben:

>> Kursiv: Dient meistens zur Hervorhebung von Zitaten. Zwingt zum langsamen und aufmerksamen Lesen kürzerer Textpassagen.

>> Fett: Markiert die wichtigsten Worte innerhalb eines Textes. Die Stichwörter sind leichter auffindbar, bremsen aber den Lesefluss.

>> Versalien: Großbuchstaben eignen sich nur für kürzere Textpassagen. Längere Abschnitte sind schlecht lesbar und verwirren den Betrachter.

>> Sperren: Auf das Vergrößern des Zeichenabstandes (**Laufweite**) durch Einfügen kleiner Abstände (**Spatien**) sollten Sie am besten verzichten.

>> Unterstreichen: Nur verwenden bei Handschrift oder Schreibmaschine. Im Internet besteht die Gefahr, dass ein unterstrichenes Wort mit einem Hyperlink verwechselt wird.

>> Schriftarten: Eignen sich zur Unterscheidung ganzer Absätze.

>> Schriftfarben: Beispielsweise deutet der Wechsel zur Signalfarbe rot eine wichtige Textpassage an. Achten Sie auf einen großen Kontrast zwischen Schrift- und Hintergrundfarbe.

Eine Schrift ist außerdem schwerer lesbar, wenn Sie Texte schräg, gerundet oder senkrecht anordnen. Überfrachten Sie die Texte nicht mit zu vielen verschiedenen Auszeichnungen, egal ob im normalen Webseiteninhalt oder in den Produktbeschreibungen des Online-Shops. Das führt nur dazu, dass der Text unleserlich, unattraktiv und unübersichtlich wird.

Spaltenbreite

Auch die Breite eines Textes ist zu beachten. Der Betrachter sieht über eine Breite von 8 cm scharf. In dieser Zeilenbreite stehen etwa zwischen 45 bis 65 Buchstaben. Halten Sie sich daran, da ein kontinuierliches Lesen als angenehm empfunden wird. Ist ein fortlaufender Text wesentlich schmaler oder breiter, wird die Lesbarkeit beeinträchtigt, der Lesefluss gehemmt und das Auge des Betrachters ermüdet sehr schnell. Noch schlimmer wird es, wenn der Text von den Wortabständen her zu unregelmäßig ist. Deshalb beachten Sie folgende Hinweise:

>> Verzichten Sie bei schmalen Spalten auf Blocksatz.

>> Verwenden Sie lieber fließenden Flattersatz als unruhigen Blocksatz.

>> Nutzen Sie größere Spaltenzwischenräume bei mehrspaltigem Text.

WWW ·····   www.metacolor.de
Hartmut Rudolf *(Texte und Überschriften als Mittel im Marketing)*

8.3   Techniken und Tools fürs Webdesign

Das Internet hat sich zum **Massenmedium** entwickelt. Das Netz bietet schon heute ein enorm breites Informationsspektrum. Man findet inzwischen zu nahezu jedem Thema eine Vielzahl an Informationen im Netz. Im Laufe der Jahre sind parallel dazu aber auch die Bedürfnisse der Surfer ständig gestiegen. Schnörkellose Textinformationen reichen nicht mehr. Die Besucher erwarten eine farbige, multimediale und interaktive Darstellung. Die Browser, die das möglich machen, bieten mittlerweile einen riesigen Funktionsumfang und sind in der Lage, viele verschiedene Medienformate anzuzeigen und abzuspielen: Texte, Bilder, Töne, Musik, Filme usw. Damit sind die so genannten **aktiven Inhalte** gemeint, für die Sie Technologien benötigen, die innerhalb eines Browsers ausgeführt werden, z.B. **ActiveX-Controls, Java-Applets, JScript, VBScript** sowie **JavaScript**.

Aktive Inhalte

`www.bsi.de/fachthem/sinet/gefahr/aktiveinhalte/definitionen/index.htm`
BSI *(Gefahren und Risiken von aktiven Inhalten)*

`de.selfhtml.org/intro/technologien/`
SELFHTML e.V. *(verschiedene Sprachen und Web-Technologien)*

8.3.1   Einsatzgebiete und Gefahrenquellen aktiver Inhalte

Aktive Inhalte	Beschreibung und Einsatzgebiete
ActiveX-Control	Softwaretechnologie von *Microsoft*, die Anwendungen in HTML-Seiten integriert. Benötigt dafür einen Control Container, z.B. *Internet Explorer* oder Office-Anwendung. – Erweitert die Funktionen des Internet Explorers. – Spielt Multimediadateien im Browser ab. – Komplexe Anwendungen: Virenscanner, Excel … – Vektoranimationen
Java-Applet	*Java* von *Sun* ist eine plattformunabhängige und objekt-orientierte Programmiersprache, die auf das Internet abgestimmt ist. Über Java-Applets bindet man *Java* in Webseiten ein. – Nicht mehr so üblich wie früher, aber immer noch vorhanden sind Navigationsleisten für Webseiten. – Integriert komplexe/vollständige Anwendungen. – Unterstützt Online-Banking-Software. `www.java.com/de/`

Tabelle 8.5: Beschreibung und Einsatzgebiete von aktiven Inhalten

Aktive Inhalte	Beschreibung und Einsatzgebiete
JavaScript JScript VBScript **(DHTML)**	*Netscape* lizenzierte JavaScript als objektbasierte client- und serverseitige Skriptsprache (keine Programmiersprache), die man in HTML-Code einbettet. Die Syntax von JavaScript ähnelt der der C-Abkömmlinge, insbesondere Java. JScript ist die Antwort von *Microsoft* auf JavaScript. Der JScript-Interpreter des *Internet Explorers* kommt sowohl mit JScript als auch mit JavaScript zurecht. Visual Basic Script von *Microsoft* ist eine Skriptsprache, die Ähnliches leistet wie JavaScript. Sie ist eng verwandt mit Visual Basic. Dise Skriptsprachen können Sie einsetzen für: – Einbinden von Popup-Fenstern und Laufschrift. – Gültigkeit bei Formulareingaben prüfen. – Erstellen von Navigationsleisten und Menüs. – Mouse-over bei Bildern und Schaltflächen. `de.selfhtml.org/javascript/sprache/`

Tabelle 8.5: Beschreibung und Einsatzgebiete von aktiven Inhalten (Forts.)

Mit aktiven Inhalten stellen Sie ein gewisses Maß an Dynamik her, so dass statische HTML-Seiten mehr Pepp bekommen. Die Inhalte werden clientseitig auf dem Rechner des Benutzers ausgeführt. Der Internet-Browser kontrolliert die lokal ablaufenden Aktivitäten und schränkt diese bei Bedarf ein. Eine fehlerhafte Programmierung beeinträchtigt unter Umständen die Funktionsweise des Rechners eines Anwenders. Computereindringlinge erlangen dadurch möglicherweise vollen Rechnerzugriff und lesen, verändern oder übermitteln beliebige Dateien.

Deshalb empfiehlt das *BSI*, dass Sie auf den Einsatz von aktiven Inhalten verzichten. Schlimm ist besonders, wenn die Webseiten ohne die erforderliche Browser-Unterstützung nicht einmal mehr grundlegend funktionieren. Die Gründe für die Empfehlung, auf aktive Inhalte zu verzichten, sind vielfältig:

>> Anwender müssen lokale Sicherheitseinstellungen lockern, um das vollständige Angebot nutzen zu können. Auf anderen Webseiten ist der User dann größeren Gefahren ausgesetzt.

>> Sie sperren viele aus, die aufgrund der Sicherheitsrisiken den Einsatz aktiver Inhalte deaktiviert haben. Das gilt für sichere Browser-Konfigurationen im Privatbereich als auch durch Gateways gefilterte Firmennetze.

>> Kompatibilitätsprobleme innerhalb verschiedener Internet-Browser führen zu Mehraufwand durch Pflege und Test der Funktionalität.

>> Aktive Inhalte stehen häufig im Widerspruch zur barrierefreien Gestaltung von Internetseiten.

Trotzdem müssen Sie nicht komplett auf ansprechend gestaltete Webseiten verzichten. Es gibt eine ganze Reihe Alternativen zur Darstellung aktiver Seiteninhalte im Internet. Dazu gehören: einfache Browser-Funktionalität, standardkonformes HTML, dynamische Webseiten sowie Cascading Style Sheets und serverseitig erzeugter dynamischer Inhalt (z.B. PHP).

`www.ohne-aktive-inhalte.de`
BSI *(alternative Codebeispiele, um aktive Inhalte zu vermeiden)*

`WWW` . . . . .

8.3.2   Gängige Browser und Seitengrößen im Usability-Test

Stehen erst einmal der Webauftritt und der Online-Shop samt Daten im Internet, geht es ans ausführliche Testen. **Usability**-Tests über die **Bedienbarkeit** geben Ihnen einen ersten groben Überblick über die gewünschte Funktionalität. Dabei stehen vor allen Dingen der Inhalt, die Navigation und die Interaktion im Mittelpunkt. Des Weiteren sind eine ansprechende Farbgebung und gutes Webdesign wichtig.

Funktionalität und Bedienbarkeit testen

>> Inhalt: Texte, Anleitungen, Beschreibungen, Datenblätter …
Das Informationsangebot ist das Kernelement Ihres Shops. Prüfen Sie, ob alle Texte und Bilder vorhanden sind. Stichprobenartig testen Sie auch die korrekte Zuordnung von Daten, Preis, Steuer usw. Sind die Informationen tatsächlich an den Informationsbedürfnissen des Kunden ausgerichtet? Erklären Sie in einem Glossar detailliert die Fachbegriffe oder Unternehmensabläufe.

>> Navigation: Menü, Hyperlinks, Sitestruktur, Orientierungshilfen …
Bringen Sie verlinkte Elemente im Webauftritt gut sichtbar an und prüfen Sie, ob sie funktionieren. Denken Sie bei der Struktur der Website immer an die Navigationsgewohnheiten des Kunden und dass er sich orientieren können muss. Vermeiden Sie es, die Seiten zu überfrachten, und schaffen Sie eine praktikable und übersichtliche Umgebung. Bauen Sie, wenn möglich, unterschiedliche Hilfen ein.

>> Interaktion: E-Mail, Bestellung, Formular, FAQ, Gästebuch, Forum …
Eine gut funktionierende Interaktion zwischen Kunde und Shop ist die Mühe wert. Bieten Sie zusätzliche Servicefunktionen auf Ihrer Website an. Wünschenswert ist alles, was Ihrem Kunden nutzt und ihn dazu bringt, länger auf Ihrer Seite zu verweilen. Wenn solche Angebote spärlich genutzt werden, ist das allerdings von Nachteil. Foren, in denen der letzte Eintrag drei Monate zurückliegt, schrecken eher ab. Testen Sie alle eingesetzten Interaktionsmöglichkeiten. Vergessen Sie dabei auch nicht den Bestellvorgang – diesen sollten Sie sehr intensiv prüfen, insbesondere alle Zahl- und Versandarten in Abhängigkeit vom Preis (versandkostenfreie Lieferung, Mindermengenzuschlag).

>> Farbgebung: Kontrast, Farbwirkung, Harmonie, Lesbarkeit …
Zu viele optische Spielereien und Animationen wecken beim Besucher kein Wohlgefühl. Das Zusammenspiel einzelner Farben und die Anzahl eingesetzter Designelemente sollten harmonisch wirken. Damit die Texte und Menüpunkte gut lesbar sind, achten Sie besonders auf eine kontrastreiche Text- und Schriftdarstellung. Beschäftigen Sie sich zusätzlich mit barrierefreiem Webdesign, damit Sie so viele Nutzer wie möglich erreichen.

>> Webdesign: Gestaltung, Nutzerführung, CSS, Corporate Identity …
Im Webdesign des Internet-Auftritts spiegelt sich Ihr Unternehmen
wider. Alle zuvor angesprochenen Punkte fließen hier als Gesamtbild
ein. Ist ein Webauftritt professionell und modern gestaltet, dann wirkt
das automatisch sympathisch. Die Gestaltung, der Aufbau und die
Nutzerführung sollten für den Kunden angenehm sein. Auch wenn die
Seiten noch so kunstvoll gestaltet sind, die Nutzbarkeit und Zugänglichkeit darf niemals verloren gehen.

Unterschiedliche
Testszenarien

Es ist sicher eine gute Idee, wenn Sie in der Anfangsphase Ihrer Shop-Gestal-
tung Freunde und Bekannte zu ausführlichen Testausflügen einladen. Stellen Sie selbst einen kurzen Bewertungsbogen zusammen. So können Sie die
Eindrücke in Ihre weitere Arbeit einfließen lassen. Damit Sie möglichst viele
unterschiedliche Erfahrungen sammeln können, müssen Sie die Testumge-
bungen variieren. Zwar nutzen rund 70% der User Microsoft-basierte Webbrowser, dennoch dürfen Sie die anderen nicht außer Acht lassen. Denn wer
kann es sich schon leisten, fast ein Drittel seiner Kundschaft nicht zu erreichen, nur weil er versäumt hat, diese im Testkonzept einzubeziehen? Falls
möglich testen Sie daher unterschiedliche Ausgangssituationen:

>> Bildschirmauflösungen: 800 x 600 und 1024 x 768 Pixel

>> Browser: *Microsoft Internet Explorer*, *Mozilla Firefox*, *Opera*,
T-Online, *Netscape Navigator*, sowie *Linux-* und *Apple*-Browser

>> Sprachversionen: alle zusätzlich installierten Sprachen

>> Datenübertragungsgeschwindigkeiten: analog, ISDN und DSL

Quelle:
webhits.de

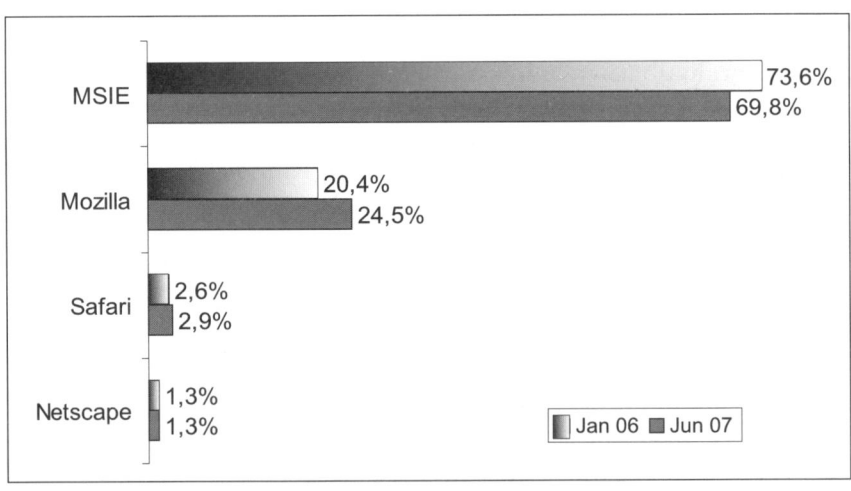

Abbildung 8.8: Marktanteile gängiger Internet-Browser (Stand: 06/2007)

MSIE 7 –
Mehrarbeit für
Webdesigner

Microsoft brachte 2007 die nächste Version seines Browser heraus. Mit dem
Internet-Explorer 7 führt *Microsoft* endlich das Surfen über Karteireiter
(Tabs) ein. Dies ist sehr hilfreich, wenn Sie viele Websites in einer Sitzung

öffnen und darin hin- und herspringen möchten. Der Browser sortiert die einzelnen Seiten hinter kleinen Reitern wie in einem Karteikastensystem und öffnet nicht immer wieder ein neues Fenster.

Der neue Browser unterstützt mehr CSS-Eigenschaften. Was nicht heißen soll, dass der Website-Programmierer es unbedingt leichter hat. Im Gegenteil, es gibt immer noch einige wesentliche Unterschiede zum sehr verbreiteten *Mozilla Firefox*. Damit die Site in allen Browsern in etwa gleich aussieht, ist viel Kleinarbeit nötig. Das größere Übel: Die User verwenden verschiedene Versionen. Speziell den Browser von Microsoft benutzen immerhin noch 70% den MSIE 6, 25% erst die 7er Version und fast 5% die veraltete Version 5. Wer schon mal eine Site für verschiedene Browser optimiert hat, weiß welch hoher Zeitaufwand dahinter steckt.

de.wikipedia.org/wiki/Liste_von_Webbrowsern
Wikimedia Foundation Inc. *(umfassende Liste mit Webbrowsern)*

WWW . . . . .

Trotz all Ihrer Bemühungen wird es immer wieder Besucher geben, an denen Sie mit Ihren Optimierungsversuchen scheitern. Einige schalten einfach den Download von Bildern auf Webseiten ab, auch aus diesem Grunde ist die Angabe eines Alternativtextes (alt-Tag) sinnvoll. Für manche sind die Standardschriftgrößen einfach zu klein und die User verwenden eine größere Schrift, damit sie den Inhalt besser lesen können. Auch diesen Fall sollten Sie nach Möglichkeit bei der Webseiten-Entwicklung berücksichtigen.

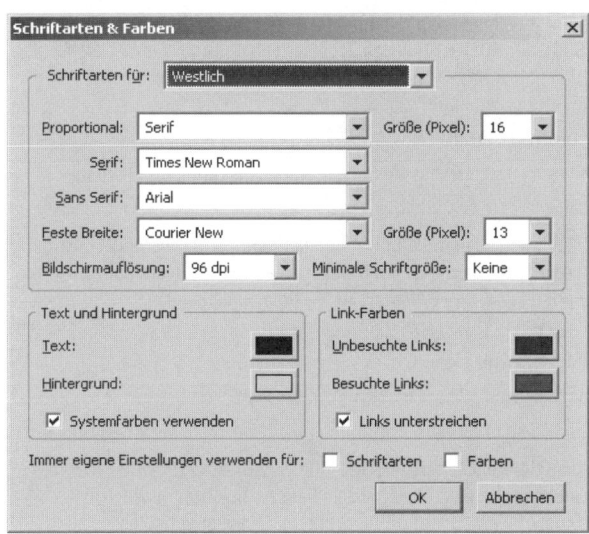

Abbildung 8.9: Eigene Schriftarten, Farben und Einstellungen nutzen

Teilweise haben die Kunden auch die erforderlichen speziellen **Plug-ins**, die die Funktionalität des Browsers erweitern, nicht installiert. Das sind zumeist spezielle Video-, Audio- oder Grafik-Plug-ins: *Flash Player, Java Runtime,*

Adobe Reader, Shockwave Player, RealPlayer, QuickTime Player, Media-Player usw. Oder die User konfigurieren den Browser so, dass Java oder JavaScript deaktiviert sind oder keine Cookies akzeptiert werden.

Das HTTP-**Cookie** sendet Informationen vom Webserver zum Browser, die der Browser bei einem späteren Zugriff wieder zurücksendet. Dadurch ist es möglich, einen Benutzer beim nächsten Besuch der gleichen Webseite wieder zu erkennen und ihm beispielsweise die wiederholte Eingabe von Daten zu ersparen. Einsatzgebiete von Cookies sind:

>> Persönliche Einstellungen auf Websites speichern.

>> Virtuellen Warenkorb zwischenspeichern.

>> Login-Informationen über Session-ID speichern.

Unser Tipp allgemein: Probieren Sie bestimmte gestalterische Ideen erst einmal aus. Wechseln Sie auch von Zeit zu Zeit das Layout und verfolgen Sie die Besucherzahlen dabei. Alle Shop-Funktionen müssen geeignet sein, den Besucher einerseits richtig zu informieren und ihm andererseits ein vergnügliches Einkaufserlebnis zu verschaffen. Es verkauft sich einfach leichter, wenn der Kunde Spaß beim Einkauf hat!

8.3.3 Hilfreiche Webdesign-Tools

Produkt/Hersteller	Tools
Browsersizer 2.5 (Freeware-Tool)	Überprüfen Sie Ihr Webdesign mit verschiedenen Bildschirmauflösungen, z.B. 800 x 600 oder 1024 x 768. Das Browser-Fenster von *Internet Explorer*, *Mozilla Firefox* und *Netscape Navigator* wird dazu per Knopfdruck auf die gewünschte Auflösung eingestellt. `freewareportal.de/Browser/BrowserSizer.html`
Colour Selector (Online-Tool)	Mit diesem Werkzeugkoffer testen Sie die Wechselwirkung von Farben. `limov.com/colour/`

Farbrechner (On-/Offline-Tool)	Die Farbwirkung betrachten Sie mit *VisiBone* Webmaster Palette (216 Farben = websichere Farben), *Jemimas* 4096 Color Wheel, *Eric Meyers* Color Blender (16,7 Mio.) oder *Sebastian Böthins* DHTML Color Calculator.
	`visibone.com/colorlab/`
	`jemimap.ficml.org/style/color/wheel.html`
	`meyerweb.com/eric/tools/color-blend/`
	`page.mi.fu-berlin.de/~boethin/pub/coca/`

HTML-Konverter (Freeware-Tool)	Konvertiert alle Sonderzeichen in HTML-Codes, z.B. aus »Ü« wird »Ü«. Kann auch mehrere Dateien eines Verzeichnisses gleichzeitig bearbeiten. Die HTML-Dateien werden komprimiert und im Browser schneller geladen. `wt-rate.com/freeware/sonderz.zip`

Tabelle 8.6: Webdesign-Tools für Farben, Schriften und Größen

Produkt/Hersteller	Tools
Schriftgrößentest (Online-Tool)	Die Schriftgrößen-Testseite erzeugt einen Beispieltext in verschiedenen Schriftarten für 7 bis 30 Punkt Schriftgröße. Wenn Sie sich für eine Schriftgröße entscheiden und deren Browser-Kompatibilität prüfen, zeigt Ihnen eine Testseite, wie der Text in unterschiedlichen Browsern aussieht. `limov.com/fonts/`
Template-Engine (Freeware-Tool)	*Smarty* ist eine Template-Engine für PHP. Es trennt die Applikations-Logik und das Layout. Ein Designer gestaltet anhand von HTML- und Template-Tags die Ausgabe: eventuell Tabellen, Hintergrundfarben, Schriftgrößen, Stylesheet usw. `smarty.php.net`

Tabelle 8.6: Webdesign-Tools für Farben, Schriften und Größen (Forts.)

Multimediale bzw. interaktive Site-Elemente

Interaktives Webdesign bedeutet, alle Möglichkeiten zur Kontaktaufnahme im Internet effektiv zu nutzen. Dazu dient die Kontaktseite im Online-Shop, über die Besucher Ihr Unternehmen erreichen können. Ein weiteres Element sind Formulare zur Bestellung von Prospekten oder Waren, die möglichst einfach auszufüllen und abzuschicken sind. Eine Vielzahl weiterer Interaktionen ist denkbar:

>> Kommunikation: Chat, Live-Support, Gästebuch ...

>> Wissensmanagement: Wiki, CMS, Blog, RSS-Feeds, Foren ...

>> Animation: Intro, Filme, Video (*Adobe Flash*, *Corel R.A.V.E.*)

>> Marketing: Produktvisualisierung, -konfigurator, -berater ...

>> Online-Service: eLearning, eTraining, Live-Bericht, Avatar ...

>> Ereignisse: Dialog, Eingabe, Kontrolle, Cookie ...

>> Navigation: Mouse-over-Effekte, Menüs, Frames ...

>> Applikationen: Kalender, Rechner, Termine, Newsticker, Spiele ...

Kategorie	Beispiele
Animation	 Mit *Flash* erstellen Sie multimediale Effekte und Anwendungen. `www.adobe.de`

Tabelle 8.7: Ausgewählte Website-Beispiele im Bereich Interaktion

Kategorie	Beispiele
Forum	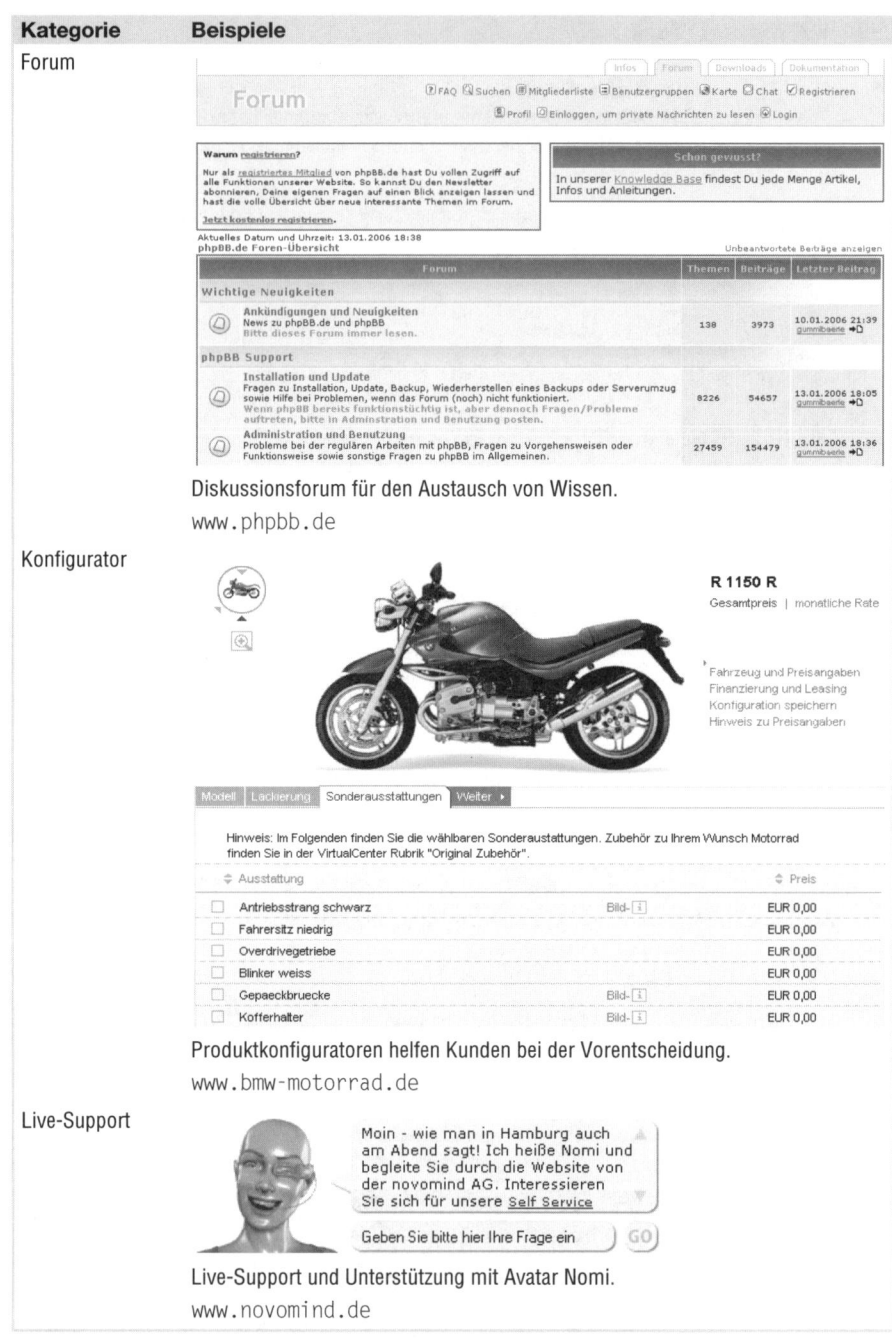

Diskussionsforum für den Austausch von Wissen.

www.phpbb.de

Produktkonfiguratoren helfen Kunden bei der Vorentscheidung.

www.bmw-motorrad.de

Live-Support und Unterstützung mit Avatar Nomi.

www.novomind.de

Tabelle 8.7: Ausgewählte Website-Beispiele im Bereich Interaktion (Forts.)

Kategorie	Beispiele
Routenplaner	**■map**24 · Route berechnen · Start (Deutschland) · Straße · PLZ · Ort · Ziel · **Hans Mustermann** Musterstraße 28 12345 Linkhausen (Deutschland) · ▸ go —— **■map**24 · Route berechnen · Start (Deutschland) · Straße · PLZ · Ort · Ziel (Deutschland) · Straße · PLZ · Ort · ▸ go
	Routing-Map mit/ohne Zielangabe auf eigenen Seiten anbieten. www.map24.de

Tabelle 8.7: Ausgewählte Website-Beispiele im Bereich Interaktion (Forts.)

favicon.ico erstellen mit Icon-Tools

Eine prima Idee ist auch, Ihrer Website ein Mini-Logo mitzugeben. Der Internet-Browser zeigt dieses kleine Icon neben der Internet-Adresse (URL), also der Adressleiste an. Dieses Symbol trägt standardmäßig den Namen **favicon.ico** und ist im Grunde ein einfaches Windows-Icon. Angezeigt wird das Favicon im Browser nur dann, wenn eine Seite mit einem Favicon verknüpft ist. Im Internet Explorer geschieht dies bislang jedoch erst, falls ein Anwender die Seite in seine Favoriten legt.

Abbildung 8.10: favicon.ico in der Adresszeile des Internet Explorer

Des Weiteren wird das Symbol auch noch an folgenden Stellen angezeigt:

>> Favoriten- bzw. Lesezeichen-Verzeichnis des Internet-Browsers.

>> Unter *Windows*: Startmenü, Taskleiste und Desktop-Verknüpfung.

In einer **ICO-Datei** lassen sich mehrere Einzelgrafiken einbinden, die sich bzgl. ihrer Größe unterscheiden: 16 x 16, 32 x 32 oder 64 x 64 Pixel und/oder Farbanzahl: 16 oder 256 Farben. Es sind auch transparente Bildbereiche möglich. Wir empfehlen Ihnen, einen transparenten Hintergrund, eine Bildgröße von 16 x 16 und 32 x 32 Pixel sowie 256 Farben zu wählen. Erstellen Sie das Bild in der größeren Darstellung und testen Sie, ob es im kleineren Format noch gut erkennbar ist.

Wollen Sie ein vorhandenes Bild oder Ihr Logo in ein favicon.ico umwandeln, benötigen Sie ein Konvertierungstool wie *IrfanView*. Mit diesem kostenlosen Tool gelingt es Ihnen mühelos, ein eigenes Icon zu entwerfen. Ansonsten erstellen Sie mit einem Bildbearbeitungsprogramm eine neue BMP-Datei in der Größe 32 x 32 und einer Farbtiefe von höchstens 256 Farben. *IconEdit32* setzen Sie dazu ein, um verschiedene Bildgrößen in einem Icon zusammenzufügen.

Die einzelnen Schritte zum eigenen favicon.ico sind folgende:

Step.......
1. Laden Sie die *Open Clip Art Library* mit Cliparts und Icons herunter!

2. Laden Sie *IrfanView* und *IconEdit32* zur Icon-Bearbeitung herunter!

3. Erstellen Sie ein Bild mit *IrfanView* und speichern Sie es als ICO-Datei!

4. Fügen Sie ein Bild bzw. mehrere Bilder in *IconEdit32* ein!

5. Fügen Sie bis zu drei Bilder mit *IconEdit32* zusammen (favicon.ico)!

6. Schalten Sie für bessere Ergebnisse die Hintergrundfarbe transparent!

7. Laden Sie das Icon per FTP-Programm auf Ihren Webserver!

CD........
www.openclipart.org
Open Clip Art Library *(knapp 7.000 Bilder zum kostenlosen Download)*

live.prooo-box.org/html/openclipart.html
Open Office Clip Art Library *(knapp 8.000 Bilder zum Download)*

www.irfanview.de
Irfan Skiljan *(Freeware-Editierungs-/Konvertierungs-Tool)*

www.pcmag.com/article2/0,1895,4016,00.asp
Ziff Davis Publishing Holdings Inc. *(IconEdit32 zum Download)*

favicon.ico ins Web stellen

Liegt ein fertiges Icon vor, dann laden Sie es per FTP in das Basis-/Root-Verzeichnis Ihrer Domain. Haben Sie noch kein Icon, verwenden Sie eines als Grundlage aus dem *Open Clip Arts* Bilderarchiv und passen Sie es an die eigenen Bedürfnisse an. Fehlt die Datei favicon.ico im Root-Verzeichnis, so notiert das Fehlerlog Ihres Webservers dies bei jedem Zugriff. Wollen Sie der Datei einen anderen Namen geben, binden Sie einen speziellen HTML-Befehl in den Header Ihrer HTML-Dateien ein: <link rel=»shortcut icon« href=»anders.ico«>. So können Sie ganz bequem unterschiedliche Icons einzelnen Webseiten zuweisen.

Animiertes Werbebanner erstellen

Das **Werbebanner** ist eine sehr verbreitete Werbeform im Internet. Banner binden Werbepartner in Form von Grafik- oder Flashdateien auf Ihren Webseiten ein und verweisen per Hyperlink auf die Homepage des Werbenden. Entweder werden sie für einige Sekunden als **Popup** eingeblendet oder das Banner ist direkt in eine Webseite eingebettet.

Quelle: eBay.de

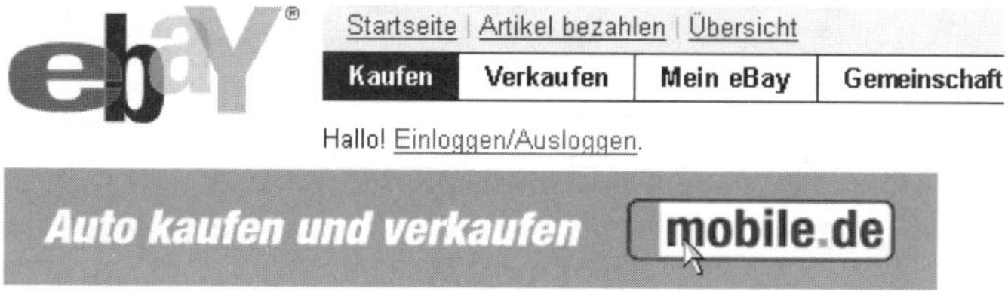

Abbildung 8.11: Eingebettetes Werbebanner auf dem Marktplatz eBay

Damit Werbebanner mehr Aufmerksamkeit erregen, sind sie in der Regel animiert, d.h., die Bilddarstellung enthält bewegte Elemente. Banner werden aber dennoch nicht mehr so positiv und oft wie früher wahrgenommen. Dementsprechend niedrig ist die Chance, damit Besucher anzulocken.

Jeder, der im Internet selber wirbt oder Werbeflächen anbietet, muss sich an vorgegebene Standardgrößen für die Banner halten. Diese Bestimmungen sind sowohl bindend für den Werbetreibenden als auch für den Werbeflächen-Anbieter. Da viele der großen Werbepartner aus Amerika stammen, sind Größenangaben und Bezeichnungen an deren Vorgaben angepasst. Als Anzeigenformate haben sich folgende Standardgrößen etabliert:

Kategorie	Pixel	Name
Banner und Buttons	234 x 60	Half Banner
	468 x 60	Full Banner
	120 x 240	Vertical Banner
	88 x 31	Micro Bar
	120 x 90	Button 1
	120 x 60	Button 2
	125 x 125	Square Button
Rechtecke und Popups	180 x 150	Small Rectangle
	300 x 250	Medium Rectangle
	336 x 280	Large Rectangle
	240 x 400	Vertical Rectangle
	250 x 250	Square Popup
Skyscraper	120 x 600	Skyscraper
	160 x 600	Wide Skyscraper
	300 x 600	Half Page Ad
Sonstige	728 x 90	Leaderboard

Tabelle 8.8: Größe und Bezeichnung gängiger Werbebanner

Als komplett eigene Gruppe zählen ergänzend noch Text-Links, die verschieden aussehen können.

Abbildung 8.12: Beispiele für gängige Bannergrößen

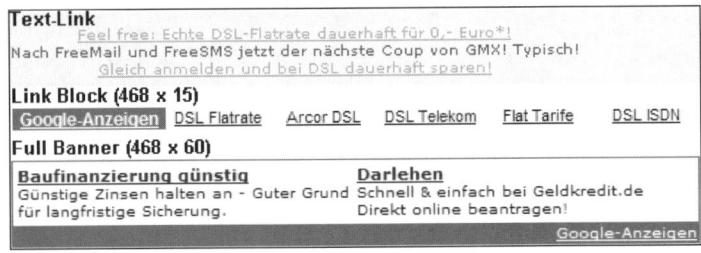

Abbildung 8.13: Affiliate- und Google-Text-Link

downloads.vnunet.de/download/865.html
Ulead Systems GmbH *(*Ulead GIF Animator *Lite Edition)*

www.corel.de
Corel Corporation *ehemals* Jasc *(Grafikprogramm* Paint Shop Pro Photo XI*)*

Animiertes Banner erstellen

Damit Sie ein animiertes Werbebanner erstellen können, benötigen Sie ein Grafikprogramm. Je nach Leistungsfähigkeit der Software ist ein zusätzliches GIF-Animationsprogramm erforderlich. Als Hintergrundfarbe für das Banner empfehlen wir Ihnen die Grundfarbe Weiß, da sich diese Farbe leichter in das Gesamtbild Ihrer Homepage integriert und nicht unangenehm auffällt. Außerdem belegen Umfragen, dass weiße Banner vertrauenserweckend und freundlich wirken.

Step......

1. Legen Sie Rahmen- und Hintergrundfarbe fest!

2. Erstellen Sie mehrere einzelne Sequenzen als TIFF-Bilder (Original)!

3. Speichern Sie die optimierten Bilder als GIF-Bild!

4. Fügen Sie alle GIF-Bilder zu einer Animation zusammen!

8.4   Farben und Grafiken professionell einsetzen

Wir Menschen sind leider sehr beeinflussbar, sei es durch Gerüche, Geräusche oder Bilder. Man will gar nicht wissen, in welche Sphären die Forschung vorgedrungen ist, um uns beispielsweise Produkte schmackhafter zu machen. Wir würden erschrecken, wenn wir wüssten, wie wir uns manipulieren lassen und vor allem wie leicht. Doch einige Forschungsergebnisse können wir uns auch in unserem Online-Shop zunutze machen. Nicht, dass wir unsere Kunden einer Gehirnwäsche unterziehen wollen, wir möchten ihnen nur ein Wohlgefühl während des Einkaufs vermitteln. Das funktioniert im Web vorwiegend mithilfe visueller Eindrücke.

Am Ende von *Kapitel 5.1.2* finden Sie bei den Produktinformationen noch ein paar Tipps, welche Voraussetzungen Bilder fürs Web haben. Im Wesentlichen geht es um die Unterscheidung, wann wählen Sie das GIF-, das JPEG- oder das PNG-Bildformate. Dies beeinflusst, die Größe von Bildern und deren Qualität.

8.4.1   Eine kurze Farbenlehre

Wie nehmen wir Farbe eigentlich wahr? Unser Auge sieht die elektromagnetischen Wellen des Lichtspektrums. Der Teil der sichtbaren Strahlung liegt in einem Spektrum zwischen 380 und 780 Nanometer. Mit Hilfe eines Prismas lässt sich weißes Licht in seine Farbbestandteile zerlegen. Zu den **bunten** Grundfarben zählen Rot (R), Grün (G), Blau (B), Cyan (C), Magenta (M) und Gelb (Y). Die acht Grundfarben werden durch die beiden **unbunten** Farben Schwarz (K) und Weiß (W) komplettiert.

Es gibt ganz unterschiedliche Farbentheorien, jedoch hat sich in den letzten Jahren die von *Harald Küppers* durchsetzen können. Ihre Arbeit im Internet kann davon profitieren. Denn mit Farben lassen sich sehr interessante und verkaufsfördernde Wirkungen erzielen. Wir werden hier nur die für die Webdesign-Praxis relevanten Begriffe aus der Farbenlehre erklären.

Farbenlehre von Küppers

In der Farbenlehre unterteilt man die Farbmischung in die Varianten additiv und subtraktiv. Die **additive Farbmischung** entsteht durch das Mischen von Licht. Um Weiß zu erhalten, müssen Sie die einzelnen **Lichtfarben** Rot, Grün und Blau (RGB) mischen bzw. addieren. Mischfarben sind grundsätzlich heller und weniger gesättigt als die zugrunde liegenden Primärfarben, da sich die Lichtenergie addiert. Digitalkameras, Fernseher und Monitore verwenden das **RGB**-Farbmodell für die Farbdarstellung.

Farbmischung

Undurchsichtige Gegenstände haben die Eigenschaft, gewisse Teile des Lichtspektrums zu reflektieren oder zu **absorbieren**. Die Summe der reflektierten Spektralanteile nennt sich Körperfarbe. Die **subtraktive Farbmischung** bezeichnet das Mischen der **Körperfarben** Cyan, Magenta und Gelb. Da beim Mischen der drei Körperfarben nur ein schwaches Schwarz entsteht, haben Drucker eigens eine schwarze Farbe an Bord. Als unbunte

Grundfarbe ist zusätzlich noch Weiß erforderlich. Diese bekommen Sie beim Druck auf (weißem) Papier durch das Sonnenlicht (**Reflektion**) und bei der Projektion auf eine Leinwand durch den Leuchtkörper im Overhead-/Dia-Projektor (**Transmission**). Sobald weißes Licht auf Farbpigmente trifft, z.B. ein bedrucktes Blatt Papier, entziehen die beteiligten Farbpigmente dem auftreffenden Licht einen bestimmten Farbanteil. Das **CMYK**-Farbmodell wird in der digitalen Druckvorstufe angewendet.

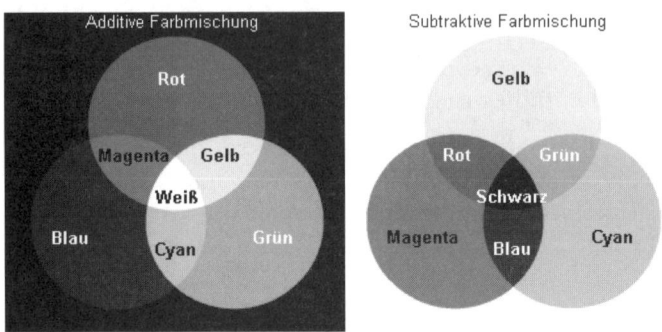

Abbildung 8.14: Additive und subtraktive Farbmischung

Die Farben des **L*a*b-Modells** bestehen aus einem Luminanz-Kanal (**Helligkeit**) und zwei Kanälen für die Farbwerte. Der a-Kanal beinhaltet die Farbtöne von Rot bis Grün, im **b-Kanal** finden Sie die Farben von Gelb bis Blau. Die Tragweite des Modells wird allerdings erst deutlich, wenn Sie beispielsweise mit Adobe Photoshop arbeiten. Denn intern arbeitet das Grafikprogramm annähernd mit diesem Modell, um Bilder von einem Farbmodell in das andere zu konvertieren. Das ist möglich, da es nahezu alle anderen Farben des RGB- und CMYK-Modells überlagert.

Primär- und Sekundärfarben im Farbkreis

Durch Mischen von **Primärfarben** entstehen alle anderen Farben. Mischen Sie zwei Primärfarben zu gleichen Teilen zusammen, ergeben sich die **Sekundärfarben**. Mischen Sie eine Sekundär- und eine Primärfarbe zu gleichen Teilen, ergibt sich eine **Tertiärfarbe**.

Modell	Primärfarben	Sekundärfarben	gemischt aus
RGB	Rot, Grün und Blau	Cyan(-blau)	= Grün + Blau
		Magenta(-rot)	= Rot + Blau
		Gelb	= Rot + Grün
CMYK	Cyan, Magenta und Gelb	(Orange-)Rot	= Gelb + Magenta
		Grün	= Gelb + Cyan
		(Violett-)Blau	= Magenta + Cyan

Tabelle 8.9: Sekundärfarben entstehen durch Mischen der Primärfarben

Allerdings ist die Benennung von Farben nicht einheitlich. *Küppers* bezeichnet in seiner Farbenlehre schon die Grundfarben anders: Cyanblau, Magentarot, Gelb, Orangerot, Grün, Violettblau, Schwarz und Weiß. Bei 16,7 Mio. Farben ist klar, dass eine einheitliche Namensgebung praktisch unmöglich ist.

`www.kuepperscolor.de`
Harald Küppers *(Farbenlehre)*

`www.farbimpulse.de`
Brillux GmbH & Co. KG *(Glossar und Online-Magazin für Farbe)*

`www.ipsi.fraunhofer.de/~crueger/`
Ingrid Crüger *(Online-Publikation zur Farbentheorie und Farbgestaltung)*

`www.metacolor.de`
Hartmut Rudolf *(Tool: Farbwähler, Tutorial: Farben im Webdesign)*

Ein **Farbkreis** entsteht, indem Sie die Primärfarben und Sekundärfarben abwechselnd der Reihe nach kreisförmig anordnen. Bei geschickter Anordnung entsteht ein spezieller Farbkreis, bei dem gegenüberliegende Farben in besonderer Weise harmonieren. Wenn zwei Farben gemischt werden, die zusammen Weiß (additives RGB-Modell) bzw. Schwarz (subtraktives CMYK-Modell) ergeben, dann nennt man die sich gegenüberstehenden Farben **Komplementärfarben**.

Komplementär-farben

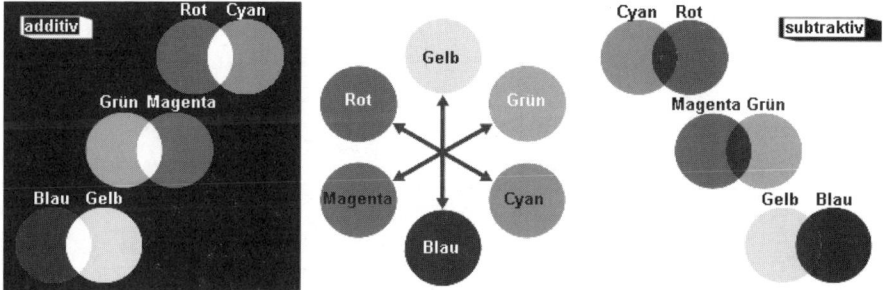

Abbildung 8.15: Komplementärfarben in der Farbmischung

Farben harmonisch zusammenstellen

Bei der Wahl der richtigen Farben spielen viele Aspekte eine Rolle. Wie viele Farben sollen eingesetzt werden? Welche Grundstimmung entwickeln die gewählten Farben? Welche Kontraste setzen Sie ein?

Neben Formen und Farben als Gestaltungsmittel stehen uns einige Hilfsmittel zur Verfügung: Farbharmonien, Farbkontraste und Farbklänge. *Küppers* hat für seine **Farblehre** ein Buntarten- oder Farbsechseck entwickelt. Zum leichteren Verständnis genügt uns schon der einfache Farbkreis.

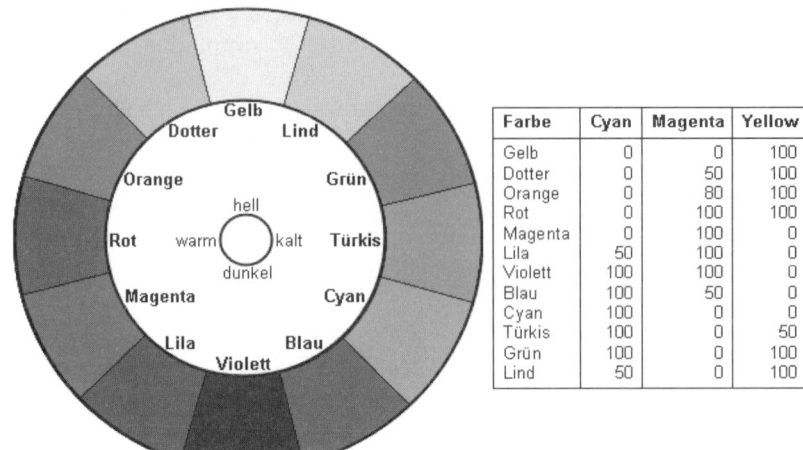

Farbe	Cyan	Magenta	Yellow
Gelb	0	0	100
Dotter	0	50	100
Orange	0	80	100
Rot	0	100	100
Magenta	0	100	0
Lila	50	100	0
Violett	100	100	0
Blau	100	50	0
Cyan	100	0	0
Türkis	100	0	50
Grün	100	0	100
Lind	50	0	100

Abbildung 8.16: Zwölfteiliger Farbkreis aus der Farbenlehre

Harmonische Farbwahl

Eine disharmonische Farbenwahl ruft beim Betrachter ein Gefühl der Abneigung hervor. Hingegen wirkt eine harmonisch ausgewählte Farbkombination angenehm und führt zu einem eher positiven Eindruck. Laut *Ingrid Crüger* erreichen Sie eine harmonische Farbzusammenstellung durch Kombination von:

>> im Farbkreis benachbarten Farbtönen, z.B. Gelb und Lind

>> mehreren Farben der warmen Farbpalette, z.B. Gelb, Orange, Rot

>> mehreren Farben der kalten Farbpalette, z.B. Lila, Violett, Türkis

>> einigen bunten Farben mit Schwarz und Weiß

>> aufgehellten Farbtönen mit ihrer Vollfarbe

>> mit Grau entsättigten Farbtönen mit ihrer Vollfarbe

Design-Profis sollten sich tiefer mit den vier »ästhetischen Unterscheidungsmerkmalen« (**Buntart, Unbuntart, Bunt-/Unbunt-Grad** und **Helligkeit**) beschäftigen. Für unsere Zwecke soll es reichen, die charakteristischen Wirkungsweisen gängiger Kontrastarten darzustellen.

Kontraste erzielen interessante Effekte

Der geschickte Einsatz von Farbkontrasten erzeugt Spannungen. Wenn Sie sich dessen bewusst sind, können Sie gezielt bestimmte Wirkungen hervorrufen: lebendig, erfrischend oder aber aufregend, provozierend. Kontrastreiche Farbgestaltung erzielen Sie mithilfe der folgenden Tricks.

Farbkontrast	Beispiel
Kalt-warm-Kontrast	Gleichzeitig kalte und warme Farben verwenden.
	Beispiele: Warme Farben sind Braun, Gelb, Gold, Orange und Rot. Kalte Farben sind Blau, Grau, Silber und Weiß.
	Tipp: Beachten Sie die verschiedenen Wirkungen von Farben. Rotorange gilt als die wärmste Farbe, Blaugrün als die kälteste Farbe. Die Farben der rechten Hälfte des Farbkreises (Türkis bis Lila) gelten allgemein als kalt, die linke Hälfte (Lind bis Rot) wird als warm empfunden. Die beiden Farben Magenta und Grün gelten als neutral, weil sie genau auf den Schnittstellen zwischen kalten und warmen Farben liegen.
Hell-dunkel-Kontrast	Vollfarben kombiniert mit ihren aufgehellten Farbtönen.
	Beispiele: Violett und Gelb haben einen sehr starken Kontrast, Rot und Türkis einen schwachen.
	Tipp: Wandeln Sie Ihre verwendeten Online-Shop-Farben in einem Grafikprogramm in Graustufen um. Haben Sie keinen Hell-Dunkel-Kontrast, sollten Sie die Farbwahl überdenken.
Unbunt-Bunt-Kontrast	Kombinierter Einsatz von bunten und unbunten Farben.
	Beispiele: Diesen Kontrast besitzen Farben mit stark unterschiedlicher Leuchtkraft, z.B. Altrosa und Violett. Falls Sie z.B. kräftiges Magenta und Grün einsetzen, so ergänzen Sie die Farben durch eine unbunte Farbe (Schwarz, Weiß).
	Tipp: Stark leuchtende Farben benötigen laut *Schopenhauer* (Maler) im Farbkreis eine geringere Gewichtung. Er teilte den Farbkreis in 36 Teile ein: Gelb = 3, Orange = 4, Rot = 6, Grün = 6, Blau = 8 und Violett = 9. Demzufolge benötigen stark leuchtende Farben wie Gelb oder Orange weniger Gewichtung als Blau oder Violett.
Komplementär-Kontrast	Die im Farbkreis gegenüberstehende Komplementärfarbe nutzen.
	Beispiele: Rot – Türkis, Gelb – Violett oder Orange – Cyan.
	Tipp: Die Komplementärfarben kommen besser zur Geltung, wenn Sie sie direkt nebeneinander platzieren. Dadurch erreichen Sie die höchste Leuchtkraft und den größten Kontrast.
Quantitäts-Kontrast	Große Farbflächen werden mit kleinen Farbtupfen ergänzt.
	Beispiel: Die Farbwirkung hängt von ihrer Flächengröße ab.
	Tipp: Die kleinere der Farbfläche sollte höchstens 20% der Gesamtfläche einnehmen. Solange man die Farbe gut erkennt, ist auch ein kleiner Prozentanteil möglich.
Qualitäts-Kontrast	Einsetzen von reinen **gesättigten** (Vollfarben) und **trüben ungesättigten** Farben. Je stärker der Farbton ins Graue abgleitet, desto geringer ist die **Sättigung**.
	Beispiel: Ist eine Farbe sehr dicht oder satt aufgetragen, wird sie als gesättigte Farbe bezeichnet. Wird die gleiche Farbe mit unbunten Farben gemischt entsteht eine ungesättigte.
	Tipp: Die Strahl- und Leuchtkraft der Farben verändern Sie durch Mischen mit Weiß, Schwarz oder Grau. Denn die unbunten Farben Schwarz, Weiß und Grau besitzen überhaupt keine Sättigung.

Tabelle 8.10: Ausprägungen von Farbkontrasten

Farbkontrast	Beispiel
Simultan-Kontrast	Die gleiche Farbe wirkt vor einem dunklen Hintergrund heller und vor einem hellen Hintergrund dunkler. Aus demselben Grund lässt ein heller Hintergrund eine Farbe in den Vordergrund treten, ein dunkler Hintergrund nimmt sie hingegen zurück.
	Beispiel: Ein intensives Grün hat vor schwarzem bzw. weißem Hintergrund eine ganz andere Farbwirkung.
	Tipp: Der Einsatz eines neuen Farbtons kann den Charakter einer Gestaltung grundlegend verändern.

Tabelle 8.10: Ausprägungen von Farbkontrasten (Forts.)

Kontrastreiche Webseiten beinhalten meist mehrere Kontrastarten gleichzeitig. Beispielsweise erzielen Sie mit Hilfe einer schwarzen Schrift auf der hellen Farbe Cyan einen Hell-Dunkel-Kontrast und ebenso einen Unbunt-Bunt-Kontrast.

Farbklänge kombinieren Farben harmonisch

Ein **Farbklang** kennzeichnet eine Kombination aus mehreren Farben unter der Voraussetzung, dass die Farben über die gleiche Helligkeit und Farbqualität verfügen. Mit Farbklängen wählen Sie die Farben, die gleichzeitig harmonisch und kontrastreich zusammenwirken. Wenn wir auf das Thema Orientierungshilfen zurückgreifen, so lassen sich Farbklänge gut als Kategoriefarbe einsetzen, wählen Sie z.B. einen Dreiklang für die Kategorien Computer, Bürostühle und Zubehör.

Mit einem einfachen Trick erhalten Sie die Farben, die in einem harmonischen Farbklang stehen. Sie brauchen dazu nur die Farben im **Farbkreis**, **Farbsechseck**, **Farbwürfel** oder **Farbkugel** wählen, deren Abstand zueinander gleich ist. Das gelingt Ihnen recht einfach, indem Sie z.B. über einen Farbkreis Dreiecke oder Rechtecke legen. An den Eckpunkten der Flächen sehen Sie dann die Farbtöne eines Farbklangs. Harmonische Farbkombinationen ergeben sich im:

>> **Zweiklang:** gegenüberliegende Komplementärfarben

>> **Dreiklang:** gleichseitiges oder gleichschenkliges Dreieck

>> **Vierklang:** quadratisches oder rechtwinkliges Viereck

>> **Sechsklang:** Sechseck oder Vierklang mit Schwarz und Weiß

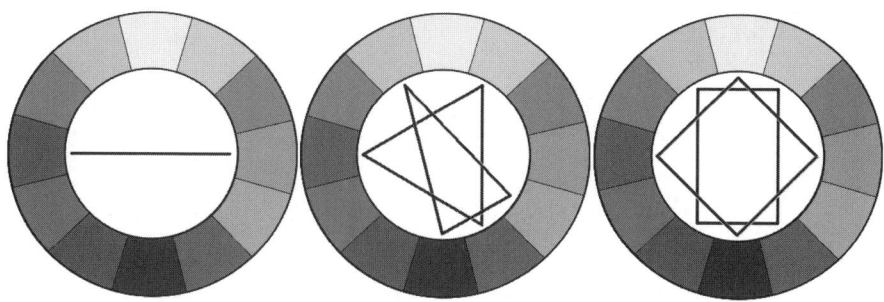

Abbildung 8.17: Harmonischer Zweiklang, Dreiklang und Vierklang

www.wellstyled.com/tools/colorscheme2/
Petr Stanicek *(Online-Tool: Color schemes generator 2)*

Doch mit dem Farbklang allein ist es noch nicht getan. Der ausschließliche Einsatz von Farbklängen ist nicht flexibel genug, da sonst alle mit den gleichen Farben arbeiten würden. Die Farben des von Ihnen gewählten Farbklangs sollten Sie daher in verschiedenen Helligkeitsstufen ausgeben. Somit entstehen die so genannten **Farbfolgen** im Farbverlauf, der dann abgestuft dargestellt wird, z.B. Grün bis Hellgrün.

Abbildung 8.18: Farbfolge mit unterschiedlichen Helligkeitsstufen

Wie wirken Farben auf Website-Betrachter?

Jede einzelne Farbe wirkt unterschiedlich auf uns. Farben haben sogar psychologische Effekte. Bestimmte Farben lösen Gefühle, Assoziationen oder Stimmungen beim Betrachter aus. Farben ziehen die Aufmerksamkeit auf sich und führen zu gewissen unbewussten Reaktionen.

Von Mensch zu Mensch und von Kulturkreis zu Kulturkreis verbinden die Menschen mit einzelnen Farben unterschiedliche Empfindungen. Das hängt sicherlich auch damit zusammen, dass es nicht nur eine Farbe Rot gibt, sondern eine ganze Palette davon. Deshalb verbinden die Menschen mit Farben zum Teil eine ganze Bandbreite an positiven und negativen Eigenschaften. Mit diesem Wissen über die Wirkung der Farben gestalten Sie Ihrer Website gezielter. Sie sprechen Ihre Zielgruppe optimaler an und vermitteln dem Kunden ein positiveres Stimmungsgefühl.

Farbe	Assoziationen/Symbolik
Rot	Naturfarbe: Blut und Feuer
	+ Kraft, Erotik, Sieg, Leidenschaft, Liebe, Sexualität, Energie – Krieg, Gefahr, Wut, Teufel, Brutalität, Zorn, Hass, Dominanz
Grün	Naturfarbe: Pflanzen, Natur, Wiesen und Wälder
	+ Hoffnung, Jugend, Geborgenheit, Fruchtbarkeit, Sicherheit, Triumph – Unerfahrenheit, Neid, Gleichgültigkeit, Stagnation, Geiz, Pech
Blau	Naturfarbe: Himmel, Wasser und Meer
	+ Ruhe, Ferne, Weite, Fantasie, Vertrauen, Schönheit, Stabilität, Friede – Kälte, Nachlässigkeit, Melancholie, Traumtänzerei, Passivität
Cyan	Naturfarbe: strahlender Himmel
	+ Wachheit, Bewusstheit, Klarheit, Offenheit, Freiheit – Kühle, Distanz, Leere
Magenta	Naturfarbe: Blüten
	+ Idealismus, Dankbarkeit, Engagement, Ordnung, Mitgefühl – Snobismus, Arroganz, Dominanz
Gelb	Naturfarbe: Gold, Sonnenlicht und Sommer
	+ Freude, Optimismus, Frische, Heiterkeit, Wissen, Ernte, Licht – Feigheit, Verrat, Gefahr, Krankheit, Eifersucht, Herbst, Reife, Neid
Schwarz	Naturfarbe: Dunkelheit, Nacht und Kohle
	+ Energie, Stabilität, Förmlichkeit, Würde, Ansehen – Angst, Leere, Trauer, Tod, Böses, Stille, Härte, Egoismus
Grau	Naturfarbe: Wolken
	+ Neutralität, Vorsicht, Zurückhaltung, Kompromissbereitschaft – Langeweile, Eintönigkeit, Unsicherheit, Lebensangst
Weiß	Naturfarbe: Engel, Wolken, Eis und Schnee
	+ Reinheit, Unschuld, Klarheit, Erhabenheit, Friede, Sauberkeit, Neues – Kälte, Verletzlichkeit, Kapitulation, Sterilität, Unnahbarkeit

Tabelle 8.11: Positive und negative Farbassoziationen

Zu jeder einzelnen Farbe hat der Betrachter unterschiedliche Assoziationen. Natürlich ist das auch von der Umgebung abhängig, in der die Farbe gesehen wird. Meistens treten daher mehrere Farben kombiniert auf und rufen dabei bestimmte Stimmungsbilder hervor. Die Farbe Rot ruft in einem rosafarbenen Umfeld eine ganz andere Empfindung hervor wie Rot in Kombination mit Schwarz.

Quelle: Fraunhofer IPSI *und* Metacolor

Einige Erkenntnisse aus einer interessanten Untersuchung finden Sie in Tabelle 8.12. Bei *Metacolor* finden Sie auch noch die Assoziationen für viele weitere Hauptfarben. Wir haben Ihnen zu jedem Begriff jeweils die drei am häufigsten genannten Farben angegeben, sortiert nach den Hauptfarben. Die als zweites aufgeführte Farbe wurde als zweitwichtigste Farbe in dieser Kombination genannt. Die letztgenannte Farbe stellt den kleinsten Anteil in der jeweiligen Farbkombination.

Hauptfarbe	Nebenfarben	Wirkung
Rot	Orange – Gelb	Aktivität/Energie
	Blau – Weiß	Attraktivität
	Rosa – Schwarz	Erotik
	Schwarz – Blau	Kraft
	Gelb – Orange	Lebensfreude
	Violett – Orange	Leidenschaft
	Orange – Rosa	Nähe
Häufigste Zweitfarbe:	Orange, Schwarz, Gelb, Rosa	
Grün	Gelb – Rosa	Frühling
	Rot – Rosa	Gesundheit
	Blau – Weiß	Hoffnung/Erholung
	Rosa – Gelb	Jugend
	Rot – Orange	Lebendigkeit
	Weiß – Blau	Sicherheit
	Blau – Gelb	Zuversicht
Häufigste Zweitfarbe:	Blau, Braun, Gelb, Rot	
Blau	Rosa – Weiß	Harmonie
	Gold – Rot	Leistung
	Schwarz – Braun	Männlichkeit
	Rot – Schwarz	Mut
	Rot – Grün	Sympathie
	Schwarz – Weiß	Unendlichkeit
	Grün – Weiß	Vertrauen
Häufigste Zweitfarbe:	Grün, Weiß, Schwarz	
Weiß	Blau – Grün	Ehrlichkeit
	Grau – Schwarz	Funktionalität
	Blau – Gold	Gutes/Wahrheit
	Blau – Silber	Klugheit
	Schwarz – Rot	Modernes
	Gelb – Blau	Neues
	Grau – Blau	Sachlichkeit
Häufigste Zweitfarbe:	Blau, Grau, Schwarz	

Tabelle 8.12: Empfindungen zu verschiedenen Farbkombinationen

Nicht nur der Farbton selbst zeigt seine Wirkung auf den Betrachter. Auch *Farbton-Tipps* Helligkeit, Farbsättigung, Farbenanzahl oder Farbtemperatur entwickeln eine bestimmte Empfindung. Daher ist es bei der Gestaltung von Webseiten ratsam, einige Tipps zu befolgen:

Farbtöne	Einsatzgebiete
Hell	Einsetzen als Hintergrundfarbe für Bilder und Texte.
Dunkel	Gut geeignet für Schriften, Linien und Strichzeichnungen.
Gesättigt	Nur in geringen Mengen verwenden, um Besonderes hervorzuheben.
Entsättigt	Sinnvoll als Hintergrundfarbe. Vermittelt Perspektive bzw. Tiefe.
Warm	Belasten das Auge, daher nur gezielt für kleinere Flächen einsetzen.
Kalt	Wirken beruhigend und rufen nur geringe Aufmerksamkeit hervor.

Tabelle 8.13: Tipps für den Einsatz bestimmter Farbtöne

Farbtöne	Einsatzgebiete
Bunt	Sehr gut kombinierbar mit gesättigten Farbtönen.
Unbunt	Intensivieren die Farbwirkung und Leuchtkraft bunter Farben.
Zart	Als Hintergrundfarbe oder für sensible Sachverhalte einsetzen.
Einzeln	Aufeinander abgestimmte Farben wirken ordnend und übersichtlich.
Viel	Unbedingt vermeiden, sie lösen unangenehme Emotionen aus!

Tabelle 8.13: Tipps für den Einsatz bestimmter Farbtöne (Forts.)

Farbtrends erkennen

Nicht nur in der Modewelt, sondern auch im Webdesign gibt es Farbtrends, die sich nach den Vorlieben der Leute im Laufe der Jahre wandeln. Was vor fünf Jahren eine beliebte Modefarbe war, muss heute nicht mehr als attraktiv empfunden werden. Trotzdem dominiert sowohl bei Männern als auch bei Frauen gleichermaßen bestimmte Standardlieblingsfarben, wie die Farben Blau, Rot und Grün. Über die unbeliebten Farben sind sich Mann und Frau nicht mehr so einig. Bei Frauen sind diese Farben hauptsächlich Braun, Orange, Violett und Schwarz, dagegen sind beim männlichen Geschlecht die Farben Braun, Violett und Rosa nicht gerne gesehen. Obwohl sich im Moment in der Männermode ja die Farbe Rosa etwas durchsetzt ...

Abschließend noch ein paar praxisnahe Tipps und Richtlinien im Umgang mit Farben für die Arbeit auf Ihrer Website:

>> Erstellen Sie lange Lesetexte auf strahlungsarmen Hintergrundfarben.

>> Fördern Sie eine gute Lesbarkeit durch einen Hell-Dunkel-Kontrast.

>> Verwenden Sie in der Webseite eine einheitliche Farbgestaltung.

>> Vermeiden Sie eine zu bunte Webseiten-Gestaltung.

>> Verwenden Sie nicht mehr als vier Grundfarben.

>> Verwenden Sie kleinere Bilddateien, das erspart Ladezeit.

>> Heben Sie Wichtiges durch einen Warm-Kalt-Kontrast hervor.

>> Setzen Sie warme und helle Farben zurückhaltend und gezielt ein.

>> Nutzen Sie kräftige Farben für Schrift, Linien und Strichzeichnungen.

>> Nehmen Sie helle oder entsättigte Farbtöne für große Farbflächen.

>> Setzen Sie bei kleineren Flächen klare gesättigte Farben ein.

>> Berücksichtigen Sie den Inhalt und die Zielgruppe bei der Farbwahl.

>> Versuchen Sie gleiche Sachverhalte mit gleichen Farben darzustellen.

>> Arbeiten Sie innerhalb eines Sachverhalts mit Abstufungen.

>> Trennen Sie inhaltliche Unterschiede durch Farbklänge.

8.4.2   Meta-, Pixel- und Vektorformate

Die Bildbearbeitung ist ein komplexes Thema und füllt allein schon ganze Bücher. Im Rahmen dieses Buch möchten wir Ihnen daher nur die grundlegenden Dinge vermitteln. Wenn Sie Grafiken für Webseiten selbst erstellen wollen oder Produktbilder nachbearbeiten, brauchen Sie ein gutes **Grafikprogramm,** das für Ihre Bedürfnisse passt. Die **Bildbearbeitung** hängt im Wesentlichen von den Fähigkeiten des Grafikprogramms und des Benutzers ab.

Das unseres Erachtens professionellste Produkt am Markt ist zurzeit immer noch *Adobe Photoshop CS3.* Allerdings ist es für den Einstieg wohl überdimensioniert (ca. 1.000 € inkl. 19% USt). Für die meisten Arbeiten mit Fotos sind die Lösungen *Paint Shop Pro* und *PhotoImpact* völlig ausreichend. Preislich liegen beide Programme unter 100 €, was ein großer Vorteil gegenüber *Photoshop* ist. Kostenlose Tools, wie *Gimp,* gibt es ebenso am Markt; mit ihnen erreichen Sie auch sehr gute Resultate. Testen Sie die einzelnen Produkte auf ihre Bedienbarkeit, bevor Sie sich in zu große Unkosten stürzen. *Photoshop* & Co. sind nicht jedermanns Sache.

Produkt	Hersteller	Webseite
CorelDRAW (Vektor)	Corel Deutschland	www.corel.de
Gimp	Gimp	www.gimp.org
Photoshop	Adobe Systems GmbH	www.adobe.de
PhotoImpact	Ulead Systems GmbH	www.ulead.de
Paint Shop Pro	Corel Deutschland	www.corel.de
Sodipodi (Vektor)	Lauris Kaplinski	www.sodipodi.com

Tabelle 8.14: Übersicht von Grafikprogrammen für die Bildbearbeitung

CD-Rom\tools: Adobe Photoshop CS3 Tryout *(ADBEPHSPCS3_DE.exe)*

CD . . . .

Vektorgrafik vs.
Pixelgrafik

Einer der wichtigsten Gesichtspunkte bei der Arbeit mit Grafiken ist der Unterschied zwischen Vektor- und Pixelgrafiken. Im Internet finden Sie momentan zwar fast nur **Pixelgrafiken** (bzw. **Raster-/Bitmapgrafik**), dennoch haben auch die **Vektorgrafiken** ihre Daseinsberechtigung. Pixelgrafiken sind an die festgelegte Auflösung gebunden und können nur mit Qualitätseinbußen vergrößert werden. Vektorgrafiken sind unabhängig von der Auflösung **skalierbar,** lassen sich also ohne Qualitätsverlust beliebig verkleinern oder vergrößern.

Pixelgrafik Vektorgrafik

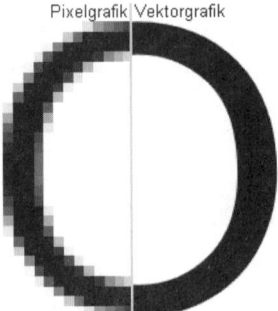

Abbildung 8.19: Stark vergrößertes »O« als Pixel- und Vektorgrafik

Merkmale	Pixelgrafiken	Vektorgrafiken
Bildformate	BMP GIF JPG LWF PNG TIF	AI CDR EPS SVG SWF
Aufbau	einzelne Bildpunkte bzw. Pixel mit Farbzuweisung	geometrische Grundfiguren und Zeichenanweisungen
Vorteile	+ große Verbreitung (GIF+JPG) + Bilder einfach editierbar + geeignet für Fotos	+ kleine Dateigröße + beliebig skalierbar + gut konvertierbar
Nachteile	– große Dateigröße – schlechte Skalierbarkeit	– Erstellung zeitaufwendig – geringe Verbreitung im Web – abhängig von Software/Plug-in – ungeeignet für Fotos
Einsatzgebiet	Farbfoto weiche Farbübergänge Internet-Bilder: GIF JPG PNG	technische Zeichnungen Druckvorlagen Schriften und Linien

Tabelle 8.15: Vergleich zwischen Pixel- und Vektorgrafiken

Metaformate beinhalten Pixel- und Vektorgrafiken

PostScript-Dateien

In diesem Zusammenhang ist noch ein weiterer Begriff interessant: **Metaformate**. Damit bezeichnet man die Dateiformate, in denen sowohl Vektor- als auch Pixelgrafiken abgelegt werden können. Wichtigste Vertreter dieser Gattung sind PDF, PostScript, PCL und WMF.

PostScript, PDF oder **PCL** sind **Seitenbeschreibungssprachen,,** die Schriften, Grafiken oder Bilder enthalten. Diese Kodierungsform beschreibt Inhalt und Aufbau von Druckseiten durch Befehle und Anweisungen. Dazu ist ein **Interpreter** erforderlich, der die benötigten Steuerbefehle für den Bildschirm oder den Drucker umsetzt.

Tools für PDF-Dateien

Adobe entwickelte das plattformübergreifende Dokumentenformat **Portable Document Format** (PDF) für den Austausch druckfertiger Dokumente. Im Vergleich zu PostScript ist es kompakter, komprimierter und durchsuchbar. Mit dem *Acrobat Reader* können Anwender PDF-Dokumente ansehen und ausdrucken. Inzwischen gehört dieses Programm zu den Standard-Tools, die auf keinem Computer fehlen dürfen. Der entscheidende Vorteil: Der Ausdruck sieht auf jedem Drucker gleich aus. Daher verwenden viele Hersteller und Shop-Betreiber das PDF-Format für Produktdatenblätter oder Preislisten.

Produkt	Hersteller	Webseite
Abbyy FineReader	Abbyy Europe	www.abbyy.com
Adobe Acrobat	Adobe Systems	www.adobe.de
CorelDRAW	Corel Deutschland	www.corel.de
FreePDF	Stefan Heinz	www.freepdfxp.de
Ghostview/-script	Russell Lang	www.cs.wisc.edu/~ghost/
Jaws PDF-Creator	Actino Software	www.jawspdf.de
Sun StarOffice	Sun Microsystems	de.sun.com

Tabelle 8.16: Software und Tools für PDF-Dokumente

Ein ähnliches Format findet mit der vollständigen Programmiersprache **Post-Script (PS)** hauptsächlich Einsatz in der Druckvorstufe. PostScript-Dateien sind weniger gut geeignet für die Anzeige am Monitor, sondern eher als Ausgabeformat. Sie lassen sich nur auf PostScript-fähigen Druckern ausgeben. PostScript-Dateien erstellen Sie über spezielle Konvertierungswerkzeuge oder über das Druckmenü einer Anwendung. In den letzten Jahren verdrängt jedoch mehr und mehr das PDF-Format dieses Standarddruck-Format, da sich PDF-Dokumente viel einfacher handhaben und nutzen lassen.

Vor- und Nachteile von PostScript

WMF, EMF und PICT

<< Exkurs

Das **Windows Meta File** Format (WMF) stammt von *Microsoft* und kann ebenso Vektor- und Pixelgrafiken beinhalten. Es eignet sich für den Austausch von Grafiken über verschiedene Programme hinweg, z.B. mit Hilfe der Zwischenablage. Dazu speichert es Grafiken als eine Folge von Konstruktionsanweisungen, die auch als **Funktionsaufrufe** bezeichnet werden. Diese setzen auf dem Graphics Device Interface (**GDI**) auf, das Bibliotheken von grafischen Objekten enthält, z.B. Kreise, Rechtecke, Ellipsen usw. Die Weiterentwicklung dieses Formats im *Windows*-Bereich ist das **Enhanced Meta File** Format (EMF), dessen Dateien jedoch etwas größer sind. Ein ähnliches Konzept verfolgte **PICT**, es enthielt im *Mac*-Bereich die Funktionsaufrufe für das Grafikprotokoll **QuickDraw**. Es wurde in der Version *Mac OS X* (**Quartz**) durch das plattformübergreifende und programmunabhängige PDF abgelöst.

Grundbegriffe der Bildbearbeitung

Alle Bilddateien besitzen sowohl eine absolute als auch eine relative Auflösung. Mit der **absoluten Auflösung** bestimmt man die mögliche Datenmenge und die damit erreichbare Wiedergabequalität von Bilddateien. Die Anzahl der Bildpunkte steht in Relation zur verwendeten DPI-Anzahl (Formel: Bildpunkte = DPI x 25,4 mm). Die **relative Auflösung** gibt bei **Ein-** und **Ausgabe-**

Auflösung, Punkte und DPI

geräten (z.B. Scanner, Drucker, Monitore, Belichter usw.) die **Dichte** der Bildpunkte je Längeneinheit an. Damit legt man also fest, mit welcher Dichte die Punkte einer Bilddatei auf dem Ein-/Ausgabegerät wiedergegeben werden.

Kategorie	Absolute Auflösung	Relative Auflösung
Anzahl von Bildpunkten	Gesamtanzahl Bildpunkte oder Bildpunkte pro Spalte/Zeile	Anzahl der Bildpunkte im Verhältnis zur physikalischen Längeneinheit (Pixeldichte)
Maßeinheit	pixel, dot	dpi, ppi, lpi
Beispiele	PC-Monitor 1024 x 768 Pixel Grafikkarte 1600 x 1200 Pixel Digitalkamera mit 6 Mio. Pixel	Zeitungsdruck 72 dpi PC-Monitor 90 – 100 dpi Fotoausgabe 250 – 300 dpi Laserdrucker 600 – 1200 dpi Flachbettscanner 2400 dpi

Tabelle 8.17: Vergleich zwischen absoluter und relativer Auflösung

Neues Pixelbild   Wenn Sie eine Pixelgrafik neu erstellen, legen Sie nicht nur die Bildgröße der Grafik fest, sondern auch die relative Auflösung. *Paint Shop Pro* hinterlegt bei der Standardeinstellung für eine neue Grafik nur 72 dpi. Für Webgrafiken, die nur am PC-Monitor angezeigt werden, ist das ausreichend. Die Probleme entstehen erst, wenn Sie das gleiche Bild auf einem anderen Ausgabegerät verwenden möchten. So gibt es beim Druck im Gegensatz zum Monitor keine vorgegebenen Pixel, sondern druckbare Punkte. Je dichter diese beieinander liegen, desto feiner die Auflösung des gedruckten Bildes.

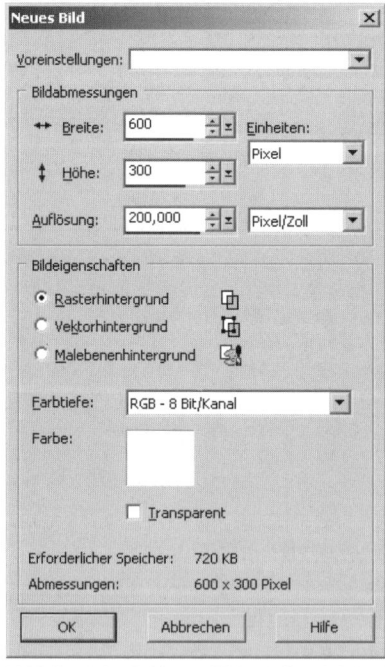

Abbildung 8.20: Neues Bild mit Corel Paint Shop Pro erstellen

Praxis-Tipp: Produktbilder mit 90 bis 100 dpi erstellen

Für Ihre Arbeit mit Bildern bedeutet das: Überlegen Sie vorher, für welches Ausgabemedium das Bild gebraucht wird. Denn davon hängt ab, welche Konfiguration Sie einstellen müssen, wenn Sie ein passendes und qualitativ hochwertiges Ergebnis erhalten wollen. Scannen Sie z.B. ein Produktfoto oder Logo ein, passen Sie die benötigte Dichte in Dots per Inch (dpi) dem Einsatz an.

Für die Produktfotos in Ihrem Shop und deren kleinen Vorschaubildern genügen geringe Auflösungen mit 90 bis 100 dpi. Ein großer Vorteil ist dabei die kleine Dateigröße.

Brauchen Sie einen klaren, scharfen Druck für Visitenkarten, Print-Werbung oder Ähnliches, sind wohl 300 dpi angemessen. Grundsätzlich sollte die Qualität eines Originalbildes recht gut sein, denn es ist leichter, Bilder mit vielen Information zu verkleinern als umgekehrt, Bilder mit wenigen Informationen zu vergrößern. Es ist also ein Unterschied, ob Sie ein Bild in Postkartengröße mit 90 dpi oder Din-A4-Größe mit 300 dpi einscannen.

In Abbildung 8.20 sehen Sie unter »Bildabmessungen« noch den Punkt »Bildeigenschaften«. Dort können Sie für Rastergrafiken die Farbtiefe einstellen, die auch je nach Einsatz eine große Rolle spielt. Mit der **Farbtiefe** bestimmen Sie die Anzahl der Farben pro Pixel. Diese Information speichert das Bild mit einer bestimmten Bitanzahl. Die Farbtiefe bei GIF-Bildern ist auf 256 Farben (8 Bit) beschränkt. Benötigen Sie für eine saubere Bilddarstellung im Internet mehr Farben, greifen Sie besser auf das JPG- oder das PNG-Format zurück. HTML und CSS unterstützen eine Farbtiefe von höchstens 24 Bit. Die verfügbare Anzahl an Farben bezeichnet man übrigens auch als **Farbpalette**.

Farbtiefe – GIF, JPG und PNG

Name	Farbtiefe	Farbanzahl	RGB-Format
Monochrom	1 Bit	$2^1 = 2$	
VGA	4 Bit	$2^4 = 16$	
SuperVGA	8 Bit	$2^8 = 256$	GIF
HighColor	16 Bit	$2^{16} = 65.536$	
TrueColor	24 Bit	$2^{24} = 16,7$ Mio.	JPG
Truc Color mit Alphakanal [a]	32 Bit	$2^{32} = 68$ Mio.	BMP
	48 Bit	$2^{48} = 268$ Bill.	JPG2000 PNG TIF

Tabelle 8.18: Mit der Farbtiefe die Anzahl darstellbarer Farben festlegen

a. Wird für Transparenz und Überlagerungen verwendet.

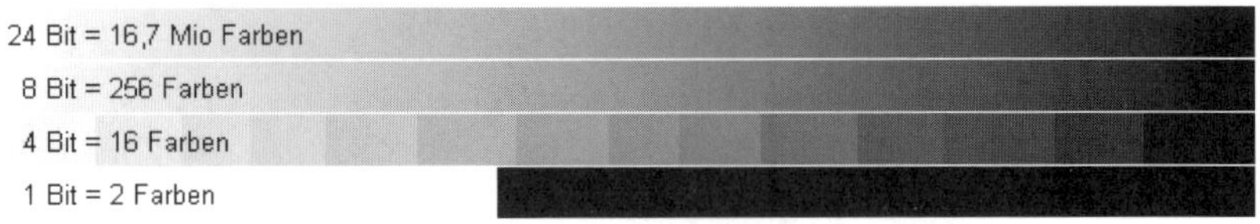

24 Bit = 16,7 Mio Farben	
8 Bit = 256 Farben	
4 Bit = 16 Farben	
1 Bit = 2 Farben	

Abbildung 8.21: Unterschiedliche Farbtiefen im Vergleich

*Scannen
mit 48 Bit?*

256 Farben genügen im Normalfall für Buttons und andere einfache Grafiken ohne Farbverläufe. Für die Darstellung von Detail- oder Produktfotos am PC-Monitor brauchen Sie eine Farbtiefe von 24 Bit. Im Scan- und Druckbereich kommen Farbtiefen von 32, 40 und sogar 48 Bit vor. Ein Farbbild mit einer 48-Bit-Farbtiefe nutzt pro **Farbkanal** 16 Bit, also 65.536 Farbtöne. Solch hohe Farbtiefen benötigen Sie nur dann, wenn gescannte Bilder aufwendig nachbearbeitet werden. Denn durch die verschiedenen Korrekturmöglichkeiten von **Tonwerten** (**Grautöne**) gehen Farbwerte wie folgt verloren:

>> **Schatten**: Helligkeitswerte reduzieren, d.h. hellere Pixel abdunkeln.

>> **Mitteltöne**: Helligkeitsskala im mittleren Bereich verändern.

>> **Lichter**: Helligkeitswerte verstärken, d.h. dunklere Pixel aufhellen.

*Anpassen der
Helligkeit*

Mit Hilfe der Tonwert-Korrektur erreichen Sie eine stärkere Farbsättigung und einen höheren Kontrast. Schwarz wird schwärzer, Weiß wird weißer etc. Eingesetzt wird das bei Fotos, in denen Sie helle, mittlere oder dunkle Bereiche korrigieren möchten. Arbeiten Sie mit einer Farbtiefe von 48 Bit (Scanner), bleiben noch genügend Farbwerte übrig. Somit erhalten Sie am Ende immer noch ein brauchbares Bild mit einer Farbtiefe von 24 Bit.

>> **Helligkeit**: Ein Wert in Prozent gibt an, wie hell oder dunkel eine Farbe ist. Der Wert liegt zwischen 0% (Schwarz) und 100% (Weiß).

>> **Kontrast**: Unterschied der hellen und dunklen Bereiche in einem Bild.

>> **Sättigung**: Leuchtkraft der Farbe, die vom Grauanteil abhängt.

Tipp . . . . . .

Praxis-Tipp: Bildinformations-Tools für beste Ergebnisse

Grafikprogramme bieten Ihnen verschiedene Bildinformations-Tools: Histogramm und Densitometer. Hiermit überarbeiten Sie zu dunkle, zu flaue oder zu helle Bilder. Eine einfache Helligkeits-/Kontrastfunktion reicht in vielen Fällen nicht aus oder liefert nur unbefriedigende Ergebnisse. Professionelle Resultate liefern Ihnen Gradationsanpassung oder Tonwertkorrektur:

– *Gradationskurven-Dialog: Stellt die Verteilung der Graustufenwerte als Kurve dar.*

– *Histogramm: Stellt die Verteilung der Tonwerte in einem Bild grafisch dar. Gibt die relative Pixelanzahl über den gesamten Wertebereich aus.*

– *Densitometer: Zeigt Graustufenwerte und damit zusammenhängende Farbwerte der Pixel eines Bildes numerisch an.*

Wichtige Techniken für die Arbeit mit Grafikprogrammen

Häufig stellt Ihnen der Hersteller Ihrer Produkte das Bildmaterial zur Verfügung. Oder Sie scannen Bilder ein bzw. fotografieren die Produkte. Die Ergebnisse passen jedoch selten in das gewünschte Layout, oft ist die Bildgröße falsch, die Bildfarbe zu dunkel oder es stört der Hintergrund. Anhand einiger grundlegender Techniken aus der Bildbearbeitung zeigen wir Ihnen, wie Sie Bilder verkleinern, die Farbanzahl reduzieren und den Hintergrund löschen. Sie sollen Ihnen die häufigsten Arbeiten an den Produktbildern und Grafikdateien erleichtern:

>> **Anti-Aliasing (Kantenglättung):** Gleicht sichtbare Treppeneffekte an harten Kanten oder Farbübergängen aus. Sinnvoll bei neuen Objekten wie Formen und Texte.

>> **Dithering:** Emulieren von Farbtönen für den Druck oder die Bildschirmdarstellung durch das Rastern der darstellbaren Farben. Hierfür werden Pixel mit ähnlichen Farben nebeneinander angeordnet, um Zwischenfarben vorzutäuschen.

>> **Freistellen:** Trennt den Bildinhalt vom Hintergrund. Ein komplexes Verfahren, mit dem Sie in Bildern den Hintergrund transparent schalten.

Für einen PC-Monitor sind horizontale und vertikale Linien keine Schwierigkeit, aber wie verhält es sich mit schrägen Linien, Rundungen oder Schriften? Je größer die Einzelheiten werden, desto gravierender fallen die Unterschiede aus, wie Sie in Abbildung 8.22 deutlich sehen. Mit Anti-Aliasing korrigieren bzw. mildern Sie auftretende Treppeneffekte.

Anti-Aliasing

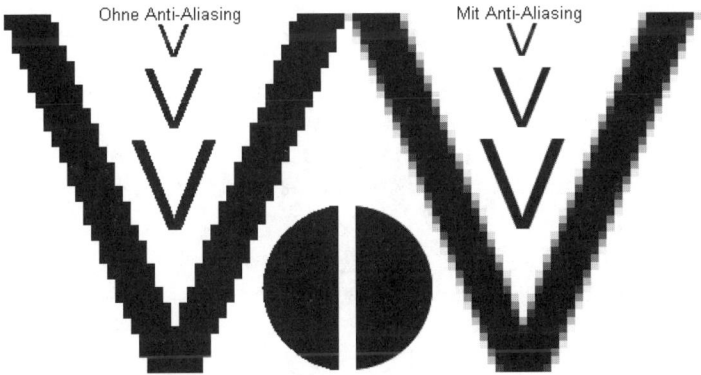

Abbildung 8.22: Mit und ohne Anti-Aliasing

Farbübergänge an besonders harten Kanten glätten Sie, indem Sie abgeschwächte Farbtöne zu benachbarten Bildpunkten hinzufügen. Beim Übergang der Farben Schwarz und Weiß fügt das Bildbearbeitungs-Programm verschiedene Grautöne hinzu. Die eigentliche Form tritt deutlicher hervor und harte Übergänge verschwinden, allerdings verliert das Bild etwas an Schärfe. Diese Technik verwenden Sie am besten bei geometrischen Figuren, größeren Texten oder Überschriften in Bildform. Bei sehr kleinen Schriftarten wirkt die Kantenglättung störend. Möchten Sie Screenshots auf Ihrer Webseite einfügen, sollten Sie dafür die Kantenglättung ausschalten.

Dithering verschönert Farbreduktion

Einen ähnlichen Effekt mit Hilfe von Zwischenfarben stellt das Dithering (**Error-Diffusion**) dar. Diese Technik kommt immer dann zum Einsatz, wenn die Farbanzahl übermäßig stark reduziert werden muss. Das ist z.B. der Fall, wenn Sie aus einem Farbfoto ein GIF-Bild erstellen. Das führt hauptsächlich beim Farbverlauf bzw. -übergang zu ziemlich unansehnlichen Farbabstufungen und zu Zackenbildungen. Da jedoch das menschliche Auge bei normalem Abstand zum Medium nicht jeden einzelnen Pixel auflöst, behelfen Sie sich hier einfach mit dem Dithering-Trick. Gleichzeitig sinkt auch die Dateigröße enorm. Vermutlich sinnvoller ist es hier JPG als Bildformat zu wählen, obendrein lässt sich die Komprimierung verändern.

24-Bit-Farben   4-Bit-Farben   4-Bit-Farben mit Dithering

Abbildung 8.23: Starke Farbreduktion mit Dithering verbessern

Bei dieser Methode ordnet das Grafikprogramm die Pixel abwechselnd verschiedenfarbig an. Das Punktmuster wird dabei nur mit Hilfe der vorhandenen Farben dargestellt. Diese Technik wird auch eingesetzt, wenn Sie ein Farbfoto mit einer 24-Bit-Farbtiefe auf Graustufen reduzieren. Für den Betrachter entsteht der Eindruck, als handle es sich um einen stufenlosen Farbverlauf. Eines der bekanntesten Verfahren dafür ist der **Floyd-Steinberg**-Algorithmus.

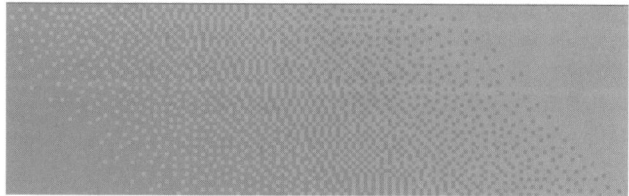

Abbildung 8.24: Stark vergrößerter Farbverlauf nach Dithering

Transparenz bei Buttons

Neben dem Treppeneffekt gibt es noch weitere unangenehme Effekte bei Webgrafiken, die häufig vorkommen. Standardmäßig nutzen Internet-Browser einen hellgrauen oder weißen Hintergrund für das Browser-Fenster, es sei denn Sie haben für Ihren Online-Shop eine eigene **Farbe** oder ein

Bild (**Wallpaper**) für den Hintergrund ausgewählt. Wenn Sie nun Bilder, Schaltflächen (**Button**), Auflistungspunkte (**Dot**) oder **Cliparts** mit einer anderen Hintergrundfarbe einsetzen, wirken diese zum Teil gerändert.

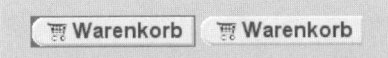

Abbildung 8.25: Schaltflächen mit und ohne freigestelltem Hintergrund

In diesem Fall geben Sie Ihren Bildern einen **transparenten** Hintergrund. Der Button in Abbildung 8.25 zeigt Ihnen den Unterschied, links mit Hintergrundfarbe und rechts mit Transparenz. Verwenden Sie transparente Bilder, können Sie auch die Hintergrundfarbe Ihrer Webseite schneller verändern. Dann müssen Sie nicht mehr jedes einzelne Bild auf die neue Hintergrundfarbe umstellen. Die meisten Grafikprogramme bieten die Möglichkeit, eine Farbe als transparente Farbe festzulegen. Dieses Verfahren nennt sich **Freistellen** (**Maskieren**).

Transparente Hintergrundfarbe einstellen

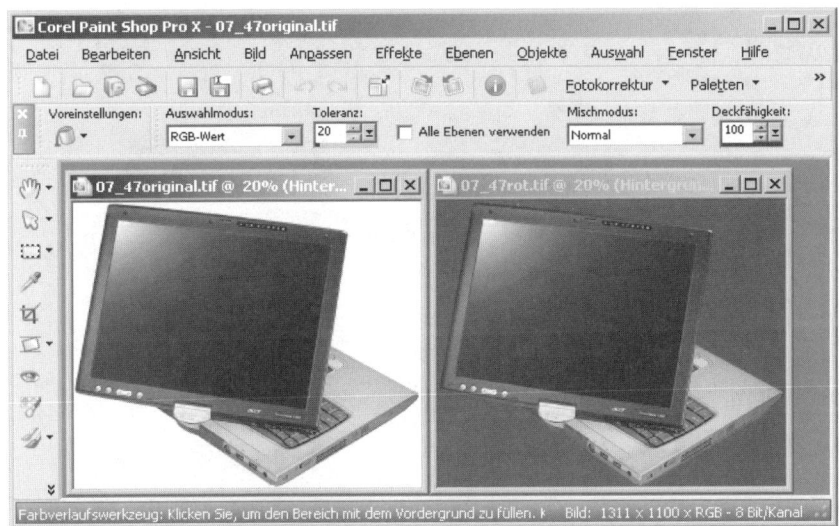

Abbildung 8.26: Freistellen eines Notebooks mit Paint Shop Pro

Relativ schwierig wird die Aufgabe bei Fotos mit Haaren, Rauch, Bäumen, Schatten, Wasser etc. – also Bildobjekten mit sehr verschwommenen oder unscharfen Rändern. Für professionelle Zwecke gibt es ein paar Hilfsmittel, um genauer und schneller das Bild zu maskieren. Wer exakte Ergebnisse benötigt, kommt um solche Tools kaum herum. Je komplexer der Hintergrund, desto häufiger müssen Sie die Bilder einzeln von Hand nachbearbeiten. Hier ein paar Empfehlungen für Tools zum Freistellen von Objekten, teilweise handelt es sich nur um Plug-ins für *Adobe Photoshop*.

Probleme mit Transparenz

Produkt	Hersteller	Webseite
Fluid Mask (Plug-in)	DCP Systems	www.dcpsystems.co.uk
KnockOut	Corel Deutschland	www.corel.de
Mask Pro (Plug-in)	Extensis Inc.	www.extensis.com/de/

Tabelle 8.19: Software-Tools zum Freistellen von Bildern

Grafikformate für transparente Bilder

Das **GIF-Format** arbeitet bekanntlich mit 256 Farben, von denen sich eine als transparent festlegen lässt. Auch das **PNG-Format** eignet sich für Transparenz, unterstützt aber wie das JPEG-Format 16,7 Mio. Farben. Neben den drei Farbwerten für Rot, Grün und Blau speichert das Format einen vierten Wert pro Pixel (**Alphakanal**). Dieser Wert zeigt einen zusätzlichen Farbraum für das Bild an, daher sind viel feinere Effekte möglich. Wie gravierend der Unterschied ist, sehen Sie in Abbildung 8.27 sehr deutlich. Beim GIF-Bild führt die Reduktion auf 256 Farben und auf 20% der Originalgröße trotz Dithering zu unschönen Treppeneffekten. Mit dem PNG-Format bekommen Sie das besser in den Griff.

Abbildung 8.27: Qualitativer Unterschied von freigestellten Objekten

8.4.3   Digitale Produktbilder und Fotografie

Müssen Sie selbst Produktbilder fotografieren? Dann ist der beste Rat: Schaffen Sie sich eine gute Digitalkamera an. Oder möchten Sie erstmal nächtelang Ihre Fotos mühevoll einscannen und nachbearbeiten? Klar ginge das auch, jedoch werden Sie den Kauf einer Digitalkamera auf keinen Fall bereuen. Verschaffen Sie sich nun einen ersten Überblick zum Thema Fotografieren und Nachbearbeiten und zu Kaufkriterien rund um Digitalkameras und Fotos.

Belichtungsprobleme verhindern

Für Digitalkameras gelten die gleichen Grundsätze wie bei der analogen Fotografie. Die Belichtung hängt von drei Faktoren ab: Belichtungszeit, Lichtempfindlichkeit und Blendenöffnung.

www.adf.de/wiki/index.php/Hauptseite
adf e.V. *(Leitfaden der digitalen Produktfotografie)*

WWW......

de.wikipedia.org/wiki/Portal:Fotografie
Wikimedia Foundation *(Portal für Fotografie)*

Bei einer analogen Kamera legen Sie selbst die ISO-**Lichtempfindlichkeit** durch den Film fest. Das Filmmaterial bekommen Sie in unterschiedlichen Empfindlichkeiten zwischen etwa ISO 25 (niedrigempfindlicher Film) und ISO 8000 (höchstempfindlicher Film). Am häufigsten verkauft werden Filme mit mittlerer Empfindlichkeit zwischen ISO 100 und ISO 200. Bei digitalen Kameras regelt diese Aufgabe der eingebaute Bildsensor, da Sie kein **Filmmaterial** einlegen können. Eine Digitalkamera schaltet den ISO-**Wert** bei Bedarf manuell oder teils sogar automatisch um. Bei Einstiegsgeräten sind Leistungswerte von ISO 50 bis ISO 400 üblich.

Bildsensor steuert Lichtempfindlichkeit

Die physikalische Grundempfindlichkeit des Bildsensors ist immer die gleiche. Benötigen Sie eine höhere Empfindlichkeit, erreichen Sie dies durch die elektronisch verstärkten Bildsignale der Kamera. Nachteilig wirkt sich dabei jedoch das ebenfalls gesteigerte Grundrauschen aus. Erst mit einer sehr hochwertigen digitalen Spiegelreflexkamera fotografieren Sie auch mit sehr hohen ISO-Werten.

Mit zunehmender Helligkeit oder hoher Lichtempfindlichkeit sinkt die einzustellende **Belichtungszeit**. Damit ist die Zeitspanne gemeint, wie lange der **CMOS**- oder **CCD**-Sensor dem Licht ausgesetzt ist. Profis ermitteln die richtige Belichtungszeit mit Hilfe des Belichtungsmessgeräts. Bei einer zu kurzen Belichtungszeit entstehen unterbelichtete Bilder, bei einer zu langen Belichtungszeit werden die Bilder überbelichtet. Nur die Wahl des korrekten Verhältnisses aus Belichtungszeit und Blendenöffnung liefert die richtige Lichtmenge für ein optimales Belichten des Bildes. Sehr kurze Belichtungszeiten unter 1/5000 s nennt man **Kurzzeitfotografie**. Extrem lange Belichtungszeiten über 5 Sekunden bezeichnet man als **Langzeitbelichtung**.

Neben der Belichtungszeit spielt die **Blendenöffnung** eine zweite zentrale Rolle (Bewegungsunschärfe). Die Blende steuert die Menge des einfallenden Lichts. Sehr häufig sind Lamellen- oder Irisblenden eingebaut, die den Lichtdurchlass regeln. Bei einer Digitalkamera ist das genauso einstellbar wie bei einer analogen Kamera. Je nach gewähltem **Objektiv** fällt durch die Öffnungsgröße mehr oder weniger Licht auf den **CCD-Sensor**. Das wirkt sich auf die Tiefenschärfe aus und verändert gleichzeitig die Bildhelligkeit.

Blende richtig einstellen

Die meisten Digitalkameras sind stufenlos oder anhand fester Blendenwerte verstellbar. Entweder stellen Sie die Blende über das **LCD-Display** ein oder bei professionellen Kameras über Steuerelemente am Kameragehäuse bzw. Objektiv. Die Lichtstärke des Objektivs entspricht der kleinsten **Blendenzahl (F-Zahl)**, diese wird oft als Bruchteil der **Brennweite** angegeben, z.B. f/2,8. Je größer die Blendenzahl, desto geringer ist der Lichteinfall. Demnach ist das Bild dunkler und Sie erhalten eine geringere Tiefenschärfe. Besonders hochwertige Kameras lassen eine Belichtungskorrektur zu. Sie schalten damit die Belichtungsautomatik (**Blendenautomatik**) ab und erzeugen bewusst eine Unter- oder Überbelichtung. In der Broschüre *DIGIPIX 3* empfehlen Fachleute übrigens eine minimale Blende von f/16 oder besser sogar nur f/11.

Kompression und Interpolation von Bildern

Neueinsteiger unterschätzen oft die Datenmenge für digital erstellte Bilder und sind dann nach dem Kauf enttäuscht. Damit es Ihnen nicht genauso ergeht, errechnen wir Ihnen mit einem kleinen Beispiel den notwendigen Speicherplatz. Die *Canon PowerShot A620* schafft Bilder mit bis zu fünf **Megapixeln**. Das entspricht einer maximalen Auflösung von 2592 x 1944 Pixel. Pro Pixel speichert die Kamera 24 Bit Farbinformationen (8 **Bit** entsprechen 1 **Byte**), d.h., ein Bild hat im Speicher folgenden Platzbedarf:

$$Speicherbedarf\ pro\ Bild = \frac{(2592 \times 1944) \times 24\,Bit}{8} \approx 15MB$$

Kompression

Mit dieser hohen Auflösung benötigen Sie bereits bei nur 20 Bildern einen Speicher von 300 MB. Glücklicherweise sind Speichermedien inzwischen recht günstig geworden. Dennoch kann es unter Umständen sinnvoll sein, die Bilder mit weniger Auflösung aufzunehmen oder zu komprimieren. Spezielle mathematische Verfahren helfen dabei, Bilder platzsparend unterzubringen. Hauptsächlich unterscheidet man zwei Kategorien:

>> **Verlustfreie Kompression: Huffman-** (ZIP), **Lauflängen-** (BMP, PCX, TIFF), **LZ77-** (PNG) oder **Lkw-Kodierung** (GIF, PS, TIFF)

>> **Verlustbehaftete Kompression: DCT** (JPG), **Wavelet-Kodierung** (JPEG2000), **MP3** (Audio: MPEG1, MPEG2) oder **MP4** (Audio und Video: MPEG4).

Solange die Kapazität des Speichermediums ausreicht, speichern Sie Originalbilder immer verlustfrei ab. Wie Sie bereits wissen, eignen sich für unkomprimierte Ergebnisse das TIFF- oder BMP-Format am besten. Wollen Sie hingegen möglichst viele Bilder abspeichern, nehmen Sie besser das JPG-Format. Dieses Format kombiniert fotorealistische Bilddarstellung mit möglichst kleiner Dateigröße. Die Formate GIF und PNG haben in der Fotografie bislang kaum Bedeutung.

Die Bildpunkte, die Ihnen geliefert werden, stammen hardwaretechnisch nicht unbedingt von der Digitalkamera selbst. Spezielle softwarebasierende Interpolationsverfahren helfen Ihnen, gerasterte Bilder zu vergrößern (digitaler Zoom). Mit Hilfe von **Interpolation** gelingt es Ihnen, neue Zwischenwerte zum Bild hinzuzurechnen oder solche zu eliminieren. Die Güte des eingesetzten Verfahrens entscheidet letztendlich über die entstehende Bildqualität.

Interpolations-verfahren

In Abbildung 8.28 wird eine einfache Linie zunächst 6-fach vergrößert. Da das ursprüngliche Bild nur eine begrenzte Bildauflösung besitzt, führt die Vergrößerung von Bildpunkten zum bekannten Treppeneffekt. Interpoliert nun die Digitalkamera die hinzugefügten Bildpunkte mit den Nachbarpunkten (**Anti-Aliasing**), bessert sich scheinbar das Ergebnis und die Kanten wirken glatter. Das geht jedoch zu Lasten der Bildschärfe und es entstehen flaue Farben, denn die zusätzlichen Punkte werden nur per Mittelung geschätzt. Die optische Auflösung des Bildes selbst bleibt durch die Interpolation unverändert. Ein digitales Zoom dient wohl eher der werbewirksamen Vermarktung für Unwissende, als dass er von praktischem Nutzen wäre.

Digitaler Zoom ein Schwindel?

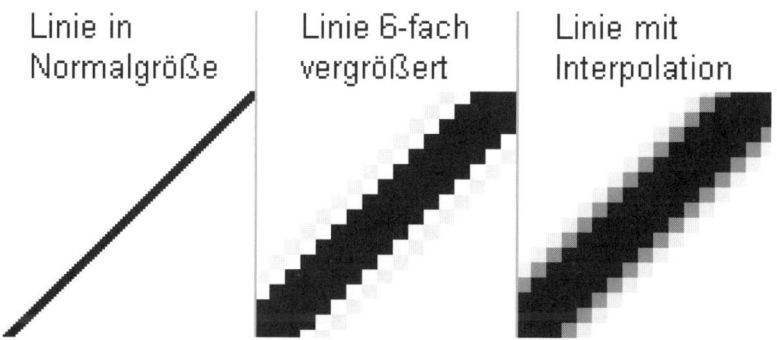

Abbildung 8.28: Interpolationsverfahren mit 6-fach vergrößerter Linie

Auch gängige Bildverarbeitungsprogramme setzen diese Interpolationsverfahren ein und enthalten dafür meist digitale Filter, z.B. **Gauß-** oder **Lanczos-Filter**. Die Programme verwenden hierfür folgende Techniken:

>> **Bilinear**: Der Zwischenwert wird aus vier benachbarten Pixeln errechnet.

>> **Bikubisch**: Der Pixel wird aus acht benachbarten Pixeln errechnet.

Kauftipps für Digitalkameras

Gute Digitalkameras bieten häufig zwei Wege an, um Objekte einzufangen: den **optischen Sucher** und den **LCD-Sucher**. Der optische Sucher arbeitet batterieschonender. Das Liquid Crystal Display (**LCD**) übernimmt multifunktionelle Aufgaben: Sie prüfen die erstellten Standbilder und Filme und navigieren durch die Bedienungsoptionen der Kamera.

Bildsucher

Einer der großen Vorteile der Digitalfotografie sind die herausnehmbaren Speichermedien und das schnelle Löschen von verpatzten Bildern. Die elektronischen Daten sind leicht auf den Computer übertragbar. Übliche Übertragungswege sind hierfür: **USB** 1.1/2.0, **Firewire**, **Dockingstation**, Funk (**WiFi**), **Kartenlesegerät**, CD, DVD, Diskette. Die am meisten verbreitete Speicherform ist übrigens der **Flash Memory**, hauptsächlich **CompactFlash**- und **SmartMedia**-Karten.

Wir haben Ihnen hier zusammengetragen, auf welche wichtigen Features Sie beim Kauf einer Digitalkamera sonst noch achten sollten:

1. Die Tiefenschärfe wird beeinflusst durch Blende, Brennweite und Aufnahmeentfernung (Blende <= 2,8 und Brennweite <= 38 mm).

   Das wichtigste Kaufkriterium ist das Objektiv, nicht die Megapixel. Es ist verantwortlich für gute Farbwiedergabe und Bilddetails. Außerdem reduziert es Reflexionen und liefert unverzerrte Bilder. Optimal ist es, wenn man Vorsatzlinsen und Filter anschrauben kann.

2. Die Kamera braucht mindestens ein optisches 4-fach-Zoom.

   Wichtig ist ein optisches Zoom. Ein digitales Zoom arbeitet mit Interpolation, d.h. vergrößert nur den entsprechenden Bildausschnitt. Die Angabe von interpolierten Werten ist völlig uninteressant.

3. Die Auflösung sollte bei etwa 4 bis 6 Megapixel liegen.

   Achten Sie hier ebenso auf die tatsächliche physikalische Auflösung des Chips, nicht auf die interpolierte Auflösung. Für Online-Bilder im Web sollte die Kamera nicht weniger als 1600 x 1200 Pixel besitzen. Zentraler Punkt ist die Größe, in der Sie Bilder drucken und darstellen.

4. Als beliebte Speichergröße dienen Größen ab 1 GB und aufwärts.

   Die Verarbeitungsgeschwindigkeit hängt vom kcamerainternen Flash-Speicher ab, der unbedingt vorhanden sein muss. Hauptsächlich im Einsatz sind folgende externe Speicher: CompactFlash, SmartMedia, **MemoryStick**, **MicroDrive**, **MultiMedia-/SecureDigital**-Karten.

5. Die mitgelieferten Akkus sollten eine gute Qualität haben.

   Der LCD-Sucher verbraucht relativ viel Strom. Sie benötigen daher kapazitätsstarke Akkus, ein Ersatzakku ist nie verkehrt. Viele Kameras laufen inzwischen mit normalen wieder aufladbaren Standard-Batterien. **Lithium-Ionen Akkus** sind teurer, aber kapazitätsstärker.

6. Verschiedene Blitzmodi: Vorblitz, Automatik und manuell.

   Die meisten Digitalkameras nutzen einen Automatikblitz, dieser wird aktiv, sobald das Licht nicht mehr ausreicht. Für Portraitaufnahmen ist ein Vorblitzmodus wünschenswert, damit vermeiden Sie Bilder mit den typischen roten Augen. Dieser Modus besteht aus zwei Blitzen in Folge.

Für gehobene Ansprüche sollte die Möglichkeit bestehen, dass Sie den Blitz ausschalten können. Verfügt die Kamera über einen Blitzschuh, ist die Kamera erweiterbar mit einem externen Blitzgerät.

7. Einstellbarer Weißabgleich: Motivprogramme, Halb-/Voll-Automatik.

Der so genannte Weißabgleich unterstützt die Farbtemperaturwerte verschiedener Lichtquellen. In der Produktfotografie erstellen Sie die Produktbilder meistens bei Kunstlicht. Neben der Weißabgleich-Automatik bieten Kameras oft weitere Spezialmodi an: Tageslicht, Kunstlicht, Wolken, Porträt usw. Noch feiner lässt sich der Weißabgleich manuell einstellen. Das Ziel ist die bestmögliche Voreinstellung für Blendenöffnung, ISO-Wert und Belichtungszeit.

Produkt	Hersteller	Webseite
PowerShot	*Canon*	www.powershot.de
BestShot/Exilim	*Casio*	www.casio-europe.com/de/dc/ www.exilim.de
FinePix	*FujiFilm*	www.fuji.de/prod_digital.html
EasyShare	*Kodak*	www.kodak.com
Coolpix	*Nikon*	www.nikon.de
Creative/Easy/Stylish	*Olympus*	www.olympus.de
CyberShot	*Sony*	www.sony.de

Tabelle 8.20: Marktübersicht einiger Digitalkamerahersteller

Produktbilder schützen, auswerten und finden

Bilder zu bearbeiten kostet sehr viel Zeit. Wer sich große Mühe gibt, möchte seine Bilder natürlich nicht geklaut woanders entdecken. Wollen Sie also Ihre Bilder schützen, statten Sie sie mit einem digitalen **Wasserzeichen** aus. Urheberrechtsverstöße, die im Internet früher unentdeckt blieben, lassen sich mit einem Wasserzeichen leichter aufdecken und eindeutiger beweisen.

Bilderklau vorbeugen

www.digimarc.com
Digimarc *(Wasserzeichen für Audio-, Bild-, Video- und Druckdateien)*

WWW.....

www.pixelboxx.de
Pixelboxx GmbH *(digitale Wasserzeichen individuell hinzufügen)*

www.pixelio.de
pixelio *(freie Bilder in hoher Qualität für privat oder kommerziell)*

Viele Digitalkameras unterstützen bereits **EXIF** und **IPTC**; die Daten werden direkt im Header von JPEG- und Tiff-Bilddateien gespeichert. Leider unterstützt das PNG-Format weder den EXIF- noch den IPTC-Standard. Das Ziel beider Standards ist nicht der Schutz des Bildes, sondern dass Sie Fotos wieder finden und die Kameraeinstellungen leichter nachvollziehen können. IPTC

Informationen in Bilddateien speichern

dient dazu, Textinformationen über Fotos in Bildern abzuspeichern. Dadurch ist es möglich **Copyright**-Hinweise, Autor, Künstler, Titel oder Stichwörter direkt in der Bilddatei abzulegen (**Metadaten**). Außerdem nutzen viele Bilddatenbanken diese Daten, um Bilder automatisiert einzulesen und anhand der Metadaten leichter aufzufinden und zu sortieren. Damit vereinfacht sich für Sie die Pflege Ihres Bildarchivs. Mit Hilfe von EXIF hinterlegt Ihre Digitalkamera automatisch einige Aufnahmeparameter: Uhrzeit, Datum, Brennweite, Blendeneinstellung, Lichtempfindlichkeit, Belichtungszeit und -programm. Die verwendeten Parameter helfen Ihnen im Nachhinein, besonders gut gelungene oder missratene Fotos zu analysieren.

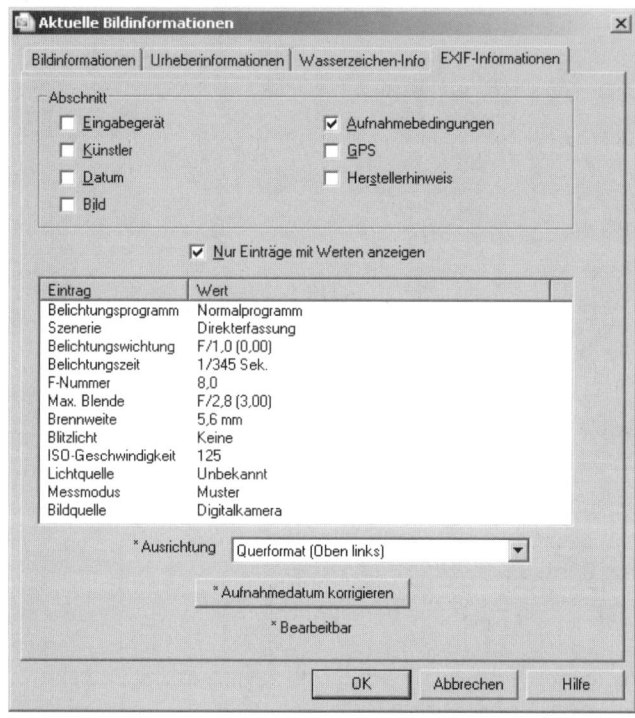

Abbildung 8.29: EXIF-Bildinformationen in einem JPEG-Bild

WWW ......   www.acdsystems.com
ACD Systems Ltd. *(ACDsee Foto-Manager)*

www.exifer.friedemann.info
Friedemann Schmidt *(EXIF- und IPTC-Daten in JPEG-/TIFF-Dateien)*

www.thumbsplus.de
Atlantic Software Exchange Inc. *(Bilderdatenbank mit EXIF und IPTC)*

8.5 Webdesign und -technologien kritisch betrachtet

Die Grundlage für das neue Design des Online-Shops von *Quelle* lieferte eine Vergleichsstudie mit anderen großen Versandhäusern. Basierend auf einem **Usability-Test** mit 60 Online-Shoppern überarbeitete das Unternehmen sein Layout. Drei Punkte standen dabei im Vordergrund. Die Hauptnavigation wurde übersichtlicher gestaltet, die Begriffe der einzelnen Kategorien überarbeitet und die Farbgebung der Seite geändert. Die neu gestaltete Webseite ging Anfang des Jahres 2006 online. Kurz darauf äußerte sich erfreut die Leiterin von *Quelle Neue Medien*: »Der Online-Versandhandel ist in den letzten zwölf Monaten um ungefähr 15 Prozent gewachsen. Der Anstieg unserer Nachfrage ist doppelt so hoch.« Des Weiteren verzeichnete man eine positive Entwicklung bei der **Konversionsrate** (Verhältnis der Anzahl an Verkäufen zur Besucherzahl) und der Abbruchquote.

Quelle:
phaydon.de

An diesem aktuellen Beispiel sehen Sie, wie positiv sich Veränderungen in Bedienbarkeit und Layout auswirken können. Für das Thema Usability spielen eine Menge Aspekte eine wichtige Rolle (*Kapitel 8.2*). Speziell im Bereich Webdesign geht es überwiegend um Lesbarkeit, Verständlichkeit und Wohlbefinden. Unterstützend helfen Ihnen kundentaugliche Hilfe- und Suchfunktionen, sowie browserkompatible und suchmaschinentaugliche Webseiten.

8.5.1 Überblick typischer Webdesign-Fehler

Einige der weit verbreiteten Webdesign-Fehler möchten wir Ihnen dazu im Überblick vorstellen (Änderungsbedarf: ◆ = sinnvoll, ◆◆ = wichtig und ◆◆◆ = zwingend). Die wichtigsten Themen haben wir zusammengefasst unter Performance, Navigation, Optik, Aktualität und Interaktivität.

Kategorien	Wert	Webdesign-Fehler bzw. -Fehlerquellen
Performance		
Ladezeiten	◆ ◆ ◆	schlechte Webseiten-Performance und lange Ladezeiten
Navigation		
Konsistenz	◆ ◆ ◆	fehlende, inkonsistente oder verborgene Hyperlinks
Details	◆ ◆ ◆	viele Frames, neue Browser-Fenster und Introseiten
Menüführung	◆ ◆	unübersichtliche Menüstruktur mit vielen Untergruppen
Seitentitel	◆ ◆ ◆	fehlende Fenster-/Seitentitel und Meta-Tags
Optik		
Bilder	◆ ◆	schlechte Bilder, viele Banner und fehlende Alt-Attribute
Farben	◆ ◆	fehlende Farbkontraste und uneinheitliches Design
Schriften	◆ ◆	schlecht lesbare Schriftarten und -größen

Tabelle 8.21: Webdesign-Fehler und andere beliebte Fehlerquellen

Kategorien	Wert	Webdesign-Fehler bzw. -Fehlerquellen
Aktualität		
Aktuelles	◆ ◆	veraltete Information bzw. fehlende aktuelle News
Baustellen	◆	Under-Construction-Hinweise für fehlende Inhalte
Tote Links	◆ ◆ ◆	Umzug einzelner Webseiten auf neue URLs
Interaktivität		
Animationen	◆ ◆ ◆	zu viele Animation, Filme und Werbebanner
Anonymität	◆ ◆ ◆	fehlende oder anonyme Kontaktmöglichkeiten
Spielereien	◆ ◆	falscher Nutzung von Sound, Counter, Bildlaufleisten …
Technik	◆	übermässiger Einsatz neuester Webpublishing-Techniken

Tabelle 8.21: Webdesign-Fehler und andere beliebte Fehlerquellen (Forts.)

Schlechte Performance

Schuld an einer schlechten Performance und langen Ladezeiten sind speicherintensive Grafiken, Animationen und Skripte. Ist die Seite nicht nach zehn Sekunden geladen, bricht der User den Seitenaufruf ab und klickt sich aus Ihrer Seite heraus. Deshalb sollten Ihre Webseiten nicht mehr als 60 kB groß sein. Bei 20 kB liegt die Grenze für einzelne Vorschaubilder. Für größere Detailbilder sollten Sie natürlich qualitativ hochwertigere Bilder verwenden.

Unübersichtliche Menüstruktur und -führung

Schlechte Navigation

Zum Thema Navigation und Orientierung gibt es einiges zu sagen. Eine gute und verständliche Navigation ist das A und O für einen erfolgreichen Webauftritt, speziell bei Webshops. Die besten Inhalte nützen nichts, wenn der Besucher sich nicht zurechtfindet.

Abbildung 8.30: Unübersichtliche und zu viele Navigationsleisten

Webseiten und Online-Shops zu erstellen ist keine Hexerei, eine hohe Kunst dagegen ist, dass sie von Kunden gerne besucht werden. Es gibt unglaublich viele Faktoren, die Sie dabei beachten müssen. Sehr viele Kleinigkeiten sollten aufeinander abgestimmt sein und sich zu einem guten Gesamtbild fügen.

Einige Bausteine sind häufig schon zu viel. Introseiten und Frames »stören« nicht nur Suchmaschinen, ständig neu öffnende Browser-Fenster irritieren Kunden. Manche User schalten auch die Anzeige von Bildern ab oder haben eine starke Sehschwäche. Ergänzen Sie deshalb ein Alt-Attribut zu Ihren Grafikbuttons, damit zumindest dieses angezeigt wird.

Vergessen Sie nicht den Seiten- bzw. Fenstertitel. Es macht keinen professionellen Eindruck, wenn im Titel oder in der Suchmaschine »Neue Seite« oder »Untitled Document« steht.

Optische Entgleisungen

Der erste Eindruck zählt. Fällt das Layout aus dem Rahmen, ist es entweder ein optischer Leckerbissen oder ein Reinfall. Verwenden Sie höchstens ein oder zwei Werbebanner pro Seite. Bevor Sie ein schlechtes Bild einsetzen, verzichten Sie besser komplett darauf. Weniger ist manchmal mehr, vor allem im Bereich Werbung, Animationen, Ticker, Popup-Fenster, Blinken oder kleinen Navigationssymbolen.

Fehlt der Kontrast oder wirkt der Hintergrund grell, schadet dies der Lesbarkeit und belastet die Augen. Der Hintergrund sollte den Besucher nicht ablenken. Ein Grundschema für ein einheitliches **Corporate Design** ist ratsam, es unterstützt die Orientierung im Webauftritt zusammen mit Ihrem Firmenauftritt.

Beschränken Sie sich auf wenige gut leserliche Schriften, die der User auch auf seinem Rechner vorfindet. Achten Sie auf eine korrekte Rechtschreibung. Testen Sie Texte mit einer Rechtschreibprüfung und verzichten Sie auf allzu moderne eingedeutschte Internet-Schlagwörter. Denken Sie daran, die Texte lesefreundlich zu gestalten, sie sollten maximal 1 bis 2 Bildschirmseiten lang sein.

Veraltete Informationen und unnötige Fehlerseiten

Neben einer übersichtlichen Navigation muss der Inhalt passen. Sehr alte Informationen oder Foren, die kaum besucht werden, schrecken ab. Werben Sie nicht mit aktuellen News, wenn Sie keine haben, sonst glauben die Besucher, Ihre Seiten sind mangelhaft gepflegt. Aktualisieren Sie Ihre Seiten regelmäßig.

Ihr Internetauftritt und Ihr Shop sollten stetig wachsen. Spezielle Hinweise mit Baustellengrafiken sind aus diesem Grund überflüssig und unansehnlich. Wenn einzelne Webseiten noch nicht fertig sind, warten Sie mit dem Verlinken dorthin.

Praxis-Tipp: Eigene Fehlerseiten mit .htaccess erstellen

Mit der .htaccess-Datei haben Sie eine einfache Möglichkeit an der Hand, selbst definierte Fehlerseiten vorzugeben, die den Inhalt Ihrer Startseite inkl. Navigation enthalten. Solche Fehlerseiten brauchen Sie immer dann, wenn

Tipp . . . . . .

*Sie Dokumente löschen oder verschieben. Alte Links im Internet zeigen vielleicht immer noch auf diese Seiten und führen deshalb ins Leere. Erstellen Sie im Root-Verzeichnis die .htaccess-Datei und fügen Sie folgende Zeile hinzu: ErrorDocument 404 /fehler/404.html. Jetzt hinterlegen Sie auf dem Webserver eine eigene Fehlerseite für den **Fehlercode 404 (File not found)** im Ordner Fehler mit dem Namen 404.html.*

Fehler 404: Datei nicht gefunden

Das angeforderte Dokument konnte auf diesem Server nicht gefunden werden.

Abbildung 8.31: Standardmäßige Fehlerseite für Fehlercode 404

Links ab und zu prüfen

Prüfen Sie ab und zu auch Ihre internen und externen Links auf nicht mehr vorhandene Seiten mit einem **Linkchecker**-Tool. Danach können Sie diese dann entfernen.

WWW . . . . . .

`home.snafu.de/tilman/xenulink.html`
Tilman Hausherr *(Xenus Link Sleuth Freeware Linkchecker)*

Übertriebene Interaktivitätsmöglichkeiten

Besucher mögen Seiten mit interaktiven Möglichkeiten, aber alles in Maßen. Zu viele animierte Bilder lenken ab und wirken unprofessionell. Binden Sie pro Seite maximal ein animiertes Element ein oder verzichten Sie ganz darauf.

Es ist ziemlich schwer, auf Webseiten den richtigen Ansprechpartner zu finden. Meist findet sich nur das Nötigste (Impressumspflicht) und nicht selten fehlen auch hier wichtige Informationen. Sie müssen nicht Ihren ganzen Lebenslauf hinterlegen, aber geben Sie Ihren Kunden ausreichend Kontaktmöglichkeiten über Telefon, Telefax und E-Mail.

Es gibt Unmengen an Spielereien im Web, die (oft) überflüssig sind und nur die Ladezeit erhöhen. Möchten Sie Ihre Besucher vergraulen, setzen Sie am besten Hintergrundtöne und -musik ein. Wenn nicht, dann verzichten Sie auf solche Dinge, denn sie bieten dem Kunden keinen eindeutigen Mehrwert und werden oft als störend empfunden.

Zudem funktioniert nicht alles in jedem Browser. Teilweise schränken Skriptsprachen und Plug-ins im Überfluss die Bedienbarkeit ein. Überlegen Sie sich gut, welche und wie viele neuere Technologien Sie einsetzen. Oft hat der Besucher das entsprechende Plug-in nicht installiert oder die Nutzung im Browser deaktiviert. Versuchen Sie für diese User Alternativen anzubieten, sonst fehlt potenziellen Besuchern dieser Inhalt.

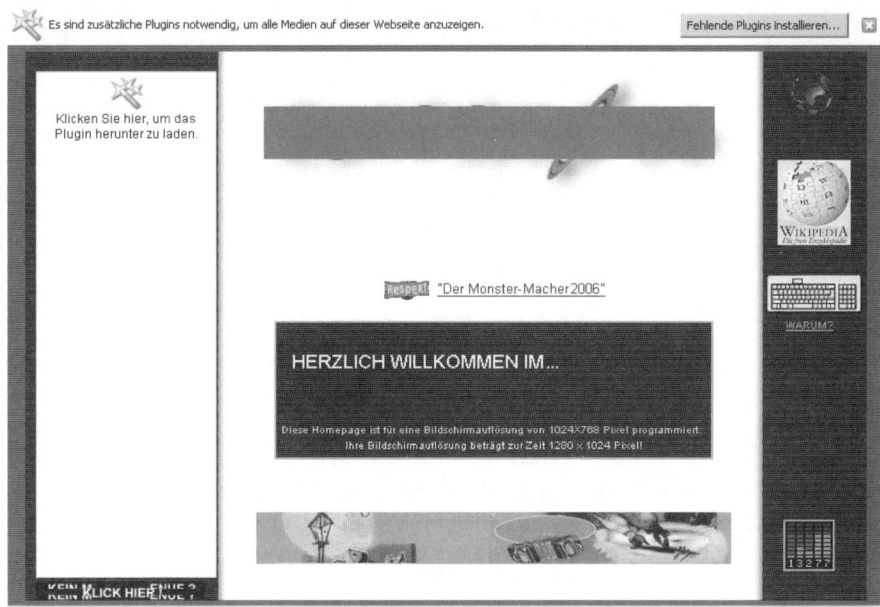

Es sind zusätzliche Plugins notwendig, um alle Medien auf dieser Webseite anzuzeigen.   Fehlende Plugins installieren...

Klicken Sie hier, um das Plugin herunter zu laden.

respekt "Der Monster-Macher 2006"

HERZLICH WILLKOMMEN IM...

Diese Homepage ist für eine Bildschirmauflösung von 1024X768 Pixel programmiert.
Ihre Bildschirmauflösung beträgt zur Zeit 1280 X 1024 Pixel!

WIKIPEDIA
Die freie Enzyklopädie

WARUM?

13277

KEIN KLICK HIER NEUE ?

Abbildung 8.32: Ein bisschen zu viel Animation und Interaktivität

8.5.2 Für und Wider gängiger Webtechnologien

Der Kundennutzen ist wahrscheinlich einer der zentralen Erfolgsfaktoren im Web. Leider werden von den Webdesignern immer wieder die gleichen Fehler gemacht. Wir haben Ihnen gezeigt, wie Sie leicht einige Fehler vermeiden über **Validatoren** (z.B. HTML oder CSS) Usability-Tests oder indem Sie die Erkenntnisse der Farbenlehre berücksichtigen. Abschließend nennen wir Ihnen kurz und bündig das Für und Wider verschiedener Webpublishing-Technologien. Das soll nicht heißen, dass Sie gänzlich auf solche Techniken verzichten sollen, die wir kritisch besprechen. Stattdessen müssen Sie selbst abwägen, ob sich der Einsatz für Ihre Webseiten und den Online-Shop lohnt. Verwenden Sie also nicht blindlings alles, was machbar ist, nur um zu zeigen, dass Sie es können. Beschränken Sie sich stets auf die Dinge, die Ihren Kunden wirklich einen Nutzen bringen.

Kritisch mit neuen Technologien befassen

Einsatz animierter Grafiken oder Filme

GIF-Animationen haben die gleichen Eigenschaften wie GIF-Bilder. Sie bestehen aber aus mehreren einzelnen Bildern, die in einer zeitlichen Folge ablaufen, vergleichbar in etwa mit einem Daumenkino. Diese animierten Bilder lassen sich ebenso einfach in Webseiten einbinden wie andere Bilder. Dazu finden Sie im Internet jede Menge Bildmaterial, das Sie teilweise frei verwenden dürfen. Oder Sie erstellen die Animationen selber. Optisch ansprechendere Ergebnisse erzielen Sie mit *Flash*-Animationen, die Möglichkeiten dabei sind bei weitem größer. Sowohl GIF- als auch Flash-Animationen haben Vor- und Nachteile.

Webtechnologie: GIF-Animationen

Vorteile	+ Animationen sind sehr kompakt und gut komprimierbar.
	+ Für die Anzeige im Browser ist kein Plug-in erforderlich.
	+ Grafikprogramme eignen sich zum Erstellen animierter GIFs.
	+ Die Animation muss nur einmal pro Webseite geladen werden.
Nachteile	– Schlecht konzipierte und unnötige GIF-Bilder wirken störend.
	– Flash-Filme sind qualitativ viel hochwertiger als animierte GIFs.
	– Andere Anwender können Animationen leicht lokal abspeichern.

Tabelle 8.22: Vor- und Nachteile von GIF-Animationen

Mit *Adobe Flash* (früher *Macromedia*) steht ein Format für animierte 2D-**Vektorgrafiken** auf Webseiten zur Verfügung. Diese Webtechnologie basiert auf Vektorgrafiken und erzeugt animierte Filme im **SWF-Format**. Früher wurde Flash viel für **Introseiten** (Einstiegsseite) oder animierte Werbebanner eingesetzt. Seit Version 4 enthält die Software *ActionScript*, mit dem komplexe Websites oder sogar browserbasierte Anwendungen möglich sind. Solche animierten Filme binden Sie ähnlich wie Java-Applets in HTML-Seiten ein. Zum Abspielen der **Flash-Filme** im Internet-Browser ist jedoch ein Plug-in erforderlich.

Die Kombination aus Animation und Programmierung hilft, Zusammenhänge interaktiv und visuell darzustellen. Mit *ActionScript* sind vielerlei Inhalte realisierbar: Online-Spiele, Introseiten, multimediale Präsentationen, virtueller Rundgang etc. Einsatzgebiete und Möglichkeiten sind schier unendlich.

Webtechnologie: Flash-Animationen

Vorteile	+ Flash sieht immer genau so aus, wie der Designer es wünscht.
	+ Vektorbasierte Grafiken sind in jeder Größe verlustfrei darstellbar.
	+ Aussehen und Interaktivität sind sehr flexibel und ansprechend.
	+ Sound und Video sind gleichzeitig kombinierbar.
	+ Datenbankzugriffe sind möglich.
Nachteile	– Der Betrachter benötigt einen Flash-Player (Plug-in) im Browser.
	– Animationen sehen immer gleich aus.
	– Suchmaschinen indizieren den Textinhalt nicht.
	– Die Ladezeiten dauern überdurchschnittlich lange.
	– Bei leistungsschwachen Rechnern ruckeln die Flash-Filme.

Tabelle 8.23: Vor- und Nachteile von Flash-Animationen

Vor- und Nachteile von Frames

Browser-Fenster mit Frames aufteilen

Der Anzeigenbereich eines Webbrowsers lässt sich mit **Frames** in verschiedene, frei definierbare Bereiche aufteilen. In jedem Frame hinterlegt der Webdesigner eine eigene Webseite, z.B. Navigation, Content, Kopf- oder Fußzeile. Eine Gruppe von Frames auf einer Webseite bezeichnet man als **Frameset**. Der Einsatz dieser Technologie ist sehr umstritten und das *W3C* empfiehlt dessen Verwendung nicht mehr. Dennoch wurden Framesets in HTML 4 und XHTML 1.0 standardisiert und alle gängigen Browser kommen mit dieser Technologie zurecht.

Webtechnologie: Frame	
Vorteile	+ Navigations-Elemente bleiben trotz Scroll-Funktion immer sichtbar. + Feste, nicht mitlaufende Bildschirmbereiche sind frei definierbar. + Je nach Einstellung wird nur der aktive Frame ausgedruckt. + Navigationsleisten pflegen Sie einfacher im betroffenen Frame.
Nachteile	– Erst nach Anklicken des Frames scrollen Sie mithilfe der Tastatur. – Vielen Usern ist unklar, wie sie den Frame-Inhalt ausdrucken. – Anwender können kaum richtig Lesezeichen auf Frames setzen. – Zurück-Button arbeitet verwirrend: Frame oder Frameset laden? – Schwierige Suchmaschinenindizierung bei Sites mit Frameset. – PDAs und Handys haben Probleme mit der Anzeige. – Das Frameset wird nicht immer komplett nachgeladen.

Tabelle 8.24: Vor- und Nachteile der Frametechnik

Seit HTML 4 gibt es eine neue Variante von Frames, die so genannten **Inline-Frames** (**Iframes**) oder eingebetteten Frames. Im Unterschied zu der bisherigen Frame-Technik bettet man die Inline-Frames in HTML-Dokumente ein. Das ist vergleichbar mit dem Einfügen von Grafiken. Allerdings sind nur neuere Internet-Browser in der Lage, diese Seiten darzustellen.

Inline-Frames

Warum PDF-Dokumente im Web verwenden?

Das PDF-Dokument (Portable Document Format) ist ein gutes Format, um Dokumente zu erstellen und zu verteilen. Der sehr starke Verbreitungsgrad von PDF erklärt sich durch viele Vorteile: Die Ausgabe ist geräteunabhängig, es ist eine optimale Druckvorlage, der Datenaustausch erfolgt plattformunabhängig und der *Adobe Reader* ist kostenlos nutzbar. Im Gegensatz zu vernetzten Internetseiten sind PDF-Dokumente rein linear aufgebaut, obwohl es auch für PDF-Dokumente eine Hyperlink-Funktion gibt. Die primäre Aufgabe einer PDF-Datei ist es allerdings, das Dokument auf der Webseite für den Druck zu hinterlegen.

PDF/X-3

<< Exkurs

PDF/X ist eine Sammlung von Konvertierungseinstellungen, die auf PDF basiert. Damit soll der Einsatz von PDF in der Druckvorstufe erleichtert werden. Sehr verbreitet ist im europäischen Raum PDF/X-3.

www.pdfx3.org
Olaf Drümmer *(technische Informationen zur PDF/X und PDF/X-3)*

WWW ......

Webtechnologie: PDF-Dateien

Vorteile	+ Das Layout von erstellten PDF-Dateien sieht überall gleich aus.
	+ Dokumente sind über den Standard-Viewer fast virensicher.
	+ Dokumente lassen sich mit einem Passwort schützen.
	+ Funktionierende Hyperlinks sind in die Seiten integrierbar.
	+ Dokumente sind bei Bedarf nicht veränderbar.
	+ PDFs sind so konfigurierbar, dass sie sich nicht ausdrucken lassen.
	+ Texte und Grafiken können kopiersicher hinterlegt werden.
	+ Einbinden digitaler Signaturen möglich (elektronische Rechnung).
	+ Mit PDF-Dokumenten sind komplexe Formulare realisierbar.
Nachteile	– Zum Lesen von PDFs muss Software installiert werden.
	– (Kostenpflichtige) Tools sind erforderlich, um PDFs zu erstellen.
	– Der Ladevorgang des Plug-ins kostet den User zusätzliche Wartezeit.
	– Schrift- und Fenstergröße sind mit dem Plug-in nicht veränderbar.

Tabelle 8.25: Vor- und Nachteile von PDF-Dateien im Web

Webdesign mit Cascading Style Sheets

Mit CSS wächst die Vielfalt

CSS ist eine Formatierungssprache, die in strukturierte HTML- bzw. XML-Dokumente eingebettet werden kann. Bei Webdesignern steht der Wunsch im Vordergrund, Webseiten flexibel und frei zu gestalten. Mit CSS haben Sie viele Möglichkeiten, die Schriftart, -größe und -farbe festzulegen. Daneben können Sie freie Rahmen, Textausrichtung, Zeilen-/Wortabstand, Link-Formatierung, Hintergrund und vieles mehr formatieren. Diese unterschiedlichen Stilzuweisungen ermöglichen Ihnen im Handumdrehen eine komplette Änderung Ihres Websitedesigns.

Webtechnologie: Cascading Style Sheets

Vorteile	+ Formatierung lässt sich an zentraler Stelle zusammenfassen.
	+ Das Design lässt sich mit wenigen Handgriffen ändern.
	+ Kurze Ladezeiten und schneller Seitenaufbau.
	+ Es sind schlanke Webseiten ohne Tabellen möglich.
	+ Inhalt ist gänzlich vom Layout getrennt.
	+ Suchmaschinen-Ranking verbessert sich.
	+ Buttons kommen ohne JavaScript-Code aus.
Nachteile	– Internet-Browser interpretieren CSS teils unterschiedlich.
	– Ältere Browser kommen mit CSS nicht zurecht.
	– Gestaltungsvarianten von CSS-Buttons sind etwas begrenzt.
	– Es sind keine ausgefallenen Schriftarten möglich.
	– Anti-Aliasing wird nicht unterstützt.

Tabelle 8.26: Vor- und Nachteile von Cascading Style Sheets

Skriptsprachen – JavaScript, JScript und VBScript

JavaScript, JScript und VBScript sind clientseitige und objektbasierte Skriptsprachen, die Ihre HTML-Seiten dynamischer gestalten (*Kapitel 8.3*). Befehle werden wie bei CSS direkt in den HTML-Code eingebunden oder aus einer separaten Datei gelesen. Der Internet-Browser interpretiert die Skripte gleich beim Aufruf durch den Kunden. Die wichtigsten Einsatzgebiete sind kleine Programme, interaktive Inhalte, dynamische Webseiten, Kommunikation und Formularprüfung. Besonders wichtig: Die Webseiten sollten auch ohne die eingesetzten Skriptsprachen funktionieren.

Webtechnologie: Skriptsprachen	
Vorteile	+ Skriptsprachen sind leicht zu implementieren.
	+ Sie erweitern dynamisch die Funktionalität von Webseiten.
Nachteile	– Gute Programmierkenntnisse für den Einstieg erforderlich.
	– Seiten sind fehleranfälliger und stellen ein Sicherheitsrisiko dar.
	– Der Anwender muss die Skriptsprachen im Browser aktivieren.
	– Browser setzen Skriptbefehle unterschiedlich um.
	– Script-Code kann wie HTML nicht vor Surfern verborgen werden.

Tabelle 8.27: Vor- und Nachteile von Skriptsprachen

9

Suchmaschinen-Optimierung

Grundlagen der HTML-Programmierung

Wer Suchmaschinen-Optimierung betreiben will, braucht zumindest grundlegende Kenntnisse im (X)HTML-Bereich. In diesem Abschnitt erhalten Sie einen ersten Einblick. Sie lernen, wie man Zeichen kodiert und Umlaute bzw. Sonderzeichen im Quellcode richtig maskiert. An einem Praxisbeispiel erweitern wir Ihre HTML-Kenntnisse durch Cascading Style Sheets und JavaScript.

Suchmaschinen und Webkataloge

Hier lernen Sie die Arbeitsweise von Suchmaschinen und Webkatalogen kennen. Die Frage, wo es sich überhaupt lohnt, seine Website anzumelden, ist entscheidend. Wir zeigen Ihnen, was Sie tun müssen, damit Ihre einzelnen Webseiten in den Suchmaschinen gelistet werden. Eine gut indexierte Webpräsenz weist besondere Merkmale auf, die wir Ihnen im Detail vorstellen. Wenn es Ihre Webseiten in die Suchmaschinen geschafft haben, folgt das Feintuning. Ziel ist es hierbei, die Treffer zu Ihrer Webseite innerhalb der Ergebnisliste möglichst weit nach oben zu bringen.

Onpage-Optimierung

Wir geben Ihnen Anregungen, wie Sie Shop- und Content-Seiten optimal für Suchmaschinen vorbereiten. Als das stärkste Ranking-Kriterium erweist sich die Link-Popularität. Zahlreiche Tipps und Tools erleichtern Ihnen die Arbeit, so dass Sie ganz einfach Ihre Suchmaschinen-Position analysieren und verbessern. Im Anschluss daran betrachten wir den Quellcode Ihrer HTML-Seiten unter dem Aspekt der Webseiten- und Keyword-Optimierung. Sie erfahren mehr zun zahlreiche nützlichen HTML- und Meta-Tags. Außerdem zeigen wir Ihnen, auf was Sie getrost verzichten können.

9.1   Grundlagen der HTML-Programmierung

Geschichte von
HTML und XHTML
Bereits seit 1986 gibt es die standardisierte Auszeichnungssprache Standard Generalized Markup Language (**SGML**). Mit Hilfe so genannter **Dokument-typ**-Definitionen (**DTD**) wird in dieser Meta-Sprache festgelegt, welche Elemente, Attribute oder Regeln eine Auszeichnungssprache hat. Basierend auf SGML entstand Anfang der 90er-Jahre, die wohl weltweit bekannteste Auszeichnungssprache **HTML** (1992).

Seit 1998 ist eine reduzierte Variante von SGML namens Extensible Markup Language (**XML**) etabliert. Da sich diese Auszeichnungssprache immer weiter verbreitete, entschloss man sich, HTML mit Hilfe von XML quasi neu zu definieren. Mit dieser neuen Sprache wird versucht, den wachsenden Bedürfnissen am Markt besser gerecht zu werden. Damit keine Verwirrung entsteht, taufte man das neue XML-basierende HTML auf den Namen Extensible HyperText Markup Language (**XHTML**). Seit 2000 liegt nun XHTML 1.0 in einer Empfehlung des *W3C*-Konsortiums vor.

9.1.1   HTML-Einstieg mit Editoren und anderen Tools

Was hat HTML mit
SEO zu tun?
Wahrscheinlich fragen Sie sich, was HTML überhaupt mit Suchmaschinen-Optimierung (**search engine optimization** = **SEO**) zu tun hat. Ein minimales Verständnis für HTML und den Seitenquelltext von Webseiten liefert Ihnen die Basis für die Suchmaschinenoptimierung. Erst wenn Sie einen gewissen Einblick in das Thema HTML haben, schaffen Sie es, die Webseiten auf die vorderen Plätze in den Suchergebnislisten der Suchmaschinen und Webkataloge zu bringen.

Unterschied zwischen HTML und XHTML

Das Grundgerüst einer HTML-Datei besteht aus drei Teilen:

>> Dokumenttyp-Deklaration: Die Angabe DTD HTML 4.01 Transitional besagt, welche Dokumenttyp-Definition Sie verwenden. Neben **Transitional** gibt es noch die Varianten **Strict** und **Frameset**.

>> Head-Bereich: Im so genannten **Header** bzw. den **Kopfdaten** stehen die Angaben zum Seitentitel und die Meta-Tags (*Kapitel 9.3.2*).

>> **Body**-Bereich: Hier steht der eigentliche **Textkörper** der Datei, dessen Inhalt im Anzeigefenster des Internet-Browsers erscheint. Sie finden hier Überschriften, Verweise und Grafikreferenzen usw.

Definition
Dokumenttyp
Es gibt drei wichtige Dokumenttyp-Deklarationen. Diese sind nach verschiedenen Einsatzgebieten aufgeteilt. Die DTD-Variante »strict« ist die empfohlene Variante, wenn Sie mit Style Sheets (CSS) arbeiten möchten. Sie zeichnet sich durch ein sehr schlankes HTML aus, das heißt aber auch, dass viele Elemente und Attribute zur Formatierung Ihres Textes fehlen. Bei der Transi-

tional-Variante sind sehr viel mehr Elemente und Attribute erlaubt. Es ist sogar möglich, einige vom *W3C* missbilligte Tags aus älteren HTML-Versionen zu verwenden. Die Transitional-Variante eignet sich hauptsächlich für bereits bestehende Webseiten. Der Unterschied zur Variante »Frameset« ist gering: Hier sind die für Framesets benötigten Elemente definiert.

Sowohl Head- als auch Body-Bereich liegen zwischen den beiden Tags <html> und </html>.

```
<!DOCTYPE HTML PUBLIC "-//W3C//DTD HTML 4.01 Transitional//EN"
       "http://www.w3.org/TR/html4/loose.dtd">
<html>
  <head>
    <title>Hier steht der Seitentitel</title>
  </head>
  <body>
    Diese HTML-Datei zeigt nur diese eine Zeile im Browser an.
  </body>
</html>
```
Abbildung 9.1: Schema einer einfachen HTML-Datei

Daneben gibt es aktuell noch vier weitere unterschiedliche DTD-Deklarationen. Welche Sie benötigen, hängt ab von der jeweils von Ihnen verwendeten Auszeichnungssprache: HTML 4.01, XHTML 1.0 oder XHTML 1.1.

```
<!DOCTYPE HTML PUBLIC "-//W3C//DTD HTML 4.01 Frameset//EN"
   "http://www.w3.org/TR/html4/frameset.dtd">

<!DOCTYPE HTML PUBLIC "-//W3C//DTD HTML 4.01 Strict//EN"
   "http://www.w3.org/TR/html4/strict.dtd">

<!DOCTYPE HTML PUBLIC "-//W3C//DTD HTML 4.01 Transitional//EN"
   "http://www.w3.org/TR/html4/loose.dtd">

<!DOCTYPE HTML PUBLIC "-//W3C//DTD XHTML 1.0 Frameset//EN"
   "http://www.w3.org/TR/xhtml1/DTD/xhtml1-frameset.dtd">

<!DOCTYPE HTML PUBLIC "-//W3C//DTD XHTML 1.0 //EN"
   "http://www.w3.org/TR/xhtml1/DTD/xhtml1-strict.dtd">

<!DOCTYPE HTML PUBLIC "-//W3C//DTD XHTML 1.0 Transitional//EN"
   "http://www.w3.org/TR/xhtml1/DTD/xhtml1-transitional.dtd">

<!DOCTYPE HTML PUBLIC "-//W3C//DTD XHTML 1.1 //EN"
   "http://www.w3.org/TR/xhtml11/DTD/xhtml11.dtd">
```
Abbildung 9.2: Einige Notationen für HTML 4.01 und XHTML 1.0/1.1

XHTML-konform

Wundern Sie sich, warum <br> zu <br /> wird oder weshalb aus »<p>Absatz« der Code »<p>Absatz</p>« entsteht? Dies liegt an dem *W3C*-Standard **Extensible HyperText Markup Language** (**XHTML**). HTML 4 wurde dafür auf Basis von XML neu formuliert. XHTML-Dokumente entsprechen dadurch den Syntaxregeln von XML. Die einleitende HTML-Datei kann sich als XHTML-konform bezeichnen, sobald Sie darin einige Änderungen vornehmen:

>> **XML-Deklaration:** Noch vor der Dokumenttyp-Deklaration stellen Sie den Bezug zur verwendeten XML-Version her. Daneben findet man die verwendete **Zeichenkodierung** (encoding). Wird allerdings aufgrund eines Bugs im IE 6 meist nicht verwendet.

>> Dokumenttyp-Deklaration: Mit DTD XHTML 1.0 Transitional geben Sie den für XHTML gültigen Dokumenttyp an. Die Varianten haben die gleichen Namen: Transitional, Strict und Frameset.

>> **XML-Namensraum:** Im einleitenden <html>-Tag benötigen Sie die Angabe eines Attributs namens **xmlns**. Als Wert steht ein spezieller Uniform Resource Identifier (**URI**), der dazu genutzt wird, einen weltweit eindeutigen Namen zu vergeben. Der URI identifiziert physikalische Ressourcen, eine spezielle Unterart davon ist die URL.

Nachdem Sie die oben beschriebenen Änderungen vorgenommen haben, wird aus der ehemaligen HTML-Datei eine XHTML-Datei. Der Rest des Quellcodes ist bei diesem einfachen Beispiel HTML.

```
<?xml version="1.0" encoding="ISO-8859-1" ?>
<!DOCTYPE html PUBLIC "-//W3C//DTD XHTML 1.0 Transitional//EN"
    "http://www.w3.org/TR/xhtml1/DTD/xhtml1-transitional.dtd">
<html xmlns="http://www.w3.org/1999/xhtml">
  <head>
    <title>Hier steht der Seitentitel</title>
  </head>
  <body>
    Diese XHTML-Datei zeigt nur diese eine Zeile im Browser an.
  </body>
</html>
```
Abbildung 9.3: Schema einer einfachen XHTML-Datei

de.selfhtml.org/html/xhtml/unterschiede.htm
Selfhtml e.V. *(Unterschiede zwischen HTML und XHTML)*

Unterschiede   Natürlich gibt es noch einige weitere Unterschiede zwischen HTML und XHTML. Die wichtigsten möchten wir Ihnen kurz vorstellen:

Änderungen	Beispiele und Beschreibung
Anführungszeichen	XHTML: <td rowspan=»3«>
	Bisher: <td rowspan=3>
	Attributwerte müssen Sie künftig in Anführungszeichen einschließen, auch solche, die numerisch sind.
Ankerverwaltung	XHTML: <a href=»#anker«>Überschrift</a> ...
	<a name=»anker« id=»anker«>Ankerverweis</a>
	Bisher: <a href=»#anker«>Überschrift<a> ...
	<a name=»anker«>Ankerverweis</a>
	In XHTML verwenden Sie das Universalattribut »id«, um Ankerverweise auf einer Webseite zu realisieren.
Attributminimierung	XHTML: <input type=»radio« checked=»checked«>
	Bisher: <input type=»radio« checked>
	XML unterstützt die Attributminimierung nicht. Attribut- und Wertpaare müssen Sie daher vollständig ausschreiben.

Tabelle 9.1: Wichtigste Unterschiede zwischen XHTML 1.0 und HTML 4.0

Änderungen	Beispiele und Beschreibung
End-Tags	XHTML: \<p>Ein Abschnitt.\</p>\<p>Neuer Abschnitt.\</p>
	Bisher: \<p>Ein Abschnitt.\<p>Neuer Abschnitt.
	HTML 4 erlaubt bestimmte Elemente ohne End-Tag. XHTML fordert für nicht leere Elemente immer End-Tags.
Kleinschreibung	XHTML: \<ul>\<li>Eintrag\</li>\<li>Eintrag\</li>\</ul>
	Bisher: \<UL>\<LI>Eintrag\</LI>\<LI>Eintrag\</LI>\</UL>
	XML unterscheidet zwischen Groß- und Kleinschreibung, deshalb schreiben Sie Elemente und Attribute in XHTML klein.
Leere Elemente	XHTML: \<hr />\<img src=»bild.gif« />\
	Bisher: \<hr>\<img src=»bild.gif« >\
	Leere Elemente benötigen entweder ein eigenes End-Tag oder das Start-Tag muss mit /> enden.
Wohlgeformtheit	XHTML: \<h2> Zeile ist \wohlgeformt\\</h2>
	Bisher: \<h2> Zeile ist nicht \wohlgeformt\</h2>\
	HTML 4 stellt den Quellcode korrekt dar. In XHTML führt eine solche überkreuzte Verschachtelung zu einem Fehler.

Tabelle 9.1: Wichtigste Unterschiede zwischen XHTML 1.0 und HTML 4.0 (Forts.)

Damit Sie das Internet nicht durch ungültiges (X)HTML verseuchen, sollten Sie die Korrektheit des Codes überprüfen (validieren). Vom *W3C*-Mitglied *Dave Raggett* gibt es das äußerst nützliche HTML-Tool *Tidy*. Dies beinhaltet einen korrigierenden HTML- und XML-Parser, der invalide HTML-Dokumente korrigiert. Als **Parser** bezeichnet man Computerprogramme, die entscheiden, ob ein vorgegebener Inhalt zur formalen Sprache gehört.

Verwenden Sie Parser

`tidy.sourceforge.net`
Open Source Technology Group *(HTML-Tool* Tidy*)*

www . . . . .

Praxis-Tipp: Erzwungenes und geschütztes Leerzeichen in HTML

Tipp . . . . . .

Ein Internet-Browser fasst mehrere hintereinander stehende Leerzeichen als ein einziges auf. Verwenden Sie stattdessen in HTML die Zeichenfolge   *als* **erzwungenes Leerzeichen.** *Benötigen Sie für einen bestimmten Zweck mehrere Leerzeichen hintereinander, setzen Sie dieses besondere Leerzeichen mehrmals in Folge ein. Ein spezielles Leerzeichen gelingt Ihnen ebenso mit*   *(***nonbreaking space***). Mit dem* **geschützten Leerzeichen** *erfolgt an dieser Stelle definitiv kein Zeilenumbruch. Häufig wird dieses Zeichen als normales Leerzeichen missbraucht.*

Zeichensätze mit ISO 8859-1 und UTF-8 kodieren

ASCII ist der Urvater aller standardisierter **Zeichensätze** zur Darstellung von Buchstaben und Ziffern am Computer. Er basiert auf dem lateinischen Alphabet, enthält also keine Umlaute. Damit ordnet man die ganzen Zahlen eindeutig den in der Schriftsprache geschriebenen Zeichen zu. Mit den ers-

ASCII – immer noch relevant

ten 7 Bit stellt ASCII verschiedene Informationen dar. Die ersten 32 Zeichencodes (von 0 bis 31) sind reserviert für Steuerzeichen. Nummer 127 ist übrigens kein Steuerzeichen. Damit Sie ein bestimmtes Zeichen in HTML darstellen können, benötigen Sie nur die Zeichennummer aus der Kodierungstabelle. Anhand dieser Tabelle können Sie Schrift- bzw. Sonderzeichen für Ihre Webseite verwenden.

Mit Wordpad Zeichen testen

Testen Sie es einfach selbst mal aus. Öffnen Sie *Wordpad* und drücken folgende Tastenkombination: Alt + 8 + 7 . Halten Sie dazu die Alt -Taste gedrückt und anschließend betätigen Sie im Ziffernblock zuerst die 8 und dann die 7 . Wenn Sie danach die Alt -Taste loslassen, erscheint der Buchstabe »W«. Auch in HTML-Dateien verwendet man häufig die dezimale Schreibweise: W oder W liefern Ihnen ebenso den Buchstaben »W«. Probleme bereiten aber schon die im deutschen üblichen Umlaute (ä, ö, ü), da diese nicht im ASCII-Zeichensatz vorhanden sind.

	0	1	2	3	4	5	6	7	8	9
000	NUL	SOH	STX	ETX	EOT	ENQ	ACK	BEL	BS	HT
010	LF	VT	FF	CR	SO	SI	DLE	DC1	DC2	DC3
020	DC4	NAK	SYN	ETB	CAN	EM	SUB	ESC	FS	GS
030	RS	US		!	"	#	$	%	&	'
040	(	)	*	+	,	-	.	/	0	1
050	2	3	4	5	6	7	8	9	:	;
060	<	=	>	?	@	A	B	C	D	E
070	F	G	H	I	J	K	L	M	N	O
080	P	Q	R	S	T	U	V	W	X	Y
090	Z	[	\	]	^	_	`	a	b	c
100	d	e	f	g	h	i	j	k	l	m
110	n	o	p	q	r	s	t	u	v	w
120	x	y	z	{	|	}	~	DEL		

Abbildung 9.4: ASCII-Tabelle inklusive Steuerzeichen

ISO 8859-1 als westeuropäische Variante

Die fortschreitende Technik und die internationale Verbreitung machten neue Zeichenkodierungen erforderlich. Einer dieser neuen Standards ist die **ISO 8859-Familie**, die von der *European Computer Manufacturer Association* (**ECMA**) stammt. Als westeuropäische Variante steht ISO 8859-1 (**Latin-1**) bereit. Aus Gründen der Kompatibilität verwenden sie in den ersten Bits die üblichen ASCII-Zeichen; für zusätzliche Zeichen dient der Bereich von 128 bis 255, im Einsatz sind nun acht Bit (2^8 entspricht 256 Möglichkeiten, d.h. von 0 bis 255).

UTF-8 ist eine Untergruppe von Unicode

Um allen Anforderungen gerecht zu werden, entwickelte man eine noch umfangreichere Zeichenkodierung, den **Unicode** mit bis zu 32 Bit pro Zeichen. Damit könnte man sämtliche Schriftzeichen darstellen. Mit **UTF-8** steht eine sehr verbreitete Kodierung für Unicode-Zeichen parat, die nur bis zu 4 Byte unterstützt.

	0	1	2	3	4	5	6	7	8	9
160		¡	¢	£	¤	¥	¦	§	¨	©
170	ª	«	¬		®	¯	°	±	²	³
180	´	µ	¶	·	¸	¹	º	»	¼	½
190	¾	¿	À	Á	Â	Ã	Ä	Å	Æ	Ç
200	È	É	Ê	Ë	Ì	Í	Î	Ï	Ð	Ñ
210	Ò	Ó	Ô	Õ	Ö	×	Ø	Ù	Ú	Û
220	Ü	Ý	Þ	ß	à	á	â	ã	ä	å
230	æ	ç	è	é	ê	ë	ì	í	î	ï
240	ð	ñ	ò	ó	ô	õ	ö	÷	ø	ù
250	ú	û	ü	ý	þ	ÿ				

Abbildung 9.5: Erweiterte Zeichentabelle der ISO-8859-1-Kodierung

Standardmäßig verwendet man als Zeichenkodierung ISO 8859-1 für Dokumente (**MIME-Typ**: text/*) und weist auf die Verwendung von ISO-8859-1 im HTML-Quellcode hin. Möchten Sie bevorzugt UTF-8 nutzen, z.B. weil Sie mehr Zeichen als im ASCII-Code darstellen wollen, ist eine Angabe im Quelltext ebenso erforderlich:

UTF-8 verwenden

<meta http-equiv="Content-Type" content="text/html; charset=UTF-8">

Denken Sie daran: Da XML-/XHTML-Parser standardmäßig UTF-8 als Kodierung einsetzen, kann die encoding-Angabe eigentlich entfallen. Selbstverständlich müssen Sie das Dokument dann auch im Editor entsprechend abspeichern. Wer es genau machen will, fügt Folgendes hinzu: <?xml version=»1.0« encoding=»UTF-8« ?>.

www.unicode.org/charts/
Unicode Inc. *(alle verfügbaren Unicode-Zeichentabellen als PDF)*

WWW ......

Seit Unicode 2.0 ist das System mit der Norm **ISO/IEC 10646** synchronisiert. Das ist auch für den Internet-Bereich wichtig, da HTML 4.0 und XML 1.0 auf dieser Norm basieren. Das gewünschte Zeichen lässt sich durch eine numerische Notation im Quelltext hinterlegen, so stehen © und © und die hexadezimale Schreibweise © für das **Copyright-Zeichen** ©.

Umlaute, Sonderzeichen und Farben in HTML-Dateien

Anhand von Abbildung 9.5 lassen sich alle ISO-8859-1-Zeichen aus dem Unicode-**Zeichenvorrat** in HTML darstellen. Dazu setzen Sie in der HTML-Datei einfach &# mit der jeweiligen dreistelligen Nummer zusammen. Wie Sie beim Copyright-Zeichen gesehen haben, gibt es neben den hexadezimalen Werten für die Darstellung mit dem # zum Teil mehrere Zeichenfolgen, die Sie sich leichter merken können. Speziell für die Umlaute, **Sonderzeichen** (z.B. **Eurozeichen**) und einige HTML-eigene Zeichen ist das auch sinnvoll. Denken Sie aber auch an Kunden aus dem fremdsprachigen Ausland – Ihre Webseiten sind schließlich international verfügbar. Deshalb gilt für den Inhalt Ihrer (X)HTML-Dateien: Entweder tauschen Sie alle Sonderzeichen mit der entsprechenden HTML-Kodierung aus oder Sie teilen dem Browser mit, welche Zeichenkodierung die HTML-Datei verwendet, z.B. ISO 8859-1 oder **UTF-8**. Der Vorteil der zweiten Variante: Sie können die deutschen Umlaute bzw. **Sonderzeichen** direkt in Ihrem Editor eintippen.

Wichtige Umlaute und Sonderzeichen

Benötigen Sie Zeichen mit einer besonderen Bedeutung in HTML, können Sie diese Zeichen durch HTML-Code ersetzen. Das ist zwangsläufig erforderlich bei einleitenden »<«- und schließenden »>«-Zeichen. Außerdem brauchen Sie des Öfteren das **Kaufmanns-Und (Et-Zeichen)** und die Anführungszeichen. Sehr verbreitet sind der **Zeichenname (Entity)** und die dezimale Kodierung (**Zeichennummer**). Wobei ältere Browser die dezimale Schreibweise bevorzugen. Als numerische Notation gilt auch die hexadezimale Kodierung, die allerdings bisher nicht sehr gebräuchlich ist.

Zeichen	Zeichenname	dezimal	hexadezimal
ä	ä	ä	ä
ö	ö	ö	ö
ü	ü	ü	ü
Ä	Ä	Ä	Ä
Ö	Ö	Ö	Ö
Ü	Ü	Ü	Ü
ß	ß	ß	ß
<	< (less than)	<	-
>	> (greater than)	>	-
&	& (ampersand)	&	-
"	" (quotation mark)	"	-
€	€ (euro)	€	€

Tabelle 9.2: Umlaute, scharfes ß und HTML-eigene Zeichen maskieren

RGB-Farbe und Farbname

Neben Umlauten sind auch Farben kodierbar. Grundsätzlich gibt es zwei Methoden, wie Sie Farben in HTML definieren. Entweder durch Angabe der Farbe als Hexadezimalnummer oder als **Farbname**. Die von Ihnen gewünschte Farbe können Sie im Hexadezimal-Modus (**RGB-Werte**) zusammenstellen – anhand der drei Grundfarben Rot, Grün und Blau. So steht #FF0000 für die Grundfarbe Rot. Auch die Angabe eines Farbnamens ist möglich. Jedoch werden die vorhandenen weitgehend browserabhängig dargestellt. Die folgenden Farbnamen sind Bestandteil von HTML 3.2 und werden daher von sehr vielen Internet-Browsern erkannt: black, maroon, green, olive, navy, purple, teal, gray, silver, red, lime, yellow, blue, fuchsia, aqua und white. Folgende Beispiele liefern das gleiche Ergebnis:

```
<font color=#FF0000>ROT</font> oder <font color=red>ROT</font>
```

Erste Gehversuche mit (X)HTML-Tags

Die Informationen Ihrer Webseite müssen in HTML-Dateien mit Hilfe von spezifischen **Steuerbefehlen** formatiert werden. Diese stehen in so genannten **Tags**, die man an den spitzen Klammern erkennt. So steht <h1> für den Beginn einer Überschrift erster Ordnung. Insgesamt gibt es sechs Ebenen von h1 bis h6. Die meisten Steuerbefehle in HTML bestehen aus einem einleitenden und einem abschließenden Tag, z.B. <h1> ... </h1>. Sie formatieren also genau den Text, der zwischen dem Anfangs- und End-Tag steht. (**Gültigkeitsbereich**).

Tags sind Steuerbefehle

```
<h3>Der Online Shop - Handbuch für Existenzgr&uuml;nder</h3>
<h3><i>Der Online Shop</i> - Handbuch für Existenzgr&uuml;nder</h3>
<h3 align=center>Der Online Shop - Handbuch für Existenzgr&uuml;nder</h3>
```
Abbildung 9.6: Verschachtelte HTML-Tags und Umlaute im Einsatz

Die Beispielzeilen in Abbildung 9.6 zeigen Ihnen den Einsatz von Tags. Die erste Zeile beinhaltet eine Überschrift dritter Ordnung mit dem Text: Der Online Shop – Handbuch für Existenzgründer. Sie ist etwas kleiner als mit <h1> formatiert; vergleichbar mit der Überschrifts-Formatierungszahl bei Word »Überschrift 3«. Mit ü können Sie in HTML das kleine »ü« darstellen. In der zweiten Zeile ergänzen Sie die Überschrift mit dem verschachtelten Befehl <i> ... </i>. Damit wird nur der Text »Der Online Shop« kursiv ausgezeichnet. In der letzten Zeile fügen wir die Ausrichtung des Textes ein – im Beispiel zentrieren wir die Überschrift. Wie in einem Textverarbeitungsprogramm können Sie linksbündige oder rechtsbündige Texte, aber auch Blocksätze darstellen. Fügen Sie diese Zeilen in den Body-Bereich einer HTML-Datei ein, sieht das Ergebnis wie in Abbildung 9.7 aus.

Umlaute in HTML-Tags

Abbildung 9.7: Mit HTML-Tags Texte formatieren

Natürlich gibt es jede Menge weitere Tags für die **Auszeichnung** von HTML-Texten. Eine gute Übersicht der wichtigsten Befehle finden Sie bei *Selfhtml*.

Auszeichnung in HTML

WWW ..... de.selfhtml.org/navigation/html.htm
SELFHTML e.V. (HTML-Kurzreferenz mit Syntax-Übersicht)

Vor- und Nachteile von Text- und HTML-Texteditoren

Quelltext erstellen   HTML ist nur eine Auszeichnungssprache und keine Programmiersprache. Daher ist jeder Browser selbst dafür verantwortlich, wie er die strukturierten Informationen interpretiert. Jede HTML-Datei besteht im Grunde aus einfachen ASCII-Zeichen und lässt sich mit jedem einfachen **Texteditor** bearbeiten. Das bedeutet, Sie erstellen auf Quelltextebene den Quellcode komplett von Hand. Einige dieser Editoren zeichnen sich durch das so genannte **Syntax-Highlighting** aus. Die verwendete Sprache wird erkannt und einzelne Elemente werden farbig markiert dargestellt. Damit wird der Quelltext übersichtlicher, was Ihnen die Arbeit erleichtert.

Texteditoren (TextPad, UltraEdit, usw.)	
Vorteile	+ Der Quelltext ist valide, verständlich und logisch geordnet.
	+ Es entsteht kein überflüssiger Quellcode.
	+ Der Lerneffekt ist ziemlich hoch.
	+ Ein Wechsel des Texteditors bereitet keine Probleme.
	+ Sie haben die volle Kontrolle über den HTML-Quellcode.
Nachteile	– Der Funktionsumfang von Texteditoren ist eher mager.
	– Sie benötigen sehr gute HTML-Kenntnisse.
	– Das Erfassen von Quelltext von Hand dauert länger.
	– Gut strukturierter Quellcode ist schwierig zu erstellen.

Tabelle 9.3: Vor- und Nachteile von HTML-Texteditoren

WWW ..... www.textpad.de
Helios Software Solutions (Texteditor TextPad)

www.ultraedit.com
IDM Computer Solutions Inc. (Texteditor UltraEdit)

www.pspad.com/de/
PSPad *(Freeware Editor von Jan Fiala)*

Vor- und Nachteile von HTML-Editoren   Besser für den Einstieg eignen sich spezielle **HTML-Editoren**. Diese arbeiten nach dem Prinzip eines WYSIWYG-Programms (What you see is what you get). Schon mit geringen HTML-Kenntnissen lassen sich schnell Webseiten erstellen. Sie bewegen sich auf einer Layoutoberfläche und der HTML-Code wird im Hintergrund erstellt. Viele der komplexeren Bauteile können Sie bequem per Drag&Drop in Ihre Webseiten einfügen. In der Regel sind darüber hinaus einige Layoutvorlagen enthalten, mit denen Sie sehr schnell brauchbare Ergebnisse bekommen. Aber vergessen Sie nicht: Ein eigenes Layout ist immer besser als eines von der Stange. Weitere Tipps für die Gestaltung eines eigenen Layouts finden Sie in *Kapitel 8*.

Diese Editoren haben leider auch einen Haken. Der erzeugte Quellcode enthält fast immer überflüssigen Ballast. Dadurch erhöhen sich Ladezeiten und gleichzeitig wird für Sie der Quelltext unübersichtlich. Als weiteres Übel entpuppt sich die Tatsache, dass der Quellcode nicht immer dem *W3C*-Standard entspricht. Aus dem **WYSIWYG-Editor** wird, wie man so schön sagt, ein **WYSIWTPTTYMG-Editor:** »What you see is what this program thinks that you might get«! Das bedeutet, nur der Webdesigner der Seite selbst und ein kleiner Kreis von Betrachtern sehen das gleiche Ergebnis. Bei der größeren Anzahl an Besuchern sehen die Seiten völlig anders aus. *WYSIWYG-Editor*

Aus unserer Liste von HTML-Editoren möchten wir Ihnen besonders drei an Ihr Designer-Herz legen Mit diesen sammelten wir selbst gute Erfahrungen. Der einfach ausgestattete quellcodenahe *Phase 5*, der für kleinere Webseiten geeignete *NetObjects Fusion* und für Profis den *Adobe Dreamweaver*.

Produkt	Hersteller	Webseite
Phase 5	Hans-Dieter Berretz	www.ftp-uploader.de
GoLive	Adobe	www.adobe.de
NVU	Linspire Inc.	www.nvu-composer.de
Dreamweaver	Adobe	www.adobe.com
Office FrontPage	Microsoft	office.microsoft.com/de-de/ FX010858021031.aspx
WebEditor	Namo	www.namo.com
Fusion	NetObjects	www.netobjects.de

Tabelle 9.4: Gängige HTML-Editoren im Windows-Umfeld

9.1.2   Formular mit HTML, CSS und JavaScript

Nachdem Sie jetzt die Grundzüge von HTML kennen gelernt haben, ist es für Sie nun leichter, die folgenden Grundlagen zu verstehen. Wir zeigen Ihnen anhand eines interessanten Beispiels, wie Sie mit HTML, CSS und JavaScript kleine Aufgaben lösen. Ziel ist es, die eingesetzten Techniken kurz vorzustellen.

Zwar ist in den meisten Shop-Systemen eine Kontaktseite eingebaut, aber Sie können mit Hilfe von Formularen relativ einfach weitere Interaktionsangebote auf Ihrer Webseite selbst einbauen, z.B. Kundenumfragen, Gewinnspiele, Quiz, Katalogbestellung, Finanzierungs-/Leasinganfragen usw. Für solche speziellen Kundenkontakte empfehlen wir Ihnen *PHP-Formmail*. Eine deutsche Übersetzung finden Sie auf der Webseite des Anbieters zum Herunterladen. *Formular für den Webauftritt*

WWW . . . . . . `www.boaddrink.com/projects/phpformmail/`
Andrew Riley (HTML-Formulare mit PHP-Formmail versenden)

Tipp . . . . . . *Praxis-Tipp: Datenschutz-Vorschriften berücksichtigen*

Im Internet herrscht der Grundsatz, dass Sie so wenige Daten wie möglich erheben sollen. Beachten Sie dies bei der Formulargestaltung (Kapitel 7).

Kontaktformular mit Tabellen formatieren

Anhand eines Beispiels erläutern wir Ihnen den Einbau des Tools. Außerdem zeigen wir Ihnen ein paar einleitende HTML-, CSS- und JavaScript-Übungen. Wir werden das in Abbildung 9.8 dargestellte einfache HTML-Formular Schritt für Schritt erweitern. Nachdem Ihr Kunde ein solches Formular ausgefüllt hat, wird der Inhalt an Ihre E-Mail-Adresse weitergeleitet. Mit den folgenden Anweisungen geht es los:

Step . . . . . . 1. Konfigurieren Sie die Datei formmail.php!

2. Erstellen Sie ein einfaches HTML-Formular!

3. Stellen Sie beide Dateien per FTP auf Ihren Webserver!

4. Fügen Sie eine HTML-Tabelle zur optischen Darstellung ein!

5. Optimieren Sie die Optik mit Cascading Style Sheets!

6. Prüfen Sie Eingabefelder mit JavaScript-Befehlen!

CD . . . . *CD-Rom\scripts: Alle Skripte finden Sie auf der beigefügten CD.*

Damit ein neues **Formular** überhaupt per E-Mail versendet werden kann, brauchen Sie formmail.php oder ein ähnliches Skript auf Ihrem Webserver, der auch PHP unterstützen muss. Die Konfiguration der Datei ist einfach. Je nach Bedarf müssen Sie lediglich zwei kleine Parameter anpassen:

>> $referers = array('domain.de', 'www.domain.de');

>> $your_email = " ";

Zugriff absichern   Das Array bestimmt die Domains, von denen Formulare an Ihr Skript abgeschickt werden dürfen. Andere hier nicht gelistete Server bekommen eine Fehlermeldung. Dadurch wird ausgeschlossen, dass ein anderer Server Ihren Webserver für seine Dienste missbraucht. Fügen Sie nur »domain.de« in das Array ein, können andere Subdomains, wie »shop.domain.de«, nicht zugreifen. Daher ist es erforderlich, die übliche Adressangabe »www.domain.de« eigens einzubinden. Ein weiterer wichtiger Hinweis hierzu: Falls Sie die E-Mail des Formulars an eine andere Domain senden möchten, muss auch diese Domain enthalten sein. Ist also der Empfänger der E-Mail irgendwer@example.de, muss das $referers-Array wie folgt aussehen:

>> $referers = array('domain.de', 'www.domain.de', 'example.de');

Wenn Sie den Wert von $your_email verändern, ist das »recipient«-Feld im HTML-Formular nicht erforderlich. Die Zeile können Sie dann komplett weglassen, da dieser Wert mit dem Eintrag bei $your_email überschrieben wird. Sobald Sie die Datei als »formmail.php« abgespeichert haben, erstellen Sie mit einem Texteditor die neue Datei »formular.html«. Welche Inhalte sie haben muss, sehen Sie in der Abbildung.

HTML-Code validieren

Damit Sie wirklich gültiges (valides) HTML erhalten, lohnt sich auch für eine scheinbar einfache HTML-Seite der **Validierungstest**. Haben Sie alles richtig gemacht, erhalten Sie eine grüne Meldung: »This Page Is Valid **HTML 4.01** Transitional!«. Gleiches gilt für den nächsten Schritt mit Cascading Style Sheets. Die Prüfung schadet sicherlich hier auch nicht.

```
<!DOCTYPE HTML PUBLIC "-//W3C//DTD HTML 4.01 Transitional//EN"
         "http://www.w3.org/TR/html4/loose.dtd">
    <html>
    <head>
    <meta http-equiv="Content-Type" content="text/html;charset=iso-8859-1">
    <title>Formular</title>
    </head>
      <body>
        <form action="formmail.php" method="POST" name="Feedback">
          <input type="hidden" name="recipient" value="ihremail@domain.de">
          <input type="text" name="Vorname" size="30" maxlength="30">
          <input type="submit" value="Absenden">
          <input type="reset" value="Löschen">
        </form>
      </body>
    </html>
```

Abbildung 9.8: Ein einfaches HTML-Formular für PHP-Formmail

validator.w3.org
World Wide Web Consortium *(Validierungsservice für HTML-/XHTML)*

WWW . . . . .

jigsaw.w3.org/css-validator/
World Wide Web Consortium *(Validierungsservice für CSS)*

Das Ergebnis sieht momentan noch ziemlich unspektakulär aus. Sie sehen ein Texteingabefeld und einen Button »Absenden« und einen Button. »Löschen«. Im Hintergrund versteckt (**hidden**) überträgt das einfache HTML-Formular die E-Mail-Adresse des Empfängers. Klicken Sie auf »Absenden«, wird der Inhalt des Eingabefeldes an diese E-Mail versendet.

Formular testen

Abbildung 9.9: Eingabefeld mit Buttons im HTML-Formular

Damit Sie längere Kommentare, Nachrichten usw. erhalten können, binden Sie mehrzeilige Eingabefelder ein. Dafür verwenden Sie den HTML-Befehl <textarea name=»meinung« cols=»50« rows=»10«>...</textarea>. Eine Übersicht über weitere wichtige Formularelemente gibt Ihnen Tabelle 9.5.

Eingabefelder im Formular

Typ	Darstellung	Beschreibung
Verstecktes Feld	z.B. Übergabe der Mail des Empfängers	verstecktes Eingabefeld für serverseitige Anwendungen <input type=»hidden«>
Texteingabefeld	Vorname:	ein einzeiliges Texteingabefeld <input type=»text«>
Passwortfeld	Kennwort:	ein mit Sternchen geschütztes Texteingabefeld für Kennwörter <input type=»password«>
Dropdown-Feld	Geschlecht: männlich ▼	Auswahlliste zum Wählen eines einzelnen Eintrags <select name=»Geschlecht«> mit den extra <option>-Elementen
Radio-Button	Bezirk: ○ Schwaben ○ Franken ○ Allgäu	Buttons für eine alternative Auswahl <input type=»radio«>
Checkbox	Thema: ☐ Online-Shop ☐ eCommerce ☐ eBusiness	Anwender wählt keines, ein oder mehrere Felder aus <input type=»checkbox«>
Klick-Button	Klick	mit dem Klick-Button wird z.B. eine JavaScript-Aktion ausgelöst <input type=»button«>
Senden-Button	Absenden	mit dem Sendebutton wird das ausgefüllte Formular abgesendet <input type=»submit«>
Löschen-Button	Löschen	mit dem Löschen-Button werden die Eingaben im Formular gelöscht <input type=»reset«>

Tabelle 9.5: Übersicht der wichtigsten Formularelemente

Tabellen im Formular

Wenn Sie sich die Formulardaten per E-Mail zuschicken lassen, dann benutzen Sie immer method=»post«. Die Zeile mit der Zeichenkodierung **ISO 8859-1** (Latin-1, Westeuropäisch) ist nötig, damit die Umlaute korrekt dargestellt und übertragen werden. Wenn Sie die Eingabefelder mit einer Tabelle etwas in Form bringen, entsteht der in Abbildung 9.10 abgebildete Quellcode für das HTML-Formular. Allgemein sind für die Definition von Tabellen folgende HTML-Befehle wichtig:

>> **Tabelle** (table): <table> ... </table>

>> **Kopfzeile** (table header): <th> ... </th>

>> **Tabellenzeile** (table row): <tr> ... </tr>

>> **Tabellenspalte/-zelle** (table data): <td> ... </td>

Bedenken Sie hierbei, dass Sie mit dem Einsatz von Tabellen als »Layouthilfe« kein barrierefreies HTML mehr erstellen. Für die reine Informationsdarstellung in Tabellenform sind Tabellen jedoch noch immer die erste Wahl.

```
<!DOCTYPE HTML PUBLIC "-//W3C//DTD HTML 4.01 Transitional//EN"
            "http://www.w3.org/TR/html4/loose.dtd">
        <html>
        <head>
        <meta http-equiv="Content-Type" content="text/html;charset=iso-8859-1">
        <title>Formular</title>
        </head>
          <body>
            <form action="formmail.php" method="POST" name="Feedback">
             <input type="hidden" name="recipient" value="ihreemail@domain.de">
             <table border="0" cellpadding="3" cellspacing="0" width="400">
              <tr>
                <td align="right">Vorname:</td><td>
                  <input type="text" name="Vorname" size="30" maxlength="30"></td>
              </tr>
              <tr>
                <td align="right">Kennwort:</td><td>
                  <input type="password" name="Kennwort" size="10"></td>
              </tr>
              <tr>
                <td align="right" valign="top">Geschlecht:</td><td>
                  <select name="Geschlecht">
                   <option value="männlich" selected>männlich
                   <option value="weiblich">weiblich
                  </select></td>
              </tr>
              <tr>
                <td align="right" valign="top">Bezirk:</td><td>
                  <input type="radio" name="Bezirk" value="Schwaben">Schwaben<br>
                  <input type="radio" name="Bezirk" value="Franken">Franken<br>
                  <input type="radio" name="Bezirk" value="Allgäu">Allgäu</td>
              </tr>
              <tr>
                <td align="right" valign="top">Thema:</td><td>
                  <input type="checkbox" name="Thema1" value="Onlineshop">Online-
Shop<br>
                  <input type="checkbox" name="Thema2"
value="eCommerce">eCommerce<br>
                  <input type="checkbox" name="Thema3" value="eBusiness">eBusiness</
td>
              </tr>
              <tr>
                <td align="right" valign="top">Button:</td>
                <td><input type="button" name="Button" value="Klick"></td>
              </tr>
              <tr>
                <td align="right"></td><td>
                  <input type="submit" value="Absenden">
                  <input type="reset" value="Löschen"></td>
              </tr>
             </table>
            </form>
          </body>
        </html>
```

Abbildung 9.10: Ein mit einer Tabelle gestaltetes HTML-Formular

Wenn Sie dieses Formular in Ihre Webseite einbauen, bekommen Sie das in Abbildung 9.11 dargestellte Ergebnis. Mit dieser HTML-Technologie lässt sich schon einiges realisieren. Optisch ist es jedoch noch kein Leckerbissen, aber daran arbeiten wir im nächsten Abschnitt.

Abbildung 9.11: Einfaches HTML-Formular mit Tabelle formatiert

Style Sheets in HTML-Formulare einbinden

Formular mit CSS formatieren
Formulare und deren Elemente lassen sich mit Cascading Style Sheets (CSS) viel ansprechender gestalten. Die Gestaltungsmöglichkeiten entpuppen sich allerdings leider immer noch als ein Glücksspiel, da die Browser noch nicht alle Formatierungselemente unterstützen. Mit anderen Worten: Sie müssen sich die Mühe machen, das Layout in anderen Browsern anzusehen und zu prüfen. Doch es lohnt sich, und Cascading Style Sheets erleichtern ungemein die Arbeit, weil Sie damit im Formular eine Fülle an Formatierungswünschen umsetzen können. Besonders interessant für die Formulargestaltung sind folgende CSS-Eigenschaften:

>> Schriftformatierung: Angaben zu Schriftarten, -größen, -farben, Zeichen- und Wortabständen

>> Außenrand und Abstand: Leerraum zwischen aktuellem Element und seinem Eltern- oder Nachbarelement

>> Innenabstand: Leerraum zwischen Elementinhalt und Elementrand

>> Rahmen: Angaben zu Rahmendicke, -farbe und -typ

>> Hintergrundfarben und -bilder: Angaben zu Hintergrundfarbe, -bild, -position sowie Wiederholungs- und Wasserzeicheneffekt

Was ist CSS?
Style Sheets sind eine wichtige Ergänzung zu HTML. Es handelt sich hierbei um eine Sprache, mit der Sie Formateigenschaften einzelner HTML-Elemente festlegen. Sie helfen Ihnen bei der professionellen Gestaltung Ihrer Webseiten. Ein Style Sheet besteht im Grunde nur aus Formaten. Diese Formatangaben gelten für bestimmte HTML-Elemente oder auch für eine ganze Auswahl von HTML-Elementen. Für die Formatzuweisung gibt es in CSS die so genannten **Selektoren**, diese wählen die gewünschten Gruppenelemente aus. Einem Element oder einer ganzen Gruppe weist ein Selektor anhand eines bestimmten **Wertes** eine **Eigenschaft** zu. Die Kombination aus Eigenschaft und Wert bezeichnet man als **Deklaration**. Ein Beispiel verdeutlicht Ihnen diese Funktion.

Element	Formatangaben	Bedeutung
Selektor	{ Eigenschaft:Wert; }	Angabe der Deklaration
.Button	{ background-color:#AAAAAA; color:#FFFFFF; width:200px; border:6px solid #DDDDDD; }	Hintergrundfarbe Schriftfarbe Elementbreite Rahmen 6 Pixel dick und Rahmentyp durchgezogen

Tabelle 9.6: CSS-Formatzuweisung für die Klasse .Button

Solche gesammelten Formatangaben definiert man in CSS als Klassen. Für unseren Senden- und Löschen-Button haben wir die eigene **Klasse** .Button definiert. Die Buttons haben nun eine dunkelgraue Hintergrundfarbe, eine weiße Schriftfarbe und eine Breite von 200 Pixeln. Zudem ist der Rahmen des Buttons sechs Pixel dick und der Rahmentyp ist eine durchgezogene Linie in der Farbe Hellgrau.

Formatklasse erstellen

Solche Klassen können Sie dann in HTML verwenden. Dafür steht das Universalattribut »**class**« zur Verfügung. Nehmen wir an, Sie möchten Ihre Überschriften unterschiedlich formatieren, dann legen Sie sich dafür mehrere Klassen an. Vergeben Sie dazu verschiedene Klassennamen.

Klasse	Bedeutung
h1	Beispiel: h1 { font-family:Verdana,sans-serif; font-size:3em; } Verwendung: <h1> Die Formatierung gilt für alle HTML-Elemente vom Typ <h1>.
h1.wichtig	Beispiel: h1.wichtig { background-color:#99FF99 } Verwendung: <h1 class=»wichtig«> Klasse .wichtig gilt nur für das HTML-Element vom Typ <h1>.
*.wichtig	Beispiel: *.wichtig { background-color:#00FF00 } Verwendung: <h3 class=»wichtig«> Klasse *.wichtig gilt für alle HTML-Elemente.
.stark	Beispiel: .stark { background-color:#0000CC } Verwendung: <h4 class=»stark«> Klasse .stark gilt für alle HTML-Elemente.
.stark.bunt	Beispiel: .stark.bunt { background-color:#FF0099 } Verwendung: <h5 class=»stark bunt«> Klasse .stark.bunt gilt für alle HTML-Elemente.

Tabelle 9.7: Beispiele für Einsatz und Namensgebung von Klassen

Im Grunde gibt es eigentlich nur zwei Möglichkeiten, um Klassen zu erstellen. Entweder man erstellt sie für einen ganz bestimmten HTML-Elementtyp, wie h1, oder für keinen bestimmten Elementtyp, also für alle. In diesem Fall wird die Klasse definiert, indem Sie einen Punkt, gefolgt von einem Klassennamen angeben. Die Angabe des * ist überflüssig.

Namen für Klassen vergeben

Bei der Namensgebung für Klassen müssen Sie jedoch einige Richtlinien berücksichtigen:

>> Verwenden Sie keine Leerzeichen, Unterstriche oder Umlaute.

>> Beginnen Sie den Namen nie mit einer Ziffer oder einem Bindestrich.

>> Wählen Sie möglichst kurze Namen.

Kümmern Sie sich beim Erstellen von CSS-Formaten auch um die Browser-Kompatibilität. Was mit dem einen Browser geht, muss nicht unbedingt auch mit einem anderen funktionieren. Bevor Sie also ausgefallene Formate einsetzen, werfen Sie einen prüfenden Blick auf die Webseite von *CSS 4 You*. Dort finden Sie eine übersichtliche Tabelle mit den wichtigsten CSS-Eigenschaften und zur Browser-Kompatibilität.

WWW ......   de.selfhtml.org/css/eigenschaften/
SELFHTML e.V. *(CSS-Eigenschaften für die Formatierung von HTML)*

www.css4you.de/browsercomp.html
CSS 4 You *(Browser-Kompatibilität der wichtigsten CSS-Eigenschaften)*

CSS-Formate in HTML einbinden   Sie haben insgesamt drei Möglichkeiten, um HTML und CSS zu verbinden. Erste Stufe: Die CSS-Formatierung lässt sich direkt im Tag eines HTML-Elements unterbringen. Zweite Stufe: Das CSS-Format können Sie in einem Style-Bereich im <head>-Bereich zusammenfassen. Dritte Stufe: Sie bringen die gesamte Formatierung in einer eigenen externen CSS-Datei unter. Erlaubt ist auch eine beliebig Kombination der einzelnen Stufen innerhalb einer HTML-Datei. Erfolgt eine Formatzuweisung doppelt oder mehrfach, hat stets das CSS-Format mit der niedrigsten Stufe den Vorrang. Im Konfliktfall wird die Formatdefinition der Stufe 1 (innere) vorrangig behandelt, vor den Stufen 2 und 3 (äußere).

Formatdefinition	HTML-Beispielcode
Stufe 1: direkt im HTML-Element	`<h1 style=»[Elementspezifische CSS-Formate]«>...</h1>`

Stufe 2: zentral im <head>-Bereich	`<style type=»text/css«>`
	`<!--`
	`   /* ... Dateispezifische CSS-Formate ... */`
	`-->`
	`</style>`

Stufe 3: zentral in einer CSS-Datei	`<link rel=»stylesheet« type=»text/css« href=»formate.css«>`

Tabelle 9.8: Verschiedene Möglichkeiten für die CSS-Formatdefinition

Zentrale CSS-Definition bevorzugen   Die CSS-Formate sind immer die gleichen, die Frage ist nur, wo sie stehen. Wird die Formatierung elementspezifisch eingebunden, wird die Pflege selbst bei kleinen Webseiten unübersichtlich. Hinterlegen Sie die Formatierungsdaten an einer zentralen Stelle, dann ist das Layout leichter zu pflegen. Vorteil der eigenen externen Datei: Es kann von jeder HTML-Datei aus darauf zugegriffen werden. Bei Änderungen an dieser zentralen Datei werden die Angaben sofort für alle Seiten gültig. Somit ist eine rasche und unkomplizierte Design-Änderung für Ihre Website möglich.

```
<html>
<head>
<link rel="stylesheet" type="text/css" href="formate.css">
  <style type="text/css">
    <!--
    /* ... Dateispezifische CSS-Formate ... */
    -->
  </style>
</head>
<body>
  <h1 style="[Elementspezifische CSS-Formate]">...</h1>
</body>
</html>
```

Abbildung 9.12: Alle drei CSS-Formatdefinitionen im Einsatz

Praxis-Tipp: (X)HTML-Elemente benötigen Start- und End-Tag

Damit die CSS-Angaben wie gewünscht funktionieren, sollten Sie darauf achten, dass Ihr Dokument valides HTML oder XHTML ist. Dazu gehört auch, dass alle HTML-Elemente sowohl Start- als auch End-Tags beinhalten. Wichtig ist dies besonders bei den Elementen, für die früher alleine die Verwendung des Start-Tags genügte. Dies sind beispielsweise: <p>, <li>, <option>, <td> und <th>.

Corporate Identity

Auch die in Ihrem Unternehmen eingesetzten Farben lassen sich im Formular nachbilden. Die HTML-Datei mit der CSS-Formatdefinition sieht dann wie in Abbildung 9.13 aus. Verzichten Sie sicherheitshalber nicht auf die Validierung Ihrer HTML-Datei, der Link führt Sie zum CSS-Validator jigsaw.w3.org/css-validator/.

```
<!DOCTYPE HTML PUBLIC "-//W3C//DTD HTML 4.01 Transitional//EN"
        "http://www.w3.org/TR/html4/loose.dtd">
<html>
<head>
<meta http-equiv="Content-Type" content="text/html;charset=iso-8859-1">
<title>Formular</title>
<style type="text/css">
 form
   { background-color:#EEEE00; width:400px; padding:20px; border:6px solid #BBBBBB; }
 td, input, select
   { font-size:13px; font-family:Verdana,sans-serif; font-weight:bold; }
 input, select
   { color:#CC0000; }
 .textfeld
   { background-color:#FFFFAA; width:300px; border:6px solid #EEEEEE; }
 .selektion
   { background-color:#DDFFFF; width:100px; border:6px solid #EEEEEE; }
 .check, .radio
   { background-color:#DDFFFF; border:1px solid #EEEEEE; }
 .button
   { background-color:#AAAAAA; color:#FFFFFF; width:100px; border:6px solid #EEEEEE;

</style>
</head>
```

Abbildung 9.13: HTML-Formular mit dateispezifischem Style Sheet

Mit Templates
einfach
formatieren

Verwenden Sie ein Template für Ihren Online-Shop, dann sollten Sie dort einen Blick in das entsprechende Verzeichnis werfen. In aller Regel finden Sie die Datei stylesheet.css, mit der Sie die Arbeit nur einmal erledigen müssen. Und Ihr Shop bzw. die Webseiten verwenden dann die gleichen Formatierungsangaben.

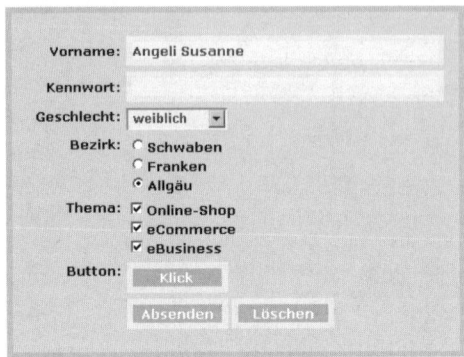

Abbildung 9.14: Fertig gestaltetes Online-Formular

JavaScript-Anweisungen in HTML-Tags einbetten

Tippfehler
vermeiden

Die clientseitige Überprüfung von HTML-Formularen zählt zu den Hauptaufgaben von JavaScript. Daher möchten wir nun mit Ihnen ein einfaches interaktives Anwendungsbeispiel mit JavaScript realisieren. Damit wird der Inhalt von Benutzereingaben getestet, bevor diese zum Server gesendet und per E-Mail verschickt werden. Es muss vorab eine annähernde Fehlerfreiheit vorhanden sein, da die Eingaben häufig in Datenbankfelder übernommen werden. So vermeiden Sie zumindest: Fehleingaben, fehlende Angaben, Tippfehler u.v.m. Das funktioniert natürlich nur wenn JavaScript aktiviert ist. Sicherheitshalber sollte Sie bei wichtigen Daten noch eine serverseitige Überprüfung, beispielsweise per PHP durchführen. In JavaScript sprechen Sie ein Formular an über:

>> Objektname: HTML-Attribut-Name im <form>-Tag, in unserem Beispiel verwenden wir name="Feedback".

>> Objektsammlung elements (Array): Die Indexierung ist anhand der Position des Formulars im Quellcode möglich. Die Position im Array wird als numerischer Index erwartet.

Ein kleines Einführungsbeispiel soll diese Alternativen verdeutlichen. Verwenden Sie in unserem Beispiel folgendes einfaches HTML-Formular:
<form name="Feedback"><input type="text" name="Vorname"></form>.
Dann können Sie den Inhalt des Eingabefeldes auf folgende Arten nutzen:

>> alert (document.Feedback.Vorname.value);

>> alert (document.forms[0].elements[0].value);

>> alert (document.forms['Feedback'].elements['Vorname'].value);

>> alert (document.forms[0].Vorname.value);

In JavaScript nutzt man zur Formularprüfung mehrere so genannte **Event-Handler.** Wie diese verwendet werden, richtet sich danach, wann die einge-gebenen Formulardaten geprüft werden. Diesen Zeitpunkt bestimmten Sie selbst. Zwei Beispiele sollen Ihnen das verdeutlichen:

Formularein-gaben prüfen

>> Die Prüfung soll nach dem Verlassen eines Eingabefeldes erfolgen. Dafür steht der Event-Handler »onblur« zur Verfügung.

Beispiel: <input type="text" name="Kennwort" onblur="testePW()">

>> Die Prüfung soll vor dem Versand per E-Mail erfolgen. Hierfür setzen Sie im <form>-Tag den Eventhandler »onsubmit« ein.

Beispiel: <form action="formmail.php" method="POST" name= "Feedback"> onsubmit="return testeEingaben()">

Den Event-Handlern »onblur« und »onsubmit« weisen Sie hierfür üblicher-weise JavaScript-Funktionen zu. In unserem Beispiel sind das testePW() und testeEingaben(). Bei der Funktion testePW() prüft das JavaScript nur, ob das Eingabefeld für das Kennwort leer ist. Das Formular wird nicht abgeschickt an das verarbeitende Skript, wenn bei der Prüfung in testeEingaben() festge-stellt wird, dass die Angabe des Vornamens fehlt. Stattdessen erscheint ein Dialogfenster mit dem Hinweis auf die fehlende Eingabe. Damit das Skript den E-Mail-Versand nicht startet, muss ihm mit Hilfe von »return« der Rückgabewert »false« übermittelt werden. Natürlich können Sie die Prü-fung auch viel komplexer gestalten.

Eingabefelder prüfen

```
<!DOCTYPE HTML PUBLIC "-//W3C//DTD HTML 4.01 Transitional//EN"
        "http://www.w3.org/TR/html4/loose.dtd">
<html>
<head>
<meta http-equiv="Content-Type" content="text/html;charset=iso-8859-1">
<title>Formular</title>
<script type="text/javascript" language="JavaScript">
<!--
function testeEingaben()
{
 var Fehler = 0;
 if(document.Feedback.Vorname.value == "") {
   Fehler = 1;
   alert("Bitte geben Sie Ihren Vornamen ein!");
   document.Feedback.Vorname.focus();
   }
 if(Fehler == 1)
   return false;
}

function testePW()
{
 if(document.Feedback.Kennwort.value == "") {
   alert("Bitte geben Sie Ihr Kennwort ein!");
   }
}
// -->
</script>
</head>
```

Abbildung 9.15: Im <head>-Bereich eingefügte JavaScript-Funktionen

Wir haben die im Buch verwendeten Skripte für Sie auf CD gepackt. Viele andere JavaScripts finden Sie wie immer im Internet. Oftmals lässt sich der Quellcode kopieren und an geeigneter Stelle einfügen. Suchen Sie jedoch nur auf vertrauenswürdigen Webseiten. Je genauer Sie wissen, wie das Skript arbeitet und wie der Code geschrieben ist, desto besser. Übrigens gibt es noch eine ganze Reihe weiterer Event-Handler für JavaScript, die Sie in Tabelle 9.9 finden.

Event-Handler	Zeitpunkt der Formularprüfung
onabort	beim Abbrechen des Ladevorgangs einer Grafik mit ESC
onblur	beim Verlassen eines aktivierten Eingabefeldes
onchange	beim Ändern eines aktivierten Eingabefeldes
onclick	beim Anklicken eines Buttons oder Bildes
ondblclick	beim Doppelklick auf einen Button oder ein Bild
onerror	im Fehlerfall erscheint eine Fehlermeldung
onfocus	beim Aktivieren eines Elements
onkeydown	bei gedrückter Taste, während das Element aktiviert ist
onkeypress	bei gedrückt gehaltener Taste, während das Element aktiv ist
onkeyup	beim Loslassen einer Taste
onload	beim Laden einer Datei
onmousedown	beim Drücken der Maustaste
onmousemove	beim Fortbewegen der Maus
onmouseout	beim Verlassen eines Elements mit der Maus
onmouseover	beim Überfahren eines Elements mit der Maus
onmouseup	beim Loslassen der Maustaste
onreset	beim Löschen eines Formulars
onselect	beim Auswählen von Text
onsubmit	beim Absenden eines Formulars
onunload:	beim Verlassen dieser Datei

Tabelle 9.9: Event-Handler – Bindeglied zwischen HTML und JavaScript

`www.web-toolbox.net/webtoolbox/`
Wilhelm Jansen *(praxisorientierte Beispiele für HTML, CSS, JavaScript)*

`www.html-world.de`
Jan Winkler *(Dokumentationen, Tutorials und Artikel rund um JavaScript)*

`de.selfhtml.org/javascript/`
SELFHTML e.V. *(Einführung in JavaScript und HTML)*

Abschließend dürfen Sie nicht vergessen die Event-Handler noch im `<body>`-Bereich unterzubringen. Tauschen Sie die beiden bereits vorhandenen Zeilen mit folgendem Quellcode aus:

>> `<form action="formmail.php" method="POST" name="Feedback" onsubmit="return testeEingaben()">`

>> `<input type="password" class="textfeld" name="Kennwort" size="10" onblur="testePW()"></td>`

9.2   Suchmaschinen und Webkataloge

Der Begriff **Suchmaschinen-Marketing** (*Kapitel 10*) erklärt sich fast von selbst. Als Online-Shop-Betreiber benutzen Sie Suchmaschinen und Webkataloge (**Webverzeichnisse**) als kostengünstiges und effektives Marketinginstrument. Ihr Ziel ist es, den Kunden zu Ihren Produkten zu lenken, sobald er im Internet nach Informationen, Produkten oder Dienstleistungen sucht.

Marketing im Internet

Es gibt viele Wege zu Top-Platzierungen in Suchmaschinen, einige verschiedene Möglichkeiten für Suchmaschinen-Marketing sind:

>> Suchmaschinen-Optimierung (**SEO**): Sie erstellen Webseiten suchmaschinenfreundlich, also so, dass sie für Suchmaschinen-Crawler leichter lesbar und auffindbar sind. Je besser Ihnen das gelingt, desto weiter oben stehen Ihre Webseiten in den Suchergebnislisten.

>> Kostenpflichtiges Marketing in Suchmaschinen: Das bezahlte Suchmaschinen-Marketing wird meist neben oder oberhalb der Suchergebnisse eingeblendet. Sie bezahlen dies häufig pro Klick.

Eine Studie von *Forrester Research* belegt, dass Suchmaschinen immer bedeutender für den richtigen **Marketing-Mix** werden. Man prophezeit ein »… weiteres Anwachsen der europäischen Ausgaben allein für Suchmaschinen-Marketing auf 13 Milliarden Euro innerhalb der nächsten fünf Jahre (im Vergleich zu 856 Millionen Euro 2004). … Deutschland war 2005 Europas zweitgrößter Markt für Suchmaschinen-Marketing«. In unserer letzten Ausgabe dieses Buches hieß es noch: »2010 werden in Europa drei Milliarden Euro für Suchmaschinen-Marketing ausgegeben.« Wir waren sehr überrascht über diese sehr positive Entwicklung. Sie sehen, hier ist wirklich alles möglich und daher ist Suchmaschinen-Marketing ein Muss für Shop-Betreiber.

Suchmaschinen wichtig für Marketing-Mix

9.2.1   Technologien und Richtlinien der Suchdienste

Webkataloge und Suchmaschinen sind die wichtigsten Navigationshilfen im Internet. In den Katalogen finden sich mehrere Millionen Einträge, die alle von irgendwelchen Leuten erstellt und gepflegt werden. Nur Webseiten, die ein Redakteur gesichtet und für gut befindet hat, werden in den Datenbestand aufgenommen. Dagegen sind Suchmaschinen eine Art Telefonbuch für das Internet. Beide Suchtechnologien gelten als wichtige Besucherlieferanten. Den Datenbestand von Suchmaschinen erzeugen spezielle Computerprogramme, die so genannten **Crawler**, **Robots** oder **Spider**. Sie starten auf der Homepage einer Webseite, speichern alle Hyperlinks und Texte auf dieser Seite in eine Datenbank und folgen ihnen.

Eintrag im Webkatalog

Index von
Suchmaschinen

Das sollte deutlich machen, warum die Suchmaschinen-Optimierung so wichtig ist. Nur wenn Ihre Seiten durch Crawler gefunden werden, landen sie auch im Suchmaschinen-Index. Die Crawler der einzelnen Suchmaschinen-Betreiber durchforsten automatisch das Internet nach Webseiten und Hyperlinks. Letztendlich greifen die Anwender über einfache Suchmasken auf die gespeicherten Indexdaten der Suchmaschine zu. Dazu einige statistische Zahlen, die in diesem Zusammenhang sehr interessant sind:

>> 20% der Surfer sehen sich noch die dritte Suchergebnis-Seiten an.

>> 40% der Surfer beginnen einen Online-Kauf mit einer Suchanfrage.

>> 70% der Surfer betrachten nur die erste Suchergebnis-Seite.

>> 72% der Surfer nutzen das Internet zum Einkaufen.

>> 77% der Surfer benutzen Suchmaschinen für die Produktsuche.

>> 94% der Surfer informieren sich im Internet über Produkte.

WWW .....

www.advertising.com
Advertising.com *(Studie: »Werbung und Produktinformationen im Internet«)*

www.agof.de
Arbeitsgemeinschaft Online Forschung *(Internet facts)*

www.wuv.de/studiendatenbank
Europa-Fachpresse-Verlag GmbH *(Umfangreiche Studiendatenbank)*

Abbildung 9.16: Suchmaske der bekannten Suchmaschine Google

Unterschied zwischen Webkatalog und Suchmaschine

Außer Suchmaschinen gibt es noch andere wichtige Suchtechnologien, die Sie nicht außer Acht lassen dürfen. Hier einige Definitionen, die Sie kennen sollten:

>> **Webkatalog:** Eine Sammlung von Internet-Adressen wird bezeichnet als Verzeichnis oder **Katalog**. Die Einträge sind hochwertig, da eine Redaktion die Adressen vorab sichtet, prüft und erst dann katalogisiert.

>> **Suchmaschine:** Spezielle Agentenprogramme (Crawler) durchsuchen automatisch das Internet nach Text. Die meisten Suchmaschinen arbeiten als Volltext-Suchmaschine, d.h. der gesamte Textinhalt wird abgespeichert. Dieser Text wird mit der URL in einer Datenbank gespeichert, so entsteht ein großer **Index**, vergleichbar mit dem Stichwortverzeichnis eines Buches.

>> **Meta-Suchmaschine:** Diese senden Suchanfragen parallel an mehrere indexbasierte Suchmaschinen. Sie besitzen keinen eigenen Index, sondern durchsuchen die Datenbestände anderer Suchmaschinen.

Damit Sie sich online einen Einblick verschaffen können, sind in Tabelle 9.10 die Technologieführer der Branche aufgeführt. Starten Sie eine Informationssuche bei verschiedenen Anbietern und vergleichen Sie die Ergebnisse. *Suchdienste*

Anbieter	Art	Webseite
metacrawler.de	Meta-Suchmaschine	www.metacrawler.de
MetaGer RRZN	Meta-Suchmaschine	www.metager.de
metaspinner media	Meta-Suchmaschine	www.metaspinner.de
allesklar.com AG	Webkatalog	www.allesklar.de
Open Directory Project	Webkatalog	www.dmoz.org
Yahoo! Deutschland	Webkatalog	de.yahoo.com
AltaVista Overture Services	Suchmaschine	de.altavista.com
Google Inc.	Suchmaschine	www.google.de
Microsoft Network Online	Suchmaschine	de.msn.com
Windows Live	Suchmaschine	www.live.de

Tabelle 9.10: Bedeutende Webkataloge, Such- und Meta-Suchmaschinen

Der große Vorteil von Webkatalogen ist, dass die Inhalte redaktionell bearbeitet werden. Deshalb erhält der Suchende qualitativ sehr hochwertige Ergebnisse. Die einzelnen Themenbereiche speichern die Verzeichnisse in einer nach Kategorien unterteilten Baumstruktur. Für den Anwender ist das ein weiterer Vorteil, da ihm dadurch eine eindeutige Navigation und Suche erleichtert wird. Ein Nachteil der manuellen Bearbeitung ist, dass nur ein Bruchteil des gesamten Internets erfasst wird. Webkataloge können auch schwer mit dem Wachstum des Internets mithalten. Haben Sie gerade erst Ihre Domain eingetragen und der Inhalt ist noch ziemlich dürftig, dann sparen Sie sich vorerst die Anmeldung. Sobald Sie genügend Content erstellt haben, sollten Sie sich schnellstens in den Webkatalogen eintragen. *Vor- und Nachteile von Webkatalogen*

Yahoo!-Index
verfügt über
20 Mrd. Einträge
Bei Suchmaschinen hingegen ist das Bild genau umgekehrt. Im Vergleich zu den Webkatalogen sind hier Unmengen an Inhalten erfasst. Die Suchmaschine *Yahoo!* hatte im August 2005 etwa 20 Milliarden Webseiten indexiert (Quelle: *Yahoo!-Blog*). Doch nur wenige Tage nach dieser Meldung kamen erste Zweifel auf. Drei Forscher des »National Center for Supercomputing Applications« (*NCSA*) trauten *Yahoos* Behauptung nicht so recht. Einer Studie zufolge liegt die Zahl der auffindbaren Ergebnisse nur bei wenigen Milliarden Seiten. *Google* entfernte auf seinem Blog die Zahl über seine Indexgröße. Mit dem Argument, dass die Indexgröße einer Suchmaschine nichts über die Relevanz der Ergebnisse aussagt. Die letzte offizielle Zahl im *Google-Blog* lag im November 2004 bei 8 Milliarden Webseiten, wobei sie inzwischen bestimmt dreimal so hoch sein dürfte. Das Unternehmen *BrightPlanet* schätzt, dass die Zahl der nicht indexierten Seiten jedoch rund 500 Mal höher liegt (**Deep Web**, verstecktes Internet). Laut einer Studie der renommierten *Berkeley University* aus dem Jahre 2003 hat sich der Datenbestand des Internets seit 2001 rund vervierfacht. Für den Datenumfang des bekannten Teils des Internets ermittelte man insgesamt 167 TB (**Surface Web**), während der versteckte Teil ca. 80.000 TB (1 **TB** = 1.000 **GB**) umfasst.

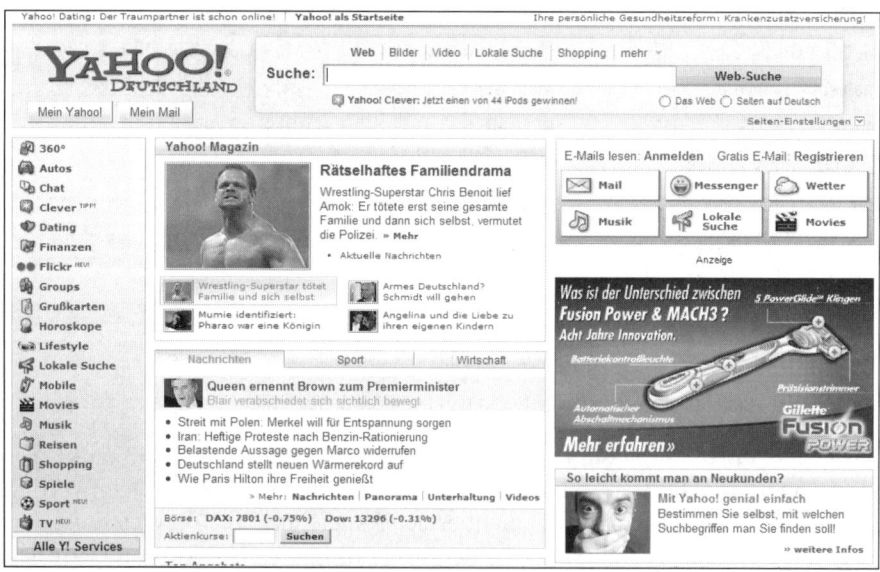

Abbildung 9.17: Webkatalog von Yahoo! Deutschland

WWW . . . . .
googleblog.blogspot.com
Google Inc. *(Eintrag: »Google's index nearly doubles«)*

www.ysearchblog.com
Yahoo Inc. *(Eintrag: »Our Blog is Growing Up – And So Has Our Index«)*

Keine ganzen
Sätze suchen
Die Probleme von Suchmaschinen liegen hauptsächlich in der Relevanz und Aktualität der Suchergebnisse. Wird mit einem schlechten Ranking-Algo-

rithmus gearbeitet, tauchen häufig tote Links und wenig aussagekräftige Inhalte auf. Zudem ist die Anfragesprache nicht mächtig genug, um komplexere Zusammenhänge abzubilden. Wir sind noch weit entfernt von Suchanfragen dieser Art: »Gibt es in meiner Nähe einen Reparaturservice für Computer?«

Eine **Meta-Suchmaschine** ist genau genommen gar keine richtige Suchmaschine. Denn sie verfügt über keinen eigenen Datenbankindex und verwendet auch keinen Crawler zur Indexierung. Der wesentliche Unterschied zur Suchmaschine besteht darin, dass sie Suchanfragen gleichzeitig an mehrere Suchmaschinen weiterleitet. Die gefundenen Suchergebnisse werden eingesammelt und dem User dargestellt. Dazu werden Dubletten eliminiert, Suchergebnisse bewertet und ein eigenes Ranking aufgestellt. Deshalb benötigen Suchanfragen in Meta-Suchmaschinen mehr Zeit als reine Suchmaschinen-Anfragen. Bereits 1995 entwickelten die Amerikaner die erste Meta-Suchmaschine namens *MetaCrawler*. Kurze Zeit später zogen die deutschen mit der Meta-Suchmaschine *MetaGer* nach, die Mitarbeiter im *Regionalen Rechenzentrum für Niedersachsen* (**RRZN**) programmierten.

Meta-Suchmaschine

Allgemeine Funktionsweise von Suchmaschinen

Um eine gute Platzierung in Suchmaschinen zu erreichen, müssen Sie vieles selbst vorgeben und das an den richtigen Stellen. Bevor Sie damit beginnen, lernen Sie zuerst die Arbeitsweise von Suchmaschinen näher kennen. Eine Suchmaschine besteht aus sehr vielen Komponenten. Die wichtigsten sind:

>> **URL-Server**: Verwaltet die nicht indexierten URLs für den Crawler.

>> **Crawler**: Sammelt die Daten für die Suchmaschine.

>> **Algorithmus**: Bewertet die Relevanz einzelner Webseiten.

>> **Indexer**: Sucht in Webinhalten nach Suchbegriffen.

>> **Inverser Index**: Speichert für Suchbegriffe eine Menge von Zeigern.

>> **Datenbank (Repository)**: Beinhaltet die indexierten Webseiten.

>> **Suchmaske**: Stellt für Surfer das Frontend der Suchmaschine dar.

Der URL-Server enthält und verwaltet alle URLs, die der Crawler (Suchroboter) noch nicht indexiert hat. Er gibt ihm vor, mit welcher Suchtechnik er diese Seiten im Internet durchsuchen soll. Dabei handelt es sich meistens um eine Breiten- oder Tiefensuche. Vor allem die folgenden Techniken spielen beim Durchlauf im Internet eine wesentliche Rolle:

Webseiten erfassen

>> **Breitensuche**: Indexiert alle Links der ersten Seite.

>> **Tiefensuche**: Indexiert zuerst alle Unter-Links, auf die ein Link zeigt.

>> **Back-Link Count**: Zählt die Link-Anzahl, die auf eine URL zeigen.

>> **PageRank**: Gewichtet die Qualität der eingehenden Back-Links.

Webseiten bewerten

Die Suchmaschinen bewerten die gesammelten Informationen von Webseiten mit Ranking-Algorithmen. Es fließen jede Menge Daten ein: Häufigkeit des Suchbegriffs; mehrmaliges Auftreten gleicher Wörter; ob der Domain-Name das Suchwort enthält; ob <title>-Tag, <title>-Attribut Auszeichnungen, Überschriften, Metadaten vorhanden sind usw. Wichtig für die Analyse ist besonders der Anfang eines Dokuments, dieser Text taucht häufig in den Suchmaschinen auf (*Kapitel 9.2.2*).

Der Crawler übergibt die gefundenen Dateien an den Indexer, der sie auf Keywords durchsucht. Aus diesen Daten erstellt er den inversen Index und die Datenbank. Die erfassten Begriffe werden sinnvoll strukturiert und gespeichert. Im gleichen Arbeitsgang forscht er in den Dateien nach neuen URLs, die er wieder an den URL-Server übergibt.

Verweisliste zusammenstellen

Stellt ein Anwender über die Suchmaschine eine Anfrage, kann niemals der gesamte Datenbestand per Volltextsuche durchforstet werden. Das würde wahrscheinlich Tage dauern. Stattdessen nutzt die Suchmaschine für diese Aufgabe einen kleinen Trick: den inversen Index. In dieser sehr umfangreichen Liste stehen für alle erdenklichen Suchbegriffe die Fundstellen, in denen sie auftauchen. Er ist im Grunde vergleichbar mit einem Buchindex, nur ist er eben sehr viel umfassender. Im Index dieses Buches sehen Sie ebenso, auf welchen Buchseiten ein von Ihnen gewünschter Fachbegriff verwendet wird. Der inverse Index liefert Ihnen im Grunde eine Liste mit Seitennummern, die den Suchbegriff enthalten. Mithilfe dieser Nummern findet die Suchmaschine die zugehörige URL und gibt sie an den Suchenden aus. Da meistens nur zehn Ergebnisse auf einmal dargestellt werden, geht das ziemlich rasch.

Index-Update

Eine wichtige Rolle für die Wartung des Suchmaschinen-Index spielt die Updatehäufigkeit. Die regelmäßige Neu-Indexierung aller Webseiten ist aufgrund der Größe des Internets unmöglich. Die vermeintlich wichtigeren Seiten werden häufiger aktualisiert als andere. Das nächste Problem sind die toten Links im Index, die durch gelöschte oder umgezogene Seiten entstehen.

Suchmaschinen-Algorithmus entschlüsseln

SEO-Geheimnisse lüften

Jede Suchmaschine verfolgt bei der Indexierung gewisse Grundregeln. Die gesamten mathematischen Rechenverfahren bündelt der Suchmaschinen-Betreiber in einem Suchmaschinen-Algorithmus. Das Zusammenwirken aller Einflussgrößen ist ein wohl gehütetes Geheimnis, ähnlich wie die Formel zur Herstellung von *Coca Cola*. Dennoch sind in den letzten Jahren viele dieser Regeln bekannt geworden. Einige davon möchten wir Ihnen auf den nächsten Seiten vorstellen. Da *Google* Deutschland mit rund 80% Marktanteil eine vorherrschende Stellung einnimmt, konzentrieren wir uns überwiegend auf diese Suchmaschine. Das soll aber nicht bedeuten, dass Sie die anderen 20% vernachlässigen sollen!

bruceclay.com/searchenginerelationshipchart.htm
Bruce Clay Inc. *(Suchmaschinen-Beziehungen grafisch dargestellt)*

WWW .....

Vorab informieren wir Sie über einige wissenswerte und interessante Fakten im Zusammenspiel der Suchmaschine *Google* mit Webseiten:

>> Keyword-Advertising mit *Google* beeinflusst das Ranking nicht.

>> Ein Eintrag in kostenlose Link-Listen schadet mehr, als es nutzt.

>> Ranking-Prüftools, wie *WebPosition Gold* verletzen die Bestimmungen von *Google*.

>> Seiteninhalt und -aufbau beeinflussen Ranking und Verbleib im Index.

>> Die Anmeldung Ihrer Site bei *Google* ist nicht erforderlich.

>> Der Webserver-Typ (*Apache*, *IIS*) beeinflusst das Ranking nicht.

>> Die Site wird nur indexiert, wenn der Webserver online ist.

>> Folgende Dateierweiterungen werden indexiert: pdf, asp, jsp, htm(l), shtml, xml, cfm, doc, xls, ppt, rtf, wks, lwp, wri, swf, cfm und php.

www.google.com/intl/de/webmasters/guidelines.html
Google Deutschland *(sehr wichtige Informationen für Webmaster)*

WWW .....

Click- und Link-Popularität

Seit 1998 ist die **Click-Popularität** ein Bewertungskriterium für Webseiten, das bei vielen Webmastern bekannt und beliebt ist. Die Click-Popularität ist eine von der Suchmaschine *Direct Hit* entwickelte Technologie, die noch heute in einigen Suchmaschinen verborgen ist. Leider wird dies von den Suchmaschinen mittlerweile nicht mehr ganz so stark gewichtet. In Click-Popularität steckt die Annahme, dass relevantere Ergebnisse in Webseiten enthalten sind, die sehr häufig angeklickt werden. Im Gegensatz dazu stehen die Webseiten mit wenig Click-Popularität. Mit Hilfe eines Zählers (**Counter**) berücksichtigen Suchmaschinen diese **Klick-Häufigkeit** auf allen indexierten Webseiten. Die Zahlendaten fließen in den Ranking-Algorithmus mit ein. Seiten mit sehr vielen Klicks rücken in der Rangfolge nach oben, dagegen stehen Seiten mit wenigen Klicks weiter unten. Wer seine Popularität aufpäppeln möchte, der kann das mit zwei Alternativen aktiv beeinflussen: attraktiver Seitentitel (<title>-Tag) und interessante Seitenbeschreibungen (<description>-Tag), da andere Suchmaschinen das auswerten bzw. anzeigen (*Kapitel 9.3.2*).

Click-Popularität steigern

Das Verfahren ist bei *Yahoo!*, *Lycos* und *AltaVista* im Einsatz. Zusätzlich werten sie die **Verweildauer** der Anwender bei den Suchergebnissen aus. Kehren die Anwender schnell wieder von der besuchten Webseite zurück, dann wird diese als nicht sehr relevant erachtet. Das Verfahren gilt als ungenau und wird daher nur als Zusatzkriterium und nicht als grundlegender Faktor im

Verweildauer berücksichtigen

Gesamtalgorithmus eingestuft. Marktführer *Google* berücksichtigt den Faktor überhaupt nicht, da er für Manipulationen von außen anfällig ist.

HITS-Algorithmus

Aus einer 1997 geborenen Idee von *Jon Kleinberg* entstand bis 1999 der **HITS-Algorithmus**. Das erste Mal kam HITS in der Suchmaschine *Clever* von *IBM* zum Einsatz. Er basierte auf einem in der Wissenschaft anerkannten Prinzip: Je öfter eine wissenschaftliche Arbeit zitiert wird, desto bedeutender ist sie. Dieser Grundgedanke wurde nun auf das Internet übertragen.

Link-Popularität heute ein Muss

Eine Website wird für gut befunden, wenn sie sehr viele Links zu einem ähnlichen Thema von anderen Webseiten bekommt (Link-Popularität). Dies ist momentan bei *Google* die favorisierte Methode, um eine Webseiten weit vorne zu platzieren (*Kapitel 9.2.1*). Wie es um Ihre Link-Popularität bestellt ist, können Sie selbst testen. Mit link:www.domain.de (*Google*) oder link:http://www.domain.de (*Yahoo!*) testen Sie, wie viele Links auf Ihre Domain verweisen. Geben Sie diesen Befehl dazu in der Suchmaschine ein, wobei Sie als Ergebnis nur Ihre Link-Popularität sehen. Je höher der Wert, desto besser ist Ihre Link-Popularität.

PageRank-, LocalRank- und WebRank-Konzept

Google PageRank und Yahoo! WebRank

Immer noch wird über einzelne Ranking-Systeme von Suchmaschinen ein großes Geheimnis gemacht und nur wenig sickert nach außen durch. Besonders bei *Google* ist die Platzierung von Websites eine komplexe Angelegenheit, die durch sehr viele Faktoren bestimmt wird und einem ständigen Wandel unterliegt. Für Ihr Verständnis: Verwechseln Sie nicht einen guten PageRank mit einem hohen Ranking in Suchmaschinen. Manche Seiten haben zwar einen hohen PageRank, sind aber deshalb nicht unbedingt im Ranking der Suchmaschinen weit oben gelistet. Der PageRank überprüft die Anzahl der eingehenden Links und deren Qualität. Die Qualität der externen Seite setzt sich aus drei verschiedenen Merkmalen zusammen: Das Thema muss zu Ihrer Seite passen, der PageRank dieser Seite selbst ist maßgeblich und auch, wie viele externe Links diese Seite beinhaltet. Im Unterschied zur Link-Popularität werden nicht nur externe, sondern auch interne Links einbezogen, wobei die externen stärker gewichtet werden. Um den PageRank positiv zu beeinflussen und nachhaltig zu steigern, helfen nur zwei Dinge wirklich: Content und ein Eintrag bei *DMOZ* und *Yahoo!*.

www ......

www-db.stanford.edu/~backrub/google.html
Sergey Brin *and* Lawrence Page *(Anatomie von Internet-Suchmaschinen)*

PageRank-Wert

Falls keine einzige Website im Internet auf Ihre Seite verlinkt, wird Ihnen der niedrigste PageRank (PR) von 0 zugeteilt. Den maximalen PageRank 10 erhalten nur sehr wenige, diese müssen tausendfach mit anderen Websites verlinkt sein. Ein PageRank von 4 bis 5 ist nach mühvollem Optimieren ein hoher Lohn und auch nach einiger Zeit erreichbar.

Nr.	Titel	PR	Back-Links	Webseiten
1	Google	10	1600000	google.com
2	yahoo	10	1420000	yahoo.com
3	real.com	10	455000	real.com
4	Apple QuickTime	10	452000	apple.com/quicktime/download/
5	NASA	10	181000	nasa.gov
6	Energy.gov	10	178000	energy.gov
7	W3C	10	137000	w3.org
8	MIT	10	130000	web.mit.edu
9	Adobe Reader	10	82000	adobe.com/.../readstep2.html

Tabelle 9.11: Webseiten mit PageRank 10 (Stand: Januar 2007)

Den eigenen PageRank ermitteln Sie mit Hilfe der praktischen *Google Toolbar*. Dieses kostenlose Plug-in für Ihren Internet-Browser zeigt automatisch den PageRank jeder aufgerufenen Webseite an. Die Software bietet Ihnen jedoch noch mehr: **PopUp-Blocker** für den *Internet Explorer*, Rechtschreibprüfung, Übersetzungstool und das Hervorheben von Suchbegriffen. Die *Yahoo! Companion Toolbar* ist ein sehr ähnliches Browser-Plug-in mit diversen Funktionen. Dazu zählen das obligatorische Suchfeld, der Schnellzugriff auf das *Yahoo!*-E-Mail-Konto, der PopUp-Blocker und die farbige Hervorhebung von Suchbegriffen. Aufschluss über relevante Webseiten gibt Ihnen bei *Yahoo!* der **WebRank**.

Ranking im Browser anzeigen

toolbar.google.com/intl/de/
Google Deutschland *(PageRank für Mozilla Firefox und Internet Explorer)*

de.toolbar.yahoo.com
Yahoo! Deutschland *(WebRank für Mozilla Firefox und Internet Explorer)*

WWW . . . . .

Florida- und Austin-Update

<< **Exkurs**

Manipulierte Suchergebnisse setzten *Google* Ende 2003 enorm unter Druck. Der geplante Börsengang stand bevor und aufgrund der sinkenden Qualität bei den Suchergebnissen drohte schlechte Publicity. Am 16.11.2003 begann ein mehrere Tage dauerndes Update, mit dem das Unternehmen das verlorene Vertrauen der Suchenden zurückeroberte. Die Suchergebnisse veränderten sich schlagartig von einem Tag auf den anderen. Nebeneffekt für manche Webseiten war, dass sie teilweise komplett aus den Suchergebnissen verdrängt wurden, obwohl sie schon seit längerer Zeit mit der ersten Suchseite quasi fest verwurzelt waren. Zahlreiche Unternehmen verzeichneten im Weihnachtsgeschäft deshalb erhebliche Umsatzeinbußen, denn viele Kunden, die bislang über die Suchmaschine hereinkamen, blieben einfach aus. Diese Aktion ist bekannt geworden als das **Florida-Update**. Im Januar 2004 folgten im so genannten **Austin-Update** weitere Anpassungen des Ranking-Algorithmus.

PageRank-Vererbung und andere Effekte

Google arbeitete nun ergänzend zum PageRank (PR) mit dem so genannten **LocalRank**. Die Links einer Webseite werden hierfür ein zweites Mal nach Schlüsselwörtern untersucht. Bezogen auf den Suchbegriff werden nur diejenigen Links aufgenommen, die auch tatsächlich im Zusammenhang mit der Suchanfrage stehen. Link-Listen (**Linkfarmen**) und andere sachfremde Links stehen in keinem Zusammenhang mit der Suchanfrage und werden somit bei der Ermittlung des LocalRanks nicht berücksichtigt. LocalRank, PageRank und viele andere Faktoren bestimmen das Ranking Ihrer Webseiten.

>> Der PageRank-Wert, den eine Seite an verlinkte Webseiten weitergibt, wird mit jedem zusätzlich enthaltenen externen Link herabgesetzt. Das heißt, der Wert, den eine Seite verteilt, ist für alle Webseiten konstant, teilt sich jedoch auf alle ausgehenden Links auf.

Beispiel: Eine Site mit PR6, die drei verschiedene Links beinhaltet, übergibt nur PR2 für jede Seite.

>> Alle Webseiten, die direkt mit der Homepage verlinkt sind, erben den PageRank der Hauptseite, abzüglich eines PageRank-Punkts. Gelegentlich bleibt der gleiche PageRank erhalten. Als Faustformel gilt, dass pro Ebene etwa ein PageRank-Punkt verloren geht.

Beispiel: Die Homepage hat PR5, die Unterseiten haben meistens PR4.

>> Wie viele Back-Links eine Seite benötigt, um einen PageRank x zu bekommen, hängt von der Höhe des PageRanks der Back-Links ab. Je höher der Wert der eingehenden Links, desto besser das Ergebnis.

Beispiel: Um PR5 zu erhalten, benötigen Sie rund 18 PR5-Back-Links.

Quelle:
Bob Walfer

	1	2	3	4	5	6	7	8	9	10
2	101	18,362	3,339	0,607	0,1105	0,0201	0,0036	0,0006	0,0001	0,00002
3	555	101	18,362	3,339	0,607	0,11	0,0201	0,0036	0,0006	0,0001
4	3055	555	101	18,362	3,339	0,607	0,11	0,0201	0,0036	0,0006
5	16803	3055	555	101	18,362	3,339	0,607	0,11	0,0201	0,0036
6	92414	16803	3055	555	101	18,362	3,339	0,607	0,11	0,0201
7	0,5 Mio.	92414	16803	3055	555	101	18,362	3,339	0,607	0,11
8	2.8 Mio.	0,5 Mio.	92414	16803	3055	555	101	18,362	3,339	0,607
9	15,4 Mio.	2.8 Mio.	0,5 Mio.	92414	16803	3055	555	101	18,362	3,339
10	84,6 Mio.	15,4 Mio.	2.8 Mio.	0,5 Mio.	92414	16803	3055	555	101	18,362

Abbildung 9.18: Anzahl benötigter Back-Links von Seiten mit PR x

Wertlose und wertvolle Back-Links

Abbildung 9.18 gibt nur einen groben Anhaltspunkt. Das Konzept kann man nicht einfach 1:1 umsetzen, dazu müssten Sie detaillierte Kenntnisse über den Suchmaschinen-Algorithmus haben. Die Abbildung soll Ihnen vielmehr die Wichtigkeit der Link-Popularität verdeutlichen. Die linke untere Ecke zeigt, wie wertlos es ist, auf Linkfarmen zu setzen. Damit Sie einen PageRank von 6 erhalten, müssten 92414 Webseiten mit PageRank 1 auf Ihre Site verlinken. An der rechten oberen Ecke erkennen Sie, wie wertvoll Webseiten mit gutem Content sind. Knapp drei Links von Seiten mit PR 7 reichen schon aus, um einen PR 6 zu erhalten.

9.2.2 Grundlagen der Suchmaschinen-Optimierung

Bevor Sie sich näher mit der SEO-Thematik befassen, benötigen Sie für den Webauftritt ein geeignetes Konzept für die Struktur. Versuchen Sie gleich zu Beginn, die Seiten für die Suchmaschinen bestmöglich vorzubereiten. Es ist technisch aufwendiger, bestehende und schon in Suchmaschinen indexierte Webseiten zu verbessern. Ob Ihre Domain schon gelistet ist, prüfen Sie bei *Google* mit site:www.domain.de oder site:domain.de. Dort zeigt Ihnen *Google* die Anzahl der aktuell indexierten Seiten an. In unserem Beispiel gibt es 72.800 Webseiten im Index der Suchmaschine.

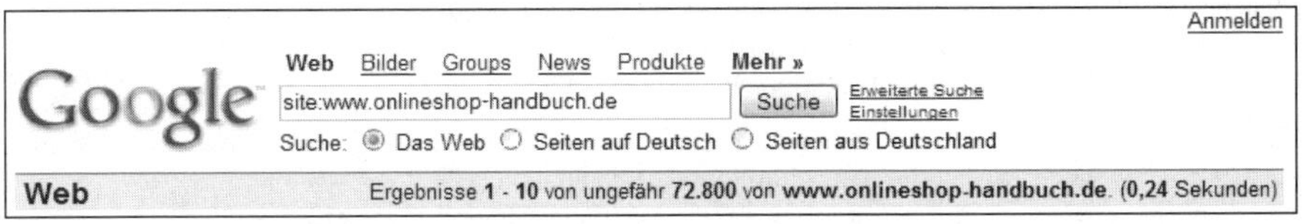

Indexierung prüfen

Abbildung 9.19: Anzahl indexierter Dokumente bei Google prüfen

Bei der Webseiten-Optimierung ist es schwer, welchen Suchmaschinen-Kriterien man den Vorrang gibt. Einerseits variieren die Kriterien von Suchmaschine zu Suchmaschine, andererseits legen die Suchmaschinen-Betreiber nicht alle Kriterien offen. Vor einigen Jahren genügten ein paar gute Keywords in den **Meta-Tags** und dem Seitentitel. Diese Parameter haben heute in vielen Suchmaschinen keine oder nur noch geringe Auswirkungen.

Hochwertiger Content

Für die Suchmaschine Google steht die Link-Popularität ganz oben auf der Liste der Bewertungskriterien. Ihr höchstes Ziel als Suchmaschinen-Optimierer: Verfolgen Sie bei allen Bemühungen, viele **Back-Links** zu bekommen. Wenn Sie das schaffen, steht Ihre Seite oben. Die Frage, die sich Ihnen jetzt natürlich aufdrängt: Wie bekommen Sie »gute« Back-Links auf Ihre Webseiten? Dazu gibt es im Wesentlichen zwei Methoden:

Ein wichtiges Kriterium: Link-Popularität

>> Sorgen Sie selbst extern für eine höhere Link-Popularität!

Das machen Sie entweder durch käufliche Links oder durch manuell erstellte Links. Die erste Variante besteht häufig aus Keyword-Advertising oder Link-Partnerschaften. Bei der zweiten Kategorie stehen vor allem Community und Communication hoch im Kurs. Das erreichen Sie z.B. über Foren, Pressearbeit, Weblogs und Ähnliches (*Kapitel 10*).

>> Sorgen Sie selbst intern für guten Content auf Ihren Webseiten!

Es sind vor allem drei Dinge wichtig: Inhalt, Inhalt und nochmals Inhalt. Hochwertiger und aktueller Text steht zwischen den <body>-Tags und hat einen sehr großen Stellenwert. Steuern Sie hochwertigen Inhalt bei, dann bekommen Sie dafür auch eher eine Suchmaschinen-Platzierung auf den vorderen Seiten der Ergebnisliste. Denn dann kommen die Back-Links wegen des Content zu Ihnen.

Platzierung beeinflussen

Erst im Zusammenspiel von beiden Kriterien wird Ihre Website dauerhaft mit einem Top-Ranking belohnt. Daher berücksichtigen die Prinzipien der Site-Optimierung mehrere Grundregeln, die nicht unbedingt bei allen Suchmaschinen gleich gewichtet werden. Erfolgreiches SEO ist die Kunst, einen geeigneten Mittelweg zu finden, um insgesamt gesehen bei den bekanntesten Suchmaschinen ein gutes Ergebnis zu erreichen. Je nach Suchmaschine sind das bis zu hundert Elemente, die das Ranking positiv oder auch negativ beeinflussen. Von Vorteil sind meist folgende Aspekte:

Relevanz	Handlungsempfehlungen
Popularität	+ Erhöhen Sie die Link-Popularität Ihrer Webseiten. + Achten Sie auf themenrelevante Back-Links. + Schreiben Sie redaktionelle Inhalte für Webportale.
Content	+ Bieten Sie auf Ihrer Webseite relevanten Content an. + Spezialisieren Sie sich mit Ihrer Domain auf ein Thema. + Stimmen Sie den Inhalt auf die Suchbegriffe der Kunden ab. + Ändern Sie gelegentlich Ihre Seiten, dann kommen Spider öfter.
Keywords	+ Recherchieren Sie relevante Suchbegriffe und Keywords. + Nutzen Sie einen Domain-Namen, der den Suchbegriff beinhaltet. + Verwenden Sie passende Schlüsselbegriffe im Seitentitel. + Platzieren Sie im Link-Text und Alt-Attribut relevante Keywords.
Technik	+ Prüfen Sie mit Validatoren den Quellcode der Webseiten. + Erstellen Sie eine suchmaschinenfreundliche Site-Struktur. + Benutzen Sie suchmaschinenfreundliche URLs. + Verwenden Sie die wichtigsten Meta-Tags im HTML-Quellcode. + Legen Sie die robots.txt auf Ihr Root-Verzeichnis.

Tabelle 9.12: Suchmaschinen-Ranking positiv beeinflussen

Popularität steigern

Das Hauptziel Ihrer Bemühungen ist es, die Anzahl der Back-Links auf Ihre Webseiten zu erhöhen. Bei einigen Suchmaschinen beeinflussen viele Back-Links wesentlich den Ranking-Algorithmus und steuern indirekt die Platzierung auf den Suchergebnisseiten. Je mehr Webseiten mit einem Verweis auf Ihre Domain hinweisen, desto besser ist das für Ihre Positionierung. Übrigens indexiert der *Googlebot* eine neue Domain erst, wenn die Seite von mindestens einem externen Link anvisiert wird. Aus diesem Grund ist ein Suchmaschinen-Eintrag bei *Google* mittlerweile für einen Listeneintrag fast überflüssig. Bieten Sie daher themenverwandten Geschäftspartnern an, die Domains gegenseitig zu verlinken. Hauptsächlich mitentscheidend für ein hohes Ranking einer Webseite sind:

>> **Link-Popularität**: Anzahl eingehender, themenspezifischer Links

>> **Domain-Popularität**: eingehende Links von verschiedenen Domains

>> **IP-Popularität**: eingehende Links von unterschiedlichen Webservern

Achten Sie auf Link-Qualität

Neuere Suchmaschinen-Algorithmen bewerten die thematische Verwandtschaft zweier Webseiten. Verlinkungen von themenrelevanten und gleichsprachigen Seiten werden höher gewichtet als andere Links. Getrost verzichten können Sie daher auf Linkfarmen und **Free for All-Listen** (**FFA**), die Ihre Domain kostenlos in tausenden Suchmaschinen eintragen. Solche Links bieten eine sehr geringe Qualität und schaden Ihnen eigentlich mehr, als dass sie etwas nutzen (**bad neighborhood**). Dafür hat sich der Begriff **BadRank** etabliert. Dabei werden negative Bewertungen vergeben, sobald eine ausgehende Seite auf einer in Ungnade gefallenen Seite landet. Letztendlich riskieren Sie somit eine Abwertung der eigenen Site.

Zu Beginn Ihrer Optimierungsversuche muss das Hauptaugenmerk auf den eigenen Webseiten liegen. Verfassen Sie anfangs einen sehr hochwertigen 10-Din-A4-Seiten umfassenden Text über ein Thema, das sich mit Ihren Produkten beschäftigt. Verkaufen Sie Lautsprecher Marke Eigenbau, erstellen Sie beispielsweise eine komplette Montageanleitung mit Bildern und allem Drum und Dran. Bieten Sie Druckerpatronen an, verfassen Sie einen technischen Text über Druckertechnologien, der detailliert das Wichtigste beschreibt. Eingehende Links von externen Seiten bekommen Sie nicht von der Konkurrenz, weil Sie einen so tollen Shop haben. Wer nur unbedeutende Informationen anbietet, kann lange darauf warten, dass Back-Links die Link-Popularität erhöhen. Eine gute Webseite kann beispielsweise folgende Inhalte bereitstellen:

Wie Content ausbauen?

>> Informatives: Tipps, Anleitungen oder Tutorials zu einem Thema

>> Aktuelles: brandaktuelle Inhalte und exklusives Wissen

>> Künstlerisches: Bildschirmschoner, Bilder, Audio oder Video

>> Kostenloses: Freeware, Shareware, Treiber, Datenblätter usw.

>> Interaktives: Gewinnspiele, Umfragen, Formulare usw.

>> Einzigartiges: Geheimes, Unbekanntes oder Überraschendes

Stehen erstmal die Inhalte einiger Webseiten, kommen nach und nach auch die eingehenden Links. Mit der Beteiligung an externen Foren, Blogs oder Webportalen können Sie dem auch etwas nachhelfen. Sie profitieren jedoch im stärkeren Maße von themenspezifischen Links. Je mehr Sie davon bekommen, desto besser für Ihr Ranking. Natürlich ist es für andere Site-Betreiber leichter, sobald Sie Ihre gesamte Domain deutlich einem Thema widmen. Achten Sie auch darauf, dass Sie auf einzelnen Webseiten die Suchbegriffe der Kunden im Text einsetzen. Ändern Sie gelegentlich Ihre Seiten und fügen Sie neue hinzu. Veröffentlichen Sie den Datenbestand mindestens einmal monatlich, selbst wenn sich nichts geändert hat. Crawler besuchen Seiten häufiger, wenn die Webseiten ein aktuelles Datum vorweisen.

Thematisch passende Links bevorzugen

Damit Sie dennoch brauchbare Back-Links auf Ihre Webseite bekommen, gibt es neben Content noch andere Möglichkeiten. Schreiben Sie Webseiten mit dem gleichen Themenbezug an und fragen Sie einfach nach. Oder Sie betreiben aktive **Pressearbeit**, anfangs vielleicht verstärkt mit regionalem Bezug. In fast jeder Region kümmern sich lokal ansässige Marktplatzbetreiber um Händler vor der Haustür. Schreiben Sie doch für Foren, Gästebücher

Redaktionelle Inhalte für Webportale

und weitere Webportale regelmäßig eigene redaktionelle Inhalte (**Networking**). Mit etwas Glück bekommen Sie auf diese Weise kostenlos Back-Links mit meist recht hohem PageRank (*Kapitel 10*). Aber machen Sie nicht den Fehler, in Foren reine, simple Werbetexte einzusetzen. Damit heimsen Sie sich nur Kritik ein.

Technische Empfehlungen

Neben diesen inhaltlichen Fragen beeinflusst auch die technische Planung den Marketingerfolg mit Suchmaschinen. Sinnvoll ist das Testen des Quellcodes Ihrer Webseiten mit gängigen **Validatoren**. Internet-Browser enthalten meist **Parser** die gegenüber **HTML-Fehlern** sehr tolerant sind, d.h., die Webseiten werden meistens trotz ungültigem HTML oder CSS korrekt anzeigen. Der Suchmaschinen-Crawler reagiert auf unsauberen **Quellcode** im Normalfall weniger kulant. Hyperlinks in solchen Webseiten bleiben oft unerkannt. Die gängigen kostenlosen Online-Testtools liefern Ihnen wichtige Hinweise für die Fehlerbeseitigung. Denken Sie hierbei auch an die wichtigsten Meta-Tags im Quellcode (*Kapitel 9.3.2*). Denn die **Meta-Tags** beinhalten Anweisungen und Informationen für Internet-Browser, Webserver und Crawler.

Kundenfreund-liche Struktur

Auch die Struktur Ihrer Webseite selbst ist ein wichtiges Ranking-Kriterium. Verwenden Sie passende Keywords für Verzeichnisse und Seiten für deren Beschreibung. Auch Keywords in Domain-Namen sind bedeutsam. Von Vorteil ist dies auch für eine gute Orientierungshilfe Ihrer Kunden. Sehen Sie sich als Beispiel `www.taschenberater.de/.../p2059_Hedgren-Archi-Aktentasche-fossil.html` an.

Versuchen Sie, die Sitestruktur möglichst flach zu halten, so dass Sie alle Seiten mit höchstens 3 bis 4 Klicks von der Startseite aus erreichen. Ein Button, der immer und überall direkt auf die Startseite zurückführt, erleichtert den Besuchern zusätzlich die **Navigation**. Gerade tief verschachtelte Unterseiten tauchen nur noch sporadisch in Suchmaschinen auf. Sie indexiert der Crawler nicht oder sie erhalten eine schwache Gewichtung.

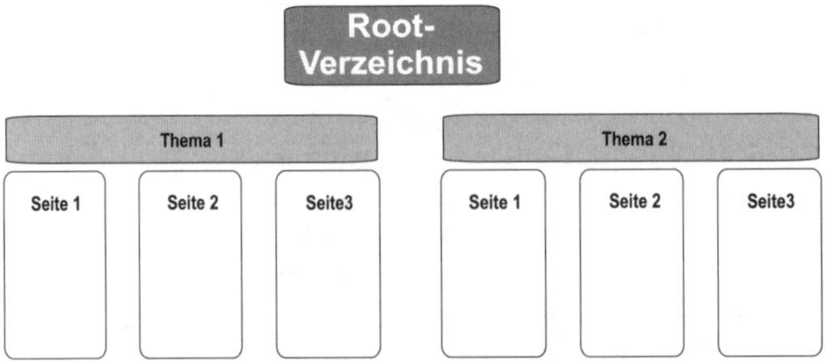

Abbildung 9.20: Flache Site-Stuktur mit höchstens drei Ebenen

Eine vertikale Site-Struktur ist schwieriger für die Suchmaschinen-Crawler zu indexieren und für die Besucher zu navigieren. Ein Crawler indexiert meistens nur die ersten drei Verzeichnisebenen, der Rest geht für den Suchmaschinen-Index verloren. Der Besucher muss sich durch sämtliche Ebenen durchklicken, bis er zur gesuchten Information kommt.

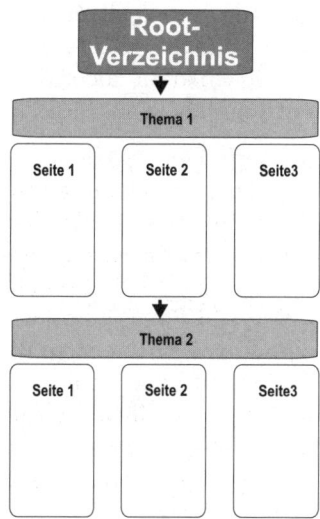

Abbildung 9.21: Vertikale Site-Struktur

Wie sich ein Crawler beim Besuch Ihrer Domain verhalten soll, regelt die Datei **robots.txt**. In dieser Datei legen Sie fest, ob und wie die Website besucht werden darf. Sie haben die Möglichkeit, gewisse Bereiche Ihrer Website für bestimmte Suchmaschinen zu sperren. Legen Sie zumindest eine standardmäßige robots.txt-Datei in das **Root**-Verzeichnis.

Crawler aussperren

www.robotstxt.org/wc/robots.html
Martijn Koster *(The Web Robots Pages)*

WWW .....

www.abakus-internet-marketing.de/tools/online-tools.htm
Abakus Internet-Marketing *(Validator für die robots.txt-Datei)*

Googles Qualitätsrichtlinien für Webmaster

Von *Google* gibt es einige Qualitätsrichtlinien in Bezug auf das Ranking von Webseiten. Wenn Sie sich daran halten, findet und indexiert die Suchmaschine die einzelnen Webseiten Ihrer Domain besser. Hierin sind auch einige verbotene Praktiken beschrieben. Bei einem Regelverstoß verbannt die Suchmaschine die Domain aus dem Index. Anfang 2006 musste das der Automobilkonzern *BMW* schmerzlich erfahren. Kurzfristig entfernte die Suchmaschine die deutsche Webseite aus dem Suchindex. Der zuständige *Google*-Softwareingenieur *Matt Cutts* begründete dies mit unerlaubten Manipulationsversuchen: Der Crawler wurde zu speziell optimierten Webseiten geleitet (**Cloaking**), während man die Kunden sofort per JavaScript zu einer ganz anderen Webseite weiterleitete.

Manipulationsversuche werden bestraft

www.mattcutts.com/blog/
Matt Cutts *(Gadgets,* Google *and SEO)*

WWW .....

Als wichtigste Richtlinien für Gestaltung und Inhalt Ihrer Seiten gelten:

>> Erstellen Sie eine klar strukturierte Website mit Textverknüpfungen.

>> Sorgen Sie dafür, dass jede Seite über einen Text-Link erreichbar ist.

>> Verteilen Sie Link-Listen mit mehr als 100 Links auf mehrere Seiten.

>> Verfassen Sie nützlichen und informativen Inhalt.

>> Bauen Sie die Suchbegriffe Ihrer Benutzer in die Website ein.

>> Geben Sie Text gegenüber Bildern den Vorzug (z. B. Textlink).

>> Verwenden Sie für dynamische URLs wenige und kurze Parameter.

>> Nutzen Sie aussagekräftige <title>-Tags, <alt>- und <title>-Attribute.

>> Vermeiden Sie fehlerhafte und ins Leere gehende Links.

>> Verwenden Sie syntaktisch korrekten HTML-Quellcode.

Barrierefreiheit nicht vergessen

Die Richtlinien enthalten auch einige technische Empfehlungen. Ein Crawler sieht Ihre Webseiten so ähnlich wie der Text-Browser *Lynx*. Daher spielt das Thema Barrierefreiheit eine große Rolle. Verhindern spezielle Techniken eine Anzeige mit diesem Text-Browser, treten eventuell auch Schwierigkeiten für den Crawler auf. Am meisten Probleme bereiten *JavaScript*, Cookies, Sitzungs-IDs, Frames, DHTML oder Flash. Außerdem erleichtern Sie dem Crawler die Arbeit, indem Sie auf der Website **Sitzungs-ID**s oder Argumente deaktivieren, die den Weg Ihrer Kunden durch die Website aufzeichnen. Ansonsten wird der Inhalt Ihrer Webseite möglicherweise unvollständig indexiert. Ein Crawler unterscheidet nämlich nicht, ob zwei verschieden aussehende Links auf ein und dieselbe Webseite zeigen. Darüber hinaus ist noch wichtig: Legen Sie die robots.txt-Datei auf Ihrem Webserver ab, das eingesetzte CMS muss Inhalte für den Crawler exportieren können und Ihr System darf niemals »&id=« als URL-Parameter verwenden.

Für die Anmeldung Ihrer Webseite im Internet empfehlen wir Ihnen folgende Vorgehensweise:

Step......

1. Sorgen Sie für Back-Links durch andere themenrelevante Websites!

2. Erstellen Sie interessanten Webinhalt (Content) für die Webkataloge!

3. Optimieren Sie alle Webseiten für die Suchmaschinen-Indexierung!

4. Melden Sie die Website bei *Open Directory Project* und *Yahoo!* an!

5. Informieren Sie wichtige Websites darüber, dass Ihre Site online ist!

6. Tragen Sie den Online-Shop bei bekannten Suchmaschinen ein!

7. Registrieren Sie Ihre Website bei der Suchmaschine *Google*!

8. Übermitteln Sie die Website-Struktur mit dem Tool *Google Sitemap*!

Qualitätsrichtlinien und Handlungsempfehlungen

Die Suchmaschinen schreiben gewisse Qualitätsrichtlinien vor. Darin wird eindringlich davor gewarnt, mithilfe von Tricks das Ranking zu verbessern. Die Suchmaschinen haben eigene Internet-Adressen eingerichtet, an die jedermann auffälliges Verhalten melden kann. Zusammenfassend finden Sie hier einige Grundprinzipien als Handlungsempfehlungen.

Grundprinzipien

Relevanz	Grundprinzipien
Content	– Verstecken Sie wichtige Informationen nicht in Flash-Inhalten. – Nutzen Sie Grafiken nicht, um Text zu ersetzen. – Erstellen Sie Websites für Besucher, nicht für Crawler. – Unterlassen Sie unsichtbare oder minimierte Links bzw. Texte. – Vermeiden Sie spezielle Brückenseiten (Doorway-Seiten).
Keywords	– Wiederholen Sie nicht exzessiv Schlüsselwörter auf Ihrer Site. – Verzichten Sie in Meta-Tags darauf, Begriffe oft zu wiederholen.
Technik	– Verzichten Sie auf Frames, dynamische URLs und Flash-Menüs. – Vermeiden Sie Um- und Weiterleitungen von Webseiten. – Setzen Sie kein Cloaking oder andere unerlaubte Techniken ein. – Erstellen Sie keine duplizierten Webseiten im Web. – Senden Sie keine automatisierten Abfragen an Suchmaschinen.

Tabelle 9.13: Elemente, die das Ranking negativ beeinflussen

Flash hat einen entscheidenden Nachteil: Die Inhalte werden im Normalfall nicht von allen Suchmaschinen indexiert. Es gibt zwar inzwischen neuere Techniken, mit denen die Listung trotzdem erreicht wird, dazu ist allerdings ein gewisser Mehraufwand erforderlich. Rein animierter Text wird bisher nicht indexiert. Mit dem *Flash Search Engine SDK* verfügt *Adobe* über ein Entwicklungskit, das enthaltene Texte und Links für Suchmaschinen lesbar macht. Dazu werden nicht die *Flash*-Inhalte direkt durchsucht, sondern deren HTML-Extrakte. Bereits seit 2002 ermöglicht die Suchmaschinen-Technologie **FAST** die Suche nach *Flash*-Inhalten. Was indexiert wird, legen jedoch die Suchmaschinen-Betreiber selber fest. Deshalb sollten Sie sehr wichtige Informationen nicht unbedingt in *Flash-Animationen* abspeichern. Erstellen Sie auch immer eine HTML-Alternative für das Navigationsmenü. So ist das Ganze auch noch benutzerfreundlicher, da nicht jeder den *Flash*-Player installiert hat.

Suchmaschinen-freundliche Flash-Inhalte

Gleiches gilt natürlich für Grafiken. Nicht gerade suchmaschinenfreundlich ist es, Texte der Einfachheit halber als Bilder abzulegen. Denn mit Ausnahme des zusätzlich enthaltenen <alt>-Attributs und Link-Textes fehlen die Daten für den Index. Gleiches gilt für animierte Startseiten, denn unter dem Aspekt der Suchmaschinen-Optimierung verzichten Sie besser auf solche **Splash Pages**. Bis auf das beliebte »Intro überspringen« finden sich meistens keine verwertbaren Textinhalte und -Links, Sie erhöhen damit nur die Wahrscheinlichkeit einer schlechteren Indexierung. Einen echten Nutzen bieten solche Seiten ohnehin nicht, es sei denn, Sie sind ein echter Design-Guru.

Texte statt Grafiken

Der Besucher zählt

Vergessen Sie trotz allem eines nicht: Erstellen Sie die Webseiten für den Benutzer und nicht für die Suchmaschinen! Die Betreiber der Suchmaschinen erwarten von Website-Betreibern, dass sie jede Art von Täuschungsversuchen unterlassen. Bieten Sie Suchmaschinen keine anderen Inhalte an, die Sie nicht auch dem Nutzer zeigen (**Cloaking**). Ihre Webseiten dürfen auch keine unsichtbaren oder minimierten Links (**Hidden-Link**) bzw. Texte (**Text-Hiding**) enthalten, die der Besucher gar nicht erkennen kann. Ein beliebtes Negativbeispiel ist weißer Text auf weißem Hintergrund. Sowohl JavaScript als auch CSS sollten in separaten Dateien gespeichert sein. Sehr empfindlich reagieren Suchmaschinen auf **Brückenseiten** (**Doorway-Seiten**), die sie als Spam einstufen. Hierbei handelt es sich um eigens für Crawler entwickelte Webseiten, die auf bestimmte Suchbegriffe hin optimiert sind. Besucher werden meist irreführend zu den endgültigen Webseiten umgeleitet. *Google* rät von der Verwendung solcher Seiten ab, denn man möchte Suchende auf Seiten mit nützlichen Inhalten verweisen. Davon lebt eine gute Suchmaschine.

Keywords mäßig einsetzen

Wiederholen Sie nicht ausschweifend Schlüsselwörter auf Ihrer Site. Das so genannte **Keyword-Stuffing** ist eine weit verbreitete Spam-Methode. Dabei werden dieselben Begriffe im Seitentitel, Textinhalt oder in den Meta-Tags (**Meta-Spam**) mehrmals wiederholt. Die Manipulation der Keyword-Dichte schadet Ihnen, wie wir später an einem Beispiel zeigen (*Kapitel 9.3.1*). Vermeiden Sie besser jede übermäßige Nennung eines Schlüsselbegriffs oder auch irrelevante Begriffe, die Besucher anziehen sollen. Benutzen Sie eine Kombination aus zwei bis drei gezielten Keywords, statt sich nur auf einen Schlüsselbegriff zu konzentrieren. Wenn Sie regionaler Dienstleister für Webdesign im Raum München sind, sollten Sie eine Wortkombination wie »Webdesigner aus München« verwenden. Damit treffen Sie dann auch genauer Ihre Zielgruppe. Es sei denn, es gibt zu Ihrem Thema nur sehr wenige Webseiten, dann sind einzelne Keywords besser.

Frames besser nicht nutzen

Ein weiteres wichtiges Kriterium betrifft die auf der Site eingesetzten Techniken. Besonders Frames bereiten Suchmaschinen große Probleme. Denn hier wird nicht eine einzige HTML-Seite am Monitor dargestellt, sondern mehrere gleichzeitig. Die Suchmaschine kann kaum das komplette Frameset als Suchergebnis liefern. Auf eine Anfrage hin liefert die Suchmaschine deshalb häufig nur eine einzelne Frame-Seite, meistens fehlen deshalb die Menü- und Navigationsleisten.

URLs dynamischer Seiten

Ein ähnliches Fazit ergibt sich bei dynamisch erstellten Inhalten für Content-Management- bzw. Online-Shop-Systeme, die auf Datenbanken basieren. Crawler legen unter Umständen Websites mit dynamischem Inhalt lahm. Damit solche Sites nicht komplett abstürzen, hat man den Umfang der indexierten dynamischen Seiten stark begrenzt. Das bedeutet für Sie: Nur ein Bruchteil Ihrer Produkte und Inhalte werden indexiert. Außerdem gehen Suchmaschinen-Betreiber davon aus, dass eine URL mit vielen dynamischen Parametern meist identisch ist mit einer anderen URL mit weniger Parametern. *Google* hat sich für dieses Dilemma die *Google Sitemap* einfallen lassen (*Kapitel 9.2.3*).

Nur im Notfall eignen sich Site-Umleitungen mit dem Meta-Tag **Refresh**, das im Head-Bereich von HTML-Seiten zum Einsatz kommt. Am elegantesten ist eine serverseitige Umleitung, da der Browser dann nichts davon merkt und der Zeitverlust hier am geringsten ist. Das machen Sie natürlich nur dann, wenn Ihre Seiten dauerhaft umziehen. Realisieren Sie solche Weiterleitungen immer mit einem **HTTP-Redirect** mit Response Code 301 (**Redirect Permanent**). Das können Sie in vielen Fällen direkt in Ihrem Konto bei dem Provider Ihrer Webseite einrichten. Die Suchmaschinen können es dann auch auswerten und Ihre Inhalte im Suchmaschinen-Index korrigieren (*Kapitel 9.2.3*). Achten Sie ebenso darauf, dass die Fehlerseiten Ihres Webservers auch den richtigen HTTP-Response-Code zurückgeben.

Site-Umleitungen einrichten

Um die Indexierung zu verbessern und somit mehr Traffic zu bekommen, würde sich auch das Kopieren von Seiten anbieten. Doch davon raten wir ab, das nutzt Ihnen nur kurzfristig. Erstellen Sie keinesfalls doppelte Webseiten, Subdomains oder Domains mit den gleichen Inhalten (**Domain-Dubletten** oder **Duplicate Content**). Solche Bemühungen gehen meistens ins Leere und werden als Spam eingestuft. Anstatt die Zeit damit zu verschwenden, erstellen Sie einfach nach und nach mehr Content. Das hilft viel mehr, ist erlaubt und bringt Ihren Kunden auch noch einen Nutzen.

Content statt Duplikate

Google ist nicht gerade ein Freund von Tools, die die Anmeldung von Seiten vornehmen oder das Ranking überprüfen. Besonders abgeraten wird von Tools, die automatische oder programmgesteuerte Abfragen an *Google* absetzen. Diese nicht autorisierten Programme verbrauchen Rechenleistung und verletzen die Dienstleistungsbestimmungen der Suchmaschine.

Ranking-Tools

Die Suchmaschinen-Optimierung ist eine Daueraufgabe

Verstehen Sie Suchmaschinen-Optimierung als einmalige Aktion? Dann haben Sie etwas missverstanden. Mit der einmaligen Optimierung allein ist es nicht getan. Die Positionen in den Suchmaschinen befinden sich laufend im Umbruch. So schnell Sie auf Platz 1 landen, so schnell sind Sie auch wieder vier Seiten weiter hinten, also im Grunde weg vom (Browser-)Fenster. Dieser dynamische Prozess hat mehrere Gründe:

Maßnahmen wiederholen

>> Die Suchmaschine ändert den Index-Datenbestand (**Google Dance**).

>> Der Suchmaschinen-Betreiber reagiert auf Manipulationsversuche.

>> Neue Anbieter mit den gleichen Keywords drängen auf den Markt.

>> Eingehende Back-Links gehen verloren und die Link-Popularität sinkt.

Sie sollten die Suchmaschinen-Positionierung regelmäßig beobachten. Es geht nicht nur darum, im Kampf gegen die Suchmaschinen-Algorithmen die Oberhand zu behalten, sondern auch die Konkurrenz in Schach zu halten. Deshalb:

>> Prüfen Sie regelmäßig Ihr eigenes Suchmaschinen-Ranking.

>> Testen Sie gute Keywords und schauen Sie, wie Ihr Shop platziert ist.

>> Beobachten Sie Platzierung und Schlüsselbegriffe der Konkurrenz.

>> Suchen Sie in den Logfiles nach Einträgen bekannter Robots.

>> Erforschen Sie die Suchbegriffe, die Besucher auf Ihre Site locken.

>> Zählen Sie: Besuche, Seitenabrufe, Abbruchquote, Conversion Rate.

9.2.3   Website bei Suchdiensten anmelden

Bevor Sie Ihre Domain bei Suchmaschinen und Webkatalogen anmelden, sollten Sie wissen, welche relevant sind. Hier eine kleine Auswahl der wichtigsten deutschen Suchmaschinen und Webkataloge. Tragen Sie sich zumindest bei allen kostenlosen Varianten ein, dann erreichen Sie schon 95% der Kunden. Wir empfehlen Ihnen, diese Aufgabe manuell durchzuführen, damit Ihre Daten sicher in den wichtigsten Suchdiensten landen. Mit der unten stehenden Tabelle 9.14 stellt das für Sie kein Problem mehr dar und sollte in etwa zehn Minuten erledigt sein.

Anbieter	Typ	Webseite
Google	Suchmaschine	google.de/intl/de/addurl.html
Liyoa	Suchmaschine	liyoa.de/linkmelden.html
Mirago	Suchmaschine	mirago.de/de/ubermitteln.asp
MSN	Suchmaschine	search.msn.de/docs/submit.aspx
Search [a]	Suchmaschine	search.ch/addurl.html
Yahoo!	Suchmaschine	de.search.yahoo.com/free/submit
Abacho	Webkatalog	abacho.de/abacho_dienst/anmelden.html
allesklar.de [b]	Webkatalog	allesklar.de/listing.php
Austrolinks [c]	Webkatalog	austrolinks.info
DMOZ	Webkatalog	dmoz.org/World/Deutsch/add.html
Web.de [d]	Webkatalog	eintragsservice.web.de
Yahoo!	Webkatalog	add.europe.yahoo.com/bin/add?+DE

Tabelle 9.14: Anmeldeseiten für Suchmaschinen und Webkataloge

a. Schweizer Suchmaschine.
b. Anmeldung bei *Lycos, Fireball, Freenet, T-Online, DINO-Online, meinestadt.msn.de* und dem Städteportal *meinestadt.de*.
c. Österreichischer Webkatalog
d. Eintrag ist kostenpflichtig.

Anmeldevorgaben   In der folgenden Liste haben wir Ihnen die wichtigsten Punkte für den Eintrag bei Webkatalogen zusammengestellt:

>> Beachten Sie immer die Eintragungs-Richtlinien des Webkatalogs.

>> Stellen Sie die Site wegen der redaktionellen Prüfung zu 100% fertig.

>> Wählen Sie die am besten passende Rubrik aus.

>> Schreiben Sie in den Titel den Firmen- oder Domain-Namen.

>> Stellen Sie dem Titel keine Sonderzeichen und Ziffern voran.

>> Richten Sie den Site-Inhalt eindeutig und themenspezifisch aus.

>> Erstellen Sie eine möglichst benutzerfreundliche Navigation.

>> Fügen Sie ein absolut vollständiges Impressum im Webauftritt ein.

>> Verzichten Sie auf eine übermäßige Nutzung aktiver Inhalte.

>> Sparen Sie sich die Anmeldung für rein auf Affiliate basierende Sites.

>> Beschränken Sie die Ladezeit Ihrer Homepage auf ein Minimum.

>> Unterlassen Sie jegliche Art von Um- und Weiterleitungen.

>> Verwenden Sie niemals kostenlose **Free Hoster** für das Hosting.

Im weiteren Verlauf konzentrieren wir uns hauptsächlich auf die zentralen Aspekte von Suchmaschinen.

Manuell eintragen oder Webpromotion-Software nutzen?

Vergessen Sie Eintragssoftware, mit der Sie Ihre Website bei 10.000 Suchmaschinen gleichzeitig anmelden können. Die meisten kennt sowieso kein Mensch. Wie viele es gibt, weiß auch kaum jemand. Allein im deutschsprachigen Raum sind insgesamt rund hundert Suchdienste erreichbar. Aber nicht bei allen ist ein Suchmaschinen-Eintrag sinnvoll, ein paar davon reichen schon aus. Denn was wollen Sie mit Ihrem Spirituosen-Online-Shop in der Suchmaschine www.blinde-kuh.de für Kinder? Mal ganz abgesehen davon, dass sie redaktionell aus Kindersicht gepflegt wird.

Manuelle Anmeldung ist besser

Praxis-Tipp: Nicht nur die Homepage bei Suchmaschinen anmelden

Melden Sie bei der Suchmaschinen-Anmeldung nicht nur Ihre Startseite (Homepage) an, sondern auch Ihre Sitemap. Unter Umständen ist es sinnvoll, eine weitere wichtige Hauptseite einzutragen, z.B. ein Forum. Hauptaugenmerk ist dabei, alle Links Ihrer Domain bekanntzumachen, um Ihre Webseiten zu indexieren.

Tipp . . . . . .

Die meisten Suchdienste bieten auf der Startseite einen Button: URL melden, Seite melden, Seite eintragen usw. Häufig unterscheiden die Betreiber zwischen einer kostenpflichtigen Express-Anmeldung oder einer einfachen Anmeldung, die schon Mal acht Wochen dauern kann. Wer lieber doch auf Masseneintragungen setzen möchte, für den bieten sich vielleicht die Software-Tools zur automatisierten Anmeldung anhand Tabelle 9.15 an. Wobei man hier fairerweise sagen muss, dass im Paket dieser Tools jede Menge SEO-Tools (Generatoren und Validatoren) enthalten sind, die den Kaufpreis dann auch halbwegs rechtfertigen.

Lohnt sich eine Eintragssoftware?

Tool	Anbieter	Webseite
IBP	Axandra Enterprises	www.axandra.de
Hello Engines!	AceBIT	www.hello-engines.de
Promoware	IN MEDIA KG	www.rankware.de
Web CEO	Web CEO JSC	www.webceo.com

Tabelle 9.15: Übersicht Software-Tools für Suchmaschinen-Anmeldung

Dynamische Webseiten in Suchmaschinen einbinden

Nur ein Teil wird indexiert

Webseiten, die den Inhalt aus Datenbanken beziehen, werden bekanntlich dynamisch erstellt. Erst wenn ein Besucher einen Link anklickt, wird der Seiteninhalt aus der Datenbank geholt und dynamisch zu einer Webseite zusammengefügt. Andere Parameter erzeugen dabei unterschiedliche Inhalte. Diese Technik wird häufig eingesetzt, gerade bei Online-Shop- und Content-Management-Systemen, ist aber etwas problematisch für die Suchmaschinen-Indexierung (*Kapitel 9.2.1*). Crawler weigern sich teilweise, solchen dynamischen Links zu folgen, oder besuchen nur einen kleinen Teil aller Links. Ein Beispiel eines dynamischen Links in *xt:Commerce* sieht folgendermaßen aus:

>> www.domain.de/product_info.php?products_id=1 oder

>> www.domain.de/product_info.php?products_id=1&cPath=1

Auswirkung in Suchmaschinen

Besitzt eine Webseite mehrere hundert oder gar tausend dynamisch erzeugte Produkt- bzw. Content-Webseiten, wird dies zu einem echten Problem. Denn Suchmaschinen beziehen die Links nur auf den Dateinamen. In unserem Beispiel entsteht so die Adresse www.domain.de/produkt_info.php, eine wenig aussagekräftige Angabe, die auch noch für alle Produkte gleich ist. Besser sieht es im Vergleich für Webseite mit statischen HTML-Seiten aus. Durch den Suchmaschinen-Algorithmus fließen dort mehr Links in die Bewertung ein, was letztendlich der Platzierung zugute kommt. Von Vorteil sind Links mit angepassten Datei- und Verzeichnisstrukturen:

>> www.domain.de/shop.html oder

>> www.domain.de/shop/produkte.html

Eine mögliche Lösung für dieses Problem ist das Modul **mod_rewrite** auf dem *Apache Server* unter Linux. Für *Windows-Server* eignet sich z.B. die kostenpflichtige Komponente **ISAPI_Rewrite**, die Sie auf Ihrem Webserver nachinstallieren können.

WWW .....

www.isapirewrite.com
Helicon Tech. (*ISAPI_Rewrite arbeitet mit* Microsoft IIS Servern*)*

httpd.apache.org/docs/1.3/misc/rewriteguide.html
Apache Software Foundation (*ausführliche Anleitung für mod_rewrite*)

Die Aufgabe der beiden Tools besteht darin, dynamisch erstellte Produkt-Links (product_info.php?products_id=1) durch eine Funktion in statische umzuschreiben, z.B. produkt_1.html. Diese HTML-Datei liegt jedoch nur scheinbar auf Ihrem Webserver, physikalisch ist sie gar nicht vorhanden. Durch diese»virtuellen« Dateien ist eine bessere Indexierbarkeit durch den Crawler gewährleistet. Klickt ein Kunde auf den statischen Link, schreibt der Webserver den Link wieder in einen dynamischen Link um. Dadurch wird wie gewohnt die Datei produkt_info.php aufgerufen, mit dem Parameter »products_id« und dem Wert »1«.

Funktionsweise von mod_rewrite

Clientanfrage	Beispiele
index.html	Server leitet die Client-Anfrage um auf: index.php
	RewriteEngine on
	RewriteRule index.html$ index.php
artikel_123.html	Server leitet die Client-Anfrage um auf: artikel.php?id=123
	RewriteEngine on
	RewriteRule ^artikel_([0-9]+).html$ artikel.php?id=$1

Tabelle 9.16: Beispiele für RewriteRule in .htaccess

www.webmaster-toolkit.com/search-engine-optimisation-tools.shtml
webmaster toolkit *(RewriteRule-Generator und andere Tools)*

WWW . . . . .

Indexierung mit der Google Sitemap verbessern

Eine Sitemap und ganz besonders die *Google Sitemap* enthält alle wichtigen Verweise Ihrer Domain. Erstellen Sie direkt auf Ihrer Startseite einen Link auf die fertige sitemap.xml-Datei, dann erledigen die Crawler den Rest für Sie. Diese Maßnahme lohnt sich ganz besonders für neuere Webauftritte mit sehr wenigen Back-Links und schlechter Indexierung. Etablierte Unternehmen brauchen sich darüber nicht mehr so sehr den Kopf zerbrechen, da ihre Auftritte bereits seit längerem im Internet sind und sie schon über eine ausreichende Anzahl an Back-Links verfügen. Der Trend geht mittlerweile weg von kostenlosen zu bezahlten Einträgen, was der rund 40- bis 50 prozentige Umsatzzulauf im Online-Marketing belegt.

Vorteile von Sitemaps

Wir fassen kurz zusammen: Die Suchmaschinen durchsuchen mit dem Crawler das Internet und finden auf diesem Weg Inhalte auf Ihrer Website. Wurde eine neue Homepage gefunden, folgt der Crawler dort allen verfügbaren Links und sammelt alle Informationen dieser neuen Webseite. In regelmäßigen Abständen kommt er erneut bei Ihrer Homepage vorbei, um nach neuen oder aktualisierten Inhalten zu suchen. Verfügt Ihr Webauftritt über dynamischen Content, gelingt es dem Crawler nicht so leicht, den Links zu folgen. Der Crawler wird darüber informiert, welche URLs Ihr Webauftritt besitzt und wie oft sich der Inhalt ändert. Für eine neue Website beschleunigt die *Google Sitemap* die Indexierung. Worauf andere etwa zwei Monate warten, klappt damit unter Umständen innerhalb von 48 Stunden.

Google Sitemap – Wozu?

Eine Partnerschaft zwischen Ihnen und *Google* mit Hilfe der Sitemap bietet Folgendes:

>> Mit der **Sitemap** erweitert die Suchmaschine die Netzabdeckung.

>> Anwender profitieren von aktuellen und neuen Suchergebnissen.

>> Die Suchmaschine arbeitet an intelligenten Crawling-Methoden.

Änderungen mitteilen Unterstützen Sie aktiv den *Googlebot* (Crawler) bei seiner Suche nach Inhalten. Teilen Sie bequem mit, wann Sie die Webseiten zuletzt aktualisiert haben und wie häufig sich die Inhalte ändern. Das ist für Sie natürlich kostenlos, aber keinesfalls umsonst. Mit der *Google Sitemap* bietet Ihnen die Suchmaschine eine Möglichkeit, alle URLs Ihres Webauftritts an den **Suchmaschinen-Index** zu senden. So profitieren letztendlich beide Seiten, also ein gutes Geschäft.

WWW . . . . .

www.google.de/webmasters/sitemaps/
www.google.com/webmasters/sitemaps/sitemap-generator.html
Google Deutschland *(Anmeldung und Hilfe für die* Google Sitemap*)*

sourceforge.net/projects/goog-sitemapgen/
Open Source Technology Group (Google Sitemap *Generator Tool*)

www.gsitecrawler.com
SOFTplus *(GSiteCrawler-Sitemap-Generator-Tool)*

vigos.de/products/gsitemap/
Vigos AG *(Kostenloser Google-Sitemap-Generator)*

Wie Sie *GSiteCrawler* für die eigene Homepage nutzen, lesen Sie am Ende von *Kapitel 11.*

Umzug von einzelnen Webseiten oder der kompletten Domain

Im Laufe der Zeit kommt es sicherlich vor, dass Sie einzelne Webseiten verschieben oder komplett löschen. In *Kapitel 8* haben wir für den Notfall schon einen Trick mit der .htaccess-Datei beschrieben, um spezielle Fehlerseiten einzurichten. Findet der Internet-Browser eine Webseite nicht, wird er mittels der Fehlerseite auf eine gültige oder neue Webseite umgeleitet. Das mag zwar für den Besucher angenehm sein, jedoch bringt das Ihrem veralteten Suchmaschinen-Eintrag und dem Crawler nichts. Denn solange der Eintrag im Index steht, kommen immer wieder Besucher auf die nicht mehr vorhandene Webseite. Deshalb lohnen sich statistische Auswertungen, mit denen Sie erkennen, auf welchen fehlenden Webseiten die Kunden häufiger landen.

Suchindex korrigieren Ändern sich einzelne Internet-Adressen oder die ganze Domain dauerhaft, so empfehlen wir Ihnen die Einrichtung einer **HTTP-301-Umleitung**. Die Crawler erfahren so von der neuen URL und ersetzen beim nächsten Update den alten Indexeintrag durch den neuen. Einzelne Webseiten korrigieren Sie mit der **.htaccess**-Datei (**Redirect**) oder mit PHP.

```
redirect 301 /old/alteseite.html http://www.domain.de/neueseite.html
```

bzw.

```
<?php
    $url='http://www.domain.de/seite.php';
    header("HTTP/1.1 301 Moved Permanently");
    header("Location: ".$url);
?>
```

Abbildung 9.22: Suchindex vom Umzug einzelner Webseiten informieren

Mit dem PHP-Konstrukt lässt sich auch die ganze Domain umleiten. Ebenso eignet sich natürlich auch die .htaccess-Datei für den Umzug.

```
RewriteCond %{HTTP_HOST} !^www.altedomain.de$ [NC]
RewriteRule ^(.*)$ http://www.neuedomain.de/$1 [R=301,L]
```

Abbildung 9.23: Suchindex vom Umzug der ganzen Domain informieren

9.3   Onpage-Optimierung

Je mehr Ergebnistreffer eine Suchmaschine für Ihre Suchbegriffe liefert, desto schwieriger ist es, ein gutes Ranking zu erreichen. Bis etwa 100.000 Treffer ist es noch relativ einfach, ab 250.000 Treffer ist der Aufwand bereits enorm. Wer auf der ersten Suchergebnisliste landen will, muss etwas mehr dafür tun und ausprobieren. Im vorigen Abschnitt haben Sie einiges über die Arbeitsweise der Suchmaschinen gelernt. Jetzt möchten wir Ihnen zeigen, wie Sie Ihre Webseiten gezielt mit Quellcode füttern, um ein gutes Ranking zu erhalten. Wenn Sie über das entsprechende Wissen verfügen, können Sie positiven Einfluss darauf nehmen. Hauptsächlich unterscheidet man zwei Arten von Suchmaschinen-Optimierungen: Onpage und Offpage.

Zu den **Onpage**-Methoden gehören alle Optimierungsmaßnahmen, die direkt im Seiteninhalt und im Quelltext stattfinden. Hingegen befasst sich die **Offpage**-Optimierung mit allem, was außerhalb der eigentlichen Seiten passiert. Hauptsächlich geht es um die Gewinnung eingehender Links (Link-Popularität), was Sie kaum erzwingen können. Momentan gewichtet *Google* die Offpage-Maßnahmen wesentlich höher als Onpage-Maßnahmen. Trotzdem beginnen Sie die Suchmaschinen-Optimierung mit der Onpage-Optimierung, denn es gibt bekanntlich auch noch andere Suchmaschinen. Und Sie haben es selbst im Griff, mit guten Inhalten neue Back-Links magisch anzuziehen.

On-/Offpage-Optimierung

Es ist nicht oft nötig, im Quellcode einer Webseite herumzubasteln, allerdings sind Grundkenntnisse in HTML sehr empfehlenswert und man kann mit ihrer Hilfe auch mal ein bisschen fachsimpeln. Unsere Kinder lernen in der Schule immer noch das kleine Einmaleins, obwohl es schon längst Taschenrechner gibt. Fehlt einem das Grundverständnis, kann man die Zusammenhänge nur schwer nachvollziehen. Die kurze HTML-Einführung am Anfang dieses Kapitels wird für Sie deshalb in dem folgenden Abschnitt

Grundkenntnisse ein Muss

nützlich sein. Denn wir befassen uns hauptsächlich mit Onpage-Optimierung bezüglich der beiden Kernpunkte:

>> Keyword-Optimierung: Keywords richtig auswählen und einsetzen.

>> Quellcode-Optimierung: Site mit HTML- und Meta-Tags optimieren.

9.3.1   Keyword-Optimierung

Gute **Suchbegriffe** (**Keywords**) finden Sie nur, wenn Sie sich dafür Zeit nehmen. Machen Sie ein **Brainstorming**, fragen Sie Bekannte oder durchforsten Sie Keyword-Datenbanken. Damit bekommen Sie ein gewisses Gefühl, nach welchen Suchbegriffen am häufigsten gesucht wird.

Richtige Schlüsselwörter

Für die Planung Ihres Webauftritts, ist es sinnvoll, das inhaltliche Ausgangsmaterial optimal auszuwählen. Maßgeblich dafür sind die Schlüsselwörter oder -begriffe innerhalb des Dokuments. Mit den richtigen Begriffen erhöht sich Ihre Chance auf einen guten Platz in den Suchmaschinen. Anhand eines kleinen Beispiels demonstrieren wir Ihnen, dass Sie nicht alle Keywords auf jeder Webseite unterbringen sollen. Sie sollen aber auch nicht jede einzelne Seite mit Suchbegriffen pflastern. Vielmehr sollen Sie ein Gefühl dafür bekommen, wie Sie korrekte Webseitentexte bzw. auch Produktseiten schreiben.

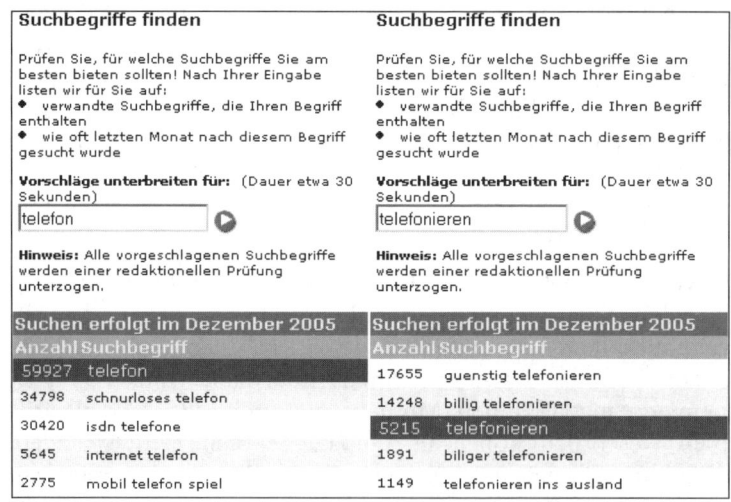

Abbildung 9.24: Was suchen die Kunden: Telefon oder telefonieren?

Substantiv oder Adjektiv?

In Abbildung 9.24 sehen Sie das Online-Tool von *Yahoo! Search Marketing* (ehemals *Overture*). Mit diesem Tool prüfen Sie, welche Suchbegriffe die Kunden im Internet überwiegend einsetzen. Zusätzlich listet es Ihnen einige verwandte Suchbegriffe auf und wie oft einzelne Suchbegriffe und Wortkombinationen verwendet wurden. Der Begriff Telefon (**Substantiv**) wird zehn Mal häufiger gesucht als das **Verb** telefonieren. Deshalb sind Substantive für Ihre Optimierung vielversprechender.

`www.metager.de/asso.html`
MetaGer RRZN *(Assoziationsanalyse für Suchbegriffe)*

WWW . . . . .

`https://account.de.miva.com/advertiser/Account/Popups/KeywordGenBox.asp`
MIVA Deutschland GmbH *(Online-Tool zur Keyword-Suche)*

`https://adwords.google.de/select/KeywordToolExternal`
Google Deutschland (Google AdWords *Keyword-Tool)*

`inventory.overture.com/d/searchinventory/suggestion/?mkt=de`
Yahoo! Search Marketing *(Online-Tool zur Keyword-Suche)*

`www.wordtracker.com`
Rivergold Associates Ltd. *(führendes Tool für englische Keyword-Suche)*

Keywords richtig auswählen

Eine Webseite bestmöglich zu optimieren, schaffen Sie nur, wenn Sie sich auf zwei bis drei Keywords beschränken. Außerdem liest sich so der Text besser. Umso wichtiger ist es, dass Sie Begriffe auswählen, nach denen auch tatsächlich gesucht wird. Würden Sie die Webseiten fälschlicherweise für den Schlüsselbegriff »telefonieren« optimieren, würden Sie nur 10% des Gesamtpotenzials abschöpfen. Wobei das durchaus genauso sinnvoll sein kann, denn eine Top-Platzierung bei sehr begehrten Schlüsselbegriffen zu bekommen, ist fast schon aussichtslos, z.B. bei Immobilien oder Versicherungen. Ein ungewöhnliches Schlüsselwort kann Ihnen also eine bessere Platzierung verschaffen.

Zwei bis drei Keywords maximal

Nicht vergessen: Optimieren Sie nicht alle Ihre Seiten auf ein und denselben Suchbegriff. Es nützt Ihrem Besucher nichts, wenn er auf das wirklich relevante Ergebnis Ihrer Seite erst auf der vierten Suchergebnis-Seite trifft, nur weil Ihre eigenen unrelevanten Seiten davor stehen. Der Besucher ist möglicherweise schnell wieder weg, weil er die gewünschte Information nicht auf Anhieb findet. Deshalb sollte auf einem der vordersten Plätze das passende Suchergebnis stehen, also genau die Seite, in der Ihr Suchbegriff optimal eingebunden ist. Suchen Sie sich dazu aus einer gut gehenden Produktkategorie gezielt ein einzelnes Produkt aus.

Optimale Keywords

Das häufigste Problem dabei ist: Es gibt einfach zu viele Suchergebnisse vor Ihnen. Was können Sie dagegen tun? Studien haben ergeben, dass zwei Drittel der Surfer in Suchmaschinen ein Suchwort bzw. ein Wortpaar eingeben. Vielleicht hilft Ihnen bereits eine Kombination aus mehreren Wörtern: »Versicherung Berlin«, »Versicherung vergleichen« oder »billig versichert«. Bei der Auswahl solcher Wortgruppen helfen Ihnen die bekannten Keyword-Tools. Die Begriffe platzieren Sie im Text genau in der Reihenfolge, wie es Ihnen das Tool vorschlägt und nicht umgekehrt. Nach Möglichkeit ergänzen Sie das bevorzugte **Wortpaar** mit weiteren Begriffen: »Auto Versicherung vergleichen in Berlin«. Enthaltene Stoppwörter (wie in, und etc.) werden bekanntlich nicht indexiert. Daher ist es nicht tragisch, mehrere

Wortpaare und Wortnähe

Wörter hintereinander so aufzulisten. Solange der Wortabstand zwischen den Suchbegriffen nicht zu groß ist (**Wortnähe**).

Bei der Auswahl von Schlüsselbegriffen haben sich einige Formate besser bewährt als andere:

>> Groß-/Kleinschreibung: Achten Sie auf die deutsche Rechtschreibung. Die Suchtreffer ändern sich nur unmerklich, egal ob groß oder klein.

>> Singular/Plural: Verwenden Sie Suchbegriffe lieber im Singular. Die Besucher sind bequem, kürzer ist daher besser.

>> Substantiv/Verb: Gebrauchen Sie Substantive, wenn es möglich ist. Als Keyword, Link-Text, Titel, Meta-Tag usw. eignen sie sich besser.

>> Verben in der Grundform: Wenn, dann sollten Sie Verben im Infinitiv verwenden, also brennen und nicht brennt, brannte o.Ä.

>> **Sonderzeichen** (Punkte, Kommata, Klammern, Umlaute usw.): Verzichten Sie auf ungewöhnliche Zeichen, die Suchmaschine bereinigen die Zeichen ohnehin, d.h. e-Com = e_Com = e Com sind alle gleich. Keywords mit Umlauten sind auch bedenkenlos einsetzbar.

>> Getrennt/Zusammen: Trennen Sie zusammengesetzte Suchbegriffe und nutzen Sie den Bindestrich als Bindeglied zwischen Substantiven, z.B. Onlineshop-Handbuch.

>> **Abkürzungen**: Benutzen Sie keine Abkürzungen. Das bringt Ihnen keinen Kunden, z.B. Vers. für Versicherung.

Keyword Density als Ranking-Kriterium

Verhältnis der Keywords zum Text

Natürlich zählen für Suchmaschinen nicht nur die Begriffe selbst. Sonst könnte man einen Begriff einfach hundert Mal wiederholen und die Sache wäre erledigt. Daher haben sich findige Leute etwas einfallen lassen. Bekanntlich indexieren die Suchmaschinen fast alle Wörter eines Dokuments, sie tun das allerdings nicht blindlings. Die Suchmaschinen prüfen dabei das Verhältnis einzelner Suchbegriffe zur Gesamtzahl der Wörter in der untersuchten Seite. Diese Technik ist bekannt als **Keyword Density** (**Suchbegriffsdichte**). Es ist ein wesentliches Ranking-Kriterium für Suchmaschinen.

Keyword Density testen

Eine korrekte Keyword Density wird als Gütezeichen für eine relevante Webseite betrachtet. Wird ein Begriff zu oft wiederholt, interpretiert die Suchmaschine das als **Spam**. Der geheim gehaltene Suchmaschinen-Algorithmus bestraft besonders negativ auffallende Webseiten. Wir zeigen Ihnen dies wieder an einem Beispiel: Nach der Suche des Begriffs »Schuhe«, haben wir über *Google* aus den ersten zehn Suchergebnisseiten drei Domains ausgewählt. In einem Online-Tool verglichen wir anschließend die Suchbegriffsdichte des gewählten Begriffs.

Keyword Density .com **Keyword Density Results**

Seite 1			HTML	Seite 5			HTML	Seite 10		
Keywords	Total	%	HTML	Keywords	Total	%	HTML	Keywords	Total	%
0	4	0	Title	1	3	33.33	Title	2	7	28.57
0	23	0	Meta_Description	0	0	0	Meta_Description	8	26	30.76
11	28	39.28	Meta_Keywords	0	0	0	Meta_Keywords	6	25	24
0	547	0	Visible_Text	0	449	0	Visible_Text	70	233	30.04
0	4	0	Alt_Tags	0	0	0	Alt_Tags	0	0	0
0	26	0	Comment_Tags	0	6	0	Comment_Tags	0	43	0
0	1	0	Domain_Name	1	1	100	Domain_Name	0	1	0
0	217	0	Image_tags	2	138	1.44	Image_tags	0	0	0
0	18	0	Linked_Text	0	12	0	Linked_Text	0	0	0
0	0	0	Option Tags	0	0	0	Option Tags	0	0	0
0	73	0	Reference_Tags	2	172	1.16	Reference_Tags	0	3	0
11	941	1.16	Total	6	781	0.76	Total	86	338	25.44

Seite 1		Profile	Seite 5		Profile	Seite 10	
Keywords:	Percent%	Profile	Keywords:	Percent%	Profile	Keywords:	Percent%
21	3.01%	AltaVista	9	1.38%	AltaVista	86	29.35%
21	3.39%	Exite	7	1.46%	Exite	86	29.86%
11	1.82%	Hotbot	1	0.2%	Hotbot	4	1.4%
21	3.39%	Infoseek	7	1.46%	Infoseek	86	29.65%
11	1.76%	Lycos	1	0.2%	Lycos	4	1.37%
21	3.36%	Standard	8	1.72%	Standard	86	29.45%

Abbildung 9.25: Domain-Auswertung zur Suchbegriffsdichte

Die Top-Site in der linken Spalte ist auf Platz 1 der ersten Suchergebnis-Seite und verwendet in der kompletten HTML-Seite 941 Wörter. Interessant dabei ist: Den Suchbegriff »Schuhe« finden Sie nur in dem Meta-Tag Keywords. Das ist auch ein gutes Indiz dafür, dass die Link-Popularität sehr wichtig ist und die Keywords eher zweitrangig sind. Der Suchbegriff kommt insgesamt darin elf Mal vor. Daraus ergibt sich eine Dichte von 1,16% (= 11 x 100 / 941). Bei einer etwas missglückten Seite, in der rechten Spalte, ergibt sich ein Wert für die Dichte von 25,44%. Etwas besser, aber immer noch nicht gut genug, macht es der mittlere Kandidat auf der fünften Seite der Suchergebnisse. Hier liegt die Dichte des Suchbegriffs bei mageren 0,76%. Der Unterschied zu der Seite mit den besseren Ergebnissen ist nicht groß, hier fehlen sicherlich nur die wichtigen Back-Links. Natürlich spielen viele andere Faktoren eine weitere gewichtige Rolle. Dennoch zeigt dieses Beispiel, dass die richtige Suchbegriffsdichte etwa zwischen 1 bis 7% liegt. Über den Daumen gepeilt sollten Sie einen Wert um die 5% anstreben und den Suchbegriff mittels Auszeichnung hervorheben, z.B. bold oder strong.

Optimale Such-begriffsdichte 5%

Sie können dieses Zahlenspiel auch mit Ihrem eigenen Online-Shop durchführen. Suchen Sie sich dazu ein paar wichtige Keywords Ihrer Website heraus. Gehen Sie damit in eine Suchmaschine und vergleichen Sie Ihr Ranking mit dem eines Konkurrenten auf der ersten Seite. (**Benchmark**). Der Vergleich ist spannend und für Ihre Optimierung auf jeden Fall sehr aufschlussreich.

Prüfen Sie Ihren Shop

www.keyworddensity.com
Gabriel Zappia *(vergleicht zwei Websites zu einem bestimmten Keyword)*

www.spannerworks.com/seotoolkit/seo-toolkit/
Spannerworks *(untersucht die Dichte eines Keywords auf einer Site)*

Suchmaschinen-Hitlisten und andere SEO-Tools

Keyword-Trends erkennen
Gewisse Suchmuster und Suchtrends findet man in den Hitlisten verschiedener Suchmaschinen-Anbieter. Werfen Sie einen Blick auf die Hitliste der aktuell am meistgefragten Suchbegriffe. Das ist nicht von unmittelbarem Nutzen für Sie, aber es sagt einiges über aktuelle Trends aus.

Anbieter	Webseite
Ask JeevesIQ	sp.ask.com/docs/about/jeevesiq.html
Google Zeitgeist	www.google.de/press/zeitgeist.html
Lycos Topliste	www.lycos.de/suche/top50.html
Yahoo! Buzz Index	buzz.yahoo.com

Tabelle 9.17: Hitlisten der meistgesuchten Begriffe in Suchmaschinen

Nicht ganz vergleichbar mit den Tools von *Yahoo! Search Marketing* und *Miva* (ehemals *FindWhat* und *espotting*) liefert googlefight.com witzige Einblicke in die Keyword-Verteilung im Internet.

Abbildung 9.26: Googlefight vergleicht die Häufigkeit von zwei Keywords

Weitere Anbieter zu brauchbaren Tool-Sammlungen zur SEO-Thematik finden Sie in Tabelle 9.18.

Anbieter	Webseite
Abakus Internet Marketing	www.abakus-internet-marketing.de/tools/online-tools.htm
Developer Shed Inc.	www.seochat.com/seo-tools
Tober Marcus	www.linkvendor.com
URL-Trends	www.urltrends.com

Tabelle 9.18: Webseiten mit zahlreichen SEO-Tools

Seitenabrufe und Besucher einer Website analysieren

Natürlich ist die ganze Suchmaschinen-Optimierung völlig wertlos, wenn Sie den Erfolg nicht regelmäßig messen. Gerade im Internet-Bereich liegt in der Messbarkeit der große Vorteil. Die Public-Relation-Managerin der *Yahoo! Search Marketing* hält das Thema **Tracking** (Reaktionen messen) für erfolgreiche Werbekampagnen für unabdingbar. Laut eigenen Angaben setzen bereits 70% der Kunden von *Yahoo! Search Marketing* entsprechende Systeme ein. Sie können mit Hilfe so genannter **Logfiles** jede Menge statistische Informationen sammeln und analysieren. Bei größeren Webserver-Paketen sind die automatisch erstellten Logfiles bereits im Grundpreis enthalten. Die Dateien protokollieren jede Aktion Ihres Webservers. Damit sind diese Tools ein hervorragendes Mittel für Sie, Ihre Optimierungs- und Marketingergebnisse zu überprüfen. Mit Hilfe von **Logfile-Analyse-** Tools stellen Sie diese Informationen grafisch dar, z.B. Besucher, Suchmaschinen, **Seitenabrufe** (**Page-Impressions**), Kundenverweildauer, Betriebssysteme und sonstige Kennzahlen. Abbildung 9.27 zeigt Ihnen die Analysemöglichkeiten des Tools *etracker*.

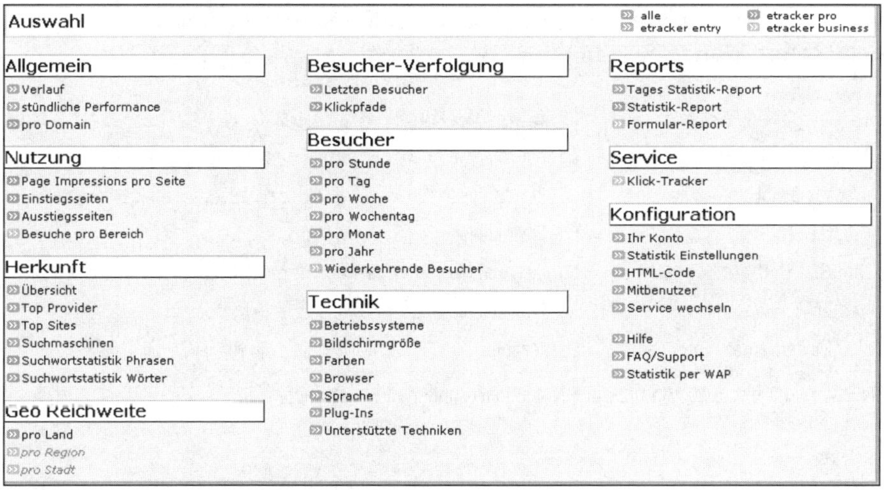

Tracking mit Logfiles

Abbildung 9.27: Analyse-Möglichkeiten mit dem Statistik-Tool etracker

Marketingerfolg messen

Solche Tools sind auch für diejenigen hilfreich, die bezahltes **Suchmaschinen-Marketing** nutzen. Egal, ob Sie Suchmaschinen-Optimierung oder **Online-Marketing** betreiben, Sie müssen die Ergebnisse laufend beobachten. Nur so lässt sich feststellen, wie durchgreifend Ihre Maßnahmen sind. Steigende Websiteabrufe und **Conversion Rates** zeigen Ihnen, inwieweit Sie Ihre Zeit, Ihr Wissen und Ihr Geld richtig investiert haben.

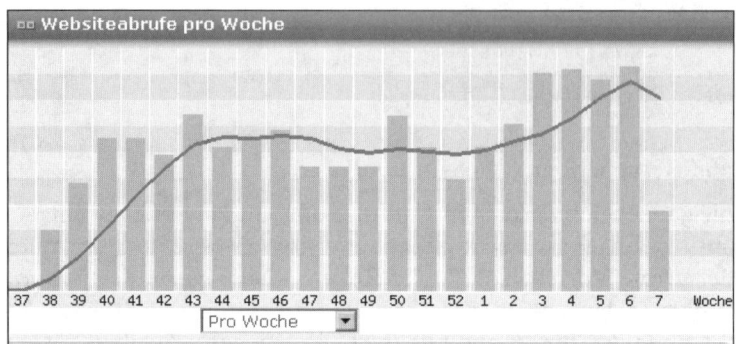

Abbildung 9.28: Steigende Websiteabrufe mit dem Tool webstats4u

Schwachstellen finden

Mit den in den Logfiles gesammelten Informationen erstellen Sie die zumeist recht zahlreichen Reports und Statistiken. Anhand deren lassen sich schnell und einfach Schwachstellen ausmachen und beheben. Die Wahl des richtigen Analyse-Tools hängt sehr stark von Ihren Bedürfnissen und den Seitenabrufen ab. Für geringe Ansprüche reicht das kostenlose Tool *Webstats4U* vollkommen. Viele der Provider bieten aber auch im Hosting-Paket eigene Statistikfunktionen an, deren Leistungsfähigkeit stark vom Preis abhängen. Mit dem OpenSource-Tool *AWStats* erstellen Sie bereits ziemlich fortschrittliche Auswertungen.

Tool für den Online-Handel

Nedstat ist der Profi am deutschen Markt, das spiegelt sich auch im Preis wider. Dafür bekommen Sie aber auch eine maßgeschneiderte Lösung für den Online-Handel.

Anbieter	Statistik-Tool	Webseite
OTSG	Logfile-Analyse	awstats.sourceforge.net
etracker GmbH	Logfile-Analyse	www.etracker.de
Nedstat GmbH	Logfile-Analyse	www.nedstat.de
ShopStat Hartmut König	Logfile-Analyse	www.shopstat.com/de
WebSTAT.com	Logfile-Analyse	www.webstat.com
Web Measurement Services BV	Gratiszähler	webstats.motigo.com

Tabelle 9.19: Tools zur Analyse des Nutzungsverhaltens Ihrer Besucher

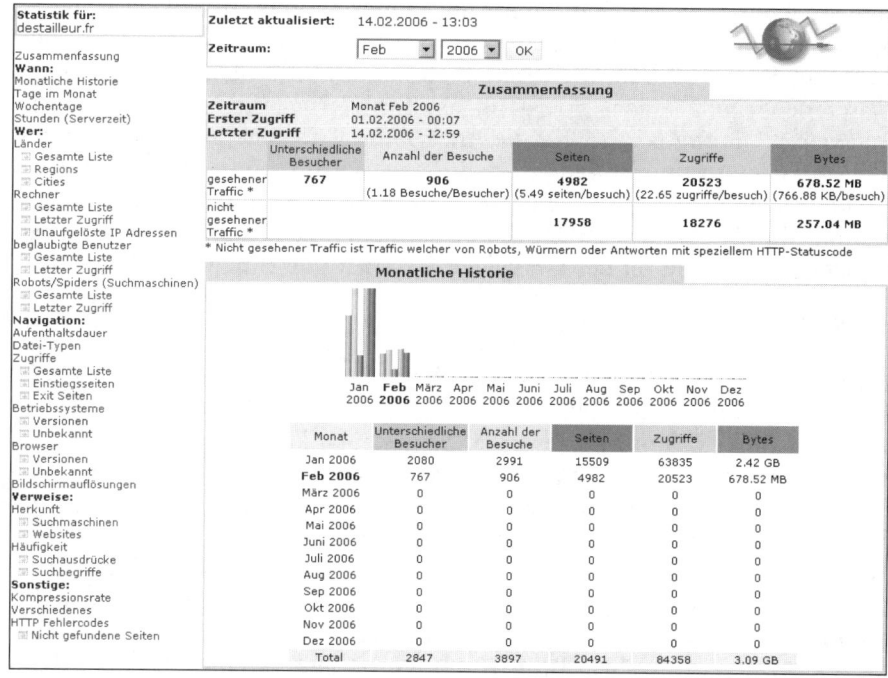

Statistik für: destailleur.fr						
Zuletzt aktualisiert:	14.02.2006 - 13:03					
Zeitraum:	Feb ▼ 2006 ▼ OK					

Zusammenfassung

Zeitraum	Monat Feb 2006
Erster Zugriff	01.02.2006 - 00:07
Letzter Zugriff	14.02.2006 - 12:59

	Unterschiedliche Besucher	Anzahl der Besuche	Seiten	Zugriffe	Bytes
gesehener Traffic *	767	906 (1.18 Besuche/Besucher)	4982 (5.49 seiten/besuch)	20523 (22.65 zugriffe/besuch)	678.52 MB (766.88 KB/besuch)
nicht gesehener Traffic *			17958	18276	257.04 MB

* Nicht gesehener Traffic ist Traffic welcher von Robots, Würmern oder Antworten mit speziellem HTTP-Statuscode

Monatliche Historie

Jan **Feb** März Apr Mai Juni Juli Aug Sep Okt Nov Dez
2006 **2006** 2006 2006 2006 2006 2006 2006 2006 2006 2006 2006

Monat	Unterschiedliche Besucher	Anzahl der Besuche	Seiten	Zugriffe	Bytes
Jan 2006	2080	2991	15509	63835	2.42 GB
Feb 2006	767	906	4982	20523	678.52 MB
März 2006	0	0	0	0	0
Apr 2006	0	0	0	0	0
Mai 2006	0	0	0	0	0
Juni 2006	0	0	0	0	0
Juli 2006	0	0	0	0	0
Aug 2006	0	0	0	0	0
Sep 2006	0	0	0	0	0
Okt 2006	0	0	0	0	0
Nov 2006	0	0	0	0	0
Dez 2006	0	0	0	0	0
Total	2847	3897	20491	84358	3.09 GB

Sidebar-Navigation:

Zusammenfassung
Wann:
Monatliche Historie
Tage im Monat
Wochentage
Stunden (Serverzeit)
Wer:
Länder
 Gesamte Liste
 Regions
 Cities
Rechner
 Gesamte Liste
 Letzter Zugriff
 Unaufgelöste IP Adressen
beglaubigte Benutzer
 Gesamte Liste
 Letzter Zugriff
Robots/Spiders (Suchmaschinen)
 Gesamte Liste
 Letzter Zugriff
Navigation:
Aufenthaltsdauer
Datei-Typen
Zugriffe
 Gesamte Liste
 Einstiegsseiten
 Exit Seiten
Betriebssysteme
 Versionen
 Unbekannt
Browser
 Versionen
 Unbekannt
Bildschirmauflösungen
Verweise:
Herkunft
 Suchmaschinen
 Websites
Häufigkeit
 Suchausdrücke
 Suchbegriffe
Sonstige:
Kompressionsrate
Verschiedenes
HTTP Fehlercodes
 Nicht gefundene Seiten

Abbildung 9.29: Funktionsübersicht des OpenSource-Tools AWStats

9.3.2   Pagedesign- und Quellcode-Optimierung

Jede Seite optimieren

Sie haben in einem ersten Schritt für Ihren Online-Shop und/oder Webauftritt einige bedeutsame Schlüsselwörter gefunden. Nun geht es darum, diese auch an den richtigen Stellen auf Ihrer Webseite zu platzieren. Das bedeutet, dass Sie jedes einzelne Dokument individuell optimieren müssen. Ein kompletter Rundumschlag, mit dem Sie alle Wörter auf jede Seite packen, wird sich als wenig wirksam erweisen. Berücksichtigen Sie darum jedes einzelne HTML-Element bei Ihrer Suchmaschinen-Optimierung. Wenn die Produktseiten aus Ihrem Online-Shop auf den vorderen zehn Plätzen landen sollen, sind auch die HTML-Tags wichtig.

Seitenoptimierung mit Hilfe von HTML-Tags

Optimale Reihenfolge

Suchmaschinenrelevanter Inhalt gehört im Seitenquelltext möglichst weit nach oben. Dann bewertet eine Suchmaschine Ihre Schlüsselbegriffe unter Umständen höher. Durch spezielle CSS-Anweisungen erreichen Sie im Quellcode, dass sich der Seiteninhalt über der Kopf-, Navigations- und Fußleiste befindet. Für das Ranking liegen die unterschiedlichen Informationen dann in der optimalen Reihenfolge und der Besucher findet dennoch ein normales Layout vor.

<title>-Tag

In dem *Kapitel 9.2.2* wurde bereits über Link-Popularität und Relevanz bei Suchmaschinen berichtet. Daneben gehören der <title>-Tag und der inhaltliche Seitentext zu den wichtigen Optimierungskriterien. Fast alle Suchmaschinen benutzen den <title>-Tag, um Ihre Webseite zu analysieren und zu indexieren. Häufig wird er für die Anzeige in den Suchergebnissen benutzt. Stehen darin nur unwichtige Informationen, wird bestimmt kein User drauf klicken. Schreiben Sie unbedingt die wichtigsten Schlüsselbegriffe an den Anfang des Titels. Wir haben schon darauf hingewiesen: Bereiten Sie die Informationen nicht für den Crawler auf, sondern für Ihre Kunden!

Passender Seitentitel

Sie müssen mit den richtigen Wörtern den Suchenden vor allem davon überzeugen, dass er die passende Information gefunden hat. Das gelingt Ihnen natürlich nicht mit einer bloßen Wortliste: Samsonite, Traxion, Aktenkoffer, Online-Shop. Ein Seitentitel wirkt lesefreundlicher und attraktiver, wenn Sie ihn mit **Stoppwörtern** und **Satzzeichen** kombinieren. So wird Ihr Kunde eher animiert zu klicken: »Samsonite Traxion – der Aktenkoffer von Samsonite bei taschenberater.de«. Im Inhalt Ihrer Webseite sollte sich der Seitentitel zusätzlich wiederfinden. Formulieren Sie mit aussagekräftigen Worten, was Sie anbieten. Die Suchergebnisliste ist häufig auf den Titel beschränkt. Verwenden Sie möglichst auf jeder Seite einen individuellen Titel mit höchstens 50 bis 70 Zeichen. Benutzen Sie zu viele Wörter, nimmt die Gewichtung einzelner Begriffe im Verhältnis ab. In Abbildung 9.30 sehen Sie einen grundlegend optimierten HTML-Code.

```
<html>
  <head>
    <title>Samsonite Traxion - Der Aktenkoffer von Samsonite bei taschenberater.de
    </title>
    <meta name="keywords" content="Notebooktasche, taschenberater, Samonsite,
         Aktenkoffer ...">
    <meta name="description" content="Notebooktaschen bei taschenberater - Samsonite
         Traxion ...">
  </head>
  <body>
    <h1>Notebooktaschen bei taschenberater.de - Samsonite Traxion Aktenkoffer</h1>
    <strong>Samsonite Traxion Aktenkoffer</strong>
     .
     .
     .
  </body>
  /html>
```
Abbildung 9.30: Passend optimierter HTML-Quellcode

Wir zeigen Ihnen hier eine komprimierte Liste der wichtigsten HTML-Tags, die auch für Ihre Suchmaschinen-Optimierung sehr relevant sind:

>> **Überschriften (<h1>- bis <h6>-Tag):** Leser betrachten Überschriften als Anhaltspunkte in längeren Texten. Der <h1>-Tag stellt die höchste Ebene dar, in dem die wichtigsten Schlüsselbegriffe stehen müssen.

Tipp: Unterteilen Sie einzelne Seitenabschnitte von Dokumenten immer mit beschreibenden Überschriften. Bauen Sie im Text möglichst mehrere sinnvolle Überschriften ein.

>> **Hyperlink** und **Link-Texte** (**<a>**-Tag): Der Inhalt im Link-Text (**Anchor-Text**) gewinnt als Ranking-Kriterium zunehmend an Bedeutung. Hier raten wir Ihnen vom Gebrauch von Grafiken ab, da dies für die Suchmaschine keinen Nutzwert darstellt. Das gilt ganz besonders für Navigationsleisten.

Tipp: Die Schlüsselbegriffe der aktuellen Webseite gehören nicht in den Link-Text. Verwenden Sie stattdessen im Link-Text die Begriffe, auf die der Link verweist, also die Begriffe der Zielseite. Besondere Bedeutung haben in diesem Zusammenhang das <alt>-Attribut (Pflichtangabe für Grafikeinbindung) und das <title>-Attribut (Universalattribut, welches in der Mehrzahl aller einleitenden HTML-Tags erlaubt ist).

>> **Aufzählungen** und **Listen** (**<ul>**- und **<ol>**-Tag): Suchmaschinen bevorzugen den Gebrauch solcher Formate und bewerten den Inhalt höher als in einem normalen Fließtext, weil es ein gutes Mittel ist, die Informationen übersichtlich für den Besucher darzustellen.

Tipp: Erhöhen Sie mit Aufzählpunkten (**Bullets**) und nummerierten Listen die Lesbarkeit von Textteilen. Eignet sich beispielsweise sehr gut für die Aufzählung von Produkteigenschaften.

>> **Tabellen** (**<table>**-Tag): Tabellen strukturieren Informationen und übernehmen auch eine gestalterische Funktion. Für die Suchmaschinen-Optimierung sind Tabellen nicht besonders gut geeignet, da der Inhaltsbereich für den Crawler nicht an oberster Stelle steht.

Tipp: Der Trend geht eindeutig zu barrierefreien Webseiten ohne Tabellen, die stattdessen mit CSS formatiert werden. Falls erforderlich platzieren Sie Begriffe als Zusammenfassung einer Tabelle im <summary>-Attribut des <table>-Tag. Ähnliches erreichen Sie mit dem <abbr>-Attribut im einleitenden Tag einer Daten- oder einer Kopfzelle. So stellen Sie eine Kurzinformation zu der entsprechenden Zelle voran.

>> **Auszeichnungen** (**<strong>**-, **<b>**-, **<em>**-Tag): Damit lenken Sie gezielt die Aufmerksamkeit des Besuchers in den Seitentext. Die Informationssuche wird mit dem Einstieg mitten in den Text beschleunigt. Speziell in diesem Fall lohnt es sich, auf reines CSS zu verzichten, denn der Crawler kann die Syntax noch nicht interpretieren und Sie verfehlen das Ziel (Abbildung 9.31).

Tipp: Heben Sie bevorzugt Ihre Schlüsselbegriffe im Seiteninhalt hervor, z.B. mit dem <strong>-Tag. Suchmaschinen bewerten Webseiten mit optisch »ausgezeichneten« Begriffen höher als solche ohne.

Bei allen Optimierungsmaßnahmen behandeln Sie alle Hyperlinks gleich. Denn ein richtig genutzter Link-Text, der für ausgehende Links gut ist, unterstützt genauso Website-interne Links. Schreiben also nicht nur »Weiter« sondern »Mit diesem Link gelangen Sie zur Webseite taschenberater.de«.

Internet und externe Links

Praxis-Tipp: Texthervorhebungen mit HTML-Tags auszeichnen

Cascading Style Sheets sind ein mächtiges Werkzeug für die Textformatierung. Dennoch sollten Sie nicht gänzlich auf HTML-Tags zur Textauszeichnung verzichten. Da Google und andere Suchmaschinen einige HTML-Tags, wie <strong> oder <h1>, bei der Indexierung mitbewerten. Andererseits brauchen Sie ebenso nicht komplett auf Klassen zu verzichten. Kombinieren Sie CSS-Formatierung mit HTML-Tags, dann erreichen Sie einen optimalen Kompromiss: flexibles Layout, markante Textauszeichnung und gute Suchmaschinen-Indexierung.

```
Besser:

<html>
<head>
  <style type="text/css">b {font-weight:bold}</style>
</head>
<body>
  Dieser <b>Begriff</b> ist richtig hervorgehoben.
</body>
</html>

Schlechter:

<head>
  <style type="text/css">.fat {font-weight:bold}</style>
</head>
<body>
  Dieser <span class="fat">Begriff</span> ist nicht optimal hervorgehoben.
</body>
```

Abbildung 9.31: Reine HTML-Tags sind für Crawler besser lesbar

Wichtige und unwichtige Meta-Tags

Meta-Tag-Generator

Im Internet findet sich der eine oder andere Meta-Tag-Generator. Dort geben Sie ein: Seitenbeschreibung, Keywords, Herausgeber, Autor, E-Mail und Sprache. Als Ergebnis kommen Ihre Meta-Tags heraus, die Sie direkt in die Webseite oder das Template einfügen. Darauf greifen Webkataloge und Suchmaschinen zu, die Inhalte werden teilweise im Browser dargestellt, wie der Seitentitel oder die Beschreibung in der Ergebnisliste der Suchmaschine Doch nicht alle Meta-Tags sind gleich wichtig, manche sind inzwischen fast überflüssig. Die Bedeutung sinkt zusehends für Suchmaschinen oder sie übergehen sogar die enthaltenen Angaben ganz.

Wichtige Meta-Tags

Meta-Tags hinterlegen Sie im <head>-Bereich einer HTML-Datei, am besten direkt unter dem <title>-Tag. Optimal ist es, wenn Sie Meta-Tags inhaltlich für jede einzelne Webeite maßschneidern. Nachfolgend finden Sie die Meta-Angaben, die in der Regel von Suchmaschinen beachtet werden. Meta-Tags, die hier nicht aufgeführt sind, können Sie getrost weglassen:

>> **content-type:** Bestimmt Typ und Zeichenkodierung der Datei.

Wichtig ist dieser Meta-Tag vor allem für die Zeichenkodierung in HTML-Dateien. Er teilt dem Internet-Browser anhand der Kodierung mit, in welche Zeichen er die Bytes umwandeln soll. Die Angabe springt für Sie ein, falls Sie vergessen sollten, Umlaute oder andere Sonderzeichen zu maskieren, falls Sie z.B. € anstatt € nutzen.

>> **description**: Beinhaltet den Beschreibungstext einer Webseite.

Mit der description-Angabe legen Sie eine kurze Beschreibung Ihrer Webseite fest. Nicht alle Suchmaschinen indexieren und bewerten den Inhalt. Manche Suchmaschine zeigt Textteile aus dem Body-Bereich oder greift auf diesen Text zu. Aus diesem Grund ist der inhaltliche Text wichtig, da er von einigen potenziellen Kunden gelesen wird. Platzieren Sie die wichtigsten Begriffe möglichst an den Anfang. Es lohnt sich, hier etwas einzutragen.

Tipp: Der optimale Beschreibungstext umfasst zwischen 150 und 200 Zeichen. Formulieren Sie daraus auf jeden Fall logische Sätze und listen Sie die Schlüsselbegriffe nicht nur der Reihe nach auf. Nehmen Sie dazu die besten Sätze aus dem Textinhalt und kürzen Sie diese. Am einfachsten geht es, wenn eine Software automatisch den Inhalt erstellt.

>> **keywords**: Beinhaltet die seitenspezifischen Schlüsselwörter.

Ursprünglich übertrug man hiermit Schlüsselwörter für die Suchmaschinen. Da der Missbrauch damit überhand nahm, indexieren die Suchmaschinen inzwischen den gesamten Inhalt der Webseite. Dieser Meta-Tag ist heutzutage für die Platzierung ziemlich unnütz. Auch für die Redakteure bei den Webkatalogen sind die unsichtbaren Keyword Meta-Tags uninteressant. Daher ist es verstärkt Ihre Aufgabe, relevante Keywords im Seitentitel und -text unterzubringen.

Tipp: Falls Sie trotzdem Schlüsselwörter einsetzen, verwenden Sie präzise Schlüsselbegriffe, die Ihr Unternehmen und/oder Ihre Produkte beschreiben. Diese Begriffe sollten insgesamt höchstens 250 Zeichen lang sein und durch Kommata getrennt werden.

>> **PICS-Label**: Bewertet jugendfreie Webseiten-Inhalte.

Bei **PICS** handelt es sich um ein standardisiertes Label des *W3*-Konsortiums, um jugendfreie Inhalte im Internet zu kennzeichnen. Es ist quasi ein Bewertungssystem zur freiwilligen Selbstkontrolle im Internet für den Schutz von Kindern. Webseiten-Betreiber können ihre Seiten freiwillig als jugendfreie Webseite und nach eigenem Ermessen mit dem Label versehen.

www.icra.org
Internet Content Rating Association *(Webseite mit PICS kennzeichnen)*

`WWW ......`

>> **robots**: Regelt das Indexierungsverhalten durch die Suchmaschine.

Der Meta-Tag ist nicht erforderlich, falls Sie eine vollständige Indexierung Ihrer Seiten wünschen. Es gibt spezielle Werte, die dies verhindern: Mit **noindex** soll der Crawler die Webseiten nicht indexieren, mit **nofollow** soll er gefundenen Hyperlinks nicht folgen, mit **noarchiv** verhindern Sie, dass Seiten im Archiv/Cache landen.

>> **refresh:** Ruft nach einer festgelegten Zeitspanne eine andere Seite auf.

Mit diesem Meta-Tag gelingt Ihnen die automatische Weiterleitung zu einer anderer Internet-Adresse (**Forwarding**). Von den Browsern wird dies auch beachtet. Der Crawler betrachtet das nicht gerade positiv und folgt solchen Links nicht weiter. Vermeiden Sie den Einsatz bei Ihren Webseiten, falls Sie in den Suchmaschinen-Index gelangen wollen.

Tipp . . . . . . *Praxis-Tipp: Verwenden von mehrsprachigen Meta-Angaben*

*Planen Sie den Webauftritt in verschiedenen Sprachen, dann sollten Sie die Meta-Angaben nicht nur deutschsprachig hinterlegen. Besonders gilt dies für die beiden Meta-Tags description und keywords. Um die Sprachen getrennt anzugeben, setzen Sie das **Universalattribut** »lang« ein (Sprachenkürzel nach **RFC 1766**). In Abbildung 9.32 sehen Sie, wie Sie die gleichen Angaben in den Sprachen Deutsch und Englisch ablegen.*

```
<meta name="description" lang="de" content="Auto, Rennwagen, Fahrer">
        <meta name="description" lang="en" content="car, race car,driver">
        <meta name="keywords" lang="de" content="Die Entstehung der Carrera Legende">
        <meta name="keywords" lang="en" content="The origin of the Carrera legend">
```

Abbildung 9.32: Mehrsprachige Meta-Tags mit dem Attribut »lang«

Seitentexte für Crawler und Besucher optimieren

Wichtiges zuerst   Eine kurze Zusammenfassung des zentralen Inhalts zu Beginn einer Webseite ist immer nützlich. Verwenden Sie also den so genannten **UpDown-Schreibstil**. Das Wichtigste findet der Leser gleich am Anfang; im weiteren Verlauf wird dieser gebündelte Seitenauszug detailliert erklärt. Dadurch können die Besucher schneller die Relevanz der angezeigten Information beurteilen und wissen gleich, ob sich das Weiterlesen lohnt. Zum anderen erleichtern Sie dadurch die Arbeit des Crawlers.

Futter für Crawler   Webseiten mit umfangreichen textbasierten Seiteninhalten sind ein gefundenes Fressen für die Suchmaschinen-Crawler. Das gilt auch für Link-Texte, Meta-Tags und alle anderen Informationen im Seitenquelltext. Ausführlichere Texte vermitteln vermeintlich mehr Kompetenz, darum belohnt *Google* umfangreiche Webseiten mit einem etwas höheren Ranking-Wert.

Auf einer Webseite ist natürlich meist nicht nur Text zu sehen, sondern auch Filme, Bilder, Grafiken, Animationen usw. Nachdem Crawler allerdings immer noch weitgehend mit Texten arbeiten, hat eine rein multimediale Plattform schlechte Karten für ein Super-Ranking. Abhilfe schaffen hier nur beschreibende Texte, die Sie mit den wichtigen Keywords ausstatten.

Damit Sie Webseiten nicht mit übermäßig vielen Suchbegriffen überfrachten, lohnt sich der Blick auf die Keyword-Density (*Kapitel 9.3.1*). Als Richtwert setzen Sie einen Wert um die 5% an. Ob Sie damit erfolgreich sind, prüfen Sie am besten mit einer Testseite. Schreiben Sie einen Text mit eigens ausgewählten Keywords für diese **Testseite** und warten Sie, bis er indexiert wird. Stellen Sie das Ranking fest und vergleichen Sie mit Hilfe des Keyword-Density-Tools den Webseiteninhalt mit der besser platzierten Konkurrenz. Verbessern Sie die Testseite mehrmals mit den gezeigten Mitteln. Landet Ihre Seite dann auf einem der vorderen Ranking-Plätze, geht das Spiel mit der nächsten Webseite und anderen Keywords von vorne los.

SEO testen

Egal womit Sie in Ihrem Online-Shop handeln, es gibt immer interessanten Content für Ihre Kunden. Generell ist der Seitentext ein bedeutendes Kriterium für das Ranking. Langfristig gesehen bringt Sie ein Content, der Ihren fachlichen Hintergrund widerspiegelt, weiter als ein rein suchmaschinenoptimierter Inhalt. Besucher, die mit einer Anhäufung von Suchbegriffen angelockt werden und dann enttäuscht auf eine andere Seite klicken, weil sie bei Ihnen doch nicht fündig werden, helfen Ihnen nicht wirklich weiter. Solche Besucher werden wohl auch kaum wiederkommen. Denken Sie deshalb an erster Stelle immer an Ihre (potenziellen) Kunden, nicht an die Suchmaschine. Stopfen Sie Ihre einzelnen Webseiten nicht zu voll. Denn gerade Hypertext bietet den Vorteil zusammengehörige Inhalte zu verlinken. Ist der Content länger als eine Din-A4-Seite, teilen Sie das gesamte Dokument auf mehrere Seiten auf, wobei jede Seite nur ein Thema haben sollte. Darüber freuen sich Besucher und Crawler gleichermaßen.

Der Besucher zählt

10

Online-Marketing

Neukundengewinnung

Wir befassen uns in diesem Kapitel mit den Marketingstrategien im Online-Handel. Ausgehend von den Instrumenten des klassischen Marketings lernen Sie die gängigsten Werbeformen im Internet kennen. Außerdem erklären wir Ihnen, was Kunden von Online-Shops erwarten. Dazu gehört es beispielsweise, dass Navigationselemente, Links und Werbebanner bestmöglich positioniert und beschriftet werden. Wir geben Ihnen Tipps für vertrauensbildende Maßnahmen und für den richtigen Marketing-Mix. Speziell geht es dabei um Presse, E-Mail-Marketing und Weblog.

Produktmarketing im Internet

Für das Produktmarketing sind zahlreiche Exportfunktionen in einem Online-Shop wichtig, um Ihre Produktdaten verfügbar zu machen. Wir stellen Ihnen einige vor und geben Ratschläge, wie sie am besten genutzt werden. Im Anschluss daran zeigen wir, wie Sie mit Keyword Advertising bezahltes Marketing starten und die erfolgreichsten Schlüsselbegriffe mit Conversion Tracking herausbekommen. Für Webseiten mit sehr viel Content lohnt sich auch ein Blick auf Affiliate-Marketing. Damit verdienen Sie zusätzlich Geld, indem Sie auf Ihren Webseiten für andere Unternehmen werben. Durch den Einsatz eines Adservers erhöhen Sie Ihren Erfolg im Online-Marketing.

Kundenbindung und -wiedergewinnung

Neben der Neukundengewinnung sind auch Alt- und Stammkunden ein sehr lohnendes Marketingziel. Für das richtige und langfristige Management von Kundenbeziehungen stellen wir Ihnen die Unternehmensstrategie Customer Relationship Management vor. Wir erklären verschiedene Lösungen im CRM-Umfeld und erläutern Ihnen die Erfolgsfaktoren für professionelles Kundenbeziehungsmanagement.

10.1   Neukundengewinnung

Marketing bietet Unternehmen einen systematischen Ansatz, wenn sie gewisse markt- und kundenorientierte Entscheidungen treffen wollen. Dabei ist Marketing nicht nur ein Instrument, um den Kunden zum Kauf zu bewegen oder das Unternehmen bzw. die Produkte bekannter zu machen. Die Markt- und vor allem die Kundenorientierung beeinflussen die externen und internen unternehmerischen Aktivitäten, die allesamt darauf abzielen, die Bedürfnisse des Kunden zu befriedigen. Heutzutage gehört auch ein zentrales Datenarchiv mit allen wichtigen Kundendaten zum Marketing. Damit sind Sie in der Lage, Ihre Kunden schnell und unkompliziert am Telefon zu beraten, ohne lange Ordner wälzen zu müssen.

Marketing ist mehr als Werbung

Marketing macht es Unternehmen möglich, marktorientierte Unternehmensziele zu erreichen, indem sie Erfahrungen aus der Soziologie, Psychologie und Verhaltenswissenschaft berücksichtigen. Vergleichen Sie dazu beispielsweise die psychologische Wirkung von Farben, um die es in *Kapitel 8* ging. Das reine **Online-Marketing** ist ein kleines Teilgebiet des Marketings, dessen Marketingmaßnahmen sich auf elektronische Medien beschränken. Marketing ist also kein anderer Begriff für **Werbung**, die im Allgemeinen nur dazu dient, Menschen gezielt zu beeinflussen.

Site-Promotion

Das Ziel Ihres Unternehmens besteht darin, Ihre Kunden mit Produkten oder mit Dienstleistungen zu versorgen, wobei Sie natürlich nicht den wirtschaftlichen Gewinn außer Acht lassen dürfen. Das bedeutet, Sie müssen kaufkräftige Besucher mit gezielten Marketingmaßnahmen in Ihren Online-Shop bringen. Dabei ist nicht nur die Neukundengewinnung zu beachten, wichtig ist auch die Bindung von bereits bestehenden Kunden. Mehr davon in *Kapitel 10.3*. Unter dem Sammelbegriff **Site-Promotion** fassen wir alle Marketingmaßnahmen zusammen, mit denen Sie Ihre Website bekannt machen. Dazu gehört neben dem Marketing im Internet (**Online-Marketing** oder **Internet-Marketing**) auch das außerhalb des Internets (**Offline-Marketing**). Alle genutzten Maßnahmen verfolgen die gleichen Ziele: Bekanntheit steigern, Markenimage aufbauen, Website-Besucher anziehen und Online-Verkäufe generieren.

Offline- und Online-Marketing

Zum Offline-Marketing gehört es, die Internet- und E-Mail-Adresse in die herkömmlichen Geschäftspapiere, Visitenkarten und andere Druckerzeugnisse aufzunehmen. Ein wichtiger Bereich des Offline-Marketings sind natürlich Radio- oder sogar Fernsehwerbung. Letzteres kommt für Einsteiger aber wohl kaum in Frage. Im Rahmen unseres Buches beschäftigen wir uns hauptsächlich mit dem Thema Online-Marketing. Um neue Kunden anzusprechen bietet das Internet eine riesige Bandbreite an Möglichkeiten. Ein wesentlicher Vorteil des Online-Marketings gegenüber dem Offline-Marketing liegt in der unmittelbaren Messbarkeit der Kundenreaktion

(Kapitel 9). Gelangt ein Kunde über eine beliebige Werbeform im Internet zu Ihrem Shop, dann berechnet Ihnen entweder der Internet-Dienstleister den Klick oder Sie werten selbst die Information über das Logfile des eigenen Webservers aus.

www.kecos.de/script/index.php?abo=kecos

Prof. Ott *(Bei der Erstellung dieses Kapitels hat uns Prof. Dr. Hans Ott maßgeblich mit fachlichen Tipps und Anregungen unterstützt)*

10.1.1   Marketinginstrumente im Online-Handel

Modernes Marketing richtet sich direkt an den Zielmarkt. Im Vorfeld unterscheidet man zwischen strategischem und operativem Marketing. Mit dem **strategischen** Marketing bestimmt die Geschäftsleitung die grundsätzliche Marschrichtung des Unternehmens, z.B. die barrierefreie Implementierung eines Webauftritts. Häufig geht es aber auch um Grundsatzfragen zu Märkten, Zielgruppen und die damit verbundenen Produkte. Mit der Unternehmensstrategie legen Sie den Weg fest, auf dem Sie die von Ihnen gesteckten Ziele erreichen wollen. Mit dem **operativen** Marketing setzen Sie diese Zielvorgaben praktisch um. Dazu verwenden Sie unterschiedliche Marketinginstrumente, die im so genannten **Marketing-Mix** gebündelt zusammenwirken. Für das obige Beispiel heißt dies, das Unternehmen verwendet eine spezielle Software-Lösung, die die strategische Vorgabe »barrierefreier Webauftritt« erfüllt, z.B. *contenido*.

Der Marketing-Mix macht's

Instrumente im klassischen Marketing-Mix

Die Vielzahl der verfügbaren Marketinginstrumente erschwert es Ihnen jedoch, die geeigneten Maßnahmen herauszufiltern. Damit eine bessere Übersicht entsteht, teilt die *American Marketing Association (AMA)* den klassischen Marketing-Mix in folgende Gruppen ein:

>> **Produktpolitik**: Entscheidet über Produkt- und Leistungsangebot.

Das wohl heikelste Thema überhaupt. Das (Online-Handels-)Potenzial ist nicht einfach abzuschätzen und hängt stark von den angebotenen Waren ab. Manche Produkte eignen sich besser für den Online-Handel, andere eher schlechter. Wobei dafür nicht allein die Produkteigenschaften maßgeblich sind. Der Kunde verspricht sich durch den Onlinekauf einen besonderen Nutzen. Ein großer Vorteil ist es, wenn sich Ihr Artikel vom Produkt der Mitbewerber abhebt. Gestalten Sie ein individuelles und ansprechendes Leistungsangebot für Ihre Kunden: Service, Verpackung, Termintreue, Qualität, Niedrigpreis, Garantie, Bequemlichkeit, Schnelligkeit, Produktkonfiguratoren (z.B. Auto-Konfigurator), Produktberater, Mass-Customization, Mass-Engineering usw. (**Nutzenaspekt**).

>> **Preispolitik:** Bestimmt Preisniveau und Zahlungsverfahren im Shop.

Ihre Preispolitik hängt überwiegend vom Preis-Leistungs-Verhältnis ab. Qualitativ hochwertige Produkte, Service und Support kosten Geld. Generell gibt es die beiden gegenpoligen Käuferschichten: **Premium-Käufer** mit hohem Qualitätsanspruch und **Schnäppchen-Jäger** auf Billigpreissuche. Wobei die Käufer inzwischen umdenken, nun endlich verstärkt auf die »Geiz ist geil«-Mentalität verzichten und wieder bereit sind für guten Service, mehr Geld auszugeben. Eine andere Preisfindung entsteht durch Produkt-Bundle, Auktionshandel oder Nachlässe/Rabatte für spezielle Käufergruppen. Im eCommerce spielen auch die angebotenen Zahlungsarten eine große Rolle.

>> **Distributionspolitik:** Befasst sich mit Logistik und Absatzkanälen.

Im Mittelpunkt steht hierbei die Art des **Vertriebsweges**, d.h. der Weg des Produkts von Ihnen zum Endkunden. Immer mehr löst man sich von rein einstufig ausgelegten **Absatzkanälen:** Telefax- und Telefonvertrieb, Außendienst, Ladenverkauf oder eCommerce. Der Trend geht hin zu mehrstufigen **Multichannel-Strategien**, in denen der Händler dem Kunden parallel mehrere Vertriebskanäle anbietet.

>> **Kommunikationspolitik:** Fördert Verkauf und Öffentlichkeitsarbeit.

Durch das Internet können Sie mit interaktiven Maßnahmen Ihre Kunden individueller und persönlicher ansprechen als mit Direktwerbung (Werbebrief, Telefon). Und auch die gestalterische Vielfalt in Bezug auf Inhalt, Design und Dialog sind wesentlich umfangreicher. Web 2.0 und sogar Web 3.0 sind auf dem Vormarsch. Die Unternehmen betrachten inzwischen Online-Tagebücher (**Weblogs**), **Kundenforen** und **Communities** (Nutzergemeinden) nicht mehr als nebensächliche Randerscheinungen. Einen wesentlichen Beitrag dazu leistet die zunehmende Verbreitung schneller DSL-Internetanschlüsse in Deutschland.

52% mehr Online-Werbung

Im Jahr 2005 investierten Unternehmen insgesamt 850 Mio. € in den deutschen Online-Werbemarkt. Davon entfallen allein 180 Mio. € auf den Pay-per-Click-Bereich der drei Marktführer *Google*, *Miva* (ehemals *espotting*) und *Yahoo!* (ehemals *Overture*). Das entspricht einem Anstieg um 46% gegenüber dem Vorjahr. Aufgrund der sehr günstigen Prognosen korrigierte der Bundesverband Digitale Wirtschaft (BVDW) die Zahlen für 2006 auf nunmehr 1,3 Mrd. €, ein Plus von nochmals 52%. Inzwischen belegt der Online-Werbemarkt einen Anteil von 4,4% des gesamten Werbemarktes.

Werbeformen im Internet

Im Folgenden finden Sie eine grobe Einteilung der wichtigsten Werbeformen im Internet, die alphabetisch sortiert ist:

>> **Affiliate-Marketing (Partnerprogramme):** Einbinden von Bannern auf der eigenen Website. Die eingebauten Links verweisen auf andere

Unternehmen. Bei diesem virtuellen Vertriebsnetzwerk erhalten Sie erfolgsabhängig eine Provision, z.B. Pay-per-Click (pro Klick), Pay-per-Lead (pro Interessent), Pay-per-Sale (pro Verkauf) usw.

>> **Banner-Marketing**: Einbetten einer Grafik- (z.B. GIF-Format) oder Flash-Datei (z.B. SWF-Format) in eine Webseite. Der damit verbundene Hyperlink verweist auf die Website des Werbenden, der für einen bestimmten Platz des Werbebanners bezahlt (**Affiliate**). Dafür haben sich verschiedene **Bannergrößen** etabliert.

>> **Crossmedia-Marketing**: Vernetzt die neuen elektronischen Medien mit den klassischen Kommunikationskanälen. Mehrere aufeinander abgestimmte Kontaktwege ergänzen sich bei der Produktwerbung, z.B. Gratisinformationen und Club-Magazin, eBook und Buch, Online-Marketing und Produktflyer.

>> **E-Mail-Marketing**: Fördert mit E-Mail-Newslettern hauptsächlich die Kundentreue und Kundenakquise. Im Jahr 2003 hat eine europäische Studie von *DoubleClick* festgestellt, dass diese Werbeform mit 69% Gesamtanteil das am häufigsten benutzte Internet-Marketingtool ist.

>> **Guerilla-Marketing/Moskito-Marketing**: Bezeichnet die Wahl äußerst ungewöhnlicher Marketingaktionen. Erzielen einer großen Werbewirkung mit Hilfe eines verhältnismäßig geringen Budgets und einer ausgefallenen Idee. Das Ziel liegt darin, bei den mit Werbung übersättigten Kunden eine hohe Aufmerksamkeit zu entlocken. So begann der Verkaufsstart des *BMW Mini* in den USA mitten in den Zuschauerrängen während eines Top-Basketballspiels. Das war aufgrund der Fernsehübertragung zum Spiel sehr werbewirksam.

>> **PopUp-Marketing**: Zeigt in einem neuen Fenster eine Werbeeinblendung an. Der User wird dadurch beim Surfen gestört und fühlt sich entsprechend von dieser Werbeart meistens genervt. Verzichten Sie lieber darauf!

>> **Public-Relations-Marketing**: Beschäftigt sich im weitesten Sinne mit Presse- und Öffentlichkeitsarbeit und dient der Selbstdarstellung. Public Relation ist der Versuch mit gesprochenen und gedruckten Worten die öffentliche Meinung positiv zu stimmen. Dies gelingt z.B. über **Online-PR** (Online-Marketing), **Offline-PR** (Kino, Print, Radio oder Fernseher) und **Offsite-PR** (Fachartikel oder Produktflyer).

>> **Suchmaschinen-Marketing**: Ein sehr breit gefächertes Gebiet, das nicht nur Maßnahmen umfasst, mit denen Ihre Webseiten in Suchmaschinen eingetragen werden. Eine wichtige Rolle spielt die Suchmaschinen-Optimierung (*Kapitel 9*). Auch sehr relevant ist das bezahlte Platzieren von Suchergebnissen in den Trefferlisten der Suchmaschinen (**Keyword Advertising**, **Paid-Ranking** oder **Paid-Placement**).

>> **Viral-Marketing/Buzz-Marketing** (**Mundpropaganda**) Bezeichnet alle Verfahren, mit denen die Kunden animiert werden, die Produkte weiterzuempfehlen. Die Kunden nehmen quasi eine Multiplikator-Funktion ein, die dazu beiträgt, die Produkte/Dienstleistungen zu verbreiten, z.B. Weiterempfehlen, Gratisangebote, Mitgliederwerbung oder Partnerprogramme.

Verschiedene Arten von Werbebannern

Ab 2008 mehr Online- als Print-Werbung

1994 schaltete der amerikanische Konzernriese *AT&T* auf der Webseite des Internet-Magazins *hotwired.com* das allererste Werbebanner. Seitdem hat sich die Online-Werbung rasend schnell verbreitet. Zunächst gab es nur statische Banner, heute verbindet man in den neueren Rich-Media-Formaten multimediale Inhalte: Ton, Animation, Interaktion und Video. Weltweit wachsen die Ausgaben für das Internet-Marketing stetig. Ab dem Jahr 2008 rechnet *Jupiter Research* für den amerikanischen Online-Werbemarkt damit, dass die klassischen Print-Medien überflügelt werden.

Die gängigsten Standardgrößen und Bezeichnungen von Werbebannern haben wir Ihnen in *Kapitel 8* vorgestellt. In Tabelle 10.1 finden Sie ergänzend dazu verschiedene technische Marketinglösungen.

Bannerarten	Kurzbeschreibung
Animierte Banner	Die zum Teil mit interaktiven Features versehenen Animationen sind Sequenzen aufeinanderfolgender Bilder. Neben GIF-Bannern sind vor allem Flash-Animationen gebräuchlich. Laut einer Studie von *ZDNet* erzielen animierte Banner eine bis zu 40% höhere Klickrate als statische Banner.
DHTML-Banner	Effekt-Banner erweitern die Möglichkeiten der einfachen HTML-Banner um DHTML-Funktionalität. Das Werbeelement ist frei beweglich auf der gesamten Website und überlagert dabei zeitweise andere Fensterinhalte (ähnlich wie Floating Ad).
Floating Ad (Powerlayer)	Flash-Animation, die über einen durchsichtigen Bereich mit transparentem Hintergrund verfügt. Der sichtbare und meist bewegliche Bereich ist in Form und Farbe frei definierbar und beinhaltet zumeist interaktive Elemente.
HTML-Banner	Besteht nicht nur aus der werbenden Grafik, sondern beinhaltet zusätzlich eingefügten Quellcode. Über formulartige Auswahlmenüs/-boxen greifen User interaktiv auf Inhalte zu, wie Tarifberechnung, Suchfenster usw. Der Interessent gibt z.B. in ein Formularfeld die Außenmaße seines Notebooks ein und erhält per Mausklick alle passenden Taschenangebote.
Interstitials	**Unterbrecherwerbung**, die das gesamte Browser-Fenster ausfüllt. Bei **Prestitials** schaltet man eine ganzseitige Werbung vor die eigentliche Seite. Interstitials erscheinen beim Wechseln einer Seite und blenden eine Werbeunterbrechung ein. HTML- und Flash-Inhalte erhöhen die Akzeptanz. Diese Werbeform schaltet man z.B. auf trafficstarken Sites, um Kunden für Gewinnspiele zu ködern, ähnlich wie bei PopUp-Werbung.
Java-Banner	Erweitern die Interaktionsmöglichkeiten von reinen HTML-Bannern. Im Banner selbst lassen sich Nutzereingaben verarbeiten. Darstellbar sind aber auch Tarifberechnungen, kleine Spiele oder sich automatisch aktualisierende News-Ticker (Börsenkurse).

Tabelle 10.1: Verschiedene Techniken für Werbebanner

Bannerarten	Kurzbeschreibung
Landing Page (Microsite)	Solche **Aktionsseiten** sind für einen befristeten Zeitraum konzipiert und dienen als Zwischenseiten. Man schaltet sie meistens zwischen dem Banner und der Homepage. Eine weitere Möglichkeit besteht darin, für jede angesprochene Teil-Zielgruppe eine eigene Landing Page zu erstellen. Auf dieser Webseite greifen Sie erneut die Banneraussage auf, z.B. Wettbewerbe, Gewinnspiele oder Sonderaktionen.
Mouse-Move-Banner	Ruft ein Besucher eine Webseite auf, erscheint direkt neben dem **Mauszeiger** ein Werbebanner das synchron auf die Mausbewegungen des Users reagiert. Das Banner verschwindet, wenn die Maus still steht, erst wenn sich die Maus erneut bewegt, wird das Banner wieder sichtbar.
Pixel-Banner	Bei dieser neuartigen Bannervariante werden sehr kleine Pixelblöcke einer großen Seite – Gesamtgröße der Seite 1.000 x 1.000 Pixel – verkauft. In diesen Pixelbereichen blendet der Anbieter kleine Grafiken des Werbenden ein, die mit einem beschreibenden Text und einem Link versehen sind. Der Inhaber der Website www.milliondollarhomepage.com finanzierte damit erfolgreich sein Studium.
PopUp	Meist relativ plötzlich auftauchende visuelle Elemente. Die Grafiken springen an beliebiger Bildschirmposition einfach auf und überdecken dabei andere Bildschirminhalte. PopUp-Fenster zeigen den Werbeinhalt nicht im aktuellen Browser-Fenster, sondern in einem sich automatisch öffnenden neuen Fenster. Allerdings haben alle neueren Internet-Browser PopUp-Blocker integriert, so dass deren Werbewirkung eher mager ist.
Rich-Media-Banner	Diese aktuelle Bannerart ist für nahezu alles einsetzbar und verwendet erweiterte Multimedia-Funktionen. Es besteht die Möglichkeit, Video, Audio und 3D-Komponenten im Bannerformat darzustellen. Durch das hohe Interaktionspotenzial erzielt man sehr hohe Klickraten.
Statische Banner	Das waren die ersten Werbebanner im Internet. Sie sind inzwischen nur noch selten anzutreffen. In der einfachsten Form besteht ein solches Banner nur aus einem Bild, inzwischen sind natürlich Links zum Werbenden integriert.
Sticky Ad	Bezeichnet kleine, einblendbare Werbefenster, die immer im Browser-Fenster sichtbar bleiben, sogar wenn der gesamte Fensterinhalt nach unten gescrollt wird. Der Inhalt befindet sich immer an oberster Fensterposition und lässt sich nur mit einem Klick wegblenden.
Video Ad	Video-Werbemittel werden laut einer Studie von *emarketer.com* immer interessanter. Wachstumsraten von 89% noch im Jahr 2007 und ein geschätzter Umsatz von weltweit 3 Milliarden US-Dollar bis 2010. Dazu gehören **Pod**- (Audio), **Live**- sowie **Videocastings**. Im Grunde geht es um die Umwandlung von außerhalb des Internets erstellten Bewegtbildern, die mit geeigneter Technik implementiert werden.

Tabelle 10.1: Verschiedene Techniken für Werbebanner (Forts.)

Praxis-Tipp: Bannerwerbung wirkt

Dass Werbebanner wirken, demonstriert sehr eindrucksvoll der Kinnie-Report *der* G+J Electronic Media Sales GmbH. *Je mehr Bannerkontakte die Testpersonen hatten, desto*

– *mehr steigt die* **Markenbekanntheit** *(Brand-Awareness).*

– *mehr wächst die* **Markensympathie**.

– *stärker wächst die* **Kaufbereitschaft**.

Je höher die Kontaktdosis, also die Anzahl gesehener Werbeanzeigen, desto höher ist der erzielte Effekt. Die optimale Kontaktmenge für eine effiziente Online-Kampagne lag nachweislich bei rund sieben Kontakten. Das bedeutet für Ihre Online-Kampagnen, dass eine Person aus der Zielgruppe mindestens sieben Mal mit der Kampagne in Berührung kommen muss. In dieser Gruppe liegt die Klickrate dann bereits bei erstaunlichen 2,6%.

Klickrate bei Werbebannern

Eine aktuelle Studie von *Adtech* zeigt jedoch, dass die Klickraten europaweit neuerdings deutlich zurückgehen. Im Durchschnitt pendelt sich die Klickrate bei Werbebanner im ersten Quartal 2007 bei 0,18% ein. Im europäischen Vergleich zeigen sich allerdings erhebliche Unterschiede in Abhängigkeit von einzelnen Bannerformaten. Video Ads liefern mit 4,6% noch die meisten Zugriffe, dahinter liegen seltsamerweise die lästigen PopUps und Powerlayer mit 0,6%. Am eifrigsten klicken übrigens noch Franzosen und Italiener.

www . . . . . .

`www.adtech.de`
Adtech AG *(Anbieter von Lösungen für das digitale Marketing)*

`ems.guj.de/index.php?id=70`
G+J Electronic Media Sales GmbH *(Ergebnisse des Kinnie-Reports)*

Mit der 5C-Strategie zum Erfolg

Ausgewogener Marketing-Mix

Bei der Vielzahl an Werbeformen ist die Entscheidung nicht einfach: In was investieren Sie Ihren **Marketingetat** am sinnvollsten? Online-Marketing ist eines der Werbemittel, mit dem Sie kostengünstig neue Kunden für Ihren Shop gewinnen. Im Vergleich zu teurer Print-Werbung erreichen Sie mit dem relativ günstigen Online-Marketing häufig mehr. In einem ausgewogenen Marketing-Mix darf es daher keinesfalls fehlen.

Genau genommen ist die eigene Website an sich schon ein Marketinginstrument. Bevor Sie weitere Marketingaktivitäten starten, um neue Kunden anzulocken, benötigt Ihr Online-Auftritt informative und nützliche Inhalte für Ihre Kunden. Melden Sie bloß keine leeren Seiten in Suchmaschinen oder Webkatalogen an. Ähnlich verhält es sich mit dem Online-Marketing. Hier entstehen auch Anfangskosten bzw. laufende Kosten und Sie möchten daraus Einnahmen generieren. Lotsen Sie die Kunden auf nichts sagende Webseiten, zahlen Sie Geld für den Klick, obwohl die Kunden aufgrund der uninteressanten Informationen gleich wieder weg sind.

Prinzipiell empfiehlt sich in aller Regel eine zweistufige Vorgehensweise:

Step . . . .

1. **5C-Strategie:** Schaffen Sie gute Rahmenbedingungen!

2. **Marketingplan:** Beschreiben Sie die Umsetzung Ihres Marketings!

Quelle:
`www.ebigo.de`

Befassen wir uns als Erstes mit den Rahmenbedingungen, die den Erfolg des Marketings erst möglich machen. Wichtig ist vor allem ein umfassender

Plan. Achten Sie auf einen ausgewogenen Webauftritt. Wir vertreten hierbei eine ähnliche Meinung wie die *MFG Medien- und Filmgesellschaft.* In der vertriebs- und marketingorientierten Publikation »Die 5C-Strategie: Online-Shops erfolgreicher machen« bringt das Unternehmen die Gewichtungs-faktoren zahlenmäßig auf den Punkt:

>> **Content** (33%) erhöht die Verweildauer Ihrer Kunden auf der Site.

>> **Commerce** (33%) ermöglicht es Ihren Kunden, einfach zu bestellen.

>> **Community** (11%) unterstützt Gedankenaustausch zwischen Kunden.

>> **Consultancy** (11%) vermittelt Vertrauen/Kompetenz durch Beratung.

>> **Communication** (11%) erreicht mit Werbung potenzielle Kunden.

Sehr wichtig für die erfolgreiche Vermarktung sind Content und Commerce. Darunter versteht man nicht nur die Beschreibung Ihrer Produkte, sondern viele Informationen rund um die angebotenen Produkte. Haben Sie bei-spielsweise einen Feinkost-Shop, wäre ein guter Content besondere Rezepte oder Beschreibungen ungewöhnlicher Früchte, wie Mango, Litschi oder Jackfrucht. Passend dazu bieten Sie vielleicht im Online-Shop (Commerce) passende Kochbücher oder Kochgeschirr an. Um den Community-Gedan-ken zu fördern, bieten Sie ein Forum an, wo die interessierten Hobbyköche Rezepte austauschen, sich neue Kochideen holen oder Fragen loswerden. Vertreiben Sie erklärungsbedürftige Produkte, bieten Sie individuelle Bera-tung (Consultancy). Möglichweise haben Sie speziell beschichtete Pfannen, deren Vorteile Sie Kunden besser telefonisch erklären. Dazu binden Sie auf Ihren Webseiten einen Call-Back-Button ein, um den Kunden tagsüber bera-tend zur Seite zu stehen. Und zu guter Letzt brauchen Sie kaufinteressierte Kunden, die Sie z.B. über Öffentlichkeitsarbeit oder andere Marketingmaß-nahmen gewinnen (Communication).

Beispiel zur 5C-Strategie

Mit dem Marketingplan zum Erfolg

Im Mittelpunkt der Suchmaschinen-Optimierung steht eindeutig der Inhalt Ihrer Webseiten (**Suchmaschinen-Marketing**). Natürlich ist es für das **Online-Marketing** selbst auch von Vorteil, wenn Sie die Kundschaft auf besonders nützliche Seiten lenken. Wie bereits angedeutet, steht der Nutzen oder Mehrwert im Vordergrund. Finden die Kunden Wissenswertes, bleiben sie länger auf Ihren Webseiten und kehren oft auch gerne wieder auf Ihre Seiten zurück.

Content anbieten

Für die Content-Verwaltung empfehlen sich so genannte **Content-Manage-ment-Systeme (CMS)**. Eine zielgruppenorientierte Ansprache der Kund-schaft ist hierbei unabdingbar. Richtet sich Ihr Angebot an Senioren, wählen Sie ein gediegeneres Layout mit großer Schrift. Informationen zum Partyleben in der Großstadt als Inhalt sind ungeeignet. Besser kommen spe-zielle Senioren-Tipps an. Je nach Ihrem Produkt- und Dienstleistungsange-bot kann der Inhalt beschreibend, helfend, aktuell, informativ, spannend, unterhaltsam oder lustig sein. Vergessen Sie aber nie: Der Kunde steht im Mittelpunkt. Fühlt er sich wohl auf Ihren Seiten, empfiehlt er sie gerne weiter (**Viral-Marketing**). So tritt auf lange Sicht eine Art Schneeballeffekt ein. Deshalb sind Web 2.0-Technologien so beliebt, da die Kunden selbst mithelfen, ein Produkt bekannter zu machen. Hier dreht sich alles um Interaktivität, Kommunikation und Mitmachen. Gesteigert wird dieser Effekt durch so genannte Mashups, das Einbinden weltweit verteilter Dienste, um die eigene Website durch Geodaten, Bilder und sogar Textverarbeitung oder Terminkalender aufzuwerten.

WWW . . . . .

`www.joomla.de`
Mambo e.V. *(Anbieter einer CMS-Lösung)*

`www.contenido.de`
four for business AG *(Anbieter einer CMS-Lösung)*

Commerce muss funktionieren

Gelingt es Ihnen z.B. mit **Banner-Marketing,** einen Kunden auf Ihre Seiten zu holen, wäre es sicherlich schade, wenn er ohne eine Transaktion wieder verschwände. Das muss nicht immer ein Verkauf sein. Für den Anfang reicht es oft, wenn er Ihnen seine Adresse hinterlässt. Das gelingt Ihnen z.B. über ein Gewinnspiel, einen Download von wertvollen Informationen (eBook) oder über den Eintrag in den monatlich erscheinenden Newsletter. Dann haben Sie die Möglichkeit, den Kunden mit regelmäßigen Informationen über Neuheiten, Sonderangebote oder anderes an sich zu binden (**E-Mail-Marketing**). Können Sie folgende Fragen mit einem klaren Ja beantworten, gehen Sie schon die ersten wichtigen Schritte in Richtung Kundenbindung:

>> Findet der Kunde die gesuchten Produkte schnell?

>> Bieten Sie ausreichend Informationen für die Kaufentscheidung?

>> Verläuft die Kaufabwicklung einfach und übersichtlich?

>> Arbeitet Ihr Kundenservice schnell und gut, auch nach der Lieferung?

Community aufbauen

Auch mit Communities (**Buzz-Marketing**) sorgen Sie für eine viel engere Beziehung und eine festere Bindung zwischen den Kunden und Ihrem Unternehmen. Solche virtuellen Gemeinschaften informieren Sie nahezu gratis über die Sorgen, Interessen und Bedürfnisse Ihrer Kunden. Anhand dieser Informationen erlangen Sie möglicherweise entscheidende Wettbewerbsvorteile für Marketing und Vertrieb.

Consultancy ist wichtig

Wer schon im Vertrieb tätig war, weiß, wie wichtig die Beratung für die Kundschaft ist. In Ladengeschäften ist es üblich, dass sich ein Fachverkäufer um Kundenfragen kümmert. Das gilt mittlerweile auch für Online-Shops. Die meisten Fragen Ihrer Kunden betreffen Produktauswahl und Produkt-

suche, Lieferfähigkeit, Bezahlverfahren, Bedienungsfehler und Bestellabwicklung. Versuchen Sie, viele dieser Fragen vorweg zu beantworten, indem
Sie Kurzanleitungen und Hilfestellungen im Support-Bereich anbieten. Hinweise zu einzelnen Produkten hinterlegen Sie am besten gleich direkt bei den
Artikelbeschreibungen. Oder Sie verweisen dort mit Links auf bereits bestehende Antworten im Support-Bereich Ihrer Webseite.

Die Neukundengewinnung ist eine der zentralen Aufgaben Ihrer Marketingstrategie. In *Kapitel 9* haben Sie gelernt, dass dazu Suchmaschinen-Optimierung nützlich ist. Nicht nur Bannerwerbung bringt Ihnen neue Kunden!
Gerade zu Beginn gehören zu Ihren Hausaufgaben auf jeden Fall redaktionelle **PR-Maßnahmen, Suchmaschinen-Optimierung, Keyword Advertising**
und laufend aktualisierter Content für Ihre Website.

Communication zur Kunden-gewinnung

Welche Maßnahmen Sie im Detail planen, halten Sie in einem eigenen **Marketingplan** fest. Darin beschreiben Sie, mit welcher Strategie Sie das Online-
Marketing umsetzen. Besonders wichtig ist das Budget. Behalten Sie den
finanziellen Überblick, damit die Marketingausgaben nicht überhandneh-
men. Denken Sie auch daran: Ihr Marketingerfolg muss neben einem gestie-
genen Umsatz eventuell auch andere messbare Ergebnisse liefern, z.B.
Besucheranzahl. Im Wesentlichen beinhaltet ein solider Marketingplan folgende Teilbereiche:

Planen Sie Ihr Budget

1. Strategie vorgeben: z.B. Kundennutzen, Zielgruppe und Mehrwert.
2. Ziele festlegen: z.B. Kundengewinnung, -bindung, Umsatzsteigerung.
3. Maßnahmen bestimmen: z.B. Keywords/Werbepartner auswählen.
4. Budget planen: z B. monatlich 200 € für Suchmaschinen-Marketing.
5. Aktionsplan festlegen: z.B. Marketing starten und Erfolg messen.

Step......

10.1.2 Was Kunden von Online-Shops erwarten

Werbung beginnt bereits bei der Gestaltung Ihres Shops. Der Kunde hegt
gegenüber einem Online-Shop gewisse Erwartungen. Schließlich ist der
Mensch ein Gewohnheitstier und bevorzugt in aller Regel Bekanntes. Im
Jahr 2005 lieferte eine interessante **Wording-Studie** des Marktforschungs-
und Beratungsunternehmens *eResult* wertvolle Erkenntnisse über die erwar-
tungskonforme Bezeichnung von Link-Elementen. Man untersuchte die
Benennung der wichtigsten Rubriken, Orientierungs- und Navigationselemente in Internet-Auftritten. Die Angaben der Besucher ergaben eine Rang-
liste für die am häufigsten erwarteten Bezeichnungen.

Benennung von Rubriken

Wie sollte der Link lauten auf …	Bezeichnung
besonders günstige Angebote?	Sonderangebote oder Schnäppchen
den Bereich mit neuen Produkten?	Neuheiten oder Neu im Shop
die am meisten verkauften Produkte?	Bestseller, Top10 oder Top-Seller
eigens konfigurierbare Produkte?	Produkt zusammenstellen
andere Niederlassungen?	Filialen, Filialfinder oder Standorte
die erste Seite des Webauftritts?	Startseite oder Home
bereits ausgewählte Ware?	Warenkorb
zeitversetztes Kommunikationsangebot?	Forum oder Diskussionsforum
Bereiche mit herunterladbaren Daten?	Download
den Shopping-Bereich?	Online-Shop
reservierte Produkte für den späteren Kauf?	Merkzettel
den Eingang in den geschützten Bereich?	Login
den Standard-Suche-Button?	Suche oder Suchen
weiter spezifizierbare Suche?	Erweiterte Suche oder Detailsuche
Antworten auf häufig gestellte Fragen?	FAQ

Tabelle 10.2: Wording-Begriffe für die wichtigsten Linktexte

Nur 50 ms entscheiden

Das Verhalten eines Online-Shoppers wird beim ersten Shop-Besuch in hohem Maße von seiner Erwartungshaltung gesteuert. Sie können dem Kunden nur einmal einen ersten Eindruck Ihrer Website geben. Laut Psychologen der kanadischen *Carleton University* bilden sich Besucher bereits innerhalb von nur 50 ms ein Urteil über die Qualität einer Webseite. Wenn einen Kunden das Sortiment interessiert, stellt er sich gedanklich viele Fragen und erwartet darauf sofort einfache Antworten. Der Kunde denkt beispielsweise:

>> Fakt: Schöne Produkte und wissenswertes Informationsangebot.

Frage: Wo kann ich mich für den regelmäßigen Newsletter anmelden?

>> Fakt: Das vorgestellte Tool ist sehr interessant.

Frage: Ist es möglich, es kostenlos herunterzuladen?

>> Fakt: Ich möchte das vorgestellte Produkt gerne kaufen.

Frage: Bietet der Shop das von mir bevorzugte Bezahlsystem?

>> Fakt: Über die Navigation gelangen Kunden auf tiefer gelegene Seiten.

Frage: Wie komme ich wieder zurück zur Startseite?

Kundenfreundliche Navigation

Damit Sie die meist sehr stark ausgeprägten Erwartungen eines Kunden nicht enttäuschen, ist es sinnvoll, sich an gewisse Gepflogenheiten zu halten. Ganz zentral sind benutzerfreundliche Navigationselemente, die aussagekräftig beschriftet und bestmöglich positioniert sein sollen. Wichtig sind neben einigem anderen auch:

>> die Positionierung von Werbebannern

>> die Produktinformationen auf den Produktseiten

>> die vertrauensbildenden Maßnahmen im Online-Shop

Navigationselemente und Werbebanner richtig positionieren

Die Navigation im Online-Shop hat eine wichtige Orientierungsfunktion. Der Benutzer will immer und überall wissen, wo er sich gerade befindet. Er sollte ständigen Zugriff auf die Navigationselemente haben, die farblich und am besten räumlich vom Rest der Seite abgetrennt sind. Natürlich möchte der Kunde die Navigationselemente einer Homepage immer an der gewohnten Position vorfinden. Der Besucher von Shops ist es gewohnt, die Navigationsleiste auf der linken Seite vorzufinden. Das Warenkorbsymbol sollte möglichst rechts oben auf der Webseite erscheinen. Dies vermittelt dem Benutzer ein Gefühl von Sicherheit, Bekanntheit und Vertrautheit. So kann er sich ganz auf den dargebotenen Inhalt konzentrieren. In *Kapitel 8* lesen Sie, wie Sie zusätzlich Farben als psychologisches Mittel einsetzen.

Warenkorb rechts oben, Navigation links

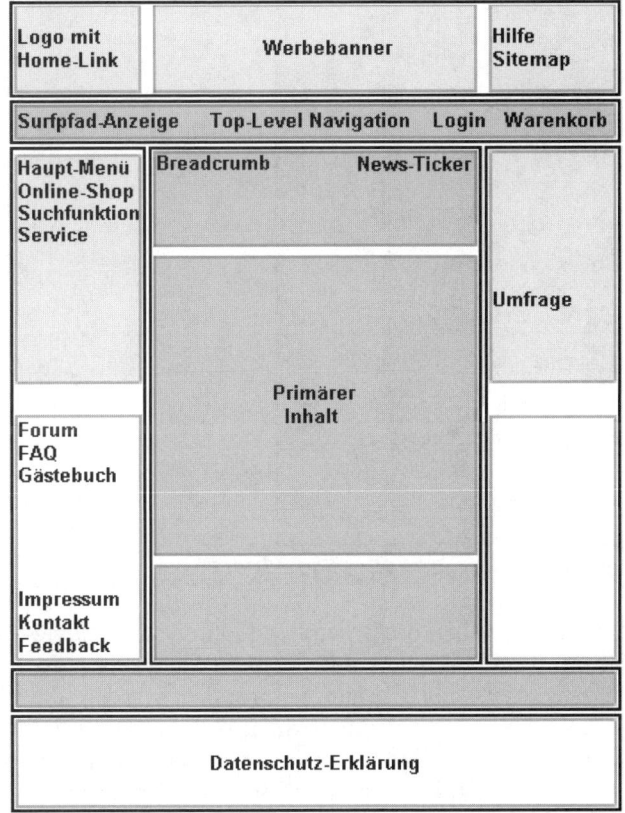

Abbildung 10.1: Erwartete Position einiger Navigations-/Hilfeelemente

Die Experten des *Google-AdSense*-Marketingsystems raten dazu, die richtige Anzeigenplatzierung auszutesten. Experimentieren Sie auch mit unterschiedlichen Bannerfarben, selbst dabei erzielen Sie häufig sehr unterschiedliche Wirkungen und damit auch Seitenzugriffe. Gute Dienste leistet Ihnen hierbei ein **Adserver**. Die beste Platzierung für Werbebanner ist von Seite zu Seite unter-

Gut platzierte Werbebanner

schiedlich und hängt vom jeweiligen Content ab. Einige Plätze sind tendenziell jedoch erfolgreicher als andere. Die **Heatmap** in Abbildung 10.2 veranschaulicht die besten Plätze im Seitenlayout einer Webseite. Je dunkler der Bereich im Bild markiert ist, desto höher ist die Klickrate.

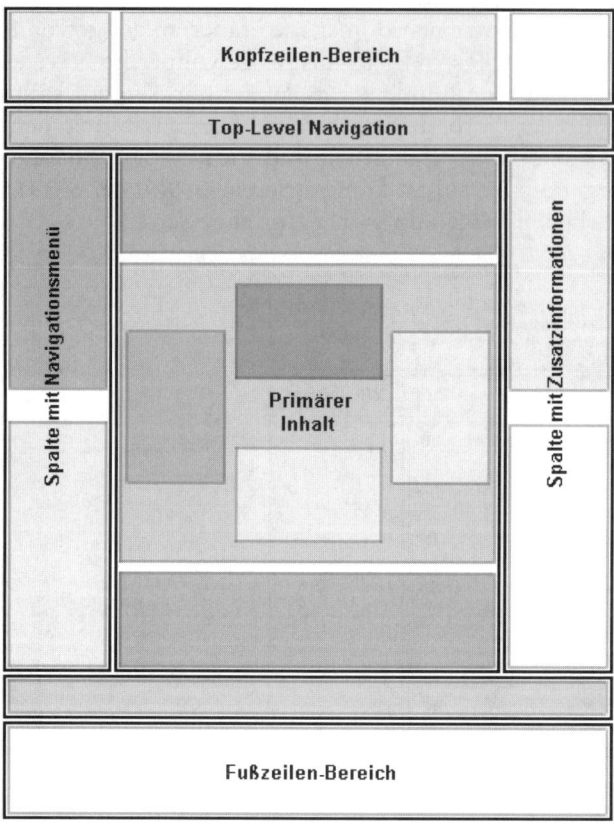

Abbildung 10.2: HTML-Seitenaufteilung mit bevorzugten Werbeplätzen

Wenn Sie Ihre (Banner-)Anzeigen neben umfassendem Content und Navigationshilfen platzieren, ist das Ergebnis recht gut. Denken Sie dabei jedoch immer daran, dass Werbung nicht als störend empfunden werden darf, sonst erreichen Sie eher das Gegenteil. Werbebanner sollten Sie deshalb farblich gut in Ihr Layout einbinden, damit sie mit dem Inhalt fast verschmelzen. Wobei es datenschutzrechtlich empfehlenswert ist, externe Links und auch Werbung kenntlich zu machen (*Kapitel 7*).

Alters- und Einkommensklassen beeinflussen Produktseiten

Das Auge kauft mit

Zusätzlich zu Positionierung und Bezeichnung von Links und Menüs haben Online-Shop-Kunden noch andere Erwartungen an die Produktseiten. In einer Untersuchung der *novomind AG* und dem *F.A.Z.-Institut* forderten vor allem Kunden der jungen und mittleren Generation bis 59 Jahren detaillierte Informationen zum Produkt. In der Abbildung 10.3 sehen Sie das Ergebnis der Umfrage, wobei Mehrfachnennungen möglich waren.

Wichtige Produktinformationen

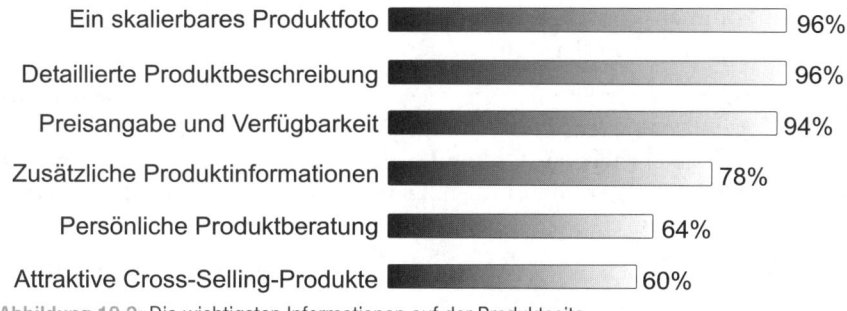

Abbildung 10.3: Die wichtigsten Informationen auf der Produktseite

Die an der Umfrage Beteiligten erwarten in ganz besonderem Maße drei Angaben zum Produkt, bevor sie sich zum Kauf entschließen können:

>> Ein **Produktfoto**, das sich am besten noch vergrößert anzeigen lässt.

>> Eine möglichst detaillierte und übersichtliche **Produktbeschreibung**.

>> Aktuelle Angaben zum Preis und zur Verfügbarkeit (**Produktstatus**).

Andere Angaben sind für die Kaufentscheidung eher zweitrangig, dennoch sollten Sie Ihren Kunden zusätzliche Angaben bieten. Jeder Vorteil gegenüber der Konkurrenz bringt Ihnen Bonuspunkte ein. Solche Angaben könnten sein:

>> Zusätzliche Informationen über das Produkt (Anleitung, Download).

>> Persönliche Beratung zur Klärung schwieriger Fragen zum Produkt.

>> Ähnliche oder ergänzende Produkte anzeigen (**Cross-Selling**).

Betrachtet man die einzelnen **Altersgruppen**, fallen zum Teil deutliche Unterschiede auf. So wünschen sich die Jüngeren (bis 29 Jahren) und die Älteren (ab 60 Jahren) attraktive Angebote zu weiteren Produkten. Diese Gruppen erwarten also ein eher breit gefächertes Warenangebot. Bei den Befragten zwischen 45 und 60 steht dagegen eine persönliche Produktberatung für das Klären komplexer Fragen im Vordergrund. Für diese Zielgruppe lohnt es sich, verstärkt Produktberater/-konfiguratoren, eine Beratung per Telefon oder andere Kommunikationskanäle anzubieten.

Anderes Alter, andere Wünsche

Neben den verschiedenen Altersklassen betrachtete die Untersuchung auch unterschiedliche **Haushaltsnettoeinkommen**. Besonders auffällig waren die Unterschiede bei den Punkten Produktberatung und -vielfalt. Geringverdiener mit einem Haushaltsnettoeinkommen unter 1500 € wünschen sich verstärkt attraktive Angebote für weitere passende Produkte (**Warenwucht**).

Warenwucht und Beratung abhangig vom Einkommen

Der Aspekt der persönlichen Beratung als kaufförderliche Maßnahme ist ihnen dagegen weniger wichtig. Genau umgekehrt verhält es sich bei den Besserverdienern mit einem Haushaltsnettoeinkommen über 3000 €. Hier wünscht man sich ein eher übersichtliches Produktportfolio und misst den weiteren Produktangeboten keinen sehr hohen Stellenwert bei. Stärker als andere Einkommensklassen erwartet diese Käuferschicht jedoch die Möglichkeit der persönlichen Beratung zu den einzelnen Produkten.

Service und Zuverlässigkeit

Stammkunden gewinnen Sie nicht vorwiegend durch den Versand von persönlichen Glückwunschkarten, Prämienangeboten für geworbene Kunden oder Newsletter. Die Mehrheit der Online-Käufer wird durch zuverlässigen und kompetenten Service zu Stammkunden. Die Online-Shopper haben ganz klare Vorstellungen, warum sie wieder beim gleichen Anbieter einkaufen:

>> Eine Reklamation bzw. ein Waren-Umtausch war problemlos möglich.

>> Die Rechnung war verständlich und nachvollziehbar formuliert.

>> Die zugestellte Ware hat den Erwartungen entsprochen.

>> Die Fragen zur Bestellabwicklung wurden gut und schnell geklärt.

Gütesiegel als Marketingstrategie

Verbrauchern fehlt Vertrauen

Vertrauensbildende Maßnahmen sind Bestandteil einer langfristigen und umfassenden Marketingstrategie. Wir haben Sie schon in *Kapitel 4* über die Gründe für Kaufabbrüche beim Bestellvorgang hingewiesen. Eines der Hauptprobleme ist die Unsicherheit der Verbraucher. Dies bestätigt auch eine *W3B*-Befragung unter deutschsprachigen Internet-Nutzern. Dabei hat man festgestellt, welches die häufigsten Gründe für Kaufabbrüche beim Online-Shopping sind:

>> Lieferkosten bzw. Versandkosten sind zu hoch.

>> Anbieter erscheint nicht vertrauenswürdig.

>> Zahlungsverkehr ist zu unsicher.

>> Datensicherheit ist scheinbar unzureichend.

>> Die gewünschte Zahlungsart fehlt.

`WWW ......`

www.w3b.de
Fittkau & Maaß GmbH *(Marktforschungsunternehmen)*

Gütesiegel schaffen Vertrauen

Für den Kunden muss ein Shop leicht und intuitiv bedienbar sein. Er möchte seine persönlichen Daten speichern, damit er nicht bei jeder Bestellung alles neu eintippen muss. Er erwartet verschiedene Zahlungs- und Versandmöglichkeiten, um seinen Bestellvorgang individuell an seine Bedürfnisse anpassen zu können. Die Produktsuche sollte schnell zu den gewünschten

Artikeln führen. Neben den technischen und wirtschaftlichen Problemen, die Sie als Unternehmer bewältigen müssen, sind vertrauensbildende Maßnahmen eine äußerst sinnvolle Ergänzung. Ein passender Schritt in diese Richtung sind **Gütesiegel**. Dafür gibt es verschiedene Anbieter am Markt, die Online-Shops nach einem strengen **Kriterienkatalog** prüfen. Besteht der Shop die Prüfung, darf er mit dem **Gütesiegel** des Anbieters auf seiner Webseite werben und schafft damit mehr Vertrauen.

Die von der *Initiative D21* empfohlenen Gütesiegelanbieter sind in Tabelle 10.3 aufgelistet.

Logo	Anbieter
	www.trustedshops.de *Trusted Shops GmbH* Gütesiegel: *Trusted Shops Guarantee* Geld-zurück-Garantie durch: *Atradius Credit Insurance N.V.*
	www.safer-shopping.de *TÜV Management Service GmbH* Gütesiegel: *S@fer-Shopping* Geld-zurück-Garantie durch: *DBV-Winterthur Versicherung AG*
	www.shopinfo.net *EHI-EuroHandelsinstitut GmbH* Gütesiegel: *EHI Geprüfter Online-Shop*
	www.datenschutz-nord.de *datenschutz nord GmbH* Gütesiegel: *internet privacy standards*

Tabelle 10.3: Empfohlene Anbieter von Gütesiegeln

www.internet-guetesiegel.de/kriterien.html
Initiative D21 e.V. *(Partnerschaft zwischen Politik und Wirtschaft auf europäischer Ebene)*

WWW ......

Ein Gütesiegel ist ein Vorteil für den Konsumenten

Eine repräsentative Studie von *TNS-Infratest* für *Initiative D21* zeigte, dass 76% der Verbraucher Gütesiegel als sehr wichtig ansehen. Ganz oben auf der Wunschliste stehen klare Aussage zu Anbieter, Preisen und Lieferungen sowie die Beachtung der Kundenrechte. Transparenz, Verlässlichkeit und Glaubwürdigkeit sind daher die wichtigsten Voraussetzungen im seriösen Online-Handel. Sie müssen dem Verbraucher die Angst vor rechtlicher Unsicherheit, Datenmissbrauch und Betrug nehmen. Hier einige Fragen, die gerade unerfahrene Online-Käufer immer wieder beschäftigen:

>> Kann ich die gekaufte Ware auch wieder zurückgeben?

>> Bekomme ich für mein Geld auch wirklich die bestellte Ware?

>> Handelt es sich hier auf der Webseite um rein werbende oder werbeähnliche Angebote, wie Preisnachlässe bzw. Gewinnspiele?

>> Sind meine Kontaktdaten sicher oder werden sie an Dritte weitergegeben?

Qualitätskriterien

Bei den allgemeingültigen Qualitätskriterien der *Initiative D21* geht es um kundenfreundliche Rahmenbedingungen in Online-Shops. Das kann erreicht werden durch Gütesiegel, Verhaltenskodizes, Geld-zurück-Garantien oder alternative Streitschlichtung. Es wird das Ziel verfolgt:

>> **Verbrauchern** klare Orientierungshilfen zu geben und seriöse Anbieter im Online-Markt kenntlich zu machen.

>> **Händlern** Regulierungssysteme bereitzustellen, damit Sie das Vertrauen beim Kunden steigern, neue Märkte öffnen und Marketingvorteile genießen. Durch standardisierte Regelungen verbessern sich außerdem die Übersichtlichkeit und Transparenz der Unternehmensabläufe.

Einheitlicher Qualitätsstandard

Es gibt im Moment so viele Gütesiegel, dass sie dem Verbraucher nicht die gewünschte Orientierung bieten. Man strebt daher auf dem europäischen und dem deutschen Markt verstärkt eine globale Kooperation in unterschiedlichen Initiativen an. Die führenden Unternehmen der Informationsgesellschaft haben sich als Mitglieder der *Initiative D21* auf zentrale Qualitätskriterien geeinigt. Diese Qualitätsanforderungen dienen als Maßstab zur Beurteilung verschiedener Gütesiegel. Damit sind sie die Grundlage für Online-Händler, Gütezeichen-Anbieter und Verbraucher. Erst wenn das Grundvertrauen der Verbraucher hergestellt ist, entfalten sich die Potenziale des Online-Handels voll.

Qualitätskriterien für Verbraucher im Überblick

Voraussetzungen an den B2C-Shop

Die nun folgenden Qualitätskriterien sind für den Business-to-Consumer-Bereich entwickelt worden. Der an einer Zertifizierung interessierte Online-Shop verpflichtet sich, einige Voraussetzungen zu erfüllen.

Dazu gehören z.B. wichtige Angaben und Informationen im Internet:

>> Die Anbieterkennzeichnung muss wichtige Firmenangaben enthalten.

>> Besondere und weitergehende Informationspflichten sind anzugeben.

>> Alle Informationen, die den Kaufpreis beeinflussen.

Im Bereich Sicherheit beim **Vertragsschluss**:

>> **Leistungserbringung** und Warenlieferung eindeutig festlegen und anzeigen.

>> Nachvollziehbarer Bestellvorgang, der mit einer Bestellbestätigung abgeschlossen wird.

>> Vertrags-, Zahlungs- und Allgemeine Geschäftsbedingungen transparent in den Shop einbinden.

Im Bereich Recht, **Datenschutz** und **Datensicherheit**:

>> Dem Kunden ein Widerrufs- oder Rückgaberecht einräumen.

>> AGB entsprechend dem anwendbaren nationalen Recht gestalten.

>> Wettbewerbsrechtliche Vorgaben im Werbebereich sind einzuhalten.

>> Der Hinweis zur Datenschutzerklärung informiert den Kunden darüber, wie seine personenbezogenen Daten verarbeitet werden.

>> Verschiedene IT-Sicherheitskonzepte garantieren die Unversehrtheit, Echtheit und Vertraulichkeit der erfassten Kundendaten.

Zertifizierung bei Trusted Shops und EuroHandelsinstitut

Haben Sie alle geforderten **Verbraucherschutz**-Richtlinien berücksichtigt, so ist Ihr Shop äußerst kundenorientiert konzipiert. Wichtig ist, dass Sie die Kundenbelange ernst nehmen und schnell darauf reagieren. Hat ein Kunde dennoch Grund zur Beschwerde, muss er wissen, an wen er sich wenden kann. In der Anbieterkennzeichnung findet er alle Informationen.

Kundenbelange ernst nehmen

Reicht das nicht aus, kann über den **Gütesiegelanbieter** eine alternative **Streitschlichtung** erfolgen. In aller Regel führen sie kostengünstiger Entscheidungen herbei, als wenn der übliche Rechtsweg gegangen wird. Die **Schiedsverfahren** sind für beide Parteien neutral, kostengünstig und leicht zugänglich. Damit Sie als Shop-Betreiber davon profitieren, ist eine genaue Prüfung anhand eines anspruchsvollen Kriterienkatalogs erforderlich. Die **Zertifizierung** dauert trotzdem oft nur wenige Tage.

Der Preis für das Gütesiegel bei *Trusted Shops* beginnt bei einer monatliche Pauschale ab 59 € und einer Einrichtungspauschale von 89 € zzgl. 19% USt. (Vertragsmindestdauer 1 Jahr). Als Beispiel möchten wir Ihnen die Schritte zur Mitgliedschaft aufführen, die zumindest für die beiden Gütesiegel *Trusted Shops Guarantee* und *Geprüfter Online-Shop* sehr ähnlich verlaufen:

Gütesiegel bestellen

Step......

1. Füllen Sie das Bestellformular aus!

Füllen Sie das online verfügbare Bestellformular aus und faxen Sie es an den Anbieter. Anschließend unterschreiben Sie den Vertrag und senden ihn im Original per Post zurück. Einige Tage später werden Sie kontaktiert und erhalten den Prüfkatalog mit einer Liste der geprüften Kriterien.

2. Bauen Sie alle Zertifizierungskriterien in den Online-Shop ein!

Mit Hilfe des Prüfprotokolls bauen Sie alle noch fehlenden Zertifizierungskriterien in Ihren Shop ein. Ausführliche Hinweise und ein persönlicher Ansprechpartner helfen Ihnen bei auftretenden Fragen.

3. Ein Gutachter der Prüfstelle testet, ob alle Kriterien erfüllt sind.

Der Gutachter prüft Ihren Online-Shop und stellt fest, ob die einzelnen Prüfkriterien erfüllt sind. Stimmt etwas nicht, werden Sie darüber informiert und haben die Möglichkeit, es auszubessern. Ist das Prüfverfahren erfolgreich, kann das Gütesiegel verliehen werden.

4. Die nationale Prüfstelle erteilt Ihnen die Zertifizierung.

Nach der erfolgreichen Zertifizierung dürfen Sie offiziell das Gütezeichen führen. Damit weisen Sie Ihre Kunden auf das vorhandene zusätzliche Leistungsspektrum hin, bspw. Geld-zurück-Garantien. Die Kunden können jederzeit mit einem Klick auf das Logo den aktuellen Status Ihrer Zertifizierung prüfen.

Das Gütesiegel des deutschen Vertragspartners *EuroHandelsinstitut* ist Unternehmen vorbehalten, die Ihren Firmensitz in Deutschland haben. Die Zertifizierung richtet sich an Shops mit integriertem Warenkorb, deren angebotene Handelsware für Verbraucher bestimmt ist. Momentan wird für das komplette Verfahren, bestehend aus Prüfung und Auszeichnung, eine jährliche Gebühr von 750 € zzgl. 19% USt. (Vertragsmindestdauer 1 Jahr) erhoben. Das System *Geprüfter Online-Shop* hat im Rahmen des Projekts Euro-Label europaweite Gültigkeit erlangt.

www......

www.euro-label.com
www.euro-label.com/de
Euro-Label Germany *(englische und deutsche Variante)*

Euro-Label-
Prüfstellen

Ein Netz aus nationalen Euro-Label-**Prüfstellen** führt das erforderliche Prüfverfahren für die Zertifizierung durch. Im Anschluss daran verleiht diese Stelle dem Handelsunternehmen das Gütezeichen. In Deutschland und Österreich sind die in Tabelle 10.4 genannten Stellen zuständig.

Land	Anbieterinformationen
Deutschland	Anbieter: *Bundesverband des Deutschen Versandhandels e.V.* Gütesiegel: *Geprüfter Online-Shop* Homepage: `www.shopinfo.net`
Österreich	Anbieter: *Österreichisches eCommerce Gütezeichen e.V.* Gütesiegel: *Österreichisches E-Commerce-Gütezeichen* Homepage: `www.guetezeichen.at`

Tabelle 10.4: Nationale Euro-Label-Prüfstellen

10.1.3 Der richtige Marketing-Mix

Der Begriff Marketing-Mix bezeichnet die Kombination verschiedener operativer Marketing-Maßnahmen. Mehrfach wird zwischenzeitlich gefordert, neben den bekannten vier Ps (*Kapitel 10.1.1*) verstärkt die Funktionsbereiche des Unternehmens einzubeziehen. Der klassische Ansatz erweitert sich somit um weitere Ps: Physics (**Corporate Identity**), Personal (**Personalpolitik**) und Process (**Unternehmensabläufe**). Angestrebt wird in allen Bereichen der Aufbau einer stärkeren Bindung zwischen Kunden und Unternehmen. Mögliche Einzelziele sind beispielsweise:

Kundenbindung aufbauen

>> Besucheranzahl ausbauen, um einen höheren Umsatz zu generieren, z.B. Suchmaschinen-Marketing, SEO, Pay-per-Click, Newsletter.

>> **Conversion Rate** erhöhen, um mehr Kaufabschlüsse zu erhalten, z.B. über verbesserte Usability, Navigation, Shop-Technik, 5C-Strategie, Preis, Vertrauen.

>> (Shop-)Bekanntheit steigern, um Markenimage aufzubauen, z.B. Werbebanner, Suchmaschinen-Marketing, Affiliate, Multiplikatoren.

>> Public Relation steigern, um erhöhte Aufmerksamkeit zu erlangen, z.B. Pressearbeit, Journalisten-Mitteilung, Publikationen, Veranstaltungen.

>> Website-Inhalt aufstocken, um mehr Kunden anzulocken, z.B. Anleitungen/Tutorials, Downloads, Beschreibungen, Tools, Rezepte.

Ihre Aufgabe als Inhaber oder Geschäftsleiter besteht darin, die dazu erforderlichen absatzpolitischen Tätigkeiten für einen bestimmten Zeitraum festzulegen. Zwei Fragen, die Sie sich wahrscheinlich selber stellen, sind: In welche Marketingmaßnahmen sollen Sie Zeit und Geld investieren und vor allem wie viel? Gehen Sie generell davon aus: Sich nur auf einen einzigen Aspekt zu konzentrieren, wirkt sich kaum Erfolg versprechend aus. Stattdessen ist es sinnvoll, auf einen umfassenden Mix an Marketingmaßnahmen zu setzen.

Aufgabe der Geschäftsleitung

Mix	Strategie	Praxis
Kommu-nikation (Werbung)	+ Öffentlichkeitsarbeit: Sponsoring, Pressearbeit	*Kapitel 10*
	+ Werbebotschaft: Corporate Identity, Image, Service	*Kapitel 10*
	+ Werbemedien: Print, Online, Funk, TV, Newsletter	*Kapitel 10*
	+ Werbeträger: Auto, Verpackung, Visitenkarte, Briefe	*Kapitel 10*
	+ Werbemittel: Suchmaschine, Webkatalog, Banner	*Kapitel 9*
	+ Google Dienste: AdWords, Analytics, Base etc.	*Kapitel 11*
	+ Gestaltung: Farben, Schrift, Bilder, Slogan	*Kapitel 8*
Distribution	+ Logistik: Lager, Versandpartner, Haftung	*Kapitel 6*
	+ Absatzkanal: Online-Shop, Direktvertrieb, Handel	*Kapitel 5*
Preis	+ Konditionen: Liefer-/Zahlungsbedingungen, Rabatt	*Kapitel 6*
	+ Kalkulation: Preis-/Handelskalkulation, Marktpreis	*Kapitel 3*
Produkt	+ Branding: Corporate Identity, Layout, Design	*Kapitel 8*
	+ Programm: Produktangebot, Wettbewerbsstrategie	*Kapitel 3*
	+ Innovation: Kreativitätstechniken, Geschäftsidee	*Kapitel 1*
	+ Leistung: Service, Garantie, Beratung, Nutzen	*Kapitel 1*

Tabelle 10.5: Marketingmaßnahmen im Marketing-Mix

Billig- oder Premium-Anbieter?

Eine Geschäftsidee im eCommerce beginnt im Wesentlichen mit dem **Produkt**. Sie stellen eine Produktpalette für Ihre Zielgruppe zusammen und Sie legen zudem die künftig angebotenen Service- und Beratungsleistungen fest. Welchen Mehrwert Sie den Kunden anbieten, hängt hierbei entscheidend von der **Preispolitik** ab, bei der die Handelskalkulation im Vordergrund steht.

Mit der von Ihnen gewählten Preiskalkulation bestimmen Sie gleich das angepeilte Marktsegment. Die beiden Extreme reichen hier vom Billiganbieter mit niedrigen Preisen bis hin zum Premium-Anbieter mit ausgewählten Produkt- und Serviceangeboten auf hohem Preisniveau. Besonders im Online-Handel gibt es einen weiteren wichtigen Punkt, dieser betrifft die Liefer- und Zahlungsbedingungen. Je umfassender Ihr Angebot, desto einfacher und bequemer sind Bestellungen für die Kunden. Die **Distributionspolitik** befasst sich überwiegend mit Logistik und Fulfillment. Sie müssen sich dazu überlegen, wie die Ware zum Kunden kommt.

Nutzen herausstellen

Im aktuellen Abschnitt beschäftigen wir uns mit **Kommunikationspolitik**, also überwiegend mit verkaufsförderlichen Maßnahmen. Der zentrale Aspekt, den Sie hierbei im Auge behalten müssen, ist die Werbebotschaft. Realisierbar ist viel, angefangen beim Aufbau einer Corporate Identity bis hin zum Unternehmens- oder Markenimage. Kleinere Unternehmen sollten vor allem den Nutzen und Mehrwert für den Kunden herausstellen, was grundsätzlich immer ein guter Aufhänger für das Marketing ist. Denn das Produkt mag noch so toll sein, schaffen Sie es nicht, den Kunden von den Vorteilen zu überzeugen, wird er es sicherlich nicht kaufen.

Im weiteren Verlauf dieses Abschnitts informieren wir Sie noch über folgende Marketinginstrumente:

>> Public Relation: PR-Arbeit, Blog, Bonussysteme und Newsletter.

>> Produktmarketing: Produktsuche, Keyword Advertising und Affiliate.

>> Kundenbeziehungspflege: CRM-Systeme zur Kundenbetreuung.

Eigener Pressebereich im Webauftritt

Bei passendem Einsatz kann eine gute Öffentlichkeitsarbeit ein wichtiger Erfolgsfaktor sein. Wenn Sie Pressearbeit ernsthaft und nachhaltig betreiben, dann bleibt Ihr Unternehmen im Gespräch. Noch immer unterschätzen viele Unternehmen die Bedeutung und die Chancen des eigenen Pressebereichs. Die Arbeit ist mühselig, zahlt sich aber langfristig als Mittel zur Kundenbindung aus und liefert einen Beitrag zum gewünschten Gesamterfolg.

Erstellen Sie im Webauftritt einen eigenen **Pressebereich**, damit Sie den effektiven Nutzen erhöhen und sich selbst die Pressearbeit erleichtern. Den Journalisten und Ihren Lesern bieten Sie so eine bequeme Zugriffsmöglichkeit auf Presseinformationen. Machen Sie den Zugang möglichst einfach und halten sich an nachstehende Tipps: *Pressebereich im Internet*

>> Richten Sie einen öffentlich zugänglichen Pressebereich ein.

>> Integrieren Sie einen gut sichtbaren Link auf den Bereich »Presse«.

>> Nennen Sie den Ansprechpartner für Presseanfragen in Ihrer Firma.

>> Hinterlegen und archivieren Sie **Pressemitteilungen** auf Ihrer Site.

>> Bieten Sie Bilder in unterschiedlichen Druckqualitäten an (TIF, JPG).

>> Beantworten Sie eingehende E-Mails innerhalb von 24 Stunden.

>> Ermöglichen Sie per Formular die Aufnahme in den Presseverteiler.

Natürlich weisen Sie möglichst unaufdringlich auf Unternehmens- und/oder Produktinformationen hin. Verwechseln Sie deshalb eine Pressemitteilung niemals mit Werbebotschaften, sondern achten Sie auf qualitativen, nützlichen und hochwertigen Inhalt. Im Download-Bereich bieten Sie hierfür verschiedene Dateiformate und Bildmaterialien an. Bemühen Sie sich auf jeden Fall um ein vertrauensvolles Verhältnis mit den Journalisten. Halten Sie sich beim Schreiben von Pressetexten an gewisse Grundregeln: *Pressetexte richtig schreiben*

>> Text: Wer hat was, wann, wo, wie, warum/wozu getan (die 6 Ws)?

>> Lead: Schreiben Sie komprimiert im ersten Absatz die ganze Story.

>> Nutzen: Klären Sie zu Beginn, welchen Nutzen der Anwender hat.

>> Umfang: Beschränken Sie Aussendungen auf maximal 3.000 Zeichen.

>> Textgliederung: Gliedern Sie den Text nach abnehmender Wichtigkeit.

>> Absatzgliederung: Trennen Sie Absätze nur durch eine Leerzeile.

>> Textverarbeitung: Schalten Sie Blocksatz und Silbentrennung aus.

>> Internet-Adresse: Verwenden Sie die komplette URL mit http://.

>> Zusatzinformationen: Speichern Sie ergänzende Inhalte auf Ihrer Site.

>> Ansprechpartner: Nennen Sie einen verantwortlichen Mitarbeiter.

Tipp ......

Praxis-Tipp: Inhaltliche Kriterien für Pressetitel

Das Wichtigste an der gesamten Pressemitteilung ist der **Titel.** *Anhand dessen entscheidet sich, ob der Text gelesen wird oder aber im Papierkorb landet. Sie müssen deshalb gleich auf den Punkt kommen und den Leser fesseln. Für den Haupt- und Untertitel und auch teilweise für den Pressetext gelten folgende Rahmenbedingungen:*

– *Kurz und prägnant: Verwenden Sie maximal 60 Zeichen.*

– *Konkrete Aussage: »Vermitteln Sie Fülle, nicht die Hülle«.*

– *Keine Formate: Vermeiden Sie Formatierungen und Auszeichnungen.*

– *Aktiv formulieren: Gestalten Sie mit Verben den Titel lebendiger.*

– *Interpunktion: Verzichten Sie auf jegliches Satzzeichen im Titel.*

– *Untertitel: Wiederholen Sie keine im Titel vorkommenden Wörter.*

– *Aktuelle Inhalte: Schreiben Sie im Präsens – »ist ...« (nicht wurde).*

– *Anrede: Verwenden Sie keine persönliche Anrede im Titel und Text.*

Am Ende von Kapitel 4 erfahren Sie, was man sonst noch beim sicheren und korrekten Schreiben von E-Mails beachten muss. Weitere Informationen zu einem guten Schreibstil finden Sie auch zu Anfang von Kapitel 8.

Eigenen Presse-verteiler aufbauen

Mit viel Eigeninitiative können Sie sich selbstverständlich einen eigenen Presseverteiler aufbauen. Ein solcher Verteiler ist allerdings nur sinnvoll, wenn die Texte bei den jeweils richtigen Redakteuren landen. Recherchieren Sie deren Kontaktdaten am besten auf telefonischem Wege, sonst besteht kaum eine Chance, in die **Zeitung/Zeitschrift** oder das **Online-Magazin** zu gelangen. Achten Sie darauf, den Presseverteiler durch den Einsatz des BCC-Feldes der Mail geheim zu halten, damit nicht gleich jeder Redakteur sieht, an wen Sie Ihre Meldung noch schicken. Ganz einfach ist es sicher nicht, eine vernünftige Liste mit relevanten Medien für die Öffentlichkeitsarbeit zusammenzustellen. Orientieren Sie sich bei Ihrer Suche auf jeden Fall immer am Leser. Stellen Sie fest, für wen Ihre Meldung interessant sein könnte. So kreisen Sie die möglichen Medien enger ein. Für Presseaussendungen im großen Stil lohnt sich der Aufwand nicht, einen eigenen Presseverteiler aufzubauen. Greifen Sie hier besser auf Nachschlagewerke und Pressedienste mit einem umfassenden Pool an Redaktionsadressen zurück.

www.newsaktuell.de
news aktuell GmbH *von dpa (Presse- und Investor-Relation Arbeit)*

WWW . . . . .

www.pressebox.de
Huber Verlag GmbH *(Pressemitteilungen aus ITK und eBusiness)*

www.pressetext.de
pressetext Nachrichtenagentur GmbH *(**Online PR und Marketing Services**)*

www.zimpel.de
GWV Fachverlage GmbH *(umfassende Medienkontakte in* Zimpel Online)

Starten Sie anfangs regional begrenzt mit Ihrer Pressearbeit. Nerven Sie allerdings nicht mit irrelevanten Meldungen, denn dann ignoriert Sie die Presse recht schnell. Greifen Sie für die lokale Pressearbeit am besten auf ein bis zwei gute Redaktionskontakte zurück, Sie bewirken alleine schon sehr viel, wenn Sie diese haben. Je nach Größenordnung lohnt es sich vielleicht zu einem späteren Zeitpunkt, überregionale Tageszeitungen oder Magazine anzuschreiben. Nach und nach entsteht so ein Pool an Journalisten, die sich für Ihre Pressemitteilungen tatsächlich interessieren und diese gelegentlich in den Print- oder Online-Medien veröffentlichen. Geeignete Redakteure finden Sie beispielsweise hier:

>> **Fachzeitschriften**: Speziell auf das angesprochene Fachpublikum ausgerichtete Fakten, die gezielt die Leserschaft ansprechen.

>> **Radiosender**: Spannende Meldungen aus der Region mit hohem Nutz- oder Unterhaltungswert für die lokale Zielgruppe des Senders.

>> **Stadtmagazine**: Mitteilungen mit regionalem Schwerpunkt für die sehr konkrete Zielgruppe des Magazins.

>> **Tageszeitungen** (lokal): Meldungen und Geschichten aus der Region, die für die lokale Bevölkerung von besonderem Interesse sind.

>> **Wirtschaftszeitungen**: Überwiegend Meldungen mit wirtschaftlichem Hintergrund: Innovationen, Kooperationen und Außergewöhnliches.

E-Mail- und Newsletter-Marketing

Werbemails erhalten nur dann Akzeptanz, wenn sie der Zielgruppe einen Nutz- bzw. Mehrwert bieten. Inhaltlich korrekt gestaltete Marketing-Mails informieren über Angebote, die individuell auf den Leser zugeschnitten sind. Nur wenn Sie den Leser bei einem aktuellen Problem weiterhelfen oder ihn mit Neuigkeiten auf dem aktuellen Stand halten, liest er Ihre Newsletter regelmäßig. Einfache Werbetexte über neue Produktangebote sind auf die Dauer langweilig. Das Ziel Ihrer Kommunikationspolitik (**Werbewirkung**) lässt sich einfach anhand des so genannten **AIDA-Modells** beschreiben:

Nutzen bieten

>> Attention (**Aufmerksamkeit**): Auf ein Produkt aufmerksam machen.

>> Interest (**Interesse**): Kundeninteresse für Produktkategorie wecken.

Beispiel: Soll ich mal wieder eine Kaffeemaschine kaufen?

>> Desire (**Kaufwunsch**): Eigenes Produkt als ideales Produkt anpreisen.

Beispiel: Den Kunden davon überzeugen, dass eine *Senseo Kaffeemaschine* das ideale Produkt für ihn ist.

>> Action (**Kaufabwicklung**): Dem Kunden die Bestellung ermöglichen.

Beispiel: Dem Kunden aktive Interaktionsmöglichkeiten zum Kauf anbieten, z.B. Bestell- oder Call-Back-Button.

Überzeugen und zufriedenstellen

Natürlich gibt es einige Leute, die dieses altmodische Modell kritisieren, jedoch eignet es sich, um zumindest grob geplante Werbemaßnahmen zu prüfen. Fehlt einer der angesprochenen Aspekte, können Sie gezielt die Maßnahme vervollständigen. Inzwischen entwickelte sich das AIDA-Modell weiter zum **AIDCAS-Modell**, indem zwei zusätzliche Wirkungsstufen eingebaut wurden. Dem Kaufwunsch folgt hierbei als weiterer Schritt die **Überzeugung** (**Confidence**), dass das beworbene Produkt Vorteile gegenüber anderen besitzt. Und alles nützt natürlich nichts, wenn der Kunde nach dem Kauf nicht zufrieden (**Satisfaction**) ist und die Ware zurücksendet.

Die gröbsten Fehler im E-Mail-Marketing haben wir Ihnen in nachstehender Tabelle 10.6 zusammengestellt.

Kategorie	Fehler
An-/Abmeldung	– Versand von Werbemails ohne vorliegendes Einverständnis – unzugängliches oder verstecktes Anmeldeformular – Hinweis auf den Datenschutz fehlt – fehlende Information über die Erscheinungsweise und Inhalt – fehlende Begrüßungsmail bzw. fehlender Abbestell-Button
Inhalt	– fehlende persönliche Ansprache – überladener Inhalt und unklarer Nutzen – überhäufen mit Werbenachrichten – zu lange Texte, zu viel Leerraum, zu großes Firmenlogo – Impressum bzw. Abbestell-Button gehören nicht an den Anfang
Layout	– Newsletter als Anhang mitsenden – schlechte Ausdrucksweise und viele Rechtschreibfehler – unnötige, zu kleine und zu viele Bilder – Hyperlinks sind nicht als Link erkennbar – verändertes Leseverhalten bei E-Mails nicht berücksichtigen
Aufbau	– unklare Gliederung – unsaubere Trennung einzelner Nachrichten – schlecht strukturierte und übermäßig textlastige Inhalte – fehlendes Inhaltsverzeichnis (Übersicht) – nichts sagender Absender oder Betreff

Tabelle 10.6: Die schlimmsten Fehler im eMail-Marketing

Sie können E-Mail-Marketing nur dann berechtigterweise einsetzen, wenn der Empfänger Ihnen seine Zustimmung gibt (**Permission Marketing**). Im Ehrenkodex des *Deutschen Direktmarketing Verbandes* empfiehlt man dazu das **Double-Opt-In**-Verfahren, es kann aber auch im **Confirmed-Opt-In**-Verfahren erfolgen. Unverlangt zugestellte E-Mail (**Spam**) ist definitiv nicht erlaubt und rechtlich gesehen sogar problematisch.

Ehrenkodex

`www.ddv.de`
Deutscher Direktmarketing Verband e.V. *(Ehrenkodex E-Mail-Marketing)*

WWW . . . . . .

Mit dem **Double-Opt-In**-Verfahren verhindern Sie, dass sich ein User versehentlich für Ihren Newsletter anmeldet. Nach der ersten Anmeldung bekommen die User eine spezielle E-Mail zugeschickt. Erst nachdem der darin enthaltene Bestätigungslink angeklickt wird, dürfen Sie den User in Ihre Mailing-Liste aufnehmen. Bei dem Confirmed-Opt-In-Verfahren erhält der Empfänger nach dem Eintragen eine Bestätigungsmail mit der Mitteilung, dass er sich für einen Newsletter eingetragen hat. Diese E-Mail beinhaltet einen **Remove-Link,** mit dem sich der Empfänger selbstständig aus dem Verteiler austragen kann. Es gibt auch das unbeliebte **Single-Opt-In**-Verfahren. Dort trägt sich der User über ein einfaches Formular für einen Newsletter ein und ist ab sofort als Abonnent in der Mail-Liste eingetragen. Hierbei könnte also eine beliebige Person seinen Nachbarn für einen Newsletter anmelden, den dieser gar nicht haben möchte. Auf solche neue potenzielle »Kundschaft« können Sie getrost verzichten.

Double Opt-In und Confirmed Opt-In

Das Unternehmen *eCircle AG* hat das E-Mail-Marketing genauer untersucht. Hierbei hat man einige interessante Dinge festgestellt. Die vorwiegende Zahl der Newsletter wird unter der Woche versendet, meistens zwischen 10:00 und 14:00 Uhr. Denn man hat festgestellt, dass die tagsüber versendeten Mails häufiger gelesen werden. Die Rate liegt rund 8 bis 16% höher als bei den Werbemails, die am Abend oder nachts versendet werden. Ebenso werden individuell und persönlich zusammengestellte Informationen für den Leser bevorzugt gelesen. Allein schon die persönliche Ansprache des Kunden hat eine hohe Auswirkung auf den Erfolg. Personalisierte Newsletter, die Sie als Serienbrief leicht selber erstellen können, erzielen rund 28% höhere Klickraten als solche ohne direkte Kundenansprache.

Persönliche Ansprache im Newsletter

Als weiterer entscheidender Erfolgsfaktor gilt die optische Darstellung eines Newsletters. Die Rücklaufquote (**response**) wird neben dem Inhalt vom Layout bestimmt. Bei den betrachteten Newslettern entdeckte man vor allem Schwachpunkte im verwendeten E-Mail-Format und in der Vorschau-Kompatibilität. Einer der wichtigsten erkennbaren Trends ist: **HTML**- oder **Multipart-Formate** (rund 7,0%) erzielen weit höhere Klickraten als reine **Text-Formate** (rund 4,6%). Auf grafisch gestaltete Werbebotschaften reagieren Empfänger also stärker. Die inhaltliche Struktur beeinflusst ebenso die Klickrate, diese sollte sich am besten aufteilen in: Kopfbereich, Vorwort

Inhalt und Layout entscheiden

(**Editorial**), Inhaltsverzeichnis, Inhalt und Abschlusssätze (**Abbinder**). News-letter mit dieser Struktur erzeugen mehr Klicks als solche, die auf Vorwort und Inhaltsverzeichnis verzichten.

Weblogs für die Öffentlichkeitsarbeit

Weblogs

Lange Zeit war die Webseitengestaltung technisch versierten Nutzern vor-behalten. 1999 entstanden dann die ersten Tools, mit denen man Weblogs bequem und einfach erstellen konnte. Bei einem **Weblog** (**Blog**) handelt es sich um ein stark vereinfachtes Content-Management-System. Von jedem Ort der Welt ist es inzwischen fast jedem möglich, über einen Internet-Zugang und sogar über das Handy neueste Informationen in einem Blog zu veröffentlichen. Anfangs waren Blogs nur persönliche Netztagebücher, doch inzwischen finden auch vermehrt Unternehmen daran Gefallen. Die Infor-mationen werden auch hier wie in einem Tagebuch aufgelistet: Das Neueste steht immer oben. Hauptsächlich werden darin Neuigkeiten zusammenge-tragen und verteilt. Weit wichtiger sind jedoch die kritischen oder ergänzen-den Kommentare durch andere **Blogger**. Damit bezeichnet man Personen, die einen eigenen Blog besitzen und regelmäßig neue Beiträge schreiben. Auch werden themenverwandte Infos untereinander verlinkt, und durch das Schreiben von Kommentaren entstehen intensive Diskussionen und Com-munities innerhalb der **Blogosphäre**, also der Gesamtheit aller Weblogs.

In diesem Zusammenhang nimmt die Macht der Konsumenten ganz neue Dimensionen an. Auf der einen Seite finden sich die oft nicht objektiven Produktbeschreibungen der Hersteller und als Gegenpol dazu entdeckt man mehr und mehr persönliche Meinungen der Verbraucher selbst. Immer öfter tauschen Kunden ihre positiven und negativen Erfahrungen über Foren, Weblogs, **Verbraucher-** und **Meinungsportale** aus. Besonders die größeren Unternehmen sind gut damit beraten, wenn sie die Meinungen in den wich-tigen branchenbezogenen Portalen beobachten.

WWW . . . . .

www.ciao.de
Ciao GmbH *(unabhängige Kaufberatung und Meinungsportal)*

www.dooyoo.de
dooyoo AG *(Preisvergleichs- und Meinungsportal)*

www.yopi.de
Yopi *(Vergleich von Preisen, Produkten, Herstellern und Online-Shops)*

Die Macht von Weblogs

Was passiert, wenn Unternehmen kritische Äußerungen ignorieren, musste das amerikanische Unternehmen *Kryptonite* erfahren. In einem sehr bekannten Technik-Weblog (www.engadget.com) zeigten enttäuschte Kunden, wie sich ihr 50 $ teures Fahrradschloss mit einem billigen Einweg-Kugel-schreiber öffnen lässt. Der Hersteller von angeblich extrem sicheren und hochwertigen Fahrradschlössern ignorierte tagelang das Problem. Erst nachdem 1,8 Mio. Nutzer von dem gravierenden Mangel der Schlösser erfahren hatten und die *New York Times* darüber berichtete, reagierte das Unternehmen mit einer Rückrufaktion. Der erlittene finanzielle Schaden betrug mehrere Millionen Dollar und zudem war ein beträchtlicher Image-verlust zu verzeichnen. Zwischenzeitlich bemerken auch deutsche Unternehmen die zunehmende Bedeutung von Weblogs für die Öffentlichkeitsarbeit.

Grob unterscheidet man folgende Arten von Weblogs:

>> **Privat-Blog:** Diese Tagebücher veröffentlichen private Erlebnisse.

>> **Moblog/Mobil-Blog:** Publiziert Fotos und Texte direkt vom Handy.

>> **J-Blog/Media-Blog:** Speziell von Journalisten betriebene Weblogs.

>> **PR-Blog:** Gezielt durch Unternehmen eingesetzte Kommunikation.

Für kleinere Unternehmen ist es ziemlich aufwendig, das volle Marketing-potenzial im redaktionellen Umfeld eines Blogs richtig zu nutzen. Falls Sie einen eigenen Blog betreiben, benötigen Sie Kontakt zu anderen Weblogs mit ähnlichen Inhalten. Beobachten und lesen Sie, was andere schreiben, erstellen Sie in anderen Blogs **Kommentare** und bauen Sie dazu **Trackbacks** (Funktion, mit der Blogs Informationen über Meinungen in Artikeln zum gleichen Thema austauschen) in den eigenen Blog ein. Die für Ihr Unternehmen relevanten Inhalte anderer Weblogs stellen Sie im Gegenzug in Ihrem Unternehmen über **RSS-Feeds** bereit. Um einen solchen Feed zu abonnieren bzw. zu lesen ist ein RSS-Reader erforderlich.

Unternehmen, die intensiv Blogs als Marketinginstrument nutzen, gehen sogar noch einen Schritt weiter. Denn virales Marketing ist steuerbar. Viel-leicht haben Sie sogar Mitarbeiter, die selbst mit bloggen. Pro Monat sollten Sie auf diese Weise zwanzig oder mehr Artikel pro Person veröffentlichen. Nach und nach entsteht so ein großer Informationsschatz für Ihre Kunden. Und das Tolle daran: Sie werden nicht nur auf der eigenen Webseite gefunden, sondern auch in zahlreichen anderen. Dies wirkt sich wieder positiv auf Ihre Suchmaschinen-Platzierung aus. Richtiges Blogging ist also mehr, als einen eigenen Blog zu betreiben, sondern es ist Kommunikation im ganz großen Stil.

Richtig bloggen

www.bloglines.com
Ask Jeeves Inc. *(kostenloser, webbasierter News-Aggregator)*

www.planetplanet.org
Scott James Remnant *und* Jeff Waugh *(Online-Newsportal)*

www.rss-verzeichnis.de
Thomas Gigold *(Großes deutschsprachiges RSS-Verzeichnis)*

WWW . . . . .

10.2   Produktmarketing im Internet

Aktiv sein im Marketing

Online-Marketing ist eine Gratwanderung. Sie verfolgen strategische Unternehmensziele und investieren dabei viel (und sei es Zeit). Fehlentscheidungen haben teilweise weit reichende Konsequenzen. Bestimmte Aktivitäten erweisen sich als wertvoll, wieder andere sind vollständig wertlos. Manche Marketingmaßnahmen sind kostenlos, andere kostenpflichtig. Grundsätzlich ist es aber immer noch besser, Sie tun etwas, als darauf zu warten, dass sich Kunden zufällig in Ihren Shop verirren. Das ist genau wie beim Lotto: Nur wer mitmacht, kann gewinnen. Deshalb ist der Online-Handel im Grunde ein Fulltimejob.

Kostenloses Produktmarketing zuerst

Auch beim Produktmarketing gilt die Erfolgsformel: Der richtige Mix macht's. Nicht alles, was teuer ist, nutzt auch viel. Beginnen Sie im Produktmarketing am besten mit den Aktivitäten, die Ihnen kostenlos geboten sind. Dazu gehört das Universitäts-Projekt *elm@r* (*Kapitel 10.2.1*), bekannter als shopinfo.xml. Dies ist ein Standard zum Austausch von Produktdaten. Nach der einmaligen Konfiguration erstellen Sie per Knopfdruck Produktdateien für verschiedene Produktdatenbanken. Die Daten übertragen Sie mindestens einmal monatlich an *Google-Produktsuche* und *Kelkoo*.

Bezahlte Produktwerbung

Anschließend suchen Sie sich für den Einstieg ein paar billige Pay-per-Klick-Werbemöglichkeiten. Planen Sie ein fixes monatliches Budget ein und buchen Sie bei verschiedenen Anbietern Keyword Advertising (*Kapitel 10.2.2*). Dafür sollte Ihr monatlicher Etat bei mindestens 100 € liegen, wobei das natürlich die Marge Ihrer Produkte hergeben muss. Es ist zwar nicht immer leicht, aber versuchen Sie anfangs nur die Schlüsselworte und Wortpaare zu buchen, die weniger als 20 ct. kosten. Haben Sie erste Erfahrungen gesammelt, erstellen Sie zu Testzwecken Werbekampagnen, die dann auch etwas mehr kosten können. Wer es sich ein wenig einfacher machen möchte, startet eine Kooperation mit *Pangora* oder *mentasys*. Das sind Anbieter, die eher im hochpreisigen Marketingsegment angesiedelt sind und Ihre Produktdaten gleichzeitig auf mehr als zwanzig Online-Portalen anbieten. Allerdings kostet dieser Service etwas mehr, als wenn Sie direkt mit einem der Marketingpartner zusammenarbeiten.

Als nächsten Schritt wählen Sie gezielt die eine oder andere für Ihre Branche am besten geeignete Produktsuchmaschine aus. Wobei Sie selbstverständlich die Portale bevorzugen, die Ihre Shop-Software direkt unterstützt, da Sie so recht einfach per Knopfdruck die Produktdatenbank erstellen können. Welche das sind, sehen Sie an den Exportschnittstellen der Shop-Software. Beachten Sie bei der Auswahl, dass manche Anbieter als Einzelkämpfer agieren, z.B. *Amazon, Google Produktsuche* oder *Kelkoo*. Viele andere dagegen holen sich die Werbekundschaft über andere Internet-Dienstleister. So arbeitet beispielsweise *eVita* wiederum direkt mit *Pangora* zusammen.

Erreichen Ihre Zugriffszahlen 500 oder besser 1000 Seitenzugriffe pro Tag, dann lohnt sich der Blick auf Affiliate-Marketing (*Kapitel 10.2.3*). Hier erhalten Sie Geld dafür, dass Sie auf Ihren Webseiten Werbung für andere anzeigen. Oder Sie erstellen sogar Ihr eigenes Affiliate-Konzept, um selbst als Programmanbieter aufzutreten.

Produktsuchmaschinen und Preisvergleichsportale	
www.billiger.de	www.preisauskunft.de
www.evendi.de	www.preisroboter.de
www.evita.de	www.preissuchmaschine.de
www.google.de/products	www.preistrend.de
www.geizhals.at	www.preisvergleich.de
www.geizkragen.de	www.rockbottom.de
www.guenstiger.de	www.schottenland.de
www.idealo.de	www.shopboy.de
www.kelkoo.de	www.shopwahl.de
www.milando24.com	www.wein.cc
www.moohoo.de	www.yatego.com

Tabelle 10.7: Produktsuchmaschinen und Preisvergleichsportale

Damit sich die Investitionen in Werbung tatsächlich lohnen, ist eine Erfolgs-messung unabdingbar. Website-Statistiken, **Conversion Rate** und **ROI-Tracking** sind dazu die richtigen Stichwörter. Werbung ohne Erfolgsmessung kann nicht funktionieren, da können Sie das Geld gleich zum Fenster raus-schmeißen. Machen Sie sich darüber schon im Vorfeld Gedanken. In Ihrem Kopf muss sich automatisch folgendes Szenario abspielen: »Ich investiere bei Werbeanbieter XY 100 € in Werbung, was bekomme ich dafür als Response und wie messe ich den daraus resultierenden Erfolg?« Seriöse Marketingpartner liefern Ihnen auf diese Frage eine Antwort. Wichtig kann es hierbei auch sein, pro Werbekampagne jeweils eine eigene Webseite als Ziellink einzurichten (**Landing Page**). Außerdem gibt es einige gängige Tracking-Verfahren, die dabei helfen, den Erfolg zu messen.

Erfolg messen

Verfahren	Beschreibung
Cookie-Tracking	Daten werden als Cookie lokal auf dem PC des Kunden gespeichert.
	+ Auswertung innerhalb von 30 Tagen nach Site-Besuch möglich.
	– Erfolgsmessung unmöglich, wenn Cookies deaktiviert sind.
Datenbank-Tracking (Affiliate-Marketing)	Speichert die PartnerID mit der KundenID in einer Datenbank.
	+ Ermöglicht eine Vergütung für spätere Käufe oder Folgeverkäufe.
	– Nur in Kombination mit anderen Tracking-Maßnahmen sinnvoll.
Pixel-Tracking	Unsichtbares Pixel-Bild wird auf der Webseite eingebunden.
	+ Sehr einfach zu integrierende Methode.
	– Erfolgsmessung unmöglich, wenn Bildanzeige unterdrückt wird.

Tabelle 10.8: Vor- und Nachteile verschiedener Tracking-Verfahren

Verfahren	Beschreibung
Session-Tracking	Beim Besuch einer Website wird eine so genannte Session geöffnet.
	+ Es werden keine Cookies benötigt.
	– Berücksichtigt nur die aktuelle »Session« des Users.
URL-Tracking	PartnerID ist im HTML-Code enthalten (Affiliate-Marketing).
	+ Sicherer und durchgängiger Tracking-Prozess.
	– Erfolgsmessung unmöglich, wenn Kunde später direkt aktiv wird.

Tabelle 10.8: Vor- und Nachteile verschiedener Tracking-Verfahren (Forts.)

Alle Technologien verfolgen das gleiche Ziel: eine fehlerfreie Zuordnung des Kunden und dessen Transaktionen zur durchgeführten Marketingmaßnahme. Ohne ein erfolgreiches Tracking ist die Erfolgsmessung nicht möglich. Der Vollständigkeit halber haben wir an dieser Stelle das Datenbank- und URL-Tracking mit aufgenommen, die eigentlich besser zum Thema Affiliate-Marketing passen. Mit den beiden Tracking-Verfahren verfolgen die Anbieter die Erfolge Ihrer Marketing-Partner. Weitere Informationen finden hierzu Sie in *Kapitel 10.2.3*.

10.2.1   Exportfunktionen für das Produktmarketing

Datentransfer zu Produktsuchmaschinen

Das mit den Bestellungen aus dem Online-Shop ist so eine Sache. Irgendwie müssen die Bestellungen aus dem Shop zum Warenwirtschaftssystem gelangen. Je umfassender das Schnittstellenangebot in der Shop-Software, desto leichter gelingt die Anbindung an eines der gewünschten Warenwirtschaftssysteme. Noch schwieriger sieht die Sache mit Ihren Produkten aus. Wer intensiv Online-Marketing in Produktsuchmaschinen betreiben will, der muss aus seinem Shop die Produktdatenbank an mehrere andere Dienstleister versenden. Mit Sicherheit ist deren Informationsaufbereitung nur selten kompatibel mit Ihren Produktdaten, so dass Sie jedes Mal eine anderes Format für den Datenaustausch benötigen. Das Problem dürfte deutlich erkennbar sein. Daher lohnt sich gerade für kleinere Unternehmen die Zusammenarbeit mit speziellen Diensteanbietern.

Anbieter	Anmelde-/Informations-Webseite
elm@r	projekt.wifo.uni-mannheim.de/elmar/nav?dest=shops&rid=31
mentasys	www.mentasys.de/de/Loesungen/Home/
Pangora	https://crm.pangora.com/Pangora/registration/contact-info.pui

Tabelle 10.9: Diensteanbieter, die mit mehreren Portalen kooperieren

Klickpreise im Produktmarketing

SPIXX-Index

Eine weitere Schwierigkeit liefert die preisliche Einschätzung des relevanten Klickpreises. Sie wollen natürlich nicht zu viel pro Klick zahlen, denn warum sollten Sie mehr als nötig ausgeben. Andererseits bringt Ihnen ein zu niedriger Preis keine Kunden, denn dann steht Ihre Anzeige erst einige Seiten später. Übrigens: Die oberste Position erhält durchschnittlich 34% aller Klicks, die zweite 25%, die dritte 19%, die vierte 13% und die fünfte nur noch 9%. Als grobe Richtschnur hat sich das Unternehmen *explido Web-Marketing* den monatlich erscheinenden **SPIXX**-Index ausgedacht. Dieser wertet für *Google* (70%), *Yahoo! Search Marketing* (20%) und *Miva* (10%) aus, wie viel Sie dort für die erste Werbeposition bezahlen müssen. Die Zahlen in Klammern geben die aktuelle Gewichtung der einzelnen Suchmaschinen im SPIXX-Index wieder. Anhand der Marktanteile dieser drei Diensteanbieter errechnet sich ein gewichteter Durchschnittswert. Hierzu analysiert das Unternehmen 180 häufig eingegebene Keywords aus bislang fünfzehn unterschiedlichen Branchen von Auto & Motorrad bis Wellness.

Selbstverständlich sollten Sie bei Ihrer Betrachtung berücksichtigen, dass das Gebot für die erste Position meist deutlich höher ist als der tatsächlich gezahlte Preis. Denn zum Teil ist ein Gebotsagent aktiv, der dafür sorgt, dass stets nur 1 ct. mehr bezahlt wird als für die zweite Position. Der Index bezieht deshalb die zweite Position in die Berechnung mit ein.

Branche	Google	Yahoo!	Miva
Auto & Motor	0,81 € (0,81 €)	0,31 € (0,35 €)	0,10 € (0,18 €)
Beauty	0,90 € (0,82 €)	0,36 € (0,49 €)	0,14 € (0,29 €)
Computing	1,73 € (1,28 €)	0,63 € (0,68 €)	0,12 € (0,28 €)
Dienstleistungen	2,72 € (2,11 €)	1,21 € (1,25 €)	0,13 € (0,33 €)
Elektronik, Video & HiFi	0,95 € (0,84 €)	0,60 € (0,57 €)	0,12 € (0,19 €)
Essen & Trinken	0,62 € (0,55 €)	0,42 € (0,40 €)	0,15 € (0,21 €)
Geld & Finanzen	2,77 € (2,10 €)	1,82 € (1,46 €)	0,19 € (0,47 €)
Handy	1,06 € (1,12 €)	0,58 € (0,45 €)	0,10 € (0,17 €)
Immobilien	0,79 € (0,74 €)	0,50 € (0,40 €)	0,21 € (0,27 €)
Mode	0,90 € (0,70 €)	0,59 € (0,62 €)	0,14 € (0,23 €)
Partnersuche & Erotik	1,32 € (1,00 €)	0,66 € (0,54 €)	0,11 € (0,16 €)
Reise	1,34 € (1,25 €)	0,63 € (0,69 €)	0,13 € (0,24 €)
Shopping	0,76 € (0,87 €)	0,48 € (0,54 €)	0,16 € (0,25 €)
Versicherungen	5,40 € (5,36 €)	2,07 € (2,46 €)	0,26 € (0,46 €)
Wellness	0,78 € (0,67 €)	0,54 € (0,68 €)	0,13 € (0,22 €)

Tabelle 10.10: SPIXX-Preisindex für August 2007 (Februar 2006)

Bieten Sie selbst für den Suchbegriff »Marmelade« 50 ct. und es gibt nur einen zweiten Konkurrenten, der dafür 20 ct. bietet, zahlen Sie letztendlich selbst nur 21 ct.; in Tabelle 10.10 würde für Ihren Bereich also 21 ct. stehen. Anhand des Preisindex erkennen Sie schnell, dass für Versicherungen fast astronomisch anmutende Klickpreise gezahlt werden. Ob sich das im Einzelfall wirklich lohnt, muss jeder selbst überlegen. Deshalb übertreiben Sie es nicht mit dem voreingestellten Budget, sonst sind schnell 50 € pro Tag weg.

www.explido-webmarketing.de

explido WebMarketing GmbH & Co. KG *(Suchmaschinen Preisindex SPIXX)*

Produktdatenbank-Service Pangora

Deep Links einbinden

Pangora ist eine spezielle Produktsuchmaschine für Shopping-Bereiche im Internet. Ist Ihr Online-Shop oder genauer gesagt: sind die **Deep Links** Ihrer Produkte auf dieser Vermarktungsplattform eingebunden, so können Sie mit einem gesteigerten Online-Umsatz rechnen. Das Bequeme dabei ist, dass Sie mit einer einzigen Dateneinbindung Ihre Produkte gleichzeitig bei etwa 70 Portalpartnern anbieten. Das Unternehmen dient quasi nur als Technologieanbieter für die verschiedenen Portale.

Zur Einbindung Ihrer Produkte sind vier Schritte notwendig:

1. Anmelden und Profil für Ihren Shop anlegen (Abbildung 10.4).
2. Binden Sie das Firmenlogo in guter Qualität ein!
3. Überspielen Sie die Produktdatenbank an Pangora (Mapping)!
4. Die Zuordnung Ihrer Produkte in Kategorien erfolgt automatisch.

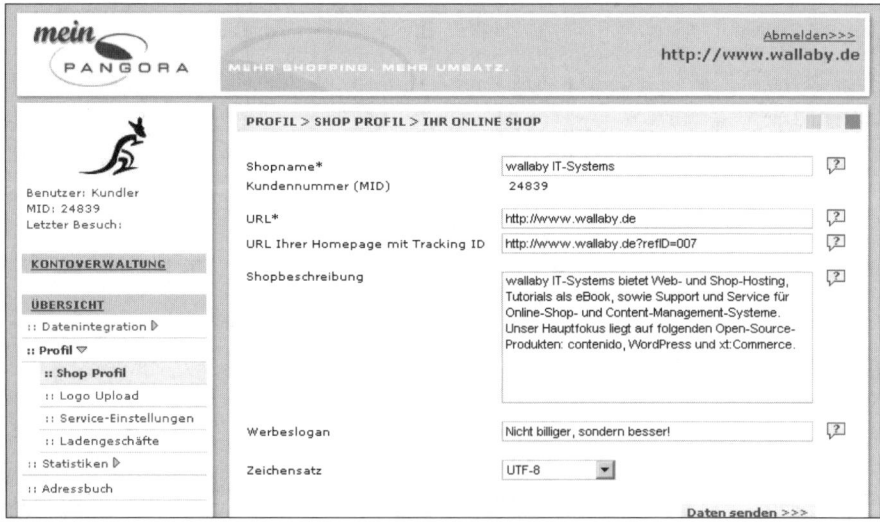

Abbildung 10.4: Startoberfläche der Pangora-Profil-Konfiguration

In den ersten Schritte der Profil-Konfiguration geben Sie das allgemeine Shop-Profil inklusive Postanschrift ein. Anschließend benötigen Sie Ihr Shop-Logo, um Ihren Shop optimal auf den angeschlossenen Portalen zu präsentieren. Wählen Sie hier die Datei mit Ihrem Logo aus, die Sie hochladen wollen, mögliche Dateiformate sind: PNG-, BMP-, JPG- oder eine nicht animiertes GIF-Grafik. Am einfachsten nutzen Sie die automatische Skalierung, die das Logo an die jeweilige Größe anpasst.

Anschließend tragen Sie Informationen rund um den Service Ihres Online-Shops ein. Dazu gehören:

>> Serviceangebot: Paket-Verfolgung, Webmiles, Newsletter, Geschenk-Service, Warenkorb, Suche ...

>> Zahlungsmöglichkeiten: Verschiedene Kreditkarten, Vorkasse, Paybox, Pay Safe Card, Finanzkauf, Rechnung, Barzahlung ...

>> Versandarten: Post, Mindestbestellwert, Sofort-Versand, UPS, DPD, Lieferung frei Haus, internationaler Versand ...

>> Kundenservice: Kontaktdaten (Telefon, Telefax, E-Mail) zum Kunden- und Bestellservice, Rabatte, Austausch, Rückgaberecht, Garantie ...

Ihre hier gemachten Angaben werden auf den Partner-Portalen angezeigt und sollten selbstverständlich regelmäßig aktualisiert werden. Womit Sie Ihren Kunden die größtmögliche Transparenz beim Online-Shopping garantieren.

Bieten Sie Ihre Waren nicht nur online an, sondern auch über ein oder mehrere Ladengeschäfte? Dann geben Sie optional die jeweiligen Laden-Adressen ein, so erreichen Sie Ihre Kunden in Ihrem Einzugsgebiet über die neue »Lokale Suche« von *Pangora*. Momentan ist dieser Zusatzservice auf dem deutschen Portal »*GelbeSeiten Shopping*« online.

Nun kommt das Wichtigste, der manuelle bzw. automatische Upload Ihrer Produktdatenbank. Die Datei liefern Sie je nach Bedarf komprimiert im ZIP-, GZIP- oder RAR-Format ab. Der automatischen Datenupload ist natürlich schneller und unkomplizierter als der manuelle Upload. Hierzu teilen Sie *Pangora* entweder einen http-Link mit, wo Sie Ihre aktuelle Datenbank regelmäßig ablegen oder Sie nutzen einen separaten FTP-Zugang, wo Sie Ihre aktuelle Datenbank hochladen.

Nun erläutern wir Ihnen den Schritt, wie Sie eine Datenbank für *Pangora* aufbauen. Die in Tabelle 10.11 enthaltenen Spaltennamen stellen die mindestens erforderlichen Pflichtfelder dar. Natürlich reichen sie für eine möglichst benutzerfreundliche Darstellung nicht aus. Dazu müssen Sie auf jeden Fall noch weitere Informationen einbinden, unter anderem: Beschreibungstext (description), Lieferkosten (delivery-charge), Lieferzeit (delivery-period), Produktbild (image-url), Herstellername (mfname), Markenname (brand) oder Produktnummer (product-id). Sie müssen nur darauf achten, dass es beim Tabellenlayout zwischen nicht technischen und technischen Produkten Unterschiede gibt. Zu den technischen zählen vor allem: Computer, Laptop, Drucker, Monitor, Fernseher, Festplatte, Digitalkamera, Webcam, Camcorder, PDA, MP3-Geräte, DVD-/CD-Rekorder, Druckerpatrone, Wasch-/Spülmaschine, Trockner, Weiße Ware, Espresso- oder Kaffeemaschinen.

Datenbank für Pangora erstellen

Beachten Sie in diesem Zusammenhang, dass sich die Schreibweise der Datenbankfelder geändert hat. Verwenden Sie daher besser die neuen Begriffe, obwohl die alten Bezeichnungen noch ebenso gültig sind.

Name	Beschreibung
merchant-category	Händlerkategorie, in der das Produktangebot im Shop steht. Diese Bezeichnung darf höchstens aus 255 Zeichen bestehen. Beispiel: Digitalkamera>Canon>Ixus
offer-id	Shopeigene, eindeutige Angebotsnummer bzw. -kennziffer. Sie darf maximal 50 Zeichen umfassen. Beispiel: xyz485
label	Den Angebotsnamen dürfen Sie aus maximal 127 Zeichen bilden. Beispiel: Canon EOS 300D
offer-url	Exakte URL der Produktseite in Ihrem Online-Shop mit höchstens 512 Zeichen, auf der das betreffende Angebot vorgestellt wird. Beispiel: http://www.domain.de/kategoriename/produktname.html
prices	Eintrag des Produktpreises mit bis zu 63 Zeichen, auf 2 Stellen gerundet. Punkt oder Komma als Trennzeichen und ohne Leerstelle. Beispiel: EUR20.00

Tabelle 10.11: Wichtige Pflichtfelder für den Upload zu Pangora

Praxis-Tipp: Produktdaten für Pangora *korrekt abspeichern*

*Verschiedene Datenformate gewährleisten Ihnen eine gute Qualität Ihrer Online-Daten. Die Produktdatenbank kann entweder als XML-Datei mit UTF-8-**Kodierung** vorliegen oder alternativ als tabulatorgetrennte Textdatei mit ASCII-, Latin1- (ISO-8859-1) oder Latin9-Kodierung (ISO-8859-15). Die Textdateien erstellen Sie mit Programmen wie* Excel *oder* Access. *Die Datei darf sogar mit ZIP, GZIP oder RAR komprimiert sein. Zum Abschluss müssen Sie nur die Datei als tabulatorgetrennte Textdatei abspeichern:*

– *Unter* Excel: *Wählen Sie im Menü »Datei« die Option »Speichern unter« und als Dateityp die Option »Text (Tabs getrennt)«.*

– *Unter* Access: *Wählen Sie im Menü »Datei« die Option »Exportieren« und speichern Sie den Inhalt als Textdatei mit Tabulator als Trennzeichen.*

Automatisch Produktdaten überspielen

Heutzutage ist es ein entscheidender Erfolgsfaktor im Online-Handel, wenn die Artikel über spezielle Produktsuchmaschinen gefunden werden. Gerade für kleinere Unternehmen ist der Aufwand dazu jedoch relativ hoch, da häufig nur begrenzte Personalkapazitäten zur Verfügung stehen. Deshalb kooperiert *Pangora* mit verschiedenen Anbietern von Shop-Software bzw. Shop-Schnittstellen im deutschsprachigem Raum: *1&1 Shop, elm@r, ePages, Oxid eSales, Strato, My eShop, Euroweb, HostEurope, Mallux, Sage, Shop-Pilot* und *Omeco* und *Xsite*. Alle technischen Voraussetzungen für eine bequeme Integration Ihrer Produktdaten über diese Anbieter sind bereits vorhanden. Die regelmäßige Übergabe der Daten verläuft problemlos mit minimalem Aufwand. Für diejenigen die mit einer anderen Shop-Software arbeiten, lohnt sich *elm@r*, wie bereits erwähnt.

Praxis-Tipp: Online-Verkaufsförderung mit mentasys

mentasys *ist wohl eine der wenigen Alternativen zu* Pangora. *Das Unternehmen kooperiert mit zahlreichen Online-Portalen in Form von Preisvergleichen und Shopping-Plattformen. Mit einem einzigen Datenaustausch belegen Sie ein Netzwerk mit inzwischen über 50 qualifizierten Fach- und Publikumsportalen. Die Portalpartner für alle Sortimente sind:* 1&1, Abacho, billiger.de, billig.net, cengoo, dooyoo, Die Zeit, freenet.de, german business, GMX, guenstig.de, meinestadt.de, n-tv.de, produktvergleich.de, preisduell, preisvergleich.com, preisvergleich.org, preisvergleichseiten24, schnaeppchenjagd.de, smartshopping.de, studserv.de, tarife.de, testberichte.de, vaybee!, WAi *und* Web.de *(Channel-Übersicht). Speziell für technische Produktsortimente gibt es darüber hinaus noch einige weitere Portalpartner. Hierzu gehören ein Großteil der namhaften PC- und Technik-Portale sowie trafficstarke Publikumsportale. Die besonderen Vorteile sind:*

— *Import von Artikellisten und Zuweisen auf Kategorien-/Produktebene*

— *tägliche Preisdatenaktualisierungen, Traffic-Kontrolle und Reporting*

shopinfo.xml – Beschreibungsformat für Produktdaten

Vereinfachter Datenaustausch

Im Rahmen eines Forschungsprojekts *elm@r* entwickelte der *Lehrstuhl für Wirtschaftsinformatik* an der *Universität Mannheim* den **shopinfo.xml**-Standard. Damit beabsichtigte man die Festlegung eines offenen, möglichst universell einsetzbaren Beschreibungsformats für Produktdaten in Online-Shops. Das Ganze zielt darauf ab, den ständigen und teils komplexen Datenaustausch zwischen Online-Shops und Internet-Dienstleistern zu vereinfachen. Dieses Konzept ist sehr einfach und doch sehr wirkungsvoll.

Vorteile des Standards

Sie als Shop-Betreiber profitieren im besonderen Maße von der einfachen Integration der Produktdaten in Marktübersichten, Online-Kataloge, Preisvergleichsdienste und Business-to-Business-**Procurement**-Systeme. Trotzdem genügt für alle eine einzige shopinfo.xml-Datei. Der Clou für Sie als Shop-Betreiber: Der Service ist vollkommen kostenlos! Sie brauchen nur einmalig eine shopinfo.xml-Datei erstellen. Dafür steht Ihnen online ein komfortables HTML-Formular zur Verfügung. Die Technologie basiert auf XML und ist dadurch selbstverständlich plattform- und systemunabhängig nutzbar.

Die Hersteller von Shop-Software können dadurch die Attraktivität der Software für Shop-Betreiber erhöhen. Dienstleistungsanbieter erhalten mit geringem Aufwand Zugriff auf eine Vielzahl von Online-Shops. Für die folgenden Shop-Systeme stehen bereits Module zur Verfügung, die den shopinfo.xml-Standard direkt unterstützen: *Caupo, CP::Shop, Davinci Shop, My-Warehouse, osCommerce* (sowie dessen Abkömmlinge, wie *xt:Commerce, Vista Nova, Zen Cart* und andere), *Oxid, PhPepper, plenty-Shop, PuzzleCommerce, ShopEye, ShopWeezle, SmartStore, Softmiracles* und *Weso24.*

Tipp . . . . . .

Praxis-Tipp: Modul für shopinfo.xml-Standard in Shop installieren

Für die oben genannten Shop-Systeme stehen verschiedene Module bereit, die den shopinfo.xml-Standard unterstützen. Auf einfache Art und Weise stellen Sie damit Ihre Shop- und Produktdaten zur Verfügung. Die wichtigsten Internet-Dienste, die dieses Angebot nutzen, sind verschiedene Shopping-Portale, Produktsuchmaschinen und Preisvergleichsdienste.

Nach der Installation (FTP-Upload der Dateien) und Konfiguration (Anpassungen in elmar_config.inc.php und config.inc.php) des Moduls steht Ihnen die Verwaltungsoberfläche zur Verfügung. Die Internet-Adresse lautet www.domain.de/elmar_start.php. Diese Startdatei schützen Sie durch ein Passwort. In der Datei config.inc.php tragen Sie es unter ELMAR_PASSWORD ein. Die ersten Schritte dienen der benötigten Grundkonfiguration:

Step . . . . . .

1. Vervollständigen Sie die Shop-Daten in der Shop-Datei!

2. Registrieren Sie anschließend den Shop mit Hilfe der Shop-Datei!

3. Passen Sie das Modul an Ihre eigenen Wünsche an!

4. Testen Sie den Zugriff auf die Standard-Produktdatei!

5. Erstellen Sie für die gewünschten Online-Dienste die Produktdateien!

Die so erzeugten Produktdateien lassen sich jetzt für eine Reihe von Diensteanbietern per Knopfdruck erzeugen. Zurzeit gilt das für *Amazon, Google Produktsuche (Froogle), Hardwareschotte, Idealo, Kelkoo, Pangora, Rock-Bottom, Shopping.com* und *WEB.DE.* Als Standard erstellen Sie eine einfache CSV-Datei für den Datentransfer. Spezielle Anpassungen sind darüber hinaus in der Konfigurationsdatei elmar_config.inc.php zu setzen für:

>> *Kelkoo*: Konstante VERSANDKOSTEN_AB

>> *Amazon*: Konstante AMAZON_SHIP_INTERNATIONALLY

Produktdateien erzeugen

Markieren Sie, welche Produktdateien erzeugt werden sollen, geben Sie die Dateinamen (inkl. Pfad) an, unter denen die generierten Dateien auf dem Server gespeichert werden sollen, und drücken Sie dann den Button "Markierte Produktdateien erzeugen". Relative oder fehlende Pfade werden bzgl. /srv/www/vhosts/taschenberater.de/httpdocs aufgelöst, also relativ zum osCommerce catalog-Verzeichnis. Mit dem jeweiligen Download-Button kann eine einzelne Produktdatei erzeugt werden. Deutsche Preisvergleichsdienste verlangen in der Regel die Einstellungen Sprache=de und Währung=EUR.

Falls Fehler auftreten, liegt das oft an fehlenden Schreibrechten. Unter Linux hilft es, wenn man eine leere Datei gleichen Namens anlegt (z. B. test.txt) und deren Rechte mit chmod a+rw test.txt setzt.

Weitere Produktdateiformate werden bei Bedarf ergänzt. Bitte schicken Sie die Spezifikationen per E-Mail.

Dienst	Erzeugen	Dateiname	Größe	Zeit	Download
Standard	☐	/var/www/vhosts/taschenberater.de/httpdocs/products.csv	140.519	31.08.2007 01:45:20	Download
Froogle	☐	/var/www/vhosts/taschenberater.de/httpdocs/froogle.txt	132.944	31.08.2007 01:45:21	Download
Hardwareschotte	☐	/var/www/vhosts/taschenberater.de/httpdocs/hardwareschotte.txt	132.131	31.08.2007 01:45:21	Download
Kelkoo	☐	/var/www/vhosts/taschenberater.de/httpdocs/kelkoo.txt	77.574	31.08.2007 01:45:22	Download
Pangora	☐	/var/www/vhosts/taschenberater.de/httpdocs/pangora.txt	134.019	31.08.2007 01:45:22	Download
Shopping.com	☐	/var/www/vhosts/taschenberater.de/httpdocs/shopping.txt	138.982	31.08.2007 01:45:23	Download
WEB.DE	☐	/var/www/vhosts/taschenberater.de/httpdocs/webde.txt	178.003	31.08.2007 01:45:23	Download
Amazon	☐	/var/www/vhosts/taschenberater.de/httpdocs/amazon.txt	18.782	31.08.2007 01:45:24	Download

Sprache: de ▾

Alle | Keine | Markierte Produktdateien erzeugen

Abbildung 10.5: Produktdateien für den Datenaustausch erzeugen

Google Produktsuche und Kelkoo als Produktsuchmaschine

Beide Dienstleister präsentieren die Produkte aus Ihrem Online-Shop völlig kostenlos innerhalb der jeweiligen Produktsuchmaschinen. Sie müssen sich nur die Mühe machen, die Produktdatenbank mindestens einmal monatlich einzusenden. Den Rest erledigt der Anbieter für Sie. Somit lohnt sich für Sie der Einsatz des kostenlosen shopinfo.xml-Standards in regelmäßigen Abständen. Einmal eingerichtet ist es ein Kinderspiel, alle relevanten Daten abzugleichen.

Für Online-Shop-Händler bietet die *Google Produktsuche* (ehemals *Froogle*-Händler-Center) eine Möglichkeit, ihre Produktdaten kostenlos anzubieten. Dieses Angebot ist sehr sinnvoll, denn täglich besuchen Millionen Menschen die beiden Produktsuchmaschinen und suchen dort natürlich auch nach Produktinformationen. Sie als registrierter Shop-Betreiber bestimmen die Aktualität Ihrer Produktinformationen, indem Sie selbst die Daten per FTP einstellen. Die dazu erforderlichen FTP-Informationen (Nutzername und Passwort) richten Sie online selber ein.

Google Produktsuche

Praxis-Tipp: FTP-Programm FileZilla *für* Google Produktsuche *einrichten*

Tipp......

Rufen Sie im FTP-Client »Datei > Seitenverwaltung« auf. Erstellen Sie hier einen aussagekräftigen Namen und hinterlegen Sie den FTP-Server namens »uploads.google.com« sowie den Nutzernamen »ftp_domain_de« und das Passwort. Als Logon-Typ aktivieren Sie »Normal«.

www.google.de/base/help/sellongoogle.html
Google Deutschland *(Anmeldung für die* Google Produktsuche*)*

www......

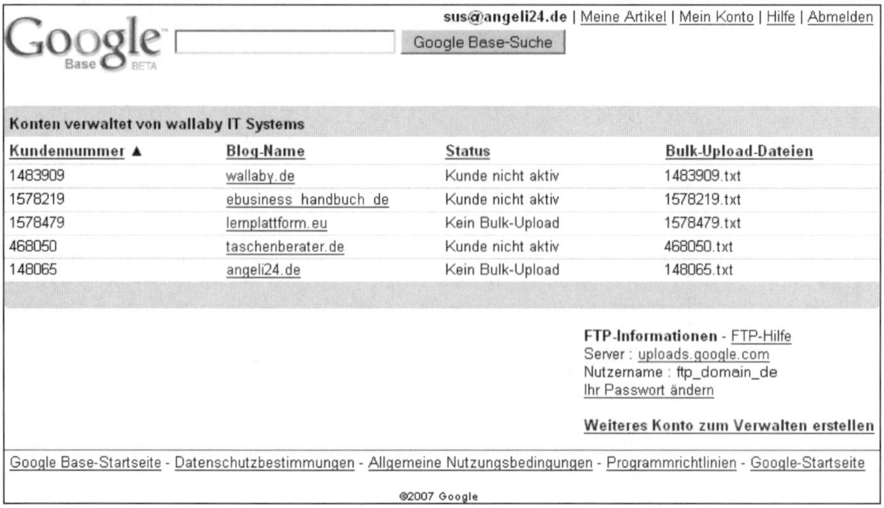

Abbildung 10.6: Händler-Center der Google Produktsuche

*Anmelden als
Kelkoo-Partner*

Als *Kelkoo*-Partner haben Sie die Möglichkeit, Ihre komplette Produkt-palette in die Produktsuchmaschine einzubinden. Eine einfache Anmeldung bei dem Product Search Office genügt. Ab sofort können Sie eigenständig in regelmäßigen Abständen Ihre komplette Produktdatenbank übertragen. Die Produktpräsentation ist kostenfrei, lediglich bei Überschreiten eines festge-legten Freikontingents (Stand 08/2007: 1000 Klicks pro Monat) entstehen pro Klick weitere Kosten im Rahmen der AGB. Als Premium-Partner erhal-ten Sie zudem noch weitere interessante Vergünstigungen, wie:

>> persönliche Beratung durch einen Kundenbetreuer

>> technische Qualitätskontrolle und Support

>> Einbindung in die Shop-Übersicht mit Ihren Händlerdaten

>> regelmäßiger Statistikversand und optimierte Einbindung

>> kostenfreies und unabhängiges Tracking durch *TradeDoubler*

WWW .....

https://merchants.extranet.kelkoo.net/de/Login.do
Kelkoo Deutschland GmbH *(Anmeldung für die* Kelkoo-*Partnerschaft)*

Einige Stunden, nachdem Sie die Produktdaten im **Merchant Extranet** (ehe-mals Product Search Office) hochgeladen haben, erscheinen in der Suchma-schine alle Produkte mit Bild, Produktname, Beschreibung, Shop-Link und Preis. Sucht ein Kunde beispielsweise bei *Kelkoo* nach »lady business«, erhält er die in Abbildung 10.8 dargestellte Produktanzeige.

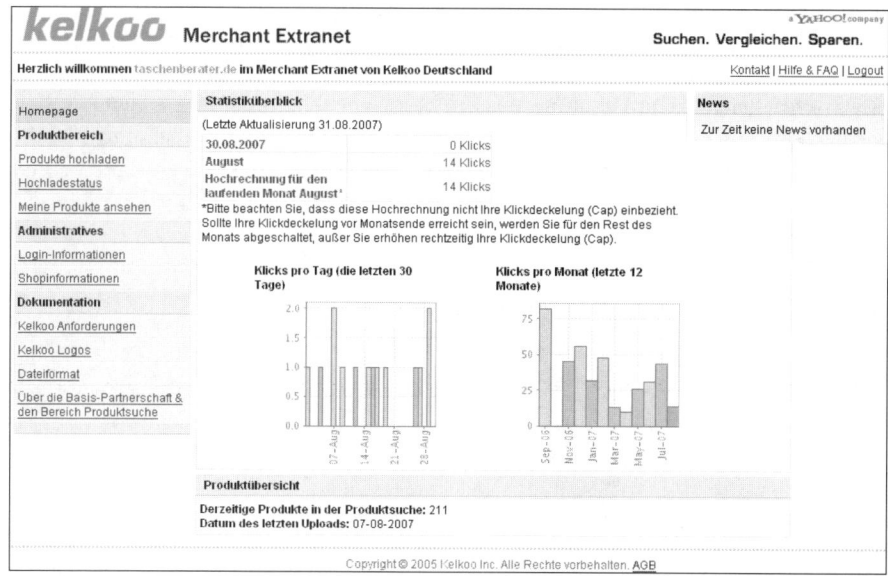

Abbildung 10.7: Product Search Office von Kelkoo

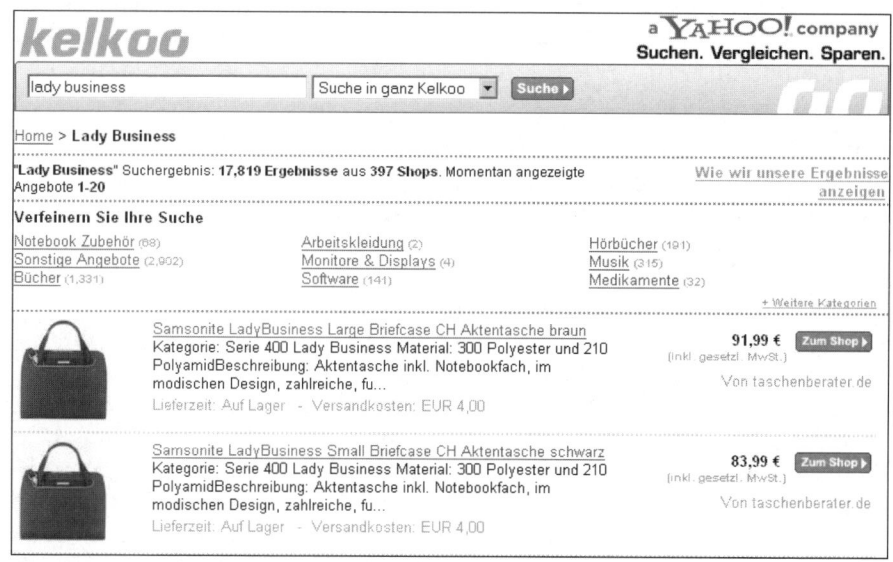

Abbildung 10.8: Suchergebnis in der Produktsuchmaschine Kelkoo

10.2.2   Keyword Advertising oder Sponsored Links

Neben der Positionierung in den regulären Suchergebnis-Listen gibt es die *Bezahlte Werbung* Möglichkeit, eigene Werbeanzeigen auf anderen Websites zu schalten. Diese eigens eingeblendeten Anzeigen erscheinen immer dann, wenn ein Suchmaschinen-Benutzer ein vorher von Ihnen definiertes Wort oder auch Wortpaar eintippt. Das, was Sie mit guter Suchmaschinen-Optimierung kostenlos bekommen, erwerben Sie kostenpflichtig beim **Keyword Advertising** bzw. **Sponsored Links**. Die Vorteile sind leicht nachvollziehbar. Sie erreichen eine viel größere Zielgruppe, nämlich die Benutzer, die nach den für Sie wichtigen Suchbegriffen suchen. Nur die wirklich am Thema Interessierten sehen die Anzeige und Sie zahlen lediglich für die tatsächlich ausgeführten Klicks. Diese Abrechnungsmethode und das von Ihnen vorgegebene Budget sorgen für maximale Kosteneffizienz.

Anbieter	Anmelde-/Informations-Webseite
AdWords	adwords.google.de/select/Login
Microsoft	https://adcenter.microsoft.com/Default.aspx
Mirago	de.mirago.com/werben/anmeldung.aspx
Miva	miva.com/de/content/advertiser/packages.asp
QualiGo	https://www.qualigo.de/doks/order/source/anm/anmeldung.php
Yahoo!	searchmarketing.yahoo.com/de_DE/

Tabelle 10.12: Alphabetische Übersicht der Keyword Advertising-Anbieter

Diese Angebote eignen sich besonders, um auf Websites mit wenig Content bzw. Besuchern dennoch die gewünschte Besucheranzahl zu erreichen. Ab spätestens 2007 will *Microsoft* mit *MSN adCenter* auch den deutschen Markt erobern.

Google AdWords und Conversion Tracking nutzen

Neue Kampagne anlegen

Eine *Google-AdWords*-Kampagne einzurichten ist nicht schwer. Detaillierte zusätzliche Informationen zum Thema *AdWords* finden Sie in *Kapitel 11*. Die zentrale Anlaufstelle nach dem Login ist unter der Registerkarte »Kampagnenverwaltung«. Hier erstellen und bearbeiten Sie Ihre Anzeigenkampagnen. Jede **Kampagne** beinhaltet eine oder mehrere **Anzeigengruppen**, die wiederum eine oder mehrere **Anzeigen** enthalten, meistens mit mehreren dazugehörigen **Keywords**. In Abbildung 10.9 haben wir eine neue Anzeigengruppe mit dem Namen »Onlineshop-Handbuch.DE« erstellt. Sie beinhaltet momentan verschiedene Keyword-Kombinationen, unter anderem auch: »homepage geld verdienen«. Natürlich verwenden Sie im Echtbetrieb mehrere aussagekräftige Einzel-Keywords und kombinierte Suchbegriffe, um die Trefferquote bei einer Kundensuche zu erhöhen. In Abbildung 10.10 sehen Sie das endgültige Aussehen der Textanzeige. Neben Textanzeigen sind auch Image-Anzeigen mit den üblichen Werbebannern möglich.

Außerdem können Sie hier den täglich verfügbaren Werbeetat (Budget) der Kampagne beschränken. Dies gelingt Ihnen, indem Sie in der **Kampagneneinstellung** ein Tagesbudget festlegen. Einer der großen Vorteile von *AdWords* besteht darin, dass Sie Ihre neue Anzeige innerhalb von wenigen Minuten freischalten können. Sucht nun jemand in der Suchmaschine *Google* nach einem von Ihnen eingetragenen Keyword, erscheint in der rechten Spalte die Liste mit allen relevanten Anzeigen – also auch Ihrer.

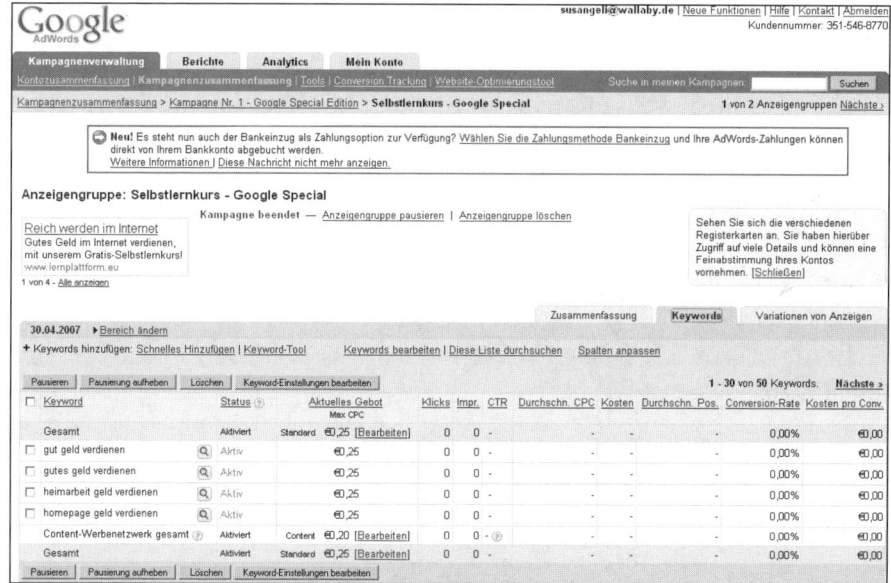

Abbildung 10.9: Google-AdWords-Kampagne einrichten

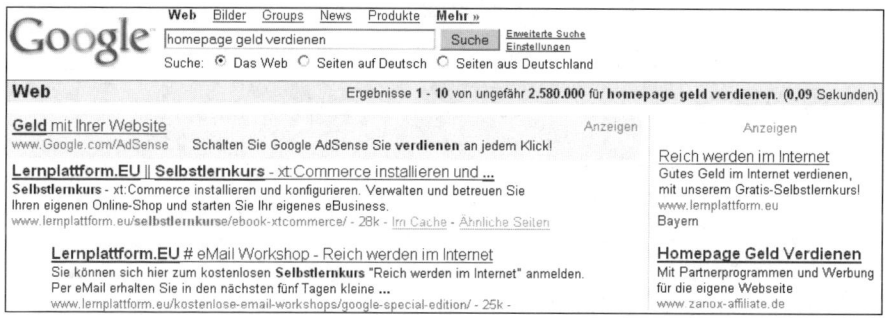

Abbildung 10.10: AdWords-Anzeige erscheint in der Suchmaschine

Damit Sie den Erfolg Ihrer Marketingkampagne messen können, stellt Ihnen *Google* ein einfaches und kostenloses Conversion Tracking bereit. Wie wir Ihnen schon in *Kapitel 9* angedeutet haben, ist es sinnvoll, darüber Bescheid zu wissen, was die Marketingausgaben bringen. Mit dem angebotenen Tool messen Sie die Effektivität Ihrer *AdWords*-Anzeigen und einzelner Keywords. Im Online-Marketing kommt es zu einer **Conversion**, wenn ein Klick auf die Anzeige direkt zu einem bestimmten Nutzerverhalten führt. Das kann z.B. ein Kauf im Online-Shop, eine Weiterleitung zu einer Webseite, eine Newsletter-Anmeldung oder ein Aufruf einer Webseite sein.

Das Einbinden des erforderlichen Codes in die Webseite ist relativ einfach. Sie wählen dazu den gewünschten Conversion-Typ aus und lassen den erforderlichen JavaScript-Code erstellen. Diesen kopieren Sie in die entsprechende HTML- oder PHP-Webseite, die z.B. den Bestellvorgang abschließt.

*Conversion
Tracking nutzen*

Conversion Tracking funktioniert über die Platzierung eines **Cookies** auf dem Kundenrechner, sobald dieser eine *AdWords*-Anzeige anklickt. Schafft es der Kunde bis auf die präparierte Conversion-Seite, verbindet er das Cookie mit Ihrer Webseite und kann so die erfolgreiche Conversion verzeichnen. Aufgrund des Cookies wissen Sie also, dass der Kunde auf eine *AdWords*-Anzeige geklickt hat und sich z.B. bis zur Dankeseite während eines Bestellvorgangs in Ihrem Shop vorgearbeitet hat.

Abbildung 10.11: Conversion Tracking für AdWords einrichten

Yahoo! Search Marketing bietet Sponsored Search

Mit *Yahoo! Search Marketing* (ehemals *Overture)* erscheint Ihre Werbeanzeige mit einem Eintrag auf den Trefferlisten von Suchmaschinen und Webportalen mehrerer deutscher Partner. Im deutschsprachigen Raum besteht das *Yahoo! Search Marketing*-Suchnetzwerk unter anderem aus den Partnern: *Abacho, Alltheweb, altavista, Arcor, bellnet, cnn.de, Fireball, Lycos, RTL.de, msn, n-tv.de, VOX, wanadoo, wetter.de* und *Yahoo!*. Über dieses Netzwerk erreichen Sie in Deutschland laut *MyMetrix* (*comScore* März 2007) bereits mehr als 75% der aktiven Internetbenutzer.

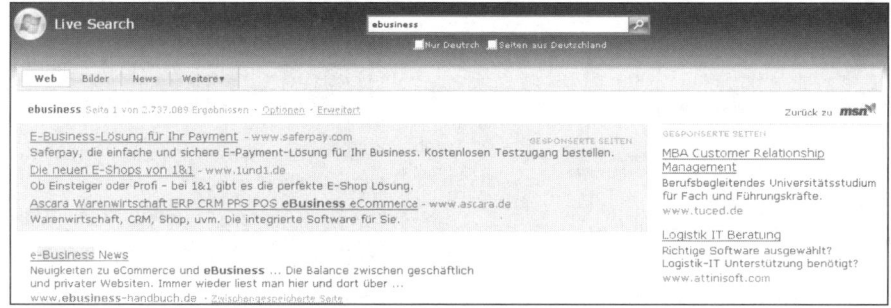

Abbildung 10.12: Yahoo! Search Marketing Werbeanzeigen bei msn

Bei *Sponsored Search* (Keyword Advertising) wählen Sie zwischen zwei Service-Modellen aus: Premium Service und Self Service. Der wichtigste Unterschied liegt in der professionellen Unterstützung durch Experten bei:

>> Auswahl relevanter Suchbegriffe,

>> Verfassen effektiver Anzeigentexte (Titel und Beschreibungen) und

>> Ermitteln von Geboten zur optimalen Budgetverwaltung.

Beim Premium Service erhalten Sie nach etwa 3 bis 5 Werktagen vom persönlich für Sie zuständigen Kundenberater einen Kampagnenvorschlag. In beiden Fällen können Sie rund um die Uhr online auf das Konto zugreifen. Es ist allerdings ein monatlicher Mindestumsatz von 25 € zu zahlen, der jedoch mit den Klicks verrechnet wird. Für schweizer bzw. österreichische Konten fällt ein monatlicher Mindestumsatz von lediglich 10 € an. Das Mindestgebot für die Suchbegriffe liegt realistisch betrachtet bei 15 ct.

Außerdem gibt es noch die inhaltsbezogene Werbeart **Content Match**. Hierbei zeigt *Yahoo! Search Marketing* Ihre Werbeanzeigen direkt neben Artikeln, Produktbeschreibungen und anderen Informationen beteiligter Partner an. Ruft ein User beispielsweise Artikelseiten zu einem bestimmten Thema auf, zeigt der Suchdienst auf der gleichen Seite den genau zum Inhalt der angezeigten Seite passenden Sucheintrag an.

Content Match

In Abbildung 10.13 sehen Sie übersichtlich die drei aktuellen Höchstgebote angezeigt. Nur wenn Sie mit Ihrem Gebot unter diesen Plätzen rangieren, erfolgt eine Anzeige bei den Suchdienst-Partnern. Beachten Sie hierbei die unterschiedliche Vermarktung von Sponsored Search und Content Match.

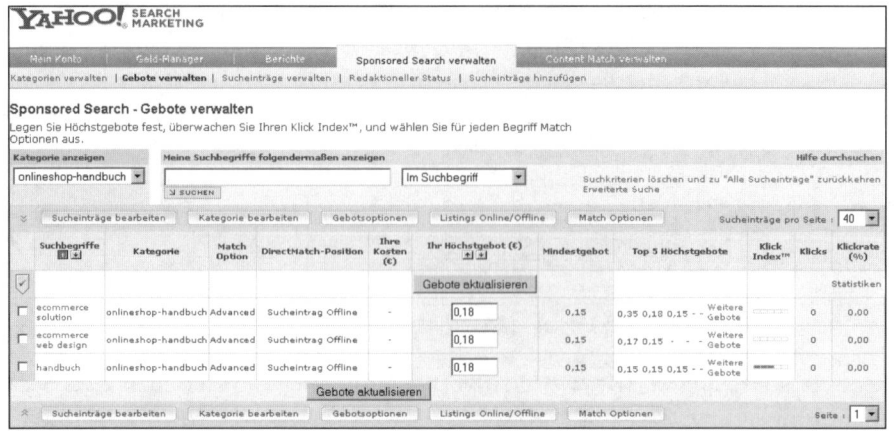

Abbildung 10.13: Sponsored Search bei Yahoo! Search Marketing

Conversion messen

Natürlich bietet Ihnen auch diese Anwendungsoberfläche die Möglichkeit, die Leistung Ihrer einzelnen Sucheinträge zu messen. Mit dem Conversion Counter messen Sie die Anzahl der Klicks, die zu einer **Conversion (Umwandlung)** auf Ihrer Site führen. Messbar sind die »Kosten pro Umwandlung«, die Konversionsrate und Konversionsanzahl auf Keyword-, Kategorie- und Kontenebene.

Für den Einsatz sind zwei Schritte erforderlich. Kopieren Sie den bereitgestellten JavaScript-Code von der Seite »Mein Konto > Konto einrichten« und fügen Sie diesen in den Quellcode Ihrer Bestätigungsseite ein. Das sind meistens die Seiten, die nach Abschluss eines Kaufvorgangs oder nach Anmeldung beim Newsletter angezeigt werden. Erreicht ein Kunde Ihre Umwandlungsseite, registriert der eingefügte Quellcode das Ereignis und stellt die Information in der Kontoübersicht dar.

miva Keyword Advertising mit URL-Tracking messen

Titel, Beschreibung und Deep Link

Für eine Werbeanzeige über *miva* definieren Sie selbst im Normalfall zuerst die relevanten Keywords und legen pro Wort bzw. Wortpaar einen Gebotspreis fest. Im Anschluss daran formulieren Sie wie üblich Titel- und Beschreibungstext. Mit dem eingetragenen **Deep Link** (URL) führen Sie den User direkt auf das von Ihnen gewünschte Angebot, also nicht unbedingt auf die Startseite, sondern meistens direkt auf eine passende Unterseite Ihrer Site.

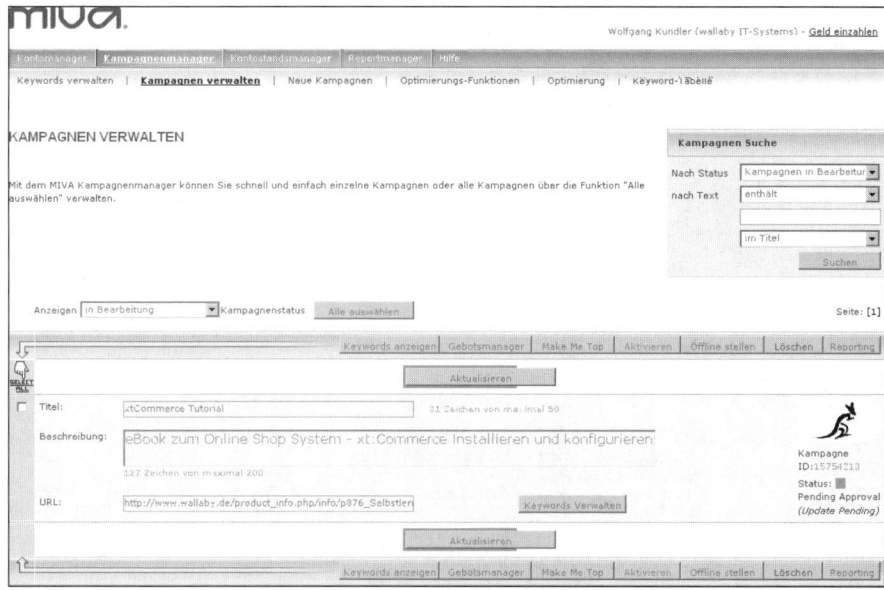

Abbildung 10.14: Redaktionelle Kampagnenverwaltung bei miva

Die beiden zur Auswahl stehenden Marketingpakete unterscheiden sich im
Wesentlichen durch professionell von *miva* erstellte zielgerichtete Titel,
Beschreibungen, Deep Links sowie häufig gesuchte und relevante Keywords. Bei beiden Paketen ist ein anfängliches Mindestbudget in Höhe von
50 € einzuzahlen. Die gezielte Kundenansprache mit PPC-Werbung ist ab
10 ct. pro Kontakt möglich. Das *miva* Editorial Team hilft Ihnen bei der
Erstellung der Kampagnen. Dieser Service kostete bis vor Kurzem eine ein-
malige Gebühr in Höhe von 69 €, wird Ihnen aber inzwischen völlig kostenlos angeboten. Sie bekommen zunächst die Kampagnenvorschläge zur
Ansicht, die dann innerhalb von zwei Tagen automatisch aktiviert werden.
Das eingezahlte Budget wird komplett in Klicks und damit interessierte
Website-Besucher umgewandelt.

Marketingpaket
wählen

Ihre redaktionell geprüfte Anzeige wird anschließend im gesamten Partner-
Netzwerk geschaltet. Momentan gehören folgende Partner dazu: *Die Zeit*,
Financial Times, *Falk*, *MyVideo*, *OMS*, *LinkArena*, *markt.de* und *Meta-
spinner*. *miva* bedient so weltweit monatlich über 2 Milliarden Systemanfra-
gen.

Abbildung 10.15: Sponsored Links auf der Webseite von Financial Times

Kampagnen optimieren

»Die eine Hälfte meiner Werbeausgaben ist zum Fenster hinausgeworfen, ich weiß leider nur nicht welche«. Dieses Zitat zum Thema Marketing stammt von *Henry Ford*. Auch mit *miva* haben Sie die Möglichkeit, die Effektivität der gebotenen Werbemaßnahmen mitzuverfolgen. Die Vorteile des Trackings liegen auf der Hand. Sie finden heraus, welche Ihrer Keywords die besten Ergebnisse erzielen und optimieren dementsprechend Ihre Kampagnen. Dazu müssen Sie sicherstellen, dass die absoluten Top-Keywords stets unter den ersten fünf Ergebnissen gelistet sind. Bei weniger erfolgreichen Keywords genügt ein geringerer Klickpreis. So geben Sie nur Geld für diejenigen Kampagnen aus, die das von Ihnen gewünschte Ergebnis liefern.

URL-Tracking nutzen

Den Erfolg Ihrer Online-Kampagne und die Conversion Rate misst *miva* mit Hilfe von URL-Tracking. Damit wird analysiert, wie viele Website-Besucher z.B. tatsächlich einen Kauf tätigen. So ermitteln Sie den mit dem von Ihnen eingesetzten Budget generierten Umsatz. Um den Traffic zu messen, ersetzen Sie die normale URL www.domain.de durch eine spezielle Tracking-URL. Dazu verlängern Sie die URL mit ?source=MIVA oder – falls Ihre URL schon ein Fragezeichen beinhaltet – hängen stattdessen &source=MIVA an. Diese abgewandelte URL identifizieren Sie leicht in Ihren Logfile-Statistiken Ihres Webservers:

>> http://domain.de?source=MIVA bzw.

>> http://domain.de/product_info.php?products_id=1&source=MIVA

Mirago und QualiGo als kleinere Werbepartner

Die Online-Marketing-Services von *Mirago* helfen Ihnen, interessierte Kunden für Ihre Produkte und Dienstleistungen zu finden. Laut aktuellen Angaben verbucht das Unternehmen monatlich rund 110 Millionen Suchanfragen (Stand: 03/2007) von deutschen Internet-Nutzern, im Februar 2006 lag diese Zahl noch bei 90 Millionen. Europaweit sind es sogar über 1 Milliarde Anfragen. Wenn Sie im Internet gefunden werden möchten, dann sollte Ihre Website dazu in den obersten Positionen der Suchergebnislisten erscheinen.

Pay-per-Click-Marketing mit Mirago

Zu den wichtigsten angebundenen Partnernetzwerken gehören:

>> Suchseiten: *acoon.de*, *alias.de*, *jungle-spider.de*, *mirago.de*, *nun24.de* und *suchspur.de*

>> Meta-Suchmaschinen: *infobits.net*, *metager.de* und *webcrawler.de*

>> Suchnetzwerke: *cpase.de*, *crawlersoft.de*, *infospaceinc.com* und *my-engines.de*

>> Webkataloge: *24h-katalog.de*, *komma7.de*, *suchmir.info* und *welt-der-links.de*

>> Special Interest: *deutscherbau.de*, *fewo-inside.de*, *finanzshopping.de*, *kwick.de*, *rio-online.com* und *spielesite.com*

>> Sonstige: *billigster-preis.de*, *mrinfo.de*, *linkarena.com* und *piro-search.de*

Das gesamte deutsche Netzwerk umfasst insgesamt mehr als 1.500 Partnerseiten. Um Ihre Kunden zu erreichen, bietet Ihnen das Unternehmen verschiedene Marketingwege an:

>> **Featured Sites**: Hochwertiger Traffic aus dem Partnernetzwerk.

>> **Context Stream**: Treffen Sie Kunden mit kontextbezogener Werbung.

>> **Platinum Listings**: Beschleunigte Aufnahme in den *Mirago*-Index. Weitere Vorteile sind häufigere Updates bei dynamischen Inhalten und die tiefere Indizierung einer Site.

>> **Trusted Feeds**: Lösung für Websites mit dynamischen Inhalten. Dieses Programm ist besonders geeignet für Sites mit mehr als 500 Einzelseiten mit dynamischem Inhalt, Flash oder Frames.

www.mirago.de/com/de/inclusion.asp
Mirago plc *(Anbieter von Ergebnissen für Internet-Suchmaschinen)*

`WWW . . . . .`

Nachdem Sie ein Konto eröffnet haben, erhalten Sie Zugang zum so genannten *Mirago Media Manager*. Hier erstellen Sie Ihre Kampagnen, für die Sie bei Pay-per-Click ein Mindestgebot von nur 10 ct. zahlen. Für die

Anmeldung erhebt das Unternehmen keine Einrichtungsgebühr und auch keinen monatlichen Mindestumsatz. Die Starteinlage liegt bei 50 €. Mit den Featured Sites ergänzen Sie andere Suchmaschinen-Kampagnen und erweitern die Reichweite Ihrer Anzeigen im Internet. Vor allem die im Vergleich mit den etablierten Netzwerken sehr niedrigen Klickpreise machen das Angebot attraktiv. Zudem ist eine Übernahme der Daten von anderen Anbietern problemlos möglich, so dass Sie die relevanten Informationen mehrfach verwenden können.

QualiGo Preislich gesehen ein sehr ähnliches Angebot erhalten Sie von *QualiGo*. Allerdings sind nicht so viele Partner eingebunden wie bei *Mirago*. Außerdem stehen noch einige weitere Kooperationspartner in der Schweiz, Österreich und Holland bereit. Nähere Informationen hierzu wollte das Unternehmen auf Anfrage jedoch nicht geben.

10.2.3 Affiliate- und Partnerprogramme

Geld verdienen mit Affiliate Wie schon eingangs erwähnt lohnt sich Affiliate nur für reichweitenstarke Websites. Ein kleines Rechenbeispiel soll dies verdeutlichen. Dazu haben wir eine Weile *Google AdSense* auf unserer bisherigen Site eingebunden. Folgende Berechnungen basieren auf realem Zahlenmaterial:

>> 23.000 Seitenimpressionen generieren 200 Klicks, d.h. die Click-through-Rate (CTR) liegt bei 0,9%.

>> Pro 1.000 Seitenimpressionen wird ein Umsatz von rund 2 $ erzielt.

>> Damit lassen sich beispielsweise mit einer Website mit 15.000 Seitenimpressionen monatlich 30 $ verdienen.

Natürlich gibt es auch Tage, wo es deutlich besser läuft, wie Abbildung 10.16 belegt.

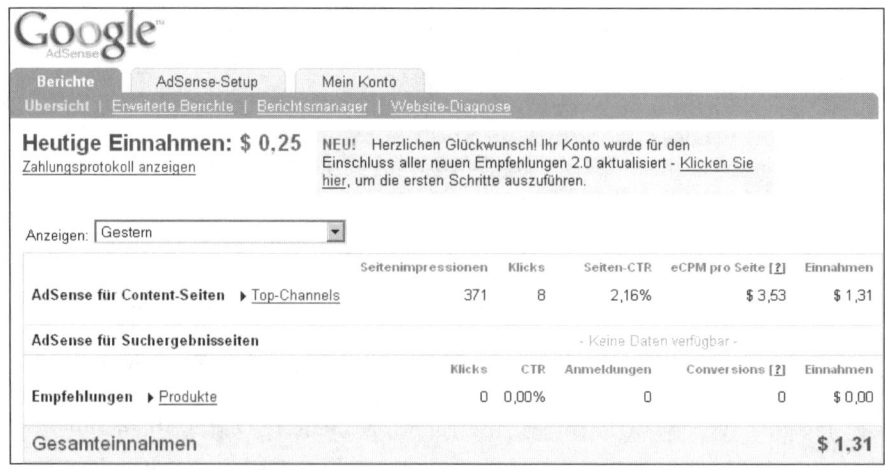

Abbildung 10.16: Der Einnahmenbericht von Google AdSense

Auf dem Markt sind noch weitere Anbieter tätig. Auch *Amazon* ist einer der Global Player, die selbst eine Partnerschaft für den Verkauf von Büchern anbieten. Natürlich bieten viele weitere Großunternehmen eigene Partnerprogramme an, ohne dass Sie sich bei einem speziellen Affiliate-Anbieter anmelden müssen, z.B. *1&1*, *eBay*, *Arcor*, *Jamba!* oder *Travelan*.

Partnerprogramme

Affiliate-Anbieter und -Teilnehmer

Einen etwas anderen Weg gehen die reinen **Affiliate-Anbieter**, die nur als Vermittler fungieren. Sie bringen den Partnerprogramm-Anbieter (**Merchant**) mit dem **Affiliate-Teilnehmer** (**Publisher**) zusammen. Bei **Affiliates** handelt es sich um Partnerprogramme, die von großen kommerziellen Websites oder Marktplätzen angeboten werden. Die Teilnehmer an solchen Affiliate-Programmen fügen auf den eigenen Seiten Werbebanner oder Text-Links ein. Im Gegenzug erhalten sie dafür eine Vergütung. Der Publisher wirbt also für den Merchant. Anhand der **Partnerkennung** erkennt der Merchant, von wem der Kunde kommt. Bezahlt werden Klicks auf Werbemittel (**Pay-per-Click**), Kontaktaufnahme durch Kunden (**Pay-per-Lead**) oder der Verkauf von Waren (**Pay-per-Sale**).

Affiliate

Als eine Art Handlungsleitfaden verstehen sich die nachfolgend genannten Aspekte. Je nachdem, welchen Umfang Ihre Website besitzt, wie viele Besucher pro Tag vorbeischauen, wie viele Produkte bzw. Informationen angeboten werden und wie es um Ihre Programmierkenntnisse steht, sollten Sie Folgendes berücksichtigen. Liegen die Seitenzugriffe monatlich:

>> unter 15.000: Wenige Webseiten und kaum Produkte.

Tipp: Verzichten Sie auf den Einsatz von Affiliate-Marketing. Die Werbeeinnahmen sind viel zu gering, der Zeitaufwand lohnt sich nicht.

>> über 30.000: Sehr viel Content und sehr viel Umsatz.

Tipp: Nutzen Sie mehrere Affiliate-Netzwerke und erstellen Sie Ihr eigenes Partnerprogramm, um neue Kunden zu gewinnen.

Anbieter	Grunddaten
adbutler	Affiliate-Programme: ca. 850 (2006 ca. 250) Gründungsjahr: 2000 (Einführung am deutschen Markt 2002) Fokus: »Einkaufen & Sparen«, »Freizeit & Unterhaltung«, »Gewinnspiele«, »Wirtschaft & Finanzen« www.adbutler.de
affilinet	Affiliate-Programme: ca. 1.500 (2006 ca. 1.250) Affiliate-Teilnehmer: ca. 400.000 (2006 ca. 210.000) Gründungsjahr: 1999 Fokus: »Online-Shopping«, »Internet«, »Wirtschaft & Handel« www.affili.net

Tabelle 10.13: Anbieter von Affiliate- und Partner-Programmen

Anbieter	Grunddaten
TradeDoubler	Affiliate-Programme: ca. 1.400 in Europa Affiliate-Teilnehmer: ca. 114.000 Gründungsjahr: 1999 Fokus: »Fashion«, »Elektronik«, »Spielkonsolen und Spielzeug«, »Heim und Garten« sowie »Filme und Kinos« www.tradedoubler.de
Vitrado	Affiliate-Programme: ca. 110 (2006 ca. 100) Gründungsjahr: 2000 Fokus: »Zeitschriften«, »Finanzen«, »Versicherungen« sowie »Mobilfunk und Festnetz« www.vitrado.de
Zanox	Affiliate-Programme: ca. 2.000 (2006 ca. 1.100) Gründungsjahr: 2000 Fokus: »Shopping & Versandhäuser«, »Internetservices«, »Reisen & Flüge«, »Kleidung & Accessoires« sowie »Familie, Sport & Spiel« www.zanox.de

Tabelle 10.13: Anbieter von Affiliate- und Partner-Programmen (Forts.)

Auswahl eines Partnerprogramms

Für welches Partnerprogramm-Netzwerk Sie sich letztlich entscheiden, hängt von Ihrem eigenen Webauftritt ab. Sich bei mehreren Netzwerken anzumelden, ist ohnehin am sinnvollsten. So haben Sie einen besseren Überblick, welche Partnerprogramme angeboten werden. Dort wählen Sie dann gezielt die Affiliate-Angebote aus, die am besten zu Ihrer Website passen. Da die Anzahl der Affiliate-Anbieter in letzter Zeit rasant ansteigt, legen Sie sich einige Auswahlkriterien zurecht, die Ihnen bei der Auswahl helfen:

>> Wählen Sie einen Anbieter passend für Ihre Zielgruppe und Produkte.

>> Bewerben Sie leicht verkäufliche Produkte mit hoher Provision.

>> Denken Sie bei der Wahl des Anbieters an eine sichere Zahlungs- und Auftragsabwicklung, d.h. suchen Sie sich seriöse Angebote heraus.

>> Setzen Sie auf Partner mit zuverlässigem Kundenservice.

>> Bevorzugen Sie bekannte Anbieter mit Markenprodukten.

Vorteile von Partnernetzwerken

Wer als Affiliate-Teilnehmer Geld verdienen will, der ist bei Partnerprogramm-Netzwerken gut aufgehoben. Denn diese bieten entscheidende Vorteile gegenüber den einzelnen Programmanbietern:

>> Gleichzeitige Teilnahme an mehreren Marketingmaßnahmen

>> Eine große Auswahl attraktiver Partnerprogramme

>> Zuverlässige Abwicklung sämtlicher Klicks und Auszahlungen

>> Auszahlungen von allen Programmanbietern werden gesammelt

>> Geschützter Zugriff auf Benutzerdaten, Statistiken und Bewerbungen

>> Umfangreiche Statistik-, Reporting- und Analysefunktionen

>> Qualifizierter und kostenloser Support durch den Affiliate-Anbieter

Auch die Merchants selbst profitieren von den großen Affiliate-Netzwerken. Die Vorteile sind im Wesentlichen das Full-Service-Angebot, das vorhandene Kundennetz an Affiliate-Teilnehmern sowie ausgereifte Management- und Administrations-Tools. Meistens fallen dafür weder Einrichtungsgebühren noch laufende monatliche Fixkosten an. So profitieren bereits kleinere Anbieter im Marketingbereich von der Multiplikatorfunktion und der großen Reichweite der Partnerprogramm-Netzwerke.

Geld verdienen mit Google AdSense und Amazon

AdSense ist ein Werbeprogramm, mit dem Sie Werbeeinnahmen erzielen, ähnlich wie wenn Sie Affiliate-Teilnehmer sind. *Google* liefert Ihnen zielgerichtete Anzeigen, die genau auf Ihre Webseiten und den darin enthaltenen Inhalt ausgerichtet sind. Die eingesetzte Technologie versteht die inhaltliche Bedeutung der einzelnen Webseiten. Für den Einbau in Ihre Webseite wählen Sie unter verschiedenen Anzeigenformaten aus. Schön bei dieser Werbeart ist, dass der Kunde Ihnen sogar beim Verlassen Ihrer Website noch Geld bringt. Sie brauchen dazu nur den verfügbaren **JavaScript-Code** in die eigenen Seiten einzufügen. Einige verschiedene kontextbezogene Werbemöglichkeiten sehen Sie in Abbildung 10.17: **Link-Block** (oben links), imagebasierte Anzeige (Mitte links), textbasierte Anzeige (unten links) oder themenbezogene Anzeige (rechts) für Halloween bzw. Thanksgiving (Erntedankfest).

AdSense versteht den Inhalt

www.google.de/adsense/
Google Deutschland *(Anzeigen auf Content-Seiten schalten)*

Abbildung 10.17: Verschiedene Werbeformen für Content-Seiten

Wenn Ihnen das zu viel Werbung ist, dann können Sie stattdessen ein eigenes *Google Suchfeld* auf Ihrer Website platzieren. So erzielen Sie mit der Web-Suche Ihrer Nutzer Werbeeinnahmen. Mit aktuell rund 80% Marktanteil im Bereich Suchmaschinen ist es auch gar nicht so abwegig, dass Kunden das angebotene Suchfeld nutzen. Die Einrichtung ist schnell erledigt und für Sie natürlich kostenlos. Sie kopieren dazu lediglich das bereitgestellte HTML-Formular und fügen es im Quellcode Ihrer Webseite an passender Stelle ein. Sie können sogar das Erscheinungsbild des Suchfeldes und

Google-Suchfeld

das der Werbeanzeigen dem Layout Ihrer Website anpassen. Diese Werbe-arten lassen sich ziemlich unauffällig in das eigene Layout einbinden.

Abbildung 10.18: Mit dem Google-Suchfeld Werbeeinnahmen erzielen

PartnerNet von Amazon

Ein sehr ähnliches Konzept verfolgt *Amazon* mit seinem *PartnerNet*. Der Erfolg dieses Partnerprogramms hängt davon ab, inwieweit Sie den Besuchern Ihrer Webseiten die angebotenen Produkte erfolgreich vermitteln. Dazu ist es erforderlich, dass Sie passende Produkte und den Linktyp sorgfältig auswählen. Folgende **Link-Arten** stehen zur Verfügung:

>> **Einzeltitel-Link**: Verweisen Sie auf bestimmte Produkte.

>> **Produkt-Link**: Nutzen Sie dynamisch aktualisierte Produktangebote.

>> **Banner-Link**: Bewerben Sie Allgemeines, Bestseller oder Kategorien.

>> **Text-Link**: Installieren Sie Links zu Suchergebnissen und Webseiten.

>> **Suchfeld-Link**: Lassen Sie Besucher die *Amazon*-Site durchsuchen.

Abbildung 10.19: Wichtige Link-Arten im PartnerNet von Amazon

Klickrate messen

Bedenken Sie, dass die eine Werbemethode auf einer Webseite gut funktioniert und auf einer anderen überhaupt nicht. Es ist gerade im Marketingbereich ohnehin sinnvoll, unterschiedliche Methoden auszuprobieren, um herauszufinden, welche Link-Art sich am besten eignet. Sehr interessant ist auch das Spiel mit Farben. Einfach mal selber austesten, welche Farbkombination die beste Wirkung erzielt. Dazu erstellen Sie das gleiche Banner in verschiedenen Farben und blenden es abwechselnd ein. Für diese Aufgabe sind Adserver sehr nützlich.

partnernet.amazon.de/gp/associates/join/
Amazon.com Inc. *(Affiliate-Partnerprogramm)*

Erfolg von Internet-Werbung mit Adserver messen

Adserver setzt man im Internet zur Erfolgsmessung von Marketingmaßnahmen ein. Man bezeichnet mit Adserver den physischen Server selbst (Hardware) oder eine Adserver-Software. Auf einem solchen Server sind verschiedene Werbebanner der Werbekunden gespeichert. Der Adserver blendet abwechselnd die Werbebanner auf einer Webseite ein. Daneben zählt er die Einblendungen und Klicks auf die Banner.

Anbieter	Webseite
ebiz-consult e.K.	`ebiz-adserver.de`
Oasis	`oasis.sourceforge.net`
OpenAds (ehemals *phpAdsNew*)	`openads.org`
phpBannerExchange	`eschew.net/scripts/phpbe/2.0/`
Webmasterware.net GmbH	`ad-rotator.de`

Tabelle 10.14: Anbieter von Adserver-Lösungen

Die Technik ist im Prinzip einfach zu realisieren. Anstatt ein Werbebanner direkt im Quellcode einzubinden, wird an der gewünschten Stelle der HTML-Code des Adservers eingebunden. Sobald sich durch den Besuch eines Kunden eine Webseite öffnet, erhält der Adserver eine Anfrage und blendet aus seinem Pool ein Werbebanner ein. Bei jedem neuen Werbebanner verändern sich das Bild und das Link-Ziel. Gleichzeitig protokolliert der Adserver die erfolgreiche Einblendung des Banners. Erfolgt im günstigsten Fall ein Klick auf das Banner, bemerkt dies der Adserver. So kann er auch den Klickvorgang protokollieren und leitet den Besucher auf die Seite des Werbenden weiter.

Funktionsweise des Adserver

Ein Adserver benötigt hierfür im Vergleich zu anderen Aufgaben deutlich höhere Systemressourcen und verursacht auch mehr Traffic. Daher ist der Einsatz nicht immer und überall möglich. Besonders die **Shared-Hosting**-Pakete der Provider bereiten gelegentlich Probleme, hauptsächlich betrifft dies die Billigangebote der **Massenhoster**. Daher sollten Sie zur Sicherheit lieber nachfragen, ob der Einsatz überhaupt möglich ist. Besser geeignet sind hier **dedizierte** Webserver. Sie sollten einen eigenen Adserver erst für Ihre Webseiten nutzen, wenn die Seitenzugriffe hoch genug sind. Wenn Sie soweit sind, dann bereiten Ihnen die Kosten für einen eigenen Webserver ohnehin kein Kopfzerbrechen mehr.

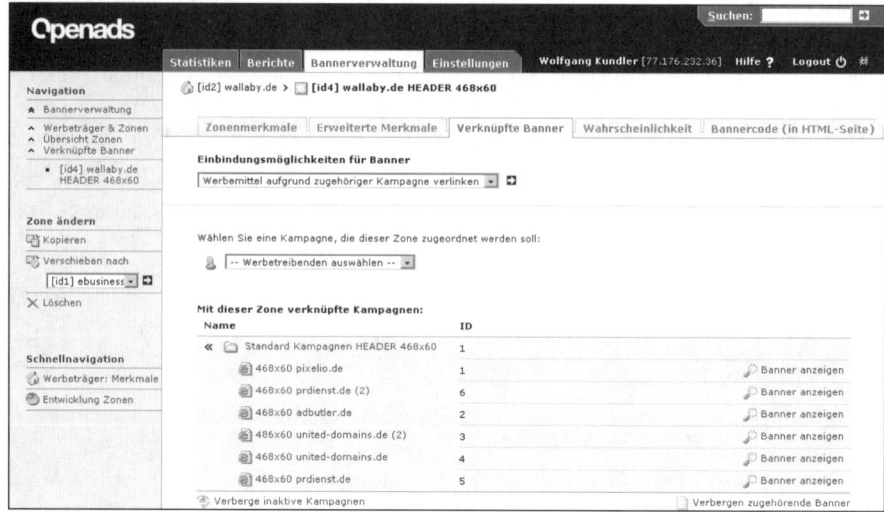

Abbildung 10.20: Werbebanner mit OpenAds in Webseiten einbinden

10.3   Kundenbindung und -wiedergewinnung

Modernes Kundenmanagement

Bei der Lektüre der vorhergehenden Abschnitte haben Sie sicherlich bemerkt, wie aufwendig und kostenintensiv es ist, neue Kunden zu gewinnen. Darüber hinaus ist es nicht sehr sinnvoll, die gesamten Aktivitäten nur auf diese Kundengruppe zu konzentrieren. Schon seit einiger Zeit ist im Marketing eine Umorientierung zu beobachten. Lag früher der strategische Fokus nur auf der **Akquise** von Neukunden, so kümmert man sich heutzutage verstärkt um aktuelle und ehemalige Kunden. Ein effektives und vor allem modernes Kundenmanagement bezieht daher das gesamte Kundenpotenzial in die Betrachtung ein:

>> **Neukunden(-Gewinnung)**: Akquise von neuen Kunden

>> **Altkunden(-Wiedergewinnung)**: Aktivieren ehemaliger Kunden

>> **Stammkunden(-Bindung)**: Betreuen bestehender Kunden

Neue Kunden sind sehr teuer

Studien belegen, dass die Kunden-Wiedergewinnung deutlich kostengünstiger ist als die Neukunden-Akquise. Im Grunde ist es daher ziemlich unlogisch, dass sich trotzdem fast alle nur auf die Neukunden-Akquise konzentrieren. Bei der überwiegenden Mehrheit der Unternehmen sind die Kosten für die Neukunden-Gewinnung doppelt so hoch wie die für die Kunden-Wiedergewinnung (**Customer Recovery**). Ähnlich verhält es sich, wenn man die Kunden-Wiedergewinnung mit der Aktivierung bestehender Kunden vergleicht: Die Kunden-Wiedergewinnung ist fast dreimal so teuer. Insgesamt lässt sich dieses Verhältnis vereinfacht so darstellen:

Neukunde : Altkunde : Stammkunde = 6 : 3 : 1

Geben Sie also für einen Stammkunden 1 € aus, um ihn zu einem erneuten Kauf anzuregen, kostet Sie im Vergleich ein Neukunde 6 €. Das sind natürlich nur sehr grobe Anhaltspunkte, die Ihnen die Bedeutung und den Wert einer treuen Stammkundschaft veranschaulichen sollen. Investitionen in Service und Pflege der Kundenbeziehungen lohnen sich also durchaus. Geben Sie jeden Monat Geld für Marketingmaßnahmen aus, dann planen Sie auch für die verbesserte Kundenbindung ein Budget ein – sie ist ein wichtiger Erfolgsfaktor.

10.3.1   Customer Relationship Management

Die angebotenen Produkte der Unternehmen sind inzwischen sehr homogen. Sie werden sehen, zahlreiche Mitbewerber bieten die gleichen Produkte wie Sie an, und der Preiskrieg nimmt immer neue Dimensionen an. Wollen Sie sich von der Konkurrenz unterscheiden, müssen Sie dann auf **Kundenorientierung** und Service setzen. Und tatsächlich, die direkte und persönliche Ansprache der Kunden nimmt einen immer höheren Stellenwert ein.

Kundenorientierung als Leitmotiv

Bisher haben Sie sich wahrscheinlich lediglich darum bemüht Online-Shop-, Warenwirtschafts- und Buchhaltungssoftware unter einen Hut zu bringen. Marketingtechnisch gesehen ist das jedoch völlig unzureichend. Zum Glück arbeiten noch heute viele Unternehmen preis- und produktorientiert, und genau darin liegt Ihre Chance, denn mit dem **Customer Relationship Management** arbeiten Sie kundenorientiert und heben sich deutlich von den Wettbewerbern ab.

Das **Kundenbeziehungs-Management** oder **Customer Relationship Management (CRM)** bezeichnet das Management der Beziehung zu den Kunden und deren Kontaktdaten. CRM beruht auf einer kundenorientierten **Unternehmensphilosophie**, bei der die Beziehung zum Kunden im Mittelpunkt der unternehmerischen Aktivitäten steht. Das wäre an sich nichts spektakulär Neues, so etwas propagiert man schon seit Jahrzehnten. Das wirklich Neue sind die technischen Möglichkeiten, die Ihnen inzwischen dazu zur Verfügung stehen. Durch den Einsatz moderner Informations- und Kommunikationstechnologien (ITK) gelingt es Ihnen endlich:

Definition von CRM

>> die interessanten Kunden herauszufiltern und kennen zu lernen.

>> den Kundenwert für eine dauerhafte Kundenbeziehung zu erhöhen.

>> abgewanderte Kunden wiederzugewinnen.

>> Geschäftsbeziehungen mit Hilfe von Unified Messaging zu verstärken.

>> die Kunden zufriedenzustellen und ans Unternehmen zu binden.

CRM bedeutet Wandel

Früher mussten Sie Aktenberge wälzen, Gesprächsnotizen analysieren und Kollegen befragen. Heutzutage genügt in einem digital vernetzten Unternehmen eine Bildschirmmaske, die alle Informationen über den Kunden zentral darstellt. Dazu ist es allerdings erforderlich, Medienbrüche zu vermeiden. Das gelingt Ihnen mit Hilfe der CRM-Software in Kombination mit verschiedenen Schnittstellen zu anderen Systemen. Ein Fax oder Brief vom Kunden kommt üblicherweise in den Aktenordner. Besser ist es, diese Daten digital erfasst weiterzuverarbeiten. Das erfordert in den meisten Fällen einen **radikalen Wandel (Reengineering)** der unternehmensinternen Abläufe (**Prozessmanagement**). Das Ziel ist eine verbesserte und profitablere Interaktion mit den Kunden. Dazu ist die systematische Sammlung von Informationen über Kunden erforderlich, die mit CRM-Systemen aufbereitet und so einfacher nutzbar werden.

Sind sämtliche Informationen und Daten eines Kunden zentral gespeichert, ist die Betreuung nicht nur viel einfacher, sondern auch professioneller. Um potenzielle und bestehende Kunden kompetent und zielgerichtet zu betreuen, benötigen alle Mitarbeiter Zugriff auf sämtliche Daten:

>> Welche Interessenten und Kunden hat Ihr Unternehmen?

>> Wer ist der korrekte Ansprechpartner beim Kunden?

>> Wann, wie und durch wen entstand der Kontakt zu dem Kunden?

>> Wo finden Sie Briefe, Dateien, E-Mails oder Fax (**Unified Messaging**)?

>> Bei welchen Kunden bestehen potenzielle Verkaufschancen?

>> Welche Angebote, Lieferungen, Termine und Aufgaben stehen an?

CRM sammelt Daten

Diese Informationen sind besonders im direkten Kundenkontakt hilfreich. Beispiel: Ein Kunde fragt telefonisch bei Ihnen nach, wie es mit seiner Bestellung steht. Selbst wenn Sie der einzige Kundenbetreuer in Ihrem Unternehmen sind, geht bei sehr vielen Bestelleingängen schnell der Überblick verloren. Was hat der Kunde bestellt? Ist die Zahlung bereits eingegangen? Haben Sie den Auftrag schon an den Lieferanten weitergeleitet? Hat dieser die Ware versendet und Ihnen dafür eine Rechnung ausgestellt? Haben Sie für den Kunden bereits eine Rechnung erstellt? Und so weiter und so fort. Wenn Sie Pech haben, bemühen Sie hierfür mehrere PC-Anwendungen: E-Mail-Programm, Warenwirtschaft und Buchhaltung. Mit einem durchgängigen Konzept sind Sie in der Lage, diese Informationen an einer zentralen Stelle zu bündeln. Darüber hinaus können Sie leichter richtige Entscheidungen im Zusammenhang mit aktuellen Produktangeboten, Umsatzplanungen oder Marketingkampagnen treffen.

Was bringt CRM?

Wie Sie aus den ersten Kapiteln wissen, geht es darum, Unternehmensabläufe zu beschleunigen, Servicekosten zu senken und die Qualität der Kundenbetreuung zu verbessern. Sehen Sie sich dazu nochmal das **magische Dreieck** an. Sie werden bemerken, dass die Software-Lösungen für CRM-

Systeme einen positiven Einfluss haben auf Zeitaufwand, Kosten und Qualität. Genau darin liegt der Nutzen von Customer Relationship Management.

Nutzen	Nutzenaspekte
Kunden	Verbesserte Kundenbetreuung
	+ beschleunigt Reaktionszeiten durch zentrale Datensammlung + bedarfsorientierte Angebote durch ausführliche Kundenprofile + kompetente Ansprechpartner durch komplette Kundenhistorie
Mitarbeiter	Erhöhte Mitarbeitermotivation
	+ effizienter Zeiteinsatz für Kunden durch schnelleren Zugriff + gesunkene Einarbeitungskosten durch einheitlichen Arbeitsplatz + optimierte Teamarbeit durch standardisierte Prozessabläufe
Unternehmen	Gesteigerter Unternehmenserfolg
	+ beschleunigte Kundenbedienung durch einheitliches System + erhöhter Umsatz durch effizientere Kundenorientierung + gesteigerte Wettbewerbsfähigkeit durch guten Kundenservice

Tabelle 10.15: Nutzen von CRM-Systemen

CRM-System als Unternehmensphilosophie

Das mit Hilfe von CRM-Software angestrebte Ziel ist eigentlich klar: Es geht darum, eine positive Kundenbeziehung und eine langfristige Partnerschaft aufzubauen. Doch bevor Sie jetzt loslaufen und sich blindlings die nächstbeste Software kaufen, möchten wir Ihnen erst einmal das Konzept näher bringen. Denn ein CRM-System ist nicht nur eine Software und eine Datenbank, sondern ein **ganzheitlicher Ansatz** in einem Unternehmen (**Unternehmensphilosophie**). Wie *Hippner/Wilde* erklären: »CRM ist die kundenorientierte Unternehmensphilosophie, die mit Hilfe moderner Informations- und Kommunikationstechnologien versucht, auf lange Sicht profitable Kundenbeziehungen durch ganzheitliche und differenzierte Marketing-, Vertriebs- und Servicekonzepte aufzubauen und zu festigen.«

Ganzheitlicher CRM-Ansatz

CRM ist also eine durch verschiedene Technologien unterstützte Unternehmensstrategie. Sie zielt darauf ab, Kundenbeziehungen systematisch und **bereichsübergreifend** (ganzheitlich) zu pflegen. Anhand von Abbildung 10.21 von *CAS*, die die CRM-Software *genesisWorld* anbieten, können Sie sehen, dass nicht so sehr die CRM-Software im Vordergrund steht, sondern die Schnittstellen, mit denen Sie die Daten einbinden. Eine CRM-Lösung kombiniert dazu Informationen aus verschiedenen Management-Systemen:

>> **Kontaktmanagement** (**Kundenakte**): Termine, Wiedervorlagen, Telefonanrufe, Dokumente, Rechnungen, Lieferscheine, Angebote, Marketing, Korrespondenz

>> **Adressmanagement**: Adressen, Ansprechpartner, Kontakte, Verteilermanagement, Kategorisierung, Routenplanung, Datenprüfung

>> **Aktivitätenmanagement**: Termine, Tages-/Wochen-/Monatsansicht, Teamkalender, Ressourcenkalender, Aufgabenliste, Prioritätenliste

>> **Dokumentenmanagement**: Präsentationen, Besprechungsprotokolle, Kalkulationen, Dokumente, Serienmail/-brief, Knowledgebase, E-Mail

>> **Projektmanagement**: Einsatzplanung, Meilensteine, Planeransicht, Auslastung, Freikapazitäten

>> **Telefonie** (**VoIP** und **CTI**): Protokolliert eingehende Anrufe (Dauer, Datum, Uhrzeit, Telefonpartner usw.), Notizmöglichkeit

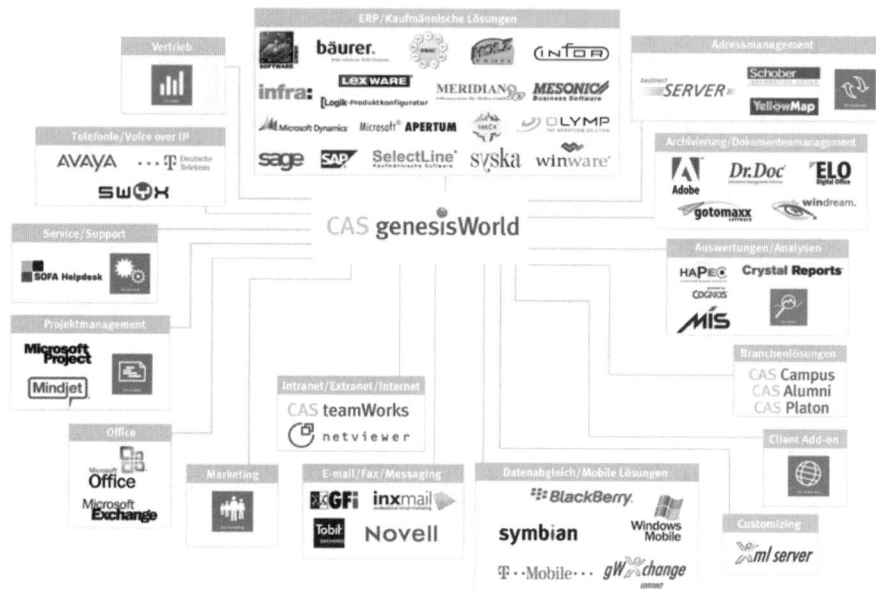

Abbildung 10.21: CRM-Daten im Zusammenspiel mit anderen Tools

CRM-Einstieg für kleinere Unternehmen

Ziele von CRM-Maßnahmen

Die Ziele von CRM-Systemen decken sich weitestgehend mit den Unternehmenszielen: Marktanteile ausbauen, Kundenzufriedenheit steigern, Kosten durch zentrale Datenerfassung senken und Kundenservice verbessern. Aber mit welcher Software erreicht man diese Ziele? Operatives, kollaboratives und analytisches CRM richten sich tendenziell an mittelständische und große Unternehmen. Den Einstieg für kleinere Unternehmen und Existenzgründer bilden dagegen kommunikative CRM-Lösungen wie *CAS Contact*.

Die Funktionalitäten verschiedener Customer Relationship Management Tools teilen sich in vier Hauptgruppen auf:

>> **Kommunikatives CRM**: Unterstützt alle Kommunikationskanäle zum Kunden über E-Mail, Mailing, Telefon und Telefax, z.B. Unified Messaging und Computer Telephony Integration (**CTI**).

>> **Operatives CRM**: Unterstützt den direkten Kontakt mit den Kunden durch leistungsfähige Schnittstellen zwischen CRM- und ERP-Systemen, z.B. Auftrags-, Termin- oder Kampagnenverwaltung.

>> **Analytisches CRM**: Erheben von Kundendaten und Auswertungen durch **Data-Warehouse, Data-Mining** oder **Business-Intelligence**, z.B. effizientes Gestalten von Marketingkampagnen und optimale Marktsegmentierung der Zielgruppen.

>> **Kollaborative CRM**: Bezieht in das CRM-Konzept nicht nur die Organisationseinheiten innerhalb des Unternehmens ein, sondern auch die über Unternehmensgrenzen hinweg (**PRM**), z.B. externe Lieferanten, Vertriebskanäle (Außendienst) oder Logistikpartner.

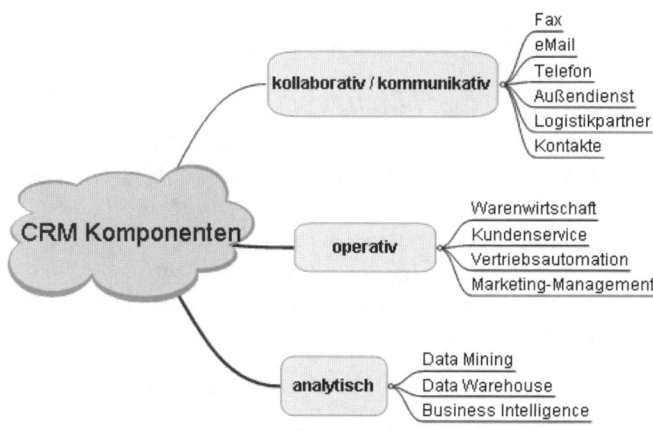

Abbildung 10.22: Kommunikatives, operatives und analytisches CRM

Auf jeden Fall müssen Sie sich gleich zu Beginn Gedanken über die Anbindung Ihrer kaufmännischen ERP-Software machen. ERP-Systeme sind Softwaretools für Unternehmen, die zur betrieblichen Planung und Verwaltung eingesetzt werden und dabei helfen interne Geschäftsprozesse zu optimieren (Abbildung 10.21). Auf dem Markt gibt es viele Stand-alone-Produkte, z.B. von *Microsoft*, *Wice* oder *CAS*. Hier erfolgt die Datenhaltung in einer separaten Datenbank, die CRM-Software ist auch ohne **ERP**-Systemanbindung funktionstüchtig. Es gibt aber auch eigene CRM-Erweiterungen der ERP-Systemhersteller selbst, z.B. *Lexware Kundenmanager* oder *Sage Sales-Logix*. Hier entfällt die Synchronisation der beiden Systeme aufgrund der bereits integrierten Datenbank. Viele der Produkte unterteilen sich in **Inhouse-** oder **ASP-Lösungen** (**On Demand**), wobei darunter wiederum Kauf- oder OpenSource-Lösungen fallen.

ERP-Lösung in CRM-System einbinden

Die Auswahl der richtigen Warenwirtschafts- und Finanzbuchhaltungs-Software ist mit Sicherheit eine der schwierigsten Aufgaben für jedes Unternehmen. Dabei spielt es keine Rolle, um welche Unternehmensgröße es sich handelt. Ein Umstieg ist meist nur mit einem großen zeitlichen und finanzi-

CRM und eMarketing ergänzen sich

ellen Aufwand verbunden. Bevor Sie sich also dafür entscheiden, eine CRM-Lösung in Ihrem Unternehmen einzusetzen, brauchen Sie Beratung von einem externen Dienstleister. Denn der CRM-Softwaremarkt ist unübersichtlich, so ist z.B. Ihr CRM ohne die passende ERP-Schnittstelle zur kaufmännischen Software nur die Hälfte wert.

Anbieter	Webseite
CAS	www.cas.de (Contact oder genesisWorld)
Microsoft	www.microsoft.com/germany/dynamics/default.mspx
Lexware	www.lexware.de (Lexware kundenmanager)
Sage	www.sagecrm.de (Act!, Sage CRM oder SalesLogix)
Wice	www.wice.de (CRM Groupware)

Tabelle 10.16: Anbieter von CRM-Lösungen

Tipp ......

Praxis-Tipp: Kostenloses CRM-Add-In für Microsoft Office 2003

Mit dem kostenlosen Update des Business Contact Manager *erweitern Sie als lizenzierter Benutzer* MS Outlook 2003 *mit installiertem ServicePack 1 um weitere CRM-Basisfunktionen. Diese Software funktioniert mit* MS Office 2003 *in den Versionen* Small Business 2003 *bzw.* Professional Edition 2003 *oder höher. Außerdem integriert das Programm verschiedene Sicherheits- und Leistungs-Features. Der Leistungsumfang des Updates bietet folgende neue und verbesserte Funktionen, damit lassen sich:*

– *Kundeninformationen und Verkaufsmöglichkeiten gemeinsam nutzen.*

– *Kundeninformationen mit auf Windows Mobile basierenden Pocket PCs synchronisieren (separater Download eines Add-ins erforderlich).*

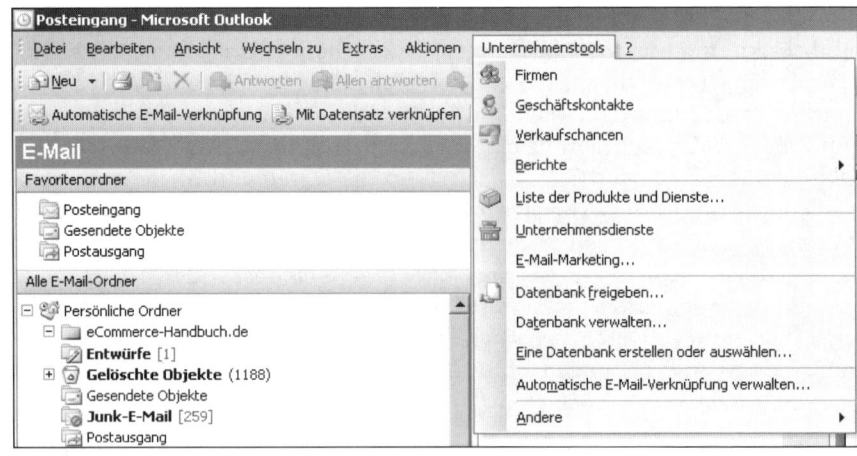

Abbildung 10.23: Business Contact Manager in MS Outlook 2003

office.microsoft.com/de-de/contactmanager/

Microsoft Deutschland *(gratis CRM-System für* Microsoft Outlook 2003*)*

WWW .....

Erfolgsfaktoren für professionelles Kundenmanagement

Die Gründe für den Einsatz eines Kundenmanagement-Systems in einem Unternehmen sind vielfältig. Die Frage, ob sich ein CRM-System für Sie lohnt, klären Sie am besten selbst. Die folgenden Punkte unterstützen Sie dabei. Je mehr dieser Fragen Sie bejahen, desto sinnvoller ist der Einsatz eines Customer Relationship Management:

Lohnt sich CRM für Sie?

>> Verkaufen Sie viele unterschiedliche und/oder kurzlebige Produkte?

Beispiel: CRM ist bei langlebigen Produkten (z.B. Fernseher) oder einer überschaubaren Artikelanzahl wenig sinnvoll. In solchen Shops kaufen Kunden nur ab und an etwas. Wenn Sie jedoch viele Produkte oder Verbrauchsmaterialien anbieten, haben Sie eher auch Stammkunden.

>> Greifen mehrere Mitarbeiter auf die Kundeninformationen zu?

Beispiel: Vermeiden Sie unnötige Doppelarbeiten, indem jeder Mitarbeiter Zugriff auf die gleichen Kundendaten hat.

>> Wünschen Sie eine Veränderung im Bereich Kundenmanagement?

Beispiel: Schneiden Sie alte Zöpfe ab und werfen Sie eingeschliffene Gewohnheiten über Bord, ändern Sie Arbeitsabläufe im Unternehmen.

>> Bleiben Sie regelmäßig mit Ihren Kunden in Kontakt?

Beispiel: Setzen Sie im Marketing-Mix auf E-Mail-Newsletter oder notieren Sie sich Verkaufschancen und andere Kunden-Informationen.

>> Benötigen Sie Auswertungen über Entwicklungstrends im Verkauf?

Beispiel: Werten Sie Kunden- und Transaktionsdaten aus, um sich einen Einblick in das Kaufverhalten Ihrer Kunden zu verschaffen.

Weitere Gründe dafür, warum Unternehmen CRM einführen, ist die Vielzahl bereitstehender Kommunikationskanäle. Die Nutzung von Kundendaten erschwert sich, je mehr Kommunikationsmittel im praktischen Einsatz sind (**Medienbrüche**). Eine Kundenakte besteht schließlich nicht immer nur aus E-Mails. Hierfür bieten sich ganz besonders CRM-Systeme in Kombination mit Unified Messaging als Lösung an. Darüber hinaus steigen die Kundenerwartungen bezüglich Reaktionsgeschwindigkeit und Service. Durch CRM-Maßnahmen sind Sie dafür bestens gewappnet. Die Wettbewerbsfähigkeit erhöht sich und als Konsequenz steigen die Umsätze. Und das bei verhältnismäßig geringen Investitionskosten.

Mit CRM-Lösungen schaffen Sie die erforderlichen Voraussetzungen für ein verbessertes Management Ihrer Kundenkontakte. Damit die Einführung einer solchen Software nicht zu lang dauert oder zu teuer wird, ist eine realistische Planung anhand von **Prioritäten** nötig. Jeder Unternehmer muss selbst entscheiden, was er und seine Mitarbeiter dazu benötigen. Mittlerweile haben sehr viele Unternehmen mit der Einführung entsprechender Software zum Kundenmanagement Erfahrungen gesammelt. Bei den meisten Projekten stellen sich folgende Aspekte als wichtig heraus:

>> Definieren Sie eindeutige Ziele für die CRM-Einführung.

Tipp: Wollen Sie Vertrieb, Betreuung oder Kundenservice verbessern? Legen Sie eine Prioritätenliste mit den wichtigsten Zielen an.

>> Implementieren Sie nur, was Sie wirklich brauchen (Projektumfang).

Tipp: IT-Projekte scheitern oft an zu hohen Ansprüchen, daher ist es empfehlenswert, eine CRM-Lösung Schritt für Schritt einzuführen.

>> Beziehen Sie alle relevanten Geschäftsbereiche und -leiter ein.

Tipp: Binden Sie alle betroffenen Mitarbeiter in die Planungen ein, dadurch wird der Nutzen erkennbar und die Akzeptanz steigt.

>> Achten Sie auf eine Lösung die mit den Ansprüchen wachsen kann.

Tipp: Achten Sie darauf, dass Ihre CRM-Lösung erweiterbar ist, klären Sie dazu relevante Umstiegs- und Erweiterungsmöglichkeiten.

>> Suchen Sie sich vor allem für die erste Planungsphase einen Fachberater.

Tipp: Externe Dienstleister helfen, komplexe Vorhaben umzusetzen, Fehler zu vermeiden, sowie die weitere Entwicklung richtig zu planen.

CRM-Entwicklungsmodell für kleinere Unternehmen

<< **Exkurs**

Wenn Sie ein CRM-System erfolgreich einführen wollen, müssen Sie bereits in der Einführungsphase die Situation Ihres Unternehmens berücksichtigen. Besonders kleinere Unternehmen dürfen sich hierbei finanziell, technisch und hinsichtlich der Kompetenz nicht überfordern. Wie so oft spielen im Projektumfeld folgende Probleme eine gewichtige Rolle:

>> Knappe finanzielle Ressourcen im Projektumfeld.

>> Geringe personelle Ressourcen für Planung und Realisierung.

>> Projekte scheitern wegen fehlenden Projektmanagement-Know-hows.

>> Kaum standardisierte Unternehmensabläufe erschweren den **Wandel**.

Diese Schwachstellen führen häufig auch bei CRM-Projekten zum Scheitern. Deshalb hat das *Kompetenz-Zentrum Electronic Commerce Schwaben (KECoS)* ein **CRM-Entwicklungsmodell** für kleine und mittelständische Unternehmen entwickelt. Dieses **Modell** hat sich bereits mehrfach in der Praxis bewährt. Die spezielle Situation im CRM-Umfeld erfordert ein inkrementelles Vorgehen, d.h., die Einführung erfolgt in voneinander abgegrenzten Teilschritten. Jeder einzelne Schritt ist finanziell, organisatorisch und vom Kompetenzniveau her tragbar. Die Aufgaben für das Unternehmen bleiben bewältigbar und beeinträchtigen nicht das laufende Tagesgeschäft. Nach jedem Schritt ist sofort der Erfolg zu erkennen, wodurch die beteiligten Mitarbeiter leicht zum Weitermachen motiviert werden. Denn nur kontinuierliche (Qualitäts-)Verbesserungen führen nachhaltig zu mehr Produktivität.

Zwei Faktoren beeinflussen die weiteren Schritte, die ein Unternehmen nun konkret durchführen kann: CRM-Reifegrad und fachinhaltliches Vorgehen. Der **CRM-Reifegrad** beurteilt, inwieweit ein Unternehmen bereits CRM-Konzepte umgesetzt hat, ob z.B. Kundendaten bereits über ein ERP-System eingebunden sind oder nicht. Entweder müssen Sie diese Voraussetzung erst noch schaffen oder Sie können auf dieser Basis professionelle CRM-Tools aufsetzen. Das fachinhaltliche Vorgehensmodell beschreibt in aufeinander aufbauenden Einzelschritten die Einführung von CRM-Systemen. Nachdem der Verantwortliche bestimmt ist, werden die relevanten Kundensegmente ermittelt und sämtliche Daten über diese Kunden gesammelt. Aus dieser Datenbasis versucht man, detailliert Informationen zum Kundenverhalten zu generieren, um die kundenorientierten Unternehmensabläufe zu verbessern. Langfristiges Ziel ist der Aufbau einer ganzheitlichen **CRM-Kultur** im Unternehmen.

10.3.2   Kundenbindungsprogramme

Im Sommer 2003 führte das *DIW Berlin* eine Befragung zur Situation im eCommerce durch. Dabei stellte man fest, dass mehr als 60% der Unternehmen die **Kundentreue** bei Online-Geschäften erst nach fünf Einkäufen etwa gleich hoch einschätzen wie im richtigen Ladengeschäft. 14% der Befragten waren der Meinung, die Kundentreue sei nach fünf Einkäufen niedriger oder sogar wesentlich niedriger als im traditionellen Handel. Schlagworte wie Kundenbindung, Kundennähe und Kundenzufriedenheit finden daher immer breiteren Anklang im Online-Handel.

Im Internet ist es tendenziell schwieriger, Kunden an den Händler zu binden. Die Vielfalt vergleichbarer Anbieter erleichtert den Verbrauchern einen schnellen Wechsel zur Konkurrenz. Internetbezogene **Kundenbindungsstrategien** versuchen diesen Nachteil auszugleichen. Sehr von Vorteil für eine erfolgreiche Kundenbindung ist eine hohe Zufriedenheit durch positive Erlebnisse des Kunden beim ersten Site-Besuch oder Einkauf. Sobald der Kunde eine hohe Qualität wahrnimmt, weil z.B. die Beratung und die Technik stimmen, wird er zufrieden sein. Ist der Kunden zufrieden, wird er mit größerer Wahrscheinlichkeit wiederkommen.

Erfolgreiche Instrumente zur Kundenbindung

Alle Ihre Marketingbemühungen um den Kunden orientieren sich an dessen Bedürfnissen. Da macht im Marketing-Mix auch das CRM keine Ausnahme. Wenn Sie auf längere Sicht gesehen die Kunden an Ihr Unternehmen binden möchten, dann brauchen Sie verschiedene Mittel zur dauerhaften Kundenbindung. Diese Mittel teilen sich auf in die beiden folgenden Kundenbindungsstrategien:

>> **Gebundenheitsstrategie:** Aufbau von Wechselbarrieren, die den Kunden an das Unternehmen binden. Das heißt beim Wechsel würde der Kunde einen besonderen Vorteil verlieren. Verschiedene Einzelstrategien sind: vertraglich (z.B. Abonnement), technisch-funktional (z.B. Kompatibilität) oder ökonomisch (z.B. Rabattsystem).

>> **Verbundenheitsstrategie:** Steigern der Kundenzufriedenheit und andere vertrauensbildende Maßnahmen. Hier verfolgt man konsequent die am Kundennutzen ausgerichteten Marketingaktivitäten.

Verbundenheitsstrategie	Gebundenheitsstrategie
Produktpolitik	
+ kundenbezogene Entwicklung	+ technische Standards
+ individuelles Produktangebot	+ Sortimentserweiterung
+ hoher Servicestandard	+ Cross-Selling
+ Qualitätsstandard	+ Kompatibilität
Preispolitik	
+ Preisbündelung	+ Gutscheine
+ Niedrigpreise	+ Treuebonus
+ Preisgarantien	+ Rabattsysteme
	+ Kundenkarten
Kommunikationspolitik	
+ Call-Center	+ virtuelle Community
+ After-Sales-Service	+ Diskussionsforen
+ Beschwerdemanagement	+ Chaträume
+ Kundenzeitschrift	+ Mailings mit hohem Nutzwert
+ persönliche Kommunikation	+ kundenspezifische Kommunikation
Distributionspolitik	
+ Demoversionen	+ Abonnement
+ Katalogverkauf	+ Vertragsbindung
+ Online-Handel	+ Standortwahl
+ Direktlieferung	+ Monopolstellung

Tabelle 10.17: Instrumente zur Kundenbindung

Interaktion mit Kunden und Kundenbindungsprogramme

Die Kundenbindungssysteme über das Internet bieten Belohnung, Mehrwert oder Kommunikation. Im IT-Umfeld ist der Begriff der **Interaktion** nahezu mit dem Begriff der Kommunikation mit den Kunden identisch. Hierfür bedienen Sie sich als Online-Händler verschiedener Marketingaktivitäten. *Mit Kunden kommunizieren*

Spezielle kommunikationspolitische Instrumente zur Kundenbindung sind eigene Service-Rufnummern, Kundenclubs, -karten oder -zeitungen. Genauso umfassend ist das Angebot im Internet: After-Sales-Service Online-Supportsysteme oder Beschwerdemanagement. Ganz verschiedene Interaktionsmöglichkeiten in der Distributionspolitik bestehen in Form von **eCards** (**Grußkarten**), Rätseln, Gewinnspielen oder Online-Spielen (z.B. *Johnnie Walker's Moorhuhn*).

Stellen Sie für Ihre Kunden ein breites Produktangebot zusammen (**Diversifikation**) und bieten Sie ergänzende Zusatzprodukte an (**Cross-Selling**). So verkaufen Sie möglicherweise zum angebotenen Drucker passendes Verbrauchsmaterial wie Toner und Papier. Preispolitisch sehr effektiv ist es, Bestandskunden mit besonderen Vergünstigungen, Preisnachlässen oder anderen Vorteilen zu locken. Das können folgende Dinge sein: **Treuebonus, Gutschein, Kundenkarte, Discount-Code** oder **Freundschaftswerbung**. *Produkt- und Preispolitik*

Payback-Karte ist die dritte Karte im Geldbeutel

Der Handel betreibt Kundenbindung auch in Form von Bonusprogrammen, die für Konsumenten eine wichtige Rolle spielen. Laut einer Studie von *TNS Emnid* ist *Payback* das bekannteste deutsche Bonusprogramm. 72% aller Befragten kennen die Möglichkeit, damit beim Einkauf Bonuspunkte zu sammeln. Auf den Plätzen 2 und 3 folgen mit jeweils 51% das Vielflieger-programm *Miles & More* (*Deutsche Lufthansa*) und die Aktionen von *Aral*. Mit 40% ist die *Ikea Family-Card* auch sehr bekannt. *Happy Digits* befindet sich mit 38% auf Rang fünf. Sicherlich bieten solche Kundenbindungs-programme oder andere Bonussysteme einen interessanten Aspekt zur **Kundenbindung**. Alle Versuche, die Kunden an das eigene Geschäft zu binden, haben schließlich die gleichen Ziele:

>> Marktanteile gewinnen und ausbauen

>> Kontakt zu Bestandskunden intensivieren

>> Umsätze durch Neukunden steigern

>> Reichweite im Internet ausdehnen

Leider sind die oben genannten Programme nur für Großunternehmen gedacht. Aber es gibt auf dem deutschsprachigen Markt einige Anbieter solcher Programme, bei denen sich auch kleinere Online-Shop-Händler anhängen können.

Anbieter	Partner /Kunden	Webseite
Wunderlich/Orth	ca. 450 Partner	www.abandi.de
Refund Bonussysteme	ca. 500 Partner	www.derbonusclub.de
EMCS GmbH	ca. 96 Partner	www.centhunter.com/de/
points24.com	ca. 350 Partner ca. 1,5 Mio. Kunden	www.points24.com
webmiles	ca. 145 Partner ca. 2,0 Mio. Kunden	www.webmiles.de

Tabelle 10.18: Bonusprogramme im deutschsprachigen Raum

Die Idee mit einem Bonussystem ist folgende: Sie belohnen Ihre Kunden für den Einkauf oder für Klicks im Internet. Die Kunden erhalten entweder Punkte, **Rabatte** oder sogar Geld. Damit wecken Sie zumindest die **Sammelleidenschaft** der Endkunden. Mit den Sammelpunkten und Rabatten aller Art ziehen Sie natürlich auch Neukunden an und Stammkunden bleiben Ihrem Unternehmen länger treu. Laut *Harvard Business Review* erhöht sich Ihr Unternehmensgewinn um bis zu 100%, wenn Sie es schaffen, die Kundenabwanderungsrate um 5% zu senken. Andere Studien gehen nur von 50 bis 80% aus, was aber immer noch beachtlich ist.

Sehen Sie diese Möglichkeiten der Kundenbindung als Dienst am Kunden an. Dazu benötigen Sie ein ernsthaftes Konzept, das auch alle Beteiligten im Unternehmen unterstützen. Nur wenn alle an einem Strang ziehen, kann die Dienstleistung die erwünschte Qualität erreichen. Jegliche Strategie zur Pflege der Kundenbeziehung ist schließlich nur so gut, wie sie durch das Personal umgesetzt und fortgeführt wird.

Kundenbindung als Konzept

Ein Online-Shop ohne Online-Marketing ist nichts wert, Sie werden kaum Umsätze generieren. Sicherlich schaffen Sie es nicht gleich zu Beginn, alle aufgeführten Marketinginstrumente umzusetzen. Aber Sie wissen jetzt zumindest, dass es neben der Kundenakquise auch die Möglichkeit der Kundenbindung und -wiedergewinnung gibt, und können sich auch im Marketing langfristige Ziele setzen.

Fazit

11

Google für den Shop ausreizen

Besucherstrom erhöhen mit Google AdWords

Mit *AdWords* bietet Ihnen *Google* eine leicht bedienbare Werbemöglichkeit im Internet, mit der Sie gezielt neue Internetkunden gewinnen. Sie schalten bei der Suchmaschine *Google* und dessen Partnernetzwerk Marketing-Kampagnen für Ihren Online Shop.

Geld verdienen mit Google AdSense

Schöpfen Sie das Umsatzpotenzial Ihrer Website voll aus. *Google* liefert Ihnen vollkommen gratis die passenden Online-Tools. Verdienen Sie neben Ihren Shop-Produkten zusätzlich Geld mit der Einblendung von Werbeanzeigen.

Webanalyse mit Google Analytics

Das kostenlosen Online-Tool *Google Analytics* findet für Sie heraus, welche Online-Marketing-Aktivitäten sich am meisten für Sie lohnen. Dieses Tool bietet Ihnen eine übersichtliche Analyse der Besucherströme auf Ihrer Website.

Informationen einbinden in Google Base

Google Base ist ein weiterer kostenloser Dienst, der Ihren Content und Ihre Produktinformationen auf einer zusätzlichen Plattform publiziert.

Produkt-URLs melden mit Google Sitemaps

Mit der Sitemap erhalten Sie eine Möglichkeit, Ihre Webpräsenz »Google-freundlicher« zu gestalten. Hauptziel dieses Webmaster-Tools ist die schnellere und genauere Listung Ihrer Webseiten im Suchmaschinenindex.

11.1   Google-Dienste im Einsatz

Wollen Sie nicht nur mit Ihren Produkten Geld verdienen, sondern auch mit einfachen Zusatzleistungen auf Ihrer Website? Auch Ihre Anzahl an Besuchern erhöhen Sie mit verschiedenen *Google*-Diensten und überwachen mit einem anderen *Google*-Special Ihre Besucherzahlen. Dazu gibt es einige Angebote bei *Google*, die Sie mit unseren folgenden Anleitungen in Ihren Shop einbauen. Vielleicht haben Sie schon oft davon gehört, wissen aber nicht, wie Sie es anpacken sollen. Dabei ist es gar nicht mal so schwer. Fangen Sie einfach an, denn nur wer richtig mitmischt, kann gewinnen.

Wir zeigen Ihnen Schritt für Schritt, was Sie tun müssen, um die einzelnen *Google*-Dienste in Ihren Shop einzubauen. So verdienen Sie mit Ihrem Shop zusätzlich nebenbei Geld. Und das Beste daran ist, es kostet Sie keinen Cent, denn die meisten nachfolgend präsentierten eBusiness-Lösungen sind völlig kostenlos (Ausnahme: *Google AdWords*)! Auf den nachfolgenden Buchseiten erfahren Sie, wie Sie die Suchmaschinendienste in Ihrer eigenen Homepage nutzen. Exemplarisch zeigen wir Ihnen das an einer *contenido*-Website (Content-Management-System).

11.1.1   Besucherzahlen steigern mit Google AdWords

Marketing mit AdWords — Das Hauptziel ist es, genau die Internet-Nutzer auf Ihre Website zu locken, die gerade in diesem Moment in der Suchmaschine *Google* oder bei *AdSense*-Werbepartnern (Werbenetzwerk) nach einem bestimmten Produkt oder einer bestimmten Dienstleistung suchen. Mit *Google AdWords* erstellen und bearbeiten Sie Ihre eigenen Werbekampagnen im Internet. Innerhalb weniger Minuten stehen Ihre Werbeanzeigen online. So bewerben Sie professionell die eigenen Produkte und Dienstleistungen. Die Vorteile von *Google Adwords* sind:

>> Sie sprechen gezielt neue Zielgruppen bei *Google* und im angehörigen Werbenetzwerk an.

>> Sie selbst kontrollieren die Anzeigenschaltung und legen Tagesbudgets fest.

>> Sie messen den Erfolg, da Sie nur zahlen, falls Nutzer auf Ihre Anzeigen klicken.

Kein monatlicher Mindestumsatz — Das bedeutet für Sie im Klartext, jeder investierte Euro Ihres Budgets fließt in die Gewinnung von Neukunden. *Google AdWords* ist somit das ideale Marketing-Tool für kleine und mittlere Unternehmen. Denn es fällt weder ein monatlicher Mindestumsatz an noch gibt es eine zeitliche Verpflichtung. Sie zahlen bei der Nutzung von Preis-pro-Klick (CPC) nur dann, wenn Ihre Anzeigen tatsächlich angeklickt werden. Der Start Ihres Kontos in Deutschland kostet lediglich eine geringe Kontoaktivierungsgebühr in Höhe von 5 € (Stand: 04/2007). Eine Mindestzahlung in Höhe von 10 € ist nur zu zahlen, falls Sie das Geld per Vorauszahlung überweisen. Sinnvollerweise erledigen Sie daher die Zahlungen für Ihr laufendes **Werbebudget** per Kreditkarte oder Bankeinzug. Im Gegenzug liefert Ihnen das *Google AdWords*-Konto dafür jede Menge interessanter Features:

>> **Preis-pro-Klick**: Sie zahlen nur pro Klick auf Ihre selbst erstellte Anzeige.

>> Kosten pro Werbemitteleinblendung (**Cost-per-Impression**): Sie zahlen pro Werbeeinblendung auf bestimmten Content-Sites.

>> **Tagesbudget**: Sie bestimmen, wie viel Geld Sie pro Tag ausgeben möchten.

>> **Anzeigenplanung**: Sie schalten Anzeigen zu gewünschten Tagen oder Zeiten.

>> **Keyword-Tool**: Sie generieren Keyword-Vorschläge für Ihre Werbekampagne.

>> **Detaillierte Berichte**: Sie können die Effektivität Ihrer Werbeanzeigen jederzeit kontrollieren.

Der Erfolg des **Werbeprogramms** basiert auf dem Grundsatz, potenzielle Kunden so preiswert wie möglich auf Ihr Online-Angebot aufmerksam zu machen. *Google* liefert Ihnen mit AdWords ein Gratis-Tool, mit dem Sie vorab Kostenschätzungen vornehmen können, um die Preisfestsetzung für jedes einzelne Keyword Ihrer Kampagne zu kontrollieren. Eine umfassende Hilfe und die genaue Vorgehensweise finden Sie in den nächsten Abschnitten.

Wem wird Ihre AdWords-Kampagne angezeigt?

Ihre Werbeanzeige erscheint neben den Suchergebnissen in der *Google*-Suchmaschine. Am wichtigsten ist allerdings, dass Ihre Anzeigen nur den Nutzern gezeigt werden, die die Suchbegriffe eingegeben haben, die relevant für Ihre Werbekampagne sind. Sie geben dazu die Suchbegriffe für die jeweilige Kampagne selbst vor. Klickt ein Internet-Nutzer anschließend auf eine von Ihnen zuvor erstellte Anzeige, so gelangt er direkt zur Homepage Ihres Unternehmens oder auf eine spezielle Produktseite.

Der richtige Nutzer zur richtigen Zeit

Ein Beispiel soll das Zusammenspiel verdeutlichen. Nehmen wir an, Sie haben mit *Google AdWords* eine Anzeige entworfen »CMS Tutorial kaufen«. Als Suchbegriff hinterlegen Sie dazu den Begriff »wallaby«. Sucht nun ein Online-User bei Google nach dem Wort »wallaby«, erscheinen am rechten Bildschirmrand alle relevanten Anzeigen, die diesen Suchbegriff enthalten.

Abbildung 11.1: Anzeigen-Darstellung in der Suchmaschine Google

Wo erscheint Ihre Anzeige im Partnernetzwerk?

Produkte sind auch bei Google Adsense

Google AdWords-Anzeigen erscheinen in erste Linie neben den Suchergebnissen der Suchmaschine. Zudem können Ihre Anzeigen automatisch auch auf Suchergebnis- und Content-Websites im *Google*-Werbenetzwerk eingeblendet werden (vgl. *Google AdSense*). Diese Partnerschaft zwischen *Google* und unzähligen Anbietern von Content-Websites erhöht die Reichweite Ihrer geschalteten Anzeigen und macht sie einem noch breiteren Publikum zugänglich.

Abbildung 11.2: Ergebnisseite auf einer Content-Website (Google AdSense)

Des Weiteren ist es möglich, die Darstellung Ihrer Werbeanzeigen auf eine bestimmte Sprache oder ein Zielland einzuschränken. So erreichen Sie nur Nutzer einer bestimmten Sprache oder geographischen Lage. Das senkt Ihre Kosten und erhöht die Wirtschaftlichkeit der Anzeigenschaltung. Ein rein deutschlandweit tätiges Unternehmen braucht also nicht für Anzeigenklicks französischer Online-Kunden zu bezahlen.

Bevor Sie eine *Google AdWords*-Anzeige erstellen, sind noch einige Planungs- und Konfigurationsschritte erforderlich:

1. Ermitteln Sie die besten Suchbegriffe!

Step ......

2. Richten Sie eine *AdWords*-Kampagne ein!

3. Erstellen Sie eine *Google AdWords*-Anzeige!

4. Optional: Werben Sie damit regional in Ihrer Stadt/Region!

Ermitteln Sie die besten Suchbegriffe

Um eine neue Anzeige zu erstellen, verfassen Sie Ihre Anzeige und wählen Sie passende Keywords (Suchbegriffe) aus. Das sind die Wörter oder Begriffe, die sich auf Ihr Unternehmensangebot beziehen. Hierbei hilft Ihnen das online verfügbare Keyword-Tool, mit dem Sie Keyword-Vorschläge für Ihre eigene Kampagne erhalten. Ohne die passenden Suchbegriffe ist eine Anzeigenkampagne nichts wert. Also nehmen Sie sich hierfür ruhig etwas mehr Zeit.

Google-Keyword-Tool

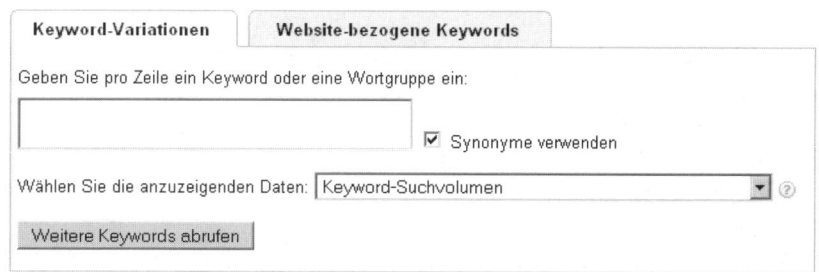

Abbildung 11.3: Keyword-Tool zur Suche nach relevanten Suchbegriffen

Obendrein bekommen Sie umfassende Google-Statistiken zu Keywords, wie:

>> **Mitbewerberdichte**: Anzahl der Konkurrenten, die auf das Keyword mitbieten.

>> **Suchvolumen**: Anzahl der Nutzer, die in *Google* nach diesem Suchbegriff suchen.

Starten Sie die Suche, indem Sie eigene Keyword-Ausdrücke eintragen. Alternativ liefert Ihnen das Online Tool sogar website-bezogene Suchbegriffe, wenn Sie eine URL eingeben. Das Ergebnis sind Keywords, die im Zusammenhang mit dem Inhalt Ihrer Website stehen.

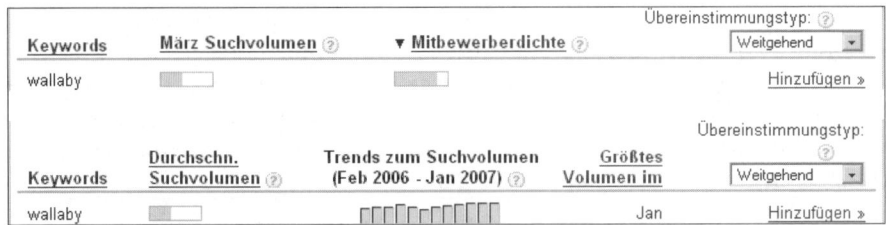

Abbildung 11.4: Mitbewerberdichte und Trends zur Ermittlung des Suchvolumens

Step......
Praxis-Tipp: Nutzen Sie keine Markennamen in Google AdWords!

Laut einem österreichischen Urteil sind leider inzwischen Keywords für bezahlte Werbekampagnen verboten, die aus geschützten Markennamen bestehen. Dieses Urteil wird zwar erst in Österreich angewandt, doch es ist nur eine Frage der Zeit, bis es ebenso für den europäischen Markt gilt. Seien Sie also vorsichtig mit Markennamen und verwenden Sie solche nicht für Google AdWords.

Messen Sie die Klicks

Versuchen Sie mit Hilfe von ausführlichen Tests die besten Keywords herauszufinden. Den Erfolg Ihrer Keyword-Klicks messen Sie mit der so genannten Konversionsrate. Darunter versteht man das Verhältnis zwischen Klicks auf einen Werbelink und den danach getätigten Aktionen, z.B. Produktkauf, Newsletter-Eintrag, Informationsanforderung, Kontaktaufnahme etc. Damit wird also gemessen, wie viele potenzielle Interessenten zu Kunden »konvertieren«. Wie Sie das praktisch umsetzen, lernen Sie im dritten Teil *Google Analytics.*

Ist eine Anzeige erst mal fertig gestellt, finden die Online-Nutzer Ihre Produkt- bzw. Dienstleistungsangebote. Beim Klick auf Ihre Anzeige gelangt der Surfer auf Ihre Homepage und kann online einkaufen oder weitere Informationen über Ihr Unternehmen lesen. Je nach gewünschter Aktion werden diese Besucher leichter zu potenziellen Neukunden. Das Ziel ist erreicht, Sie werden gefunden!

Richten Sie eine AdWords-Kampagne ein

Text- und Bildanzeigen

Eine *Google-AdWords*-Kampagne einzurichten ist nicht schwer. Die zentrale Anlaufstelle nach dem Login finden Sie unter der Registerkarte »Kampagnenverwaltung«. Hier erstellen und bearbeiten Sie Ihre Anzeigenkampagnen. Jede Kampagne beinhaltet eine oder mehrere Anzeigengruppen, die wiederum eine oder mehrere Anzeigen enthalten, meistens mit mehreren dazugehörigen Keywords. In Abbildung 11.5 haben wir eine neue Anzeigengruppe mit dem Namen »Onlineshop-Handbuch.DE« erstellt. Sie beinhaltet momentan lediglich ein einziges Keyword: »angeli24«. Natürlich verwenden Sie im Echtbetrieb mehrere aussagekräftige Keywords, um die Suchtrefferquote zu erhöhen. In der gleichen Abbildung sehen Sie auch das endgültige Aussehen der Textanzeige. Neben Textanzeigen sind auch Bildanzeigen mit den üblichen Werbebannern möglich.

Abbildung 11.5: Einrichten einer Google AdWords-Kampagne

Über den Klickpreis steuern Sie die Position innerhalb der Werbeanzeigen, die das gleiche Keyword wie Sie nutzen. Je höher die Mitbewerberdichte ist, desto höher ist auch der zu bezahlende Anzeigenpreis. Das theoretische Mindestgebot beginnt bei nur 5 ct., realistische Chancen zur Produktpräsentation und Klick-Erfolg entstehen wohl erst ab 15 ct. Je mehr Sie bereit sind zu bezahlen, desto weiter oben ist Ihre Anzeige gelistet. Dennoch zahlen Sie immer nur 1 ct. mehr als das nächst höhere Angebot. Wenn Sie also einen Höchstklickpreis von 25 ct. eintragen und Ihr Konkurrent bietet maximal 19 ct., so zahlen Sie letztendlich doch nur 20 ct. pro Klick.

Höchstanbieter gibt Klickpreis vor!

Erstellen Sie eine Google AdWords-Anzeige

Jetzt erfahren Sie Schritt für Schritt, wie Sie eine Werbeanzeige erstellen.

1. Wählen Sie zwischen der Starter- und der Standard-Edition!

2. Legen Sie die Sprache und die regionale Ausrichtung Ihrer Kunden fest!

3. Erstellen Sie den Anzeigentitel und verfassen Sie den Werbetext!

4. Bestimmen Sie die Kosten-pro-Klick und das gültige Tagesbudget!

5. Erstellen Sie ein neues *Google AdWords*-Konto für Werbezwecke!

Step . . . . . .

Als absoluter Neuling im Online-Marketing empfiehlt sich die einfachere Starter-Edition. Werbekunden mit mehr Erfahrung wählen gleich die umfassendere Standard-Edition. Die Starter-Edition bietet einen vereinfachten Anmeldevorgang. Außerdem unterscheiden sich die beiden Editionen in den Statistiken und der Zielausrichtung sowie der Produktanzahl.

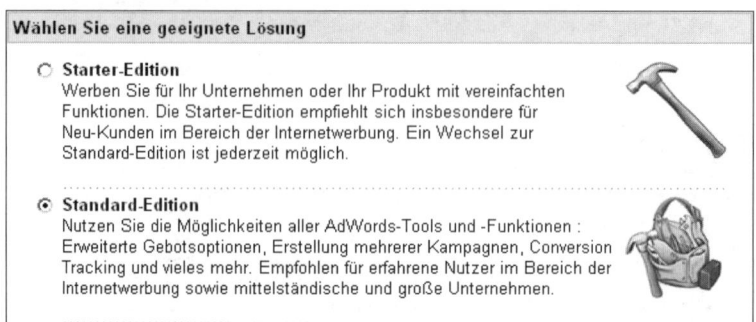

Abbildung 11.6: Wahl der Google AdWords Edition

Zielgruppe – wichtig für Ihre Werbung

Im darauf folgenden Dialogfenster legen Sie die Zielgruppe fest. Sie geben vor, in welcher Sprache die Anzeigen erscheinen und in welcher Zielregion (Land, Stadt oder Region) *Google* Ihre Anzeigen schalten soll.

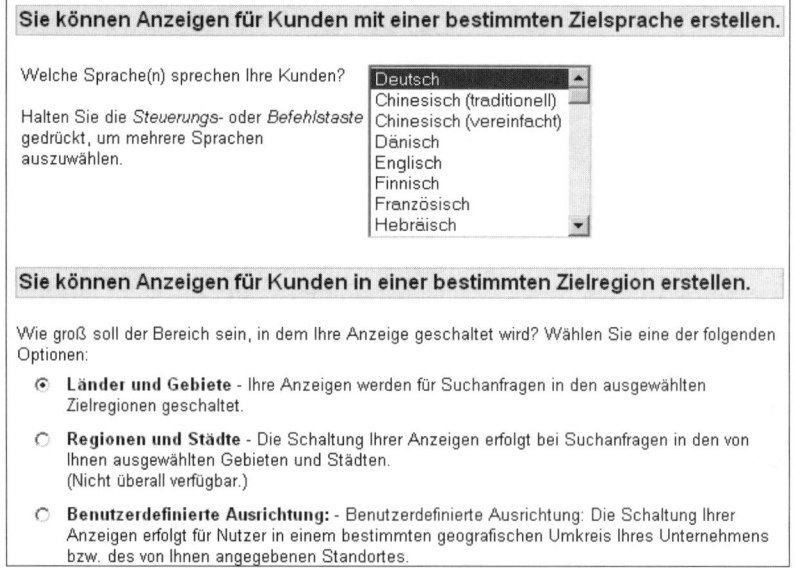

Abbildung 11.7: Bestimmen Sie die Sprache und Zielregion Ihrer Kunden

Im nächsten Schritt erstellen Sie die Anzeige selbst, also Anzeigentitel, Werbetexte und Ziel-URL für die Schaltung der Werbung (Abbildung 11.8).

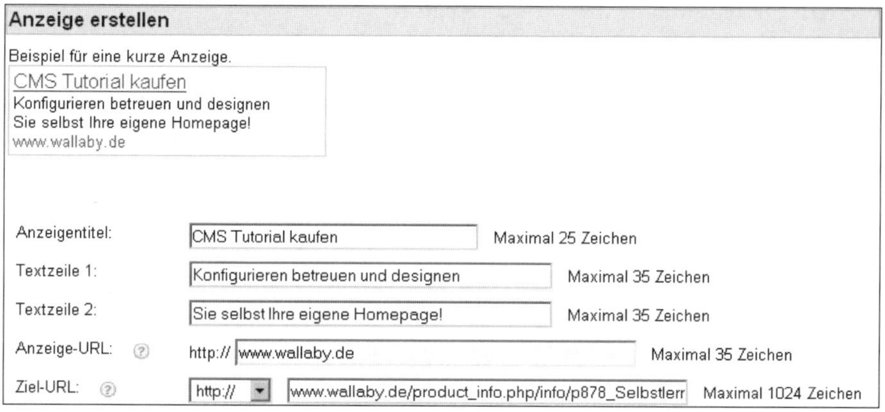

Anzeige erstellen

Beispiel für eine kurze Anzeige.

CMS Tutorial kaufen
Konfigurieren betreuen und designen
Sie selbst Ihre eigene Homepage!
www.wallaby.de

Anzeigentitel:	CMS Tutorial kaufen	Maximal 25 Zeichen
Textzeile 1:	Konfigurieren betreuen und designen	Maximal 35 Zeichen
Textzeile 2:	Sie selbst Ihre eigene Homepage!	Maximal 35 Zeichen
Anzeige-URL: ②	http:// www.wallaby.de	Maximal 35 Zeichen
Ziel-URL: ②	http:// ▼ www.wallaby.de/product_info.php/info/p878_Selbstlern	Maximal 1024 Zeichen

Abbildung 11.8: Anzeigentexte erstellen und Ziel-URL festlegen

Zu Beginn des Kapitels haben wir uns schon Gedanken gemacht zu den Suchbegriffen, die Sie für Ihre Anzeigen nutzen möchten. Für jedes einzelne Keyword wählen Sie nun die Währung aus, legen den Höchstbetrag für den Klickpreis fest und bestimmen das Tagesbudget. Sie können hier sehr flexibel die Ausgaben vorgeben, falls gewünscht sogar von Tag zu Tag ändern. Wie schon erwähnt gibt es kein erforderliches Mindestbudget.

Kein Mindestbudget nötig

Folgende Sachverhalte sind für die Anzeigenschaltung erforderlich, bzw. beeinflussen die Besucherzahlen sowie die Kosten für Ihre Keywords:

>> **E-Mail-Bestätigung**: Ihre Anzeigen schaltet *Google* erst, wenn Sie auf die zugesendete E-Mail antworten und Ihr Konto aktivieren.

>> **Tagesbudget**: Mit dem täglichen Werbeetat kontrollieren Sie Ihre Ausgaben. Liegt Ihr Tagesbudget bei 2 €, zahlen Sie nie mehr als 60 € pro Monat.

>> **Spezifischere Keywords**: Sie optimieren die Marketingergebnisse und reduzieren gleichzeitig Ihre Kosten, wenn Sie spezifischere Suchbegriffe wählen, z.B. »Gelbe Rosen« statt »Blumen«. Mit spezifischen Keywords ist die Wahrscheinlichkeit deutlich höher, durch einen Klick Neukunden zu gewinnen.

Abschließend erstellen Sie ein neues *Google*-Konto für *AdWords*. Geben Sie hierbei unbedingt eine korrekte E-Mail-Adresse an, ansonsten waren alle Eingaben umsonst, da Sie dann natürlich keine Aktivierungsmail erhalten. Haben Sie alle erforderlichen Daten eingetragen, klicken Sie anschließend auf *AdWords*-Konto erstellen. Erst dadurch richten Sie ein neues Konto ein. Nach der Bestätigung und einem Login in Ihr Konto geben Sie noch die Zahlungsmethode an. Wählen Sie Nachzahlung, so beginnt die Anzeigenschaltung unmittelbar nach der Übermittlung Ihrer Zahlungsinformationen. Nutzen Sie lieber Vorauszahlung, setzt die Anzeigenschaltung erst nach Eingang Ihrer ersten Zahlung ein.

Mit Nachzahlung schneller werben

Werben Sie regional in Ihrer Stadt/Region

Klicknah am Kunden

Mit *AdWords* ist es möglich, Anzeigen so zu schalten, dass diese nur an bestimmten geografischen Orten erscheinen. Klingt im Internet zwar etwas seltsam, aber es ist tatsächlich möglich. Die Anzeigen lassen sich also nicht nur auf bestimmte Länder ausrichten, den Fokus können Sie noch viel stärker einschränken auf:

>> **Bestimmte Regionen und Städte:** Ihre Anzeigen erscheinen nur bei Online-Nutzern, die in den von Ihnen gewählten Regionen nach Ergebnissen suchen – so richten Sie Ihre Anzeigen auf Online-Kunden in einem Umkreis von 25 km aus.

>> **Angepasste Ausrichtung:** Ihre Anzeigen erscheinen nur bei Online-Usern, die in den von Ihnen definierten Regionen nach Ergebnissen suchen.

>> **Gezielte Ausrichtung:** Sie richten Ihren Werbefokus auf bestimmte Regionen und Orte. Denn ein Pizza-Lieferservice in Berlin bedient natürlich keine Online-Kunden aus München. Möglich macht dies die innovative Lösung Google Maps (`http://maps.google.de/maps`). Testen Sie es selbst.

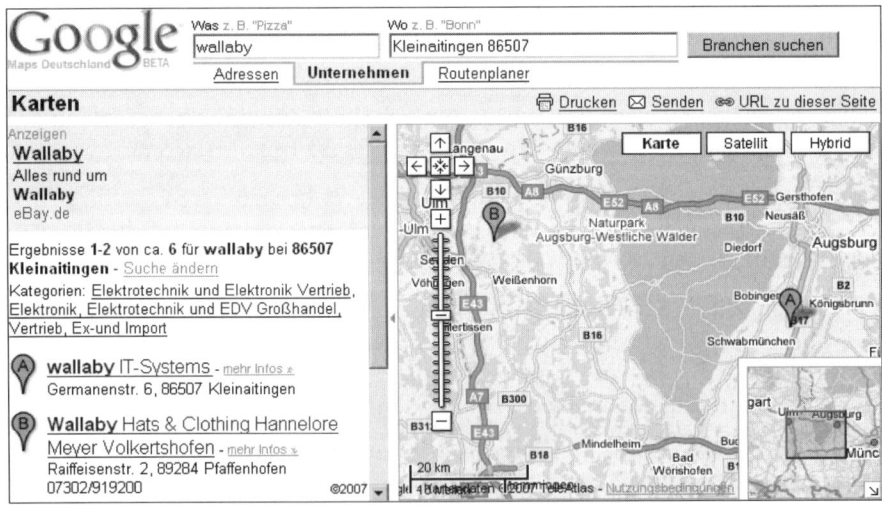

Abbildung 11.9: Regionale Suche in Google Maps Deutschland

Online-Nutzer von *Google Maps* finden die gesuchten Informationen in Zusammenhang mit Ihrem Unternehmen, Firmenstandort, Kontaktinformationen und zusätzlich sogar noch ein Bild Ihrer Wahl auf einer Karte Ihrer Region.

11.1.2 Geld verdienen mit Google AdSense

Mit *Google AdSense* erhalten auch Sie als Betreiber einer kleinen Website die Möglichkeit, themenrelevante *Google*-Anzeigen auf Ihren Content-Seiten zu platzieren. Das bietet Ihnen eine interessante Möglichkeit für einen Zusatzverdienst. Der Clou dabei ist, für jeden Klick eines Online-Besuchers auf eine eingeblendete Werbeanzeige bekommen Sie bares Geld. Manche Websites verdienen so völlig legal einige Hundert Euro pro Monat, ohne auch nur ein einziges Produkt zu verkaufen bzw. eines auf Lager legen zu müssen.

Geld mit Klicks

Passend zu dem Textinhalt jeder einzelnen Webseite bekommen Ihre Online-Besucher nur Werbeanzeigen zu sehen, die inhaltlich relevant sind. Das klappt, weil die *Google*-Technologie die inhaltliche Bedeutung Ihrer Webseite versteht. Die Chancen sind daher relativ hoch, dass ein Kunde auf einen Werbelink klickt, da er sich davon zusätzliche Informationen verspricht. Der Tagesdurchschnitt der Click-Trough-Rate liegt beispielsweise auf all unseren Websites im Normalfall zwischen 1 und 5 Prozent. Das bedeutet pro 100 Besucher unserer Website klicken etwa 1 bis 5 Leute auf einen Werbelink. Und jeder Klick bedeutet für Sie extra Werbeeinnahmen. Hochgerechnet bedeutet dies, für je 10.000 Seitenimpressionen (geladene bzw. aufgerufene Seiten), bekommen Sie in etwa 40-60 € ausbezahlt. Rechnen Sie selbst nach, was das Ihnen bringen kann!

Immer passend: AdSense

Mit *Google AdSense* steht Ihnen auf jeden Fall ein Weg zur Verfügung, jede beliebige Website wirtschaftlich zu nutzen und aufzuwerten. Melden Sie sich gleich kostenlos an und testen Sie Google AdSense vollkommen unverbindlich.

Wie funktioniert AdSense auf Ihrer Website?

Google AdSense ist ein einfach bedienbares Online-Tool, mit dem Sie auf Ihrer Website Werbeeinnahmen erzielen. Das Beste daran ist, Sie benötigen für die Quellcode-Einbindung nur minimalen Zeitaufwand und Ihnen entstehen keinerlei Investitionskosten. Der Grund ist einfach, denn Sie müssen den von *Google* bereitgestellten Quellcode nur ein einziges Mal in Ihre Website einbinden. Die jeweiligen Werbe- und Bildanzeigen werden danach automatisch auf jede einzelne Webseite und den darin enthaltenen Inhalt ausgerichtet. Die Anzeigeninhalte wechseln bei jedem neuen Seitenaufruf. Den Quellcode dazu bauen Sie farblich passend an der entsprechenden Stelle Ihres Templates ein und ab diesem Zeitpunkt fließen die Einnahmen. Beispiel:

>> *contenido*: "Style > Layouts > Standard" (index.html)

>> *xt:Commerce*: "/templates/<templatename>/index.html"

In unserem Beispiel (Abbildung 11.2) haben wir die **Werbeeinblendungen** harmonisch und unauffällig in das Layout eingebunden. Im oberen Bereich sehen Sie einen »**Link-Block**« mit fünf Einträgen und im linken Seitenbereich finden Sie eine Textanzeige im so genannten »**Wide Skyscraper**«-Format (160 x 600 Pixel). Darüber hinaus erhältliche Anzeigenvarianten sind: **Bildanzeigen (Image-Anzeigen)**, **Video-Anzeigen**, **Empfehlungsschaltflächen** und themenbezogene **Anzeigenblöcke**.

Um *Google AdSense* zu nutzen, sind folgende Schritte notwendig:

Step ......

1. Bewerben Sie sich beim *Google AdSense*-Programm!

2. Nutzen Sie **Channels**, um Ihre Einnahmen zu steigern!

3. Erstellen Sie den *AdSense*-Quellcode für Ihre Website!

4. Binden Sie optional ein *Google*-Suchfeld ein (Quellcode-Einbau)!

5. Kontrollieren Sie Umsatz und Zahlungen!

Bewerben Sie sich beim Google AdSense-Programm

Google prüft Ihre Website

Bevor Sie die eigene Website dazu verwenden zum Geldverdienen einsetzen, überprüfen Sie zunächst, ob Ihre Website den *Google*-**Programmrichtlinien** entspricht. Die Prüfung fällt in den meisten Fällen positiv aus und Sie sind damit zur Teilnahme am *AdSense*-Programm berechtigt. Öffnen Sie die *Google AdSense*-Homepage oder klicken Sie auf den Anmeldelink. Füllen Sie den dort hinterlegten Anmeldeantrag aus, senden Sie ihn an *Google* und warten Sie auf die Nachricht zur E-Mail-Adressüberprüfung. Nach der Bestätigung Ihrer E-Mail-Adresse dauert es etwa 2 bis 3 Tage, bis Sie eine Antwort erhalten. Hat *Google* Ihre Bewerbung akzeptiert, steht Ihren künftigen Werbeeinnahmen nichts mehr im Weg.

Legen Sie los und nutzen Sie diesen kostenlosen Service. Der Quellcode-Einbau ist nicht sehr zeitaufwändig und den Austausch der Anzeigen übernimmt *Google* für Sie. Lassen Sie doch einfach *Google AdSense* für Sie arbeiten.

Nutzen Sie Channels, um Ihre Einnahmen zu steigern

Interessante Themen finden

Die so genannten **Channels** helfen Ihnen dabei, die detaillierten Berichte über die Leistung bestimmter Seiten und Anzeigenblöcke auszuwerten. Einen Channel ordnen Sie zu einer Gruppe von Seiten oder Anzeigenblöcken zu, um besser die Leistungsfähigkeit der unterschiedlicher Werbebanner zu vergleichen. Mit Hilfe von Channels beurteilen Sie die Einnahmen basierend auf Domainnamen, Themenbereichen, Anzeigenformaten, Bannerplatzierungen oder Farbkombinationen. So bekommen Sie einen sehr guten Überblick, woher die Klickeinnahmen stammen. Im Allgemeinen erzielen Anzeigen ohne Rahmen bessere Ergebnisse.

Zur Verbesserung Ihrer Werbeeinnahmen stehen Ihnen zwei Channel-Typen zur Auswahl:

>> **URL-Channels** (nur für Content-Seiten verfügbar): Protokolliert die Leistung bestimmter Seiten Ihrer Website (Top-Level-Domainnamen oder Teil-URLs).

>> **Benutzerdefinierte Channels** (nutzbar für Suchergebnisseiten): Protokollieren Sie die Leistung bestimmter Anzeigenblöcke, unterschiedlicher Seitenthemen oder verschiedener Anzeigenformate anhand von angegebenen Kriterien.

Richtige Platzierung ist wichtig!

Maximal stehen Ihnen bis zu 200 *AdSense*-Channels und 200 *AdSense* für Suchergebnisseiten-Channels zur Verfügung. Mit den Ergebnissen Ihrer Channel-Auswertung optimieren Sie die Leistung Ihrer Website-Einnahmen. Besonders wichtig ist hierbei die Namensgebung bei den benutzerdefinierten Channels. Je mehr Informationen Sie im Namen hinterlegen, desto einfacher gestaltet sich im Nachhinein die Generierung Ihrer Channel-Berichte. Bilden Sie deshalb den Namen aus folgenden Einzelinformationen: »Platzierung_Anzeigenformat_Farbvorlage«. So ergibt sich ein Channel-Name wie »StartseiteOben_Leader_Maritim« (*Kapitel 10*).

So beantworten Sie wichtige Fragen, wie:

>> Welche Anzeigenblöcke erzielen auf Ihren Seiten ein besseres Ergebnis?

>> Erzielen Ihre Anzeigen mit oder ohne Rahmen die höheren Erträge?

>> Wie sehen die Erträge bei »*AdSense* für Suchergebnisseiten« aus?

>> Welche Ihrer Domainnamen erwirtschaften die besten Einnahmen?

>> In welchen Site-Bereichen erzielen die Anzeigen die besten Erträge?

>> Sind Werbeanzeigen erfolgreicher in Artikeln, in Foren oder in Weblogs?

>> Welche Anzeigenformate, **Farbvorlagen** oder Platzierungen bringen die besten Klickraten?

Erstellen Sie den AdSense-Quellcode für Ihre Website

Nachdem *Google* Ihre Online-Bewerbung akzeptiert hat, benötigen Sie nur noch ein wenig Zeit, bevor Sie starten können. Im *AdSense*-Setup wählen Sie zunächst das Produkt aus, das Sie in Ihre Website einbauen wollen. Berücksichten Sie dabei: Die *Google AdSense*-Programmrichtlinien erlauben Ihnen momentan (Stand: 07/2007) pro Webseite bis zu drei Anzeigenblöcke, einen Link-Block und zwei Empfehlungsblöcke pro Produkt zu platzieren. Wir empfehlen Ihnen auf jeden Fall, sich an diese Richtlinien zu halten und unbedingt die Programmrichtlinien dazu zu lesen. Andernfalls sperrt *Google* Ihren Account und Sie erzielen keine Werbeeinnahmen mehr.

Begrenzte Werbeblöcke

Ihnen stehen vier unterschiedliche Produkte zur Auswahl:

>> *AdSense* für Content-Seiten: Zeigt nur Werbeanzeigen an, die inhaltsmäßig zu Ihrer Homepage passen.

>> *AdSense* für Suchergebnisseiten: Erstellt ein Suchfeld, mit dem Sie bei jeder Suche Ihrer Online-Nutzer im Internet finanziell profitieren.

>> Empfehlungen: *AdSense* (Werbeeinnahmen für Web-Publisher), *AdWords* (gezielte Online-Werbung), *Firefox* plus *Google Toolbar* oder *Google Pack* (Sammlung interessanter Software).

>> AdSense für mobile Seiten: Verbessern Sie Ihre mobile Website und erzielen Sie Einnahmen mit gezielten Anzeigen bei Handy-Nutzern.

Abbildung 11.10: Produktauswahl im AdSense-Setup

Farben an die Website anpassen Wählen Sie das gewünschte Produkt aus und orientieren Sie sich beim Produkt-Layout (Form und Farbe gemäß eigenem **Corporate Identity**) an das Aussehen der eigenen Website. Ist alles fertig konfiguriert, kopieren Sie abschließend nur noch den HTML-Code, den Sie in das Template Ihrer Website einbauen. Ab sofort schalten Sie relevante Anzeigen auf Ihrer Website.

Der Anzeigen- bzw. Suchcode, den Sie mit dem AdSense-Setup Ihres Kontos erstellen, gilt für jede beliebige Website. Sie müssen Google nicht darüber in Kenntnis setzen, falls Sie den *AdSense*-Code auf einer anderen Website einbauen.

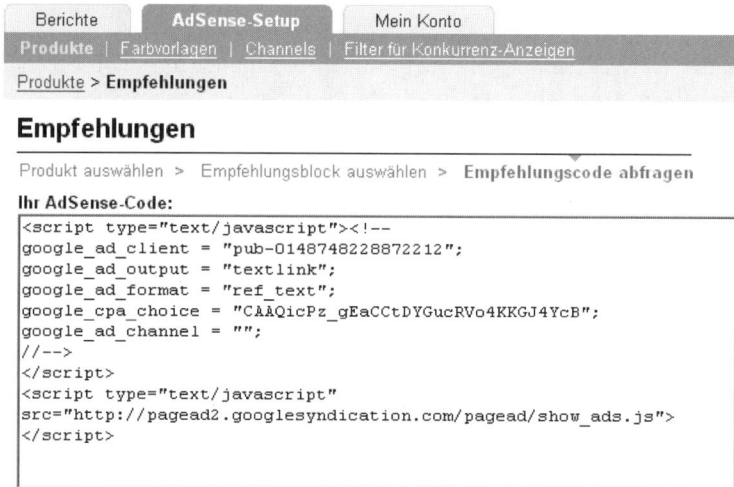

Produkte > **Empfehlungen**

Empfehlungen

Produkt auswählen > Empfehlungsblock auswählen > Empfehlungscode abfragen

Ihr AdSense-Code:

```
<script type="text/javascript"><!--
google_ad_client = "pub-0148748228872212";
google_ad_output = "textlink";
google_ad_format = "ref_text";
google_cpa_choice = "CAAQicPz_gEaCCtDYGucRVo4KKGJ4YcB";
google_ad_channel = "";
//-->
</script>
<script type="text/javascript"
src="http://pagead2.googlesyndication.com/pagead/show_ads.js">
</script>
```

Abbildung 11.11: Empfehlungscode für Empfehlungen abfragen

Einbinden eines Google-Suchfeldes

Platzieren Sie ein *Google*-Suchfeld auf Ihrer Website, erzielen Sie sogar mit der Web-Suche Ihrer Online-Besucher Werbeeinnahmen. Zugleich nutzen Sie die *Google*-Suchtechnologie als Suchmaschinen-Modul für die eigene Website. Der wesentliche Vorteil hierbei ist, dass die Besucher länger auf Ihrer Website verweilen, denn die Suchergebnisse der Internet- oder Website-Recherche werden (natürlich wieder farblich passend) direkt in das Seitenlayout Ihrer eigenen Site integriert.

Suchergebnisse auf der eigenen Website

Das Einbinden eines *Google*-Suchfelds dauert ebenfalls nur wenige Minuten und ist auch kostenlos. Selbstverständlich schaltet auch hier *Google* relevante Anzeigen und Sie verdienen wiederum mit jeder Suche Geld, sobald ein Nutzer auf ein Suchergebnis klickt.

Damit Sie die Suche in Ihre Site einbinden können, benötigen Sie diesmal zwei verschiedene Quellcodes:

Quellcode erzeugen

>> **Suchcode:** Diesen fügen Sie auf der Seite ein, auf der Ihr Suchfeld erscheinen soll (z.B.: index.html).

>> **Suchergebnisseitencode:** Diesen binden Sie auf der Seite ein, wo Ihre Suchergebnisse erscheinen sollen.

Abbildung 11.12: Ergebnisliste der Google- und Domainsuche

Den zusätzlichen Suchergebnisseiten-Quellcode bekommen Sie, wenn Sie unter »Weitere Optionen - Öffnen der Suchergebnisseite« die gewünschte Einstellung auswählen. Eine beispielhafte Einstellung sehen Sie in Abbildung 11.13.

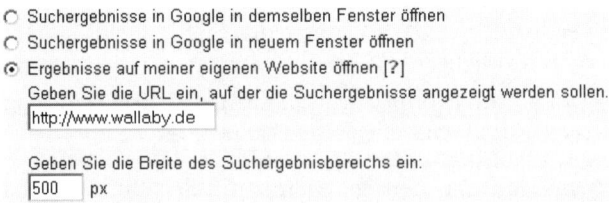

Abbildung 11.13: Suchergebnisse auf Ihrer eigenen Website anzeigen lassen

Mit dieser Option wählen Sie aus, dass sich die Suchergebnisse in Google oder innerhalb Ihrer eigenen Website anzeigen lassen. Damit Ihnen die zweite Variante gelingt, ist eine zusätzliche Webseite erforderlich, die den Suchergebnisseitencode aufnimmt. Im Content-Manager von *xt:Commerce* erstellen Sie bspw. eine eigene Seite und hinterlegen dort den Quellcode. In *contenido* hinterlegen Sie den Quellcode zuerst als eigenes Modul. Dieses Modul binden Sie mit Hilfe eines Templates anschließend an einen eigens erstellten Artikel, z.B. mit dem Namen »Googlesuche«.

Kontrollieren Sie den Umsatz und die Zahlungen

*Zählen Sie
die Klicks!*

Sobald Sie *Google AdSense*-Werbeanzeigen auf Ihrer Website einbinden, steigern Sie Ihr Einnahmenpotenzial ohne Zusatzkosten. In einer Art Auktion treten einige für Ihre Homepage relevante Anzeigen gegeneinander an. Egal ob CPC- (**Cost-Per-Click**) oder CPM-Anzeigen (**Cost-Per-Thousand-Impressions**). *Google* liefert Ihnen nämlich immer die Text- oder Imageanzeige, die für Sie und Ihre Content-Website die höchsten Einnahmen erzielen. Damit Sie die Einnahmen kontrollieren können, bietet Ihnen die Weboberfläche verschiedene Berichte an (nach Datum, Produkt etc.), unter anderem auch nach den URLs Ihrer Websites.

Channel ▲	Seitenimpressionen	Klicks	Seiten-CTR	eCPM pro Seite [?]	Einnahmen
ebusiness-handbuch.de	1.180	12			$ 3,64
kleinaitingen.com	928	12			$ 3,05
lernplattform.eu	2.111	10			$ 4,23
onlineshop-handbuch.de	4.327	59			$ 19,09
taschenberater.de	2.521	20			$ 2,43
wallaby.de	2.143	62			$ 19,78
Gesamt	13.210	175			$ 52,21
Durchschnittswerte	2.201	29			$ 8,70

Abbildung 11.14: Channel-Bericht gesplittet nach Domainnamen

*Nutzen Sie die
Bandbreite von
Google*

Google bedient eine sehr große Menge an Kunden mit innovativen Such- und Web-Technologien. Die Suchmaschine vertritt verschiedenste Branchen, Unternehmensgrößen, Nischen-Märkte und Marketing-Inserenten. Die enorme Bandbreite reicht vom international tätigen Markenartikelhersteller bis hin zu kleinen mittelständischen oder lokalen Unternehmen (KMU). Als *Google AdSense*-Kunde brauchen Sie sich im Gegensatz zu Affiliate-Marketing nicht um die Kontakte zu den Werbunternehmen kümmern. *AdSense* ist in vielen verschiedenen Sprachen nutzbar. Positiver Nebeneffekt der geografischen Ausrichtung ist für Sie, dass Sie ohne zusätzlichen Aufwand regional bezogene Anzeigen schalten können.

Falls am Ende eines Monats Ihr Kontostand mehr als 100 US-Dollar beträgt, bekommen Sie von *Google* entweder einen Scheck oder eine Banküberweisung über den bis zum Monatsende erwirtschafteten Betrag. Haben Sie also am 23. März die 100 US-Dollar Marke überschritten, dann erhalten Sie eine Zahlung bis spätestens Ende April.

11.1.3 Webanalyse mit Google Analytics

*Vorteile von
Analytics*

Egal wie viel auch immer Sie für Marketing ausgeben, letztendlich rentiert sich Werbung immer dann, wenn Besucher tatsächlich mit Ihrer Website bzw. Ihrem Unternehmen interagieren. Mit den verschiedenen Diensten unterstützt Sie der Suchmaschinenanbieter indirekt, um mehr Besucher auf

Ihre Site zu locken. Ihr Ziel ist es wiederum, aus diesen potenzielle Kunden zu machen.

Mit *Google Analytics* finden Sie heraus, welche Suchbegriffe Ihrer Website die besten potenziellen Kunden liefern. Ziehen Sie aussagekräftige Rückschlüsse darauf, auf welche Werbetexte Sie die meisten Reaktionen erhalten oder mit welcher Webseite bzw. welchen Inhalten Sie die meisten Umsätze generieren. Dabei profitieren Sie von vielen Vorteilen:

>> Kostenlos nutzbar: Investieren Sie Ihr Geld in Online-Marketing und nicht in kostenpflichtige Webanalyse-Tools.

>> Einfach bedienbar: *Google Analytics* beinhaltet alle Funktionen, die von Webanalyse-Experten erwartet werden.

>> Beliebig skalierbar: Der Online-Service liefert zuverlässig Daten für kleine, mittelständische und große Unternehmen.

>> Zahlreiche Berichte: Sie profitieren von leicht verständlichen und übersichtlich gestalteten Berichten.

>> *AdWords* integriert: Sie greifen unmittelbar von der *AdWords*-Benutzeroberfläche aus auf *Google Analytics* zu.

>> Verfolgt Kampagnen: Verwalten Sie sämtliche Online-Werbekampagnen, egal ob E-Mail-basierend (E-Mail-Marketing) oder keyword-bezogen (Online-Marketing).

>> Zuverlässige Analyse: *Google* stellt die Vertraulichkeit von Unternehmensdaten in den Vordergrund (Datenschutz).

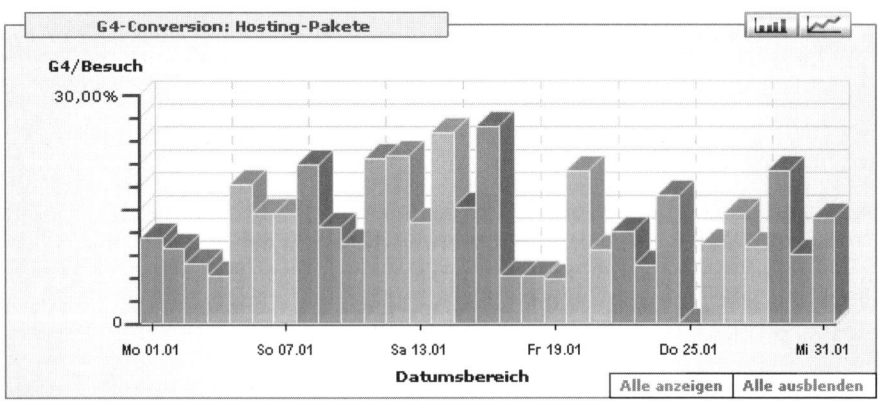

Abbildung 11.15: Site-Besuche im Januar in der Rubrik Hosting-Pakete

Betreiben Sie eine eCommerce-Website, können Sie mit *Google Analytics* zielgenau die Wirkung von Werbekampagnen oder auch einzelne Suchbegriffe verfolgen, um so Umsatzquellen zu erkennen.

Welchen Nutzen bietet Analytics?

Mit *Google Analytics* verbessern Sie auf einfache Art und Weise die Ergebnisse Ihrer Werbemaßnahmen. Anhand der gewonnen Ergebnisse aus der Analyse optimieren Sie die eigene Website. Das Ziel, das im Vordergrund steht, ist es, durch diese Veränderungen eine positive Wirkung auf Ihre Umsätze zu erzielen. Zu diesem Zweck ist das Programm nahtlos in *AdWords* integriert und liefert Ihnen genau die Informationen, die Sie brauchen, um aktiv zu werden. Gedacht ist dieser von *Google* gehostete Online-Dienst für Führungskräfte, Marketingfachleute, Website-Betreiber und Online-Redakteure.

AdWords integriert

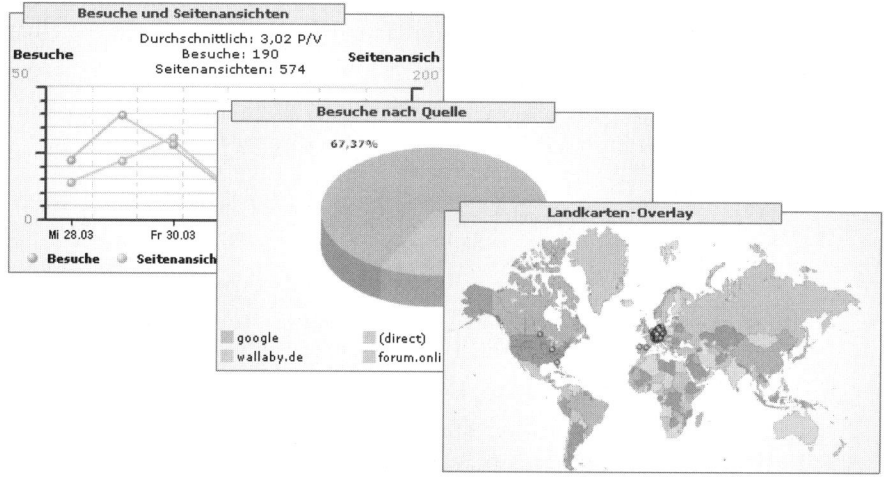

Abbildung 11.16: Besucherzusammenfassung der Site-Besuche

Das Tool zeigt Ihnen, wie Online-Besucher sich auf Ihrer Website bewegen. So ist es für Sie leichter, die Navigationsengpässe oder Fehlerquellen zu ermitteln, die Ihre Besucher davon abhalten, das gewünschte Konversionsziel zu erreichen. Konversionsziele sind z.B. Onlinekauf, Newslettereintrag, Broschürenbestellung usw. Eine Problemstelle könnte möglicherweise die Sitestruktur sein. Benötigt ein Online-Kunde zu viele Klicks, um zum Ziel zu gelangen, wird er wohl auf dem Weg die Lust verlieren.

Natürlich merken Sie auch, woher die umsatzstärksten Kunden stammen oder welche Werbemärkte für Sie am profitabelsten sind. Gehen wir mal davon aus, dass *Google AdWords* Ihnen prozentual mehr zahlungskräftige Kunden liefert als eine andere Marketing-Aktivität! Was ist dann zu tun? Dann werden Sie wohl entweder verstärkt in diesen Werbekanal investieren oder aber zumindest die Werbetexte bzw. das Layout überarbeiten.

Woher kommt Ihr Kunde?

Zum Einsatz von *Google Analytics* sind folgende Schritte erforderlich:

Step......

1. Implementieren Sie den Tracking-Code!

2. Richten Sie das Ziel für Konversionsdaten ein!

3. Nutzen Sie die Vorteile eines visualisierten Trichters!

Implementieren Sie den Tracking-Code

Sofort-Start der Analyse

Sobald Sie den **Tracking-Code** von *Google Analytics* auf jeder gewünschten Seite Ihrer Website einbinden, startet die Website-Analyse. Im Normalfall ist dieser Vorgang in wenigen Minuten erledigt. Sie müssen nichts kaufen und keine Software herunterladen. Falls Sie Ihre Website nicht selbst betreuen, erledigt diese Aufgabe auch Ihr Webmaster.

Nach dem ersten Login klicken Sie zunächst links oben auf »Analytics-Einstellungen« und dann am rechten Rand auf »Websiteprofil hinzufügen«.

	Name	Berichte	Einstellungen	Löschen	Status
1.	www.onlineshop-handbuch.de	Berichte anzeigen	Bearbeiten	Löschen	✓ Empfangen von Daten ✓ Conversion-Ziele (4)
2.	www.taschenberater.de	Berichte anzeigen	Bearbeiten	Löschen	✓ Empfangen von Daten ✓ Conversion-Ziele (1)
3.	www.wallaby.de	Berichte anzeigen	Bearbeiten	Löschen	✓ Empfangen von Daten ✓ Conversion-Ziele (4)

Websiteprofile «Vorherige 1 - 3 / 3 Weiter » Anzeigen 10 Suche + **Websiteprofil hinzufügen**

Abbildung 11.17: Websiteprofil hinzufügen zum Empfangen von Statistiken

Jetzt tragen Sie hier nur die URL der Website ein, die Sie beobachten möchten und bestätigen mit einem Klick auf »Fertig stellen«. Im nächsten Dialogfenster erhalten Sie den Tracking-Code, den Sie in Ihre Website einbauen.

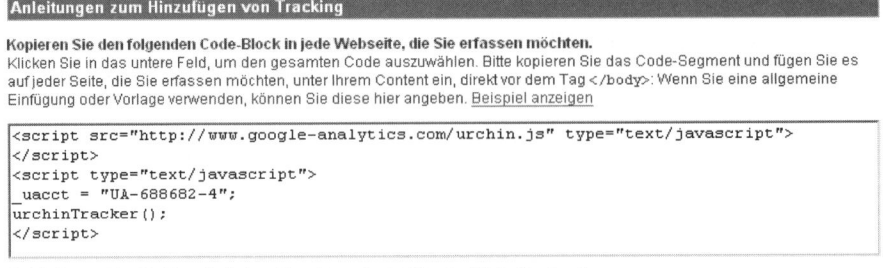

Anleitungen zum Hinzufügen von Tracking

Kopieren Sie den folgenden Code-Block in jede Webseite, die Sie erfassen möchten.
Klicken Sie in das untere Feld, um den gesamten Code auszuwählen. Bitte kopieren Sie das Code-Segment und fügen Sie es auf jeder Seite, die Sie erfassen möchten, unter Ihrem Content ein, direkt vor dem Tag </body>: Wenn Sie eine allgemeine Einfügung oder Vorlage verwenden, können Sie dies hier angeben. Beispiel anzeigen

```
<script src="http://www.google-analytics.com/urchin.js" type="text/javascript">
</script>
<script type="text/javascript">
_uacct = "UA-688682-4";
urchinTracker();
</script>
```

Abbildung 11.18: Persönlicher Tracking-Code für die Website-Analyse

Im CMS *contenido* eignet sich zum Einbinden des Tracking-Codes am besten »Style > Layout«. Öffnen Sie über das Backend die Datei »standard«. Dort hinterlegen Sie den Code-Block an das Ende der Datei, jedoch direkt vor dem </body>-Tag. Beim Online Shop *xt:Commerce* ist es noch einfacher. Da kopieren Sie den Code ganz an das Ende der Datei index.html im Ordner »/templates/<templatename>/«.

Vorsichtshalber bauen Sie in der **Datenschutzerklärung** Ihrer Website noch einen Hinweis auf *Google Analytics* ein. Wir empfehlen Ihnen folgenden Text (ohne Gewähr): »Diese Website benutzt Google Analytics, einen Webanalysedienst der Google Inc. Die Webanalyse nutzt so genannte Cookies (= kleine Textdateien), die eventuell auf Ihrem Rechner gespeichert werden und eine Auswertung der Benutzung unserer Website durch Sie ermöglichen.«

Informieren Sie Ihren Kunden

Richten Sie das Ziel für Konversionsdaten ein

Damit die Website-Analyse funktioniert, benötigen Sie **Konversionsdaten**. Diese ergeben sich aus den so genannten Zielen. Im Websitebereich bestimmt ein Ziel die Seite eines Webauftritts, die ein Besucher erreicht, sobald er eine bestimmte Aktion ausführt, z.B. Shop besuchen, Kauf tätigen, Download durchführen. Ruft der Online-User diese Zielseite im Webbrowser auf, dann war die Marketingmaßnahme erfolgreich.

Setzen Sie Ziele für Ihr Marketing

Bevor *Google Analytics* die **Ziel-Konversion** berechnen kann, benötigen Sie zumindest ein Ziel. Dieses Ziel definieren Sie mit folgenden Informationen:

>> **Ziel-URL**: Geben Sie hier eine einzelne Webseite an, die nur beim Erreichen eines bestimmten Ziels aufgerufen wird. In unserem Beispiel ist das Ziel die Dankeseite am Ende des Bestellvorgangs im *xt:Commerce*-Shop.

>> **Zielname**: Hinterlegen Sie einen eindeutigen Namen, den Sie bei der Anzeige der Berichte wiedererkennen, bspw. »E-Mail-Anmeldung«, »CMS-Tutorial Bestellung« oder »Download von Artikel ABC«.

>> **Trichter**: Als Trichter bezeichnet man einen Pfad, den Besucher bei der Konversion auf dem Weg zum Ziel nehmen müssen. Zunächst legen Sie bis zu 10 Webseiten fest. Danach verfolgen Sie, wie häufig Besucher den Weg zum Ziel vorzeitig abbrechen und wohin sie dann wechseln.

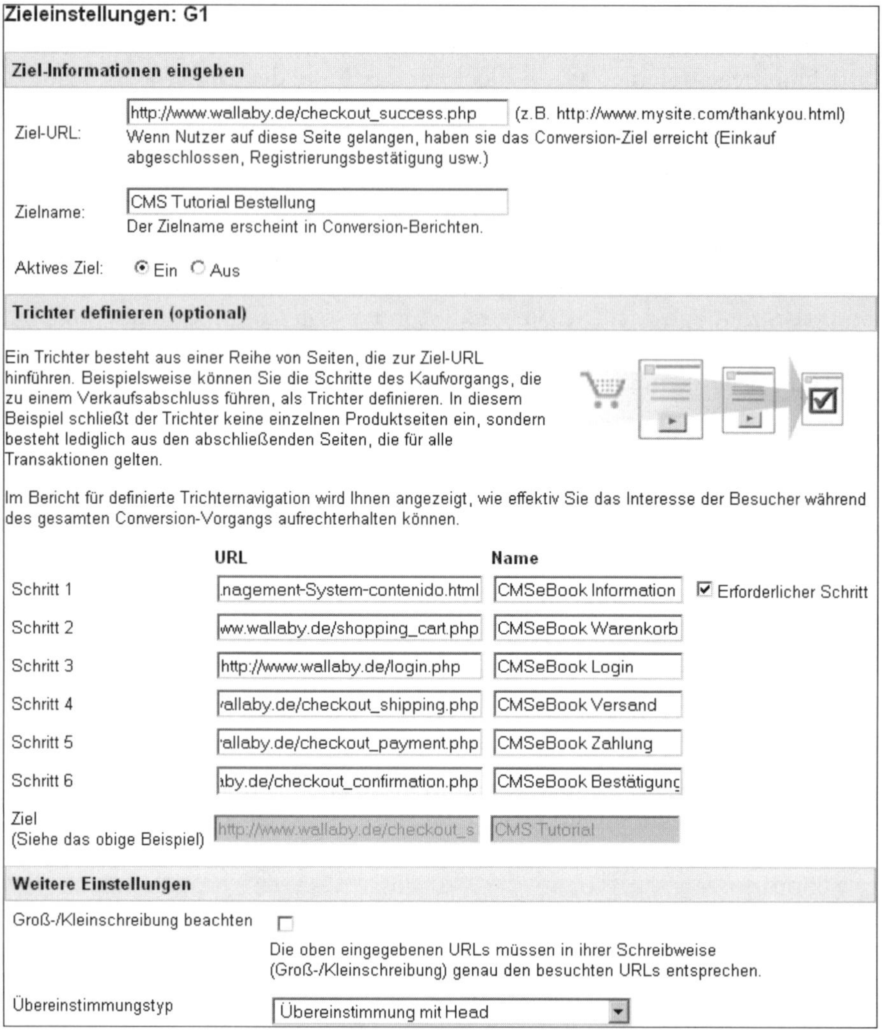

Zieleinstellungen: G1

Ziel-Informationen eingeben

Ziel-URL: | http://www.wallaby.de/checkout_success.php | (z.B. http://www.mysite.com/thankyou.html)
Wenn Nutzer auf diese Seite gelangen, haben sie das Conversion-Ziel erreicht (Einkauf abgeschlossen, Registrierungsbestätigung usw.)

Zielname: | CMS Tutorial Bestellung |
Der Zielname erscheint in Conversion-Berichten.

Aktives Ziel: ⊙ Ein   ○ Aus

Trichter definieren (optional)

Ein Trichter besteht aus einer Reihe von Seiten, die zur Ziel-URL hinführen. Beispielsweise können Sie die Schritte des Kaufvorgangs, die zu einem Verkaufsabschluss führen, als Trichter definieren. In diesem Beispiel schließt der Trichter keine einzelnen Produktseiten ein, sondern besteht lediglich aus den abschließenden Seiten, die für alle Transaktionen gelten.

Im Bericht für definierte Trichternavigation wird Ihnen angezeigt, wie effektiv Sie das Interesse der Besucher während des gesamten Conversion-Vorgangs aufrechterhalten können.

	URL	Name	
Schritt 1	.nagement-System-contenido.html	CMSeBook Information	☑ Erforderlicher Schritt
Schritt 2	ww.wallaby.de/shopping_cart.php	CMSeBook Warenkorb	
Schritt 3	http://www.wallaby.de/login.php	CMSeBook Login	
Schritt 4	/allaby.de/checkout_shipping.php	CMSeBook Versand	
Schritt 5	allaby.de/checkout_payment.php	CMSeBook Zahlung	
Schritt 6	aby.de/checkout_confirmation.php	CMSeBook Bestätigung	
Ziel (Siehe das obige Beispiel)	http://www.wallaby.de/checkout_s	CMS Tutorial	

Weitere Einstellungen

Groß-/Kleinschreibung beachten   ☐
Die oben eingegebenen URLs müssen in ihrer Schreibweise (Groß-/Kleinschreibung) genau den besuchten URLs entsprechen.

Übereinstimmungstyp | Übereinstimmung mit Head ▾ |

Abbildung 11.19: Ziel einstellen und Trichter definieren

Ziele beobachten

Im Beispiel sehen Sie das *xt:Commerce*-Ziel »checkout_success.php«. Bevor ein User auf diese Zielseite gelangt, besucht er die Produktinformationsseite. Hat er eine Kaufabsicht, legt er das Produkt in den Warenkorb und loggt sich ein, um den Bestellvorgang fortzuführen. Dann gelangt er auf die Infoseiten mit den Versandoptionen sowie den Zahlungsarten und tätigt abschließend auf der Übersichtseite die Bestellung. Der Kunde muss also alle diese Webseiten besuchen, um die Zielseite zu erreichen.

Nutzen Sie die Vorteile eines visualisierten Trichters

Analysieren Sie das Kaufverhalten

Sie kennen sicherlich das Problem, es kommen zwar genügend User auf Ihr Produktangebot, aber auf dem Weg zur Kasse verlassen einige dann abrupt

Ihre Website. Warum dies geschieht und an welcher Stelle, ist Ihnen bisher ein Rätsel. Dem kann man jedoch mit Hilfe der Trichter-Funktion abhelfen.

Der Trichter visualisiert die Engpässe innerhalb des Konversionsvorgangs, z.B. beim Bestellvorgang. Engpässe können möglicherweise auf Faktoren wie verwirrende Beschreibungen oder unübersichtliche Navigationselemente zurückgeführt werden. Erkennen Sie solche Probleme, dann ist es möglich, diese künftig zu vermeiden oder zumindest zu verbessern. Die Besucher gelangen zielgenauer durch den Bestellvorgang, brechen demzufolge seltener ab und aus einem Besucher wird ein zahlender Kunde, der den Konversionsvorgang abschließt. *Google Analytics* hilft Ihnen somit zu erfahren, warum Ihre Besucher einen Kauf nicht beenden.

Ein Beispiel hierzu: Wenn viele Kunden auf der Seite mit den Zahlungsarten abbrechen, kann dies bedeuten, dass Ihre Zahlarten dem Kunden nicht ganz sicher erscheinen oder eine bestimmte Zahlart fehlt.

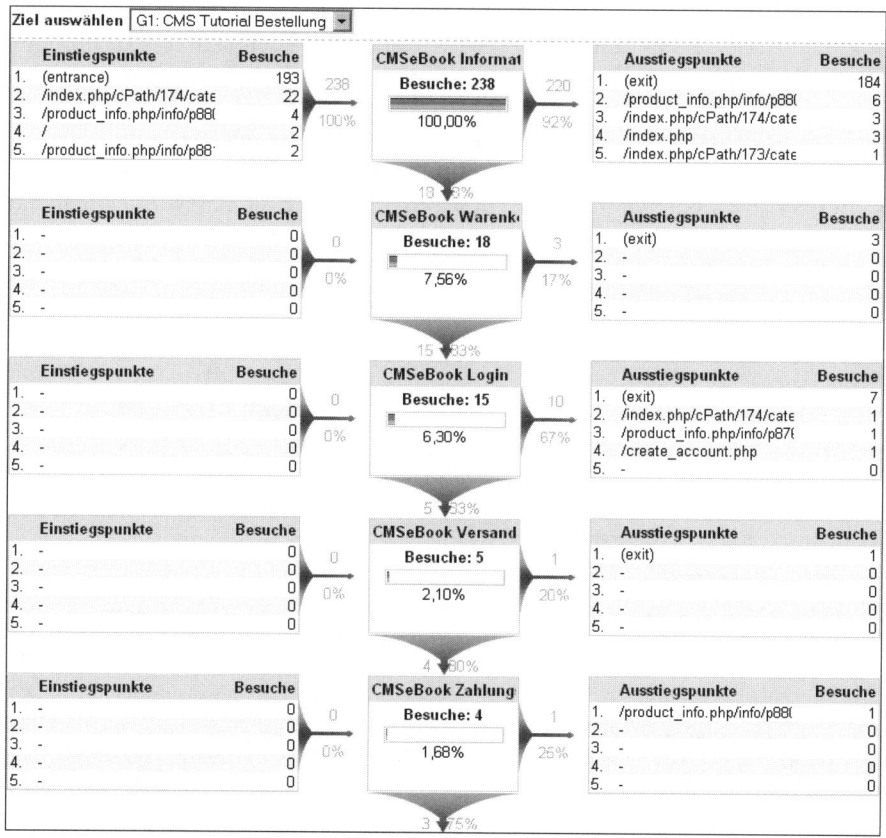

Abbildung 11.20: Trichter stellt Konversionsvorgang einer Bestellung dar

Welche Informationen liefert das Dashboard?

Anhand der Besucher-Zusammenfassung sehen Sie gleich nach dem ersten Login den ersten Überblick der Online-Besuche auf Ihrer Website. Die Grafiken liefern Ihnen folgende Informationen:

>> Besuche und Seitenansichten: Liefert die Gesamtanzahl der Besuche und der Seitenansichten auf Ihrer Website.

>> Besuche nach neu und wiederkehrend: Anzahl der Erstbesuche und wiederkehrenden Besuche.

>> **Landkarten-Overlay**: Städte, von denen die meisten Benutzer auf Ihre Website zugreifen.

>> Besuche nach Quelle: Statistik verweist auf die erfolgreichsten **Verweisquellen**, also fremde Webseiten von denen Besucher aufgrund eines Backlinks zu Ihrer Homepage gelangen.

Schnellübersicht zu Ihren Besucherzahlen

Für die unterschiedlichen Zielgruppen »Leitender Angestellter«, »Marketingverantwortlicher« und »Webmaster« stehen weitere kurze Zusammenfassungen bereit. Das so genannte Dashboard dient Ihnen als Schnelleinstieg zu Besucherzahlen, eCommerce- und Konversion-Trends, etc., ohne dass Sie lange in Berichten suchen müssen. Leicht zu erfassende visuelle Bilddarstellungen liefern klare Antworten auf alle Ihre Fragen. So sind Sie in der Lage, schnell Problembereiche zu identifizieren. Auf einen Blick vergleichen Sie Umsätze, Konversionen, Kampagnen und Suchbegriffe. Im weiteren Verlauf des Kapitels stellen wir einzelne Berichte vor.

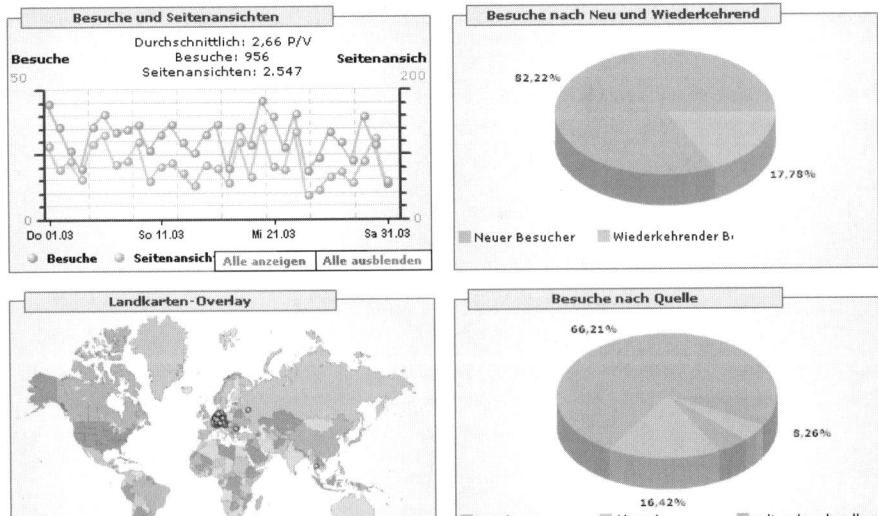

Abbildung 11.21: Zusammenfassung liefert Schnappschuss der Statistiken

Was bringt Google Analytics inklusive Google AdWords?

Falls Sie bereits über ein *Google AdWords*-Konto verfügen, können Sie von dort aus direkt auf *Google Analytics* zugreifen. Die enge Bindung der beiden Systeme spart Ihnen Zeit, da *Analytics* automatisch sämtliche Suchbegriff-Daten aus *AdWords* importiert. Für die Website-Analyse fällt also kein zusätzlicher Arbeitsaufwand an. Aus diesem Grund sehen Sie sofort die wichtigsten Messdaten und Renditeergebnisse für alle Suchbegriffe, die Sie in *AdWords* für Marketingzwecke einsetzen. Mit *Google AdWords* steuern Sie Ihre Online-Marketing-Aktivitäten. Daneben erledigt *Google Analytics* für Sie die erforderliche Auswertung der Ergebnisse (z.B. Konversionsrate).

Eine Übersicht für beide Tools

Sie sehen die *Analytics*-Ergebnisse, wenn Sie in *Google AdWords* den Karteireiter »Analytics« anklicken. Verfügen Sie über mehrere Websites, dann wechseln Sie bequem zwischen den einzelnen Homepages durch Wechseln der URL mit Hilfe des Dropdown-Feldes.

Wie vergleichen Sie keywordbezogene Werbung?

Mit *Google Analytics* beschränken Sie Ihre Werbekampagnen und deren Auswertung nicht nur auf *Google AdWords*. Die Online-Analyse verfolgt auch Werbemaßnahmen bei anderen Suchmaschinen. Es ist völlig unerheblich, ob es sich hierbei um bezahlte oder kostenlose Suchen handelt.

Sie können sogar Ihre sämtlichen Marketingaktivitäten verfolgen, egal ob diese auf *Google* basieren oder außerhalb von *Google* laufen. Dies umfasst alle Ihre Anzeigen, E-Mail-Newsletter, Verweise, bezahlte Links, Suchmaschinen und Suchbegriffe. Damit ist es für Sie ein Leichtes, die Leistungsfähigkeit Ihrer Werbung zu vergleichen, über die künstlichen Grenzen von Suchmaschinen, Kampagnen oder sonstige Medien hinweg.

Alle Kampagnenberichte auf einer Plattform

Das folgende Beispiel zeigt die Ergebnisse einer Werbekampagne mit *AdWords*, bei der es um den Vertrieb des digitalen **eBooks** »contenido Tutorial« geht. Angezeigt wird die *AdWords*-Keyword-Position einzelner Suchbegriffe, dies ist relevant für die Bereiche Suchmaschinen-Marketing und Marketing-Optimierung.

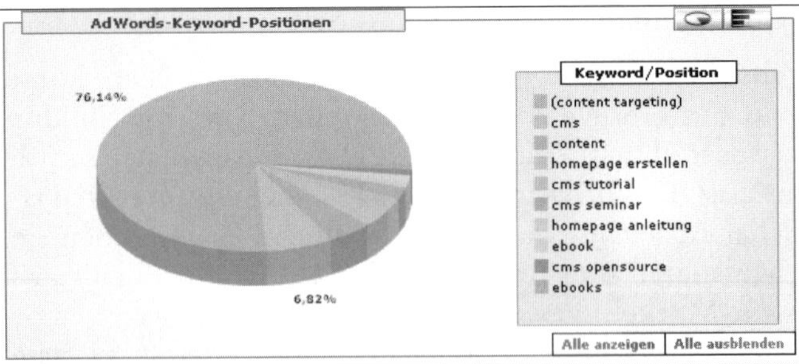

Keyword/Position	▾	Besuche	S/Besuch	G1/Besuch	G2/Besuch	G3/Besuch	G4/Besuch	$/Besuche
⊗ 1.	⊞ (content targeting)	67	1,28	0,00%	0,00%	100,00%	1,49%	$0,00
⊗ 2.	⊞ cms	6	1,67	0,00%	0,00%	100,00%	16,67%	$0,00
⊗ 3.	⊞ content	4	1,50	0,00%	0,00%	100,00%	0,00%	$0,00
⊗ 4.	⊞ homepage erstellen	3	1,00	0,00%	0,00%	100,00%	0,00%	$0,00
⊗ 5.	⊞ cms tutorial	2	2,00	0,00%	0,00%	100,00%	0,00%	$0,00
⊗ 6.	⊞ cms seminar	2	1,00	0,00%	0,00%	100,00%	0,00%	$0,00
⊗ 7.	⊞ homepage anleitung	1	1,00	0,00%	0,00%	100,00%	0,00%	$0,00
⊗ 8.	⊞ ebook	1	1,00	0,00%	0,00%	100,00%	0,00%	$0,00
⊗ 9.	⊞ cms opensource	1	1,00	0,00%	0,00%	100,00%	0,00%	$0,00
⊗ 10.	⊞ ebooks	1	1,00	0,00%	0,00%	100,00%	0,00%	$0,00
Gesamt:		**88**	**1,31**	**0**	**0**	**100,00%**	**2,27%**	**0**

Abbildung 11.22: Keyword Position unterstützt die Marketing-Optimierung

Wie kontrolliert GeoTargeting Ihr Werbebudget?

Marktchancen in einer bestimmten Region

Mit dem **GeoTargeting** steht Ihnen eine Funktion zur Verfügung, mit der Sie herausfinden, woher Ihre Besucher stammen. So ermitteln Sie für Ihr Unternehmen zielgruppengerecht, in welchem Land oder Ort die interessantesten Kundenmärkte und -regionen liegen mit dem größten Renditepotenzial. Womöglich stellen Sie auf diesem Wege fest, dass außergewöhnlich viele Ihrer Website-Besucher aus München stammen? Daraufhin loten Sie natürlich umgehend diese neue Marktchance aus, z.B. indem Sie sich dort verstärkt engagieren. Zugleich verringern Sie die Verschwendung von **Kosten-Pro-Klick** (**PPC** bzw. **CPC**) bei Ihren Werbeaktivitäten, indem Sie Ihre Anzeigen noch besser auf die Zielgruppe ausrichten. Wenn Sie die Quelle des Besucherstroms ermitteln, erhöhen Sie die Effizienz Ihrer Werbung und nutzen neue Chancen.

Diese Funktion finden Sie unter anderem hier: »Alle Berichte > Marketing-Optimierung > Leistung des Besuchersegments > Landkarten-Overlay«.

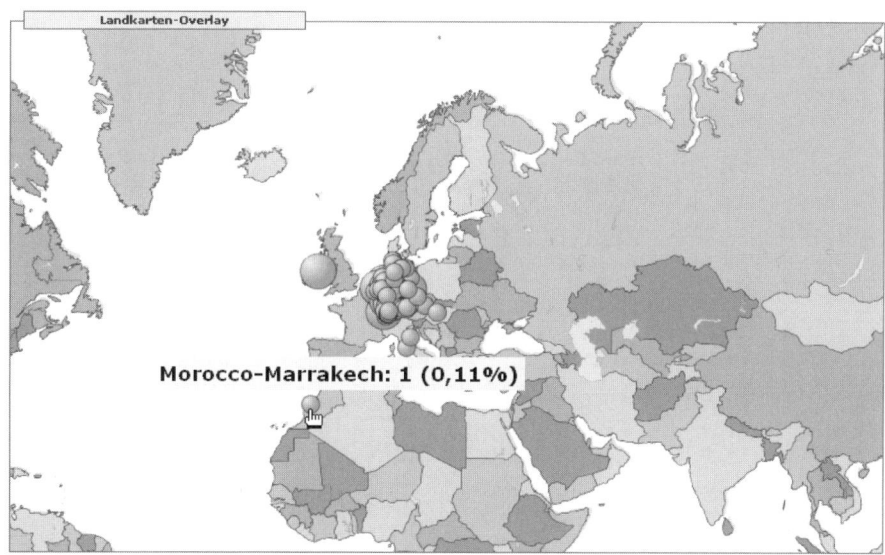

Abbildung 11.23: GeoTargeting ermittelt die Quelle von Besucherströmen

Welche Infos liefert das Website-Overlay?

Analysieren Sie die Links in den Webseiten

Mit der **Dashboard**-Funktion Website-Overlay überlagert *Google Analytics* die einzelnen Seiten Ihrer Website mit Klick- und Konversionsdaten. Jeder Hyperlink beinhaltet eine aussagekräftige Statistik. Im Handumdrehen navigieren Sie durch Ihre Website und sehen für jeden einzelnen Link die wichtigsten Informationen zu Besucherverkehr und Konversionsraten. So sehen Sie also optisch dargestellt, welche Links zu einer Konversion führen.

Die **Ausstiegsrate** für die aktuell angezeigte Seite wird in der rechten oberen Ecke angezeigt. Links oben sehen Sie den **Deeplink** (URL-Adresse) der aktuellen Webseite. Die blauen Balken signalisieren grafisch die Qualität der einzelnen Links. Mit einem einfachen Klick auf ein Kästchen mit einem blauen Balken finden Sie die statistische Auswertung für folgende Werte:

>> **Klicks**: Anzahl der Klicks auf diesen Hyperlink

>> Klicks %: Der Prozentsatz aller Klicks im ausgewählten Zeitraum.

>> G1/Klicks: Zeigt die Konversionsrate für die definierten Ziele.

>> Durchschnittlicher Score: Liefert Links, die am häufigsten besucht werden, bevor es zu einer Konversion mit hohem Wert kommt.

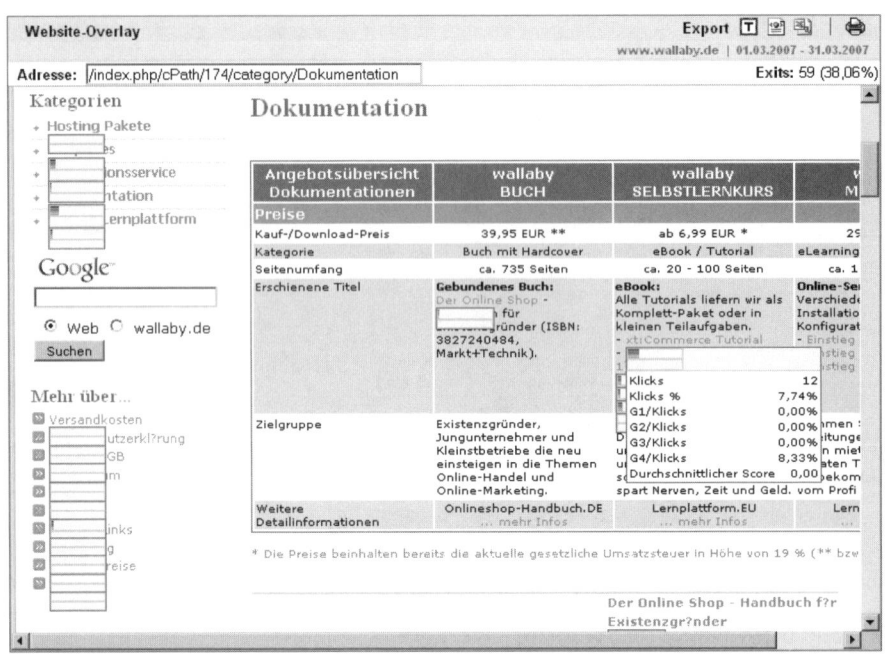

Abbildung 11.24: Im Website-Overlay spiegelt sich die Link-Qualität wider

11.1.4   Informationen einbinden in Google Base

Unterschied zwischen Google Base und Google Produktsuche

Google Base ist ein weiterer nützlicher Dienst, mit dem Sie verschiedene Content-Arten im Internet veröffentlichen können. Abhängig vom Inhalt publiziert *Google Base* anschließend die Informationen auf folgenden Portalen: *Google* Internet-Suchmaschine und *Google* Produkt-Suchmaschine. *Google Produktsuche* (ehemals *Froogle*) ist also ein Produktsuchdienst bzw. die Online-Shopping-Suchmaschine von *Google*. Der Online-Service *Base* unterstützt Sie also dabei, Ihre Informationen in die Suchergebnisse der *Google* Suchmaschine und/oder *Google Produktsuche* aufzunehmen.

Die wesentlichen Fakten zu *Google Base* im Überblick:

>> Kostenlose Nutzung: *Google Base* ist ein kostenloser Online-Dienst.

>> Informationen übermitteln: Sie übertragen jegliche Arten von Online- und Offline-Inhalten an *Google Base*.

>> Internationale Ausrichtung: Die Bedienoberfläche ist momentan auf Englisch und Deutsch verfügbar.

>> Enorme Reichweite: An *Google Base* übermittelte Artikel finden Sie auf den Websites *Google Suchmaschine* und *Google Produktsuche*.

>> Attribute bestimmen: *Google Base* nutzt Attribute, um Ihren Content näher zu beschreiben. Damit finden die Suchenden die Infos schneller.

Abbildung 11.25: Googles Produktsuchmaschine

Abbildung 11.26: Startseite der Google Base-Informationssuche

Um *Google Base* zu nutzen, sind folgende Schritte notwendig:

1. Beachten Sie die Programmrichtlinien!

2. Stellen Sie einen einzelnen Artikel bei *Google Base* ein!

3. Übertragen Sie gleichzeitig mehrere Artikel!

4. Optional: Verwenden Sie eine Bulk-Upload-Datei!

Beachten Sie die Programmrichtlinien

Google stellt Regeln auf

Ebenso wie bei den anderen *Google*-Dienstleistungen gibt es auch beim Einstellen von Content und Produktinformationen bei *Google Base* gewisse Regeln. Mehr darüber erfahren Sie in den *Google Base*-**Programmrichtlinien** (http://base.google.de/base/help/base_policies.html). Darüber hinaus empfehlen wir Ihnen, einen Blick auf die allgemeinen redaktionellen Richtlinien zu werfen (http://base.google.de/base/help/guidelines.html). Jeder, der Artikel veröffentlicht, muss sich an diese Programmrichtlinien und redaktionellen Richtlinien halten. Die Beachtung dieser Grundregeln beinhaltet immer einen gewissen Ermessensspielraum. Google behält sich das Recht vor, eingestellte Artikel zu akzeptieren oder auch abzulehnen.

Regeln, die für alle gelten

Google hat Richtlinien festgelegt von denen alle Nutzer, Kunden und Partner profitieren. Um dieses Ziel zu erreichen, werden hohe Ansprüche an alle Artikel gestellt. Die nachfolgend aufgeführten Richtlinien stellen einen groben Überblick im Hinblick auf das Veröffentlichen von Artikeln dar.

>> Sprache: Alle in Deutschland veröffentlichten Artikel müssen in Deutsch verfasst sein.

>> URL-Adresse: Ihre Internet-Adresse muss auf eine funktionierende Website verweisen, deren Inhalt den Ankündigungen in Ihrem Artikel entsprechen. Links auf Registrierungsseiten oder passwort-gesicherte Seiten sind nicht erlaubt.

>> Produkte: Ihre Produkte müssen Sie innerhalb von Deutschland versenden. Die Artikel-Preise müssen Sie in Euro angeben.

>> Artikel: Diese erscheinen in *Google*, wenn Sie diese mindestens dreimal pro Woche durch einen Upload aktualisieren. Die Artikel benötigen sauber festgelegte Attribute. Ein Bulk-Upload benötigt eine Genehmigung durch einen Content-Spezialisten von *Google*.

Zu den nicht erlaubten Content-Seiten gehören folgende Inhalte: Abschriften, Spiegelungen, Dialer, Diskriminierung, Gewalt, Drogen, falsche Darstellung, Waffen, gefälschte und nicht autorisierte Produkte, Glücksspiele etc.

Den redaktionellen Richtlinien liegen zwei einfache Prinzipien zugrunde: Seien Sie ehrlich, genau und sachlich. Beschreiben Sie Ihre Nachricht so deutlich und präzise wie möglich. Darüber hinaus sollten Sie folgendes beachten:

Bleiben Sie auch hier ehrlich

>> **Interpunktion**: Verwenden Sie normale Zeichensetzung.

>> Groß-/Kleinschreibung: Nutzen Sie nicht nur Großbuchstaben.

>> Keine Wiederholung: Vermeiden Sie überflüssige Wiederholungen.

>> **Rechtschreibung**: Verwenden Sie die korrekte Schreibweise.

>> **Grammatik**: Verwenden Sie logische Satzstrukturen und keine inakzeptablen Wortgruppen.

>> Eindeutige Formulierung: Verwenden Sie keine zu allgemeinen Handlungsanweisungen (z.B. »Hier klicken«), sondern konkrete Angaben (z.B. »Hier geht's zur Homepage von Firma XYZ«).

>> Angemessene Sprache: Ihre Artikel dürfen keine anstößigen oder unangemessenen Ausdrücke enthalten.

Stellen Sie einen einzelnen Artikel bei Google Base ein

Google Base bietet Ihnen zwei Alternativen, um Artikel einzustellen. Bei einem einzelnen Artikel benutzen Sie das Standard-Webformular. Wollen Sie mehr als einen Artikel übermitteln verwenden Sie die **Bulk-Upload-Option**.

Abbildung 11.27: Standard-Webformular zur Wahl des Artikeltyps

Im folgenden Kurzbeispiel erläutern wir Ihnen, wie Sie einen einzigen Artikel einstellen. Öffnen Sie hierfür zunächst das Standard-Webformular. Zum besseren Verständnis ist es nützlich den Unterschied zwischen Label und Attribut zu verstehen. Labels sind beliebige Suchbegriffe oder Wortgruppen, die dazu dienen, den Artikel zu klassifizieren (z.B. Rezept, Ereignis, Tutorial oder Pro-

Label und Attribute

dukt). Attribute sind Wörter oder Wortgruppen, mit denen Sie die Eigenschaften und Vorzüge Ihres Artikels erläutern. Jedes Attribut besteht aus einem Namen und einem oder mehreren Werten (Name des Attributs: Wert des Attributs). Sie können auch mehrere Attributwerte verwenden, z.B. »Mahlzeit: Frühstück«, »Hauptzutat: Eier« und »Köchin: Angeli Susanne«.

Abbildung 11.28: Einzelnen Artikel erfassen als Google Base-Eintrag

Kurz nach der Veröffentlichung sehen Sie bereits das Ergebnis. Durchsuchen Sie die *Google Base*-Datenbank nach dem Begriff »xtcommerce«, erscheint der eben online gestellte neue Artikel.

Abbildung 11.29: Google Base-Suche nach dem Begriff »xtcommerce«

Übertragen Sie gleichzeitig mehrere Artikel

Mit dem Upload-Modul bei *Google Base* stellen Sie einfacher und in einem Rutsch mehrere Ihrer Artikel online. Es gibt zwei Möglichkeiten einen Bulk-Upload vorzunehmen:

>> Dateitransfer per FTP: Falls die Datei größer als 10 MB ist, müssen Sie auf jeden Fall FTP (File Transfer Protocol) verwenden. Zum **FTP-Upload** erstellen Sie ein eigenes FTP-Konto. Beachten Sie, dass es mehrere Stunden dauert, bis Ihr FTP-Konto aktiv wird.

>> **Direkt-Upload** über *Google Base*: Laden Sie eine TXT-Datei oder eine **XML-Datei** hoch, um sehr viele Artikel gleichzeitig einzustellen.

FTP-Tool verwenden

Für den Upload per FTP konfigurieren Sie ein FTP-Programm (z.B. *FileZilla*) für die Verbindung mit dem FTP-Server von *Google*. Am FTP-Client nehmen Sie folgende Einstellungen vor: Hostname »**uploads.google.com**«, sowie Nutzername und Passwort, die Sie in Ihrem *Google Base*-Konto eingerichtet haben. Den **Logontyp** stellen Sie auf »Normal«.

Beim Direkt-Upload über *Google Base* laden Sie nur Dateien hoch, die höchstens 10 MB groß sind. Dieses Verfahren ist im Vergleich zum FTP-Upload etwas einfacher und weniger anfällig für Fehler. Die zugehörige Option finden Sie auf der Registerkarte »Meine Artikel > Bulk-Upload-Dateien« Ihres *Google-Base*-Kontos. Zuvor müssen Sie jedoch eine neue Bulk-Upload-Datei registrieren.

Nachdem Sie die Details für den Bulk-Upload angegeben haben, erstellen Sie eine XML-Datei oder eine durch Tabulatorzeichen getrennte TXT-Datei. Wir empfehlen Ihnen den durch Tabulatorzeichen getrennten reinen Text.

Abbildung 11.30: Formatierte Bulk-Upload-Datei hochladen

Laden Sie sich eine Beispieldatei von Google

Verwenden Sie eine Bulk-Upload-Datei

Das Erstellen einer Bulk-Upload-Datei ist zugegebenermaßen etwas komplex, dafür allerdings extrem flexibel. Öffnen Sie dazu ein Tabellenkalkulationsprogramm wie *Microsoft Excel* und erstellen Sie die Kopfzeile. In dieser ersten Zeile der Tabelle notieren Sie die Namen der Attribute, die Ihre Artikel am besten beschreiben. Bevor Sie damit loslegen, sehen Sie sich die von *Google Base* standardmäßig benutzten Artikeltypen an. Nehmen Sie alle relevanten vordefinierten Attribute auf, die Sie benötigen.

Google Base-Attribute

Im Folgenden finden Sie eine vollständige Liste aller Attribute, die in Google Base vordefiniert sind. Klicken Sie auf einen Attributnamen, um zur zugehörigen Definition zu springen. Sie können auch eigene Attribute erstellen, wenn keine der nachfolgend aufgeführten zutreffen. Weitere Informationen über *benutzerdefinierte* Attribute erhalten Sie hier.

abholung	fahrzeugnummer	kochzeit	schauspieler
alter	familienstand	küche	schulbezirk
arbeitgeber	farbe	künstler	seitenzahl
arbeitserlaubnis	format	kurskennung	sexuelle_orientierung
art_des_gerichts	gang	kursthema	schlafzimmer
ausbildung	gehalt	kurszeiten	speicher
autor	gehalts_typ	link	sprache
badezimmer	gesättigte_fettsäuren	listungstyp	standort
ballaststoffe	geschlecht	makler	startort
baujahr	gewicht	marke	steuer_prozent
beitrag_eigentümerverband	größe	megapixel	steuersatz_region
beruf	grundstück	menge	titel
beschreibung	haupt_zutat	menge_fett	universität
besprechungstyp	herkunft	menge_kohlenhydrate	url_besprochener_eintrag
bewertung	id	modellnummer	verfallsdatum
bewertungsart	immobilienart	nachrichten_quelle	veröffentlichungsdatum
bild_url	interessen	name_besprochener_eintrag	versand
cholesterin	isbn	name_publikation	vorbereitungszeit
dienstleistungsart	jobart	natrium	währung
ean	jobfunktion	portion	zahlungsmethode
eiweiß	jobindustrie	preis	zahlungsrichtlinien
event_datums_bereich	kalorien	preisart	zeitraum_kurs
fahrzeugart	kennung	produktart	zeitraum_reise
fahrzeughersteller	kilometerstand	prozessorgeschwindigkeit	zielort
fahrzeugmodell	kleidungstyp	publikationsjahrgang	zustand

Abbildung 11.31: Google Base-Attributliste beschreibt eingestellte Artikel

Die Kopfzeile einer Bulk-Upload-Datei für den Artikeltyp »Online-Shop-Produkte« könnte in etwa folgendermaßen aussehen:

	A	B	C	D	E	F	G	H	I	J
1	id	modellnummer	titel	beschreibung	produktart	link	bild_url	preis	währung	zahlungsmethode
2										
3										
4										

Abbildung 11.32: Bulk-Upload-Datei für Online-Shop-Produkte

Im nächsten Schritt erstellen Sie für jeden Artikel eine separate Zeile mit den zugehörigen Informationen:

Attribut	Erklärung	Format	Beispiel
id	eindeutige alphanumerische Kennung für den Artikel	Text	ta1234567890
modellnummer	Die vom Hersteller an ein Produkt vergebene eindeutige Produktkennung	Text	815
titel	Der Name oder Titel eines Artikels	Text aus maximal 80 Zeichen	Samsonite Koffer
beschreibung	Text zur Beschreibung eines Artikels	Text aus maximal 65.536 Zeichen	Dies ist ein kurzer Text.
produktart	Die Art oder Kategorie des angebotenen Produkts	Text	Blumen, Bücher, Spielwaren
link	Die URL der mit dem Artikel verbundenen Website	URL inkl. http://	http://www.domain.de/prod.html
bild_url	Die URL eines zu einem Artikel gehörenden Bildes	URL inkl. http://	http://www.domain.de/bild.jpg
preis	Der Preis für den Artikel Zahl		25.00
währung	Die Währung für den Preis des zum Verkauf stehenden Artikels	Währungscode ISO 4217	EUR
zahlungsmethode	Die akzeptierten Zahlungsarten für den betreffenden Artikel	Text	Bargeld, Scheck, Visa, MasterCard, Lastschrift, Überweisung

Abbildung 11.33: Beispiele und Beschreibung ausgewählter Attribute

Sind Sie damit fertig, speichern Sie die Tabelle als Tabulatorzeichen getrennte Textdatei (.txt). Dazu dient der Befehl »Speichern als ...« im Menü »Datei«. Für nachfolgende Bulk-Upload Dateitransfers nutzen Sie in Ihrem *Google Base*-Konto bitte immer den gleichen Dateinamen.

Bleiben Sie beim gleichen Dateinamen

Praxis-Tipp: Google Base-*Datei aus* xt:Commerce *exportieren*

Tipp ......

Natürlich sind Shop-Systeme, wie beispielsweise xt:Commerce, *in der Lage, solche Dateien per Datenexport aus der Produkt-Datenbank zu generieren. Klicken Sie hierzu unter XT-Module und exportieren Sie von dort die entsprechende Datei. Der Modulname lautet bei* xt:Commerce *immer noch* Froogle.

Zum Abschluss noch ein paar wichtige Anmerkungen: Die meisten Artikeltypen laufen automatisch nach 30 Tagen ab. Wir empfehlen Ihnen, dass Sie die Bulk-Upload-Datei einfach erneut einsenden, sobald sich der Inhalt ändert oder ungültig wird. Es ist sogar erlaubt, bei Bedarf täglich eine neue Bulk-Upload-Datei einzusenden. Jedoch kann *Google* nicht garantieren oder vorhersagen, wo Ihre Artikel erscheinen werden.

Regelmäßig Updates hochladen

11.1.5   Produkt-URLs melden mit der Google Sitemap

Das einfachste und für Sie zum Start eines neuen Shops wichtigste Tool ist der Sitemap-Dienst von *Google*. Mit einer Sitemap zeigen Sie *Google*, wie die Suchmaschine alle wichtigen Links in Ihrer Website findet. Gleichzeitig bekommen Sie Probleme angezeigt und leiten Informationen an *Google*. Dies steigert teilweise (zumindest anfänglich) den Rang in den Suchergebnissen von *Google*. Spielen Sie hier vorne mit, dann erhöhen sich die Besucherzahlen auf Ihren Webseiten. Bevor wir loslegen, zeigen wir Ihnen, auf welche Weise eine Website von »Bots« (**Crawler**) durchsucht und indiziert wird. Mit den nachfolgenden Punkten beschreiben wir Ihnen einige wichtige Begriffe:

>> **Crawler:** Spezielle Computerprogramme, die den Datenbestand für Suchmaschinen aus Webseiten erzeugen. Sie werden auch Robots (Bots) oder Spider genannt.

>> **Crawling-Informationen:** Für die Anzeige von Crawling-Fehlern bietet das Webmaster-Tool nach einem Klick auf »Verwalten« den Karteireiter »Diagnose« an. Damit finden Sie schnell heraus, welche URLs beim Crawling-Durchlauf Probleme bereiten und warum. So lassen sich Probleme beheben, die das Indizieren einzelner Webseiten verhindern.

>> **robots.txt-Datei:** Damit prüfen Sie, ob Ihre robots.txt-Datei Fehler beinhaltet. Sie können die Änderungen in der Datei auch testen, bevor Sie die Datei im root-Verzeichnis auf dem Server speichern. Nicht selten sperren Sie die Suchmaschine selbst aus durch fehlerhafte Einstellungen. Die robots.txt-Datei ist beispielsweise dann praktisch, wenn Sie möchten, dass bestimmte Seiten nicht von Suchmaschinen indexiert werden sollen. Nützlich ist dies z.B. beim Verzeichnis-Inhalt vom Unterordner »/admin«.

>> **Abfragestatistiken:** Sehen Sie sich den beliebtesten Inhalt (Content) an und außerdem die Suchbegriffe zu Ihrer Website, die über andere Websites mit Ihrer Website verknüpft sind. Unter »Die häufigsten Klicks auf Suchabfragen« steht, auf welche einzelne Webseite die Besucher am häufigsten geklickt haben.

>> **Index-Statistik:** Mit Hilfe dieser Befehle sehen Sie, wie Ihre Website indiziert wurde und welche Seiten der Suchmaschinen-Index bereits beinhaltet. Die einzelnen Befehle funktionieren übrigens auch, wenn Sie diese direkt für die Google-Suche einsetzen. Beispielsweise zeigt Ihnen »site:www.ihredomain.de«, wie viele von Ihren Webseiten der Suchmaschinen-Index bereits enthält.

>> **Links:** »Externe Links« zeigen Ihnen die Webseiten, die auf Ihre Webseite verweisen. Die »internen Links« beinhalten Verweise innerhalb der eigenen Homepage oder Links von Subdomains.

Eine Sitemap ist eine gute Sache für Sie als Website-Betreiber einerseits und für den Suchmaschinen-Riesen *Google* andererseits. Mit einer Sitemap-Datei übermitteln Sie an *Google* viele wichtige Informationen zu Ihren Seiten. Die Suchmaschine lernt so die Website-Strukturen besser kennen und steigert so ihre Crawl-Fähigkeit. Denn dadurch erfährt die Suchmaschine, welche Seiten Ihnen am wichtigsten sind und in welchen Zeit-Intervallen sich diese Seiten ändern. Ihr Vorteil dabei ist die bessere und vor allem schnellere Suchmaschinen-Indizierung.

Schneller im Index von Google

Zur Verwendung der *Google Sitemap* sind zwei Schritte nötig:

1. Bestätigen Sie, dass Sie Inhaber der Site sind!

2. Erstellen Sie mit *GSiteCrawler* eine Sitemap!

Step......

Abbildung 11.34: Webmaster-Tool im Überblick

Bestätigen Sie, dass Sie Inhaber der Site sind

Erst nachdem überprüft und bestätigt ist, dass Sie der rechtmäßige Inhaber der Website sind, stellt *Google* umfassende Statistiken und Fehlerinformationen über die Seiten Ihrer Website zur Verfügung. Fehlt die entsprechende Bestätigung, ist es aber dennoch möglich, die Webmaster-Tools zu verwenden, Sitemaps einzureichen und minimale Statistik-Informationen anzuzeigen.

Google bietet Ihnen zwei einfache Überprüfungsmethoden an. Entweder erstellen Sie eine spezielle leere HTML-Datei und hinterlegen diese im Hauptverzeichnis Ihrer Homepage. Nutzen Sie dazu einen einfachen Text-Editor und speichern Sie die Datei mit dem angegebenen Namen ab (z.B. googlea5d1234546e478d7c.html). Oder Sie fügen in die Indexdatei Ihrer Website einen speziellen **Meta-Tag** hinzu, z.B. <meta name="verify-v1" content="3cJUSisSF0tuYaOHg/anbeUkLuvsS+IaPuAGXFpdirERd=" />. Wahr-

Wählen Sie Ihre bevorzugte Methode

scheinlich müssen Sie den Meta-Tag in die index.html- oder die index.php-Datei im Startverzeichnis einfügen.

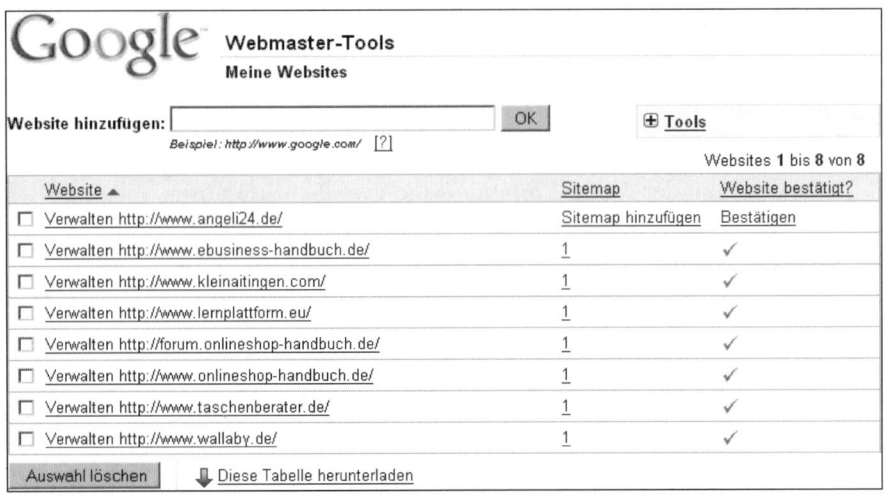

Abbildung 11.35: Website-Inhaberschaft bestätigen

Erstellen Sie mit GSiteCrawler eine Sitemap

Eine *Google Sitemap* erstellen Sie bspw. mit dem Tool *GSiteCrawler* von John Mueller. Die Software ist frei verfügbar und läuft unter *Microsoft Windows*. Alles, was Sie dazu benötigen, ist eine laufende Internet-Verbindung. Die Software bekommen Sie entweder direkt auf der Homepage *GSiteCrawler* oder auf unserer beiliegenden CD.

 *CD-Rom\tools:* GSiteCrawler *(gsitecrawler-123-full.exe)*

Kleiner Helfer mit großer Wirkung

Nach der Erstinstallation der Software geht es los mit dem Erstellen einer Sitemap für Ihre Website. Dabei ist es vollkommen egal, um was für eine Website es sich handelt, denn das Tool durchforstet nach und nach alle Hyperlinks Ihrer Website. Anhand der nun folgenden Schritt-für-Schritt-Anleitung für den *GSiteCrawler* erhalten Sie automatisch eine eigene Sitemap:

1. Fügen Sie mit Hilfe eines Assistenten Ihr neues Projekt hinzu!

2. Prüfen und korrigieren Sie alle Einstellungen im Bereich »Filter«!

3. Starten Sie die Crawler-Überwachung und danach den Suchvorgang!

4. Speichern Sie die **sitemap.xml**-Datei lokal auf Ihrer Festplatte ab!

5. Kopieren Sie die Datei in das Root-Verzeichnis Ihres Webservers!

6. Erstellen Sie ein eigenes Konto für den Zugriff auf *Google*-Services!

7. Fügen Sie im *Google*-Konto eine »Allgemeine Web-Sitemap« hinzu!

Starten Sie den Assistenten und legen Sie damit ein neues Projekt an. Klicken Sie dazu in der Menüleiste auf den Eintrag »Neues Projekt« und folgen Sie den Anweisungen. Da *Google* die Sitemap im Root-Verzeichnis Ihres Webservers sucht, empfiehlt es sich gleich die Zugangsdaten für den FTP-Server einzutragen. Dann hinterlegt das Tool die generierte sitemap.xml-Datei sofort nach Fertigstellung auf Ihrem Webspace.

Abbildung 11.36: Menüleiste im GSiteCrawler

Im Filter-Bereich verbieten Sie URLs oder Teile davon, die Sie nicht in der Sitemap haben möchten, z.B. Logfiles, Fehler-, Weiterleitungs-, Administrations- oder Download-Seiten. Sie können hier Wörter, Dateinamen, Verzeichnisse u.Ä. angeben. Falls einer der eingetragenen Begriffe auch in einem Link erscheint, überträgt das Tool diesen Hyperlink nicht in die Sitemap. Es lassen sich auch bestimmte Texte oder Parameter (inklusive Werte) aus der URL herausfiltern und löschen, die bei jedem neuen Besuch auf Ihre Website erzeugt werden, wie **Session-ID**. Schauen Sie sich gleich nach einem kurzen Testlauf die ersten Ergebnisse in der neu erstellten XML-Datei an. Durch diese Prüfung eliminieren Sie unsinnige oder doppelte Einträge. Wahrscheinlich dauert es eine Weile, bis Sie die richtigen Einstellungen finden. In Abbildung 11.37 sehen Sie ein paar Einstellungen für einen *xt:Commerce*-Online-Shop.

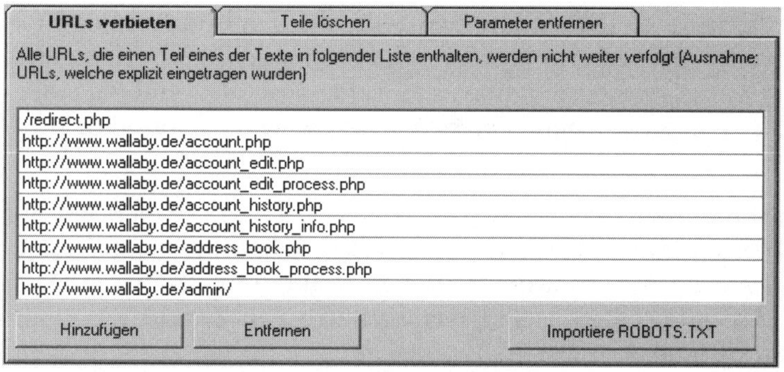

Überprüfen Sie die fertige Datei

Abbildung 11.37: Bestimmte Textteile in der URL verbieten

Nach dem Einrichten wird die erste komplette Sitemap erstellt, je nach Umfang Ihrer Website dauert das eine Weile. Während das Tool den Webauftritt nach Links durchforstet, werfen Sie einen Blick in die Crawler-Überwachung. Sie aktivieren diese über die Menüleiste des Tools mit Klick auf »Zeigen«. Dort sehen Sie den Status aller sechs Crawler und den Inhalt der aktuellen Warteschlange. Um den Suchvorgang zu starten, muss zumindest die Haupt-URL Ihrer Domain unter »URL-Liste« enthalten sein. Bei Bedarf starten Sie dort manuell die Suche mit Klick auf den Button »URL crawlen«.

Überwachen Sie die Crawler

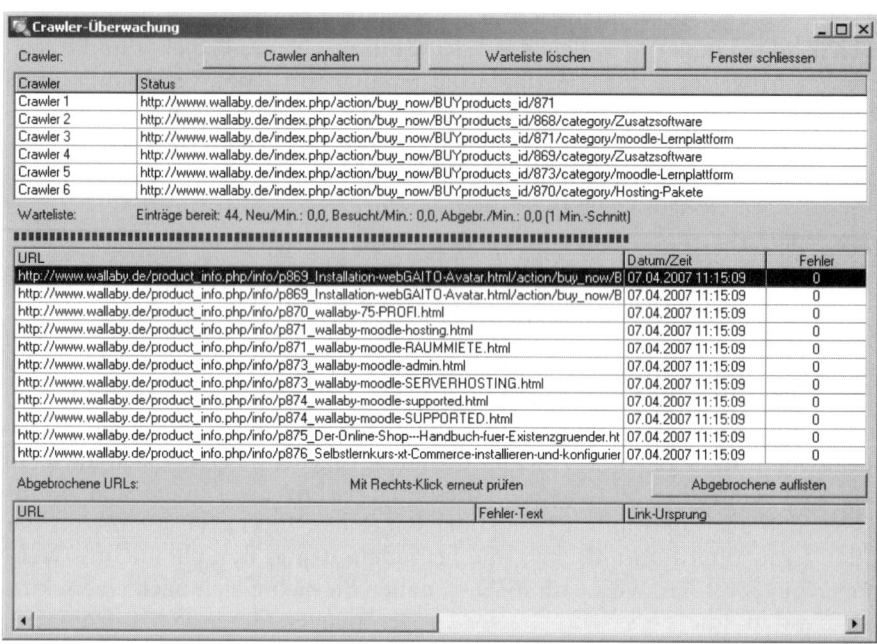

Abbildung 11.38: Crawler-Suchlauf überwachen

Haben die Crawler den Suchlauf beendet, speichern Sie die neu erstellte site-map.xml-Datei lokal ab. Gehen Sie dazu über die Menüleiste auf »Erstellen > Google Sitemap-Datei«. Durchsuchen Sie die Datei noch auf doppelte Links und speichern Sie die Datei dann mit Hilfe des Tools oder eines FTP-Clients auf Ihrem Webserver. Abschließend benötigen Sie ein eigenes Google-Konto (https://www.google.com/accounts/NewAccount). Sind Sie einge-loggt, melden Sie *Google* Ihre neue Sitemap. Klicken Sie dazu auf »Hinzufü-gen« und teilen Sie dem Konto die neue »Allgemeine Web-Sitemap« mit.

Melden Sie Google Ihre neue Sitemap

Nachdem Sie die Sitemap integriert haben, klicken Sie in der Übersicht auf den Text-Link »Bestätigen«. Hier erstellen Sie die gewünschte Kontrolldatei und legen Sie diese ebenso im Root-Verzeichnis ab. Anhand dieser Datei identifiziert Sie *Google* eindeutig und erlaubt Ihnen den Zugriff auf einige nützliche Webstatistiken:

>> **Abfragestatistik**: Häufigste Suchanfragen und Klicks darauf.

>> **Crawling-Statistik**: Details zu durchsuchten Seiten und *PageRank*.

>> **Seitenanalyse**: Inhaltstyp (text/html) und Zeichenkodierung.

>> **Indexstatistik**: Zeigt, wie Ihre Webseite von *Google* indexiert ist.

```
https://www.google.com/accounts/NewAccount
```
Google Deutschland *(eigenes* Google-Konto *erstellen)*

www . . . . .

```
www.google.com/webmasters/sitemaps/?hl=de
```
Google Deutschland *(Login zu* Google *Sitemaps)*

Praxis-Tipp: Google Sitemap *und mod_rewrite mit* xt:Commerce

Tipp . . . . . .

Bevor Sie die Sitemap erzeugen, empfiehlt sich der Test, ob mod_rewrite bei Ihrem Provider funktioniert. Unter »Konfiguration > Meta-Tags > Suchmaschinen« richten Sie suchmaschinenfreundliche URLs ein:

– *»Suchmaschinenfreundliche URL« auf »true« setzen.*

– *»Spider Session« vermeiden auf »true« setzen.*

– *Die Meta-Angaben ebenso für den Shop einfügen.*

Falls Ihr Shop keine suchmaschinenfreundlichen URLs unterstützt, bekommen Sie eine Fehlermeldung. Führen Sie dann phpMyAdmin, *klicken dort auf den Button SQL und setzen alle Einstellungen wieder zurück.*

```
UPDATE configuration SET configuration_value='false'
WHERE configuration_key='SEARCH_ENGINE_FRIENDLY_URLS';
```
Abbildung 11.39: Suchmaschinenfreundliche URLs zurücksetzen

Alternativ finden Sie im kostenpflichtigen Download-Bereich als registrierter xt:Commerce-User *bei Systemerweiterungen unter* www.xt-commerce.com/forum/showthread.php?t=24317 *ein Exportmodul. Die Export-Templates generieren Sie selbst mit Hilfe von* Smarty-Templates. *Das Modul erzeugt bei Bedarf zeitgesteuert (FTP-Push) Dateien in verschiedenen Exportformaten wie XML, HTML, CSV, Tab-getrennt usw. Die so erstellten Dateien lassen sich unter anderem auch als* Google Sitemap *einsetzen.*

Anhang A

ANHANG A
Abkürzungsverzeichnis

Abkürzung	Bedeutung
ABMG	Autobahn-Mautgesetz
AfA	Abschreibungen für Anlagegüter
AG	Aktiengesellschaft
AGB	Allgemeine Geschäftsbedingungen
AIS	Account Information Security Program
ALG II	Arbeitslosengeld II
AMA	American Marketing Association
AO	Abgabenordnung
ArbSchG	Arbeitsschutzgesetz
ASCII	American Standard Code for Information Interchange
ASP	Application Service Provider
AWV	Arbeitsgemeinschaft für wirtschaftliche Verwaltung e.V.
AZT	Allianz Zentrum für Technik
B2B	Business to Business
B2C	Business to Consumer
BAFA	Bundesamt für Wirtschaft und Ausfuhrkontrolle
BAND	Business Angels Netzwerk Deutschland e.V.
BCC	Blind Carbon Copy
BDE	Borland Database Engine
BDIU	Bundesverband Deutscher Inkasso-Unternehmen e.V.
BDSG	Bundesdatenschutzgesetz
BDU	Bundesverband Deutscher Unternehmensberater e.V.
BEP	Bayerischer Bildungs- und Erziehungsplan
BfA	Bundesversicherungsanstalt für Angestellte
BG	Berufsgenossenschaft

Abkürzung	Bedeutung
BGA	Bundesweite Gründerinnenagentur
BildschArbV	Bildschirmarbeitsverordnung
BITV	Barrierefreie Informationstechnik-Verordnung
BMBF	Bundesministerium für Bildung und Forschung
BMF	Bundesministerium der Finanzen
BMFSFJ	Bundesministerium für Familie, Senioren, Frauen und Jugend
BMGS	Bundesministerium für Gesundheit und Soziale Sicherung
BMP	Bitmap
BMWA	Bundesministerium für Wirtschaft und Arbeit
BMWi	Bundesministerium für Wirtschaft und Technologie
BSC	Balanced Scorecard
BSI	Bundesamt für Sicherheit in der Informationstechnik
C2C	Consumer to Consumer
CBT	Computerbased Training
CCD	Charge coupled Device
CGI	Common Gateway Interface
CMOS	Complementary Metal Oxide Semiconductor
CMS	Content-Management-System
CRM	Customer Relationship Management
CTI	Computer Telephony Integration
CVC2	Card Verification Code
DCT	Diskrete Cosinus Transformation
DGF	Deutsches Gründerinnen Forum e.V.
DHTML	Dynamisches HTML

Abkürzung	Bedeutung
DIW	Deutsches Institut für Wirtschaftsforschung
DNS	Domain Name System
DNSBL	Domain Name System Blacklist
Doppik	Doppelte Buchführung in Konten
DPD	Deutscher Paket Dienst
dpi	dots per inch
DSL	Digital Subscriber Line
DtA	Deutsche Ausgleichsbank
DTD	Dokumenttyp-Definition
e.K.	Eingetragener Kaufmann
E/Ü	Einnahmen- und Überschussrechnung
ECC Handel	eCommerce Center Handel
ECMA	European Computer Manufacturer Association
EDI	Elektronischer Datenaustausch
EGBGB	Einführungsgesetz zum Bürgerlichen Gesetzbuch
EITO	European Information Technology Observatory
Elster	Elektronische Steuererklärung
ELV	Elektronisches Lastschriftverfahren
EMF	Enhanced Meta File Format
EMV	Europay, MasterCard und VISA
EOA	End of Auction
ERP	Enterprise Resource Planning
ESF	Europäischer Sozialfond
ESt	Einkommensteuer

Abkürzung	Bedeutung
EStG	Einkommensteuergesetz
EXIF	Exchangeable Image File
FFA	Free for All
FTP	File Transfer Protocol
GB	Gigabyte
GbR	Gesellschaft bürgerlichen Rechts
GDI	Graphics Device Interface
GDPdU	Grundsätze zum Datenzugriff und zur Prüfbarkeit digitaler Unterlagen
Genesis	Gemeinsames neues statistisches Informationssystem
GIF	Graphics Interchange Format
GKR	Gemeinschaftskontenrahmen (der Industrie)
GmbH	Gesellschaft mit beschränkter Haftung
GoB	Grundsätze ordnungsmäßiger Buchführung
GoBS	Grundsätze ordnungsmäßiger DV-gestützter Buchführungssysteme
GPL	General Public License
GuV	Gewinn- und Verlustrechnung
GWG	Geringwertige Wirtschaftsgüter
HGB	Handelsgesetzbuch
HITS	Hyperlink Induced Topic Search
HTML	Hypertext Markup Language
IANA	Internet Assigned Numbers Authority
IDN	Internationalized Domain Names
IfH	Institut für Handelsforschung

Abkürzung	Bedeutung
IHK	Industrie- und Handelskammer
IHKG	Industrie- und Handelskammergesetz
IIE	Institute for Information Economics
IKR	Industriekontenrahmen
InsO	Insolvenzordnung
IPTC	International Press Telecommunications Council
ISDN	Integrated Services Digital Network
ISP	Internet Service Provider
ITK	Informations- und Telekommunikationstechnik
IuK	Informations- und Kommunikationstechnologie
JMStV	Jugendmedienschutz-Staatsvertrag
JPEG	Joint Photographic Expert Group
JuSchG	Jugendschutz-Gesetz
KECoS	Kompetenz-Zentrum Electronic Commerce Schwaben
KG	Kommanditgesellschaft
KK	Kreditkarte
KMU	Kleine und mittlere Unternehmen
KonTraG	Kontroll- und Transparenzgesetz (im Unternehmensbereich)
KQIS	KarstadtQuelle Information Services
KVS	Kundenverwaltungssystem
LCD	Liquid Crystal Display
lpi	lines per inch
Ltd.	Limited
MDStV	Mediendienste-Staatsvertrag
MIME	Multipurpose Internet Mail Extension

Abkürzung	Bedeutung
NRW	Nordrhein-Westfalen
OHG	Offene Handelsgesellschaft
OLÜ	Online-Überweisung
OWA	Outlook Web Access
OZA	Offline-Zahlarten
P3P	Platform for Privacy Preferences
PartG	Partnerschaftsgesellschaft
PCI	Payment Card Industry
PCL	Printer Control Language
PDA	Personal Digital Assistant
PDF	Portable Document Format
PGP	Pretty Good Privacy
PICS	Platform for Internet Content Selection
PIM	Personal Information Manager
PIN	Personal Identification Number
PKI	Public Key Infrastructure
PNG	Portable Network Graphic
ppi	pixel per inch
PR	PageRank
PRM	Partner Relationship Management
PS	PostScript
QM	Qualitätsmanagement
quart.	quartalsweise
RAID	Redundant Array of Independent/Inexpensive Disks
RFID	Radio Frequency Identification

Abkürzung	Bedeutung
RIM	Research in Motion
RKW	Rationalisierungs- und Innovationszentrum der Deutschen Wirtschaft e.V.
RVG	Rechtsanwaltsvergütungsgesetz
ROI	Return on Investment
RRZN	Regionales Rechenzentrum für Niedersachsen
SDP	Site Data Protection
SEO	Search Engine Optimization
SGB III	Sozialgesetzbuch, Drittes Buch
SGML	Standard Generalized Markup Language
SigG	Signaturgesetz
SKR	Spezialkontenrahmen
SPIM	Spam over Instant Messaging
SPIT	Spam over Internet Telephony
SQL	Structured Query Language
SSL	Secure Sockets Layer
StDÜV	Steuerdaten-Übermittlungsverordnung
SVG	Scalable Vector Graphic
TB	Terrabyte
TCO	Total Cost of Ownership
TDDSG	Teledienste-Datenschutzgesetz
TDG	Teledienste-Gesetz
TDSV	Telekommunikations-Datenschutzverordnung
TFT	Thin-Film-Transistor
TIFF	Tagged Image File Format
TKG	Telekommunikationsgesetz
TLD	Top Level Domain

Abkürzung	Bedeutung
TMG	Telemedien-Gesetz
TzBfG	Gesetz über Teilzeitarbeit und befristete Arbeitsverträge
UBE	Unsolicited Bulk E-Mail
UCE	Unsolicited Commercial E-Mail
UPS	United Parcel Service
URI	Uniform Resource Identifier
URL	Uniform Resource Locator
USt	Umsatzsteuer
USt-IdNr	Umsatzsteuer-Identifikationsnummer
UTF-8	Unicode Transformation Format 8-Bit
VDB	Verband der Bürgschaftsbanken
VoIP	Voice over Internet Protocol
VPE	Verpackungseinheit
W3C	World Wide Web Consortium
WBT	Webbased Training
WIS	Weiterbildungsinformationssystem
WLAN	Wireless LAN
WMF	Windows Meta File Format
XHTML	Extensible HyperText Markup Language
XML	Extensible Markup Language
ZPO	Zivilprozessordnung

Anhang B

ANHANG B
Inhalt der CD-ROM

Ordner	Datei
CD:	Kapitel_8_Webseitengestaltung.pdf
CD:\sample	01_02_SWOT.pdf
	01_03_GoAHead_Limited.pdf
	02_02_ESt-Vorauszahlung.txt
	02_09_Einnahmen-Überschuss.xls
	02_xx_Rechnung.doc
	02_xx_Rechnung.pdf
	03_12_Unternehmerlohn.xls
	03_13_Rentabilitätsvorschau.xls
	03_15_Liquiditätsvorschau.xls
	03_16_Handelskalkulation.xls
	03_xx_Kennzahlen.xls
	07_01_Widerrufsbelehrung.doc
	07_02_Rückgabebelehrung.doc
	07_03_Datenschutzerklärung.doc
	eBook_EMail-Archivierung.pdf
CD:\scripts	05_56_Versandkosten_Zone.txt
	05_62_AGB_in_HTML-Form.html
	06_4x_afterbuy1.8.zip
	06_16_htaccess.txt
	06_19_Leasingaufruf.txt
	09_01_HTML-Datei.html
	09_02_DTD_Notationen.txt
	09_03_XHTML-Datei.html
	09_06_Verschachtelte_Tags.html
	09_08_HTML-Formular.html
	09_10_HTML-Formular_Tab.html
	09_12_CSS-Formate.txt
	09_13_CSS-Stylesheet.html
	09_15_JavaScript-Funktionen.html
	09_25_SEO-URL.txt
	09_26_HTTP-301-Umleitung.txt
	09_34_Optimiertes_HTML.html
	09_35_Optimiertes_CSS.txt
	09_36_Mehrsprachige_Tags.html
	09_xx_formmail.php

Ordner	Datei
CD:\tools	ADBEPHSPCS3_DE.exe
	cao_1_4_1_16_F.zip
	cao_install_v20.zip
	cao_xtc_3.0.4_1.51.zip
	FXP_OSC_DEMOsetup.exe
	gsitecrawler-123-full.exe
	Handbuch_Faktura-XP_OSC.zip
	ikm_deu_2006Free.exe
	MSHOP32021.exe
	SetupMyBSC.exe
	wz111gev.msi
	xampp-win32-1.6.3a.exe

Anhang C

ANHANG C
Glossar

A

Acquirer
Organisationen, mit denen Kreditkarten-Akzeptanzverträge bestehen, nennt man Acquirer.

Adserver
Adserver setzt man im Internet für Werbebanner-Marketing und dessen Erfolgsmessung ein. Häufig bezeichnet man damit den physischen Server selbst (Hardware) oder die Adserver-Software.

Affiliate
Bei Affiliates handelt es sich um Partnerprogramme, die von großen kommerziellen Websites oder Marktplätzen angeboten werden. Sie erhalten Geld dafür, dass Sie auf Ihren Webseiten Werbung für andere anzeigen.

B

B2B
Abkürzung für Business-to-Business. B2B bedeutet, der Verkauf findet zwischen Unternehmen statt.

B2C
Abkürzung für Business-to-Consumer. B2C bedeutet, der Verkauf findet zwischen Unternehmen und Letztverbraucher statt.

C

C2C
Abkürzung für Consumer-to-Consumer. C2C bedeutet, der Verkauf findet zwischen Letztverbrauchern statt, z. B. eBay.

CGI
Abkürzung für Common Gateway Interface. Das CGI-Script ist eine Schnittstelle zwischen einem Webserver und einem CGI-kompatiblen Programm für den Austausch von Daten (Client-Rechner). CGI-Scripts sind kleine Programme, die Webseiten interaktiv, bzw. dynamisch machen, z. B. können damit Daten von Formularen über den Browser an den Server geschickt werden.

Chargeback
Ein Chargeback ist eine Rückbelastung des Kreditkartenbetrags durch den Kunden.

Click-Popularität
Die Click-Popularität ist ein Bewertungskriterium für Webseiten. Dahinter steckt die Annahme, dass Webseiten, die sehr häufig angeklickt werden, relevantere Ergebnisse beinhalten.

Cloaking
Auf Deutsch: Deckmantel. Verschiedene Webseiten werden vom Webserver mittels bestimmter Kriterien an die gleiche URL geliefert. Diese Webseite ist optimiert für User und Spider. Man versucht, dem Spider suchmaschinenoptimierten Quellcode anzuzeigen, um damit ein höheres Ranking in den Suchmaschinen zu erreichen. Die Webseite für den User jedoch beinhaltet einen anderen Inhalt, und hat meist nichts mit den Cloacking-Seiten gemeinsam.

Community
Auf Deutsch: Gemeinschaft. Gleichgesinnte treffen sich online, z.B. in einem Forum, um sich über ein bestimmtes Thema auszutauschen.

Content-Management-System
Software-Tools, mit denen Sie online den Inhalt von Webseiten verwalten und pflegen.

Contribution
Auf Deutsch: Fachbeitrag. Betrifft Open-Sorce-Software: Jeder kann zu OpenSource-Software mit einem eigenen Modul oder Quellcode beitragen.

Conversion Rates
Auf Deutsch: Konversionsrate. Diese Rate gibt im eCommerce an, wie viele von 100 Besuchern nach einer Marketingmaßnahme tatsächlich eine Aktion ausführen, z. B. einen Kauf tätigen oder sich anmelden.

Corporate Identity
Damit ist die von der Öffentlichkeit wahrgenommene Unternehmensidentität gemeint. Sie besteht aus dem Corporate Design (dem visuellen Erscheinungsbild des Unternehmens), der Corporate Communication (Kommunikation des Unternehmens) und dem Corporate Behaviour (Verhalten der Unternehmensmitarbeiter).

Crawler
Crawler sind spezielle Computerprogramme, die den Datenbestand für Suchmaschinen aus Webseiten erzeugen. Sie werden auch Robots oder Spider genannt.

Cross Selling
Cross Selling ist ein Begriff aus dem Marketing. Dabei werden Neu- oder Stammkunden weitere passende und ergänzende Produkte angeboten. Mit dem Cross Selling steigert man die Kundenbindung und den Umsatz.

Crossmedia-Marketing
Vernetzt die neuen elektronischen Medien mit den klassischen Kommunikationskanälen. Mehrere aufeinander abgestimmte Kontaktwege ergänzen sich bei der Produktwerbung.

Customer Recovery
So nennt man die Wiedergewinnung verlorener Stammkunden.

Customer Relationship
Auf Deutsch: Kundenbeziehungsmanagement. Mit speziellen Software-Tools managen Sie Kundenbeziehungen. Dazu werden sämtliche Daten von Kunden und alle dazugehörigen Transaktionen in einer Datenbank gespeichert. Die Kundenansprache und Kundenbindung kann damit verbessert werden.

D

Data-Mining
Darunter versteht man das systematische (in der Regel automatisierte oder halbautomatisierte) Entdecken und Extrahieren unbekannter Informationen aus großen (Kunden-)Datenmengen.

Data-Warehouse
Auf Deutsch: Datenlager. Ein Data Warehouse ist eine zentrale Datensammlung in Form einer Datenbank, deren Inhalt sich aus Daten unterschiedlicher Quellen zusammensetzt. Die Unternehmensdaten werden langfristig gespeichert, um sie für die Datenanalyse und für betriebswirtschaftliche Entscheidungshilfen in Unternehmen heranzuziehen.

Deep Web
Auf Deutsch: verstecktes Web. Das Deep Web, auch Hidden Web oder Invisible Web genannt, ist der Teil des Internets, der durch normale Suchmaschinen nicht auffindbar ist.

DHCP
Abkürzung für Dynamic Host Configuration Protocol. Dies ist ein Standard für die dynamische Zuweisung einer IP-Adresse an Hosts und Clients mit Hilfe eines so genannten DHCP-Servers.

Disclaimer
Von *to disclaim*, Auf Deutsch: abstreiten. Der Disclaimer wird im Internet auf Homepages für einen Haftungsausschluss verwendet.

Domain
Die Domain ist ein zusammenhängender Teilbereich des hierarchischen DNS-Namensraums. Es umfasst die gesamte untergeordnete Baumstruktur. Beispiel: Es existieren ein Host www.angeli24.de, die Subdomains forum.angeli24.de und shop.angeli24.de und noch ein Host mail.extern.angeli24.de. Alle diese Knoten gehören zur Domain angeli24.de.

Domain-Name
Eindeutige Bezeichnung von Computern im Internet, z.B. wallaby.de.

E

eBusiness
Dabei werden alle automatisierbaren Geschäftsprozesse eines Unternehmens mit Hilfe der Informations- und Kommunikationstechnologie integriert ausgeführt. Das geschieht ohne Medienbrüche, rechnerbasiert und automatisiert.

eCommerce
Auf Deutsch: elektronischer Handel. Auch Internetverkauf oder Online-Handel genannt. Darunter versteht man den virtuellen Einkaufsvorgang via Datenfernübertragung, d.h., es besteht eine unmittelbare Handels- oder Dienstleistungsbeziehung zwischen Anbieter und Abnehmer, die über das Internet abgewickelt wird.

eLearning
Auf Deutsch: elektronisch unterstütztes Lernen. Darunter versteht man das Lernen mit elektronischen Medien durch die digitale Kommunikation und Verteilung des Lernmaterials.

eProcurement
Auf Deutsch: elektronische Beschaffung. Beschreibt die Möglichkeit des Erwerbs von Waren und Dienstleistungen über das Internet. Hauptsächlich wird das eProcurement im B2B-Bereich angewandt. Insbesondere stellen Großhändler ihren registrierten Einzelhändlern einen seperaten Zugang mit eigenem Login, bereit. Der Datenbestand ist direkt mit der Warenwirtschaft und der Logistik des Unternehmens verbunden. Damit greifen Sie als Händler direkt in die Abläufe Ihres Lieferanten ein.

ERP-Systeme
Abkürzung für Enterprise-Resource-Planning. Damit bezeichnet man die Planung für einen effizienten betrieblichen Ablauf der vorhandenen Unternehmensressourcen (Kapital, Betriebsmittel und Personal). Der ERP-Prozess wird in Unternehmen heute häufig durch Software unterstützt, den so genannten ERP-Systemen.

eWallet
Die eWallet ist eine virtuelle Geldbörse, mit der man im Internet bezahlen kann.

G

Gurtmaß
= Umfang + längste Länge

H

HITS-Algorithmus
Je öfter eine wissenschaftliche Arbeit zitiert wird, desto bedeutender ist sie. Dieser Gedanke wurde nun auf das Internet übertragen. Eine Website wird für gut befunden, wenn sie sehr viele Links zu einem Thema enthält und möglichst viele andere Webseiten auf sie verlinkt.

I

IP-Adresse
Abkürzung für Internet-Protokoll-Adresse. In IP-Netzwerken werden damit Geräte (Hosts) logisch adressiert, so steht 85.214.29.192 z. B. für angeli24.de.

K

Keyword Advertising
Mit Keyword Advertising wird das stichwortbezogene Marketing im Internet bezeichnet. Diese Marketingform wird meist von Suchmaschinen angeboten. Das bekannteste Produkt für Keyword Advertising ist Google AdWords. Daneben bieten auch Overture und Yahoo! Search Marketing ähnliche Programme an.

Keyword Density
Auf Deutsch: Suchbegriffsdichte. Suchmaschinen indexieren fast alle Wörter eines Dokuments, dabei prüfen sie das Verhältnis einzelner Suchbegriffe zur Gesamtzahl der Wörter in der untersuchten Seite.

Kommissionierung
Kommissionierung ist das Zusammenstellen von bestimmten Artikeln aus einer Gesamtmenge (Sortiment) aufgrund eines Auftrags.

L

Laufzeitinterpreter
Ein Laufzeitinterpreter analysiert schrittweise den Quellcode zur Laufzeit und führt diesen direkt im Internet-Browser aus, z. B. führt ein Java-Interpreter Java-Code aus.

Link-Popularität
Eine hohe Link-Popularität erreicht man nur, wenn viele verschiedene Websites mit themenspezifischen Links von guter Qualität auf die eigene Website zeigen.

localhost
Steht für das momentan genutzte Computer-System oder dessen IP-Adresse. Dabei benutzt man eine spezielle IP-Adresse oder einen speziellen Domain-Namen, z.B. http://127.0.0.1/ oder http://localhost/.

LocalRank
Neben dem PageRank gibt es auch den LokalRank; damit bezeichnet man ein Verfahren zur Ermittlung des Rankings von Suchergebnissen. Die Links einer Webseite werden hierfür ein zweites Mal untersucht. Bezogen auf eine Webseite werden nur diejenigen Links betrachtet, die auch tatsächlich im Zusammenhang mit der Suchanfrage stehen.

Logfile-Analyse
Damit wird die protokollierte Datei (Logfile) nach bestimmten Kriterien analysiert. Anhand dieser Aufzeichnungen zieht man verschiedene Ergebnisse und Schlussfolgerungen, z. B. von welcher Suchmaschine kommen wie viele Besucher und welche Suchbegriffe haben diese User genutzt.

M

mCommerce
Der mCommerce wird auch als mobiler Handel bezeichnet und ist ein eigenes Teilgebiet des eCommerce. Hierfür wird mit Hilfe mobiler Endgeräte, z.B. Handys, eingekauft.

Merchant
Auf Deutsch: Händler. Im Markteting-Bereich ist dies der Anbieter eines Affiliate-Programms.

Metadaten
Die Metadaten stehen im Header (Kopf) eines HTML-Dokuments und werden vom Browser nicht angezeigt. Darin ist eine kurze Beschreibung der Webseite enthalten und es werden Stichwörter bzw. Keywords aufgezählt.

Micro-Payment
Ein internetbasiertes Bezahlverfahren für geringe Summen, das sich für digitale Güter wie Musik und Zeitungen eignet. Diese Kleinstbeträge liegen meist zwischen 0,50 bis 5,00 EUR.

Moblog
Publiziert Fotos und Texte direkt vom Handy auf einen Weblog.

mPayment
Damit ist mobiles Bezahlen bzw. die Zahlungsabwicklung mithilfe des Handys gemeint.

mySQL
SQL ist die Abkürzung von Structured Query Language (strukturierte Datenbank-Abfragesprache). Diese Datenbanksprache läuft sowohl unter Windows als auch auf Unix/Linux.

Onpage
Zu den Onpage-Methoden gehören alle Suchmaschinen-Optimierungsmaßnahmen, die direkt im Seiteninhalt und im Quelltext einer Webseite stattfinden.

OpenSource
Auf Deutsch: Quelloffenheit. Die Grundidee von OpenSource-Software ist es, jedermann einen Einblick in den Quelltext eines Programms zu ermöglichen. Der Anwender hat die Erlaubnis, diesen Quellcode beliebig weiterzugeben oder mitzuentwickeln.

Page-Impression
Auf Deutsch: Seitenabruf. Der vergleichbare Begriff PageView stammt aus der Internet-Marktforschung. Dort bezeichnet man mit Page-Impressions die Anzahl der Aufrufe einer potenziell werbeführenden Webseite durch verschiedene Benutzer. Gemünzt auf einzelne Webseiten sind es die Webseiten-Abrufe.

PageRank
Der PageRank ist ein Wert für die Anzahl der eingehenden Links und deren Qualität auf eine Webseite. Grundprinzip: Je mehr Links von Seiten mit qualitativ gutem Inhalt auf eine Seite verweisen und diese Seiten selbst einen hohen PageRank aufweisen, desto höher ist der PageRank-Wert. Der von Google angezeigte PageRank liegt zwischen einem Wert von 0 und 10.

PageView
Siehe Page-Impression.

R

RAID
Abkürzung für Redundant Array of Inexpensive (oder Independent) Disks. Dient einem Computer für das Organisieren von zwei oder mehr physikalischen Festplatten in einem logischen Laufwerksverbund. Damit erweitert sich die Speicherkapazität und/oder der Datendurchsatz. Das Verfahren bietet durch redundante Informationen (Parity) eine höhere Ausfallsicherheit.

Referer-URL
Auf Deutsch: Verweis-URL. Ein Referer ist die Internetadresse der Webseite, von der der Besucher über einen Link zu der aktuellen Seite gekommen ist.

Repository
Auf Deutsch: Lager, Depot. Das Repository ist eine Verzeichnisstruktur oder Datenbank, die Objekte inklusive Änderungsinformationen über Daten enthält. In der Softwareentwicklung ist es wichtig verschiedene Versionsstände einzelner Quellcode-Dateien aufzubewahren.

robots.txt
Die Datei robots.txt regelt, wie sich ein Crawler beim Besuch Ihrer Domain verhalten soll. In dieser Datei legen Sie fest, ob und wie die Webseite besucht werden darf. Sie haben die Möglichkeit, gewisse Bereiche Ihrer Webseite für bestimmte Suchmaschinen zu sperren.

S

search engine optimization
Auf Deutsch: Suchmaschinen-Optimierung. Sie dient dazu, Webseiten mit bestimmten Suchbegriffen in den Ergebnisseiten von Suchmaschinen auf den vorderen Plätzen erscheinen zu lassen.

SMTP
Abkürzung von Simple Mail Transfer Protocol. SMTP ist ein einfaches E-Mail-Übertragungsverfahren, das aus der Familie der Internet-Protokolle stammt, die in Computer-Netzwerken zum Einsatz kommen.

Stoppwort
Diese Wörter werden bei der Indexierung durch die Crawler nicht beachtet, da sie sehr häufig auftreten und keine Relevanz besitzen, z. B. der, die, das, eine, einer, und, an, in, von usw.

Subdomain
Dies ist eine Domain, die in der Hierarchie unterhalb einer anderen Domain liegt. Im Allgemeinen sind damit Domains ab der dritten Ebene gemeint. Die Top-Level-Domain zählt schon als erste Ebene. Beispielsweise ist bei forum.onlineshop-handbuch.de forum die Subdomain von der Domain onlineshop-handbuch.de.

T

TCO
TCO ist ein Prüfsiegel für die ergonomische Qualität von PC-Bildschirmen; es wird vom Dachverband der schwedischen Angestellten- und Beamtengewerkschaft vergeben, der Tjänstemännens Centralorganisation.

Template
Auf Deutsch: Dokumentenvorlage bzw. Schablone. So bezeichnet man eine Design-Vorlage für Webseiten, die erst später mit Inhalt gefüllt wird.

TLD
Abkürzung von Top Level Domain, die oberste Ebene einer Domain. Domain-Namen bestehen aus einer Folge von Namen, die durch Punkte getrennt sind. Die TLD bezeichnet dabei den letzten Namen dieser Folge und stellt die höchste Ebene der Namensauflösung dar, wie .de für DE-Domains, z.B. www.angeli24.de.

Trackback
Damit wird eine Funktion bezeichnet, mit dem Weblogs Informationen über Meinungen in Artikeln zum gleichen Thema durch einen automatisierten Benachrichtigungsdienst gegenseitig austauschen, d.h. Eintrag A wird per Hyperlink mit Eintrag B in einem anderen Weblog verbunden.

Traffic
Auf Deutsch: Datenverkehr. Damit bezeichnet man den Informationsfluss innerhalb von Computernetzwerken, der sich zahlenmäßig anhand der übertragenen Datenmenge messen lässt.

U

Usability
Auf Deutsch: Gebrauchstauglichkeit. Eine Webseite ist dann gebrauchstauglich, wenn sie sich effizient, effektiv und einfach bedienen lässt.

V

VC2
Der Card Validation Code ist ein Sicherheitsmerkmal auf Kreditkarten. Auf der Kreditkarte ist eine zusätzliche drei- oder vierstellige Zahlenkombination aufgedruckt, die besser vor gefälschten oder gestohlenen Kreditkartenangaben (Kreditkartenbetrug) schützt.

W

WAN
Abkürzung von Wide Area Network. Ein solches Weitbereichsnetz, z.B. das Internet, erstreckt sich über einen sehr großen geographischen Bereich.

Weblog
Meist einfach nur Blog oder Internet-Tagebuch genannt. Dies sind Websites, deren Webseiten-Inhalte periodisch mit neuen Einträgen aktualisiert werden. Im Grunde ist ein Blog ein einfaches Content-Management-System. An oberster Stelle stehen immer die neuesten Einträge. Den Autor eines Blogs nennt man Blogger.

Wi-Fi
Abkürzung für Wireless Fidelity. Das ist der neue Funknetzwerkstandard im Computerbereich. Nach der Verabschiedung von 802.11i nannte man Wi-Fi auch analog dazu WPA2.

W3C
Abkürzung für World Wide Web Consortium. Das W3C ist das 1994 gegründete Gremium, welches die betreffenden Techniken des WWW standardisiert. Tim Berners-Lee ist einer der Gründer des W3C und zählt quasi als Erfinder des World Wide Web.

X

XML
Abkürzung für Extensible Markup Language. Erweiterbare Auszeichnungssprache definiert vom W3C. Mit XML erstellt man maschinen- bzw. menschenlesbarer Dokumente in Form einer Baumstruktur.

>> Stichwortverzeichnis

F

G

H

I

J

K

M

P

T

W

Der Personal Trainer im Ohr!

80% aller Läufer laufen mit Musik (die meisten mit einem iPod). Dank der Kombination aus Apple's iPod nano und dem Nike+-System gesellt sich zum Song nun auch der Personal Trainer. Dieses Buch zeigt, wie Sie mit iPod nano und Nike+ erfolgreich trainieren – von den ersten Schritten mit iPod und Funkchip über die Zusammenstellung eigener Workout-Sessions bis hin zur Online-Trainingsanalyse.
Nach dem Lesen dieses Buches laufen Sie nicht nur lieber und effektiver – Sie sind auch fit für die Laufsaison!

Michael Krimmer; Matthias Lange
ISBN 978-3-8272-4236-5
19.95 EUR [D]

Mehr auf www.mut.de